钢铁产品分类　牌号　技术条件
包装　尺寸及允许偏差标准汇编

（第5版）

冶金工业信息标准研究院冶金标准化研究所
中　国　标　准　出　版　社　编

中国标准出版社
北京

图书在版编目(CIP)数据

钢铁产品分类、牌号、技术条件、包装、尺寸及允许偏差标准汇编/冶金工业信息标准研究院冶金标准化研究所 中国标准出版社编.—5版.—北京:中国标准出版社,2012

ISBN 978-7-5066-6814-9

Ⅰ.①钢… Ⅱ.①中… Ⅲ.①钢铁工业-工业产品-标准-汇编-中国 Ⅳ.①TF4-65

中国版本图书馆CIP数据核字(2012)第134383号

中国标准出版社出版发行
北京市朝阳区和平里西街甲2号(100013)
北京市西城区三里河北街16号(100045)
网址:www.spc.net.cn
总编室:(010)64275323 发行中心:(010)51780235
读者服务部:(010)68523946
中国标准出版社秦皇岛印刷厂印刷
各地新华书店经销

*

开本 880×1230 1/16 印张 60 字数 1 812 千字
2012年7月第五版 2012年7月第五次印刷

*

定价 270.00 元

第5版出版说明

本汇编共收入2012年6月底以前由国家标准和行业标准主管部门批准发布的国家标准61项，行业标准1项，内容有钢铁产品分类、化学成分及代号、钢铁产品牌号表示方法、产品技术条件、产品的取样、包装和产品尺寸及允许偏差等。收录有GB/T 221—2008《钢铁产品牌号表示方法》、GB/T 15575—2008《钢产品标记代号》、GB/T 702—2008《热轧钢棒尺寸、外形、重量及允许偏差》、GB/T 706—2008《热轧型钢》、GB/T 1591—2008《低合金高强度结构钢》、GB/T 28300—2012《热轧棒材和盘条表面质量等级交货技术条件》等新出版的重点标准。

本汇编可供钢铁、机械、建筑、船舶、工程建设、交通等行业技术人员、管理人员、质量检测人员使用，购销人员也可参照使用。

编　者

2012年6月

目　录

一、牌号、化学成分和分类

二、尺寸、重量及允许偏差

三、技术条件

四、取样、验收、包装和标志

一、牌号、化学成分和分类

ICS 77.140.01
H 40

中华人民共和国国家标准

GB/T 221—2008
代替 GB/T 221—2000

钢铁产品牌号表示方法

Notations for designations of iron and steel

2008-08-05 发布　　2009-04-01 实施

中华人民共和国国家质量监督检验检疫总局
中国国家标准化管理委员会　发布

前言

本标准代替 GB/T 221—2000《钢铁产品牌号表示方法》。

本标准与 GB/T 221—2000 标准相比，主要变化如下：

——增加热轧光圆钢筋、热轧带肋钢筋、细晶粒热轧带肋钢筋、冷轧带肋钢筋、预应力混凝土用螺纹钢筋、煤机用钢、高性能建筑结构用钢、低焊接裂纹敏感性钢、原料纯铁等产品牌号表示方法的规定（本版表 3、表 4、3.15）；

——删除易切削非调质钢、塑料模具钢、电工用热轧硅钢、电讯用取向高磁感硅钢等产品牌号表示方法的规定（2000 年版 3.6、3.7.3、3.11.1、3.11.2）；

——明确采用汉语拼音字母或英文字母表示产品名称、用途、特性和工艺方法时，通常采用大写字母（2000 年版 2.2；本版 2.2）；

——基本原则中规定牌号各组成部分的排列原则（本版 2.4）；

——删除 GB/T 221—2000 中表 2，将同类牌号表示方法的举例加以归纳，并以表格的形式统一列出（本版表 2、表 5～表 8）；

——改变管线用钢、船用锚链钢符号表示方法（2000 年版表 2；本版表 3）；

——改变桥梁用钢符号表示方法（2000 版表 2；本版表 4）；

——修改高碳铬不锈轴承钢和高温轴承钢牌号表示方法（2000 年版 3.8.3；本版 3.9.3）；

——修改不锈钢和耐热钢牌号表示方法（2000 年版 3.9；本版 3.12）；

——修改高电阻电热合金牌号表示方法（2000 年版 3.13；本版 3.16）。

本标准由中国钢铁工业协会提出。

本标准由全国钢标准化技术委员会归口。

本标准起草单位：冶金工业信息标准研究院。

本标准主要起草人：戴强、栾燕、刘宝石。

本标准所代替的历次版本发布情况为：

GB/T 221—1963，GB/T 221—1979，GB/T 221—2000。

钢铁产品牌号表示方法

1 范围

本标准规定了钢铁产品牌号表示方法。

本标准适用于编写生铁、碳素结构钢、低合金结构钢、优质碳素结构钢、易切削钢、合金结构钢、弹簧钢、工具钢、轴承钢、不锈钢、耐热钢、焊接用钢、冷轧电工钢、电磁纯铁、原料纯铁、高电阻电热合金及有关专用钢等产品牌号。

本标准中未规定的钢铁产品牌号表示方法，应按本标准规定的原则编写牌号。

粉末冶金材料、铸铁(件)、铸钢(件)、铁合金、高温合金和金属间化合物高温材料、耐蚀合金、精密合金等产品的牌号表示方法应分别符合下列国家标准规定。

GB/T 4309　粉末冶金材料分类和牌号表示方法

GB/T 5612　铸铁牌号表示方法

GB/T 5613　铸钢牌号表示方法

GB/T 7738　铁合金产品牌号表示方法

GB/T 14992　高温合金和金属间化合物高温材料的分类和牌号

GB/T 15007　耐蚀合金牌号

GB/T 15018　精密合金牌号

2 基本原则

2.1 凡列入国家标准和行业标准的钢铁产品，均应按本标准规定的牌号表示方法编写牌号。

2.2 钢铁产品牌号的表示，通常采用大写汉语拼音字母、化学元素符号和阿拉伯数字相结合的方法表示。为了便于国际交流和贸易的需要，也可采用大写英文字母或国际惯例表示符号。常用化学元素符号见表1。

2.3 采用汉语拼音字母或英文字母表示产品名称、用途、特性和工艺方法时，一般从产品名称中选取有代表性的汉字的汉语拼音的首位字母或英文单词的首位字母。当和另一产品所取字母重复时，改取第二个字母或第三个字母，或同时选取两个(或多个)汉字或英文单词的首位字母。

采用汉语拼音字母或英文字母，原则上只取一个，一般不超过三个。

2.4 产品牌号中各组成部分的表示方法应符合相应规定，各部分按顺序排列，如无必要可省略相应部分。除有特殊规定外，字母、符号及数字之间应无间隙。

2.5 产品牌号中的元素含量用质量分数表示。

表 1

元素名称	化学元素符号	元素名称	化学元素符号	元素名称	化学元素符号	元素名称	化学元素符号
铁	Fe	锂	Li	钐	Sm	铝	Al
锰	Mn	铍	Be	锕	Ac	铌	Nb
铬	Cr	镁	Mg	硼	B	钽	Ta
镍	Ni	钙	Ca	碳	C	镧	La
钴	Co	锆	Zr	硅	Si	铈	Ce
铜	Cu	锡	Sn	硒	Se	钕	Nd
钨	W	铅	Pb	碲	Te	氮	N
钼	Mo	铋	Bi	砷	As	氧	O
钒	V	铯	Cs	硫	S	氢	H
钛	Ti	钡	Ba	磷	P	—	—
注：混合稀土元素符号用“RE”表示。							

3 牌号表示方法

3.1 生铁

生铁产品牌号通常由两部分组成：

第一部分：表示产品用途、特性及工艺方法的大写汉语拼音字母；

第二部分：表示主要元素平均含量（以千分之几计）的阿拉伯数字。炼钢用生铁、铸造用生铁、球墨铸铁用生铁、耐磨生铁为硅元素平均含量。脱碳低磷粒铁为碳元素平均含量，含钒生铁为钒元素平均含量。

示例：见表2。

表2

序号	产品名称	第一部分			第二部分	牌号示例
		采用汉字	汉语拼音	采用字母		
1	炼钢用生铁	炼	LIAN	L	含硅量为0.85%～1.25%的炼钢用生铁，阿拉伯数字为10	L10
2	铸造用生铁	铸	ZHU	Z	含硅量为2.80%～3.20%的铸造用生铁，阿拉伯数字为30	Z30
3	球墨铸铁用生铁	球	QIU	Q	含硅量为1.00%～1.40%的球墨铸铁用生铁，阿拉伯数字为12	Q12
4	耐磨生铁	耐磨	NAI MO	NM	含硅量为1.60%～2.00%的耐磨生铁，阿拉伯数字为18	NM18
5	脱碳低磷粒铁	脱粒	TUO LI	TL	含碳量为1.20%～1.60%的炼钢用脱碳低磷粒铁，阿拉伯数字为14	TL14
6	含钒生铁	钒	FAN	F	含钒量不小于0.40%的含钒生铁，阿拉伯数字为04	F04

3.2 碳素结构钢和低合金结构钢

3.2.1 碳素结构钢和低合金结构钢的牌号通常由四部分组成：

第一部分：前缀符号＋强度值（以 N/mm^2 或 MPa 为单位），其中通用结构钢前缀符号为代表屈服强度的拼音的字母“Q”，专用结构钢的前缀符号见表3；

第二部分（必要时）：钢的质量等级，用英文字母 A、B、C、D、E、F……表示；

第三部分（必要时）：脱氧方式表示符号，即沸腾钢、半镇静钢、镇静钢、特殊镇静钢分别以“F”、“b”、“Z”、“TZ”表示。镇静钢、特殊镇静钢表示符号通常可以省略；

第四部分：（必要时）产品用途、特性和工艺方法表示符号，见表4。

示例：见表5。

3.2.2 根据需要，低合金高强度结构钢的牌号也可以采用二位阿拉伯数字（表示平均含碳量，以万分之几计）加表1规定的元素符号及必要时加代表产品用途、特性和工艺方法的表示符号，按顺序表示。

示例：碳含量为0.15%～0.26%，锰含量为1.20%～1.60%的矿用钢牌号为20MnK。

表3

产品名称	采用的汉字及汉语拼音或英文单词			采用字母	位置
	汉字	汉语拼音	英文单词		
热轧光圆钢筋	热轧光圆钢筋	—	Hot Rolled Plain Bars	HPB	牌号头
热轧带肋钢筋	热轧带肋钢筋	—	Hot Rolled Ribbed Bars	HRB	牌号头

表 3(续)

产品名称	采用的汉字及汉语拼音或英文单词			采用字母	位置
	汉字	汉语拼音	英文单词		
细晶粒热轧带肋钢筋	热轧带肋钢筋＋细	—	Hot Rolled Ribbed Bars＋ Fine	HRBF	牌号头
冷轧带肋钢筋	冷轧带肋钢筋	—	Cold Rolled Ribbed Bars	CRB	牌号头
预应力混凝土用螺纹钢筋	预应力、螺纹、钢筋	—	Prestressing、Screw 、Bars	PSB	牌号头
焊接气瓶用钢	焊瓶	HAN PING	—	HP	牌号头
管线用钢	管线	—	Line	L	牌号头
船用锚链钢	船锚	CHUAN MAO	—	CM	牌号头
煤机用钢	煤	MEI	—	M	牌号头

表 4

产品名称	采用的汉字及汉语拼音或英文单词			采用字母	位置
	汉字	汉语拼音	英文单词		
锅炉和压力容器用钢	容	RONG	—	R	牌号尾
锅炉用钢(管)	锅	GUO	—	G	牌号尾
低温压力容器用钢	低容	DI RONG	—	DR	牌号尾
桥梁用钢	桥	QIAO	—	Q	牌号尾
耐候钢	耐候	NAI HOU	—	NH	牌号尾
高耐候钢	高耐候	GAO NAI HOU	—	GNH	牌号尾
汽车大梁用钢	梁	LIANG	—	L	牌号尾
高性能建筑结构用钢	高建	GAO JIAN	—	GJ	牌号尾
低焊接裂纹敏感性钢	低焊接裂纹敏感性	—	Crack Free	CF	牌号尾
保证淬透性钢	淬透性	—	Hardenability	H	牌号尾
矿用钢	矿	KUANG	—	K	牌号尾
船用钢	采用国际符号				

表 5

序号	产品名称	第一部分	第二部分	第三部分	第四部分	牌号示例
1	碳素结构钢	最小屈服强度 235 N/mm²	A 级	沸腾钢	—	Q235AF
2	低合金高强度结构钢	最小屈服强度 345 N/mm²	D 级	特殊镇静钢	—	Q345D
3	热轧光圆钢筋	屈服强度特征值 235 N/mm²	—	—	—	HPB235
4	热轧带肋钢筋	屈服强度特征值 335 N/mm²	—	—	—	HRB335
5	细晶粒热轧带肋钢筋	屈服强度特征值 335 N/mm²	—	—	—	HRBF335
6	冷轧带肋钢筋	最小抗拉强度 550 N/mm²	—	—	—	CRB550
7	预应力混凝土用螺纹钢筋	最小屈服强度 830 N/mm²	—	—	—	PSB830

表 5(续)

序号	产品名称	第一部分	第二部分	第三部分	第四部分	牌号示例
8	焊接气瓶用钢	最小屈服强度 345 N/mm²	—	—	—	HP345
9	管线用钢	最小规定总延伸强度 415 MPa	—	—	—	L415
10	船用锚链钢	最小抗拉强度 370 MPa	—	—	—	CM370
11	煤机用钢	最小抗拉强度 510 MPa	—	—	—	M510
12	锅炉和压力容器用钢	最小屈服强度 345 N/mm²	—	特殊镇静钢	压力容器“容”的汉语拼音首位字母“R”	Q345R

3.3 优质碳素结构钢和优质碳素弹簧钢

3.3.1 优质碳素结构钢牌号通常由五部分组成:

第一部分:以二位阿拉伯数字表示平均碳含量(以万分之几计);

第二部分(必要时):较高含锰量的优质碳素结构钢,加锰元素符号 Mn;

第三部分(必要时):钢材冶金质量,即高级优质钢、特级优质钢分别以 A、E 表示,优质钢不用字母表示;

第四部分(必要时):脱氧方式表示符号,即沸腾钢、半镇静钢、镇静钢分别以“F”、“b”、“Z”表示,但镇静钢表示符号通常可以省略;

第五部分(必要时):产品用途、特性或工艺方法表示符号,见表 4。

示例:见表 6。

3.3.2 优质碳素弹簧钢的牌号表示方法与优质碳素结构钢相同。示例见表 6。

表 6

序号	产品名称	第一部分	第二部分	第三部分	第四部分	第五部分	牌号示例
1	优质碳素结构钢	碳含量:0.05%～0.11%	锰含量:0.25%～0.50%	优质钢	沸腾钢	—	08F
2	优质碳素结构钢	碳含量:0.47%～0.55%	锰含量:0.50%～0.80%	高级优质钢	镇静钢	—	50A
3	优质碳素结构钢	碳含量:0.48%～0.56%	锰含量:0.70%～1.00%	特级优质钢	镇静钢	—	50MnE
4	保证淬透性用钢	碳含量:0.42%～0.50%	锰含量:0.50%～0.85%	高级优质钢	镇静钢	保证淬透性钢表示符号“H”	45AH
5	优质碳素弹簧钢	碳含量:0.62%～0.70%	锰含量:0.90%～1.20%	优质钢	镇静钢	—	65Mn

3.4 易切削钢

易切削钢牌号通常由三部分组成:

第一部分:易切削钢表示符号“Y”;

第二部分:以二位阿拉伯数字表示平均碳含量(以万分之几计);

第三部分:易切削元素符号,如:含钙、铅、锡等易切削元素的易切削钢分别以 Ca、Pb、Sn 表示。加硫和加硫磷易切削钢,通常不加易切削元素符号 S、P。较高锰含量的加硫或加硫磷易切削钢,本部分为锰元素符号 Mn。为区分牌号,对较高硫含量的易切削,在牌号尾部加硫元素符号 S。

例如:碳含量为 0.42%～0.50%、钙含量为 0.002%～0.006%的易切削钢,其牌号表示为 Y45Ca;

碳含量为0.40%～0.48%、锰含量为1.35%～1.65%、硫含量为0.16%～0.24%的易切削钢，其牌号表示为Y45Mn；

碳含量为0.40%～0.48%、锰含量为1.35%～1.65%、硫含量为0.24%～0.32%的易切削钢，其牌号表示为Y45MnS。

3.5 车辆车轴及机车车辆用钢

车辆车轴及机车车辆用钢牌号通常由两部分组成：

第一部分：车辆车轴用钢表示符号“LZ”或机车车辆用钢表示符号“JZ”；

第二部分：以二位阿拉伯数字表示平均碳含量(以万分之几计)。

示例：见表8。

3.6 合金结构钢和合金弹簧钢

3.6.1 合金结构钢牌号通常由四部分组成：

第一部分：以二位阿拉伯数字表示平均碳含量(以万分之几计)；

第二部分：合金元素含量，以化学元素符号及阿拉伯数字表示。具体表示方法为：平均含量小于1.50%时，牌号中仅标明元素，一般不标明含量；平均含量为1.50%～2.49%、2.50%～3.49%、3.50%～4.49%、4.50%～5.49%……时，在合金元素后相应写成2、3、4、5……；

注：化学元素符号的排列顺序推荐按含量值递减排列。如果两个或多个元素的含量相等时，相应符号位置按英文字母的顺序排列。

第三部分：钢材冶金质量，即高级优质钢、特级优质钢分别以A、E表示，优质钢不用字母表示；

第四部分(必要时)：产品用途、特性或工艺方法表示符号，见表4。

示例：见表7。

3.6.2 合金弹簧钢的表示方法与合金结构钢相同，示例见表7。

表 7

序号	产品名称	第一部分	第二部分	第三部分	第四部分	牌号示例
1	合金结构钢	碳含量：0.22%～0.29%	铬含量1.50%～1.80%、钼含量0.25%～0.35%、钒含量0.15%～0.30%	高级优质钢	—	25Cr2MoVA
2	锅炉和压力容器用钢	碳含量：≤0.22%	锰含量1.20%～1.60%、钼含量0.45%～0.65%、铌含量0.025%～0.050%	特级优质钢	锅炉和压力容器用钢	18MnMoNbER
3	优质弹簧钢	碳含量：0.56%～0.64%	硅含量1.60%～2.00%锰含量0.70%～1.00%	优质钢	—	60Si2Mn

3.7 非调质机械结构钢

非调质机械结构钢牌号通常由四部分组成：

第一部分：非调质机械结构钢表示符号“F”；

第二部分：以二位阿拉伯数字表示平均碳含量(以万分之几计)；

第三部分：合金元素含量，以化学元素符号及阿拉伯数字表示，表示方法同合金结构钢第二部分；

第四部分(必要时)：改善切削性能的非调质机械结构钢加硫元素符号S。

示例：见表8。

3.8 工具钢

工具钢通常分为碳素工具钢、合金工具钢、高速工具钢三类。

3.8.1 碳素工具钢

碳素工具钢牌号通常由四部分组成：

第一部分：碳素工具钢表示符号“T”；

第二部分：阿拉伯数字表示平均碳含量(以千分之几计)；

第三部分(必要时)：较高含锰量碳素工具钢，加锰元素符号 Mn；

第四部分(必要时)：钢材冶金质量，即高级优质碳素工具钢以 A 表示，优质钢不用字母表示。

示例：见表 8。

3.8.2 合金工具钢

合金工具钢牌号通常由两部分组成：

第一部分：平均碳含量小于 1.00%时，采用一位数字表示碳含量(以千分之几计)。平均碳含量不小于 1.00%时，不标明含碳量数字；

第二部分：合金元素含量，以化学元素符号及阿拉伯数字表示，表示方法同合金结构钢第二部分。低铬(平均铬含量小于 1%)合金工具钢，在铬含量(以千分之几计)前加数字“0”。

示例：见表 8。

3.8.3 高速工具钢

高速工具钢牌号表示方法与合金结构钢相同，但在牌号头部一般不标明表示碳含量的阿拉伯数字。为了区别牌号，在牌号头部可以加“C”表示高碳高速工具钢。

示例：见表 8。

3.9 轴承钢

轴承钢分为高碳铬轴承钢、渗碳轴承钢、高碳铬不锈轴承钢和高温轴承钢等四大类。

3.9.1 高碳铬轴承钢

高碳铬轴承钢牌号通常由两部分组成：

第一部分：(滚珠)轴承钢表示符号“G”，但不标明碳含量。

第二部分：合金元素“Cr”符号及其含量(以千分之几计)。其他合金元素含量，以化学元素符号及阿拉伯数字表示，表示方法同合金结构钢第二部分。

示例：见表 8。

3.9.2 渗碳轴承钢

在牌号头部加符号“G”，采用合金结构钢的牌号表示方法。高级优质渗碳轴承钢，在牌号尾部加“A”。

例如：碳含量为 0.17%～0.23%，铬含量为 0.35%～0.65%，镍含量为 0.40%～0.70%，钼含量为 0.15%～0.30%的高级优质渗碳轴承钢，其牌号表示为“G20CrNiMoA”。

3.9.3 高碳铬不锈轴承钢和高温轴承钢

在牌号头部加符号“G”，采用不锈钢和耐热钢的牌号表示方法。

例如：碳含量为 0.90%～1.00%，铬含量为 17.0%～19.0%的高碳铬不锈轴承钢，其牌号表示为 G95Cr18；碳含量为 0.75%～0.85%，铬含量为 3.75%～4.25%，钼含量为 4.00%～4.50%的高温轴承钢，其牌号表示为 G80Cr4Mo4V。

3.10 钢轨钢、冷镦钢

钢轨钢、冷镦钢牌号通常由三部分组成：

第一部分：钢轨钢表示符号“U”、冷镦钢(铆螺钢)表示符号“ML”；

第二部分：以阿拉伯数字表示平均碳含量，优质碳素结构钢同优质碳素结构钢第一部分；合金结构钢同合金结构钢第一部分；

第三部分：合金元素含量，以化学元素符号及阿拉伯数字表示，表示方法同合金结构钢第二部分。

示例：见表 8。

3.11 不锈钢和耐热钢

牌号采用表 1 规定的化学元素符号和表示各元素含量的阿拉伯数字表示。各元素含量的阿拉伯数字表示应符合 3.11.1～3.11.2 规定。

3.11.1 碳含量

用两位或三位阿拉伯数字表示碳含量最佳控制值(以万分之几或十万分之几计)。

3.11.1.1 只规定碳含量上限者,当碳含量上限不大于0.10%时,以其上限的3/4表示碳含量;当碳含量上限大于0.10%时,以其上限的4/5表示碳含量。

例如:碳含量上限为0.08%,碳含量以06表示;碳含量上限为0.20%,碳含量以16表示;碳含量上限为0.15%,碳含量以12表示。

对超低碳不锈钢(即碳含量不大于0.030%),用三位阿拉伯数字表示碳含量最佳控制值(以十万分之几计)。

例如:碳含量上限为0.030%时,其牌号中的碳含量以022表示;碳含量上限为0.020%时,其牌号中的碳含量以015表示。

3.11.1.2 规定上、下限者,以平均碳含量×100表示。

例如:碳含量为0.16%~0.25%时,其牌号中的碳含量以20表示。

3.11.2 合金元素含量

合金元素含量以化学元素符号及阿拉伯数字表示,表示方法同合金结构钢第二部分。钢中有意加入的铌、钛、锆、氮等合金元素,虽然含量很低,也应在牌号中标出。

例如:碳含量不大于0.08%,铬含量为18.00%~20.00%,镍含量为8.00%~11.00%的不锈钢,牌号为06Cr19Ni10。

碳含量不大于0.030%,铬含量为16.00%~19.00%,钛含量为0.10%~1.00%的不锈钢,牌号为022Cr18Ti。

碳含量为0.15%~0.25%,铬含量为14.00%~16.00%,锰含量为14.00%~16.00%,镍含量为1.50%~3.00%,氮含量为0.15%~0.30%的不锈钢,牌号为20Cr15Mn15Ni2N。

碳含量为不大于0.25%,铬含量为24.00%~26.00%,镍含量为19.00%~22.00%的耐热钢,牌号为20Cr25Ni20。

3.12 焊接用钢

焊接用钢包括焊接用碳素钢、焊接用合金钢和焊接用不锈钢等。

焊接用钢牌号通常由两部分组成:

第一部分:焊接用钢表示符号“H”;

第二部分:各类焊接用钢牌号表示方法。其中优质碳素结构钢、合金结构钢和不锈钢应分别符合3.3.1、3.6.1和3.11规定。

示例:见表8。

3.13 冷轧电工钢

冷轧电工钢分为取向电工钢和无取向电工钢,牌号通常由三部分组成:

第一部分:材料公称厚度(单位:mm)100倍的数字;

第二部分:普通级取向电工钢表示符号“Q”、高磁导率级取向电工钢表示符号“QG”或无取向电工钢表示符号“W”;

第三部分:取向电工钢,磁极化强度在1.7 T和频率在50 HZ,以W/kg为单位及相应厚度产品的最大比总损耗值的100倍;无取向电工钢,磁极化强度在1.5 T和频率在50 Hz,以W/kg为单位及相应厚度产品的最大比总损耗值的100倍。

例如:公称厚度为0.30 mm、比总损耗$P1.7/50$为1.30 W/kg的普通级取向电工钢,牌号为30Q130。

公称厚度为0.30 mm、比总损耗$P1.7/50$为1.10 W/kg的高磁导率级取向电工钢,牌号为30QG110。

公称厚度为0.50 mm、比总损耗$P1.5/50$为4.0 W/kg的无取向电工钢,牌号为50W400。

3.14 电磁纯铁

电磁纯铁牌号通常由三部分组成:

第一部分:电磁纯铁表示符号“DT”;

第二部分:以阿拉伯数字表示不同牌号的顺序号;

第三部分：根据电磁性能不同，分别采用加质量等级表示符号“A”、“C”、“E”。

示例：见表 8。

3.15 原料纯铁

原料纯铁牌号通常由两部分组成：

第一部分：原料纯铁表示符号“YT”；

第二部分：以阿拉伯数字表示不同牌号的顺序号。

示例：见表 8。

3.16 高电阻电热合金

高电阻电热合金牌号采用表 1 规定的化学元素符号和阿拉伯数字表示。牌号表示方法与不锈钢和耐热钢的牌号表示方法相同（镍铬基合金不标出含碳量）。

例如：铬含量为 18.00%～21.00%，镍含量为 34.00%～37.00%，碳含量不大于 0.08% 的合金（其余为铁），其牌号表示为“06Cr20Ni35”。

表 8

章条号	产品名称	第一部分			第二部分	第三部分	第四部分	牌号示例
		汉字	汉语拼音	采用字母				
3.5	车辆车轴用钢	辆轴	LiANG ZHOU	LZ	碳含量：0.40%～0.48%	—	—	LZ45
3.5	机车车辆用钢	机轴	JI ZHOU	JZ	碳含量：0.40%～0.48%	—	—	JZ45
3.7	非调质机械结构钢	非	FEI	F	碳含量：0.32%～0.39%	钒含量：0.06%～0.13%	硫含量 0.035%～0.075%	F35VS
3.8.1	碳素工具钢	碳	TAN	T	碳含量：0.80%～0.90%	锰含量：0.40%～0.60%	高级优质钢	T8MnA
3.8.2	合金工具钢	碳含量：0.85%～0.95%			硅含量：1.20%～1.60% 铬含量：0.95%～1.25%	—	—	9SiCr
3.8.3	高速工具钢	碳含量：0.80%～0.90%			钨含量：5.50%～6.75% 钼含量：4.50%～5.50% 铬含量：3.80%～4.40% 钒含量：1.75%～2.20%	—	—	W6Mo5Cr4V2
3.8.3	高速工具钢	碳含量：0.86%～0.94%			钨含量：5.90%～6.70% 钼含量：4.70%～5.20% 铬含量：3.80%～4.50% 钒含量：1.75%～2.10%	—	—	CW6Mo5Cr4V2
3.9.1	高碳铬轴承钢	滚	GUN	G	铬含量：1.40%～1.65%	硅含量：0.45%～0.75% 锰含量：0.95%～1.25%	—	GCr15SiMn
3.10	钢轨钢	轨	GUI	U	碳含量：0.66%～0.74%	硅含量：0.85%～1.15% 锰含量：0.85%～1.15%	—	U70MnSi

表 8(续)

章条号	产品名称	第一部分			第二部分	第三部分	第四部分	牌号示例
		汉字	汉语拼音	采用字母				
3.10	冷镦钢	铆螺	MAO LUO	ML	碳含量:0.26%~0.34%	铬含量: 0.80%~1.10% 钼含量: 0.15%~0.25%	—	ML30CrMo
3.12	焊接用钢	焊	HAN	H	碳含量:≤0.10%的高级优质碳素结构钢	—	—	H08A
3.12	焊接用钢	焊	HAN	H	碳含量:≤0.10% 铬含量:0.80%~1.10% 钼含量:0.40%~0.60% 的高级优质合金结构钢	—	—	H08CrMoA
3.14	电磁纯铁	电铁	DIAN TIE	DT	顺序号 4	磁性能 A 级	—	DT4A
3.15	原料纯铁	原铁	YUAN TIE	YT	顺序号 1	—	—	YT1

ICS 77.080.20
H 40

中华人民共和国国家标准

GB/T 222—2006
部分代替 GB/T 222—1984

钢的成品化学成分允许偏差

Permissible tolerances for chemical composition of steel products

2006-02-05 发布　　2006-08-01 实施

中华人民共和国国家质量监督检验检疫总局
中国国家标准化管理委员会　发布

前　言

本标准是以 GB/T 222—1984《钢的化学分析用试样取样法及成品化学成分允许偏差》中成品化学成分允许偏差的相关部分为基础修订而成。

本标准代替 GB/T 222—1984 标准中“钢的成品化学成分允许偏差”的相关部分，有关“钢的化学分析用试样取样法”将另外制定单独标准。

本标准与 GB/T 222—1984 标准中成品化学成分允许偏差的主要变化如下：

——表 1 的适用范围由普通碳素钢和低合金钢改为非合金钢和低合金钢；表 2 的适用范围改为合金钢(1984 年版的 6.1，本版的 5.1)；

——明确表 1、表 2 中的偏差值适用于横截面积不大于 65 000 mm^2 的钢材(本版的 5.1)；

——增加成品分析代替熔炼分析的规定(本版的 5.4)；

——调整了表 1、表 2 中碳、锰等元素的偏差数值，增加了铝、钴、氮、钙等元素的规定。

本标准由原国家冶金工业局提出。

本标准由全国钢标准化技术委员会归口。

本标准起草单位：冶金工业信息标准研究院。

本标准主要起草人：伍千思、栾燕、刘宝石、戴强。

本标准于 1984 年 8 月首次发布。

钢的成品化学成分允许偏差

1 范围

本标准规定了非合金钢(沸腾钢除外)、低合金钢、合金钢的成品钢材(包括钢坯)的化学成分相对于规定熔炼化学成分界限值的允许偏差,并给出了相关术语的定义。

本标准适用于钢的产品标准、技术规范对成品化学成分允许偏差的规定。

2 术语和定义

下列术语和定义适用于本标准。

2.1

熔炼分析　heat (or cast/ladle) analysis

熔炼分析是指在钢液浇铸过程中采取样锭,然后进一步制成试样并对其进行的化学分析。分析结果表示同一炉(罐)钢液的平均化学成分。

2.2

成品分析　product analysis

成品分析是指在经过加工的成品钢材(包括钢坯)上采取试样,然后对其进行的化学分析。成品分析主要用于验证化学成分,又称验证分析。由于钢液在结晶过程中产生元素的不均匀性分布(偏析),成品分析的成分值有时与熔炼分析的成分值不同。

2.3

成品化学成分允许偏差　permissible tolerances for product analysis

成品化学成分允许偏差是指熔炼分析的成分值虽在标准规定的范围内,但由于钢中元素偏析,成品分析的成分值可能超出标准规定的成分界限值。对超出界限值的大小规定一个允许的数值,就是成品化学成分允许偏差。

3 成品分析用试样取样及制样方法

测定钢的成品化学成分用的试样取样和制样应按相应的现行国家标准、行业标准规定的方法或供需双方协商规定的其他方法进行。

4 化学分析方法

4.1 钢的化学分析按相应的现行国家标准、行业标准规定的方法或能保证标准规定准确度的其他方法进行。

4.2 仲裁分析应按相应的国家标准或行业标准规定的方法进行。

5 成品化学成分允许偏差

5.1 成品化学成分允许偏差值如表1、表2、表3所示。表1适用于非合金钢和低合金钢,表2适用于合金钢(不包括不锈钢、耐热钢),表3适用于不锈钢和耐热钢。表1、表2中的偏差值适用于横截面积不大于65 000 mm^2 的钢材(或钢坯),大于该横截面积的钢材(或钢坯)的化学成分允许偏差值可适当加大,其具体数值由供需双方协商确定。

5.1.1 产品标准中规定的残余元素不适用于表1、表2、表3中规定的成品化学成分允许偏差。

5.1.2　如果对成品化学成分的某种或某几种元素的允许偏差与表1、表2或表3的规定有不同要求(缩小或加大)时,由供需双方协商确定。

5.2　产品标准在规定成品化学成分允许偏差时,应写明本标准号及5.1条所述表号。一种钢的成品化学成分允许偏差,只能使用一个表,不能两个表同时混用。

5.3　成品分析所得的值,不能超过标准规定化学成分界限值的上限加上偏差,或不能超过标准规定化学成分界限值的下限减下偏差。同一熔炼号的成品分析,同一元素只允许有单项偏差,不能同时出现上偏差和下偏差。

举例:优质碳素结构钢20号钢,其熔炼化学成分的碳含量,标准规定界限值为:上限0.23%,下限0.17%,在作成品钢材化学分析时,假如有一熔炼号的钢材出现碳含量为0.25%,说明超出标准规定上限值0.02%,按本标准表1规定,钢材的碳含量是合格的;假如另一熔炼号的钢材出现碳含量为0.15%。说明超出标准规定下限值0.02%,按本标准表1规定,钢材的碳含量也是合格的。

5.4　因故未能取得熔炼分析试样,或因熔炼分析试样不正确而得不到熔炼成分的可靠结果,可采用成品分析来代替熔炼分析,此时成品分析的成分值应符合熔炼成分的规定,不得采用本标准表1、表2或表3中规定的成品成分允许偏差。

表1　非合金钢和低合金钢成品化学成分允许偏差　　单位为质量分数

元素	规定化学成分上限值	允许偏差	
		上偏差	下偏差
C	≤0.25	0.02	0.02
	>0.25～0.55	0.03	0.03
	>0.55	0.04	0.04
Mn	≤0.80	0.03	0.03
	>0.80～1.70	0.06	0.06
Si	≤0.37	0.03	0.03
	>0.37	0.05	0.05
S	≤0.050	0.005	—
	>0.05～0.35	0.02	0.01
P	≤0.060	0.005	—
	>0.06～0.15	0.01	0.01
V	≤0.20	0.02	0.01
Ti	≤0.20	0.02	0.01
Nb	0.015～0.060	0.005	0.005
Cu	≤0.55	0.05	0.05
Cr	≤1.50	0.05	0.05
Ni	≤1.00	0.05	0.05
Pb	0.15～0.35	0.03	0.03
Al	≥0.015	0.003	0.003
N	0.010～0.020	0.005	0.005
Ca	0.002～0.006	0.002	0.000 5

表 2 合金钢成品化学成分允许偏差

单位为质量分数

元 素	规定化学成分上限值	允 许 偏 差	
		上 偏 差	下 偏 差
C	≤0.30	0.01	0.01
	>0.30~0.75	0.02	0.02
	>0.75	0.03	0.03
Mn	≤1.00	0.03	0.03
	>1.00~2.00	0.04	0.04
	>2.00~3.00	0.05	0.05
	>3.00	0.10	0.10
Si	≤0.37	0.02	0.02
	>0.37~1.50	0.04	0.04
	>1.50	0.05	0.05
Ni	≤1.00	0.03	0.03
	>1.00~2.00	0.05	0.05
	>2.00~5.00	0.07	0.07
	>5.00	0.10	0.10
Cr	≤0.90	0.03	0.03
	>0.90~2.10	0.05	0.05
	>2.10~5.00	0.10	0.10
	>5.00	0.15	0.15
Mo	≤0.30	0.01	0.01
	>0.30~0.60	0.02	0.02
	>0.60~1.40	0.03	0.03
	>1.40~6.00	0.05	0.05
	>6.00	0.10	0.10
V	≤0.10	0.01	—
	>0.10~0.90	0.03	0.03
	>0.90	0.05	0.05
W	≤1.00	0.04	0.04
	>1.00~4.00	0.08	0.08
	>4.00~10.00	0.10	0.10
	>10.00	0.20	0.20
Al	≤0.10	0.01	—
	>0.10~0.70	0.03	0.03
	>0.70~1.50	0.05	0.05
	>1.50	0.10	0.10

表 2（续） 单位为质量分数

元素	规定化学成分上限值	允许偏差	
		上偏差	下偏差
Cu	≤1.00	0.03	0.03
	>1.00	0.05	0.05
Ti	≤0.20	0.02	—
B	0.000 5～0.005	0.000 5	0.000 1
Co	≤4.00	0.10	0.10
	>4.00	0.15	0.15
Pb	0.15～0.35	0.03	0.03
Nb	0.20～0.35	0.02	0.01
S	≤0.050	0.005	—
P	≤0.050	0.005	—

表 3 不锈钢和耐热钢成品化学成分允许偏差 单位为质量分数

元素	规定化学成分上限值	允许偏差	
		上偏差	下偏差
C	≤0.010	0.002	0.002
	>0.010～0.030	0.005	0.005
	>0.030～0.20	0.01	0.01
	>0.20～0.60	0.02	0.02
	>0.60～1.20	0.03	0.03
Mn	≤1.00	0.03	0.03
	>1.00～3.00	0.04	0.04
	>3.00～6.00	0.05	0.05
	>6.00～10.00	0.06	0.06
	>10.00～15.00	0.10	0.10
	>15.00～20.00	0.15	0.15
P	≤0.040	0.005	—
	>0.040～0.20	0.01	0.01
S	≤0.040	0.005	—
	>0.040～0.20	0.010	0.01
	>0.20～0.50	0.02	0.02
Si	≤1.00	0.05	0.05
	>1.00	0.10	0.10
Cr	>3.00～10.00	0.10	0.10
	>10.00～15.00	0.15	0.15
	>15.00～20.00	0.20	0.20
	>20.00～30.00	0.25	0.25

表 3（续）

单位为质量分数

元　素	规定化学成分上限值	允　许　偏　差	
		上 偏 差	下 偏 差
Ni	≤1.00	0.03	0.03
	>1.00～5.00	0.07	0.07
	>5.00～10.00	0.10	0.10
	>10.00～20.00	0.15	0.15
	>20.00～30.00	0.20	0.20
	>30.00～40.00	0.25	0.25
	>40.00	0.30	0.30
Mo	>0.20～0.60	0.03	0.03
	>0.60～2.00	0.05	0.05
	>2.00～7.00	0.10	0.10
	>7.00～15.00	0.15	0.15
	>15.00	0.20	0.20
Ti	≤1.00	0.05	0.05
	>1.00～3.00	0.07	0.07
	>3.00	0.10	0.10
Co	>0.05～0.50	0.01	0.01
	>0.50～2.00	0.02	0.02
	>2.00～5.00	0.05	0.05
	>5.00～10.00	0.10	0.10
	>10.00～15.00	0.15	0.15
	>15.00～22.00	0.20	0.20
	>22.00～30.00	0.25	0.25
Nb+Ta	≤1.50	0.05	0.05
	>1.50～5.00	0.10	0.10
	>5.00	0.15	0.15
Ta	≤0.10	0.02	0.02
Cu	≤0.50	0.03	0.03
	>0.50～1.00	0.05	0.05
	>1.00～3.00	0.10	0.10
	>3.00～5.00	0.15	0.15
	>5.00～10.00	0.20	0.20
Al	≤0.15	0.01	0.005
	>0.15～0.50	0.05	0.05
	>0.05～2.00	0.10	0.10

表 3（续） 单位为质量分数

元　素	规定化学成分上限值	允　许　偏　差	
		上　偏　差	下　偏　差
Al	＞2.00～5.00	0.20	0.20
	＞5.00～10.00	0.35	0.35
N	≤0.02	0.005	0.005
	＞0.02～0.19	0.01	0.01
	＞0.19～0.25	0.02	0.02
	＞0.25～0.35	0.03	0.03
	＞0.35	0.04	0.04
W	≤1.00	0.03	0.03
	＞1.00～2.00	0.05	0.05
	＞2.00～5.00	0.07	0.07
	＞5.00～10.00	0.10	0.010
	＞10.00～20.00	0.15	0. 15
V	≤0.50	0.03	0.03
	＞0.50～≤1.50	0.05	0.05
	＞1.50	0.07	0.07
Se	全部	0.03	0.03

ICS 77.140.01
H 40

中华人民共和国国家标准

GB/T 13304.1—2008
部分代替 GB/T 13304—1991

钢分类 第1部分 按化学成分分类

Steels classification—
Part 1: Classification of according to chemical composition

(ISO 4948-1:1982, MOD)

2008-08-05 发布 2009-04-01 实施

中华人民共和国国家质量监督检验检疫总局
中国国家标准化管理委员会 发布

前　言

GB/T 13304《钢分类》分为如下2部分：

——第1部分　按钢的化学成分分类；

——第2部分　按主要质量等级和主要性能或使用特性的分类。

本部分为GB/T 13304《钢分类》的第1部分。

本部分修改采用ISO 4948-1:1982《钢分类　第1部分:按化学成分分为非合金钢和合金钢》。

本部分与ISO 4948-1:1982的主要差别如下：

——根据国内实际情况，增加了低合金钢及分类的基本原则；

——对第3章作了编辑性修改，并增加了有效位数的规定；

——修改了B、Cu、Mn、Mo、Nb、V及La等元素非合金钢规定含量的界限值；

——修改了B、Cu、Mn、Mo、Ni、Si、Ti、V及Zr等元素合金钢规定含量的界限值；

——将表1作为附录表A.1。

为了便于比较，这些技术性差异用垂直单线标识在它们所涉及的条款的页边空白处。

本部分代替GB/T 13304—1991《钢分类》中的第一部分。

本部分与GB/T 13304—1991中第一部分相比主要变化如下：

——对第3章作编辑性修改(见第3章)；

——原3.1.2.1增加举例说明(1991年版3.1.2.1，本版3.2.2)；

——表1中增加“因为海关关税的目的而区分非合金钢、低合金钢和合金钢时，除非合同或订单中另有协商，表中Bi、Pb、Se、Te、La系和其他规定元素(S、P、C和N除外)的规定界限值可不予考虑。”(见表1)；

——增加了“ISO 4948-1标准非合金钢与合金钢中元素的界限值”(见附录A)。

本部分附录A为资料性附录。

本部分由中国钢铁工业协会提出。

本部分由全国钢标准化技术委员会归口。

本部分起草单位：冶金工业信息标准研究院、首钢总公司。

本部分主要起草人：栾燕、戴强、王丽萍、刘宝石。

本部分于1991年12月首次发布。

钢分类　第1部分
按化学成分分类

1　范围

本部分规定了按照化学成分对钢进行分类的基本准则，并规定了非合金钢、低合金钢与合金钢中合金元素含量的基本界限值。

本部分适用于按照化学成分对钢进行分类。

2　术语及定义

本部分采用下列术语及定义。

2.1

钢　steel

以铁为主要元素、含碳量一般在2%以下，并含有其他元素的材料。

注：在铬钢中含碳量可能大于2%，但2%通常是钢和铸铁的分界线。

3　分类

钢按化学成分分类：

a)　非合金钢；

b)　低合金钢；

c)　合金钢。

3.1　基本原则

3.1.1　当标准、技术条件或订货单对钢的熔炼分析化学成分规定最小值或范围时，应以最小值作为规定含量进行分类。

3.1.2　当标准、技术条件或订货单对钢的熔炼分析化学成分规定最大值时，应以最大值的0.7倍作为规定含量进行分类。

3.1.3　在没有标准、技术条件或订货合同规定钢的化学成分时，应按生产厂报出的熔炼分析值作为规定含量进行分类；在特殊情况下，只有钢的成品分析值时，可按成品分析值作为规定含量进行分类，但当处在两类临界情况下，要考虑化学成分允许偏差的影响，对钢的原来预定的类别应准确地予以证明。

3.1.4　标准、技术条件或订货单中规定的或在钢中实际存在的不作为合金化元素有意加入钢中的残余元素含量，不应作为规定含量对钢进行分类。

3.1.5　对每一种合金元素，规定的、计算的或实际的熔炼分析值（以质量分数表示），均应表示到与表1所示界限值的小数点相同位数。

3.2　分类方法

3.2.1　表1中所列的任一元素，按3.1确定的每个元素规定含量的质量分数，处于表1中所列非合金钢、低合金钢或合金钢相应元素的界限值范围内时，这些钢分别为非合金钢、低合金钢或合金钢。

3.2.2　当Cr、Cu、Mo、Ni四种元素，有其中两种、三种或四种元素同时规定在钢中时，对于低合金钢，应同时考虑这些元素中每种元素的规定含量；所有这些元素的规定含量总和，应不大于表1中规定的两种、三种或四种元素中每种元素最高界限值总和的70%。如果这些元素的规定含量总和大于表1中规定的元素中每种元素最高界限值总和的70%，即使这些元素每种元素的规定含量低于规定的最高界限值，也应划入合金钢。

示例：

某一产品标准中规定某一牌号的熔炼分析化学成分(质量分数)分别为：Cr：0.40%～0.49%、Ni：0.40%～0.49%、Mo：0.05%～0.08%、Cu：0.35%～0.45%；其余为残余元素。

首先，该牌号Cr、Ni、Mo、Cu四种元素的“规定含量(质量分数)”分别为：Cr 0.40%、Ni 0.40%、Mo 0.05%、Cu 0.35%，均在表1规定的“低合金钢”范围内，应划为低合金钢。

其次，按照Cr、Ni、Mo、Cu“规定含量总和”与“每种元素最高界限值总和的70%”比较(以质量分数表示)。

该牌号Cr、Ni、Mo、Cu“规定含量总和”为：

0.40% + 0.40% + 0.05% + 0.35% = 1.20%

表1中低合金钢Cr、Ni、Mo、Cu“最高界限值总和的70%”为：

(0.50% + 0.50% + 0.10% + 0.50%)×70% = 1.12%

显然，Cr、Ni、Mo、Cu四种元素的“规定含量总和”(1.20%)大于该四种元素“最高界限值总和的70%”(1.12%)。从这方面讲，该牌号已超出“低合金钢”的规定范围，应列入“合金钢”。

3.2.3 本部分3.2.2的原则也适用于Nb、Ti、V、Zr四种元素。

表1 非合金钢、低合金钢和合金钢合金元素规定含量界限值

合金元素	合金元素规定含量界限值(质量分数)/%		
	非合金钢	低合金钢	合金钢
Al	<0.10	—	≥0.10
B	<0.000 5	—	≥0.000 5
Bi	<0.10	—	≥0.10
Cr	<0.30	0.30～<0.50	≥0.50
Co	<0.10	—	≥0.10
Cu	<0.10	0.10～<0.50	≥0.50
Mn	<1.00	1.00～<1.40	≥1.40
Mo	<0.05	0.05～<0.10	≥0.10
Ni	<0.30	0.30～<0.50	≥0.50
Nb	<0.02	0.02～<0.06	≥0.06
Pb	<0.40	—	≥0.40
Se	<0.10	—	≥0.10
Si	<0.50	0.50～<0.90	≥0.90
Te	<0.10	—	≥0.10
Ti	<0.05	0.05～<0.13	≥0.13
W	<0.10	—	≥0.10
V	<0.04	0.04～<0.12	≥0.12
Zr	<0.05	0.05～<0.12	≥0.12
La系(每一种元素)	<0.02	0.02～<0.05	≥0.05
其他规定元素(S、P、C、N除外)	<0.05	—	≥0.05

因为海关关税的目的而区分非合金钢、低合金钢和合金钢时，除非合同或订单中另有协议，表中Bi、Pb、Se、Te、La系和其他规定元素(S、P、C和N除外)的规定界限值可不予考虑。

注1：La系元素含量，也可作为混合稀土含量总量。

注2：表中“—”表示不规定，不作为划分依据。

附 录 A
（资料性附录）
ISO 4948-1 标准非合金钢与合金钢中元素规定含量的界限值

A.1 ISO 4948-1 标准非合金钢与合金钢中元素的界限值见表 A.1。

表 A.1 非合金钢与合金钢中元素规定含量的界限值

合金元素	界限值(质量分数)/%
Al	0.10
B	0.000 8
Bi	0.10
Cr	0.30
Co	0.10
Cu	0.40
Mn	1.65[a]
Mo	0.08
Ni	0.30
Nb	0.06
Pb	0.40
Se	0.10
Si	0.50
Te	0.10
Ti	0.05
W	0.10
V	0.10
Zr	0.05
La 系(每一种元素)	0.05
其他规定元素(S、P、C、N 除外)	0.05

因为海关关税的目的而区分非合金钢、低合金钢和合金钢时，除非合同或订单中另有协商，表中 Bi、Pb、Se、Te、La 系和其他规定元素(S、P、C 和 N 除外)的规定界限值可不予考虑。

[a] 如果钢中锰含量仅规定最大值时，分类的界限值应为 1.80%。

ICS 77.140.01
H 40

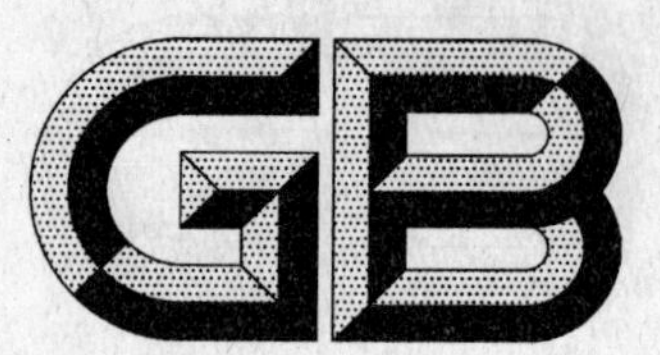

中华人民共和国国家标准

GB/T 13304.2—2008
部分代替 GB/T 13304—1991

钢分类　第2部分：按主要质量等级和主要性能或使用特性的分类

Steels classification—Part 2：Classification of according to main quality classes and main property or application characteristics

（ISO 4948-2：1981，MOD）

2008-08-05 发布　　2009-04-01 实施

中华人民共和国国家质量监督检验检疫总局
中国国家标准化管理委员会　发布

前　言

GB/T 13304《钢分类》分为如下 2 部分：

——第 1 部分：按化学成分分类；

——第 2 部分：按主要质量等级和主要性能或使用特性的分类。

本部分为 GB/T 13304《钢分类》的第 2 部分。

本部分修改采用 ISO 4948-2：1981《钢　分类　第 2 部分：非合金钢和合金钢按主要质量级别和主要性能或使用特性的分类》。

本部分根据 ISO 4948-2：1981 重新起草。为了方便比较，在资料性附录 B 中列出了本标准条款和 ISO 4948-2：1981 标准条款的对照一览表。

本部分代替 GB/T 13304—1991《钢分类》中的第二部分。

本部分与 GB/T 13304—1991 中的第二部分相比主要变化如下：

——将"规范性引用文件"中的标准作为附录 A(1991 年版第 2 章，本版附录 A)；

——增加"术语及定义"(见第 3 章)；

——钢分类按"概述"、"定义"和"举例"编写(1991 年版第 3、4、5 章，本版第 4、5、6 章)；

——更新并补充了规范性引用文件(见第 2 章)；

——更新、删除、增补了钢分类的举例(见表 1、表 2、表 3)；

——删除了钢分类举例，改为引用表 1、表 2 和表 3(1991 年版 3.1.1.2、3.1.2.2、3.1.3.2、4.1.1.2、4.1.2.2、4.1.3.2、5.1.2.2)；

——"普通质量非合金钢"和"普通质量低合金钢"定义中"硫或磷含量最高值"由大于 0.045%调整为 0.040%(1991 年版 3.1.1.1c)和 4.1.1.1c)，本版 4.1.1.2c)和 5.1.1.2c))；

——"特殊质量低合金钢"定义中增加了 f)～g)要求(1991 年版 4.1.3.1，本版 5.1.3.2)；

——"优质合金钢"定义中修改了 a)、c)、e)规定，增加 g)规定(1991 年版 5.1.3.2，本版 6.1.1.2)；

——增加了"按主要性能及使用特性分类"的准则(见 4.2.1、5.2.1、6.2.1)；

——增加了本部分与 ISO 4948-2：1981 标准的技术性差异及其原因(见附录 B)。

本部分附录 A 为规范性附录，附录 B 为资料性附录。

本部分由中国钢铁工业协会提出。

本部分由全国钢标准化技术委员会归口。

本部分起草单位：冶金工业信息标准研究院、首钢总公司。

本部分主要起草人：栾燕、王丽萍、戴强、刘宝石。

本部分所代替标准的历次版本发布情况为：

——GB/T 13304—1991。

钢分类　第 2 部分：按主要质量等级和主要性能或使用特性的分类

1　范围

本部分规定了非合金钢、低合金钢和合金钢按主要质量等级和主要性能或使用特性分类的基本原则和要求。

本部分适用于按主要质量等级和主要性能或使用特性对非合金钢、低合金钢和合金钢进行分类。

2　规范性引用文件

下列文件中的条款通过 GB/T 13304 的本部分的引用而成为本部分的条款。凡是注日期的引用文件，其随后所有的修改单(不包括勘误的内容)或修订版均不适用于本部分，然而，鼓励根据本部分达成协议的各方研究是否可使用这些文件的最新版本。凡是不注日期的引用文件，其最新版本适用于本部分。

见附录 A。

3　术语及定义

GB/T 13304.1 确立的术语及定义适用于本部分。

4　非合金钢的主要分类

非合金钢的主要分类如下：

a)　按钢的主要质量等级分类(见 4.1)；

b)　按钢的主要性能或使用特性分类(见 4.2)。

4.1　按主要质量等级分类

非合金钢按主要质量等级可分为：

a)　普通质量非合金钢(见 4.1.1)；

b)　优质非合金钢(见 4.1.2)；

c)　特殊质量非合金钢(见 4.1.3)。

4.1.1　普通质量非合金钢

4.1.1.1　概述

普通质量非合金钢是指生产过程中不规定需要特别控制质量要求的钢。

4.1.1.2　定义

同时满足下列四种条件的钢为普通质量非合金钢。

a)　钢为非合金化的(符合本标准第 1 部分对非合金钢的合金元素规定含量界限值的规定)；

b)　不规定热处理；

注：退火、正火、消除应力及软化处理不作为热处理对待。

c)　如产品标准或技术条件中有规定，其特性值应符合下列条件：

1)　碳含量最高值　　　≥0.10%；

2)　硫或磷含量最高值　≥0.040%；

3)　氮含量最高值　　　≥0.007%；

4） 抗拉强度最低值　　≤690 N/mm²；

5） 屈服强度最低值　　≤360 N/mm²；

6） 断后伸长率最低值($L_0=5.56\sqrt{S_0}$)　　≤33%；

7） 弯心直径最低值　　≥0.5 × 试件厚度；

8） 冲击吸收能量最低值(20 ℃，V 型，纵向标准试样)≤27 J；

9） 洛氏硬度最高值(HRB)　　≥60。

注：力学性能的规定值指用公称厚度为 3 mm～16 mm 钢材做的纵向或横向试样测定的性能。

d） 未规定其他质量要求。

4.1.1.3　普通质量非合金钢主要分类及举例

普通质量非合金钢主要分类及举例见表 1 第 1 栏。

4.1.2　优质非合金钢

4.1.2.1　概述

优质非合金钢是指在生产过程中需要特别控制质量(例如控制晶粒度，降低硫、磷含量，改善表面质量或增加工艺控制等)，以达到比普通质量非合金钢特殊的质量要求(例如良好的抗脆断性能，良好的冷成型性等)，但这种钢的生产控制不如特殊质量非合金钢严格(如不控制淬透性)。

4.1.2.2　定义

除在 4.1.1.2 中定义的普通质量非合金钢和 4.1.3.2 中定义的特殊质量非合金钢以外的钢为优质非合金钢。

4.1.2.3　优质非合金钢主要分类及举例

优质非合金钢主要分类及举例见表 1 第 2 栏。

4.1.3　特殊质量非合金钢

4.1.3.1　概述

特殊质量非合金钢是指在生产过程中需要特别严格控制质量和性能(例如，控制淬透性和纯洁度)的非合金钢。

4.1.3.2　定义

符合下列条件之一的钢为特殊质量非合金钢。

a） 钢材要经热处理并至少具有下列一种特殊要求的非合金钢(包括易切削钢和工具钢)：

1） 要求淬火和回火或模拟表面硬化状态下的冲击性能；

2） 要求淬火或淬火和回火后的淬硬层深度或表面硬度；

3） 要求限制表面缺陷，比对冷镦和冷挤压用钢的规定更严格；

4） 要求限制非金属夹杂物含量和(或)要求内部材质均匀性。

b） 钢材不进行热处理并至少应具有下述一种特殊要求的非合金钢：

1） 要求限制非金属夹杂物含量和(或)内部材质均匀性，例如钢板抗层状撕裂性能；

2） 要求限制磷含量和(或)硫含量最高值，并符合如下规定：

熔炼分析值　　≤0.020%；

成品分析值　　≤0.025%；

3） 要求残余元素的含量同时作如下限制：

Cu 熔炼分析最高含量　　≤0.10%；

Co 熔炼分析最高含量　　≤0.05%；

V 熔炼分析最高含量　　≤0.05%。

4） 表面质量的要求比 GB/T 6478 冷镦和冷挤压用钢的规定更严格。

c） 具有规定的电导性能(不小于 9 s/m)或具有规定的磁性能(对于只规定最大比总损耗和最小磁极化强度而不规定磁导率的磁性薄板和带除外)的钢。

4.1.3.3　特殊质量非合金钢主要分类及举例

特殊质量非合金钢主要分类及举例见表1中第3栏。

4.2　按主要性能或使用特性分类

4.2.1　本部分所指的主要性能或使用特性是在某些情况下，例如在编制体系或对钢进行分类时要优先考虑的特性。

4.2.2　表1中非合金钢按其主要性能或使用特性分类如下：

a)　以规定最高强度(或硬度)为主要特性的非合金钢，例如冷成型用薄钢板；

b)　以规定最低强度为主要特性的非合金钢，例如造船、压力容器、管道等用的结构钢；

c)　以限制碳含量为主要特性的非合金钢(但下述d、e项包括的钢除外)，例如线材、调质用钢等；

d)　非合金易切削钢，钢中硫含量最低值、熔炼分析值不小于0.070%，并(或)加入Pb、Bi、Te、Se、Sn、Ca或P等元素；

e)　非合金工具钢；

f)　具有专门规定磁性或电性能的非合金钢，例如电磁纯铁；

g)　其他非合金钢，例如原料纯铁等。

5　低合金钢的主要分类

低合金钢的主要分类如下：

a)　按钢的主要质量等级分类(见5.1)；

b)　按钢的主要性能或使用特性分类(见5.2)。

5.1　按主要质量等级分类

低合金钢按主要质量等级分为：

a)　普通质量低合金钢；

b)　优质低合金钢；

c)　特殊质量低合金钢。

5.1.1　普通质量低合金钢

5.1.1.1　概述

普通质量低合金钢是指不规定生产过程中需要特别控制质量要求的，供作一般用途的低合金钢。

5.1.1.2　定义

同时满足下列条件的钢为普通质量低合金钢。

a)　合金含量较低(符合本标准第1部分对低合金钢的合金元素规定含量界限值规定)；

b)　不规定热处理；

注：退火、正火、消除应力及软化处理不作为热处理对待。

c)　如产品标准或技术条件中有规定，其特性值应符合下列条件：

1)　硫或磷含量最高值　　　≥0.040%；

2)　抗拉强度最低值：　　　≤690 N/mm²；

3)　屈服强度最低值　　　　≤360 N/mm²；

4)　断后伸长率最低值　　　≤26%；

5)　弯心直径最低值　　　　≥2×试件厚度；

6)　冲击吸收能量最低值(20 ℃，V型，纵向标准试样)≤27 J。

注1：力学性能的规定值指用公称厚度为3 mm～16 mm钢材做的纵向或横向试样测定的性能。

注2：规定的抗拉强度、屈服强度或屈服强度特性值只适用于可焊接的低合金高强度结构钢。

d)　未规定其他质量要求。

5.1.1.3 普通质量低合金钢主要分类及举例

普通质量低合金钢主要分类及举例见表 2 第 1 栏。

5.1.2 优质低合金钢

5.1.2.1 概述

优质低合金钢是指在生产过程中需要特别控制质量(例如降低硫、磷含量,控制晶粒度,改善表面质量,增加工艺控制等),以达到比普通质量低合金钢特殊的质量要求(例如良好的抗脆断性能、良好的冷成型性等),但这种钢的生产控制和质量要求,不如特殊质量低合金钢严格。

5.1.2.2 定义

除 5.1.1.2 定义的普通质量低合金钢和 5.1.3.2 定义的特殊质量低合金钢以外的钢为优质低合金钢。

5.1.2.3 优质低合金钢主要分类及举例

优质低合金钢主要分类及举例见表 2 第 2 栏。

5.1.3 特殊质量低合金钢

5.1.3.1 概述

特殊质量低合金钢是指在生产过程需要特别严格控制质量和性能(特别是严格控制硫、磷等杂质含量和纯洁度)的低合金钢。

5.1.3.2 定义

符合下列条件之一的钢为特殊质量低合金钢。

a) 规定限制非金属夹杂物含量和(或)内部材质均匀性,例如,钢板抗层状撕裂性能。

b) 规定严格限制磷含量和(或)硫含量最高值,并符合下列规定:

熔炼分析值 ≤0.020%;

成品分析值 ≤0.025%。

c) 规定限制残余元素含量,并应同时符合下列规定:

Cu 熔炼分析最高含量 ≤0.10%;

Co 熔炼分析最高含量 ≤0.05%;

V 熔炼分析最高含量 ≤0.05%。

d) 规定低温(低于−40 ℃,V 型)冲击性能。

e) 可焊接的高强度钢,规定的屈服强度最低值≥420 N/mm^2。

注:力学性能的规定值指用公称厚度为 3 mm~16 mm 钢材做的纵向或横向试样测定的性能。

f) 弥散强化钢,其规定碳含量熔炼分析最小值不小于 0.25%;并具有铁素体/珠光体或其他显微组织;含有 Nb、V 或 Ti 等一种或多种微合金化元素。一般在热成形温度过程中控制轧制温度和冷却速度完成弥散强化。

g) 预应力钢。

5.2 按主要性能及使用特性分类

5.2.1 4.2.1 对非合金钢的主要性能或使用特性的概述也适用于低合金钢。

5.2.2 表 2 中低合金钢按其主要性能或使用特性分类如下:

a) 可焊接的低合金高强度结构钢;

b) 低合金耐候钢;

c) 低合金混凝土用钢及预应力用钢;

d) 铁道用低合金钢;

e) 矿用低合金钢;

f) 其他低合金钢,如焊接用钢。

6 合金钢的主要分类

合金钢主要分类如下：

a) 按钢的主要质量等级分类(见 6.1)；

b) 按钢的主要性能或使用特性分类(见 6.2)。

6.1 按主要质量等级分类

合金钢按主要质量等级分为：

a) 优质合金钢(见 6.1.1)；

b) 特殊质量合金钢(见 6.1.2)。

6.1.1 优质合金钢

6.1.1.1 概述

优质合金钢是指在生产过程中需要特别控制质量和性能(如韧性、晶粒度或成形性)的钢，但其生产控制和质量要求不如特殊质量合金钢严格的合金钢。

6.1.1.2 定义

下列钢为优质合金钢。

a) 一般工程结构用合金钢，如钢板桩用合金钢 GB/T 20933 中的 Q420bz，矿用合金钢 GB/T 10560中的牌号(20Mn2A、20MnV、25MnV 除外)等；

b) 合金钢筋钢，如 GB/T 20065 中的合金钢等；

c) 电工用合金钢，主要含有硅或硅和铝等合金元素，但无磁导率的要求；

d) 铁道用合金钢，如 GB 11264 中的 30CuCr；

e) 凿岩、钻探用钢，如 GB/T 1301 中的合金钢；

f) 硫、磷含量大于 0.035%的耐磨钢，如 GB/T 5680 规定的高锰铸钢。

6.1.2 特殊质量合金钢

6.1.2.1 概述

特殊质量合金钢是指需要严格控制化学成分和特定的制造及工艺条件，以保证改善综合性能，并使性能严格控制在极限范围内。

6.1.2.2 定义

除 6.1.1.2 优质合金钢以外的所有其他合金钢都为特殊质量合金钢。

6.1.2.3 特殊质量合金钢主要分类及举例

特殊质量合金钢主要分类及举例见表 3 中第 2～8 栏。

6.2 按主要性能及使用特性分类

6.2.1 4.2.1 对非合金钢的主要性能或使用特性的概述也适用于合金钢。

6.2.2 表 3 中合金钢按其主要性能或使用特性分类如下：

a) 工程结构用合金钢，包括一般工程结构用合金钢，供冷成型用的热轧或冷轧扁平产品用合金钢(压力容器用钢、汽车用钢和输送管线用钢)，预应力用合金钢、矿用合金钢、高锰耐磨钢等；

b) 机械结构用合金钢，包括调质处理合金结构钢、表面硬化合金结构钢、冷塑性成型(冷顶锻、冷挤压)合金结构钢、合金弹簧钢等，但不锈、耐蚀和耐热钢，轴承钢除外；

c) 不锈、耐蚀和耐热钢，包括不锈钢、耐酸钢、抗氧化钢和热强钢等，按其金相组织可分为马氏体型钢、铁素体型钢、奥氏体型钢、奥氏体-铁素体型钢、沉淀硬化型钢等；

d) 工具钢，包括合金工具钢、高速工具钢。合金工具钢分为量具刃具用钢、耐冲击工具用钢、冷作模具钢、热作模具钢、无磁模具钢、塑料模具钢等；高速工具钢分为钨钼系高速工具钢、钨系高速工具钢和钴系高速工具钢等；

e) 轴承钢，包括高碳铬轴承钢、渗碳轴承钢、不锈轴承钢、高温轴承钢等；

f) 特殊物理性能钢，包括软磁钢、永磁钢、无磁钢及高电阻钢和合金等；

g) 其他，如焊接用合金钢等。

表 1　非合金钢的主要分类及举例

按主要特性分类	按主要质量等级分类		
	1	2	3
	普通质量非合金钢	优质非合金钢	特殊质量非合金钢
以规定最高强度为主要特性的非合金钢	普通质量低碳结构钢板和钢带 GB 912 中的 Q195 牌号	a) 冲压薄板低碳钢 GB/T 5213 中的 DC01 b) 供镀锡、镀锌、镀铅板带和原板用碳素钢 GB/T 2518 GB/T 2520 } 全部碳素钢牌号 YB/T 5364 c) 不经热处理的冷顶锻和冷挤压用钢 GB/T 6478 中表 1 的牌号	
以规定最低强度为主要特性的非合金钢	a) 碳素结构钢 GB/T 700 中的 Q215 中 A、B 级，Q235 的 A、B 级，Q275 的 A、B 级 b) 碳素钢筋钢 GB 1499.1 中的 HPB235、HPB300 c) 铁道用钢 GB/T 11264 中的 50Q、55Q GB/T 11265 中的 Q235-A d) 一般工程用不进行热处理的普通质量碳素钢 GB/T 14292 中的所有普通质量碳素钢 e) 锚链用钢 GB/T 18669 中的 CM 370	a) 碳素结构钢 GB/T 700 中除普通质量 A、B 级钢以外的所有牌号及 A、B 级规定冷成型性及模锻性特殊要求者 b) 优质碳素结构钢 GB/T 699 中除 65Mn、70Mn、70、75、80、85 以外的所有牌号 c) 锅炉和压力容器用钢 GB 713 中的 Q245R GB 3087 中的 10、20 GB 6479 中的 10、20 GB 6653 中的 HP235、HP265 d) 造船用钢 GB 712 中的 A、B、D、E GB/T 5312 中的所有牌号 GB/T 9945 中的 A、B、D、E e) 铁道用钢 GB 2585 中的 U74 GB 8601 中的 CL60B 级 GB 8602 中的 LG 60B 级、LG 65B 级 f) 桥梁用钢 GB/T 714 中的 Q235qC、Q235qD g) 汽车用钢 YB/T 4151 中 330CL、380CL YB/T 5227 中的 12LW YB/T 5035 中的 45 YB/T 5209 中的 08Z、20Z h) 输送管线用钢 GB/T 3091 中的 Q195、Q215A、Q215B、Q235A、Q235B GB/T 8163 中的 10、20 i) 工程结构用铸造碳素钢 GB 11352 中的 ZG200-400、ZG230-450，ZG270-500，ZG310-570、ZG340-640 GB 7659 中的 ZG200-400H、ZG230-450H、ZG275-485H j) 预应力及混凝土钢筋用优质非合金钢	a) 优质碳素结构钢 GB/T 699 中的 65Mn、70Mn、70、75、80、85 钢 b) 保证淬透性钢 GB/T 5216 中的 45H c) 保证厚度方向性能钢 GB/T 5313 中的所有非合金钢 GB/T 19879 中的 Q235GJ d) 汽车用钢 GB/T 20564.1 中的 CR180BH、CR220BH、CR260BH GB/T 20564.2 中的 CR260/450DP e) 铁道用钢 GB 5068 中的所有牌号 GB 8601 中的 CL60A 级 GB 8602 中的 LG60A、LG65A 级 f) 航空用钢 包括所有航空专用非合金结构钢牌号 g) 兵器用钢 包括各种兵器用非合金结构钢牌号 h) 核压力容器用非合金钢 i) 输送管线用钢 GB/T 21237 中的 L245、L290、L320、L360 j) 锅炉和压力容器用钢 GB 5310 中的所有非合金钢

表 1(续)

按主要特性分类	按主要质量等级分类		
	1	2	3
	普通质量非合金钢	优质非合金钢	特殊质量非合金钢
以碳含量为主要特性的非合金钢	a) 普通碳素钢盘条 GB/T 701 中的所有牌号(C级钢除外) YB/T 170.2 中的所有牌号(C4D、C7D 除外) b) 一般用途低碳钢丝 YB/T 5294 中的所有碳钢牌号 c) 热轧花纹钢板及钢带 YB/T 4159 中的普通质量碳素结构钢	a) 焊条用钢(不包括成品分析 S、P 不大于 0.025的钢) GB/T 14957 中的 H08A、H08MnA、H15A、H15Mn GB/T 3429 中的 H08A、H08MnA、H15A、H15Mn b) 冷镦用钢 YB/T 4155 中的 BL1、BL2、BL3 GB/T 5953 中的 ML10～ML45 YB/T 5144 中的 ML15、ML20 GB/T 6478 中的 ML08Mn、ML22Mn、ML25～ML45、ML15Mn～ML35Mn c) 花纹钢板 YB/T 4159 优质非合金钢 d) 盘条钢 GB/T 4354 中的 25～65、40Mn～60Mn e) 非合金调质钢 (特殊质量钢除外) f) 非合金表面硬化钢 (特殊质量钢除外) g) 非合金弹簧钢 (特殊质量钢除外)	a) 焊条用钢(成品分析 S、P 不大于 0.025 的钢) GB/T 14957 中的 H08E、H08C GB/T 3429 中的 H04E、H08E、H08C b) 碳素弹簧钢 GB/T 1222 中的 65～85、65Mn GB/T 4357 中的所有非合金钢 c) 特殊盘条钢 YB/T 5100 中的 60、60Mn、65、65Mn、70、70Mn、75、80、T8MnA、T9A(所有牌号) YB/T 146 中所有非合金钢 d) 非合金调质钢 (符合本部分中的 4.1.3.2 规定) e) 非合金表面硬化钢 (符合本部分中的 4.1.3.2 规定) f) 火焰及感应淬火硬化钢 (符合本部分中的 4.1.3.2 规定) g) 冷顶锻和冷挤压钢 (符合本部分中的 4.1.3.2 规定)
非合金易切削钢		a) 易切削结构钢 GB/T 8731 中的牌号 Y08～Y45、Y08Pb、Y12Pb、Y15Pb、Y45Ca	a) 特殊易切削钢 要求测定热处理后冲击韧性等 GJB 1494 中的 Y75
非合金工具钢			a) 碳素工具钢 GB/T.1298 中的全部牌号
规定磁性能和电性能的非合金钢		a) 非合金电工钢板、带 GB/T 2521 电工钢板、带 b) 具有规定导电性能(<9 S/m)的非合金电工钢	a) 具有规定导电性能(≥9 S/m)的非合金电工钢 b) 具有规定磁性能的非合金软磁材料 GB/T 6983 规定的非合金钢

表 1（续）

按主要特性分类	按主要质量等级分类		
	1	2	3
	普通质量非合金钢	优质非合金钢	特殊质量非合金钢
其他非合金钢	a) 栅栏用钢丝 YB/T 4026 中普通质量非合金钢牌号		a) 原料纯铁 GB/T 9971 中的 YT1、YT2、YT3

表 2 低合金钢的主要分类及举例

按主要特性分类	按主要质量等级分类		
	1	2	3
	普通质量低合金钢	优质低合金钢	特殊质量低合金钢
可焊接合金高强度结构钢	a) 一般用途低合金结构钢 GB/T 1591 中的 Q295、Q345 牌号的 A 级钢	a) 一般用途低合金结构钢 GB/T 1591 中的 Q295B、Q345（A 级钢以外）和 Q390（E 级钢以外） b) 锅炉和压力容器用低合金钢 GB 713 除 Q245 以外的所有牌号 GB 6653 中除 HP235、HP265 以外的所有牌号 GB 6479 中的 16Mn、15MnV c) 造船用低合金钢 GB 712 中的 A32、D32、E32、A36、D36、E36、A40、D40、E40 GB/T 9945 中的高强度钢 d) 汽车用低合金钢 GB/T 3273 中所有牌号 YB/T 5209 中的 08Z、20Z YB/T 4151 中的 440CL、490CL、540CL e) 桥梁用低合金钢 GB/T 714 中除 Q235q 以外的钢 f) 输送管线用低合金钢 GB/T 3091 中的 Q295A、Q295B、Q345A、Q345B GB/T 8163 中的 Q295、Q345 g) 锚链用低合金钢 GB/T 18669 中的 CM490、CM690 h) 钢板桩 GB/T 20933 中的 Q295bz、Q390bz	a) 一般用途低合金结构钢 GB/T 1591 中的 Q390E、Q345E、Q420 和 Q460 b) 压力容器用低合金钢 GB/T 19189 中的 12MnNiVR GB 3531 中的所有牌号 c) 保证厚度方向性能低合金钢 GB/T 19879 中除 Q235GJ 以外的所有牌号 GB/T 5313 中所有低合金牌号 d) 造船用低合金钢 GB 712 中的 F32、F36、F40 e) 汽车用低合金钢 GB/T 20564.2 中的 CR300/500DP YB/T 4151 中的 590CL f) 低焊接裂纹敏感性钢 YB/T 4137 中所有牌号 g) 输送管线用低合金钢 GB/T 21237 中的 L390、L415、L450、L485 h) 舰船兵器用低合金钢 i) 核能用低合金钢
低合金耐候钢		a) 低合金耐候性钢 GB/T 4171 中所有牌号	
低合金混凝土用钢	a) 一般低合金钢筋钢 GB 1499.2 中的所有牌号		a) 预应力混凝土用钢 YB/T 4160 中的 30MnSi

表 2（续）

按主要特性分类	按主要质量等级分类		
	1	2	3
	普通质量低合金钢	优质低合金钢	特殊质量低合金钢
铁道用低合金钢	a） 低合金轻轨钢 GB/T 11264 中的 45SiMnP、50SiMnP	a） 低合金重轨钢 GB 2585 中的除 U74 以外的牌号 b） 起重机用低合金钢轨钢 YB/T 5055 中的 U71Mn c） 铁路用异型钢 YB/T 5181 中的 09CuPRE YB/T 5182 中的 09V	a） 铁路用低合金车轮钢 GB 8601 中的 CL 45 MnSiV
矿用低合金钢	a） 矿用低合金钢 GB/T 3414 中的 M510、M540、M565 热轧钢 GB/T 4697 中的所有牌号	a） 矿用低合金结构钢 GB/T 3414 中的 M540、M565 热处理钢	a） 矿用低合金结构钢 GB/T 10560 中的 20Mn2A、20MnV、25MnV
其他低合金钢		a） 易切削结构钢 GB/T 8731 中的 Y08MnS、Y15Mn、Y40Mn、Y45Mn、Y45MnS、Y45MnSPb b） 焊条用钢 GB/T 3429 中的 H08MnSi、H10MnSi	a） 焊条用钢 GB/T 3429 中的 H05MnSiTiZrAlA、H11MnSi、H11MnSiA

表 3　合金钢的分类

按主要质量分类	优质合金钢(见 6.2.1)		特殊质量合金钢(见 6.2.2)								
	1		2	3	4		5		6	7	8
按主要使用特性分类	工程结构用钢	其他	工程结构用钢	机械结构用钢[a] (第 4、6 除外)	不锈、耐蚀和耐热钢[b]		工具钢		轴承钢	特殊物理性能钢	其他
按其他特性(除上述特性以外)对钢进一步分类举例	11 一般工程结构用合金钢 GB/T 20933 中的 Q420bz 12 合金钢筋钢 GB/T 20065 中的合金钢 13 凿岩钎杆用钢 GB/T 1301 中的合金钢 14 耐磨钢 GB/T 5680 中的合金钢	16 电工用硅(铝)钢(无磁导率要求) GB/T 6983 中的合金钢 17 铁道用合金钢 GB/T 11264 中的 30CuCr 18 易切削钢 GB/T 8731 中的含锡钢 19 其他	21 锅炉和压力容器用合金钢(4 类除外) GB/T 19189 中的 07MnCrMoVR、07MnNiMoVDR GB 713 中的合金钢 GB 5310 中的合金钢 22 热处理合金钢筋钢 23 汽车用钢 GB/T 20564.2 中的 CR 340/590DP CR 420/780DP CR 550/980DP 24 预应力用钢 YB/T 4160 中的合金钢 25 矿用合金钢 GB/T 10560 中的合金钢 26 输送管线用钢 GB/T 21237 中的 L555、L690 27 高锰钢	31 V、MnV、Mn(x)系钢 32 SiMn(x) 系钢 33 Cr(x) 系钢 34 CrMo(x) 系钢 35 CrNiMo(x)系钢 36 Ni(x) 系钢 37 B(x) 系钢 38 其他	41 马氏体型 或 42 铁素体型 43 奥氏体型 或 44 奥氏体-铁素体型 或 45 沉淀硬化型	411/421 Cr(x)系钢 412/422 CrNi(x)系钢 413/423 CrMo(x) CrCo(x)系钢 414/424 CrAl(x) CrSi(x)系钢 415/425 其他 431/441/451 CrNi(x)系钢 432/442/452 CrNiMo(x)系钢 433/443/453 CrNi+Ti 或 Nb 钢 434/444/454 CrNiMo+Ti 或 Nb 钢 435/445/455 CrNi+V、W、Co 钢 436/446 CrNiSi(x)系钢 437 CrMnSi(x)系钢 438 其他	51 合金工具钢 (GB/T 1299 中所有牌号) 52 高速钢 (GB/T 9943 中所有牌号)	511 Cr(x) 512 Ni(x)、CrNi(x) 513 Mo(x)、CrMo(x) 514 V(x)、CrV(x) 515 W(x)、CrW(x)系钢 516 其他 521 WMo 系钢 522 W 系钢 523 Co 系钢	61 高碳铬轴承钢 GB/T 18254 中所有牌号 62 渗碳轴承钢 GB/T 3203 中所有牌号 63 不锈轴承钢 GB/T 3086 中所有牌号 64 高温轴承钢 65 无磁轴承钢	71 软磁钢 (除 16 外) GB/T 14986 中所有牌号 72 永磁钢 GB/T 14991 中所有牌号 73 无磁钢 74 高电阻钢和合金 GB/T 1234 中所有牌号	焊接用钢 GB/T 3429 中的合金钢

注：(x)表示该合金系列中还包括有其他合金元素，如 Cr(x)系，除 Cr 钢外，还包括 CrMn 钢等。

a GB/T 3007 中所有牌号，GB/T 1222 和 GB/T 6478 中的合金钢等。

b GB/T 1220、GB/T 1221、GB/T 2100、GB/T 6892 和 GB/T 12230 中的所有牌号。

附 录 A
（规范性附录）
本部分所引用的规范性引用文件

GB/T 699—1999 优质碳素结构钢
GB/T 700—2006 碳素结构钢
GB/T 701—2008 低碳钢热轧圆盘条
GB 712—2000 船体用结构钢
GB 713—2008 锅炉和压力容器用钢板
GB/T 714—2000 桥梁用结构钢
GB 912—2008 碳素结构钢和低合金结构钢热轧薄钢板和钢带
GB/T 1220—2007 不锈钢棒
GB/T 1221—2007 耐热钢棒
GB/T 1222—2007 弹簧钢
GB/T 1234 高电阻电热合金
GB/T 1298—2008 碳素工具钢
GB/T 1299—2000 合金工具钢
GB/T 1301—2008 凿岩钎杆用中空钢
GB 1499.1—2008 钢筋混凝土用钢 第1部分 热轧光圆钢筋
GB 1499.2—2007 钢筋混凝土用钢 第2部分 热轧带肋钢筋
GB/T 1591—1994 低合金高强度结构钢
GB/T 2100—2002 一般用途耐蚀钢铸件
GB/T 2518—2004 连续热镀锌钢板及钢带
GB/T 2520—2000 冷轧电镀锡薄钢板
GB/T 2521—2008 冷轧取向和无取向电工钢带(片)
GB 2585—2007 铁路用热轧钢轨
GB/T 3007—1999 合金结构钢
GB/T 3086—2008 高碳铬不锈轴承钢
GB 3087—2008 低中压锅炉用无缝钢管
GB/T 3091—2008 低压流体输送用焊接钢管
GB/T 3203—1982 渗碳轴承钢 技术条件
GB/T 3273—2005 汽车大梁用热轧钢板和钢带
GB/T 3414—1994 煤机用热轧异型钢
GB/T 3429—2002 焊接用钢盘条
GB 3531—2008 低温压力容器用低合金钢钢板
GB/T 4171—2008 耐候钢
GB/T 4354—2008 优质碳素钢热轧盘条
GB/T 4357—1989 碳素弹簧钢丝
GB/T 4697—2008 矿山巷道支护用热轧U型钢
GB 5068—1999 铁路机车、车辆车轴用钢
GB/T 5213—2008 冷轧低碳钢板及钢带
GB/T 5216—2004 保证淬透性结构钢
GB 5310—2008 高压锅炉用无缝钢管
GB/T 5312—1999 船舶用碳钢和碳锰钢无缝钢管

GB/T 5313—1985　厚度方向性能钢板
GB/T 5680—1998　高锰钢铸件
GB/T 5953—1999　冷镦钢丝
GB/T 6478—2001　冷镦和冷挤压用钢
GB 6479—2000　高压化肥设备用无缝钢管
GB 6653—2008　焊接气瓶用钢板和钢带
GB/T 6983—2008　电磁纯铁
GB/T 6967—1986　工程结构用中、高强度不锈钢铸件
GB/T 7659—1987　焊接结构用碳素钢铸件
GB/T 8163—2001　输送流体用无缝钢管
GB/T 8492—2002　一般用途耐热钢和合金铸件
GB 8601—1988　铁路用辗钢整体车轮
GB 8602—1988　铁路用粗制轮箍
GB/T 8731—2008　易切削钢
GB/T 9943—2008　高速工具钢
GB/T 9945—2001　热轧用球扁钢
GB/T 9971—2004　原料纯铁
GB/T 10560—2008　矿用高强度圆环链用钢
GB/T 11264—1989　轻轨
GB/T 11265—1989　轻轨用接头夹板
GB/T 11352—1989　一般工程用铸造碳钢件
GB/T 12230—2005　通用阀门　不锈钢铸件技术条件
GB/T 14292—1993　碳素结构钢和低合金结构热轧条钢技术条件
GB/T 14957—1994　熔化焊用钢丝
GB/T 14986—2008　高饱和、磁温度补偿、耐蚀、铁铝、恒磁导率软磁合金
GB/T 14991—1994　变形永磁钢
GB/T 15712—2008　非调质机械结构钢
GB/T 18669—2002　船用锚链圆钢
GB/T 19189—2003　压力容器用调质高强度钢板
GB/T 19879—2005　建筑结构用钢板
GB/T 20933—2007　热轧 U 型钢板桩
GB/T 20564.1—2007　汽车用高强度冷连轧钢板及钢带　第 1 部分:烘烤硬化钢
GB/T 20564.2—2006　汽车用高强度冷连轧钢板及钢带　第 2 部分:双相钢
GB/T 20065—2006　预应力混凝土用螺纹钢筋
GB/T 21237—2007　石油天然气输送管用宽厚钢板
GJB 1494—1992　特殊用途易切削银亮钢丝规范
YB/T 146—1998　预应力钢丝及钢绞线用热轧盘条
YB/T 170.2—2000　制丝用非合金钢盘条　第 2 部分　一般用途盘条
YB/T 4026—1991　网围栏用镀锌钢丝
YB/T 4137—2005　低焊接裂纹敏感性高强度钢板
YB/T 4151—2006　汽车车轮用热轧钢板和钢带
YB/T 4155—2006　标准件用碳素钢热轧圆钢及盘条
YB/T 4159—2007　热轧花纹钢板和钢带
YB/T 4160—2007　预应力混凝土钢棒用热轧盘条
YB/T 5035—1996　汽车半轴套管用无缝钢管

YB/T 5055—1993　起重机钢轨
YB/T 5100—1993　琴钢丝用盘条
YB/T 5144—2006　轴承保持器用碳素结构钢丝
YB/T 5181—1993　22 号帽型钢
YB/T 5182—1993　310 乙字型钢
YB/T 5209—2000　传动轴用电焊钢管
YB/T 5227—2000　汽车车轮轮辋用热轧型钢
YB/T 5294—2006　一般用途低碳钢丝
YB/T 5364—2006　热镀铅锡合金碳素钢冷轧薄钢板及钢带

附　录　B
（资料性附录）
本部分与 ISO 4948-2：1981 标准的技术性差异及其原因

表 B.1 给出了本部分与 ISO 4948-2：1981 标准技术性差异及其原因的一览表。

表 B.1　本部分与 ISO 4948-2：1981 标准的技术性差异及其原因

本标准的章条编号	技术性差异	原因
1	增加了低合金钢类	适应我国标准体系的实际需求
2	引用了采用国标标准的我国标准，并增加了部分我国标准和年代号，将引用标准以附录 A 的形式给出	以适应我国引用标准和标准编写的规定
4.1.1.2	根据我国实际情况，修改了“硫或磷含量最高值”、“断后伸长率”、“弯心直径最低值”的规定值	适应我国标准体系实际情况
5	ISO 4948-2：1981 标准无相应内容，此章是按我国标准增加	适应我国标准体系的实际需要
6.1.1.1	与 ISO 4948-2：1981 标准 5.2.1.1 相对应，但内容按我国实际情况重新编写	适应我国标准体系实际情况
6.1.1.2	ISO 4948-2：1981 标准 5.2.1.2 相对应，但内容按我国实际情况重新编写	适应我国标准的实际需要
6.1.2.1	ISO 4948-2：1981 标准无相应内容，此条是为了统一编写格式和我国标准实际情况增加	适应我国标准版式要求和实际情况需要
6.2.2	ISO 4948-2：1981 标准无相应内容，此条是为了统一编写格式和我国标准实际情况增加	适应我国标准版式要求和实际情况需要
表 1	与 ISO 4948-2：1981 标准表 1 相对应，但内容按我国实际情况重新编写	适应我国标准的实际需要
表 2	与 ISO 4948-2：1981 标准表 2 相对应，但内容按我国实际情况增加的	适应我国标准的实际需要
表 3	与 ISO 4948-2：1981 标准表 3 相对应，但内容按我国实际情况重新编写	适应我国标准的实际需要

中华人民共和国国家标准

GB/T 15574—1995

钢产品分类

Steel products classification and definitions

本标准等效采用了 ISO 6929—87《钢产品分类和定义》。

1 主题内容与适用范围

本标准规定了按照生产工序、外形、尺寸和表面对钢产品进行分类的基本准则，并规定了钢的工业产品、钢的其他产品的分类基本内容。

本标准适用于按照生产工序、外形、尺寸和表面对钢产品进行分类。

本标准一般不按钢产品的最终用途和生产工艺进行分类，有时只作为分类的参考。

2 分类

2.1 钢的工业产品分类如下：

a. 初产品；

b. 半成品；

c. 轧制成品和最终产品；

d. 锻制条钢。

2.2 钢的其他产品分类如下：

a. 粉末冶金产品；

b. 铸件；

c. 锻压产品；

d. 光亮产品；

e. 冷成型产品；

f. 焊接型钢；

g. 钢丝；

h. 钢丝绳。

第一篇 钢的工业产品

Steel industry products

3 一般分类(General classification)

按生产工序，将钢产品分为四大类：

a. 初产品(见第 4 章)；

b. 半成品(见第 5 章)；

c. 轧制成品和最终产品(见第六章)；

d. 锻制条钢(见第七章)。

国家技术监督局1995-06-01批准　　1995-12-01实施

4 初产品(Crude products)

液态钢或钢锭[1)]。

注 1)：在初产品统计中，包括液态钢(用于铸件)、钢锭。

4.1 液态钢(Liquid steel)

通过冶炼获得待浇注的液体状态钢和直接熔化原料而获得的液体状态钢，为用于铸锭或连续浇注或铸造铸钢件的液体状态钢水。

4.2 钢锭(Ingots)

将液态钢浇注到具有一定形状的锭模中得到的产品。钢锭模的形状(钢锭的形状)应与经热轧或锻制加工[1)]成材的形状近似。按横截面，可把钢锭分为用于轧制型材的钢锭和轧制板材的扁锭。

为进一步加工的需要，不改变钢锭原来的分类，还可以做如下处理：

a. 用研磨工具或喷枪等全部清理表面缺陷；

b. 剪切头尾或剪切成便于进一步加工的长度；

c. 表面清理后剪切。

4.2.1 用于轧制型材的钢锭的横截面可以是方形、矩形(宽度小于厚度的 2 倍)、多边形、圆形、椭圆形以及各种异型。

4.2.2 用于轧制板材的扁钢锭的横截面是宽度不小于厚度 2 倍的矩形。

注 1)：用真空电弧或电渣法重熔成钢锭时，在近似产品形状的铸模中熔化钢电极所获得的产品，钢电极是预先铸造、锻造或轧制成的。

5 半成品(Semi-finished products)

由轧制或锻造钢锭获得的，或者由连铸获得的半成品，半成品通常是供进一步轧制或锻造加工成成品用。

这些半成品的横截面可以有各种形状(见 5.1～5.4 条)；横截面的尺寸沿长度方向是不变的；其公差相对于成品更大一些，棱角更圆钝一些。半成品的侧面允许有轻微的凹入或凸出以及轧制(或锻制)的痕迹。并且可以用研磨工具、喷枪或修磨方法进行局部或全部的清理。在 5.1～5.5 条中半成品是按形状、横截面尺寸以及用途进行分类的[1)](见图 1)。

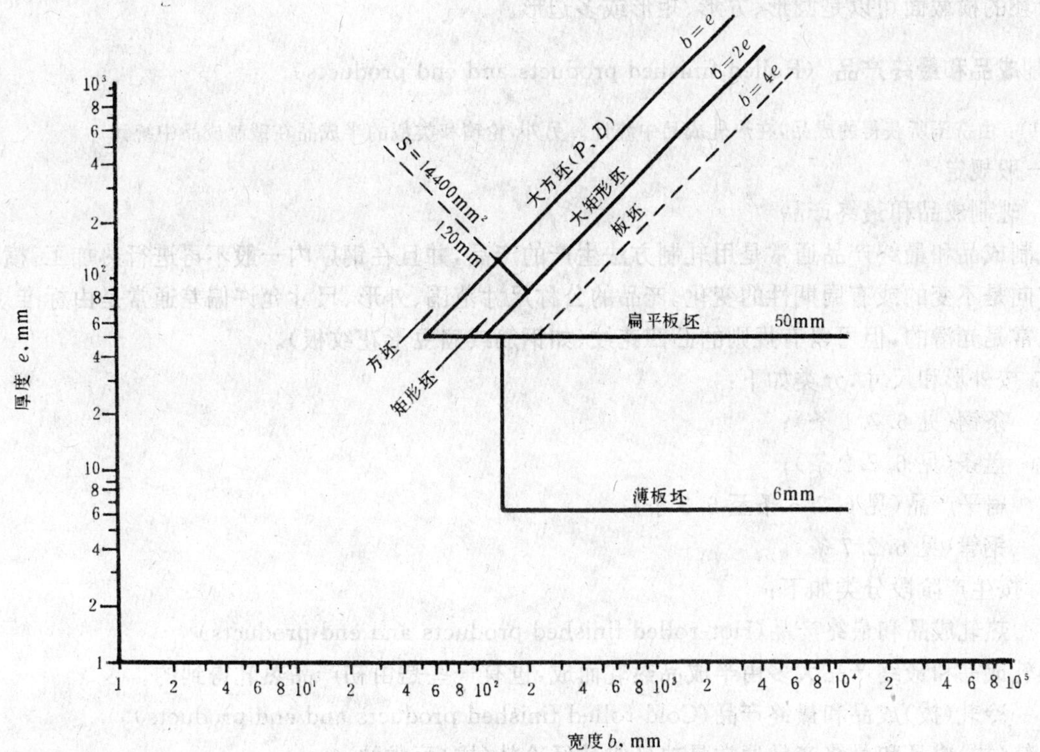

图 1 半成品分类

注 1)：各种半成品(Blooms,billets,slabs)取自轧机的类型以及轧制产品的横截面。目前，在开坯机上可生产初轧坯，在板坯轧机上也可开坯。

5.1 方形横截面半成品(Semi-finished products of square)

按边长，这些半成品通常分为：

5.1.1 大方坯(Square blooms)

边长大于 120 mm。

5.1.2 方坯(Square billets)

边长 40～120 mm。

5.2 矩形横截面半成品(Semi-finished products of rectangular cross-section)(不包括 5.3 条至 5.5 条的半成品)

按横截面尺寸，矩形横截面半成品通常分为以下几类：

5.2.1 大矩形坯(Rectangular blooms)

大矩形坯的横截面积大于 14 400 mm²，其宽厚比大于 1 且小于 2。

5.2.2 矩形坯(Rectangular billets)

矩形坯的横截面积 1 600 mm² 至 14 400 mm²，其宽厚比大于 1 且小于 2。

5.3 扁平半成品(Flat semi-finished products)

5.3.1 板坯(Slabs)

板坯的厚度不小于 50 mm，宽厚比不小于 2。宽厚比大于 4 称扁平板坯。

5.3.2 薄板坯(Sheet bars)

薄板坯宽度不小于 150 mm，厚度大于 6 mm 小于 50 mm。

5.4 异型半成品(异型坯)(Blanks for sections)

异型半成品横截面积通常大于 2 500 mm²，用于生产型钢以及经预加工成型的半成品。

5.5 供无缝钢管用半成品(简称管坯)(Semi-finished products for seamless tubes)

管坯的横截面可以是圆形、方形、矩形或多边形。

6 轧制成品和最终产品[1](Rolled finished products and end products)

注 1)：由挤压所获得的成品，在热轧成品中统计。另外，轮箍和类似的半成品在锻制成品中统计。

6.1 一般规定

6.1.1 轧制成品和最终产品

轧制成品和最终产品通常是用轧制方法生产的产品，并且在钢厂内一般不再进行热加工。横截面沿长度方向是不变的或有周期性的变化。产品的公称尺寸范围、外形、尺寸允许偏差通常是由标准规定的。表面通常是光滑的，但可以有规则的凸凹花纹(如钢筋或扁豆形花纹板)。

6.1.2 按外形和尺寸，分类如下：

a. 条钢(见 6.2.1 条)；

b. 盘条(见 6.2.2 条)；

c. 扁平产品(见 6.2.6 条至 6.3 条)；

d. 钢管(见 6.2.7 条)。

6.1.3 按生产阶段分类如下：

a. 热轧成品和最终产品(Hot-rolled finished products and end products)

热轧成品和最终产品大多由半成品热轧而成，也有一些是由初产品热轧得到的。

b. 冷轧(拔)成品和最终产品(Cold-rolled finished products and end products)

冷轧(拔)成品和最终产品通常是热轧成品经冷轧(拔)而成的。

6.1.4 按表面状态分类如下：

6.1.4.1 未经表面处理的产品

为了在装运或贮存过程中防腐蚀或机械损伤，可以涂一层(由下列任一方法获得的)简单的防护层。

a. 钝化(用铬酸或磷酸)

采用电化学或化学方法在产品上镀上一层铬酸盐或磷酸盐，这与铬酸盐或磷酸盐表面处理不同(见 6.3.1.2.3 条)，镀层是很薄的，用肉眼几乎辨别不清(单面 7～10 mg/m²)。

b. 有机涂层

有机涂层本身不具有防腐蚀作用，只是为了进一步涂层打底，并构成抗腐蚀系统的一部分。

c. 保护膜　例如：粘涂层、粘涂纸、清漆。

d. 油脂涂层、油、焦油、沥青、石灰或任一可溶物质。

6.1.4.2 经表面处理的产品(见 6.3.1 条)

6.2 轧制成品(Rolled finished products)

6.2.1 轧制条钢(Rolled long products)

产品符合 6.1.1，6.1.3a 和 6.1.4 条的定义，其横截面形状如 6.2.1.1 和 6.2.1.2 条所述或与之类似。这些产品通常在箱形孔型或万能轧机上轧制。当横截面为矩形时，6.2.1、2.1.3 条所规定的尺寸极限可以与宽扁钢区别。轧制条钢大多以直条交货，也有按折叠捆状交货的，但不能成盘交货，以便与盘条相区别。

6.2.1.1 大型型钢(Heavy sections)

轧制产品的横截面如字母 I、H 或 U(如图 2)，他们有下列共同的特性：

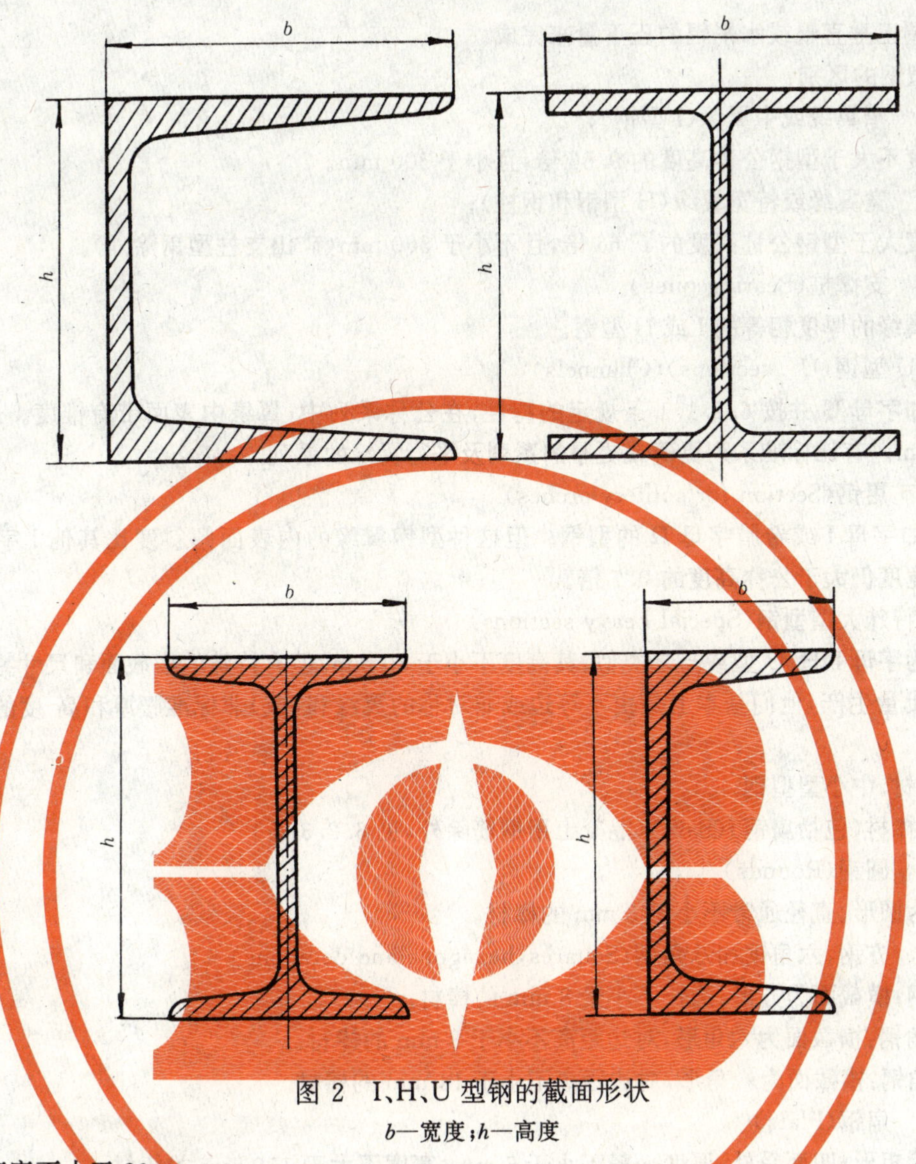

图 2 I、H、U 型钢的截面形状

b—宽度；h—高度

a. 高度不小于 80 mm；

b. 腹板的表面由圆角连续地过渡到翼缘的内表面；

c. 两翼缘一般是对称的，且宽度相等(见 6.2.1.1.4 条)；

d. 翼缘的外表面是平行的；

e. 翼缘的厚度从腹板到翼缘边部逐渐减薄，称“斜翼缘”；

f. 翼缘的厚度不变，称“平行翼缘”。

这些产品又进一步细分为：

6.2.1.1.1 I 和 H 型钢(I 和 H Sections)

产品的横截面如字母 I 或 H，并且有 6.2.1.1 条的特性：

a. 标准型钢(Parent sections)

以腹板和翼缘厚度作为标准的型钢。

b. 薄壁型钢(Thin sections)

采用与标准型钢相同的轧辊系列进行生产，当两者的腹板高度基本相等时，其腹板厚度或翼缘厚度较薄。通过调整垂直辊或水平辊的压下量来完成。

c. 厚壁型钢(Thick sections)

采用与标准型钢相同的轧辊系列进行生产，当两者的腹板高度基本相等时，其腹板厚度或翼缘厚度较厚。通过调正垂直辊或水平辊的压下量来完成。

I 和 H 型钢的区别：

6.2.1.1.1.1 窄翼缘或中翼缘(I 型钢)；

翼缘宽度不大于型钢公称高度的 0.66 倍，且小于 300 mm。

6.2.1.1.1.2 宽翼缘或特宽翼缘(H 型钢和钢柱)；

翼缘宽度大于型钢公称高度的 0.66 倍，且不小于 300 mm(矿山支柱型钢除外)。

6.2.1.1.1.3 支撑桩(Bearing piles)

腹板和翼缘的厚度相等的 I 或 H 型钢。

6.2.1.1.2 U 型钢(U sections)(Channels)

横截面如字母 U 并按 6.2.1.1 条规定的特性，在公称系列中，翼缘内表面带有锥度。最大宽度为 0.5 h+25 mm。有比标准系列更薄或更厚的系列及平行翼缘的系列。

6.2.1.1.3 矿用钢(Section for colliery arches)

横截面如字母 I 或希腊字母 Ω 的型钢。但这种型钢翼缘的内表面倾斜度比其他 I 字钢大(大于 30%)，翼缘宽度仍大于公称高度的 0.7 倍。

6.2.1.1.4 特殊大型型钢(Special heavy sections)

横截面为字母 I、H、U 型或与之类似。其高度不小于 80 mm，但有特殊的横截面和尺寸特性，这些型钢通常不大批量生产，他们基本上是由不等边或非对称的翼缘和(或)非标准腰厚和高 度的 I、H、U 型组成。

6.2.1.2 棒材、中小型型钢

6.2.1.2.1 棒材(包括扁钢)(Bars)(混凝土用钢筋除外，见 6.2.3 条)

6.2.1.2.1.1 圆钢(Rounds)

横截面为圆形、直径通常不小于 8 mm 的棒材。

6.2.1.2.1.2 方钢、六角钢和八角钢(Squares，hexagons and octagons)

a. 方钢：横截面为方形、边长不小于 8 mm 的棒材。

b. 六角钢：横截面为六角形，对边距离不小于 8 mm 的棒材。

c. 八角钢：横截面为八角形，对边距离不小于 14 mm 的棒材。

6.2.1.2.1.3 扁钢(Flats)

横截面为矩形，四面受轧，厚度一般不小于 5 mm，宽度不大于 150 mm 的棒材。

6.2.1.2.2 中小型型钢(Small and medium sections)

6.2.1.2.2.1 小 U 型钢(小槽钢)

横截面如字母 U，高度小于 80 mm 的型钢。

6.2.1.2.2.2 角钢(Angles)

横截面如字母 L，按两翼缘宽度之比，分为等边和不等边角钢；翼缘间夹角是圆弧过渡的。

6.2.1.2.2.3 等翼缘 T 型钢(T sections with equal flanges)

横截面如字母 T，翼缘边缘呈圆弧，翼缘和腹板稍有锥度，两翼缘相等。

6.2.1.2.2.4 球扁钢(Bulb flats)

横截面类似矩形，沿较宽表面的一端，有一个贯穿全长的球头，球头的宽度一般小于 430 mm。

6.2.1.2.3 特殊棒材和特殊中小型钢(Special bars and small and medium sections)

一般为成根轧制的、横截面较小或外形很特殊的产品。一般来说，这种产品产量不大，没有归类于 6.2.1.1，6.2.1.2.1 和 6.2.1.2.2 条中。它主要包括窗框钢、轮辋钢、挡圈型钢、锁圈型钢、帽型钢、梯型钢、中空钻探棒、弹簧扁钢、半圆钢、半椭圆钢、Z 型钢、π 型钢、高度小于 80 mm(见图 2)的小 I 和 H 型钢，不等翼缘的 T 型钢，尖角 L、U、T 型型钢等。

6.2.2 盘条(Rod)

热轧后卷成盘状交货的成品。横截面通常为圆形、椭圆形、方形、矩形、六角形、八角形、半圆形或其他形状，盘条的公称直径不小于 5 mm。盘条表面应光滑，可用于进一步加工变形。

6.2.3 钢筋混凝土用和预应力钢筋混凝土用轧制成品(Rolled finished products for reinforcement and prestressing of concrete)

横截面通常是圆形，有时为带有圆角的方形，其直径或边长不小于 5 mm，可以按以下形式供货：

a. 表面光滑的直条；

b. 表面呈齿状、螺纹状或带肋的直条；

c. 表面光滑的盘条；

d. 表面呈齿状、螺纹状或带肋的盘条。

按直条供货的产品可经可控的冷变形或热处理，如沿纵轴拉伸和扭转。

6.2.4 铁道用钢以及类似产品(Railway track and similar material)

6.2.4.1 铁道用钢包括：

a. 用于铁道建设中全部热轧产品的总称：如钢轨、轨枕、鱼尾板、底板或垫板、轨距挡板等。

b. 形状和用途与铁道用钢相似的热轧产品，如：起重机钢轨、生活用导电钢轨、带槽钢轨、道岔钢轨、特殊钢轨、导向钢轨、制动钢轨。

6.2.4.2 铁道用钢轨分为：

a. 轻轨：单位长度的重量不大于 30 kg/m 的钢轨；

b. 重轨：单位长度的重量大于 30 kg/m 的钢轨。

6.2.5 钢板桩(Piling)

6.2.5.1 薄板桩(sheet piling)

通过热轧或冷成型(拉拔或在挤压机上挤压)而获得的产品。其接头形状，诸如接头锁结或是纵长槽内填充或采用特殊的夹板。它可以组成隔板或连续的板桩挡墙。

6.2.5.2 根据板桩的横截面形状或用途分为：

a. U 和 Z 型薄板桩；

b. 扁平型薄板桩；

c. 组合型薄板桩(由薄板桩，角钢或类似型钢组成)；

d. 轻型薄板桩；

e. 内锁 H 型薄板桩；

f. 箱型薄板桩；

g. 管状型薄板桩。

各种类型的钢板桩示意图见图 3。

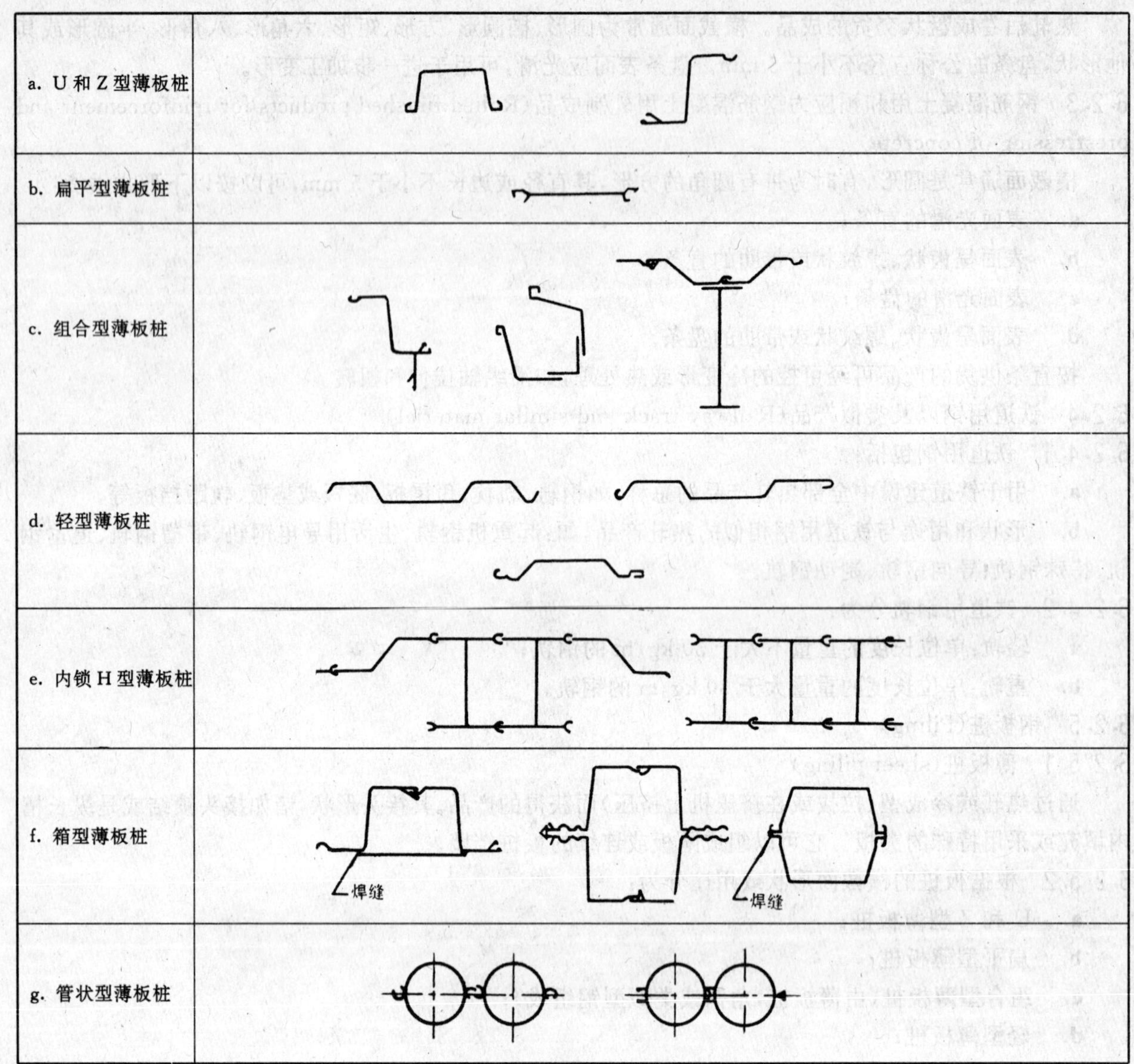

图 3　各种类型的钢板桩典型示意图

6.2.5.3　组合支承桩(Fabricated bearing pile)

组合支承桩制做成U型横截面用于支承(见图 4)。

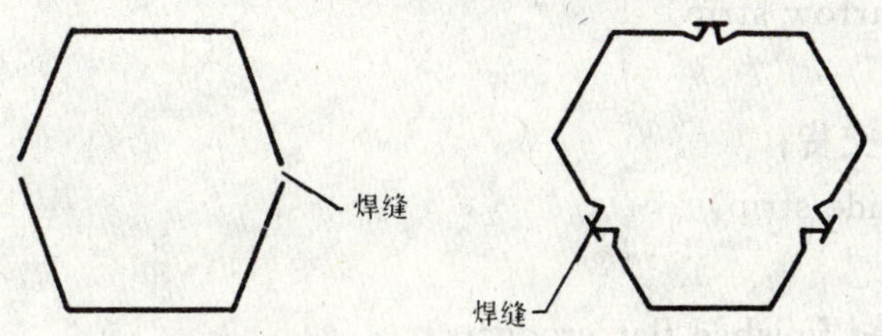

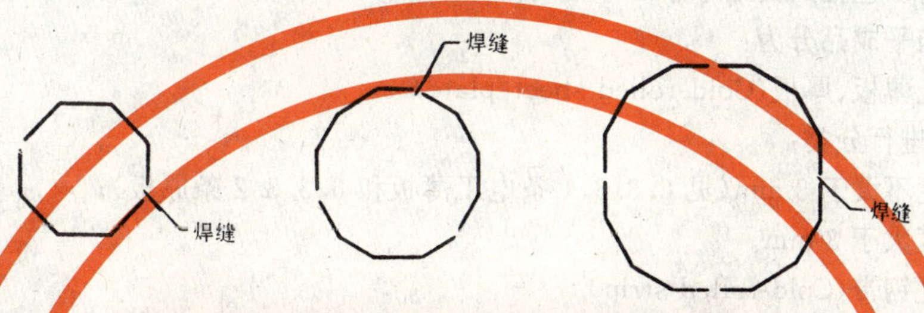

图 4 组合支承桩的典型示意图

6.2.5.4 管状支承桩(Tubular bearing pile)

横截面是圆形或矩形(包括正方形)的管子。将钢管打入地里,通过其根部形成的阻力和沿表面的摩擦力将结构的重量传给地面。

6.2.5.5 某些最终加工诸如穿孔、冲压、加固焊接或类似的工艺不会改变产品的分类。

6.2.6 扁平成品(Finished flat products)

6.2.6.1 扁平成品一般特性:扁平成品的横截面基本上是矩形的,其宽度远大于厚度,所有最终产品不包括在本条款内(见 6.3 条)。

6.2.6.2 热轧扁平成品(Hot-rolled finished flat products)

6.2.6.2.1 某些热轧扁平成品经过轻微的冷平整,一般变形量小于 5%,不改变其分类。

6.2.6.2.2 按成品的类型,扁平成品分类如下:

6.2.6.2.2.1 宽扁钢(Wide flat)

宽度大于 150 mm,厚度通常大于 4 mm,一般直条交货,而不成卷交货,其边部带有棱角;宽扁钢经四边热轧(或用箱形孔)或从更宽的扁平成品经剪切或火焰切割而得到。

经四边轧制的宽扁钢常称为万能板材。

6.2.6.2.2.2 热轧薄板和厚板(Hot-rolled sheet/plate)

扁平成品的边缘可以自由宽展。以扁平状供货,有时为方形或矩形或其他形状,其边部可以是轧制边、剪切边、气割边、切削边。扁平成品也可以预弯状态交货。

热轧板可以按下列方法生产:

a. 在可逆轧机上直接轧制或是在可逆式轧机上轧制的原板上剪切下来的。

b. 在连轧机上轧制出来的热轧钢带上剪切下来的。可逆轧机轧制的厚板常称为“齐边钢板”。为了统计方便,可将钢板按厚度基准进一步细分为:

薄板:厚度不大于 3 mm(电工钢板除外)。

厚板:厚度大于 3 mm。

6.2.6.2.2.3 热轧钢带(Hot-rolled strip)

6.2.6.2.2.3.1 热轧钢带

热轧扁平成品经最后轧制后,或再经酸洗、退火,随即卷成卷状的产品。

6.2.6.2.2.3.2 根据钢带的实际宽度(包括与轧制宽度无关的热轧纵剪钢带),将热轧钢带划分为:

a. 热轧窄钢带(Hot-rolled narrow strip)

钢带的宽度小于 600 mm;

热轧窄钢带开卷后可切成定尺交货;

b. 热轧宽钢带(Hot-rolled wide strip)

钢带的宽度不小于 600 mm。

6.2.6.3 冷轧扁平成品(Cold-rolled finished flat products)

6.2.6.3.1 冷轧扁平成品(Cold-rolled flat products)

不需要加热,经冷轧后,产品断面面积至少减少 25%以上,对于宽度小于 600 mm 的扁平成品以及某些特殊质量钢,可以包括到面缩小于 25%的成品。

6.2.6.3.2 冷轧扁平成品分为:

6.2.6.3.2.1 冷轧薄板、厚板(Cold-rolled sheet/plate)

冷轧板按厚度进行分类:

a. 薄板:厚度不大于 3 mm(见 6.3.3.1 条电工薄板和 6.3.3.2 条原板);

b. 厚板:厚度大于 3 mm。

6.2.6.3.2.2 冷轧钢带(Cold-rolled strip)

近似于热轧钢带的定义,见 6.2.6.2.2.3.1 条。

冷轧钢带按轧制宽度分为:

6.2.6.3.2.2.1 冷轧窄钢带(Cold-rolled narrow strip)

钢带的宽度小于 600 mm。在开卷后,窄钢带可以切成定尺或以成叠方式交货。

6.2.6.3.2.2.2 冷轧宽钢带(Cold-rolled wide strip)

钢带的宽度不小于 600 mm。冷轧钢带按宽度小于 600 mm 交货时,称为纵剪冷轧宽钢带。

6.2.7 钢管、中空型材和中空棒材(Steel tube,hollow sections and hollow bars)

6.2.7.1 钢管(Tube)

横截面是圆形,或其他形状,沿长度方向上是条状、空心、无封闭端的产品,按其加工方法分为:

6.2.7.1.1 无缝钢管(Seamless tube)

由钢锭、管坯或钢棒穿孔制成的没有缝的钢管;用铸造方法生产的管子称铸钢管。

6.2.7.1.2 焊管(Welded tube)

用热轧或冷轧钢板或钢带卷焊制成的钢管,可以纵向直缝焊接,也可螺旋焊接。

6.2.7.2 中空型钢、中空棒材(Hollow section and hollow bar)

6.2.7.2.1 中空型钢:用于结构或类似用途的钢管。例如:结构中空型钢。

6.2.7.2.2 中空棒材:用机械加工制成的无缝钢管具有较高的精确度,可确保允许的最小尺寸偏差。

6.3 最终产品(End products)

6.3.1 表面处理的扁平产品(Flat products with surface treatment)

除了与扁平产品的定义和分类相同以外,产品表面上可以有永久性的镀层,且应符合下列条件:

6.3.1.1 镀层可以有:

a. 双面镀层

双面镀层厚度相等的称为等厚镀层;

双面镀层厚度不相等的称为差厚镀层。

b. 单面镀层

6.3.1.2 根据镀层及表面处理的类型,产品可做如下分类:

6.3.1.2.1 金属镀层的钢板和钢带分为:

6.3.1.2.1.1 镀锡钢板和钢带(Tinned sheet/plate and strip)

将厚度不大于 0.50 mm 的低碳钢冷轧薄钢板和钢带,用热浸(浸泡在熔融的锡槽中)或电镀方法镀上锡。

6.3.1.2.1.2 镀铬、镀氧化铬薄钢板和钢带(Chromium/chromium oxide-coated sheet and strip)

将厚度一般不大于 0.50 mm 的钢板和钢带,电镀上铬或氧化铬,或两者均可,镀层的总厚度一般不大于 0.05 μm。

6.3.1.2.1.3 镀铅薄钢板、厚钢板和钢带(Terne-coated sheet/plate and strip)

用热浸法(在熔融的合金槽中)或电镀法将钢板和钢带的表面镀上一层铅锡合金,一般双面镀层重量之和不小于 200 g/m^2。

6.3.1.2.1.4 镀锌薄板、厚板和钢带(Zinc-coated sheet/plate and strip)

镀锌薄钢板、厚钢板和钢带分为:

a. 热浸镀锌薄板、厚板和钢带 将薄钢板、厚钢板和钢带置于熔融的锌槽中热浸。一般两面总的锌量在 100～700 g/m^2 之间,镀层可以呈正常锌花、小锌花、光整锌花或无锌花。

b. 电镀锌薄钢板、厚钢板和钢带 单面的镀锌量在 7～107 g/m^2 之间,相当于单面镀层厚度 1～15 μm。镀锌后,表面用铬酸盐或磷酸盐钝化处理,不改变该产品作为镀锌扁平成品的分类。

6.3.1.2.1.5 镀铝、铝硅合金镀层薄钢板、厚钢板和钢带(Aluminium/aluminium-sillcon alloy-coated sheet/plate and strip)

将薄钢板、厚钢板和钢带置于熔融的槽中,用热浸法镀上一层铝或铝硅合金。双面镀层的重量一般为 80～300 g/m^2,相当于每面镀层厚度 15～55 μm。

6.3.1.2.1.6 混合金属涂层薄钢板、厚钢板和钢带(sheet/plate and strip with miscellaneous metal coatings)

6.3.1.2.2 有机涂层薄钢板、厚钢板和钢带(sheet/plate and strip with organic coatings)

在裸露的或有金属镀层的(通常为镀锌的)钢板或钢带的表面涂上一种有机涂层或一种粉末的混合物。有机涂层可以通过下列任一种连续工艺获得:

a. 涂上一层或多层涂料或涂上其他类型的产品。经干燥后,其涂层的厚度根据产品特性可以为每面 2～400 μm。

b. 通过使用一层粘附薄膜,可以在薄膜上涂一层有机涂料,也可以不涂。涂层可以有不同的花纹。单面厚度一般为 35～500 μm。

6.3.1.2.3 无机涂层薄钢板、厚钢板和钢带(Sheet/plate and strip with inorganic coating comprise)

无机涂层薄钢板,厚钢板和钢带分为:

a. 铬酸盐薄钢板、厚钢板和钢带(Chromated sheet/plate and strip)铬酸盐单面镀层的重量为 1～20 g/m^2。

b. 磷酸盐薄钢板、厚钢板和钢带(Phosphated sheet/plate and strip)磷酸盐单面镀层的重量为 1～20 g/m^2。

c. 混合无机镀层薄钢板、厚钢板和钢带(Sheet/plate and strip with miscellaneous inorganic coating)。

(例如:搪瓷产品)。

6.3.2 复合产品(Composite products)

在薄钢板、厚钢板、钢带和钢管上复合上一 层耐磨或耐化学腐蚀的钢或合金。通常用轧制方法,有时也用爆炸或焊接方法进行复合。

6.3.3 其他最终产品(Other end products)

6.3.3.1 电工薄钢板和钢带(Electrical sheet and strip)

这些产品与其他薄钢板的区别在于,他们是用于电磁用途的,主要特性是具有规定的允许铁损和磁感应以及叠装系数。其厚度不大于 3 mm,且宽度不大于 2 000 mm。根据产品中晶粒排列方向性可分为:

a. 晶粒取向产品(Grain oriented products)

这些产品中晶粒沿轧制方向排列比沿垂直轧制方向排列有较大的增加电磁感应的性能，并且在两面都有绝缘层。

b. 晶粒无取向产品(Non-grain oriented products)

这些产品可以不涂层，也可以在单面或双面都涂绝缘层。

6.3.3.2 原板(Black plate)

厚度小于 0.50 mm 的低碳钢扁平产品，以板或卷状交货。其表面适于镀锡、涂清漆或是印刷，表面不得有油。

7 **锻制条钢**(Finished forged long products)

用锻造方式生产的，并且有 6.1.1 条～6.2.1.2.1 条所规定的特性。

(其他锻制产品见第二篇)。

第二篇 钢的其他产品
Other steel products

8 **粉末冶金产品**(Powder metallurgy products)

8.1 钢粉末(steel powder)

钢粉末通常是许多尺寸小于 1 mm 的钢粒。

8.2 粉末钢制品(sintered steel components)

通过压制、烧结钢粉末制造出的部件，有时还须再压制。这些部件常常有严格的尺寸公差以便使用。

9 **铸件**(Castings)

成品的形状和最终尺寸是直接将钢水浇注到沙模、耐火粘土或其他耐火材料铸模(几乎不用金属或石墨铸模)中凝固而得到的未经任何机械加工的产品。

10 **锻压成品**(Forged finshed and stamped finished products)

10.1 锻造产品(Forged products)(第 5 条的半成品和第 7 条的锻制条钢除外)

用一个开口模，使钢在适宜温度下加压成形而得到近似模子的形状，不须进一步热变形的成品。这些成品一般要经过机加工成最终形状。

10.1.1 锻造产品根据其用途(如铁道、汽车、一般工程用)或形状(如车轮)进行分类。

10.1.2 开口模锻产品是经预锻，然后在环形辊精轧机上轧制(如轮箍、圆环)。

10.2 模锻件(Drop forgings)

使钢在适宜温度下，在一个闭口模中，受压成形而得到所需的形状和体积。

11 **光亮产品**(Bright products)

11.1 冷拉拔产品(Drawn products)

热轧产品经除磷后，在拉拔机上(冷变形不损耗金属)拉拔得到的各种横截面形状的产品。这种工艺使产品具有一定形状、尺寸精度和表面质量方面的特殊要求。另外，经过冷拉拔引起的冷加工硬化，可经以后的热处理消除。成根产品按直条交货，小横截面产品也可成盘交货。

11.2 车削(剥皮)产品(Turned (or peeled) products)

圆形棒材通过车削剥皮，其形状、尺寸精度和表面粗糙度等具有冷拉拔产品特殊要求，并除去轧制缺陷和脱碳层。

11.3 磨光产品(Ground products)

经拉拔或车削后的圆棒，进行磨光或磨光后抛光，具有更好的表面质量和尺寸精度。

12 **冷成型产品**(Cold-formed products)

由镀层或不镀层热轧或冷轧扁平产品制成，并沿总长有各种固定的横截面形状的产品，其厚度在冷成型(如：压型、拉拔、加工变形、卷边)过程中有轻微地减薄。

12.1 冷弯型钢(Cold-formed sections)

将扁平产品逐张(根)冷加工成各种开口或闭口(不焊接)横截面形状的钢材见图 5。

图 5

12.2 冷成形薄板桩(Cold-formed sheet piling)(参见 6.2.5 条)。

12.3 成型薄板(Profiled sheets)

在横截面上宽度明显地大于高度，并且通常沿总长有几个横截面不变的平行波纹见图 6。

图 6

13 **焊接型钢**(Welded sections)

符合 6.2.1 条的产品特征的开口横截面的条钢。以热轧条钢、热轧扁平成品和冷轧扁平成品为原料，焊接制成，代替由热轧直接轧制的产品。

14 **钢丝**(Wire)

通常有贯穿全长的不变的横截面，并且截面尺寸与长度相比很小。盘条通过减径模拉拔，或在驱动辊之间施加压力，然后将拉拔后的钢丝再卷成盘。这些产品横截面通常是圆形，也有方形、六角形、八角形、半圆形、梯形、鼓形或其他形状。

15 **钢丝绳**(Steel rope)

由一定数量，一层或多层钢丝股捻成螺旋状而形成的产品。在某些情况下，单股也可为绳。

附加说明：

本标准由中华人民共和国冶金工业部提出。

本标准由冶金工业部信息标准研究院负责起草。

本标准主要起草人王丽敏、赵军、唐一凡。

本标准水平等级 GB/T 15574—1995 I

ICS 77.140.01
H 40

中华人民共和国国家标准

GB/T 15575—2008
代替 GB/T 15575—1995

钢产品标记代号

Steel products standard designation

2008-05-13 发布　　　　2008-11-01 实施

中华人民共和国国家质量监督检验检疫总局
中国国家标准化管理委员会　发布

前言

本标准代替 GB/T 15575—1995《钢产品标记代号》。

本标准与 GB/T 15575—1995 标准相比，主要变化如下：

——在“加工方法”中将“热轧”、“热锻”、“热扩”、“热挤压”和“冷轧”、冷挤压分别进行标记，并增加了“焊接”的标记代号；

——在“截面形状和符号”中增加了“圆钢”、“方钢”等标记代号的示例；

——删除了“热处理类型”代号中的字母 T；

——删除了“力学性能”代号；

——修改了“尺寸精度”的标记方法；

——在“表面种类”中增加了“涂层”标记代号，并修改了“镀层”的标记代号；

——在“表面处理”中增加了“涂油”、“耐指纹处理”等标记代号；

——在“冲压性能”中增加了“特深冲级”、“超深冲级”和“特超深冲级”；

——删除了“一般用途”、“重要用途”、“特殊用途”和“其他用途”的代号。

本标准的附录 A 为资料性附录。

本标准由中国钢铁工业协会提出。

本标准由全国钢标准化技术委员会归口。

本标准起草单位：冶金工业信息标准研究院。

本标准主要起草人：刘宝石、戴强、栾燕。

本标准 1995 年 6 月首次发布。

钢产品标记代号

1 范围

本标准规定了钢产品标记代号表示方法及常用标记代号。

本标准适用于条钢、扁平材、钢管、盘条等产品的标记代号。

2 分类

钢产品标记代号分类如下：

2.1 加工方法

2.2 截面形状和型号

2.3 尺寸(外形)精度

2.4 边缘状态

2.5 表面质量

2.6 表面种类

2.7 表面处理

2.8 软化程度

2.9 硬化程度

2.10 热处理类型

2.11 冲压性能

2.12 使用加工方法

3 钢产品标记代号表示方法

3.1 钢产品标记代号采用与类别名称相应的英文名称首位字母(大写)和(或)阿拉伯数字组合表示。

3.1.1 钢产品的标记代号由表示类别和特征两部分的标记代号组成。

例如：切边钢带的标记代号 EC。

E——代表类别为边缘状态；

C——代表特征为切边。

3.1.2 可以采用阿拉伯数字作为表示产品特征的标记代号。

例如：低冷硬的钢带标记代号 H 1/4。

H——代表类别为硬化程度；

1/4——代表特征为低冷硬。

3.1.3 根据习惯和通用性，可采用国际通用标记代号。例如，热轧可用 AR 表示，控制轧制可用 CR 表示，正火轧制可采用+N 表示，热机械控制轧制(TMCP)可采用 M 表示。

3.2 本标准未规定的标记代号可按上述方法予以规定。

4 常用标记代号

钢产品采用本标准 4.1～4.12 中规定的代号进行标记。

4.1 加工方法

加工方法		W
a)	热加工	WH

	热轧	WHR（或 AR）
	热扩	WHE
	热挤	WHEX
	热锻	WHF
b)	冷加工	WC
	冷轧	WCR
	冷挤压	WCE
	冷拉(拔)	WCD
c)	焊接	WW

4.2　**截面形状和型号**

用表示产品截面形状特征的英文字母作为标记代号。例如：圆钢——R、方钢——S、扁钢——F、六角型钢——HE、八角型钢——O、角钢——A、H 型钢——H、U 型钢——U、方型空心型钢——QHS 等。

如果产品有型号(或规格)，应在表示产品形状特征的标记代号后加上型号(或规格)。如 15×50 规格的 C 型钢的标记代号为 C15×50。

4.3　**尺寸(外形)精度**

尺寸(外形)精度采用如下方法表示：

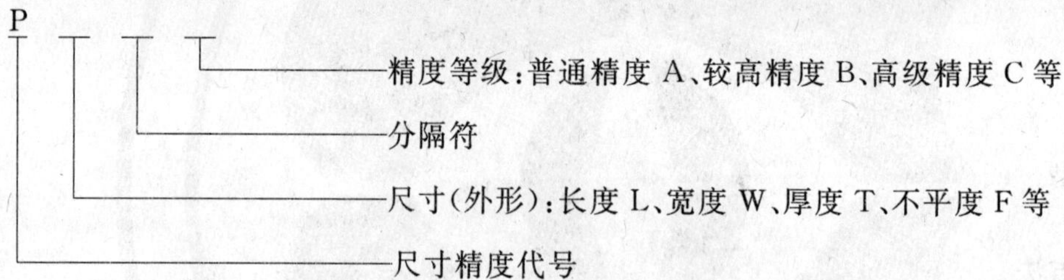

例如：表示长度普通精度的代号为 PL.A，表示宽度较高精度的代号为 PW.B，表示厚度高级精度的代号为 PT.C，表示不平度普通精度的代号为 PF.A。

4.4　**边缘状态**

边缘状态		E
a)	切边	EC
b)	不切边	EM
c)	磨边	ER

4.5　**表面质量**

表面质量		F
a)	普通级	FA
b)	较高级	FB
c)	高级	FC

4.6　**表面种类**

表面种类		S
a)	压力加工表面	SPP
b)	酸洗	SA
c)	喷丸(砂)	SS
d)	剥皮	SF
e)	磨光	SP
f)	抛光	SB

g)　　发蓝　　SBL

h)　　镀层　　S＿ ＿（见示例 1）

i)　　涂层　　SC＿＿（见示例 2）

示例 1：

S＿ ＿

镀层方式：热镀 H、电镀 E。

镀层种类：镀锌 / 锌铁合金 Z/ZF、镀锡 S、铝锌合金 AZ 等。

例如，热镀锌的代号为 SZH，电镀铝锌合金的代号为 SAZE。

示例 2：

SC＿

涂层类型。

4.7 表面处理

表面处理　　ST

a)　　钝化（铬酸）　　STC

b)　　磷化　　STP

c)　　涂油　　STO

d)　　耐指纹处理　　STS

当产品采用多于一种的表面处理方法时，可采用组合标记的方法。例如：钝化＋涂油，可表示为 STCO。

4.8 软化程度

软化程度　　S

a)　　1/4 软　　S 1/4

b)　　半软　　S 1/2

c)　　软　　S

d)　　特软　　S2

4.9 硬化程度

硬化程度　　H

a)　　低冷硬　　H 1/4

b)　　半冷硬　　H 1/2

c)　　冷硬　　H

d)　　特硬　　H2

4.10 热处理类型

热处理类型

a)　　退火　　A

b)　　软化退火　　SA

c)　　球化退火　　G

d)　　光亮退火　　L

e)　　正火　　N

f)　　回火　　T

g)　　淬火＋回火[a]　　QT

h)　　正火＋回火　　NT

i)　　固溶　　S

j)　　时效　　AG

[a] 淬火＋回火即调质。

4.11 冲压性能

冲压性能

a)	普通级	CQ
b)	冲压级	DQ
c)	深冲级	DDQ
d)	特深冲级	EDDQ
e)	超深冲级	SDDQ
f)	特超深冲	ESDDQ

4.12 使用加工方法

使用加工方法		U
a)	压力加工用	UP
	热加工用	UHP
	冷加工用	UCP
b)	顶锻用	UF
	热顶锻用	UHF
	冷顶锻用	UCF
c)	切削加工用	UC

附　录　A
（资料性附录）
钢产品标记代号中英文名称对照表

表 A.1　钢产品标记代号中英文名称对照表

代　号		中文名称	英文名称
W		加工状态（方法）	working condition
	WH	热加工	hot working
	WHR	热轧	hot rolling
	WHE	热扩	hot expansion
	WHEX	热挤	hot extrusion
	WHF	热锻	hot forging
	WC	冷加工	cold working
	WC	冷轧	cold rolling
	WCE	冷挤压	cold extrusion
	WCD	冷拉（拔）	cold draw
	WW	焊接	weld
P_._		尺寸精度	precision of dimensions
E		边缘状态	edge condition
	EC	切边	cut edge
	EM	不切边	mill edge
	ER	磨边	rub edge
F		表面质量	workmanship finish and appearance
	FA	普通级	A class
	FB	较高级	B class
	FC	高级	C class
S		表面种类	surface kind
	SPP	压力加工表面	pressure process
	SA	酸洗	acid
	SS	喷丸（砂）	shot blast
	SF	剥皮	flake
	SP	磨光	polish
	SB	抛光	buff
	SBL	发蓝	blue
	S__	镀层	metallic coating
	SC__	涂层	organic coating

表 A.1（续）

代号		中文名称	英文名称
ST		表面处理	treatment surface
	STC	钝化(铬酸)	passivation
	STP	磷化	phosphatization
	STO	涂油	oiled
	STS	耐指纹处理	sealed
S		软化程度	soft grade
	S 1/4	1/4 软	soft quarter
	S 1/2	半软	soft half
	S	软	soft
	S2	特软	soft special
H		硬化程度	hard grade
	H 1/4	低冷硬	hard low
	H 1/2	半冷硬	hard half
	H	冷硬	hard
	H2	特硬	hard special
		热处理类型	
	A	退火	annealing
	SA	软化退火	soft annealing
	G	球化退火	globurizing
	L	光亮退火	light annealing
	N	正火	normalizing
	T	回火	tempering
	QT	淬火+回火	quenching and tempering
	NT	正火+回火	normalizing and tempering
	S	固溶	solution treatment
	AG	时效	aging
		冲压性能	
	CQ	普通级	commercial quality
	DQ	冲压级	drawing quality
	DDQ	深冲级	deep drawing quality
	EDDQ	特深冲级	extra deep drawing quality
	SDDQ	超深冲级	super deep drawing quality
	ESDDQ	特超深冲级	extra super deep drawing quality
U		使用加工方法	use
	UP	压力加工用	use for pressure process

表 A.1（续）

代　　号	中 文 名 称	英 文 名 称
UHP	热加工用	use for hot process
UCP	冷加工用	use for cold process
UF	顶锻用	use for forge process
UHF	热顶锻用	use for hot forge process
UCF	冷顶锻用	use for cold forge process
UC	切削加工用	use for cutting process

前　言

根据钢铁及合金产品有关生产、使用、统计、设计、物资管理、信息交流和标准化等部门和单位的要求，参考 ASTM E527—1983(1991)《金属及合金统一数字代号体系》、EN10027-2—1992《钢的牌号体系数字体系》和 ISO/TR7003:1990《金属牌号的统一形式》等国外标准，结合我国钢铁及合金生产、使用的特点制定本标准。

本标准对钢铁及合金产品牌号统一数字代号体系作了明确规定，与现行的 GB/T 221—1979《钢铁产品牌号表示方法》等同时并用，作为钢铁及合金产品牌号的两种表示方法在现行国家标准和行业标准中并列使用，两者均有效。

本标准规定的统一数字代号体系，以固定的 6 位符号结构型式，统一了钢铁及合金的所有产品牌号表示形式，便于现代化的数据处理设备进行存贮和检索，对原有符号较繁杂冗长的牌号可以简化，便于生产、使用。

本标准由国家冶金工业局提出。

本标准由国家冶金工业局信息标准研究院归口。

本标准起草单位：国家冶金工业局信息标准研究院。

本标准主要起草人：滕长岭、唐一凡、栾　燕。

中华人民共和国国家标准

钢铁及合金牌号统一数字代号体系

GB/T 17616—1998

Unified numbering system for designations of iron, steel and alloy

1 范围

本标准规定了钢铁及合金产品牌号统一数字代号(简称“ISC”代号)的编制原则、结构、分类、管理及体系表等内容。

本标准适用于钢铁及合金产品牌号编制统一数字代号。凡列入国家标准和行业标准的钢铁及合金产品应同时列入产品牌号和统一数字代号,相互对照,两种表示方法均有效。

2 引用标准

下列标准所包含的条文,通过在本标准中引用而构成为本标准的条文。本标准出版时,所示版本均为有效。所有标准都会被修订,使用本标准的各方应探讨使用下列标准最新版本的可能性。

GB/T 221—1979 钢铁产品牌号表示方法
GB/T 4309—1984 粉末冶金材料分类和牌号表示方法
GB/T 5612—1985 铸铁牌号表示方法
GB/T 5613—1995 铸钢牌号表示方法
GB/T 7738—1987 铁合金产品牌号表示方法
GB/T 13304—1991 钢分类
GB/T 14984—1994 铁合金术语
GB/T 14992—1994 高温合金牌号
GB/T 15007—1994 耐蚀合金牌号
GB/T 15018—1994 精密合金牌号
GB/T 15019—1994 快淬金属分类和牌号
GB/T 15574—1995 钢产品分类

3 定义

本标准所用产品分类定义和产品牌号名称,符合第2章所列标准的有关规定。

4 总则

4.1 统一数字代号由固定的6位符号组成,左边第一位用大写的拉丁字母作前缀(一般不使用“I”和“O”字母),后接5位阿拉伯数字。

4.2 每一个统一数字代号只适用于一个产品牌号;反之,每一个产品牌号只对应于一个统一数字代号。当产品牌号取消后,一般情况下,原对应的统一数字代号不再分配给另一个产品牌号。

国家质量技术监督局1998-12-14批准 1999-08-01实施

5 结构型式

统一数字代号的结构型式如下：

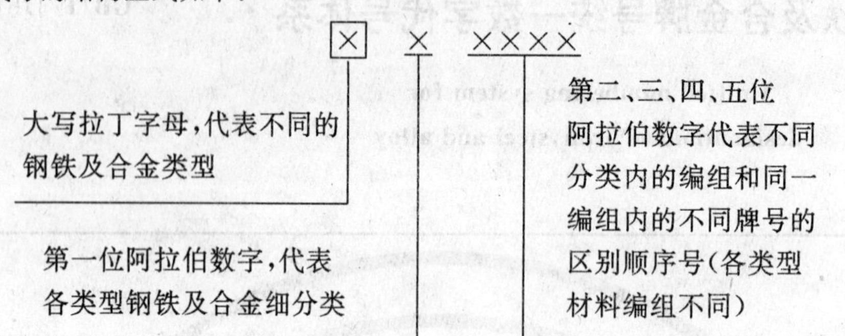

6 分类和编组

6.1 钢铁及合金的分类和编组，主要按其基本成分、特性和用途综合考虑，同时照顾到我国现有的习惯分类方法以及各类产品牌号实际数量情况。

6.2 钢铁及合金的分类和编组及顺序号的编排，应考虑到各类钢铁及合金的发展和新型材料的出现，留有一定的备用空位。

6.3 钢铁及合金的类型和每个类型产品牌号统一数字代号，见表1。

6.4 各类型钢铁及合金的细分类和主要编组及其产品牌号统一数字代号，见表2～表16。

7 编制和管理

7.1 钢铁及合金产品牌号统一数字代号体系由本国家标准的归口单位统一管理。

7.2 统一数字代号体系归口管理单位，应拟定出具体的编号管理实施细则，具体规定编号申请程序和编号操作要点，并编排出版《钢铁及合金 牌号与统一数字代号对照表》。

表1 钢铁及合金的类型与统一数字代号

钢铁及合金的类型	英文名称	前缀字母	统一数字代号
合金结构钢	Alloy structural steel	A	A×××××
轴承钢	Bearing steel	B	B×××××
铸铁、铸钢及铸造合金	Cast iron, cast steel and cast alloy	C	C×××××
电工用钢和纯铁	Electrical steel and iron	E	E×××××
铁合金和生铁	Ferro alloy and pig iron	F	F×××××
高温合金和耐蚀合金	Heat resisting and corrosion resisting alloy	H	H×××××
精密合金及其他特殊物理性能材料	Precision alloy and other special physical character materials	J	J×××××
低合金钢	Low alloy steel	L	L×××××
杂类材料	Miscellaneous materials	M	M×××××
粉末及粉末材料	Powders and powder materials	P	P×××××
快淬金属及合金	Quick quench matels and alloys	Q	Q×××××
不锈、耐蚀和耐热钢	Stainless, corrosion resisting and heat resisting steel	S	S×××××

表 1(完)

钢铁及合金的类型	英 文 名 称	前缀字母	统一数字代号
工具钢	Tool steel	T	T×××××
非合金钢	Unalloy steel	U	U×××××
焊接用钢及合金	Steel and alloy for welding	W	W×××××

表 2　合金结构钢细分类与统一数字代号

统一数字代号	合金结构钢(包括合金弹簧钢)细分类
A0××××	Mn(X)、MnMo(X)系钢
A1××××	SiMn(X)、SiMnMo(X)系钢
A2××××	Cr(X)、CrSi(X)、CrMn(X)、CrV(X)、CrMnSi(X)系钢
A3××××	CrMo(X)、CrMoV(X)系钢
A4××××	CrNi(X)系钢
A5××××	CrNiMo(X)、CrNiW(X)系钢
A6××××	Ni(X)、NiMo(X)、NiCoMo(X)、Mo(X)、MoWV(X)系钢
A7××××	B(X)、MnB(X)、SiMnB(X)系钢
A8××××	(暂空)
A9××××	其他合金结构钢

表 3　轴承钢细分类与统一数字代号

统一数字代号	轴 承 钢 细 分 类
B0××××	高碳铬轴承钢
B1××××	渗碳轴承钢
B2××××	高温、不锈轴承钢
B3××××	无磁轴承钢
B4××××	石墨轴承钢
B5××××	(暂空)
B6××××	(暂空)
B7××××	(暂空)
B8××××	(暂空)
B9××××	(暂空)

表 4　铸铁、铸钢及铸造合金细分类与统一数字代号

统一数字代号	铸铁、铸钢及铸造合金细分类
C0××××	铸铁(包括灰口铸铁、球墨铸铁、黑心可锻铸铁、珠光体可锻铸铁、白心可锻铸铁、抗磨白口铸铁、中锰抗磨球墨铸铁、高硅耐蚀铸铁、耐热铸铁等)
C1××××	铸铁(暂空)
C2××××	非合金铸钢(一般非合金铸钢、含锰非合金铸钢、一般工程和焊接结构用非合金铸钢、特殊专用非合金铸钢等)

表 4(完)

统一数字代号	铸铁、铸钢及铸造合金细分类
C3×××××	低合金铸钢
C4×××××	合金铸钢(不锈耐热铸钢、铸造永磁钢除外)
C5×××××	不锈耐热铸钢
C6×××××	铸造永磁钢和合金
C7×××××	铸造高温合金和耐蚀合金
C8×××××	(暂空)
C9×××××	(暂空)

表 5 电工用钢和纯铁细分类与统一数字代号

统一数字代号	电工用钢和纯铁细分类
E0×××××	电磁纯铁
E1×××××	热轧硅钢
E2×××××	冷轧无取向硅钢
E3×××××	冷轧取向硅钢
E4×××××	冷轧取向硅钢(高磁感)
E5×××××	冷轧取向硅钢(高磁感、特殊检验条件)
E6×××××	无磁钢
E7×××××	(暂空)
E8×××××	(暂空)
E9×××××	(暂空)

表 6 铁合金和生铁细分类与统一数字代号

统一数字代号	铁合金和生铁细分类
F0×××××	生铁(包括炼钢生铁、铸造生铁、含钒生铁、球墨铸铁用生铁、铸造用磷铜钛低合金耐磨生铁、脱碳低磷粒铁等)
F1×××××	锰铁合金及金属锰(包括低碳锰铁、中碳锰铁、高碳锰铁、高炉锰铁、锰硅合金、铌锰铁合金、金属锰、电解金属锰等)
F2×××××	硅铁合金(包括硅铁合金、硅铝铁合金、硅钙合金、硅钡合金、硅钡铝合金、硅钙钡铝合金等)
F3×××××	铬铁合金及金属铬(包括微碳铬铁、低碳铬铁、中碳铬铁、高碳铬铁、氮化铬铁、金属铬、硅铬合金等)
F4×××××	钒铁、钛铁、铌铁及合金(包括钒铁、钒铝合金、钛铁、铌铁等)
F5×××××	稀土铁合金(包括稀土硅铁合金、稀土镁硅铁合金等)
F6×××××	钼铁、钨铁及合金(包括钼铁、钨铁等)
F7×××××	硼铁、磷铁及合金
F8×××××	(暂空)
F9×××××	(暂空)

表 7 高温合金和耐蚀合金细分类与统一数字代号

统一数字代号	高温合金和耐蚀合金细分类
H0××××	耐蚀合金(包括固溶强化型铁镍基合金、时效硬化型铁镍基合金、固溶强化型镍基合金、时效硬化型镍基合金)
H1××××	高温合金(固溶强化型铁镍基合金)
H2××××	高温合金(时效硬化型铁镍基合金)
H3××××	高温合金(固溶强化型镍基合金)
H4××××	高温合金(时效硬化型镍基合金)
H5××××	高温合金(固溶强化型钴基合金)
H6××××	高温合金(时效硬化型钴基合金)
H7××××	(暂空)
H8××××	(暂空)
H9××××	(暂空)

表 8 精密合金及其他特殊物理性能材料细分类与统一数字代号

统一数字代号	精密合金及其他特殊物理性能材料细分类
J0××××	(暂空)
J1××××	软磁合金
J2××××	变形永磁合金
J3××××	弹性合金
J4××××	膨胀合金
J5××××	热双金属
J6××××	电阻合金(包括电阻电热合金)
J7××××	(暂空)
J8××××	(暂空)
J9××××	(暂空)

表 9 低合金钢细分类与统一数字代号

统一数字代号	低合金钢细分类(焊接用低合金钢、低合金铸钢除外)
L0××××	低合金一般结构钢(表示强度特性值的钢)
L1××××	低合金专用结构钢(表示强度特性值的钢)
L2××××	低合金专用结构钢(表示成分特性值的钢)
L3××××	低合金钢筋钢(表示强度特性值的钢)
L4××××	低合金钢筋钢(表示成分特性值的钢)
L5××××	低合金耐候钢
L6××××	低合金铁道专用钢
L7××××	(暂空)
L8××××	(暂空)
L9××××	其他低合金钢

表 10　杂类材料细分类与统一数字代号

统一数字代号	杂类材料细分类
M0××××	杂类非合金钢(包括原料纯铁、非合金钢球钢等)
M1××××	杂类低合金钢
M2××××	杂类合金钢(包括锻制轧辊用合金钢、钢轨用合金钢等)
M3××××	冶金中间产品(包括钒渣、五氧化二钒、氧化钼块、铌磷半钢等)
M4××××	铸铁产品用材料(包括灰口铸铁管、球墨铸铁管、铸铁轧辊、铸铁焊丝、铸铁丸、铸铁砂等用铸铁材料)
M5××××	非合金铸钢产品用材料(包括一般非合金铸钢材料、含锰非合金铸钢材料、非合金铸钢丸材料、非合金铸钢砂材料等)
M6××××	合金铸钢产品用材料(包括 Mn 系、MnMo 系、Cr 系、CrMo 系、CrNiMo 系、Cr(Ni)MoSi 系铸钢材料等)
M7××××	(暂空)
M8××××	(暂空)
M9××××	(暂空)

表 11　粉末及粉末材料细分类与统一数字代号

统一数字代号	粉末及粉末材料细分类
P0××××	粉末冶金结构材料(包括粉末烧结铁及铁基合金、粉末烧结非合金结构钢、粉末烧结合金结构钢等)
P1××××	粉末冶金摩擦材料和减摩材料(包括铁基摩擦材料、铁基减摩材料等)
P2××××	粉末冶金多孔材料(包括铁及铁基合金多孔材料、不锈钢多孔材料)
P3××××	粉末冶金工具材料(包括粉末冶金工具钢等)
P4××××	(暂空)
P5××××	粉末冶金耐蚀材料和耐热材料(包括粉末冶金不锈、耐蚀和耐热钢、粉末冶金高温合金和耐蚀合金等)
P6××××	(暂空)
P7××××	粉末冶金磁性材料(包括软磁铁氧体材料、永磁铁氧体材料、特殊磁性铁氧体材料、粉末冶金软磁合金、粉末冶金铝镍钴永磁合金、粉末冶金稀土钴永磁合金、粉末冶金钕铁硼永磁合金等)
P8××××	(暂空)
P9××××	铁、锰等金属粉末(包括粉末冶金用还原铁粉、电焊条用还原铁粉、穿甲弹用铁粉、穿甲弹用锰粉等)

表 12　快淬金属及合金细分类与统一数字代号

统一数字代号	快淬金属及合金细分类
Q0××××	(暂空)
Q1××××	快淬软磁合金
Q2××××	快淬永磁合金
Q3××××	快淬弹性合金

表 12(完)

统一数字代号	快淬金属及合金细分类
Q4×××	快淬膨胀合金
Q5×××	快淬热双金属
Q6×××	快淬电阻合金
Q7×××	快淬可焊合金
Q8×××	快淬耐蚀耐热合金
Q9×××	(暂空)

表 13　不锈、耐蚀和耐热钢细分类与统一数字代号

统一数字代号	不锈、耐蚀和耐热钢细分类
S0×××	(暂空)
S1×××	铁素体型钢
S2×××	奥氏体-铁素体型钢
S3×××	奥氏体型钢
S4×××	马氏体型钢
S5×××	沉淀硬化型钢
S6×××	(暂空)
S7×××	(暂空)
S8×××	(暂空)
S9×××	(暂空)

表 14　工具钢细分类与统一数字代号

统一数字代号	工具钢细分类
T0×××	非合金工具钢(包括一般非合金工具钢,含锰非合金工具钢)
T1×××	非合金工具钢(包括非合金塑料模具钢,非合金钎具钢等)
T2×××	合金工具钢(包括冷作、热作模具钢,合金塑料模具钢,无磁模具钢等)
T3×××	合金工具钢(包括量具刃具钢)
T4×××	合金工具钢(包括耐冲击工具钢、合金钎具钢等)
T5×××	高速工具钢(包括 W 系高速工具钢)
T6×××	高速工具钢(包括 W-Mo 系高速工具钢)
T7×××	高速工具钢(包括含 Co 高速工具钢)
T8×××	(暂空)
T9×××	(暂空)

表 15　非合金钢细分类与统一数字代号

统一数字代号	非合金钢细分类(非合金工具钢、电磁纯铁、焊接用非合金钢、非合金钢铸钢除外)
U0×××	(暂空)
U1×××	非合金一般结构及工程结构钢(表示强度特性值的钢)

表 15(完)

统一数字代号	非合金钢细分类(非合金工具钢、电磁纯铁、焊接用非合金钢、非合金钢铸钢除外)
U2××××	非合金机械结构钢(包括非合金弹簧钢,表示成分特性值的钢)
U3××××	非合金特殊专用结构钢(表示强度特性值的钢)
U4××××	非合金特殊专用结构钢(表示成分特性值的钢)
U5××××	非合金特殊专用结构钢(表示成分特性值的钢)
U6××××	非合金铁道专用钢
U7××××	非合金易切削钢
U8××××	(暂空)
U9××××	(暂空)

表 16 焊接用钢及合金细分类与统一数字代号

统一数字代号	焊接用钢及合金细分类
W0××××	焊接用非合金钢
W1××××	焊接用低合金钢
W2××××	焊接用合金钢(不含 Cr、Ni 钢)
W3××××	焊接用合金钢(W2××××,W4××××类除外)
W4××××	焊接用不锈钢
W5××××	焊接用高温合金和耐蚀合金
W6××××	钎焊合金
W7××××	(暂空)
W8××××	(暂空)
W9××××	(暂空)

ICS 77.140.01
H 40

中华人民共和国国家标准

GB/T 20566—2006

钢及合金术语

Terminology of steel and alloy

2006-11-01 发布　　2007-02-01 实施

中华人民共和国国家质量监督检验检疫总局
中国国家标准化管理委员会　发布

前言

本标准是参照国内外有关标准和技术文献资料制定的，包含钢及特殊合金的国家、行业标准常用的术语，以及对每个术语进行定义性的解释，为编写有关钢及特殊合金标准或其他技术文件或进行技术交流和贸易提供统一的技术用语的依据。

本标准的附录A、附录B为资料性附录。

本标准由中国钢铁工业协会提出。

本标准由全国钢标准化技术委员会归口。

本标准起草单位：冶金工业信息标准研究院。

本标准主要起草人：唐一凡、滕长岭、栾燕、刘宝石。

钢及合金术语

1 范围

本标准规定了钢及合金常用的术语和定义。

本标准适用于编写钢和合金及其产品的各级标准和有关技术文件等。

2 规范性引用文件

下列文件中的条款通过本标准的引用而成为本标准的条款。凡是注明日期的引用文件,其随后所有的修改单(不包括勘误的内容)或修订版均不适用于本标准。然而,鼓励根据本标准达成协议的各方研究是否可用这些文件的最新版本。凡是不注明日期的引用文件,其新版本适用于本标准。

GB/T 13304　钢分类(GB/T 13304—1991,neq ISO 4948/1:1982 Steel-classification—Part 1:classification of steels into unalloyed and alloyed steels based on chemical composition,ISO 4948/2:1981 steel-classification—Part 2:classification of unalloyed and alloyed steels according to main quality classed and main property or application characteristic)

3 术语

3.1

钢　steel

以铁为主要元素,含碳量一般不大于2%,并含有其他元素的材料。在铬钢中含碳量可能大于2%,但2%通常是钢和铸铁的界限。

3.1.1　钢按化学成分分类

3.1.1.1

非合金钢　unalloyed steel

硅、锰和其他元素的含量都在GB/T 13304相应规定范围界限以内的钢。通常包括碳素钢和规定电磁等特殊性能的非合金钢。

3.1.1.1.1

碳素钢　carbon steel

碳含量一般为0.02%~2%的铁碳合金。其中含有限量的硅、锰和磷、硫及其他微量残余元素。一般统称为非合金钢,但碳素钢的内涵没有非合金钢广泛,不包括具有特殊性能的非合金钢。

3.1.1.1.1.1

低碳钢　low carbon steel

碳含量小于0.25%的碳素钢。

3.1.1.1.1.2

中碳钢　medium carbon steel

碳含量为0.25%~0.60%的碳素钢。

3.1.1.1.1.3

高碳钢　high carbon steel

碳含量大于0.60%的碳素钢。

3.1.1.2

微合金化钢　microalloy steel

指微合金化低合金高强度钢，是在低碳钢或低合金高强度钢中加入一种或多种能形成碳化物、氮化物或碳氮化物的微量合金元素的钢。常用的微合金元素为铌、钒和钛，加一种或多种，如加入多种，其总含量一般不大于0.22%。

3.1.1.3

低合金钢　low alloy steel

至少应有一种合金元素的含量在GB/T 13304相应规定界限范围内，合金元素总含量大于5%的钢。低合金钢包括可焊接的低合金高强度结构钢、低合金耐候钢、钢筋用低合金钢、铁道用低合金钢、矿用低合金钢及其他低合金钢等。

3.1.1.4

合金钢　alloy steel

至少应有一种合金元素含量在GB/T 13304相应规定界限范围内的钢。合金钢通常包括合金结构钢、合金弹簧钢、合金工具钢、轴承钢等。

3.1.1.5

高合金钢　high alloy steel

合金元素含量大于10%的合金钢。高合金钢通常包括不锈钢、耐热钢、铬不锈轴承钢、高速工具钢及部分合金工具钢、无磁钢等。

3.1.2　**钢按质量等级分类**

3.1.2.1

普通质量钢　base steel

在生产过程中不需要特别控制质量的供一般用途的钢。这类钢大部分是低碳钢，规定磷、硫、氮含量上限和力学性能指标下限，对其他质量要求一般不作规定。普通质量钢包括普通质量非合金钢和普通质量低合金钢。

3.1.2.2

优质钢　quality steel

除普通质量钢和特殊质量钢以外的钢，在生产过程中需要特别控制质量和性能，但又不如特殊质量钢那么严格。优质钢包括优质非合金钢、优质低合金钢和优质合金钢。

3.1.2.3

特殊质量钢　special quality steel

在生产过程中需要特别严格控制质量和性能的钢，特别是要严格控制硫、磷等杂质含量和钢的纯洁度。特殊质量钢包括特殊质量非合金钢、特殊质量低合金钢和特殊质量合金钢。

3.1.3　**钢按用途及使用特性分类**

3.1.3.1

碳素结构钢　carbon structural steel

用于建筑、桥梁、船舶、车辆及其他结构，必须有一定的强度，必要时要求冲击性能和焊接性能的碳素钢。

3.1.3.2

低合金高强度结构钢　high strength low alloy structural steel

用于建筑、桥梁、船舶、车辆、压力容器及其他结构，碳含量（熔炼分析）一般不大于0.20%，合金元素含量总和一般不大于2.5%，屈服强度不小于295 MPa，具有较好的冲击韧性和焊接性的低合金钢。

3.1.3.3

耐候钢　steel with improved atmospheric corrosion resistance

耐大气腐蚀钢

加入铜、磷、铬、镍等元素提高耐大气腐蚀性能的钢。这类钢分为高耐候钢和焊接结构用耐候钢。

3.1.3.4

建筑结构用钢　steel for building structure

用于建造高层和重要建筑结构的钢。要求具有较高的冲击韧性、足够的强度、良好的焊接性能、一定的屈强比,必要时还要求厚度方向性能。

3.1.3.5

桥梁用钢　steel for bridge

用于建造铁路和公路桥梁的钢。要求具有较高的强度和足够的韧性、低的缺口敏感性、良好的低温韧性、抗时效敏感性、抗疲劳性能和焊接性能。主要用钢为 Q345q、Q370q、Q420q 等低合金高强度钢。

3.1.3.6

船体用钢　steel for hull

焊接和其他性能良好,适用于修造船舶和舰艇壳体主要结构的钢。舰艇钢要求具有更高的强度、更好的韧性、抗爆性和抗深水压溃性。

3.1.3.7

压力容器用钢　steel for pressure vessels

用于制造石油化工、气体分离和气体储运等设备的压力容器的钢。要求具有足够的强度和韧性、良好的焊接性能和冷热加工性能。常用的钢主要是低合金高强度钢和碳素钢。

3.1.3.8

低温用钢　steel for low temperature service

用于制造在−20℃以下使用的压力设备和结构,要求具有良好的低温韧性和焊接性的钢。根据使用温度不同,主要用钢有低合金高强度钢、镍钢和奥氏体不锈钢。

3.1.3.9

锅炉用钢　steel for boilers

用于制造过热器、主蒸汽管、水冷壁管和锅炉汽包的钢。要求具有良好的室温和高温力学性能、抗氧化和抗碱性腐蚀性能、足够的持久强度和持久断裂塑性。主要用钢有珠光体耐热钢(铬-钼钢)、奥氏体耐热钢(铬-镍钢)、优质碳素钢(20 号钢)和低合金高强度钢。

3.1.3.10

管线用钢　steel for line pipe of oil and natural gas

石油天然气长距离输送管线用钢。要求具有高强度、高韧性、优良的加工性、焊接性和抗腐蚀性等综合性能的低合金高强度钢。

3.1.3.11

Z 向性能钢　steel with specified through-thickness characteristics

保证厚度方向性能,不易沿厚度方向产生裂纹,抗层状撕裂的钢。按厚度方向断面收缩率,这类钢分为 Z15、Z25、Z35 等 3 个级别。

3.1.3.12

CF 钢　crack-free steel

在焊接前不用预热,焊接后不热处理的条件下,不出现焊接裂纹的钢。这类钢的合金元素含量少,碳含量和碳当量、焊接裂纹敏感指数都很低,纯洁度很高。

3.1.3.13

锚链用钢　steel for anchor chain

用于制作船舶锚链的圆钢。要求具有较高的强度和韧性。主要用含锰的低碳钢或中碳钢。

3.1.3.14

混凝土钢筋用钢　steel for the reinforcement of concrete

用于混凝土构件钢筋的钢。要求具有一定的强度和焊接性能、冷弯性能，常采用低合金钢和碳素钢，有热轧钢筋和冷轧钢筋，外形有带肋和光圆两种。

3.1.3.15

矿用钢　steel for mines

以煤炭强化开采为主的矿山用钢，包括巷道支护、液压支架管、槽帮钢、圆环链、刮板钢等。主要采用耐磨低合金钢。

3.1.3.16

汽车用钢　steel for automobile

主要包括车身、车架和车轮用钢，要求有良好的成型性能、焊接性能、耐蚀性能及涂装性能等。

3.1.3.17

车辆用钢　steel for vehicle

用于制造铁道货车和客车车厢的钢。要求具有足够的强度、韧性和良好的耐蚀性。主要使用含有磷、铜、铬、镍的高耐候低合金钢。

3.1.3.18

车轮钢　steel for wheel

用于制造铁道车轮的钢。要求具有较高的强度、韧性、抗疲劳性、耐磨性和抗热裂性。主要采用低合金钢和碳素钢。

3.1.3.19

车轴钢　steel for axle

用于制造铁道机车车轴的钢。要求钢具有良好的冲击韧性和很高的抗拉强度。通常采用含锰量较高的中碳钢。

3.1.3.20

钢轨钢　steel for rail

用于制造重轨、轻轨、起重机轨和其他专用轨的钢。要求具有足够的强度、硬度、耐磨性和冲击韧性。主要采用含锰较高的高碳钢（轻轨为中碳钢）和含锰、硅、钒、铜的低合金钢。

3.1.3.21

焊接用钢　steel for welding

用于对钢材进行焊接的钢（包括焊条、焊丝、焊带）。对化学成分要求比较严格，要控制碳含量、限制硫、磷等有害元素。按化学成分，焊接用钢可以分为非合金钢、低合金钢和合金钢三类。

3.1.3.22

易切削钢　free-cutting steel

在钢中加入硫、磷、铅、硒、锑、钙等元素（加入一种或一种以上）明显的改善切削性能，以利于机械加工自动化的钢。

3.1.3.23

深冲用钢　steel for deep drawing

具有优良冲压成型性能的钢。通常为铝镇静的低碳钢。一般通过降低碳、硅、锰、硫、磷含量，控制铝含量范围和加工工艺，以获得最佳深冲性能。按冲压级别分为深冲钢和超深冲钢。

3.1.3.24

IF 钢　interstitial free steel

在含碳量不大于 0.01% 的低碳钢中加入适量的钛、铌，使其吸收钢中间隙原子碳、氮，形成碳化物、氮化物粒子，深冲性能极佳的钢。

3.1.3.25

双相钢　dual phase steel

一种低合金高强度可成型的钢。显微组织由软的铁素体晶粒基体和硬的弥散马氏体颗粒组成，具有较高的强度和塑性以及较好的成型性能。

3.1.3.26

非调质钢　engineering steel for precipitation hot-working temperature

在中碳钢中添加钒、铌、钛等微量元素，通过控制轧制(或锻制)温度和冷却工艺，产生强化相，使塑性变形与固态相变相结合，获得与调质钢相当的良好综合性能的钢。

3.1.3.27

调质钢　quenched and tempered steel

中碳或低碳结构钢先经过淬火后再经过高温回火处理，获得较高的强度和冲击韧性等更好的综合力学性能的钢。

3.1.3.28

超高强度钢　ultra high strength steel

屈服强度和抗拉强度分别超过 1 200 MPa 和 1 400 MPa 的钢。其主要特点是具有很高的强度，足够的韧性，能承受很大应力，同时具有很大的比强度，使结构尽可能地减轻自重。

3.1.3.29

优质碳素结构钢　quality carbon structure steel

与普通碳素结构钢比较，硫、磷及非金属夹杂物含量较低的钢，按碳含量和用途不同分为低碳钢、中碳钢和高碳钢等 3 类，主要用于制造机械零部件和弹簧等。

3.1.3.30

合金结构钢　alloy structural steel

在碳素结构钢的基础上加入适当的合金元素，主要用于制造截面尺寸较大的机械零件的钢。具有合适的淬透性，经相应热处理后有较高的强度、韧性和疲劳强度，较低的脆性转变温度。这类钢主要包括调质钢、表面硬化钢和冷塑性成型钢。

3.1.3.31

压力加工用钢　steel for pressure work

供压力加工(如轧、锻、拉拔等)经过塑性变形制成零件或产品用的钢。按加工前钢是否先经加热，分为热压力加工用钢和冷压力加工用钢。

3.1.3.32

切削加工用钢　steel for cut work

冷机械加工用钢

供切削机床(如车、铣、刨、磨等)在常温下切削加工成零件的钢。

3.1.3.33

冷顶锻用钢　cold heading steel

冷镦钢和铆螺钢

用于在常温下进行镦粗，制造铆钉、螺栓和螺母用的钢。在钢牌号前面加字母“ML”表示。除了化学成分和力学性能外，还要求表面脱碳层和冷顶锻性能等。主要是优质碳素结构钢和合金结构钢。

3.1.3.34

保证淬透性钢　structural steel subject to end-quench harden-ability

按相关标准规定的端淬法进行端部淬火，保证距离淬火端一定距离内硬度的上下限在一定范围内的钢。这类钢的牌号常用“H”保证淬透性带的符号表示。

3.1.3.35

装甲钢 steel for armor

制造坦克、装甲等防御各种穿甲弹、破甲弹的钢板钢。要求具有较高的硬度和足够的韧性，特别是低温韧性。通常为中碳合金钢。

3.1.3.36

枪钢 steel for gun

轻武器用钢

制造各种手枪、步枪、机关枪的枪管和射击机构等部件用钢。

3.1.3.37

火炮用钢 steel for artillery

制造不同类型火炮的炮身、炮尾和炮闩等主要结构件用钢。要求具有高强度、高韧性和耐蚀性能。通常使用中碳铬-镍-钼钢。

3.1.3.38

炮弹用钢 steel for projectile

制造炮弹弹体用钢，要求强度和硬度高，在爆炸载荷作用下，破片率高。一般用中碳钢或中碳合金钢。

3.1.3.39

渗碳钢 carburizing steel

用于表面渗碳的钢，包括碳钢和合金钢。一般含碳量为0.10%～0.25%。表面渗碳后，经过淬火和低温回火，提高表面硬度，而心部具有足够的韧性。

3.1.3.40

渗氮钢 nitriding steel

氮化钢

含有铬、铝、钼、钛等元素，经渗氮处理后，使表面硬化的钢。

3.1.3.41

弹簧钢 spring steel

制造各种弹簧和弹性元件的钢。要求具有优异的力学性能（特别是弹性极限、强度极限和屈强比）、疲劳性能、淬透性、物理化学性能（耐热、耐低温、耐腐蚀）、加工成型性能。按化学成分可分为碳素弹簧钢、合金弹簧钢和特殊弹簧钢。

3.1.3.42

工具钢 tool steel

用于制造各种切削工具、成型工具及测量工具用钢的总称。通常分为非合金工具钢、合金工具钢和高速工具钢。要求的性能主要是强度、韧性、硬度、耐磨性和回火稳定性。

3.1.3.43

碳素工具钢 unalloy tool steel

不添加合金元素，用于制造各种一般的小型工具的钢。含碳量在0.65%～1.35%之间，属于共析钢或过共析钢。

3.1.3.44

合金工具钢 alloy tool steel

含有较高的碳和铬、钨、钼、钒、镍等合金元素的工具钢。按用途和性能可分为量具刃具钢、耐冲击工具钢、冷作模具钢、热作模具钢、塑料模具钢和无磁模具钢等。

3.1.3.45

高速工具钢　high speed tool steel

主要用作机床高速切削工具的高碳高合金钢。按合金基本组成系列分成钨系钢、钼系钢、钨钼系和钴钼系钢等。按用途分为通用型高速钢和超硬型高速钢。

3.1.3.46

轴承钢　bearing steel

滚动轴承的滚珠、滚柱、内圈、外圈所用的合金钢。要求具有高疲劳强度和耐磨性、纯洁度和组织均匀性。按其成分和用途可分为高碳铬轴承钢、渗碳轴承钢、不锈轴承钢和高温轴承钢四类。

3.1.3.47

不锈钢　stainless steel

铬含量不小于10.5%的不锈钢和耐酸钢的总称。不锈钢是指在大气、蒸汽和水等弱腐蚀介质中不生锈的钢。耐酸钢是指在酸、碱、盐等浸蚀性较强的介质中能抵抗腐蚀作用的钢。

3.1.3.48

耐热钢　heat resisting steel

在高温下具有较高的强度和良好的化学稳定性的合金钢。包括抗氧化钢(或称为耐热不起皮钢)和热强钢两类。抗氧化钢一般要求较好的化学稳定性,但承受的载荷较低。热强钢则要求较高的高温强度和相当的抗氧化性。

3.1.3.49

无磁钢　non-magnetic steel

以碳、锰、铬、镍、氮等为主要合金成分,具有稳定的奥氏体组织,没有磁性或磁性极低的合金钢。

3.1.3.50

阀门钢　valve steel

以铬及硅、镍、钼为主要合金元素,主要作内燃机进气阀、排气阀用的耐热钢。

3.1.3.51

叶片钢　vane steel

以铬及钼、镍、钨、钒等为主要合金元素,制造汽轮机叶片用的钢。根据工作温度不同,要求常温力学性能及高温瞬时力学性能和持久强度及塑性、蠕变强度等。

3.1.3.52

电工用硅钢　silicon steel for electrical grade

主要用于各种变压器、电动机和发动机铁芯,碳含量极低,硅含量一般在0.5%～4.5%的硅铁软磁材料。分为晶粒取向硅钢和晶粒无取向硅钢两类。

3.1.3.53

晶粒取向硅钢　grain-oriented silicon steel

通过形变和再结晶退火使晶粒发生择优取向,晶粒取向沿着轧制方向排列,轧制方向的磁性明显优于垂直轧制方向。一般含硅量约3.2%。

3.1.3.54

晶粒无取向硅钢　grain non-oriented silicon steel

沿轧制方向和垂直轧制方向具有大致相同的磁性能的硅钢。

3.1.3.55

电工用纯铁　pure iron for electrical grade

用于制造电磁元件,碳和其他杂质元素含量都很低,具有磁感强度和磁导率高、矫顽力低等特性的非合金化的铁基软磁材料。

3.1.4 钢按冶炼方法和脱氧程度分类

3.1.4.1

转炉钢 converter steel

用转炉冶炼的钢。按炉衬耐火材料性质分为碱性转炉钢和酸性转炉钢。按气体(氧气)吹入炉内的方式分为顶吹转炉、底吹转炉、侧吹转炉和顶底复合吹转炉钢等。

3.1.4.2

电炉钢 electric steel

利用电加热的方法在电炉中冶炼的钢。按加热方式和炉型的不同,电炉钢分为电弧炉钢、真空电弧炉钢(真空自耗钢)、感应炉钢、真空感应炉钢、电渣钢和电子束炉钢等。

3.1.4.3

电弧炉钢 electric-art furnace steel

在电弧炉中利用电极电弧高温冶炼的钢。

3.1.4.4

真空电弧炉钢. consumable electrode vacuum arc steel

真空自耗钢

用真空自耗工艺冶炼的钢。在真空下,利用电弧供热,将预制的成分符合要求的自耗电极重熔,进行精炼。这种钢纯净度高,成分均匀,偏析少。

3.1.4.5

感应炉钢 induction furnace steel

利用感应电热效应在感应炉中冶炼的钢。在非真空感应炉中冶炼的钢叫做非真空感应炉钢;在真空感应炉中冶炼的钢叫做真空感应炉钢。

3.1.4.6

电渣钢 electroslag steel

电渣重熔钢

把转炉、电炉或感应炉冶炼的钢铸造或锻压成电极,通过电渣炉中的熔渣电阻热进行二次重熔的精炼工艺炼出的钢。

3.1.4.7

炉外精炼钢 refining steel outside furnace

将电炉或转炉初炼过的钢液放到钢包或其他专用容器中,进行脱气、脱氧、脱硫、脱碳、去除夹杂物和进行成分微调等精炼工艺冶炼的钢。

3.1.4.8

镇静钢 killed steel

浇注前钢液进行充分脱氧,浇注和凝固过程中钢液平静无沸腾的钢。镇静钢组织致密,偏析小,成分均匀。

3.1.4.9

半镇静钢 semi-killed steel

脱氧程度介于镇静钢与沸腾钢之间的半脱氧的钢。浇注时有微弱沸腾现象,钢的收得率比镇静钢高,偏析比沸腾钢小。

3.1.4.10

沸腾钢 rimmed steel

未经脱氧或进行轻度脱氧的钢。钢液在浇注时和没有凝固前,在锭模中发生碳氧反应,排出一氧化碳，产生强烈的沸腾现象。这类钢没有集中缩孔，钢的收得率高，但成分偏析大，质量不均匀。

3.1.5 钢按金相组织分类

3.1.5.1

奥氏体型钢 austenitic steel

固溶退火后在常温下其组织为奥氏体的钢。

3.1.5.2

奥氏体-铁素体型钢 austenitic-ferritic steel

固溶退火后在常温下为奥氏体与铁素体双相组织的钢。

3.1.5.3

铁素体型钢 ferritic steel

在所有温度下均为稳定的铁素体组织的钢。

3.1.5.4

马氏体型钢 martensitic steel

在高温奥氏体化后冷却到常温能形成马氏体组织的钢。

3.1.5.5

沉淀硬化型钢 precipitation hardening steel

通过添加少量的铝、钛、铜等元素，经热处理后这些元素的化合物在钢的基体上沉淀析出而使基体硬化的钢。

3.1.5.6

珠光体型钢 pearlitic steel

高温奥氏体(经退火)缓慢冷却到 A_1(共析转变线)以下温度得到珠光体组织的钢。

3.1.5.7

贝茵体型钢 bainitic steel

贝氏体钢

高温奥氏体以一定的冷却速度过冷到 M_s 点(奥氏体开始转变为马氏体的温度)以上一定温度，然后等温一定时间得到贝茵体组织的钢。

3.1.5.8

莱氏体型钢 ledeburite steel

具有莱氏体组织的钢。高温下莱氏体是奥氏体和渗碳体的共晶体，常温下莱氏体是珠光体和渗碳体的混合物。

3.1.5.9

共析钢 eutectoid steel

碳含量为共析成分(一般碳含量为0.80%)的珠光体组织的钢。

3.1.5.10

亚共析钢 hypoeutectoid steel

碳含量低于共析钢成分(一般碳含量为0.02%～0.8%)的铁素体和珠光体钢。

3.1.5.11

过共析钢 hypereuctoid steel

碳含量高于共析成分(一般碳含量为0.8%～2.0%)的珠光体和渗碳体组织的钢。

3.2

特殊合金 special alloy

具有特殊物理化学性能和特殊功能的合金。一般包括高温合金、精密合金、耐蚀合金、高电阻电热合金及其他特殊功能材料等。

3.2.1

高温合金　heat resisting superalloy

耐热合金

一般在600℃～1 200℃高温下能承受一定应力并具有抗氧化或抗腐蚀性能的合金。按基体组成元素可分为铁基(铁镍基)高温合金、镍基高温合金和钴基高温合金三类。按合金的主要强化特征,可分为固溶强化型高温合金和时效硬化型高温合金。按合金的基本成型方式,可分为变形高温合金、铸造高温合金、粉末高温合金等。

3.2.2

精密合金　precious alloy

具有特殊物理性能和特殊功能的合金。一般包括软磁合金、永磁(硬磁)合金、弹性合金、膨胀合金、热双金属、电阻合金等。按合金基体组成元素可分为铁基、镍基、钴基、铜基合金等。

3.2.2.1

软磁合金　soft magnetic alloy

在外力作用下容易磁化,去除外磁场后磁感应强度又基本消失,矫顽力一般低于0.8 kA/m的磁性合金。按基体组成元素可分为铁基合金、铁镍钴基合金、镍基合金、钴基合金等。各类软磁合金除了具有很低的矫顽力外,还分别具有不同的磁特性。

3.2.2.2

永磁合金　permanent magnetic alloy

硬磁合金

具有较强的抗退磁性能,磁化后能保持磁化状态,并在周围产生足够而稳定的磁场的合金。主要包括变形永磁合金、铝镍钴系永磁合金、稀土钴系永磁合金、稀土铁基永磁合金、单畴伸长微粒磁体等。要求具有较高的剩余磁感应强度、较高的矫顽力、较高的最大磁能积和较高的居里温度。

3.2.2.3

变形永磁合金　deformable permanent magnetic alloy

在热状态下或冷状态下可塑性变形的永磁合金。按基体组成元素可分为铁基合金、铁钴钒基合金、铁钴钼基合金、铁铬钴基合金等。各类变形永磁合金除了具有很高的矫顽力值外,还分别具有不同的磁特性。

3.2.2.4

弹性合金　elasticity alloy

具有良好的弹性性能的合金。一般分为高弹性合金和恒弹性合金两类。按基体组成元素可分为铁镍基合金、铁钴基合金、铁铬基合金等。除了弹性性能外,弹性合金还分别具有无磁、抗震、耐磨、耐腐蚀、特定的频率温度系数等特性。

3.2.2.5

膨胀合金　expansion alloy

具有特定线膨胀系数的合金。按基体组成元素可分为铁基合金、铁镍基合金、铁镍钴基合金、镍基合金等。按规定的线膨胀系数的不同,可分为低膨胀合金、定膨胀合金和高膨胀合金。各类合金除了都具有特定的膨胀性能外,还分别具有无磁、耐蚀、易切削、高强度等特性。

3.2.2.6

热双金属　thermostatic biomaterials

有两层或多层具有不同线膨胀系数的金属构成的复合材料。组元层由高膨胀层、低膨胀层及中间层组成。

3.2.2.7

电阻合金　electrical resistance alloy

以电阻特性为主要技术特征的合金。主要包括精密电阻合金、应变电阻合金、热敏电阻合金和电热合金等。

3.2.2.8

精密电阻合金　precious electrical resistance alloy

电阻温度系数绝对值和铜热电动势绝对值均较小且稳定的电阻合金。

3.2.2.9

高电阻电热合金　high resistance for electrical heating

一般具有电阻率大、耐热疲劳、抗腐蚀和高温形状稳定性好等特性的合金。按基体组成元素分为铁铬铝系合金、铁铬镍系合金和铁铬系合金三类。

3.2.3

耐蚀合金　corrosion resisting alloy

耐特殊酸、碱、盐及气体腐蚀的合金。按合金基体组成元素分为铁镍基合金和镍基合金。按合金的主要强化特征分为固溶强化型合金和时效硬化型合金。按合金的基本成型方式分为变形耐蚀合金和铸造耐蚀合金。

3.2.4

快淬金属　quick-quench metal

由液态金属通过快淬而获得的非晶态或微晶材料。按基体特性分为快淬软磁合金、快淬永磁合金、快淬弹性合金、快淬膨胀合金、快淬热双金属、快淬精密电阻合金、快淬可焊合金、快淬耐蚀耐热合金。按基体成分分为快淬铁基合金、快淬钴基合金、快淬镍基合金、快淬铁钴基合金、快淬铁镍基合金、快淬钴镍基合金、快淬铜基合金等。

附 录 A
（资料性附录）
汉语拼音索引

附 录 B
（资料性附录）
英 文 索 引

ICS 77.140.20
H 40

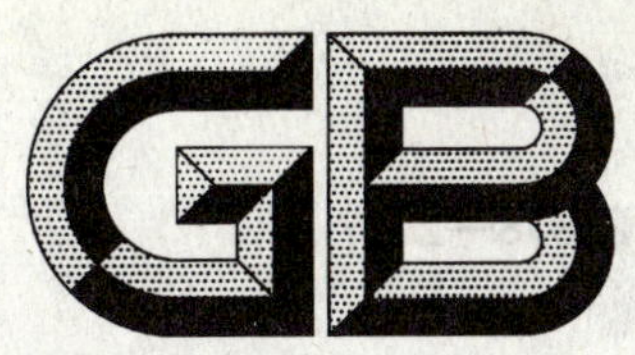

中华人民共和国国家标准

GB/T 20878—2007
代替 GB/T 4229—1984

不锈钢和耐热钢　牌号及化学成分

**Stainless and heat-resisting steels—
Designation and chemical composition**

2007-03-09 发布　　　　2007-10-01 实施

中华人民共和国国家质量监督检验检疫总局
中国国家标准化管理委员会　发布

前言

本标准规定的牌号及化学成分极限值适用于制、修订不锈钢和耐热钢(包括钢锭和半成品)产品标准时采用。

本标准须与其他技术标准配套使用,不能单独用于订货。

本标准自实施之日起,代替 GB/T 4229—1984《不锈钢板重量计算方法》。

本标准的附录 A、附录 B 和附录 C 均为资料性附录。

本标准由中国钢铁工业协会提出。

本标准由全国钢标准化技术委员会归口。

本标准起草单位:冶金工业信息标准研究院。

本标准主要起草人:栾燕、戴强、刘宝石。

不锈钢和耐热钢　牌号及化学成分

1　范围

本标准规定了不锈钢和耐热钢牌号及其化学成分(见表1～表5),并以资料性附录的形式列入了部分牌号的物理参数、国外标准牌号或近似牌号对照表、不锈钢和耐热钢牌号适用标准等。

本标准规定的牌号及其化学成分适用于制、修订不锈钢和耐热钢(包括钢锭和半成品)产品标准时采用。

2　术语及定义

下列术语和定义适用于本标准。

2.1

不锈钢　stainless steel

以不锈、耐蚀性为主要特性,且铬含量至少为10.5%,碳含量最大不超过1.2%的钢。

2.1.1

奥氏体型不锈钢　austenitic grade stainless steel

基体以面心立方晶体结构的奥氏体组织(γ相)为主,无磁性,主要通过冷加工使其强化(并可能导致一定的磁性)的不锈钢。

2.1.2

奥氏体-铁素体(双相)型不锈钢　austenitic-ferritic(duplex) grade stainless steel

基体兼有奥氏体和铁素体两相组织(其中较少相的含量一般大于15%),有磁性,可通过冷加工使其强化的不锈钢。

2.1.3

铁素体型不锈钢　ferritic grade stainless steel

基体以体心立方晶体结构的铁素体组织(α相)为主,有磁性,一般不能通过热处理硬化,但冷加工可使其轻微强化的不锈钢。

2.1.4

马氏体型不锈钢　martensitic grade stainless steel

基体为马氏体组织,有磁性,通过热处理可调整其力学性能的不锈钢。

2.1.5

沉淀硬化型不锈钢　precipitation hardening grade stainless steel

基体为奥氏体或马氏体组织,并能通过沉淀硬化(又称时效硬化)处理使其硬(强)化的不锈钢。

2.2

耐热钢　heat-resisting steel

在高温下具有良好的化学稳定性或较高强度的钢。

3　确定化学成分极限值的一般准则

3.1　碳

在碳含量大于或等于0.04%时,推荐取两位小数;在碳含量不大于0.030%时,推荐取3位小数。

3.2　锰

除Cr-Ni-Mn钢牌号外,对各类型钢的其他牌号分别推荐用2.00%和1.00%(最大值),但不包括含高硫或硒的易切削钢或需提高氮固溶度的牌号。

3.3　磷

除非由于技术原因有关生产厂推荐用较低的极限值外，奥氏体型钢推荐磷含量不大于0.045%，其他类型钢牌号磷含量不大于0.040%，但不包括易切削钢牌号。

3.4　硫

除非由于特殊技术原因需规定较低的极限值外，各类型钢牌号推荐硫含量不大于0.030%，但不包括易切削钢牌号。

3.5　硅

扁平材和管材推荐硅含量不大于0.75%，长条材和锻件推荐硅含量不大于1.00%，对于同时生产长条和扁平产品的牌号推荐选用硅含量不大于1.00%。选用较低极限值还是较高极限值由具体产品技术要求确定。

3.6　铬

成分上下限范围推荐为2%，如原有成分范围大于3%，则压缩后的成分范围应不小于3%。

3.7　镍

除非由于特殊技术要求较宽的成分范围（一般含量较高），成分上下限范围推荐不大于3%。

3.8　钼

除非由于特殊技术要求较宽的成分范围，成分上下限范围推荐不大于1%。除特殊技术要求外，钼含量一般应规定上、下限。

3.9　氮

除特殊技术要求外，氮含量一般应规定上、下限。

3.10　铜

除特殊技术要求外，铜含量一般应规定上、下限。

3.11　铌和钽

除非有特殊用途要求标明钽，同时列入铌和钽两个元素时，推荐只列入铌元素。

注：Cb(columbium)和Nb(niobium)表示的是同一种元素，本标准一般用Nb(niobium)。

4　不锈钢和耐热钢牌号的化学成分与应用

4.1　不锈钢和耐热钢牌号按冶金学分类列表，即奥氏体型、奥氏体-铁素体型、铁素体型、马氏体型和沉淀硬化型等。

表1为奥氏体型不锈钢和耐热钢牌号及其化学成分；

表2为奥氏体-铁素体型不锈钢牌号及其化学成分；

表3为铁素体型不锈钢和耐热钢牌号及其化学成分；

表4为马氏体型不锈钢和耐热钢牌号及其化学成分；

表5为沉淀硬化型不锈钢和耐热钢牌号及其化学成分。

4.2　本标准规定的化学成分是用于测定每个牌号总成分中每个元素成分极限值的一种导则。第3章列入了确定每个元素成分的一般准则，本标准中规定的化学成分是依据这些准则确定的。

4.3　本标准中的化学成分在被产品标准采用之前，不作为对任何产品化学成分的要求。

4.4　由于特殊的技术原因，同一牌号在各产品标准中成分要求会有小的变化。允许在产品标准或合同、协议中适当调整化学成分范围，或对残余元素、有害杂质含量作特殊限制规定。如果可能，同一牌号在各不锈钢和耐热钢产品标准之间化学成分最好统一。

表 1 奥氏体型不锈钢和耐热钢牌号及其化学成分

序号	统一数字代号	新牌号	旧牌号	化学成分(质量分数)/%										
				C	Si	Mn	P	S	Ni	Cr	Mo	Cu	N	其他元素
1	S35350	12Cr17Mn6Ni5N	1Cr17Mn6Ni5N	0.15	1.00	5.50～7.50	0.050	0.030	3.50～5.50	16.00～18.00	—	—	0.05～0.25	—
2	S35950	10Cr17Mn9Ni4N		0.12	0.80	8.00～10.50	0.035	0.025	3.50～4.50	16.00～18.00	—	—	0.15～0.25	—
3	S35450	12Cr18Mn9Ni5N	1Cr18Mn8Ni5N	0.15	1.00	7.50～10.00	0.050	0.030	4.00～6.00	17.00～19.00	—	—	0.05～0.25	—
4	S35020	20Cr13Mn9Ni4	2Cr13Mn9Ni4	0.15～0.25	0.80	8.00～10.00	0.035	0.025	3.70～5.00	12.00～14.00	—	—	—	—
5	S35550	20Cr15Mn15Ni2N	2Cr15Mn15Ni2N	0.15～0.25	1.00	14.00～16.00	0.050	0.030	1.50～3.00	14.00～16.00	—	—	0.15～0.30	—
6	S35650	53Cr21Mn9Ni4N[a]	5Cr21Mn9Ni4N[a]	0.48～0.58	0.35	8.00～10.00	0.040	0.030	3.25～4.50	20.00～22.00	—	—	0.35～0.50	—
7	S35750	26Cr18Mn12Si2N[a]	3Cr18Mn12Si2N[a]	0.22～0.30	1.40～2.20	10.50～12.50	0.050	0.030	—	17.00～19.00	—	—	0.22～0.33	—
8	S35850	22Cr20Mn10Ni2Si2N[a]	2Cr20Mn9Ni2Si2N[a]	0.17～0.26	1.80～2.70	8.50～11.00	0.050	0.030	2.00～3.00	18.00～21.00	—	—	0.20～0.30	—
9	S30110	12Cr17Ni7	1Cr17Ni7	0.15	1.00	2.00	0.045	0.030	6.00～8.00	16.00～18.00	—	—	0.10	—
10	S30103	022Cr17Ni7		0.030	1.00	2.00	0.045	0.030	5.00～8.00	16.00～18.00	—	—	0.20	—
11	S30153	022Cr17Ni7N		0.030	1.00	2.00	0.045	0.030	5.00～8.00	16.00～18.00	—	—	0.07～0.20	—
12	S30220	17Cr18Ni9	2Cr18Ni9	0.13～0.21	1.00	2.00	0.035	0.025	8.00～10.50	17.00～19.00	—	—	—	—
13	S30210	12Cr18Ni9[a]	1Cr18Ni9[a]	0.15	1.00	2.00	0.045	0.030	8.00～10.00	17.00～19.00	—	—	0.10	—
14	S30240	12Cr18Ni9Si3[a]	1Cr18Ni9Si3[a]	0.15	2.00～3.00	2.00	0.045	0.030	8.00～10.00	17.00～19.00	—	—	0.10	—

表 1(续)

序号	统一数字代号	新牌号	旧牌号	化学成分(质量分数)/%										
				C	Si	Mn	P	S	Ni	Cr	Mo	Cu	N	其他元素
15	S30317	Y12Cr18Ni9	Y1Cr18Ni9	0.15	1.00	2.00	0.20	≥0.15	8.00～10.00	17.00～19.00	(0.60)	—	—	—
16	S30327	Y12Cr18Ni9Se	Y1Cr18Ni9Se	0.15	1.00	2.00	0.20	0.060	8.00～10.00	17.00～19.00	—	—	—	Se≥0.15
17	S30408	06Cr19Ni10[a]	0Cr18Ni9[a]	0.08	1.00	2.00	0.045	0.030	8.00～11.00	18.00～20.00	—	—	—	—
18	S30403	022Cr19Ni10	00Cr19Ni10	0.030	1.00	2.00	0.045	0.030	8.00～12.00	18.00～20.00	—	—	—	—
19	S30409	07Cr19Ni10		0.04～0.10	1.00	2.00	0.045	0.030	8.00～11.00	18.00～20.00	—	—	—	—
20	S30450	05Cr19Ni10Si2CeN		0.04～0.06	1.00～2.00	0.80	0.045	0.030	9.00～10.00	18.00～19.00	—	—	0.12～0.18	Ce 0.03～0.08
21	S30480	06Cr18Ni9Cu2	0Cr18Ni9Cu2	0.08	1.00	2.00	0.045	0.030	8.00～10.50	17.00～19.00	—	1.00～3.00	—	—
22	S30488	06Cr18Ni9Cu3	0Cr18Ni9Cu3	0.08	1.00	2.00	0.045	0.030	8.50～10.50	17.00～19.00	—	3.00～4.00	—	—
23	S30458	06Cr19Ni10N	0Cr19Ni9N	0.08	1.00	2.00	0.045	0.030	8.00～11.00	18.00～20.00	—	—	0.10～0.16	—
24	S30478	06Cr19Ni9NbN	0Cr19Ni10NbN	0.08	1.00	2.50	0.045	0.030	7.50～10.50	18.00～20.00	—	—	0.15～0.30	Nb 0.15
25	S30453	022Cr19Ni10N	00Cr18Ni10N	0.030	1.00	2.00	0.045	0.030	8.00～11.00	18.00～20.00	—	—	0.10～0.16	—
26	S30510	10Cr18Ni12	1Cr18Ni12	0.12	1.00	2.00	0.045	0.030	10.50～13.00	17.00～19.00	—	—	—	—
27	S30508	06Cr18Ni12	0Cr18Ni12	0.08	1.00	2.00	0.045	0.030	11.00～13.50	16.50～19.00	—	—	—	—
28	S30608	06Cr16Ni18	0Cr16Ni18	0.08	1.00	2.00	0.045	0.030	17.00～19.00	15.00～17.00	—	—	—	—

表 1(续)

序号	统一数字代号	新 牌 号	旧 牌 号	化学成分(质量分数)/%										
				C	Si	Mn	P	S	Ni	Cr	Mo	Cu	N	其他元素
29	S30808	06Cr20Ni11		0.08	1.00	2.00	0.045	0.030	10.00～12.00	19.00～21.00	—	—	—	—
30	S30850	22Cr21Ni12N[a]	2Cr21Ni12N[a]	0.15～0.28	0.75～1.25	1.00～1.60	0.040	0.030	10.50～12.50	20.00～22.00	—	—	0.15～0.30	—
31	S30920	16Cr23Ni13[a]	2Cr23Ni13[a]	0.20	1.00	2.00	0.040	0.030	12.00～15.00	22.00～24.00	—	—	—	—
32	S30908	06Cr23Ni13[a]	0Cr23Ni13[a]	0.08	1.00	2.00	0.045	0.030	12.00～15.00	22.00～24.00	—	—	—	—
33	S31010	14Cr23Ni18	1Cr23Ni18	0.18	1.00	2.00	0.035	0.025	17.00～20.00	22.00～25.00	—	—	—	—
34	S31020	20Cr25Ni20[a]	2Cr25Ni20[a]	0.25	1.50	2.00	0.040	0.030	19.00～22.00	24.00～26.00	—	—	—	—
35	S31008	06Cr25Ni20[a]	0Cr25Ni20[a]	0.08	1.50	2.00	0.045	0.030	19.00～22.00	24.00～26.00	—	—	—	—
36	S31053	022Cr25Ni22Mo2N		0.030	0.40	2.00	0.030	0.015	21.00～23.00	24.00～26.00	2.00～3.00	—	0.10～0.16	—
37	S31252	015Cr20Ni18Mo6CuN		0.020	0.80	1.00	0.030	0.010	17.50～18.50	19.50～20.50	6.00～6.50	0.50～1.00	0.18～0.22	—
38	S31608	06Cr17Ni12Mo2[a]	0Cr17Ni12Mo2[a]	0.08	1.00	2.00	0.045	0.030	10.00～14.00	16.00～18.00	2.00～3.00	—	—	—
39	S31603	022Cr17Ni12Mo2	00Cr17Ni14Mo2	0.030	1.00	2.00	0.045	0.030	10.00～14.00	16.00～18.00	2.00～3.00	—	—	—
40	S31609	07Cr17Ni12Mo2[a]	1Cr17Ni12Mo2[a]	0.04～0.10	1.00	2.00	0.045	0.030	10.00～14.00	16.00～18.00	2.00～3.00	—	—	—
41	S31668	06Cr17Ni12Mo2Ti[a]	0Cr18Ni12Mo3Ti[a]	0.08	1.00	2.00	0.045	0.030	10.00～14.00	16.00～18.00	2.00～3.00	—	—	Ti ≥5C
42	S31678	06Cr17Ni12Mo2Nb		0.08	1.00	2.00	0.045	0.030	10.00～14.00	16.00～18.00	2.00～3.00	—	0.10	Nb 10C～1.10

表 1(续)

序号	统一数字代号	新牌号	旧牌号	化学成分(质量分数)/%										
				C	Si	Mn	P	S	Ni	Cr	Mo	Cu	N	其他元素
43	S31658	06Cr17Ni12Mo2N	0Cr17Ni12Mo2N	0.08	1.00	2.00	0.045	0.030	10.00～13.00	16.00～18.00	2.00～3.00	—	0.10～0.16	—
44	S31653	022Cr17Ni12Mo2N	00Cr17Ni13Mo2N	0.030	1.00	2.00	0.045	0.030	10.00～13.00	16.00～18.00	2.00～3.00	—	0.10～0.16	—
45	S31688	06Cr18Ni12Mo2Cu2	0Cr18Ni12Mo2Cu2	0.08	1.00	2.00	0.045	0.030	10.00～14.00	17.00～19.00	1.20～2.75	1.00～2.50	—	—
46	S31683	022Cr18Ni14Mo2Cu2	00Cr18Ni14Mo2-Cu2	0.030	1.00	2.00	0.045	0.030	12.00～16.00	17.00～19.00	1.20～2.75	1.00～2.50	—	—
47	S31693	022Cr18Ni15Mo3N	00Cr18Ni15Mo3N	0.030	1.00	2.00	0.025	0.010	14.00～16.00	17.00～19.00	2.35～4.20	0.50	0.10～0.20	—
48	S31782	015Cr21Ni26Mo5Cu2		0.020	1.00	2.00	0.045	0.035	23.00～28.00	19.00～23.00	4.00～5.00	1.00～2.00	0.10	—
49	S31708	06Cr19Ni13Mo3	0Cr19Ni13Mo3	0.08	1.00	2.00	0.045	0.030	11.00～15.00	18.00～20.00	3.00～4.00	—	—	—
50	S31703	022Cr19Ni13Mo3[a]	00Cr19Ni13Mo3[a]	0.030	1.00	2.00	0.045	0.030	11.00～15.00	18.00～20.00	3.00～4.00	—	—	—
51	S31793	022Cr18Ni14Mo3	00Cr18Ni14Mo3	0.030	1.00	2.00	0.025	0.010	13.00～15.00	17.00～19.00	2.25～3.50	0.50	0.10	—
52	S31794	03Cr18Ni16Mo5	0Cr18Ni16Mo5	0.04	1.00	2.50	0.045	0.030	15.00～17.00	16.00～19.00	4.00～6.00	—	—	—
53	S31723	022Cr19Ni16Mo5N		0.030	1.00	2.00	0.045	0.030	13.50～17.50	17.00～20.00	4.00～5.00	—	0.10～0.20	—
54	S31753	022Cr19Ni13Mo4N		0.030	1.00	2.00	0.045	0.030	11.00～15.00	18.00～20.00	3.00～4.00	—	0.10～0.22	—
55	S32168	06Cr18Ni11Ti[a]	0Cr18Ni10Ti[a]	0.08	1.00	2.00	0.045	0.030	9.00～12.00	17.00～19.00	—	—	—	Ti 5C～0.70
56	S32169	07Cr19Ni11Ti	1Cr18Ni11Ti	0.04～0.10	0.75	2.00	0.030	0.030	9.00～13.00	17.00～20.00	—	—	—	Ti 4C～0.60

表 1(续)

序号	统一数字代号	新牌号	旧牌号	化学成分(质量分数)/%										
				C	Si	Mn	P	S	Ni	Cr	Mo	Cu	N	其他元素
57	S32590	45Cr14Ni14W2Mo[a]	4Cr14Ni14W2Mo[a]	0.40～0.50	0.80	0.70	0.040	0.030	13.00～15.00	13.00～15.00	0.25～0.40	—	—	W 2.00～2.75
58	S32652	015Cr24Ni22Mo8Mn3CuN		0.020	0.50	2.00～4.00	0.030	0.005	21.00～23.00	24.00～25.00	7.00～8.00	0.30～0.60	0.45～0.55	—
59	S32720	24Cr18Ni8W2[a]	2Cr18Ni8W2[a]	0.21～0.28	0.30～0.80	0.70	0.030	0.025	7.50～8.50	17.00～19.00	—	—	—	W 2.00～2.50
60	S33010	12Cr16Ni35[a]	1Cr16Ni35[a]	0.15	1.50	2.00	0.040	0.030	33.00～37.00	14.00～17.00	—	—	—	—
61	S34553	022Cr24Ni17Mo5Mn6NbN		0.030	1.00	5.00～7.00	0.030	0.010	16.00～18.00	23.00～25.00	4.00～5.00	—	0.40～0.60	Nb 0.10
62	S34778	06Cr18Ni11Nb[a]	0Cr18Ni11Nb[a]	0.08	1.00	2.00	0.045	0.030	9.00～12.00	17.00～19.00	—	—	—	Nb 10C～1.10
63	S34779	07Cr18Ni11Nb[a]	1Cr19Ni11Nb[a]	0.04～0.10	1.00	2.00	0.045	0.030	9.00～12.00	17.00～19.00	—	—	—	Nb 8C～1.10
64	S38148	06Cr18Ni13Si4[a,b]	0Cr18Ni13Si4[a,b]	0.08	3.00～5.00	2.00	0.045	0.030	11.50～15.00	15.00～20.00	—	—	—	—
65	S38240	16Cr20Ni14Si2[a]	1Cr20Ni14Si2[a]	0.20	1.50～2.50	1.50	0.040	0.030	12.00～15.00	19.00～22.00	—	—	—	—
66	S38340	16Cr25Ni20Si2[a]	1Cr25Ni20Si2[a]	0.20	1.50～2.50	1.50	0.040	0.030	18.00～21.00	24.00～27.00	—	—	—	—

注：表中所列成分除标明范围或最小值外，其余均为最大值。括号内值为允许添加的最大值。

a 耐热钢或可作耐热钢使用。

b 必要时，可添加上表以外的合金元素。

表 2　奥氏体-铁素体型不锈钢牌号及其化学成分

序号	统一数字代号	新　牌　号	旧　牌　号	化学成分(质量分数)/%										
				C	Si	Mn	P	S	Ni	Cr	Mo	Cu	N	其他元素
67	S21860	14Cr18Ni11Si4AlTi	1Cr18Ni11Si4AlTi	0.10～0.18	3.40～4.00	0.80	0.035	0.030	10.00～12.00	17.50～19.50	—	—	—	Ti 0.40～0.70 Al 0.10～0.30
68	S21953	022Cr19Ni5Mo3Si2N	00Cr18Ni5Mo3Si2	0.030	1.30～2.00	1.00～2.00	0.035	0.030	4.50～5.50	18.00～19.50	2.50～3.00	—	0.05～0.12	—
69	S22160	12Cr21Ni5Ti	1Cr21Ni5Ti	0.09～0.14	0.80	0.80	0.035	0.030	4.80～5.80	20.00～22.00	—	—	—	Ti 5(C−0.02)～0.80
70	S22253	022Cr22Ni5Mo3N		0.030	1.00	2.00	0.030	0.020	4.50～6.50	21.00～23.00	2.50～3.50	—	0.08～0.20	—
71	S22053	022Cr23Ni5Mo3N		0.030	1.00	2.00	0.030	0.020	4.50～6.50	22.00～23.00	3.00～3.50	—	0.14～0.20	—
72	S23043	022Cr23Ni4MoCuN		0.030	1.00	2.50	0.035	0.030	3.00～5.50	21.50～24.50	0.05～0.60	0.05～0.60	0.05～0.20	—
73	S22553	022Cr25Ni6Mo2N		0.030	1.00	2.00	0.030	0.030	5.50～6.50	24.00～26.00	1.20～2.50	—	0.10～0.20	—
74	S22583	022Cr25Ni7Mo3WCuN		0.030	1.00	0.75	0.030	0.030	5.50～7.50	24.00～26.00	2.50～3.50	0.20～0.80	0.10～0.30	W 0.10～0.50
75	S25554	03Cr25Ni6Mo3Cu2N		0.04	1.00	1.50	0.035	0.030	4.50～6.50	24.00～27.00	2.90～3.90	1.50～2.50	0.10～0.25	—
76	S25073	022Cr25Ni7Mo4N		0.030	0.80	1.20	0.035	0.020	6.00～8.00	24.00～26.00	3.00～5.00	0.50	0.24～0.32	—
77	S27603	022Cr25Ni7Mo4WCuN		0.030	1.00	1.00	0.030	0.010	6.00～8.00	24.00～26.00	3.00～4.00	0.50～1.00	0.20～0.30	W 0.50～1.00 Cr+3.3Mo+16N≥40

注:表中所列成分除标明范围或最小值外,其余均为最大值。

表 3 铁素体型不锈钢和耐热钢牌号及其化学成分

序号	统一数字代号	新牌号	旧牌号	化学成分(质量分数)/%										
				C	Si	Mn	P	S	Ni	Cr	Mo	Cu	N	其他元素
78	S11348	06Cr13Al[a]	0Cr13Al[a]	0.08	1.00	1.00	0.040	0.030	(0.60)	11.50～14.50	—	—	—	Al 0.10～0.30
79	S11168	06Cr11Ti	0Cr11Ti	0.08	1.00	1.00	0.045	0.030	(0.60)	10.50～11.70	—	—	—	Ti 6C～0.75
80	S11163	022Cr11Ti[a]		0.030	1.00	1.00	0.040	0.020	(0.60)	10.50～11.70	—	—	0.030	Ti≥8(C+N) Ti 0.15～0.50 Nb 0.10
81	S11173	022Cr11NbTi[a]		0.030	1.00	1.00	0.040	0.020	(0.60)	10.50～11.70	—	—	0.030	Ti+Nb 8(C+N)+0.08～0.75 Ti≥0.05
82	S11213	022Cr12Ni[a]		0.030	1.00	1.50	0.040	0.015	0.30～1.00	10.50～12.50	—	—	0.030	—
83	S11203	022Cr12[a]	00Cr12[a]	0.030	1.00	1.00	0.040	0.030	(0.60)	11.00～13.50	—	—	—	—
84	S11510	10Cr15	1Cr15	0.12	1.00	1.00	0.040	0.030	(0.60)	14.00～16.00	—	—	—	—
85	S11710	10Cr17[a]	1Cr17[a]	0.12	1.00	1.00	0.040	0.030	(0.60)	16.00～18.00	—	—	—	—
86	S11717	Y10Cr17	Y1Cr17	0.12	1.00	1.25	0.060	≥0.15	(0.60)	16.00～18.00	(0.60)	—	—	—
87	S11863	022Cr18Ti	00Cr17	0.030	0.75	1.00	0.040	0.030	(0.60)	16.00～19.00	—	—	—	Ti 或 Nb 0.10～1.00

表 3(续)

序号	统一数字代号	新牌号	旧牌号	化学成分(质量分数)/%										
				C	Si	Mn	P	S	Ni	Cr	Mo	Cu	N	其他元素
88	S11790	10Cr17Mo	1Cr17Mo	0.12	1.00	1.00	0.040	0.030	(0.60)	16.00～18.00	0.75～1.25	—	—	—
89	S11770	10Cr17MoNb		0.12	1.00	1.00	0.040	0.030	—	16.00～18.00	0.75～1.25	—	—	Nb 5C～0.80
90	S11862	019Cr18MoTi		0.025	1.00	1.00	0.040	0.030	(0.60)	16.00～19.00	0.75～1.50	—	0.025	Ti,Nb,Zr 或其组合 8(C+N)～0.80
91	S11873	022Cr18NbTi		0.030	1.00	1.00	0.040	0.015	(0.60)	17.50～18.50	—	—	—	Ti 0.10～0.60 Nb≥0.30+3C
92	S11972	019Cr19Mo2NbTi	00Cr18Mo2	0.025	1.00	1.00	0.040	0.030	1.00	17.50～19.50	1.75～2.50	—	0.035	(Ti+Nb) [0.20+4(C+N)]～0.80
93	S12550	16Cr25N[a]	2Cr25N[a]	0.20	1.00	1.50	0.040	0.030	(0.60)	23.00～27.00	—	(0.30)	0.25	—
94	S12791	008Cr27Mo[b]	00Cr27Mo[b]	0.010	0.40	0.40	0.030	0.020	—	25.00～27.50	0.75～1.50	—	0.015	—
95	S13091	008Cr30Mo2[b]	00Cr30Mo2[b]	0.010	0.40	0.40	0.030	0.020	—	28.50～32.00	1.50～2.50	—	0.015	—

注:表中所列成分除标明范围或最小值外,其余均为最大值。括号内值为允许添加的最大值。

a 耐热钢或可作耐热钢使用。

b 允许含有小于或等于 0.50%Ni,小于或等于 0.20%Cu,但 Ni+Cu 的含量应小于或等于 0.50%;根据需要,可添加上表以外的合金元素。

表 4 马氏体型不锈钢和耐热钢牌号及其化学成分

序号	统一数字代号	新牌号	旧牌号	化学成分(质量分数)/%										
				C	Si	Mn	P	S	Ni	Cr	Mo	Cu	N	其他元素
96	S40310	12Cr12[a]	1Cr12[a]	0.15	0.50	1.00	0.040	0.030	(0.60)	11.50～13.00	—	—	—	—
97	S41008	06Cr13	0Cr13	0.08	1.00	1.00	0.040	0.030	(0.60)	11.50～13.50	—	—	—	—
98	S41010	12Cr13[a]	1Cr13[a]	0.15	1.00	1.00	0.040	0.030	(0.60)	11.50～13.50	—	—	—	—
99	S41595	04Cr13Ni5Mo		0.05	0.60	0.50～1.00	0.030	0.030	3.50～5.50	11.50～14.00	0.50～1.00	—	—	—
100	S41617	Y12Cr13	Y1Cr13	0.15	1.00	1.25	0.060	≥0.15	(0.60)	12.00～14.00	(0.60)	—	—	—
101	S42020	20Cr13[a]	2Cr13[a]	0.16～0.25	1.00	1.00	0.040	0.030	(0.60)	12.00～14.00	—	—	—	—
102	S42030	30Cr13	3Cr13	0.26～0.35	1.00	1.00	0.040	0.030	(0.60)	12.00～14.00	—	—	—	—
103	S42037	Y30Cr13	Y3Cr13	0.26～0.35	1.00	1.25	0.060	≥0.15	(0.60)	12.00～14.00	(0.60)	—	—	—
104	S42040	40Cr13	4Cr13	0.36～0.45	0.60	0.80	0.040	0.030	(0.60)	12.00～14.00	—	—	—	—
105	S41427	Y25Cr13Ni2	Y2Cr13Ni2	0.20～0.30	0.50	0.80～1.20	0.08～0.12	0.15～0.25	1.50～2.00	12.00～14.00	(0.60)	—	—	—
106	S43110	14Cr17Ni2[a]	1Cr17Ni2[a]	0.11～0.17	0.80	0.80	0.040	0.030	1.50～2.50	16.00～18.00	—	—	—	—

表 4(续)

序号	统一数字代号	新牌号	旧牌号	化学成分(质量分数)/%										
				C	Si	Mn	P	S	Ni	Cr	Mo	Cu	N	其他元素
107	S43120	17Cr16Ni2[a]		0.12～0.22	1.00	1.50	0.040	0.030	1.50～2.50	15.00～17.00	—	—	—	—
108	S44070	68Cr17	7Cr17	0.60～0.75	1.00	1.00	0.040	0.030	(0.60)	16.00～18.00	(0.75)	—	—	—
109	S44080	85Cr17	8Cr17	0.75～0.95	1.00	1.00	0.040	0.030	(0.60)	16.00～18.00	(0.75)	—	—	—
110	S44096	108Cr17	11Cr17	0.95～1.20	1.00	1.00	0.040	0.030	(0.60)	16.00～18.00	(0.75)	—	—	—
111	S44097	Y108Cr17	Y11Cr17	0.95～1.20	1.00	1.25	0.060	≥0.15	(0.60)	16.00～18.00	(0.75)	—	—	—
112	S44090	95Cr18	9Cr18	0.90～1.00	0.80	0.80	0.040	0.030	(0.60)	17.00～19.00	—	—	—	—
113	S45110	12Cr5Mo[a]	1Cr5Mo[a]	0.15	0.50	0.60	0.040	0.030	(0.60)	4.00～6.00	0.40～0.60	—	—	—
114	S45610	12Cr12Mo[a]	1Cr12Mo[a]	0.10～0.15	0.50	0.30～0.50	0.040	0.030	0.30～0.60	11.50～13.00	0.30～0.60	(0.30)	—	—
115	S45710	13Cr13Mo[a]	1Cr13Mo[a]	0.08～0.18	0.60	1.00	0.040	0.030	(0.60)	11.50～14.00	0.30～0.60	(0.30)	—	—
116	S45830	32Cr13Mo	3Cr13Mo	0.28～0.35	0.80	1.00	0.040	0.030	(0.60)	12.00～14.00	0.50～1.00	—	—	—

表 4(续)

序号	统一数字代号	新牌号	旧牌号	化学成分(质量分数)/%										
				C	Si	Mn	P	S	Ni	Cr	Mo	Cu	N	其他元素
117	S45990	102Cr17Mo	9Cr18Mo	0.95～1.10	0.80	0.80	0.040	0.030	(0.60)	16.00～18.00	0.40～0.70	—	—	—
118	S46990	90Cr18MoV	9Cr18MoV	0.85～0.95	0.80	0.80	0.040	0.030	(0.60)	17.00～19.00	1.00～1.30	—	—	V 0.07～0.12
119	S46010	14Cr11MoV[a]	1Cr11MoV[a]	0.11～0.18	0.50	0.60	0.035	0.030	0.60	10.00～11.50	0.50～0.70	—	—	V 0.25～0.40
120	S46110	158Cr12MoV[a]	1Cr12MoV[a]	1.45～1.70	0.40	0.35	0.030	0.025	—	11.00～12.50	0.40～0.60	—	—	V 0.15～0.30
121	S46020	21Cr12MoV[a]	2Cr12MoV[a]	0.18～0.24	0.10～0.50	0.30～0.80	0.030	0.025	0.30～0.60	11.00～12.50	0.80～1.20	0.30	—	V 0.25～0.35
122	S46250	18Cr12MoVNbN[a]	2Cr12MoVNbN[a]	0.15～0.20	0.50	0.50～1.00	0.035	0.030	(0.60)	10.00～13.00	0.30～0.90	—	0.05～0.10	V 0.10～0.40 Nb 0.20～0.60
123	S47010	15Cr12WMoV[a]	1Cr12WMoV[a]	0.12～0.18	0.50	0.50～0.90	0.035	0.030	0.40～0.80	11.00～13.00	0.50～0.70	—	—	W 0.70～1.10 V 0.15～0.30
124	S47220	22Cr12NiWMoV[a]	2Cr12NiMoWV[a]	0.20～0.25	0.50	0.50～1.00	0.040	0.030	0.50～1.00	11.00～13.00	0.75～1.25	—	—	W 0.75～1.25 V 0.20～0.40
125	S47310	13Cr11Ni2W2MoV[a]	1Cr11Ni2W2MoV[a]	0.10～0.16	0.60	0.60	0.035	0.030	1.40～1.80	10.50～12.00	0.35～0.50	—	—	W 1.50～2.00 V 0.18～0.30
126	S47410	14Cr12Ni2WMoVNb[a]	1Cr12Ni2WMoVNb[a]	0.11～0.17	0.60	0.60	0.030	0.025	1.80～2.20	11.00～12.00	0.80～1.20	—	—	W 0.70～1.00 V 0.20～0.30 Nb 0.15～0.30

表 4(续)

序号	统一数字代号	新牌号	旧牌号	化学成分(质量分数)/%										
				C	Si	Mn	P	S	Ni	Cr	Mo	Cu	N	其他元素
127	S47250	10Cr12Ni3Mo2VN		0.08～0.13	0.40	0.50～0.90	0.030	0.025	2.00～3.00	11.00～12.50	1.50～2.00	—	0.020～0.04	V 0.25～0.40
128	S47450	18Cr11NiMoNbVN[a]	2Cr11NiMoNbVN[a]	0.15～0.20	0.50	0.50～0.80	0.020	0.015	0.30～0.60	10.00～12.00	0.60～0.90	0.10	0.04～0.09	V 0.20～0.30 Al 0.30 Nb 0.20～0.60
129	S47710	13Cr14Ni3W2VB[a]	1Cr14Ni3W2VB[a]	0.10～0.16	0.60	0.60	0.300	0.030	2.80～3.40	13.00～15.00	—	—	—	W 1.60～2.20 Ti 0.05 B 0.004 V 0.18～0.28
130	S48040	42Cr9Si2	4Cr9Si2	0.35～0.50	2.00～3.00	0.70	0.035	0.030	0.60	8.00～10.00	—	—	—	—
131	S48045	45Cr9Si3		0.40～0.50	3.00～3.50	0.60	0.030	0.030	0.60	7.50～9.50	—	—	—	—
132	S48140	40Cr10Si2Mo[a]	4Cr10Si2Mo[a]	0.35～0.45	1.90～2.60	0.70	0.035	0.030	0.60	9.00～10.50	0.70～0.90	—	—	—
133	S48380	80Cr20Si2Ni[a]	8Cr20Si2Ni[a]	0.75～0.85	1.75～2.25	0.20～0.60	0.030	0.030	1.15～1.65	19.00～20.50	—	—	—	—

注:表中所列成分除标明范围或最小值外,其余均为最大值。括号内值为允许添加的最大值。

[a] 耐热钢或可作耐热钢使用。

表 5 沉淀硬化型不锈钢和耐热钢牌号及其化学成分

序号	统一数字代号	新牌号	旧牌号	化学成分(质量分数)/%										
				C	Si	Mn	P	S	Ni	Cr	Mo	Cu	N	其他元素
134	S51380	04Cr13Ni8Mo2Al		0.05	0.10	0.20	0.010	0.008	7.50～8.50	12.30～13.20	2.00～3.00	—	0.01	Al 0.90～1.35
135	S51290	022Cr12Ni9Cu2NbTi[a]		0.030	0.50	0.50	0.040	0.030	7.50～9.50	11.00～12.50	0.50	1.50～2.50	—	Ti 0.80～1.40 Nb 0.10～0.50
136	S51550	05Cr15Ni5Cu4Nb		0.07	1.00	1.00	0.040	0.030	3.50～5.50	14.00～15.50	—	2.50～4.50	—	Nb 0.15～0.45
137	S51740	05Cr17Ni4Cu4Nb[a]	0Cr17Ni4Cu4Nb[a]	0.07	1.00	1.00	0.040	0.030	3.00～5.00	15.00～17.50	—	3.00～5.00	—	Nb 0.15～0.45
138	S51770	07Cr17Ni7Al[a]	0Cr17Ni7Al[a]	0.09	1.00	1.00	0.040	0.030	6.50～7.75	16.00～18.00	—	—	—	Al 0.75～1.50
139	S51570	07Cr15Ni7Mo2Al[a]	0Cr15Ni7Mo2Al[a]	0.09	1.00	1.00	0.040	0.030	6.50～7.75	14.00～16.00	2.00～3.00	—	—	Al 0.75～1.50
140	S51240	07Cr12Ni4Mn5Mo3Al	0Cr12Ni4Mn5-Mo3Al	0.09	0.80	4.40～5.30	0.030	0.025	4.00～5.00	11.00～12.00	2.70～3.30	—	—	Al 0.50～1.00
141	S51750	09Cr17Ni5Mo3N		0.07～0.11	0.50	0.50～1.25	0.040	0.030	4.00～5.00	16.00～17.00	2.50～3.20	—	0.07～0.13	—
142	S51778	06Cr17Ni7AlTi[a]		0.08	1.00	1.00	0.040	0.030	6.00～7.50	16.00～17.50	—	—	—	Al 0.40 Ti 0.40～1.20
143	S51525	06Cr15Ni25Ti2Mo-AlVB[a]	0Cr15Ni25Ti2Mo-AlVB[a]	0.08	1.00	2.00	0.040	0.030	24.00～27.00	13.50～16.00	1.00～1.50	—	—	Al 0.35 Ti 1.90～2.35 B 0.001～0.010 V 0.10～0.50

注:表中所列成分除标明范围或最小值外,其余均为最大值。

a 可作耐热钢使用。

附 录 A
（资料性附录）
部分不锈钢和耐热钢牌号的物理性能参数

表 A.1 部分不锈钢和耐热钢牌号的物理性能参数

序号	统一数字代号	新牌号	旧牌号	密度/(kg/dm³) 20℃	熔点/℃	比热容/[kJ/(kg·K)] 0℃～100℃	热导率/[W/(m·K)]		线膨胀系数/(10^{-6}/K)		电阻率/(Ω·mm²/m) 20℃	纵向弹性模量/(kN/mm²) 20℃	磁性
							100℃	500℃	0℃～100℃	0℃～500℃			
奥氏体型													
1	S35350	12Cr17Mn6Ni5N	1Cr17Mn6Ni5N	7.93	1 398～1 453	0.50	16.3		15.7		0.69	197	
3	S35450	12Cr18Mn9Ni5N	1Cr18Mn8Ni5N	7.93		0.50	16.3	19.0	14.8	18.7	0.69	197	
4	S35020	20Cr13Mn9Ni4	2Cr13Mn9Ni4	7.85		0.49					0.90	202	
9	S30110	12Cr17Ni7	1Cr17Ni7	7.93	1 398～1 420	0.50	16.3	21.5	16.9	18.7	0.73	193	
10	S30103	022Cr17Ni7		7.93		0.50	16.3	21.5	16.9	18.7	0.73	193	
11	S30153	022Cr17Ni7N		7.93		0.50	16.3		16.0	18.0	0.73	200	
12	S30220	17Cr18Ni9	2Cr18Ni9	7.85	1 398～1 453	0.50	18.8	23.5	16.0	18.0	0.73	196	
13	S30210	12Cr18Ni9	1Cr18Ni9	7.93	1 398～1 420	0.50	16.3	21.5	17.3	18.7	0.73	193	
14	S30240	12Cr18Ni9Si3	1Cr18Ni9Si3	7.93	1 370～1 398	0.50	15.9	21.6	16.2	20.2	0.73	193	无[a]
15	S30317	Y12Cr18Ni9	Y1Cr18Ni9	7.98	1 398～1 420	0.50	16.3	21.5	17.3	18.4	0.73	193	
16	S30317	Y12Cr18Ni9Se	Y1Cr18Ni9Se	7.93	1 398～1 420	0.50	16.3	21.5	17.3	18.7	0.73	193	
17	S30408	06Cr19Ni10	0Cr18Ni9	7.93	1 398～1 454	0.50	16.3	21.5	17.2	18.4	0.73	193	
18	S30403	022Cr19Ni10	00Cr19Ni10	7.90		0.50	16.3	21.5	16.8	18.3			
19	S30409	07Cr19Ni10		7.90		0.50	16.3	21.5	16.8	18.3	0.73		
21	S30480	06Cr18Ni9Cu2	0Cr18Ni9Cu2	8.00		0.50	16.3	21.5	17.3	18.7	0.72	200	
23	S30458	06Cr19Ni10N	0Cr19Ni9N	7.93	1398～1454	0.50	16.3	21.5	16.5	18.5	0.72	196	
25	S30453	022Cr19Ni10N	00Cr18Ni10N	7.93		0.50	16.3	21.5	16.5	18.5	0.73	200	

表 A.1(续)

序号	统一数字代号	新牌号	旧牌号	密度/(kg/dm³) 20℃	熔点/℃	比热容/[kJ/(kg·K)] 0℃～100℃	热导率/[W/(m·K)]		线膨胀系数/(10^{-6}/K)		电阻率/(Ω·mm²/m) 20℃	纵向弹性模量/(kN/mm²) 20℃	磁性
							100℃	500℃	0℃～100℃	0℃～500℃			
26	S30510	10Cr18Ni12	1Cr18Ni12	7.93	1 398～1 453	0.50	16.3	21.5	17.3	18.7	0.72	193	
28	S38408	06Cr16Ni18	0Cr16Ni18	8.03	1 430	0.50	16.2		17.3		0.75	193	
29	S30808	06Cr20Ni11		8.00	1 398～1 453	0.50	15.5	21.6	17.3	18.7	0.72	193	
30	S30850	22Cr21Ni12N	2Cr21Ni12N	7.73			20.9 (24℃)			16.5			
31	S30920	16Cr23Ni13	2Cr23Ni13	7.98	1 398～1 453	0.50	13.8	18.7	14.9	18.0	0.78	200	
32	S30908	06Cr23Ni13	0Cr23Ni13	7.98	1 397～1 453	0.50	15.5	18.6	14.9	18.0	0.78	193	
33	S31010	14Cr23Ni18	1Cr23Ni18	7.90	1 400～1 454	0.50	15.9	18.8	15.4	19.2	1.0	196	
34	S31020	20Cr25Ni20	2Cr25Ni20	7.98	1 398～1 453	0.50	14.2	18.6	15.8	17.5	0.78	200	
35	S31008	06Cr25Ni20	0Cr25Ni20	7.98	1 397～1 453	0.50	16.3	21.5	14.4	17.5	0.78	200	
36	S31053	022Cr25Ni22Mo2N		8.02		0.45	12.0		15.8		1.0	200	无[a]
37	S31252	015Cr20Ni18Mo6CuN		8.00	1 325～1 400	0.50	13.5 (20℃)		16.5		0.85	200	
38	S31608	06Cr17Ni12Mo2	0Cr17Ni12Mo2	8.00	1 370～1 397	0.50	16.3	21.5	16.0	18.5	0.74	193	
39	S31603	022Cr17Ni12Mo2	00Cr17Ni14Mo2	8.00		0.50	16.3	21.5	16.0	18.5	0.74	193	
41	S31668	06Cr17Ni12Mo2Ti	0Cr18Ni12Mo3Ti	7.90		0.50	16.0	24.0	15.7	17.6	0.75	199	
43	S31658	06Cr17Ni12Mo2N	0Cr17Ni12Mo2N	8.00		0.50	16.3	21.5	16.5	18.0	0.73	200	
44	S31653	022Cr17Ni12Mo2N	00Cr17Ni13Mo2N	8.04		0.47	16.5		15.0			200	
45	S31688	06Cr18Ni12Mo2Cu2	0Cr18Ni12Mo2Cu2	7.96		0.50	16.1	21.7	16.6		0.74	186	
46	S31683	022Cr18Ni14Mo2Cu2	00Cr18Ni14Mo2Cu2	7.96		0.50	16.1	21.7	16.0	18.6	0.74	191	
48	S31782	015Cr21Ni26Mo5Cu2		8.00		0.50	13.7		15.0			188	
49	S31708	06Cr19Ni13Mo3	0Cr19Ni13Mo3	8.00	1 370～1 397	0.50	16.3	21.5	16.0	18.5	0.74	193	

表 A.1(续)

序号	统一数字代号	新牌号	旧牌号	密度/(kg/dm³) 20℃	熔点/℃	比热容/[kJ/(kg·K)] 0℃～100℃	热导率/[W/(m·K)] 100℃	热导率/[W/(m·K)] 500℃	线膨胀系数/(10^{-6}/K) 0℃～100℃	线膨胀系数/(10^{-6}/K) 0℃～500℃	电阻率/(Ω·mm²/m) 20℃	纵向弹性模量/(kN/mm²) 20℃	磁性
50	S31703	022Cr19Ni13Mo3	00Cr19Ni13Mo3	7.98	1 375～1 400	0.50	14.4	21.5	16.5		0.79	200	无[a]
53	S31723	022Cr19Ni16Mo5N		8.00		0.50	12.8		15.2				
55	S32168	06Cr18Ni11Ti	0Cr18Ni10Ti	8.03	1398～1427	0.50	16.3	22.2	16.6	18.6	0.72	193	
57	S32590	45Cr14Ni14W2Mo	4Cr14Ni14W2Mo	8.00		0.51	15.9	22.2	16.6	18.0	0.81	177	
59	S32720	24Cr18Ni8W2	2Cr18Ni8W2	7.98		0.50	15.9	23.0	19.5	25.1			
60	S33010	12Cr16Ni35	1Cr16Ni35	8.00	1318～1427	0.46	12.6	19.7	16.6		1.02	196	
62	S34778	06Cr18Ni11Nb	0Cr18Ni11Nb	8.03	1398～1427	0.50	16.3	22.2	16.6	18.6	0.73	193	
64	S38148	06Cr18Ni13Si4	0Cr18Ni13Si4	7.75	1400～1430	0.50	16.3		13.8				
65	S38240	16Cr20Ni14Si2	1Cr20Ni14Si2	7.90		0.50	15.0		16.5		0.85		
奥氏体-铁素体型													
67	S21860	14Cr18Ni11Si4AlTi	1Cr18Ni11Si4AlTi	7.51		0.48	13.0	19.0	16.3	19.7	1.04	180	有
68	S21953	022Cr19Ni5Mo3Si2N	00Cr18Ni5Mo3Si2	7.70		0.46	20.0	24.0 (300℃)	12.2	13.5 (300℃)		196	
69	S22160	12Cr21Ni5Ti	1Cr21Ni5Ti	7.80			17.6	23.0	10.0	17.4	0.79	187	
70	S22253	022Cr22Ni5Mo3N		7.80	1420～1462	0.46	19.0	23.0 (300℃)	13.7	14.7 (300℃)	0.88	186	
72	S23043	022Cr23Ni4MoCuN		7.80		0.50	16.0		13.0			200	
73	S22553	022Cr25Ni6Mo2N		7.80		0.50	21.0	25.0	13.4 (200℃)	24.0 (300℃)		196	
74	S22583	022Cr25Ni7Mo3-WCuN		7.80		0.50		25.0	11.5 (200℃)	12.7 (400℃)	0.75	228	
75	S25554	03Cr25Ni6Mo3Cu2N		7.80		0.46	13.5		12.3			210	
76	S25073	022Cr25Ni7Mo4N		7.80			14		12.0			185 (200℃)	

表 A.1(续)

序号	统一数字代号	新牌号	旧牌号	密度/(kg/dm³) 20℃	熔点/℃	比热容/[kJ/(kg·K)] 0℃～100℃	热导率/[W/(m·K)]		线膨胀系数/(10^{-6}/K)		电阻率/(Ω·mm²/m) 20℃	纵向弹性模量/(kN/mm²) 20℃	磁性
							100℃	500℃	0℃～100℃	0℃～500℃			
铁素体型													
78	S11348	06Cr13Al	0Cr13Al	7.75	1 480～1 530	0.46	24.2		10.8		0.60	200	有
79	S11168	06Cr11Ti	0Cr11Ti	7.75		0.46	25.0		10.6	12.0	0.60		
80	S11163	022Cr11Ti		7.75		0.46	24.9	28.5	10.6	12.0	0.57	201	
83	S11203	022Cr12	00Cr12	7.75		0.46	24.9	28.5	10.6	12.0	0.57	201	
84	S11510	10Cr15	1Cr15	7.70		0.46	26.0		10.3	11.9	0.59	200	
85	S11710	10Cr17	1Cr17	7.70	1 480～1 508	0.46	26.0		10.5	11.9	0.60	200	
86	S11717	Y10Cr17	Y1Cr17	7.78	1 427～1 510	0.46	26.0		10.4	11.4	0.60	200	
87	S11863	022Cr18Ti	00Cr17	7.70		0.46	35.1 (20℃)		10.4		0.60	200	
88	S11790	10Cr17Mo	1Cr17Mo	7.70		0.46	26.0		11.9		0.60	200	
89	S11770	10Cr17MoNb		7.70		0.44	30.0		11.7		0.70	220	
90	S11862	019Cr18MoTi		7.70		0.46	35.1		10.4		0.60	200	
92	S11972	019Cr19Mo2NbTi	00Cr18Mo2	7.75		0.46	36.9		10.6 (200℃)		0.60	200	
94	S12791	008Cr27Mo	00Cr27Mo	7.67		0.46	26.0		11.0		0.64	206	
95	S13091	008Cr30Mo2	00Cr30Mo2	7.64		0.50	26.0		11.0		0.64	210	
马氏体型													
96	S40310	12Cr12	1Cr12	7.80	1 480～1 530	0.46	24.2		9.9	11.7	0.57	200	有
97	S41008	06Cr13	0Cr13	7.75		0.46	25.0		10.6	12.0	0.60	220	
98	S41010	12Cr13	1Cr13	7.70	1 480～1 530	0.46	24.2	28.9	11.0	11.7	0.57	200	
99	S41595	04Cr13Ni5Mo		7.79		0.47	16.30		10.7			201	

表 A.1(续)

序号	统一数字代号	新牌号	旧牌号	密度/(kg/dm³) 20℃	熔点/℃	比热容/[kJ/(kg·K)] 0℃～100℃	热导率/[W/(m·K)] 100℃	热导率/[W/(m·K)] 500℃	线膨胀系数/(10^{-6}/K) 0℃～100℃	线膨胀系数/(10^{-6}/K) 0℃～500℃	电阻率/(Ω·mm²/m) 20℃	纵向弹性模量/(kN/mm²) 20℃	磁性
100	S41617	Y12Cr13	Y1Cr13	7.78	1 482～1 532	0.46	25.0		9.9	11.5	0.57	200	有
101	S42020	20Cr13	2Cr13	7.75	1 470～1 510	0.46	22.2	26.4	10.3	12.2	0.55	200	
102	S42030	30Cr13	3Cr13	7.76	1 365	0.47	25.1	25.5	10.5	12.0	0.52	219	
103	S42037	Y30Cr13	Y3Cr13	7.78	1 454～1 510	0.46	25.1		10.3	11.7	0.57	219	
104	S42040	40Cr13	4Cr13	7.75		0.46	28.1	28.9	10.5	12.0	0.59	215	
106	S43110	14Cr17Ni2	1Cr17Ni2	7.75		0.46	20.2	25.1	10.3	12.4	0.72	193	
107	S43120	17Cr16Ni2		7.71		0.46	27.8	31.8	10.0	11.0	0.70	212	
108	S44070	68Cr17	7Cr17	7.78	1 371～1 508	0.46	24.2		10.2	11.7	0.60	200	
109	S44080	85Cr17	8Cr17	7.78	1 371～1 508	0.46	24.2		10.2	11.9	0.60	200	
110	S44096	108Cr17	11Cr17	7.78	1 371～1 482	0.46	24.0		10.2	11.7	0.60	200	
111	S44097	Y108Cr17	Y11Cr17	7.78	1 371～1 482	0.46	24.2		10.1		0.60	200	
112	S44090	95Cr18	9Cr18	7.70	1 377～1 510	0.48	29.3		10.5	12.0	0.60	200	
117	S45990	102Cr17Mo	9Cr18Mo	7.70		0.43	16.0		10.4	11.6	0.80	215	
118	S46990	90Cr18MoV	9Cr18MoV	7.70		0.46	29.3		10.5	12.0	0.65	211	
120	S46110	158Cr12MoV	1Cr12MoV	7.70					10.9	12.2 (600℃)			
122	S46250	18Cr12MoVNbN	2Cr12MoVNbN	7.75			27.2		9.3			218	
124	S47220	22Cr12NiWMoV	2Cr12NiWMoV	7.78		0.46	25.1		10.6 (260℃)	11.5		206	
125	S47310	13Cr11Ni2W2MoV	1Cr11Ni2W2MoV	7.80		0.48	22.2	28.1	9.3	11.7		196	
126	S47410	14Cr12Ni2WMoVNb	1Cr12Ni2WMoVNb	7.80		0.47	23.0	25.1	9.9	11.4			
130	S48040	42Cr9Si2	4Cr9Si2				16.7 (20℃)			12.0	0.79		

表 A.1(续)

序号	统一数字代号	新牌号	旧牌号	密度/(kg/dm³) 20℃	熔点/℃	比热容/[kJ/(kg·K)] 0℃～100℃	热导率/[W/(m·K)]		线膨胀系数/(10^{-6}/K)		电阻率/(Ω·mm²/m) 20℃	纵向弹性模量/(kN/mm²) 20℃	磁性
							100℃	500℃	0℃～100℃	0℃～500℃			
132	S48140	40Cr10Si2Mo	4Cr10Si2Mo	7.62			15.9	25.1	10.4	12.1	0.84	206	有
133	S48380	80Cr20Si2Ni	8Cr20Si2Ni	7.60						12.3 (600℃)	0.95		
沉淀硬化型													
134	S51380	04Cr13Ni8Mo2Al		7.76			14.0		10.4		1.00	195	有
135	S51290	022Cr12Ni9Cu2NbTi		7.7	1 400～1 440	0.46	17.2		10.6		0.90	199	
136	S51550	05Cr15Ni5Cu4Nb		7.78	1 397～1 435	0.46	17.9	23.0	10.8	12.0	0.98	195	
137	S51740	05Cr17Ni4Cu4Nb	0Cr17Ni4Cu4Nb	7.78	1 397～1 435	0.46	17.2	23.0	10.8	12.0	0.98	196	
138	S51770	07Cr17Ni7Al	0Cr17Ni7Al	7.93	1 390～1 430	0.50	16.3	20.9	15.3	17.1	0.80	200	
139	S51570	07Cr15Ni7Mo2Al	0Cr15Ni7Mo2Al	7.80	1 415～1 450	0.46	18.0	22.2	10.5	11.8	0.80	185	
140	S51240	07Cr12Ni4Mn5Mo3Al	0Cr12Ni4Mn5-Mo3Al	7.80			17.6	23.9	16.2	18.9	0.80	195	
141	S51750	09Cr17Ni5Mo3N					15.4		17.3		0.79	203	
143	S51525	06Cr15Ni25Ti2-MoAlVB	0Cr15Ni25Ti2-MoAlVB	7.94	1 371～1 427	0.46	15.1	23.8 (600℃)	16.9	17.6	0.91	198	无[a]

[a] 冷变形后稍有磁性。

附　录　B
（资料性附录）
各国不锈钢和耐热钢牌号对照表

表 B.1　各国不锈钢和耐热钢牌号对照表

序号	中国 GB/T 20878—2007			美国 ASTM A959-04	日本 JIS G4303—1998 JIS G4311—1991	国际 ISO/TS 15510:2003 ISO 4955:2005	欧洲 EN 10088:1—1995 EN 10095—1999 等	前苏联 ГОСТ 5632—1972
	统一数字代号	新牌号	旧牌号					
1	S35350	12Cr17Mn6Ni5N	1Cr17Mn6Ni5N	S20100,201	SUS201	X12CrMnNiN17-7-5	X12CrMnNiN17-7-5,1.4372	—
2	S35950	10Cr17Mn9Ni4N		—	—	—	—	12X17Г9AH4
3	S35450	12Cr18Mn9Ni5N	1Cr18Mn8Ni5N	S20200,202	SUS202	—	X12CrMnNiN18-9-5,1.4373	12X17Г9AH4
4	S35020	20Cr13Mn9Ni4	2Cr13Mn9Ni4	—	—	—	—	20X13H4Г9
5	S35550	20Cr15Mn15Ni2N	2Cr15Mn15Ni2N	—	—	—	—	—
6	S35650	53Cr21Mn9Ni4N	5Cr21Mn9Ni4N	(S63008)	SUH35	(X53CrMnNiN21-9)	X53CrMnNiN21-9-4,1.4871	55X20Г9AH4
7	S35750	26Cr18Mn12Si2N	3Cr18Mn12Si2N	—	—	—	—	—
8	S35850	22Cr20Mn10Ni3Si2N	2Cr20Mn9Ni3Si2N	—	—	—	—	—
9	S30110	12Cr17Ni7	1Cr17Ni7	S30100,301	SUS301	X5CrNi17-7	(X3CrNiN17-8,1.4319)	—
10	S30103	022Cr17Ni7		S30103,301L	(SUS301L)	—	—	—
11	S30153	022Cr17Ni7N		S30153,301LN	—	X2CrNiN18-7	X2CrNiN18-7,1.4318	—
12	S30220	17Cr18Ni9	2Cr18Ni9	—	—	—	—	17X18H9
13	S30210	12Cr18Ni9	1Cr18Ni9	S30200,302	SUS302	X10CrNi18-8	X10CrNi18-8,1.4310	12X18H9
14	S30240	12Cr18Ni9Si3	1Cr18Ni9Si3	S30215,302B	(SUS302B)	X12CrNiSi18-9-3	—	—
15	S30317	Y12Cr18Ni9	Y1Cr18Ni9	S30300,303	SUS303	X10CrNiS18-9	X8CrNiS18-9,1.4305	—
16	S30327	Y12Cr18Ni9Se	Y1Cr18Ni9Se	S30323,303Se	SUS303Se	—	—	12X18H10E

表 B.1(续)

序号	中国 GB/T 20878—2007			美国 ASTM A959-04	日本 JIS G4303—1998 JIS G4311—1991	国际 ISO/TS 15510:2003 ISO 4955:2005	欧洲 EN 10088:1—1995 EN 10095—1999 等	前苏联 ГОСТ 5632—1972
	统一数字代号	新 牌 号	旧 牌 号					
17	S30408	06Cr19Ni10	0Cr18Ni9	S30400,304	SUS304	X5CrNi18-10	X5CrNi18-10,1.4301	—
18	S30403	022Cr19Ni10	00Cr19Ni10	S30403,304L	SUS304L	X2CrNi19-11	X2CrNi19-11,1.4306	03X18H11
19	S30409	07Cr19Ni10		S30409,304H	SUH304H	X7CrNi18-9	X6CrNi18-10, 1.4948	—
20	S30450	05Cr19Ni10Si2CeN		S30415	—	X6CrNiSiNCe19-10	X6CrNiSiNCe19-10, 1.4818	—
21	S30480	06Cr18Ni9Cu2	0Cr18Ni9Cu2	—	SUS304J3	—	—	—
22	S30488	06Cr18Ni9Cu3	0Cr18Ni9Cu3	—	SUSXM7	X3CrNiCu18-9-4	X3CrNiCu18-9-4, 1.4567	—
23	S30458	06Cr19Ni10N	0Cr19Ni9N	S30451,304N	SUS304N1	X5CrNiN19-9	X5CrNiN19-9, 1.4315	—
24	S30478	06Cr19Ni9NbN	0Cr19Ni10NbN	S30452,XM-21	SUS304N2	—	—	—
25	S30453	022Cr19Ni10N	00Cr18Ni10N	S30453,304LN	SUS304LN	X2CrNiN18-9	X2CrNiN18-10,1.4311	—
26	S30510	10Cr18Ni12	1Cr18Ni12	S30500,305	SUS305	X6CrNi18-12	X4CrNi18-12,1.4303	12X18H12T
27	S30508	06Cr18Ni12	0Cr18Ni12		SUS305J1	—	—	—
28	S38408	06Cr16Ni18	0Cr16Ni18	S38400	(SUS384)	(X6CrNi18-16E)	—	—
29	S30808	06Cr20Ni11		S30800,308	SUS308	—	—	—
30	S30850	22Cr21Ni12N	2Cr21Ni12N	(S63017)	SUH37	—	—	—
31	S30920	16Cr23Ni13	2Cr23Ni13	S30900,309	SUH309	—	(X15CrNiSi20-12,1.4828)	20X23H12
32	S30908	06Cr23Ni13	0Cr23Ni13	S30908,309S	SUS309S	X12CrNi23-13	X12CrNi23-13,1.4833	10X23H13
33	S31010	14Cr23Ni18	1Cr23Ni18	—	—	—	—	20X23H18
34	S31020	20Cr25Ni20	2Cr25Ni20	S31000,310	SUH310	X15CrNi25-21	X15CrNi25-21,1.4821	20X25H20C2
35	S31008	06Cr25Ni20	0Cr25Ni20	S31008,310S	SUS310S	X12CrNi23-12	X12CrNi23-12,1.4845	10X23H18
36	S31053	022Cr25Ni22Mo2N		S31050,310MoLN	—	X1CrNiMoN25-22-2	X1CrNiMoN25-22-2, 1.4466	—

表 B.1(续)

序号	中国 GB/T 20878—2007			美国 ASTM A959-04	日本 JIS G4303—1998 JIS G4311—1991	国际 ISO/TS 15510:2003 ISO 4955:2005	欧洲 EN 10088:1—1995 EN 10095—1999 等	前苏联 ГОСТ 5632—1972
	统一数字代号	新牌号	旧牌号					
37	S31252	015Cr20Ni18Mo6CuN		S31254	—	X1CrNiMoN20-18-7	X1CrNiMoN20-18-7, 1.4547	—
38	S31608	06Cr17Ni12Mo2	0Cr17Ni12Mo2	S31600,316	SUS316	X5CrNiMo17-12-2	X5CrNiMo17-12-2,1.4401	—
39	S31603	022Cr17Ni12Mo2	00Cr17Ni14Mo2	S31603,316L	SUS316L	X2CrNiMo17-12-2	X2CrNiMo17-12-2,1.4404	03X17H14M2
40	S31609	07Cr17Ni12Mo2	1Cr17Ni12Mo2	S31609,316H	—	—	X3CrNiMo17-13-3,1.4436	—
41	S31668	06Cr17Ni12Mo3Ti	0Cr18Ni12Mo3Ti	S31635,316Ti	SUS316Ti	X6CrNiMoTi17-12-2	X6CrNiMoTi17-12-2, 1.4571	08X17H13M3T
42	S31678	06Cr17Ni12Mo2Nb		S31640,316Nb	—	X6CrNiMoNb17-12-2	X6CrNiMoNb17-12-2, 1.4580	03X16H13M3Б
43	S31658	06Cr17Ni12Mo2N	0Cr17Ni12Mo2N	S31651,316N	SUS316N	—	—	—
44	S31653	022Cr17Ni12Mo2N	00Cr17Ni13Mo2N	S31653,316LN	SUS316LN	X2CrNiMoN17-12-3	X2CrNiMoN17-13-3, 1.4429	—
45	S31688	06Cr18Ni12Mo2Cu2	0Cr18Ni12Mo2Cu2	—	SUS316J1	—	—	—
46	S31683	022Cr18Ni14Mo2Cu2	00Cr18Ni14Mo2Cu2	—	SUS316J1L	—	—	—
47	S31693	022Cr18Ni15Mo3N	00Cr18Ni15Mo3N	—	—	—	—	—
48	S31782	015Cr21Ni26Mo5Cu2		N08904,904L	—	—	—	—
49	S31708	06Cr19Ni13Mo3	0Cr19Ni13Mo3	S31700,317	SUS317	—	—	—
50	S31703	022Cr19Ni13Mo3	00Cr19Ni13Mo3	S31703,317L	SUS317L	X2CrNiMo19-14-4	X2CrNiMo18-15-4, 1.4438	03X16H15M3
51	S31793	022Cr18Ni14Mo3	00Cr18Ni14Mo3	—	—	—	—	—
52	S31794	03Cr18Ni16Mo5	0Cr18Ni16Mo5	—	SUS317J1	—	—	—
53	S31723	022Cr19Ni16Mo5N		S31726,317LMN	—	X2CrNiMoN18-15-5	X2CrNiMoN17-13-5, 1.4439	—
54	S31753	022Cr19Ni13Mo4N		S31753,317LN	SUS317LN	X2CrNiMoN18-12-4	X2CrNiMoN18-12-4, 1.4434	—

表 B.1(续)

序号	中国 GB/T 20878—2007			美国 ASTM A959-04	日本 JIS G4303—1998 JIS G4311—1991	国际 ISO/TS 15510:2003 ISO 4955:2005	欧洲 EN 10088:1—1995 EN 10095—1999 等	前苏联 ГОСТ 5632—1972
	统一数字代号	新牌号	旧牌号					
55	S32168	06Cr18Ni11Ti	0Cr18Ni10Ti	S32100,321	SUS321	X6CrNiTi18-10	X6CrNiTi18-10, 1.4541	08X18H10T
56	S32169	07Cr19Ni11Ti	1Cr18Ni11Ti	S32109, 321H	(SUS321H)	X7CrNiTi18-10	X6CrNiTi18-10, 1.4541	12X18H11T
57	S32590	45Cr14Ni14W2Mo	4Cr14Ni14W2Mo	—	—	—	—	45X14H14B2M
58	S32652	015Cr24Ni22Mo8-Mn3CuN		S32654	—	X1CrNiMoCuN24-22-8	(X1CrNiMoCuN24-22-8, 1.4652)	—
59	S32720	24Cr18Ni8W2	2Cr18Ni8W2	—	—	—	—	25X18H8B2
60	S33010	12Cr16Ni35	1Cr16Ni35	N08330,330	SUH330	(X12CrNiSi35-16)	X12CrNiSi35-16,1.4864	—
61	S34553	022Cr24Ni17Mo5-Mn6NbN		S34565	—	X2CrNiMnMoN25-18-6-5	(X2CrNiMnMoN25-18-6-5,1.4565)	—
62	S34778	06Cr18Ni11Nb	0Cr18Ni11Nb	S34700,347	SUS347	X6CrNiNb18-10	X6CrNiNb18-10, 1.4550	08X18H12Б
63	S34779	07Cr18Ni11Nb	1Cr19Ni11Nb	S34709,347H	(SUS347H)	X7CrNiNb18-10	X7CrNiNb18-10, 1.4912	—
64	S38148	06Cr18Ni13Si4	0Cr18Ni13Si4	—	SUSXM15J1	S38100,XM-15	—	—
65	S38240	16Cr20Ni14Si2	1Cr20Ni14Si2	—	—	X15CrNiSi20-12	X15CrNiSi20-12, 1.4828	20X20H14C2
66	S38340	16Cr25Ni20Si2	1Cr25Ni20Si2	—	—	(X15CrNiSi25-21)	(X15CrNiSi25-21, 1.4841)	20X25H20C2
67	S21860	14Cr18Ni11Si4AlTi	1Cr18Ni11Si4AlTi	—	—	—	—	15X18H12C4TЮ
68	S21953	022Cr19Ni5Mo3Si2N	00Cr18Ni5Mo3Si2	S31500	—	—	—	—
69	S22160	12Cr21Ni5Ti	1Cr21Ni5Ti	—	—	—	—	10X21H5T
70	S22253	022Cr22Ni5Mo3N		S31803	SUS329J3L	X2CrNiMoN22-5-3	X2CrNiMoN22-5-3, 1.4462	—
71	S22053	022Cr23Ni5Mo3N		S32205,2205	—	—	—	—
72	S23043	022Cr23Ni4MoCuN		S32304, 2304	—	X2CrNiN23-4	X2CrNiN23-4,1.4362	—
73	S22553	022Cr25Ni6Mo2N		S31200	—	X3CrNiMoN27-5-2	X3CrNiMoN27-5-2, 1.4460	—

表 B.1(续)

序号	中国 GB/T 20878—2007			美国 ASTM A959-04	日本 JIS G4303—1998 JIS G4311—1991	国际 ISO/TS 15510:2003 ISO 4955:2005	欧洲 EN 10088:1—1995 EN 10095—1999 等	前苏联 ГОСТ 5632—1972
	统一数字代号	新 牌 号	旧 牌 号					
74	S22583	022Cr25Ni7Mo3WCuN		S31260	(SUS329J2L)	—	—	—
75	S25554	03Cr25Ni6Mo3Cu2N		S32550, 255	SUS329J4L	X2CrNiMoCuN25-6-3	X2CrNiMoCuN25-6-3, 1.4507	—
76	S25073	022Cr25Ni7Mo4N		S32750, 2507	—	X2CrNiMoN25-7-4	X2CrNiMoN25-7-4, 1.4410	—
77	S27603	022Cr25Ni7Mo4-WCuN		S32760	—	X2CrNiMoWN25-7-4	X2CrNiMoWN25-7-4, 1.4501	—
78	S11348	06Cr13Al	0Cr13Al	S40500,405	SUS405	X6CrAl13	X6CrAl13,1.4002	—
79	S11168	06Cr11Ti	0Cr11Ti	S40900	(SUH409)	X6CrTi12	—	—
80	S11163	022Cr11Ti		S40900	(SUH409L)	X2CrTi12	X2CrTi12,1.4512	—
81	S11173	022Cr11NbTi		S40930	—	—	—	—
82	S11213	022Cr12Ni		S40977	—	X2CrNi12	X2CrNi12,1.4003	—
83	S11203	022Cr12	00Cr12	—	SUS410L	—	—	—
84	S11510	10Cr15	1Cr15	S42900, 429	(SUS429)	—	—	—
85	S11710	10Cr17	1Cr17	S43000	SUS430	X6Cr17	X6Cr17,1.4016	12X17
86	S11717	Y10Cr17	Y1Cr17	S43020, 430F	SUS430F	X7CrS17	X14CrMoS17,1.4104	—
87	S11863	022Cr18Ti	00Cr17	S43035, 439	(SUS430LX)	X3CrTi17	X3CrTi17,1.4510	08X17T
88	S11790	10Cr17Mo	1Cr17Mo	S43400, 434	SUS434	X6CrMo17-1	X6CrMo17-1,1.4113	—
89	S11770	10Cr17MoNb		S43600, 436	—	X6CrMoNb17-1	X6CrMoNb17-1, 1.4526	—
90	S11862	019Cr18MoTi		—	(SUS436L)	—	—	—
91	S11873	022Cr18NbTi		S43940	—	X2CrTiNb18	X2CrTiNb18, 1.4509	—
92	S11972	019Cr19Mo2NbTi	00Cr18Mo2	S44400, 444	(SUS444)	X2CrMoTi18-2	X2CrMoTi18-2,1.4521	—
93	S12550	16Cr25N	2Cr25N	S44600,446	(SUH446)	—	—	—

表 B.1(续)

序号	中国 GB/T 20878—2007			美国 ASTM A959-04	日本 JIS G4303—1998 JIS G4311—1991	国际 ISO/TS 15510:2003 ISO 4955:2005	欧洲 EN 10088:1—1995 EN 10095—1999 等	前苏联 ГОСТ 5632—1972
	统一数字代号	新 牌 号	旧 牌 号					
94	S12791	008Cr27Mo	00Cr27Mc	S44627，XM-27	SUSXM27	—	—	—
95	S13091	008Cr30Mo2	00Cr30Mc2	—	SUS447J1	—	—	—
96	S40310	12Cr12	1Cr12	S40300，403	SUS403	—	—	—
97	S41008	06Cr13	0Cr13	S41008，410S	(SUS410S)	X6Cr13	X6Cr13，1.4000	08X13
98	S41010	12Cr13	1Cr13	S41000，410	SUS410	X12Cr13	X12Cr13，1.4006	12X13
99	S41595	04Cr13Ni5Mo		S41500	(SUSF6NM)	X3CrNiMo13-4	X3CrNiMo13-4，1.4313	—
100	S41617	Y12Cr13	Y1Cr13	S41600，416	SUS416	X12CrS13	X12CrS13，1.4005	—
101	S42020	20Cr13	2Cr13	S42000，420	SUS420J1	X20Cr13	X20Cr13，1.4021	20X13
102	S42030	30Cr13	3Cr13	S42000，420	SUS420J2	X30Cr13	X30Cr13，1.4028	30X13
103	S42037	Y30Cr13	Y3Cr13	S42020，420F	SUS420F	X29CrS13	X29CrS13，1.4029	—
104	S42040	40Cr13	4Cr13	—	—	X39Cr13	X39Cr13，1.4031	40X13
105	S41427	Y25Cr13Ni2	Y2Cr13Ni2					25X13H2
106	S43110	14Cr17Ni2	1Cr17Ni2					14X17H2
107	S43120	17Cr16Ni2		S43100，431	SUS431	X17CrNi16-2	X17CrNi16-2，1.4057	—
108	S44070	68Cr17	7Cr17	S44002，440A	SUS440A	—	—	—
109	S44080	85Cr17	8Cr17	S44003，440B	SUS440B	—	—	—
110	S44096	108Cr17	11Cr17	S44004，440C	SUS440C	X105CrMo17	X105CrMo17，1.4125	—
111	S44097	Y108Cr17	Y11Cr17	S44020，440F	SUS440F	—	—	—
112	S44090	95Cr18	9Cr18	—	—	—	—	95X18
113	S45110	12Cr5Mo	1Cr5Mo	(S50200，502)	(STBA25)	(TS37)	—	15X5M
114	S45610	12Cr12Mo	1Cr12Mo	—	—	—	—	—

表 B.1(续)

序号	中国 GB/T 20878—2007			美国 ASTM A959-04	日本 JIS G4303—1998 JIS G4311—1991	国际 ISO/TS 15510:2003 ISO 4955:2005	欧洲 EN 10088:1—1995 EN 10095—1999 等	前苏联 ГОСТ 5632—1972
	统一数字代号	新 牌 号	旧 牌 号					
115	S45710	13Cr13Mo	1Cr13Mo	—	SUS410J1	—	—	—
116	S45830	32Cr13Mo	3Cr13Mo	—	—	—	—	—
117	S45990	102Cr17Mo	9Cr18Mo	S44004，440C	SUS440C	X105CrMo17	X105CrMo17，1.4125	—
118	S46990	90Cr18MoV	9Cr18MoV	S44003，440B	SUS440B	—	X90CrMoV18，1.4112	—
119	S46010	14Cr11MoV	1Cr11MoV	—	—	—	—	15X11Mф
120	S46110	158Cr12MoV	1Cr12MoV	—	—	—	—	—
121	S46020	21Cr12MoV	2Cr12MoV	—	—	—	—	—
122	S46250	18Cr12MoVNbN	2Cr12MoVNbN	—	SUH600	—	—	—
123	S47010	15Cr12WMoV	1Cr12WMoV	—	—	—	—	15X12BHMф
124	S47220	22Cr12NiWMoV	2Cr12NiMoWV	(616)	SUH616	—	—	—
125	S47310	13Cr11Ni2W2MoV	1Cr11Ni2W2MoV	—	—	—	—	13X11H2B2Mф
126	S47410	14Cr12Ni2WMoVNb	1Cr12Ni2WMoVNb	—	—	—	—	13X14H3B2ф
127	S47250	10Cr12Ni3Mo2VN		—	—	—	—	—
128	S47450	18Cr11NiMoNbVN	2Cr11NiMoNbVN	—	—	—	—	—
129	S47710	13Cr14Ni3W2VB	1Cr14Ni3W2VB	—	—	—	—	15X12H2MBфAБ
130	S48040	42Cr9Si2	4Cr9Si2	—	—	—	—	40X9C2
131	S48045	45Cr9Si3		—	SUH1	—	(X45CrSi3，1.4718)	—
132	S48140	40Cr10Si2Mo	4Cr10Si2Mo	—	SUH3	—	(X40CrSiMo10，1.4731)	40X10C2M
133	S48380	80Cr20Si2Ni	8Cr20Si2Ni	—	SUH4	—	(X80CrSiNi20，1.4747)	—
134	S51380	04Cr13Ni8Mo2Al		S13800，XM-13	—	—	—	—
135	S51290	022Cr12Ni9Cu2NbTi		S45500，XM-16	—	—	—	08X15H5Л2T

表 B.1(续)

序号	中国 GB/T 20878—2007			美国 ASTM A959-04	日本 JIS G4303—1998 JIS G4311—1991	国际 ISO/TS 15510:2003 ISO 4955:2005	欧洲 EN 10088:1—1995 EN 10095—1999 等	前苏联 ГОСТ 5632—1972
	统一数字代号	新牌号	旧牌号					
136	S51550	05Cr15Ni5Cu4Nb		S15500，XM-12	—	—	—	—
137	S51740	05Cr17Ni4Cu4Nb	0Cr17Ni4Cu4Nb	S17400，630	SUS630	X5CrNiCuNb16-4	X5CrNiCuNb16-4，1.4542	—
138	S51770	07Cr17Ni7Al	0Cr17Ni7Al	S17700，631	SUS631	X7CrNi17-7	X7CrNi17-7，1.4568	09X17H7Ю
139	S51570	07Cr15Ni7Mo2Al	0Cr15Ni7Mo2Al	S15700，632	—	X8CrNiMoAl15-7-2	X8CrNiMoAl15-7-2，1.4532	—
140	S51240	07Cr12Ni4Mn5Mo3Al	0Cr12Ni4Mn5Mo3Al		—	—	—	—
141	S51750	09Cr17Ni5Mo3N		S35000，633	—	—	—	—
142	S51778	06Cr17Ni7AlTi		S17600，635	—	—	—	—
143	S51525	06Cr15Ni25Ti2-MoAlVB	0Cr15Ni25Ti2-MoAlVB	S66286，660	SUH660	(X6NiCrTiMoVB25-15-2)	—	—

注:括号内牌号是在表头所列标准之外的牌号。

附 录 C
（资料性附录）
不锈钢和耐热钢标准牌号适用标准表

表 C.1 不锈钢和耐热钢标准牌号适用标准表

序号	中国 GB/T 20878—2007			形状									适用标准
	统一数字代号	新牌号	旧牌号	棒	板	带	管	盘条	丝、绳	角钢	坯	锻件	
1	S35350	12Cr17Mn6Ni5N	1Cr17Mn6Ni5N	○		○		○					GB/T 1220、GB/T 4356
2	S39950	10Cr17Mn9Ni4N			○								GJB 2295A
3	S35450	12Cr18Mn9Ni5N	1Cr18Mn8Ni5N	○	○	○		○				○	GB/T 1220、 GB/T 4356， GJB 2295A，QJ 501
4	S35020	20Cr13Mn9Ni4	2Cr13Mn9Ni4	○	○	○						○	GJB 2294、GJB 2295A、GJB 3321，QJ 501
5	S35550	20Cr15Mn15Ni2N	2Cr15Mn15Ni2N					○					GB/T 4356
6	S35650	53Cr21Mn9Ni4N	5Cr21Mn9Ni4N	○			○						GB/T 1221、GB/T 12773
7	S35750	26Cr18Mn12Si2N	3Cr18Mn12Si2N	○									GB/T 1221
8	S35850	22Cr20Mn10Ni2Si2N	2Cr20Mn9Ni2Si2N	○									GB/T 1221
9	S30110	12Cr17Ni7	1Cr17Ni7	○	○	○							GB/T 1220、 GB/T 3280、 YB/T 5310、GB/T 4237、GB/T 4239、GJB 3321
10	S30103	022Cr17Ni7			○	○							GB/T 3280、GB/T 4237
11	S30153	022Cr17Ni7N			○	○							GB/T 3280、GB/T 4237
12	S30220	17Cr18Ni9	2Cr18Ni9	○	○								GJB 2294、GJB 2295A

表 C.1(续)

序号	中国 GB/T 20878—2007			形状									适用标准
	统一数字代号	新牌号	旧牌号	棒	板	带	管	盘条	丝、绳	角钢	坯	锻件	
13	S30210	12Cr18Ni9	1Cr18Ni9	○	○	○	○	○	○	○	○	○	GB/T 1220、GB/T 3280、GB/T 4226、GB/T 4237、GB/T 4238、GB/T 4240、GB/T 4356、GB/T 5310、GB/T 9944、GB/T 12770、GB/T 12771、GB/T 13296、GB/T 14975、GB/T 14976、GJB 2294、GJB 2295A、GJB 3320、YB(T)11、YB/T 5089、YB/T 5133、YB/T 5134、YB/T 5137、YB/T 5309、YB/T 5310、QJ 501
14	S30240	12Cr18Ni9Si3	1Cr18Ni9Si3		○	○							GB/T 4237、GB/T 4238、GB/T 3280
15	S30317	Y12Cr18Ni9	Y1Cr18Ni9	○				○	○				GB/T 1220、GB/T 4226、GB/T 4240、GB/T 4356
16	S30327	Y12Cr18Ni9Se	Y1Cr18Ni9Se	○					○				GB/T 1220、GB/T 4226、GB/T 4240
17	S30408	06Cr19Ni10	0Cr13Ni9	○	○	○	○	○	○	○	○	○	GB/T 1220、GB/T 1221、GB/T 3090、GB/T 3280、GB/T 4226、GB/T 4232、GB/T 4237、GB/T 4238、GB/T 4240、GB/T 4356、GB/T 9944、GB/T 12770、GB/T 12771、GB 13296、GB/T 14975、GB/T 14976、GJB 2294、GJB 2295A、GJB 2296A、GJB 2610、GJB 3321，YB/T 085、YB/T 5089、YB/T 5133、YB/T 5134、YB/T 5309、YB/T 5310、QJ 501
18	S30403	022Cr19Ni10	00Cr19Ni10	○	○	○	○	○	○	○	○		GB/T 1220、GB/T 3089、GB/T 3090、GB/T 3280、GB/T 4226、GB/T 4237、GB/T 4240、GB/T 4356、GB/T 12770、GB/T 12771、GB 13296、GB/T 14975、GB/T 14976，GJB 2294、GJB 2295A、GJB 2610，YB(T)11、YB/T 5089、YB/T 5309

表 C.1(续)

序号	中国 GB/T 20878—2007			形状									适用标准
	统一数字代号	新牌号	旧牌号	棒	板	带	管	盘条	丝、绳	角钢	坯	锻件	
19	S30409	07Cr19Ni10			○	○					○		GB/T 3280、GB/T 4237、YB/T 5089
20	S30450	05Cr19Ni10Si2CeN			○	○							GB/T 3280、GB/T 4237
21	S30480	06Cr18Ni9Cu2	0Cr18Ni9Cu2					○					GB/T 4356
22	S30488	06Cr18Ni9Cu3	0Cr18Ni9Cu3	○				○	○				GB/T 1220、GB/T 4232、GB/T 4356
23	S30458	06Cr19Ni10N	0Cr19Ni9N	○	○	○	○		○				GB/T 1220、GB/T 3280、GB/T 4237、GB/T 4240、GB/T 14975、GB/T 14976
24	S30478	06Cr19Ni9NbN	0Cr19Ni10NbN	○	○	○	○						GB/T 1220、GB/T 3280、GB/T 4237、GB/T 14976
25	S30453	022Cr19Ni10N	00Cr18Ni10N	○	○	○	○						GB/T 1220、GB/T 3280、GB/T 4237、GB/T 14975
26	S30510	10Cr18Ni12	1Cr18Ni12	○	○	○		○	○				GB/T 1220、GB/T 3280、GB/T 4226、GB/T 4232、GB/T 4237、GB/T 4240、GB/T 4356
27	S30508	06Cr18Ni12	0Cr18Ni12	○				○					GB/T 4226、GB/T 4232、GB/T 4356
28	S38408	06Cr16Ni18	0Cr16Ni18						○				GB/T 4232
29	S30808	06Cr20Ni11			○								GB/T 4238
30	S30850	22Cr21Ni12N	2Cr21Ni12N	○			○						GB/T 1221、GB/T 12773
31	S30920	16Cr23Ni13	2Cr23Ni13	○	○		○						GB/T 1221、GB/T 4238、GB/T 13296
32	S30908	06Cr23Ni13	0Cr23Ni13	○	○	○	○	○	○				GB/T 1220、GB/T 1221、GB/T 3280、GB/T 4226、GB/T 4237、GB/T 4238、GB/T 4240、GB/T 4356、GB/T 14976
33	S31010	14Cr23Ni18	1Cr23Ni18	○	○							○	GJB 2294、GJB 2295A、QJ 501
34	S31020	20Cr25Ni20	2Cr25Ni20	○	○		○						GB/T 1221、GB/T 4238、GB/T 13296

表 C.1(续)

序号	中国 GB/T 20878—2007			形状									适用标准
	统一数字代号	新牌号	旧牌号	棒	板	带	管	盘条	丝、绳	角钢	坯	锻件	
35	S31008	06Cr25Ni20	0Cr25Ni20	○	○	○	○	○	○		○	○	GB/T 1220、GB/T 1221、GB/T 3280、GB/T 4226、GB/T 4237、GB/T 4238、GB/T 4240、GB/T 4356、GB/T 12770、GB/T 12771、GB 13296、GB/T 14976、YB/T 5089、QJ 501
36	S31053	022Cr25Ni22Mo2N			○	○							GB/T 3280、GB/T 4237
37	S31252	015Cr20Ni18Mo6CuN											
38	S31608	06Cr17Ni12Mo2	0Cr17Ni12Mo2	○	○	○	○	○	○	○	○		GB/T 1220、GB/T 1221、GB/T 3090、GB/T 3280、GB/T 4226、GB/T 4237、GB/T 4238、GB/T 4240、GB/T 4356、GB/T 12770、GB/T 12771、GB 13296、GB/T 14975、GB/T 14976、YB/T 5089、YB/T 5309
39	S31603	022Cr17Ni12Mo2	00Cr17Ni14Mo2	○	○	○	○	○	○	○	○		GB/T 1220、GB/T 3089、GB/T 3090、GB/T 3280、GB/T 4226、YB/T 5309、GB/T 4237、GB/T 4240、GB/T 4356、GB/T 12770、GB/T 12771、GB 13296、GB/T 14975、GB/T 14976、GJB 2610、YB/T 5089
40	S31609	07Cr17Ni12Mo2	1Cr17Ni12Mo2				○		○		○		GB 13296、YB(T)11、YB/T 5089
41	S31668	06Cr17Ni12Mo2Ti	0Cr18Ni12Mo2Ti	○	○	○	○						GB/T 1220、GB/T 3280、GB/T 4237、GB 13296、GB/T 14975、GB/T 14976
42	S31678	06Cr17Ni12Mo2Nb			○	○							GB/T 3280、GB/T 4237
43	S31658	06Cr17Ni12Mo2N	0Cr17Ni12Mo2N	○	○	○	○						GB/T 1220、GB/T 3280、GB/T 4237、GB/T 14975、GB/T 14976

表 C.1(续)

序号	统一数字代号	新牌号	旧牌号	棒	板	带	管	盘条	丝、绳	角钢	坯	锻件	适用标准
	中国 GB/T 20878—2007			形状									
44	S31653	022Cr17Ni12Mo2N	00Cr17Ni13Mo2N	○	○	○	○						GB/T 1220、GB/T 3280、GB/T 4237、GB/T 14975、GB/T 14976
45	S31688	06Cr18Ni12Mo2Cu2	0Cr18Ni12Mo2Cu2	○	○	○	○						GB/T 1220、GB/T 3280、GB/T 4237、GB/T 14976
46	S31683	022Cr18Ni14Mo2Cu2	00Cr18Ni14Mo2Cu2	○	○	○	○						GB/T 1220、GB/T 3280、GB/T 4237、GB/T 14976
47	S31693	022Cr18Ni15Mo3N	00Cr18Ni15Mo3N	○	○	○			○				GB 4234
48	S31782	015Cr21Ni26Mo5Cu2			○	○							GB/T 3280、GB/T 4237
49	S31708	06Cr19Ni13Mo3	0Cr19Ni13Mo3	○	○	○	○						GB/T 1220、GB/T 1221、GB/T 3280、GB/T 4237、GB/T 4238、GB/T 4356、GB 13296、GB/T 14975、GB/T 14976
50	S31703	022Cr19Ni13Mo3	00Cr19Ni13Mo3	○	○	○	○				○		GB/T 1220、GB/T 3280、GB/T 4237、GB/T 4238、GB 13296、GB/T 14975、GB/T 14976，YB/T 5089
51	S31793	022Cr18Ni14Mo3	00Cr18Ni14Mo3	○	○	○			○				GB 4234
52	S31794	03Cr18Ni16Mo5	0Cr18Ni16Mo5	○									GB/T 1220
53	S31723	022Cr19Ni16Mo5N			○	○							GB/T 3280、GB/T 4237
54	S31753	022Cr19Ni13Mo4N			○	○							GB/T 3280、GB/T 4237
55	S32168	06Cr18Ni11Ti	0Cr18Ni10Ti	○	○	○	○	○	○	○	○		GB/T 1220、GB/T 1221、GB/T 3090、GB/T 3280、GB/T 4226、GB/T 4237、GB/T 4238、GB/T 4240、GB/T 4356、GB/T 12770、GB/T 12771、GB 13296、GB/T 14975、GB/T 14976，GJB 2294、GJB 2295A、GJB 2296A、GJB 2455、GJB 2610，YB/T 5089、YB/T 5309

表 C.1(续)

序号	中国 GB/T 20878—2007			形状									适用标准
	统一数字代号	新牌号	旧牌号	棒	板	带	管	盘条	丝、绳	角钢	坯	锻件	
56	S32169	07Cr19Ni11Ti	1Cr18Ni11Ti				○						GB 13296
57	S32590	45Cr14Ni14W2Mo	4Cr14Ni14W2Mo	○								○	GB/T 1221、GB/T 12773、QJ 501
58	S32652	015Cr24Ni22Mo8Mn3CuN			○	○							GB/T 3280、GB/T 4237
59	S32720	24Cr18Ni8W2	2Cr18Ni8W2	○								○	GJB 2294、QJ 501
60	S33010	12Cr16Ni35	1Cr16Ni35	○	○								GB/T 1221、GB/T 4238
61	S34553	022Cr24Ni17Mo5Mn6NbN			○	○							GB/T 3280、GB/T 4237
62	S34778	06Cr18Ni11Nb	0Cr18Ni11Nb	○		○	○	○	○	○	○		GB/T 1221、GB/T 3280、GB/T 4226、GB/T 4237、GB/T 4238、GB/T 4240、GB/T 12770、GB/T 12771、GB 13296、GB/T 14975、GB/T 14976、GJB 2294、YB/T 5089、YB/T 5309
63	S34779	07Cr18Ni11Nb	1Cr19Ni11Nb			○	○				○		GB 5310、GB 9948、GB 13296、YB/T 5089、YB/T 5137
64	S38148	06Cr18Ni13Si4	0Cr18Ni13Si4	○			○						GB/T 1220、GB/T 1221、GB 13296
65	S38240	16Cr20Ni14Si2	1Cr20Ni14Si2	○									GB/T 1221
66	S38340	16Cr25Ni20Si2	1Cr25Ni20Si2	○		○							GB/T 1221、GB/T 4238
67	S21860	14Cr18Ni11Si4AlTi	1Cr18Ni11Si4AlTi	○	○	○						○	GB/T 1220、GB/T 3280、GB/T 4237、GJB 2294、GJB 2295A、QJ 501
68	S21953	022Cr19Ni5Mo3Si2N	00Cr13Ni5Mo3Si2	○	○	○	○						GB/T 1220、GB/T 3280、GB/T 4237、GB/T 14975、GB/T 14976
69	S22160	12Cr21Ni5Ti	1Cr21Ni5Ti	○	○	○						○	GB/T 3280、GB/T 4237、GJB 2294、GJB 2295A、GJB 2455、QJ 501
70	S22253	022Cr22Ni5Mo3N		○	○	○							GB/T 1220、GB/T 3280、GB/T 4237

表 C.1(续)

序号	中国 GB/T 20878—2007			形状									适用标准
	统一数字代号	新牌号	旧牌号	棒	板	带	管	盘条	丝、绳	角钢	坯	锻件	
71	S22053	022Cr23Ni5Mo3N		○	○	○							GB/T 1220、GB/T 3280、GB/T 4237
72	S23043	022Cr23Ni4MoCuN			○	○							GB/T 3280、GB/T 4237
73	S22553	022Cr25Ni6Mo2N			○	○							GB/T 3280、GB/T 4237
74	S22583	022Cr25Ni7Mo3WCuN											
75	S25554	03Cr25Ni6Mo3Cu2N			○	○							GB/T 3280、GB/T 4237
76	S25073	022Cr25Ni7Mo4N			○	○							GB/T 3280、GB/T 4237
77	S27603	022Cr25Ni7Mo4WCuN			○	○							GB/T 3280、GB/T 4237
78	S11348	06Cr13Al	0Cr13Al	○	○	○	○						GB/T 1220、GB/T 1221、GB/T 3280、GB/T 4237、GB/T 4238、GB/T 12771
79	S11168	06Cr11Ti	0Cr11Ti		○								GB/T 4238
80	S11163	022Cr11Ti			○	○							GB/T 3280、GB/T 4237、GB/T 4238
81	S11173	022Cr11NbTi			○	○							GB/T 3280、GB/T 4237、GB/T 4238
82	S11213	022Cr12Ni			○	○							GB/T 3280、GB/T 4237
83	S11203	022Cr12	00Cr12		○	○							GB/T 1221、GB/T 3280、GB/T 4237
84	S11510	10Cr15	1Cr15		○	○	○						GB/T 3280、GB/T 4237、GB/T 12770
85	S11710	10Cr17	1Cr17	○	○	○	○	○	○	○			GB/T 1220、GB/T 1221、GB/T 3280、GB/T 4226、GB/T 4232、GB/T 4237、GB/T 4238、GB/T 4240、GB/T 4356、GB/T 12770、GB 13296、GB/T 14975、GB/T 14976、GJB 2294、YB/T 5309
86	S11717	Y10Cr17	Y1Cr17	○				○	○				GB/T 1220、GB/T 4226、GB/T 4240、GB/T 4356
87	S11863	022Cr18Ti	00Cr17		○	○	○						GB/T 3280、GB/T 4237、GB/T 12771

表 C.1(续)

序号	中国 GB/T 20878—2007			形状									适用标准
	统一数字代号	新牌号	旧牌号	棒	板	带	管	盘条	丝、绳	角钢	坯	锻件	
88	S11790	10Cr17Mo	1Cr17Mo	○	○	○		○					GB/T 1220、GB/T 3280、GB/T 4237、GB/T 4356
89	S11770	10Cr17MoNb											
90	S11862	019Cr18MoTi			○	○							GB/T 3280、GB/T 4237
91	S11873	022Cr18NbTi			○	○							GB/T 3280、GB/T 4237
92	S11972	019Cr19Mo2NbTi	00Cr18Mo2		○	○	○						GB/T 3280、GB/T 4237、GB/T 12771，YB/T 5133
93	S12550	16Cr25N	2Cr25N	○	○		○						GB/T 1221、GB/T 4238、GB/T 12771
94	S12791	008Cr27Mo	00Cr27Mo	○	○	○	○						GB/T 1220、GB/T 3280、GB/T 4237、GB 13296
95	S13091	008Cr30Mo2	00Cr30Mo2	○	○	○							GB/T 1220、GB/T 3280、GB/T 4237
96	S40310	12Cr12	1Cr12	○	○	○					○		GB/T 1220、GB/T 3280、GB/T 4226、GB/T 4237、GB/T 4238，YB/T 5089
97	S41008	06Cr13	0Cr13	○	○	○	○	○	○			○	GB/T 1220、GB/T 3280、GB/T 4237、GB/T 4356、GB/T 8732、GB/T 12770、GB/T 12771、GB/T 14975、GB/T 14976，QJ 501
98	S41010	12Cr13	1Cr13	○	○	○	○		○		○	○	GB/T 1220、GB/T 1221、GB/T 3280、GB/T 4232、GB/T 4237、GB/T 4238、GB/T 4240、GB/T 4226、GB/T 8732、GB/T 12770、GB/T 14975，GJB 2294、GJB 2295A、GJB 2455，YB/T 5089、QJ 501
99	S41595	04Cr13Ni5Mo			○	○							GB/T 3280、GB/T 4237
100	S41617	Y12Cr13	Y1Cr13	○				○	○				GB/T 1220、GB/T 4240、GB/T 4356、GB/T 4226

表 C.1(续)

序号	中国 GB/T 20878—2007			形状									适用标准
	统一数字代号	新牌号	旧牌号	棒	板	带	管	盘条	丝、绳	角钢	坯	锻件	
101	S42020	20Cr13	2Cr13	○	○	○	○	○	○		○	○	GB/T 1220、GB/T 1221、GB/T 3280、GB/T 4226、GB/T 4237、GB/T 4240、GB/T 4356、GB/T 8732、GB/T 14975，GJB 2294、GJB 2295A、GJB 2455，YB/T 5089、QJ 501
102	S42030	30Cr13	3Cr13	○	○	○	○	○	○		○	○	GB/T 1220、GB/T 3280、GB/T 4226、GB/T 4237、GB/T 4240、GB/T 4356，GJB 2294、GJB 2295A、GJB 2455，GJB 3320、GJB 3321，YB/T 5089、YB/T 5310、QJ 501
103	S42037	Y30Cr13	Y3Cr13	○				○					GB/T 1220、GB/T 4226、GB/T 4356
104	S42040	40Cr13	4Cr13	○	○	○			○		○	○	GB/T 1220、GB/T 3280、GB/T 4237、GB/T 4240、GB/T 4356，GJB 2294、GJB 2295A，YB/T 5089、QJ 501
105	S41427	Y25Cr13Ni2	Y2Cr13Ni2	○								○	GJB 2294，QJ 501
106	S43110	14Cr17Ni2	1Cr17Ni2	○	○	○		○	○		○	○	GB/T 1220、GB/T 1221、GB/T 4240、GB/T 4232、GB/T 4356，GJB 2294、GJB 2295A、GJB 2455，YB/T 5089、QJ 501
107	S43120	17Cr16Ni2		○	○	○							GB/T 1220、GB/T 1221、GB/T 3280、GB/T 4237
108	S44070	68Cr17	7Cr17	○	○	○		○					GB/T 1220、GB/T 3280、GB/T 4237、GB/T 4356、YB/T 096
109	S44080	85Cr17	8Cr17	○				○				○	GB/T 1220、GB/T 4356，YB/T 096、QJ 501
110	S44096	108Cr17	11Cr17	○				○					GB/T 1220、GB/T 4226、GB/T 4356
111	S44097	Y108Cr17	Y11Cr17	○				○					GB/T 1220、GB/T 4356

表 C.1(续)

序号	中国 GB/T 20878—2007			形状									适用标准
	统一数字代号	新牌号	旧牌号	棒	板	带	管	盘条	丝、绳	角钢	坯	锻件	
112	S44090	95Cr18	9Cr18	○				○	○			○	GB/T 1220、GB/T 4240、GB/T 4356、GJB 2294，YB/T 096、QJ 501
113	S45110	12Cr5Mo	1Cr5Mo	○			○				○		GB/T 1221、GB/T 6479、GB 9948、YB/T 5137
114	S45610	12Cr12Mo	1Cr12Mo	○									GB/T 1221、GB/T 8732
115	S45710	13Cr13Mo	1Cr13Mo	○				○			○		GB/T 1220、GB/T 1221、GB/T 4356、YB/T 5089
116	S45830	32Cr13Mo	3Cr13Mo	○				○					GB/T 1220、GB/T 4356
117	S45990	102Cr17Mo	9Cr18Mo	○				○	○				GB/T 1220、GB/T 4356、YB/T 096
118	S46990	90Cr18MoV	9Cr18MoV	○				○					GB/T 1220、GB/T 4356
119	S46010	14Cr11MoV	1Cr11MoV	○									GB/T 1221、GB/T 8732
120	S46110	158Cr12MoV	1Cr12MoV	○									GJB 2294
121	S46020	21Cr12MoV	2Cr12MoV	○									GB/T 8732
122	S46250	18Cr12MoVNbN	2Cr12MoVNbN	○									GB/T 1221
123	S47010	15Cr12WMoV	1Cr12WMoV	○									GB/T 1221、GB/T 8732
124	S47220	22Cr12NiWMoV	2Cr12NiWMoV	○	○								GB/T 8732、GB/T 4238
125	S47310	13Cr11Ni2W2MoV	1Cr11Ni2W2MoV	○	○			○			○	○	GB/T 4356、GJB 2294、GJB 2295A、GJB 2455、QJ 501
126	S47410	14Cr12Ni2WMoVNb	1Cr12Ni2WMoVNb	○							○		GJB 2294、GJB 2455
127	S47250	10Cr12Ni3Mo2VN	1Cr12Ni3Mo2VN		○								GJB 2295A
128	S47450	18Cr11NiMoNbVN	2Cr11NiMoNbVN	○									GB/T 8732
129	S47710	13Cr14Ni3W2VB	1Cr14Ni3W2VB									○	QJ 501

表 C.1(续)

序号	中国 GB/T 20878—2007			形状									适用标准
	统一数字代号	新牌号	旧牌号	棒	板	带	管	盘条	丝、绳	角钢	坯	锻件	
130	S48040	42Cr9Si2	4Cr9Si2	○			○						GB/T 1221、GB/T 12773
131	S48045	45Cr9Si3		○									GB/T 1221
132	S48140	40Cr10Si2Mo	4Cr10Si2Mo	○			○				○	○	GB/T 1221、GB/T 12773，GJB 2294，YB/T 5089、QJ 501
133	S48380	80Cr20Si2Ni	8Cr20Si2Ni	○			○						GB/T 1221、GB/T 12773
134	S51380	04Cr13Ni8Mo2Al			○	○							GB/T 3280、GB/T 4237
135	S51290	022Cr12Ni9Cu2NbTi			○	○							GB/T 3280、GB/T 4237、GB/T 4238
136	S51550	05Cr15Ni5Cu4Nb		○									GB/T 1220
137	S51740	05Cr17Ni4Cu4Nb	0Cr17Ni4Cu4Nb	○	○	○					○	○	GB/T 1220、GB/T 1221、GB/T 4238、GB/T 8732、GJB 2294，YB/T 5089、QJ 501
138	S51770	07Cr17Ni7Al	0Cr17Ni7Al	○	○	○		○	○			○	GB/T 1220、GB/T 1221、GB/T 3280、GB/T 4237、GB/T 4238、GB/T 4356，GJB 2294、GJB 2295A、GJB 3320、GJB 3321，YB/T 5310、QJ 501
139	S51570	07Cr15Ni7Mo2Al	0Cr15Ni7Mo2Al	○	○	○			○				GB/T 1220、GB/T 3280、GB/T 4237、GB/T 4238、GJB 3321、YB(T)11
140	S51240	07Cr12Ni4Mn5Mo3Al	0Cr12Ni4Mn5Mo3Al		○	○			○				GB/T 3280、GJB 3320、GJB 3321
141	S51750	09Cr17Ni5Mo3N			○	○							GB/T 3280、GB/T 4237
142	S51778	06Cr17Ni7AlTi			○	○							GB/T 3280、GB/T 4237、GB/T 4238
143	S51525	06Cr15Ni25Ti2MoAlVB	0Cr15Ni25Ti2MoAlVB	○	○	○							GB/T 1221、GB/T 3280、GB/T 4238

参 考 文 献

GB/T 1220—2007　不锈钢棒
GB/T 1221—2007　耐热钢棒
GB/T 3089—1982　不锈耐酸钢极薄壁无缝钢管
GB/T 3090—1982　不锈钢小直径无缝钢管
GB/T 3280—2007　不锈钢冷轧钢板和钢带
GB/T 3642—1983　S型钎焊不锈钢金属软管
GB/T 4226—1984　不锈钢冷加工钢棒
GB/T 4232—1993　冷顶锻用不锈钢丝
GB/T 4234—2003　外科植入物用不锈钢
GB/T 4237—2007　不锈钢热轧钢板和钢带
GB/T 4238—2007　耐热钢板
GB/T 4240—1993　不锈钢丝
GB/T 4356—2002　不锈钢盘条
GB 5310—1995　高压锅炉用无缝钢管
GB 6479—2000　高压化肥设备用无缝钢管
GB/T 9944—2002　不锈钢丝绳
GB 9948—2006　石油裂化用无缝钢管
GB/T 12770—2002　机械结构用不锈钢焊接钢管
GB/T 12771—2000　流体输送用不锈钢焊接钢管
GB/T 12773—1991　内燃机气阀钢棒技术条件
GB 13296—1991　锅炉、热交换器用不锈钢无缝钢管
GB/T 14975—2002　结构用不锈钢无缝钢管
GB/T 14976—2002　流体输送用不锈钢无缝钢管
GJB 2294—1995　航空用不锈耐热钢棒规范
GJB 2295A　航空用不锈钢冷轧板规范
GJB 2296A—2005　航空用不锈钢无缝钢管规范
GJB 2455—1995　航空用不锈及耐热钢圆饼和环坯规范
GJB 2610—1996　航天用不锈钢极薄壁无缝管规范
GJB 3320—1998　航空用不锈钢弹簧丝规范
GJB 3321—1998　航空用不锈钢冷轧弹簧带规范
YB/T 085—1996　磁头用不锈钢冷轧钢带
YB/T 096—1997　高碳铬不锈钢丝
YB/T 5089—2007　锻制用不锈钢坯
YB/T 5133—1993　手表用不锈钢冷轧钢带
YB/T 5134—1993　手表用不锈钢扁钢
YB/T 5137—1998　高压无缝钢管用圆管坯
YB(T) 11—1983　弹簧用不锈钢丝
YB/T 5309—2006　不锈钢热轧等边角钢
YB/T 5310—2006　弹簧用不锈钢冷轧钢带
QJ 501—1989　不锈耐酸钢、耐热钢锻件技术条件
ISO/TS 15510:2003　不锈钢——化学成分

ISO 4955:2005　耐热钢和合金

EN 10088-1—1995　不锈钢:不锈钢一览表

EN 10095—1999　耐热钢和镍合金

ASTM A 959-04　压延不锈钢标准牌号化学成分协调导则

JIS G 4303—1998　不锈钢棒

JIS G 4311—1991　耐热钢棒

ГОСТ 5632—1972　耐蚀、耐热及热强高合金钢及合金　牌号和技术要求

二、尺寸、重量及允许偏差

前　言

本标准非等效采用欧洲标准化委员会(CEN)EN 10218—2:1994《钢丝及钢丝产品总则——第2部分:钢丝尺寸与允许偏差》标准。

本标准由GB 342—82、GB 3204—82、GB 3205—82三个标准合并后修订而成。尺寸允许偏差部分按欧洲标准做了较大修改,修订后标准尺寸允许偏差略严于EN 10218—2的规定,大尺寸钢丝尺寸允许偏差较原国标GB 342—82、GB 3204—82和GB 3205—82的尺寸允许偏差略有放宽。

本标准自生效之日起,同时代替GB 342—82《冷拉圆钢丝尺寸、外形、重量及允许偏差》,GB 3204—82《冷拉方钢丝尺寸、外形、重量及允许偏差》和GB 3205—82《冷拉六角钢丝尺寸、外形、重量及允许偏差》。

本标准由冶金工业部提出。

本标准由全国钢标准化技术委员会归口。

本标准由陕西钢厂、冶金工业部信息标准研究院负责起草。

本标准主要起草人:令狐永安、李树勇、姜清梅。

本标准1964年首次发布,1982年第一次修订。

中华人民共和国国家标准

冷拉圆钢丝、方钢丝、六角钢丝尺寸、外形、重量及允许偏差

Dimension shape mass and tolerance for cold-drawn round square and hexagonal steel wires

GB/T 342—1997

代替 GB 342—82
GB 3204—82
GB 3205—82

1 范围

本标准规定了冷拉圆钢丝、方钢丝、六角钢丝的尺寸、外形、重量及允许偏差。

本标准适用于直径为 0.05 mm～16.0 mm 的圆钢丝；边长为 0.50 mm～10.0 mm 的方钢丝；对边距离为 1.60 mm～10 mm 的六角钢丝。

2 截面图示及标注符

2.1 圆钢丝的截面图示及标注符号

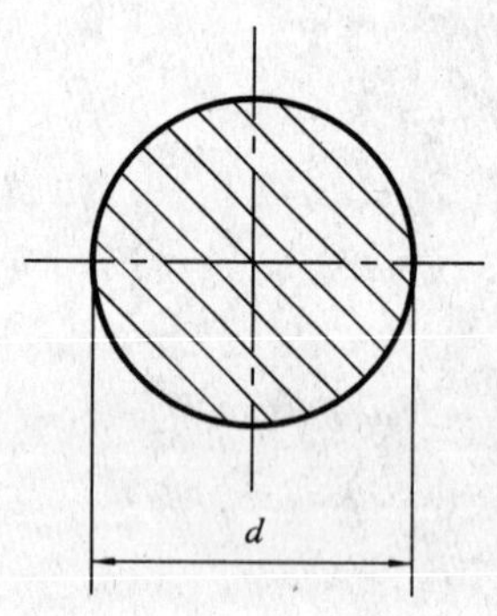

d—圆钢丝直径

2.2 方钢丝的截面图示及标注符号

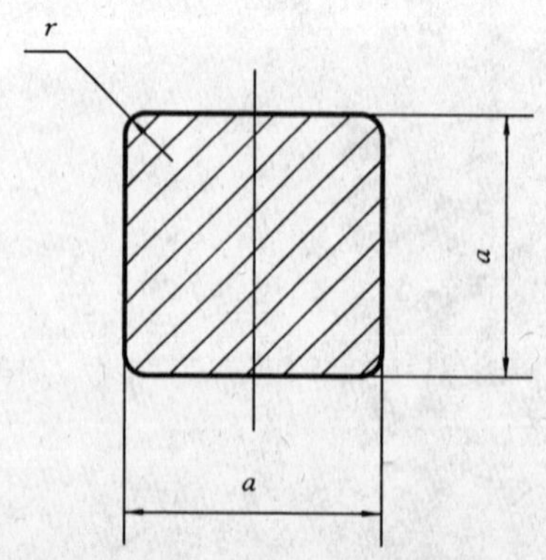

a—方钢丝的边长；r—角部圆弧半径

2.3 六角钢丝的截面图示及标注符号

国家技术监督局1997-03-17批准　　　　1997-09-01实施

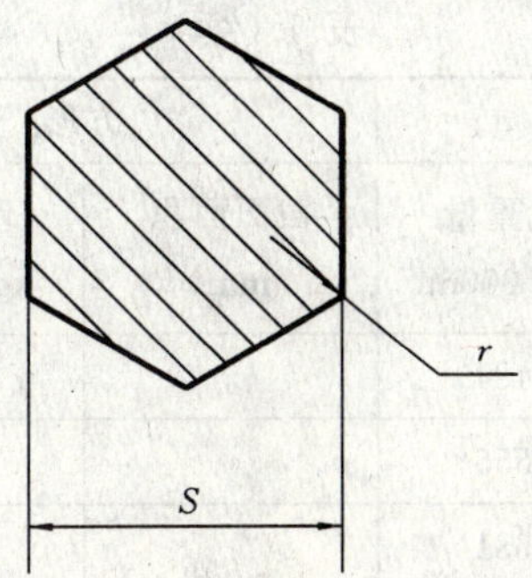

S—六角钢丝的对边距离；r—角部圆弧半径

3 尺寸、截面面积及理论重量

3.1 钢丝公称尺寸、截面面积及理论重量按表1规定。

3.2 根据需方要求，并经供需双方协议，可以供应中间尺寸的钢丝。

表1 钢丝公称尺寸、截面面积及理论重量

公称尺寸 mm	圆形		方形		六角形	
	截面面积 mm²	理论重量 kg/1 000m	截面面积 mm²	理论重量 kg/1 000m	截面面积 mm²	理论重量 kg/1 000m
0.050	0.002 0	0.016				
0.055	0.002 4	0.019				
0.063	0.003 1	0.024				
0.070	0.003 8	0.030				
0.080	0.005 0	0.039				
0.090	0.006 4	0.050				
0.10	0.007 9	0.062				
0.11	0.009 5	0.075				
0.12	0.011 3	0.089				
0.14	0.015 4	0.121				
0.16	0.020 1	0.158				
0.18	0.025 4	0.199				
0.20	0.031 4	0.246				
0.22	0.038 0	0.298				
0.25	0.049 1	0.385				

表 1（续）

公称尺寸 mm	圆形		方形		六角形	
	截面面积 mm²	理论重量 kg/1 000m	截面面积 mm²	理论重量 kg/1 000m	截面面积 mm²	理论重量 kg/1 000m
0.28	0.061 6	0.484				
0.30*	0.070 7	0.555				
0.32	0.080 4	0.631				
0.35	0.096	0.754				
0.40	0.126	0.989				
0.45	0.159	1.248				
0.50	0.196	1.539	0.250	1.962		
0.55	0.238	1.868	0.302	2.371		
0.60*	0.283	2.22	0.360	2.826		
0.63	0.312	2.447	0.397	3.116		
0.70	0.385	3.021	0.490	3.846		
0.80	0.503	3.948	0.640	5.024		
0.90	0.636	4.993	0.810	6.358		
1.00	0.785	6.162	1.000	7.850		
1.10	0.950	7.458	1.210	9.498		
1.20	1.131	8.878	1.440	11.30		
1.40	1.539	12.08	1.960	15.39		
1.60	2.011	15.79	2.560	20.10	2.217	17.40
1.80	2.545	19.98	3.240	25.43	2.806	22.03
2.00	3.142	24.66	4.000	31.40	3.464	27.20
2.20	3.801	29.84	4.840	37.99	4.192	32.91
2.50	4.909	38.54	6.250	49.06	5.413	42.49
2.80	6.158	48.34	7.840	61.54	6.790	53.30
3.00*	7.069	55.49	9.000	70.65	7.795	61.19
3.20	8.042	63.13	10.24	80.38	8.869	69.62
3.50	9.621	75.52	12.25	96.16	10.61	83.29
4.00	12.57	98.67	16.00	125.6	13.86	108.8
4.50	15.90	124.8	20.25	159.0	17.54	137.7
5.00	19.64	154.2	25.00	196.2	21.65	170.0
5.50	23.76	186.5	30.25	237.5	26.20	205.7
6.00*	28.27	221.9	36.00	282.6	31.18	244.8
6.30	31.17	244.7	39.69	311.6	34.38	269.9
7.00	38.48	302.1	49.00	384.6	42.44	333.2

表 1（完）

公称尺寸 mm	圆形		方形		六角形	
	截面面积 mm^2	理论重量 kg/1 000m	截面面积 mm^2	理论重量 kg/1 000m	截面面积 mm^2	理论重量 kg/1 000m
8.00	50.27	394.6	64.00	502.4	55.43	435.1
9.00	63.62	499.4	81.00	635.8	70.15	550.7
10.0	78.54	616.5	100.00	785.0	86.61	679.9
11.0	95.03	746.0				
12.0	113.1	887.8				
14.0	153.9	1 208.1				
16.0	201.1	1 578.6				

注

1 表中的理论重量是按密度为 7.85 g/cm^3 计算的，对特殊合金钢丝，在计算理论重量时应采用相应牌号的密度。

2 表内尺寸一栏，对于圆钢丝表示直径；对于方钢丝表示边长；对于六角钢丝表示对边距离，以下各表相同。

3 表中的钢丝直径系列采用 R20 优先数系，其中“ * ”符号系列补充的 R40 优先数系中的优先数系

4 尺寸允许偏差

4.1 钢丝尺寸的偏差应符合表 2 或表 3 的规定，其具体要求应在相应的技术条件或合同中注明。

4.2 中间尺寸钢丝的尺寸允许偏差按相邻较大规格钢丝的规定。

表 2 钢丝尺寸允许偏差

mm

钢丝尺寸	允许偏差级别					
	8	9	10	11	12	13
	允许偏差					
0.05～0.10	±0.002	±0.005	±0.006	±0.010	±0.015	±0.020
>0.10～0.30	±0.003	±0.006	±0.009	±0.014	±0.022	±0.029
>0.30～0.60	±0.004	±0.009	±0.013	±0.018	±0.030	±0.038
>0.60～1.00	±0.005	±0.011	±0.018	±0.023	±0.035	±0.045
>1.00～3.00	±0.007	±0.015	±0.022	±0.030	±0.050	±0.060
>3.00～6.00	±0.009	±0.020	±0.028	±0.040	±0.062	±0.080
>6.00～10.0	±0.011	±0.025	±0.035	±0.050	±0.075	±0.100
>10.0～16.0	±0.013	±0.030	±0.045	±0.060	±0.090	±0.120

表 3 钢丝尺寸允许偏差 mm

钢丝尺寸	允许偏差级别					
	8	9	10	11	12	13
	允许偏差					
0.05～0.10	0 −0.004	0 −0.010	0 −0.012	0 −0.020	0 −0.030	0 −0.040
>0.10～0.30	0 −0.006	0 −0.012	0 −0.018	0 −0.028	0 −0.044	0 −0.058
>0.30～0.60	0 −0.008	0 −0.018	0 −0.026	0 −0.036	0 −0.060	0 −0.076
>0.60～1.00	0 −0.010	0 −0.022	0 −0.036	0 −0.046	0 −0.070	0 −0.090
>1.00～3.00	0 −0.014	0 −0.030	0 −0.044	0 −0.060	0 −0.100	0 −0.120
>3.00～6.00	0 −0.018	0 −0.040	0 −0.056	0 −0.080	0 −0.124	0 −0.160
>6.00～10.0	0 −0.022	0 −0.050	0 −0.070	0 −0.100	0 −0.150	0 −0.200
>10.0～16.0	0 −0.026	0 −0.060	0 −0.090	0 −0.120	0 −0.180	0 −0.240

4.3 钢丝尺寸允许偏差级别适用范围按表 4 规定。

表 4 钢丝尺寸允许偏差级别适用范围

钢丝截面形状	圆形	方形	六角形
适用级别	8～12	10～13	10～13

5 长度及允许偏差

5.1 直条钢丝的通常长度

5.1.1 直条钢丝的通常长度为 2 000 mm～4 000 mm，允许供应长度不小于 1 500 mm 的短尺钢丝，但其重量不得超过该批重量的 15%。

5.1.2 对直条钢丝的通常长度有特殊要求时，应在相应技术条件中规定，或经供需双方协议在合同中注明。

5.2 直条钢丝的定尺、倍尺长度允许偏差

5.2.1 直条钢丝按定尺、倍尺交货时，其长度允许偏差为 $^{+50}_{0}$ mm。

5.2.2 按定尺或倍尺交货以及对长度允许偏差有特殊要求时，应在合同中注明。

6 外形

6.1 钢丝以盘状交货。也可经供需双方协商以直条交货，但应在合同中注明。

6.2 圆钢丝的不圆度应不大于直径公差之半。经供需双方协议，可以供应其他不圆度的钢丝。

6.3 方钢丝的对角线差不得大于相应级别边长公差的 0.7 倍。

6.4 对方钢丝、六角钢丝的角部圆弧半径有特殊要求时，由供需双方协议。

6.5 直条方钢丝、六角钢丝不得有明显扭转。

6.6 直条钢丝每米弯曲度不得大于 4 mm。

6.7 钢丝盘应规整，且由一根钢丝组成，当解开捆扎线时不得散乱或呈“∞”字形。

7 标记示例

用 45 钢制造，尺寸允许偏差为 11 级，直径、边长、对边距离为 5 mm 的软状态冷拉优质碳素结构钢圆、方、六角钢丝，其标记为：

圆钢丝：$\dfrac{\text{11-5-GB/T 342—1997}}{\text{45-R-GB 3206—82}}$

方钢丝：$\dfrac{\text{11-5-GB/T 342—1997}}{\text{45-R-GB 3206—82}}$

六角钢丝：$\dfrac{\text{11-5-GB/T 342—1997}}{\text{45-R-GB 3206—82}}$

ICS 77.140.60
H 44

中华人民共和国国家标准

GB/T 702—2008

代替 GB/T 702—2004、GB/T 704—1988、GB/T 705—1989、GB/T 911—2004

热轧钢棒尺寸、外形、重量及允许偏差

Hot-rolled steel bars—Dimensions, shape, weight and tolerances

(ISO 1035-1:1980, ISO 1035-2:1980,
ISO 1035-3:1980, ISO 1035-4:1980, MOD)

2008-08-05 发布　　　　2009-04-01 实施

中华人民共和国国家质量监督检验检疫总局
中国国家标准化管理委员会　发布

前　言

本标准的圆钢尺寸修改采用国际标准 ISO 1035-1:1980《热轧钢棒　第 1 部分:圆钢尺寸》、方钢尺寸修改采用 ISO 1035-2:1980《热轧钢棒　第 2 部分:方钢尺寸》、扁钢尺寸修改采用 ISO 1035-3:1980《热轧钢棒　第 3 部分:扁钢尺寸》、圆钢、方钢、扁钢、热轧六角钢和热轧八角钢的尺寸允许偏差修改采用 ISO 1035-4:1982《热轧钢棒　第 4 部分:尺寸偏差》。

本标准与 ISO 1035-1:1980 的主要技术性差异为:

——圆钢直径系列,国际标准有两个系列,本标准仅一个系列;

——圆钢直径范围,由国际标准的 8 mm～220 mm 扩大至 5.5 mm～310 mm。

本标准与 ISO 1035-2:1980 的主要技术性差异为:

——方钢边长系列,国际标准有两个系列,本标准仅一个系列;

——方钢边长范围,由国际标准的 8 mm～120 mm 扩大至 5.5 mm～200 mm;

——未规定方钢圆角最小直径。

本标准与 ISO 1035-3:1980 的主要技术性差异为:

——扁钢尺寸系列,国际标准有两个系列,本标准仅一个系列;

——扁钢尺寸范围,国际标准的扁钢范围为宽度 20 mm～150 mm,厚度 5 mm～50 mm。本标准的扁钢范围为宽度 10 mm～200 mm,厚度 3 mm～60 mm。

本标准与 ISO 1035-4:1982 的主要技术性差异为:

——本标准适用范围增加了热轧工具钢扁钢;

——增加截面尺寸为 135 mm、145 mm、155 mm、165 mm、260 mm、270 mm、280 mm、290 mm、300 mm、310 mm 热轧圆钢和方钢的尺寸允许偏差;

——圆钢和方钢的长度允许偏差未分级,本标准的规定相当于国际标准的 L_3 级;

——圆钢不圆度严于国际标准的规定。

本标准代替 GB/T 702—2004《热轧圆钢和方钢尺寸、外形、重量及允许偏差》、GB/T 704—1988《热轧扁钢尺寸、外形、重量及允许偏差》、GB/T 705—1989《热轧六角钢和八角钢尺寸、外形、重量及允许偏差》和 GB/T 911—2004《热轧工具钢扁钢尺寸、外形、重量及允许偏差》。

本标准与 GB/T 702—2004、GB/T 704—1988、GB/T 705—1989、GB/T 911—2004 相比,主要变化如下:

——增加截面尺寸 135 mm、145 mm、155 mm、165 mm 的热轧圆钢和方钢,增加截面尺寸 260 mm、270 mm、280 mm、290 mm、300 mm、310 mm 的热轧圆钢;

——增加截面尺寸 135 mm、145 mm、155 mm、165 mm、260 mm、270 mm、280 mm、290 mm、300 mm、310 mm 热轧圆钢和方钢的的尺寸允许偏差及理论重量;

——对热轧圆钢的通常长度做了调整;

——增加热轧扁钢、热轧六角钢、热轧八角钢和热轧工具钢扁钢的尺寸、外形、重量及允许偏差;

——热轧扁钢宽度由 10 mm～150 mm,修改为 10 mm～200 mm;热轧工具钢扁钢厚度由 6 mm～100 mm,修改为 4 mm～100 mm;

——增加热轧扁钢短尺长度要求及宽度 150 mm 以上弯曲度要求。

本标准附录 A 为规范性附录。

本标准由中国钢铁工业协会提出。

本标准由全国钢标准化技术委员会归口。

本标准起草单位：东北特殊钢集团有限责任公司(北满)、冶金工业信息标准研究院、江阴兴澄特种钢有限公司、本溪特钢公司、首钢特钢公司。

本标准主要起草人：王红军、冯超、李国忠、梁启华、谷强、任翠英、冯春雨。

本标准所代替标准的历次版本发布情况为：

——GB/T 702—1965、GB/T 702—1972、GB/T 702—1986、GB/T 702—2004；

——GB/T 704—1983、GB/T 704—1988；

——GB/T 705—1983、GB/T 705—1989；

——GB/T 911—1966、GB/T 911—2004。

热轧钢棒尺寸、外形、重量及允许偏差

1 范围

本标准规定了热轧钢棒(圆钢、方钢、扁钢、六角钢、八角钢)的截面形状、截面尺寸、重量及允许偏差、长度及允许偏差、外形、标记示例等。

本标准适用于直径为 5.5 mm～310 mm 的热轧圆钢和边长为 5.5 mm～200 mm 的热轧方钢;厚度为 3 mm～60 mm,宽度为 10 mm～200 mm,截面为矩形的一般用途热轧扁钢;对边距离为 8 mm～70 mm的热轧六角钢和对边距离为 16 mm～40 mm 的热轧八角钢;厚度为 4 mm～100 mm,宽度为 10 mm～310 mm,截面为矩形的热轧工具钢扁钢。

2 截面形状

2.1 热轧圆钢和方钢的截面形状见图 1。

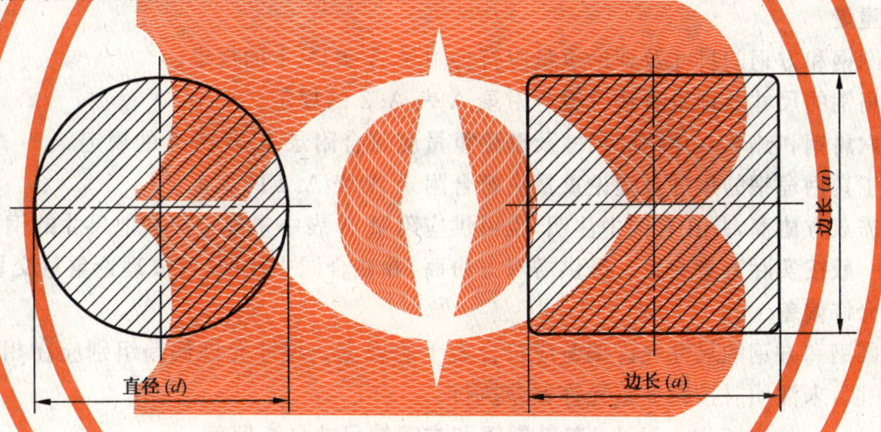

图 1

2.2 热轧扁钢及热轧工具钢扁钢的截面形状见图 2。

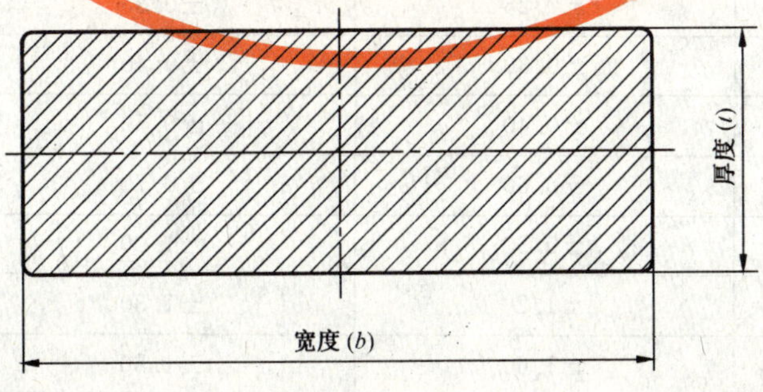

图 2

2.3 热轧六角钢和热轧八角钢的截面形状见图 3。

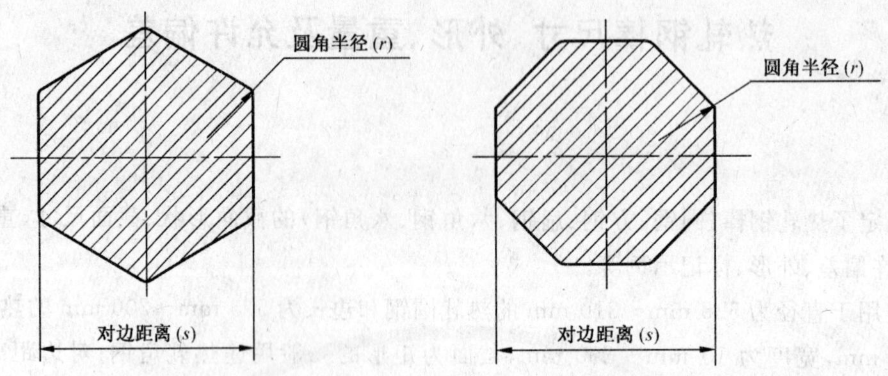

图 3

3 截面尺寸、重量及允许偏差

3.1 尺寸及重量

3.1.1 热轧圆钢和方钢的尺寸及理论重量应符合附录 A 表 A.1 的规定。

3.1.2 热轧扁钢的尺寸及理论重量应符合附录 A 表 A.2 的规定。

3.1.3 热轧六角钢和热轧八角钢的尺寸及理论重量应符合附录 A 表 A.3 的规定。

3.1.4 热轧工具钢扁钢的尺寸及理论重量应符合附录 A 表 A.4 的规定。

3.1.5 经供需双方协商,并在合同中注明,也可供应附录 A 表中未规定的其他尺寸的钢棒。

3.1.6 钢棒一般按实际重量交货。经供需双方协商,并在合同中注明,可按理论重量交货。

3.2 尺寸及允许偏差

3.2.1 热轧圆钢和方钢的尺寸允许偏差应符合表 1 的规定。尺寸允许偏差组别应在相应产品标准或订货合同中注明,未注明时按第 3 组允许偏差执行。

表 1 热轧圆钢和方钢的尺寸允许偏差　　单位为毫米

截面公称尺寸 (圆钢直径或方钢边长)	尺寸允许偏差		
	1 组	2 组	3 组
5.5～7	±0.20	±0.30	±0.40
>7～20	±0.25	±0.35	±0.40
>20～30	±0.30	±0.40	±0.50
>30～50	±0.40	±0.50	±0.60
>50～80	±0.60	±0.70	±0.80
>80～110	±0.90	±1.00	±1.10
>110～150	±1.20	±1.30	±1.40
>150～200	±1.60	±1.80	±2.00
>200～280	±2.00	±2.50	±3.00
>280～310	—	—	±5.00

3.2.2 热轧扁钢的尺寸允许偏差应符合表 2 的规定。尺寸允许偏差组别应在相应产品标准或订货合同中注明,未注明时按第 2 组允许偏差执行。

表 2　热轧扁钢的尺寸允许偏差　　单位为毫米

<table>
<tr><th colspan="3">宽　度</th><th colspan="3">厚　度</th></tr>
<tr><th rowspan="2">公称尺寸</th><th colspan="2">允许偏差</th><th rowspan="2">公称尺寸</th><th colspan="2">允许偏差</th></tr>
<tr><th>1组</th><th>2组</th><th>1组</th><th>2组</th></tr>
<tr><td>10～50</td><td>＋0.3
－0.9</td><td>＋0.5
－1.0</td><td rowspan="2">3～16</td><td rowspan="2">＋0.3
－0.5</td><td rowspan="2">＋0.2
－0.4</td></tr>
<tr><td>＞50～75</td><td>＋0.4
－1.2</td><td>＋0.6
－1.3</td></tr>
<tr><td>＞75～100</td><td>＋0.7
－1.7</td><td>＋0.9
－1.8</td><td rowspan="2">＞16～60</td><td rowspan="2">＋1.5%
－3.0%</td><td rowspan="2">＋1.0%
－2.5%</td></tr>
<tr><td>＞100～150</td><td>＋0.8%
－1.8%</td><td>＋1.0%
－2.0%</td></tr>
<tr><td>＞150～200</td><td colspan="5">供需双方协商</td></tr>
<tr><td colspan="6">注：在同一截面任意两点测量的厚度差不得大于厚度公差的50%。</td></tr>
</table>

3.2.3　热轧六角钢和热轧八角钢的尺寸允许偏差应符合表3的规定。应在相应产品标准或订货合同中注明尺寸允许偏差组别，未注明时按第3组允许偏差执行。经供需双方协商，并在合同中注明，可按正偏差轧制，此时热轧六角钢和热轧八角钢的尺寸允许偏差应为表3所列该尺寸六角钢和八角钢的公差。

表 3　热轧六角钢和热轧八角钢的尺寸允许偏差　　单位为毫米

对边距离 s	允许偏差		
	1组	2组	3组
≥8～17	±0.25	±0.35	±0.40
＞17～20	±0.25	±0.35	±0.40
＞21～30	±0.30	±0.40	±0.50
＞30～50	±0.40	±0.50	±0.60
＞50～70	±0.60	±0.70	±0.80

3.2.4　热轧工具钢扁钢的尺寸允许偏差应符合表4的规定。

3.2.5　经供需双方协商，并在合同中注明，可供应表1、表2、表3和表4规定之外的尺寸允许偏差的钢棒。

表 4　热轧工具钢扁钢的尺寸允许偏差　　单位为毫米

宽度及允许偏差		厚度及允许偏差	
公称宽度	允许偏差　不大于	公称厚度	允许偏差　不大于
10	＋0.70	≥4～6	＋0.40
＞10～18	＋0.80	＞6～10	＋0.50
＞18～30	＋1.2	＞10～14	＋0.60
＞30～50	＋1.6	＞14～25	＋0.80
＞50～80	＋2.3	＞25～30	＋1.2
＞80～160	＋2.5	＞30～60	＋1.4
＞160～200	＋2.8	＞60～100	＋1.6
＞200～250	＋3.0		
＞250～310	＋3.2		

4 长度及允许偏差

4.1 热轧圆钢和方钢的通常长度及短尺长度应符合表5的规定。

表5 热轧圆钢和方钢通常长度及短尺长度

<table>
<tr><th rowspan="2">钢 类</th><th colspan="3">通 常 长 度</th><th rowspan="2">短尺长度/m 不小于</th></tr>
<tr><th colspan="2">截面公称尺寸/mm</th><th>钢棒长度/m</th></tr>
<tr><td rowspan="2">普通质量钢</td><td colspan="2">≤25</td><td>4～12</td><td rowspan="2">2.5</td></tr>
<tr><td colspan="2">>25</td><td>3～12</td></tr>
<tr><td rowspan="3">优质及特殊质量钢</td><td colspan="2">全部规格</td><td>2～12</td><td>1.5</td></tr>
<tr><td rowspan="2">碳素和合金工具钢</td><td>≤75</td><td>2～12</td><td>1.0</td></tr>
<tr><td>>75</td><td>1～8</td><td>0.5(包括高速工具钢全部规格)</td></tr>
</table>

4.2 热轧扁钢的通常长度及短尺长度应符合表6的规定。

表6 热轧扁钢通常长度及短尺长度

<table>
<tr><th colspan="2">钢 类</th><th>通常长度/m</th><th>长度允许偏差</th><th>短尺长度</th></tr>
<tr><td rowspan="2">普通质量钢</td><td>1组(理论重量≤19 kg/m)</td><td>3～9</td><td rowspan="3">钢棒长度≤4 m，+30 mm；4 m～6 m，+50 mm；>6 m，+70 mm</td><td rowspan="3">≥1.5 m</td></tr>
<tr><td>2组(理论重量>19 kg/m)</td><td>3～7</td></tr>
<tr><td colspan="2">优质及特殊质量钢</td><td>2～6</td></tr>
</table>

4.3 热轧六角钢和热轧八角钢的通常长度及短尺长度应符合表7的规定。

表7 热轧六角钢和热轧八角钢通常长度及短尺长度

钢 类	通常长度/m	短尺长度/m
普通质量钢	3～8	≥2.5
优质及特殊质量钢	2～6	≥1.5

4.4 热轧工具钢扁钢的通常长度及短尺长度应符合表8的规定。按定尺长度交货的热轧工具钢扁钢，其长度允许偏差为+250 mm。

表8 热轧工具钢扁钢通常长度及短尺长度

公称宽度/mm	通常长度/m	短尺长度/m
≤50	≥2.0	≥1.5
>50～70	≥2.0	≥0.75
>70	≥1.0	—

4.5 经供需双方协商，并在合同中注明，可供应表中规定之外长度的钢棒。定尺或倍尺长度应在合同中注明，其长度允许偏差为+50 mm(不包括热轧扁钢)。

4.6 短尺长度钢棒交货量不得超过该批钢棒总重量的10%。

5 外形

5.1 热轧圆钢和方钢

5.1.1 热轧圆钢和方钢以直条交货。经供需双方协商，亦可以盘卷交货。

5.1.2 圆钢的不圆度及方钢对角线长度应符合表9的规定。圆钢不圆度是指同一横截面最大直径和最小直径之差。

表 9 热轧圆钢不圆度及方钢对角线长度

单位为毫米

圆钢公称直径 d	不圆度 不大于	方钢公称边长 a	对角线长度 不小于
≤50	公称直径公差的 50%	<50	公称边长的 1.33 倍
>50～80	公称直径公差的 65%	≥50	公称边长的 1.29 倍
>80	公称直径公差的 70%	工具钢全部规格	公称边长的 1.29 倍

5.1.3 方钢不方度,应在同一横截面内,任何两边长之差不得大于公称边长公差的 50%,两对角线长度之差不得大于公称边长公差的 70%。

5.1.4 热轧圆钢和方钢的弯曲度应符合表 10 的规定。弯曲度组别应在相应产品标准或订货合同中注明,未注明者按第 2 组执行。经供需双方协商,并在合同中注明,也可供应表 10 规定之外的弯曲度。

表 10 热轧圆钢和方钢弯曲度

单位为毫米

组 别	弯曲度 不大于	
	每米弯曲度	总弯曲度
1组	2.5	钢棒长度的 0.25%
2组	4	钢棒长度的 0.40%

5.1.5 热轧圆钢和方钢不得有显著扭转。

5.1.6 热轧圆钢和方钢两端的切斜度不得大于该圆钢公称直径或方钢公称边长的 30%。用剪切机剪切的热轧圆钢和方钢端头允许有局部变形。

5.2 热轧扁钢和热轧工具钢扁钢

5.2.1 热轧扁钢的弯曲度应符合表 11 的规定。热轧工具钢扁钢及宽度>150 mm 的热轧扁钢的弯曲度每米不得超过 5 mm,总弯曲度不得大于总长度的 0.50%。热轧工具钢扁钢的侧面弯曲度(镰刀弯)每米不得超过 5 mm,总侧面弯曲度不得大于总长度的 0.50%。

表 11 热轧扁钢弯曲度

单位为毫米

精度级别	弯曲度 不大于	
	每米弯曲度	总弯曲度
1组	2.5	钢棒长度的 0.25%
2组	4	钢棒长度的 0.40%
注:宽度>150 mm 的热轧扁钢,每米弯曲度不大于 5 mm,总弯曲度不大于钢棒长度的 0.50%。		

5.2.2 端头应剪切正直。热轧工具钢扁钢两端的毛刺应清除,但不大于 5 mm 的毛刺允许存在。用压力机剪切的热轧工具钢扁钢,其两端允许有局部变形。热轧扁钢的切斜不得大于以下规定:宽度≤100 mm 的热轧扁钢,不得大于 6 mm;宽度>100 mm 的热轧扁钢,不得大于 8 mm。

5.2.3 热轧扁钢和热轧工具钢扁钢不得有显著扭转。热轧工具钢扁钢在同一截面上两对角线长度差不得大于扁钢的宽度偏差。热轧工具钢扁钢允许稍带钝边。

5.2.4 热轧扁钢和热轧工具钢扁钢的截面形状不正如图 4 a)、b)、c)、d)所示。其最大允许尺寸 C 值应符合表 12 中的规定。

表 12 热轧扁钢和热轧工具钢扁钢允许的截面不正(C)值

单位为毫米

热轧扁钢厚度	最大允许尺寸(C 值)
≤5	1
>5～10	厚度的 20%
>10	厚度的 15%,最大值为 3.5

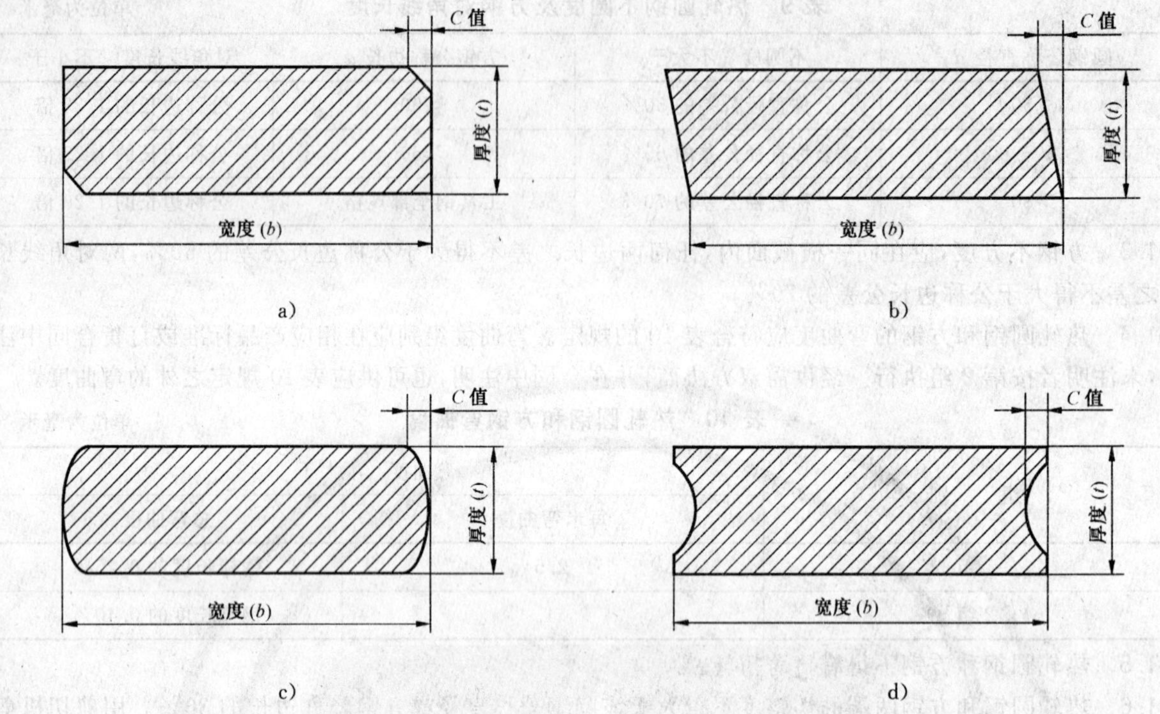

图 4 热轧扁钢和热轧工具钢扁钢截面形状不正图示

5.3 热轧六角钢和热轧八角钢

5.3.1 热轧六角钢和热轧八角钢在同一截面上任何两个对边距离之差，不得超过公差的70%。

5.3.2 热轧六角钢和热轧八角钢的边缘圆角半径 r，可由供方参照表 13 所列数值在生产中用轧辊孔型控制，不作交货检查依据。

表 13 热轧六角钢和热轧八角钢的边缘圆角半径 单位为毫米

对边距离 s	最大圆角半径 r
8～14	1.0
15～25	1.5
26～50	2.0
>50	3.0

5.3.3 热轧六角钢和热轧八角钢的弯曲度应符合表 14 的规定，弯曲度组别应在相应产品标准或订货合同中注明。

表 14 热轧六角钢和热轧八角钢的弯曲度 单位为毫米

组　别	每米弯曲度　不大于	总弯曲度　不大于
1	2.5	钢棒长度的 0.25%
2	4	钢棒长度的 0.4%
3	6	钢棒长度的 0.6%

5.3.4 热轧六角钢和热轧八角钢的端头应剪切正直，切斜长度不得大于钢材对边距离的 30%，用剪切机剪切端头允许有局部变形。

5.3.5 热轧六角钢和热轧八角钢不得有显著扭转。

6 标记示例

6.1 热轧圆钢、方钢、六角钢和八角钢

用40Cr钢轧制成的公称直径或边长为50 mm允许偏差组别为2组的圆钢或方钢，其标记为：

$$\mathrm{XX}\,\frac{\text{50-2-GB/T 702—2008}}{\text{40Cr-GB/T 3077—1999}}$$ XX——圆钢、方钢、六角钢或八角钢

6.2 热轧扁钢和热轧工具钢扁钢

用45钢轧制成的22 mm热轧六角钢和热轧八角钢或10 mm×30 mm组别为2组热轧(工具钢)扁钢，其标记为：

$$\mathrm{XX}\,\frac{\text{22(10×30)-2-GB/T 702—2008}}{\text{45-GB/T 699—1999}}$$ XX——扁钢、工具钢扁钢

注：工具钢扁钢没有组别。

附　录　A
（规范性附录）
热轧钢棒尺寸及理论重量

表 A.1　热轧圆钢和方钢的尺寸及理论重量

圆钢公称直径 d 方钢公称边长 a/mm	理论重量/(kg/m) 圆钢	理论重量/(kg/m) 方钢	圆钢公称直径 d 方钢公称边长 a/mm	理论重量/(kg/m) 圆钢	理论重量/(kg/m) 方钢
5.5	0.186	0.237	75	34.7	44.2
6	0.222	0.283	80	39.5	50.2
6.5	0.260	0.332	85	44.5	56.7
7	0.302	0.385	90	49.9	63.6
8	0.395	0.502	95	55.6	70.8
9	0.499	0.636	100	61.7	78.5
10	0.617	0.785	105	68.0	86.5
11	0.746	0.950	110	74.6	95.0
12	0.888	1.13	115	81.5	104
13	1.04	1.33	120	88.8	113
14	1.21	1.54	125	96.3	123
15	1.39	1.77	130	104	133
16	1.58	2.01	135	112	143
17	1.78	2.27	140	121	154
18	2.00	2.54	145	130	165
19	2.23	2.83	150	139	177
20	2.47	3.14	155	148	189
21	2.72	3.46	160	158	201
22	2.98	3.80	165	168	214
23	3.26	4.15	170	178	227
24	3.55	4.52	180	200	254
25	3.85	4.91	190	223	283
26	4.17	5.31	200	247	314
27	4.49	5.72	210	272	
28	4.83	6.15	220	298	
29	5.18	6.60	230	326	
30	5.55	7.06	240	355	
31	5.92	7.54	250	385	
32	6.31	8.04	260	417	
33	6.71	8.55	270	449	
34	7.13	9.07	280	483	
35	7.55	9.62	290	518	
36	7.99	10.2	300	555	
38	8.90	11.3	310	592	
40	9.86	12.6			
42	10.9	13.8			
45	12.5	15.9			
48	14.2	18.1			
50	15.4	19.6			
53	17.3	22.0			
55	18.6	23.7			
56	19.3	24.6			
58	20.7	26.4			
60	22.2	28.3			
63	24.5	31.2			
65	26.0	33.2			
68	28.5	36.3			
70	30.2	38.5			

注：表中钢的理论重量是按密度为 7.85 g/cm^3 计算。

表 A.2 热轧扁钢的尺寸及理论重量

公称宽度/mm	厚度/mm																								
	3	4	5	6	7	8	9	10	11	12	14	16	18	20	22	25	28	30	32	36	40	45	50	56	60
	理论重量/(kg/m)																								
10	0.24	0.31	0.39	0.47	0.55	0.63																			
12	0.28	0.38	0.47	0.57	0.66	0.75																			
14	0.33	0.44	0.55	0.66	0.77	0.88																			
16	0.38	0.50	0.63	0.75	0.88	1.00	1.15	1.26																	
18	0.42	0.57	0.71	0.85	0.99	1.13	1.27	1.41																	
20	0.47	0.63	0.78	0.94	1.10	1.26	1.41	1.57	1.73	1.88															
22	0.52	0.69	0.86	1.04	1.21	1.38	1.55	1.73	1.90	2.07															
25	0.59	0.78	0.98	1.18	1.37	1.57	1.77	1.96	2.16	2.36	2.75	3.14													
28	0.66	0.88	1.10	1.32	1.54	1.76	1.98	2.20	2.42	2.64	3.08	3.53													
30	0.71	0.94	1.18	1.41	1.65	1.88	2.12	2.36	2.59	2.83	3.30	3.77	4.24	4.71											
32	0.75	1.00	1.26	1.51	1.76	2.01	2.26	2.55	2.76	3.01	3.52	4.02	4.52	5.02											
35	0.82	1.10	1.37	1.65	1.92	2.20	2.47	2.75	3.02	3.30	3.85	4.40	4.95	5.50	6.04	6.87	7.69								
40	0.94	1.26	1.57	1.88	2.20	2.51	2.83	3.14	3.45	3.77	4.40	5.02	5.65	6.28	6.91	7.85	8.79								
45	1.06	1.41	1.77	2.12	2.47	2.83	3.18	3.53	3.89	4.24	4.95	5.65	6.36	7.07	7.77	8.83	9.89	10.60	11.30	12.72					
50	1.18	1.57	1.96	2.36	2.75	3.14	3.53	3.93	4.32	4.71	5.50	6.28	7.06	7.85	8.64	9.81	10.99	11.78	12.56	14.13					
55		1.73	2.16	2.59	3.02	3.45	3.89	4.32	4.75	5.18	6.04	6.91	7.77	8.64	9.50	10.79	12.09	12.95	13.82	15.54					
60		1.88	2.36	2.83	3.30	3.77	4.24	4.71	5.18	5.65	6.59	7.54	8.48	9.42	10.36	11.78	13.19	14.13	15.07	16.96	18.84	21.20			
65		2.04	2.55	3.06	3.57	4.08	4.59	5.10	5.61	6.12	7.14	8.16	9.18	10.20	11.23	12.76	14.29	15.31	16.33	18.37	20.41	22.96			
70		2.20	2.75	3.30	3.85	4.40	4.95	5.50	6.04	6.59	7.69	8.79	9.89	10.99	12.09	13.74	15.39	16.49	17.58	19.78	21.98	24.73			
75		2.36	2.94	3.53	4.12	4.71	5.30	5.89	6.48	7.07	8.24	9.42	10.60	11.78	12.95	14.72	16.48	17.66	18.84	21.20	23.55	26.49			
80		2.51	3.14	3.77	4.40	5.02	5.65	6.28	6.91	7.54	8.79	10.05	11.30	12.56	13.82	15.70	17.58	18.84	20.10	22.61	25.12	28.26	31.40	35.17	
85			3.34	4.00	4.67	5.34	6.01	6.67	7.34	8.01	9.34	10.68	12.01	13.34	14.68	16.68	18.68	20.02	21.35	24.02	26.69	30.03	33.36	37.37	40.04
90			3.53	4.24	4.95	5.65	6.36	7.07	7.77	8.48	9.89	11.30	12.72	14.13	15.54	17.66	19.78	21.20	22.61	25.43	28.26	31.79	35.32	39.56	42.39
95			3.73	4.47	5.22	5.97	6.71	7.46	8.20	8.95	10.44	11.93	13.42	14.92	16.41	18.64	20.88	22.37	23.86	26.85	29.83	33.56	37.29	41.76	44.74
100			3.92	4.71	5.50	6.28	7.06	7.85	8.64	9.42	10.99	12.56	14.13	15.70	17.27	19.62	21.98	23.55	25.12	28.26	31.40	35.32	39.25	43.96	47.10
105			4.12	4.95	5.77	6.59	7.42	8.24	9.07	9.89	11.54	13.19	14.84	16.48	18.13	20.61	23.08	24.73	26.38	29.67	32.97	37.09	41.21	46.16	49.46
110			4.32	5.18	6.04	6.91	7.77	8.64	9.50	10.36	12.09	13.82	15.54	17.27	19.00	21.59	24.18	25.90	27.63	31.09	34.54	38.86	43.18	48.36	51.81
120			4.71	5.65	6.59	7.54	8.48	9.42	10.36	11.30	13.19	15.07	16.96	18.84	20.72	23.55	26.38	28.26	30.14	33.91	37.68	42.39	47.10	52.75	56.52
125				5.89	6.87	7.85	8.83	9.81	10.79	11.78	13.74	15.70	17.66	19.62	21.58	24.53	27.48	29.44	31.40	35.32	39.25	44.16	49.06	54.95	58.88
130				6.12	7.14	8.16	9.18	10.20	11.23	12.25	14.29	16.33	18.37	20.41	22.45	25.51	28.57	30.62	32.66	36.74	40.82	45.92	51.02	57.15	61.23
140					7.69	8.79	9.89	10.99	12.09	13.19	15.39	17.58	19.78	21.98	24.18	27.48	30.77	32.97	35.17	39.56	43.96	49.46	54.95	61.54	65.94
150					8.24	9.42	10.60	11.78	12.95	14.13	16.48	18.84	21.20	23.55	25.90	29.44	32.97	35.32	37.68	42.39	47.10	52.99	58.88	65.94	70.65
160					8.79	10.05	11.30	12.56	13.82	15.07	17.58	20.10	22.61	25.12	27.63	31.40	35.17	37.68	40.19	45.22	50.24	56.52	62.80	70.34	75.36
180					9.89	11.30	12.72	14.13	15.54	16.96	19.78	22.61	25.43	28.26	31.09	35.32	39.56	42.39	45.22	50.87	56.52	63.58	70.65	79.13	84.78
200					10.99	12.56	14.13	15.70	17.27	18.84	21.98	25.12	28.26	31.40	34.54	39.25	43.96	47.10	50.24	56.52	62.80	70.65	78.50	87.92	94.20

注 1：表中的粗线用以划分扁钢的组别

1 组——理论重量≤19 kg/m；

2 组——理论重量>19 kg/m。

注 2：表中的理论重量按密度 7.85 g/cm^3 计算。

表 A.3 热轧六角钢和热轧八角钢的尺寸及理论重量

对边距离 s/mm	截面面积 A/cm^2		理论重量/(kg/m)	
	六角钢	八角钢	六角钢	八角钢
8	0.554 3	—	0.435	—
9	0.701 5	—	0.551	—
10	0.866	—	0.680	—
11	1.048	—	0.823	—
12	1.247	—	0.979	—
13	1.464	—	1.05	—
14	1.697	—	1.33	—
15	1.949	—	1.53	—
16	2.217	2.120	1.74	1.66
17	2.503	—	1.96	—
18	2.806	2.683	2.20	2.16
19	3.126	—	2.45	—
20	3.464	3.312	2.72	2.60
21	3.819	—	3.00	—
22	4.192	4.008	3.29	3.15
23	4.581	—	3.60	—
24	4.988	—	3.92	—
25	5.413	5.175	4.25	4.06
26	5.854	—	4.60	—
27	6.314	—	4.96	—
28	6.790	6.492	5.33	5.10
30	7.794	7.452	6.12	5.85
32	8.868	8.479	6.96	6.66
34	10.011	9.572	7.86	7.51
36	11.223	10.731	8.81	8.42
38	12.505	11.956	9.82	9.39
40	13.86	13.250	10.88	10.40
42	15.28	—	11.99	—
45	17.54	—	13.77	—
48	19.95	—	15.66	—
50	21.65	—	17.00	—
53	24.33	—	19.10	—
56	27.16	—	21.32	—
58	29.13	—	22.87	—
60	31.18	—	24.50	—
63	34.37	—	26.98	—
65	36.59	—	28.72	—
68	40.04	—	31.43	—
70	42.43	—	33.30	—

注：表中的理论重量按密度 7.85 g/cm^3 计算。

表中截面面积(A)计算公式：$A=\frac{1}{4}ns^2\text{tg}\frac{\varphi}{2}\times\frac{1}{100}$

六角形：$A=\frac{3}{2}s^2\text{tg}30°\times\frac{1}{100}\approx0.866s^2\times\frac{1}{100}$

八角形：$A=2s^2\text{tg}22°30'\times\frac{1}{100}\approx0.828s^2\times\frac{1}{100}$

式中：n——正 n 边形边数；

φ——正 n 边形圆内角；$\varphi=360/n$。

表 A.4　热轧工具钢扁钢的尺寸及理论重量

公称宽度/mm	扁钢公称厚度/mm																					
	4	6	8	10	13	16	18	20	23	25	28	32	36	40	45	50	56	63	71	80	90	100
	理论重量/(kg/m)																					
10	0.31	0.47	0.63																			
13	0.40	0.57	0.75	0.94																		
16	0.50	0.75	1.00	1.26	1.51																	
20	0.63	0.94	1.26	1.57	1.88	2.51	2.83															
25	0.78	1.18	1.57	1.96	2.36	3.14	3.53	3.93	4.32													
32	1.00	1.51	2.01	2.55	3.01	4.02	4.52	5.02	5.53	6.28	7.03											
40	1.26	1.88	2.51	3.14	3.77	5.02	5.65	6.28	6.91	7.85	8.79	10.05	11.30									
50	1.57	2.36	3.14	3.93	4.71	6.23	7.06	7.85	8.64	9.81	10.99	12.56	14.13	15.70	17.66							
63	1.98	2.91	3.96	4.95	5.93	7.91	8.90	9.89	10.88	12.36	13.85	15.83	17.80	19.78	22.25	24.73	27.69					
71	2.23	3.34	4.46	5.57	6.69	8.92	10.03	11.15	12.26	13.93	15.61	17.84	20.06	22.29	25.08	27.87	31.21	35.11				
80	2.51	3.77	5.02	6.28	7.54	10.05	11.30	12.56	13.82	15.70	17.58	20.10	22.61	25.12	28.26	31.40	35.17	39.56	44.59			
90	2.83	4.24	5.65	7.07	8.48	11.30	12.72	14.13	15.54	17.66	19.78	22.61	25.43	28.26	31.79	35.32	39.56	44.51	50.16	56.52		
100	3.14	4.71	6.28	7.85	9.42	12.56	14.13	15.70	17.27	19.62	21.98	25.12	28.26	31.40	35.32	39.25	43.96	49.46	55.74	62.80	70.65	
112	3.52	5.28	7.03	8.79	10.55	14.07	15.83	17.58	19.34	21.98	24.62	28.13	31.65	35.17	39.56	43.96	49.24	55.39	62.42	70.34	79.13	87.92
125	3.93	5.89	7.85	9.81	11.78	15.70	17.66	19.62	21.58	24.53	27.48	31.40	35.32	39.25	44.16	49.06	54.95	61.82	69.67	78.50	88.31	98.13
140	4.40	6.59	8.79	12.69	13.19	17.58	19.78	21.98	24.18	27.48	30.77	35.17	39.56	43.96	49.46	54.95	61.54	69.24	78.03	87.92	98.81	109.90
160	5.02	7.54	10.05	12.56	15.07	20.10	22.61	25.12	27.63	31.40	35.17	40.19	45.22	50.24	56.52	62.80	70.34	79.13	89.18	100.48	113.04	125.60
180	5.65	8.48	11.30	14.13	16.96	22.61	25.43	28.26	31.09	35.33	39.56	45.22	50.87	56.52	63.59	70.65	79.13	89.02	100.32	113.04	127.17	141.30
200	6.28	9.42	12.56	15.70	18.84	25.12	28.26	31.40	34.54	39.25	43.96	50.24	56.52	62.80	70.65	78.50	87.92	98.91	111.47	125.60	141.30	157.00
224	7.03	10.55	14.07	17.58	21.10	28.13	31.65	35.17	38.68	43.96	49.24	56.27	63.30	70.34	79.12	87.92	98.47	110.78	124.85	140.67	158.26	175.84
250	7.85	11.78	15.70	19.63	23.55	31.40	35.33	39.25	43.18	49.06	54.95	62.80	70.65	78.50	88.31	98.13	109.90	123.64	139.34	157.00	176.63	196.25
280	8.79	13.19	17.58	21.98	26.38	35.17	39.56	43.96	48.36	54.95	61.54	70.34	79.13	87.92	98.91	109.90	123.09	138.47	156.06	175.84	197.82	219.80
310	9.73	14.60	19.47	24.34	29.20	38.94	43.80	48.67	53.54	60.84	68.14	77.87	87.61	97.34	109.51	121.68	136.28	153.31	172.78	194.68	219.02	243.35

注：表中的理论重量按密度 7.85 g/cm³ 计算，对于高合金钢计算理论重量时，应采用相应牌号的密度进行计算。

ICS 77.140.70
H 44

中华人民共和国国家标准

GB/T 706—2008
代替 GB/T 706—1988、GB/T 707—1988、GB/T 9787—1988、GB/T 9788—1988、GB/T 9946—1988

热轧型钢

Hot rolled section steel

2008-08-19 发布　　　　2009-04-01 实施

中华人民共和国国家质量监督检验检疫总局
中国国家标准化管理委员会　发布

前　言

本标准整合修订GB/T 706—1988《热轧工字钢尺寸、外形、重量及允许偏差》、GB/T 707—1988《热轧槽钢尺寸、外形、重量及允许偏差》、GB/T 9787—1988《热轧等边角钢尺寸、外形、重量及允许偏差》、GB/T 9788—1988《热轧不等边角钢尺寸、外形、重量及允许偏差》、GB/T 9946—1988《热轧L型钢尺寸、外形、重量及允许偏差》。

本标准代替GB/T 706—1988《热轧工字钢尺寸、外形、重量及允许偏差》、GB/T 707—1988《热轧槽钢尺寸、外形、重量及允许偏差》、GB/T 9787—1988《热轧等边角钢尺寸、外形、重量及允许偏差》、GB/T 9788—1988《热轧不等边角钢尺寸、外形、重量及允许偏差》、GB/T 9946—1988《热轧L型钢尺寸、外形、重量及允许偏差》。

本标准与GB/T 706—1988、GB/T 707—1988、GB/T 9787—1988、GB/T 9788—1988、GB/T 9946—1988相比主要变化如下：

——增加规范性引用文件；

——增加了部分规格；

——调整了部分尺寸、外形允许偏差；

——增加技术要求、试验方法、检验规则、包装、标志、质量证明书的规定；

——增加附录A。

本标准附录A为规范性附录。

本标准由中国钢铁工业协会提出。

本标准由全国钢标准化技术委员会归口。

本标准起草单位：马鞍山钢铁股份有限公司、冶金工业信息标准研究院、唐山钢铁股份公司、莱芜钢铁股份公司、鞍山宝得钢铁公司、首钢红冶钢铁公司。

本标准主要起草人：龚庆华、冯超、王莉娟、邓翠青、杜传治、王洪新、李光、奚铁、吴结才、孙晓玲、任翠英、蒋涛、胡楠。

本标准所代替标准的历次版本发布情况为：

——GB/T 706—1965、GB/T 706—1988；

——GB/T 707—1965、GB/T 707—1988；

——GB/T 9787—1988；

——GB/T 9788—1988；

——GB/T 9946—1988。

热 轧 型 钢

1 范围

本标准规定了热轧工字钢、热轧槽钢、热轧等边角钢、热轧不等边角钢和热轧 L 型钢的尺寸、外形、重量及允许偏差、技术要求、试验方法、检验规则、包装、标志及质量证明书。

本标准适用于热轧等边角钢、热轧不等边角钢、热轧 L 型钢及腿部内侧有斜度的热轧工字钢和热轧槽钢(以下简称型钢)。

2 规范性引用文件

下列文件中的条款通过本标准的引用而成为本标准的条款。凡是注日期的引用文件,其随后所有的修改单(不包括勘误的内容)或修订版均不适用于本标准,然而,鼓励根据本标准达成协议的各方研究是否可使用这些文件的最新版本。凡是不注日期的引用文件,其最新版本适用于本标准。

GB/T 228 金属材料 室温拉伸试验方法(GB/T 228—2002,eqv ISO 6892:1998(E))

GB/T 229 金属材料 夏比摆锤冲击试验方法(GB/T 229—2007,ISO 148-1:2006,MOD)

GB/T 232 金属材料 弯曲试验方法(GB/T 232—1999,eqv ISO 7438:1985(E))

GB/T 700 碳素结构钢

GB/T 1591 低合金高强度结构钢

GB/T 2101 型钢验收、包装、标志及质量证明书的一般规定

GB/T 2975 钢及钢产品力学性能试验取样位置及试样制备(GB/T 2975—2008,eqv ISO 377:1997)

3 尺寸、外形、重量及允许偏差

3.1 尺寸及表示方法

3.1.1 型钢的截面图示及标注符号见图 1～图 5。

3.1.2 型钢的截面尺寸、截面面积、理论重量及截面特性参数应分别符合附录 A 中表 A.1～表 A.5 的规定。

3.2 尺寸、外形及允许偏差

3.2.1 型钢的尺寸、外形及允许偏差应符合表 1～表 3 的规定。根据需方要求,型钢的尺寸、外形及允许偏差也可按照供需双方协议。

3.2.2 工字钢的腿端外缘钝化、槽钢的腿端外缘和肩钝化不应使直径等于 0.18t 的圆棒通过,角钢的边端外角和顶角钝化不应使直径等于 0.18d 的圆棒通过。

3.2.3 工字钢、槽钢的外缘斜度和弯腰挠度、角钢的顶端直角在距端头不小于 750 mm 处检查。

3.2.4 工字钢、槽钢平均腿厚度(t)的允许偏差为±0.06t,在车削轧辊时在轧辊上检查。

3.2.5 根据双方协议,相对于工字钢垂直轴的腿的不对称度,不应超过腿宽公差之半。

3.2.6 型钢不应有明显的扭转。

3.3 长度及允许偏差

3.3.1 角钢的通常长度为 4 000 mm～19 000 mm,其他型钢的通常长度为 5 000 mm～19 000 mm。根据需方要求也可供应其他长度的产品。

3.3.2 定尺长度允许偏差按表 4 规定。

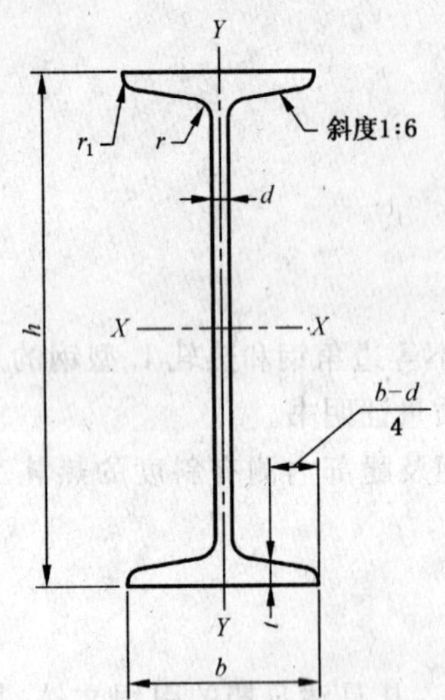

h——高度；
b——腿宽度；
d——腰厚度；
t——平均腿厚度；
r——内圆弧半径；
r_1——腿端圆弧半径。

图1 工字钢截面图

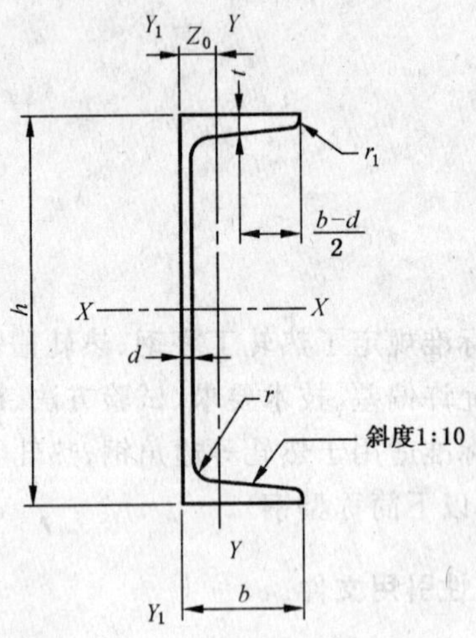

h——高度；
b——腿宽度；
d——腰厚度；
t——平均腿厚度；
r——内圆弧半径；
r_1——腿端圆弧半径；
Z_0——YY 轴与 Y_1Y_1 轴间距。

图2 槽钢截面图

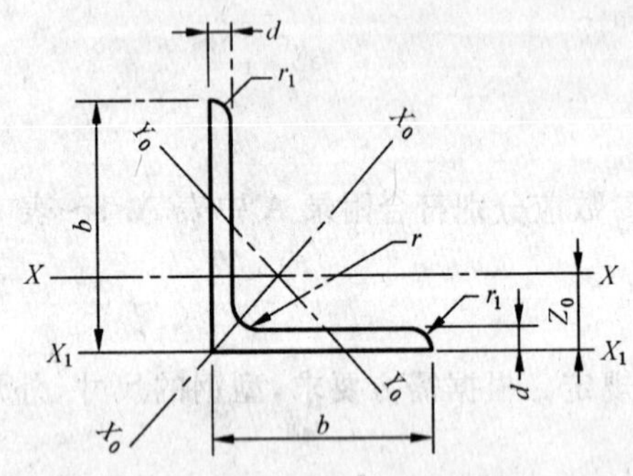

b——边宽度；
d——边厚度；
r——内圆弧半径；
r_1——边端圆弧半径；
Z_0——重心距离。

图3 等边角钢截面图

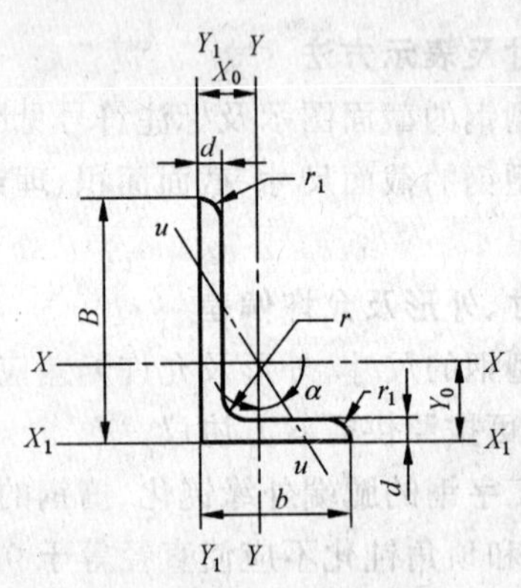

B——长边宽度；
b——短边宽度；
d——边厚度；
r——内圆弧半径；
r_1——边端圆弧半径；
X_0——重心距离；
Y_0——重心距离。

图4 不等边角钢截面图

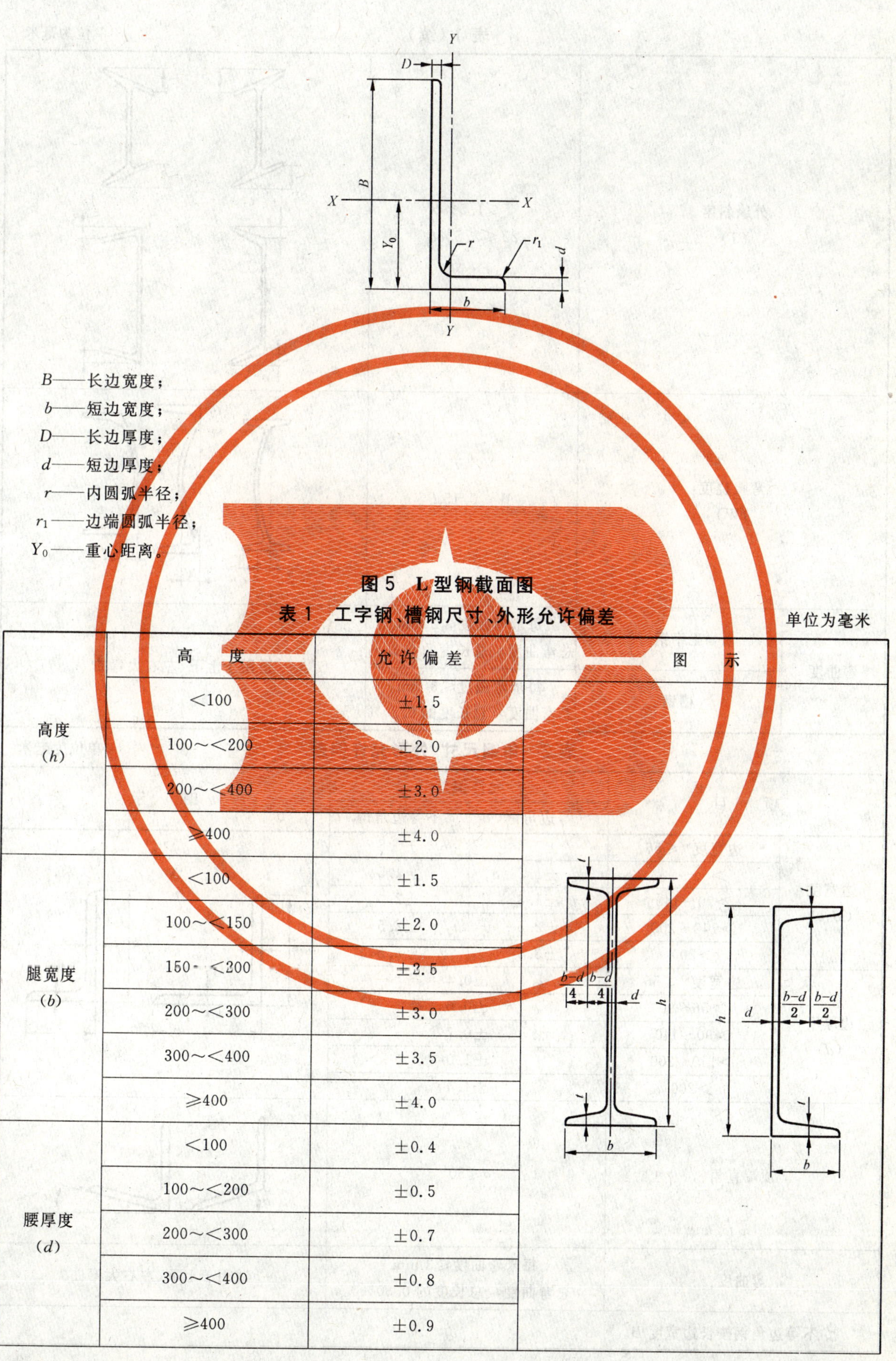

B——长边宽度；

b——短边宽度；

D——长边厚度；

d——短边厚度；

r——内圆弧半径；

r_1——边端圆弧半径；

Y_0——重心距离。

图5　L型钢截面图

表1　工字钢、槽钢尺寸、外形允许偏差

单位为毫米

	高　度	允许偏差	图　示
高度 (h)	<100	±1.5	
	100～<200	±2.0	
	200～<400	±3.0	
	≥400	±4.0	
腿宽度 (b)	<100	±1.5	
	100～<150	±2.0	
	150～<200	±2.5	
	200～<300	±3.0	
	300～<400	±3.5	
	≥400	±4.0	
腰厚度 (d)	<100	±0.4	
	100～<200	±0.5	
	200～<300	±0.7	
	300～<400	±0.8	
	≥400	±0.9	

表 1（续）

单位为毫米

项目		允许偏差	图示
外缘斜度 (T)		$T \leqslant 1.5\%b$ $2T \leqslant 2.5\%b$	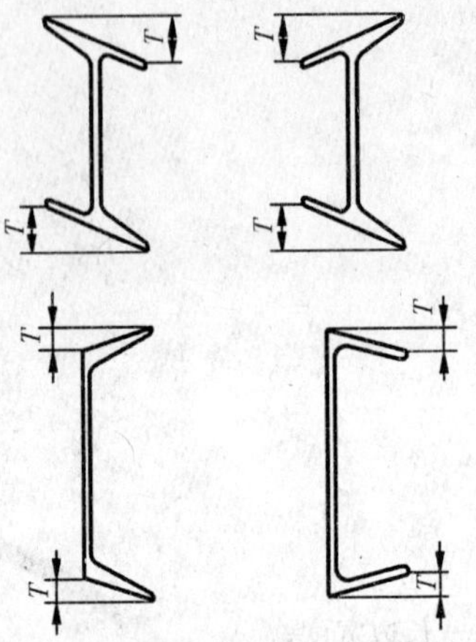
弯腰挠度 (W)		$W \leqslant 0.15d$	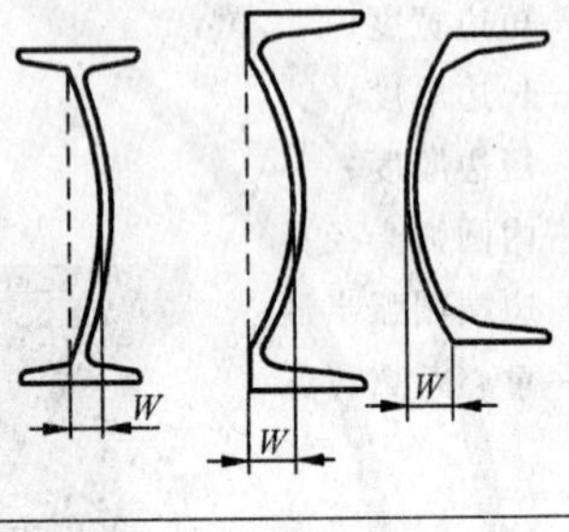
弯曲度	工字钢	每米弯曲度≤2 mm 总弯曲度≤总长度的 0.20%	适用于上下、左右大弯曲
	槽钢	每米弯曲度≤3 mm 总弯曲度≤总长度的 0.30%	

表 2　角钢尺寸、外形允许偏差

单位为毫米

项　目		允许偏差		图　示
		等边角钢	不等边角钢	
边宽度 (B,b)	边宽度[a] ≤56	±0.8	±0.8	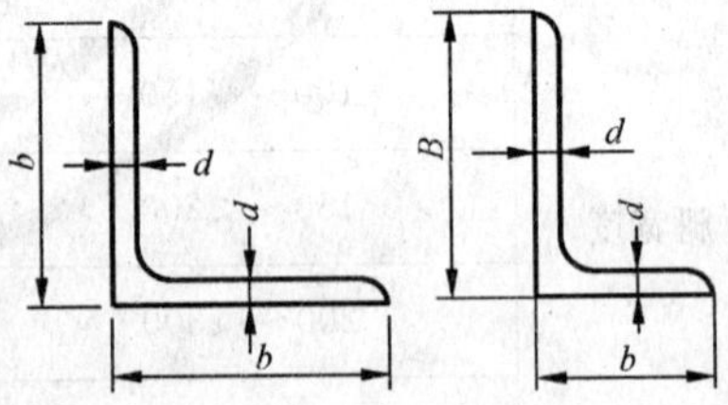
	>56～90	±1.2	±1.5	
	>90～140	±1.8	±2.0	
	>140～200	±2.5	±2.5	
	>200	±3.5	±3.5	
边厚度 (d)	边宽度[a] ≤56	±0.4		
	>56～90	±0.6		
	>90～140	±0.7		
	>140～200	±1.0		
	>200	±1.4		
顶端直角		$\alpha \leqslant 50'$		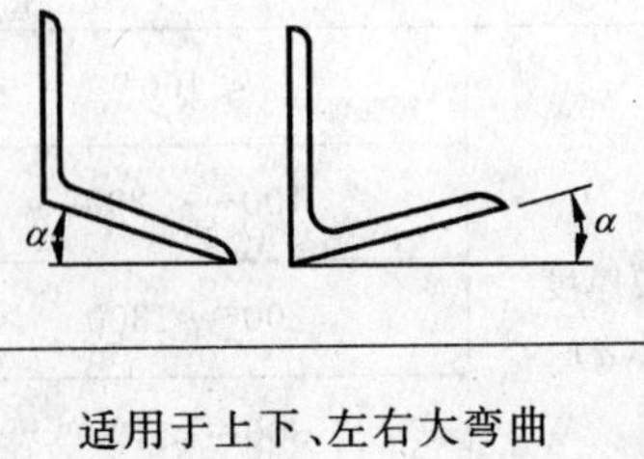
弯曲度		每米弯曲度≤3 mm 总弯曲度≤总长度的 0.30%		适用于上下、左右大弯曲

a) 不等边角钢按长边宽度 B。

表 3　L 型钢尺寸、外形允许偏差

单位为毫米

<table>
<tr><th colspan="3">项　目</th><th>允许偏差</th><th>图　示</th></tr>
<tr><td colspan="3">边宽度
(B,b)</td><td>±4.0</td><td rowspan="5"></td></tr>
<tr><td rowspan="4">边
厚
度</td><td colspan="2">长边厚度(D)</td><td>+1.6
−0.4</td></tr>
<tr><td rowspan="3">短边
厚度
(d)</td><td>≤20</td><td>+2.0
−0.4</td></tr>
<tr><td>>20～30</td><td>+2.0
−0.5</td></tr>
<tr><td>>30～35</td><td>+2.5
−0.6</td></tr>
<tr><td colspan="3">垂直度
(T)</td><td>$T \leqslant 2.5\%b$</td><td></td></tr>
<tr><td colspan="3">长边平直度
(W)</td><td>$W \leqslant 0.15D$</td><td></td></tr>
<tr><td colspan="3">弯曲度</td><td>每米弯曲度≤3 mm
总弯曲度≤总长度的 0.30%</td><td>适用于上下、左右大弯曲</td></tr>
</table>

表 4　型钢的长度允许偏差

长度/mm	允许偏差/mm
≤8 000 mm	+50 0
>8 000 mm	+80 0

3.4　重量及允许偏差

3.4.1　型钢应按理论重量交货，理论重量按密度为 7.85 g/cm³ 计算。经供需双方协商并在合同中注明，亦可按实际重量交货。

3.4.2　根据双方协议，型钢的每米重量允许偏差不应超过$^{+3}_{-5}$%。

3.4.3　型钢的截面面积计算公式按表 5 所示。

表 5　截面面积的计算方法

型钢种类	计算公式
工字钢	$hd+2t(b-d)+0.615(r^2-r_1^2)$
槽钢	$hd+2t(b-d)+0.349(r^2-r_1^2)$
等边角钢	$d(2b-d)+0.215(r^2-2r_1^2)$
不等边角钢	$d(B+b-d)+0.215(r^2-2r_1^2)$
L 型钢	$BD+d(b-D)+0.215(r^2-r_1^2)$

4 技术要求

4.1 钢的牌号和化学成分

钢的牌号和化学成分(熔炼分析)应符合 GB/T 700 或 GB/T 1591 的有关规定。根据需方要求,经供需双方协议,也可按其他牌号和化学成分供货。

4.2 力学性能

型钢的力学性能应符合 GB/T 700 或 GB/T 1591 的有关规定。根据需方要求,经供需双方协议,也可按其他力学性能指标供货。

4.3 交货状态

型钢以热轧状态交货。

4.4 表面质量

4.4.1 型钢表面不应有裂缝、折叠、结疤、分层和夹杂。

4.4.2 型钢表面允许有局部发纹、凹坑、麻点、刮痕和氧化铁皮压入等缺陷存在,但不应超出型钢尺寸的允许偏差。

4.4.3 型钢表面缺陷允许清除,清除处应圆滑无棱角,但不应进行横向清除。清除宽度不应小于清除深度的五倍,清除后的型钢尺寸不应超出尺寸的允许偏差。

4.4.4 型钢不应有大于 5 mm 的毛刺。

5 试验方法

5.1 每批钢材的检验项目、取样数量和试验方法应符合表 6 的规定。

表 6 检验项目、取样数量和试验方法

<table>
<tr><th>序号</th><th>检 验 项 目</th><th>取样数量(个)</th><th>取 样 方 法</th><th>试 验 方 法</th></tr>
<tr><td>1</td><td>化学成分</td><td colspan="3">见相应牌号标准的规定</td></tr>
<tr><td>2</td><td>拉伸</td><td>1</td><td rowspan="4">GB/T 2975</td><td>GB/T 228</td></tr>
<tr><td>3</td><td>弯曲</td><td>1</td><td>GB/T 232</td></tr>
<tr><td>4</td><td>常温冲击</td><td>3</td><td rowspan="2">GB/T 229</td></tr>
<tr><td>5</td><td>低温冲击</td><td>3</td></tr>
<tr><td>6</td><td>表面质量</td><td>逐根</td><td>—</td><td>目视、量具</td></tr>
<tr><td>7</td><td>尺寸、外形</td><td>逐根</td><td>—</td><td>量具</td></tr>
</table>

5.2 工字钢、槽钢在腰部取样。

6 检验规则

6.1 型钢的检查和验收由供方技术质量监督部门进行。

6.2 型钢的组批按 GB/T 700、GB/T 1591 及相应标准规定进行。

6.3 型钢的复检和验收规则应符合 GB/T 2101 的规定。

7 包装、标志及质量证明书

型钢的包装、标志及质量证明书应符合 GB/T 2101 的规定。

附 录 A
（规范性附录）
型钢截面尺寸、截面面积、理论重量及截面特性

表 A.1 工字钢截面尺寸、截面面积、理论重量及截面特性

型号	截面尺寸/mm						截面面积/cm^2	理论重量/(kg/m)	惯性矩/cm^4		惯性半径/cm		截面模数/cm^3	
	h	b	d	t	r	r_1			I_x	I_y	i_x	i_y	W_x	W_y
10	100	68	4.5	7.6	6.5	3.3	14.345	11.261	245	33.0	4.14	1.52	49.0	9.72
12	120	74	5.0	8.4	7.0	3.5	17.818	13.987	436	46.9	4.95	1.62	72.7	12.7
12.6	126	74	5.0	8.4	7.0	3.5	18.118	14.223	488	46.9	5.20	1.61	77.5	12.7
14	140	80	5.5	9.1	7.5	3.8	21.516	16.890	712	64.4	5.76	1.73	102	16.1
16	160	88	6.0	9.9	8.0	4.0	26.131	20.513	1 130	93.1	6.58	1.89	141	21.2
18	180	94	6.5	10.7	8.5	4.3	30.756	24.143	1 660	122	7.36	2.00	185	26.0
20a	200	100	7.0	11.4	9.0	4.5	35.578	27.929	2 370	158	8.15	2.12	237	31.5
20b		102	9.0				39.578	31.069	2 500	169	7.96	2.06	250	33.1
22a	220	110	7.5	12.3	9.5	4.8	42.128	33.070	3 400	225	8.99	2.31	309	40.9
22b		112	9.5				46.528	36.524	3 570	239	8.78	2.27	325	42.7
24a	240	116	8.0	13.0	10.0	5.0	47.741	37.477	4 570	280	9.77	2.42	381	48.4
24b		118	10.0				52.541	41.245	4 800	297	9.57	2.38	400	50.4
25a	250	116	8.0				48.541	38.105	5 020	280	10.2	2.40	402	48.3
25b		118	10.0				53.541	42.030	5 280	309	9.94	2.40	423	52.4
27a	270	122	8.5	13.7	10.5	5.3	54.554	42.825	6 550	345	10.9	2.51	485	56.6
27b		124	10.5				59.954	47.064	6 870	366	10.7	2.47	509	58.9
28a	280	122	8.5				55.404	43.492	7 110	345	11.3	2.50	508	56.6
28b		124	10.5				61.004	47.888	7 480	379	11.1	2.49	534	61.2
30a	300	126	9.0	14.4	11.0	5.5	61.254	48.084	8 950	400	12.1	2.55	597	63.5
30b		128	11.0				67.254	52.794	9 400	422	11.8	2.50	627	65.9
30c		130	13.0				73.254	57.504	9 850	445	11.6	2.46	657	68.5
32a	320	130	9.5	15.0	11.5	5.8	67.156	52.717	11 100	460	12.8	2.62	692	70.8
32b		132	11.5				73.556	57.741	11 600	502	12.6	2.61	726	76.0
32c		134	13.5				79.956	62.765	12 200	544	12.3	2.61	760	81.2
36a	360	136	10.0	15.8	12.0	6.0	76.480	60.037	15 800	552	14.4	2.69	875	81.2
36b		138	12.0				83.680	65.689	16 500	582	14.1	2.64	919	84.3
36c		140	14.0				90.880	71.341	17 300	612	13.8	2.60	962	87.4
40a	400	142	10.5	16.5	12.5	6.3	86.112	67.598	21 700	660	15.9	2.77	1 090	93.2
40b		144	12.5				94.112	73.878	22 800	692	15.6	2.71	1 140	96.2
40c		146	14.5				102.112	80.158	23 900	727	15.2	2.65	1 190	99.6

表 A.1（续）

型号	截面尺寸/mm						截面面积/cm²	理论重量/(kg/m)	惯性矩/cm⁴		惯性半径/cm		截面模数/cm³	
	h	b	d	t	r	r_1			I_x	I_y	i_x	i_y	W_x	W_y
45a		150	11.5				102.446	80.420	32 200	855	17.7	2.89	1 430	114
45b	450	152	13.5	18.0	13.5	6.8	111.446	87.485	33 800	894	17.4	2.84	1 500	118
45c		154	15.5				120.446	94.550	35 300	938	17.1	2.79	1 570	122
50a		158	12.0				119.304	93.654	46 500	1 120	19.7	3.07	1 860	142
50b	500	160	14.0	20.0	14.0	7.0	129.304	101.504	48 600	1 170	19.4	3.01	1 940	146
50c		162	16.0				139.304	109.354	50 600	1 220	19.0	2.96	2 080	151
55a		166	12.5				134.185	105.335	62 900	1 370	21.6	3.19	2 290	164
55b	550	168	14.5				145.185	113.970	65 600	1 420	21.2	3.14	2 390	170
55c		170	16.5	21.0	14.5	7.3	156.185	122.605	68 400	1 480	20.9	3.08	2 490	175
56a		166	12.5				135.435	106.316	65 600	1 370	22.0	3.18	2 340	165
56b	560	168	14.5				146.635	115.108	68 500	1 490	21.6	3.16	2 450	174
56c		170	16.5				157.835	123.900	71 400	1 560	21.3	3.16	2 550	183
63a		176	13.0				154.658	121.407	93 900	1 700	24.5	3.31	2 980	193
63b	630	178	15.0	22.0	15.0	7.5	167.258	131.298	98 100	1 810	24.2	3.29	3 160	204
63c		180	17.0				179.858	141.189	102 000	1 920	23.8	3.27	3 300	214

注：表中 r、r_1 的数据用于孔型设计，不做交货条件。

表 A.2　槽钢截面尺寸、截面面积、理论重量及截面特性

型号	截面尺寸/mm						截面面积/cm²	理论重量/(kg/m)	惯性矩/cm⁴			惯性半径/cm		截面模数/cm³		重心距离/cm
	h	b	d	t	r	r_1			I_x	I_y	I_{y1}	i_x	i_y	W_x	W_y	Z_0
5	50	37	4.5	7.0	7.0	3.5	6.928	5.438	26.0	8.30	20.9	1.94	1.10	10.4	3.55	1.35
6.3	63	40	4.8	7.5	7.5	3.8	8.451	6.634	50.8	11.9	28.4	2.45	1.19	16.1	4.50	1.36
6.5	65	40	4.3	7.5	7.5	3.8	8.547	6.709	55.2	12.0	28.3	2.54	1.19	17.0	4.59	1.38
8	80	43	5.0	8.0	8.0	4.0	10.248	8.045	101	16.6	37.4	3.15	1.27	25.3	5.79	1.43
10	100	48	5.3	8.5	8.5	4.2	12.748	10.007	198	25.6	54.9	3.95	1.41	39.7	7.80	1.52
12	120	53	5.5	9.0	9.0	4.5	15.362	12.059	346	37.4	77.7	4.75	1.56	57.7	10.2	1.62
12.6	126	53	5.5	9.0	9.0	4.5	15.692	12.318	391	38.0	77.1	4.95	1.57	62.1	10.2	1.59
14a	140	58	6.0	9.5	9.5	4.8	18.516	14.535	564	53.2	107	5.52	1.70	80.5	13.0	1.71
14b		60	8.0				21.316	16.733	609	61.1	121	5.35	1.69	87.1	14.1	1.67
16a	160	63	6.5	10.0	10.0	5.0	21.962	17.24	866	73.3	144	6.28	1.83	108	16.3	1.80
16b		65	8.5				25.162	19.752	935	83.4	161	6.10	1.82	117	17.6	1.75
18a	180	68	7.0	10.5	10.5	5.2	25.699	20.174	1 270	98.6	190	7.04	1.96	141	20.0	1.88
18b		70	9.0				29.299	23.000	1 370	111	210	6.84	1.95	152	21.5	1.84

表 A.2(续)

型号	截面尺寸/mm						截面面积/cm²	理论重量/(kg/m)	惯性矩/cm⁴			惯性半径/cm		截面模数/cm³		重心距离/cm
	h	b	d	t	r	r_1			I_x	I_y	I_{y1}	i_x	i_y	W_x	W_y	Z_0
20a	200	73	7.0	11.0	11.0	5.5	28.837	22.637	1 780	128	244	7.86	2.11	178	24.2	2.01
20b		75	9.0				32.837	25.777	1 910	144	268	7.64	2.09	191	25.9	1.95
22a	220	77	7.0	11.5	11.5	5.8	31.846	24.999	2 390	158	298	8.67	2.23	218	28.2	2.10
22b		79	9.0				36.246	28.453	2 570	176	326	8.42	2.21	234	30.1	2.03
24a	240	78	7.0	12.0	12.0	6.0	34.217	26.860	3 050	174	325	9.45	2.25	254	30.5	2.10
24b		80	9.0				39.017	30.628	3 280	194	355	9.17	2.23	274	32.5	2.03
24c		82	11.0				43.817	34.396	3 510	213	388	8.96	2.21	293	34.4	2.00
25a	250	78	7.0				34.917	27.410	3 370	176	322	9.82	2.24	270	30.6	2.07
25b		80	9.0				39.917	31.335	3 530	196	353	9.41	2.22	282	32.7	1.98
25c		82	11.0				44.917	35.260	3 690	218	384	9.07	2.21	295	35.9	1.92
27a	270	82	7.5	12.5	12.5	6.2	39.284	30.838	4 360	216	393	10.5	2.34	323	35.5	2.13
27b		84	9.5				44.684	35.077	4 690	239	428	10.3	2.31	347	37.7	2.06
27c		86	11.5				50.084	39.316	5 020	261	467	10.1	2.28	372	39.8	2.03
28a	280	82	7.5				40.034	31.427	4 760	218	388	10.9	2.33	340	35.7	2.10
28b		84	9.5				45.634	35.823	5 130	242	428	10.6	2.30	366	37.9	2.02
28c		86	11.5				51.234	40.219	5 500	268	463	10.4	2.29	393	40.3	1.95
30a	300	85	7.5	13.5	13.5	6.8	43.902	34.463	6 050	260	467	11.7	2.43	403	41.1	2.17
30b		87	9.5				49.902	39.173	6 500	289	515	11.4	2.41	433	44.0	2.13
30c		89	11.5				55.902	43.883	6 950	316	560	11.2	2.38	463	46.4	2.09
32a	320	88	8.0	14.0	14.0	7.0	48.513	38.083	7 600	305	552	12.5	2.50	475	46.5	2.24
32b		90	10.0				54.913	43.107	8 140	336	593	12.2	2.47	509	49.2	2.16
32c		92	12.0				61.313	48.131	8 690	374	643	11.9	2.47	543	52.6	2.09
36a	360	96	9.0	16.0	16.0	8.0	60.910	47.814	11 900	455	818	14.0	2.73	660	63.5	2.44
36b		98	11.0				68.110	53.466	12 700	497	880	13.6	2.70	703	66.9	2.37
36c		100	13.0				75.310	59.118	13 400	536	948	13.4	2.67	746	70.0	2.34
40a	400	100	10.5	18.0	18.0	9.0	75.068	58.928	17 600	592	1070	15.3	2.81	879	78.8	2.49
40b		102	12.5				83.068	65.208	18 600	640	114	15.0	2.78	932	82.5	2.44
40c		104	14.5				91.068	71.488	19 700	688	1220	14.7	2.75	986	86.2	2.42

注：表中 r、r_1 的数据用于孔型设计，不做交货条件。

表 A.3　等边角钢截面尺寸、截面面积、理论重量及截面特性

型号	截面尺寸/mm			截面面积/cm^2	理论重量/(kg/m)	外表面积/(m^2/m)	惯性矩/cm^4				惯性半径/cm			截面模数/cm^3			重心距离/cm
	b	d	r				I_x	I_{x1}	I_{x0}	I_{y0}	i_x	i_{x0}	i_{y0}	W_x	W_{x0}	W_{y0}	Z_0
2	20	3	3.5	1.132	0.889	0.078	0.40	0.81	0.63	0.17	0.59	0.75	0.39	0.29	0.45	0.20	0.60
		4		1.459	1.145	0.077	0.50	1.09	0.78	0.22	0.58	0.73	0.38	0.36	0.55	0.24	0.64
2.5	25	3		1.432	1.124	0.098	0.82	1.57	1.29	0.34	0.76	0.95	0.49	0.46	0.73	0.33	0.73
		4		1.859	1.459	0.097	1.03	2.11	1.62	0.43	0.74	0.93	0.48	0.59	0.92	0.40	0.76
3.0	30	3	4.5	1.749	1.373	0.117	1.46	2.71	2.31	0.61	0.91	1.15	0.59	0.68	1.09	0.51	0.85
		4		2.276	1.786	0.117	1.84	3.63	2.92	0.77	0.90	1.13	0.58	0.87	1.37	0.62	0.89
3.6	36	3		2.109	1.656	0.141	2.58	4.68	4.09	1.07	1.11	1.39	0.71	0.99	1.61	0.76	1.00
		4		2.756	2.163	0.141	3.29	6.25	5.22	1.37	1.09	1.38	0.70	1.28	2.05	0.93	1.04
		5		3.382	2.654	0.141	3.95	7.84	6.24	1.65	1.08	1.36	0.70	1.56	2.45	1.00	1.07
4	40	3	5	2.359	1.852	0.157	3.59	6.41	5.69	1.49	1.23	1.55	0.79	1.23	2.01	0.96	1.09
		4		3.086	2.422	0.157	4.60	8.56	7.29	1.91	1.22	1.54	0.79	1.60	2.58	1.19	1.13
		5		3.791	2.976	0.156	5.53	10.74	8.76	2.30	1.21	1.52	0.78	1.96	3.10	1.39	1.17
4.5	45	3		2.659	2.088	0.177	5.17	9.12	8.20	2.14	1.40	1.76	0.89	1.58	2.58	1.24	1.22
		4		3.486	2.736	0.177	6.65	12.18	10.56	2.75	1.38	1.74	0.89	2.05	3.32	1.54	1.26
		5		4.292	3.369	0.176	8.04	15.2	12.74	3.33	1.37	1.72	0.88	2.51	4.00	1.81	1.30
		6		5.076	3.985	0.176	9.33	18.36	14.76	3.89	1.36	1.70	0.8	2.95	4.64	2.06	1.33
5	50	3	5.5	2.971	2.332	0.197	7.18	12.5	11.37	2.98	1.55	1.96	1.00	1.96	3.22	1.57	1.34
		4		3.897	3.059	0.197	9.26	16.69	14.70	3.82	1.54	1.94	0.99	2.56	4.16	1.96	1.38
		5		4.803	3.770	0.196	11.21	20.90	17.79	4.64	1.53	1.92	0.98	3.13	5.03	2.31	1.42
		6		5.688	4.465	0.196	13.05	25.14	20.68	5.42	1.52	1.91	0.98	3.68	5.85	2.63	1.46
5.6	56	3	6	3.343	2.624	0.221	10.19	17.56	16.14	4.24	1.75	2.20	1.13	2.48	4.08	2.02	1.48
		4		4.390	3.446	0.220	13.18	23.43	20.92	5.46	1.73	2.18	1.11	3.24	5.28	2.52	1.53
		5		5.415	4.251	0.220	16.02	29.33	25.42	6.61	1.72	2.17	1.10	3.97	6.42	2.98	1.57
		6		6.420	5.040	0.220	18.69	35.26	29.66	7.73	1.71	2.15	1.10	4.68	7.49	3.40	1.61
		7		7.404	5.812	0.219	21.23	41.23	33.63	8.82	1.69	2.13	1.09	5.36	8.49	3.80	1.64
		8		8.367	6.568	0.219	23.63	47.24	37.37	9.89	1.68	2.11	1.09	6.03	9.44	4.16	1.68
6	60	5	6.5	5.829	4.576	0.236	19.89	36.05	31.57	8.21	1.85	2.33	1.19	4.59	7.44	3.48	1.67
		6		6.914	5.427	0.235	23.25	43.33	36.89	9.60	1.83	2.31	1.18	5.41	8.70	3.98	1.70
		7		7.977	6.262	0.235	26.44	50.65	41.92	10.96	1,82	2.29	1.17	6.21	9.88	4.45	1.74
		8		9.020	7.081	0.235	29.47	58.02	46.66	12.28	1.81	2.27	1.17	6.98	11.00	4.88	1.78
6.3	63	4	7	4.978	3.907	0.248	19.03	33.35	30.17	7.89	1.96	2.46	1.26	4.13	6.78	3.29	1.70
		5		6.143	4.822	0.248	23.17	41.73	36.77	9.57	1.94	2.45	1.25	5.08	8.25	3.90	1.74
		6		7.288	5.721	0.247	27.12	50.14	43.03	11.20	1.93	2.43	1.24	6.00	9.66	4.46	1.78
		7		8.412	6.603	0.247	30.87	58.60	48.96	12.79	1.92	2.41	1.23	6.88	10.99	4.98	1.82
		8		9.515	7.469	0.247	34.46	67.11	54.56	14.33	1.90	2.40	1.23	7.75	12.25	5.47	1.85
		10		11.657	9.151	0.246	41.09	84.31	64.85	17.33	1.88	2.36	1.22	9.39	14.56	6.36	1.93

表 A.3（续）

型号	截面尺寸/mm			截面面积/cm^2	理论重量/(kg/m)	外表面积/(m^2/m)	惯性矩/cm^4				惯性半径/cm			截面模数/cm^3			重心距离/cm
	b	d	r				I_x	I_{x1}	I_{x0}	I_{y0}	i_x	i_{x0}	i_{y0}	W_x	W_{x0}	W_{y0}	Z_0
7	70	4	8	5.570	4.372	0.275	26.39	45.74	41.80	10.99	2.18	2.74	1.40	5.14	8.44	4.17	1.86
		5		6.875	5.397	0.275	32.21	57.21	51.08	13.31	2.16	2.73	1.39	6.32	10.32	4.95	1.91
		6		8.160	6.406	0.275	37.77	68.73	59.93	15.61	2.15	2.71	1.38	7.48	12.11	5.67	1.95
		7		9.424	7.398	0.275	43.09	80.29	68.35	17.82	2.14	2.69	1.38	8.59	13.81	6.34	1.99
		8		10.667	8.373	0.274	48.17	91.92	76.37	19.98	2.12	2.68	1.37	9.68	15.43	6.98	2.03
7.5	75	5	9	7.412	5.818	0.295	39.97	70.56	63.30	16.63	2.33	2.92	1.50	7.32	11.94	5.77	2.04
		6		8.797	6.905	0.294	46.95	84.55	74.38	19.51	2.31	2.90	1.49	8.64	14.02	6.67	2.07
		7		10.160	7.976	0.294	53.57	98.71	84.96	22.18	2.30	2.89	1.48	9.93	16.02	7.44	2.11
		8		11.503	9.030	0.294	59.96	112.97	95.07	24.86	2.28	2.88	1.47	11.20	17.93	8.19	2.15
		9		12.825	10.068	0.294	66.10	127.30	104.71	27.48	2.27	2.86	1.46	12.43	19.75	8.89	2.18
		10		14.126	11.089	0.293	71.98	141.71	113.92	30.05	2.26	2.84	1.46	13.64	21.48	9.56	2.22
8	80	5		7.912	6.211	0.315	48.79	85.36	77.33	20.25	2.48	3.13	1.60	8.34	13.67	6.66	2.15
		6		9.397	7.376	0.314	57.35	102.50	90.98	23.72	2.47	3.11	1.59	9.87	16.08	7.65	2.19
		7		10.860	8.525	0.314	65.58	119.70	104.07	27.09	2.46	3.10	1.58	11.37	18.40	8.58	2.23
		8		12.303	9.658	0.314	73.49	136.97	116.60	30.39	2.44	3.08	1.57	12.83	20.61	9.46	2.27
		9		13.725	10.774	0.314	81.11	154.31	128.60	33.61	2.43	3.06	1.56	14.25	22.73	10.29	2.31
		10		15.126	11.874	0.313	88.43	171.74	140.09	36.77	2.42	3.04	1.56	15.64	24.76	11.08	2.35
9	90	6	10	10.637	8.350	0.354	82.77	145.87	131.26	34.28	2.79	3.51	1.80	12.61	20.63	9.95	2.44
		7		12.301	9.656	0.354	94.83	170.30	150.47	39.18	2.78	3.50	1.78	14.54	23.64	11.19	2.48
		8		13.944	10.946	0.353	106.47	194.80	168.97	43.97	2.76	3.48	1.78	16.42	26.55	12.35	2.52
		9		15.566	12.219	0.353	117.72	219.39	186.77	48.66	2.75	3.46	1.77	18.27	29.35	13.46	2.56
		10		17.167	13.476	0.353	128.58	244.07	203.90	53.26	2.74	3.45	1.76	20.07	32.04	14.52	2.59
		12		20.306	15.940	0.352	149.22	293.76	236.21	62.22	2.71	3.41	1.75	23.57	37.12	16.49	2.67
10	100	6	12	11.932	9.366	0.393	114.95	200.07	181.98	47.92	3.10	3.90	2.00	15.68	25.74	12.69	2.67
		7		13.796	10.830	0.393	131.86	233.54	208.97	54.74	3.09	3.89	1.99	18.10	29.55	14.26	2.71
		8		15.638	12.276	0.393	148.24	267.09	235.07	61.41	3.08	3.88	1.98	20.47	33.24	15.75	2.76
		9		17.462	13.708	0.392	164.12	300.73	260.30	67.95	3.07	3.86	1.97	22.79	36.81	17.18	2.80
		10		19.261	15.120	0.392	179.51	334.48	284.68	74.35	3.05	3.84	1.96	25.06	40.26	18.54	2.84
		12		22.800	17.898	0.391	208.90	402.34	330.95	86.84	3.03	3.81	1.95	29.48	46.80	21.08	2.91
		14		26.256	20.611	0.391	236.53	470.75	374.06	99.00	3.00	3.77	1.94	33.73	52.90	23.44	2.99
		16		29.627	23.257	0.390	262.53	539.80	414.16	110.89	2.98	3.74	1.94	37.82	58.57	25.63	3.06

表 A.3（续）

型号	截面尺寸/mm			截面面积/cm^2	理论重量/(kg/m)	外表面积/(m^2/m)	惯性矩/cm^4				惯性半径/cm			截面模数/cm^3			重心距离/cm
	b	d	r				I_x	I_{x1}	I_{x0}	I_{y0}	i_x	i_{x0}	i_{y0}	W_x	W_{x0}	W_{y0}	Z_0
11	110	7	12	15.196	11.928	0.433	177.16	310.64	280.94	73.38	3.41	4.30	2.20	22.05	36.12	17.51	2.96
		8		17.238	13.535	0.433	199.46	355.20	316.49	82.42	3.40	4.28	2.19	24.95	40.69	19.39	3.01
		10		21.261	16.690	0.432	242.19	444.65	384.39	99.98	3.38	4.25	2.17	30.60	49.42	22.91	3.09
		12		25.200	19.782	0.431	282.55	534.60	448.17	116.93	3.35	4.22	2.15	36.05	57.62	26.15	3.16
		14		29.056	22.809	0.431	320.71	625.16	508.01	133.40	3.32	4.18	2.14	41.31	65.31	29.14	3.24
12.5	125	8	14	19.750	15.504	0.492	297.03	521.01	470.89	123.16	3.88	4.88	2.50	32.52	53.28	25.86	3.37
		10		24.373	19.133	0.491	361.67	651.93	573.89	149.46	3.85	4.85	2.48	39.97	64.93	30.62	3.45
		12		28.912	22.696	0.491	423.16	783.42	671.44	174.88	3.83	4.82	2.46	41.17	75.96	35.03	3.53
		14		33.367	26.193	0.490	481.65	915.61	763.73	199.57	3.80	4.78	2.45	54.16	86.41	39.13	3.61
		16		37.739	29.625	0.489	537.31	1 048.62	850.98	223.65	3.77	4.75	2.43	60.93	96.28	42.96	3.68
14	140	10		27.373	21.488	0.551	514.65	915.11	817.27	212.04	4.34	5.46	2.78	50.58	82.56	39.20	3.82
		12		32.512	25.522	0.551	603.68	1 099.28	958.79	248.57	4.31	5.43	2.76	59.80	96.85	45.02	3.90
		14		37.567	29.490	0.550	688.81	1 284.22	1 093.56	284.06	4.28	5.40	2.75	68.75	110.47	50.45	3.98
		16		42.539	33.393	0.549	770.24	1 470.07	1 221.81	318.67	4.26	5.36	2.74	77.46	123.42	55.55	4.06
15	150	8		23.750	18.644	0.592	521.37	899.55	827.49	215.25	4.69	5.90	3.01	47.36	78.02	38.14	3.99
		10		29.373	23.058	0.591	637.50	1 125.09	1 012.79	262.21	4.66	5.87	2.99	58.35	95.49	45.51	4.08
		12		34.912	27.406	0.591	748.85	1 351.26	1 189.97	307.73	4.63	5.84	2.97	69.04	112.19	52.38	4.15
		14		40.367	31.688	0.590	855.64	1 578.25	1 359.30	351.98	4.60	5.80	2.95	79.45	128.16	58.83	4.23
		15		43.063	33.804	0.590	907.39	1 692.10	1 441.09	373.69	4.59	5.78	2.95	84.56	135.87	61.90	4.27
		16		45.739	35.905	0.589	958.08	1 806.21	1 521.02	395.14	4.58	5.77	2.94	89.59	143.40	64.89	4.31
16	160	10	16	31.502	24.729	0.630	779.53	1 365.33	1 237.30	321.76	4.98	6.27	3.20	66.70	109.36	52.76	4.31
		12		37.441	29.391	0.630	916.58	1 639.57	1 455.68	377.49	4.95	6.24	3.18	78.98	128.67	60.74	4.39
		14		43.296	33.987	0.629	1 048.36	1 914.68	1 665.02	431.70	4.92	6.20	3.16	90.95	147.17	68.24	4.47
		16		49.067	38.518	0.629	1 175.08	2 190.82	1 865.57	484.59	4.89	6.17	3.14	102.63	164.89	75.31	4.55
18	180	12		42.241	33.159	0.710	1 321.35	2 332.80	2 100.10	542.61	5.59	7.05	3.58	100.82	165.00	78.41	4.89
		14		48.896	38.383	0.709	1 514.48	2 723.48	2 407.42	621.53	5.56	7.02	3.56	116.25	189.14	88.38	4.97
		16		55.467	43.542	0.709	1 700.99	3 115.29	2 703.37	698.60	5.54	6.98	3.55	131.13	212.40	97.83	5.05
		18		61.055	48.634	0.708	1 875.12	3 502.43	2 988.24	762.01	5.50	6.94	3.51	145.64	234.78	105.14	5.13
20	200	14	18	54.642	42.894	0.788	2 103.55	3 734.10	3 343.26	863.83	6.20	7.82	3.98	144.70	236.40	111.82	5.46
		16		62.013	48.680	0.788	2 366.15	4 270.39	3 760.89	971.41	6.18	7.79	3.96	163.65	265.93	123.96	5.54
		18		69.301	54.401	0.787	2 620.64	4 808.13	4 164.54	1 076.74	6.15	7.75	3.94	182.22	294.48	135.52	5.62
		20		76.505	60.056	0.787	2 867.30	5 347.51	4 554.55	1 180.04	6.12	7.72	3.93	200.42	322.06	146.55	5.69
		24		90.661	71.168	0.785	3 338.25	6 457.16	5 294.97	1 381.53	6.07	7.64	3.90	236.17	374.41	166.65	5.87

表 A.3（续）

型号	截面尺寸/mm			截面面积/cm²	理论重量/(kg/m)	外表面积/(m²/m)	惯性矩/cm⁴				惯性半径/cm			截面模数/cm³			重心距离/cm
	b	d	r				I_x	I_{x1}	I_{x0}	I_{y0}	i_x	i_{x0}	i_{y0}	W_x	W_{x0}	W_{y0}	Z_0
22	220	16	21	68.664	53.901	0.866	3 187.36	5 681.62	5 063.73	1 310.99	6.81	8.59	4.37	199.55	325.51	153.81	6.03
		18		76.752	60.250	0.866	3 534.30	6 395.93	5 615.32	1 453.27	6.79	8.55	4.35	222.37	360.97	168.29	6.11
		20		84.756	66.533	0.865	3 871.49	7 112.04	6 150.08	1 592.90	6.76	8.52	4.34	244.77	395.34	182.16	6.18
		22		92.676	72.751	0.865	4 199.23	7 830.19	6 668.37	1 730.10	6.73	8.48	4.32	266.78	428.66	195.45	6.26
		24		100.512	78.902	0.864	4 517.83	8 550.57	7 170.55	1 865.11	6.70	8.45	4.31	288.39	460.94	208.21	6.33
		26		108.264	84.987	0.864	4 827.58	9 273.39	7 656.98	1 998.17	6.68	8.41	4.30	309.62	492.21	220.49	6.41
25	250	18	24	87.842	68.956	0.985	5 268.22	9 379.11	8 369.04	2 167.41	7.74	9.76	4.97	290.12	473.42	224.03	6.84
		20		97.045	76.180	0.984	5 779.34	10 426.97	9 181.94	2 376.74	7.72	9.73	4.95	319.66	519.41	242.85	6.92
		24		115.201	90.433	0.983	6 763.93	12 529.74	10 742.67	2 785.19	7.66	9.66	4.92	377.34	607.70	278.38	7.07
		26		124.154	97.461	0.982	7 238.08	13 585.18	11 491.33	2 984.84	7.63	9.62	4.90	405.50	650.05	295.19	7.15
		28		133.022	104.422	0.982	7 700.60	14 643.62	12 219.39	3 181.81	7.61	9.58	4.89	433.22	691.23	311.42	7.22
		30		141.807	111.318	0.981	8 151.80	15 705.30	12 927.26	3 376.34	7.58	9.55	4.88	460.51	731.28	327.12	7.30
		32		150.508	118.149	0.981	8 592.01	16 770.41	13 615.32	3 568.71	7.56	9.51	4.87	487.39	770.20	342.33	7.37
		35		163.402	128.271	0.980	9 232.44	18 374.95	14 611.16	3 853.72	7.52	9.46	4.86	526.97	826.53	364.30	7.48

注：截面图中的 $r_1=1/3d$ 及表中 r 的数据用于孔型设计，不做交货条件。

表 A.4 不等边角钢截面尺寸、截面面积、理论重量及截面特性

型号	截面尺寸/mm				截面面积/cm²	理论重量/(kg/m)	外表面积/(m²/m)	惯性矩/cm⁴					惯性半径/cm			截面模数/cm³			tgα	重心距离/cm	
	B	b	d	r				I_x	I_{x1}	I_y	I_{y1}	I_u	i_x	i_y	i_u	W_x	W_y	W_u		X_0	Y_0
2.5/1.6	25	16	3	3.5	1.162	0.912	0.080	0.70	1.56	0.22	0.43	0.14	0.78	0.44	0.34	0.43	0.19	0.16	0.392	0.42	0.86
			4		1.499	1.176	0.079	0.88	2.09	0.27	0.59	0.17	0.77	0.43	0.34	0.55	0.24	0.20	0.381	0.46	1.86
3.2/2	32	20	3		1.492	1.171	0.102	1.53	3.27	0.46	0.82	0.28	1.01	0.55	0.43	0.72	0.30	0.25	0.382	0.49	0.90
			4		1.939	1.522	0.101	1.93	4.37	0.57	1.12	0.35	1.00	0.54	0.42	0.93	0.39	0.32	0.374	0.53	1.08
4/2.5	40	25	3	4	1.890	1.484	0.127	3.08	5.39	0.93	1.59	0.56	1.28	0.70	0.54	1.15	0.49	0.40	0.385	0.59	1.12
			4		2.467	1.936	0.127	3.93	8.53	1.18	2.14	0.71	1.36	0.69	0.54	1.49	0.63	0.52	0.381	0.63	1.32
4.5/2.8	45	28	3	5	2.149	1.687	0.143	445	9.10	1.34	2.23	0.80	1.44	0.79	0.61	1.47	0.62	0.51	0.383	0.64	1.37
			4		2.806	2.203	0.143	5.69	12.13	1.70	3.00	1.02	1.42	0.78	0.60	1.91	0.80	0.66	0.380	0.68	1.47
5/3.2	50	32	3	5.5	2.431	1.908	0.161	6.24	12.49	2.02	3.31	1.20	1.60	0.91	0.70	1.84	0.82	0.68	0.404	0.73	1.51
			4		3.177	2.494	0.160	8.02	16.65	2.58	4.45	1.53	1.59	0.90	0.69	2.39	1.06	0.87	0.402	0.77	1.60
5.6/3.6	56	36	3	6	2.743	2.153	0.181	8.88	17.54	2.92	4.70	1.73	1.80	1.03	0.79	2.32	1.05	0.87	0.408	0.80	1.65
			4		3.590	2.818	0.180	11.45	23.39	3.76	6.33	2.23	1.79	1.02	0.79	3.03	1.37	1.13	0.408	0.85	1.78
			5		4.415	3.466	0.180	13.86	29.25	4.49	7.94	2.67	1.77	1.01	0.78	3.71	1.65	1.36	0.404	0.88	1.82
6.3/4	63	40	4	7	4.058	3.185	0.202	16.49	33.30	5.23	8.63	3.12	2.02	1.14	0.88	3.87	1.70	1.40	0.398	0.92	1.87
			5		4.993	3.920	0.202	20.02	41.63	6.31	10.86	3.76	2.00	1.12	0.87	4.74	2.07	1.71	0.396	0.95	2.04
			6		5.908	4.638	0.201	23.36	49.98	7.29	13.12	4.34	1.96	1.11	0.86	5.59	2.43	1.99	0.393	0.99	2.08
			7		6.802	5.339	0.201	26.53	58.07	8.24	15.47	4.97	1.98	1.10	0.86	6.40	2.78	2.29	0.389	1.03	2.12
7/4.5	70	45	4	7.5	4.547	3.570	0.226	23.17	45.92	7.55	12.26	4.40	2.26	1.29	0.98	4.86	2.17	1.77	0.410	1.02	2.15
			5		5.609	4.403	0.225	27.95	57.10	9.13	15.39	5.40	2.23	1.28	0.98	5.92	2.65	2.19	0.407	1.06	2.24
			6		6.647	5.218	0.225	32.54	68.35	10.62	18.58	6.35	2.21	1.26	0.98	6.95	3.12	2.59	0.404	1.09	2.28
			7		7.657	6.011	0.225	37.22	79.99	12.01	21.84	7.16	2.20	1.25	0.97	8.03	3.57	2.94	0.402	1.13	2.32

表 A.4（续）

型号	截面尺寸/mm				截面面积/cm²	理论重量/(kg/m)	外表面积/(m²/m)	惯性矩/cm⁴					惯性半径/cm			截面模数/cm³			tgα	重心距离/cm	
	B	b	d	r				I_x	I_{x1}	I_y	I_{y1}	I_u	i_x	i_y	i_u	W_x	W_y	W_u		X_0	Y_0
7.5/5	75	50	5	8	6.125	4.808	0.245	34.86	70.00	12.61	21.04	7.41	2.39	1.44	1.10	6.83	3.30	2.74	0.435	1.17	2.36
			6		7.260	5.699	0.245	41.12	84.30	14.70	25.37	8.54	2.38	1.42	1.08	8.12	3.88	3.19	0.435	1.21	2.40
			8		9.467	7.431	0.244	52.39	112.50	18.53	34.23	10.87	2.35	1.40	1.07	10.52	4.99	4.10	0.429	1.29	2.44
			10		11.590	9.098	0.244	62.71	140.80	21.96	43.43	13.10	2.33	1.38	1.06	12.79	6.04	4.99	0.423	1.36	2.52
8/5	80	50	5		6.375	5.005	0.255	41.96	85.21	12.82	21.06	7.66	2.56	1.42	1.10	7.78	3.32	2.74	0.388	1.14	2.60
			6		7.560	5.935	0.255	49.49	102.53	14.95	25.41	8.85	2.56	1.41	1.08	9.25	3.91	3.20	0.387	1.18	2.65
			7		8.724	6.848	0.255	56.16	119.33	46.96	29.82	10.18	2.54	1.39	1.08	10.58	4.48	3.70	0.384	1.21	2.69
			8		9.867	7.745	0.254	62.83	136.41	18.85	34.32	11.38	2.52	1.38	1.07	11.92	5.03	4.16	0.381	1.25	2.73
9/5.6	90	56	5	9	7.212	5.661	0.287	60.45	121.32	18.32	29.53	10.98	2.90	1.59	1.23	9.92	4.21	3.49	0.385	1.25	2.91
			6		8.557	6.717	0.286	71.03	145.59	21.42	35.58	12.90	2.88	1.58	1.23	11.74	4.96	4.13	0.384	1.29	2.95
			7		9.880	7.756	0.286	81.01	169.60	24.36	41.71	14.67	2.86	1.57	1.22	13.49	5.70	4.72	0.382	1.33	3.00
			8		11.183	8.779	0.286	91.03	194.17	27.15	47.93	16.34	2.85	1.56	1.21	15.27	6.41	5.29	0.380	1.36	3.04
10/6.3	100	63	6	10	9.617	7.550	0.320	99.06	199.71	30.94	50.50	18.42	3.21	1.79	1.38	14.64	6.35	5.25	0.394	1.43	3.24
			7		11.111	8.722	0.320	113.45	233.00	35.26	59.14	21.00	3.20	1.78	1.38	16.88	7.29	6.02	0.394	1.47	3.28
			8		12.534	9.878	0.319	127.37	266.32	39.39	67.88	23.50	3.18	1.77	1.37	19.08	8.21	6.78	0.391	1.50	3.32
			10		15.467	12.142	0.319	153.81	333.06	47.12	85.73	28.33	3.15	1.74	1.35	23.32	9.98	8.24	0.387	1.58	3.40
10/8	100	80	6		10.637	8.350	0.354	107.04	199.83	61.24	102.68	31.65	3.17	2.40	1.72	15.19	10.16	8.37	0.627	1.97	2.95
			7		12.301	9.656	0.354	122.73	233.20	70.08	119.98	36.17	3.16	2.39	1.72	17.52	11.71	9.60	0.626	2.01	3.0
			8		13.944	10.946	0.353	137.92	266.61	78.58	137.37	40.58	3.14	2.37	1.71	19.81	13.21	10.80	0.625	2.05	3.04
			10		17.167	13.476	0.353	166.87	333.63	94.65	172.48	49.10	3.12	2.35	1.69	24.24	16.12	13.12	0.622	2.13	3.12

表 A.4（续）

型号	截面尺寸/mm				截面面积/cm^2	理论重量/(kg/m)	外表面积/(m^2/m)	惯性矩/cm^4					惯性半径/cm			截面模数/cm^3			tgα	重心距离/cm	
	B	b	d	r				I_x	I_{x1}	I_y	I_{y1}	I_u	i_x	i_y	i_u	W_x	W_y	W_u		X_0	Y_0
11/7	110	70	6	10	10.637	8.350	0.354	133.37	265.78	42.92	69.08	25.36	3.54	2.01	1.54	17.85	7.90	6.53	0.403	1.57	3.53
			7		12.301	9.656	0.354	153.00	310.07	49.01	80.82	28.95	3.53	2.00	1.53	20.60	9.09	7.50	0.402	1.61	3.57
			8		13.944	10.946	0.353	172.04	354.39	54.87	92.70	32.45	3.51	1.98	1.53	23.30	10.25	8.45	0.401	1.65	3.62
			10		17.167	13.476	0.353	208.39	443.13	65.88	116.83	39.20	3.48	1.96	1.51	28.54	12.48	10.29	0.397	1.72	3.70
12.5/8	125	80	7	11	14.096	11.066	0.403	227.98	454.99	74.42	120.32	43.81	4.02	2.30	1.76	26.86	12.01	9.92	0.408	1.80	4.01
			8		15.989	12.551	0.403	256.77	519.99	83.49	137.85	49.15	4.01	2.28	1.75	30.41	13.56	11.18	0.407	1.84	4.06
			10		19.712	15.474	0.402	312.04	650.09	100.67	173.40	59.45	3.98	2.26	1.74	37.33	16.56	13.64	0.404	1.92	4.14
			12		23.351	18.330	0.402	364.41	780.39	116.67	209.67	69.35	3.95	2.24	1.72	44.01	19.43	16.01	0.400	2.00	4.22
14/9	140	90	8	12	18.038	14.160	0.453	365.64	730.53	120.69	195.79	70.83	4.50	2.59	1.98	38.48	17.34	14.31	0.411	2.04	4.50
			10		22.261	17.475	0.452	445.50	913.20	140.03	245.92	85.82	4.47	2.56	1.96	47.31	21.22	17.48	0.409	2.12	4.58
			12		26.400	20.724	0.451	521.59	1 096.09	169.79	296.89	100.21	4.44	2.54	1.95	55.87	24.95	20.54	0.406	2.19	4.66
			14		30.456	23.908	0.451	594.10	1 279.26	192.10	348.82	114.13	4.42	2.51	1.94	64.18	28.54	23.52	0.403	2.27	4.74
15/9	150	90	8		18.839	14.788	0.473	442.05	898.35	122.80	195.96	74.14	4.84	2.55	1.98	43.86	17.47	14.48	0.364	1.97	4.92
			10		23.261	18.260	0.472	539.24	1 122.85	148.62	246.26	89.86	4.81	2.53	1.97	53.97	21.38	17.69	0.362	2.05	5.01
			12		27.600	21.666	0.471	632.08	1 347.50	172.85	297.46	104.95	4.79	2.50	1.95	63.79	25.14	20.80	0.359	2.12	5.09
			14		31.856	25.007	0.471	720.77	1 572.38	195.62	349.74	119.53	4.76	2.48	1.94	73.33	28.77	23.84	0.356	2.20	5.17
			15		33.952	26.652	0.471	763.62	1 684.93	206.50	376.33	126.67	4.74	2.47	1.93	77.99	30.53	25.33	0.354	2.24	5.21
			16		36.027	28.281	0.470	805.51	1 797.55	217.07	403.24	133.72	4.73	2.45	1.93	82.60	32.27	26.82	0.352	2.27	5.25

表 A.4（续）

型号	截面尺寸/mm				截面面积/cm²	理论重量/(kg/m)	外表面积/(m²/m)	惯性矩/cm⁴					惯性半径/cm			截面模数/cm³			tgα	重心距离/cm	
	B	b	d	r				I_x	I_{x1}	I_y	I_{y1}	I_u	i_x	i_y	i_u	W_x	W_y	W_u		X_0	Y_0
16/10	160	100	10	13	25.315	19.872	0.512	668.69	1 362.89	205.03	336.59	121.74	5.14	2.85	2.19	62.13	26.56	21.92	0.390	2.28	5.24
			12		30.054	23.592	0.511	784.91	1 635.56	239.06	405.94	142.33	5.11	2.82	2.17	73.49	31.28	25.79	0.388	2.36	5.32
			14		34.709	27.247	0.510	896.30	1 908.50	271.20	476.42	162.23	5.08	2.80	2.16	84.56	35.83	29.56	0.385	0.43	5.40
			16		29.281	30.835	0.510	1 003.04	2 181.79	301.60	548.22	182.57	5.05	2.77	2.16	95.33	40.24	33.44	0.382	2.51	5.48
18/11	180	110	10	14	28.373	22.273	0.571	956.25	1 940.40	278.11	447.22	166.50	5.80	3.13	2.42	78.96	32.49	26.88	0.376	2.44	5.89
			12		33.712	26.440	0.571	1 124.72	2 328.38	325.03	538.94	194.87	5.78	3.10	2.40	93.53	38.32	31.66	0.374	2.52	5.98
			14		38.967	30.589	0.570	1 286.91	2 716.60	369.55	631.95	222.30	5.75	3.08	2.39	107.76	43.97	36.32	0.372	2.59	6.06
			16		44.139	34.649	0.569	1 443.06	3 105.15	411.85	726.46	248.94	5.72	3.06	2.38	121.64	49.44	40.87	0.369	2.67	6.14
20/12.5	200	125	12		37.912	29.761	0.641	1 570.90	3 193.85	483.16	787.74	285.79	6.44	3.57	2.74	116.73	49.99	41.23	0.392	2.83	6.54
			14		43.687	34.436	0.640	1 800.97	3 726.17	550.83	922.47	326.58	6.41	3.54	2.73	134.65	57.44	47.34	0.390	2.91	6.62
			16		49.739	39.045	0.639	2 023.35	4 258.88	615.44	1 058.86	366.21	6.38	3.52	2.71	152.18	64.89	53.32	0.388	2.99	6.70
			18		55.526	43.588	0.639	2 238.30	4 792.00	677.19	1 197.13	404.83	6.35	3.49	2.70	169.33	71.74	59.18	0.385	3.06	6.78

注：截面图中的 $r_1=1/3d$ 及表中 r 的数据用于孔型设计，不做交货条件。

表 A.5 L 型钢截面尺寸、截面面积、理论重量及截面特性

型　号	截面尺寸/mm						截面面积/ cm^2	理论重量/ kg/m	惯性矩 I_x/ cm^4	重心距离 Y_0/ cm
	B	b	D	d	r	r_1				
L250×90×9×13	250	90	9	13	15	7.5	33.4	26.2	2 190	8.64
L250×90×10.5×15			10.5	15			38.5	30.3	2 510	8.76
L250×90×11.5×16			11.5	16			41.7	32.7	2 710	8.90
L300×100×10.5×15	300	100	10.5	15			45.3	35.6	4 290	10.6
L300×100×11.5×16			11.5	16			49.0	38.5	4 630	10.7
L350×120×10.5×16	350	120	10.5	16	20	10	54.9	43.1	7 110	12.0
L350×120×11.5×18			11.5	18			60.4	47.4	7 780	12.0
L400×120×11.5×23	400	120	11.5	23			71.6	56.2	11 900	13.3
L450×120×11.5×25	450	120	11.5	25			79.5	62.4	16 800	15.1
L500×120×12.5×33	500	120	12.5	33			98.6	77.4	25 500	16.5
L500×120×13.5×35			13.5	35			105.0	82.8	27 100	16.6

ICS 77.140.50
H 46

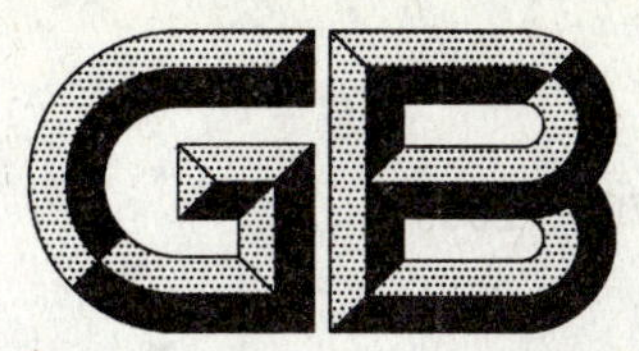

中华人民共和国国家标准

GB/T 708—2006
代替 GB/T 708—1988

冷轧钢板和钢带的尺寸、外形、重量及允许偏差

Dimension, shape, weight and tolerance for cold-rolled steel plates and sheets

(ISO 16162:2000, Continuously cold-rolled steel sheet products—Dimensional and shape tolerances, NEQ)

2006-11-01 发布　　2007-02-01 实施

中华人民共和国国家质量监督检验检疫总局
中国国家标准化管理委员会　发布

前 言

本标准与 ISO 16162:2000《冷轧钢板和钢带　尺寸和外形偏差》(英文版)的一致性程度为非等效。

本标准代替 GB/T 708—1988《冷轧钢板和钢带的尺寸、外形、重量及允许偏差》。

本标准与原标准对比,主要修订内容如下:

——适用范围主要为冷轧钢带及其剪切产品,单张冷轧的钢板亦可参照执行;

——对分类和代号重新进行了规定;

——取消了原标准中表 1 对钢板尺寸的规定,增加了钢板和钢带的推荐公称厚度;

——在厚度允许偏差和不平度中增加了按规定的最小屈服强度分档;

——对厚度允许偏差、宽度允许偏差、长度允许偏差、不平度、切斜和镰刀弯重新进行了规定;

——改变了边缘状态、尺寸精度、不平度的表示方法;

——增加了钢板理论计重的方法。

本标准由中国钢铁工业协会提出。

本标准由全国钢标准化技术委员会归口。

本标准起草单位:冶金工业信息标准研究院、鞍钢新轧钢股份有限公司、湖南华菱涟源钢铁有限公司。

本标准主要起草人:王晓虎、唐一凡、朴志民、周鉴、周屿。

本标准所代替标准的历次版本发布情况为:

GB 708—1965、GB 708—1988。

冷轧钢板和钢带的尺寸、外形、重量及允许偏差

1 范围

本标准规定了冷轧钢板和钢带的尺寸、外形、重量及允许偏差。

本标准适用于轧制宽度不小于 600 mm 的冷轧宽钢带及其剪切钢板(以下简称钢板)、纵切钢带。单张冷轧钢板亦可参照执行。

2 规范性引用文件

下列文件中的条款通过本标准的引用而成为本标准的条款。凡是注日期的引用文件,其随后所有的修改单(不包括勘误的内容)或修订版均不适用于本标准,然而,鼓励根据本标准达成协议的各方研究是否可使用这些文件的最新版本。凡是不注日期的引用文件,其最新版本适用于本标准。

GB/T 8170 数值修约规则

3 术语和定义

本标准采用下列术语和定义:

3.1

钢带 wide strip

指成卷交货、轧制宽度不小于 600 mm 的宽钢带。

3.2

钢板 sheet

由宽钢带横切而成。

3.3

纵切钢带 slit wide strip

由钢带纵切而成,并成卷交货。

4 分类和代号

4.1 按边缘状态分为

切边 EC;

不切边 EM。

4.2 按尺寸精度分为

普通厚度精度 PT. A;

较高厚度精度 PT. B;

普通宽度精度 PW. A;

较高宽度精度 PW. B;

普通长度精度 PL. A;

较高长度精度 PL. B。

4.3 按不平度精度分为

普通不平度精度 PF. A;

较高不平度精度　　PF. B。

4.4　产品形态、边缘状态所对应的尺寸精度的分类按表1的规定。

表1

产品形态	分类及代号								
	边缘状态	厚度精度		宽度精度		长度精度		不平度精度	
		普通	较高	普通	较高	普通	较高	普通	较高
钢带	不切边 EM	PT. A	PT. B	PW. A	—	—	—	—	—
	切边 EC	PT. A	PT. B	PW. A	PW. B	—	—	—	—
钢板	不切边 EM	PT. A	PT. B	PW. A	—	PL. A	PL. B	PF. A	PF. B
	切边 EC	PT. A	PT. B	PW. A	PW. B	PL. A	PL. B	PF. A	PF. B
纵切钢带	切边 EC	PT. A	PT. B	PW. A	—	—	—	—	—

5　尺寸

5.1　钢板和钢带的尺寸范围

钢板和钢带(包括纵切钢带)的公称厚度 0.30 mm～4.00 mm。

钢板和钢带的公称宽度 600 mm～2 050 mm。

钢板的公称长度 1 000 mm～6 000 mm。

5.2　钢板和钢带推荐的公称尺寸

5.2.1　钢板和钢带(包括纵切钢带)的公称厚度在5.1所规定范围内,公称厚度小于1 mm的钢板和钢带按0.05 mm倍数的任何尺寸;公称厚度不小于1 mm的钢板和钢带按0.1 mm倍数的任何尺寸。

5.2.2　钢板和钢带(包括纵切钢带)的公称宽度在5.1所规定范围内,按10 mm倍数的任何尺寸。

5.2.3　钢板的公称长度在5.1所规定范围内,按50 mm倍数的任何尺寸。

5.2.4　根据需方要求,经供需双方协商,可以供应其他尺寸的钢板和钢带。

6　尺寸允许偏差

6.1　厚度允许偏差

6.1.1　规定的最小屈服强度小于280 MPa的钢板和钢带的厚度允许偏差应符合表2的规定。

表2　　单位为毫米

公称厚度	厚度允许偏差[a]					
	普通精度　PT. A			较高精度　PT. B		
	公 称 宽 度			公 称 宽 度		
	≤1 200	>1 200～1 500	>1 500	≤1 200	>1 200～1 500	>1 500
≤0.40	±0.04	±0.05	±0.06	±0.025	±0.035	±0.045
>0.40～0.60	±0.05	±0.06	±0.07	±0.035	±0.045	±0.050
>0.60～0.80	±0.06	±0.07	±0.08	±0.040	±0.050	±0.050
>0.80～1.00	±0.07	±0.08	±0.09	±0.045	±0.060	±0.060
>1.00～1.20	±0.08	±0.09	±0.10	±0.055	±0.070	±0.070
>1.20～1.60	±0.10	±0.11	±0.11	±0.070	±0.080	±0.080
>1.60～2.00	±0.12	±0.13	±0.13	±0.080	±0.090	±0.090

表 2（续）

单位为毫米

公称厚度	厚度允许偏差[a]					
	普通精度 PT.A			较高精度 PT.B		
	公称宽度			公称宽度		
	≤1 200	>1 200～1 500	>1 500	≤1 200	>1 200～1 500	>1 500
>2.00～2.50	±0.14	±0.15	±0.15	±0.100	±0.110	±0.110
>2.50～3.00	±0.16	±0.17	±0.17	±0.110	±0.120	±0.120
>3.00～4.00	±0.17	±0.19	±0.19	±0.140	±0.150	±0.150

[a] 距钢带焊缝处 15 m 内的厚度允许偏差比表 2 规定值增加 60%；距钢带两端各 15 m 内的厚度允许偏差比表 2 规定值增加 60%。

6.1.2 规定的最小屈服强度为 280 MPa～<360 MPa 的钢板和钢带的厚度允许偏差比表 2 规定值增加 20%；规定的最小屈服强度为不小于 360 MPa 的钢板和钢带的厚度允许偏差比表 2 规定值增加 40%。

6.2 宽度允许偏差

6.2.1 切边钢板、钢带的宽度允许偏差应符合表 3 的规定；不切边钢板、钢带的宽度允许偏差由供需双方商定。

表 3

单位为毫米

公称宽度	宽度允许偏差	
	普通精度 PW.A	较高精度 PW.B
≤1 200	+4 0	+2 0
>1 200～1 500	+5 0	+2 0
>1 500	+6 0	+3 0

6.2.2 纵切钢带的宽度允许偏差应符合表 4 的规定。

表 4

单位为毫米

公称厚度	宽度允许偏差				
	公称宽度				
	≤125	>125～250	>250～400	>400～600	>600
≤0.40	+0.3 0	+0.6 0	+1.0 0	+1.5 0	+2.0 0
>0.40～1.0	+0.5 0	+0.8 0	+1.2 0	+1.5 0	+2.0 0
>1.0～1.8	+0.7 0	+1.0 0	+1.5 0	+2.0 0	+2.5 0
>1.8～4.0	+1.0 0	+1.3 0	+1.7 0	+2.0 0	+2.5 0

6.3 长度允许偏差

钢板的长度允许偏差应符合表 5 的规定。

表 5

单位为毫米

公称长度	长度允许偏差	
	普通精度 PL. A	高级精度 PL. B
≤2 000	+6 0	+3 0
>2 000	+0.3%×公称长度 0	+0.15%×公称长度 0

7 外形

7.1 不平度

7.1.1 钢板的不平度应符合表 6 的规定值。

表 6

单位为毫米

规定的最小屈服强度/MPa	公称宽度	不平度 不大于					
		普通精度 PF. A			较高精度 PF. B		
		公称厚度					
		<0.70	0.70～<1.20	≥1.20	<0.70	0.70～<1.20	≥1.20
<280	≤1 200	12	10	8	5	4	3
	>1 200～1 500	15	12	10	6	5	4
	>1 500	19	17	15	8	7	6
280～<360	≤1 200	15	13	10	8	6	5
	>1 200～1 500	18	15	13	9	8	6
	>1 500	22	20	19	12	10	9

7.1.2 规定的最小屈服强度≥360 MPa 钢板的不平度供需双方协议确定。

7.1.3 对规定最小屈服强度小于 280 MPa 的钢板，按较高级不平度供货时，仲裁情况下另需检验边浪，边浪应符合以下规定：

——当波浪长度不小于 200 mm 时，对于公称宽度小于 1 500 mm 的钢板，波浪高度应小于波浪长度的 1%，对于公称宽度小于 1 500 mm 的钢板，波浪高度应小于波浪长度的 1.5%。

——当波浪长度小于 200 mm 时，波浪高度应小于 2 mm。

7.1.4 当用户对钢带的不平度有要求时，在用户对钢带进行充分平整矫直后，表 6 规定值也适用于用户从钢带切成的钢板。

7.2 镰刀弯

7.2.1 钢板和钢带的镰刀弯在任意 2 000 mm 长度上应不大于 6 mm；钢板的长度不大于 2 000 mm 时，其镰刀弯应不大于钢板实际长度的 0.3%。纵切钢带的镰刀弯在任意 2 000 mm 长度上应不大于 2 mm。

7.3 切斜

钢板应切成直角，切斜应不大于钢板宽度的 1%。

7.4 塔形

钢带应牢固地成卷，钢带卷的一侧塔形高度不得超过表 7 的规定。

表 7

单位为毫米

公称厚度	公称宽度	塔形高度
≤2.5	≤1 000	40
	>1 000	60
>2.5	≤1 000	30
	>1 000	50

8 尺寸及外形的测量

8.1 厚度

8.1.1 不切边钢板和钢带在距离轧制边不小于 40 mm 处测量；切边钢板和钢带在距离剪切边不小于 25 mm 处测量。

8.1.2 当纵切钢带的宽度小于 50 mm 时，沿宽度方向的中心部位测量。

8.2 宽度

宽度应在垂直于钢板或钢带中心线的方位测量。

8.3 不平度

8.3.1 将钢板自由地放在平台上，除钢板的本身重量外，不施加任何压力，测量钢板下表面与平台间的最大距离，如图 1 所示。

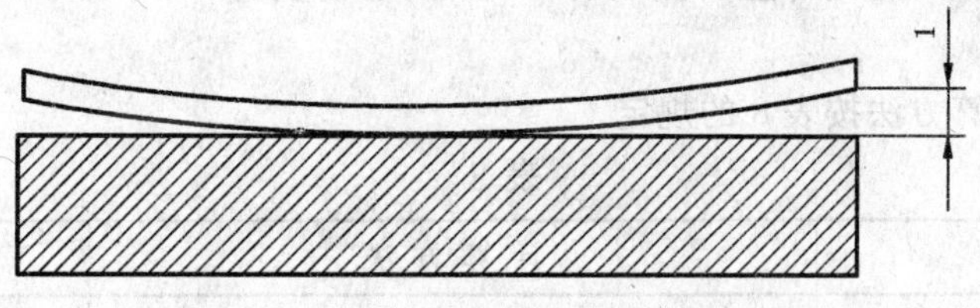

1——不平度。

图 1 不平度的测量

8.3.2 如受检测平台长度的限制，对于长度大于 2 000 mm 的钢板，可任意截取 2 000 mm 进行不平度的测量来替代全长不平度的测量。

8.4 镰刀弯

钢板及钢带的镰刀弯是指侧边与连接测量部分两端点直线之间的最大距离，在产品呈凹形的一侧测量，如图 2 所示。

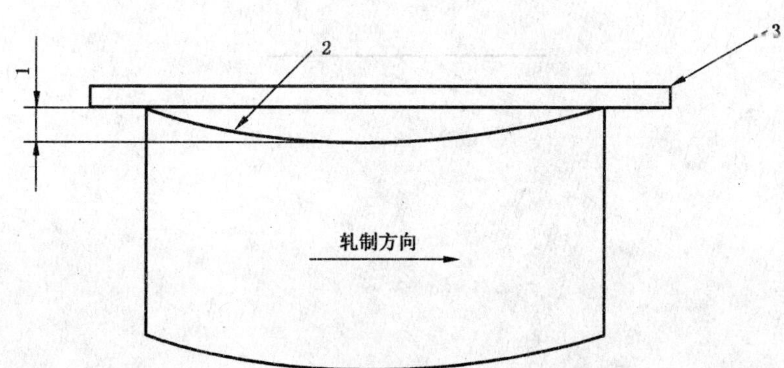

1——镰刀弯；

2——凹形侧边；

3——直尺(线)。

图 2 镰刀弯的测量

8.5 **切斜**

钢板的横边在纵边的垂直投影长度，如图3所示。

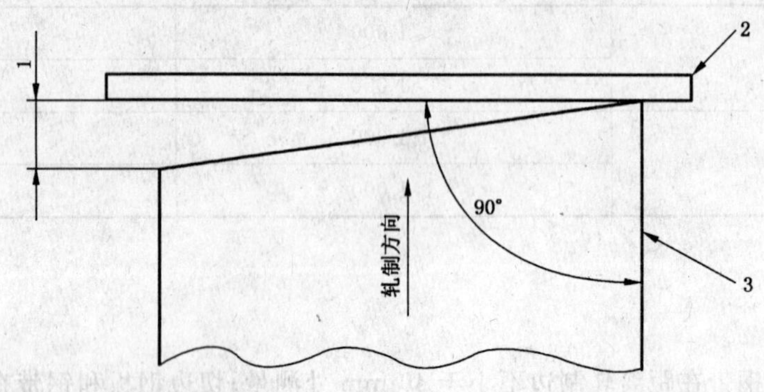

1——切斜；

2——直尺(线)；

3——侧边。

图3 切斜的测量

9 重量

钢板按理论或实际重量交货，钢带按实际重量交货。

9.1 钢板理论重量交货时，理论计重采用公称尺寸，碳钢密度为7.85 g/cm^3，其他钢种按相应标准规定。

9.2 钢板理论计重的计算方法按表8的规定。

表8

计算顺序	计算方法	结果的修约
基本重量/[$kg/(mm \cdot m^2)$]	7.85(厚度1 mm，面积1 m^2 的重量)	—
单位重量/(kg/m^2)	基本重量[$kg/(mm \cdot m^2)$]×厚度(mm)	修约到有效数字4位
钢板的面积/m^2	宽度(m)×长度(m)	修约到有效数字4位
一张钢板的重量/kg	单位重量(kg/m^2)×面积(m^2)	修约到有效数字3位
总重量/kg	各张钢板重量之和	kg的整数值

9.3 数值修约方法按GB/T 8170的规定。

ICS 77.140.50
H 46

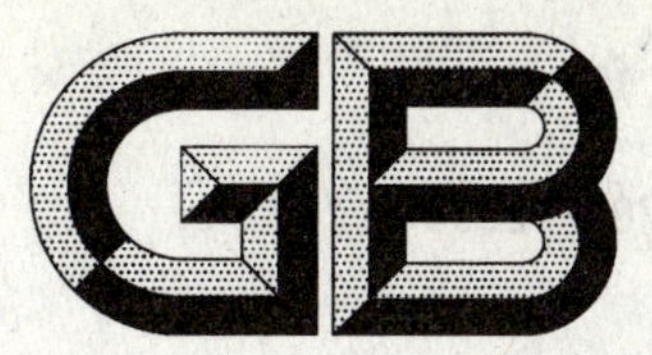

中华人民共和国国家标准

GB/T 709—2006
代替 GB/T 709—1988

热轧钢板和钢带的尺寸、外形、重量及允许偏差

Dimension, shape, weight and tolerances for hot-rolled steel plates and sheets

(ISO 7452:2002(E), Hot-rolled structural steel plates-tolerance on dimensions and shape, ISO 16160:2000(E), Continuously hot-rolled steel products—Dimensional and shape tolerances, NEQ)

2006-11-01 发布 2007-02-01 实施

中华人民共和国国家质量监督检验检疫总局
中国国家标准化管理委员会 发布

前　言

本标准与 ISO 7452:2002《热轧结构钢板尺寸和外形偏差》(英文版)、ISO 16160:2000《热连轧钢板钢带—尺寸和外形的偏差》(英文版)的一致性程度为非等效。

本标准代替 GB/T 709—1988《热轧钢板和钢带的尺寸、外形、重量及允许偏差》。

本标准与原标准对比,主要修订内容如下:

——取消钢板钢带公称尺寸表,规定尺寸范围和推荐的公称尺寸;

——钢板厚度增加到 400 mm,宽度加大到 5 000 mm,钢带宽度加大到 2 200 mm;

——加严较厚较宽钢板的厚度公差和钢带的宽度偏差;

——纵切钢带的宽度正负偏差改为正偏差;

——调整长度允许偏差;

——单轧轧制钢板不平度的测量长度为 1 m 或 2 m;

——连轧钢板单独规定不平度,测量长度为实际长度;

——镰刀弯的测量长度改为任 5 000 mm 或实际长度;规定纵切钢带镰刀弯;

——加严成卷钢带塔高度;

——规定各种尺寸测量方法,并附有测量图示;

——规定限定偏差或正偏差钢板理论计重所采用的厚度。

本标准由中国钢铁工业协会提出。

本标准由全国钢标准化技术委员会归口。

本标准起草单位:冶金工业信息标准研究院、鞍钢新轧钢股份有限公司、济南钢铁股份有限公司、首钢总公司、湖南华菱湘潭钢铁有限公司。

本标准主要起草人:唐一凡、王晓虎、朴志民、高玲、王丽萍、李小莉。

本标准所代替标准的历次版本发布情况为:GB 709—1965,GB 709—1988。

热轧钢板和钢带的尺寸、外形、重量及允许偏差

1 范围

本标准规定了热轧钢板和钢带的尺寸、外形、重量及允许偏差。

本标准适用于轧制宽度不小于600 mm的单张轧制钢板(以下简称单轧钢板)、钢带及其剪切钢板(以下称连轧钢板)和纵切钢带。

2 规范性引用文件

下列文件中的条款通过本标准的引用而成为本标准的条款。凡是注日期的引用文件,其随后所有的修改单(不包括勘误的内容)或修订版均不适用于本标准,然而,鼓励根据本标准达成协议的各方研究是否可使用这些文件的最新版本。凡是不注日期的引用文件,其最新版本适用于本标准。

GB/T 8170 数值修约规则

3 术语和定义

本标准采用下列术语和定义:

3.1

钢板 plate or sheet

钢板系不固定边部变形的热轧扁平钢材,包括直接轧制的单轧钢板和由宽钢带剪切成的连轧钢板。

3.2

钢带 wide strip

钢带系指成卷交货,轧制宽度不小于600 mm的宽钢带。

4 分类和代号

4.1 按边缘状态分为

切边 EC;

不切边 EM。

4.2 按厚度偏差种类分

N类偏差:正偏差和负偏差相等;

A类偏差:按公称厚度规定负偏差;

B类偏差:固定负偏差为0.3 mm;

C类偏差:固定负偏差为零,按公称厚度规定正偏差。

4.3 按厚度精度分为

普通厚度精度 PT.A;

较高厚度精度 PT.B。

5 尺寸

5.1 钢板和钢带的尺寸范围

单轧钢板公称厚度 3 mm~400 mm;

单轧钢板公称宽度　　　　　　　　600 mm～4 800 mm；
钢板公称长度　　　　　　　　　　2 000 mm～20 000 mm；
钢带(包括连轧钢板)公称厚度　　　0.8 mm～25.4 mm；
钢带(包括连轧钢板)公称宽度　　　600 mm～2 200 mm；
纵切钢带公称宽度　　　　　　　　120 mm～900 mm。

5.2　钢板和钢带推荐的公称尺寸

5.2.1　单轧钢板的公称厚度在5.1所规定范围内，厚度小于30 mm的钢板按0.5 mm倍数的任何尺寸；厚度不小于30 mm的钢板按1 mm倍数的任何尺寸。

5.2.2　单轧钢板的公称宽度在5.1所规定范围内，按10 mm或50 mm倍数的任何尺寸。

5.2.3　钢带(包括连轧钢板)的公称厚度在5.1所规定范围内，按0.1 mm倍数的任何尺寸。

5.2.4　钢带(包括连轧钢板)的公称宽度在5.1所规定范围内，按10 mm倍数的任何尺寸。

5.2.5　钢板的长度在5.1规定范围内，按50 mm或100 mm倍数的任何尺寸。

5.2.6　根据需方要求，经供需双方协议，可以供应推荐公称尺寸以外的其他尺寸的钢板和钢带。

6　尺寸允许偏差

对不切头尾的不切边钢带检查厚度、宽度时，两端不考核的总长度 L 为：

$$L(\text{m}) = 90/\text{公称厚度}(\text{mm})$$

但两端最大总长度不得大于20 m。

6.1　厚度允许偏差

6.1.1　单轧钢板厚度允许偏差应符合表1(N类)的规定。

6.1.2　根据需方要求，并在合同中注明偏差类别，可以供应公差值与表1规定公差值相等的其他偏差类别的单轧钢板，如表2～表4规定的A类、B类和C类偏差；也可以供应公差值与表1规定公差值相等的限制正偏差的单轧钢板，正负偏差由供需双方协商规定。

6.1.3　钢带(包括连轧钢板)的厚度偏差应符合表5的规定。需方要求按较高厚度精度供货时应在合同中注明，未注明的按普通精度供货。根据需方要求，可以在表5规定的公差范围内调整钢带的正负偏差。

表1　单轧钢板的厚度允许偏差(N类)　　　　单位为毫米

公称厚度	下列公称宽度的厚度允许偏差			
	≤1 500	>1 500～2 500	>2 500～4 000	>4 000～4 800
3.00～5.00	±0.45	±0.55	±0.65	—
>5.00～8.00	±0.50	±0.60	±0.75	—
>8.00～15.0	±0.55	±0.65	±0.80	±0.90
>15.0～25.0	±0.65	±0.75	±0.90	±1.10
>25.0～40.0	±0.70	±0.80	±1.00	±1.20
>40.0～60.0	±0.80	±0.90	±1.10	±1.30
>60.0～100	±0.90	±1.10	±1.30	±1.50
>100～150	±1.20	±1.40	±1.60	±1.80
>150～200	±1.40	±1.60	±1.80	±1.90
>200～250	±1.60	±1.80	±2.00	±2.20
>250～300	±1.80	±2.00	±2.20	±2.40
>300～400	±2.00	±2.20	±2.40	±2.60

表 2　单轧钢板的厚度允许偏差(A 类)

单位为毫米

公称厚度	下列公称宽度的厚度允许偏差			
	≤1 500	>1 500～2 500	>2 500～4 000	>4 000～4 800
3.00～5.00	+0.55 −0.35	+0.70 −0.40	+0.85 −0.45	—
>5.00～8.00	+0.65 −0.35	+0.75 −0.45	+0.95 −0.55	—
>8.00～15.0	+0.70 −0.40	+0.85 −0.45	+1.05 −0.55	+1.20 −0.60
>15.0～25.0	+0.85 −0.45	+1.00 −0.50	+1.15 −0.65	+1.50 −0.70
>25.0～40.0	+0.90 −0.50	+1.05 −0.55	+1.30 −0.70	+1.60 −0.80
>40.0～60.0	+1.05 −0.55	+1.20 −0.60	+1.45 −0.75	+1.70 −0.90
>60.0～100	+1.20 −0.60	+1.50 −0.70	+1.75 −0.85	+2.00 −1.00
>100～150	+1.60 −0.80	+1.90 −0.90	+2.15 −1.05	+2.40 −1.20
>150～200	+1.90 −0.90	+2.20 −1.00	+2.45 −1.15	+2.50 −1.30
>200～250	+2.20 −1.00	+2.40 −1.20	+2.70 −1.30	+3.00 −1.40
>250～300	+2.40 −1.20	+2.70 −1.30	+2.95 −1.45	+3.20 −1.60
>300～400	+2.70 −1.30	+3.00 −1.40	+3.25 −1.55	+3.50 −1.70

表 3　单轧钢板的厚度允许偏差(B 类)

单位为毫米

公称厚度	下列公称宽度的厚度允许偏差							
	≤1 500		>1 500～2 500		>2 500～4 000		>4 000～4 800	
3.00～5.00	−0.30	+0.60	−0.30	+0.80	−0.30	+1.00	—	
>5.00～8.00		+0.70		+0.90		+1.20	—	
>8.00～15.0		+0.80		+1.00		+1.30	−0.30	+1.50
>15.0～25.0		+1.00		+1.20		+1.50		+1.90
>25.0～40.0		+1.10		+1.30		+1.70		+2.10
>40.0～60.0		+1.30		+1.50		+1.90		+2.30
>60.0～100		+1.50		+1.80		+2.30		+2.70
>100～150		+2.10		+2.50		+2.90		+3.30
>150～200		+2.50		+2.90		+3.30		+3.50
>200～250		+2.90		+3.30		+3.70		+4.10
>250～300		+3.30		+3.70		+4.10		+4.50
>300～400		+3.70		+4.10		+4.50		+4.90

表 4　单轧钢板的厚度允许偏差(C 类)　　　　单位为毫米

公称厚度	下列公称宽度的厚度允许偏差							
	≤1 500		>1 500～2 500		>2 500～4 000		>4 000～4 800	
3.00～5.00	0	+0.90	0	+1.10	0	+1.30	0	—
>5.00～8.00		+1.00		+1.20		+1.50		—
>8.00～15.0		+1.10		+1.30		+1.60		+1.80
>15.0～25.0		+1.30		+1.50		+1.80		+2.20
>25.0～40.0		+1.40		+1.60		+2.00		+2.40
>40.0～60.0		+1.60		+1.80		+2.20		+2.60
>60.0～100		+1.80		+2.20		+2.60		+3.00
>100～150		+2.40		+2.80		+3.20		+3.60
>150～200		+2.80		+3.20		+3.60		+3.80
>200～250		+3.20		+3.60		+4.00		+4.40
>250～300		+3.60		+4.00		+4.40		+4.80
>300～400		+4.00		+4.40		+4.80		+5.20

表 5　钢带(包括连轧钢板)的厚度允许偏差　　　　单位为毫米

公称厚度	钢带厚度允许偏差[a]							
	普通精度　PT. A				较高精度　PT. B			
	公称宽度				公称宽度			
	600～1 200	>1 200～1 500	>1 500～1 800	>1 800	600～1 200	>1 200～1 500	>1 500～1 800	>1 800
0.8～1.5	±0.15	±0.17	—	—	±0.10	±0.12	—	—
>1.5～2.0	±0.17	±0.19	±0.21	—	±0.13	±0.14	±0.14	—
>2.0～2.5	±0.18	±0.21	±0.23	±0.25	±0.14	±0.15	±0.17	±0.20
>2.5～3.0	±0.20	±0.22	±0.24	±0.26	±0.15	±0.17	±0.19	±0.21
>3.0～4.0	±0.22	±0.24	±0.26	±0.27	±0.17	±0.18	±0.21	±0.22
>4.0～5.0	±0.24	±0.26	±0.28	±0.29	±0.19	±0.21	±0.22	±0.23
>5.0～6.0	±0.26	±0.28	±0.29	±0.31	±0.21	±0.22	±0.23	±0.25
>6.0～8.0	±0.29	±0.30	±0.31	±0.35	±0.23	±0.24	±0.25	±0.28
>8.0～10.0	±0.32	±0.33	±0.34	±0.40	±0.26	±0.26	±0.27	±0.32
>10.0～12.5	±0.35	±0.36	±0.37	±0.43	±0.28	±0.29	±0.30	±0.36
>12.5～15.0	±0.37	±0.38	±0.40	±0.46	±0.30	±0.31	±0.33	±0.39
>15.0～25.4	±0.40	±0.42	±0.45	±0.50	±0.32	±0.34	±0.37	±0.42

a　规定最小屈服强度 R_e≥345 MPa 的钢带,厚度偏差应增加 10%。

6.2　宽度允许偏差

6.2.1　切边单轧钢板的宽度允许偏差应符合表 6 的规定。

表 6 切边单轧钢板的宽度允许偏差

单位为毫米

公称厚度	公称宽度	允许偏差
3～16	≤1 500	+10 / 0
	>1 500	+15 / 0
>16	≤2 000	+20 / 0
	>2 000～3 000	+25 / 0
	>3 000	+30 / 0

6.2.2 不切边单轧钢板的宽度允许偏差由供需双方协商。

6.2.3 不切边钢带(包括连轧钢板)的宽度允许偏差应符合表 7 的规定。

表 7 不切边钢带(包括连轧钢板)的宽度允许偏差

单位为毫米

公称宽度	允许偏差
≤1 500	+20 / 0
>1 500	+25 / 0

6.2.4 切边钢带(包括连轧钢板)的宽度允许偏差应符合表 8 的规定。经供需双方协议,可以供应较高宽度精度的钢带。

表 8 切边钢带(包括连轧钢板)的宽度允许偏差

单位为毫米

公称宽度	允许偏差
≤1 200	+3 / 0
>1 200～1 500	+5 / 0
>1 500	+6 / 0

6.2.5 纵切钢带的宽度允许偏差应符合表 9 的规定。

表 9 纵切钢带的宽度允许偏差

单位为毫米

公称宽度	公称厚度		
	≤4.0	>4.0～8.0	>8.0
120～160	+1 / 0	+2 / 0	+2.5 / 0
>160～250	+1 / 0	+2 / 0	+2.5 / 0

表 9（续） 单位为毫米

公称宽度	公称厚度		
	≤4.0	>4.0～8.0	>8.0
>250～600	$^{+2}_{0}$	$^{+2.5}_{0}$	$^{+3}_{0}$
>600～900	$^{+2}_{0}$	$^{+2.5}_{0}$	$^{+3}_{0}$

6.3 长度允许偏差

6.3.1 单轧钢板长度允许偏差应符合表 10 的规定。

表 10 单轧钢板的长度允许偏差 单位为毫米

公称长度	允许偏差
2 000～4 000	$^{+20}_{0}$
>4 000～6 000	$^{+30}_{0}$
>6 000～8 000	$^{+40}_{0}$
>8 000～10 000	$^{+50}_{0}$
>10 000～15 000	$^{+75}_{0}$
>15 000～20 000	$^{+100}_{0}$
>20 000	由供需双方协商

6.3.2 连轧钢板长度允许偏差应符合表 11 的规定。

表 11 连轧钢板的长度允许偏差 单位为毫米

公称长度	允许偏差
2 000～8 000	+0.5%×公称长度
>8 000	$^{+40}_{0}$

7 外形

7.1 不平度

7.1.1 单轧钢板按下列两类钢，分别规定钢板不平度。

钢类 L：规定的最低屈服强度值≤460 MPa，未经淬火或淬火加回火处理的钢板。

钢类 H：规定的最低屈服强度值>460 MPa～700 MPa，以及所有淬火或淬火加回火的钢板。

7.1.1.1 单轧钢板的不平度按表 12 的规定。

表 12 单轧钢板的不平度

单位为毫米

公称厚度	钢类 L				钢类 H			
	下列公称宽度钢板的不平度，不大于							
	≤3 000		>3 000		≤3 000		>3 000	
	测量长度							
	1 000	2 000	1 000	2 000	1 000	2 000	1 000	2 000
3～5	9	14	15	24	12	17	19	29
>5～8	8	12	14	21	11	15	18	26
>8～15	7	11	11	17	10	14	16	22
>15～25	7	10	10	15	10	13	14	19
>25～40	6	9	9	13	9	12	13	17
>40～400	5	8	8	11	8	11	11	15

7.1.1.2 如测量时直尺(线)与钢板接触点之间距离小于 1 000 mm，则不平度最大允许值应符合以下要求：对钢类 L，为接触点间距离(300 mm～1 000 mm)的 1%；对钢类 H，为接触点间距离(300 mm～1 000 mm)的 1.5%。但两者均不得超过表 12 的规定。

7.1.2 连轧钢板的不平度按表 13 的规定。

表 13 连轧钢板的不平度

单位为毫米

公称厚度	公称宽度	不平度，不大于		
		规定的屈服强度，R_e		
		<220 MPa	220 MPa～320 MPa	>320 MPa
≤2	≤1 200	21	26	32
	>1 200～1 500	25	31	36
	>1 500	30	38	45
>2	≤1 200	18	22	27
	>1 200～1 500	23	29	34
	>1 500	28	35	42

7.1.3 如用户对钢带的不平度有要求，在用户开卷设备能保证质量的前提下，供需双方可以协商规定，并在合同中注明。

7.2 **镰刀弯及切斜(脱方)**

钢板的镰刀弯及切斜应受限制，应保证钢板订货尺寸的矩形。

7.2.1 **镰刀弯**

7.2.1.1 单轧钢板的镰刀弯应不大于实际长度的 0.2%。

7.2.1.2 钢带(包括纵切钢带)和连轧钢板的镰刀弯按表 14 的规定。对不切头尾的不切边钢带检查镰刀弯时，两端不考核的总长度按第 6 章检查不切头尾的不切边钢带的厚度、宽度两端不考核总长的规定。

7.2.2 **切斜**

钢板的切斜应不大于实际宽度的 1%。

7.3 **塔形**

7.3.1 钢带应牢固地成卷。钢带卷的一侧塔形高度不得超过表 15 的规定。

表 14 钢带(包括纵切钢带)和连轧钢板的镰刀弯 单位为毫米

产品类型	公称长度	公称宽度	镰刀弯,不大于		测量长度
			切边	不切边	
连轧钢板	<5 000	≥600	实际长度×0.3%	实际长度×0.4%	实际长度
	≥5 000	≥600	15	20	任意 5 000 mm 长度
钢带	—	≥600	15	20	任意 5 000 mm 长度
	—	<600	15	—	—

表 15 塔形高度 单位为毫米

公称宽度	切边	不切边
≤1 000	20	50
>1 000	30	60

8 尺寸测量

8.1 厚度

切边钢带(包括连轧钢板)在距纵边不小于 25 mm 处测量;不切边钢带(包括连轧钢板)在距纵边不小于 40 mm 处测量。切边单轧钢板在距边部(纵边和横边)不小于 25 mm 处测量;不切边单轧钢板的测量部位由供需双方协议。

8.2 宽度

宽度应在垂直于钢板或钢带中心线的方位测量。

8.3 长度

钢板内最大矩形的长度。

8.4 不平度

将钢板自由地放在平面上,除钢板本身重量外不施加任何压力。

用一根长度为 1 000 mm 或 2 000 mm 的直尺,在距单轧钢板纵边至少 25 mm 和距横边至少为 200 mm 区域内的任何方向,测量钢板上表面与直尺之间的最大距离(如图 1 所示)。

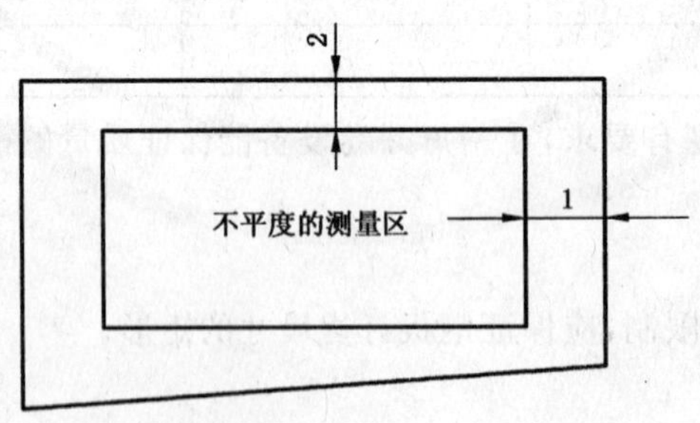

1——200 mm(距横边);
2——25 mm(距纵边)。

图 1 单轧钢板不平度的测量

测量连轧钢板下表面与平面之间的最大距离(如图 2 所示)。

8.5 镰刀弯

钢板或钢带的凹形侧边与连接测量部分两端点直线之间的最大距离(如图 3 所示)。

8.6 切斜

钢板的横边在纵边上的垂直投影(如图 4 所示)。

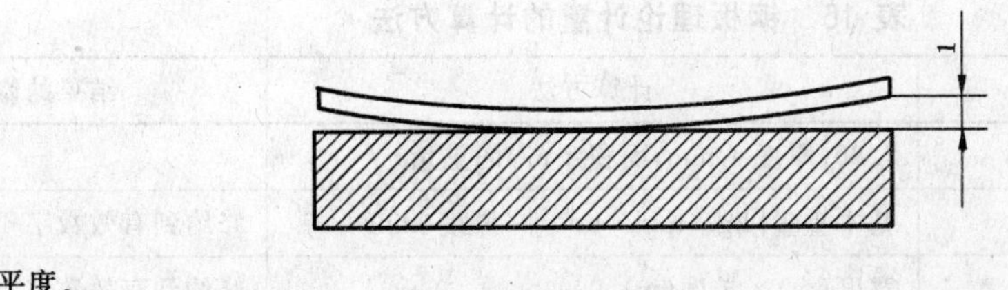

1——不平度。

图 2 连轧钢板不平度的测量

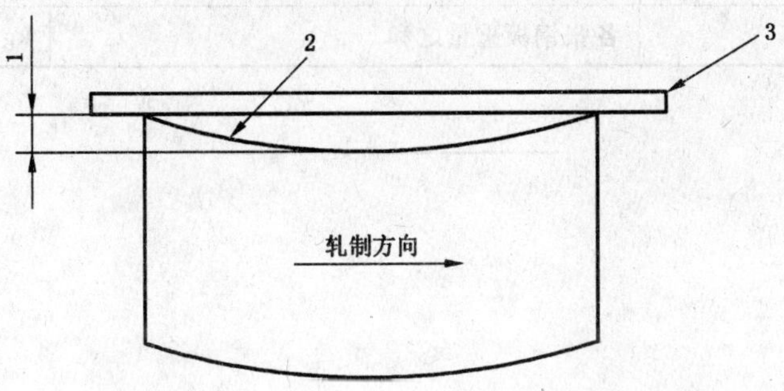

1——镰刀弯；

2——凹形侧边；

3——直尺(线)。

图 3 镰刀弯的测量

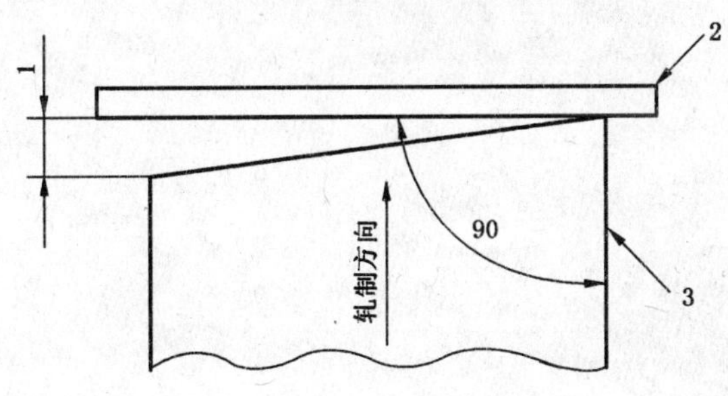

1——切斜；

2——直尺(线)；

3——侧边。

图 4 切斜的测量

9 重量

钢板按理论或实际重量交货，钢带按实际重量交货。

9.1 钢板按理论重量交货时，理论计重采用公称尺寸，碳钢密度为 7.85 g/cm³，其他钢种按相应标准规定。

9.2 当钢板的厚度允许偏差为限定负偏差或正偏差时，理论计重所采用的厚度为允许的最大厚度和最小厚度的平均值。

9.3 钢板理论计重的计算方法按表 16 的规定。

9.4 数值修约方法

数值修约方法按 GB/T 8170 的规定。

表 16　钢板理论计重的计算方法

计算顺序	计算方法	结果的修约
基本重量/[kg/(mm·m^2)]	7.85(厚度 1 mm,面积 1 m^2 的重量)	—
单位重量/(kg/m^2)	基本重量[kg/(mm·m^2)]×厚度(mm)	修约到有效数字 4 位
钢板的面积/m^2	宽度(m)×长度(m)	修约到有效数字 4 位
一张钢板的重量/kg	单位重量(kg/m^2)×面积(m^2)	修约到有效数字 3 位
总重量/kg	各张钢板重量之和	kg 的整数值

中华人民共和国国家标准

冷拉圆钢、方钢、六角钢尺寸、外形、重量及允许偏差

Dimension, shape, weight and tolerance for cold-drawn round, square and hexagonal steels

GB/T 905—94

代替 GB 905—82
GB 906—82
GB 907—82

本标准中的尺寸允许偏差采用国际标准 ISO 286.1—1988《ISO 极限与配合——第一部分:总论,公差、偏差与配合》中的数值,与 GB 1800《公差与配合》的规定一致。

1 主题内容及适用范围

本标准规定了冷拉圆钢、方钢、六角钢的尺寸、外形、重量及允许偏差。

本标准适用于尺寸为 3~80 mm 的冷拉圆钢、方钢、六角钢。

2 钢材的截面图示及标注符号

2.1 圆钢的截面图示及标注符号如图 1。

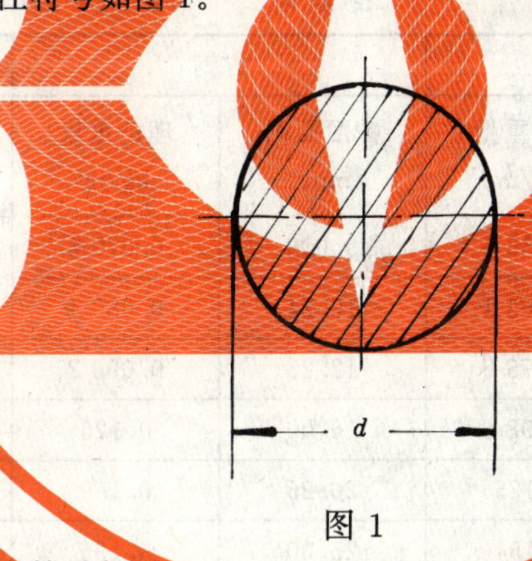

图 1

2.2 方钢的截面图示及标注符号如图 2。

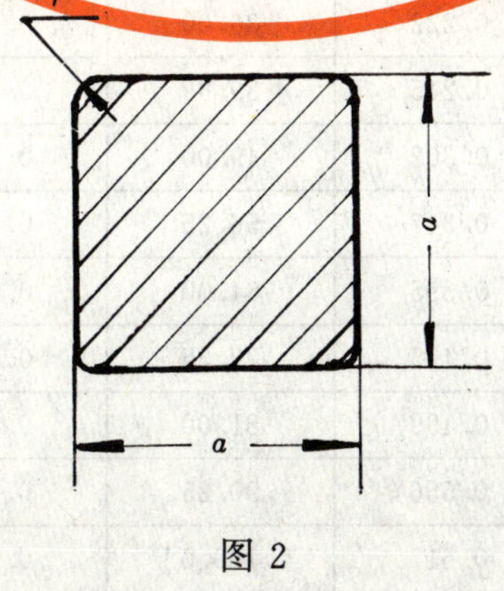

图 2

国家技术监督局 1994-12-22 批准　　　　1995-10-01 实施

2.3 六角钢的截面图示及标注符号如图 3。

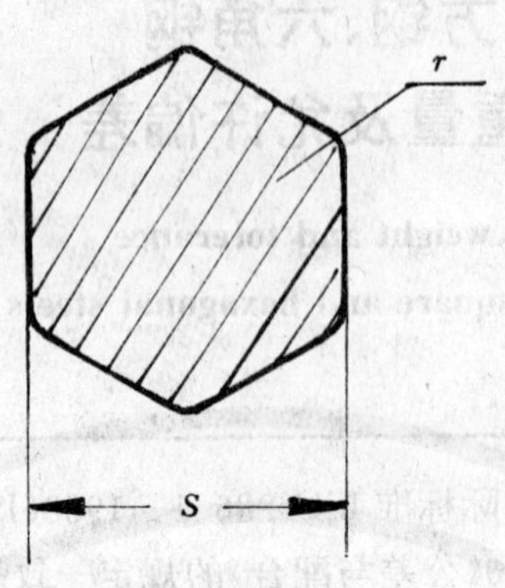

图 3

S—六角钢对边距离；*r*—圆角半径

3 尺寸、重量及允许偏差

3.1 钢材的尺寸、截面面积及理论重量列于表 1。

3.2 经供需双方协议，可以供应中间尺寸的钢材。

表 1

尺寸 mm	圆钢		方钢		六角钢	
	截面面积 mm^2	理论重量 kg/m	截面面积 mm^2	理论重量 kg/m	截面面积 mm^2	理论重量 kg/m
3.0	7.069	0.055 5	9.000	0.070 6	7.794	0.061 2
3.2	8.042	0.063 1	10.24	0.080 4	8.868	0.069 6
3.5	9.621	0.075 5	12.25	0.096 2	10.61	0.083 3
4.0	12.57	0.098 6	16.00	0.126	13.86	0.109
4.5	15.90	0.125	20.25	0.159	17.54	0.138
5.0	19.63	0.154	25.00	0.196	21.65	0.170
5.5	23.76	0.187	30.25	0.237	26.20	0.206
6.0	28.27	0.222	36.00	0.283	31.18	0.245
6.3	31.17	0.245	39.69	0.312	34.37	0.270
7.0	38.48	0.302	49.00	0.385	42.44	0.333
7.5	44.18	0.347	56.25	0.442	—	—
8.0	50.27	0.395	64.00	0.502	55.43	0.435
8.5	56.75	0.445	72.25	0.567	—	—
9.0	63.62	0.499	81.00	0.636	70.15	0.551
9.5	70.88	0.556	90.25	0.708	—	—
10.0	78.54	0.617	100.0	0.785	86.60	0.680
10.5	86.59	0.680	110.2	0.865	—	—

续表 1

尺寸 mm	圆钢		方钢		六角钢	
	截面面积 mm^2	理论重量 kg/m	截面面积 mm^2	理论重量 kg/m	截面面积 mm^2	理论重量 kg/m
11.0	95.03	0.746	121.0	0.950	104.8	0.823
11.5	103.9	0.815	132.2	1.04	—	—
12.0	113.1	0.888	144.0	1.13	124.7	0.979
13.0	132.7	1.04	169.0	1.33	146.4	1.15
14.0	153.9	1.21	196.0	1.54	169.7	1.33
15.0	176.7	1.39	225.0	1.77	194.9	1.53
16.0	201.1	1.58	256.0	2.01	221.7	1.74
17.0	227.0	1.78	289.0	2.27	250.3	1.96
18.0	254.5	2.00	324.0	2.54	280.6	2.20
19.0	283.5	2.23	361.0	2.83	312.6	2.45
20.0	314.2	2.47	400.0	3.14	346.4	2.72
21.0	346.4	2.72	441.0	3.46	381.9	3.00
22.0	380.1	2.98	484.0	3.80	419.2	3.29
24.0	452.4	3.55	576.0	4.52	498.8	3.92
25.0	490.9	3.85	625.0	4.91	541.3	4.25
26.0	530.9	4.17	676.0	5.31	585.4	4.60
28.0	615.8	4.83	784.0	6.15	679.0	5.33
30.0	706.9	5.55	900.0	7.06	779.4	6.12
32.0	804.2	6.31	1024	8.04	886.8	6.96
34.0	907.9	7.13	1156	9.07	1001	7.86
35.0	962.1	7.55	1225	9.62	—	—
36.0	—	—	—	—	1122	8.81
38.0	1134	8.90	1444	11.3	1251	9.82
40.0	1257	9.86	1600	12.6	1386	10.9
42.0	1385	10.9	1764	13.8	1528	12.0
45.0	1590	12.5	2025	15.9	1754	13.8
48.0	1810	14.2	2304	18.1	1995	15.7
50.0	1968	15.4	2500	19.6	2165	17.0
52.0	2206	17.3	2809	22.0	2433	19.1
55.0	—	—	—	—	2620	20.5
56.0	2463	19.3	3136	24.6	—	—
60.0	2827	22.2	3600	28.3	3118	24.5
63.0	3117	24.5	3969	31.2	—	—

续表 1

尺寸 mm	圆钢		方钢		六角钢	
	截面面积 mm²	理论重量 kg/m	截面面积 mm²	理论重量 kg/m	截面面积 mm²	理论重量 kg/m
65.0	—	—	—	—	3654	28.7
67.0	3526	27.7	4489	35.2	—	—
70.0	3848	30.2	4900	38.5	4244	33.3
75.0	4418	34.7	5625	44.2	4871	38.2
80.0	5027	39.5	6400	50.2	5543	43.5

注：① 表内尺寸一栏，对圆钢表示直径，对方钢表示边长，对六角钢表示对边距离。以下各表相同。

② 表中理论重量按密度为 7.85 kg/dm³ 计算。对高合金钢计算理论重量时应采用相应牌号的密度。

3.3 钢材尺寸允许偏差

3.3.1 钢材尺寸的允许偏差应符合表 2 的规定，其级别应在合同中注明。

表 2

mm

尺寸	允许偏差级别					
	8 h8	9 h9	10 h10	11 h11	12 h12	13 h13
	允许偏差					
3	0 −0.014	0 −0.025	0 −0.040	0 −0.060	0 −0.15	0 −0.14
>3～6	0 −0.018	0 −0.030	0 −0.048	0 −0.075	0 −0.12	0 −0.18
>6～10	0 −0.022	0 −0.036	0 −0.058	0 −0.090	0 −0.15	0 −0.22
>10～18	0 −0.027	0 −0.043	0 −0.070	0 −0.110	0 −0.18	0 −0.27
>18～30	0 −0.033	0 −0.052	0 −0.084	0 −0.130	0 −0.21	0 −0.33
>30～50	0 −0.039	0 −0.062	0 — 0.100	0 −0.160	0 −0.25	0 −0.39
>50～80	0 −0.046	0 −0.074	0 −0.120	0 −0.190	0 −0.30	0 −0.46

3.3.2 根据供需双方协议，可以供应表 2 规定允许偏差以外的钢材。

3.3.3 钢材尺寸允许偏差级别适用范围按表 3。

表 3

截面形状	圆钢	方钢	六角钢
适用级别	8、9、10、11、12	10、11、12、13	10、11、12、13

3.4 钢材长度及允许偏差

3.4.1 通常长度

3.4.1.1 钢材通常长度为2 000～6 000 mm。允许交付长度不小于1 500 mm的钢材，其重量不得超过该批总重量的10%；但高合金钢允许交付不小于1 000 mm的钢材，其重量不得超过该批总重量的10%。

3.4.1.2 经供需双方协议，可以供应长度大于6 000 mm的钢材。

3.4.2 定尺、倍尺长度

3.4.2.1 按定尺、倍尺长度交货的钢材，并在合同中注明，其长度的允许偏差不大于$^{+50}_{0}$mm。

3.4.2.2 经供需双方协议，按定尺或倍尺交货的钢材允许交付不超过该批总重量10%的非定尺钢材。

4 外形

4.1 钢材以直条交货。

4.2 经供需双方协议，钢材可以成盘交货，其盘径和盘重由双方商定。

4.3 根据需方要求，可以供应不圆度不大于直径公差50%的圆钢。

4.4 钢材不应有显著扭转，方钢不得有显著脱方。

4.5 对方钢、六角钢的顶角圆弧半径和对角线有特殊要求时，由供需双方协议。

4.6 钢材的端头不应有切弯和影响使用的剪切变形。

4.7 弯曲度

4.7.1 尺寸大于或等于7 mm直条交货的钢材，弯曲度应符合表4的规定。

表 4

级　别	弯曲度，mm/m　不大于			总弯曲度 mm，不大于
	尺　寸，mm			
	7～25	>25～50	>50～80	7～80
8～9(h8～h9)级	1	0.75	0.50	总长度与每米允许弯曲度的乘积
10～11(h10～h11)级	3	2	1	
12～13(h12～h13)级	4	3	2	
供自动切削用圆钢	2	2	1	

注：供自动切削用圆钢应在合同中注明。

4.7.2 经供需双方协议，供自动切削用直条交货的六角钢，尺寸为7～25 mm时，每米弯曲度不大于2 mm；尺寸大于25 mm时，每米弯曲度不大于1 mm。

4.7.3 尺寸小于7 mm直条交货的钢材，其每米弯曲度不得大于4 mm。

5 标记示例

用40 Cr钢制造，尺寸允许偏差为11级，直径、边长、对边距离为20 mm的冷拉钢材各标记如下：

冷拉圆钢$\dfrac{\text{11-20-GB/T 905—94}}{\text{40Cr-GB/T 3078—94}}$

冷拉方钢$\dfrac{\text{11-20-GB/T 905—94}}{\text{40Cr-GB/T 3078—94}}$

冷拉六角钢$\dfrac{\text{11-20-GB/T 905—94}}{\text{40Cr-GB/T 3078—94}}$

附加说明：

本标准由中华人民共和国冶金工业部提出。

本标准由冶金工业部信息标准研究院归口。

本标准由重庆特殊钢公司和冶金工业部信息标准研究院负责起草。

本标准主要起草人徐茂君、李素琴、祁宝兰、张长森。

ICS 77.140.60
H 44

中华人民共和国国家标准

GB/T 908—2008
代替 GB/T 908—1987、GB/T 16761—1997

锻制钢棒尺寸、外形、重量及允许偏差

Forged bars—Dimensions, shape, weight and tolerances

2008-08-05 发布　　　　2009-04-01 实施

中华人民共和国国家质量监督检验检疫总局
中国国家标准化管理委员会　发布

前　言

本标准代替 GB/T 908—1987《锻制圆钢和方钢尺寸、外形、重量及允许偏差》和 GB/T 16761—1997《锻制扁钢尺寸、外形、重量及允许偏差》。

本标准与原标准相比，主要修订内容如下：

——标准名称修改为《锻制钢棒尺寸、外形、重量及允许偏差》；

——圆钢直径由 250 mm 增加至 400 mm，方钢的边长由 250 mm 增加至 400 mm，并相应增加了尺寸允许偏差；

——取消了 GB/T 908—1987 标准中“工具钢和轴承钢的尺寸偏差应符合表 2 中 1 组的规定”；

——取消了 GB/T 16761—1997 标准中“工具钢的尺寸偏差应符合表 2 中 1 组的规定”。

本标准由中国钢铁工业协会提出。

本标准由全国钢标准化技术委员会归口。

本标准起草单位：东北特殊钢集团有限责任公司(抚顺)、冶金工业信息标准研究院。

本标准主要起草人：谷强、冯超、陈庆新、任翠英。

本标准所代替的历次版本发布情况为：

——GB/T 908—1972、GB/T 908—1987；

——GB/T 16761—1997。

锻制钢棒尺寸、外形、重量及允许偏差

1 范围

本标准规定了锻制钢棒(包括圆钢、方钢、扁钢)尺寸、外形、重量及允许偏差。

本标准适用于直径或边长为 50 mm～400 mm 的圆钢和方钢及厚度为 20 mm～160 mm、宽度为 40 mm～300 mm 的扁钢。

2 截面形状、尺寸及允许偏差

2.1 截面形状

圆钢、方钢、扁钢截面形状及标注符号如图 1、图 2、图 3 所示。

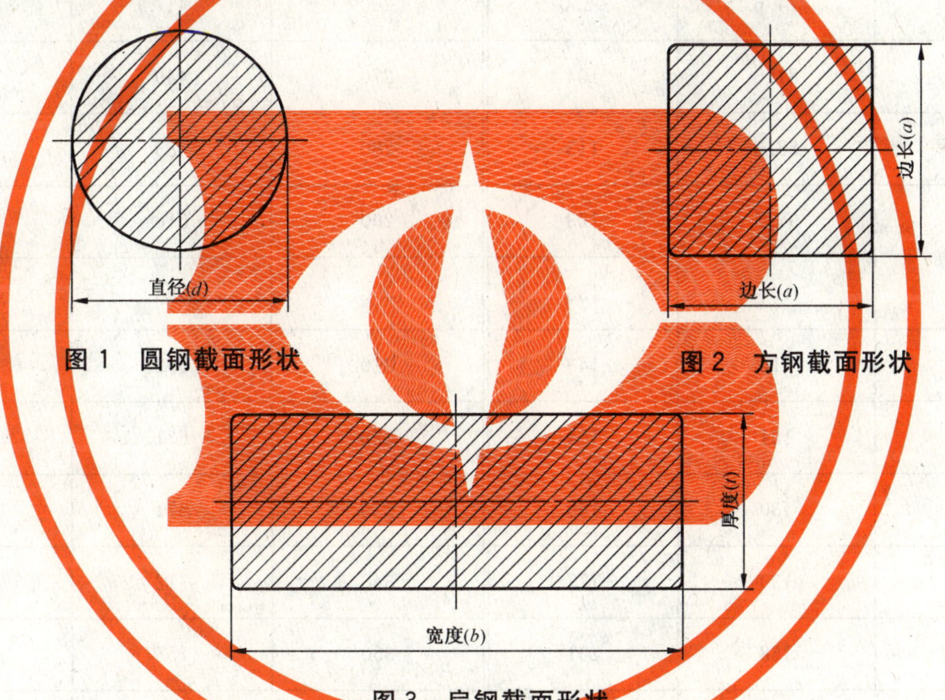

图 1 圆钢截面形状

图 2 方钢截面形状

图 3 扁钢截面形状

2.2 截面尺寸及理论重量

2.2.1 圆钢及方钢截面尺寸及理论重量见表 1。

表 1 圆钢、方钢尺寸及理论重量

圆钢公称直径 d 或 方钢公称边长 a/mm	理论重量/(kg/m)		圆钢公称直径 d 或 方钢公称边长 a/mm	理论重量/(kg/m)	
	圆钢	方钢		圆钢	方钢
50	15.4	19.6	70	30.2	38.5
55	18.6	23.7	75	34.7	44.2
60	22.2	28.3	80	39.5	50.2
65	26.0	33.2	85	44.5	56.7

表 1（续）

圆钢公称直径 d 或 方钢公称边长 a/mm	理论重量/(kg/m)		圆钢公称直径 d 或 方钢公称边长 a/mm	理论重量/(kg/m)	
	圆钢	方钢		圆钢	方钢
90	49.9	63.6	220	298	380
95	55.6	70.8	230	326	415
100	61.7	78.5	240	355	452
105	68.0	86.5	250	385	491
110	74.6	95.0	260	417	531
115	81.5	104	270	449	572
120	88.8	113	280	483	615
125	96.3	123	290	518	660
130	104	133	300	555	707
135	112	143	310	592	754
140	121	154	320	631	804
145	130	165	330	671	855
150	139	177	340	712	908
160	158	201	350	755	962
170	178	227	360	799	1 017
180	200	254	370	844	1 075
190	223	283	380	890	1 134
200	247	314	390	937	1 194
210	272	346	400	986	1 256

2.2.2　扁钢截面尺寸及理论重量见表 2。

2.2.3　表 1 及表 2 中的理论重量按密度 7.85 g/cm^3 计算。高合金钢计算理论重量时，应采用相应牌号的密度。

表 2　扁钢尺寸及理论重量

公称宽度 b/mm	公称厚度 t/mm																					
	20	25	30	35	40	45	50	55	60	65	70	75	80	85	90	100	110	120	130	140	150	160
	理论重量/(kg/m)																					
40	6. 28	7. 85	9. 42																			
45	7. 06	8. 83	10. 6																			
50	7. 85	9. 81	11. 8	13. 7	15. 7																	
55	8. 64	10. 8	13. 0	15. 1	17. 3																	
60	9. 42	11. 8	14. 1	16. 5	18. 8	21. 1	23. 6															
65	10. 2	12. 8	15. 3	17. 8	20. 4	23. 0	25. 5															
70	11. 0	13. 7	16. 5	19. 2	22. 0	24. 7	27. 5	30. 2	33. 0													
75	11. 8	14. 7	17. 7	20. 6	23. 6	26. 5	29. 4	32. 4	35. 3													
80	12. 6	15. 7	18. 8	22. 0	25. 1	28. 3	31. 4	34. 5	37. 7	40. 8	44. 0											
90	14. 1	17. 7	21. 2	24. 7	28. 3	31. 8	35. 3	38. 8	42. 4	45. 9	49. 4											
100	15. 7	19. 6	23. 6	27. 5	31. 4	35. 3	39. 2	43. 2	47. 1	51. 0	55. 0	58. 9	62. 8	66. 7								
110	17. 3	21. 6	25. 9	30. 2	34. 5	38. 8	43. 2	47. 5	51. 8	56. 1	60. 4	64. 8	69. 1	73. 4								
120	18. 8	23. 6	28. 3	33. 0	37. 7	42. 4	47. 1	51. 8	56. 5	61. 2	65. 9	70. 6	75. 4	80. 1								
130	20. 4	25. 5	30. 6	35. 7	40. 8	45. 9	51. 0	56. 1	61. 2	66. 3	71. 4	76. 5	81. 6	86. 7								
140	22. 0	27. 5	33. 0	38. 5	44. 0	49. 4	55. 0	60. 4	65. 9	71. 4	76. 9	82. 4	87. 9	93. 4	98. 9	110						
150	23. 6	29. 4	35. 3	41. 2	47. 1	53. 0	58. 9	64. 8	70. 7	76. 5	82. 4	88. 3	94. 2	100	106	118						
160	25. 1	31. 4	37. 7	44. G	50. 2	56. 5	62. 8	69. 1	75. 4	81. 6	87. 9	94. 2	100	107	113	126	138	151				
170	26. 7	33. 4	40. 0	46. 7	53. 4	60. 0	66. 7	73. 4	80. 1	86. 7	93. 4	100	107	113	120	133	147	160				
180	28. 3	35. 3	42. 4	49. 4	56. 5	63. 6	70. 6	77. 7	84. 8	91. 8	98. 9	106	113	120	127	141	155	170	184	198		
190						67. 1	74. 6	82. 0	89. 5	96. 9	104	112	119	127	134	149	164	179	194	209		
200						70. 6	78. 5	86. 4	94. 2	102	110	118	127	133	141	157	173	188	204	220		
210						74. 2	82. 4	90. 7	98. 9	107	115	124	132	140	148	165	181	198	214	231	247	264
220						77. 7	86. 4	95. 0	103. 6	112	121	130	138	147	155	173	190	207	224	242	259	276
230												135	144	153	162	180	199	217	235	253	271	289
240												141	151	160	170	188	207	226	245	264	283	301
250												147	157	167	177	196	216	235	255	275	294	314
260												153	163	173	184	204	224	245	265	286	306	326
280												165	176	187	198	220	242	264	286	308	330	352
300												177	188	200	212	236	259	283	306	330	353	377

2.3 尺寸及允许偏差

2.3.1 圆钢、方钢截面尺寸及允许偏差应符合表3规定。

表3 圆钢、方钢尺寸及允许偏差

单位为毫米

圆钢公称直径 d 或方钢公称边长 a	精度组别及允许偏差	
	1组	2组
50～60	+1.5 −1.0	+2.0 −1.0
>60～80	+2.0 −1.0	+2.5 −1.0
>80～100	+2.5 −1.0	+3.0 −1.0
>100～120	+2.5 −1.5	+3.0 −1.5
>120～140	+3.0 −1.5	+3.5 −1.5
>140～160	+3.0 −2.0	+4.0 −2.0
>160～180	+4.0 −2.0	+5.0 −2.0
>180～200	+5.0 −2.0	+6.0 −2.0
>200～220	+5.0 −3.0	+6.0 −3.0
>220～240	+6.0 −3.0	+7.0 −3.0
>240～260	+7.0 −3.0	+8.0 −3.0
>260～300	+8.0 −3.0	+9.0 −3.0
>300～350	+9.0 −3.0	+10.0 −3.0
>350～400	+10.0 −3.0	+11.0 −3.0

2.3.2 扁钢截面尺寸及允许偏差应符合表4规定。

表4 扁钢尺寸及允许偏差

单位为毫米

尺　寸	精度组别及允许偏差	
	1组	2组
公称宽度 b		
40～60	+2.0 −1.0	+2.5 −1.0
>60～100	+3.0 −1.0	+3.5 −1.0
>100～150	+4.0 −2.0	+4.5 −2.0
>150～200	+6.0 −2.0	+6.5 −2.0
>200～250	+7.0 −3.0	+8.0 −3.0
>250～300	+9.0 −3.0	+10.0 −3.0

尺　寸	精度组别及允许偏差	
	1组	2组
公称厚度 t		
20～40	+1.5 −0.5	+2.0 −0.5
>40～60	+2.0 −1.0	+2.5 −1.0
>60～100	+3.0 −1.0	+4.0 −1.0
>100～160	+4.0 −1.0	+5.0 −1.0

2.3.3 圆钢、方钢及扁钢精度组别应在相应产品标准或合同中注明，未注明时按 2 组规定执行。

2.3.4 经供需双方协商，可供应表 1 及表 2 中未列入的中间尺寸或超出表 1 及表 2 规定的最大尺寸的钢棒。对于超出表 1 及表 2 规定的最大尺寸的钢棒的允许偏差由供需双方协商并合同中注明。

2.3.5 经供需双方协商，也可供应完全正偏差的钢棒，其允许偏差应为表 3 或表 4 中相应组别和规格的正负偏差绝对值之和。

2.4 长度及允许偏差

2.4.1 钢棒通常交货长度不小于 1 m。

2.4.2 长度不小于 0.5 m 的短尺钢棒允许交货，但其重量不得超过该批交货总重量的 10%。

2.4.3 定尺、倍尺长度

钢棒定尺或倍尺长度应在合同中注明，其长度允许偏差为 +80 mm。

2.5 外形

2.5.1 圆钢

2.5.1.1 圆钢弯曲度每米不得大于 5 mm，总弯曲度不得大于总长度的 0.5%。

2.5.1.2 圆钢在同一截面的直径差不得大于公称直径公差的 0.7 倍。

2.5.1.3 圆钢两端切斜度和突出部分不得大于公称直径的二分之一。

2.5.2 方钢

2.5.2.1 方钢弯曲度每米不得大于 5 mm，总弯曲度不得大于总长度的 0.5%。

2.5.2.2 方钢在同一截面的对角线差不得大于公称边长公差的 0.7 倍。

2.5.2.3 方钢允许稍带圆角，但其相对圆角之间距离(对角线)不得小于公称边长的 1.3 倍。

2.5.2.4 方钢不得有显著的扭转。

2.5.2.5 方钢两端切斜度和突出部分不得大于公称边长的二分之一。

2.5.3 扁钢

2.5.3.1 扁钢的平面弯曲度每米不得大于 5 mm，总平面弯曲度不得大于总长度的 0.5%。

2.5.3.2 扁钢的侧面弯曲度(镰刀弯)每米不得大于 5 mm，总侧面弯曲度(镰刀弯)不得大于总长度的 0.5%。

2.5.3.3 扁钢允许稍带圆角，但其同一截面上两对角线长度差不得大于其公称宽度公差。

2.5.3.4 扁钢不得有显著的扭转。

2.5.3.5 扁钢两端切斜度和突出部分不得大于其公称厚度的二分之一。

3 交货重量

钢棒通常是按实际重量交货。经供需双方协议并在合同中注明也可按理论重量交货。

4 标记示例

4.1 圆钢标记示例

用 GB/T 3077—1999 标准中 40Cr 钢锻制成的直径为 120 mm，尺寸允许偏差精度组别为 1 组的圆钢，其标记为：

$$\text{圆钢}\frac{\text{120-1-GB/T 908—2008}}{\text{40Cr-GB/T 3077—1999}}$$

4.2 方钢标记示例

用 GB/T 699—1999 标准中 45 钢锻制成的边长为 200 mm，尺寸允许偏差精度组别为 2 组的方钢，其标记为：

$$方钢\frac{200\text{-}2\text{-}GB/T\ 908—2008}{45\text{-}GB/T\ 699—1999}$$

4.3 扁钢标记示例

用 GB/T 3077—1999 标准中 42CrMo 钢锻制成的厚度为 60 mm、宽度为 120 mm，尺寸允许偏差精度组别为 1 组的扁钢，其标记为：

$$扁钢\frac{60\times 120\text{-}1\text{-}GB/T\ 908—2008}{42CrMo\text{-}GB/T\ 3077—1999}$$

ICS 77.140.70
H 44

中华人民共和国国家标准

GB/T 6723—2008
代替 GB/T 6723—1986

通用冷弯开口型钢
尺寸、外形、重量及允许偏差

Cold forming sectional steel—Open sectional steel for general structure—Dimensions, shape, weight and permissible tolerances

2008-08-05 发布 2009-04-01 实施

中华人民共和国国家质量监督检验检疫总局
中国国家标准化管理委员会 发布

前　言

本标准修改采用 BS EN 10162:2003《冷弯型钢技术交货条件　尺寸和截面公差》。本标准根据 BS EN 10162:2003 重新起草，主要技术差异如下：

——适用范围及截面形状分类不同；

——提高了外形尺寸、表面质量考核要求；

——增加了截面参数。

本标准代替 GB/T 6723—1986《通用冷弯开口型钢尺寸、外形、重量及允许偏差》。

本标准与 GB/T 6723—1986 相比主要变化如下：

——扩大了产品规格范围；

——提高了外形尺寸公差精度；

——弯曲部分测量“内圆弧半径”修改为“外圆弧半径”，便于操作。

本标准由中国钢铁工业协会提出。

本标准由全国钢标准化技术委员会归口。

本标准主要起草单位：上海宝钢建筑工程设计研究院、武钢集团汉口轧钢厂、广州钢管厂有限公司、佛山市志达钢管制造有限公司、上海佳艺冷弯型钢厂。

本标准主要起草人：郁竑、马越峰、张秀芳、李烨、张永祺、李健彰、张静。

本标准 1986 年 8 月首次发布。

通用冷弯开口型钢
尺寸、外形、重量及允许偏差

1 范围

本标准规定了通用冷弯开口型钢的分类、代号、截面尺寸及允许偏差、长度及允许偏差、外形、重量和标记示例。

本标准适用于用可冷加工变形的冷轧或热轧钢带在连续辊式冷弯机组上生产的通用冷弯开口型钢，以下简称型钢。

2 分类、代号

型钢按其截面形状分为8种，其代号为：

a) 冷弯等边角钢(见图1) JD
b) 冷弯不等边角钢(见图2) JB
c) 冷弯等边槽钢(见图3) CD
d) 冷弯不等边槽钢(见图4) CB
e) 冷弯内卷边槽钢(见图5) CN
f) 冷弯外卷边槽钢(见图6) CW
g) 冷弯Z形钢(见图7) Z
h) 冷弯卷边Z形钢(见图8) ZJ

3 截面尺寸及允许偏差

3.1 型钢截面形状及标注符号分别如图1～图8所示。经双方协议，可供应图1～图8所列截面形状以外的型钢。

3.2 型钢的尺寸、截面面积、理论重量及主要参数列于表1～表8。经双方协议，可供应表1～表8所列尺寸以外的型钢。

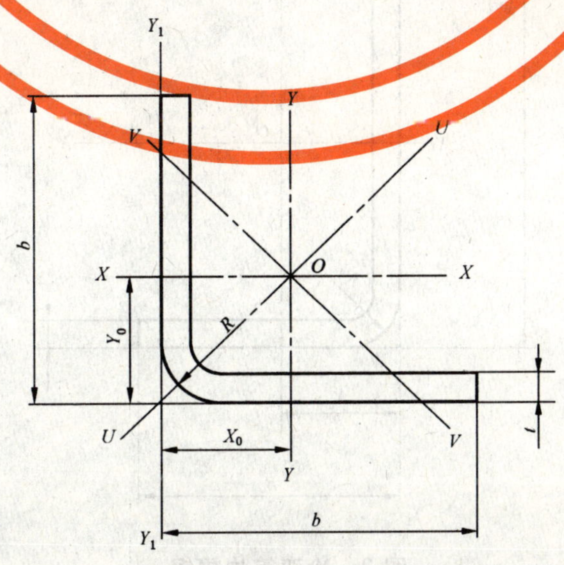

图1 冷弯等边角钢

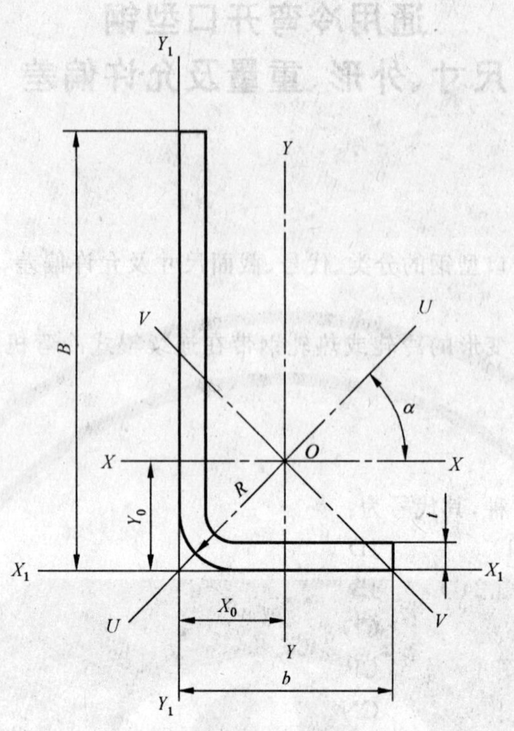

图 2　冷弯不等边角钢

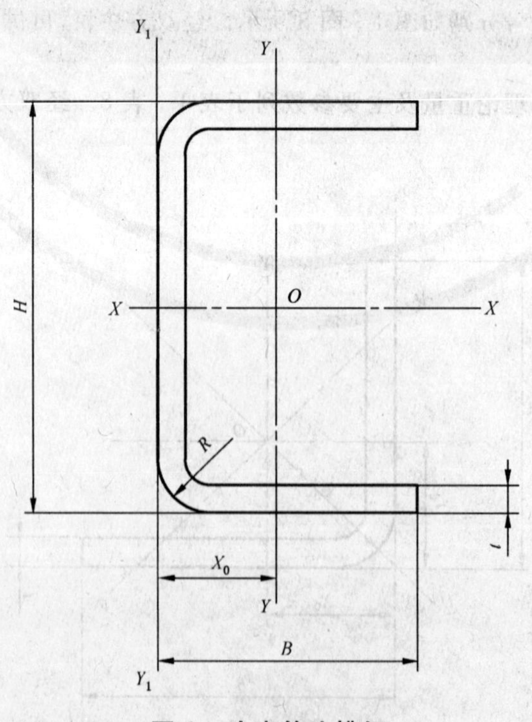

图 3　冷弯等边槽钢

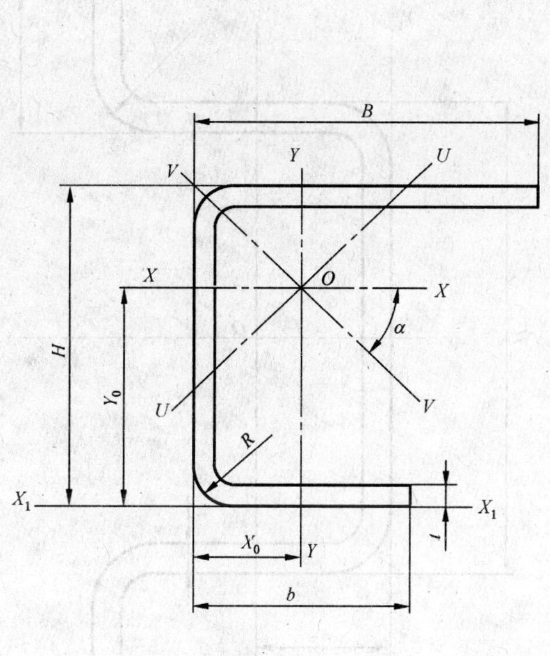

图 4　冷弯不等边槽钢

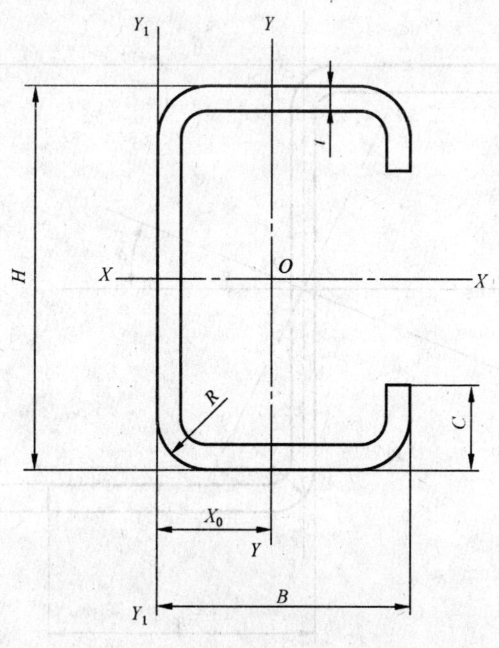

图 5　冷弯内卷边槽钢

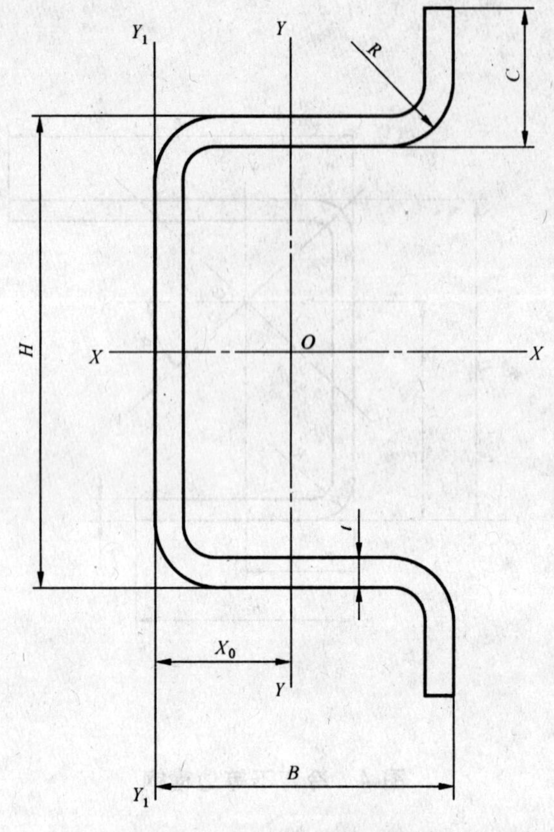

图 6　冷弯外卷边槽钢

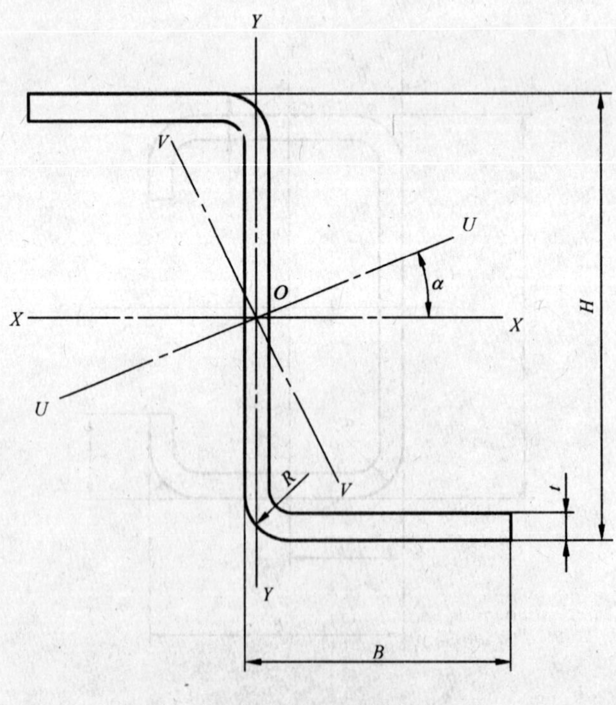

图 7　冷弯 Z 型钢

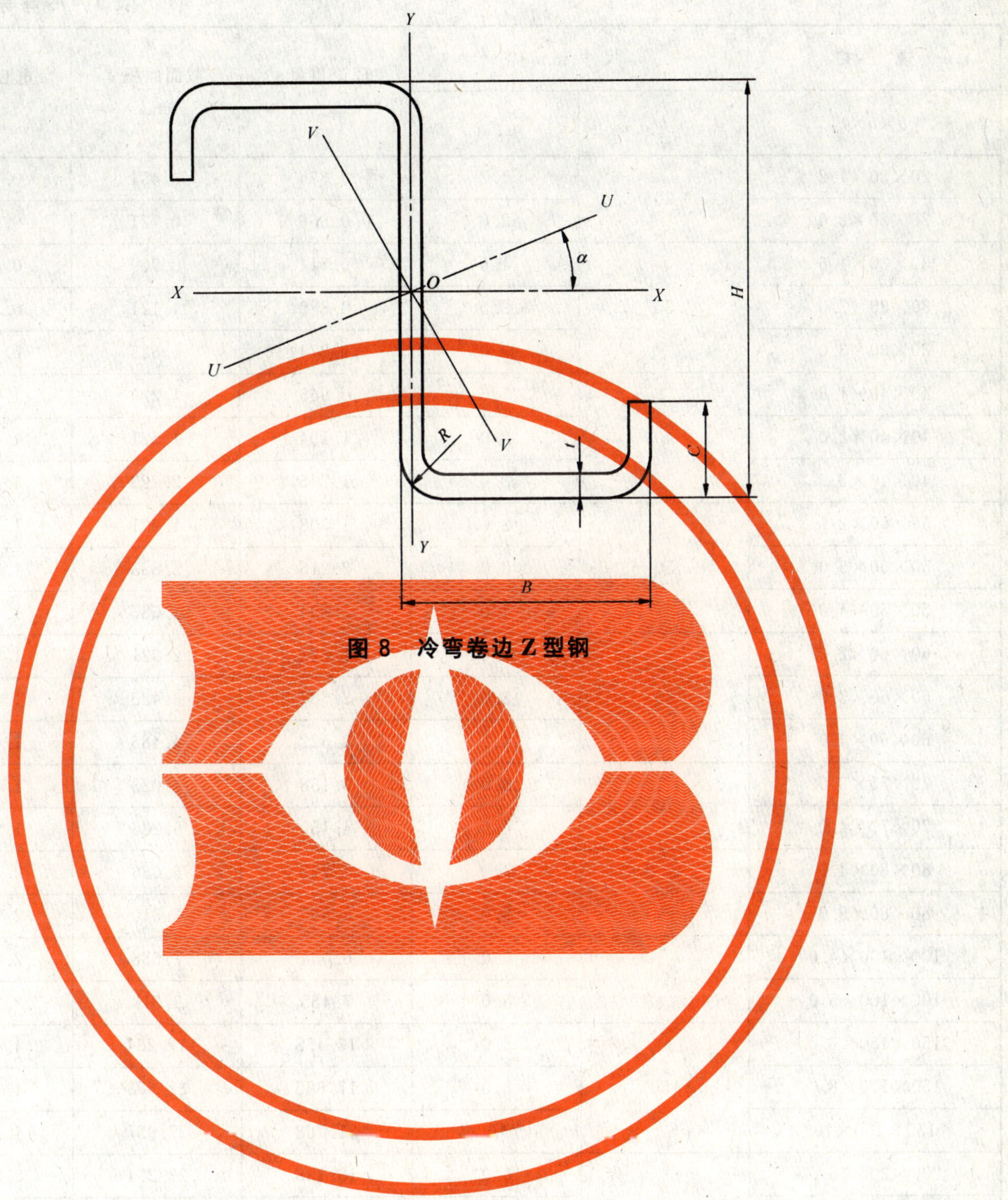

图 8 冷弯卷边 Z 型钢

表 1　冷弯等边角钢

规　　格	尺寸/mm		理论重量/(kg/m)	截面面积/cm^2	重心 Y_0/cm
$b \times b \times t$	b	t			
20×20×1.2	20	1.2	0.354	0.451	0.559
20×20×2.0		2.0	0.566	0.721	0.599
30×30×1.6	30	1.6	0.714	0.909	0.829
30×30×2.0		2.0	0.880	1.121	0.849
30×30×3.0		3.0	1.274	1.623	0.898
40×40×1.6	40	1.6	0.965	1.229	1.079
40×40×2.0		2.0	1.194	1.521	1.099
40×40×3.0		3.0	1.745	2.223	1.148
50×50×2.0	50	2.0	1.508	1.921	1.349
50×50×3.0		3.0	2.216	2.823	1.398
50×50×4.0		4.0	2.894	3.686	1.448
60×60×2.0	60	2.0	1.822	2.321	1.599
60×60×3.0		3.0	2.687	3.423	1.648
60×60×4.0		4.0	3.522	4.486	1.698
70×70×3.0	70	3.0	3.158	4.023	1.898
70×70×4.0		4.0	4.150	5.286	1.948
80×80×4.0	80	4.0	4.778	6.086	2.198
80×80×5.0		5.0	5.895	7.510	2.247
100×100×4.0	100	4.0	6.034	7.686	2.698
100×100×5.0		5.0	7.465	9.510	2.747
150×150×6.0	150	6.0	13.458	17.254	4.062
150×150×8.0		8.0	17.685	22.673	4.169
150×150×10		10	21.783	27.927	4.277
200×200×6.0	200	6.0	18.138	23.254	5.310
200×200×8.0		8.0	23.925	30.673	5.416
200×200×10		10	29.583	37.927	5.522
250×250×8.0	250	8.0	30.164	38.672	6.664
250×250×10		10	37.383	47.927	6.770
250×250×12		12	44.472	57.015	6.876
300×300×10	300	10	45.183	57.927	8.018
300×300×12		12	53.832	69.015	8.124
300×300×14		14	62.022	79.516	8.277
300×300×16		16	70.312	90.144	8.392

基本尺寸与主要参数

惯性矩/cm⁴			回转半径/cm			截面模数/cm³	
$I_x=I_y$	I_u	I_v	$r_x=r_y$	r_u	r_v	$W_{y\max}=W_{x\max}$	$W_{y\min}=W_{x\min}$
0.179	0.292	0.066	0.630	0.804	0.385	0.321	0.124
0.278	0.457	0.099	0.621	0.796	0.371	0.464	0.198
0.817	1.328	0.307	0.948	1.208	0.581	0.986	0.376
0.998	1.626	0.369	0.943	1.204	0.573	1.175	0.464
1.409	2.316	0.503	0.931	1.194	0.556	1.568	0.671
1.985	3.213	0.758	1.270	1.616	0.785	1.839	0.679
2.438	3.956	0.919	1.265	1.612	0.777	2.218	0.840
3.496	5.710	1.282	1.253	1.602	0.759	3.043	1.226
4.848	7.845	1.850	1.588	2.020	0.981	3.593	1.327
7.015	11.414	2.616	1.576	2.010	0.962	5.015	1.948
9.022	14.755	3.290	1.564	2.000	0.944	6.229	2.540
8.478	13.694	3.262	1.910	2.428	1.185	5.302	1.926
12.342	20.028	4.657	1.898	2.418	1.166	7.486	2.836
15.970	26.030	5.911	1.886	2.408	1.147	9.403	3.712
19.853	32.152	7.553	2.221	2.826	1.370	10.456	3.891
25.799	41.944	9.654	2.209	2.816	1.351	13.242	5.107
39.009	63.299	14.719	2.531	3.224	1.555	17.745	6.723
47.677	77.622	17.731	2.519	3.214	1.536	21.209	8.288
77.571	125.528	29.613	3.176	4.041	1.962	28.749	10.623
95.237	154.539	35.335	3.164	4.031	1.943	34.659	13.132
391.442	635.468	147.415	4.763	6.069	2.923	96.367	35.787
508.593	830.207	186.979	4.736	6.051	2.872	121.994	46.957
619.211	1 016.638	221.785	4.709	6.034	2.818	144.777	57.746
945.753	1 529.328	362.177	6.377	8.110	3.947	178.108	64.381
1 237.149	2 008.393	465.905	6.351	8.091	3.897	228.425	84.829
1 516.787	2 472.471	561.104	6.324	8.074	3.846	274.681	104.765
2 453.559	3 970.580	936.538	7.965	10.133	4.921	368.181	133.811
3 020.384	4 903.304	1 137.464	7.939	10.114	4.872	446.142	165.682
3 568.836	5 812.612	1 325.061	7.912	10.097	4.821	519.028	196.912
5 286.252	8 559.138	2 013.367	9.553	12.155	5.896	659.298	240.481
6 263.069	10 167.49	2 358.645	9.526	12.138	5.846	770.934	286.299
7 182.256	11 740.00	2 624.502	9.504	12.150	5.745	867.737	330.629
8 095.516	13 279.70	2 911.336	9.477	12.137	5.683	964.671	374.654

表 2 冷弯不等边角钢

规格	尺寸/mm			理论重量/(kg/m)	截面面积/cm²	重心/cm		
$B\times b\times t$	B	b	t			Y_0	X_0	I_x
30×20×2.0	30	20	2.0	0.723	0.921	1.011	0.490	0.860
30×20×3.0			3.0	1.039	1.323	1.068	0.536	1.201
50×30×2.5	50	30	2.5	1.473	1.877	1.706	0.674	4.962
50×30×4.0			4.0	2.266	2.886	1.794	0.741	7.419
60×40×2.5	60	40	2.5	1.866	2.377	1.939	0.913	9.078
60×40×4.0			4.0	2.894	3.686	2.023	0.981	13.774
70×40×3.0	70	40	3.0	2.452	3.123	2.402	0.861	16.301
70×40×4.0			4.0	3.208	4.086	2.461	0.905	21.038
80×50×3.0	80	50	3.0	2.923	3.723	2.631	1.096	25.450
80×50×4.0			4.0	3.836	4.886	2.688	1.141	33.025
100×60×3.0	100	60	3.0	3.629	4.623	3.297	1.259	49.787
100×60×4.0			4.0	4.778	6.086	3.354	1.304	64.939
100×60×5.0			5.0	5.895	7.510	3.412	1.349	79.395
150×120×6.0	150	120	6.0	12.054	15.454	4.500	2.962	362.949
150×120×8.0			8.0	15.813	20.273	4.615	3.064	470.343
150×120×10			10	19.443	24.927	4.732	3.167	571.010
200×160×8.0	200	160	8.0	21.429	27.473	6.000	3.950	1 147.099
200×160×10			10	24.463	33.927	6.115	4.051	1 403.661
200×160×12			12	31.368	40.215	6.231	4.154	1 648.244
250×220×10	250	220	10	35.043	44.927	7.188	5.652	2 894.335
250×220×12			12	41.664	53.415	7.299	5.756	3 417.040
250×220×14			14	47.826	61.316	7.466	5.904	3 895.841
300×260×12	300	260	12	50.088	64.215	8.686	6.638	5 970.485
300×260×14			14	57.654	73.916	8.851	6.782	6 835.520
300×260×16			16	65.320	83.744	8.972	6.894	7 697.062

基本尺寸与主要参数

惯性矩/ cm^4			回转半径/ cm				截面模数/ cm^3			
I_y	I_u	I_v	r_x	r_y	r_u	r_v	$W_{x\max}$	$W_{x\min}$	$W_{y\max}$	$W_{y\min}$
0.318	1.014	0.164	0.966	0.587	1.049	0.421	0.850	0.432	0.648	0.210
0.441	1.421	0.220	0.952	0.577	1.036	0.408	1.123	0.621	0.823	0.301
1.419	5.597	0.783	1.625	0.869	1.726	0.645	2.907	1.506	2.103	0.610
2.104	8.395	1.128	1.603	0.853	1.705	0.625	4.134	2.314	2.838	0.931
3.376	10.665	1.790	1.954	1.191	2.117	0.867	4.682	2.235	3.694	1.094
5.091	16.239	2.625	1.932	1.175	2.098	0.843	6.807	3.463	5.184	1.686
4.142	18.092	2.351	2.284	1.151	2.406	0.867	6.785	3.545	4.810	1.319
5.317	23.381	2.973	2.268	1.140	2.391	0.853	8.546	4.635	5.872	1.718
8.086	29.092	4.444	2.614	1.473	2.795	1.092	9.670	4.740	7.371	2.071
10.449	37.810	5.664	2.599	1.462	2.781	1.076	12.281	6.218	9.151	2.708
14.347	56.038	8.096	3.281	1.761	3.481	1.323	15.100	7.427	11.389	3.026
18.640	73.177	10.402	3.266	1.749	3.467	1.307	19.356	9.772	14.289	3.969
22.707	89.566	12.536	3.251	1.738	3.453	1.291	23.263	12.053	16.830	4.882
211.071	475.645	98.375	4.846	3.696	5.548	2.532	80.655	34.567	71.260	23.354
273.077	619.416	124.003	4.817	3.670	5.528	2.473	101.916	45.291	89.124	30.559
331.066	755.971	146.105	4.786	3.644	5.507	2.421	120.670	55.611	104.536	37.481
667.089	1 503.275	310.914	6.462	4.928	7.397	3.364	191.183	81.936	168.883	55.360
815.267	1 846.212	372.716	6.432	4.902	7.377	3.314	229.544	101.092	201.251	68.229
956.261	2 176.288	428.217	6.402	4.876	7.356	3.263	264.523	119.707	230.202	80.724
2 122.346	4 102.990	913.691	8.026	6.873	9.556	4.510	402.662	162.494	375.504	129.823
2 504.222	4 859.116	1 062.097	7.998	6.847	9.538	4.459	468.151	193.042	435.063	154.163
2 856.311	5 590.119	1 162.033	7.971	6.825	9.548	4.353	521.811	222.188	483.793	177.455
4 218.566	8 347.648	1 841.403	9.642	8.105	11.402	5.355	687.369	280.120	635.517	217.879
4 831.275	9 625.709	2 041.085	9.616	8.085	11.412	5.255	772.288	323.208	712.367	251.393
5 438.329	10 876.951	2 258.440	9.587	8.059	11.397	5.193	857.898	366.039	788.850	284.640

表3 冷弯等边槽钢

规格	尺寸/mm			理论重量/(kg/m)	截面面积/cm^2	重心 X_0/cm
$H\times B\times t$	H	B	t			
20×10×1.5	20	10	1.5	0.401	0.511	0.324
20×10×2.0			2.0	0.505	0.643	0.349
50×30×2.0	50	30	2.0	1.604	2.043	0.922
50×30×3.0			3.0	2.314	2.947	0.975
50×50×3.0		50	3.0	3.256	4.147	1.850
100×50×3.0	100		3.0	4.433	5.647	1.398
100×50×4.0			4.0	5.788	7.373	1.448
140×60×3.0	140	60	3.0	5.846	7.447	1.527
140×60×4.0			4.0	7.672	9.773	1.575
140×60×5.0			5.0	9.436	12.021	1.623
200×80×4.0	200	80	4.0	10.812	13.773	1.966
200×80×5.0			5.0	13.361	17.021	2.013
200×80×6.0			6.0	15.849	20.190	2.060
250×130×6.0	250	130	6.0	22.703	29.107	3.630
250×130×8.0			8.0	29.755	38.147	3.739
300×150×6.0	300	150	6.0	26.915	34.507	4.062
300×150×8.0			8.0	35.371	45.347	4.169
300×150×10			10	43.566	55.854	4.277
350×180×8.0	350	180	8.0	42.235	54.147	4.983
350×180×10			10	52.146	66.854	5.092
350×180×12			12	61.799	79.230	5.501
400×200×10	400	200	10	59.166	75.854	5.522
400×200×12			12	70.223	90.030	5.630
400×200×14			14	80.366	103.033	5.791
450×220×10	450	220	10	66.186	84.854	5.956
450×220×12			12	78.647	100.830	6.063
450×220×14			14	90.194	115.633	6.219
500×250×12	500	250	12	88.943	114.030	6.876
500×250×14			14	102.206	131.033	7.032
550×280×12	550	280	12	99.239	127.230	7.691
550×280×14			14	114.218	146.433	7.846
600×300×14	600	300	14	124.046	159.033	8.276
600×300×16			16	140.624	180.287	8.392

基本尺寸与主要参数

惯性矩/cm^4		回转半径/cm		截面模数/cm^3		
I_x	I_y	r_x	r_y	W_x	$W_{y\,max}$	$W_{y\,min}$
0.281	0.047	0.741	0.305	0.281	0.146	0.070
0.330	0.058	0.716	0.300	0.330	0.165	0.089
8.093	1.872	1.990	0.957	3.237	2.029	0.901
11.119	2.632	1.942	0.994	4.447	2.699	1.299
17.755	10.834	2.069	1.616	7.102	5.855	3.440
87.275	14.030	3.931	1.576	17.455	10.031	3.896
111.051	18.045	3.880	1.564	22.210	12.458	5.081
220.977	25.929	5.447	1.865	31.568	16.970	5.798
284.429	33.601	5.394	1.854	40.632	21.324	7.594
343.066	40.823	5.342	1.842	49.009	25.145	9.327
821.120	83.686	7.721	2.464	82.112	42.564	13.869
1 000.710	102.441	7.667	2.453	100.071	50.886	17.111
1 170.516	120.388	7.614	2.441	117.051	58.436	20.267
2 876.401	497.071	9.941	4.132	230.112	136.934	53.049
3 687.729	642.760	9.832	4.105	295.018	171.907	69.405
4 911.518	782.884	11.930	4.763	327.435	192.734	71.575
6 337.148	1 017.186	11.822	4.736	422.477	243.988	93.914
7 660.498	1 238.423	11.711	4.708	510.700	289.554	115.492
10 488.540	1 771.765	13.918	5.721	599.345	355.562	136.112
12 749.074	2 166.713	13.809	5.693	728.519	425.513	167.858
14 869.892	2 542.823	13.700	5.665	849.708	462.247	203.442
18 932.658	3 033.575	15.799	6.324	946.633	549.362	209.530
22 159.727	3 569.548	15.689	6.297	1 107.986	634.022	248.403
24 854.034	4 051.828	15.531	6.271	1 242.702	699.677	285.159
26 844.416	4 103.714	17.787	6.954	1 193.085	689.005	255.779
31 506.135	4 838.741	17.676	6.927	1 400.273	798.077	303.617
35 494.843	5 510.415	17.520	6.903	1 577.549	886.061	349.180
44 593.265	7 137.673	19.775	7.912	1 783.731	1 038.056	393.824
50 455.689	8 152.938	19.623	7.888	2 018.228	1 159.405	453.748
60 862.568	10 068.396	21.872	8.896	2 213.184	1 309.114	495.760
69 095.642	11 527.579	21.722	8.873	2 512.569	1 469.230	571.975
89 412.972	14 364.512	23.711	9.504	2 980.432	1 735.683	661.228
100 367.430	16 191.032	23.595	9.477	3 345.581	1 929.341	749.307

表 4 冷弯不等边槽钢

规格	尺寸/mm				理论重量/(kg/m)	截面面积/cm^2	重心/cm		惯性	
$H\times B\times b\times t$	H	B	b	t			X_0	Y_0	I_x	I_y
50×32×20×2.5	50	32	20	2.5	1.840	2.344	0.817	2.803	8.536	1.853
50×32×20×3.0				3.0	2.169	2.764	0.842	2.806	9.804	2.155
80×40×20×2.5	80	40	20	2.5	2.586	3.294	0.828	4.588	28.922	3.775
80×40×20×3.0				3.0	3.064	3.904	0.852	4.591	33.654	4.431
100×60×30×3.0	100	60	30	3.0	4.242	5.404	1.326	5.807	77.936	14.880
150×60×50×3.0	150		50		5.890	7.504	1.304	7.793	245.876	21.452
200×70×60×4.0	200	70	60	4.0	9.832	12.605	1.469	10.311	706.995	47.735
200×70×60×5.0				5.0	12.061	15.463	1.527	10.315	848.963	57.959
250×80×70×5.0	250	80	70	5.0	14.791	18.963	1.647	12.823	1 616.200	92.101
250×80×70×6.0				6.0	17.555	22.507	1.696	12.825	1 891.478	108.125
300×90×80×6.0	300	90	80	6.0	20.831	26.707	1.822	15.330	3 222.869	161.726
300×90×80×8.0				8.0	27.259	34.947	1.918	15.334	4 115.825	207.555
350×100×90×6.0	350	100	90	6.0	24.107	30.907	1.953	17.834	5 064.502	230.463
350×100×90×8.0				8.0	31.627	40.547	2.048	17.837	6 506.423	297.082
400×150×100×8.0	400	150	100	8.0	38.491	49.347	2.882	21.589	10 787.704	763.610
400×150×100×10				10	47.466	60.854	2.981	21.602	13 071.444	931.170
450×200×150×10	450	200	150	10	59.166	75.854	4.402	23.950	22 328.149	2 337.132
450×200×150×12				12	70.223	90.030	4.504	23.960	26 133.270	2 750.039
500×250×200×12	500	250	200	12	84.263	108.030	6.008	26.355	40 821.990	5 579.208
500×250×200×14				14	96.746	124.033	6.159	26.371	46 087.838	6 369.068
550×300×250×14	550	300	250	14	113.126	145.033	7.714	28.794	67 847.216	11 314.348
550×300×250×16				16	128.144	164.287	7.831	28.800	76 016.861	12 738.984

基本尺寸与主要参数

矩/cm^4		回转半径/cm				截面模数/cm^3			
I_u	I_v	r_x	r_y	r_u	r_v	$W_{x\,max}$	$W_{x\,min}$	$W_{y\,max}$	$W_{y\,min}$
8.769	1.619	1.908	0.889	1.934	0.831	3.887	3.044	2.266	0.777
10.083	1.876	1.883	0.883	1.909	0.823	4.468	3.494	2.559	0.914
29.607	3.090	2.962	1.070	2.997	0.968	8.476	6.303	4.555	1.190
34.473	3.611	2.936	1.065	2.971	0.961	9.874	7.329	5.200	1.407
80.845	11.970	3.797	1.659	3.867	1.488	18.590	13.419	11.220	3.183
246.257	21.071	5.724	1.690	5.728	1.675	34.120	31.547	16.440	4.569
707.582	47.149	7.489	1.946	7.492	1.934	72.969	68.567	32.495	8.630
849.689	57.233	7.410	1.936	7.413	1.924	87.658	82.304	37.956	10.590
1 617.030	91.271	9.232	2.204	9.234	2.194	132.726	126.039	55.920	14.497
1 892.465	107.139	9.167	2.192	9.170	2.182	155.358	147.484	63.753	17.152
3 223.981	160.613	10.985	2.461	10.987	2.452	219.691	210.233	88.763	22.531
4 117.270	206.110	10.852	2.437	10.854	2.429	280.637	268.412	108.214	29.307
5 065.739	229.226	12.801	2.731	12.802	2.723	295.031	283.980	118.005	28.640
6 508.041	295.464	12.668	2.707	12.669	2.699	379.096	364.771	145.060	37.359
10 843.850	707.463	14.786	3.934	14.824	3.786	585.938	499.685	264.958	63.015
13 141.358	861.255	14.656	3.912	14.695	3.762	710.482	605.103	312.368	77.475
22 430.862	2 234.420	17.157	5.551	17.196	5.427	1 060.720	932.282	530.925	149.835
26 256.075	2 627.235	17.037	5.527	17.077	5.402	1 242.076	1 090.704	610.577	177.468
40 985.443	5 415.752	19.439	7.186	19.478	7.080	1 726.453	1 548.928	928.630	293.766
46 277.561	6 179.346	19.276	7.166	19.306	7.058	1 950.478	1 747.671	1 034.107	338.043
68 086.256	11 075.308	21.629	8.832	21.667	8.739	2 588.995	2 356.297	1 466.729	507.689
76 288.341	12 467.503	21.511	8.806	21.549	8.711	2 901.407	2 639.474	1 626.738	574.631

表 5 冷弯内卷边槽钢

规格	尺寸/mm				理论重量/(kg/m)	截面面积/cm²
$H\times B\times C\times t$	H	B	C	t		
60×30×10×2.5	60	30	10	2.5	2.363	3.010
60×30×10×3.0				3.0	2.743	3.495
100×50×20×2.5	100	50	20	2.5	4.325	5.510
100×50×20×3.0				3.0	5.098	6.495
140×60×20×2.5	140	60	20	2.5	5.503	7.010
140×60×20×3.0				3.0	6.511	8.295
180×60×20×3.0	180	60	20	3.0	7.453	9.495
180×70×20×3.0		70			7.924	10.095
200×60×20×30	200	60	20	3.0	7.924	10.095
200×70×20×3.0		70			8.395	10.695
250×40×15×3.0	250	40	15	3.0	7.924	10.095
300×40×15×3.0	300	40			9.102	11.595
400×50×15×3.0	400	50			11.928	15.195
450×70×30×6.0	450	70	30	6.0	28.092	36.015
450×70×30×8.0				8.0	36.421	46.693
500×100×40×6.0	500	100	40	6.0	34.176	43.815
500×100×40×8.0				8.0	44.533	57.093
500×100×40×10				10	54.372	69.708
550×120×50×8.0	550	120	50	8.0	51.397	65.893
550×120×50×10				10	62.952	80.708
550×120×50×12				12	73.990	94.859
600×150×60×12	600	150	60	12	86.158	110.459
600×150×60×14				14	97.395	124.865
600×150×60×16				16	109.025	139.775

基本尺寸与主要参数

重心/ cm	惯性矩/ cm^4		回转半径/ cm		截面模数/ cm^3		
X_0	I_x	I_y	r_x	r_y	W_x	$W_{y\,max}$	$W_{y\,min}$
1.043	16.009	3.353	2.306	1.055	5.336	3.214	1.713
1.036	18.077	3.688	2.274	1.027	6.025	3.559	1.878
1.853	84.932	19.889	3.925	1.899	16.986	10.730	6.321
1.848	98.560	22.802	3.895	1.873	19.712	12.333	7.235
1.974	212.137	34.786	5.500	2.227	30.305	17.615	8.642
1.969	248.006	40.132	5.467	2.199	35.429	20.379	9.956
1.739	449.695	43.611	6.881	2.143	49.966	25.073	10.235
2.106	496.693	63.712	7.014	2.512	55.188	30.248	13.019
1.644	578.425	45.041	7.569	2.112	57.842	27.382	10.342
1.996	636.643	65.883	7.715	2.481	63.664	32.999	13.167
0.790	773.495	14.809	8.753	1.211	61.879	18.734	4.614
0.707	1 231.616	15.356	10.306	1.150	82.107	21.700	4.664
0.783	2 837.843	28.888	13.666	1.378	141.892	36.879	6.851
1.421	8 796.963	159.703	15.629	2.106	390.976	112.388	28.626
1.429	11 030.645	182.734	15.370	1.978	490.251	127.875	32.801
2.297	14 275.246	479.809	18.050	3.309	571.010	208.885	62.289
2.293	18 150.796	578.026	17.830	3.182	726.032	252.083	75.000
2.289	21 594.366	648.778	17.601	3.051	863.775	283.433	84.137
2.940	26 259.069	1 069.797	19.963	4.029	954.875	363.877	118.079
2.933	31 484.498	1 229.103	19.751	3.902	1 144.891	419.060	135.558
2.926	36 186.756	1 349.879	19.531	3.772	1 315.882	461.339	148.763
3.902	54 745.539	2 755.348	21.852	4.994	1 824.851	706.137	248.274
3.840	57 733.224	2 867.742	21.503	4.792	1 924.441	746.808	256.966
3.819	63 178.379	3 010.816	21.260	4.641	2 105.946	788.378	269.280

表 6　冷弯外卷边槽钢

规格 $H\times B\times C\times t$	尺寸/mm H	B	C	t	理论重量/(kg/m)	截面面积/cm^2
30×30×16×2.5	30	30	16	2.5	2.009	2.560
50×20×15×3.0	50	20	15	3.0	2.272	2.895
60×25×32×2.5	60	25	32	2.5	3.030	3.860
60×25×32×3.0	60	25	32	3.0	3.544	4.515
80×40×20×4.0	80	40	20	4.0	5.296	6.746
100×30×15×3.0	100	30	15	3.0	3.921	4.995
150×40×20×4.0	150	40	20	4.0	7.497	9.611
150×40×20×5.0				5.0	8.913	11.427
200×50×30×4.0	200	50	30	4.0	10.305	13.211
200×50×30×5.0				5.0	12.423	15.927
250×60×40×5.0	250	60	40	5.0	15.933	20.427
250×60×40×6.0				6.0	18.732	24.015
300×70×50×6.0	300	70	50	6.0	22.944	29.415
300×70×50×8.0				8.0	29.557	37.893
350×80×60×6.0	350	80	60	6.0	27.156	34.815
350×80×60×8.0				8.0	35.173	45.093
400×90×70×8.0	400	90	70	8.0	40.789	52.293
400×90×70×10				10	49.692	63.708
450×100×80×8.0	450	100	80	8.0	46.405	59.493
450×100×80×10				10	56.712	72.708
500×150×90×10	500	150	90	10	69.972	89.708
500×150×90×12				12	82.414	105.659
550×200×100×12	550	200	100	12	98.326	126.059
550×200×100×14				14	111.591	143.065
600×250×150×14	600	250	150	14	138.891	178.065
600×250×150×16				16	156.449	200.575

基本尺寸与主要参数

重心 / cm	惯性矩/ cm^4		回转半径/ cm		截面模数 / cm^3		
X_0	I_x	I_y	r_x	r_y	W_x	$W_{y\,max}$	$W_{y\,min}$
1.526	6.010	3.126	1.532	1.105	2.109	2.047	2.122
0.823	13.863	1.539	2.188	0.729	3.746	1.869	1.309
1.279	42.431	3.959	3.315	1.012	7.131	3.095	3.243
1.279	49.003	4.438	3.294	0.991	8.305	3.469	3.635
1.573	79.594	14.537	3.434	1.467	14.213	9.241	5.900
0.932	77.669	5.575	3.943	1.056	12.527	5.979	2.696
1.176	325.107	18.311	5.817	1.380	35.736	15.571	6.484
1.158	370.697	19.357	5.696	1.302	41.189	16.716	6.811
1.525	834.155	44.255	7.946	1.830	66.203	29.020	12.735
1.511	976.969	49.376	7.832	1.761	78.158	32.678	10.999
1.856	2 029.828	99.403	9.968	2.206	126.864	53.558	23.987
1.853	2 342.687	111.005	9.877	2.150	147.339	59.906	26.768
2.195	4 246.582	197.478	12.015	2.591	218.896	89.967	41.098
2.191	5 304.784	233.118	11.832	2.480	276.291	106.398	48.475
2.533	6 973.923	319.329	14.153	3.029	304.538	126.068	58.410
2.475	8 804.763	365.038	13.973	2.845	387.875	147.490	66.070
2.773	13 577.846	548.603	16.114	3.239	518.238	197.837	88.101
2.868	16 171.507	672.619	15.932	3.249	621.981	234.525	109.690
3.206	19 821.232	855.920	18.253	3.793	667.382	266.974	125.982
3.205	23 751.957	987.987	18.074	3.686	805.151	308.264	145.399
5.003	38 191.923	2 907.975	20.633	5.694	1 157.331	581.246	290.885
4.992	44 274.544	3 291.816	20.470	5.582	1 349.834	659.418	328.918
6.564	66 449.957	6 427.780	22.959	7.141	1 830.577	979.247	478.400
6.815	74 080.384	7 829.699	22.755	7.398	2 052.088	1 148.892	593.834
9.717	125 436.851	17 163.911	26.541	9.818	2 876.992	1 766.380	1 123.072
9.700	139 827.681	18 879.946	26.403	9.702	3 221.836	1 946.386	1 233.983

表 7 冷弯 Z 形钢

规格	尺寸/mm			理论重量/(kg/m)	截面面积/cm²	惯性	
$H\times B\times t$	H	B	t			I_x	I_y
80×40×2.5	80	40	2.5	2.947	3.755	37.021	9.707
80×40×3.0			3.0	3.491	4.447	43.148	11.429
100×50×2.5	100	50	2.5	3.732	4.755	74.429	19.321
100×50×3.0			3.0	4.433	5.647	87.275	22.837
140×70×3.0	140	70	3.0	6.291	8.065	249.769	64.316
140×70×4.0			4.0	8.272	10.605	322.421	83.925
200×100×3.0	200	100	3.0	9.099	11.665	749.379	191.180
200×100×4.0			4.0	12.016	15.405	977.164	251.093
300×120×4.0	300	120	4.0	16.384	21.005	2 871.420	438.304
300×120×5.0			5.0	20.251	25.963	3 506.942	541.080
400×150×6.0	400	150	6.0	31.595	40.507	9 598.705	1 271.376
400×150×8.0			8.0	41.611	53.347	12 449.116	1 661.661

表 8 冷弯卷边 Z 形钢

规格	尺寸/mm				理论重量/(kg/m)	截面面积/cm²
$H\times B\times C\times t$	H	B	C	t		
100×40×20×2.0	100	40	20	2.0	3.208	4.086
100×40×20×2.5				2.5	3.933	5.010
140×50×20×2.5	140	50	20	2.5	5.110	6.510
140×50×20×3.0				3.0	6.040	7.695
180×70×20×2.5	180	70	20	2.5	6.680	8.510
180×70×20×3.0				3.0	7.924	10.095
230×75×25×3.0	230	75	25	3.0	9.573	12.195
230×75×25×4.0				4.0	12.518	15.946
250×75×25×3.0	250			3.0	10.044	12.795
250×75×25×4.0				4.0	13.146	16.746
300×100×30×4.0	300	100	30	4.0	16.545	21.211
300×100×30×6.0				6.0	23.880	30.615
400×120×40×8.0	400	120	40	8.0	40.789	52.293
400×120×40×10				10	49.692	63.708

基本尺寸与主要参数

矩/cm⁴		回转半径 /cm	惯性积矩/cm⁴	截面模数/cm³		角度
I_u	I_v	r_v	I_{xy}	W_x	W_y	tanα
43.307	3.421	0.954	14.532	9.255	2.505	0.432
50.606	3.970	0.944	17.094	10.787	2.968	0.436
86.840	6.910	1.205	28.947	14.885	3.963	0.428
102.038	8.073	1.195	34.194	17.455	4.708	0.431
290.867	23.218	1.697	96.492	35.681	9.389	0.426
376.599	29.747	1.675	125.922	46.061	12.342	0.430
870.468	70.091	2.451	286.800	74.938	19.409	0.422
1 137.292	90.965	2.430	376.703	97.716	25.622	0.425
3 124.579	185.144	2.969	824.655	191.428	37.144	0.307
3 823.534	224.489	2.940	1 019.410	233.796	46.049	0.311
10 321.169	548.912	3.681	2 556.980	479.935	86.488	0.283
13 404.115	706.662	3.640	3 348.736	622.456	113.812	0.285

基本尺寸与主要参数

惯性矩/cm⁴				回转半径/cm	惯性积矩/cm⁴	截面模数/cm³		角度
I_x	I_y	I_u	I_v	r_v	I_{xy}	W_x	W_y	tanα
60.618	17.202	71.373	6.448	1.256	24.136	12.123	4.410	0.445
73.047	20.324	85.730	7.641	1.234	28.802	14.609	5.245	0.440
188.502	36.358	210.140	14.720	1.503	61.321	26.928	7.458	0.352
219.848	41.554	244.527	16.875	1.480	70.775	31.406	8.567	0.348
422.926	88.578	476.503	35.002	2.028	144.165	46.991	12.884	0.371
496.693	102.345	558.511	40.527	2.003	167.926	55.188	14.940	0.368
951.373	138.928	1 030.579	59.722	2.212	265.752	82.728	18.901	0.298
1 222.685	173.031	1 320.991	74.725	2.164	335.933	106.320	23.703	0.292
1 160.008	138.933	1 236.730	62.211	2.205	290.214	92.800	18.902	0.264
1 492.957	173.042	1 588.130	77.869	2.156	366.984	119.436	23.704	0.259
2 828.642	416.757	3 066.877	178.522	2.901	794.575	188.576	42.526	0.300
3 944.956	548.081	4 258.604	234.434	2.767	1 078.794	262.997	56.503	0.291
11 648.355	1 293.651	12 363.204	578.802	3.327	2 813.016	582.418	111.522	0.254
13 835.982	1 463.588	14 645.376	654.194	3.204	3 266.384	691.799	127.269	0.248

3.3 弯曲角部分的外圆弧半径应符合表9的规定。

表9 外圆弧半径

屈服强度等级	外圆弧半径/mm		
	$t \leqslant 4.0$	$4.0 < t \leqslant 12.0$	$12.0 < t \leqslant 19.0$
235	$(1.5 \sim 2.5)t$	$(2.0 \sim 3.0)t$	$(2.5 \sim 3.5)t$
345	$(2.0 \sim 3.0)t$	$(2.5 \sim 3.5)t$	$(3.0 \sim 4.0)t$
390	供需双方协议		

3.4 尺寸允许偏差

3.4.1 型钢非自由边长的允许偏差应符合表10的规定。

表10 非自由边长允许偏差 单位为毫米

壁厚	边长				
	≤40	>40~100	>100~200	>200~400	>400
≤4.0	±0.50	±0.75	±1.00	—	—
>4.0~8.0	—	±1.00	±1.50	±2.00	±2.50
>8.0~12.0	—	—	±2.00	±2.50	±3.00
>12.0~19.0	—	—	—	±3.00	±3.50

3.4.2 型钢自由边长的允许偏差应符合表11的规定。

表11 自由边长允许偏差 单位为毫米

壁厚	边长				
	≤40	>40~100	>100~200	>200~300	>300
≤4.0	±1.00	±1.00	±1.50	—	—
>4.0~8.0	±1.25	±1.50	±2.00	±2.00	—
>8.0~12.0	—	±2.00	±2.50	±2.50	±3.00
>12.0	—	—	—	±3.00	±3.50

3.4.3 两个自由边长公称尺寸相等时,其实际尺寸差值不应大于公差的75%。两个自由边长公称尺寸不相等时按较大边长允许偏差执行。

3.4.4 型钢平板部分壁厚的允许偏差按所用钢带的相应标准执行。弯曲角区域的壁厚不作考核。

3.5 弯曲角度的允许偏差按表12的规定。

表12 弯曲角度允许偏差

较短边长尺寸/mm	允许偏差/(°)
≤10	±3.0
>10 ~40	±2.0
> 40~ 80	±1.5
>80	±1.0

3.6 型钢尺寸应在距端部不小于100 mm处测量。

4 长度及允许偏差

4.1 型钢通常长度为4 m~16 m。经供需双方协议可供应超过上述规定长度的型钢。

4.2 型钢按定尺或倍尺长度交货时，应在合同中注明。其长度允许偏差应符合表 13 的规定。

表 13 长度允许偏差

单位为毫米

定尺精度	长　度	允许偏差
普通定尺	4 000～16 000	$^{+50}_{0}$
精确定尺	4 000～8 000	$^{+5}_{0}$
	＞8 000～16 000	$^{+10}_{0}$

4.3 型钢允许供应长度不小于 2 m 的短尺，但其重量应不大于该批交货重量的 5%。

5 外形

5.1 型钢弯曲度每米不应大于 2 mm，总弯曲度不应大于总长度的 0.2%。

5.2 型钢平面部分的凹凸度应不超过该边长的 0.6%（即千分之六），至少为 0.4 mm。

5.3 经供需双方协商并在合同中注明，可测量冷弯型钢的扭转度，测量时应在平台上进行，所测值应小于 V 值并按式(1)计算：

$$V = 2 + L \times 0.5/1\,000 \quad \cdots\cdots(1)$$

式中：

L——长度，单位为毫米(mm)；

V——扭转度，单位为毫米(mm)。

5.4 型钢端部应切正直，允许存在切割造成的较小变形和毛刺。

5.5 型钢外形应在距端部不小于 100 mm 处测量。

6 重量

型钢按实际重量交货，也可按理论重量交货。

7 标记示例

用牌号为 Q345 制成高度为 160 mm、中腿边长为 60 mm、小腿边长为 20 mm、壁厚为 3 mm 的冷弯内卷边槽钢，其标记为：

冷弯内卷边槽钢 $\dfrac{\text{CN160×60×20×3—GB/T 6723—2008}}{\text{Q345—GB/T 1591—1994}}$

ICS 77.140.70
H 44

中华人民共和国国家标准

GB/T 6726—2008
代替 GB/T 6726—1986、GB/T 6727—1986

汽车用冷弯型钢 尺寸、外形、重量及允许偏差

Cold forming sectional steel for vehicles—Dimensions, shape, weight and tolerances

2008-08-05 发布　　2009-04-01 实施

中华人民共和国国家质量监督检验检疫总局
中国国家标准化管理委员会　发布

前　言

本标准整合修订 GB/T 6726—1986《货运汽车用冷弯开口型钢尺寸、外形、重量及允许偏差》和 GB/T 6727—1986《客运汽车用冷弯开口型钢尺寸、外形、重量及允许偏差》。

本标准代替 GB/T 6726—1986《货运汽车用冷弯开口型钢尺寸、外形、重量及允许偏差》和 GB/T 6727—1986《客运汽车用冷弯开口型钢尺寸、外形、重量及允许偏差》。

本标准与 GB/T 6726—1986、GB/T 6727—1986 相比，主要变化如下：

——扩大品种范围，增加了 P 型空心型钢；

——提高外形尺寸公差精度。

本标准由中国钢铁工业协会提出。

本标准由全国钢标准化技术委员会归口。

本标准主要起草单位：上海宝钢建筑工程设计研究院、武钢集团汉口轧钢厂、广州钢管厂有限公司、佛山市志达钢管制造有限公司、上海佳艺冷弯型钢厂。

本标准主要起草人：郁竑、马越峰、张秀芳、李烨、张永祺、李健彰、张静。

本标准所代替标准的历次版本发布情况为：

——GB/T 6726—1986；

——GB/T 6727—1986。

汽车用冷弯型钢 尺寸、外形、重量及允许偏差

1 范围

本标准规定了汽车用冷弯型钢的分类、代号、截面尺寸及允许偏差、长度及允许偏差、重量、标记示例。

本标准适用于制造客运汽车、货运汽车、挂车等车辆，采用冷加工变形的冷轧或热轧钢带在连续辊式冷弯机组上生产的冷弯型钢，以下简称型钢。

2 分类、代号

型钢按其截面形状分为10种，其代号为：

2.1 冷弯方形空心型钢，也可简称为方管 （见图1） 代号：F

2.2 冷弯矩形空心型钢，也可简称为矩形管 （见图2） 代号：J

2.3 冷弯异形P形空心型钢，也可简称为P形管 （见图3） 代号：YIP

2.4 冷弯开口型钢，按照不同截面形状，代号分别为：

等边槽钢 （见图4） 代号：CD

上边框 （见图5） 代号：SB

下边框 （见图6） 代号：XB

上框架 （见图7） 代号：SK

下内框架 （见图8） 代号：XNK

下外框架 （见图9） 代号：XWK

边框架 （见图10） 代号：BK

3 截面尺寸及允许偏差

3.1 截面尺寸

方形空心型钢、矩形空心型钢、异形P形空心型钢、等边槽钢、上边框、下边框、上框架、下内框架、下外框架、边框架型钢截面形状及标注符号分别见图1～图10所示。截面尺寸、理论重量、截面面积及截面特性应符合表1～表10的规定，理论重量是按钢密度7.85 g/cm³计算。经供需双方协议，可供应表1～表10所列尺寸以外的汽车用冷弯型钢。

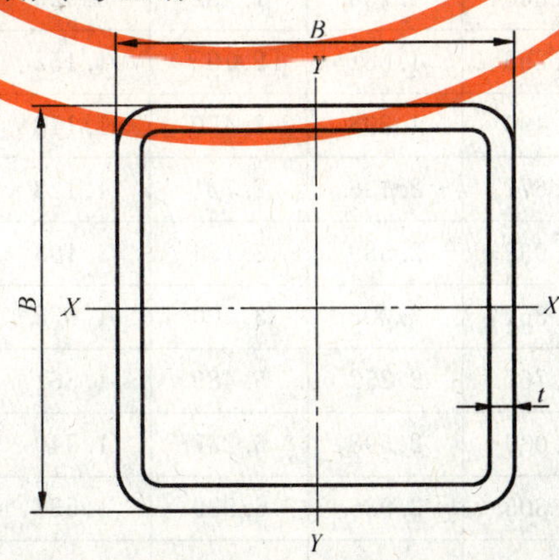

B——边长；

t——壁厚。

图1 方形空心型钢

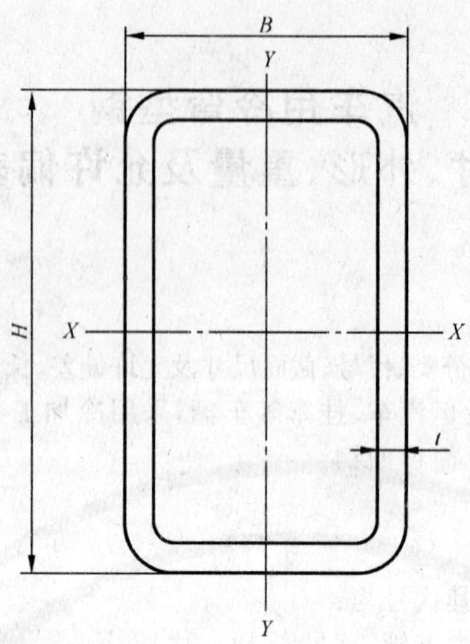

H——长边；
B——短边；
t——壁厚。

图 2 矩形空心型钢

表 1 方形空心型钢

边长 B/mm	尺寸允许偏差 Δ/mm	壁厚 t/mm	理论重量 M/(kg/m)	截面面积 A/cm²	惯性矩 $I_x=I_y$/cm⁴	惯性半径 $r_x=r_y$/cm	截面模数 $w_x=w_y$/cm³	扭转常数 I_t/cm⁴	扭转常数 C_t/cm³
20	±0.50	1.5	0.826	1.052	0.583	0.744	0.583	0.985	0.88
		1.75	0.941	1.199	0.642	0.732	0.642	1.106	0.98
		2.0	1.050	1.340	0.692	0.720	0.692	1.215	1.06
25	±0.50	1.5	1.061	1.352	1.216	0.948	0.973	1.998	1.47
		1.75	1.215	1.548	1.357	0.936	1.086	2.261	1.65
		2.0	1.363	1.736	1.482	0.923	1.186	2.502	1.80
30	±0.50	1.5	1.296	1.652	2.195	1.152	1.463	3.555	2.21
		1.75	1.490	1.898	2.470	1.140	1.646	4.048	2.49
		2.0	1.677	2.136	2.721	1.128	1.814	4.511	2.75
		2.5	2.032	2.589	3.154	1.103	2.102	5.347	3.20
		3.0	2.361	3.008	3.500	1.078	2.333	6.060	3.58
40	±0.50	1.5	1.767	2.252	5.489	1.561	2.744	8.728	4.13
		1.75	2.039	2.598	6.237	1.549	3.118	10.009	4.69
		2.0	2.305	2.936	6.939	1.537	3.469	11.238	5.23
		2.5	2.817	3.589	8.213	1.512	4.106	13.539	6.21
		3.0	3.303	4.208	9.320	1.488	4.660	15.628	7.07
		4.0	4.198	5.347	11.064	1.438	5.532	19.152	8.48

表 1（续）

边长 B/mm	尺寸允许偏差 Δ/mm	壁厚 t/mm	理论重量 M/(kg/m)	截面面积 A/cm^2	惯性矩 $I_x=I_y$/cm^4	惯性半径 $r_x=r_y$/cm	截面模数 $w_x=w_y$/cm^3	扭转常数 I_t/cm^4	扭转常数 C_t/cm^3
50	±0.50	1.5	2.238	2.852	11.065	1.969	4.426	17.395	6.65
		1.75	2.589	3.298	12.641	1.957	5.056	20.025	7.60
		2.0	2.933	3.736	14.146	1.945	5.658	22.578	8.51
		2.5	3.602	4.589	16.941	1.921	6.776	27.436	10.22
		3.0	4.245	5.408	19.463	1.897	7.785	31.972	11.77
		4.0	5.454	6.947	23.725	1.847	9.490	40.047	14.43
60	±0.60	2.0	3.560	4.540	25.120	2.350	8.380	39.810	12.60
		2.5	4.387	5.589	30.340	2.329	10.113	48.539	15.22
		3.0	5.187	6.608	35.130	2.305	11.710	56.892	17.65
		4.0	6.710	8.547	43.539	2.256	14.513	72.188	21.97
		5.0	8.129	10.356	50.468	2.207	16.822	85.560	25.61
70	±0.65	2.5	5.170	6.590	49.400	2.740	14.100	78.500	21.20
		3.0	6.129	7.808	57.522	2.714	16.434	92.188	24.74
		4.0	7.966	10.147	72.108	2.665	20.602	117.975	31.11
		5.0	9.699	12.356	84.602	2.616	24.172	141.183	36.65
80	±0.70	3.0	7.071	9.008	87.838	3.122	21.959	139.660	33.02
		4.0	9.222	11.747	111.031	3.074	27.757	179.808	41.84
		5.0	11.269	14.356	131.414	3.025	32.853	216.628	49.68
90	±0.75	3.0	8.013	10.208	127.277	3.531	28.283	201.108	42.51
		4.0	10.478	13.347	161.907	3.482	35.979	260.088	54.17
		5.0	12.839	16.356	192.903	3.434	42.867	314.896	64.71
		6.0	15.097	19.232	220.420	3.385	48.982	365.452	74.16
100	±0.80	4.0	11.734	11.947	226.337	3.891	45.267	361.213	68.10
		5.0	14.409	18.356	271.071	3.842	54.214	438.986	81.72
		6.0	16.981	21.632	311.415	3.794	62.283	511.558	94.12
120	±0.90	4.0	14.246	18.147	402.260	4.708	67.043	635.603	100.75
		5.0	17.549	22.356	485.441	4.659	80.906	776.632	121.75
		6.0	20.749	26.432	562.094	4.611	93.683	910.281	141.22

表 2　矩形空心型钢

边长 H/mm	边长 B/mm	尺寸允许偏差 Δ/mm	壁厚 t/mm	理论重量 M/(kg/m)	截面面积 A/cm²	惯性矩 I_x/cm⁴	惯性矩 I_y/cm⁴	惯性半径 r_x/cm	惯性半径 r_y/cm	截面模数 W_x/cm³	截面模数 W_y/cm³	扭转常数 I_t/cm⁴	扭转常数 C_t/cm³
40	30	±0.50	1.5	1.53	1.95	4.38	2.81	1.50	1.199	2.19	1.87	5.52	3.02
			1.75	1.77	2.25	4.96	3.17	1.48	1.187	2.48	2.11	6.31	3.42
			2.0	1.99	2.54	5.49	3.51	1.47	1.176	2.75	2.34	7.07	3.79
50	30	±0.50	1.5	1.767	2.252	7.535	3.415	1.829	1.231	3.014	2.276	7.587	3.83
			1.75	2.039	2.598	8.566	3.868	1.815	1.220	3.426	2.579	8.682	4.35
			2.0	2.305	2.936	9.535	4.291	1.801	1.208	3.814	2.861	9.727	4.84
			2.5	2.817	3.589	11.296	5.050	1.774	1.186	4.518	3.366	11.666	5.72
			3.0	3.303	4.206	12.827	5.696	1.745	1.163	5.130	3.797	13.401	6.49
			4.0	4.198	5.347	15.239	6.682	1.688	1.117	6.095	4.455	16.244	7.77
50	40	±0.50	1.5	2.003	2.552	9.300	6.602	1.908	1.608	3.720	3.301	12.238	5.24
			1.75	2.314	2.948	10.603	7.518	1.896	1.596	4.241	3.759	14.059	5.97
			2.0	2.619	3.336	11.840	8.348	1.883	1.585	4.736	4.192	15.817	6.673
			2.5	3.210	4.089	14.121	9.976	1.858	1.562	5.648	4.988	19.222	7.965
			3.0	3.775	4.808	16.149	11.382	1.833	1.539	6.460	5.691	22.336	9.123
			4.0	4.826	6.148	19.493	13.677	1.781	1.492	7.797	6.839	27.82	11.06
55	25	±0.50	1.5	1.767	2.252	8.453	2.460	1.937	1.045	3.074	1.968	6.273	3.458
			1.75	2.039	2.598	9.606	2.779	1.922	1.034	3.493	2.223	7.156	3.916
			2.0	2.305	2.936	10.689	3.073	1.907	1.023	3.886	2.459	7.992	4.342
55	40	±0.50	1.5	2.121	2.702	11.674	7.158	2.078	1.627	4.245	3.579	14.017	5.794
			1.75	2.452	3.123	13.329	8.158	2.065	1.616	4.847	4.079	16.175	6.614
			2.0	2.776	3.536	14.904	9.107	2.052	1.604	5.419	4.553	18.208	7.394
55	50	±0.60	1.75	2.726	3.473	15.811	13.660	2.133	1.983	5.749	5.464	23.173	8.415
			2.0	3.090	3.936	17.714	15.298	2.121	1.971	6.441	6.119	26.142	9.433
60	30	±0.60	2.0	2.620	3.337	15.046	5.078	2.123	1.234	5.015	3.385	12.57	5.881
			2.5	3.209	4.089	17.933	5.998	2.094	1.211	5.977	3.998	15.054	6.981
			3.0	3.774	4.808	20.496	6.794	2.064	1.188	6.832	4.529	17.335	7.950
			4.0	4.826	6.147	24.691	8.045	2.004	1.143	8.230	5.363	21.141	9.523
60	40	±0.60	2.0	2.934	3.737	18.412	9.831	2.220	1.622	6.137	4.915	20.702	8.116
			2.5	3.602	4.589	22.069	11.734	2.192	1.595	7.356	5.867	25.045	9.722
			3.0	4.245	5.408	25.374	13.436	2.166	1.576	8.458	6.718	29.121	11.175
			4.0	5.451	6.947	30.974	16.269	2.111	1.530	10.324	8.134	36.298	13.653

表 2（续）

边长		尺寸允许偏差	壁厚	理论重量	截面面积	惯性矩		惯性半径		截面模数		扭转常数	
H/ mm	B/ mm	Δ/ mm	t/ mm	M/ (kg/m)	A/ cm^2	I_x/ cm^4	I_y/ cm^4	r_x/ cm	r_y/ cm	W_x/ cm^3	W_y/ cm^3	I_t/ cm^4	C_t/ cm^3
70	50	±0.60	2.0	3.562	4.537	31.475	18.758	2.634	2.033	8.993	7.503	37.454	12.196
			3.0	5.187	6.608	44.046	26.099	2.581	1.987	12.584	10.439	53.426	17.06
			4.0	6.710	8.547	54.663	32.210	2.528	1.941	15.618	12.884	67.613	21.189
			5.0	8.129	10.356	63.435	37.179	2.171	1.894	18.121	14.871	79.908	24.642
80	40	±0.70	2.0	3.561	4.536	37.355	12.720	2.869	1.674	9.339	6.361	30.881	11.004
			2.5	4.387	5.589	45.103	15.255	2.840	1.652	11.275	7.627	37.467	13.283
			3.0	5.187	6.608	52.246	17.552	2.811	1.629	13.061	8.776	43.680	15.283
			4.0	6.710	8.547	64.780	21.474	2.752	1.585	16.195	10.737	54.787	18.844
			5.0	8.129	10.356	75.080	24.567	2.692	1.540	18.770	12.283	64.110	21.744
80	60	±0.70	3.0	6.129	7.808	70.042	44.886	2.995	2.397	17.510	14.962	88.111	24.143
			4.0	7.966	10.147	87.945	56.105	2.943	2.351	21.976	18.701	112.583	30.332
			5.0	9.699	12.356	103.247	65.634	2.890	2.304	25.811	21.878	134.503	35.673
90	40	±0.75	3.0	5.658	7.208	70.487	19.610	3.127	1.649	15.663	9.805	51.193	17.339
			4.0	7.338	9.347	87.894	24.077	3.066	1.604	19.532	12.038	64.320	21.441
			5.0	8.914	11.356	102.487	27.651	3.004	1.560	22.774	13.825	75.426	24.819
90	50	±0.75	2.0	4.190	5.337	57.878	23.368	3.293	2.093	12.862	9.347	53.366	15.882
			2.5	5.172	6.589	70.263	28.236	3.266	2.070	15.614	11.294	65.299	19.235
			3.0	6.129	7.808	81.845	32.735	3.237	2.047	18.187	13.094	76.433	22.316
			4.0	7.966	10.147	102.696	40.695	3.181	2.002	22.821	16.278	97.162	27.961
			5.0	9.699	12.356	120.570	47.345	3.123	1.957	26.793	18.938	115.436	36.774
90	55	±0.75	2.0	4.346	5.536	61.750	28.957	3.340	2.287	13.733	10.530	62.724	17.601
			2.5	5.368	6.839	75.049	33.065	3.313	2.264	16.678	12.751	76.877	21.357
90	60	±0.75	3.0	6.600	8.408	93.203	49.764	3.329	2.432	20.711	16.588	104.552	27.391
			4.0	8.594	10.947	117.499	62.387	3.276	2.387	26.111	20.795	133.852	34.501
			5.0	10.484	13.356	138.653	73.218	3.222	2.311	30.811	24.406	160.273	40.712
100	50	±0.80	3.0	6.690	8.408	106.451	36.053	3.558	2.070	21.290	14.421	88.311	25.012
			4.0	8.594	10.947	134.124	44.938	3.500	2.026	26.824	17.975	112.409	31.350
			5.0	10.484	13.356	158.155	52.429	3.441	1.981	31.631	20.971	133.758	36.804
120	50	±0.90	2.5	6.350	8.089	143.970	36.704	4.219	2.130	23.995	14.682	96.026	26.006
			3.0	7.543	9.608	168.580	42.693	4.189	2.108	28.097	17.077	112.87	30.317

表 2（续）

边长		尺寸允许偏差	壁厚	理论重量	截面面积	惯性矩		惯性半径		截面模数		扭转常数	
H/mm	B/mm	Δ/mm	t/mm	M/(kg/m)	A/cm^2	I_x/cm^4	I_y/cm^4	r_x/cm	r_y/cm	W_x/cm^3	W_y/cm^3	I_t/cm^4	C_t/cm^3
120	60	±0.90	3.0	8.013	10.208	189.113	64.398	4.304	2.511	31.581	21.466	156.029	37.138
			4.0	10.478	13.347	240.724	81.235	4.246	2.466	40.120	27.078	200.407	47.048
			5.0	12.839	16.356	286.941	95.968	4.188	2.422	47.823	31.989	240.869	55.846
			6.0	15.097	19.232	327.950	108.716	4.129	2.377	54.658	36.238	277.361	63.597
120	80	±0.90	3.0	8.955	11.408	230.189	123.430	4.491	3.289	38.364	30.857	255.128	50.799
			4.0	11.734	11.947	294.569	157.281	4.439	3.243	49.094	39.320	330.438	64.927
			5.0	14.409	18.356	353.108	187.747	4.385	3.198	58.850	46.936	400.735	77.772
			6.0	16.981	21.632	105.998	214.977	4.332	3.152	67.666	53.744	165.940	83.399
140	80	±1.00	4.0	12.990	16.547	429.582	180.407	5.095	3.301	61.368	45.101	410.713	76.478
			5.0	15.979	20.356	517.023	215.914	5.039	3.256	73.860	53.978	498.815	91.834
			6.0	18.865	24.032	569.935	247.905	4.983	3.211	85.276	61.976	580.919	105.83
150	100	±1.20	4.0	14.874	18.947	594.585	318.551	5.601	4.110	79.278	63.710	660.613	104.94
			5.0	18.334	23.356	719.164	383.988	5.549	4.054	95.888	79.797	806.733	126.81
			6.0	21.691	27.632	834.615	444.135	5.495	4.009	111.282	88.827	915.022	147.07
160	80	±1.20	4.0	14.216	18.117	597.691	203.532	5.738	3.348	71.711	50.883	493.129	88.031
			5.0	17.519	22.356	721.650	214.089	5.681	3.304	90.206	61.020	599.175	105.90
			6.0	20.749	26.433	835.936	286.832	5.623	3.259	104.192	76.208	698.881	122.27
180	65	±1.20	3.0	11.075	14.108	550.350	111.780	6.246	2.815	61.150	34.393	306.750	61.849
			4.5	16.264	20.719	784.130	156.470	6.152	2.748	87.125	48.144	438.910	86.993

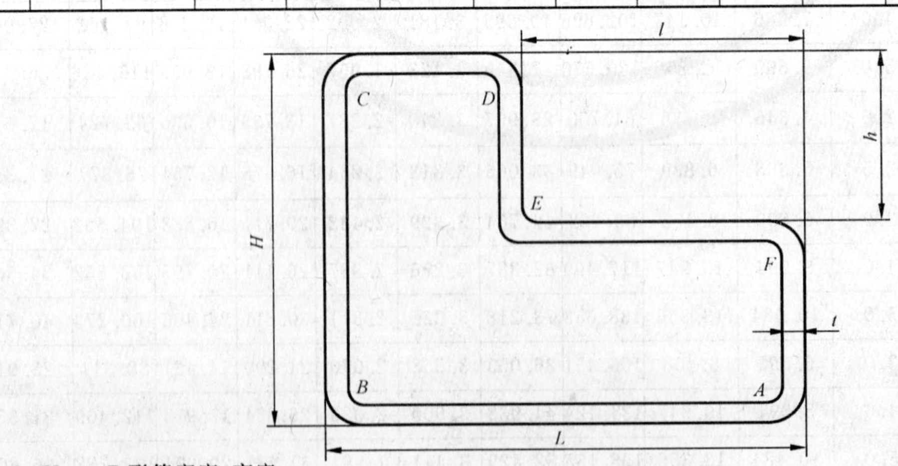

L、H——P形管宽度、高度；

l、h——缺口宽度、高度；

t——壁厚。

图 3　异形 P 形空心型钢

表 3　异形 P 形空心型钢

截面尺寸	边　长/mm				壁　厚/mm	理论重量/(kg/m)	截面面积/cm^2
$L \times H \times l \times h$	L	H	l	h	t		
50×50×25×10	50	50	25	10	1.5	2.238	2.852
					2.0	2.933	3.736
60×40×30×20	60	40	30	20	1.5	2.238	2.852
					2.0	2.933	3.736
65×50×25×20	65	50	25	20	1.5	2.592	3.302
					2.0	3.404	4.337
75×50×25×20	75	50	25	20	1.5	2.827	3.602
					2.0	3.718	4.737
120×50×40×25	120	50	40	25	2.5	6.349	8.809
					3.5	8.709	11.094

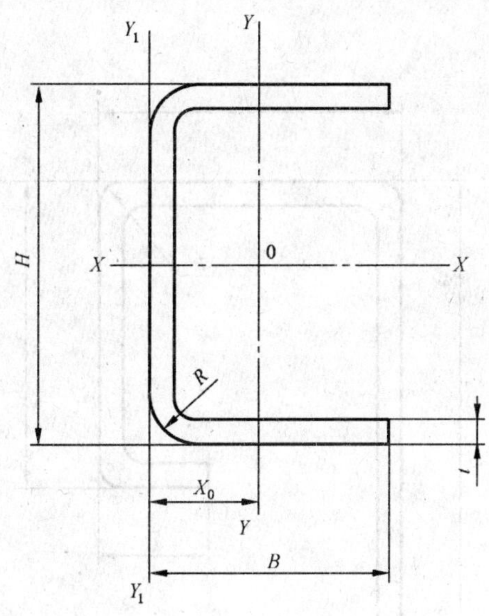

H——高度；
B——腿长；
t——壁厚；
R——外圆弧半径。

图 4　等边槽钢

表 4　等边槽钢

截面尺寸/mm	边　长/mm		壁　厚/mm	理论重量/(kg/m)	截面面积/cm^2
$H \times B$	H	B	t		
100×50	100	50	3.0	4.433	5.647
			4.0	5.788	7.373

表 4（续）

截面尺寸/mm	边长/mm		壁厚/mm	理论重量/(kg/m)	截面面积/cm^2
$H\times B$	H	B	t		
140×60	140	60	3.0	5.846	7.447
			4.0	7.672	9.773
			5.0	9.436	12.021
200×80	200	80	4.0	10.812	13.773
			5.0	13.361	17.021
			6.0	15.849	20.190
250×130	250	130	6.0	22.703	29.107
			8.0	29.755	38.147
300×150	300	150	6.0	26.915	34.507
			8.0	35.371	45.347

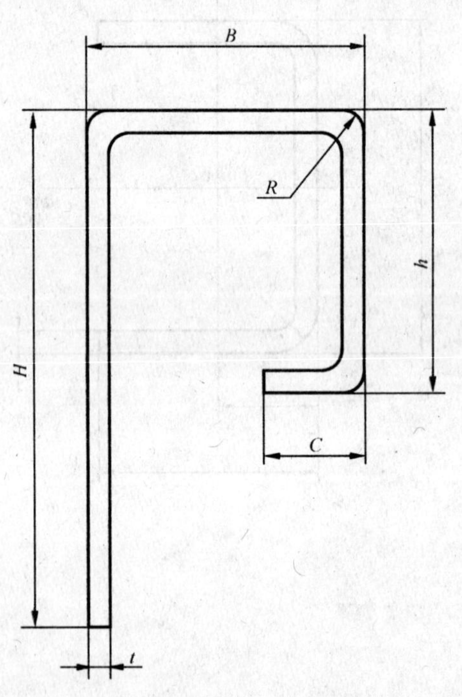

H——高度；

h——小高度；

B——宽度；

C——筋宽；

t——壁厚；

R——外圆弧半径。

图 5 上边框

表5 上边框

截面尺寸/mm	边 长/mm				壁 厚/mm	理论重量/(kg/m)	截面面积/cm^2
H×B×h×C	H	B	h	C	t		
65×40×40×12	65	40	40	12	2.5	2.75	3.526
	65	40	40	12	3.0	3.30	4.227
65×50×30×12	65	50	30	12	2.5	2.75	3.526
	65	50	30	12	3.0	3.30	4.227
65×50×40×12	65	50	40	12	2.5	2.86	3.667
	65	50	40	12	3.0	3.56	4.566
65×50×40×22	65	50	40	22	2.5	3.06	3.923

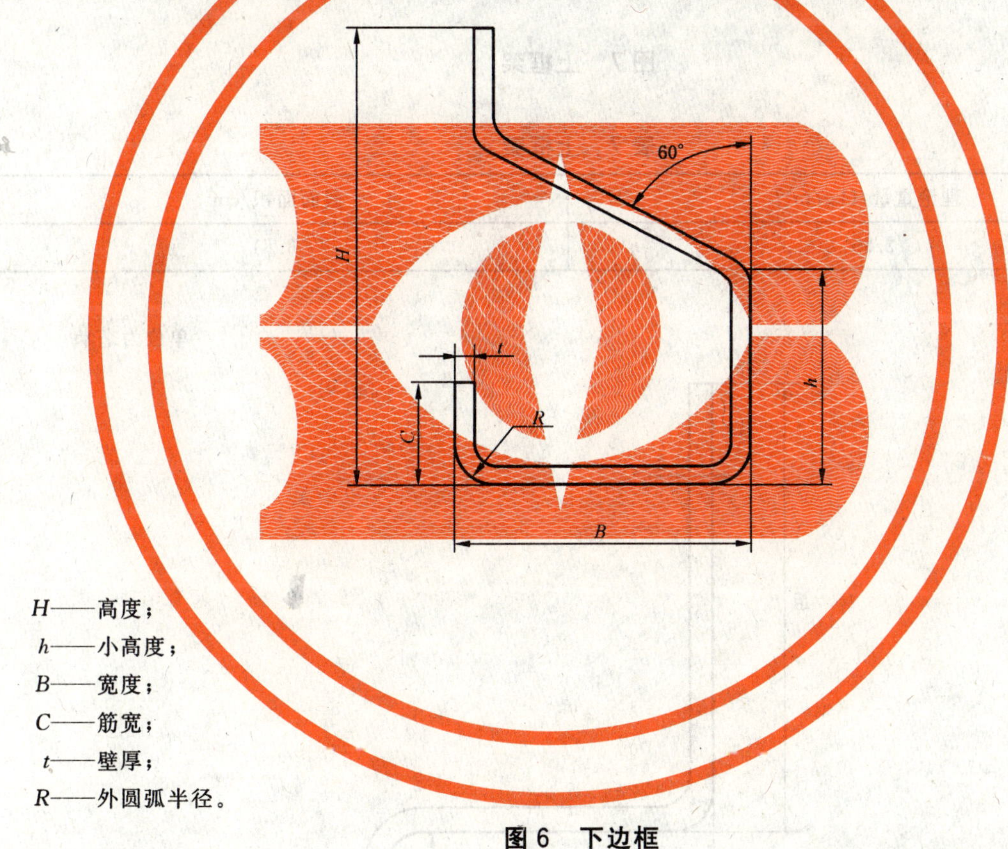

H——高度；
h——小高度；
B——宽度；
C——筋宽；
t——壁厚；
R——外圆弧半径。

图6 下边框

表6 下边框

截面尺寸/mm	边 长/mm				壁 厚/mm	理论重量/(kg/m)	截面面积/cm^2
H×B×h×C	H	B	h	C	t		
65×28.5×30×10	65	28.5	30	10	2.5	2.01	2.557
65×36×30×15	65	36.0	30	15	2.5	2.37	3.039
75×38.5×40×15	75	38.5	40	15	3.0	3.22	4.128
95×50×50×20	95	50.0	50	20	3.0	4.45	5.705

单位为毫米

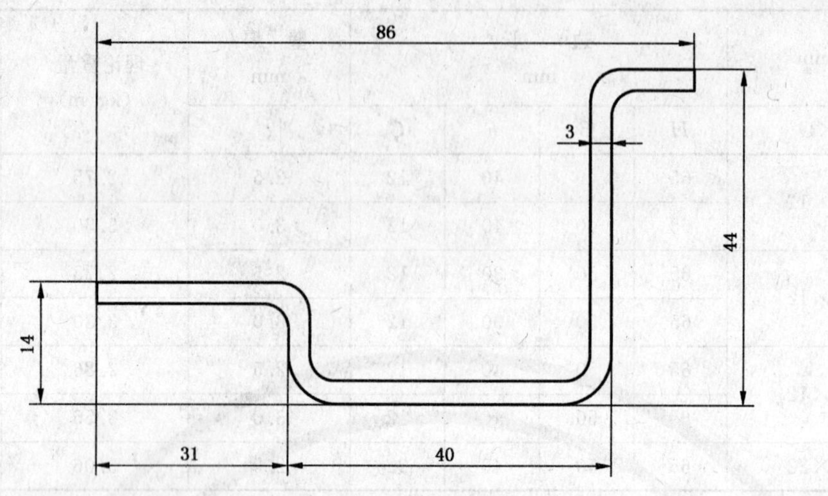

图7　上框架

表7　上框架

理论重量/(kg/m)	截面面积/cm^2
2.99	3.81

单位为毫米

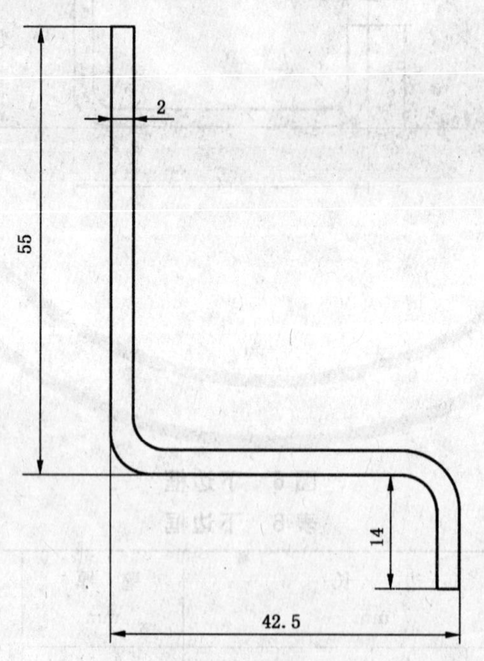

图8　下内框架

表8　下内框架

理论重量/(kg/m)	截面面积/cm^2
1.648	2.10

单位为毫米

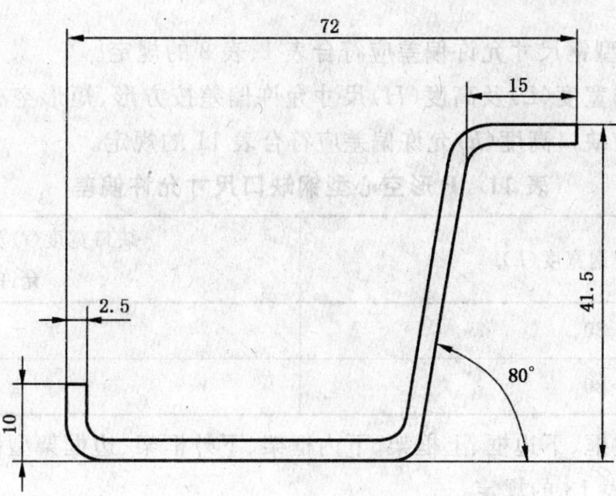

图 9　下外框架

表 9　下外框架

理论重量/(kg/m)	截面面积/cm²
2.099	2.68

单位为毫米

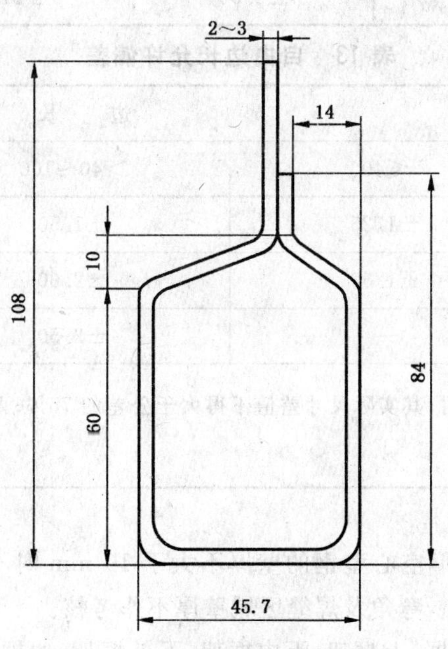

图 10　边框架

表 10　边框架

壁厚/mm	理论重量/(kg/m)	截面面积/cm²
2	3.965	5.04
2.5	4.956	6.30
3	5.948	7.56

3.2 尺寸允许偏差

3.2.1 外形尺寸

3.2.1.1 方形、矩形空心型钢尺寸允许偏差应符合表1、表2的规定。

3.2.1.2 P形空心型钢的宽度(L)及高度(H)尺寸允许偏差按方形、矩形空心型钢相应尺寸允许偏差规定执行。缺口宽度(l)及缺口高度(h)允许偏差应符合表11的规定。

表11 P形空心型钢缺口尺寸允许偏差　　单位为毫米

P形空心型钢宽度(L)	缺口宽度(l)及缺口高度(h)允许偏差
L≤80	±1.5
L>80	±2.0

3.2.1.3 等边槽钢、上边框、下边框、上框架、下内框架、下外框架、边框架型钢非自由边长及自由边长的允许偏差应符合表12、表13的规定。

表12 非自由边长允许偏差　　单位为毫米

壁　厚	边　长			
	≤40	>40～100	>100～200	>200～300
≤2.0	±0.75	±1.00	—	—
>2.0～4.0	±1.00	±1.50	±2.00	—
>4.0～8.0	—	±2.00	±2.50	±3.50

表13 自由边长允许偏差　　单位为毫米

壁　厚	边　长		
	≤40	>40～100	>100～200
≤2.0	±1.25	±1.50	—
>2.0～4.0	±1.50	±2.00	±2.5
>4.0～8.0	—	±2.50	±3.0
注：两个自由边长公称尺寸相等时，其实际尺寸差值不得大于公差的75%；两个自由边长公称尺寸不相等时按较大边长允许偏差执行。			

3.2.2 壁厚

3.2.2.1 方形、矩形空心型钢、P形空心型钢的壁厚不大于10 mm时不得超过公称壁厚的±10%；当壁厚大于10 mm时为壁厚的±8%，弯角及焊缝区域壁厚不作考核。

3.2.2.2 等边槽钢、上边框、下边框、上框架、下内框架、下外框架、边框架型钢平板部分壁厚的允许偏差按所用钢带的相应标准执行。弯曲角区域的壁厚不作考核。

3.2.3 弯曲角度

3.2.3.1 方形、矩形空心型钢、P形空心型钢的弯曲角度的偏差不得大于±1.5°，但P形空心型钢的缺口弯曲角度的允许偏差一般为±5°，其他特殊情况由供需双方协商确定。

3.2.3.2 等边槽钢、上边框、下边框、上框架、下内框架、下外框架、边框架型钢弯曲角度的允许偏差按表14的规定。

表 14 弯曲角度

较短边长尺寸/mm	允许偏差/(°)
≤10	±3.0
>10～40	±2.0
>40～80	±1.5
>80	±1.0

3.2.4 外圆弧半径

方形、矩形空心型钢、P 形空心型钢的弯曲角部分的外圆弧半径应符合表 15 的规定。

表 15 外圆弧半径 R　　单位为毫米

屈服强度等级	壁厚		
	$t\leqslant 2.0$	$2.0<t\leqslant 4.0$	$4.0<t\leqslant 8.0$
235	$(1.5\sim 3.0)t$		$(2.0\sim 3.5)t$
345	$(2.0\sim 3.5)t$		$(2.5\sim 4.0)t$
390	供需双方协商		

3.2.5 型钢尺寸应在距端部不小于 100 mm 处测量。

4 长度及允许偏差

4.1 型钢通常长度为 4 000 mm～16 000 mm。经供需双方协议可供应超过上述规定长度的型钢。

4.2 型钢按定尺或倍尺长度交货时，应在合同中注明。其长度允许偏差应符合表 16 的规定。

表 16 长度及允许偏差　　单位为毫米

定尺精度	长度	允许偏差
普通定尺	4 000～16 000	$^{+50}_{0}$
精确定尺	4 000～8 000	$^{+5}_{0}$
	>8 000～16 000	$^{+10}_{0}$

4.3 型钢允许交付不小于 2 000 mm 的短尺和非定尺，重量应不超过总交货量的 5%。

5 外形

5.1 型钢弯曲度每米不得大于 2 mm，总弯曲度不得大于总长度的 0.2%。

5.2 型钢平面部分的凸凹度应不超过该边长的 0.6%（即千分之六），但最小值为 0.4 mm。

5.3 经供需双方协商并在合同中注明，可测量冷弯型钢的扭转度，测量时应在平台上进行，所测值应小于 V 值并按式(1)计算：

$$V = 2 + L \times 0.5/1\,000 \quad \cdots\cdots(1)$$

式中：

L——长度，单位为毫米(mm)；

V——扭转度，单位为毫米(mm)。

5.4 型钢的端部应切正直，允许存在由切割造成的较小变形和毛刺。

5.5 型钢外形应在距端部不小于 100 mm 处测量。

6 重量

型钢按实际重量交货，也可按理论重量交货。

7 标记示例

用普通碳素结构钢 Q235 钢制造的，尺寸为 120 mm×60 mm×4 mm 汽车用冷弯矩形空心型钢的标记为：

$$冷弯矩形空心型钢(J)\ \frac{J120\times60\times4\text{-GB/T 6726—2008}}{\text{Q235-GB/T 700—2006}}$$

ICS 77.140.70
H 44

中华人民共和国国家标准

GB/T 6728—2002
代替 GB/T 6728—1986

结构用冷弯空心型钢
尺寸、外形、重量及允许偏差

Cold formed steel hollow sections for general structure—Dimensions, shapes, weight and permissble deviations

2002-07-15 发布　　　　2002-12-01 实施

中华人民共和国
国家质量监督检验检疫总局　发布

前　言

GB/T 6728—2002《结构用冷弯空心型钢尺寸、外形、重量及允许偏差》标准是冷弯型钢系列标准中的结构用冷弯空心型钢的产品品种标准，与其相关的技术条件标准是：GB/T 6725—2002《冷弯型钢》。

本标准方形和矩形冷弯空心型钢对应欧洲标准EN10219-2—1997《非合金及细晶粒钢的冷成形焊接空心结构型材　第2部分：尺寸、偏差和截面特性》，圆形冷弯空心型钢的规格对应ISO 4019：1982《结构用冷弯空心型钢的尺寸和截面性能》。本标准与EN10219-2—1997和ISO 4019：1982的一致性程度为非等效。

本标准与EN10219-2—1997《非合金及细晶粒钢的冷成形焊接空心结构型材　第2部分：尺寸、偏差和截面特性》的主要差异如下：

——圆形冷弯空心型钢增加外径为610 mm的规格；

——未规定圆形冷弯空心型钢不圆度允许偏差；

——增加方形和矩形冷弯空心型钢的组距和规格；

——加严了方形和矩形冷弯空心型钢平面凹凸度允许偏差；

——降低了方形和矩形冷弯空心型钢弯角的允许偏差；

——降低了方形和矩形冷弯空心型钢弯曲度的允许偏差；

——方形和矩形冷弯空心型钢的弯角外圆弧半径R或(C_1、C_2)值的组距划分不同；

——增加异型冷弯空心型钢的品种，未规定具体形状和尺寸；

——对冷弯空心型钢定尺长度的允许偏差略做调整；

——增加冷弯空心型钢重量偏差的允许值。

本标准与ISO 4019：1982《结构用冷弯空心型钢的尺寸和截面性能》的主要差异如下：

——圆形冷弯空心型钢外径略作调整；

——圆形冷弯空心型钢增加外径为610 mm的规格；

——方形和矩形冷弯空心型钢增加组距和规格；

——加严了外形尺寸允许偏差；

——增加冷弯空心型钢壁厚的最小允许偏差值；

——方形和矩形冷弯空心型钢的弯角外圆弧半径R或(C_1、C_2)值的组距划分不同，并分别规定碳素钢和低合金钢的不同要求；

——加严方形和矩形冷弯空心型钢角度的允许偏差；

——加严方形和矩形冷弯空心型钢平面凹凸度的允许偏差；

——增加异型冷弯空心型钢的品种，未规定具体形状和尺寸；

——增加冷弯空心型钢普通定尺的允许偏差规定；

——增加冷弯空心型钢重量允许偏差规定；

本标准自实施之日起，代替GB/T 6728—1986《结构用冷弯空心型钢尺寸、外形、重量及允许偏差》。

本标准与GB/T 6728—1986相比主要变化如下：

——增加圆形冷弯空心型钢外径规格为21.3 mm～610 mm；

——扩大方形冷弯空心型钢规格范围，增加边长170 mm×170 mm～500 mm×500 mm；

——扩大矩形冷弯空心型钢规格范围，增加边长200 mm×120 mm～600 mm×400 mm；

——增加厚度 10 mm、12 mm、14 mm、16 mm；

——增加异形冷弯空心型钢，暂不列具体形状和尺寸，由供需双方协商确定；

——尺寸允许偏差规定了厚度偏差不得超过公称厚度的百分值；

——尺寸允许偏差中弯角处圆弧半径规定了上下限值，并规定了测量方法；

——尺寸允许偏差中规定了截面平面部分凹凸度允许数值；

——尺寸精度中取消普通精度；

——定尺精度加严普通定尺的长度允许偏差；

——非定尺与短尺管的交货比例规定了明确的数值，并增加了可以接口管方式交货；

——规定了冷弯型钢扭转度的允许值和测量方法；

——规定了冷弯型钢端部锯切斜度的允许值。

本标准附录 A 为资料性附录。

本标准由中国钢铁工业协会提出。

本标准由全国钢标准化技术委员会归口。

本标准主要起草单位：宝钢集团上海钢铁工艺技术研究所、武钢集团汉口轧钢厂、广州钢管厂有限公司。

本标准主要起草人：钱伟中、王大齐、朱少文、李健彰、张秀芳。

本标准 1986 年 8 月首次发布。

结构用冷弯空心型钢 尺寸、外形、重量及允许偏差

1 范围

本标准规定了结构用冷弯空心型钢的范围、分类、代号、技术要求、尺寸、外形、重量、允许偏差及标记。

本标准适用于可用冷加工变形的冷轧或热轧连轧钢板和钢带在连续辊式冷弯机组上生产的冷弯型钢。

本标准所规定的冷弯空心型钢主要采用高频电阻焊接方式,也可采用氩弧焊或其他焊接方法。

本标准不适用于拉拔、冲压、折弯等方式生产的冷弯型钢。

2 分类、代号

型钢按外形形状分为圆形、方形、矩形和其他异型冷弯空心型钢。其代号为:

圆形冷弯空心型钢,简称为圆管　代号:Y

方形冷弯空心型钢,简称为方管　代号:F

矩形冷弯空心型钢,简称为矩管　代号:J

异形冷弯空心型钢,简称为异形管　代号:YI

3 截面尺寸及允许偏差

3.1 圆形冷弯空心型钢的截面图见图1,截面尺寸、截面面积、理论重量及截面特性应符合表1的规定。

3.2 方形冷弯空心型钢的截面图见图2,截面尺寸、截面面积、理论重量及截面特性应符合表2的规定。

3.3 矩形冷弯空心型钢的截面图见图3,截面尺寸、截面面积、理论重量及截面特性应符合表3的规定。

3.4 异型冷弯空心型钢(异形管)的截面尺寸、允许偏差参照方矩形冷弯空心型钢的允许偏差执行。外形由供需双方协商确定。

3.5 根据需方要求可提供表1、表2、表3所列尺寸以外的冷弯型钢,其尺寸允许偏差按表中相邻小尺寸的偏差规定执行。

3.6 冷弯型钢壁厚的允许偏差,当壁厚不大于10 mm时不得超过公称壁厚的±10%。当壁厚大于10 mm时为壁厚的±8%,弯角及焊缝区域壁厚除外。

3.7 冷弯型钢弯曲角度的偏差不得大于±1.5°。

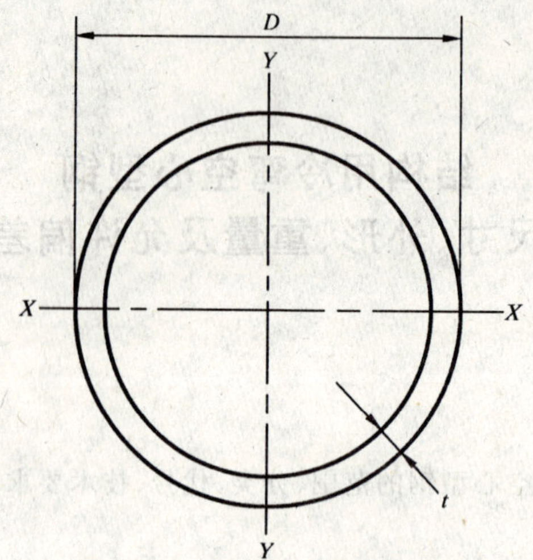

D——外径；

t——壁厚

图 1　圆形冷弯空心型钢

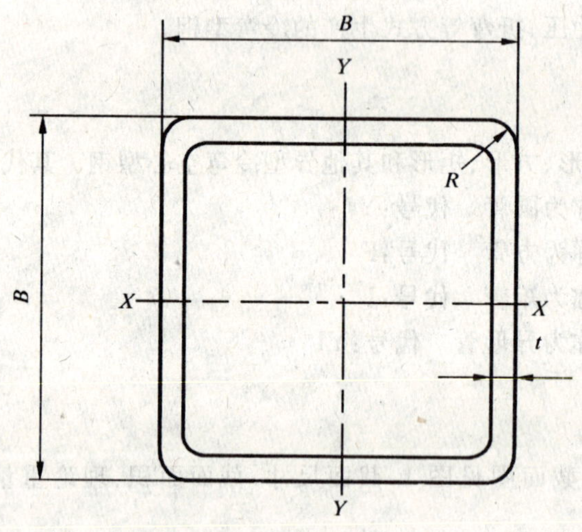

B——边长；

t——壁厚；

R——外圆弧半径

图 2　方形冷弯空心型钢

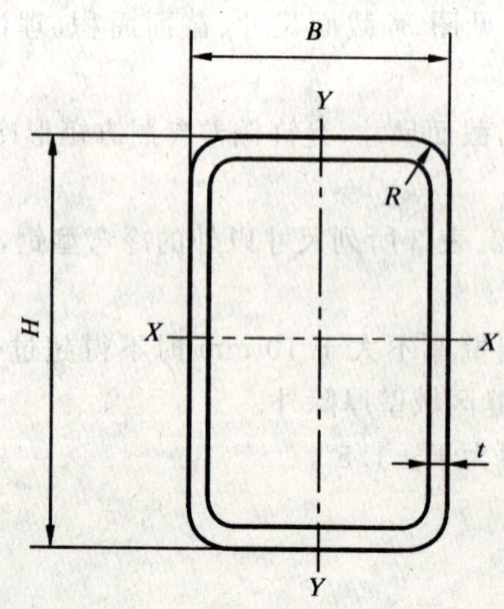

H——长边；

B——短边；

t——壁厚；

R——外圆弧半径

图 3　矩形冷弯空心型钢

表 1 圆形冷弯空心型钢截面尺寸、允许偏差、截面面积、理论重量及截面特性

外径 D/mm	允许偏差/mm	壁厚 t/mm	理论重量 M/(kg/m)	截面面积 A/cm²	惯性矩 I/cm⁴	惯性半径 R/cm	弹性模数 Z/cm³	塑性模数 S/cm³	扭转常数 J/cm⁴	扭转常数 C/cm³	单位长度表面积 A_s/m²
21.3 (21.3)	±0.5	1.2	0.59	0.76	0.38	0.712	0.36	0.49	0.77	0.72	0.067
		1.5	0.73	0.93	0.46	0.702	0.43	0.59	0.92	0.86	0.067
		1.75	0.84	1.07	0.52	0.694	0.49	0.67	1.04	0.97	0.067
		2.0	0.95	1.21	0.57	0.686	0.54	0.75	1.14	1.07	0.067
		2.5	1.16	1.48	0.66	0.671	0.62	0.89	1.33	1.25	0.067
		3.0	1.35	1.72	0.74	0.655	0.70	1.01	1.48	1.39	0.067
26.8 (26.9)	±0.5	1.2	0.76	0.97	0.79	0.906	0.59	0.79	1.58	1.18	0.084
		1.5	0.94	1.19	0.96	0.896	0.71	0.96	1.91	1.43	0.084
		1.75	1.08	1.38	1.09	0.888	0.81	1.1	2.17	1.62	0.084
		2.0	1.22	1.56	1.21	0.879	0.90	1.23	2.41	1.80	0.084
		2.5	1.50	1.91	1.42	0.864	1.06	1.48	2.85	2.12	0.084
		3.0	1.76	2.24	1.61	0.848	1.20	1.71	3.23	2.41	0.084
33.5 (33.7)	±0.5	1.5	1.18	1.51	1.93	1.132	1.15	1.54	3.87	2.31	0.105
		2.0	1.55	1.98	2.46	1.116	1.47	1.99	4.93	2.94	0.105
		2.5	1.91	2.43	2.94	1.099	1.76	2.41	5.89	3.51	0.105
		3.0	2.26	2.87	3.37	1.084	2.01	2.80	6.75	4.03	0.105
		3.5	2.59	3.29	3.76	1.068	2.24	3.16	7.52	4.49	0.105
		4.0	2.91	3.71	4.11	1.053	2.45	3.50	8.21	4.90	0.105
42.3 (42.4)	±0.5	1.5	1.51	1.92	4.01	1.443	1.89	2.50	8.01	3.79	0.133
		2.0	1.99	2.53	5.15	1.427	2.44	3.25	10.31	4.87	0.133
		2.5	2.45	3.13	6.21	1.410	2.94	3.97	12.43	5.88	0.133
		3.0	2.91	3.70	7.19	1.394	3.40	4.64	14.39	6.80	0.133
		4.0	3.78	4.81	8.92	1.361	4.22	5.89	17.84	8.44	0.133
48 (48.3)	±0.5	1.5	1.72	2.19	5.93	1.645	2.47	3.24	11.86	4.94	0.151
		2.0	2.27	2.89	7.66	1.628	3.19	4.23	15.32	6.38	0.151
		2.5	2.81	3.57	9.28	1.611	3.86	5.18	18.55	7.73	0.151
		3.0	3.33	4.24	10.78	1.594	4.49	6.08	21.57	8.98	0.151
		4.0	4.34	5.53	13.49	1.562	5.62	7.77	26.98	11.24	0.151
		5.0	5.30	6.75	15.82	1.530	6.59	9.29	31.65	13.18	0.151
60 (60.3)	±0.6	2.0	2.86	3.64	15.34	2.052	5.11	6.73	30.68	10.23	0.188
		2.5	3.55	4.52	18.70	2.035	6.23	8.27	37.40	12.47	0.188
		3.0	4.22	5.37	21.88	2.018	7.29	9.76	43.76	14.58	0.188
		4.0	5.52	7.04	27.73	1.985	9.24	12.56	55.45	18.48	0.188
		5.0	6.78	8.64	32.94	1.953	10.98	15.17	65.88	21.96	0.188
75.5 (76.1)	±0.76	2.5	4.50	5.73	38.24	2.582	10.13	13.33	76.47	20.26	0.237
		3.0	5.36	6.83	44.97	2.565	11.91	15.78	89.94	23.82	0.237
		4.0	7.05	8.98	57.59	2.531	15.26	20.47	115.19	30.51	0.237
		5.0	8.69	11.07	69.15	2.499	18.32	24.89	138.29	36.63	0.237
88.5 (88.9)	±0.90	3.0	6.33	8.06	73.73	3.025	16.66	21.94	147.45	33.32	0.278
		4.0	8.34	10.62	94.99	2.991	21.46	28.58	189.97	42.93	0.278
		5.0	10.30	13.12	114.72	2.957	25.93	34.90	229.44	51.85	0.278
		6.0	12.21	15.55	133.00	2.925	30.06	40.91	266.01	60.11	0.278

表 1(续)

外径 D/mm	允许偏差/mm	壁厚 t/mm	理论重量 M/(kg/m)	截面面积 A/cm^2	惯性矩 I/cm^4	惯性半径 R/cm	弹性模数 Z/cm^3	塑性模数 S/cm^3	扭转常数 J/cm^4	扭转常数 C/cm^3	单位长度表面积 A_s/m^2
114 (114.3)	±1.15	4.0	10.85	13.82	209.35	3.892	36.73	48.42	418.70	73.46	0.358
		5.0	13.44	17.12	254.81	3.858	44.70	59.45	509.61	89.41	0.358
		6.0	15.98	20.36	297.73	3.824	52.23	70.06	595.46	104.47	0.358
140 (139.7)	±1.40	4.0	13.42	17.09	395.47	4.810	56.50	74.01	790.94	112.99	0.440
		5.0	16.65	21.21	483.76	4.776	69.11	91.17	967.52	138.22	0.440
		6.0	19.83	25.26	568.03	4.742	85.15	107.81	1 136.13	162.30	0.440
165 (168.3)	±1.65	4	15.88	20.23	655.94	5.69	79.51	103.71	1 311.89	159.02	0.518
		5	19.73	25.13	805.04	5.66	97.58	128.04	1 610.07	195.16	0.518
		6	23.53	29.97	948.47	5.63	114.97	151.76	1 896.93	229.93	0.518
		8	30.97	39.46	1 218.92	5.56	147.75	197.36	2 437.84	295.50	0.518
219.1 (219.1)	±2.20	5	26.4	33.60	1 928	7.57	176	229	3 856	352	0.688
		6	31.53	40.17	2 282	7.54	208	273	4 564	417	0.688
		8	41.6	53.10	2 960	7.47	270	357	5 919	540	0.688
		10	51.6	65.70	3 598	7.40	328	438	7 197	657	0.688
273 (273)	±2.75	5	33.0	42.1	3 781	9.48	277	359	7 562	554	0.858
		6	39.5	50.3	4 487	9.44	329	428	8 974	657	0.858
		8	52.3	66.6	5 852	9.37	429	562	11 700	857	0.858
		10	64.9	82.6	7 154	9.31	524	692	14 310	1 048	0.858
325 (323.9)	±3.25	5	39.5	50.3	6 436	11.32	396	512	12 871	792	1.20
		6	47.2	60.1	7 651	11.28	471	611	15 303	942	1.20
		8	62.5	79.7	10 014	11.21	616	804	20 028	1 232	1.20
		10	77.7	99.0	12 287	11.14	756	993	24 573	1 512	1.20
		12	92.6	118.0	14 472	11.07	891	1 176	28 943	1 781	1.20
355.6 (355.6)	±3.55	6	51.7	65.9	10 071	12.4	566	733	20 141	1 133	1.12
		8	68.6	87.4	13 200	12.3	742	967	26 400	1 485	1.12
		10	85.2	109.0	16 220	12.2	912	1 195	32 450	1 825	1.12
		12	101.7	130.0	19 140	12.2	1 076	1 417	38 279	2 153	1.12
406.4 (406.4)	±4.10	8	78.6	100	19 870	14.1	978	1 270	39 750	1 956	1.28
		10	97.8	125	24 480	14.0	1 205	1 572	48 950	2 409	1.28
		12	116.7	149	28 937	14.0	1 424	1 867	57 874	2 848	1.28
457 (457)	±4.6	8	88.6	113	28 450	15.9	1 245	1 613	56 890	2 490	1.44
		10	110.0	140	35 090	15.8	1 536	1 998	70 180	3 071	1.44
		12	131.7	168	41 556	15.7	1 819	2 377	83 113	3 637	1.44
508 (508)	±5.10	8	98.6	126	39 280	17.7	1 546	2 000	78 560	3 093	1.60
		10	123.0	156	48 520	17.6	1 910	2 480	97 040	3 621	1.60
		12	146.8	187	57 536	17.5	2 265	2 953	115 072	4 530	1.60
610	±6.10	8	118.8	151	68 552	21.3	2 248	2 899	137 103	4 495	1.92
		10	148.0	189	84 847	21.2	2 781	3 600	169 694	5 564	1.92
		12.5	184.2	235	104 755	21.1	3 435	4 463	209 510	6 869	1.92
		16	234.4	299	131 782	21.0	4 321	5 647	263 563	8 641	1.92

注：括号内为 ISO 4019 所列规格。

表 2　方形冷弯空心型钢截面尺寸、允许偏差、截面面积、理论重量及截面特性

边长 B/mm	允许偏差/mm	壁厚 t/mm	理论重量 M/(kg/m)	截面面积 A/cm^2	惯性矩 $I_x=I_y/cm^4$	惯性半径 $r_x=r_y$/cm	截面模数 $W_x=W_y/cm^3$	扭转常数 I_t/cm^4	扭转常数 C_t/cm^3
20	±0.50	1.2	0.679	0.865	0.498	0.759	0.498	0.823	0.75
		1.5	0.826	1.052	0.583	0.744	0.583	0.985	0.88
		1.75	0.941	1.199	0.642	0.732	0.642	1.106	0.98
		2.0	1.050	1.340	0.692	0.720	0.692	1.215	1.06
25	±0.50	1.2	0.867	1.105	1.025	0.963	0.820	1.655	1.24
		1.5	1.061	1.352	1.216	0.948	0.973	1.998	1.47
		1.75	1.215	1.548	1.357	0.936	1.086	2.261	1.65
		2.0	1.363	1.736	1.482	0.923	1.186	2.502	1.80
30	±0.50	1.5	1.296	1.652	2.195	1.152	1.463	3.555	2.21
		1.75	1.490	1.898	2.470	1.140	1.646	4.048	2.49
		2.0	1.677	2.136	2.721	1.128	1.814	4.511	2.75
		2.5	2.032	2.589	3.154	1.103	2.102	5.347	3.20
		3.0	2.361	3.008	3.500	1.078	2.333	6.060	3.58
40	±0.50	1.5	1.767	2.525	5.489	1.561	2.744	8.728	4.13
		1.75	2.039	2.598	6.237	1.549	3.118	10.009	4.69
		2.0	2.305	2.936	6.939	1.537	3.469	11.238	5.23
		2.5	2.817	3.589	8.213	1.512	4.106	13.539	6.21
		3.0	3.303	4.208	9.320	1.488	4.660	15.628	7.07
		4.0	4.198	5.347	11.064	1.438	5.532	19.152	8.48
50	±0.50	1.5	2.238	2.852	11.065	1.969	4.426	17.395	6.65
		1.75	2.589	3.298	12.641	1.957	5.056	20.025	7.60
		2.0	2.933	3.736	14.146	1.945	5.658	22.578	8.51
		2.5	3.602	4.589	16.941	1.921	6.776	27.436	10.22
		3.0	4.245	5.408	19.463	1.897	7.785	31.972	11.77
		4.0	5.454	6.947	23.725	1.847	9.490	40.047	14.43
60	±0.60	2.0	3.560	4.540	25.120	2.350	8.380	39.810	12.60
		2.5	4.387	5.589	30.340	2.329	10.113	48.539	15.22
		3.0	5.187	6.608	35.130	2.305	11.710	56.892	17.65
		4.0	6.710	8.547	43.539	2.256	14.513	72.188	21.97
		5.0	8.129	10.356	50.468	2.207	16.822	85.560	25.61
70	±0.65	2.5	5.170	6.590	49.400	2.740	14.100	78.500	21.20
		3.0	6.129	7.808	57.522	2.714	16.434	92.188	24.74
		4.0	7.966	10.147	72.108	2.665	20.602	117.975	31.11
		5.0	9.699	12.356	84.602	2.616	24.172	141.183	36.65
80	±0.70	2.5	5.957	7.589	75.147	3.147	18.787	118.52	28.22
		3.0	7.071	9.008	87.838	3.122	21.959	139.660	33.02
		4.0	9.222	11.747	111.031	3.074	27.757	179.808	41.84
		5.0	11.269	14.356	131.414	3.025	32.853	216.628	49.68

表 2(续)

边长 B/mm	允许偏差/mm	壁厚 t/mm	理论重量 M/(kg/m)	截面面积 A/cm²	惯性矩 $I_x=I_y$/cm⁴	惯性半径 $r_x=r_y$/cm	截面模数 $W_x=W_y$/cm³	扭转常数	
								I_t/cm⁴	C_t/cm³
90	±0.75	3.0	8.013	10.208	127.277	3.531	28.283	201.108	42.51
		4.0	10.478	13.347	161.907	3.482	35.979	260.088	54.17
		5.0	12.839	16.356	192.903	3.434	42.867	314.896	64.71
		6.0	15.097	19.232	220.420	3.385	48.982	365.452	74.16
100	±0.80	4.0	11.734	11.947	226.337	3.891	45.267	361.213	68.10
		5.0	14.409	18.356	271.071	3.842	54.214	438.986	81.72
		6.0	16.981	21.632	311.415	3.794	62.283	511.558	94.12
110	±0.90	4.0	12.99	16.548	305.94	4.300	55.625	486.47	83.63
		5.0	15.98	20.356	367.95	4.252	66.900	593.60	100.74
		6.0	18.866	24.033	424.57	4.203	77.194	694.85	116.47
120	±0.90	4.0	14.246	18.147	402.260	4.708	67.043	635.603	100.75
		5.0	17.549	22.356	485.441	4.659	80.906	776.632	121.75
		6.0	20.749	26.432	562.094	4.611	93.683	910.281	141.22
		8.0	26.840	34.191	696.639	4.513	116.106	1 155.010	174.58
130	±1.00	4.0	15.502	19.748	516.97	5.117	79.534	814.72	119.48
		5.0	19.120	24.356	625.68	5.068	96.258	998.22	144.77
		6.0	22.634	28.833	726.64	5.020	111.79	1 173.6	168.36
		8.0	28.921	36.842	882.86	4.895	135.82	1 502.1	209.54
140	±1.10	4.0	16.758	21.347	651.598	5.524	53.085	1 022.176	139.8
		5.0	20.689	26.356	790.523	5.476	112.931	1 253.565	169.78
		6.0	24.517	31.232	920.359	5.428	131.479	1 475.020	197.9
		8.0	31.864	40.591	1 153.735	5.331	164.819	1 887.605	247.69
150	±1.20	4.0	18.014	22.948	807.82	5.933	107.71	1 264.8	161.73
		5.0	22.26	28.356	982.12	5.885	130.95	1 554.1	196.79
		6.0	26.402	33.633	1 145.9	5.837	152.79	1 832.7	229.84
		8.0	33.945	43.242	1 411.8	5.714	188.25	2 364.1	289.03
160	±1.20	4.0	19.270	24.547	987.152	6.341	123.394	1 540.134	185.25
		5.0	23.829	30.356	1 202.317	6.293	150.289	1 893.787	225.79
		6.0	28.285	36.032	1 405.408	6.245	175.676	2 234.573	264.18
		8.0	36.888	46.991	1 776.496	6.148	222.062	2 876.940	333.56
170	±1.30	4.0	20.526	26.148	1 191.3	6.750	140.15	1 855.8	210.37
		5.0	25.400	32.356	1 453.3	6.702	170.97	2 285.3	256.80
		6.0	30.170	38.433	1 701.6	6.654	200.18	2 701.0	300.91
		8.0	38.969	49.642	2 118.2	6.532	249.2	3 503.1	381.28
180	±1.40	4.0	21.800	27.70	1 422	7.16	158	2 210	237
		5.0	27.000	34.40	1 737	7.11	193	2 724	290
		6.0	32.100	40.80	2 037	7.06	226	3 223	340
		8.0	41.500	52.80	2 546	6.94	283	4 189	432

表 2(续)

边长 B/mm	允许偏差/mm	壁厚 t/mm	理论重量 M/(kg/m)	截面面积 A/cm²	惯性矩 $I_x=I_y$/cm⁴	惯性半径 $r_x=r_y$/cm	截面模数 $W_x=W_y$/cm³	扭转常数	
								I_t/cm⁴	C_t/cm³
190	±1.50	4.0	23.00	29.30	1 680	7.57	176	2 607	265
		5.0	28.50	36.40	2 055	7.52	216	3 216	325
		6.0	33.90	43.20	2 413	7.47	254	3 807	381
		8.0	44.00	56.00	3 208	7.35	319	4 958	486
200	±1.60	4.0	24.30	30.90	1 968	7.97	197	3 049	295
		5.0	30.10	38.40	2 410	7.93	241	3 763	362
		6.0	35.80	45.60	2 833	7.88	283	4 459	426
		8.0	46.50	59.20	3 566	7.76	357	5 815	544
		10	57.00	72.60	4 251	7.65	425	7 072	651
220	±1.80	5.0	33.2	42.4	3 238	8.74	294	5 038	442
		6.0	39.6	50.4	3 813	8.70	347	5 976	521
		8.0	51.5	65.6	4 828	8.58	439	7 815	668
		10	63.2	80.6	5 782	8.47	526	9 533	804
		12	73.5	93.7	6 487	8.32	590	11 149	922
250	±2.00	5.0	38.0	48.4	4 805	9.97	384	7 443	577
		6.0	45.2	57.6	5 672	9.92	454	8 843	681
		8.0	59.1	75.2	7 229	9.80	578	11 598	878
		10	72.7	92.6	8 707	9.70	697	14 197	1 062
		12	84.8	108	9 859	9.55	789	16 691	1 226
280	±2.20	5.0	42.7	54.4	6 810	11.2	486	10 513	730
		6.0	50.9	64.8	8 054	11.1	575	12 504	863
		8.0	66.6	84.8	10 317	11.0	737	16 436	1 117
		10	82.1	104.6	12 479	10.9	891	20 173	1 356
		12	96.1	122.5	14 232	10.8	1 017	23 804	1 574
300	±2.40	6.0	54.7	69.6	9 964	12.0	664	15 434	997
		8.0	71.6	91.2	12 801	11.8	853	20 312	1 293
		10	88.4	113	15 519	11.7	1 035	24 966	1 572
		12	104	132	17 767	11.6	1 184	29 514	1 829
350	±2.80	6.0	64.1	81.6	16 008	14.0	915	24 683	1 372
		8.0	84.2	107	20 618	13.9	1 182	32 557	1 787
		10	104	133	25 189	13.8	1 439	40 127	2 182
		12	123	156	29 054	13.6	1 660	47 598	2 552
400	±3.20	8.0	96.7	123	31 269	15.9	1 564	48 934	2 362
		10	120	153	38 216	15.8	1 911	60 431	2 892
		12	141	180	44 319	15.7	2 216	71 843	3 395
		14	163	208	50 414	15.6	2 521	82 735	3 877
450	±3.60	8.0	109	139	44 966	18.0	1 999	70 043	3 016
		10	135	173	55 100	17.9	2 449	86 629	3 702
		12	160	204	64 164	17.7	2 851	103 150	4 357
		14	185	236	73 210	17.6	3 254	119 000	4 989

表 2(续)

边长 B/mm	允许偏差/mm	壁厚 t/mm	理论重量 M/(kg/m)	截面面积 A/cm²	惯性矩 $I_x=I_y$/cm⁴	惯性半径 $r_x=r_y$/cm	截面模数 $W_x=W_y$/cm³	扭转常数 I_t/cm⁴	扭转常数 C_t/cm³
500	±4.00	8.0	122	155	62 172	20.0	2 487	96 483	3 750
		10	151	193	76 341	19.9	3 054	119 470	4 612
		12	179	228	89 187	19.8	3 568	142 420	5 440
		14	207	264	102 010	19.7	4 080	164 530	6 241
		16	235	299	114 260	19.6	4 570	186 140	7 013

注：表中理论重量按密度 7.85 g/cm³ 计算。

表 3　矩形冷弯空心型钢截面尺寸、允许偏差、截面面积、理论重量及截面特性

边长/mm H	边长/mm B	允许偏差/mm	壁厚 t/mm	理论重量 M/(kg/m)	截面面积 A/cm²	惯性矩/cm⁴ I_x	惯性矩/cm⁴ I_y	惯性半径/cm r_x	惯性半径/cm r_y	截面模数/cm³ W_x	截面模数/cm³ W_y	扭转常数 I_t/cm⁴	扭转常数 C_t/cm³
30	20	±0.50	1.5	1.06	1.35	1.59	0.84	1.08	0.788	1.06	0.84	1.83	1.40
			1.75	1.22	1.55	1.77	0.93	1.07	0.777	1.18	0.93	2.07	1.56
			2.0	1.36	1.74	1.94	1.02	1.06	0.765	1.29	1.02	2.29	1.71
			2.5	1.64	2.09	2.21	1.15	1.03	0.742	1.47	1.15	2.68	1.95
40	20	±0.50	1.5	1.30	1.65	3.27	1.10	1.41	0.815	1.63	1.10	2.74	1.91
			1.75	1.49	1.90	3.68	1.23	1.39	0.804	1.84	1.23	3.11	2.14
			2.0	1.68	2.14	4.05	1.34	1.38	0.793	2.02	1.34	3.45	2.36
			2.5	2.03	2.59	4.69	1.54	1.35	0.770	2.35	1.54	4.06	2.72
			3.0	2.36	3.01	5.21	1.68	1.32	0.748	2.60	1.68	4.57	3.00
40	25	±0.50	1.5	1.41	1.80	3.82	1.84	1.46	1.010	1.91	1.47	4.06	2.46
			1.75	1.63	2.07	4.32	2.07	1.44	0.999	2.16	1.66	4.63	2.78
			2.0	1.83	2.34	4.77	2.28	1.43	0.988	2.39	1.82	5.17	3.07
			2.5	2.23	2.84	5.57	2.64	1.40	0.965	2.79	2.11	6.15	3.59
			3.0	2.60	3.31	6.24	2.94	1.37	0.942	3.12	2.35	7.00	4.01
40	30	±0.50	1.5	1.53	1.95	4.38	2.81	1.50	1.199	2.19	1.87	5.52	3.02
			1.75	1.77	2.25	4.96	3.17	1.48	1.187	2.48	2.11	6.31	3.42
			2.0	1.99	2.54	5.49	3.51	1.47	1.176	2.75	2.34	7.07	3.79
			2.5	2.42	3.09	6.45	4.10	1.45	1.153	3.23	2.74	8.47	4.46
			3.0	2.83	3.61	7.27	4.60	1.42	1.129	3.63	3.07	9.72	5.03
50	25	±0.50	1.5	1.65	2.10	6.65	2.25	1.78	1.04	2.66	1.80	5.52	3.41
			1.75	1.90	2.42	7.55	2.54	1.76	1.024	3.02	2.03	6.32	3.54
			2.0	2.15	2.74	8.38	2.81	1.75	1.013	3.35	2.25	7.06	3.92
			2.5	2.62	2.34	9.89	3.28	1.72	0.991	3.95	2.62	8.43	4.60
			3.0	3.07	3.91	11.17	3.67	1.69	0.969	4.47	2.93	9.64	5.18

表 3(续)

边长/mm		允许偏差/mm	壁厚 t/mm	理论重量 M/(kg/m)	截面面积 A/cm^2	惯性矩/cm^4		惯性半径/cm		截面模数/cm^3		扭转常数	
H	B					I_x	I_y	r_x	r_y	W_x	W_y	I_t/cm^4	C_t/cm^3
50	30	±0.50	1.5	1.767	2.252	7.535	3.415	1.829	1.231	3.014	2.276	7.587	3.83
			1.75	2.039	2.598	8.566	3.868	1.815	1.220	3.426	2.579	8.682	4.35
			2.0	2.305	2.936	9.535	4.291	1.801	1.208	3.814	2.861	9.727	4.84
			2.5	2.817	3.589	11.296	5.050	1.774	1.186	4.518	3.366	11.666	5.72
			3.0	3.303	4.206	12.827	5.696	1.745	1.163	5.130	3.797	13.401	6.49
			4.0	4.198	5.347	15.239	6.682	1.688	1.117	6.095	4.455	16.244	7.77
50	40	±0.50	1.5	2.003	2.552	9.300	6.602	1.908	1.608	3.720	3.301	12.238	5.24
			1.75	2.314	2.948	10.603	7.518	1.896	1.596	4.241	3.759	14.059	5.97
			2.0	2.619	3.336	11.840	8.348	1.883	1.585	4.736	4.192	15.817	6.673
			2.5	3.210	4.089	14.121	9.976	1.858	1.562	5.648	4.988	19.222	7.965
			3.0	3.775	4.808	16.149	11.382	1.833	1.539	6.460	5.691	22.336	9.123
			4.0	4.826	6.148	19.493	13.677	1.781	1.492	7.797	6.839	27.82	11.06
55	25	±0.50	1.5	1.767	2.252	8.453	2.460	1.937	1.045	3.074	1.968	6.273	3.458
			1.75	2.039	2.598	9.606	2.779	1.922	1.034	3.493	2.223	7.156	3.916
			2.0	2.305	2.936	10.689	3.073	1.907	1.023	3.886	2.459	7.992	4.342
55	40	±0.50	1.5	2.121	2.702	11.674	7.158	2.078	1.627	4.245	3.579	14.017	5.794
			1.75	2.452	3.123	13.329	8.158	2.065	1.616	4.847	4.079	16.175	6.614
			2.0	2.776	3.536	14.904	9.107	2.052	1.604	5.419	4.553	18.208	7.394
55	50	±0.60	1.75	2.726	3.473	15.811	13.660	2.133	1.983	5.749	5.464	23.173	8.415
			2.0	3.090	3.936	17.714	15.298	2.121	1.971	6.441	6.119	26.142	9.433
60	30	±0.60	2.0	2.620	3.337	15.046	5.078	2.123	1.234	5.015	3.385	12.57	5.881
			2.5	3.209	4.089	17.933	5.998	2.094	1.211	5.977	3.998	15.054	6.981
			3.0	3.774	4.808	20.496	6.794	2.064	1.188	6.832	4.529	17.335	7.950
			4.0	4.826	6.147	24.691	8.045	2.004	1.143	8.230	5.363	21.141	9.523
60	40	±0.60	2.0	2.934	3.737	18.412	9.831	2.220	1.622	6.137	4.915	20.702	8.116
			2.5	3.602	4.589	22.069	11.734	2.192	1.595	7.356	5.867	25.045	9.722
			3.0	4.245	5.408	25.374	13.436	2.166	1.576	8.458	6.718	29.121	11.175
			4.0	5.451	6.947	30.974	16.269	2.111	1.530	10.324	8.134	36.298	13.653
70	50	±0.60	2.0	3.562	4.537	31.475	18.758	2.634	2.033	8.993	7.503	37.454	12.196
			3.0	5.187	6.608	44.046	26.099	2.581	1.987	12.584	10.439	53.426	17.06
			4.0	6.710	8.547	54.663	32.210	2.528	1.941	15.618	12.884	67.613	21.189
			5.0	8.129	10.356	63.435	37.179	2.171	1.894	18.121	14.871	79.908	24.642

表 3(续)

边长/mm H	边长/mm B	允许偏差/mm	壁厚 t/mm	理论重量 M/(kg/m)	截面面积 A/cm^2	惯性矩/cm^4 I_x	惯性矩/cm^4 I_y	惯性半径/cm r_x	惯性半径/cm r_y	截面模数/cm^3 W_x	截面模数/cm^3 W_y	扭转常数 I_t/cm^4	扭转常数 C_t/cm^3
80	40	±0.70	2.0	3.561	4.536	37.355	12.720	2.869	1.674	9.339	6.361	30.881	11.004
			2.5	4.387	5.589	45.103	15.255	2.840	1.652	11.275	7.627	37.467	13.283
			3.0	5.187	6.608	52.246	17.552	2.811	1.629	13.061	8.776	43.680	15.283
			4.0	6.710	8.547	64.780	21.474	2.752	1.585	16.195	10.737	54.787	18.844
			5.0	8.129	10.356	75.080	24.567	2.692	1.540	18.770	12.283	64.110	21.744
80	60	±0.70	3.0	6.129	7.808	70.042	44.886	2.995	2.397	17.510	14.962	88.111	24.143
			4.0	7.966	10.147	87.945	56.105	2.943	2.351	21.976	18.701	112.583	30.332
			5.0	9.699	12.356	103.247	65.634	2.890	2.304	25.811	21.878	134.503	35.673
90	40	±0.75	3.0	5.658	7.208	70.487	19.610	3.127	1.649	15.663	9.805	51.193	17.339
			4.0	7.338	9.347	87.894	24.077	3.066	1.604	19.532	12.038	64.320	21.441
			5.0	8.914	11.356	102.487	27.651	3.004	1.560	22.774	13.825	75.426	24.819
90	50	±0.75	2.0	4.190	5.337	57.878	23.368	3.293	2.093	12.862	9.347	53.366	15.882
			2.5	5.172	6.589	70.263	28.236	3.266	2.070	15.614	11.294	65.299	19.235
			3.0	6.129	7.808	81.845	32.735	3.237	2.047	18.187	13.094	76.433	22.316
			4.0	7.966	10.147	102.696	40.695	3.181	2.002	22.821	16.278	97.162	27.961
			5.0	9.699	12.356	120.570	47.345	3.123	1.957	26.793	18.938	115.436	36.774
90	55	±0.75	2.0	4.346	5.536	61.75	28.957	3.340	2.287	13.733	10.53	62.724	17.601
			2.5	5.368	6.839	75.049	33.065	3.313	2.264	16.678	12.751	76.877	21.357
90	60	±0.75	3.0	6.600	8.408	93.203	49.764	3.329	2.432	20.711	16.588	104.552	27.391
			4.0	8.594	10.947	117.499	62.387	3.276	2.387	26.111	20.795	133.852	34.501
			5.0	10.484	13.356	138.653	73.218	3.222	2.311	30.811	24.406	160.273	40.712
95	50	±0.75	2.0	4.347	5.537	66.084	24.521	3.455	2.104	13.912	9.808	57.458	16.804
			2.5	5.369	6.839	80.306	29.647	3.247	2.082	16.906	11.895	70.324	20.364
100	50	±0.80	3.0	6.690	8.408	106.451	36.053	3.558	2.070	21.290	14.421	88.311	25.012
			4.0	8.594	10.947	134.124	44.938	3.500	2.026	26.824	17.975	112.409	31.35
			5.0	10.484	13.356	158.155	52.429	3.441	1.981	31.631	20.971	133.758	36.804
120	50	±0.90	2.5	6.350	8.089	143.97	36.704	4.219	2.130	23.995	14.682	96.026	26.006
			3.0	7.543	9.608	168.58	42.693	4.189	2.108	28.097	17.077	112.87	30.317
120	60	±0.90	3.0	8.013	10.208	189.113	64.398	4.304	2.511	31.581	21.466	156.029	37.138
			4.0	10.478	13.347	240.724	81.235	4.246	2.466	40.120	27.078	200.407	47.048
			5.0	12.839	16.356	286.941	95.968	4.188	2.422	47.823	31.989	240.869	55.846
			6.0	15.097	19.232	327.950	108.716	4.129	2.377	54.658	36.238	277.361	63.597

表 3(续)

边长/mm H	边长/mm B	允许偏差/mm	壁厚 t/mm	理论重量 M/(kg/m)	截面面积 A/cm^2	惯性矩/cm^4 I_x	惯性矩/cm^4 I_y	惯性半径/cm r_x	惯性半径/cm r_y	截面模数/cm^3 W_x	截面模数/cm^3 W_y	扭转常数 I_t/cm^4	扭转常数 C_t/cm^3
120	80	±0.90	3.0	8.955	11.408	230.189	123.430	4.491	3.289	38.364	30.857	255.128	50.799
			4.0	11.734	11.947	294.569	157.281	4.439	3.243	49.094	39.320	330.438	64.927
			5.0	14.409	18.356	353.108	187.747	4.385	3.198	58.850	46.936	400.735	77.772
			6.0	16.981	21.632	105.998	214.977	4.332	3.152	67.666	53.744	165.940	83.399
140	80	±1.00	4.0	12.990	16.547	429.582	180.407	5.095	3.301	61.368	45.101	410.713	76.478
			5.0	15.979	20.356	517.023	215.914	5.039	3.256	73.860	53.978	498.815	91.834
			6.0	18.865	24.032	569.935	247.905	4.983	3.211	85.276	61.976	580.919	105.83
150	100	±1.20	4.0	14.874	18.947	594.585	318.551	5.601	4.110	79.278	63.710	660.613	104.94
			5.0	18.334	23.356	719.164	383.988	5.549	4.054	95.888	79.797	806.733	126.81
			6.0	21.691	27.632	834.615	444.135	5.495	4.009	111.282	88.827	915.022	147.07
			8.0	28.096	35.791	1039.101	519.308	5.388	3.917	138.546	109.861	1147.710	181.85
160	60	±1.20	3	9.898	12.608	389.86	83.915	5.561	2.580	48.732	27.972	228.15	50.14
			4.5	14.498	18.469	552.08	116.66	5.468	2.513	69.01	38.886	324.96	70.085
160	80	±1.20	4.0	14.216	18.117	597.691	203.532	5.738	3.348	71.711	50.883	493.129	88.031
			5.0	17.519	22.356	721.650	214.089	5.681	3.304	90.206	61.020	599.175	105.9
			6.0	20.749	26.433	835.936	286.832	5.623	3.259	104.192	76.208	698.881	122.27
			8.0	26.810	33.644	1036.485	343.599	5.505	3.170	129.560	85.899	876.599	149.54
180	65	±1.20	3.0	11.075	14.108	550.35	111.78	6.246	2.815	61.15	34.393	306.75	61.849
			4.5	16.264	20.719	784.13	156.47	6.152	2.748	87.125	48.144	438.91	86.993
180	100	±1.30	4.0	16.758	21.317	926.020	373.879	6.586	4.184	102.891	74.755	852.708	127.06
			5.0	20.689	26.356	1124.156	451.738	6.530	4.140	124.906	90.347	1012.589	153.88
			6.0	24.517	31.232	1309.527	523.767	6.475	4.095	145.503	104.753	1222.933	178.88
			8.0	31.861	40.391	1643.149	651.132	6.362	4.002	182.572	130.226	1554.606	222.49
200			4.0	18.014	22.941	1199.680	410.261	7.230	4.230	119.968	82.152	984.151	141.81
			5.0	22.259	28.356	1459.270	496.905	7.173	4.186	145.920	99.381	1203.878	171.94
			6.0	26.101	33.632	1703.224	576.855	7.116	4.141	170.322	115.371	1412.986	200.1
			8.0	34.376	43.791	2145.993	719.014	7.000	4.052	214.599	143.802	1798.551	249.6
200	120	±1.40	4.0	19.3	24.5	1 353	618	7.43	5.02	135	103	1 345	172
			5.0	23.8	30.4	1 649	750	7.37	4.97	165	125	1 652	210
			6.0	28.3	36.0	1 929	874	7.32	4.93	193	146	1 947	245
			8.0	36.5	46.4	2 386	1 079	7.17	4.82	239	180	2 507	308

表 3(续)

边长/mm H	边长/mm B	允许偏差/mm	壁厚 t/mm	理论重量 M/(kg/m)	截面面积 A/cm²	惯性矩/cm⁴ I_x	I_y	惯性半径/cm r_x	r_y	截面模数/cm³ W_x	W_y	扭转常数 I_t/cm⁴	C_t/cm³
200	150	±1.50	4.0	21.2	26.9	1 584	1 021	7.67	6.16	158	136	1 942	219
			5.0	26.2	33.4	1 935	1 245	7.62	6.11	193	166	2 391	267
			6.0	31.1	39.6	2 268	1 457	7.56	6.06	227	194	2 826	312
			8.0	40.2	51.2	2 892	1 815	7.43	5.95	283	242	3 664	396
220	140	±1.50	4.0	21.8	27.7	1 892	948	8.26	5.84	172	135	1 987	224
			5.0	27.0	34.4	2 313	1 155	8.21	5.80	210	165	2 447	274
			6.0	32.1	40.8	2 714	1 352	8.15	5.75	247	193	2 891	321
			8.0	41.5	52.8	3 389	1 685	8.01	5.65	308	241	3 746	407
250	150	±1.60	4.0	24.3	30.9	2 697	1 234	9.34	6.32	216	165	2 665	275
			5.0	30.1	38.4	3 304	1 508	9.28	6.27	264	201	3 285	337
			6.0	35.8	45.6	3 886	1 768	9.23	6.23	311	236	3 886	396
			8.0	46.5	59.2	4 886	2 219	9.08	6.12	391	296	5 050	504
260	180	±1.80	5.0	33.2	42.4	4 121	2 350	9.86	7.45	317	261	4 695	426
			6.0	39.6	50.4	4 856	2 763	9.81	7.40	374	307	5 566	501
			8.0	51.5	65.6	6 145	3 493	9.68	7.29	473	388	7 267	642
			10	63.2	80.6	7 363	4 174	9.56	7.20	566	646	8 850	772
300	200	±2.00	5.0	38.0	48.4	6 241	3 361	11.4	8.34	416	336	6 836	552
			6.0	45.2	57.6	7 370	3 962	11.3	8.29	491	396	8 115	651
			8.0	59.1	75.2	9 389	5 042	11.2	8.19	626	504	10 627	838
			10	72.7	92.6	11 313	6 058	11.1	8.09	754	606	12 987	1 012
350	250	±2.20	5.0	45.8	58.4	10 520	6 306	13.4	10.4	601	504	12 234	817
			6.0	54.7	69.6	12 457	7 458	13.4	10.3	712	594	14 554	967
			8.0	71.6	91.2	16 001	9 573	13.2	10.2	914	766	19 136	1 253
			10	88.4	113	19 407	11 588	13.1	10.1	1 109	927	23 500	1 522
400	200	±2.40	5.0	45.8	58.4	12 490	4 311	14.6	8.60	624	431	10 519	742
			6.0	54.7	69.6	14 789	5 092	14.5	8.55	739	509	12 069	877
			8.0	71.6	91.2	18 974	6 517	14.4	8.45	949	652	15 820	1 133
			10	88.4	113	23 003	7 864	14.3	8.36	1 150	786	19 368	1 373
			12	104	132	26 248	8 977	14.1	8.24	1 312	898	22 782	1 591
400	250	±2.60	5.0	49.7	63.4	14 440	7 056	15.1	10.6	722	565	14 773	937
			6.0	59.4	75.6	17 118	8 352	15.0	10.5	856	668	17 580	1 110
			8.0	77.9	99.2	22 048	10 744	14.9	10.4	1 102	860	23 127	1 440
			10	96.2	122	26 806	13 029	14.8	10.3	1 340	1 042	28 423	1 753
			12	113	144	30 766	14 926	14.6	10.2	1 538	1 197	33 597	2 042

表 3(续)

边长/mm H	边长/mm B	允许偏差/mm	壁厚 t/mm	理论重量 M/(kg/m)	截面面积 A/cm²	惯性矩/cm⁴ I_x	惯性矩/cm⁴ I_y	惯性半径/cm r_x	惯性半径/cm r_y	截面模数/cm³ W_x	截面模数/cm³ W_y	扭转常数 I_t/cm⁴	扭转常数 C_t/cm³
450	250	±2.80	6.0	64.1	81.6	22 724	9 245	16.7	10.6	1 010	740	20 687	1 253
			8.0	84.2	107	29 336	11 916	16.5	10.5	1 304	953	27 222	1 628
			10	104	133	35 737	14 470	16.4	10.4	1 588	1 158	33 473	1 983
			12	123	156	41 137	16 663	16.2	10.3	1 828	1 333	39 591	2 314
500	300	±3.20	6.0	73.5	93.6	33 012	15 151	18.8	12.7	1 321	1 010	32 420	1 688
			8.0	96.7	123	42 805	19 624	18.6	12.6	1 712	1 308	42 767	2 202
			10	120	153	52 328	23 933	18.5	12.5	2 093	1 596	52 736	2 693
			12	141	180	60 604	27 726	18.3	12.4	2 424	1 848	62 581	3 156
550	350	±3.60	8.0	109	139	59 783	30 040	20.7	14.7	2 174	1 717	63 051	2 856
			10	135	173	73 276	36 752	20.6	14.6	2 665	2 100	77 901	3 503
			12	160	204	85 249	42 769	20.4	14.5	3 100	2 444	92 646	4 118
			14	185	236	97 269	48 731	20.3	14.4	3 537	2 784	106 760	4 710
600	400	±4.00	8.0	122	155	80 670	43 564	22.8	16.8	2 689	2 178	88 672	3 591
			10	151	193	99 081	53 429	22.7	16.7	3 303	2 672	109 720	4 413
			12	179	228	115 670	62 391	22.5	16.5	3 856	3 120	130 680	5 201
			14	207	264	132 310	71 282	22.4	16.4	4 410	3 564	150 850	5 962
			16	235	299	148 210	79 760	22.3	16.3	4 940	3 988	170 510	6 694

注：表中理论重量按密度 7.85 g/cm³ 计算。

3.8 冷弯型钢的弯角外圆弧半径 R 或(C_1、C_2)值应符合表 4 的规定。R 或(C_1、C_2)值的测量方法按图 4 规定或用圆角规进行测量。

表 4 外圆弧半径 R 或(C_1、C_2)值

厚度 t/mm	R 或(C_1、C_2) 碳素钢($\sigma_s \leqslant 320$ MPa)	R 或(C_1、C_2) 低合金钢($\sigma_s > 320$ MPa)
$t \leqslant 3$	1.0～2.5 t	1.5～2.5 t
$3 < t \leqslant 6$	1.5～2.5 t	2.0～3.0 t
$6 < t \leqslant 10$	2.0～3.0 t	2.0～3.5 t
$t > 10$	2.0～3.5 t	2.5～4.0 t

注：σ_s 值指标准中规定的最低值。

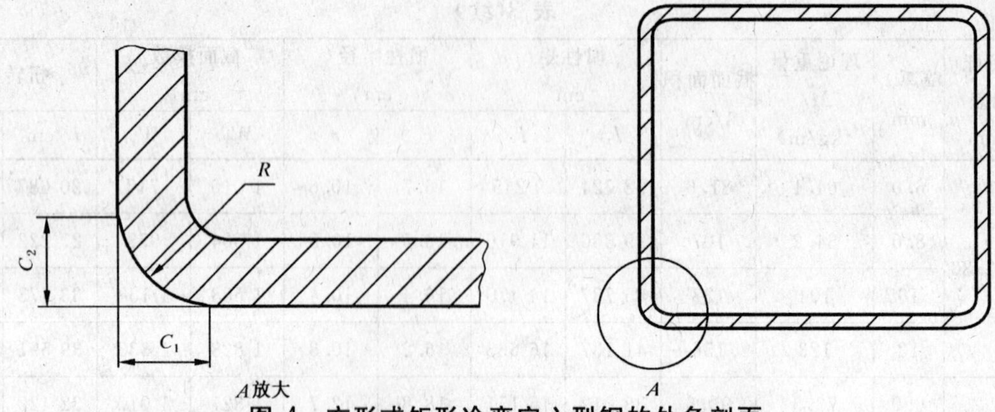

图 4 方形或矩形冷弯空心型钢的外角剖面

3.9 冷弯型钢截面的平面部分凸凹度应符合以下规定：不超过该边长的 0.6%，但最小值为 0.4 mm。测量方法如图 5 所示。

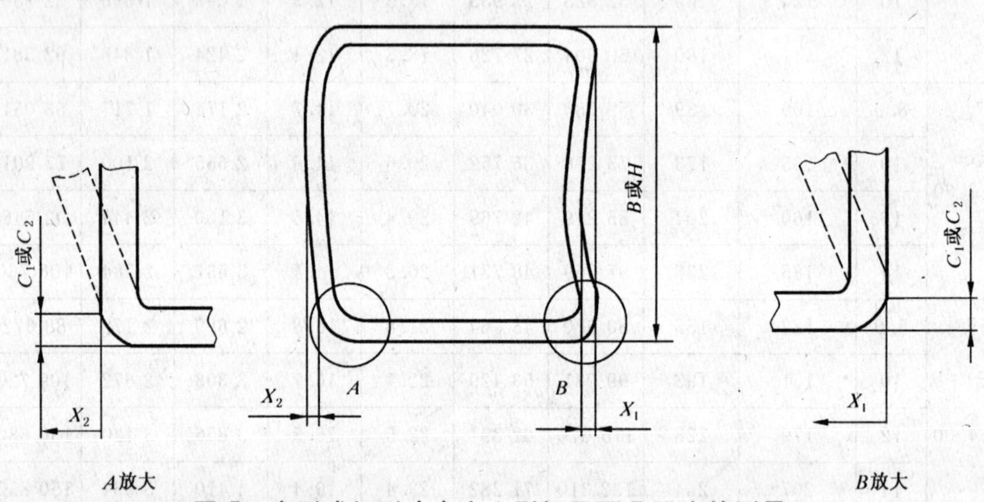

图 5 方形或矩形冷弯空心型钢平面凸凹度的测量

3.10 冷弯型钢尺寸应在距离端部不小于 100 mm 处测量。

4 长度及允许偏差

4.1 冷弯型钢通常交货长度为 4 000 mm～12 000 mm。经供需双方协商，可供应其他长度的冷弯型钢。

4.2 冷弯型钢按定尺或倍尺长度交货时，应在合同中注明。其长度允许偏差应符合表 5 的规定。

表 5 长度允许偏差

单位为毫米

定尺精度级别	长度范围	允许偏差
普通级别	4 000～12 000	$^{+70}_{0}$
精确级别	4 000～6 000	$^{+5}_{0}$
	＞6 000～12 000	$^{+10}_{0}$

4.3 冷弯型钢允许交付不小于 2 000 mm 的短尺和非定尺产品，也可以接口管形式交货，但需方在使用时应将接口管切除。短尺和非定尺产品的重量应不超过总交货量的 5%，对于理论重量大于20 kg/m 的冷弯型钢应不超过总交货量的 10%。

5 外形

5.1 冷弯型钢弯曲度每米不得大于 2 mm，总弯曲度不得大于总长度的 0.2%。测量方法见图 6。

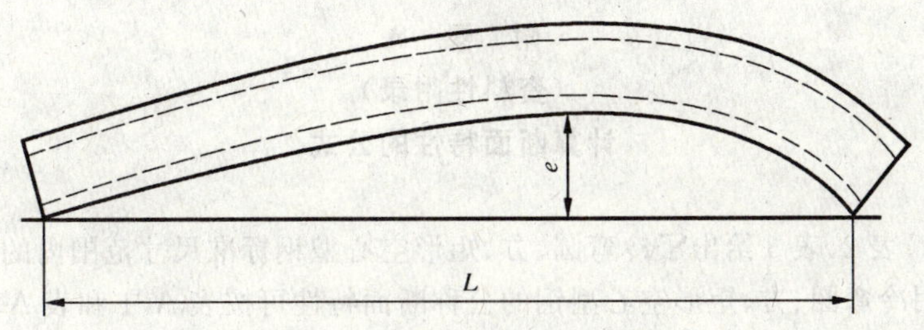

图 6　弯曲度的测定

5.2　经供需双方协商并在合同中注明，可测量冷弯型钢的扭转度，测量时应在平台上进行，测量方法按照图 7 所示，所测值应小于 V 值并按式(1)计算：

$$V = 2 + L \times 0.5/1\,000 \quad \cdots\cdots(1)$$

式中：

L——长度，单位为毫米(mm)；

V——扭转度，单位为毫米(mm)。

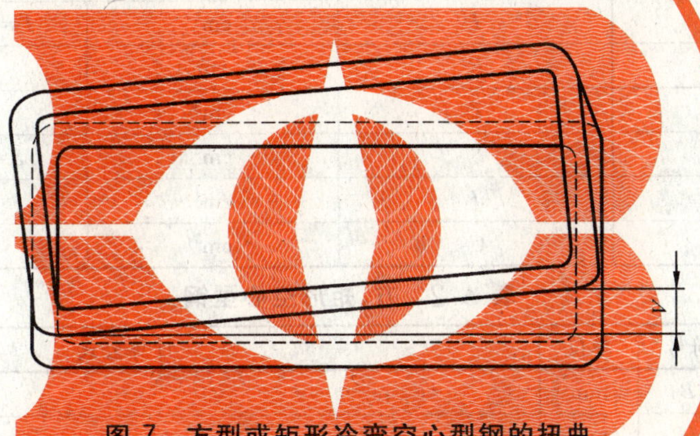

图 7　方型或矩形冷弯空心型钢的扭曲

5.3　冷弯型钢的端部应切得正直，其锯切斜度不得大于表 6 的规定。由切断方法造成的较小变形和毛刺允许存在。

表 6　锯切斜度

单位为毫米

边长(外径)	锯切斜度　不大于
边长≤100	2
100＜边长≤300	4
300＜边长≤500	6

6　重量

6.1　冷弯型钢以实际重量交货。

6.2　冷弯型钢的实际重量与理论重量的允许偏差为：$^{+10}_{-6}$%。

7　标记示例

用普通碳素结构钢 Q235 钢制造的，尺寸为 150 mm×100 mm×6 mm 冷弯矩形管的标记为：

$$\text{冷弯空心型钢(矩形管)}\ \frac{\text{J150} \times 100 \times 6\text{-GB/T 6728—2002}}{\text{Q235-GB/T 700—1988}}$$

附 录 A
（资料性附录）
计算断面特性的公式

本标准中的表1、表2、表3给出了冷弯圆、方、矩形空心型钢标准尺寸范围内的公称断面特性，其他尺寸和厚度的结构用冷弯圆、方、矩形空心型钢的公称断面特性可按表A.1和表A.2中公式计算。

表 A.1 圆形空心型钢

项目	符号	单位	计算公式
公称外圆直径	D	mm	—
公称厚度	t	mm	—
公称内圆直径	d	mm	$d=D-2t$
每米长度的表面积	A_s	m^2/m	$A_s=\pi D/10^3$
截面面积	A	cm^2	$A=\pi(D^2-d^2)/(4\times10^2)$
单位长度的重量	M	kg/m	$M=0.785\times A$
惯性矩	I	cm^4	$I=\pi(D^4-d^4)/(64\times10^4)$
回转半径	R	cm	$R=(I/A)^{1/2}$
弹性模数	Z	cm^3	$Z=(2I\times10)/D$
塑性模数	S	cm^3	$S=(D^3-d^3)/(6\times10^3)$
扭转惯量	J	cm^4	$J=2I$
扭转模数	C	cm^3	$C=2Z$

表 A.2 方、矩形空心型钢

<table>
<tr><th colspan="2">项目</th><th>符号</th><th>单位</th><th colspan="2">计算公式</th></tr>
<tr><td colspan="2">短侧面公称长度</td><td>B</td><td>mm</td><td colspan="2">—</td></tr>
<tr><td colspan="2">长侧面公称长度</td><td>H</td><td>mm</td><td colspan="2">—</td></tr>
<tr><td colspan="2">公称厚度</td><td>t</td><td>mm</td><td colspan="2">—</td></tr>
<tr><td colspan="2">公称外角半径</td><td>R</td><td>mm</td><td colspan="2">当 $t\leqslant6$ mm　$R=2.0t$
当 $6<t\leqslant10$ mm　$R=2.5t$
当 $t>10$ mm　$R=3.0t$</td></tr>
<tr><td colspan="2">公称内角半径</td><td>r</td><td>mm</td><td colspan="2">$r=R-t$</td></tr>
<tr><td colspan="2">单位长度的重量</td><td>M</td><td>kg/m</td><td colspan="2">$M=0.785A$</td></tr>
<tr><td colspan="2">截面面积</td><td>A</td><td>cm^2</td><td colspan="2">$A=[2t(B+H-2t)-(4-\pi)(R^2-r^2)]/10^2$</td></tr>
<tr><td colspan="2">每米长度的表面积</td><td>A_s</td><td>m^2/m</td><td colspan="2">$A_s=2(H+B-4R+\pi R)$</td></tr>
<tr><td rowspan="2">面积的
二次惯性矩</td><td>长轴
（主轴）</td><td>I_x</td><td>cm^4</td><td>$I_x=1/10^4[BH^3/12-(B-2t)(H-2t)^3/12-4(I_z+A_zh_z^2)+4(I_s+A_sh_s^2)]$</td><td rowspan="2">式中：
$I_z=[1/3-\pi/16-1/3(12-3\pi)]R^4$
$A_z=(1-\pi/4)R^2$
$h_z=H/2-[(10-3\pi)/(12-3\pi)]R$
（求 I_y 时用“B”代替“H”）
$I_s=[1/3-\pi/16-1/3(12-3\pi)]r^4$
$A_s=(1-\pi/4)r^2$
$h_s=(H-2t)/2-[(10-3\pi)/(12-3\pi)]r$
求 I_y 时用“B”代替“H”</td></tr>
<tr><td>短轴
（次轴）</td><td>I_y</td><td>cm^4</td><td>$I_y=1/10^4[HB^3/12-(H-2t)(B-2t)^3/12-4(I_z+A_zh_z^2)+4(I_s+A_sh_s^2)]$</td></tr>
</table>

表 A.2(续)

项目	符号	单位	计算公式
回转半径	r_x	cm	$r_x=(I_x/A)^{1/2}$
回转半径	r_y	cm	$r_y=(I_y/A)^{1/2}$
弹性截面模数	W_x	cm^3	$W_x=(2I_z/H)10$
弹性截面模数	W_y	cm^3	$W_y=(2I_y/B)10$
扭转惯量	I_t	cm^4	$I_t=1/10^4(t^3\times h/3+2KA_h)$
扭转模数	C_t	cm^3	$C_t=10[I_t/(t+K/t)]$ 式中：$h=2[(B-t)+(H-t)]-2R_c(4-\pi)$ 其中 $R_c=(R+r)/2$ $A_h=(B-t)(H-t)-R^2c(4-\pi)$ $K=2A_ht/h$

ICS 77.140.70
H 44

中华人民共和国国家标准

GB/T 14981—2009
代替 GB/T 14981—2004

热轧圆盘条尺寸、外形、重量及允许偏差

Dimension, shape, mass and tolerance for hot-rolled round wire rod

(ISO 16124:2004, Steel wire rod-dimensions and tolerances, MOD)

2009-07-15 发布　　　　2010-04-01 实施

中华人民共和国国家质量监督检验检疫总局
中国国家标准化管理委员会　发布

前　言

本标准修改采用 ISO 16124:2004《盘条——尺寸和偏差》(英文版)。

本标准与 ISO 16124:2004 的技术性差异如下:

——只选取了其中的圆截面盘条部分,并将公称直径范围扩大到 60 mm;

——增加了公称直径为 50 mm～60 mm 的技术指标;

——增加了盘重的要求。

这些技术性差异用垂直单线标识在它们所涉及条款的页边空白处。

本标准代替 GB/T 14981—2004《热轧盘条尺寸、外形、重量及允许偏差》,与 GB/T 14981—2004 相比,主要技术差异如下:

——扩大了盘条直径适用范围(将公称直径范围由原 5 mm～40 mm 扩大为 5 mm～60 mm);

——表 1 中增加了 40 mm～60 mm 的相应技术要求;

——对表 1 中 A 级精度的不圆度作适当调整,与国际标准保持一致;

——删除 2.4 协议条款;

——重量组别只保留原Ⅱ组。

本标准由中国钢铁工业协会提出。

本标准由全国钢标准化技术委员会归口。

本标准起草单位:冶金工业信息标准研究院、江苏沙钢集团有限公司、青岛钢铁有限公司、马鞍山钢铁股份有限公司、宣化钢铁集团有限责任公司、邢台钢铁有限责任公司、首钢总公司、四川省达州钢铁集团有限责任公司。

本标准主要起草人:王玲君、戴石锋、黄正玉、杨一铭、刘玉兰、李莉、侯月华、唐牧、李元廷。

本标准所代替标准的历次版本发布情况为:

——GB/T 1498l—1994、GB/T 14981—2004。

热轧圆盘条尺寸、外形、重量及允许偏差

1 范围

本标准规定了热轧圆盘条尺寸、外形、重量及允许偏差等要求。如产品标准另有规定，应符合相应产品标准的要求。

本标准适用于公称直径为 5 mm～60 mm 各类钢的圆盘条。

2 尺寸、外形及允许偏差

2.1 盘条的公称直径和公称横截面积列于表 1。

2.2 盘条直径允许偏差应符合表 1 相应级别精度的规定，不圆度应不超过相应级别直径公差的 80%。

2.3 精度级别应在相应的产品标准或合同中注明，未注明者按 A 级精度执行。

2.4 根据需方要求，经供需双方协议可采用其他尺寸偏差要求，但公差不允许超过表 1 中相应规格的规定值。

表 1

公称直径/mm	允许偏差/mm			不圆度/mm			横截面积/mm^2	理论重量/(kg/m)
	A 级精度	B 级精度	C 级精度	A 级精度	B 级精度	C 级精度		
5	±0.30	±0.25	±0.15	≤0.48	≤0.40	≤0.24	19.63	0.154
5.5							23.76	0.187
6							28.27	0.222
6.5							33.18	0.260
7							38.48	0.302
7.5							44.18	0.347
8							50.26	0.395
8.5							56.74	0.445
9							63.62	0.499
9.5							70.88	0.556
10							78.54	0.617
10.5	±0.40	±0.30	±0.20	≤0.64	≤0.48	≤0.32	86.59	0.680
11							95.03	0.746
11.5							103.9	0.816
12							113.1	0.888
12.5							122.7	0.963
13							132.7	1.04
13.5							143.1	1.12
14							153.9	1.21
14.5							165.1	1.30
15							176.7	1.39

表 1（续）

公称直径/mm	允许偏差/mm			不圆度/mm			横截面积/mm²	理论重量/(kg/m)
	A 级精度	B 级精度	C 级精度	A 级精度	B 级精度	C 级精度		
15.5							188.7	1.48
16							201.1	1.58
17							227.0	1.78
18							254.5	2.00
19							283.5	2.23
20	±0.50	±0.35	±0.25	≤0.80	≤0.56	≤0.40	314.2	2.47
21							346.3	2.72
22							380.1	2.98
23							415.5	3.26
24							452.4	3.55
25							490.9	3.85
26							530.9	4.17
27							572.6	4.49
28							615.7	4.83
29							660.5	5.18
30							706.9	5.55
31							754.8	5.92
32							804.2	6.31
33	±0.60	±0.40	±0.30	≤0.96	≤0.64	≤0.48	855.3	6.71
34							907.9	7.13
35							962.1	7.55
36							1 018	7.99
37							1 075	8.44
38							1 134	8.90
39							1 195	9.38
40							1 257	9.87
41							1 320	10.36
42							1 385	10.88
43							1 452	11.40
44							1 521	11.94
45	±0.80	±0.50	—	≤1.28	≤0.80	—	1 590	12.48
46							1 662	13.05
47							1 735	13.62
48							1 810	14.21
49							1 886	14.80
50							1 964	15.41

表 1（续）

公称直径/mm	允许偏差/mm			不圆度/mm			横截面积/mm²	理论重量/(kg/m)
	A级精度	B级精度	C级精度	A级精度	B级精度	C级精度		
51	±1.00	±0.60	—	≤1.60	≤0.96	—	2 042	16.03
52							2 123	16.66
53							2 205	17.31
54							2 289	17.97
55							2 375	18.64
56							2 462	19.32
57							2 550	20.02
58							2 641	20.73
59							2 733	21.45
60							2 826	22.18
注：钢的密度按 7.85 g/cm³ 计算。								

3 重量

3.1 盘条的理论重量列于表 1。

3.2 每卷盘条由一根组成，盘条重量应不小于 1 000 kg。下列两种情况允许交货，但其盘卷总数应不超过每批盘数的 5%（不足 2 盘的允许有 2 盘）。

a) 由一根组成的盘重小于 1 000 kg 但大于 800 kg 的盘卷；

b) 由两根组成的盘卷，但盘重不小于 1 000 kg，每根盘条的重量不小于 300 kg，并且有明显标识。

4 检验

如对盘条的尺寸、外形和允许偏差有争议，应在距盘条末端 4 000 mm 处测量。

ICS 77.140.50
H 46

中华人民共和国国家标准

GB/T 15391—2010
代替 GB/T 15391—1994

宽度小于 600 mm 冷轧钢带的尺寸、外形及允许偏差

Dimension, shape and tolerances for cold-rolled steel strips with a width less than 600 mm

2010-09-02 发布　　　　2011-06-01 实施

中华人民共和国国家质量监督检验检疫总局
中国国家标准化管理委员会　发布

前　言

本标准代替 GB/T 15391—1994《宽度小于 600 mm 冷轧钢带的尺寸、外形及允许偏差》。

本标准与原标准对比,主要修订内容如下：

——对分类和代号重新进行了规定；

——取消原标准中的供应厚度负偏差协议条款；

——对宽度允许偏差、不平度重新进行了规定；

——取消了有关重量的规定。

本标准由中国钢铁工业协会提出。

本标准由全国钢标准化技术委员会归口。

本标准起草单位:冶金工业信息标准研究院、江苏省不锈钢制品质量监督检验中心。

本标准主要起草人:王晓虎、董莉、陈安源。

本标准所代替的历次版本发布情况为：

——GB/T 15391—1994。

宽度小于 600 mm 冷轧钢带的尺寸、外形及允许偏差

1 范围

本标准规定了宽度小于 600 mm 冷轧钢带(以下简称钢带)的尺寸、外形及允许偏差。

本标准适用于轧制宽度小于 600 mm、厚度不大于 3 mm 的冷轧钢带。

2 分类和代号

2.1 按边缘状态分为

切边　　EC

不切边　　EM

2.2 按尺寸精度分为

普通厚度精度　　PT. A

较高厚度精度　　PT. B

普通宽度精度　　PW. A

较高宽度精度　　PW. B

3 尺寸

3.1 钢带的厚度不大于 3.00 mm。

3.2 钢带的宽度为 6 mm～<600 mm。

4 尺寸允许偏差

4.1 厚度允许偏差

4.1.1 钢带的厚度允许偏差应符合表 1 的规定。

表 1　　单位为毫米

公称厚度	厚度允许偏差			
	普通精度,PT. A		较高精度,PT. B	
	公称宽度		公称宽度	
	<250	250～<600	<250	250～<600
≤0.10	±0.010	±0.015	±0.005	±0.010
>0.10～0.15	±0.010	±0.020	±0.005	±0.015
>0.15～0.25	±0.015	±0.030	±0.010	±0.020
>0.25～0.40	±0.020	±0.035	±0.015	±0.025
>0.40～0.70	±0.025	±0.040	±0.020	±0.030
>0.70～1.00	±0.035	±0.050	±0.025	±0.035
>1.00～1.50	±0.045	±0.060	±0.035	±0.045
>1.50～2.50	±0.060	±0.080	±0.045	±0.060
>2.50～3.00	±0.075	±0.090	±0.060	±0.070

4.1.2　钢带距头尾 15 m 长度范围内的厚度允许偏差比表 1 规定值增加 50%。

4.1.3　钢带距焊缝处 10 m 长度范围内的厚度允许偏差比表 1 规定值增加 100%。

4.2　宽度允许偏差

4.2.1　切边钢带的宽度允许偏差应符合表 2 的规定。

表 2　　单位为毫米

公称厚度	宽度允许偏差					
	普通精度，PW.A			较高精度，PW.B		
	公称宽度			公称宽度		
	<125	125～<250	250～<600	<125	125～<250	250～<600
≤0.50	±0.15	±0.20	±0.25	±0.10	±0.13	±0.18
>0.50～1.00	±0.20	±0.25	±0.30	±0.13	±0.18	±0.20
>1.00～3.00	±0.30	±0.35	±0.40	±0.20	±0.25	±0.30

4.2.2　根据需方要求，经供需双方协商，可供应限制宽度负偏差或正偏差的切边钢带。

4.2.3　不切边钢带的宽度允许偏差应符合表 3 的规定。

表 3　　单位为毫米

公称宽度	宽度允许偏差	
	普通精度，PW.A	较高精度，PW.B
<125	$^{+3.0}_{0}$	$^{+2.0}_{0}$
125～<250	$^{+4.0}_{0}$	$^{+3.0}_{0}$
250～<400	$^{+5.0}_{0}$	$^{+4.0}_{0}$
400～<600	$^{+6.0}_{0}$	$^{+5.0}_{0}$

5　外形

5.1　不平度

横切定尺钢带的每米不平度应不大于 10 mm。

5.2　镰刀弯

钢带的每米镰刀弯应符合表 4 的规定。

表 4　　单位为毫米

公称宽度	镰刀弯	
	不切边，EM	切边，EC
	不大于	
<125	4.0	3.0
125～<250	3.0	2.0
250～<400	2.5	1.5
400～<600	2.0	1.0

5.3 塔形

钢带应成卷交货，钢带卷一侧塔形高度不大于 30 mm。

6 尺寸及外形的测量

6.1 不切边钢带在距离边部不小于 40 mm 处测量；切边钢带在距离边部不小于 15 mm 处测量。钢带的宽度小于 40 mm 时，沿宽度方向的中心部位测量。

6.2 宽度应在垂直于钢带中心线的方位测量。

6.3 测量不平度时，将横切定尺钢带自由地放在平台上，除钢带的本身重量外，不施加任何压力，测量 1 m 长度范围内钢带下表面与平台间的最大距离。

6.4 测量镰刀弯时，将 1 m 长直尺靠紧钢带的凹边，测量钢带边缘与直尺之间的最大距离。

ICS 77.140.75
H 48

中华人民共和国国家标准

GB/T 17395—2008
代替 GB/T 17395—1998

无缝钢管尺寸、外形、重量及允许偏差

Dimensions, shapes, masses and tolerances of seamless steel tubes

2008-05-13 发布　　2008-11-01 实施

中华人民共和国国家质量监督检验检疫总局
中国国家标准化管理委员会　发布

前言

本标准对应于 ISO 4200:1991《平端钢管(焊接、无缝)——尺寸和单位长度重量表》、ISO 5252:1991《钢管——偏差系列》和 ISO 1127:1992《不锈钢管——尺寸、偏差和单位长度重量》。本标准与 ISO 4200:1991、ISO 5252:1991 和 ISO 1127:1992 的一致性程度为非等效。

本标准代替 GB/T 17395—1998《无缝钢管尺寸、外形、重量及允许偏差》。本标准与 GB/T 17395—1998 相比,主要变化如下:

——增加了普通钢管外径 232、267(267.4)、302、318.5、368、419、473、699、711、720、762、788.5、813、864、914、965、1 016;

——修改了普通钢管的壁厚上限;

——修改了表 1、表 2 中的单位长度理论重量;

——表 3 中外径 25 以下的钢管的壁厚增加 0.5、0.6、0.7、0.8、0.9;

——增加了全长允许偏差 $^{+15}_{0}$ mm 等级;

——将“椭圆度”改为“不圆度”,增加了“不圆度”的计算公式;

——通常长度范围的上限由原来的“12 000 mm”改为“12 500 mm”;

——修改了实际重量与理论重量的允许偏差规定。

本标准由中国钢铁工业协会提出。

本标准由全国钢标准化技术委员会归口。

本标准起草单位:攀钢集团成都钢铁有限责任公司、冶金工业信息标准研究院。

本标准主要起草人:晏如、李志、黄颖、李奇。

本标准于 1998 年 5 月首次发布。

无缝钢管尺寸、外形、重量及允许偏差

1 范围

本标准规定了无缝钢管的尺寸、外形、重量及允许偏差。

本标准适用于制定各类用途的平端无缝钢管标准时，选择尺寸、外形、重量及允许偏差。

2 外径和壁厚

2.1 分类

钢管的外径和壁厚分为三类：普通钢管的外径和壁厚(见表 1)、精密钢管的外径和壁厚(见表 2)和不锈钢管的外径和壁厚(见表 3)。

2.2 外径

钢管的外径分为三个系列：系列 1、系列 2 和系列 3。系列 1 是通用系列，属推荐选用系列；系列 2 是非通用系列；系列 3 是少数特殊、专用系列。

普通钢管的外径分为系列 1、系列 2 和系列 3，精密钢管的外径分为系列 2 和系列 3，不锈钢管的外径分为系列 1、系列 2 和系列 3。

2.3 允许偏差

2.3.1 外径和壁厚的允许偏差的选择

2.3.1.1 外径和壁厚的允许偏差的选择应考虑钢管用途和制造钢管的工艺装备。

2.3.1.2 产品标准所采用的外径和壁厚的允许偏差应优先选择标准化的允许偏差。根据用户要求及产品的特殊性，亦可选用非标准化或其他允许偏差。

2.3.2 外径允许偏差

2.3.2.1 优先选用的标准化外径允许偏差见表 4。

2.3.2.2 推荐选用的非标准化外径允许偏差见表 5。

表 1　普通钢管的外径和壁厚及单位长度理论重量

外径/mm			壁厚/mm															
系列 1	系列 2	系列 3	0.25	0.30	0.40	0.50	0.60	0.80	1.0	1.2	1.4	1.5	1.6	1.8	2.0	2.2(2.3)	2.5(2.6)	2.8
			单位长度理论重量[a]/(kg/m)															
	6		0.035	0.042	0.055	0.068	0.080	0.103	0.123	0.142	0.159	0.166	0.174	0.186	0.197			
	7		0.042	0.050	0.065	0.080	0.095	0.122	0.148	0.172	0.193	0.203	0.213	0.231	0.247	0.260	0.277	
	8		0.048	0.057	0.075	0.092	0.109	0.142	0.173	0.201	0.228	0.240	0.253	0.275	0.296	0.315	0.339	
	9		0.054	0.064	0.085	0.105	0.124	0.162	0.197	0.231	0.262	0.277	0.292	0.320	0.345	0.369	0.401	0.428
10(10.2)			0.060	0.072	0.095	0.117	0.139	0.182	0.222	0.260	0.297	0.314	0.331	0.364	0.395	0.423	0.462	0.497
	11		0.066	0.079	0.105	0.129	0.154	0.201	0.247	0.290	0.331	0.351	0.371	0.408	0.444	0.477	0.524	0.566
	12		0.072	0.087	0.114	0.142	0.169	0.221	0.271	0.320	0.366	0.388	0.410	0.453	0.493	0.532	0.586	0.635
	13(12.7)		0.079	0.094	0.124	0.154	0.183	0.241	0.296	0.349	0.401	0.425	0.450	0.497	0.543	0.586	0.647	0.704
13.5			0.082	0.098	0.129	0.160	0.191	0.251	0.308	0.364	0.418	0.444	0.470	0.519	0.567	0.613	0.678	0.739
		14	0.085	0.101	0.134	0.166	0.198	0.260	0.321	0.379	0.435	0.462	0.489	0.542	0.592	0.640	0.709	0.773
	16		0.097	0.116	0.154	0.191	0.228	0.300	0.370	0.438	0.504	0.536	0.568	0.630	0.691	0.749	0.832	0.911
17(17.2)			0.103	0.124	0.164	0.203	0.243	0.320	0.395	0.468	0.539	0.573	0.608	0.675	0.740	0.803	0.894	0.981
		18	0.109	0.131	0.174	0.216	0.257	0.339	0.419	0.497	0.573	0.610	0.647	0.719	0.789	0.857	0.956	1.05
	19		0.116	0.138	0.183	0.228	0.272	0.359	0.444	0.527	0.608	0.647	0.687	0.764	0.838	0.911	1.02	1.12
	20		0.122	0.146	0.193	0.240	0.287	0.379	0.469	0.556	0.642	0.684	0.726	0.808	0.888	0.966	1.08	1.19
21(21.3)					0.203	0.253	0.302	0.399	0.493	0.586	0.677	0.721	0.765	0.852	0.937	1.02	1.14	1.26
		22			0.213	0.265	0.317	0.418	0.518	0.616	0.711	0.758	0.805	0.897	0.986	1.07	1.20	1.33
	25				0.243	0.302	0.361	0.477	0.592	0.704	0.815	0.869	0.923	1.03	1.13	1.24	1.39	1.53
		25.4			0.247	0.307	0.367	0.485	0.602	0.716	0.829	0.884	0.939	1.05	1.15	1.26	1.41	1.56
27(26.9)					0.262	0.327	0.391	0.517	0.641	0.764	0.884	0.943	1.00	1.12	1.23	1.35	1.51	1.67
	28				0.272	0.339	0.405	0.537	0.666	0.793	0.918	0.980	1.04	1.16	1.28	1.40	1.57	1.74

表 1（续）

外径/mm			壁厚/mm															
系列 1	系列 2	系列 3	(2.9)3.0	3.2	3.5(3.6)	4.0	4.5	5.0	(5.4)5.5	6.0	(6.3)6.5	7.0(7.1)	7.5	8.0	8.5	(8.8)9.0	9.5	10
			单位长度理论重量ª/(kg/m)															
	6																	
	7																	
	8																	
	9																	
10(10.2)			0.518	0.537	0.561													
	11		0.592	0.616	0.647													
	12		0.666	0.694	0.734	0.789												
	13(12.7)		0.740	0.773	0.820	0.888												
13.5			0.777	0.813	0.863	0.937												
		14	0.814	0.852	0.906	0.986												
	16		0.962	1.01	1.08	1.18	1.28	1.36										
17(17.2)			1.04	1.09	1.17	1.28	1.39	1.48										
		18	1.11	1.17	1.25	1.38	1.50	1.60										
	19		1.18	1.25	1.34	1.48	1.61	1.73	1.83	1.92								
	20		1.26	1.33	1.42	1.58	1.72	1.85	1.97	2.07								
21(21.3)			1.33	1.40	1.51	1.68	1.83	1.97	2.10	2.22								
		22	1.41	1.48	1.60	1.78	1.94	2.10	2.24	2.37								
	25		1.63	1.72	1.86	2.07	2.28	2.47	2.64	2.81	2.97	3.11						
		25.4	1.66	1.75	1.89	2.11	2.32	2.52	2.70	2.87	3.03	3.18						
27(26.9)			1.78	1.88	2.03	2.27	2.50	2.71	2.92	3.11	3.29	3.45						
	28		1.85	1.96	2.11	2.37	2.61	2.84	3.05	3.26	3.45	3.63						

表 1（续）

外径/mm			壁厚/mm															
系列 1	系列 2	系列 3	0.25	0.30	0.40	0.50	0.60	0.80	1.0	1.2	1.4	1.5	1.6	1.8	2.0	2.2(2.3)	2.5(2.6)	2.8
			单位长度理论重量[a]/(kg/m)															
		30			0.292	0.364	0.435	0.576	0.715	0.852	0.987	1.05	1.12	1.25	1.38	1.51	1.70	1.88
	32(31.8)				0.312	0.388	0.465	0.616	0.765	0.911	1.06	1.13	1.20	1.34	1.48	1.62	1.82	2.02
34(33.7)					0.331	0.413	0.494	0.655	0.814	0.971	1.13	1.20	1.28	1.43	1.58	1.73	1.94	2.15
		35			0.341	0.425	0.509	0.675	0.838	1.00	1.16	1.24	1.32	1.47	1.63	1.78	2.00	2.22
	38				0.371	0.462	0.553	0.734	0.912	1.09	1.26	1.35	1.44	1.61	1.78	1.94	2.19	2.43
	40				0.391	0.487	0.583	0.773	0.962	1.15	1.33	1.42	1.52	1.70	1.87	2.05	2.31	2.57
42(42.4)									1.01	1.21	1.40	1.50	1.59	1.78	1.97	2.16	2.44	2.71
		45(44.5)							1.09	1.30	1.51	1.61	1.71	1.92	2.12	2.32	2.62	2.91
48(48.3)									1.16	1.38	1.61	1.72	1.83	2.05	2.27	2.48	2.81	3.12
	51								1.23	1.47	1.71	1.83	1.95	2.18	2.42	2.65	2.99	3.33
		54							1.31	1.56	1.82	1.94	2.07	2.32	2.56	2.81	3.18	3.54
	57								1.38	1.65	1.92	2.05	2.19	2.45	2.71	2.97	3.36	3.74
60(60.3)									1.46	1.74	2.02	2.16	2.30	2.58	2.86	3.14	3.55	3.95
	63(63.5)								1.53	1.83	2.13	2.28	2.42	2.72	3.01	3.30	3.73	4.16
	65								1.58	1.89	2.20	2.35	2.50	2.81	3.11	3.41	3.85	4.30
	68								1.65	1.98	2.30	2.46	2.62	2.94	3.26	3.57	4.04	4.50
	70								1.70	2.04	2.37	2.53	2.70	3.03	3.35	3.68	4.16	4.64
		73							1.78	2.12	2.47	2.64	2.82	3.16	3.50	3.84	4.35	4.85
76(76.1)									1.85	2.21	2.58	2.76	2.94	3.29	3.65	4.00	4.53	5.05
	77										2.61	2.79	2.98	3.34	3.70	4.06	4.59	5.12
	80										2.71	2.90	3.09	3.47	3.85	4.22	4.78	5.33

表 1（续）

外径/mm			壁厚/mm															
系列 1	系列 2	系列 3	(2.9)3.0	3.2	3.5(3.6)	4.0	4.5	5.0	(5.4)5.5	6.0	(6.3)6.5	7.0(7.1)	7.5	8.0	8.5	(8.8)9.0	9.5	10
			单位长度理论重量[a]/(kg/m)															
		30	2.00	2.11	2.29	2.56	2.83	3.08	3.32	3.55	3.77	3.97	4.16	4.34				
	32(31.8)		2.15	2.27	2.46	2.76	3.05	3.33	3.59	3.85	4.09	4.32	4.53	4.74				
34(33.7)			2.29	2.43	2.63	2.96	3.27	3.58	3.87	4.14	4.41	4.66	4.90	5.13				
		35	2.37	2.51	2.72	3.06	3.38	3.70	4.00	4.29	4.57	4.83	5.09	5.33	5.56	5.77		
	38		2.59	2.75	2.98	3.35	3.72	4.07	4.41	4.74	5.05	5.35	5.64	5.92	6.18	6.44	6.68	6.91
	40		2.74	2.90	3.15	3.55	3.94	4.32	4.68	5.03	5.37	5.70	6.01	6.31	6.60	6.88	7.15	7.40
42(42.4)			2.89	3.06	3.32	3.75	4.16	4.56	4.95	5.33	5.69	6.04	6.38	6.71	7.02	7.32	7.61	7.89
		45(44.5)	3.11	3.30	3.58	4.04	4.49	4.93	5.36	5.77	6.17	6.56	6.94	7.30	7.65	7.99	8.32	8.63
48(48.3)			3.33	3.54	3.84	4.34	4.83	5.30	5.76	6.21	6.65	7.08	7.49	7.89	8.28	8.66	9.02	9.37
	51		3.55	3.77	4.10	4.64	5.16	5.67	6.17	6.66	7.13	7.60	8.05	8.48	8.91	9.32	9.72	10.11
		54	3.77	4.01	4.36	4.93	5.49	6.04	6.58	7.10	7.61	8.11	8.60	9.08	9.54	9.99	10.43	10.85
	57		4.00	4.25	4.62	5.23	5.83	6.41	6.99	7.55	8.10	8.63	9.16	9.67	10.17	10.65	11.13	11.59
60(60.3)			4.22	4.48	4.88	5.52	6.16	6.78	7.39	7.99	8.58	9.15	9.71	10.26	10.80	11.32	11.83	12.33
	63(63.5)		4.44	4.72	5.14	5.82	6.49	7.15	7.80	8.43	9.06	9.67	10.27	10.85	11.42	11.99	12.53	13.07
	65		4.59	4.88	5.31	6.02	6.71	7.40	8.07	8.73	9.38	10.01	10.64	11.25	11.84	12.43	13.00	13.56
	68		4.81	5.11	5.57	6.31	7.05	7.77	8.48	9.17	9.86	10.53	11.19	11.84	12.47	13.10	13.71	14.30
	70		4.96	5.27	5.74	6.51	7.27	8.02	8.75	9.47	10.18	10.88	11.56	12.23	12.89	13.54	14.17	14.80
		73	5.18	5.51	6.00	6.81	7.60	8.38	9.16	9.91	10.66	11.39	12.11	12.82	13.52	14.21	14.88	15.54
76(76.1)			5.40	5.75	6.26	7.10	7.93	8.75	9.56	10.36	11.14	11.91	12.67	13.42	14.15	14.87	15.58	16.28
	77		5.47	5.82	6.34	7.20	8.05	8.88	9.70	10.51	11.30	12.08	12.85	13.61	14.36	15.09	15.81	16.52
	80		5.70	6.06	6.60	7.50	8.38	9.25	10.11	10.95	11.78	12.60	13.41	14.21	14.99	15.76	16.52	17.26

表 1（续）

外径/mm			壁厚/mm															
系列 1	系列 2	系列 3	11	12(12.5)	13	14(14.2)	15	16	17(17.5)	18	19	20	22(22.2)	24	25	26	28	30
			单位长度理论重量[a]/(kg/m)															
		30																
	32(31.8)																	
34(33.7)																		
		35																
	38																	
	40																	
42(42.4)																		
		45(44.5)	9.22	9.77														
48(48.3)			10.04	10.65														
	51		10.85	11.54														
		54	11.66	12.43	13.14	13.81												
	57		12.48	13.32	14.11	14.85												
60(60.3)			13.29	14.21	15.07	15.88	16.65	17.36										
	63(63.5)		14.11	15.09	16.03	16.92	17.76	18.55										
	65		14.65	15.68	16.67	17.61	18.50	19.33										
	68		15.46	16.57	17.63	18.64	19.61	20.52										
	70		16.01	17.16	18.27	19.33	20.35	21.31	22.22									
		73	16.82	18.05	19.24	20.37	21.46	22.49	23.48	24.41	25.30							
76(76.1)			17.63	18.94	20.20	21.41	22.57	23.68	24.74	25.75	26.71	27.62						
	77		17.90	19.24	20.52	21.75	22.94	24.07	25.15	26.19	27.18	28.11						
	80		18.72	20.12	21.48	22.79	24.05	25.25	26.41	27.52	28.58	29.59						

表 1（续）

外径/mm			壁厚/mm															
系列 1	系列 2	系列 3	0.25	0.30	0.40	0.50	0.60	0.80	1.0	1.2	1.4	1.5	1.6	1.8	2.0	2.2(2.3)	2.5(2.6)	2.8
			单位长度理论重量[a]/(kg/m)															
		83(82.5)									2.82	3.01	3.21	3.60	4.00	4.38	4.96	5.54
	85										2.89	3.09	3.29	3.69	4.09	4.49	5.09	5.68
89(88.9)											3.02	3.24	3.45	3.87	4.29	4.71	5.33	5.95
	95										3.23	3.46	3.69	4.14	4.59	5.03	5.70	6.37
	102(101.6)										3.47	3.72	3.96	4.45	4.93	5.41	6.13	6.85
		108									3.68	3.94	4.20	4.71	5.23	5.74	6.50	7.26
114(114.3)												4.16	4.44	4.98	5.52	6.07	6.87	7.68
	121											4.42	4.71	5.29	5.87	6.45	7.31	8.16
	127													5.56	6.17	6.77	7.68	8.58
	133																8.05	8.99
140(139.7)																		
		142(141.3)																
	146																	
		152(152.4)																
		159																
168(168.3)																		
		180(177.8)																
		194(193.7)																
	203																	
219(219.1)																		
		232																
		245(244.5)																
		267(267.4)																

表 1（续）

外径/mm			壁厚/mm															
系列 1	系列 2	系列 3	(2.9)3.0	3.2	3.5(3.6)	4.0	4.5	5.0	(5.4)5.5	6.0	(6.3)6.5	7.0(7.1)	7.5	8.0	8.5	(8.8)9.0	9.5	10
			单位长度理论重量[a]/(kg/m)															
		83(82.5)	5.92	6.30	6.86	7.79	8.71	9.62	10.51	11.39	12.26	13.12	13.96	14.80	15.62	16.42	17.22	18.00
	85		6.07	6.46	7.03	7.99	8.93	9.86	10.78	11.69	12.58	13.47	14.33	15.19	16.04	16.87	17.69	18.50
89(88.9)			6.36	6.77	7.38	8.38	9.38	10.36	11.33	12.28	13.22	14.16	15.07	15.98	16.87	17.76	18.63	19.48
	95		6.81	7.24	7.90	8.98	10.04	11.10	12.14	13.17	14.19	15.19	16.18	17.16	18.13	19.09	20.03	20.96
	102(101.6)		7.32	7.80	8.50	9.67	10.82	11.96	13.09	14.21	15.31	16.40	17.48	18.55	19.60	20.64	21.67	22.69
		108	7.77	8.27	9.02	10.26	11.49	12.70	13.90	15.09	16.27	17.44	18.59	19.73	20.86	21.97	23.08	24.17
114(114.3)			8.21	8.74	9.54	10.85	12.15	13.44	14.72	15.98	17.23	18.47	19.70	20.91	22.12	23.31	24.48	25.65
	121		8.73	9.30	10.14	11.54	12.93	14.30	15.67	17.02	18.35	19.68	20.99	22.29	23.58	24.86	26.12	27.37
	127		9.17	9.77	10.66	12.13	13.59	15.04	16.48	17.90	19.32	20.72	22.10	23.48	24.84	26.19	27.53	28.85
	133		9.62	10.24	11.18	12.73	14.26	15.78	17.29	18.79	20.28	21.75	23.21	24.66	26.10	27.52	28.93	30.33
140(139.7)			10.14	10.80	11.78	13.42	15.04	16.65	18.24	19.83	21.40	22.96	24.51	26.04	27.57	29.08	30.57	32.06
		142(141.3)	10.28	10.95	11.95	13.61	15.26	16.89	18.51	20.12	21.72	23.31	24.88	26.44	27.98	29.52	31.04	32.55
	146		10.58	11.27	12.30	14.01	15.70	17.39	19.06	20.72	22.36	24.00	25.62	27.23	28.82	30.41	31.98	33.54
		152(152.4)	11.02	11.74	12.82	14.60	16.37	18.13	19.87	21.60	23.32	25.03	26.73	28.41	30.08	31.74	33.39	35.02
		159			13.42	15.29	17.15	18.99	20.82	22.64	24.45	26.24	28.02	29.79	31.55	33.29	35.03	36.75
168(168.3)					14.20	16.18	18.14	20.10	22.04	23.97	25.89	27.79	29.69	31.57	33.43	35.29	37.13	38.97
		180(177.8)			15.23	17.36	19.48	21.58	23.67	25.75	27.81	29.87	31.91	33.93	35.95	37.95	39.95	41.92
		194(193.7)			16.44	18.74	21.03	23.31	25.57	27.82	30.06	32.28	34.50	36.70	38.89	41.06	43.23	45.38
	203				17.22	19.63	22.03	24.41	26.79	29.15	31.50	33.84	36.16	38.47	40.77	43.06	45.33	47.60
219(219.1)										31.52	34.06	36.60	39.12	41.63	44.13	46.61	49.08	51.54
		232								33.44	36.15	38.84	41.52	44.19	46.85	49.50	52.13	54.75
		245(244.5)								35.36	38.23	41.09	43.93	46.76	49.58	52.38	55.17	57.95
		267(267.4)								38.62	41.76	44.88	48.00	51.10	54.19	57.26	60.33	63.38

表 1（续）

外径/mm			壁厚/mm															
系列 1	系列 2	系列 3	11	12(12.5)	13	14(14.2)	15	16	17(17.5)	18	19	20	22(22.2)	24	25	26	28	30
			单位长度理论重量[a]/(kg/m)															
		83(82.5)	19.53	21.01	22.44	23.82	25.15	26.44	27.67	28.85	29.99	31.07	33.10					
	85		20.07	21.60	23.08	24.51	25.89	27.23	28.51	29.74	30.93	32.06	34.18					
89(88.9)			21.16	22.79	24.37	25.89	27.37	28.80	30.19	31.52	32.80	34.03	36.35	38.47				
	95		22.79	24.56	26.29	27.97	29.59	31.17	32.70	34.18	35.61	36.99	39.61	42.02				
	102(101.6)		24.69	26.63	28.53	30.38	32.18	33.93	35.64	37.29	38.89	40.44	43.40	46.17	47.47	48.73	51.10	
		108	26.31	28.41	30.46	32.45	34.40	36.30	38.15	39.95	41.70	43.40	46.66	49.71	51.17	52.58	55.24	57.71
114(114.3)			27.94	30.19	32.38	34.53	36.62	38.67	40.67	42.62	44.51	46.36	49.91	53.27	54.87	56.43	59.39	62.15
	121		29.84	32.26	34.62	36.94	39.21	41.43	43.60	45.72	47.79	49.82	53.71	57.41	59.19	60.91	64.22	67.33
	127		31.47	34.03	36.55	39.01	41.43	43.80	46.12	48.39	50.61	52.78	56.97	60.96	62.89	64.76	68.36	71.77
	133		33.10	35.81	38.47	41.09	43.65	46.17	48.63	51.05	53.42	55.74	60.22	64.51	66.59	68.61	72.50	76.20
140(139.7)			34.99	37.88	40.72	43.50	46.24	48.93	51.57	54.16	56.70	59.19	64.02	68.66	70.90	73.10	77.34	81.38
		142(141.3)	35.54	38.47	41.36	44.19	46.98	49.72	52.41	55.04	57.63	60.17	65.11	69.84	72.14	74.38	78.72	82.86
	146		36.62	39.66	42.64	45.57	48.46	51.30	54.08	56.82	59.51	62.15	67.28	72.21	74.60	76.94	81.48	85.82
		152(152.4)	38.25	41.43	44.56	47.65	50.68	53.66	56.60	59.48	62.32	65.11	70.53	75.76	78.30	80.79	85.62	90.26
		159	40.15	43.50	46.81	50.06	53.27	56.43	59.53	62.59	65.60	68.56	74.33	79.90	82.62	85.28	90.46	95.44
168(168.3)			42.59	46.17	49.69	53.17	56.60	59.98	63.31	66.59	69.82	73.00	79.21	85.23	88.17	91.05	96.67	102.10
		180(177.8)	45.85	49.72	53.54	57.31	61.04	64.71	68.34	71.91	75.44	78.92	85.72	92.33	95.56	98.74	104.96	110.98
		194(193.7)	49.64	53.86	58.03	62.15	66.22	70.24	74.21	78.13	82.00	85.82	93.32	100.62	104.20	107.72	114.63	121.33
	203		52.09	56.52	60.91	65.25	69.55	73.79	77.98	82.13	86.22	90.26	98.20	105.95	109.74	113.49	120.84	127.99
219(219.1)			56.43	61.26	66.04	70.78	75.46	80.10	84.69	89.23	93.71	98.15	106.88	115.42	119.61	123.75	131.89	139.83
		232	59.95	65.11	70.21	75.27	80.27	85.23	90.14	95.00	99.81	104.57	113.94	123.11	127.62	132.09	140.87	149.45
		245(244.5)	63.48	68.95	74.38	79.76	85.08	90.36	95.59	100.77	105.90	110.98	120.99	130.80	135.64	140.42	149.84	159.07
		267(267.4)	69.45	75.46	81.43	87.35	93.22	99.04	104.81	110.53	116.21	121.83	132.93	143.83	149.20	154.53	165.04	175.34

表 1（续）

外径/mm			壁厚/mm											
系列 1	系列 2	系列 3	32	34	36	38	40	42	45	48	50	55	60	65
			单位长度理论重量[a]/(kg/m)											
		83(82.5)												
	85													
89(88.9)														
	95													
	102(101.6)													
		108												
114(114.3)														
	121		70.24											
	127		74.97											
	133		79.71	83.01	86.12									
140(139.7)			85.23	88.88	92.33									
		142(141.3)	86.81	90.56	94.11									
	146		89.97	93.91	97.66	101.21	104.57							
		152(152.4)	94.70	98.94	102.99	106.83	110.48							
		159	100.22	104.81	109.20	113.39	117.39	121.19	126.51					
168(168.3)			107.33	112.36	117.19	121.83	126.27	130.51	136.50					
		180(177.8)	116.80	122.42	127.85	133.07	138.10	142.94	149.82	156.26	160.30			
		194(193.7)	127.85	134.16	140.27	146.19	151.92	157.44	165.36	172.83	177.56			
	203		134.95	141.71	148.27	154.63	160.79	166.76	175.34	183.48	188.66	200.75		
219(219.1)			147.57	155.12	162.47	169.62	176.58	183.33	193.10	202.42	208.39	222.45		
		232	157.83	166.02	174.01	181.81	189.40	196.80	207.53	217.81	224.42	240.08	254.51	267.70
		245(244.5)	168.09	176.92	185.55	193.99	202.22	210.26	221.95	233.20	240.45	257.71	273.74	288.54
		267(267.4)	185.45	195.37	205.09	214.60	223.93	233.05	246.37	259.24	267.58	287.55	306.30	323.81

表 1（续）

外径/mm			壁厚/mm														
系列 1	系列 2	系列 3	3.5(3.6)	4.0	4.5	5.0	(5.4)5.5	6.0	(6.3)6.5	7.0(7.1)	7.5	8.0	8.5	(8.8)9.0	9.5	10	11
			单位长度理论重量[a]/(kg/m)														
273									42.72	45.92	49.11	52.28	55.45	58.60	61.73	64.86	71.07
	299(298.5)										53.92	57.41	60.90	64.37	67.83	71.27	78.13
		302									54.47	58.00	61.52	65.03	68.53	72.01	78.94
		318.5									57.52	61.26	64.98	68.69	72.39	76.08	83.42
325(323.9)											58.73	62.54	66.35	70.14	73.92	77.68	85.18
	340(339.7)											65.50	69.49	73.47	77.43	81.38	89.25
	351											67.67	71.80	75.91	80.01	84.10	92.23
356(355.6)														77.02	81.18	85.33	93.59
		368												79.68	83.99	88.29	96.85
	377													81.68	86.10	90.51	99.29
	402													87.23	91.96	96.67	106.07
406(406.4)														88.12	92.89	97.66	107.15
		419												91.00	95.94	100.87	110.68
	426													92.55	97.58	102.59	112.58
	450													97.88	103.20	108.51	119.09
457														99.44	104.84	110.24	120.99
	473													102.99	108.59	114.18	125.33
	480													104.54	110.23	115.91	127.23
	500													108.98	114.92	120.84	132.65
508														110.76	116.79	122.81	134.82
	530													115.64	121.95	128.24	140.79
		560(559)												122.30	128.97	135.64	148.93
610														133.39	140.69	147.97	162.50

表 1（续）

外径/mm			壁厚/mm														
系列 1	系列 2	系列 3	12(12.5)	13	14(14.2)	15	16	17(17.5)	18	19	20	22(22.2)	24	25	26	28	30
			单位长度理论重量[a]/(kg/m)														
273			77.24	83.36	89.42	95.44	101.41	107.33	113.20	119.02	124.79	136.18	147.38	152.90	158.38	169.18	179.78
	299(298.5)		84.93	91.69	98.40	105.06	111.67	118.23	124.74	131.20	137.61	150.29	162.77	168.93	175.05	187.13	199.02
		302	85.82	92.65	99.44	106.17	112.85	119.49	126.07	132.61	139.09	151.92	164.54	170.78	176.97	189.20	201.24
		318.5	90.71	97.94	105.13	112.27	119.36	126.40	133.39	140.34	147.23	160.87	174.31	180.95	187.55	200.60	213.45
325(323.9)			92.63	100.03	107.38	114.68	121.93	129.13	136.28	143.38	150.44	164.39	178.16	184.96	191.72	205.09	218.25
	340(339.7)		97.07	104.84	112.56	120.23	127.85	135.42	142.94	150.41	157.83	172.53	187.03	194.21	201.34	215.44	229.35
	351		100.32	108.36	116.35	124.29	132.19	140.03	147.82	155.57	163.26	178.50	193.54	200.99	208.39	223.04	237.49
356(355.6)			101.80	109.97	118.08	126.14	134.16	142.12	150.04	157.91	165.73	181.21	196.50	204.07	211.60	226.49	241.19
		368	105.35	113.81	122.22	130.58	138.89	147.16	155.37	163.53	171.64	187.72	203.61	211.47	219.29	234.78	250.07
	377		108.02	116.70	125.33	133.91	142.45	150.93	159.36	167.75	176.08	192.61	208.93	217.02	225.06	240.99	256.73
	402		115.42	124.71	133.96	143.16	152.31	161.41	170.46	179.46	188.41	206.17	223.73	232.44	241.09	258.26	275.22
406(406.4)			116.60	126.00	135.34	144.64	153.89	163.09	172.24	181.34	190.39	208.34	226.10	234.90	243.66	261.02	278.18
		419	120.45	130.16	139.83	149.45	159.02	168.54	178.01	187.43	196.80	215.39	233.79	242.92	251.99	269.99	287.80
	426		122.52	132.41	142.25	152.04	161.78	171.47	181.11	190.71	200.25	219.19	237.93	247.23	256.48	274.83	292.98
	450		129.62	140.10	150.53	160.92	171.25	181.53	191.77	201.95	212.09	232.21	252.14	262.03	271.87	291.40	310.74
457			131.69	142.35	152.95	163.51	174.01	184.47	194.88	205.23	215.54	236.01	256.28	266.34	276.36	296.23	315.91
	473		136.43	147.48	158.48	169.42	180.33	191.18	201.98	212.73	223.43	244.69	265.75	276.21	286.62	307.28	327.75
	480		138.50	149.72	160.89	172.01	183.09	194.11	205.09	216.01	226.89	248.49	269.90	280.53	291.11	312.12	332.93
	500		144.42	156.13	167.80	179.41	190.98	202.50	213.96	225.38	236.75	259.34	281.73	292.86	303.93	325.93	347.93
508			146.79	158.70	170.56	182.37	194.14	205.85	217.51	229.13	240.70	263.68	286.47	297.79	309.06	331.45	353.65
	530		153.30	165.75	178.16	190.51	202.82	215.07	227.28	239.44	251.55	275.62	299.49	311.35	323.17	346.64	369.92
		560(559)	162.17	175.37	188.51	201.61	214.65	227.65	240.60	253.50	266.34	291.89	317.25	329.85	342.40	367.36	392.12
610			176.97	191.40	205.78	220.10	234.38	248.61	262.79	276.92	291.01	319.02	346.84	360.68	374.46	401.88	429.11

表 1（续）

外径/mm			壁厚/mm														
系列 1	系列 2	系列 3	32	34	36	38	40	42	45	48	50	55	60	65	70	75	80
			单位长度理论重量[a]/(kg/m)														
273			190.19	200.40	210.41	220.23	229.85	239.27	253.03	266.34	274.98	295.69	315.17	333.42	350.44	366.22	380.77
	299(298.5)		210.71	222.20	233.50	244.59	255.49	266.20	281.88	297.12	307.04	330.96	353.65	375.10	395.32	414.31	432.07
		302	213.08	224.72	236.16	247.40	258.45	269.30	285.21	300.67	310.74	335.03	358.09	379.91	400.50	419.86	437.99
		318.5	226.10	238.55	250.81	262.87	274.73	286.39	303.52	320.21	331.08	357.41	382.50	406.36	428.99	450.38	470.54
325(323.9)			231.23	244.00	256.58	268.96	281.14	293.13	310.74	327.90	339.10	366.22	392.12	416.78	440.21	462.40	483.37
	340(339.7)		243.06	256.58	269.90	283.02	295.94	308.66	327.38	345.66	357.59	386.57	414.31	440.83	466.10	490.15	512.96
	351		251.75	265.80	279.66	293.32	306.79	320.06	339.59	358.68	371.16	401.49	430.59	458.46	485.09	510.49	534.66
356(355.6)			255.69	269.99	284.10	298.01	311.72	325.24	345.14	364.60	377.32	408.27	437.99	466.47	493.72	519.74	544.53
		368	265.16	280.06	294.75	309.26	323.56	337.67	358.46	378.80	392.12	424.55	455.75	485.71	514.44	541.94	568.20
	377		272.26	287.60	302.75	317.69	332.44	346.99	368.44	389.46	403.22	436.76	469.06	500.14	529.98	558.58	585.96
	402		291.99	308.57	324.94	341.12	357.10	372.88	396.19	419.05	434.04	470.67	506.06	540.21	573.13	604.82	635.28
406(406.4)			295.15	311.92	328.49	344.87	361.05	377.03	400.63	423.78	438.98	476.09	511.97	546.62	580.04	612.22	643.17
		419	305.41	322.82	340.03	357.05	373.87	390.49	415.05	439.17	455.01	493.72	531.21	567.46	602.48	636.27	668.82
	426		310.93	328.69	346.25	363.61	380.77	397.74	422.82	447.46	463.64	503.22	541.57	578.68	614.57	649.22	682.63
	450		329.87	348.81	367.56	386.10	404.45	422.60	449.46	475.87	493.23	535.77	577.08	617.16	656.00	693.61	729.98
457			335.40	354.68	373.77	392.66	411.35	429.85	457.23	484.16	501.86	545.27	587.44	628.38	668.08	706.55	743.79
	473		348.02	368.10	387.98	407.66	427.14	446.42	474.98	503.10	521.59	566.97	611.11	654.02	695.70	736.15	775.36
	480		353.55	373.97	394.19	414.22	434.04	453.67	482.75	511.38	530.22	576.46	621.47	665.25	707.79	749.09	789.17
	500		369.33	390.74	411.95	432.96	453.77	474.39	504.95	535.06	554.89	603.59	651.07	697.31	742.31	786.09	828.63
508			375.64	397.45	419.05	440.46	461.66	482.68	513.82	544.53	564.75	614.44	662.90	710.13	756.12	800.88	844.41
	530		393.01	415.89	438.58	461.07	483.37	505.46	538.24	570.57	591.88	644.28	695.46	745.40	794.10	841.58	887.82
		560(559)	416.68	441.06	465.22	489.19	512.96	536.54	571.53	606.08	628.87	684.97	739.85	793.49	845.89	897.06	947.00
610			456.14	482.97	509.61	536.04	562.28	588.33	627.02	665.27	690.52	752.79	813.83	873.64	932.21	989.55	1 045.65

表 1（续）

外径/mm			壁厚/mm													
系列 1	系列 2	系列 3	85	90	95	100	110	120								
			单位长度理论重量[a]/(kg/m)													
273			394.09													
	299(298.5)		448.59	463.88	477.94	490.77										
		302	454.88	470.54	484.97	498.16										
		318.5	489.47	507.16	523.63	538.86										
325(323.9)			503.10	521.59	538.86	554.89										
	340(339.7)		534.54	554.89	574.00	591.88										
	351		557.60	579.30	599.77	619.01										
356(355.6)			568.08	590.40	611.48	631.34										
		368	593.23	617.03	639.60	660.93										
	377		612.10	637.01	660.68	683.13										
	402		664.51	692.50	719.25	744.78										
406(406.4)			672.89	701.37	728.63	754.64										
		419	700.14	730.23	759.08	786.70										
	426		714.82	745.77	775.48	803.97										
	450		765.12	799.03	831.71	863.15										
457			779.80	814.57	848.11	880.42										
	473		813.34	850.08	885.60	919.88										
	480		828.01	865.62	902.00	937.14										
	500		869.94	910.01	948.85	986.46	1 057.98									
508			886.71	927.77	967.60	1 006.19	1 079.68									
	530		932.82	976.60	1 019.14	1 060.45	1 139.36	1 213.35								
		560(559)	995.71	1 043.18	1 089.42	1 134.43	1 220.75	1 302.13								
610			1 100.52	1 154.16	1 206.57	1 257.74	1 356.39	1 450.10								

表 1（续）

外径/mm			壁厚/mm													
系列 1	系列 2	系列 3	9	9.5	10	11	12(12.5)	13	14(14.2)	15	16	17(17.5)	18	19	20	22(22.2)
			单位长度理论重量[a]/(kg/m)													
	630		137.83	145.37	152.90	167.92	182.89	197.81	212.68	227.50	242.28	257.00	271.67	286.30	300.87	329.87
		660	144.49	152.40	160.30	176.06	191.77	207.43	223.04	238.60	254.11	269.58	284.99	300.35	315.67	346.15
		699					203.31	219.93	236.50	253.03	269.50	285.93	302.30	318.63	334.90	367.31
711							206.86	223.78	240.65	257.47	274.24	290.96	307.63	324.25	340.82	373.82
	720						209.52	226.66	243.75	260.80	277.79	294.73	311.62	328.47	345.26	378.70
	762														365.98	401.49
		788.5													379.05	415.87
813															391.13	429.16
		864													416.29	456.83
914																
		965														
1 016																

表 1（续）

外径/mm			壁厚/mm												
系列 1	系列 2	系列 3	24	25	26	28	30	32	34	36	38	40	42	45	48
			单位长度理论重量[a]/(kg/m)												
	630		358.68	373.01	387.29	415.70	443.91	471.92	499.74	527.36	554.79	582.01	609.04	649.22	688.95
		660	376.43	391.50	406.52	436.41	466.10	495.60	524.90	554.00	582.90	611.61	640.12	682.51	724.46
		699	399.52	415.55	431.53	463.34	494.96	526.38	557.60	588.62	619.45	650.08	680.51	725.79	770.62
711			406.62	422.95	439.22	471.63	503.84	535.85	567.66	599.28	630.69	661.92	692.94	739.11	784.83
	720		411.95	428.49	444.99	477.84	510.49	542.95	575.21	607.27	639.13	670.79	702.26	749.09	795.48
	762		436.81	454.39	471.92	506.84	541.57	576.09	610.42	644.55	678.49	712.23	745.77	795.71	845.20
		788.5	452.49	470.73	488.92	525.14	561.17	597.01	632.64	668.08	703.32	738.37	773.21	825.11	876.57
813			466.99	485.83	504.62	542.06	579.30	616.34	653.18	689.83	726.28	762.54	798.59	852.30	905.57
		864	497.18	517.28	537.33	577.28	617.03	656.59	695.95	735.11	774.08	812.85	851.42	908.90	965.94
914				548.10	569.39	611.80	654.02	696.05	737.87	779.50	820.93	862.17	903.20	964.39	1 025.13
		965		579.55	602.09	647.02	691.76	736.30	780.64	824.78	868.73	912.48	956.03	1 020.99	1 085.50
1 016				610.99	634.79	682.24	729.49	776.54	823.40	870.06	916.52	962.79	1 008.86	1 077.59	1 145.87

表 1（续）

外径/mm			壁厚/mm												
系列 1	系列 2	系列 3	50	55	60	65	70	75	80	85	90	95	100	110	120
			单位长度理论重量[a]/(kg/m)												
	630		715.19	779.92	843.43	905.70	966.73	1 026.54	1 085.11	1 142.45	1 198.55	1 253.42	1 307.06	1 410.64	1 509.29
		660	752.18	820.61	887.82	953.79	1 018.52	1 082.03	1 144.30	1 205.33	1 265.14	1 323.71	1 381.05	1 492.02	1 598.07
		699	800.27	873.51	945.52	1 016.30	1 085.85	1 154.16	1 221.24	1 287.09	1 351.70	1 415.08	1 477.23	1 597.82	1 713.49
711			815.06	889.79	963.28	1 035.54	1 106.56	1 176.36	1 244.92	1 312.24	1 378.33	1 443.19	1 506.82	1 630.38	1 749.00
	720		826.16	902.00	976.60	1 049.97	1 122.10	1 193.00	1 262.67	1 331.11	1 398.31	1 464.28	1 529.02	1 654.79	1 775.63
	762		877.95	958.96	1 038.74	1 117.29	1 194.61	1 270.69	1 345.53	1 419.15	1 491.53	1 562.68	1 632.60	1 768.73	1 899.93
		788.5	910.63	994.91	1 077.96	1 159.77	1 240.35	1 319.70	1 397.82	1 474.70	1 550.35	1 624.77	1 697.95	1 840.62	1 978.35
813			940.84	1 028.14	1 114.21	1 199.05	1 282.65	1 365.02	1 446.15	1 526.06	1 604.73	1 682.17	1 758.37	1 907.08	2 050.86
		864	1 003.73	1 097.32	1 189.67	1 280.80	1 370.69	1 459.35	1 546.77	1 632.97	1 717.92	1 801.65	1 884.14	2 045.43	2 201.78
914			1 065.38	1 165.14	1 263.66	1 360.95	1 457.00	1 551.83	1 645.42	1 737.78	1 828.90	1 918.79	2 007.45	2 181.07	2 349.75
		965	1 128.27	1 234.31	1 339.12	1 442.70	1 545.05	1 646.16	1 746.04	1 844.68	1 942.10	2 038.28	2 133.22	2 319.42	2 500.68
1 016			1 191.15	1 303.49	1 414.59	1 524.45	1 633.09	1 740.49	1 846.66	1 951.59	2 055.29	2 157.76	2 259.00	2 457.77	2 651.61

注：括号内尺寸为相应的 ISO 4200 的规格。

[a] 理论重量按公式(1)计算，钢的密度为 7.85 kg/dm^3。

表 2　精密钢管的外径和壁厚及单位长度理论重量

外径/mm		壁厚/mm																				
系列 2	系列 3	0.5	(0.8)	1.0	(1.2)	1.5	(1.8)	2.0	(2.2)	2.5	(2.8)	3.0	(3.5)	4	(4.5)	5	(5.5)	6	(7)	8	(9)	10
		单位长度理论重量[a]/(kg/m)																				
4		0.043	0.063	0.074	0.083																	
5		0.055	0.083	0.099	0.112																	
6		0.068	0.103	0.123	0.142	0.166	0.186	0.197														
8		0.092	0.142	0.173	0.201	0.240	0.275	0.296	0.315	0.339												
10		0.117	0.182	0.222	0.260	0.314	0.364	0.395	0.423	0.462												
12		0.142	0.221	0.271	0.320	0.388	0.453	0.493	0.532	0.586	0.635	0.666										
12.7		0.150	0.235	0.289	0.340	0.414	0.484	0.528	0.570	0.629	0.684	0.718										
	14	0.166	0.260	0.321	0.379	0.462	0.542	0.592	0.640	0.709	0.773	0.814	0.906									
16		0.191	0.300	0.370	0.438	0.536	0.630	0.691	0.749	0.832	0.911	0.962	1.08	1.18								
	18	0.216	0.339	0.419	0.497	0.610	0.719	0.789	0.857	0.956	1.05	1.11	1.25	1.38	1.50							
20		0.240	0.379	0.469	0.556	0.684	0.808	0.888	0.966	1.08	1.19	1.26	1.42	1.58	1.72	1.85						
	22	0.265	0.418	0.518	0.616	0.758	0.897	0.986	1.07	1.20	1.33	1.41	1.60	1.78	1.94	2.10						
25		0.302	0.477	0.592	0.704	0.869	1.03	1.13	1 24	1.39	1.53	1.63	1.86	2.07	2.28	2.47	2.64	2.81				
	28	0.339	0.537	0.666	0.793	0.980	1.16	1.28	1.40	1.57	1.74	1.85	2.11	2.37	2.61	2.84	3.05	3.26	3.63	3.95		
	30	0.364	0.576	0.715	0.852	1.05	1.25	1.38	1.51	1.70	1.88	2.00	2.29	2.56	2.83	3.08	3.32	3.55	3.97	4.34		
32		0.388	0.616	0.765	0.911	1.13	1.34	1.48	1.62	1.82	2.02	2.15	2.46	2.76	3.05	3.33	3.59	3.85	4.32	4.74		
	35	0.425	0.675	0.838	1.00	1.24	1.47	1.63	1.78	2.00	2.22	2.37	2.72	3.06	3.38	3.70	4.00	4.29	4.83	5.33		
38		0.462	0.734	0.912	1.09	1.35	1.61	1.78	1.94	2.19	2.43	2.59	2.98	3.35	3.72	4.07	4.41	4.74	5.35	5.92	6.44	6.91
40		0.487	0.773	0.962	1.15	1.42	1.70	1.87	2.05	2.31	2.57	2.74	3.15	3.55	3.94	4.32	4.68	5.03	5.70	6.31	6.88	7.40
42			0.813	1.01	1.21	1.50	1.78	1.97	2.16	2.44	2.71	2.89	3.32	3.75	4.16	4.56	4.95	5.33	6.04	6.71	7.32	7.89

表 2（续）

外径/mm		壁厚/mm																	
系列 2	系列 3	(0.8)	1.0	(1.2)	1.5	(1.8)	2.0	(2.2)	2.5	(2.8)	3.0	(3.5)	4	(4.5)	5	(5.5)	6	(7)	8
		单位长度理论重量[a]/(kg/m)																	
	45	0.872	1.09	1.30	1.61	1.92	2.12	2.32	2.62	2.91	3.11	3.58	4.04	4.49	4.93	5.36	5.77	6.56	7.30
48		0.931	1.16	1.38	1.72	2.05	2.27	2.48	2.81	3.12	3.33	3.84	4.34	4.83	5.30	5.76	6.21	7.08	7.89
50		0.971	1.21	1.44	1.79	2.14	2.37	2.59	2.93	3.26	3.48	4.01	4.54	5.05	5.55	6.04	6.51	7.42	8.29
	55	1.07	1.33	1.59	1.98	2.36	2.61	2.86	3.24	3.60	3.85	4.45	5.03	5.60	6.17	6.71	7.25	8.29	9.27
60		1.17	1.46	1.74	2.16	2.58	2.86	3.14	3.55	3.95	4.22	4.88	5.52	6.16	6.78	7.39	7.99	9.15	10.26
63		1.23	1.53	1.83	2.28	2.72	3.01	3.30	3.73	4.16	4.44	5.14	5.82	6.49	7.15	7.80	8.43	9.67	10.85
70		1.37	1.70	2.04	2.53	3.03	3.35	3.68	4.16	4.64	4.96	5.74	6.51	7.27	8.02	8.75	9.47	10.88	12.23
76		1.48	1.85	2.21	2.76	3.29	3.65	4.00	4.53	5.05	5.40	6.26	7.10	7.93	8.75	9.56	10.36	11.91	13.42
80		1.56	1.95	2.33	2.90	3.47	3.85	4.22	4.78	5.33	5.70	6.60	7.50	8.38	9.25	10.11	10.95	12.60	14.21
	90			2.63	3.27	3.92	4.34	4.76	5.39	6.02	6.44	7.47	8.48	9.49	10.48	11.46	12.43	14.33	16.18
100				2.92	3.64	4.36	4.83	5.31	6.01	6.71	7.18	8.33	9.47	10.60	11.71	12.82	13.91	16.05	18.15
	110			3.22	4.01	4.80	5.33	5.85	6.63	7.40	7.92	9.19	10.46	11.71	12.95	14.17	15.39	17.78	20.12
120						5.25	5.82	6.39	7.24	8.09	8.66	10.06	11.44	12.82	14.18	15.53	16.87	19.51	22.10
130						5.69	6.31	6.93	7.86	8.78	9.40	10.92	12.43	13.93	15.41	16.89	18.35	21.23	24.07
	140					6.13	6.81	7.48	8.48	9.47	10.14	11.78	13.42	15.04	16.65	18.24	19.83	22.96	26.04
150						6.58	7.30	8.02	9.09	10.16	10.88	12.65	14.40	16.15	17.88	19.60	21.31	24.69	28.02
160						7.02	7.79	8.56	9.71	10.86	11.62	13.51	15.39	17.26	19.11	20.96	22.79	26.41	29.99
170												14.37	16.38	18.37	20.35	22.31	24.27	28.14	31.96
	180														21.58	23.67	25.75	29.87	33.93
190																25.03	27.23	31.59	35.91
200																	28.71	33.32	37.88
	220																	36.77	41.83

表 2（续）

外径/mm		壁厚/mm														
系列 2	系列 3	(9)	10	(11)	12.5	(14)	16	(18)	20	(22)	25					
		单位长度理论重量[a]/(kg/m)														
	45	7.99	8.63	9.22	10.02											
48		8.66	9.37	10.04	10.94											
50		9.10	9.86	10.58	11.56											
	55	10.21	11.10	11.94	13.10	14.16										
60		11.32	12.33	13.29	14.64	15.88	17.36									
63		11.99	13.07	14.11	15.57	16.92	18.55									
70		13.54	14.80	16.01	17.73	19.33	21.31									
76		14.87	16.28	17.63	19.58	21.41	23.68									
80		15.76	17.26	18.72	20.81	22.79	25.25	27.52								
	90	17.98	19.73	21.43	23.89	26.24	29.20	31.96	34.53	36.89						
100		20.20	22.20	24.14	26.97	29.69	33.15	36.40	39.46	42.32	46.24					
	110	22.42	24.66	26.86	30.06	33.15	37.09	40.84	44.39	47.74	52.41					
120		24.64	27.13	29.57	33.14	36.60	41.04	45.28	49.32	53.17	58.57					
130		26.86	29.59	32.28	36.22	40.05	44.98	49.72	54.26	58.60	64.74					
	140	29.08	32.06	34.99	39.30	43.50	48.93	54.16	59.19	64.02	70.90					
150		31.30	34.53	37.71	42.39	46.96	52.87	58.60	64.12	69.45	77.07					
160		33.52	36.99	40.42	45.47	50.41	56.82	63.03	69.05	74.87	83.23					
170		35.73	39.46	43.13	48.55	53.86	60.77	67.47	73.98	80.30	89.40					
	180	37.95	41.92	45.85	51.64	57.31	64.71	71.91	78.92	85.72	95.56					
190		40.17	44.39	48.56	54.72	60.77	68.66	76.35	83.85	91.15	101.73					
200		42.39	46.86	51.27	57.80	64.22	72.60	80.79	88.78	96.57	107.89					
	220	46.83	51.79	56.70	63.97	71.12	80.50	89.67	98.65	107.43	120.23					

表 2（续）

外径/mm		壁厚/mm													
系列 2	系列 3	(5.5)	6	(7)	8	9	10	(11)	12.5	(14)	16	(18)	20	(22)	25
		单位长度理论重量[a]/(kg/m)													
	240			40.22	45.77	51.27	56.72	62.12	70.13	78.03	88.39	98.55	108.51	118.28	132.56
	260			43.68	49.72	55.71	61.65	67.55	76.30	84.93	96.28	107.43	118.38	129.13	144.89

注：括号内尺寸不推荐使用。

[a] 理论重量按公式(1)计算，钢的密度为 7.85 kg/dm^3。

表 3　不锈钢管的外径和壁厚

外径/mm			壁厚/mm													
系列 1	系列 2	系列 3	0.5	0.6	0.7	0.8	0.9	1.0	1.2	1.4	1.5	1.6	2.0	2.2(2.3)	2.5(2.6)	2.8(2.9)
	6		●	●	●	●	●	●	●							
	7		●	●	●	●	●	●	●							
	8		●	●	●	●	●	●	●							
	9		●	●	●	●	●	●	●							
10(10.2)			●	●	●	●	●	●	●	●	●	●	●			
	12		●	●	●	●	●	●	●	●	●	●	●			
	12.7		●	●	●	●	●	●	●	●	●	●	●	●	●	●
13(13.5)			●	●	●	●	●	●	●	●	●	●	●	●	●	●
		14	●	●	●	●	●	●	●	●	●	●	●	●	●	●
	16		●	●	●	●	●	●	●	●	●	●	●	●	●	●
17(17.2)			●	●	●	●	●	●	●	●	●	●	●	●	●	●
		18	●	●	●	●	●	●	●	●	●	●	●	●	●	●
	19		●	●	●	●	●	●	●	●	●	●	●	●	●	●
	20		●	●	●	●	●	●	●	●	●	●	●	●	●	●
21(21.3)			●	●	●	●	●	●	●	●	●	●	●	●	●	●
		22	●	●	●	●	●	●	●	●	●	●	●	●	●	●
	24		●	●	●	●	●	●	●	●	●	●	●	●	●	●
	25		●	●	●	●	●	●	●	●	●	●	●	●	●	●
		25.4						●	●	●	●	●	●	●	●	●
27(26.9)								●	●	●	●	●	●	●	●	●
		30						●	●	●	●	●	●	●	●	●
	32(31.8)							●	●	●	●	●	●	●	●	●

表 3（续）

外径/mm			壁厚/mm											
系列 1	系列 2	系列 3	3.0	3.2	3.5(3.6)	4.0	4.5	5.0	5.5(5.6)	6.0	(6.3)6.5	7.0(7.1)	7.5	8.0
	6													
	7													
	8													
	9													
10(10.2)														
	12													
	12.7		●	●										
13(13.5)			●	●										
		14	●	●	●									
	16		●	●	●	●								
17(17.2)			●	●	●	●								
		18	●	●	●	●	●							
	19		●	●	●	●	●							
	20		●	●	●	●	●							
21(21.3)			●	●	●	●	●	●						
		22	●	●	●	●	●	●						
	24		●	●	●	●	●	●						
	25		●	●	●	●	●	●	●	●				
		25.4	●	●	●	●	●	●	●	●				
27(26.9)			●	●	●	●	●	●	●	●				
		30	●	●	●	●	●	●	●	●	●			
	32(31.8)		●	●	●	●	●	●	●	●	●			

表 3（续）

外径/mm			壁厚/mm														
系列 1	系列 2	系列 3	1.0	1.2	1.4	1.5	1.6	2.0	2.2(2.3)	2.5(2.6)	2.8(2.9)	3.0	3.2	3.5(3.6)	4.0	4.5	5.0
34(33.7)			●	●	●	●	●	●	●	●	●	●	●	●	●	●	●
		35	●	●	●	●	●	●	●	●	●	●	●	●	●	●	●
	38		●	●	●	●	●	●	●	●	●	●	●	●	●	●	●
	40		●	●	●	●	●	●	●	●	●	●	●	●	●	●	●
42(42.4)			●	●	●	●	●	●	●	●	●	●	●	●	●	●	●
		45(44.5)	●	●	●	●	●	●	●	●	●	●	●	●	●	●	●
48(48.3)			●	●	●	●	●	●	●	●	●	●	●	●	●	●	●
	51		●	●	●	●	●	●	●	●	●	●	●	●	●	●	●
		54					●	●	●	●	●	●	●	●	●	●	●
	57						●	●	●	●	●	●	●	●	●	●	●
60(60.3)							●	●	●	●	●	●	●	●	●	●	●
	64(63.5)						●	●	●	●	●	●	●	●	●	●	●
	68						●	●	●	●	●	●	●	●	●	●	●
	70						●	●	●	●	●	●	●	●	●	●	●
	73						●	●	●	●	●	●	●	●	●	●	●
76(76.1)							●	●	●	●	●	●	●	●	●	●	●
		83(82.5)					●	●	●	●	●	●	●	●	●	●	●
89(88.9)							●	●	●	●	●	●	●	●	●	●	●
	95						●	●	●	●	●	●	●	●	●	●	●
	102(101.6)						●	●	●	●	●	●	●	●	●	●	●
	108						●	●	●	●	●	●	●	●	●	●	●
114(114.3)							●	●	●	●	●	●	●	●	●	●	●

表 3（续）

外径/mm			壁厚/mm												
系列 1	系列 2	系列 3	5.5(5.6)	6.0	(6.3)6.5	7.0(7.1)	7.5	8.0	8.5	(8.8)9.0	9.5	10	11	12(12.5)	14(14.2)
34(33.7)			●	●	●										
		35	●	●	●										
	38		●	●	●										
	40		●	●	●										
42(42.4)			●	●	●	●	●								
		45(44.5)	●	●	●	●	●	●	●						
48(48.3)			●	●	●	●	●	●	●						
	51		●	●	●	●	●	●	●	●					
		54	●	●	●	●	●	●	●	●	●	●			
	57		●	●	●	●	●	●	●	●	●	●			
60(60.3)			●	●	●	●	●	●	●	●	●	●			
	64(63.5)		●	●	●	●	●	●	●	●	●	●			
	68		●	●	●	●	●	●	●	●	●	●	●	●	
	70		●	●	●	●	●	●	●	●	●	●	●	●	
	73		●	●	●	●	●	●	●	●	●	●	●	●	
76(76.1)			●	●	●	●	●	●	●	●	●	●	●	●	
		83(82.5)	●	●	●	●	●	●	●	●	●	●	●	●	●
89(88.9)			●	●	●	●	●	●	●	●	●	●	●	●	●
	95		●	●	●	●	●	●	●	●	●	●	●	●	●
	102(101.6)		●	●	●	●	●	●	●	●	●	●	●	●	●
	108		●	●	●	●	●	●	●	●	●	●	●	●	●
114(114.3)			●	●	●	●	●	●	●	●	●	●	●	●	●

表 3（续）

外径/mm			壁厚/mm												
系列 1	系列 2	系列 3	1.6	2.0	2.2(2.3)	2.5(2.6)	2.8(2.9)	3.0	3.2	3.5(3.6)	4.0	4.5	5.0	5.5(5.6)	6.0
	127		●	●	●	●	●	●	●	●	●	●	●	●	●
	133		●	●	●	●	●	●	●	●	●	●	●	●	●
140(139.7)			●	●	●	●	●	●	●	●	●	●	●	●	●
	146		●	●	●	●	●	●	●	●	●	●	●	●	●
	152		●	●	●	●	●	●	●	●	●	●	●	●	●
	159		●	●	●	●	●	●	●	●	●	●	●	●	●
168(168.3)			●	●	●	●	●	●	●	●	●	●	●	●	●
	180			●	●	●	●	●	●	●	●	●	●	●	●
	194			●	●	●	●	●	●	●	●	●	●	●	
219(219.1)				●	●	●	●	●	●	●	●	●	●	●	
	245			●	●	●	●	●	●	●	●	●	●	●	
273				●	●	●	●	●	●	●	●	●	●	●	
325(323.9)						●	●	●	●	●	●	●	●	●	
	351					●	●	●	●	●	●	●	●	●	
356(355.6)						●	●	●	●	●	●	●	●	●	
	377					●	●	●	●	●	●	●	●	●	
406(406.4)						●	●	●	●	●	●	●	●	●	●
	426								●	●	●	●	●	●	●

表 3（续）

外径/mm			壁厚/mm									
系列 1	系列 2	系列 3	(6.3)6.5	7.0(7.1)	7.5	8.0	8.5	(8.8)9.0	9.5	10	11	12(12.5)
	127		•	•	•	•	•	•	•	•	•	•
	133		•	•	•	•	•	•	•	•	•	•
140(139.7)			•	•	•	•	•	•	•	•	•	•
	146		•	•	•	•	•	•	•	•	•	•
	152		•	•	•	•	•	•	•	•	•	•
	159		•	•	•	•	•	•	•	•	•	•
168(168.3)			•	•	•	•	•	•	•	•	•	•
	180		•	•	•	•	•	•	•	•	•	•
	194		•	•	•	•	•	•	•	•	•	•
219(219.1)			•	•	•	•	•	•	•	•	•	•
	245		•	•	•	•	•	•	•	•	•	•
273			•	•	•	•	•	•	•	•	•	•
325(323.9)			•	•	•	•	•	•	•	•	•	•
	351		•	•	•	•	•	•	•	•	•	•
356(355.6)			•	•	•	•	•	•	•	•	•	•
	377		•	•	•	•	•	•	•	•	•	•
406(406.4)			•	•	•	•	•	•	•	•	•	•
	426		•	•	•	•	•	•	•	•	•	•

表 3（续）

外径/mm			壁厚/mm										
系列 1	系列 2	系列 3	14(14.2)	15	16	17(17.5)	18	20	22(22.2)	24	25	26	28
	127		●										
	133		●										
140(139.7)			●	●	●								
	146		●	●	●								
	152		●	●	●								
	159		●	●	●								
168(168.3)			●	●	●	●	●						
	180		●	●	●	●	●						
	194		●	●	●	●	●						
219(219.1)			●	●	●	●	●	●	●	●	●	●	●
	245		●	●	●	●	●	●	●	●	●	●	●
273			●	●	●	●	●	●	●	●	●	●	●
325(323.9)			●	●	●	●	●	●	●	●	●	●	●
	351		●	●	●	●	●	●	●	●	●	●	●
356(355.6)			●	●	●	●	●	●	●	●	●	●	●
	377		●	●	●	●	●	●	●	●	●	●	●
406(406.4)			●	●	●	●	●	●	●	●	●	●	●
	426		●	●	●	●	●	●					

注 1：括号内尺寸为相应的英制单位。

注 2：“●”表示常用规格。

表 4 标准化外径允许偏差 单位为毫米

偏差等级	标准化外径允许偏差
D1	±1.5%D 或±0.75,取其中的较大值
D2	±1.0%D 或±0.50,取其中的较大值
D3	±0.75%D 或±0.30,取其中的较大值
D4	±0.5%D 或±0.10,取其中的较大值
注:D 为钢管的公称外径。	

表 5 非标准化外径允许偏差 单位为毫米

偏差等级	非标准化外径允许偏差
ND1	+1.25%D −1.5%D
ND2	±1.25%D
ND3	+1.25%D −1%D
ND4	±0.8%D
注:D 为钢管的公称外径。	

2.3.2.3 特殊用途的钢管和冷轧(拔)钢管外径允许偏差可采用绝对偏差。

2.3.3 壁厚允许偏差

2.3.3.1 优先选用的标准化壁厚允许偏差见表 6。

表 6 标准化壁厚允许偏差 单位为毫米

<table>
<tr><th colspan="2" rowspan="2">偏差等级</th><th colspan="4">壁厚允许偏差</th></tr>
<tr><th>$S/D>0.1$</th><th>$0.05<S/D\leqslant 0.1$</th><th>$0.025<S/D\leqslant 0.05$</th><th>$S/D\leqslant 0.025$</th></tr>
<tr><td colspan="2">S1</td><td colspan="4">±15.0%S 或±0.60,取其中的较大值</td></tr>
<tr><td rowspan="2">S2</td><td>A</td><td colspan="4">±12.5%S 或±0.40,取其中的较大值</td></tr>
<tr><td>B</td><td colspan="4">−12.5%S</td></tr>
<tr><td rowspan="3">S3</td><td>A</td><td colspan="4">±10.0%S 或±0.20,取其中的较人值</td></tr>
<tr><td>B</td><td>±10%S 或±0.40,
取其中的较大值</td><td>±12.5%S 或±0.40,
取其中的较大值</td><td colspan="2">±15.0%S 或±0.40,
取其中的较大值</td></tr>
<tr><td>C</td><td colspan="4">−10%S</td></tr>
<tr><td rowspan="2">S4</td><td>A</td><td colspan="4">±7.5%S 或±0.15,取其中的较大值</td></tr>
<tr><td>B</td><td>±7.5%S 或±0.20,
取其中的较大值</td><td>±10.0%S 或±0.20,
取其中的较大值</td><td>±12.5%S 或±0.20,
取其中的较大值</td><td>±15.0%S 或±0.20,
取其中的较大值</td></tr>
<tr><td colspan="2">S5</td><td colspan="4">±5.0%S 或±0.10,取其中的较大值</td></tr>
<tr><td colspan="6">注:S 为钢管的公称壁厚,D 为钢管的公称外径。</td></tr>
</table>

2.3.3.2 推荐选用的非标准化壁厚允许偏差见表 7。

表 7 非标准化壁厚允许偏差

单位为毫米

偏差等级	非标准化壁厚允许偏差
NS1	+15.0%S −12.5%S
NS2	+15.0%S −10.0%S
NS3	+12.5%S −10.0%S
NS4	+12.5%S −7.5%S
注：S 为钢管的公称壁厚。	

2.3.3.3 特殊用途的钢管和冷轧(拔)钢管壁厚允许偏差可采用绝对偏差。

3 长度

3.1 通常长度

钢管的通常长度为 3 000 mm～12 500 mm。

3.2 定尺长度和倍尺长度

定尺长度和倍尺长度应在通常长度范围内，全长允许偏差分为四级(见表 8)。每个倍尺长度按以下规定留出切口余量：

a) 外径≤159 mm，5 mm～10 mm；

b) 外径＞159 mm，10 mm～15 mm。

表 8 全长允许偏差

单位为毫米

偏差等级	全长允许偏差
L1	+20 0
L2	+15 0
L3	+10 0
L4	+5 0

3.3 特殊用途钢管长度

特殊用途的钢管，如不锈耐酸钢极薄壁钢管、小直径钢管等的长度要求可另行规定。

4 外形

4.1 弯曲度

钢管的弯曲度分为全长弯曲度和每米弯曲度。

4.1.1 全长弯曲度

对钢管全长测得的弯曲度称为全长弯曲度，全长弯曲度分为五级(见表 9)。

表 9 全长弯曲度

单位为毫米

弯曲度等级	全长弯曲度，不大于
E1	0.2%L
E2	0.15%L

表 9（续） 单位为毫米

弯曲度等级	全长弯曲度，不大于
E3	0.1%L
E4	0.08%L
E5	0.06%L
注：L 为单根钢管的长度。	

4.1.2 每米弯曲度

对钢管每米长度测量的弯曲度称为每米弯曲度，每米弯曲度分为五级（见表 10）。

表 10 每米弯曲度 单位为毫米

弯曲度等级	每米弯曲度，不大于
F1	3.0
F2	2.0
F3	1.5
F4	1.0
F5	0.5

4.2 不圆度

钢管的不圆度分为四级（见表 11）。

表 11 不圆度

不圆度等级	不圆度[a]，不大于外径公差的
NR1	80%
NR2	70%
NR3	60%
NR4	50%
[a] 不圆度的计算公式为：$\frac{2(D_{max}-D_{min})}{D_{max}+D_{min}}\times 100\%$，式中：$D_{max}$ 为实测钢管同一横截面外径的最大值，D_{min} 为实测钢管同一横截面外径的最小值。	

5 重量

5.1 钢管按实际重量交货，也可按理论重量交货。实际重量交货可分为单根重量或每批重量。

5.2 钢管的理论重量按公式(1)计算：

$$W = \pi\rho(D-S)S/1\,000 \qquad \cdots\cdots(1)$$

式中：

W——钢管的理论重量，单位为千克每米(kg/m)；

$\pi=3.1416$；

ρ——钢的密度，单位为千克每立方分米(kg/dm^3)；

D——钢管的公称外径，单位为毫米(mm)；

S——钢管的公称壁厚，单位为毫米(mm)。

5.3 按理论重量交货的钢管，根据需方要求，可规定钢管实际重量与理论重量的允许偏差。单根钢管实际重量与理论重量的允许偏差分为五级（见表 12）。每批不小于 10 t 钢管的理论重量与实际重量的允许偏差为±7.5%或±5%。

表 12 重量允许偏差

偏差等级	单根钢管重量允许偏差
W1	±10%
W2	±7.5%
W3	+10% −5%
W4	+10% −3.5%
W5	+6.5% −3.5%

ICS 77.140.75
H 48

中华人民共和国国家标准

GB/T 21835—2008

焊接钢管尺寸及单位长度重量

Dimensions and masses per unit length of welded steel pipes

2008-05-13 发布 2008-11-01 实施

中华人民共和国国家质量监督检验检疫总局
中国国家标准化管理委员会 发布

前　言

本标准对应于 ISO 4200:1991《平端焊接及无缝钢管——尺寸及单位长度重量表》(英文版)和 ISO 1127:1992《不锈钢管——尺寸、公差和单位长度常规重量》(英文版)。本标准与 ISO 4200:1991 和 ISO 1127:1992 的一致性程度为非等效。

本标准由中国钢铁工业协会提出。

本标准由全国钢标准化技术委员会归口。

本标准主要起草单位:番禺珠江钢管有限公司、锦西钢管有限公司。

本标准主要起草人:陈昌、刘庆才、齐惠娟、王利树、黄克坚。

焊接钢管尺寸及单位长度重量

1 范围

本标准规定了焊接钢管的公称尺寸及单位长度重量。

本标准适用于制定各类用途的圆形平端焊接钢管标准时,选择公称尺寸和单位长度重量。

2 规范性引用标准

下列文件中的条款通过本标准的引用而成为本标准的条款。凡是注日期的引用文件,其随后所有的修改单(不包括勘误的内容)或修订版均不适用于本标准,然而,鼓励根据本标准达成协议的各方研究是否可使用这些文件的最新版本。凡是不注日期的引用文件,其最新版本适用于本标准。

GB/T 8170 数值修约规则

GB/T 20878—2007 不锈钢和耐热钢 牌号及化学成分

3 分类

本标准给出的焊接钢管分为普通焊接钢管、精密焊接钢管和不锈钢焊接钢管。

4 公称尺寸

4.1 尺寸系列

4.1.1 焊接钢管的外径分为三个系列:系列1、系列2和系列3。系列1是通用系列,属推荐选用系列;系列2是非通用系列;系列3是少数特殊、专用系列。

普通焊接钢管的外径分为系列1、系列2和系列3,精密焊接钢管的外径分为系列2和系列3,不锈钢焊接钢管的外径分为系列1、系列2和系列3。

4.1.2 普通焊接钢管的壁厚分为系列1和系列2。系列1是优先选用系列,系列2是非优先选用系列。

4.2 外径和壁厚

4.2.1 普通焊接钢管的外径和壁厚见表1。

4.2.2 精密焊接钢管的外径和壁厚见表2。

4.2.3 不锈钢焊接钢管的外径和壁厚见表3。

5 单位长度理论重量

5.1 普通焊接钢管和精密焊接钢管

普通焊接钢管和精密焊接钢管单位长度理论重量按式(1)计算(钢的密度取7.85 kg/dm^3),其计算值分别列于表1和表2。

$$W = 0.024\,661\,5(D-S)S \qquad \cdots\cdots(1)$$

式中:

W——单位长度重量,单位为千克每米(kg/m);

D——钢管的公称外径,单位为毫米(mm);

S——钢管的公称壁厚,单位为毫米(mm)。

单位长度理论重量计算值的修约规则应符合GB/T 8170的规定。当计算值小于1.00 kg/m时,单位长度理论重量计算结果修约到最接近的0.001 kg/m;当计算值不小于1.00 kg/m时,单位长度理论重量计算结果修约到最接近的 0.01 kg/m。

5.2 不锈钢焊接钢管

不锈钢焊接钢管单位长度理论重量按式(2)计算。

$$W=\frac{\pi}{1\,000}S(D-S)\rho \quad \cdots\cdots(2)$$

式中：

W——钢管的理论重量，单位为千克每米(kg/m)；

π——圆周率，取 3.141 6；

S——钢管的公称壁厚，单位为毫米(mm)；

D——钢管的公称外径，单位为毫米(mm)；

ρ——钢的密度，单位为千克每立方分米(kg/dm^3)，各牌号钢的密度按 GB/T 20878 中的给定值。

表 1　普通焊接钢管尺寸及单位长度理论重量

系列			壁厚/mm																		
系列 1			0.5	0.6	0.8	1.0	1.2	1.4		1.6		1.8		2.0		2.3		2.6		2.9	
系列 2									1.5		1.7		1.9		2.2		2.4		2.8		3.1
外径/mm			单位长度理论重量/(kg/m)																		
系列 1	系列 2	系列 3																			
10.2			0.120	0.142	0.185	0.227	0.266	0.304	0.322	0.339	0.356	0.373	0.389	0.404	0.434	0.448	0.462	0.487	0.511	0.522	
	12		0.142	0.169	0.221	0.271	0.320	0.366	0.388	0.410	0.432	0.453	0.473	0.493	0.532	0.550	0.568	0.603	0.635	0.651	0.680
	12.7		0.150	0.179	0.235	0.289	0.340	0.390	0.414	0.438	0.461	0.484	0.506	0.528	0.570	0.590	0.610	0.648	0.684	0.701	0.734
13.5			0.160	0.191	0.251	0.308	0.364	0.418	0.444	0.470	0.495	0.519	0.544	0.567	0.613	0.635	0.657	0.699	0.739	0.758	0.795
		14	0.166	0.198	0.260	0.321	0.379	0.435	0.462	0.489	0.516	0.542	0.567	0.592	0.640	0.664	0.687	0.731	0.773	0.794	0.833
	16		0.191	0.228	0.300	0.370	0.438	0.504	0.536	0.568	0.600	0.630	0.661	0.691	0.749	0.777	0.805	0.859	0.911	0.937	0.986
17.2			0.206	0.246	0.324	0.400	0.474	0.546	0.581	0.616	0.650	0.684	0.717	0.750	0.814	0.845	0.876	0.936	0.994	1.02	1.08
		18	0.216	0.257	0.339	0.419	0.497	0.573	0.610	0.647	0.683	0.719	0.754	0.789	0.857	0.891	0.923	0.987	1.05	1.08	1.14
	19		0.228	0.272	0.359	0.444	0.527	0.608	0.647	0.687	0.725	0.764	0.801	0.838	0.911	0.947	0.983	1.05	1.12	1.15	1.22
	20		0.240	0.287	0.379	0.469	0.556	0.642	0.684	0.726	0.767	0.808	0.848	0.888	0.966	1.00	1.04	1.12	1.19	1.22	1.29
21.3			0.256	0.306	0.404	0.501	0.595	0.687	0.732	0.777	0.822	0.866	0.909	0.952	1.04	1.08	1.12	1.20	1.28	1.32	1.39
		22	0.265	0.317	0.418	0.518	0.616	0.711	0.758	0.805	0.851	0.897	0.942	0.986	1.07	1.12	1.16	1.24	1.33	1.37	1.44
	25		0.302	0.361	0.477	0.592	0.704	0.815	0.869	0.923	0.977	1.03	1.082	1.13	1.24	1.29	1.34	1.44	1.53	1.58	1.67
		25.4	0.307	0.367	0.485	0.602	0.716	0.829	0.884	0.939	0.994	1.05	1.10	1.15	1.26	1.31	1.36	1.46	1.56	1.61	1.70
26.9			0.326	0.389	0.515	0.639	0.761	0.880	0.940	0.998	1.06	1.11	1.17	1.23	1.34	1.40	1.45	1.56	1.66	1.72	1.82
		30	0.364	0.435	0.576	0.715	0.852	0.987	1.05	1.12	1.19	1.25	1.32	1.38	1.51	1.57	1.63	1.76	1.88	1.94	2.06
	31.8		0.386	0.462	0.612	0.760	0.906	1.05	1.12	1.19	1.26	1.33	1.40	1.47	1.61	1.67	1.74	1.87	2.00	2.07	2.19
	32		0.388	0.465	0.616	0.765	0.911	1.06	1.13	1.20	1.27	1.34	1.41	1.48	1.62	1.68	1.75	1.89	2.02	2.08	2.21
33.7			0.409	0.490	0.649	0.806	0.962	1.12	1.19	1.27	1.34	1.42	1.49	1.56	1.71	1.78	1.85	1.99	2.13	2.20	2.34
		35	0.425	0.509	0.675	0.838	1.00	1.16	1.24	1.32	1.40	1.47	1.55	1.63	1.78	1.85	1.93	2.08	2.22	2.30	2.44
	38		0.462	0.553	0.734	0.912	1.09	1.26	1.35	1.44	1.52	1.61	1.69	1.78	1.94	2.02	2.11	2.27	2.43	2.51	2.67
	40		0.487	0.583	0.773	0.962	1.15	1.33	1.42	1.52	1.61	1.70	1.79	1.87	2.05	2.14	2.23	2.40	2.57	2.65	2.82

表 1（续）

系列			壁厚/mm																	
系列 1			3.2		3.6		4.0		4.5		5.0		5.4		5.6		6.3		7.1	
系列 2				3.4		3.8		4.37		4.78		5.16		5.56		6.02		6.35		7.92
外径/mm			单位长度理论重量/(kg/m)																	
系列 1	系列 2	系列 3																		
10.2																				
	12																			
	12.7																			
13.5																				
		14																		
	16		1.01	1.06	1.10	1.14														
17.2			1.10	1.16	1.21	1.26														
		18	1.17	1.22	1.28	1.33														
	19		1.25	1.31	1.37	1.42														
	20		1.33	1.39	1.46	1.52	1.58	1.68												
21.3			1.43	1.50	1.57	1.64	1.71	1.82	1.86	1.95										
		22	1.48	1.56	1.63	1.71	1.78	1.90	1.94	2.03										
	25		1.72	1.81	1.90	1.99	2.07	2.22	2.28	2.38	2.47									
		25.4	1.75	1.84	1.94	2.02	2.11	2.27	2.32	2.43	2.52									
26.9			1.87	1.97	2.07	2.16	2.26	2.43	2.49	2.61	2.70	2.77								
		30	2.11	2.23	2.34	2.46	2.56	2.76	2.83	2.97	3.08	3.16								
	31.8		2.26	2.38	2.50	2.62	2.74	2.96	3.03	3.19	3.30	3.39								
	32		2.27	2.40	2.52	2.64	2.76	2.98	3.05	3.21	3.33	3.42								
33.7			2.41	2.54	2.67	2.80	2.93	3.16	3.24	3.41	3.54	3.63								
		35	2.51	2.65	2.79	2.92	3.06	3.30	3.38	3.56	3.70	3.80								
	38		2.75	2.90	3.05	3.21	3.35	3.62	3.72	3.92	4.07	4.18								
	40		2.90	3.07	3.23	3.39	3.55	3.84	3.94	4.15	4.32	4.43								

表 1（续）

系列			壁厚/mm																	
系列 1			8.0		8.8		10		11		12.5		14.2		16		17.5		20	
系列 2				8.74		9.53		10.31		11.91		12.7		15.09		16.66		19.05		20.62
外径/mm			单位长度理论重量/(kg/m)																	
系列 1	系列 2	系列 3																		
10.2																				
	12																			
	12.7																			
13.5																				
		14																		
	16																			
17.2																				
		18																		
	19																			
	20																			
21.3																				
		22																		
	25																			
		25.4																		
26.9																				
		30																		
	31.8																			
	32																			
33.7																				
		35																		
	38																			
	40																			

表 1（续）

系列			壁厚/mm																	
系列 1			22.2		25		28		30		32		36		40	45	50	55	60	65
系列 2				23.83		26.19		28.58		30.96		34.93		38.10						
外径/mm			单位长度理论重量/(kg/m)																	
系列 1	系列 2	系列 3																		
10.2																				
	12																			
	12.7																			
13.5																				
		14																		
	16																			
17.2																				
		18																		
	19																			
	20																			
21.3																				
		22																		
	25																			
		25.4																		
26.9																				
		30																		
	31.8																			
	32																			
33.7																				
		35																		
	38																			
	40																			

表 1（续）

系列			壁厚/mm																		
系列 1			0.5	0.6	0.8	1.0	1.2	1.4		1.6		1.8		2.0		2.3		2.6		2.9	
系列 2									1.5		1.7		1.9		2.2		2.4		2.8		3.1
外径/mm			单位长度理论重量/(kg/m)																		
系列 1	系列 2	系列 3																			
42.4			0.517	0.619	0.821	1.02	1.22	1.42	1.51	1.61	1.71	1.80	1.90	1.99	2.18	2.27	2.37	2.55	2.73	2.82	3.00
		44.5	0.543	0.650	0.862	1.07	1.28	1.49	1.59	1.69	1.79	1.90	2.00	2.10	2.29	2.39	2.49	2.69	2.88	2.98	3.17
48.3				0.706	0.937	1.17	1.39	1.62	1.73	1.84	1.95	2.06	2.17	2.28	2.50	2.61	2.72	2.93	3.14	3.25	3.46
	51			0.746	0.990	1.23	1.47	1.71	1.83	1.95	2.07	2.18	2.30	2.42	2.65	2.76	2.88	3.10	3.33	3.44	3.66
		54		0.79	1.05	1.31	1.56	1.82	1.94	2.07	2.19	2.32	2.44	2.56	2.81	2.93	3.05	3.30	3.54	3.65	3.89
	57			0.835	1.11	1.38	1.65	1.92	2.05	2.19	2.32	2.45	2.58	2.71	2.97	3.10	3.23	3.49	3.74	3.87	4.12
60.3				0.883	1.17	1.46	1.75	2.03	2.18	2.32	2.46	2.60	2.74	2.88	3.15	3.29	3.43	3.70	3.97	4.11	4.37
	63.5			0.931	1.24	1.54	1.84	2.14	2.29	2.44	2.59	2.74	2.89	3.03	3.33	3.47	3.62	3.90	4.19	4.33	4.62
	70				1.37	1.70	2.04	2.37	2.53	2.70	2.86	3.03	3.19	3.35	3.68	3.84	4.00	4.32	4.64	4.80	5.11
		73			1.42	1.78	2.12	2.47	2.64	2.82	2.99	3.16	3.33	3.50	3.84	4.01	4.18	4.51	4.85	5.01	5.34
76.1					1.49	1.85	2.22	2.58	2.76	2.94	3.12	3.30	3.48	3.65	4.01	4.19	4.36	4.71	5.06	5.24	5.58
		82.5			1.61	2.01	2.41	2.80	3.00	3.19	3.39	3.58	3.78	3.97	4.36	4.55	4.74	5.12	5.50	5.69	6.07
88.9					1.74	2.17	2.60	3.02	3.23	3.44	3.66	3.87	4.08	4.29	4.70	4.91	5.12	5.53	5.95	6.15	6.56
	101.6						2.97	3.46	3.70	3.95	4.19	4.43	4.67	4.91	5.39	5.63	5.87	6.35	6.82	7.06	7.53
		108					3.16	3.68	3.94	4.20	4.46	4.71	4.97	5.23	5.74	6.00	6.25	6.76	7.26	7.52	8.02
114.3							3.35	3.90	4.17	4.45	4.72	4.99	5.27	5.54	6.08	6.35	6.62	7.16	7.70	7.97	8.50
	127									4.95	5.25	5.56	5.86	6.17	6.77	7.07	7.37	7.98	8.58	8.88	9.47
	133									5.18	5.50	5.82	6.14	6.46	7.10	7.41	7.73	8.36	8.99	9.30	9.93
139.7										5.45	5.79	6.12	6.46	6.79	7.46	7.79	8.13	8.79	9.45	9.78	10.44
		141.3								5.51	5.85	6.19	6.53	6.87	7.55	7.88	8.22	8.89	9.56	9.90	10.57
		152.4								5.95	6.32	6.69	7.05	7.42	8.15	8.51	8.88	9.61	10.33	10.69	11.41
		159								6.21	6.59	6.98	7.36	7.74	8.51	8.89	9.27	10.03	10.79	11.16	11.92

表 1（续）

系列			壁厚/mm																	
系列 1			3.2		3.6		4.0		4.5		5.0		5.4		5.6		6.3		7.1	
系列 2				3.4		3.8		4.37		4.78		5.16		5.56		6.02		6.35		7.92
外径/mm			单位长度理论重量/(kg/m)																	
系列 1	系列 2	系列 3																		
42.4			3.09	3.27	3.44	3.62	3.79	4.10	4.21	4.43	4.61	4.74	4.93	5.05	5.08	5.40				
		44.5	3.26	3.45	3.63	3.81	4.00	4.32	4.44	4.68	4.87	5.01	5.21	5.34	5.37	5.71				
48.3			3.56	3.76	3.97	4.17	4.37	4.73	4.86	5.13	5.34	5.49	5.71	5.86	5.90	6.28				
	51		3.77	3.99	4.21	4.42	4.64	5.03	5.16	5.45	5.67	5.83	6.07	6.23	6.27	6.68				
		54	4.01	4.24	4.47	4.70	4.93	5.35	5.49	5.80	6.04	6.22	6.47	6.64	6.68	7.12				
	57		4.25	4.49	4.74	4.99	5.23	5.67	5.83	6.16	6.41	6.60	6.87	7.05	7.10	7.57				
60.3			4.51	4.77	5.03	5.29	5.55	6.03	6.19	6.54	6.82	7.02	7.31	7.51	7.55	8.06				
	63.5		4.76	5.04	5.32	5.59	5.87	6.37	6.55	6.92	7.21	7.42	7.74	7.94	8.00	8.53				
	70		5.27	5.58	5.90	6.20	6.51	7.07	7.27	7.69	8.01	8.25	8.60	8.84	8.89	9.50	9.90	9.97		
		73	5.51	5.84	6.16	6.48	6.81	7.40	7.60	8.04	8.38	8.63	9.00	9.25	9.31	9.94	10.36	10.44		
76.1			5.75	6.10	6.44	6.78	7.11	7.73	7.95	8.41	8.77	9.03	9.42	9.67	9.74	10.40	10.84	10.92		
		82.5	6.26	6.63	7.00	7.38	7.74	8.42	8.66	9.16	9.56	9.84	10.27	10.55	10.62	11.35	11.84	11.93		
88.9			6.76	7.17	7.57	7.98	8.38	9.11	9.37	9.92	10.35	10.66	11.12	11.43	11.50	12.30	12.83	12.93		
	101.6		7.77	8.23	8.70	9.17	9.63	10.48	10.78	11.41	11.91	12.27	12.81	13.17	13.26	14.19	14.81	14.92		
		108	8.27	8.77	9.27	9.76	10.26	11.17	11.49	12.17	12.70	13.09	13.66	14.05	14.14	15.14	15.80	15.92		
114.3			8.77	9.30	9.83	10.36	10.88	11.85	12.19	12.91	13.48	13.89	14.50	14.91	15.01	16.08	16.78	16.91	18.77	20.78
	127		9.77	10.36	10.96	11.55	12.13	13.22	13.59	14.41	15.04	15.50	16.19	16.65	16.77	17.96	18.75	18.89	20.99	23.26
	133		10.24	10.87	11.49	12.11	12.73	13.86	14.26	15.11	15.78	16.27	16.99	17.47	17.59	18.85	19.69	19.83	22.04	24.43
139.7			10.77	11.43	12.08	12.74	13.39	14.58	15.00	15.90	16.61	17.12	17.89	18.39	18.52	19.85	20.73	20.88	23.22	25.74
		141.3	10.90	11.56	12.23	12.89	13.54	14.76	15.18	16.09	16.81	17.32	18.10	18.61	18.74	20.08	20.97	21.13	23.50	26.05
		152.4	11.77	12.49	13.21	13.93	14.64	15.95	16.41	17.40	18.18	18.74	19.58	20.13	20.27	21.73	22.70	22.87	25.44	28.22
		159	12.30	13.05	13.80	14.54	15.29	16.66	17.15	18.18	18.99	19.58	20.46	21.04	21.19	22.71	23.72	23.91	26.60	29.51

表 1（续）

系列			壁厚/mm																	
系列 1			8.0		8.8		10		11		12.5		14.2		16		17.5		20	
系列 2				8.74		9.53		10.31		11.91		12.7		15.09		16.66		19.05		20.62
外径/mm			单位长度理论重量/(kg/m)																	
系列 1	系列 2	系列 3																		
42.4																				
		44.5																		
48.3																				
	51																			
		54																		
	57																			
60.3																				
	63.5																			
	70																			
		73																		
76.1																				
		82.5																		
88.9																				
	101.6																			
		108																		
114.3			20.97																	
	127		23.48																	
	133		24.66																	
139.7			25.98																	
		141.3	26.30																	
		152.4	28.49																	
		159	29.79	32.39																

表 1（续）

系列			壁厚/mm																	
系列 1			22.2		25		28		30		32		36		40	45	50	55	60	65
系列 2				23.83		26.19		28.58		30.96		34.93		38.10						
外径/mm			单位长度理论重量/(kg/m)																	
系列 1	系列 2	系列 3																		
42.4																				
		44.5																		
48.3																				
	51																			
		54																		
	57																			
60.3																				
	63.5																			
	70																			
		73																		
76.1																				
		82.5																		
88.9																				
	101.6																			
		108																		
114.3																				
	127																			
	133																			
139.7																				
		141.3																		
		152.4																		
		159																		

表 1（续）

系列			壁厚/mm																		
系列 1			0.5	0.6	0.8	1.0	1.2	1.4		1.6		1.8		2.0		2.3		2.6		2.9	
系列 2									1.5		1.7		1.9		2.2		2.4		2.8		3.1
外径/mm			单位长度理论重量/(kg/m)																		
系列 1	系列 2	系列 3																			
		165								6.45	6.85	7.24	7.64	8.04	8.83	9.23	9.62	10.41	11.20	11.59	12.38
168.3										6.58	6.98	7.39	7.80	8.20	9.01	9.42	9.82	10.62	11.43	11.83	12.63
		177.8										7.81	8.24	8.67	9.53	9.95	10.38	11.23	12.08	12.51	13.36
		190.7										8.39	8.85	9.31	10.23	10.69	11.15	12.06	12.97	13.43	14.34
		193.7										8.52	8.99	9.46	10.39	10.86	11.32	12.25	13.18	13.65	14.57
219.1												9.65	10.18	10.71	11.77	12.30	12.83	13.88	14.94	15.46	16.51
		244.5												11.96	13.15	13.73	14.33	15.51	16.69	17.28	18.46
273.1														13.37	14.70	15.36	16.02	17.34	18.66	19.32	20.64
323.9																		20.60	22.17	22.96	24.53
355.6																		22.63	24.36	25.22	26.95
406.4																		25.89	27.87	28.86	30.83
457																					
508																					
		559																			
610																					
		660																			
711																					
	762																				
813																					
		864																			
914																					
		965																			

表 1（续）

系列			壁厚/mm																	
系列 1			3.2		3.6		4.0		4.5		5.0		5.4		5.6		6.3		7.1	
系列 2				3.4		3.8		4.37		4.78		5.16		5.56		6.02		6.35		7.92
外径/mm			单位长度理论重量/(kg/m)																	
系列 1	系列 2	系列 3																		
		165	12.77	13.55	14.33	15.11	15.88	17.31	17.81	18.89	19.73	20.34	21.25	21.86	22.01	23.60	24.66	24.84	27.65	30.68
168.3			13.03	13.83	14.62	15.42	16.21	17.67	18.18	19.28	20.14	20.76	21.69	22.31	22.47	24.09	25.17	25.36	28.23	31.33
		177.8	13.78	14.62	15.47	16.31	17.14	18.69	19.23	20.40	21.31	21.97	22.96	23.62	23.78	25.50	26.65	26.85	29.88	33.18
		190.7	14.80	15.70	16.61	17.52	18.42	20.08	20.66	21.92	22.90	23.61	24.68	25.39	25.56	27.42	28.65	28.87	32.15	35.70
		193.7	15.03	15.96	16.88	17.80	18.71	20.40	21.00	22.27	23.27	23.99	25.08	25.80	25.98	27.86	29.12	29.34	32.67	36.29
219.1			17.04	18.09	19.13	20.18	21.22	23.14	23.82	25.26	26.40	27.22	28.46	29.28	29.49	31.63	33.06	33.32	37.12	41.25
		244.5	19.04	20.22	21.39	22.56	23.72	25.88	26.63	28.26	29.53	30.46	31.84	32.76	32.99	35.41	37.01	37.29	41.57	46.21
273.1			21.30	22.61	23.93	25.24	26.55	28.96	29.81	31.63	33.06	34.10	35.65	36.68	36.94	39.65	41.45	41.77	46.58	51.79
323.9			25.31	26.87	28.44	30.00	31.56	34.44	35.45	37.62	39.32	40.56	42.42	43.65	43.96	47.19	49.34	49.73	55.47	61.72
355.6			27.81	29.53	31.25	32.97	34.68	37.85	38.96	41.36	43.23	44.59	46.64	48.00	48.34	51.90	54.27	54.69	61.02	67.91
406.4			31.82	33.79	35.76	37.73	39.70	43.33	44.60	47.34	49.50	51.06	53.40	54.96	55.35	59.44	62.16	62.65	69.92	77.83
457			35.81	38.03	40.25	42.47	44.69	48.78	50.23	53.31	55.73	57.50	60.14	61.90	62.34	66.95	70.02	70.57	78.78	87.71
508			39.84	42.31	44.78	47.25	49.72	54.28	55.88	59.32	62.02	63.99	66.93	68.89	69.38	74.53	77.95	78.56	87.71	97.68
		559	43.86	46.59	49.31	52.03	54.75	59.77	61.54	65.33	68.31	70.48	73.72	75.89	76.43	82.10	85.87	86.55	96.64	107.64
610			47.89	50.86	53.84	56.81	59.78	65.27	67.20	71.34	74.60	76.97	80.52	82.88	83.47	89.67	93.80	94.53	105.57	117.60
		660					64.71	70.66	72.75	77.24	80.77	83.33	87.17	89.74	90.38	97.09	101.56	102.36	114.32	127.36
711							69.74	76.15	78.41	83.25	87.06	89.82	93.97	96.73	97.42	104.66	109.49	110.35	123.25	137.32
	762						74.77	81.65	84.06	89.26	93.34	96.31	100.76	103.72	104.46	112.23	117.41	118.34	132.18	147.29
813							79.80	87.15	89.72	95.27	99.63	102.80	107.55	110.71	111.51	119.81	125.33	126.32	141.11	157.25
		864					84.84	92.64	95.38	101.29	105.92	109.29	114.34	117.71	118.55	127.38	133.26	134.31	150.04	167.21
914							89.76	98.03	100.93	107.18	112.09	115.65	121.00	124.56	125.45	134.80	141.03	142.14	158.80	176.97
		965					94.80	103.53	106.59	113.19	118.38	122.14	127.79	131.56	132.50	142.37	148.95	150.13	167.73	186.94

表 1（续）

系列			壁厚/mm																	
系列 1			8.0		8.8		10		11		12.5		14.2		16		17.5		20	
系列 2				8.74		9.53		10.31		11.91		12.70		15.09		16.66		19.05		20.62
外径/mm			单位长度理论重量/(kg/m)																	
系列 1	系列 2	系列 3																		
		165	30.97	33.68																
168.3			31.63	34.39	34.61	37.31	39.04	40.17	42.67	45.93	48.03	48.73								
		177.8	33.50	36.44	36.68	39.55	41.38	42.59	45.25	48.72	50.96	51.71								
		190.7	36.05	39.22	39.48	42.58	44.56	45.87	48.75	52.51	54.93	55.75								
		193.7	36.64	39.87	40.13	43.28	45.30	46.63	49.56	53.40	55.86	56.69								
219.1			41.65	45.34	45.64	49.25	51.57	53.09	56.45	60.86	63.69	64.64	71.75							
		244.5	46.66	50.82	51.15	55.22	57.83	59.55	63.34	68.32	71.52	72.60	80.65							
273.1			52.30	56.98	57.36	61.95	64.88	66.82	71.10	76.72	80.33	81.56	90.67							
323.9			62.34	67.93	68.38	73.88	77.41	79.73	84.88	91.64	95.99	97.47	108.45	114.92	121.49	126.23	132.23			
355.6			68.58	74.76	75.26	81.33	85.23	87.79	93.48	100.95	105.77	107.40	119.56	126.72	134.00	139.26	145.92			
406.4			78.60	85.71	86.29	93.27	97.76	100.71	107.26	115.87	121.43	123.31	137.35	145.62	154.05	160.13	167.84	181.98	190.58	196.18
457			88.58	96.62	97.27	105.17	110.24	113.58	120.99	130.73	137.03	139.16	155.07	164.45	174.01	180.92	189.68	205.75	215.54	221.91
508			98.65	107.61	108.34	117.15	122.81	126.54	134.82	145.71	152.75	155.13	172.93	183.43	194.14	201.87	211.69	229.71	240.70	247.84
		559	108.71	118.60	119.41	129.14	135.39	139.51	148.66	160.69	168.47	171.10	190.79	202.41	214.26	222.83	233.70	253.67	265.85	273.78
610			118.77	129.60	130.47	141.12	147.97	152.48	162.49	175.67	184.19	187.07	208.65	221.39	234.38	243.78	255.71	277.63	291.01	299.71
		660	128.63	140.37	141.32	152.88	160.30	165.19	176.06	190.36	199.60	202.74	226.15	240.00	254.11	264.32	277.29	301.12	315.67	325.14
711			138.70	151.37	152.39	164.86	172.88	178.16	189.89	205.34	215.33	218.71	244.01	258.98	274.24	285.28	299.30	325.08	340.82	351.07
	762		148.76	162.36	163.46	176.85	185.45	191.12	203.73	220.32	231.05	234.68	261.87	277.96	294.36	306.23	321.31	349.04	365.98	377.01
813			158.82	173.35	174.53	188.83	198.03	204.09	217.56	235.29	246.77	250.65	279.73	296.94	314.48	327.18	343.32	373.00	391.13	402.94
		864	168.88	184.34	185.60	200.82	210.61	217.06	231.40	250.27	262.49	266.63	297.59	315.92	334.61	348.14	365.33	396.96	416.29	428.88
914			178.75	195.12	196.45	212.57	222.94	229.77	244.96	264.96	277.90	282.29	315.10	334.52	354.34	368.68	386.91	420.45	440.95	454.30
		965	188.81	206.11	207.52	224.56	235.52	242.74	258.80	279.94	293.63	298.26	332.96	353.50	374.46	389.64	408.92	444.41	466.10	480.24

表 1（续）

系列			壁厚/mm																	
系列 1			22.2		25		28		30		32		36		40	45	50	55	60	65
系列 2				23.83		26.19		28.58		30.96		34.93		38.1						
外径/mm			单位长度理论重量/(kg/m)																	
系列 1	系列 2	系列 3																		
		165																		
168.3																				
		177.8																		
		190.7																		
		193.7																		
219.1																				
		244.5																		
273.1																				
323.9																				
355.6																				
406.4			210.34	224.83	235.15	245.57	261.29	266.30	278.48											
457			238.05	254.57	266.34	278.25	296.23	301.96	315.91											
508			265.97	283.54	297.79	311.19	331.45	337.91	353.65	364.23	375.64	407.51	419.05	441.52	461.66	513.82	564.75	614.44	662.90	710.12
		559	293.89	314.51	329.23	344.13	366.67	373.85	391.37	403.17	415.89	451.45	464.33	489.44	511.97	570.42	627.64	683.62	738.37	791.88
610			321.81	344.48	360.67	377.07	401.88	409.80	429.11	442.11	456.14	495.38	509.61	537.36	562.28	627.02	690.52	752.79	813.83	873.63
		660	349.19	373.87	391.50	409.37	436.41	445.04	466.10	480.28	495.60	538.45	554.00	584.34	611.61	682.51	752.18	820.61	887.81	953.78
711			377.11	403.84	422.94	442.31	471.63	480.99	503.83	519.22	535.85	582.38	599.27	632.26	661.91	739.11	815.06	889.79	963.28	1 035.54
	762		405.03	433.81	454.39	475.25	506.84	516.93	541.57	558.16	576.09	626.32	644.55	680.18	712.22	795.70	877.95	958.96	1 038.74	1 117.29
813			432.95	463.78	485.83	508.19	542.06	552.88	579.30	597.10	616.34	670.25	689.83	728.10	762.53	852.30	940.84	1 028.14	1 114.21	1 199.04
		864	460.87	493.75	517.27	541.13	577.28	588.83	617.03	636.04	656.59	714.18	735.11	776.02	812.84	908.90	1 003.72	1 097.31	1 189.67	1 280.22
914			488.25	523.14	548.10	573.42	611.80	624.07	654.02	674.22	696.05	757.25	779.50	823.00	862.17	964.39	1 065.38	1 165.13	1 263.66	1 360.94
		965	516.17	553.11	579.55	606.36	647.02	660.01	691.76	713.16	736.29	801.19	824.78	870.92	912.48	1 020.99	1 128.26	1 234.31	1 339.12	1 442.70

表 1（续）

系列			壁厚/mm																		
系列 1			0.5	0.6	0.8	1.0	1.2	1.4		1.6		1.8		2.0		2.3		2.6		2.9	
系列 2									1.5		1.7		1.9		2.2		2.4		2.8		3.1
外径/mm			单位长度理论重量/(kg/m)																		
系列 1	系列 2	系列 3																			
1 016																					
1 067																					
1 118																					
	1 168																				
1 219																					
	1 321																				
1 422																					
	1 524																				
1 626																					
	1 727																				
1 829																					
	1 930																				
2 032																					
	2 134																				
2 235																					
	2 337																				
	2 438																				
2 540																					

表 1（续）

系列			壁厚/mm																	
系列 1			3.2		3.6		4.0		4.5		5.0		5.4		5.6		6.3		7.1	
系列 2				3.4		3.8		4.37		4.78		5.16		5.56		6.02		6.35		7.92
外径/mm			单位长度理论重量/(kg/m)																	
系列 1	系列 2	系列 3																		
1 016							99.83	109.02	112.25	119.20	124.66	128.63	134.58	138.55	139.54	149.94	156.87	158.11	176.66	196.90
1 067											130.95	135.12	141.38	145.54	146.58	157.52	164.80	166.10	185.58	206.86
1 118											137.24	141.61	148.17	152.54	153.63	165.09	172.72	174.08	194.51	216.82
	1 168										143.41	147.98	154.83	159.39	160.53	172.51	180.49	181.91	203.27	226.59
1 219											149.70	154.47	161.62	166.38	167.58	180.08	188.41	189.90	212.20	236.55
	1 321														181.66	195.22	204.26	205.87	230.06	256.47
1 422															195.61	210.22	219.95	221.69	247.74	276.20
	1 524																235.80	237.66	265.60	296.12
1 626																	251.65	253.64	283.46	316.04
	1 727																		301.15	335.77
1 829																			319.01	355.69
	1 930																			
2 032																				
	2 134																			
2 235																				
	2 337																			
	2 438																			
2 540																				

表 1（续）

系列			壁厚/mm																	
系列 1			8.0		8.8		10		11		12.5		14.2		16		17.5		20	
系列 2				8.74		9.53		10.31		11.91		12.70		15.09		16.66		19.05		20.62
外径/mm			单位长度理论重量/(kg/m)																	
系列 1	系列 2	系列 3																		
1 016			198.87	217.11	218.58	236.54	248.09	255.71	272.63	294.92	309.35	314.23	350.82	372.48	394.58	410.59	430.93	468.37	491.26	506.17
1 067			208.93	228.10	229.65	248.53	260.67	268.67	286.47	309.90	325.07	330.21	368.68	391.46	414.71	431.54	452.94	492.33	516.41	532.11
1 118			218.99	239.09	240.72	260.52	273.25	281.64	300.30	324.88	340.79	346.18	386.54	410.44	434.83	452.50	474.95	516.29	541.57	558.04
	1 168		228.86	249.87	251.57	272.27	285.58	294.35	313.87	339.56	356.20	361.84	404.05	429.05	454.56	473.04	496.53	539.78	566.23	583.47
1 219			238.92	260.86	262.64	284.25	298.16	307.32	327.70	354.54	371.93	377.81	421.91	448.03	474.68	493.99	518.54	563.74	591.38	609.40
	1 321		259.04	282.85	284.78	308.23	323.31	333.26	355.37	384.50	403.37	409.76	457.63	485.98	514.93	535.90	562.56	611.66	641.69	661.27
1 422			278.97	304.62	306.69	331.96	348.22	358.94	382.77	414.17	434.50	441.39	493.00	523.57	554.79	577.40	606.15	659.11	691.51	712.63
	1 524		299.09	326.60	328.83	355.94	373.38	384.87	410.44	444.13	465.95	473.34	528.72	561.53	595.03	619.31	650.17	707.03	741.82	764.50
1 626			319.22	348.59	350.97	379.91	398.53	410.81	438.11	474.09	497.39	505.29	564.44	599.49	635.28	661.21	694.19	754.95		
	1 727		339.14	370.36	372.89	403.65	423.44	436.49	465.51	503.75	528.53	536.92	599.81	637.07	675.13	702.71	737.78	802.40		
1 829			359.27	392.34	395.02	427.62	448.59	462.42	493.18	533.71	559.97	568.87	635.53	675.03	715.38	744.62	781.80	850.32		
	1 930		379.20	414.11	416.94	451.36	473.50	488.10	520.58	563.38	591.11	600.50	670.90	712.62	755.23	786.12	825.39	897.77		
2 032			399.32	436.10	439.08	475.33	498.66	514.04	548.25	593.34	622.55	632.45	706.62	750.58	795.48	828.02	869.41	945.69	992.38	1 022.83
	2 134				461.21	499.30	523.81	539.97	575.92	623.30	653.99	664.39	742.34	788.54	835.73	869.93	913.43	993.61	1 042.69	1 074.70
2 235					483.13	523.04	548.72	565.65	603.32	652.96	685.13	696.03	777.71	826.12	875.58	911.43	957.02	1 041.06	1 092.50	1 126.06
	2 337						573.87	591.58	630.99	682.92	716.57	727.97	813.43	864.08	915.93	953.34	1 001.04	1 088.98	1 142.81	1 177.93
	2 438						598.78	617.26	658.39	712.59	747.71	759.61	848.80	901.67	955.68	994.83	1 044.63	1 136.43	1 192.63	1 229.29
2 540							623.94	643.20	686.06	742.55	779.15	791.55	884.52	939.63	995.93	1 036.74	1 088.65	1 184.35	1 242.94	1 821.16

表 1（续）

系列			壁厚/mm																	
系列 1			22.2		25		28		30		32		36		40	45	50	55	60	65
系列 2				23.83		26.19		28.58		30.96		34.93		38.1						
外径/mm			单位长度理论重量/(kg/m)																	
系列 1	系列 2	系列 3																		
1 016			544.09	583.08	610.99	639.30	682.24	695.96	729.49	752.10	776.54	845.12	870.06	918.84	962.78	1 077.58	1 191.15	1 303.48	1 414.58	1 524.45
1 067			572.01	613.05	642.43	672.24	717.45	731.91	767.22	791.04	816.79	889.05	915.34	966.76	1 013.09	1 134.18	1 254.04	1 372.66	1 490.05	1 606.20
1 118			599.93	643.03	673.88	705.18	752.67	767.85	804.95	829.98	857.04	932.98	960.61	1 014.68	1 063.40	1 190.78	1 316.92	1 441.83	1 565.51	1 687.96
	1 168		627.31	672.41	704.70	737.48	787.20	803.09	841.94	868.15	896.49	976.06	1 005.01	1 061.66	1 112.73	1 246.27	1 378.58	1 509.65	1 639.50	1 768.11
1 219			655.23	702.38	736.15	770.42	822.41	839.04	879.68	907.09	936.74	1 019.99	1 050.28	1 109.58	1 163.04	1 302.87	1 441.46	1 578.83	1 714.96	1 849.86
	1 321		711.07	762.33	799.03	836.30	892.84	910.93	955.14	984.97	1 017.24	1 107.85	1 140.84	1 205.42	1 263.66	1 416.06	1 567.24	1 717.18	1 865.89	2 013.36
1 422			766.37	821.68	861.30	901.53	962.59	982.12	1 029.86	1 062.09	1 096.94	1 194.86	1 230.51	1 300.32	1 363.29	1 528.15	1 691.78	1 854.17	2 015.34	2 175.27
	1 524		822.21	881.63	924.19	967.41	1 033.02	1 054.01	1 105.33	1 139.97	1 177.44	1 282.72	1 321.07	1 396.16	1 463.91	1 641.35	1 817.55	1 992.53	2 166.27	2 338.77
1 626			878.06	941.57	987.08	1 033.29	1 103.45	1 125.90	1 180.79	1 217.85	1 257.93	1 370.59	1 411.62	1 492.00	1 564.53	1 754.54	1 943.33	2 130.88	2 317.19	2 502.28
	1 727		933.35	1 000.92	1 049.35	1 098.53	1 173.20	1 197.09	1 255.52	1 294.96	1 337.64	1 457.59	1 501.29	1 586.90	1 664.16	1 866.63	2 067.87	2 267.87	2 466.64	2 664.18
1 829			989.20	1 060.87	1 112.23	1 164.41	1 243.63	1 268.98	1 330.98	1 372.84	1 418.13	1 545.46	1 591.85	1 682.74	1 764.78	1 979.83	2 193.64	2 406.22	2 617.57	2 827.69
	1 930		1 044.49	1 120.22	1 174.50	1 229.64	1 313.37	1 340.17	1 405.71	1 449.96	1 497.84	1 632.46	1 681.52	1 777.64	1 864.41	2 091.91	2 318.18	2 543.22	2 767.02	2 989.59
2 032			1 100.34	1 180.17	1 237.39	1 295.52	1 383.81	1 412.06	1 481.17	1 527.83	1 578.34	1 720.33	1 772.08	1 873.47	1 965.03	2 205.11	2 443.95	2 681.57	2 917.95	3 153.10
	2 134		1 156.18	1 240.11	1 300.28	1 361.40	1 454.24	1 483.95	1 556.63	1 605.71	1 658.83	1 808.19	1 862.63	1 969.31	2 065.65	2 318.30	2 569.72	2 819.92	3 068.88	3 316.60
2 235			1 211.48	1 299.47	1 362.55	1 426.64	1 523.98	1 555.14	1 631.36	1 682.83	1 738.54	1 895.20	1 952.30	2 064.21	2 165.28	2 430.39	2 694.27	2 956.91	3 218.33	3 478.50
	2 337		1 267.32	1 359.41	1 425.43	1 492.52	1 594.42	1 627.03	1 706.82	1 760.71	1 819.03	1 983.06	2 042.86	2 160.05	2 265.90	2 543.59	2 820.04	3 095.26	3 369.25	3 642.01
	2 438		1 322.61	1 418.77	1 487.70	1 557.75	1 664.16	1 698.22	1 781.55	1 837.82	1 898.74	2 070.07	2 132.53	2 254.95	2 365.53	2 656.17	2 944.58	3 232.26	3 518.70	3 803.91
2 540			1 378.46	1 478.71	1 550.59	1 623.63	1 734.59	1 770.11	1 857.01	1 915.70	1 979.23	2 157.93	2 223.09	2 350.79	2 466.15	2 768.87	3 070.36	3 370.61	3 669.63	3 967.42

表 2 精密焊接钢管尺寸及单位长度理论重量

外径/mm		壁厚/mm																							
		0.5	(0.8)	1.0	(1.2)	1.5	(1.8)	2.0	(2.2)	2.5	(2.8)	3.0	(3.5)	4.0	(4.5)	5.0	(5.5)	6.0	(7.0)	8.0	(9.0)	10.0	(11.0)	12.5	(14)
系列 2	系列 3	单位长度理论重量/(kg/m)																							
8		0.092	0.142	0.173	0.201	0.240	0.275	0.296	0.315																
10		0.117	0.182	0.222	0.260	0.314	0.364	0.395	0.423	0.462															
12		0.142	0.221	0.271	0.320	0.388	0.453	0.493	0.532	0.586	0.635	0.666													
	14	0.166	0.260	0.321	0.379	0.462	0.542	0.592	0.640	0.709	0.773	0.814	0.906												
16		0.191	0.300	0.370	0.438	0.536	0.630	0.691	0.749	0.832	0.911	0.962	1.08	1.18											
	18	0.216	0.309	0.419	0.497	0.610	0.719	0.789	0.857	0.956	1.05	1.11	1.25	1.38	1.50										
20		0.240	0.379	0.469	0.556	0.684	0.808	0.888	0.966	1.08	1.19	1.26	1.42	1.58	1.72										
	22	0.265	0.418	0.518	0.616	0.758	0.897	0.988	1.07	1.20	1.33	1.41	1.60	1.78	1.94	2.10									
25		0.302	0.477	0.592	0.704	0.869	1.03	1.13	1.24	1.39	1.53	1.63	1.86	2.07	2.28	2.47	2.64								
	28	0.339	0.517	0.666	0.793	0.980	1.16	1.28	1.40	1.57	1.74	1.85	2.11	2.37	2.61	2.84	3.05								
	30	0.364	0.576	0.715	0.852	1.05	1.25	1.38	1.51	1.70	1.88	2.00	2.29	2.56	2.83	3.08	3.32	3.55	3.97						
32		0.388	0.616	0.765	0.911	1.13	1.34	1.48	1.62	1.82	2.02	2.15	2.46	2.76	3.05	3.33	3.59	3.85	4.32	4.74					
	35	0.425	0.675	0.838	1.00	1.24	1.47	1.63	1.78	2.00	2.22	2.37	2.72	3.06	3.38	3.70	4.00	4.29	4.83	5.33					
38		0.462	0.704	0.912	1.09	1.35	1.61	1.78	1.94	2.19	2.43	2.59	2.98	3.35	3.72	4.07	4.41	4.74	5.35	5.92	6.44	6.91			
40		0.487	0.773	0.962	1.15	1.42	1.70	1.87	2.05	2.31	2.57	2.74	3.15	3.55	3.94	4.32	4.68	5.03	5.70	6.31	6.88	7.40			
	45		0.872	1.09	1.30	1.61	1.92	2.12	2.32	2.62	2.91	3.11	3.58	4.04	4.49	4.93	5.36	5.77	6.56	7.30	7.99	8.63			
50			0.971	1.21	1.44	1.79	2.14	2.37	2.59	2.93	3.26	3.48	4.01	4.54	5.05	5.55	6.04	6.51	7.42	8.29	9.10	9.86			
	55		1.07	1.33	1.59	1.98	2.36	2.61	2.86	3.24	3.60	3.85	4.45	5.03	5.60	6.17	6.71	7.25	8.29	9.27	10.21	11.10	11.94		
60			1.17	1.46	1.74	2.16	2.58	2.86	3.14	3.55	3.95	4.22	4.88	5.52	6.16	6.78	7.39	7.99	9.15	10.26	11.32	12.33	13.29		
70			1.35	1.70	2.04	2.53	3.03	3.35	3.68	4.16	4.64	4.96	5.74	6.51	7.27	8.01	8.75	9.47	10.88	12.23	13.54	14.80	16.01		
80			1.56	1.95	2.33	2.90	3.47	3.05	4.22	4.78	5.33	5.70	6.60	7.50	8.38	9.25	10.11	10.95	12.60	14.21	15.76	17.26	18.72		
	90				2.63	3.27	3.92	4.34	4.76	5.39	6.02	6.44	7.47	8.48	9.49	10.48	11.46	12.43	14.33	16.18	17.98	19.73	21.43		
100					2.92	3.64	4.36	4.83	5.31	6.01	6.71	7.18	8.33	9.47	10.60	11.71	12.82	13.91	16.05	18.15	20.20	22.20	24.14		
	110				3.22	4.01	4.80	5.33	5.85	6.63	7.40	7.92	9.19	10.46	11.71	12.95	14.17	15.39	17.78	20.12	22.42	24.66	26.86	30.06	
120							5.25	5.82	6.39	7.24	8.09	8.66	10.06	11.44	12.82	14.18	15.53	16.87	19.51	22.10	24.64	27.13	29.57	33.14	
	140						6.13	6.81	7.48	8.48	9.47	10.14	11.78	13.42	15.04	16.65	18.24	19.83	22.96	26.04	29.08	32.06	34.99	39.30	
160							7.02	7.79	8.56	9.71	10.86	11.62	13.51	15.39	17.26	19.11	20.96	22.79	26.41	29.99	33.51	36.99	40.42	45.47	
	180															21.58	23.67	25.75	29.87	33.93	37.95	41.92	45.85	51.64	
200																		28.71	33.32	37.88	42.39	46.86	51.27	57.80	
	220																		36.77	41.83	46.83	51.79	56.70	63.97	71.12
	240																		40.22	45.77	51.27	56.72	62.12	70.13	78.03
	260																		43.68	49.72	55.71	61.65	67.55	76.30	84.93

注：( )内壁厚不推荐使用。

表 3 不锈钢焊接钢管尺寸

外径/mm			壁厚/mm																										
系列 1	系列 2	系列 3	0.3	0.4	0.5	0.6	0.7	0.8	0.9	1.0	1.2	1.4	1.5	1.6	1.8	2.0	2.2(2.3)	2.5(2.6)	2.8(2.9)	3.0	3.2	3.5(3.6)	4.0	4.2	4.5(4.6)	4.8	5.0	5.5(5.6)	6.0
	8		●	●	●	●	●	●	●	●	●																		
		9.5	●	●	●	●	●	●	●	●	●																		
	10		●	●	●	●	●	●	●	●	●	●																	
10.2			●	●	●	●	●	●	●	●	●	●	●	●	●	●													
	12		●	●	●	●	●	●	●	●	●	●	●	●	●	●													
	12.7		●	●	●	●	●	●	●	●	●	●	●	●	●	●													
13.5					●	●	●	●	●	●	●	●	●	●	●	●	●	●	●	●									
		14			●	●	●	●	●	●	●	●	●	●	●	●	●	●	●	●	●	●							
		15			●	●	●	●	●	●	●	●	●	●	●	●	●	●	●	●	●	●							
	16				●	●	●	●	●	●	●	●	●	●	●	●	●	●	●	●	●	●							
17.2					●	●	●	●	●	●	●	●	●	●	●	●	●	●	●	●	●	●							
		18			●	●	●	●	●	●	●	●	●	●	●	●	●	●	●	●	●	●							
	19				●	●	●	●	●	●	●	●	●	●	●	●	●	●	●	●	●	●							
		19.5			●	●	●	●	●	●	●	●	●	●	●	●	●	●	●	●	●	●							
	20				●	●	●	●	●	●	●	●	●	●	●	●	●	●	●	●	●	●							
21.3					●	●	●	●	●	●	●	●	●	●	●	●	●	●	●	●	●	●	●	●					
		22			●	●	●	●	●	●	●	●	●	●	●	●	●	●	●	●	●	●	●	●					
	25				●	●	●	●	●	●	●	●	●	●	●	●	●	●	●	●	●	●	●	●					
		25.4			●	●	●	●	●	●	●	●	●	●	●	●	●	●	●	●	●	●	●	●					
26.9					●	●	●	●	●	●	●	●	●	●	●	●	●	●	●	●	●	●	●	●	●				
		28			●	●	●	●	●	●	●	●	●	●	●	●	●	●	●	●	●	●	●	●	●				
		30			●	●	●	●	●	●	●	●	●	●	●	●	●	●	●	●	●	●	●	●	●				
	31.8				●	●	●	●	●	●	●	●	●	●	●	●	●	●	●	●	●	●	●	●	●				
	32				●	●	●	●	●	●	●	●	●	●	●	●	●	●	●	●	●	●	●	●	●				
33.7								●	●	●	●	●	●	●	●	●	●	●	●	●	●	●	●	●	●	●	●		
		35						●	●	●	●	●	●	●	●	●	●	●	●	●	●	●	●	●	●	●	●		
		36						●	●	●	●	●	●	●	●	●	●	●	●	●	●	●	●	●	●	●	●		
	38							●	●	●	●	●	●	●	●	●	●	●	●	●	●	●	●	●	●	●	●		

表 3（续）

外径/mm			壁厚/mm																			
系列 1	系列 2	系列 3	6.5(6.3)	7.0(7.1)	7.5	8.0	8.5	9.0(8.8)	9.5	10	11	12(12.5)	14(14.2)	15	16	17(17.5)	18	20(22.2)	24	25	26	28
	8																					
		9.5																				
	10																					
10.2																						
	12																					
	12.7																					
13.5																						
		14																				
		15																				
	16																					
17.2																						
		18																				
	19																					
		19.5																				
	20																					
21.3																						
		22																				
	25																					
		25.4																				
26.9																						
		28																				
		30																				
	31.8																					
	32																					
33.7																						
		35																				
		36																				
	38																					

表 3（续）

外径/mm			壁厚/mm																										
系列 1	系列 2	系列 3	0.3	0.4	0.5	0.6	0.7	0.8	0.9	1.0	1.2	1.4	1.5	1.6	1.8	2.0	2.2(2.3)	2.5(2.6)	2.8(2.9)	3.0	3.2	3.5(3.6)	4.0	4.2	4.5(4.6)	4.8	5.0	5.5(5.6)	6.0
	40							●	●	●	●	●	●	●	●	●	●	●	●	●	●	●	●	●	●	●	●	●	
42.4								●	●	●	●	●	●	●	●	●	●	●	●	●	●	●	●	●	●	●	●	●	
		44.5						●	●	●	●	●	●	●	●	●	●	●	●	●	●	●	●	●	●	●	●	●	
48.3								●	●	●	●	●	●	●	●	●	●	●	●	●	●	●	●	●	●	●	●	●	
	50.8							●	●	●	●	●	●	●	●	●	●	●	●	●	●	●	●	●	●	●	●	●	●
		54						●	●	●	●	●	●	●	●	●	●	●	●	●	●	●	●	●	●	●	●	●	●
	57							●	●	●	●	●	●	●	●	●	●	●	●	●	●	●	●	●	●	●	●	●	●
60.3								●	●	●	●	●	●	●	●	●	●	●	●	●	●	●	●	●	●	●	●	●	●
		63						●	●	●	●	●	●	●	●	●	●	●	●	●	●	●	●	●	●	●	●	●	●
	63.5							●	●	●	●	●	●	●	●	●	●	●	●	●	●	●	●	●	●	●	●	●	●
	70							●	●	●	●	●	●	●	●	●	●	●	●	●	●	●	●	●	●	●	●	●	●
76.1								●	●	●	●	●	●	●	●	●	●	●	●	●	●	●	●	●	●	●	●	●	●
		80									●	●	●	●	●	●	●	●	●	●	●	●	●	●	●	●	●	●	●
		82.5									●	●	●	●	●	●	●	●	●	●	●	●	●	●	●	●	●	●	●
88.9											●	●	●	●	●	●	●	●	●	●	●	●	●	●	●	●	●	●	●
	101.6										●	●	●	●	●	●	●	●	●	●	●	●	●	●	●	●	●	●	●
		102									●	●	●	●	●	●	●	●	●	●	●	●	●	●	●	●	●	●	●
		108												●	●	●	●	●	●	●	●	●	●	●	●	●	●	●	●
114.3														●	●	●	●	●	●	●	●	●	●	●	●	●	●	●	●
		125												●	●	●	●	●	●	●	●	●	●	●	●	●	●	●	●
		133												●	●	●	●	●	●	●	●	●	●	●	●	●	●	●	●
139.7														●	●	●	●	●	●	●	●	●	●	●	●	●	●	●	●
		141.3												●	●	●	●	●	●	●	●	●	●	●	●	●	●	●	●
		154												●	●	●	●	●	●	●	●	●	●	●	●	●	●	●	●
		159												●	●	●	●	●	●	●	●	●	●	●	●	●	●	●	●
168.3														●	●	●	●	●	●	●	●	●	●	●	●	●	●	●	●
		193.7												●	●	●	●	●	●	●	●	●	●	●	●	●	●	●	●
219.1														●	●	●	●	●	●	●	●	●	●	●	●	●	●	●	●
		250												●	●	●	●	●	●	●	●	●	●	●	●	●	●	●	●

表 3（续）

外径/mm			壁厚/mm																			
系列 1	系列 2	系列 3	6.5(6.3)	7.0(7.1)	7.5	8.0	8.5	9.0(8.8)	9.5	10	11	12(12.5)	14(14.2)	15	16	17(17.5)	18	20	22(22.2)	24	25	26	28
	40																					
42.4																						
		44.5																				
48.3																						
	50.8																					
		54																				
	57																					
60.3																						
		63																				
	63.5																					
	70																					
76.1																						
		80	●	●	●	●																
		82.5	●	●	●	●																
88.9			●	●	●	●																
	101.6		●	●	●	●																
		102	●	●	●	●																
		108	●	●	●	●																
114.3			●	●	●	●																
		125	●	●	●	●	●	●	●	●												
		133	●	●	●	●	●	●	●	●												
139.7			●	●	●	●	●	●	●	●	●											
		141.3	●	●	●	●	●	●	●	●	●	●										
		154	●	●	●	●	●	●	●	●	●	●										
		159	●	●	●	●	●	●	●	●	●	●										
168.3			●	●	●	●	●	●	●	●	●	●										
		193.7	●	●	●	●	●	●	●	●	●	●										
219.1			●	●	●	●	●	●	●	●	●	●	●									
		250	●	●	●	●	●	●	●	●	●	●	●									

表 3（续）

外径/mm			壁厚/mm																								
系列 1	系列 2	系列 3	0.3	0.4	0.5	0.6	0.8	1.0	1.2	1.4	1.5	1.6	1.8	2.0	2.2(2.3)	2.5(2.6)	2.8(2.9)	3.0	3.2	3.5(3.6)	4.0	4.2	4.5(4.6)	4.8	5.0	5.5(5.6)	6.0
273.1														●	●	●	●	●	●	●	●	●	●	●	●	●	●
323.9																●	●	●	●	●	●	●	●	●	●	●	●
355.6																●	●	●	●	●	●	●	●	●	●	●	●
		377														●	●	●	●	●	●	●	●	●	●	●	●
		400														●	●	●	●	●	●	●	●	●	●	●	●
406.4																●	●	●	●	●	●	●	●	●	●	●	●
		426															●	●	●	●	●	●	●	●	●	●	●
		450															●	●	●	●	●	●	●	●	●	●	●
457																	●	●	●	●	●	●	●	●	●	●	●
		500															●	●	●	●	●	●	●	●	●	●	●
508																	●	●	●	●	●	●	●	●	●	●	●
		530															●	●	●	●	●	●	●	●	●	●	●
		550															●	●	●	●	●	●	●	●	●	●	●
		558.8															●	●	●	●	●	●	●	●	●	●	●
		600																	●	●	●	●	●	●	●	●	●
610																			●	●	●	●	●	●	●	●	●
		630																	●	●	●	●	●	●	●	●	●
		660																	●	●	●	●	●	●	●	●	●
711																			●	●	●	●	●	●	●	●	●
	762																		●	●	●	●	●	●	●	●	●
813																			●	●	●	●	●	●	●	●	●
		864																	●	●	●	●	●	●	●	●	●
914																			●	●	●	●	●	●	●	●	●
		965																	●	●	●	●	●	●	●	●	●
1 016																			●	●	●	●	●	●	●	●	●
1 067																			●	●	●	●	●	●	●	●	●
1 118																			●	●	●	●	●	●	●	●	●
	1 168																		●	●	●	●	●	●	●	●	●

表 3（续）

外径/mm			壁厚/mm																				
系列 1	系列 2	系列 3	6.5(6.3)	7.0(7.1)	7.5	8.0	8.5	9.0(8.8)	9.5	10	11	12(12.5)	14(14.2)	15	16	17(17.5)	18	20	22(22.2)	24	25	26	28
273.1			●	●	●	●	●	●	●	●	●	●	●										
323.9			●	●	●	●	●	●	●	●	●	●	●	●	●								
355.6			●	●	●	●	●	●	●	●	●	●	●	●	●								
		377	●	●	●	●	●	●	●	●	●	●	●	●	●								
		400	●	●	●	●	●	●	●	●	●	●	●	●	●	●	●	●					
406.4			●	●	●	●	●	●	●	●	●	●	●	●	●	●	●	●					
		426	●	●	●	●	●	●	●	●	●	●	●	●	●	●	●	●	●	●	●		
457			●	●	●	●	●	●	●	●	●	●	●	●	●	●	●	●	●	●	●		
		450	●	●	●	●	●	●	●	●	●	●	●	●	●	●	●	●	●	●	●	●	●
		500	●	●	●	●	●	●	●	●	●	●	●	●	●	●	●	●	●	●	●	●	●
508			●	●	●	●	●	●	●	●	●	●	●	●	●	●	●	●	●	●	●	●	●
		530	●	●	●	●	●	●	●	●	●	●	●	●	●	●	●	●	●	●	●	●	●
		550	●	●	●	●	●	●	●	●	●	●	●	●	●	●	●	●	●	●	●	●	●
		558.8	●	●	●	●	●	●	●	●	●	●	●	●	●	●	●	●	●	●	●	●	●
		600	●	●	●	●	●	●	●	●	●	●	●	●	●	●	●	●	●	●	●	●	●
610			●	●	●	●	●	●	●	●	●	●	●	●	●	●	●	●	●	●	●	●	●
		630	●	●	●	●	●	●	●	●	●	●	●	●	●	●	●	●	●	●	●	●	●
		660	●	●	●	●	●	●	●	●	●	●	●	●	●	●	●	●	●	●	●	●	●
711			●	●	●	●	●	●	●	●	●	●	●	●	●	●	●	●	●	●	●	●	●
	762		●	●	●	●	●	●	●	●	●	●	●	●	●	●	●	●	●	●	●	●	●
813			●	●	●	●	●	●	●	●	●	●	●	●	●	●	●	●	●	●	●	●	●
		864	●	●	●	●	●	●	●	●	●	●	●	●	●	●	●	●	●	●	●	●	●
914			●	●	●	●	●	●	●	●	●	●	●	●	●	●	●	●	●	●	●	●	●
		965	●	●	●	●	●	●	●	●	●	●	●	●	●	●	●	●	●	●	●	●	●
1 016			●	●	●	●	●	●	●	●	●	●	●	●	●	●	●	●	●	●	●	●	●
1 067			●	●	●	●	●	●	●	●	●	●	●	●	●	●	●	●	●	●	●	●	●
1 118			●	●	●	●	●	●	●	●	●	●	●	●	●	●	●	●	●	●	●	●	●
	1 168		●	●	●	●	●	●	●	●	●	●	●	●	●	●	●	●	●	●	●	●	●

表 3（续）

外径/mm			壁厚/mm																								
系列 1	系列 2	系列 3	0.3	0.4	0.5	0.6	0.8	1.0	1.2	1.4	1.5	1.6	1.8	2.0	2.2(2.3)	2.5(2.6)	2.8(2.9)	3.0	3.2	3.5(3.6)	4.0	4.2	4.5(4.6)	4.8	5.0	5.5(5.6)	6.0
1 219																			●	●	●	●	●	●	●	●	●
	1 321																		●	●	●	●	●	●	●	●	●
1 422																			●	●	●	●	●	●	●	●	●
	1 524																		●	●	●	●	●	●	●	●	●
1 626																			●	●	●	●	●	●	●	●	●
	1 727																		●	●	●	●	●	●	●	●	●
1 829																			●	●	●	●	●	●	●	●	●

表 3（续）

外径/mm			壁厚/mm																				
系列 1	系列 2	系列 3	6.5(6.3)	7.0(7.1)	7.5	8.0	8.5	9.0(8.8)	9.5	10	11	12(12.5)	14(14.2)	15	16	17(17.5)	18	20	22(22.2)	24	25	26	28
1 219			●	●	●	●	●	●	●	●	●	●	●	●	●	●	●	●	●	●	●	●	●
	1 321		●	●	●	●	●	●	●	●	●	●	●	●	●	●	●	●	●	●	●	●	●
1 422			●	●	●	●	●	●	●	●	●	●	●	●	●	●	●	●	●	●	●	●	●
	1 524		●	●	●	●	●	●	●	●	●	●	●	●	●	●	●	●	●	●	●	●	●
1 626			●	●	●	●	●	●	●	●	●	●	●	●	●	●	●	●	●	●	●	●	●
	1 727		●	●	●	●	●	●	●	●	●	●	●	●	●	●	●	●	●	●	●	●	●
1 829			●	●	●	●	●	●	●	●	●	●	●	●	●	●	●	●	●	●	●	●	●

注 1：( )内尺寸表示由相应英制规格换算成的公制规格。

注 2："●"表示常用规格。

ICS 77.140.50
H 46

中华人民共和国国家标准

GB/T 25052—2010

连续热浸镀层钢板和钢带尺寸、外形、重量及允许偏差

Continuously hot-dip coated steel sheet and strip—Tolerances on dimensions, shape and weight

2010-09-02 发布　　2011-06-01 实施

中华人民共和国国家质量监督检验检疫总局
中国国家标准化管理委员会　发布

前 言

本标准按照 GB/T 1.1—2009 给出的规则起草。

本标准由中国钢铁工业协会提出。

本标准由全国钢标准化技术委员会归口。

本标准起草单位：本溪钢铁(集团)有限责任公司、冶金工业信息标准研究院、鞍钢股份有限公司、首钢总公司。

本标准主要起草人：蒋光炜、张险峰、王晓虎、陈玥、王大勇、李志伟、赵亮。

连续热浸镀层钢板和钢带尺寸、外形、重量及允许偏差

1 范围

本标准规定了连续热镀层钢板和钢带的尺寸、外形、重量及允许偏差。

本标准适用于厚度不大于 6.5 mm 的连续热镀层宽钢带及其剪切钢板(以下简称钢板)、纵切钢带。

注:厚度指包括镀层在内的最终产品厚度。

2 规范性引用文件

下列文件对于本文件的应用是必不可少的。凡是注日期的引用文件,仅注日期的版本适用于本文件。凡是不注日期的引用文件,其最新版本(包括所有的修改单)适用于本文件。

GB/T 8170 数值修约规则与极限数值的表示和判定

3 分类和代号

3.1 钢板和钢带按尺寸精度分为:

普通厚度精度 PT.A

高级厚度精度 PT.B

普通宽度精度 PW.A

高级宽度精度 PW.B

普通长度精度 PL.A

高级长度精度 PL.B

3.2 钢板和钢带按不平度精度分为:

普通不平度精度 PF.A

高级不平度精度 PF.B

4 尺寸、外形及允许偏差

4.1 厚度允许偏差

4.1.1 对于规定的最小屈服强度小于 260 MPa 的钢板及钢带,其厚度允许偏差应符合表 1 的规定。

表 1

单位为毫米

公称厚度	下列公称宽度时的厚度允许偏差[a]					
	普通精度 PT.A			高级精度 PT.B		
	≤1 200	>1 200~1 500	>1 500	≤1 200	>1 200~1 500	>1 500
0.20~0.40	±0.04	±0.05	±0.06	±0.030	±0.035	±0.040
>0.40~0.60	±0.04	±0.05	±0.06	±0.035	±0.040	±0.045

表 1（续）

单位为毫米

公称厚度	下列公称宽度时的厚度允许偏差[a]					
	普通精度 PT. A			高级精度 PT. B		
	≤1 200	>1 200～1 500	>1 500	≤1 200	>1 200～1 500	>1 500
>0.60～0.80	±0.05	±0.06	±0.07	±0.040	±0.045	±0.050
>0.80～1.00	±0.06	±0.07	±0.08	±0.045	±0.050	±0.060
>1.00～1.20	±0.07	±0.08	±0.09	±0.050	±0.060	±0.070
>1.20～1.60	±0.10	±0.11	±0.12	±0.060	±0.070	±0.080
>1.60～2.00	±0.12	±0.13	±0.14	±0.070	±0.080	±0.090
>2.00～2.50	±0.14	±0.15	±0.16	±0.090	±0.100	±0.110
>2.50～3.00	±0.17	±0.17	±0.18	±0.110	±0.120	±0.130
>3.00～5.00	±0.20	±0.20	±0.21	±0.15	±0.16	±0.17
>5.00～6.50	±0.22	±0.22	±0.23	±0.17	±0.18	±0.19

[a] 钢带焊缝附近 10 m 范围的厚度允许偏差可超过规定值的 50%。对双面镀层重量之和不小于 450 g/m² 的产品，其厚度允许偏差应增加±0.01 mm。

4.1.2 对于规定的最小屈服强度不小于 260 MPa，其厚度允许偏差应符合表 2 的规定。

表 2

单位为毫米

公称厚度	下列公称宽度时的厚度允许偏差[a]					
	普通精度 PT. A			高级精度 PT. B		
	≤1 200	>1 200～1 500	>1 500	≤1 200	>1 200～1 500	>1 500
0.20～0.40	±0.05	±0.06	±0.07	±0.035	±0.040	±0.045
>0.40～0.60	±0.05	±0.06	±0.07	±0.040	±0.045	±0.050
>0.60～0.80	±0.06	±0.07	±0.08	±0.045	±0.050	±0.060
>0.80～1.00	±0.07	±0.08	±0.09	±0.050	±0.060	±0.070
>1.00～1.20	±0.08	±0.09	±0.11	±0.060	±0.070	±0.080
>1.20～1.60	±0.11	±0.13	±0.14	±0.070	±0.080	±0.090
>1.60～2.00	±0.14	±0.15	±0.16	±0.080	±0.090	±0.110
>2.00～2.50	±0.16	±0.17	±0.18	±0.110	±0.120	±0.130
>2.50～3.00	±0.19	±0.20	±0.20	±0.130	±0.140	±0.150
>3.00～5.00	±0.22	±0.24	±0.25	±0.17	±0.18	±0.19
>5.00～6.50	±0.24	±0.25	±0.26	±0.19	±0.20	±0.21

[a] 钢带焊缝附近 10 m 范围的厚度允许偏差可超过规定值的 50%。对双面镀层重量之和不小于 450 g/m² 的产品，其厚度允许偏差应增加±0.01 mm。

4.1.3 对于规定的最小屈服强度不小于 360 MPa 且小于等于 420 MPa 的钢板及钢带，其厚度允许偏差应符合表 3 的规定。

表 3

单位为毫米

公称厚度	下列公称宽度时的厚度允许偏差[a]					
	普通精度 PT. A			高级精度 PT. B		
	≤1 200	>1 200～1 500	>1 500	≤1 200	>1 200～1 500	>1 500
0.35～0.40	±0.05	±0.06	±0.07	±0.040	±0.045	±0.050
>0.40～0.60	±0.06	±0.07	±0.08	±0.045	±0.050	±0.060
>0.60～0.80	±0.07	±0.08	±0.09	±0.050	±0.060	±0.070
>0.80～1.00	±0.08	±0.09	±0.11	±0.060	±0.070	±0.080
>1.00～1.20	±0.10	±0.11	±0.12	±0.070	±0.080	±0.090
>1.20～1.60	±0.13	±0.14	±0.16	±0.080	±0.090	±0.110
>1.60～2.00	±0.16	±0.17	±0.19	±0.090	±0.110	±0.120
>2.00～2.50	±0.18	±0.20	±0.21	±0.120	±0.130	±0.140
>2.50～3.00	±0.22	±0.22	±0.23	±0.140	±0.150	±0.160
>3.00～5.00	±0.22	±0.24	±0.25	±0.17	±0.18	±0.19
>5.00～6.50	±0.24	±0.25	±0.26	±0.19	±0.20	±0.21

[a] 钢带焊缝附近 10 m 范围的厚度允许偏差可超过规定值的 50%。对双面镀层重量之和不小于 450 g/m² 的产品，其厚度允许偏差应增加±0.01 mm。

4.1.4 对于规定的最小屈服强度大于 420 MPa 且小于等于 900 MPa 的钢板及钢带，其厚度允许偏差应符合表 4 的规定。

表 4

单位为毫米

公称厚度	下列公称宽度时的厚度允许偏差[a]					
	普通精度 PT. A			高级精度 PT. B		
	≤1 200	>1 200～1 500	>1 500	≤1 200	>1 200～1 500	>1 500
0.35～0.40	±0.06	±0.07	±0.08	±0.045	±0.050	±0.060
>0.40～0.60	±0.06	±0.08	±0.09	±0.050	±0.060	±0.070
>0.60～0.80	±0.07	±0.09	±0.11	±0.060	±0.070	±0.080
>0.80～1.00	±0.09	±0.11	±0.12	±0.070	±0.080	±0.090
>1.00～1.20	±0.11	±0.13	±0.14	±0.080	±0.090	±0.110
>1.20～1.60	±0.15	±0.16	±0.18	±0.090	±0.110	±0.120
>1.60～2.00	±0.18	±0.19	±0.21	±0.110	±0.120	±0.140
>2.00～2.50	±0.21	±0.22	±0.24	±0.140	±0.150	±0.170
>2.50～3.00	±0.24	±0.25	±0.26	±0.170	±0.180	±0.190
>3.00～5.00	±0.26	±0.27	±0.28	±0.23	±0.24	±0.26
>5.00～6.50	±0.28	±0.29	±0.30	±0.25	±0.26	±0.28

[a] 钢带焊缝附近 10 m 范围的厚度允许偏差可超过规定值的 50%，对双面镀层重量之和不小于 450 g/m² 的产品，其厚度允许偏差应增加±0.01 mm。

4.2 宽度允许偏差

4.2.1 对于宽度不小于 600 mm 的宽钢带，其宽度允许偏差应符合表 5 的规定。

表 5

单位为毫米

公称宽度	宽度允许偏差	
	普通精度 PW.A	高级精度 PW.B
600～1 200	+5 0	+2 0
>1 200～1 500	+6 0	+2 0
>1 500～1 800	+7 0	+3 0
>1 800	+8 0	+3 0

4.2.2 纵切钢带的宽度允许偏差应符合表 6 的规定。

表 6

单位为毫米

	公称厚度	宽度允许偏差			
		公称宽度			
		<125	125～<250	250～<400	400～<600
普通精度 PW.A	<0.6	+0.4 0	+0.5 0	+0.7 0	+1.0 0
	0.6～<1.0	+0.5 0	+0.6 0	+0.9 0	+1.2 0
	1.0～<2.0	+0.6 0	+0.8 0	+1.1 0	+1.4 0
	2.0～<3.0	+0.7 0	+1.0 0	+1.3 0	+1.6 0
	3.0～<5.0	+0.8 0	+1.1 0	+1.4 0	+1.7 0
	5.0～6.5	+0.9 0	+1.2 0	+1.5 0	+1.8 0
高级精度 PW.B	<0.6	+0.2 0	+0.2 0	+0.3 0	+0.5 0
	0.6～<1.0	+0.2 0	+0.3 0	+0.4 0	+0.6 0
	1.0～<2.0	+0.3 0	+0.4 0	+0.5 0	+0.7 0
	2.0～<3.0	+0.4 0	+0.5 0	+0.6 0	+0.8 0
	3.0～<5.0	+0.5 0	+0.6 0	+0.7 0	+0.9 0
	5.0～6.5	+0.6 0	+0.7 0	+0.8 0	+1.0 0

4.3 长度允许偏差

钢板的长度允许偏差应符合表 7 的规定。

表 7 单位为毫米

公称长度	长度允许偏差	
	普通精度 PL. A	高级精度 PL. B
<2 000	+6 0	+3 0
≥2 000～8 000	+0.3%×公称长度 0	+0.15%×公称长度 0
>8 000	双方协议	

4.4 不平度

4.4.1 对于规定的最小屈服强度小于 260 MPa 的钢板的不平度允许偏差应符合表 8 的规定。

表 8 单位为毫米

公称宽度	不平度，不大于							
	普通精度 PF. A				高级精度 PF. B			
	公称厚度							
	<0.7	0.7～<1.6	1.6～<3.0	3.0～6.5	<0.7	0.7～<1.6	1.6～<3.0	3.0～6.5
<1 200	10	8	8	15	5	4	3	8
1 200～<1 500	12	10	10	18	6	5	4	9
≥1 500	17	15	15	23	8	7	6	12

4.4.2 对于规定的最小屈服强度不小于 260 MPa，且小于 360 MPa 的钢板的不平度允许偏差应符合表 9 的规定。

表 9 单位为毫米

公称宽度	不平度，不大于							
	普通精度 PF. A				高级精度 PF. B			
	公称厚度							
	<0.7	0.7～<1.6	1.6～<3.0	3.0～6.5	<0.7	0.7～<1.6	1.6～<3.0	3.0～6.5
<1 200	13	10	10	18	8	6	5	9
1 200～<1 500	15	13	13	25	9	8	6	12
≥1 500	20	19	19	28	12	10	9	14

4.4.3 规定的最小屈服强度不小于 360 MPa 钢板的不平度需双方协议确定。

4.5 镰刀弯

钢板和钢带的镰刀弯在任意 2 000 mm 长度上应不大于 5 mm；钢板的长度小于 2 000 mm 时，其镰刀弯应不大于钢板实际长度的 0.25%。对于纵切钢带，当规定的屈服强度不大于 280 MPa 时，其镰刀弯在任意 2 000 mm 长度上不大于 2 mm；当规定的屈服强度大于 280 MPa 时，其镰刀弯供需双方协商。

4.6 切斜

钢板应切成直角，切斜应不大于钢板宽度的 1%。

5 重量

钢板按理论或实际重量交货，钢带按实际重量交货。

5.1 钢板理论重量交货时，理论计重采用公称尺寸。

5.2 理论计重时的重量计算方法

5.2.1 镀层公称厚度的计算方法

公称镀层厚度＝[两面镀层公称重量之和$(g/m^2)/50(g/m^2)$]$\times r\times 10^{-3}$(mm)

r 为镀层材料的特征值，如锌、锌铁合金镀层的特征值为 7.1，铝锌(55% Al)镀层的密度系数为 13.3。

5.2.2 钢板理论计重时的重量计算方法按表 10 的规定。

表 10

计算顺序		计 算 方 法	结果的修约
基板的基本重量/$(kg/mm\cdot m^2)$		7.85(厚度 1 mm，面积 1 m^2 的重量)	—
基板的单位重量/(kg/m^2)		基板基本重量$(kg/mm\cdot m^2)$×(订货公称厚度－公称镀层厚度)(mm)	修约到有效数字 4 位
镀后的单位重量/(kg/m^2)		基板单位重量(kg/m^2)＋公称镀层重量(kg/m^2)	修约到有效数字 4 位
钢板	钢板的面积/m^2	宽度(mm)×长度(mm)×10^{-6}	修约到有效数字 4 位
	1 块板重量/kg	镀锌后的单位重量(kg/m^2)×面积(m^2)	修约到有效数字 3 位
	单捆重量/kg	1 块板重量(kg)×1 捆中同规格钢板块数	修约到 kg 的整数值
	总重量/kg	各捆重量(kg)相加	kg 的整数值

6 尺寸及外形的测量

6.1 厚度

在距离边部不小于 40 mm 处测量。

6.2 宽度

宽度应在垂直于钢板或钢板中心线的方位测量。

6.3 长度

长度沿平行于产品纵轴的方向测定。

6.4 不平度

钢板和一个平坦的水平面之间未接触的最大距离作为不平度偏差如图 1 所示。

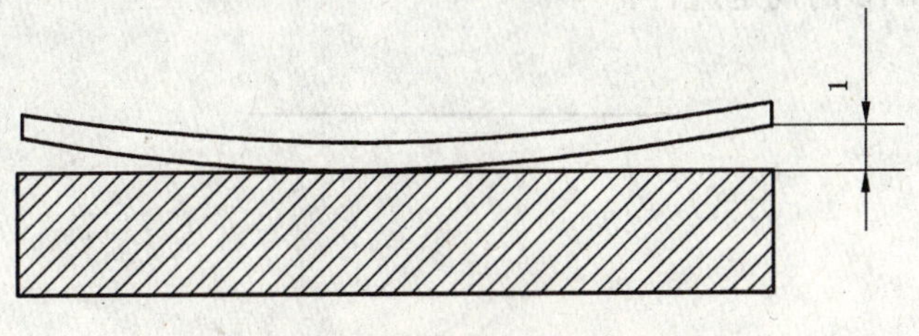

1——不平度。

图 1 不平度的测量

6.5 切斜

切斜为钢板的宽边向轧制方向边部的垂直投影长度，或者为钢板对角线之差的一半，如图 2 所示。

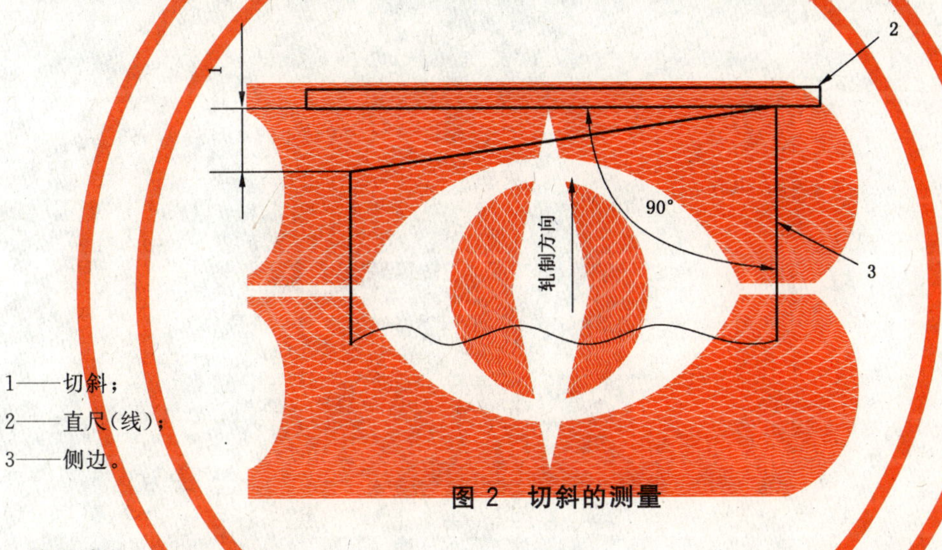

1——切斜；

2——直尺(线)；

3——侧边。

图 2 切斜的测量

6.6 镰刀弯

镰刀弯 q 是指一条纵边与一条直线之间的最大距离。镰刀弯应在凹形边上测量。测量长度为在任意位置取 2 m，对于钢板和窄带，长度小于 2 m 时，测量长度即为产品的长度，如图 3 所示。

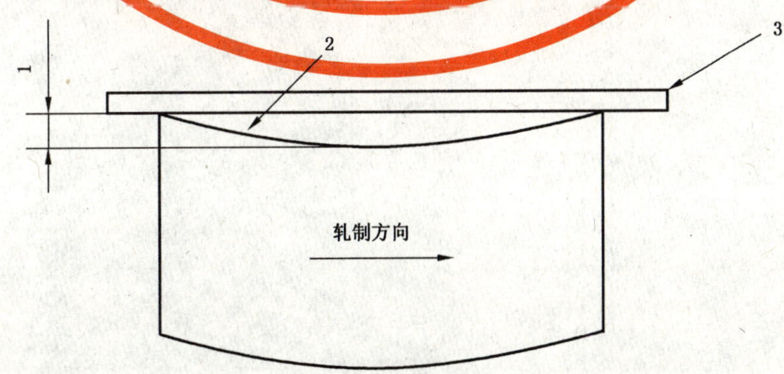

1——镰刀弯；

2——凹形侧边；

3——直尺(线)。

图 3 镰刀弯的测量

7 数值修约

数值修约按 GB/T 8170 的规定进行。

三、技　术　条　件

前　　言

本标准对 GB/T 699—1988《优质碳素结构钢技术条件》进行了修订。

本标准此次修订对下列技术内容进行了修改：

——标准名称改为“优质碳素结构钢”；

——适用范围扩大到可提供直径或厚度大于 250 mm 的优质碳素结构钢；

——增加“订货内容”一章；

——钢材的尺寸、外形及允许偏差按 GB/T 702—1986 或 GB/T 908—1987 标准的规定；

——增加钢产品标记代号和牌号的统一数字代号；

——40 号以下牌号(除 08F 以外)的碳含量的范围缩小了 0.01%；

——钢的磷、硫含量和低倍组织按冶金质量等级分为三级；

——以热轧或热锻状态交货的钢材，力学性能如供方能保证时，可不作检验；

——表 3 的注 2 中，将 75、80 和 85 号钢的淬火冷却介质由“水冷”改为“油冷”；

——取消“断口”检验项目；

——取消非金属夹杂物的合格级别。

自本标准实施之日起，代替 GB/T 699—1988《优质碳素结构钢技术条件》。

本标准由国家冶金工业局提出。

本标准由全国钢标准化技术委员会归口。

本标准主要起草单位：冶金部信息标准研究院、重庆特殊钢公司、上海浦钢集团公司、大冶特殊钢股份有限公司、邯郸钢铁公司。

本标准主要起草人：栾　燕、唐一凡、唐志柏、陈长西、孙　萍、滕长岭、赵关信。

本标准 1965 年 1 月首次发布，1988 年 2 月第一次修订。

中华人民共和国国家标准

优质碳素结构钢

Quality carbon structural steels

GB/T 699—1999

代替 GB/T 699—1988

1 范围

本标准规定了热轧或锻制的优质碳素结构钢的尺寸、外形、重量及允许偏差、技术要求、试验方法、检验规则、包装、标志及质量证明书等。

本标准适用于直径或厚度不大于 250 mm 的优质碳素结构钢棒材。经供需双方协商,也可提供直径或厚度大于 250 mm 的优质碳素结构钢棒材。

本标准所规定的牌号及化学成分也适用于钢锭、钢坯及其制品。

2 引用标准

下列标准所包含的条文,通过在本标准中引用而构成为本标准的条文。本标准出版时,所示版本均为有效。所有标准都会被修订,使用本标准的各方应探讨使用下列标准最新版本的可能性。

GB/T 222—1984 钢的化学分析用试样取样法及成品化学成分允许偏差
GB/T 224—1987 钢的脱碳层深度测定法
GB/T 226—1991 钢的低倍组织及缺陷酸蚀检验法
GB/T 228—1987 金属拉伸试验方法
GB/T 229—1994 金属夏比缺口冲击试验方法
GB/T 231—1984 金属布氏硬度试验方法
GB/T 233—1982 金属顶锻试验方法
GB/T 702—1986 热轧圆钢和方钢尺寸、外形、重量及允许偏差
GB/T 908—1987 锻制圆钢和方钢尺寸、外形、重量及允许偏差
GB/T 1979—1980 结构钢低倍组织缺陷评级图
GB/T 2101—1989 型钢验收、包装、标志及质量证明书的一般规定
GB/T 2975—1998 钢及钢产品力学性能试验取样位置及试样制备
GB/T 4336—1984 碳素钢和中低合金钢的光电发射光谱分析方法
GB/T 6397—1986 金属拉伸试验试样
GB/T 7736—1987 钢的低倍组织及缺陷超声波检验方法
GB/T 10561—1989 钢中非金属夹杂物显微评定方法
GB/T 17616—1998 钢铁及合金产品牌号统一数字代号
GB/T 13299—1991 钢的显微组织评定法
GB/T 15711—1995 钢材塔形发纹酸浸检验方法
GB/T 17505—1998 钢及钢产品交货一般技术要求
YB/T 5148—1993 金属平均晶粒度测定法

钢中各元素的化学分析方法的引用标准见附录 A(标准的附录)。

国家质量技术监督局 1999-11-01 批准　　2000-08-01 实施

3 订货内容

按本标准订货的合同或订单应包括下列内容：

a）标准编号；

b）产品名称；

c）牌号或统一数字代号；

d）交货的重量(数量)；

e）规格及尺寸精度等级；

f）使用加工方法；

g）交货状态；

h）冲击试验(有要求时,按6.4.1)；

i）顶锻试验(有要求时,按6.5)；

j）非金属夹杂物(有要求时,按6.7)；

k）脱碳层(有要求时,按6.8)；

l）特殊要求(有要求时,按6.10)。

4 分类与代号

4.1 钢材按冶金质量等级分为：

优质钢

高级优质钢　　A

特级优质钢　　E

4.2 钢材按使用加工方法分为两类：

a）压力加工用钢　　UP

热压力加工用钢　　UHP

顶锻用钢　　UF

冷拔坯料用钢　　UCD

b）切削加工用钢　　UC

5 尺寸、外形、重量及允许偏差

5.1 热轧圆钢和方钢的尺寸、外形、重量及其允许偏差应符合GB/T 702的有关规定,具体要求应在合同中注明。

5.2 锻制圆钢和方钢的尺寸、外形、重量及其允许偏差应符合GB/T 908的有关规定,具体要求应在合同中注明。

5.3 其他截面形状钢材的尺寸、外形、重量及其允许偏差应符合相应标准的规定。

6 技术要求

6.1 牌号、代号及化学成分

6.1.1 钢的牌号、统一数字代号及化学成分(熔炼分析)应符合表1的规定。

6.1.1.1 钢的硫、磷含量应符合表2的规定。

6.1.1.2 使用废钢冶炼的钢允许含铜量不大于0.30%。

6.1.1.3 热压力加工用钢的铜含量应不大于0.20%。

6.1.1.4 铅浴淬火(派登脱)钢丝用的35～85钢的锰含量为0.30%～0.60%;65Mn和70Mn钢的锰含量为0.70%～1.00%,铬含量不大于0.10%,镍含量不大于0.15%,铜含量不大于0.20%;硫、磷含量应符合钢丝标准要求。

6.1.1.5　08钢用铝脱氧冶炼镇静钢，锰含量下限为0.25%，硅含量不大于0.03%，铝含量为0.02%～0.07%。此时钢的牌号为08Al。

表 1

序号	统一数字代号	牌号	化学成分，%					
			C	Si	Mn	Cr	Ni	Cu
						不大于		
1	U20080	08F	0.05～0.11	≤0.03	0.25～0.50	0.10	0.30	0.25
2	U20100	10F	0.07～0.13	≤0.07	0.25～0.50	0.15	0.30	0.25
3	U20150	15F	0.12～0.18	≤0.07	0.25～0.50	0.25	0.30	0.25
4	U20082	08	0.05～0.11	0.17～0.37	0.35～0.65	0.10	0.30	0.25
5	U20102	10	0.07～0.13	0.17～0.37	0.35～0.65	0.15	0.30	0.25
6	U20152	15	0.12～0.18	0.17～0.37	0.35～0.65	0.25	0.30	0.25
7	U20202	20	0.17～0.23	0.17～0.37	0.35～0.65	0.25	0.30	0.25
8	U20252	25	0.22～0.29	0.17～0.37	0.50～0.80	0.25	0.30	0.25
9	U20302	30	0.27～0.34	0.17～0.37	0.50～0.80	0.25	0.30	0.25
10	U20352	35	0.32～0.39	0.17～0.37	0.50～0.80	0.25	0.30	0.25
11	U20402	40	0.37～0.44	0.17～0.37	0.50～0.80	0.25	0.30	0.25
12	U20452	45	0.42～0.50	0.17～0.37	0.50～0.80	0.25	0.30	0.25
13	U20502	50	0.47～0.55	0.17～0.37	0.50～0.80	0.25	0.30	0.25
14	U20552	55	0.52～0.60	0.17～0.37	0.50～0.80	0.25	0.30	0.25
15	U20602	60	0.57～0.65	0.17～0.37	0.50～0.80	0.25	0.30	0.25
16	U20652	65	0.62～0.70	0.17～0.37	0.50～0.80	0.25	0.30	0.25
17	U20702	70	0.67～0.75	0.17～0.37	0.50～0.80	0.25	0.30	0.25
18	U20752	75	0.72～0.80	0.17～0.37	0.50～0.80	0.25	0.30	0.25
19	U20802	80	0.77～0.85	0.17～0.37	0.50～0.80	0.25	0.30	0.25
20	U20852	85	0.82～0.90	0.17～0.37	0.50～0.80	0.25	0.30	0.25
21	U21152	15Mn	0.12～0.18	0.17～0.37	0.70～1.00	0.25	0.30	0.25
22	U21202	20Mn	0.17～0.23	0.17～0.37	0.70～1.00	0.25	0.30	0.25
23	U21252	25Mn	0.22～0.29	0.17～0.37	0.70～1.00	0.25	0.30	0.25
24	U21302	30Mn	0.27～0.34	0.17～0.37	0.70～1.00	0.25	0.30	0.25
25	U21352	35Mn	0.32～0.39	0.17～0.37	0.70～1.00	0.25	0.30	0.25
26	U21402	40Mn	0.37～0.44	0.17～0.37	0.70～1.00	0.25	0.30	0.25
27	U21452	45Mn	0.42～0.50	0.17～0.37	0.70～1.00	0.25	0.30	0.25
28	U21502	50Mn	0.48～0.56	0.17～0.37	0.70～1.00	0.25	0.30	0.25
29	U21602	60Mn	0.57～0.65	0.17～0.37	0.70～1.00	0.25	0.30	0.25
30	U21652	65Mn	0.62～0.70	0.17～0.37	0.90～1.20	0.25	0.30	0.25
31	U21702	70Mn	0.67～0.75	0.17～0.37	0.90～1.20	0.25	0.30	0.25

注：表1所列牌号为优质钢。如果是高级优质钢，在牌号后面加“A”（统一数字代号最后一位数字改为“3”）；如果是特级优质钢，在牌号后面加“E”（统一数字代号最后一位数字改为“6”）；对于沸腾钢，牌号后面为“F”（统一数字代号最后一位数字为“0”）；对于半镇静钢，牌号后面为“b”（统一数字代号最后一位数字为“1”）

6.1.1.6 冷冲压用沸腾钢含硅量不大于0.03%。

6.1.1.7 氧气转炉冶炼的钢其含氮量应不大于0.008%。供方能保证合格时,可不做分析。

6.1.1.8 经供需双方协议,08～25钢可供应硅含量不大于0.17%的半镇静钢,其牌号为08b～25b。

6.1.2 钢材(或坯)的化学成分允许偏差应符合GB/T 222—1984标准中表2的规定。

表 2

组　别	P	S
	不大于,%	
优质钢	0.035	0.035
高级优质钢	0.030	0.030
特级优质钢	0.025	0.020

6.2 冶炼方法

除非合同中另有规定,冶炼方法由生产厂自行选择。

6.3 交货状态

钢材通常以热轧或热锻状态交货。如需方有要求,并在合同中注明,也可以热处理(退火、正火或高温回火)状态或特殊表面状态交货。

6.4 力学性能

6.4.1 用热处理(正火)毛坯制成的试样测定钢材的纵向力学性能(不包括冲击吸收功)应符合表3的规定。以热轧或热锻状态交货的钢材,如供方能保证力学性能合格时,可不进行试验。

根据需方要求,用热处理(淬火+回火)毛坯制成试样测定25～50、25 Mn～50 Mn钢的冲击吸收功应符合表3的规定。

直径小于16 mm的圆钢和厚度不大于12 mm的方钢、扁钢,不作冲击试验。

6.4.2 表3所列的力学性能仅适用于截面尺寸不大于80 mm的钢材。对大于80 mm的钢材,允许其断后伸长率、断面收缩率比表3的规定分别降低2%(绝对值)及5%(绝对值)。

用尺寸大于80至120 mm的钢材改锻(轧)成70至80 mm的试料取样检验时,其试验结果应符合表3规定。

用尺寸大于120至250 mm的钢材改锻(轧)成90至100 mm的试料取样检验时,其试验结果应符合表3规定。

6.4.3 切削加工用钢材或冷拔坯料用钢材交货状态硬度应符合表3规定。不退火钢的硬度,供方若能保证合格时,可不作检验。高温回火或正火后的硬度指标,由供需双方协商确定。

表 3

序号	牌号	试样毛坯尺寸 mm	推荐热处理,℃			力学性能					钢材交货状态硬度 HBS10/3 000 不大于	
			正火	淬火	回火	σ_b MPa	σ_s MPa	δ_5 %	ψ %	A_{KU2} J		
						不小于					未热处理钢	退火钢
1	08F	25	930			295	175	35	60		131	
2	10F	25	930			315	185	33	55		137	
3	15F	25	920			355	205	29	55		143	
4	08	25	930			325	195	33	60		131	
5	10	25	930			335	205	31	55		137	
6	15	25	920			375	225	27	55		143	

表 3(完)

序号	牌号	试样毛坯尺寸 mm	推荐热处理,℃			力学性能					钢材交货状态硬度 HBS10/3 000 不大于	
			正火	淬火	回火	σ_b MPa	σ_s MPa	δ_5 %	ψ %	A_{KU2} J		
						不小于					未热处理钢	退火钢
7	20	25	910			410	245	25	55		156	
8	25	25	900	870	600	450	275	23	50	71	170	
9	30	25	880	860	600	490	295	21	50	63	179	
10	35	25	870	850	600	530	315	20	45	55	197	
11	40	25	860	840	600	570	335	19	45	47	217	187
12	45	25	850	840	600	600	355	16	40	39	229	197
13	50	25	830	830	600	630	375	14	40	31	241	207
14	55	25	820	820	600	645	380	13	35		255	217
15	60	25	810			675	400	12	35		255	229
16	65	25	810			695	410	10	30		255	229
17	70	25	790			715	420	9	30		269	229
18	75	试样		820	480	1 080	880	7	30		285	241
19	80	试样		820	480	1 080	930	6	30		285	241
20	85	试样		820	480	1 130	980	6	30		302	255
21	15Mn	25	920			410	245	26	55		163	
22	20Mn	25	910			450	275	24	50		197	
23	25Mn	25	900	870	600	490	295	22	50	71	207	
24	30Mn	25	880	860	600	540	315	20	45	63	217	187
25	35Mn	25	870	850	600	560	335	18	45	55	229	197
26	40Mn	25	860	840	600	590	355	17	45	47	229	207
27	45Mn	25	850	840	600	620	375	15	40	39	241	217
28	50Mn	25	830	830	600	645	390	13	40	31	255	217
29	60Mn	25	810			695	410	11	35		269	229
30	65Mn	25	830			735	430	9	30		285	229
31	70Mn	25	790			785	450	8	30		285	229

注

1 对于直径或厚度小于 25 mm 的钢材,热处理是在与成品截面尺寸相同的试样毛坯上进行。

2 表中所列正火推荐保温时间不少于 30 min,空冷;淬火推荐保温时间不少于 30 min,75、80 和 85 钢油冷,其余钢水冷;回火推荐保温时间不少于 1 h

6.5 顶锻

6.5.1 顶锻用钢应进行顶锻试验,并在合同中注明热顶锻或冷顶锻。热顶锻后的试样为原试样高度的 1/3;冷顶锻后的试样为原试样高度的 1/2。顶锻后试样上不得有裂口和裂缝。

6.5.2 对于尺寸大于 80 mm 要求热顶锻的钢材或尺寸大于 30 mm 要求冷顶锻的钢材,如供方能保证顶锻试验合格时,可不进行试验。

6.6 低倍组织

6.6.1 镇静钢钢材的横截面酸浸低倍组织试片上不得有目视可见的缩孔、气泡、裂纹、夹杂、翻皮和白点。供切削加工用的钢材允许有不超过表面缺陷允许深度的皮下夹杂等缺陷。

6.6.2 酸浸低倍组织应符合表4的规定。

表 4

质量等级	一般疏松	中心疏松	锭型偏析
	级别 不大于		
优质钢	3.0	3.0	3.0
高级优质钢	2.5	2.5	2.5
特级优质钢	2.0	2.0	2.0

6.6.3 如供方能保证低倍检验合格，允许采用GB/T 7736标准规定的超声波探伤法或其他无损探伤法代替低倍检验。

6.7 非金属夹杂物

根据需方要求，可检验钢的非金属夹杂物，其合格级别由供需双方协商规定。

6.8 脱碳层

根据需方要求，对公称碳含量大于0.30%的钢材检验脱碳层时，每边总脱碳层深度(铁素体+过渡层)应符合表5的规定。需方应在合同中注明组别。

表 5　　mm

组　　别	允许总脱碳层深度 不大于
第Ⅰ组	1.0%D
第Ⅱ组	1.5%D
注：D为钢材公称直径或厚度	

6.9 表面质量

6.9.1 压力加工用钢材的表面不得有目视可见的裂纹、结疤、折叠及夹杂。如有上述缺陷必须清除，清除深度从钢材实际尺寸算起应符合表6的规定。清除宽度不小于深度的5倍。对直径或边长大于140 mm的钢材，在同一截面的最大清除深度不得多于2处。允许有从实际尺寸算起不超过尺寸公差之半的个别细小划痕、压痕、麻点及深度不超过0.2 mm的小裂纹存在。

6.9.2 切削加工用钢材的表面允许有从钢材公称尺寸算起深度不超过表7规定的局部缺陷。

表 6　　mm

钢材公称尺寸(直径或厚度)	允许缺陷清除深度
<80	钢材公称尺寸公差的1/2
80～140	钢材公称尺寸公差
>140～200	钢材公称尺寸的5%
>200	钢材公称尺寸的6%

表 7　　mm

钢材公称尺寸(直径或厚度)	局部缺陷允许深度 不大于
<100	钢材公称尺寸的负偏差
≥100	钢材公称尺寸的公差

6.10 特殊要求

根据需方要求，经供需双方协议，可供应有下列特殊要求的钢材：

a）缩小或修改表1规定的化学成分范围；

b）直径或厚度大于250 mm的钢棒；

c）检验钢的晶粒度；

d）检验钢的显微组织；

e）用塔形试样检验发纹；

f）加严力学性能指标；

g）可进行V型缺口冲击试验（指标由供需双方协商确定）；

h）其他。

7 试验方法

每批钢材的试验方法应符合表8的规定。

表8

序号	检验项目	取样数量	取样部位	试验方法
1	化学成分	1	GB/T 222	GB/T 223 GB/T 4336
2	拉伸试验	2	不同根钢材	GB/T 228 GB/T 2975 GB/T 6397
3	硬度	3	不同根钢材	GB/T 231
4	冲击试验	2	不同根钢材	GB/T 229
5	顶锻试验	2	不同根钢材	GB/T 233
6	低倍组织	2	相当于钢锭头部的不同根钢坯或钢材	GB/T 226 GB/T 1979
7	塔形发纹	2	不同根钢材	GB/T 15711
8	脱碳	2	不同根钢材	GB/T 224（金相法）
9	晶粒度	1	任一根钢材	YB/T 5148
10	非金属夹杂物	2	不同根钢材	GB/T 10561
11	显微组织	2	不同根钢材	GB/T 13299
12	超声波检验	2	整根材上	GB/T 7736
13	尺寸、外形	逐根	整根材上	卡尺、千分尺
14	表面	逐根	整根材上	目视

8 检验规则

8.1 检查和验收

8.1.1 钢材的质量由供方质量技术监督部门进行检查和验收。

8.1.2 供方必须保证交货的钢材符合本标准或合同的规定，必要时，需方有权对本标准或合同所规定的任一检验项目进行检查或验收。

8.2 组批规则

钢材应按批检查和验收。每批由同一炉（罐）号、同一加工方法、同一尺寸、同一交货状态［或同一热处理制度(炉次)]和同一表面状态的钢材组成。

8.3 取样数量及取样部位

钢材的取样数量和取样部位应符合表 8 的规定。

8.4 复验与判定规则

8.4.1 钢材的复验和判定规则按 GB/T 17505—1998 标准的 8.3.4.3 的有关规定执行。

8.4.2 如供方能保证钢材合格时,对同一炉(罐)号的钢材或钢坯的低倍、力学性能和非金属夹杂物的检验结果允许以坯代材、以大代小。

9 包装、标志及质量证明书

钢材的包装、标志及质量证明书应符合 GB/T 2101 的规定。

附 录 A
（标准的附录）
化学分析方法引用标准

GB/T 223.3—1988 钢铁及合金化学分析方法 二安替吡啉甲烷磷钼酸重量法测定磷量
GB/T 223.5—1997 钢铁及合金化学分析方法 还原型硅钼酸盐光度法测定酸溶硅含量
GB/T 223.10—1991 钢铁及合金化学分析方法 铜铁试剂分离-铬天青S光度法测定铝量
GB/T 223.11—1991 钢铁及合金化学分析方法 过硫酸铵氧化容量法测定铬量
GB/T 223.12—1991 钢铁及合金化学分析方法 碳酸钠分离-二苯碳酰二肼光度法测定铬量
GB/T 223.18—1994 钢铁及合金化学分析方法 硫代硫酸钠分离-碘量法测定铜量
GB/T 223.19—1989 钢铁及合金化学分析方法 新亚铜灵-三氯甲烷萃取光度法测定铜量
GB/T 223.23—1994 钢铁及合金化学分析方法 丁二酮肟分光光度法测定镍量
GB/T 223.24—1994 钢铁及合金化学分析方法 萃取分离-丁二酮肟分光光度法测定镍量
GB/T 223.36—1994 钢铁及合金化学分析方法 蒸馏分离-中和滴定法测定氮量
GB/T 223.37—1989 钢铁及合金化学分析方法 蒸馏分离-靛酚蓝光度法测定氮量
GB/T 223.53—1987 钢铁及合金化学分析方法 火焰原子吸收分光光度法测定铜量
GB/T 223.54—1987 钢铁及合金化学分析方法 火焰原子吸收分光光度法测定镍量
GB/T 223.58—1987 钢铁及合金化学分析方法 亚砷酸钠-亚硝酸钠滴定法测定锰量
GB/T 223.59—1987 钢铁及合金化学分析方法 锑磷钼蓝光度法测定磷量
GB/T 223.60—1997 钢铁及合金化学分析方法 高氯酸脱水重量法测定硅含量
GB/T 223.61—1988 钢铁及合金化学分析方法 磷钼酸铵容量法测定磷量
GB/T 223.62—1988 钢铁及合金化学分析方法 乙酸丁酯萃取光度测定磷量
GB/T 223.63—1988 钢铁及合金化学分析方法 高碘酸钠(钾)光度法测定锰量
GB/T 223.64—1988 钢铁及合金化学分析方法 火焰原子吸收光谱法测定锰量
GB/T 223.67—1989 钢铁及合金化学分析方法 还原蒸馏-次甲基蓝光度法测定硫量
GB/T 223.68—1997 钢铁及合金化学分析方法 管式炉内燃烧后碘酸钾滴定法测定硫含量
GB/T 223.69—1997 钢铁及合金化学分析方法 管式炉内燃烧后气体容量法测定碳含量
GB/T 223.71—1997 钢铁及合金化学分析方法 管式炉内燃烧后重量法测定碳含量
GB/T 223.72—1991 钢铁及合金化学分析方法 氧化铝色层分离-硫酸钡重量法测定硫量

ICS 77.140.45
H 40

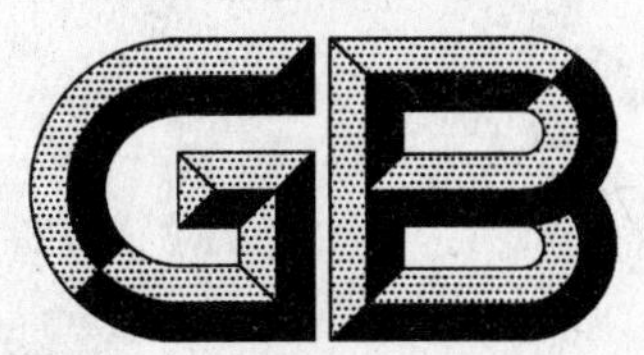

中华人民共和国国家标准

GB/T 700—2006
代替 GB/T 700—1988

碳素结构钢

Carbon structural steels

(ISO 630:1995,Structural steels—
Plates,wide flats,bars,sections and profiles,NEQ)

2006-11-01 发布　　2007-02-01 实施

中华人民共和国国家质量监督检验检疫总局
中国国家标准化管理委员会　发布

前　言

本标准与 ISO 630:1995《结构钢》的一致性程度为非等效，主要差别如下：

——不设屈服强度 185 N/mm² 级和 355 N/mm² 级的牌号；

——设 195 N/mm² 级、215 N/mm² 级的牌号 Q195、Q215；

——Q235 和 Q275 的 A 级钢磷含量降低 0.005%；

——Q235B 级钢按脱氧方法将厚度分两档，且碳含量均为 0.20%；

——厚度小于 25 mm 的 Q235B 级钢材，如供方能保证冲击吸收功值合格，经需方同意，可不作检验；

——大于 80 mm～100 mm 厚的 Q275 钢材，屈服强度提高 10 N/mm²；

——增加冷弯试验；

——根据国内情况规定具体的组批规则。

本标准代替 GB/T 700—1988《碳素结构钢》，与 GB/T 700—1988 相比主要变化如下：

——"脱氧方法"取消半镇静钢；

——取消 GB/T 700—1988 中 Q255、Q275 牌号；

——新增 ISO 630:1995 中 E275 牌号，改为新的 Q275 牌号；

——取消各牌号的碳、锰含量下限，并提高锰含量上限；

——取消沸腾钢、镇静钢硅含量的界限；

——硅含量由 0.30% 修改为 0.35%（Q195 除外）；

——Q195 牌号的磷、硫含量分别由 0.045% 和 0.050% 降低为 0.035% 和 0.040%；

——取消厚度（或直径）不大于 16 mm 一档的断后伸长率的规定；

——表 2 脚注增加"宽带钢（包括剪切钢板）抗拉强度上限不作交货条件"和"厚度小于 25 mm 的 Q235B 级钢材，如供方能保证冲击吸收功值合格，经需方同意，可不作检验"；

——修改对钢中氮含量的规定；

——修改对冲击试验的规定，并增加宽度 5 mm～10 mm 试样最小冲击吸收功图；

——组批按"同一炉罐号"修改为"同一炉号"，并取消混合批对炉号数量的限制。

本标准的附录 A 为规范性附录。

本标准由中国钢铁工业协会提出。

本标准由全国钢标准化技术委员会归口。

本标准起草单位：冶金工业信息标准研究院、首钢总公司、邯郸钢铁集团有限责任公司、本溪钢铁（集团）有限责任公司。

本标准主要起草人：唐一凡、栾燕、王丽萍、孙萍、张险峰、戴强。

本标准于 1965 年 1 月首次发布，1979 年 10 月第一次修订，1988 年 6 月第二次修订。

碳　素　结　构　钢

1　范围

本标准规定了碳素结构钢的牌号、尺寸、外形、重量及允许偏差、技术要求、试验方法、检验规则、包装、标志和质量证明书。

本标准适用于一般以交货状态使用，通常用于焊接、铆接、栓接工程结构用热轧钢板、钢带、型钢和钢棒。

本标准规定的化学成分也适用于钢锭、连铸坯、钢坯及其制品。

2　规范性引用文件

下列文件中的条款通过本标准的引用而成为本标准的条款。凡是注日期的引用文件，其随后所有的修改单(不包括勘误的内容)或修订版均不适用于本标准，然而，鼓励根据本标准达成协议的各方研究是否可使用这些文件的最新版本。凡是不注日期的引用文件，其最新版本适用于本标准。

GB/T 222—2006　钢的成品化学成分允许偏差

GB/T 223.3　钢铁及合金化学分析方法　二安替比林甲烷磷钼酸重量法测定磷量

GB/T 223.10　钢铁及合金化学分析方法　铜铁试剂分离-铬天青 S 光度法测定铝含量

GB/T 223.11　钢铁及合金化学分析方法　过硫酸铵氧化容量法测定铬量

GB/T 223.18　钢铁及合金化学分析方法　硫代硫酸钠分离-碘量法测定铜量

GB/T 223.19　钢铁及合金化学分析方法　新亚铜灵-三氯甲烷萃取光度法测定铜量

GB/T 223.24　钢铁及合金化学分析方法　萃取分离-丁二酮肟分光光度法测定镍量

GB/T 223.32　钢铁及合金化学分析方法　次磷酸钠还原-碘量法测定砷含量

GB/T 223.37　钢铁及合金化学分析方法　蒸馏分离-靛酚蓝光度法测定氮量

GB/T 223.58　钢铁及合金化学分析方法　亚砷酸钠-亚硝酸钠滴定法测定锰量

GB/T 223.59　钢铁及合金化学分析方法　锑磷钼蓝光度法测定磷量

GB/T 223.60　钢铁及合金化学分析方法　高氯酸脱水重量法测定硅含量

GB/T 223.63　钢铁及合金化学分析方法　高碘酸钠(钾)光度法测定锰量

GB/T 223.64　钢铁及合金化学分析方法　火焰原子吸收光谱法测定锰量

GB/T 223.68　钢铁及合金化学分析方法　管式炉内燃烧后碘酸钾滴定法测定硫含量

GB/T 223.71　钢铁及合金化学分析方法　管式炉内燃烧后重量法测定碳含量

GB/T 223.72　钢铁及合金化学分析方法　氧化铝色层分离-硫酸钡重量法测定硫量

GB/T 228　金属材料　室温拉伸试验方法　(GB/T 228—2002,eqv ISO 6892:1998)

GB/T 229　金属夏比缺口冲击试验方法(GB/T 229—1994,eqv ISO 83:1976,eqv ISO 148:1983)

GB/T 232　金属材料　弯曲试验方法(GB/T 232—1999,eqv ISO 7438:1985)

GB/T 247　钢板和钢带检验、包装、标志及质量证明书的一般规定

GB/T 2101　型钢验收、包装、标志及质量证明书的一般规定

GB/T 2975　钢及钢产品　力学性能试验取样位置及试样制备(GB/T 2975—1998,eqv ISO 377:1997)

GB/T 4336　碳素钢和中低合金钢　火花源原子发射光谱分析方法(常规法)

GB/T 20066　钢和铁　化学成分测定用试样的取样和制样方法(GB/T 20066—2006,ISO 14284:1996,IDT)

3 牌号表示方法和符号

3.1 牌号表示方法

钢的牌号由代表屈服强度的字母、屈服强度数值、质量等级符号、脱氧方法符号等 4 个部分按顺序组成。例如：Q235AF。

3.2 符号

Q——钢材屈服强度“屈”字汉语拼音首位字母；

A、B、C、D——分别为质量等级；

F——沸腾钢“沸”字汉语拼音首位字母；

Z——镇静钢“镇”字汉语拼音首位字母；

TZ——特殊镇静钢“特镇”两字汉语拼音首位字母。

在牌号组成表示方法中，“Z”与“TZ”符号可以省略。

4 尺寸、外形、重量及允许偏差

钢板、钢带、型钢和钢棒的尺寸、外形、重量及允许偏差应分别符合相应标准的规定。

5 技术要求

5.1 牌号和化学成分

5.1.1 钢的牌号和化学成分(熔炼分析)应符合表 1 的规定。

表 1

<table>
<tr><th rowspan="2">牌号</th><th rowspan="2">统一数字代号[a]</th><th rowspan="2">等级</th><th rowspan="2">厚度(或直径)/mm</th><th rowspan="2">脱氧方法</th><th colspan="5">化学成分(质量分数)/%，不大于</th></tr>
<tr><th>C</th><th>Si</th><th>Mn</th><th>P</th><th>S</th></tr>
<tr><td>Q195</td><td>U11952</td><td>—</td><td>—</td><td>F、Z</td><td>0.12</td><td>0.30</td><td>0.50</td><td>0.035</td><td>0.040</td></tr>
<tr><td rowspan="2">Q215</td><td>U12152</td><td>A</td><td rowspan="2">—</td><td rowspan="2">F、Z</td><td rowspan="2">0.15</td><td rowspan="2">0.35</td><td rowspan="2">1.20</td><td rowspan="2">0.045</td><td>0.050</td></tr>
<tr><td>U12155</td><td>B</td><td>0.045</td></tr>
<tr><td rowspan="4">Q235</td><td>U12352</td><td>A</td><td rowspan="4">—</td><td rowspan="2">F、Z</td><td>0.22</td><td rowspan="4">0.35</td><td rowspan="4">1.40</td><td rowspan="2">0.045</td><td>0.050</td></tr>
<tr><td>U12355</td><td>B</td><td>0.20[b]</td><td>0.045</td></tr>
<tr><td>U12358</td><td>C</td><td>Z</td><td rowspan="2">0.17</td><td>0.040</td><td>0.040</td></tr>
<tr><td>U12359</td><td>D</td><td>TZ</td><td>0.035</td><td>0.035</td></tr>
<tr><td rowspan="5">Q275</td><td>U12752</td><td>A</td><td>—</td><td>F、Z</td><td>0.24</td><td rowspan="5">0.35</td><td rowspan="5">1.50</td><td>0.045</td><td>0.050</td></tr>
<tr><td rowspan="2">U12755</td><td rowspan="2">B</td><td>≤40</td><td rowspan="2">Z</td><td>0.21</td><td rowspan="2">0.045</td><td rowspan="2">0.045</td></tr>
<tr><td>>40</td><td>0.22</td></tr>
<tr><td>U12758</td><td>C</td><td rowspan="2">—</td><td>Z</td><td rowspan="2">0.20</td><td>0.040</td><td>0.040</td></tr>
<tr><td>U12759</td><td>D</td><td>TZ</td><td>0.035</td><td>0.035</td></tr>
</table>

a 表中为镇静钢、特殊镇静钢牌号的统一数字，沸腾钢牌号的统一数字代号如下：

Q195F——U11950；

Q215AF——U12150，Q215BF——U12153；

Q235AF——U12350，Q235BF——U12353；

Q275AF——U12750。

b 经需方同意，Q235B 的碳含量可不大于 0.22%。

5.1.1.1 D级钢应有足够细化晶粒的元素，并在质量证明书中注明细化晶粒元素的含量。当采用铝脱氧时，钢中酸溶铝含量应不小于0.015%，或总铝含量应不小于0.020%。

5.1.1.2 钢中残余元素铬、镍、铜含量应各不大于0.30%，氮含量应不大于0.008%。如供方能保证，均可不做分析。

5.1.1.2.1 氮含量允许超过5.1.1.2的规定值，但氮含量每增加0.001%，磷的最大含量应减少0.005%，熔炼分析氮的最大含量应不大于0.012%；如果钢中的酸溶铝含量不小于0.015%或总铝含量不小于0.020%，氮含量的上限值可以不受限制。固定氮的元素应在质量证明书中注明。

5.1.1.2.2 经需方同意，A级钢的铜含量可不大于0.35%。此时，供方应做铜含量的分析，并在质量证明书中注明其含量。

5.1.1.3 钢中砷的含量应不大于0.080%。用含砷矿冶炼生铁所冶炼的钢，砷含量由供需双方协议规定。如原料中不含砷，可不做砷的分析。

5.1.1.4 在保证钢材力学性能符合本标准规定的情况下，各牌号A级钢的碳、锰、硅含量可以不作为交货条件，但其含量应在质量证明书中注明。

5.1.1.5 在供应商品连铸坯、钢锭和钢坯时，为了保证轧制钢材各项性能达到本标准要求，可以根据需方要求规定各牌号的碳、锰含量下限。

5.1.2 成品钢材、连铸坯、钢坯的化学成分允许偏差应符合GB/T 222—2006中表1的规定。

氮含量允许超过规定值，但必须符合5.1.1.2.1条的要求，成品分析氮含量的最大值应不大于0.014%；如果钢中的铝含量达到5.1.1.2.1规定的含量，并在质量证明书中注明，氮含量上限值可不受限制。

沸腾钢成品钢材和钢坯的化学成分偏差不作保证。

5.2 冶炼方法

钢由氧气转炉或电炉冶炼。除非需方有特殊要求并在合同中注明，冶炼方法一般由供方自行选择。

5.3 交货状态

钢材一般以热轧、控轧或正火状态交货。

5.4 力学性能

5.4.1 钢材的拉伸和冲击试验结果应符合表2的规定，弯曲试验结果应符合表3的规定。

5.4.2 用Q195和Q235B级沸腾钢轧制的钢材，其厚度（或直径）不大于25 mm。

5.4.3 做拉伸和冷弯试验时，型钢和钢棒取纵向试样；钢板、钢带取横向试样，断后伸长率允许比表2降低2%（绝对值）。窄钢带取横向试样如果受宽度限制时，可以取纵向试样。

5.4.4 如供方能保证冷弯试验符合表3的规定，可不作检验。A级钢冷弯试验合格时，抗拉强度上限可以不作为交货条件。

5.4.5 厚度不小于12 mm或直径不小于16 mm的钢材应做冲击试验，试样尺寸为10 mm×10 mm×55 mm。经供需双方协议，厚度为6 mm～12 mm或直径为12 mm～16 mm的钢材可以做冲击试验，试样尺寸为10 mm×7.5 mm×55 mm或10 mm×5 mm×55 mm或10 mm×产品厚度×55 mm。在附录A中给出规定的冲击吸收功值，如：当采用10 mm×5 mm×55 mm试样时，其试验结果应不小于规定值的50%。

5.4.6 夏比（V型缺口）冲击吸收功值按一组3个试样单值的算术平均值计算，允许其中1个试样的单个值低于规定值，但不得低于规定值的70%。

如果没有满足上述条件，可从同一抽样产品上再取3个试样进行试验，先后6个试样的平均值不得低于规定值，允许有2个试样低于规定值，但其中低于规定值70%的试样只允许1个。

表 2

牌号	等级	屈服强度[a] R_{eH}/(N/mm²),不小于						抗拉强度[b] R_m/(N/mm²)	断后伸长率 A/%,不小于					冲击试验(V 型缺口)	
		厚度(或直径)/mm							厚度(或直径)/mm					温度/℃	冲击吸收功(纵向)/J 不小于
		≤16	>16~40	>40~60	>60~100	>100~150	>150~200		≤40	>40~60	>60~100	>100~150	>150~200		
Q195	—	195	185	—	—	—	—	315~430	33	—	—	—	—	—	—
Q215	A	215	205	195	185	175	165	335~450	31	30	29	27	26	—	—
	B													+20	27
Q235	A	235	225	215	215	195	185	370~500	26	25	24	22	21	—	—
	B													+20	27[c]
	C													0	
	D													−20	
Q275	A	275	265	255	245	225	215	410~540	22	21	20	18	17	—	—
	B													+20	27
	C													0	
	D													−20	

[a] Q195 的屈服强度值仅供参考,不作交货条件。

[b] 厚度大于 100 mm 的钢材,抗拉强度下限允许降低 20 N/mm²。宽带钢(包括剪切钢板)抗拉强度上限不作交货条件。

[c] 厚度小于 25 mm 的 Q235B 级钢材,如供方能保证冲击吸收功值合格,经需方同意,可不作检验。

表 3

牌号	试样方向	冷弯试验 180° $B=2a$[a] 钢材厚度(或直径)[b]/mm ≤60	>60~100
		弯心直径 d	
Q195	纵	0	—
	横	0.5a	
Q215	纵	0.5a	1.5a
	横	a	2a
Q235	纵	a	2a
	横	1.5a	2.5a
Q275	纵	1.5a	2.5a
	横	2a	3a

[a] B 为试样宽度,a 为试样厚度(或直径)。

[b] 钢材厚度(或直径)大于 100 mm 时,弯曲试验由双方协商确定。

5.5 表面质量

钢材的表面质量应分别符合钢板、钢带、型钢和钢棒等有关产品标准的规定。

6 试验方法

6.1 每批钢材的检验项目、取样数量、取样方法和试验方法应符合表 4 的规定。

表 4

序　　号	检验项目	取样数量/个	取样方法	试验方法
1	化学分析	1(每炉)	GB/T 20066	第 2 章中 GB/T 223 系列标准、GB/T 4336
2	拉伸	1	GB/T 2975	GB/T 228
3	冷弯			GB/T 232
4	冲击	3		GB/T 229

6.2 拉伸和冷弯试验，钢板、钢带试样的纵向轴线应垂直于轧制方向；型钢、钢棒和受宽度限制的窄钢带试样的纵向轴线应平行于轧制方向。

6.3 冲击试样的纵向轴线应平行轧制方向。冲击试样可以保留一个轧制面。

7 检验规则

7.1 钢材的检查和验收由供方技术监督部门进行，需方有权对本标准或合同所规定的任一检验项目进行检查和验收。

7.2 钢材应成批验收，每批由同一牌号、同一炉号、同一质量等级、同一品种、同一尺寸、同一交货状态的钢材组成。每批重量应不大于 60 t。

公称容量比较小的炼钢炉冶炼的钢轧成的钢材，同一冶炼、浇注和脱氧方法、不同炉号、同一牌号的 A 级钢或 B 级钢，允许组成混合批，但每批各炉号含碳量之差不得大于 0.02%，含锰量之差不得大于 0.15%。

7.3 钢材的夏比(V 型缺口)冲击试验结果不符合 5.4.6 规定时，抽样产品应报废，再从该检验批的剩余部分取两个抽样产品，在每个抽样产品上各选取新的一组 3 个试样，这两组试样的复验结果均应合格，否则该批产品不得交货。

7.4 钢材其他检验项目的复验和检验规则应符合 GB/T 247 和 GB/T 2101 的规定。

8 包装、标志、质量证明书

钢材的包装、标志和质量证明书应符合 GB/T 247 和 GB/T 2101 的规定。

附 录 A
（规范性附录）
小尺寸冲击试样的冲击吸收功值

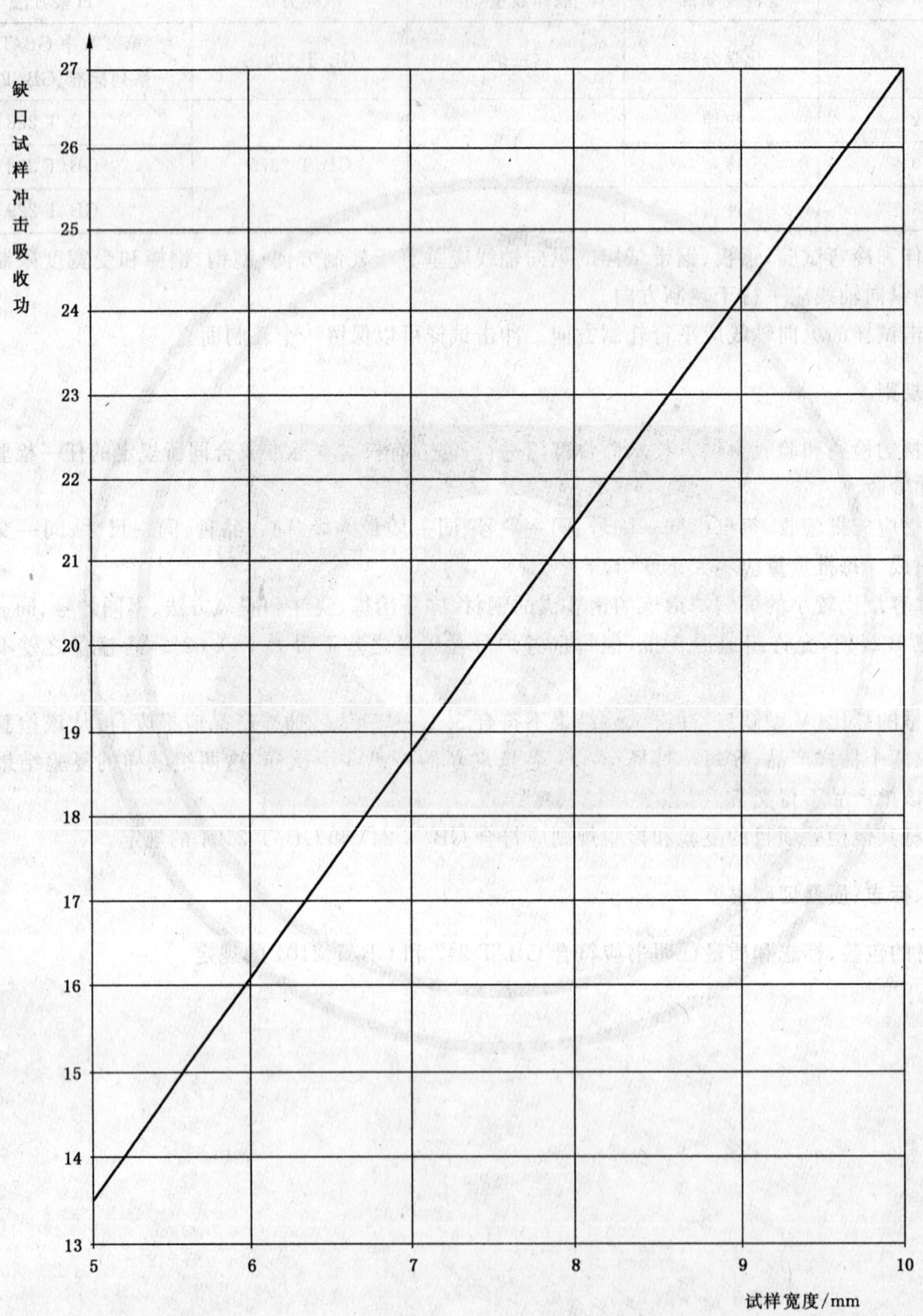

图 A.1 宽度 5 mm～10 mm 试样的最小冲击吸收功值

ICS 77.140.50
H 46

中华人民共和国国家标准

GB 712—2011
代替 GB 712—2000

船舶及海洋工程用结构钢

Ship and ocean engineering structural steel

2011-06-16 发布　　2012-02-01 实施

中华人民共和国国家质量监督检验检疫总局
中国国家标准化管理委员会　发布

前言

本标准中第2、3、4章，第6.6.2以及附录B为推荐性的，其余为强制性的。

本标准按照GB/T 1.1—2009给出的规则起草。

本标准参照中国船级社(CCS)《材料与焊接规范》对GB 712—2000《船体用结构钢》进行修订。

本标准自实施之日起，GB 712—2000《船体用结构钢》废止。

本标准与GB 712—2000相比，主要变化如下：

——修改了标准名称；

——增加了订货内容；

——增加了高强度、超高强度6个钢级的24个牌号和Z向钢Z25、Z35两个级别；

——对钢中P、S等有害元素加严控制；

——增加了高强度、超高强度钢级24个牌号的化学成分、力学性能等；

——增加了表面质量修磨面积的规定；

——钢带的表面质量允许不正常部分减少为6%；

——增加“数值修约”一章；

——增加附录A(钢材的牌号、交货状态和冲击检验批量)、附录B(各船级社规范中规定船体用钢各钢级、牌号的对应关系表)。

本标准的附录A为规范性附录，附录B为资料性附录。

本标准由中国钢铁工业协会提出。

本标准由全国钢标准化技术委员会归口。

本标准主要起草单位：鞍钢股份有限公司、冶金信息标准研究院、重庆钢铁股份有限公司、新余钢铁集团有限公司、天津钢铁集团有限公司、南京钢铁股份有限公司、湖南华菱湘潭钢铁有限公司、江苏沙钢集团有限公司、首钢总公司、湖南华菱涟源钢铁有限公司、中国船级社。

本标准主要起草人：刘徐源、朴志民、王晓虎、赵捷、曹志强、李红、赖朝彬、吴波、徐海泉、黄正玉、师莉、成小军、曹忠孝、马玉璞、原建华、陈英俊、董天真、朱爱玲、李小莉、高燕、李晓波。

本标准所代替标准的历次版本发布情况为：GB 712—1965、GB 712—1979、GB 712—1988、GB 712—2000。

船舶及海洋工程用结构钢

1 范围

本标准规定了船舶及海洋工程用结构钢的分类和牌号、订货内容、尺寸、外形、重量及允许偏差、要求、检验和试验、包装、标志和质量证明书。

本标准适用于制造远洋、沿海和内河航区航行船舶、渔船及海洋工程结构用厚度不大于150 mm的钢板、厚度不大于25.4 mm的钢带及剪切板和厚度或直径不大于50 mm的型钢(以下简称钢材)。

2 规范性引用文件

下列文件对于本文件的应用是必不可少的。凡是注日期的引用文件，仅注日期的版本适用于本文件。凡是不注日期的引用文件，其最新版本(包括所有的修改单)适用于本文件。

GB/T 222 钢的成品化学成分允许偏差

GB/T 223.5 钢铁 酸溶硅和全硅含量的测定 还原型硅钼酸盐分光光度法

GB/T 223.9 钢铁及合金 铝含量的测定 铬天青S分光光度法

GB/T 223.12 钢铁及合金化学分析方法 碳酸钠分离-二苯碳酰二肼光度法测定铬量

GB/T 223.14 钢铁及合金化学分析方法 钽试剂萃取光度法测定钒含量

GB/T 223.16 钢铁及合金化学分析方法 变色酸光度法测定钛量

GB/T 223.19 钢铁及合金化学分析方法 新亚铜灵-三氯甲烷萃取光度法测定铜量

GB/T 223.23 钢铁及合金 镍含量的测定 丁二铜肟分光光度法

GB/T 223.25 钢铁及合金化学分析方法 丁二铜肟重量法测定镍量

GB/T 223.26 钢铁及合金 钼含量的测定 硫氰酸盐分光光度法

GB/T 223.37 钢铁及合金化学分析方法 蒸馏分离-靛酚蓝光度法测定氮量

GB/T 223.40 钢铁及合金 铌含量的测定 氯磺酚S分光光度法

GB/T 223.62 钢铁及合金化学分析方法 乙酸丁酯萃取光度法测定磷量

GB/T 223.63 钢铁及合金化学分析方法 高碘酸钠(钾)光度法测定锰量

GB/T 223.67 钢铁及合金 硫含量的测定 次甲基蓝分光光度法

GB/T 223.69 钢铁及合金 碳含量的测定 管式炉内燃烧后气体容量法

GB/T 228.1 金属材料拉伸 第1部分:室温试验方法(GB/T 228.1—2011,ISO 6892-1:2009,MOD)

GB/T 229 金属材料 夏比摆锤冲击试验方法

GB/T 247 钢板和钢带包装、标志及质量证明书的一般规定

GB/T 709 热轧钢板和钢带的尺寸、外形、重量及允许偏差

GB/T 2101 型钢验收、包装、标志及质量证明书的一般规定

GB/T 2970 厚钢板超声波检验方法

GB/T 2975 钢及钢产品 力学性能试验取样位置及试样的制备

GB/T 4336 碳素钢和中低合金钢 火花源原子发射光谱分析方法(常规法)

GB/T 5313 厚度方向性能钢板

GB/T 17505 钢及钢产品交货一般技术要求

GB/T 20066 钢和铁 化学成分测定用试样的取样和制样方法

GB/T 20123 钢铁 总碳硫含量的测定 高频感应炉燃烧后红外吸收法(常规方法)

GB/T 20124 钢铁 氮含量的测定 惰性气体熔融热导法(常规方法)

GB/T 20125 低合金钢 多元素含量的测定 电感耦合等离子体原子发射光谱法

YB/T 081 冶金技术标准的数值修约与检测数据的判定原则

3 分类及牌号

钢材按强度级别分为：一般强度、高强度和超高强度船舶及海洋工程结构用钢三类。

钢材的牌号、Z 向钢级别及用途应符合表 1 的规定。

表 1

牌　　号	Z 向钢	用　途
A、B、D、E	Z25、Z35	一般强度船舶及海洋工程用结构钢
AH32、DH32、EH32、FH32 AH36、DH36、EH36、FH36 AH40、DH40、EH40、FH40	Z25、Z35	高强度船舶及海洋工程用结构钢
AH420、DH420、EH420、FH420 AH460、DH460、EH460、FH460 AH500、DH500、EH500、FH500 AH550、DH550、EH550、FH550 AH620、DH620、EH620、FH620 AH690、DH690、EH690、FH690	Z25、Z35	超高强度船舶及海洋工程用结构钢

4 订货内容

4.1 按本标准订货的合同或订单应包括下列内容：

a) 本标准编号；
b) 牌号；
c) 规格；
d) 重量；
e) 尺寸及尺寸、外形精度；
f) 交货状态；
g) 标志；
h) 特殊要求。

4.2 订货合同对 e)～g)项内容未明确时，可由供方自行确定。

5 尺寸、外形、重量及允许偏差

钢板和钢带的尺寸、外形、重量及允许偏差应符合 GB/T 709 的规定，厚度下偏差为－0.30 mm。型钢的尺寸、外形、重量及允许偏差应符合相应标准的规定。

6 要求

6.1 牌号和化学成分

6.1.1 一般强度级、高强度级钢材的牌号和化学成分(熔炼分析)应符合表 2 的规定。以 TMCP 状态交货的高强度级钢材，其碳当量最大值应符合表 3 的规定。

6.1.2 超高强度级钢材的牌号和化学成分(熔炼分析)应符合表 4 的规定。

6.1.3 钢材的化学成分允许偏差应符合 GB/T 222 的规定。

表 2

<table>
<tr><th rowspan="2">牌号</th><th colspan="14">化学成分[e,f,g,h](质量分数)/%</th></tr>
<tr><th>C</th><th>Si</th><th>Mn</th><th>P</th><th>S</th><th>Cu</th><th>Cr</th><th>Ni</th><th>Nb</th><th>V</th><th>Ti</th><th>Mo</th><th>N</th><th>Als[d]</th></tr>
<tr><td>A</td><td rowspan="3">≤0.21[a]</td><td>≤0.50</td><td>≥0.50</td><td rowspan="2">≤0.035</td><td rowspan="2">≤0.035</td><td rowspan="4">≤0.35</td><td rowspan="4">≤0.30</td><td rowspan="4">≤0.30</td><td rowspan="4">—</td><td rowspan="4">—</td><td rowspan="4">—</td><td rowspan="4">—</td><td rowspan="4">—</td><td rowspan="2">—</td></tr>
<tr><td>B</td><td rowspan="3">≤0.35</td><td>≥0.80[b]</td></tr>
<tr><td>D</td><td>≥0.60</td><td>≤0.030</td><td>≤0.030</td><td rowspan="2">≥0.015</td></tr>
<tr><td>E</td><td>≤0.18</td><td>≥0.70</td><td>≤0.025</td><td>≤0.025</td></tr>
<tr><td>AH32</td><td rowspan="9">≤0.18</td><td rowspan="12">≤0.50</td><td rowspan="12">0.90~1.60[c]</td><td rowspan="3">≤0.030</td><td rowspan="3">≤0.030</td><td rowspan="12">≤0.35</td><td rowspan="12">≤0.20</td><td rowspan="9">≤0.40</td><td rowspan="12">0.02~0.05</td><td rowspan="12">0.05~0.10</td><td rowspan="12">≤0.02</td><td rowspan="12">≤0.08</td><td rowspan="9">—</td><td rowspan="12">≥0.015</td></tr>
<tr><td>AH36</td></tr>
<tr><td>AH40</td></tr>
<tr><td>DH32</td><td rowspan="6">≤0.025</td><td rowspan="6">≤0.025</td></tr>
<tr><td>DH36</td></tr>
<tr><td>DH40</td></tr>
<tr><td>EH32</td></tr>
<tr><td>EH36</td></tr>
<tr><td>EH40</td></tr>
<tr><td>FH32</td><td rowspan="3">≤0.16</td><td rowspan="3">≤0.020</td><td rowspan="3">≤0.020</td><td rowspan="3">≤0.80</td><td rowspan="3">≤0.009</td></tr>
<tr><td>FH36</td></tr>
<tr><td>FH40</td></tr>
</table>

a A级型钢的C含量最大可到0.23%。

b B级钢材做冲击试验时,Mn含量下限可到0.60%。

c 当AH32~EH40级钢材的厚度≤12.5 mm时,Mn含量的最小值可为0.70%。

d 对于厚度大于25 mm的D级、E级钢材的铝含量应符合表中规定;可测定总铝含量代替酸溶铝含量,此时总铝含量应不小于0.020%。经船级社同意,也可使用其他细化晶粒元素。

e 细化晶粒元素Al、Nb、V、Ti可单独或以任一组合形式加入钢中。当单独加入时,其含量应符合本表的规定;若混合加入两种或两种以上细化晶粒元素时,表中细晶元素含量下限的规定不适用,同时要求Nb+V+Ti≤0.12%。

f 当F级钢中含铝时,N≤0.012%。

g A、B、D、E的碳当量Ceq≤0.40%。碳当量计算公式:Ceq=C+Mn/6。

h 添加的任何其他元素,应在质量证明中注明。

表 3

牌号	碳当量[a,b]/%		
	钢材厚度≤50 mm	50 mm<钢材厚度≤100 mm	100 mm<钢材厚度≤150 mm
AH32、DH32、EH32、FH32	≤0.36	≤0.38	≤0.40
AH36、DH36、EH36、FH36	≤0.38	≤0.40	≤0.42
AH40、DH40、EH40、FH40	≤0.40	≤0.42	≤0.45

a 碳当量计算公式：Ceq=C+Mn/6+(Cr+Mo+V)/5+(Ni+Cu)/15。

b 根据需要，可用裂纹敏感系数 Pcm 代替碳当量，其值应符合船级社接受的有关标准。裂纹敏感系数计算公式：Pcm=C+Si/30+Mn/20+Cu/20+Ni/60+Cr/20+Mo/15+V/10+5B。

表 4

牌号	化学成分[a,b](质量分数)/%					
	C	Si	Mn	P	S	N
AH420 AH460 AH500 AH550 AH620 AH690	≤0.21	≤0.55	≤1.70	≤0.030	≤0.030	≤0.020
DH420 DH460 DH500 DH550 DH620 DH690	≤0.20	≤0.55	≤1.70	≤0.025	≤0.025	
EH420 EH460 EH500 EH550 EH620 EH690	≤0.20	≤0.55	≤1.70	≤0.025	≤0.025	
FH420 FH460 FH500 FH550 FH620 FH690	≤0.18	≤0.55	≤1.60	≤0.020	≤0.020	

a 添加的合金化元素及细化晶粒元素 Al、Nb、V、Ti 应符合船级社认可或公认的有关标准规定。

b 应采用表 3 中公式计算裂纹敏感系数 Pcm 代替碳当量，其值应符合船级社认可的标准。

6.2 冶炼方法

钢由转炉或电炉冶炼，需要时，应进行炉外精炼。

6.3 交货状态

钢材的交货状态应符合附录 A 的规定。

6.4 力学性能

6.4.1 钢材的力学性能应符合表 5 和表 6 的规定。

6.4.2 对厚度为 6 mm～＜12 mm 的钢材取冲击试验试样时，可分别取 5 mm×10 mm×55 mm 和 7.5 mm×10 mm×55 mm 的小尺寸试样，此时冲击功值分别为不小于规定值的 2/3 和 5/6。优先采用较大尺寸的试样。

6.4.3 钢材的冲击试验结果按一组 3 个试样的算术平均值进行计算，允许其中有 1 个试验值低于规定值，但不应低于规定值的 70%。

6.4.4 Z 向钢厚度方向断面收缩率应符合表 7 的规定。3 个试样的算术平均值应不低于表 7 规定的平均值，仅允许其中一个试样的单值低于表 7 规定的平均值，但不得低于表 7 中相应钢级的最小单值。

表 5

牌号	拉伸试验[a,b]			V 型冲击试验						
	上屈服强度 R_{eH}/MPa	抗拉强度 R_m/MPa	断后伸长率 A/%	试验温度/℃	以下厚度(mm)冲击吸收能量 KV_2/J					
					≤50		＞50～70		＞70～150	
					纵向	横向	纵向	横向	纵向	横向
					不小于					
A[c]	≥235	400～520	≥22	20	—	—	34	24	41	27
B[d]				0	27	20	34	24	41	27
D				−20						
E				−40						
AH32	≥315	450～570		0	31	22	38	26	46	31
DH32				−20						
EH32				−40						
FH32				−60						
AH36	≥355	490～630	≥21	0	34	24	41	27	50	34
DH36				−20						
EH36				−40						
FH36				−60						
AH40	≥390	510～660	≥20	0	41	27	46	31	55	37
DH40				−20						
EH40				−40						
FH40				−60						

[a] 拉伸试验取横向试样。经船级社同意，A 级型钢的抗拉强度可超上限。

[b] 当屈服不明显时，可测量 $R_{P0.2}$ 代替上屈服强度。

[c] 冲击试验取纵向试样，但供方应保证横向冲击性能。型钢不进行横向冲击试验。厚度大于 50 mm 的 A 级钢，经细化晶粒处理并以正火状态交货时，可不做冲击试验。

[d] 厚度不大于 25 mm 的 B 级钢、以 TMCP 状态交货的 A 级钢，经船级社同意可不做冲击试验。

表 6

钢级	拉伸试验[a,b]			V 型冲击试验		
	上屈服强度 R_{eH}/MPa	抗拉强度 R_m/MPa	断后伸长率 A/%	试验温度/℃	冲击吸收能量 KV_2/J	
					纵向	横向
					不小于	
AH420	≥420	530～680	≥18	0	42	28
DH420				−20		
EH420				−40		
FH420				−60		
AH460	≥460	570～720	≥17	0	46	31
DH460				−20		
EH460				−40		
FH460				−60		
AH500	≥500	610～770	≥16	0	50	33
DH500				−20		
EH500				−40		
FH500				−60		
AH550	≥550	670～830	≥16	0	55	37
DH550				−20		
EH550				−40		
FH550				−60		
AH620	≥620	720～890	≥15	0	62	41
DH620				−20		
EH620				−40		
FH620				−60		
AH690	≥690	770～940	≥14	0	69	46
DH690				−20		
EH690				−40		
FH690				−60		

[a] 拉伸试验取横向试样。冲击试验取纵向试样，但供方应保证横向冲击性能。

[b] 当屈服不明显时，可测量 $R_{P0.2}$ 代替上屈服强度。

表 7

厚度方向断面收缩率/%	Z 向性能级别	
	Z25	Z35
3 个试样平均值	≥25	≥35
单个试样值	≥15	≥25

6.5 表面质量

6.5.1 钢材表面不应有气泡、结疤、裂纹、折叠、夹杂和压入氧化铁皮等有害缺陷。钢材不应有肉眼可见的分层。

6.5.2 钢材的表面允许有不妨碍检查表面缺陷的薄层氧化铁皮、铁锈及由于压入氧化铁皮和轧辊所造成的不明显的粗糙、网纹、划痕及其他局部缺陷，但其深度不应大于钢材厚度的负偏差，并应保证钢材允许的最小厚度。

6.5.3 钢材的表面缺陷允许用修磨方法清除，清理处应平滑无棱角，清理后钢材任何部位的厚度不应小于公称厚度的93%，且减薄量应不大于3 mm；单个修磨面积应不大于0.25 m^2，局部修磨面积之和不应大于总面积的2%，两个修磨面之间的距离应大于它们的平均宽度，否则认为是一个修磨面。焊补应符合中国船级社规范的规定。

6.5.4 对于钢带，由于没有机会去除表面带缺陷部分，故允许表面带有一定的缺陷，但每卷钢带缺陷部分的长度不应大于钢带总长度的6%。

6.6 无损检验

6.6.1 Z向钢板应进行超声波探伤，探伤级别应在合同中注明。

6.6.2 根据需方要求，经供需双方协议，其他钢板也可进行无损检验。

7 检验和试验

7.1 外观、尺寸和外形检查

7.1.1 钢材的外观应目视检查。

7.1.2 钢材的尺寸和外形用合适的测量工具检查。钢板厚度的测量部位应在距钢板的侧边不小于10 mm任意处，钢带厚度的测量部位应在距钢带的侧边不小于40 mm任意处。

7.2 其他各项检验

每批钢材的检验项目、取样数量、取样方法和试验方法应符合表8的规定。

表8

序号	检验项目	取样数量/个	取样方法	试验方法
1	化学成分	1/炉	GB/T 20066	GB/T 223、GB/T4336 GB/T 20123、GB/T 20124、GB/T 20125
2	拉伸试验	1/批	GB/T 2975	GB/T 228.1
3	冲击试验	3/批	GB/T 2975	GB/T 229
4	Z向钢厚度方向断面收缩	3/批	GB/T 5313	GB/T 5313
5	超声波探伤检验	逐张	—	GB/T 2970
6	表面质量	逐张/逐件	—	目视及测量
7	尺寸、外形	逐张/逐件	—	合适的量具

7.3 组批

7.3.1 钢材应成批验收。每批应由同一牌号、同一炉号、同一交货状态、厚度差小于10 mm的钢材组成。

7.3.2 对于拉伸试验，每批钢材的重量不大于50 t；对于冲击试验，其批量应符合附录A的规定。

7.3.3 Z向钢按轧制坯验收。当Z25钢硫含量不大于0.005%时，可按批检验，每批重量不大于50 t。

7.4 取样位置

7.4.1 拉伸试验试样应在每一批中最厚的钢材上制取。当钢材的厚度不大于 40 mm 时，取全截面矩形试样，试样宽度为 25 mm。当试验机能力不足时，可在试样的一个轧制面加工，使厚度减薄至 25 mm。当钢材的厚度大于 40 mm 时，取圆截面试样，其轴线距钢材表面应为钢材 1/4 厚度处或尽量接近此位置，试样的直径为 14 mm；可根据试验机能力，采用全截面试样。

7.4.2 冲击试验试样也应在每一批中最厚的钢材上制取，其方向为纵向。

当钢材的厚度不大于 40 mm 时，冲击试样应为近表面试样，试样边缘距一个轧制面小于 2 mm；当钢材的厚度大于 40 mm 时，试样轴线应位于钢材 1/4 厚度处或尽量接近此位置。缺口应垂直于原轧制面。

7.5 复验与判定

7.5.1 拉伸试验的复验与判定

钢材拉伸试验的复验与判定按符合 GB/T 17505 的规定。

7.5.2 Z 向钢厚度方向断面收缩率的复验与判定

图 1 规定了允许复验的三种情况。在这些情况下，需要对剩余的 3 个备用试样进行试验。6 个试样的平均值应大于规定的最小平均值，低于平均值的结果不大于 2 个，但不得低于表 7 规定的最小单值。否则该批钢材不能验收。

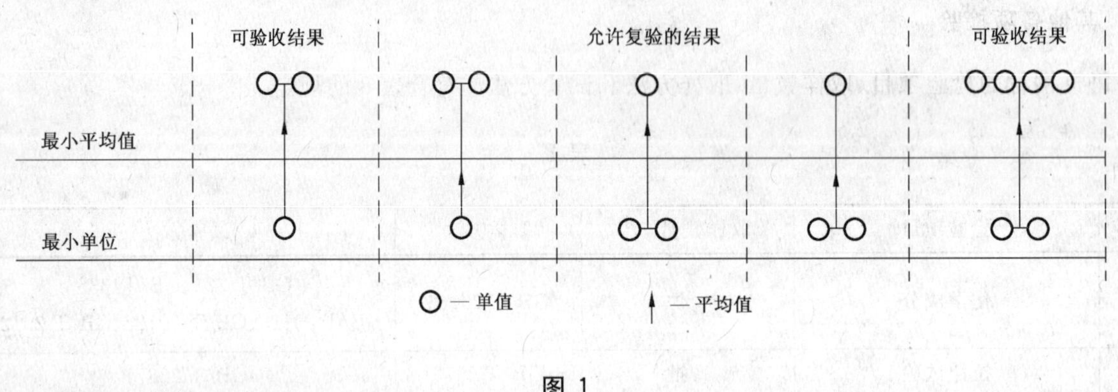

图 1

7.5.3 冲击试验的复验与判定

7.5.3.1 单件钢材的复验

当一组 3 个试样的冲击试验结果不合格时，若低于规定平均值的试样不多于 2 个，且低于规定平均值 70%的试样不多于 1 个，可在原取样钢材附近再取一组 3 个试样进行复验。前后两组 6 个试样的算术平均值不应低于规定的平均值，且低于规定平均值的试样不应超过 2 个，其中低于规定平均值 70%的试样不应超过 1 个，否则该件钢材不能验收。

7.5.3.2 批量钢材的复验

如果单件钢材的复验不符合要求，将该件钢材挑出。可在该批钢材中另取两件钢材，每件钢材各取一组试样进行再验。再验的每组试验结果都应符合要求，否则，该批不能验收。

7.5.4 重新热处理

对复验不合格的钢材，允许进行重新热处理并按新的一批提交验收。

8 包装、标志和质量证明书

钢材的包装、标志和质量证明书应符合 GB/T 247、GB/T 2101 的规定。

9 数值修约

数值修约应符合 YB/T 081 的规定。

附 录 A
（规范性附录）
钢材的牌号、交货状态和冲击检验批量

钢材的牌号、交货状态和冲击检验批量应符合表 A.1～A.3 的规定。

表 A.1

牌号	脱氧方法	产品形式	交货状态				
			钢材厚度 t/mm				
			t≤12.5	12.5<t≤25	25<t≤35	35<t≤50	50<t≤150
A	沸腾	型材	A(—)	—			—
	厚度不大于 50 mm 除沸腾钢外任何方法；厚度大于 50 mm 镇静处理	板材	A(—)				N(—)、TM(—)、CR(50)、AR＊(50)
		型材	A(—)				—
B	厚度不大于 50 mm 除沸腾钢外任何方法；厚度大于 50 mm 镇静处理	板材	A(—)		A(50)		N(50)、CR(25)、TM(50)、AR＊(25)
		型材					—
D	镇静处理	板材 型材	A(50)		—		
	镇静和细化晶粒处理	板材	A(50)			CR(50)、N(50)、TM(50) AR＊(25)	CR(25)、N(50)、TM(50)
		型材					—
E	镇静和细化晶粒处理	板材	N(每件)、TM(每件)				
		型材	N(25)、TM(25)、AR＊(15)、CR＊(15)				—

注 1：A-任意状态；AR-热轧；CR-控轧；N-正火；TM(TMCP)-温度-形变控制轧制。AR＊：经船级社特别认可后，可采用热轧状态交货；CR＊经船级社特别认可后，可采用控制轧制状态交货。

注 2：括号内的数值表示冲击试样的取样批量(单位为吨)，(—)表示不作冲击试验。由同一块板坯轧制的所有钢板应视为一件。

注 3：所有钢级的 Z25/Z35，细化晶粒元素、厚度范围、交货状态与相应的钢级一致。

表 A.2

钢材等级	细化晶粒元素	产品型式	交货状态(冲击试验取样批量)					
			厚度 t/mm					
			t≤12.5	12.5<t≤20	20<t≤25	25<t≤35	35<t≤50	50<t≤150
A32 A36	Nb 和/或 V	板材	A(50)	N(50),CR(50),TM(50)				N(50),CR(50),TM(50)
		型材	A(50)	N(50),CR(50),TM(50),AR＊(25)				—
	Al 或 Al 和 Ti	板材	A(50)		AR＊(25)		—	
					N(50),CR(50),TM(50)			N(50),CR(25),TM(50)
		型材	A(50)	N(50),CR(50),TM(50),AR＊(25)				—

表 A.2（续）

<table>
<tr><th rowspan="3">钢材等级</th><th rowspan="3">细化晶粒元素</th><th rowspan="3">产品型式</th><th colspan="6">交货状态(冲击试验取样批量)</th></tr>
<tr><th colspan="6">厚度 t/mm</th></tr>
<tr><th>t≤12.5</th><th>12.5<t≤20</th><th>20<t≤25</th><th>25<t≤35</th><th>35<t≤50</th><th>50<t≤150</th></tr>
<tr><td rowspan="2">A40</td><td rowspan="2">任意</td><td>板材</td><td>A(50)</td><td colspan="4">N(50),CR(50),TM(50)</td><td>N(50),TM(50)，QT(每热处理长度)</td></tr>
<tr><td>型材</td><td>A(50)</td><td colspan="4">N(50),CR(50),TM(50)</td><td>—</td></tr>
<tr><td rowspan="5">D32
D36</td><td rowspan="2">Nb 和/或 V</td><td>板材</td><td>A(50)</td><td colspan="4">N(50),CR(25),TM(50)</td><td>N(50),CR(25),TM(50)</td></tr>
<tr><td>型材</td><td>A(50)</td><td colspan="4">N(50),CR(50),TM(50),AR＊(25)</td><td>—</td></tr>
<tr><td rowspan="3">Al 或 Al 和 Ti</td><td rowspan="2">板材</td><td colspan="2" rowspan="2">A(50)</td><td>AR＊(25)</td><td colspan="3">—</td></tr>
<tr><td colspan="3">N(50),CR(25),TM(50)</td><td>N(50),CR(25),TM(50)</td></tr>
<tr><td>型材</td><td colspan="2">A(50)</td><td colspan="3">N(50),CR(50),TM(50),AR＊(25)</td><td>—</td></tr>
<tr><td rowspan="2">D40</td><td rowspan="2">任意</td><td>板材</td><td colspan="5">N(50),CR(50),TM(50)</td><td>N(50),TM(50)，QT(每热处理长度)</td></tr>
<tr><td>型材</td><td colspan="5">N(50),CR(50),TM(50)</td><td>—</td></tr>
<tr><td rowspan="2">E32
E36</td><td rowspan="2">任意</td><td>板材</td><td colspan="6">N(每件),TM(每件)</td></tr>
<tr><td>型材</td><td colspan="5">N(25),TM(25),AR＊(15),CR＊(15)</td><td>—</td></tr>
<tr><td rowspan="2">E40</td><td rowspan="2">任意</td><td>板材</td><td colspan="6">N(每件),TM(每件),QT(每热处理长度)</td></tr>
<tr><td>型材</td><td colspan="5">N(25),TM(25),QT(25)</td><td>—</td></tr>
<tr><td rowspan="2">F32
F36</td><td rowspan="2">任意</td><td>板材</td><td colspan="6">N(每件),TM(每件),QT(每热处理长度)</td></tr>
<tr><td>型材</td><td colspan="5">N(25),TM(25),QT(25),CR＊(15)</td><td>—</td></tr>
<tr><td rowspan="2">F40</td><td rowspan="2">任意</td><td>板材</td><td colspan="6">N(每件),TM(每件),QT(每一热处理长度)</td></tr>
<tr><td>型材</td><td colspan="5">N(25),TM(25),QT(25)</td><td>—</td></tr>
<tr><td colspan="9">注 1：A-任意状态；CR-控轧；N-正火；TM(TMCP)-温度-形变控制轧制；AR＊：经船级社特别认可后，可采用热轧状态交货；CR＊经船级社特别认可后，可采用控制轧制状态交货；QT：淬火加回火。
注 2：括号中的数值表示冲击试样的取样批量(单位为吨)，(—)表示不作冲击试验。</td></tr>
</table>

表 A.3

<table>
<tr><th rowspan="2">钢材等级</th><th rowspan="2">细化晶粒元素</th><th rowspan="2">产品型式</th><th colspan="2">交货状态(冲击试验取样批量)</th></tr>
<tr><th>厚度 t/mm</th><th>供货状态</th></tr>
<tr><td rowspan="2">AH420、AH460、AH500、AH550、AH620、AH690</td><td rowspan="2">任意</td><td>板材</td><td>t≤150</td><td rowspan="2">TM(50)、QT(50)、TM+T(50)</td></tr>
<tr><td>型材</td><td>t≤50</td></tr>
<tr><td rowspan="2">DH420、DH460、DH500、DH550、DH620、DH690</td><td rowspan="2">任意</td><td>板材</td><td>t≤150</td><td rowspan="2">TM(50)、QT(50)、TM+T(50)</td></tr>
<tr><td>型材</td><td>t≤50</td></tr>
<tr><td rowspan="2">EH420、EH460、EH500、EH550、EH620、EH690</td><td rowspan="2">任意</td><td>板材</td><td>t≤150</td><td rowspan="2">TM(每件)、QT(每件)、TM+T(每件)</td></tr>
<tr><td>型材</td><td>t≤50</td></tr>
<tr><td rowspan="2">FH420、FH460、FH500、FH550、FH620、FH690</td><td rowspan="2">任意</td><td>板材</td><td>t≤150</td><td rowspan="2">TM(每件)、QT(每件)、TM+T(每件)</td></tr>
<tr><td>型材</td><td>t≤50</td></tr>
<tr><td colspan="5">注 1：TM(TMCP)-温度-形变控制轧制；QT-淬火加回火；TM(TMCP)＋T-温度-形变控制轧制＋回火。
注 2：括号中的数值表示冲击试样的取样批量(单位为吨)。</td></tr>
</table>

附 录 B
（资料性附录）
各船级社规范中规定船体用钢各钢级、牌号的对应关系表

各船级社规范中规定钢材各钢级、牌号的对应关系见表B.1。

表 B.1

牌号														
本标准	船级社规范													GB 712—2000
	ABS			BV	CCS	DNV	GL		KR	LR	NK	RINA	ZY	
	AR、CR	TMCP	N				AR、CR、N	TMCP						
A	AB/A	AB/A	AB/AN	BVA	CCSA	NV A	GL-A	GL-ATM	KRA	LRA	KA	RINA-A	ZYA	A
B	AB/B	AB/B	AB/BN	BVB	CCSB	NV B	GL-B	GL-BTM	KRB	LRB	KB	RINA-B	ZYB	B
D	AB/D	AB/DN	AB/DN	BVD	CCSD	NV D	GL-D	GL-DTM	KRD	LRD	KD	RINA-D	ZYD	D
E	AB/E	AB/E	AB/EN	BVE	CCSE	NV E	GL-E	GL-ETM	KRE	LRE	KE	RINA-E	—	E
AH32	AB/AH32	AB/AH32	AB/AH32N	BVAH32	CCSAH32	NV A32	GL-A32	GL-A32TM	KRAH32	LRAH32	KA32	RINA-AH32	A32	A32
DH32	AB/DH32	AB/DH32N	AB/DH32N	BVDH32	CCSDH32	NV D32	GL-D32	GL-D32TM	KRDH32	LRDH32	KD32	RINA-DH32	D32	D32
EH32	AB/EH32	AB/EH32	AB/EH32N	BVEH32	CCSEH32	NV E32	GL-E32	GL-E32TM	KREH32	LREH32	KE32	RINA-EH32	E32	E32
FH32	AB/FH32	AB/FH32	AB/FH32N	BVFH32	CCSFH32	NV F32	GL-F32	GL-F32TM	KRFH32	LRFH32	KF32	RINA-FH32	—	—
AH36	AB/AH36	AB/AH36	AB/AH36N	BVAH36	CCSAH36	NV A36	GL-A36	GL-A36TM	KRAH36	LRAH36	KA36	RINA-AH36	A36	A36
DH36	AB/DH36	AB/DH36N	AB/DH36N	BVDH36	CCSDH36	NV D36	GL-D36	GL-D36TM	KRDH36	LRDH36	KD36	RINA-DH36	D36	D36
EH36	AB/EH36	AB/EH36	AB/EH36N	BVEH36	CCSEH36	NV E36	GL-E36	GL-E36TM	KREH36	LREH36	KE36	RINA-EH36	E36	E36
FH36	AB/FH36	AB/FH36	AB/FH36N	BVFH36	CCSFH36	NV F36	GL-F36	GL-F36TM	KRFH36	LRFH36	KF36	RINA-FH36	—	—
AH40	AB/AH40	AB/AH40	AB/AH40N	BVAH40	CCSAH40	NV A40	GL-A40	GL-A40TM	KRAH40	LRAH40	KA40	RINA-AH40	—	—
DH40	AB/DH40	AB/DH40N	AB/DH40N	BVDH40	CCSDH40	NV D40	GL-D40	GL-D40TM	KRDH40	LRDH40	KD40	RINA-DH40	—	—
EH40	AB/EH40	AB/EH40	AB/EH40N	BVEH40	CCSEH40	NV E40	GL-E40	GL-E40TM	KREH40	LREH40	KE40	RINA-EH40	—	—
FH40	AB/FH40	AB/FH40	AB/FH40N	BVFH40	CCSFH40	NV F40	GL-F40	GL-F40TM	KRFH40	LRFH40	KF40	RINA-FH40	—	—
AH420	AB/AQ43	AB/AQ43	AB/AQ43N	BVAH420	CCSAH420	NV A420	GL-A420	GL-A420TM	KRAH43	LRAH42	KA43	RINA-A420	—	—
DH420	AB/DQ43	AB/DQ43	AB/DQ43N	BVDH420	CCSDH420	NV D420	GL-D420	GL-D420TM	KRDH43	LRDH42	KD43	RINA-D420	—	—
EH420	AB/EQ43	AB/EQ43	AB/EQ43N	BVEH420	CCSEH420	NV E420	GL-E420	GL-E420TM	KREH43	LREH42	KE43	RINA-E420	—	—
FH420	AB/FQ43	AB/FQ43	AB/FQ43N	BVFH420	CCSFH420	NV F420	GL-F420	GL-F420TM	KRFH43	LRFH42	KF43	RINA-F420	—	—
AH460	AB/AQ47	AB/AQ47	AB/AQ47N	BVAH460	CCSAH460	NV A460	GL-A460	GL-A460TM	KRAH47	LRAH46	KA47	RINA-A460	—	—
DH460	AB/DQ47	AB/DQ47	AB/DQ47N	BVDH460	CCSDH460	NV D460	GL-D460	GL-D460TM	KRDH47	LRDH46	KD47	RINA-D460	—	—
EH460	AB/EQ47	AB/EQ47	AB/EQ47N	BVEH460	CCSEH460	NV E460	GL-E460	GL-E460TM	KREH47	LREH46	KE47	RINA-E460	—	—
FH460	AB/FQ47	AB/FQ47	AB/FQ47N	BVFH460	CCSFH460	NV F460	GL-F460	GL-F460TM	KRFH47	LRFH46	KF47	RINA-F460	—	—

表 B.1（续）

本标准	牌号										
	船级社规范										GB 712—2000
	ABS	BV	CCS	DNV	GL	KR	LR	NK	RINA	ZY	
AH500	AB/AQ51	BVAH500	CCSAH500	NV A500	GL-A500	KRAH51	LRAH50	KA51	RINA-A500	—	—
DH500	AB/DQ51	BVDH500	CCSDH500	NV D500	GL-D500	KRDH51	LRDH50	KD51	RINA-D500	—	—
EH500	AB/EQ51	BVEH500	CCSEH500	NV E500	GL-E500	KREH51	LREH50	KE51	RINA-E500	—	—
FH500	AB/FQ51	BVFH500	CCSFH500	NV F500	GL-F500	KRFH51	LRFH50	KF51	RINA-F500	—	—
AH550	AB/AQ56	BVAH550	CCSAH550	NV A550	GL-A550	KRAH56	LRAH55	KA56	RINA-A550	—	—
DH550	AB/DQ56	BVDH550	CCSDH550	NV D550	GL-D550	KRDH56	LRDH55	KD56	RINA-D550	—	—
EH550	AB/EQ56	BVEH550	CCSEH550	NV E550	GL-E550	KREH56	LREH55	KE56	RINA-E550	—	—
FH550	AB/FQ56	BVFH550	CCSFH550	NV F550	GL-F550	KRFH56	LRFH55	KF56	RINA-F550	—	—
AH620	AB/AQ63	BVAH620	CCSAH620	NV A620	GL-A620	KRAH63	LRAH63	KA63	RINA-A620	—	—
DH620	AB/DQ63	BVDH620	CCSDH620	NV D620	GL-D620	KRDH63	LRDH63	KD63	RINA-D620	—	—
EH620	AB/EQ63	BVEH620	CCSEH620	NV E620	GL-E620	KREH63	LREH63	KE63	RINA-E620	—	—
FH620	AB/FQ63	BVFH620	CCSFH620	NV F620	GL-F620	KRFH63	LRFH63	KF63	RINA-F620	—	—
AH690	AB/AQ70	BVAH690	CCSAH690	NV A690	GL-A690	KRAH70	LRAH70	KA70	RINA-A690	—	—
DH690	AB/DQ70	BVDH690	CCSDH690	NV D690	GL-D690	KRDH70	LRDH70	KD70	RINA-D690	—	—
EH690	AB/EQ70	BVEH690	CCSEH690	NV E690	GL-E690	KREH70	LREH70	KE70	RINA-E690	—	—
FH690	AB/FQ70	BVFH690	CCSFH690	NV F690	GL-F690	KRFH70	LRFH70	KF70	RINA-F690	—	—

ICS 77.140.50
H 46

中华人民共和国国家标准

GB/T 714—2008
代替 GB/T 714—2000

桥梁用结构钢

Structural steel for bridge

2008-12-06 发布　　　　2009-10-01 实施

中华人民共和国国家质量监督检验检疫总局
中国国家标准化管理委员会　发布

前　言

本标准参照 EN 10025:2004《结构钢热轧产品》和 ASTM A709:2005《桥梁用结构钢》，结合我国桥梁钢的生产和应用情况，对 GB/T 714—2000《桥梁用结构钢》进行修订。

本标准代替 GB/T 714—2000《桥梁用结构钢》。

与 GB/T 714—2000 相比，本标准主要变化如下：

——增加了 Q460q、Q500q、Q550q、Q620q、Q690q 钢级；

——修改了钢的化学成分的规定，加严了对磷、硫等有害元素的控制；

——修改了碳当量计算公式；

——增加了裂纹敏感系数的规定；

——增加了钢的炉外精炼要求；

——修改了钢材的交货状态；

——修改了钢材厚度效应规定；

——提高了冲击吸收能量值，取消了时效冲击的规定；

——增加了各牌号钢厚度方向性能要求；

——修改了检验规则。

本标准的附录 A 为资料性附录。

本标准由中国钢铁工业协会提出。

本标准由全国钢标准化技术委员会归口。

本标准主要起草单位：鞍钢股份有限公司、冶金工业信息标准研究院、湖南华菱湘潭钢铁有限公司、首钢总公司、邯郸钢铁集团有限责任公司。

本标准主要起草人：刘徐源、朴志民、王晓虎、曹志强、师莉、咎章国、侯华兴、李小莉。

本标准所代替标准的历次版本发布情况为：

GB/T 714—1965、GB/T 714—2000。

桥梁用结构钢

1 范围

本标准规定了桥梁用结构钢的牌号表示方法、订货内容、尺寸、外形、重量及允许偏差、技术要求、试验方法、检验规则、包装、标志和质量证明书。

本标准适用于厚度不大于 100 mm 的桥梁用结构钢板、钢带和厚度不大于 40 mm 的桥梁用结构型钢。

2 规范性引用文件

下列文件中的条款通过本标准的引用而成为本标准的条款。凡是注日期的引用文件，其随后的所有修改单(不包括勘误的内容)或修订版本均不适用于本标准，然而，鼓励根据本标准达成协议的各方研究是否可使用这些文件的最新版本。凡是不注日期的引用文件，其最新版本适用于本标准。

GB/T 222 钢的成品化学成分允许偏差

GB/T 223.5 钢铁 酸溶硅和全硅含量的测定 还原型硅钼酸盐光度分光法

GB/T 223.9 钢铁及合金铝含量的测定 铬天青 S 分光光度法

GB/T 223.12 钢铁及合金化学分析方法 碳酸钠分离-二苯碳酰二肼光度法测定铬量

GB/T 223.14 钢铁及合金化学分析方法 钽试剂萃取光度法测定钒含量

GB/T 223.16 钢铁及合金化学分析方法 变色酸光度法测定钛量

GB/T 223.19 钢铁及合金化学分析方法 新亚铜灵-三氯甲烷萃取光度法测定铜量

GB/T 223.23 钢铁及合金镍含量的测定 丁二酮肟分光光度法

GB/T 223.26 钢铁及合金 钼含量的测定 硫氰酸盐分光光度法

GB/T 223.37 钢铁及合金化学分析方法 蒸馏分离-靛酚蓝光度法测定氮量

GB/T 223.40 钢铁及合金 铌含量的测定 氯磺酚 S 分光光度法

GB/T 223.62 钢铁及合金化学分析方法 乙酸丁酯萃取光度法测定磷量

GB/T 223.63 钢铁及合金化学分析方法 高碘酸钠(钾)光度法测定锰量

GB/T 223.67 钢铁及合金 硫含量的测定 次甲基蓝分光光度法

GB/T 223.69 钢铁及合金 碳含量的测定 管式炉内燃烧后气体容量法

GB/T 223.78 钢铁及合金化学分析方法 姜黄素直接光度法测定硼含量

GB/T 228 金属材料 室温拉伸试验方法(GB/T 228—2002,eqv ISO 6892:1998)

GB/T 229 金属材料 夏比摆锤冲击试验方法(GB/T 229—2007,ISO 148-1:2006,MOD)

GB/T 232 金属材料 弯曲试验方法(GB/T 232—1999,eqv ISO 7438:1985)

GB/T 247 钢板和钢带、包装、标志及质量证明书的一般规定

GB/T 706 热轧型钢

GB/T 709 热轧钢板和钢带的尺寸、外形、重量及允许偏差

GB/T 2101 型钢验收、包装、标志及质量证明书的一般规定

GB/T 2975 钢及钢产品 力学性能试验取样位置及试样的制备(GB/T 2975—1998,eqv ISO 377:1997)

GB/T 4336 碳素钢和中低合金钢火花源原子发射光谱分析方法(常规法)

GB/T 5313 厚度方向性能钢板(GB/T 5313—1985,eqv ISO 7778:1983)

GB/T 14977 热轧钢板表面质量的一般要求

GB/T 17505　钢及钢产品交货一般技术要求(GB/T 17505—1998,eqv ISO 404:1992)

GB/T 20066　钢和铁　化学成分测定用试样的取样和制样方法(GB/T 20066—2006,ISO 14284:1996,IDT)

GB/T 20125　低合金钢　多元素含量的测定　电感耦合等离子体原子发射光谱法

YB/T 081　冶金技术标准的数值修约与检测数据的判定原则

3　牌号表示方法

钢的牌号由代表屈服强度的汉语拼音字母、屈服强度数值、桥字的汉语拼音字母、质量等级符号等几个部分组成。例如:Q420qD。其中:

Q——桥梁用钢屈服强度的"屈"字汉语拼音的首位字母;

420——屈服强度数值,单位 MPa;

q——桥梁用钢的"桥"字汉语拼音的首位字母;

D——质量等级为 D 级。

当要求钢板具有耐候性能或厚度方向性能时,则在上述规定的牌号后分别加上代表耐候的汉语拼音字母"NH"或厚度方向(Z 向)性能级别的符号,例如:Q420qDNH 或 Q420qDZ15。

4　订货内容

4.1　订货信息

订货时,需方在合同或订单中应提供下列信息:

a)　本标准号;
b)　产品名称(钢板或型钢);
c)　牌号;
d)　规格;
e)　尺寸、外形精度要求;
f)　重量;
g)　交货状态;
h)　特殊要求。

4.2　标记示例

按 GB/T 714—2008 交货的牌号为 Q420qDNH、厚度 30 mm、宽度 3 500 mm、长度 8 000 mm 的钢板,标记为:GB/T 714—2008　Q420qDNH 30×3500×8000。

5　尺寸、外形、重量及允许偏差

桥梁用结构钢板的尺寸、外形、重量及允许偏差应符合 GB/T 709 的规定。

桥梁用结构型钢的尺寸、外形、重量及允许偏差应符合 GB/T 706 的规定。

6　技术要求

6.1　牌号及化学成分

6.1.1　钢的牌号及化学成分(熔炼分析)应符合表 1 的规定。推荐使用的钢牌号及化学成分(熔炼分析)应符合表 2 的规定。

6.1.1.1　当采用全铝(Alt)含量(质量分数)计算钢中铝含量时,全铝含量应不小于 0.020%。

6.1.1.2　钢中固氮合金元素含量应在质量证明书中注明。如供方能保证氮元素含量符合表 1、表 2 的规定,可不进行氮元素含量分析。

表 1

牌号	质量等级	化学成分(质量分数)/%														
		C	Si	Mn	P	S	Nb	V	Ti	Cr	Ni	Cu	Mo	B	N	Als
					不大于											不小于
Q235q	C	≤0.17	≤0.35	≤1.40	0.030	0.030	—	—	—	0.30	0.30	0.30	—	—	0.012	0.015
	D				0.025	0.025										
	E				0.020	0.010										
Q345q	C	≤0.20	≤0.55	0.90～1.70	0.030	0.025	0.06	0.08	0.03	0.80	0.50	0.55	0.20	—	0.012	0.015
	D	≤0.18			0.025	0.020										
	E				0.020	0.010										
Q370q	C	≤0.18	≤0.55	1.00～1.70	0.030	0.025	0.06	0.08	0.03	0.80	0.50	0.55	0.20	0.004	0.012	0.015
	D				0.025	0.020										
	E				0.020	0.010										
Q420q	C	≤0.18	≤0.55	1.00～1.70	0.030	0.025	0.06	0.08	0.03	0.80	0.70	0.55	0.35	0.004	0.012	0.015
	D				0.025	0.020										
	E				0.020	0.010										
Q460q	C	≤0.18	≤0.55	1.00～1.80	0.030	0.020	0.06	0.08	0.03	0.80	0.70	0.55	0.35	0.004	0.012	0.015
	D				0.025	0.015										
	E				0.020	0.010										

表 2

牌号	质量等级	化学成分(质量分数)/%														
		C	Si	Mn[a]	P	S	Nb	V	Ti	Cr	Ni	Cu	Mo	B	N	Als
					不大于											
Q500q	D	≤0.18	≤0.55	1.00～1.70	0.025	0.015	0.06	0.08	0.03	0.80	1.00	0.55	0.40	0.004	0.012	0.015
	E				0.020	0.010										
Q550q	D	≤0.18	≤0.55	1.00～1.70	0.025	0.015	0.06	0.08	0.03	0.80	1.00	0.55	0.40	0.004	0.012	0.015
	E				0.020	0.010										
Q620q	D	≤0.18	≤0.55	1.00～1.70	0.025	0.015	0.06	0.08	0.03	0.80	1.10	0.55	0.60	0.004	0.012	0.015
	E				0.020	0.010										
Q690q	D	≤0.18	≤0.55	1.00～1.70	0.025	0.015	0.09	0.08	0.03	0.80	1.10	0.55	0.60	0.004	0.012	0.015
	E				0.020	0.010										

[a] 当碳含量不大于0.12%时，Mn含量上限可达到2.00%。

6.1.1.3 细化晶粒元素 Nb、V、Ti 可以单独加入或以任一组合形式加入。当单独加入时，其含量应符合表 1、表 2 所列值，若混合加入两种或两种以上时，总量不大于 0.12%。

6.1.1.4 耐候钢、淬火加回火钢的合金元素含量，可根据供需双方协议进行调整。

6.1.2 钢的成品化学成分允许偏差应符合 GB/T 222 的规定。

6.1.3 经供需双方协商，厚度大于 15 mm 的保证厚度方向性能的各牌号钢板，其 S 元素含量应符合表 3 的规定。

表 3

Z 向性能级别	Z15	Z25	Z35
S/%	≤0.010	≤0.007	≤0.005

6.1.4 各牌号钢的碳当量(CEV)应符合表 4、表 5、表 6 的规定。

碳当量应由熔炼分析成分并采用式(1)计算：

$$CEV = C + Mn/6 + (Cr + Mo + V)/5 + (Ni + Cu)/15 \quad \cdots\cdots\cdots\cdots\cdots\cdots(1)$$

表 4

牌号	交货状态	碳当量 CEV/%	
		厚度≤50 mm	厚度>50 mm～100 mm
Q345q	热轧、控轧、正火/正火轧制	≤0.42	≤0.43
Q370q		≤0.43	≤0.44
Q420q		≤0.44	≤0.45
Q460q		≤0.46	≤0.50

表 5

牌号	交货状态	碳当量 CEV/%	
		厚度≤50 mm	厚度>50 mm～100 mm
Q345q	热机械轧制(TMCP)	≤0.38	≤0.40
Q370q		≤0.40	≤0.42
Q420q		≤0.44	≤0.46
Q460q		≤0.45	≤0.47

表 6

牌号	交货状态	碳当量 CEV/%	
		厚度 50 mm	厚度>50 mm～100 mm
Q460q	淬火+回火、热机械轧制(TMCP)、热机械轧制(TMCP)+回火	≤0.46	≤0.48
Q500q		≤0.46	≤0.56
Q550q		—	—
Q620q		—	—
Q690q		—	—

6.1.5 当各牌号钢的碳含量不大于 0.12%时，采用焊接裂纹敏感性指数(Pcm)代替碳当量评估钢材的可焊性，Pcm 应采用式(2)由熔炼分析计算，其值应符合表 7 的规定：

$$Pcm = C + Si/30 + Mn/20 + Cu/20 + Ni/60 + Cr/20 + Mo/15 + V/10 + 5B \quad \cdots\cdots(2)$$

表 7

牌号	Pcm/%	牌号	Pcm/%
Q420q	≤0.20	Q550q	≤0.25
Q460q	≤0.23	Q620q	≤0.25
Q500q	≤0.23	Q690q	≤0.27

6.2 冶炼方法

桥梁用结构钢由转炉或电炉冶炼,并应进行炉外精炼。

6.3 交货状态

Q345q、Q370q、Q420q、Q460q、Q500q、Q550q、Q620q、Q690q 钢材的交货状态应符合表 4～表 6 的规定。

6.4 力学性能

6.4.1 钢材的力学性能应符合表 8 的规定。推荐使用的钢牌号,其力学性能应符合表 9 的规定。

表 8

<table>
<tr><th rowspan="4">牌号</th><th rowspan="4">质量等级</th><th colspan="4">拉伸试验[a,b]</th><th colspan="2">V 型冲击试验[c]</th></tr>
<tr><th colspan="2">下屈服强度 R_{eL}/MPa
厚度/mm</th><th rowspan="2">抗拉强度 R_m/MPa</th><th rowspan="2">断后伸长率 A/%</th><th rowspan="3">试验温度/℃</th><th rowspan="2">冲击吸收能量 KV_2/J</th></tr>
<tr><th>≤50</th><th>>50～100</th></tr>
<tr><th colspan="4">不小于</th><th>不小于</th></tr>
<tr><td rowspan="3">Q235q</td><td>C</td><td rowspan="3">235</td><td rowspan="3">225</td><td rowspan="3">400</td><td rowspan="3">26</td><td>0</td><td rowspan="3">34</td></tr>
<tr><td>D</td><td>−20</td></tr>
<tr><td>E</td><td>−40</td></tr>
<tr><td rowspan="3">Q345q[d]</td><td>C</td><td rowspan="3">345</td><td rowspan="3">335</td><td rowspan="3">490</td><td rowspan="3">20</td><td>0</td><td rowspan="3">47</td></tr>
<tr><td>D</td><td>−20</td></tr>
<tr><td>E</td><td>−40</td></tr>
<tr><td rowspan="3">Q370q[d]</td><td>C</td><td rowspan="3">370</td><td rowspan="3">360</td><td rowspan="3">510</td><td rowspan="3">20</td><td>0</td><td rowspan="3">47</td></tr>
<tr><td>D</td><td>−20</td></tr>
<tr><td>E</td><td>−40</td></tr>
<tr><td rowspan="3">Q420q[d]</td><td>C</td><td rowspan="3">420</td><td rowspan="3">410</td><td rowspan="3">540</td><td rowspan="3">19</td><td>0</td><td rowspan="3">47</td></tr>
<tr><td>D</td><td>−20</td></tr>
<tr><td>E</td><td>−40</td></tr>
<tr><td rowspan="3">Q460q</td><td>C</td><td rowspan="3">460</td><td rowspan="3">450</td><td rowspan="3">570</td><td rowspan="3">17</td><td>0</td><td rowspan="3">47</td></tr>
<tr><td>D</td><td>−20</td></tr>
<tr><td>E</td><td>−40</td></tr>
<tr><td colspan="8">a 当屈服不明显时,可测量 $R_{p0.2}$ 代替下屈服强度。
b 钢板及钢带的拉伸试验取横向试样,型钢的拉伸试验取纵向试样。
c 冲击试验取纵向试样。
d 厚度不大于 16 mm 的钢材,断后伸长率提高 1%(绝对值)。</td></tr>
</table>

表 9

牌号	质量等级	拉伸试验[a,b]				V型冲击试验[c]	
		下屈服强度 R_{eL}/MPa		抗拉强度 R_m/MPa	断后伸长率 A/%	试验温度/℃	冲击吸收能量 KV_2/J
		厚度/mm					
		≤50	>50～100				
		不小于					不小于
Q500q	D	500	480	600	16	−20	47
	E					−40	
Q550q	D	550	530	660	16	−20	47
	E					−40	
Q620q	D	620	580	720	15	−20	47
	E					−40	
Q690q	D	690	650	770	14	−20	47
	E					−40	

a 当屈服不明显时，可测量 $R_{p0.2}$ 代替下屈服强度。

b 拉伸试验取横向试样。

c 冲击试验取纵向试样。

6.4.2 厚度不小于 6 mm 或直径不小于 12 mm 的钢材应做冲击试验，冲击试样尺寸取 10 mm×10 mm×55 mm 的标准试样；当钢材不足以制取标准试样时，应采用 10 mm×7.5 mm×55 mm 或 10 mm×5 mm×55 mm 小尺寸试样，冲击吸收能量应分别为不小于表 8、表 9 规定值的 75%或 50%，优先采用较大尺寸试样。

6.4.3 钢材的冲击试验结果按一组 3 个试样的算术平均值进行计算，允许其中有 1 个试验值低于规定值，但不应低于规定值的 70%。

如果没有满足上述条件，应从同一抽样产品上再取 3 个试样进行试验，先后 6 个试样试验结果的算术平均值不得低于规定值，允许有 2 个试样的试验结果低于规定值，但其中低于规定值 70%的试样只允许有一个。

6.4.4 Z 向钢厚度方向断面收缩率应符合表 10 的规定。3 个试样的平均值应不低于表 10 规定的平均值，仅允许其中一个试样的单值低于表 10 规定的平均值，但不得低于表 10 中相应级别的单个试样值。

表 10

项目	Z 向钢断面收缩率 Z/%		
	Z 向性能级别		
	Z15	Z25	Z35
3 个试样平均值	≥15	≥25	≥35
单个试样值	≥10	≥15	≥25

6.5 工艺性能

钢材的弯曲试验应符合表 11 的规定，弯曲试验后试样弯曲外表面无肉眼可见裂纹。当供方保证时，可不做弯曲试验。

表 11

180°弯曲试验[a]	
厚度≤16 mm	厚度>16 mm
$d=2a$	$d=3a$

注：d 为弯心直径，a 为试样厚度。

[a] 钢板和钢带取横向试样。

6.6 表面质量

6.6.1 钢材表面不应有气泡、结疤、裂纹、折叠、夹杂和压入氧化铁皮等影响使用的有害缺陷。钢材不应有目视可见的分层。

6.6.2 钢材的表面允许有不妨碍检查表面缺陷的薄层氧化铁皮、铁锈及由于压入氧化铁皮和轧辊所造成的不明显的粗糙、网纹、划痕及其他局部缺陷，但其深度不应大于钢材厚度的公差之半，并应保证钢材允许的最小厚度。

6.6.3 钢材的表面缺陷允许用修磨等方法清除，清理处应平滑无棱角，清理深度不应大于钢材厚度的负偏差，并应保证钢材允许的最小厚度。

6.6.4 经供需双方协商，钢材表面质量可执行 GB/T 14977 的规定。

6.7 特殊要求

6.7.1 根据供需双方协议，钢材可进行无损检验，其检验标准和级别应在协议或合同中明确。

6.7.2 根据供需双方协议，钢材也可进行其他项目的检验。

7 试验方法

钢材的各项检验的检验项目、取样数量、取样方法和试验方法应符合表 12 的规定。

表 12

序号	检验项目	取样数量	取样方法	试验方法
1	化学成分(熔炼分析)	1 个/炉	GB/T 20066	GB/T 223、GB/T 4336、GB/T 20125
2	拉伸试验	1 个/批	GB/T 2975	GB/T 228
3	弯曲试验	1 个/批	GB/T 2975	GB/T 232
4	冲击试验	3 个/批	GB/T 2975	GB/T 229
5	Z 向钢厚度方向断面收缩率	3 个/批	GB/T 5313	GB/T 5313
6	无损检验	逐张或逐件	按无损检验标准规定	协商

8 检验规则

8.1 检查和验收

钢材的检查和验收由供方进行，需方有权对本标准或合同中所规定的任一检验项目进行检查和验收。

8.2 组批

钢材应成批验收。每批应由同一牌号、同一炉号、同一规格、同一轧制制度及同一热处理制度的钢材组成。每批重量不大于 60 t。

对于 Z 向钢的厚度方向力学性能试验的批量规定为：在符合上述组批要求下，当 $s \leqslant 0.005\%$时，每批钢材的重量不大于 60 t；否则，Z15 每批不大于 25 t；Z25、Z35 每批为一个轧制坯轧制的钢材。

8.3 复验与判定规则

8.3.1 力学性能的复验与判定

钢材的冲击试验结果不符合6.4.3的规定时，抽样钢材应不予验收，再从该试验单元的剩余部分取两个抽样产品，在每个抽样产品上各选取新的一组3个试样，这两组试样的试验结果均应合格，否则该批钢材应拒收。

钢材拉伸试验的复验与判定应符合GB/T 17505的规定。

8.3.2 Z向钢的厚度方向断面收缩率的复验与判定

当初验结果不满足6.4.4条规定，并且初验的每个试样都不低于表10规定的最小值，允许对剩余的3个备用试样进行复验。新的试验结果应与原来的结果一起取平均值，其值应不小于表10规定的平均值，且6个试样的试验结果低于平均值但不低于最小值的试样不能多于2个，否则该批钢材不能验收。

8.3.3 其他检验项目的复验与判定

钢材的其他检验项目的复验与判定应符合GB/T 247和GB/T 2101的规定。

8.4 力学性能和化学成分试验结果的修约

除非在合同或订单中另有规定，当需要评定试验结果是否符合规定值，所给出力学性能和化学成分试验结果应修约到与规定值的数位相一致，其修约方法应按YB/T 081的规定进行。碳当量、焊接裂纹敏感性指数应先按公式计算后修约。

9 包装、标志和质量证明书

钢材的包装、标志和质量证明书应符合GB/T 247和GB/T 2101的规定。

附　录　A
（资料性附录）
相关标准牌号对照表

本标准与 GB/T 714—2000、GB/T 16270—1996、ASTM A709：2005、EN 10025：2004 的牌号对照见表 A.1。

表 A.1

标准号	GB/T 714—2008	GB/T 714—2000	GB/T 16270—1996	ASTM A 709-05	EN 10025-3：2004	EN 10025-4：2004	EN 10025-6：2004
牌号	Q235q	Q235q	—	36[250]	—	—	—
	Q345q	Q345q	—	50[345]、50W[345W] HPS 50W [HPS 345W]	S355N、S355NL	S355M、S355ML	—
	Q370q	Q370q	—	—	—	—	—
	Q420q	Q420q	Q420	—	S420N、S420NL	S420M、S420ML	—
	Q460q		Q460	—	S460N、S460NL	S460M、S460ML	S460Q、S460QL、S460QL1
	Q500q	—	Q500	HPS 70W [HPS 485W]	—	—	S500Q、S500QL、S500QL1
	Q550q	—	Q550	—	—	—	S550Q、S550QL、S550QL1
	Q620q	—	Q620	—	—	—	S620Q、S620QL、S620QL1
	Q690q	—	Q690	—	—	—	S690Q、S690QL、S690QL1

ICS 77.140.20
H 40

中华人民共和国国家标准

GB/T 1220—2007
代替 GB/T 1220—1992

不 锈 钢 棒

Stainless steel bars

2007-05-14 发布 2007-12-01 实施

中华人民共和国国家质量监督检验检疫总局
中国国家标准化管理委员会 发布

前　言

本标准代替 GB/T 1220—1992《不锈钢棒》。

本标准与 GB/T 1220—1992 标准相比，主要变化如下：

——增加"术语及定义"和"订货内容"(见第 3 章和第 4 章)；

——"尺寸、外形、重量及允许偏差"修改为直接引用通用基础标准的规定(1992 年版的第 4 章；本版的第 6 章)；

——取消了 1Cr18Mn10Ni5Mo3N、1Cr18Ni12Mo2Ti、0Cr18Ni12Mo2Ti、1Cr18Ni12Mo3Ti、1Cr18Ni9Ti、0Cr26Ni5Mo2 等 6 个牌号(1992 年版的表 2 和表 3)；

——增加了 022Cr22Ni5Mo3N、022Cr23Ni5Mo3N、022Cr25Ni6Mo2N、03Cr25Ni6Mo3Cu2N、17Cr16Ni2、05Cr15Ni5Cu4Nb 等 6 个牌号及性能(见表 2 和表 7、表 4 和表 9、表 5 和表 10)；

——根据国际通用牌号成分调整了 21 个牌号(序号 1、3、13、17、23、25、35、38、39、41、43、44、52、55、62、68、83、85、98、137、139)的化学成分及部分牌号的磷含量(1992 年版表 2，本版的表 1～表 5)；

——"冶炼方法"作了修改，优先采用初炼钢水加炉外精炼工艺(1992 年版 5.2，本版 7.2)；

——"交货状态"由"如需方提出，也可不进行处理"修改为"经供需双方协商，也可不进行处理"，并对沉淀硬化型不锈钢棒增加可根据钢的组织选择退火处理交货(1992 年版的 5.3；本版的 7.3)；

——"表面质量"增加"经供需双方协商，并在合同中注明，可规定采用酸洗、车削等方法除去热处理产生的黑皮"(本版 7.8.3)；

——将各类型不锈钢棒或试样的热处理制度从力学性能表中分离出来，放入附录 A(资料性附录)(1992 年版的表 3～表 5；本版的表 A.1～表 A.5)；

——将马氏体型和沉淀硬化型不锈钢的屈服强度修改为必检指标(1992 年版的 5.4.1.1；本版的表 9 和表 10)；

——022Cr19Ni5Mo3Si2N(00Cr18Ni5Mo3Si2)钢增加布氏硬度值 HBW 不大于 290(1992 年版表 3；本版的表 7)；

——12Cr13(1Cr13)钢增加碳含量的下限值 0.08%，并将其断后伸长率由 25%调整为 22%(1992 年版的表 2 和表 4；本版的表 4 和表 9)；

——Y12Cr13(Y1Cr13)钢的断后伸长率、断面收缩率和冲击吸收功分别由 25%、55%和 78 J 调整为 17%、45%和 55J(1992 年版的表 4；本版的表 9)；

——Y30Cr13(Y3Cr13)钢的断后伸长率和断面收缩率分别由 12%、40%调整为 8%、35%(1992 年版的表 4；本版的表 9)；

——部分奥氏体型不锈钢(序号 18、22、26、39、46、50、52)和 06Cr13Al(0Cr13Al)的原屈服强度 $\sigma_{0.2}$ 值由 177 MPa 调整为规定非比例延伸强度 $R_{p0.2}$ 值 175 N/mm^2(1992 年版的表 3；本版的表 6 和表 8)；

——022Cr12(00Cr12)钢的屈服强度 $\sigma_{0.2}$ 值由 196 MPa 调整为规定非比例延伸强度 $R_{p0.2}$ 值 195 N/mm^2，抗拉强度由 365 MPa 调整为 360 N/mm^2(1992 年版的表 3；本版的表 8)；

——20Cr13 (2Cr13)和 13Cr13Mo(1Cr13Mo)钢的抗拉强度 R_m 分别由 635 MPa、685 MPa 调整为 640 N/mm^2、690 N/mm^2(1992 年版的表 4；本版的表 9)；

——取消对扁钢的断面收缩率的规定(1992 年版的表 3～表 5，本版的表 6 至表 10 的脚注)；

——“耐腐蚀性能”修改为协议项目，取消了 GB/T 4334.4 和 GB/T 4334.6 两种试验方法，06Cr19Ni13Mo3(0Cr19Ni13Mo3)钢的试验状态增加“敏化处理”(1992 年版的 5.5；本版的 7.5)；

——“表面质量”增加“经供需双方协商，并在合同中注明，可规定采用酸洗、车削等方法去除热处理产生的黑皮”(1992 年版的 5.8，本版的 7.8)；

——明确规定了连铸钢检验“低倍组织”和“塔形”的取样部位，以及“耐腐蚀性能”的取样数量(1992 年版表 12，本版的表 16)；

——取消了“本标准不锈钢牌号与各国不锈钢牌号对照表”，改为直接引用 GB/T 20878《不锈钢和耐热钢　牌号及化学成分》(1992 年版的附录 B；本版的表 1～表 5 中的注 2)。

本标准的附录 A 和附录 B 均是资料性附录。

本标准由中国钢铁工业协会提出。

本标准由全国钢标准化技术委员会归口。

本标准主要起草单位：冶金工业信息标准研究院、东北特殊钢集团有限责任公司。

本标准主要起草人：栾燕、戴强、谷强、曾文涛、刘宝石。

本标准所代替标准的历次版本发布情况为：

——GB/T 1220—1975，GB/T 1220—1984，GB/T 1220—1992。

不 锈 钢 棒

1 范围

本标准规定了不锈钢棒(圆钢、方钢、扁钢、六角钢和八角钢的总称,以下简称钢棒)的尺寸、外形、技术要求、试验方法、验收规则、包装标志及质量证明书等内容。

本标准适用于尺寸(直径、边长、厚度或对边距离,以下简称尺寸)不大于 250 mm 的热轧和锻制不锈钢棒。经供需双方协商,也可供应尺寸大于 250 mm 的热轧和锻制不锈钢棒。

2 规范性引用文件

下列文件中的条款通过本标准的引用而成为本标准的条款。凡是注日期的引用文件,其随后所有的修改单(不包括勘误的内容)或修订版均不适用于本标准,然而,鼓励根据本标准达成协议的各方研究是否可使用这些文件的最新版本。凡是不注日期的引用文件,其最新版本适用于本标准。

GB/T 222 钢的成品化学成分允许偏差

GB/T 223.3 钢铁及合金化学分析方法 二安替吡啉甲烷磷钼酸重量法测定磷量

GB/T 223.4 钢铁及合金化学分析方法 硝酸铵氧化容量法测定锰量

GB/T 223.5 钢铁及合金化学分析方法 还原型硅钼酸盐光度法测定酸溶硅含量

GB/T 223.8 钢铁及合金化学分析方法 氟化钠分离-EDTA 滴定法测定铝含量

GB/T 223.9 钢铁及合金化学分析方法 铬天青 S 光度法测定铝含量

GB/T 223.11 钢铁及合金化学分析方法 过硫酸铵氧化容量法测定铬量

GB/T 223.14 钢铁及合金化学分析方法 钽试剂萃取光度法测定钒含量

GB/T 223.16 钢铁及合金化学分析方法 变色酸光度法测定钛量

GB/T 223.17 钢铁及合金化学分析方法 二安替吡啉甲烷光度法测定钛量

GB/T 223.18 钢铁及合金化学分析方法 硫代硫酸钠分离-碘量法测定铜量

GB/T 223.23 钢铁及合金化学分析方法 丁二酮肟分光光度法测定镍量

GB/T 223.25 钢铁及合金化学分析方法 丁二酮肟重量法测定镍量

GB/T 223.26 钢铁及合金化学分析方法 硫氰酸盐直接光度法测定钼量

GB/T 223.28 钢铁及合金化学分析方法 α-安息香肟重量法测定钼量

GB/T 223.36 钢铁及合金化学分析方法 蒸馏分离-中和滴定法测定氮量

GB/T 223.37 钢铁及合金化学分析方法 蒸馏分离-靛酚蓝光度法测定氮量

GB/T 223.40 钢铁及合金 铌含量的测定 氯磺酚 S 分光光度法

GB/T 223.52 钢铁及合金化学分析方法 盐酸羟胺-碘量法测定硒量

GB/T 223.58 钢铁及合金化学分析方法 亚砷酸钠-亚硝酸钠滴定法测定锰量

GB/T 223.59 钢铁及合金化学分析方法 锑磷钼蓝光度法测定磷量

GB/T 223.60 钢铁及合金化学分析方法 高氯酸脱水重量法测定硅含量

GB/T 223.61 钢铁及合金化学分析方法 磷钼酸铵容量法测定磷量

GB/T 223.62 钢铁及合金化学分析方法 乙酸丁酯萃取光度法测定磷量

GB/T 223.63 钢铁及合金化学分析方法 高碘酸钠(钾)光度法测定锰量(GB/T 223.63—1998, neq ISO R 629)

GB/T 223.64 钢铁及合金化学分析方法 火焰原子吸收光谱法测定锰量

GB/T 223.67 钢铁及合金化学分析方法 还原蒸馏-次甲基蓝光度法测定硫量

GB/T 223.68 钢铁及合金化学分析方法 管式炉内燃烧后碘酸钾滴定法测定硫含量

GB/T 223.69 钢铁及合金化学分析方法 管式炉内燃烧后气体容量法测定碳含量

GB/T 223.71 钢铁及合金化学分析方法 管式炉内燃烧后重量法测定碳含量

GB/T 223.72 钢铁及合金化学分析方法 氧化铝色层分离-硫酸钡重量法测定硫量

GB/T 226 钢的低倍组织及缺陷酸蚀检验法(GB/T 226—1991,neq ISO4969:1980, Steel—Macroscopic examination by etching with strong mineral acids)

GB/T 228 金属材料 室温拉伸试验方法(GB/T 228—2002,eqv ISO 6892:1998)

GB/T 229 金属夏比缺口冲击试验方法(GB/T 229—1994,eqv ISO 83:1976,Steel—Charpy impact test (U-notch), eqv ISO 148:1983, Steel—Charpy impact test (V-notch))

GB/T 230.1 金属洛氏硬度试验 第1部分:试验方法(A、B、C、D、E、F、G、H、K、N、T标尺)(GB/T 230.1—2004,ISO 6508:1999,MOD)

GB/T 231.1 金属布氏硬度试验 第1部分:试验方法(GB/T 231.1—2002, eqv ISO 6506-1:1999)

GB/T 702—2004 热轧圆钢和方钢尺寸、外形、重量及允许偏差(GB/T 702—2004 ,ISO 1035-1:1980,Hot-rolled steel bar—Part 1:Dimension of round bars,ISO 1035-2:1980 Hot-rolled steel bar—Part 1:Dimension of square bars, ISO1035-4:1982,Hot-rolled steel bar—Part 4:Tolerances,MOD)

GB/T 704—1988 热轧扁钢尺寸、外形、重量及允许偏差

GB/T 705—1985 热轧六角钢和八角钢尺寸、外形、重量及允许偏差

GB/T 908—1987 锻制圆钢和方钢尺寸、外形、重量及允许偏差

GB/T 1979 结构钢低倍组织缺陷评级图

GB/T 2101 型钢验收、包装、标志及质量证明书的一般规定

GB/T 2975 钢及钢产品力学性能试验取样位置及试样制备(GB/T 2975—1998,eqv ISO 377:1997)

GB/T 4334.1 不锈钢 10%草酸浸蚀试验方法

GB/T 4334.2 不锈钢 硫酸-硫酸铁腐蚀试验方法

GB/T 4334.3 不锈钢 65%硝酸腐蚀试验方法

GB/T 4334.5 不锈钢 硫酸-硫酸铜腐蚀试验方法

GB/T 4340.1 金属维氏硬度试验 第1部分:试验方法(GB/T 4340.1—1999,eqv ISO 6507-1:1997)

GB/T 6394 金属平均晶粒度测定法

GB/T 6401—1986 铁素体奥氏体型双相不锈钢中α-相面积含量金相测定法

GB/T 7736 钢的低倍组织及缺陷超声波检验法

GB/T 9971—2004 原料纯铁

GB/T 10121 钢材塔形发纹磁粉检验方法

GB/T 10561 钢中非金属夹杂物含量的测定 标准评级图谱显微检验法(GB/T 10561—2005,ISO 4967:1998,IDT)

GB/T 11170 不锈钢的光电发射光谱分析方法

GB/T 13305—1991 奥氏体不锈钢中α-相面积含量金相测定法

GB/T 15574　钢产品分类(GB/T 15574—1995,eqv ISO 6929:1987)

GB/T 15711　钢材塔形发纹酸浸检验方法

GB/T 16761—1997　锻制扁钢尺寸、外形、重量及允许偏差

GB/T 17505　钢及钢产品交货一般技术要求(GB/T 17505—1998,eqv ISO 404:1992)

GB/T 20066　钢和铁　化学成分测定用试样的取样和和制样方法(GB/T 20066—2006,ISO 14284:1996,IDT)

GB/T 20878　不锈钢和耐热钢　牌号及化学成分

YB/T 5293　金属材料　顶锻试验方法

3　术语及定义

GB/T 20878 和 GB/T 15574 标准中确立的术语及定义适用于本标准。

4　订货内容

按本标准订货的合同或订单应包括下列内容：

a)　标准编号；

b)　产品名称；

c)　牌号或统一数字代号；

d)　截面形状(圆、方、扁、六角、八角等)；

e)　尺寸与外形(见第6章)；

f)　重量(或数量)；

g)　使用加工方法(见5.2)；

h)　交货状态(见7.3)；

i)　特殊要求(见7.9)。

5　分类

5.1　钢棒按组织特征分为奥氏体型、奥氏体—铁素体型、铁素体型、马氏体型和沉淀硬化型等五种类型。

5.2　钢棒按使用加工方法不同分为下列两类。钢棒的使用加工方法应在合同中注明,未注明者按切削加工用钢供货。

a)　压力加工用钢　UP

　1)　热压力加工　UHP

　2)　热顶锻用钢　UHF

　3)　冷拔坯料　UCD

b)　切削加工用钢　UC

6　尺寸、外形、重量及允许偏差

6.1　热轧圆钢和方钢的尺寸、外形及允许偏差

热轧圆钢和方钢的尺寸、外形及允许偏差应符合 GB/T 702—2004 的规定,具体要求应在合同中注明。未注明时按 GB/T 702—2004 标准2组执行。

6.2　热轧扁钢的尺寸、外形及允许偏差

热轧扁钢的尺寸、外形及其允许偏差应符合 GB/T 704—1988 中的规定,具体要求应在合同中注

明。未注明时按 GB/T 704—1988 标准的普通级执行。

6.3 热轧六角钢和八角钢的尺寸、外形及允许偏差

热轧六角钢和八角钢的尺寸、外形及允许偏差应符合 GB/T 705—1985 中的规定，具体要求应在合同中注明。未注明按 GB/T 705—1985 标准 2 组执行。

6.4 锻制圆钢和方钢的尺寸、外形及允许偏差

锻制圆钢和方钢的尺寸、外形及允许偏差应符合 GB/T 908—1987 的规定，具体要求应在合同中注明。未注明时按 GB/T 908—1987 标准 2 组执行。

6.5 锻制扁钢的尺寸、外形及允许偏差

锻制扁钢的尺寸、外形及允许偏差应符合 GB/T 16761—1997 的规定，具体要求应在合同中注明。未注明时按 GB/T 16761—1997 标准 2 组执行。

6.6 重量

钢棒按实际重量交货。

7 技术要求

7.1 牌号及化学成分

7.1.1 钢的牌号、统一数字代号及化学成分(熔炼分析)应符合表 1～表 5 的规定。

7.1.2 钢棒的化学成分允许偏差应符合 GB/T 222 的规定。

7.2 冶炼方法

除非在合同中另有规定，一般应采用初炼钢(水)加炉外精炼等工艺。

7.3 交货状态

钢棒可以热处理或不热处理状态交货，订货时可参照 7.3.1～7.3.4 条选择交货状态，并在合同中注明。未注明者按不热处理交货。各类型钢棒的热处理制度参见附录 A 中表 A.1～表 A.5。

7.3.1 切削加工用奥氏体型、奥氏体-铁素体型钢棒应进行固溶处理，经供需双方协商，也可不进行处理。热压力加工用钢棒不进行固溶处理。

7.3.2 铁素体型钢棒应进行退火处理，经供需双方协商，也可不进行处理。

7.3.3 马氏体型钢棒应进行退火处理。

7.3.4 沉淀硬化型钢棒应根据钢的组织选择固溶处理或退火处理，退火制度由供需双方协商确定，无协议时，退火温度一般为 650℃～680℃。经供需双方协商，沉淀硬化型钢棒(除 05Cr17Ni4Cu4Nb、外)可不进行处理。

7.4 力学性能

7.4.1 各类型钢棒或试样的热处理制度参照附录 A 中表 A.1～表 A.5 的规定。热处理用试样毛坯的尺寸一般为 25 mm。当钢棒尺寸小于 25 mm 时，用原尺寸钢棒进行热处理。

7.4.2 经热处理的钢棒(除马氏体钢退火外)，试样不再进行热处理，其力学性能应分别符合表 6～表 10 的规定。

7.4.3 不经热处理的钢棒，试样毛坯经热处理后，其力学性能应分别符合表 6～表 10 的规定。

7.4.4 沉淀硬化型钢棒的力学性能应在合同中注明热处理组别，未注明时，按 1 组执行。

7.4.5 若供方能保证力学性能合格时，可省去部分或全部力学性能试验。

表 1　奥氏体型不锈钢的化学成分

GB/T 20878 中序号	统一数字代号	新牌号	旧牌号	化学成分(质量分数)/%										
				C	Si	Mn	P	S	Ni	Cr	Mo	Cu	N	其他元素
1	S35350	12Cr17Mn6Ni5N	1Cr17Mn6Ni5N	0.15	1.00	5.50～7.50	0.050	0.030	3.50～5.50	16.00～18.00	—	—	0.05～0.25	—
3	S35450	12Cr18Mn9Ni5N	1Cr18Mn8Ni5N	0.15	1.00	7.50～10.00	0.050	0.030	4.00～6.00	17.00～19.00	—	—	0.05～0.25	—
9	S30110	12Cr17Ni7	1Cr17Ni7	0.15	1.00	2.00	0.045	0.030	6.00～8.00	16.00～18.00	—	—	0.10	—
13	S30210	12Cr18Ni9	1Cr18Ni9	0.15	1.00	2.00	0.045	0.030	8.00～10.00	17.00～19.00	—	—	0.10	—
15	S30317	Y12Cr18Ni9	Y1Cr18Ni9	0.15	1.00	2.00	0.20	≥0.15	8.00～10.00	17.00～19.00	(0.60)	—	—	—
16	S30327	Y12Cr18Ni9Se	Y1Cr18Ni9Se	0.15	1.00	2.00	0.20	0.060	8.00～10.00	17.00～19.00	—	—	—	Se≥0.15
17	S30408	06Cr19Ni10	0Cr18Ni9	0.08	1.00	2.00	0.045	0.030	8.00～11.00	18.00～20.00	—	—	—	—
18	S30403	022Cr19Ni10	00Cr19Ni10	0.030	1.00	2.00	0.045	0.030	8.00～12.00	18.00～20.00	—	—	—	—
22	S30488	06Cr18Ni9Cu3	0Cr18Ni9Cu3	0.08	1.00	2.00	0.045	0.030	8.50～10.50	17.00～19.00	—	3.00～4.00	—	—
23	S30458	06Cr19Ni10N	0Cr19Ni9N	0.08	1.00	2.00	0.045	0.030	8.00～11.00	18.00～20.00	—	—	0.10～0.16	—
24	S30478	06Cr19Ni9NbN	0Cr19Ni10NbN	0.08	1.00	2.00	0.045	0.030	7.50～10.50	18.00～20.00	—	—	0.15～0.30	Nb 0.15
25	S30453	022Cr19Ni10N	00Cr18Ni10N	0.030	1.00	2.00	0.045	0.030	8.00～11.00	18.00～20.00	—	—	0.10～0.16	—
26	S30510	10Cr18Ni12	1Cr18Ni12	0.12	1.00	2.00	0.045	0.030	10.50～13.00	17.00～19.00	—	—	—	—
32	S30908	06Cr23Ni13	0Cr23Ni13	0.08	1.00	2.00	0.045	0.030	12.00～15.00	22.00～24.00	—	—	—	—
35	S31008	06Cr25Ni20	0Cr25Ni20	0.08	1.50	2.00	0.045	0.030	19.00～22.00	24.00～26.00	—	—	—	—
38	S31608	06Cr17Ni12Mo2	0Cr17Ni12Mo2	0.08	1.00	2.00	0.045	0.030	10.00～14.00	16.00～18.00	2.00～3.00	—	—	—

表 1（续）

GB/T 20878 中序号	统一数字代号	新牌号	旧牌号	化学成分(质量分数)/%										
				C	Si	Mn	P	S	Ni	Cr	Mo	Cu	N	其他元素
39	S31603	022Cr17Ni12Mo2	00Cr17Ni14Mo2	0.030	1.00	2.00	0.045	0.030	10.00～14.00	16.00～18.00	2.00～3.00	—	—	—
41	S31668	06Cr17Ni12Mo2Ti	0Cr18Ni12Mo3Ti	0.08	1.00	2.00	0.045	0.030	10.00～14.00	16.00～18.00	2.00～3.00	—	—	Ti≥5C
43	S31658	06Cr17Ni12Mo2N	0Cr17Ni12Mo2N	0.08	1.00	2.00	0.045	0.030	10.00～13.00	16.00～18.00	2.00～3.00	—	0.10～0.16	—
44	S31653	022Cr17Ni12Mo2N	00Cr17Ni13Mo2N	0.030	1.00	2.00	0.045	0.030	10.00～13.00	16.00～18.00	2.00～3.00	—	0.10～0.16	—
45	S31688	06Cr18Ni12Mo2Cu2	0Cr18Ni12Mo2Cu2	0.08	1.00	2.00	0.045	0.030	10.00～14.00	17.00～19.00	1.20～2.75	1.00～2.50	—	—
46	S31683	022Cr18Ni14Mo2Cu2	00Cr18Ni14Mo2Cu2	0.030	1.00	2.00	0.045	0.030	12.00～16.00	17.00～19.00	1.20～2.75	1.00～2.50	—	—
49	S31708	06Cr19Ni13Mo3	0Cr19Ni13Mo3	0.08	1.00	2.00	0.045	0.030	11.00～15.00	18.00～20.00	3.00～4.00	—	—	—
50	S31703	022Cr19Ni13Mo3	00Cr19Ni13Mo3	0.030	1.00	2.00	0.045	0.030	11.00～15.00	18.00～20.00	3.00～4.00	—	—	—
52	S31794	03Cr18Ni16Mo5	0Cr18Ni16Mo5	0.04	1.00	2.50	0.045	0.030	15.00～17.00	16.00～19.00	4.00～6.00	—	—	—
55	S32168	06Cr18Ni11Ti	0Cr18Ni10Ti	0.08	1.00	2.00	0.045	0.030	9.00～12.00	17.00～19.00	—	—	—	Ti 5C～0.70
62	S34778	06Cr18Ni11Nb	0Cr18Ni11Nb	0.08	1.00	2.00	0.045	0.030	9.00～12.00	17.00～19.00	—	—	—	Nb 10C～1.10
64	S38148	06Cr18Ni13Si4[a]	0Cr18Ni13Si4[a]	0.08	3.00～5.00	2.00	0.045	0.030	11.50～15.00	15.00～20.00	—	—	—	—

注 1：表中所列成分除标明范围或最小值外，其余均为最大值。括号内数值为可加入或允许含有的最大值。

注 2：本标准牌号与国外标准牌号对照参见 GB/T 20878。

[a] 必要时，可添加上表以外的合金元素。

表 2 奥氏体-铁素体型不锈钢的化学成分

GB/T 20878 中序号	统一数字代号	新牌号	旧牌号	化学成分(质量分数)/% C	Si	Mn	P	S	Ni	Cr	Mo	Cu	N	其他元素
67	S21860	14Cr18Ni11Si4AlTi	1Cr18Ni11Si4AlTi	0.10～0.18	3.40～4.00	0.80	0.035	0.030	10.00～12.00	17.50～19.50	—	—	—	Ti 0.40～0.70 Al 0.10～0.30
68	S21953	022Cr19Ni5Mo3Si2N	00Cr18Ni5Mo3Si2	0.030	1.30～2.00	1.00～2.00	0.035	0.030	4.50～5.50	18.00～19.50	2.50～3.00	—	0.05～0.12	—
70	S22253	022Cr22Ni5Mo3N		0.030	1.00	2.00	0.030	0.020	4.50～6.50	21.00～23.00	2.50～3.50	—	0.08～0.20	—
71	S22053	022Cr23Ni5Mo3N		0.030	1.00	2.00	0.030	0.020	4.50～6.50	22.00～23.00	3.00～3.50	—	0.14～0.20	—
73	S22553	022Cr25Ni6Mo2N		0.030	1.00	2.00	0.035	0.030	5.50～6.50	24.00～26.00	1.20～2.50	—	0.10～0.20	—
75	S25554	03Cr25Ni6Mo3Cu2N		0.04	1.00	1.50	0.035	0.030	4.50～6.50	24.00～27.00	2.90～3.90	1.50～2.50	0.10～0.25	—

注 1：表中所列成分除标明范围或最小值外，其余均为最大值。

注 2：本标准牌号与国外标准牌号对照参见 GB/T 20878。

表 3 铁素体型不锈钢的化学成分

GB/T 20878 中序号	统一数字代号	新牌号	旧牌号	化学成分(质量分数)/% C	Si	Mn	P	S	Ni	Cr	Mo	Cu	N	其他元素
78	S11348	06Cr13Al	0Cr13Al	0.08	1.00	1.00	0.040	0.030	(0.60)	11.50～14.50	—	—	—	Al 0.10～0.30
83	S11203	022Cr12	00Cr12	0.030	1.00	1.00	0.040	0.030	(0.60)	11.00～13.50	—	—	—	—
85	S11710	10Cr17	1Cr17	0.12	1.00	1.00	0.040	0.030	(0.60)	16.00～18.00	—	—	—	—
86	S11717	Y10Cr17	Y1Cr17	0.12	1.00	1.25	0.060	≥0.15	(0.60)	16.00～18.00	(0.60)	—	—	—
88	S11790	10Cr17Mo	1Cr17Mo	0.12	1.00	1.00	0.040	0.030	(0.60)	16.00～18.00	0.75～1.25	—	—	—
94	S12791	008Cr27Mo[a]	00Cr27Mo[a]	0.010	0.40	0.40	0.030	0.020	—	25.00～27.50	0.75～1.50	—	0.015	—
95	S13091	008Cr30Mo2[a]	00Cr30Mo2[a]	0.010	0.40	0.40	0.030	0.020	—	28.50～32.00	1.50～2.50	—	0.015	—

注 1：表中所列成分除标明范围或最小值外，其余均为最大值。括号内数值为可加入或允许含有的最大值。

注 2：本标准牌号与国外标准牌号对照参见 GB/T 20878。

[a] 允许含有小于或等于 0.50%镍，小于或等于 0.20%铜，而 Ni+Cu≤0.50%，必要时，可添加上表以外的合金元素。

表 4 马氏体型不锈钢的化学成分

GB/T 20878 中序号	统一数字代号	新牌号	旧牌号	化学成分(质量分数)/%										
				C	Si	Mn	P	S	Ni	Cr	Mo	Cu	N	其他元素
96	S40310	12Cr12	1Cr12	0.15	0.50	1.00	0.040	0.030	(0.60)	11.50～13.00	—	—	—	—
97	S41008	06Cr13	0Cr13	0.08	1.00	1.00	0.040	0.030	(0.60)	11.50～13.50	—	—	—	—
98	S41010	12Cr13[a]	1Cr13[a]	0.08～0.15	1.00	1.00	0.040	0.030	(0.60)	11.50～13.50	—	—	—	—
100	S41617	Y12Cr13	Y1Cr13	0.15	1.00	1.25	0.060	≥0.15	(0.60)	12.00～14.00	(0.60)	—	—	—
101	S42020	20Cr13	2Cr13	0.16～0.25	1.00	1.00	0.040	0.030	(0.60)	12.00～14.00	—	—	—	—
102	S42030	30Cr13	3Cr13	0.26～0.35	1.00	1.00	0.040	0.030	(0.60)	12.00～14.00	—	—	—	—
103	S42037	Y30Cr13	Y3Cr13	0.26～0.35	1.00	1.25	0.060	≥0.15	(0.60)	12.00～14.00	(0.60)	—	—	—
104	S42040	40Cr13	4Cr13	0.36～0.45	0.60	0.80	0.040	0.030	(0.60)	12.00～14.00	—	—	—	—
106	S43110	14Cr17Ni2	1Cr17Ni2	0.11～0.17	0.80	0.80	0.040	0.030	1.50～2.50	16.00～18.00	—	—	—	—
107	S43120	17Cr16Ni2		0.12～0.22	1.00	1.50	0.040	0.030	1.50～2.50	15.00～17.00	—	—	—	—
108	S44070	68Cr17	7Cr17	0.60～0.75	1.00	1.00	0.040	0.030	(0.60)	16.00～18.00	(0.75)	—	—	—
109	S44080	85Cr17	8Cr17	0.75～0.95	1.00	1.00	0.040	0.030	(0.60)	16.00～18.00	(0.75)	—	—	—
110	S44096	108Cr17	11Cr17	0.95～1.20	1.00	1.00	0.040	0.030	(0.60)	16.00～18.00	(0.75)	—	—	—
111	S44097	Y108Cr17	Y11Cr17	0.95～1.20	1.00	1.25	0.060	≥0.15	(0.60)	16.00～18.00	(0.75)	—	—	—
112	S44090	95Cr18	9Cr18	0.90～1.00	0.80	0.80	0.040	0.030	(0.60)	17.00～19.00	—	—	—	—
115	S45710	13Cr13Mo	1Cr13Mo	0.08～0.18	0.60	1.00	0.040	0.030	(0.60)	11.50～14.00	0.30～0.60	—	—	—
116	S45830	32Cr13Mo	3Cr13Mo	0.28～0.35	0.80	1.00	0.040	0.030	(0.60)	12.00～14.00	0.50～1.00	—	—	—
117	S45990	102Cr17Mo	9Cr18Mo	0.95～1.10	0.80	0.80	0.040	0.030	(0.60)	16.00～18.00	0.40～0.70	—	—	—
118	S46990	90Cr18MoV	9Cr18MoV	0.85～0.95	0.80	0.80	0.040	0.030	(0.60)	17.00～19.00	1.00～1.30	—	—	V 0.07～0.12

注 1：表中所列成分除标明范围或最小值外，其余均为最大值。括号内数值为可加入或允许含有的最大值。

注 2：本标准牌号与国外标准牌号对照参见 GB/T 20878。

[a] 相对于 GB/T 20878 调整成分牌号。

表 5　沉淀硬化型不锈钢的化学成分

GB/T 20878 中序号	统一数字代号	新牌号	旧牌号	化学成分(质量分数)/%										
				C	Si	Mn	P	S	Ni	Cr	Mo	Cu	N	其他元素
136	S51550	05Cr15Ni5Cu4Nb		0.07	1.00	1.00	0.040	0.030	3.50～5.50	14.00～15.50	—	2.50～4.50	—	Nb 0.15～0.45
137	S51740	05Cr17Ni4Cu4Nb	0Cr17Ni4Cu4Nb	0.07	1.00	1.00	0.040	0.030	3.00～5.00	15.00～17.50	—	3.00～5.00	—	Nb 0.15～0.45
138	S51770	07Cr17Ni7Al	0Cr17Ni7Al	0.09	1.00	1.00	0.040	0.030	6.50～7.75	16.00～18.00	—	—	—	Al 0.75～1.50
139	S51570	07Cr15Ni7Mo2Al	0Cr15Ni7Mo2Al	0.09	1.00	1.00	0.040	0.030	6.50～7.75	14.00～16.00	2.00～3.00	—	—	Al 0.75～1.50

注 1：表中所列成分除标明范围或最小值外，其余均为最大值。

注 2：本标准牌号与国外标准牌号对照参见 GB/T 20878。

表 6　经固溶处理(见表 A.1)的奥氏体型钢棒或试样的力学性能[a]

GB/T 20878 中序号	统一数字代号	新牌号	旧牌号	规定非比例延伸强度 $R_{p0.2}$[b]/(N/mm²)	抗拉强度 R_m/(N/mm²)	断后伸长率 A/%	断面收缩率 Z[c]/%	硬度[b]		
								HBW	HRB	HV
				不小于				不大于		
1	S35350	12Cr17Mn6Ni5N	1Cr17Mn6Ni5N	275	520	40	45	241	100	253
3	S35450	12Cr18Mn9Ni5N	1Cr18Mn8Ni5N	275	520	40	45	207	95	218
9	S30110	12Cr17Ni7	1Cr17Ni7	205	520	40	60	187	90	200
13	S30210	12Cr18Ni9	1Cr18Ni9	205	520	40	60	187	90	200
15	S30317	Y12Cr18Ni9	Y1Cr18Ni9	205	520	40	50	187	90	200
16	S30327	Y12Cr18Ni9Se	Y1Cr18Ni9Se	205	520	40	50	187	90	200
17	S30408	06Cr19Ni10	0Cr18Ni9	205	520	40	60	187	90	200
18	S30403	022Cr19Ni10	00Cr19Ni10	175	480	40	60	187	90	200
22	S30488	06Cr18Ni9Cu3	0Cr18Ni9Cu3	175	480	40	60	187	90	200
23	S30458	06Cr19Ni10N	0Cr19Ni9N	275	550	35	50	217	95	220

表 6（续）

GB/T 20878 中序号	统一数字代号	新牌号	旧牌号	规定非比例延伸强度 $R_{p0.2}$[b]/(N/mm²)	抗拉强度 R_m /(N/mm²)	断后伸长率 A /%	断面收缩率 Z^c /%	硬度[b] HBW	硬度[b] HRB	硬度[b] HV
				不小于				不大于		
24	S30478	06Cr19Ni9NbN	0Cr19Ni10NbN	345	685	35	50	250	100	260
25	S30453	022Cr19Ni10N	00Cr18Ni10N	245	550	40	50	217	95	220
26	S30510	10Cr18Ni12	1Cr18Ni12	175	480	40	60	187	90	200
32	S30908	06Cr23Ni13	0Cr23Ni13	205	520	40	60	187	90	200
35	S31008	06Cr25Ni20	0Cr25Ni20	205	520	40	50	187	90	200
38	S31608	06Cr17Ni12Mo2	0Cr17Ni12Mo2	205	520	40	60	187	90	200
39	S31603	022Cr17Ni12Mo2	00Cr17Ni14Mo2	175	480	40	60	187	90	200
41	S31668	06Cr17Ni12Mo2Ti	0Cr18Ni12Mo3Ti	205	530	40	55	187	90	200
43	S31658	06Cr17Ni12Mo2N	0Cr17Ni12Mo2N	275	550	35	50	217	95	220
44	S31653	022Cr17Ni12Mo2N	00Cr17Ni13Mo2N	245	550	40	50	217	95	220
45	S31688	06Cr18Ni12Mo2Cu2	0Cr18Ni12Mo2Cu2	205	520	40	60	187	90	200
46	S31683	022Cr18Ni14Mo2Cu2	00Cr18Ni14Mo2Cu2	175	480	40	60	187	90	200
49	S31708	06Cr19Ni13Mo3	0Cr19Ni13Mo3	205	520	40	60	187	90	200
50	S31703	022Cr19Ni13Mo3	00Cr19Ni13Mo3	175	480	40	60	187	90	200
52	S31794	03Cr18Ni16Mo5	0Cr18Ni16Mo5	175	480	40	45	187	90	200
55	S32168	06Cr18Ni11Ti	0Cr18Ni10Ti	205	520	40	50	187	90	200
62	S34778	06Cr18Ni11Nb	0Cr18Ni11Nb	205	520	40	50	187	90	200
64	S38148	06Cr18Ni13Si4	0Cr18Ni13Si4	205	520	40	60	207	95	218

a 表 6 仅适用于直径、边长、厚度或对边距离小于或等于 180 mm 的钢棒。大于 180 mm 的钢棒，可改锻成 180 mm 的样坯检验，或由供需双方协商，规定允许降低其力学性能的数值。

b 规定非比例延伸强度和硬度，仅当需方要求时(合同中注明)才进行测定，且供方可根据钢棒的尺寸或状态任选一种方法测定硬度。

c 扁钢不适用，但需方要求时，由供需双方协商。

表 7　经固溶处理的(见表 A.2)奥氏体-铁素体型钢棒或试样的力学性能[a]

GB/T 20878 中序号	统一数字代号	新牌号	旧牌号	规定非比例延伸强度 $R_{p0.2}$[b]/(N/mm²)	抗拉强度 R_m/(N/mm²)	断后伸长率 A/%	断面收缩率 Z[c]/%	冲击吸收功 A_{ku2}[d]/J	硬度[b] HBW	硬度[b] HRB	硬度[b] HV
				不小于					不大于		
67	S21860	14Cr18Ni11Si4AlTi	1Cr18Ni11Si4AlTi	440	715	25	40	63	—	—	—
68	S21953	022Cr19Ni5Mo3Si2N	00Cr18Ni5Mo3Si2	390	590	20	40	—	290	30	300
70	S22253	022Cr22Ni5Mo3N		450	620	25	—	—	290	—	—
71	S22053	022Cr23Ni5Mo3N		450	655	25	—	—	290	—	—
73	S22553	022Cr25Ni6Mo2N		450	620	20	—	—	260	—	—
75	S25554	03Cr25Ni6Mo3Cu2N		550	750	25	—	—	290	—	—

[a] 表 7 仅适用于直径、边长、厚度或对边距离小于或等于 75 mm 的钢棒。大于 75 mm 的钢棒，可改锻成 75 mm 的样坯检验或由供需双方协商，规定允许降低其力学性能的数值。

[b] 规定非比例延伸强度和硬度，仅当需方要求时(合同中注明)才进行测定，且供方可根据钢棒的尺寸或状态任选一种方法测定硬度。

[c] 扁钢不适用，但需方要求时，由供需双方协商确定。

[d] 直径或对边距离小于等于 16 mm 的圆钢、六角钢、八角钢和边长或厚度小于等于 12 mm 的方钢、扁钢不做冲击试验。

表 8　经退火处理的(见表 A.3)铁素体型钢棒或试样的力学性能[a]

GB/T 20878 中序号	统一数字代号	新牌号	旧牌号	规定非比例延伸强度 $R_{p0.2}$[b]/(N/mm²)	抗拉强度 R_m/(N/mm²)	断后伸长率 A/%	断面收缩率 Z[c]/%	冲击吸收功 A_{ku2}[d]/J	硬度[b] HBW
				不小于					不大于
78	S11348	06Cr13Al	0Cr13Al	175	410	20	60	78	183
83	S11203	022Cr12	00Cr12	195	360	22	60	—	183
85	S11710	10Cr17	1Cr17	205	450	22	50	—	183
86	S11717	Y10Cr17	Y1Cr17	205	450	22	50	—	183
88	S11790	10Cr17Mo	1Cr17Mo	205	450	22	60	—	183
94	S12791	008Cr27Mo	00Cr27Mo	245	410	20	45	—	219
95	S13091	008Cr30Mo2	00Cr30Mo2	295	450	20	45	—	228

[a] 表 8 仅适用于直径、边长、厚度或对边距离小于或等于 75 mm 的钢棒。大于 75 mm 的钢棒，可改锻成 75 mm 的样坯检验或由供需双方协商，规定允许降低其力学性能的数值。

[b] 规定非比例延伸强度和硬度，仅当需方要求时(合同中注明)才进行测定。

[c] 扁钢不适用，但需方要求时，由供需双方协商确定。

[d] 直径或对边距离小于等于 16 mm 的圆钢、六角钢、八角钢和边长或厚度小于等于 12 mm 的方钢、扁钢不做冲击试验。

表 9 经热处理的马氏体型钢棒或试样的力学性能[a]

GB/T 20878 中序号	统一数字代号	新牌号	旧牌号	组别	经淬火回火(见表 A.4)后试样的力学性能和硬度 规定非比例延伸强度 $R_{p0.2}$/(N/mm²)	抗拉强度 R_m/(N/mm²)	断后伸长率 A/%	断面收缩率 Z^b/%	冲击吸收功 A_{ku2}[d]/J	HBW	HRC	退火后钢棒的硬度[c] HBW
					不小于							不大于
96	S40310	12Cr12	1Cr12		390	590	25	55	118	170	—	200
97	S41008	06Cr13	0Cr13		345	490	24	60	—	—	—	183
98	S41010	12Cr13	1Cr13		345	540	22	55	78	159	—	200
100	S41617	Y12Cr13	Y1Cr13		345	540	17	45	55	159	—	200
101	S42020	20Cr13	2Cr13		440	640	20	50	63	192	—	223
102	S42030	30Cr13	3Cr13		540	735	12	40	24	217	—	235
103	S42037	Y30Cr13	Y3Cr13		540	735	8	35	24	217	—	235
104	S42040	40Cr13	4Cr13		—	—	—	—	—	—	50	235
106	S43110	14Cr17Ni2	1Cr17Ni2		—	1080	10	—	39	—	—	285
107	S43120	17Cr16Ni2[e]		1	700	900~1 050	12	45	25(A_{KV})	—	—	295
				2	600	800~950	14					
108	S44070	68Cr17	7Cr17		—	—	—	—	—	—	54	255
109	S44080	85Cr17	8Cr17		—	—	—	—	—	—	56	255
110	S44096	108Cr17	11Cr17		—	—	—	—	—	—	58	269
111	S44097	Y108Cr17	Y11Cr17		—	—	—	—	—	—	58	269
112	S44090	95Cr18	9Cr18		—	—	—	—	—	—	55	255
115	S45710	13Cr13Mo	1Cr13Mo		490	690	20	60	78	192	—	200
116	S45830	32Cr13Mo	3Cr13Mo		—	—	—	—	—	—	50	207
117	S45990	102Cr17Mo	9Cr18Mo		—	—	—	—	—	—	55	269
118	S46990	90Cr18MoV	9Cr18MoV		—	—	—	—	—	—	55	269

a 表 9 仅适用于直径、边长、厚度或对边距离小于或等于 75 mm 的钢棒。大于 75 mm 的钢棒，可改锻成 75 mm 的样坯检验或由供需双方协商，规定允许降低其力学性能的数值。

b 扁钢不适用，但需方要求时，由供需双方协商确定。

c 采用 750℃退火时，其硬度由供需双方协商。

d 直径或对边距离小于等于 16 mm 的圆钢、六角钢、八角钢和边长或厚度小于等于 12 mm 的方钢、扁钢不做冲击试验。

e 17Cr16Ni2 钢的性能组别应在合同中注明，未注明时，由供方自行选择。

表 10　沉淀硬化型(见表 A.5)钢棒或试样的力学性能[a]

GB/T 20878 中序号	统一数字代号	新牌号	旧牌号	热处理		规定非比例延伸强度 $R_{p0.2}$ /(N/mm²)	抗拉强度 R_m /(N/mm²)	断后伸长率 A /%	断面收缩率 Z[b] /%	硬度[c]	
				类型	组别	不小于				HBW	HRC
136	S51550	05Cr15Ni5Cu4Nb		固溶处理	0	—	—	—	—	≤363	≤38
				沉淀硬化 480℃时效	1	1 180	1 310	10	35	≥375	≥40
				沉淀硬化 550℃时效	2	1 000	1 070	12	45	≥331	≥35
				沉淀硬化 580℃时效	3	865	1 000	13	45	≥302	≥31
				沉淀硬化 620℃时效	4	725	930	16	50	≥277	≥28
137	S51740	05Cr17Ni4Cu4Nb	0Cr17Ni4Cu4Nb	固溶处理	0	—	—	—	—	≤363	≤38
				沉淀硬化 480℃时效	1	1 180	1 310	10	40	≥375	≥40
				沉淀硬化 550℃时效	2	1 000	1 070	12	45	≥331	≥35
				沉淀硬化 580℃时效	3	865	1 000	13	45	≥302	≥31
				沉淀硬化 620℃时效	4	725	930	16	50	≥277	≥28
138	S51770	07Cr17Ni7Al	0Cr17Ni7Al	固溶处理	0	≤380	≤1030	20	—	≤229	—
				沉淀硬化 510℃时效	1	1 030	1 230	4	10	≥388	—
				沉淀硬化 565℃时效	2	960	1 140	5	25	≥363	—
139	S51570	07Cr15Ni7Mo2Al	0Cr15Ni7Mo2Al	固溶处理	0	—	—	—	—	≤269	—
				沉淀硬化 510℃时效	1	1 210	1 320	6	20	≥388	—
				沉淀硬化 565℃时效	2	1 100	1 210	7	25	≥375	—

a　表 10 仅适用于直径、边长、厚度或对边距离小于或等于 75 mm 的钢棒。大于 75 mm 的钢棒,可改锻成 75 mm 的样坯检验或由供需双方协商,规定允许降低其力学性能的数值。

b　扁钢不适用,但需方要求时,由供需双方协商确定。

c　供方可根据钢棒的尺寸或状态任选一种方法测定硬度。

7.5 耐腐蚀性能

根据需方要求，并由供需双方协商采用合适的试验方法，且在合同中注明，奥氏体型和奥氏体-铁素体型不锈钢棒可进行晶间腐蚀试验，其耐腐蚀性能见表 11 和表 12。表 11 和表 12 以外牌号钢棒的耐腐蚀性能由供需双方协商确定。

表 11 GB/T 4334.1 中 10%草酸浸蚀试验的判别

<table>
<tr><th>GB/T 20878 中序号</th><th>统一数字代号</th><th>新牌号</th><th>旧牌号</th><th>试验状态</th><th>GB/T 4334.2 硫酸-硫酸铁腐蚀试验</th><th>GB/T 4334.3 65%硝酸腐蚀试验</th><th>GB/T 4334.5 硫酸-硫酸铜腐蚀试验</th></tr>
<tr><td>17</td><td>S30408</td><td>06Cr19Ni10</td><td>0Cr18Ni9</td><td rowspan="4">固溶处理</td><td rowspan="4">沟状组织</td><td>沟状组织
凹坑组织Ⅱ</td><td rowspan="4">沟状组织</td></tr>
<tr><td>38</td><td>S31608</td><td>06Cr17Ni12Mo2</td><td>0Cr17Ni12Mo2</td><td rowspan="3">—</td></tr>
<tr><td>45</td><td>S31688</td><td>06Cr18Ni12Mo2Cu2</td><td>0Cr18Ni12Mo2Cu2</td></tr>
<tr><td>49</td><td>S31708</td><td>06Cr19Ni13Mo3[a]</td><td>0Cr19Ni13Mo3[a]</td></tr>
<tr><td>18</td><td>S30403</td><td>022Cr19Ni10</td><td>00Cr19Ni10</td><td rowspan="6">敏化处理</td><td rowspan="4">沟状组织</td><td>沟状组织
凹坑组织Ⅱ</td><td rowspan="6">沟状组织</td></tr>
<tr><td>39</td><td>S31603</td><td>022Cr17Ni12Mo2</td><td>00Cr17Ni14Mo2</td><td rowspan="5">—</td></tr>
<tr><td>46</td><td>S31683</td><td>022Cr18Ni14Mo2Cu2</td><td>00Cr18Ni14Mo2Cu2</td></tr>
<tr><td>50</td><td>S31703</td><td>022Cr19Ni13Mo3</td><td>00Cr19Ni13Mo3</td></tr>
<tr><td>55</td><td>S32168</td><td>06Cr18Ni11Ti</td><td>0Cr18Ni10Ti</td><td rowspan="2">—</td></tr>
<tr><td>62</td><td>S34778</td><td>06Cr18Ni11Nb</td><td>0Cr18Ni11Nb</td></tr>
<tr><td colspan="8">a 可进行敏化处理，但试验前应由供需双方协商确定。</td></tr>
</table>

表 12 晶间腐蚀试验

<table>
<tr><th rowspan="2">GB/T 20878 中序号</th><th rowspan="2">统一数字代号</th><th rowspan="2">新牌号</th><th rowspan="2">旧牌号</th><th colspan="2">GB/T 4334.2</th><th colspan="2">GB/T 4334.3</th><th colspan="2">GB/T 4334.5</th></tr>
<tr><th>试验状态</th><th>腐蚀减重/[g/(m² · h)]</th><th>试验状态</th><th>腐蚀减重/[g/(m² · h)]</th><th>试验状态</th><th>试验弯曲面的状态</th></tr>
<tr><td>17</td><td>S30408</td><td>06Cr19Ni10</td><td>0Cr18Ni9</td><td rowspan="4">固溶处理</td><td rowspan="4">协议</td><td>固溶处理</td><td>协议</td><td rowspan="4">固溶处理</td><td rowspan="11">不允许有晶间腐蚀裂纹</td></tr>
<tr><td>38</td><td>S31608</td><td>06Cr17Ni12Mo2</td><td>0Cr17Ni12Mo2</td><td colspan="2" rowspan="3">—</td></tr>
<tr><td>45</td><td>S31688</td><td>06Cr18Ni12Mo2Cu2</td><td>0Cr18Ni12Mo2Cu2</td></tr>
<tr><td>49</td><td>S31708</td><td>06Cr19Ni13Mo3[a]</td><td>0Cr19Ni13Mo3[a]</td></tr>
<tr><td>18</td><td>S30403</td><td>022Cr19Ni10</td><td>00Cr19Ni10</td><td rowspan="4">敏化处理</td><td rowspan="4">协议</td><td>敏化处理</td><td>协议</td><td rowspan="7">敏化处理</td></tr>
<tr><td>39</td><td>S31603</td><td>022Cr17Ni12Mo2</td><td>00Cr17Ni14Mo2</td><td colspan="2" rowspan="6">—</td></tr>
<tr><td>46</td><td>S31683</td><td>022Cr18Ni14Mo2Cu2</td><td>00Cr18Ni14Mo2Cu2</td></tr>
<tr><td>50</td><td>S31703</td><td>022Cr19Ni13Mo3</td><td>00Cr19Ni13Mo3</td></tr>
<tr><td>41</td><td>S31668</td><td>06Cr17Ni12Mo2Ti</td><td>0Cr18Ni12Mo3Ti</td><td colspan="2" rowspan="3">—</td></tr>
<tr><td>55</td><td>S32168</td><td>06Cr18Ni11Ti</td><td>0Cr18Ni10Ti</td></tr>
<tr><td>62</td><td>S34778</td><td>06Cr18Ni11Nb</td><td>0Cr18Ni11Nb</td></tr>
<tr><td colspan="10">a 可进行敏化处理，但试验前应由供需双方协商确定。</td></tr>
</table>

7.6 低倍组织

7.6.1 钢棒的横截面酸浸低倍试片上不允许有目视可见的缩孔、气泡、裂纹、夹杂、翻皮及白点。对切削加工用的钢棒允许有深度不大于公称尺寸公差之半的皮下夹杂等缺陷。

7.6.2 酸浸低倍组织合格级别应符合表13的规定。当需方要求1组时，应在合同中注明。尺寸大于200 mm钢棒，其低倍组织合格级别由供需双方协商确定。

7.6.3 供方若能保证，允许采用超声波探伤法或其他无损探伤法代替低倍检验。

表13 低倍组织合格级别

组　别	一般疏松	中心疏松	锭型偏析
1组	≤2级	≤2级	≤2级
2组	≤3级	≤3级	≤3级

7.7 热顶锻

7.7.1 热顶锻用钢(在合同中注明)应作热顶锻试验，试样顶锻至原高度的三分之一后，试样表面不允许有裂纹或裂口。

7.7.2 尺寸大于80 mm的钢棒，供方若能保证顶锻试验合格，可不进行试验。

7.8 表面质量

7.8.1 压力加工用钢棒的表面不允许有裂纹、结疤、折叠及夹杂，如有上述缺陷必须清除。清除深度应符合表14的规定，清除宽度不小于深度的5倍，同一截面达到最大清除深度不得多于一处，允许有从实际尺寸算起不超过公称尺寸公差之半的个别细小划痕、压痕、麻点及深度不超过0.20 mm的小裂纹存在。根据供需双方协议，压力加工用圆钢棒，表面可以车削或剥皮。

表14 压力加工用钢棒表面缺陷允许清除深度

钢棒公称尺寸/mm	允许清除深度
≤80	钢棒公称尺寸公差之半
>80～140	钢棒公称尺寸公差
>140～200	钢棒公称尺寸的5%
>200～250	钢棒公称尺寸的6%

7.8.2 切削加工用钢棒允许有从公称尺寸算起不超过表15规定的局部缺陷。

表15 切削加工用钢棒表面局部缺陷允许深度

钢棒公称尺寸/mm	局部缺陷允许深度
<100	钢棒公称尺寸的负偏差
≥100	钢棒公称尺寸的公差

7.8.3 经供需双方协商，并在合同中注明，可规定采用酸洗、车削等方法去除热处理产生的黑皮。

7.9 特殊要求

根据需方要求，并经供需双方协议，可供应下列特殊要求的钢棒。

a) 缩小表1～表5化学成分范围；

b) 限制表6～表10抗拉强度的上限；

c) 增加耐腐蚀性能试验；

d) 检验α相含量；

e) 检验钢中非金属夹杂物含量；

f) 检验钢的晶粒度；

g) 增加塔形检验；

h） 其他特殊要求。

8 试验方法

每批钢棒的检验项目及试验方法应符合表16的规定。

表16 钢棒检验项目、取样数量、取样部位及试验方法

序号	检验项目	取样数量[a]	取样部位	试验方法
1	化学成分	1	GB/T 20066	GB/T 223(见第2章)、GB/T 11170、GB/T 9971—2004的附录A
2	拉伸	2	不同根钢棒，GB/T 2975	GB/T 228
3	冲击	2		GB/T 229
4	硬度	2	不同根钢棒	GB/T 230.1、GB/T 231.1、GB/T 4340.1
5	晶间腐蚀	2		GB/T 4334.1、GB/T 4334.2、GB/T 4334.3、GB/T 4334.5
6	低倍组织	2	相当于钢锭头部的不同根钢棒或钢坯；连铸钢在任意不同根钢棒	GB/T 226、GB/T 1979
7	超声波检验	2	整根钢棒	GB/T 7736
8	热顶锻	2	不同根钢棒	YB/T 5293
9	非金属夹杂物	2		GB/T 10561
10	晶粒度	1	任一钢棒	GB/T 6394
11	α-相	1		GB/T 6401—1986、GB/T 13305—991
12	塔形	2	相当于钢锭头部不同根钢棒或钢坯；连铸钢在任意不同根钢棒	GB/T 15711、GB/T 10121
13	尺寸	逐根	整根钢棒	卡尺、千分尺
14	表面	逐根		目视

[a] 电渣钢除表面和尺寸逐根外，其他检验项目的取样数量均为1个。以自耗电极的熔炼母炉号组批时，除化学成分每个电渣炉号取1个外，其他检验项目取样数量同表中规定。

9 检验规则

9.1 检查和验收

钢棒的检查和验收由供方技术质量监督部门进行。

9.2 组批规则

钢棒应按批检查和验收。每批由同一牌号、同一炉号、同一加工方法、同一尺寸和同一交货状态（同一热处理炉次）的钢棒组成。采用电渣重熔冶炼的钢，在工艺稳定且能保证本标准各项技术要求的条件下，允许以自耗电极的熔炼母炉号组批交货，并在质量证明书中注明。

9.3 取样部位及取样数量

每批钢棒检验取样部位及取样数量应符合表16的规定。

9.4 复验和判定规则

9.4.1 复验和判定规则应按GB/T 17505的有关规定。

9.4.2 供方若能保证钢棒合格时，对同一炉号的钢棒或钢坯的力学性能、低倍组织、非金属夹杂物的检验结果，允许以坯代材、以大代小。

10 包装、标志和质量证明书

钢棒的包装、标志和质量证明书应符合 GB/T 2101 的规定。

附　录　A
（资料性附录）
不锈钢棒或试样的典型热处理制度

表 A.1　奥氏体型不锈钢棒或试样的典型热处理制度

GB/T 20878 中序号	统一数字代号	新　牌　号	旧　牌　号	固溶处理/℃
1	S35350	12Cr17Mn6Ni5N	1Cr17Mn6Ni5N	1 010～1 120，快冷
3	S35450	12Cr18Mn9Ni5N	1Cr18Mn8Ni5N	1 010～1 120，快冷
9	S30110	12Cr17Ni7	1Cr17Ni7	1 010～1 150，快冷
13	S30210	12Cr18Ni9	1Cr18Ni9	1 010～1 150，快冷
15	S30317	Y12Cr18Ni9	Y1Cr18Ni9	1 010～1 150，快冷
16	S30327	Y12Cr18Ni9Se	Y1Cr18Ni9Se	1 010～1 150，快冷
17	S30408	06Cr19Ni10	0Cr18Ni9	1 010～1 150，快冷
18	S30403	022Cr19Ni10	00Cr19Ni10	1 010～1 150，快冷
22	S30488	06Cr18Ni9Cu3	0Cr18Ni9Cu3	1 010～1 150，快冷
23	S30458	06Cr19Ni10N	0Cr19Ni9N	1 010～1 150，快冷
24	S30478	06Cr19Ni9NbN	0Cr19Ni10NbN	1 010～1 150，快冷
25	S30453	022Cr19Ni10N	00Cr18Ni10N	1 010～1 150，快冷
26	S30510	10Cr18Ni12	1Cr18Ni12	1 010～1 150，快冷
32	S30908	06Cr23Ni13	0Cr23Ni13	1 030～1 150，快冷
35	S31008	06Cr25Ni20	0Cr25Ni20	1 030～1 180，快冷
38	S31608	06Cr17Ni12Mo2	0Cr17Ni12Mo2	1 010～1 150，快冷
39	S31603	022Cr17Ni12Mo2	00Cr17Ni14Mo2	1 010～1 150，快冷
41	S31668	06Cr17Ni12Mo2Ti[a]	0Cr18Ni12Mo3Ti[a]	1 000～1 100，快冷
43	S31658	06Cr17Ni12Mo2N	0Cr17Ni12Mo2N	1 010～1 150，快冷
44	S31653	022Cr17Ni12Mo2N	00Cr17Ni13Mo2N	1 010～1 150，快冷
45	S31688	06Cr18Ni12Mo2Cu2	0Cr18Ni12Mo2Cu2	1 010～1 150，快冷
46	S31683	022Cr18Ni14Mo2Cu2	00Cr18Ni14Mo2Cu2	1 010～1 150，快冷
49	S31708	06Cr19Ni13Mo3	0Cr19Ni13Mo3	1 010～1 150，快冷
50	S31703	022Cr19Ni13Mo3	00Cr19Ni13Mo3	1 010～1 150，快冷
52	S31794	03Cr18Ni16Mo5	0Cr18Ni16Mo5	1 030～1 180，快冷
55	S32168	06Cr18Ni11Ti[a]	0Cr18Ni10Ti[a]	920～1 150，快冷
62	S34778	06Cr18Ni11Nb[a]	0Cr18Ni11Nb[a]	980～1 150，快冷
64	S38148	06Cr18Ni13Si4	0Cr18Ni13Si4	1 010～1 150，快冷

[a] 需方在合同中注明时，可进行稳定化处理，此时的热处理温度为 850℃～930℃。

表 A.2 奥氏体-铁素体型不锈钢棒或试样的典型热处理制度

GB/T 20878 中序号	统一数字代号	新 牌 号	旧 牌 号	固溶处理/℃
67	S21860	14Cr18Ni11Si4AlTi	1Cr18Ni11Si4AlTi	930~1 050,快冷
68	S21953	022Cr19Ni5Mo3Si2N	00Cr18Ni5Mo3Si2	920~1 150,快冷
70	S22253	022Cr22Ni5Mo3N		950~1 200,快冷
71	S22053	022Cr23Ni5Mo3N		950~1 200,快冷
73	S22553	022Cr25Ni6Mo2N		950~1 200,快冷
75	S25554	03Cr25Ni6Mo3Cu2N		1 000~1 200,快冷

表 A.3 铁素体型不锈钢棒或试样的典型热处理制度

GB/T 20878 中序号	统一数字代号	新 牌 号	旧 牌 号	退火/℃
78	S11348	06Cr13Al	0Cr13Al	780~830,空冷或缓冷
83	S11203	022Cr12	00Cr12	700~820,空冷或缓冷
85	S11710	10Cr17	1Cr17	780~850,空冷或缓冷
86	S11717	Y10Cr17	Y1Cr17	680~820,空冷或缓冷
88	S11790	10Cr17Mo	1Cr17Mo	780~850,空冷或缓冷
94	S12791	008Cr27Mo	00Cr27Mo	900~1 050,快冷
95	S13091	008Cr30Mo2	00Cr30Mo2	900~1 050,快冷

表 A.4 马氏体型不锈钢棒或试样的典型热处理制度

GB/T 20878 中序号	统一数字代号	新 牌 号	旧 牌 号	钢棒的热处理制度	试样的热处理制度	
				退火/℃	淬火/℃	回火/℃
96	S40310	12Cr12	1Cr12	800~900 缓冷或约 750 快冷	950~1 000 油冷	700~750 快冷
97	S41008	06Cr13	0Cr13	800~900 缓冷或约 750 快冷	950~1 000 油冷	700~750 快冷
98	S41010	12Cr13	1Cr13	800~900 缓冷或约 750 快冷	950~1 000 油冷	700~750 快冷
100	S41617	Y12Cr13	Y1Cr13	800~900 缓冷或约 750 快冷	950~1 000 油冷	700~750 快冷
101	S42020	20Cr13	2Cr13	800~900 缓冷或约 750 快冷	920~980 油冷	600~750 快冷
102	S42030	30Cr13	3Cr13	800~900 缓冷或约 750 快冷	920~980 油冷	600~750 快冷
103	S42037	Y30Cr13	Y3Cr13	800~900 缓冷或约 750 快冷	920~980 油冷	600~750 快冷
104	S42040	40Cr13	4Cr13	800~900 缓冷或约 750 快冷	1050~1 100 油冷	200~300 空冷
106	S43110	14Cr17Ni2	1Cr17Ni2	680~700 高温回火,空冷	950~1 050 油冷	275~350 空冷
07	S43120	17Cr16Ni2		1 680~800,炉冷或空冷	950~1 050 油冷或空冷	600~650,空冷
				2		750~800+650~700[a],空冷
108	S44070	68Cr17	7Cr17	800~920 缓冷	1 010~1 070 油冷	100~180 快冷
109	S44080	85Cr17	8Cr17	800~920 缓冷	1 010~1 070 油冷	100~180 快冷
110	S44096	108Cr17	11Cr17	800~920 缓冷	1 010~1 070 油冷	100~180 快冷
111	S44097	Y108Cr17	Y11Cr17	800~920 缓冷	1 010~1 070 油冷	100~180 快冷
112	S44090	95Cr18	9Cr18	800~920 缓冷	1 000~1 050 油冷	200~300 油、空冷

表 A.4（续）

GB/T 20878 中序号	统一数字代号	新牌号	旧牌号	钢棒的热处理制度	试样的热处理制度	
				退火/℃	淬火/℃	回火/℃
115	S45710	13Cr13Mo	1Cr13Mo	830～900 缓冷或约 750 快冷	970～1 020 油冷	650～750 快冷
116	S45830	32Cr13Mo	3Cr13Mo	800～900 缓冷或约 750 快冷	1 025～1 075 油冷	200～300 油、水、空冷
117	S45990	102Cr17Mo	9Cr18Mo	800～900 缓冷	1 000～1 050 油冷	200～300 空冷
118	S46990	90Cr18MoV	9Cr18MoV	800～920 缓冷	1 050～1 075 油冷	100～200 空冷

[a] 当镍含量在表 4 规定的下限时，允许采用 620℃～720℃单回火制度。

表 A.5 沉淀硬化型不锈钢棒或试样的典型热处理制度

GB/T 20878 中序号	统一数字代号	新牌号	旧牌号	热处理 种类		组别	条件
136	S51550	05Cr15Ni5Cu4Nb		固溶处理		0	1 020℃～1 060℃，快冷。
				沉淀硬化	480℃时效	1	经固溶处理后，470℃～490℃空冷
					550℃时效	2	经固溶处理后，540℃～560℃空冷
					580℃时效	3	经固溶处理后，570℃～590℃空冷
					620℃时效	4	经固溶处理后，610℃～630℃空冷
137	S51740	05Cr17Ni4Cu4Nb	0Cr17Ni4Cu4Nb	固溶处理		0	1 020℃～1 060℃，快冷
				沉淀硬化	480℃时效	1	经固溶处理后，470℃～490℃空冷
					550℃时效	2	经固溶处理后，540℃～560℃空冷
					580℃时效	3	经固溶处理后，570℃～590℃空冷
					620℃时效	4	经固溶处理后，610℃～630℃空冷
138	S51770	07Cr17Ni7Al	0Cr17Ni7Al	固溶处理		0	1 000℃～1 100℃，快冷
				沉淀硬化	510℃时效	1	经固溶处理后，955℃±10℃保持 10 min，空冷到室温，在 24 h 内冷却到－73℃±6℃，保持 8 h，再加热到 510℃±10℃，保持 1 h 后，空冷
					565℃时效	2	经固溶处理后，于 760℃±15℃保持 90 min，在 1 h 内冷却到 15℃以下，保持 30 min，再加热到 565℃±10℃保持 90 min，空冷
139	S51570	07Cr15Ni7Mo2Al	0Cr15Ni7Mo2Al	固溶处理		0	1 000℃～1 100℃快冷
				沉淀硬化	510℃时效	1	经固溶处理后，955℃±10℃保持 10 min，空冷到室温，在 24 h 内冷却到－73℃±6℃，保持 8 h，再加热到 510℃±10℃，保持 1 h 后，空冷
					565℃时效	2	经固溶处理后，于 760℃±15℃保持 90 min，在 1 h 内冷却到 15℃以下，保持 30 min，再加热到 565℃±10℃保持 90 min，空冷

附　录　B
（资料性附录）
不锈钢的特性和用途

表 B.1　不锈钢的特性和用途

GB/T 20878 中序号	统一数字代号	新　牌　号	旧　牌　号	特性与用途
奥氏体型				
1	S35350	12Cr17Mn6Ni5N	1Cr17Mn6Ni5N	节镍钢，性能 12Cr17Ni7(1Cr17Ni7)与相近，可代替 12Cr17Ni7(1Cr17Ni7)使用。在固溶态无磁，冷加工后具有轻微磁性。主要用于制造旅馆装备、厨房用具、水池、交通工具等
3	S35450	12Cr18Mn9Ni5N	1Cr18Mn8Ni5N	节镍钢，是 Cr-Mn-Ni-N 型最典型、发展比较完善的钢。在 800℃以下具有很好的抗氧化性，且保持较高的强度，可代替 12Cr18Ni9(1Cr18Ni9)使用。主要用于制作 800℃以下经受弱介质腐蚀和承受负荷的零件，如炊具、餐具等
9	S30110	12Cr17Ni7	1Cr17Ni7	亚稳定奥氏体不锈钢，是最易冷变形强化的钢。经冷加工有高的强度和硬度，并仍保留足够的塑韧性，在大气条件下具有较好的耐蚀性。主要用于以冷加工状态承受较高负荷，又希望减轻装备重量和不生锈的设备和部件，如铁道车辆，装饰板、传送带、紧固件等
13	S30210	12Cr18Ni9	1Cr18Ni9	历史最悠久的奥氏体不锈钢，在固溶态具有良好的塑性、韧性和冷加工性，在氧化性酸和大气、水、蒸汽等介质中耐蚀性也好。经冷加工有高的强度，但伸长率比 12Cr17Ni7(1Cr17Ni7)稍差。主要用于对耐蚀性和强度要求不高的结构件和焊接件，如建筑物外表装饰材料；也可用于无磁部件和低温装置的部件。但在敏化态或焊后，具有晶间腐蚀倾向，不宜用作焊接结构材料
15	S30317	Y12Cr18Ni9	Y1Cr18Ni9	12Cr18Ni9(1Cr18Ni9)改进切削性能钢。最适用于快速切削（如自动车床）制作辊、轴、螺栓、螺母等
16	S30327	Y12Cr18Ni9Se	Y1Cr18Ni9Se	除调整 12Cr18Ni9(1Cr18Ni9)钢的磷、硫含量外，还加入硒，提高 12Cr18Ni9(1Cr18Ni9)钢的切削性能。用于小切削量，也适用于热加工或冷顶锻，如螺丝、铆钉等
17	S30408	06Cr19Ni10	0Cr18Ni9	在 12Cr18Ni9(1Cr18Ni9)钢基础上发展演变的钢，性能类似于 12Cr18Ni9(1Cr18Ni9)钢，但耐蚀性优于 12Cr18Ni9(1Cr18Ni9)钢，可用作薄截面尺寸的焊接件，是应用量最大、使用范围最广的不锈钢。适用于制造深冲成型部件和输酸管道、容器、结构件等，也可以制造无磁、低温设备和部件

表 B.1（续）

GB/T 20878 中序号	统一数字代号	新　牌　号	旧　牌　号	特性与用途
18	S30403	022Cr19Ni10	00Cr19Ni10	为解决因 $Cr_{23}C_6$ 析出致使 06Cr19Ni10(0Cr18Ni9)钢在一些条件下存在严重的晶间腐蚀倾向而发展的超低碳奥氏体不锈钢，其敏化态耐晶间腐蚀能力显著优于 06Cr18Ni9(0Cr18Ni9)钢。除强度稍低外，其他性能同 06Cr18Ni9Ti(0Cr18Ni9Ti)钢，主要用于需焊接且焊接后又不能进行固溶处理的耐蚀设备和部件
22	S30488	06Cr18Ni9Cu3	0Cr18Ni9Cu3	在 06Cr19Ni10 (0Cr18Ni9)基础上为改进其冷成形性能而发展的不锈钢。铜的加入，使钢的冷作硬化倾向小，冷作硬化率降低，可以在较小的成形力下获得最大的冷变形。主要用于制作冷镦紧固件、深拉等冷成形的部件
23	S30458	06Cr19Ni10N	0Cr19Ni9N	在 06Cr19Ni10 (0Cr18Ni9)钢基础上添加氮，不仅防止塑性降低，而且提高钢的强度和加工硬化倾向，改善钢的耐点蚀、晶腐性，使材料的厚度减少。用于有一定耐腐性要求，并要求较高强度和减轻重量的设备或结构部件
24	S30478	06Cr19Ni9NbN	0Cr19Ni10NbN	在 06Cr19Ni10 (0Cr18Ni9)钢基础上添加氮和铌，提高钢的耐点蚀和晶间腐蚀性能，具有与 06Cr19Ni10N(0Cr19Ni9N)钢相同的特性和用途
25	S30453	022Cr19Ni10N	00Cr18Ni10N	06Cr19Ni10N (0Cr19Ni9N)的超低碳钢。因 06Cr19Ni10N (0Cr19Ni9N)钢在 450℃～900℃加热后耐晶间腐蚀性能明显下降，因此对于焊接设备构件，推荐用 022Cr19Ni10N(00Cr18Ni10N)钢
26	S30510	10Cr18Ni12	1Cr18Ni12	在 12Cr18Ni9(1Cr18Ni9)钢基础上，通过提高钢中镍含量而发展起来的不锈钢。加工硬化性比 12Cr18Ni9(1Cr18Ni9)钢低。适宜用于旋压加工、特殊拉拔，如作冷墩钢用等
32	S30908	06Cr23Ni13	0Cr23Ni13	高铬镍奥氏体不锈钢，耐腐蚀性比 06Cr19Ni10 (0Cr18Ni9)钢好，但实际上多作为耐热钢使用
35	S31008	06Cr25Ni20	0Cr25Ni20	高铬镍奥氏体不锈钢，在氧化性介质中具有优良的耐蚀性，同时具有良好的高温力学性能，抗氧化性比 06Cr23Ni13(0Cr23Ni13)钢好，耐点蚀和耐应力腐蚀能力优于 18-8 型不锈钢，既可用于耐蚀部件又可作为耐热钢使用
38	S31608	06Cr17Ni12Mo2	0Cr17Ni12Mo2	在 10Cr18Ni12(1Cr18Ni12)钢基础上加入钼，使钢具有良好的耐还原性介质和耐点腐蚀能力。在海水和其他各种介质中，耐腐蚀性优于 06Cr19Ni10 (0Cr18Ni9)钢。主要用于耐点蚀材料
39	S31603	022Cr17Ni12Mo2	00Cr17Ni14Mo2	06Cr17Ni12Mo2(0Cr17Ni12Mo2)的超低碳钢，具有良好的耐敏化态晶间腐蚀的性能。适用于制造厚截面尺寸的焊接部件和设备，如石油化工、化肥、造纸、印染及原子能工业用设备的耐蚀材料

表 B.1（续）

GB/T 20878 中序号	统一数字代号	新牌号	旧牌号	特性与用途
41	S31668	06Cr17Ni12Mo2Ti	0Cr18Ni12Mo3Ti	为解决 06Cr17Ni12Mo2(0Cr17Ni12Mo2)钢的晶间腐蚀而发展起来的钢种，有良好的耐晶间腐蚀性，其他性能与 06Cr17Ni12Mo2(0Cr17Ni12Mo2)钢相近。适合于制造焊接部件
43	S31658	06Cr17Ni12Mo2N	0Cr17Ni12Mo2N	在 06Cr17Ni12Mo2(0Cr17Ni12Mo2)中加入氮，提高强度，同时又不降低塑性，使材料的使用厚度减薄。用于耐蚀性好的高强度部件
44	S31653	022Cr17Ni12Mo2N	00Cr17Ni13Mo2N	在 022Cr17Ni12Mo2(00Cr17Ni14Mo2)钢中加入氮，具有与 022Cr17Ni12Mo2(00Cr17Ni14Mo2)钢同样特性，用途与 06Cr17Ni12Mo2N(0Cr17Ni12Mo2N)相同，但耐晶间腐蚀性能更好。主要用于化肥、造纸、制药、高压设备等领域
45	S31688	06Cr18Ni12Mo2Cu2	0Cr18Ni12Mo2Cu2	在 06Cr17Ni12Mo2(0Cr17Ni12Mo2)钢基础上加入约 2%Cu，其耐腐蚀性、耐点蚀性好。主要用于制作耐硫酸材料，也可用作焊接结构件和管道、容器等
46	S31683	022Cr18Ni14Mo2Cu2	00Cr18Ni14Mo2Cu2	06Cr18Ni12Mo2Cu2(0Cr18Ni12Mo2Cu2)的超低碳钢。比 06Cr18Ni12Mo2Cu2(0Cr18Ni12Mo2Cu2)钢的耐晶间腐蚀性能好。用途同 06Cr18Ni12Mo2Cu2(0Cr18Ni12Mo2Cu2)钢
49	S31708	06Cr19Ni13Mo3	0Cr19Ni13Mo3	耐点蚀和抗蠕变能力优于 06Cr17Ni12Mo2(0Cr17Ni12Mo2)。用于制作造纸、印染设备，石油化工及耐有机酸腐蚀的装备等
50	S31703	022Cr19Ni13Mo3	00Cr19Ni13Mo3	06Cr19Ni13Mo3(0Cr19Ni13Mo3)的超低碳钢，比 06Cr19Ni13Mo3(0Cr19Ni13Mo3)钢耐晶间腐蚀性能好，在焊接整体件时抑制析出碳。用途与 06Cr19Ni13Mo3(0Cr19Ni13Mo3)钢相同
52	S31794	03Cr18Ni16Mo5	0Cr18Ni16Mo5	耐点蚀性能优于 022Cr17Ni12Mo2(00Cr17Ni14Mo2)和 06Cr17Ni12Mo2Ti(0Cr18Ni12Mo3Ti)的一种高钼不锈钢，在硫酸、甲酸、醋酸等介质中的耐蚀性要比一般含 2%～4%Mo 的常用 Cr-Ni 钢更好。主要用于处理含氯离子溶液的热交换器，醋酸设备，磷酸设备，漂白装置等，以及 022Cr17Ni12Mo2(00Cr17Ni14Mo2)和 06Cr17Ni12Mo2Ti(0Cr18Ni12Mo3Ti)钢不适用环境中使用
55	S32168	06Cr18Ni11Ti	0Cr18Ni10Ti	钛稳定化的奥氏体不锈钢，添加钛提高耐晶间腐蚀性能，并具有良好的高温力学性能。可用超低碳奥氏体不锈钢代替。除专用(高温或抗氢腐蚀)外，一般情况不推荐使用
62	S34778	06Cr18Ni11Nb	0Cr18Ni11Nb	铌稳定化的奥氏体不锈钢，添加铌提高耐晶间腐蚀性能，在酸、碱、盐等腐蚀介质中的耐蚀性同 06Cr18Ni11Ti(0Cr18Ni10Ti)，焊接性能良好。既可作耐蚀材料又可作耐热钢使用，主要用于火电厂、石油化工等领域，如制作容器、管道、热交换器、轴类等；也可作为焊接材料使用

表 B.1（续）

GB/T 20878 中序号	统一数字代号	新　牌　号	旧　牌　号	特性与用途
64	S38148	06Cr18Ni13Si4	0Cr18Ni13Si4	在 06Cr19Ni10（0Cr18Ni9）中增加镍，添加硅，提高耐应力腐蚀断裂性能。用于含氯离子环境，如汽车排气净化装置等
奥氏体-铁素体型				
67	S21860	14Cr18Ni11Si4AlTi	1Cr18Ni11Si4AlTi	含硅使钢的强度和耐浓硝酸腐蚀性能提高，可用于制作抗高温、浓硝酸介质的零件和设备，如排酸阀门等
68	S21953	022Cr19Ni5Mo3Si2N	00Cr18Ni5Mo3Si2	在瑞典 3RE60 钢基础上，加入 0.05%N～0.10%N 形成的一种耐氯化物应力腐蚀的专用不锈钢。耐点蚀性能与 022Cr17Ni12Mo2（00Cr17Ni14Mo2）相当。适用于含氯离子的环境，用于炼油、化肥、造纸、石油、化工等工业制造热交换器、冷凝器等。也可代替 022Cr19Ni10（00Cr19Ni10）和 022Cr17Ni12Mo2（00Cr17Ni14Mo2）钢在易发生应力腐蚀破坏的环境下使用
70	S22253	022Cr22Ni5Mo3N		在瑞典 SAF2205 钢基础上研制的，是目前世界上双相不锈钢中应用最普遍的钢。对含硫化氢、二氧化碳、氯化物的环境具有阻抗性，可进行冷、热加工及成型，焊接性良好，适用于作结构材料，用来代替 022Cr19Ni10（00Cr19Ni10）和 022Cr17Ni12Mo2（00Cr17Ni14Mo2）奥氏体不锈钢使用。用于制作油井管，化工储罐，热交换器、冷凝冷却器等易产生点蚀和应力腐蚀的受压设备
71	S22053	022Cr23Ni5Mo3N		从 022Cr22Ni5Mo3N 基础上派生出来的，具有更窄的区间。特性和用途同 022Cr22Ni5Mo3N
73	S22553	022Cr25Ni6Mo2N		在 0Cr26Ni5Mo2 钢基础上调高钼含量、调低碳含量、添加氮，具有高强度、耐氯化物应力腐蚀、可焊接等特点，是耐点蚀最好的钢。代替 0Cr26Ni5Mo2 钢使用。主要应用于化工、化肥、石油化工等工业领域，主要制作热交换器、蒸发器等
75	S25554	03Cr25Ni6Mo3Cu2N		在英国 Ferralium alloy 255 合金基础上研制的，具有良好的力学性能和耐局部腐蚀性能，尤其是耐磨损性能优于一般的奥氏体不锈钢，是海水环境中的理想材料。适用作舰船用的螺旋推进器、轴、潜艇密封件等，也适用于在化工、石油化工、天然气、纸浆、造纸等领域应用
铁素体型				
78	S11348	06Cr13Al	0Cr13Al	低铬纯铁素体不锈钢，非淬硬性钢。具有相当于低铬钢的不锈性和抗氧化性，塑性、韧性和冷成型性优于铬含量更高的其他铁素体不锈钢。主要用于 12Cr13（1Cr13）或 10Cr17（1Cr17）由于空气可淬硬而不适用的地方，如石油精制装置、压力容器衬里，蒸汽透平叶片和复合钢板等

表 B.1（续）

GB/T 20878 中序号	统一数字代号	新 牌 号	旧 牌 号	特性与用途
83	S11203	022Cr12	00Cr12	比 022Cr13（0Cr13）碳含量低，焊接部位弯曲性能、加工性能、耐高温氧化性能好。作汽车排气处理装置，锅炉燃烧室、喷嘴等
85	S11710	10Cr17	1Cr17	具有耐蚀性、力学性能和热导率高的特点，在大气、水蒸汽等介质中具有不锈性，但当介质中含有较高氯离子时，不锈性则不足。主要用于生产硝酸、硝铵的化工设备，如吸收塔、热交换器、贮槽等；薄板主要用于建筑内装饰、日用办公设备、厨房器具、汽车装饰、气体燃烧器等。由于它的脆性转变温度在室温以上，且对缺口敏感，不适用制作室温以下的承受载荷的设备和部件，且通常使用的钢材其截面尺寸一般不允许超过 4 mm
86	S11717	Y10Cr17	Y1Cr17	10Cr17（1Cr17）改进的切削钢。主要用于大切削量自动车床机加零件，如螺栓，螺母等
88	S11790	10Cr17Mo	1Cr17Mo	在 10Cr17（1Cr17）钢中加入钼，提高钢的耐点蚀、耐缝隙腐蚀性及强度等，比 10Cr17（1Cr17）钢抗盐溶液性强。主要用作汽车轮毂、紧固件、以及汽车外装饰材料使用
94	S12791	008Cr27Mo	00Cr27Mo	高纯铁素体不锈钢中发展最早的钢，性能类似于 008Cr30Mo2（00Cr30Mo2）。适用于既要求耐蚀性又要求软磁性的用途
95	S13091	008Cr30Mo2	00Cr30Mo2	高纯铁素体不锈钢。脆性转变温度低，耐卤离子应力腐蚀破坏性好，耐蚀性与纯镍相当，并具有良好的韧性，加工成型性和可焊接性。主要用于化学加工工业（醋酸、乳酸等有机酸，苛性钠浓缩工程）成套设备，食品工业、石油精炼工业、电力工业、水处理和污染控制等用热交换器、压力容器、罐和其他设备等
马氏体型				
96	S40310	12Cr12	1Cr12	作为汽轮机叶片及高应力部件之良好的不锈耐热钢
97	S41008	06Cr13	0Cr13	作较高韧性及受冲击负荷的零件，如汽轮机叶片、结构架、衬里、螺栓、螺帽等
98	S41010	12Cr13	1Cr13	半马氏体型不锈钢，经淬火回火处理后具有较高的强度、韧性，良好的耐蚀性和机加工性能。主要用于韧性要求较高且具有不锈性的受冲击载荷的部件，如刃具、叶片、紧固件、水压机阀、热裂解抗硫腐蚀设备等；也可制作在常温条件耐弱腐蚀介质的设备和部件
100	S41617	Y12Cr13	Y1Cr13	不锈钢中切削性能最好的钢，自动车床用

表 B.1（续）

GB/T 20878 中序号	统一数字代号	新牌号	旧牌号	特性与用途
101	S42020	20Cr13	2Cr13	马氏体型不锈钢，其主要性能类似于 12Cr13（1Cr13）。由于碳含量较高，其强度、硬度高于 12Cr13（1Cr13），而韧性和耐蚀性略低。主要用于制造承受高应力负荷的零件，如汽轮机叶片、热油泵、轴和轴套、叶轮、水压机阀片等，也可用于造纸工业和医疗器械以及日用消费领域的刀具、餐具等
102	S42030	30Cr13	3Cr13	马氏体型不锈钢，较 12Cr13（1Cr13）和 20Cr13（2Cr13）钢具有更高的强度、硬度和更好的淬透性，在室温的稀硝酸和弱的有机酸中具有一定的耐蚀性，但不及 12Cr13（1Cr13）和 20Cr13（2Cr13）钢。主要用于高强度部件，以及在承受高应力载荷并在一定腐蚀介质条件下的磨损件，如 300℃以下工作的刀具、弹簧，400℃以下工作的轴、螺栓、阀门、轴承等
103	S42037	Y30Cr13	Y3Cr13	改善 30Cr13（3Cr13）切削性能的钢。用途与 30Cr13（3Cr13）相似，需要更好的切削性能
104	S42040	40Cr13	4Cr13	特性与用途类似于 30Cr13（3Cr13）钢，其强度、硬度高于 30Cr13（3Cr13）钢，而韧性和耐蚀性略低。主要用于制造外科医疗用具、轴承、阀门、弹簧等。40Cr13(4Cr13)钢可焊性差，通常不制造焊接部件
106	S43110	14Cr17Ni2	1Cr17Ni2	热处理后具有较高的力学性能，耐蚀性优于 12Cr13（1Cr13）和 10Cr17（1Cr17）。一般用于既要求高力学性能的可淬硬性，又要求耐硝酸、有机酸腐蚀的轴类、活塞杆、泵、阀等零部件以及弹簧和紧固件
107	S43120	17Cr16Ni2		加工性能比 14Cr17Ni2（1Cr17Ni2）明显改善，适用于制作要求较高强度、韧性、塑性和良好的耐蚀性的零部件及在潮湿介质中工作的承力件
108	S44070	68Cr17	7Cr17	高铬马氏体型不锈钢，比 20Cr13（2Cr13）有较高的淬火硬度。在淬火回火状态下，具有高强度和硬度，并兼有不锈、耐蚀性能。一般用于制造要求具有不锈性或耐稀氧化性酸、有机酸和盐类腐蚀的刀具、量具、轴类、杆件、阀门、钩件等耐磨蚀的部件
109	S44080	85Cr17	8Cr17	可淬硬性不锈钢。性能与用途类似于 68Cr17（7Cr17），但硬化状态下，比 68Cr17（7Cr17）硬，而比 108Cr17(11Cr17)韧性高。如刃具、阀座等
110	S44096	108Cr17	11Cr17	在可淬硬性不锈钢，不锈钢中硬度最高。性能与用途类似于 68Cr17（7Cr17）。主要用于制作喷嘴、轴承等
111	S44097	Y108Cr17	Y11Cr17	108Cr17（11Cr17）改进的切削性钢种。自动车床用

表 B.1（续）

GB/T 20878 中序号	统一数字代号	新　牌　号	旧　牌　号	特性与用途
112	S44090	95Cr18	9Cr18	高碳马氏体不锈钢。较 Cr17 型马氏体型不锈钢耐蚀性有所改善，其他性能与 Cr17 型马氏体型不锈钢相似。主要用于制造耐蚀高强度耐磨损部件，如轴、泵、阀件、杆类、弹簧、紧固件等。由于钢中极易形成不均匀的碳化物而影响钢的质量和性能，需在生产时予以注意
115	S45710	13Cr13Mo	1Cr13Mo	比 12Cr13(1Cr13)钢耐蚀性高的高强度钢。用于制作汽轮机叶片，高温部件等
116	S45830	32Cr13Mo	3Cr13Mo	在 30Cr13 (3Cr13)钢基础上加入钼，改善了钢的强度和硬度，并增强了二次硬化效应，且耐蚀性优于 30Cr13 (3Cr13)钢。主要用途同 30Cr13 (3Cr13)钢
117	S45990	102Cr17Mo	9Cr18Mo	性能与用途类似于 95Cr18(9Cr18)钢。由于钢中加入了钼和钒，热强性和抗回火能力均优于 95Cr18(9Cr18)钢。主要用来制造承受摩擦并在腐蚀介质中工作的零件，如量具、刃具等
118	S46990	90Cr18MoV	9Cr18MoV	
沉淀硬化型				
136	S51550	05Cr15Ni5Cu4Nb		在 05Cr17Ni4Cu4Nb(0Cr17Ni4Cu4Nb)钢基础上发展的马氏体沉淀硬化不锈钢，除高强度外，还具有高的横向韧性和良好的可锻性，耐蚀性与 05Cr17Ni4Cu4Nb(0Cr17Ni4Cu4Nb)钢相当。主要应用于具有高强度、良好韧性，又要求有优良耐蚀性的服役环境，如高强度锻件、高压系统阀门部件、飞机部件等
137	S51740	05Cr17Ni4Cu4Nb	0Cr17Ni4Cu4Nb	添加铜和铌的马氏体沉淀硬化不锈钢，强度可通过改变热处理工艺予以调整，耐蚀性优于 Cr13 型及 95Cr18 (9Cr18)和 14Cr17Ni2 (1Cr17Ni2)钢，抗腐蚀疲劳及抗水滴冲蚀能力优于 12%Cr 马氏体型不锈钢，焊接工艺简便，易于加工制造，但较难进行深度冷成型。主要用于既要求具有不锈性又要求耐弱酸、碱、盐腐蚀的高强度部件。如汽轮机末级动叶片以及在腐蚀环境下，工作温度低于 300℃的结构件
138	S51770	07Cr17Ni7Al	0Cr17Ni7Al	添加铝的半奥氏体沉淀硬化不锈钢，成分接近 18-8 型奥氏体不锈钢，具有良好的冶金和制造加工工艺性能。可用于 350℃以下长期工作的结构件、容器、管道、弹簧、垫圈、计器部件。该钢热处理工艺复杂，在全世界范围内有被马氏体时效钢取代的趋势，但目前仍具有广泛应用的领域
139	S51570	07Cr15Ni7Mo2Al	0Cr15Ni7Mo2Al	以 2%Mo 取代 07Cr17Ni7Al(0Cr17Ni7Al)钢中 2%Cr 的半奥氏体沉淀硬化不锈钢，使之耐还原性介质腐蚀能力有所改善，综合性能优于 07Cr17Ni7Al(0Cr17Ni7Al)。用于宇航、石油化工和能源等领域有一定耐蚀要求的高强度容器、零件及结构件

ICS 77.140.20
H 40

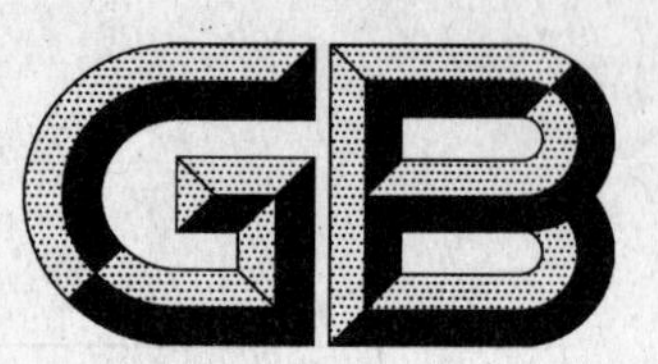

中华人民共和国国家标准

GB/T 1221—2007
代替 GB/T 1221—1992

耐热钢棒

Heat-resistant steel bars

2007-05-14 发布　　2007-12-01 实施

中华人民共和国国家质量监督检验检疫总局
中国国家标准化管理委员会　发布

前 言

本标准代替 GB/T 1221—1992《耐热钢棒》。

本标准与 GB/T 1221—1992 标准相比，主要变化如下：

——“范围”中增加了对冷加工钢棒的规定(1992 年版的 1 章；本版的第 1 章)；

——增加“术语及定义”和“订货内容”(见第 3 章和第 4 章)；

——“尺寸、外形、重量及允许偏差”修改为直接引用通用基础标准的规定(1992 年版的第 4 章；本版的第 6 章)；

——删除了 1Cr18Ni9Ti，将 06Cr15Ni25Ti2MoAlVB(0Cr15Ni25Ti2MoAlVB)调整到沉淀硬化型耐热钢的表中(1992 年版表 2 和表 3，本版表 7、表 11 和表 B.1)；

——增加了 45Cr9Si3、18Cr11NiMoNbVN、17Cr16Ni2 三个牌号及性能(见表 6 和表 10)；

——根据国际通用牌号成分调整了 06Cr19Ni10(0Cr18Ni9)、06Cr25Ni20(0Cr25Ni20)、12Cr13(1Cr13)、06Cr18Ni11Ti(0Cr18Ni10Ti)、06Cr18Ni11Nb(0Cr18Ni11Nb)、022Cr12(00Cr12)、10Cr17(1Cr17)、05Cr17Ni4Cu4Nb(0Cr17Ni4Cu4Nb)等 8 个牌号的化学成分和部分牌号的磷含量(1992 年版表 2，本版的表 4～表 7)；

——“冶炼方法”作了修改，优先采用初炼钢水加炉外精炼工艺(1992 年版 5.2，本版的 7.2)；

——将各类型耐热钢棒的热处理制度从力学性能表中分离出来，放入附录 A(资料性附录)(1992 年版的表 3～表 5；本版的表 A.1～表 A.4)；

——将马氏体型和沉淀硬化型耐热钢的屈服强度由需方要求时才做修改为必检指标(1992 年版的 5.4.1.1；本版的表 10)；

——12Cr13(1Cr13)钢增加碳含量的下限值 0.08%，并将其断后伸长率由 25% 调整为 22%(1992 年版的表 4；本版的表 10)；

——022Cr12(00Cr12)钢的屈服强度 $\sigma_{0.2}$ 值由 196 MPa 调整为规定非比例延伸强度 $R_{p0.2}$ 值 195 N/mm^2，抗拉强度由 365 MPa 调整为 360 N/mm^2(1992 年版的表 3；本版的表 9)；

——20Cr13(2Cr13)和 13Cr13Mo(1Cr13Mo)钢的抗拉强度 R_m 分别由 635 MPa、685 MPa 调整为 640 N/mm^2、690 N/mm^2(1992 年版的表 4；本版的表 10)；

——取消对扁钢的断面收缩率的规定(1992 年版表 3～表 5，本版的表 8～表 11 的角注)；

——“表面质量”增加“经供需双方协商，并在合同中注明，可规定采用酸洗、车削等方法去除热处理产生的黑皮”(1992 年版的 5.7，本版 7.7)；

——明确规定了连铸钢检验“低倍组织”和“塔形”的取样部位(1992 年版表 12，本版的表 15)；

——取消了“本标准耐热钢牌号与各国耐热钢牌号对照表”修改为直接引用 GB/T 20878《不锈钢和耐热钢　牌号及化学成分》(1992 年版的附录 B；本版的表 4～表 7 的注 2)。

本标准的附录 A 和附录 B 均是资料性附录。

本标准由中国钢铁工业协会提出。

本标准由全国钢标准化技术委员会归口。

本标准主要起草单位：冶金工业信息标准研究院、东北特殊钢集团有限责任公司。

本标准主要起草人：栾燕、戴强、谷强、曾文涛、刘宝石。

本标准所代替标准的历次版本发布情况为：

——GB/T 1221—1975，GB/T 1221—1984，GB/T 1221—1992。

耐热钢棒

1 范围

本标准规定了耐热钢棒(圆钢、方钢、扁钢和六角钢的总称,以下简称钢棒)的尺寸、外形、技术要求、试验方法、验收规则、包装标志及质量证明书等内容。

本标准适用于尺寸(直径、边长、厚度或对边距离,以下简称尺寸)不大于 250 mm 的热轧、锻制钢棒或尺寸不大于 120 mm 的冷加工钢棒。经供需双方协商,也可供应尺寸大于 250 mm 的热轧、锻制钢棒,或尺寸大于 120 mm 的冷加工钢棒。

2 规范性引用文件

下列文件中的条款通过本标准的引用而成为本标准的条款。凡是注日期的引用文件,其随后所有的修改单(不包括勘误的内容)或修订版均不适用于本标准,然而,鼓励根据本标准达成协议的各方研究是否可使用这些文件的最新版本。凡是不注日期的引用文件,其最新版本适用于本标准。

GB/T 222 钢的成品化学成分允许偏差

GB/T 223.3 钢铁及合金化学分析方法 二安替吡啉甲烷磷钼酸重量法测定磷量

GB/T 223.4 钢铁及合金化学分析方法 硝酸铵氧化容量法测定锰量

GB/T 223.5 钢铁及合金化学分析方法 还原型硅钼酸盐光度法测定酸溶硅含量

GB/T 223.8 钢铁及合金化学分析方法 氟化钠分离-EDTA 滴定法测定铝含量

GB/T 223.9 钢铁及合金化学分析方法 铬天青 S 光度法测定铝含量

GB/T 223.11 钢铁及合金化学分析方法 过硫酸铵氧化容量法测定铬量

GB/T 223.14 钢铁及合金化学分析方法 钽试剂萃取光度法测定钒含量

GB/T 223.16 钢铁及合金化学分析方法 变色酸光度法测定钛量

GB/T 223.17 钢铁及合金化学分析方法 二安替吡啉甲烷光度法测定钛量

GB/T 223.18 钢铁及合金化学分析方法 硫代硫酸钠分离-碘量法测定铜量

GB/T 223.23 钢铁及合金化学分析方法 丁二酮肟分光光度法测定镍量

GB/T 223.25 钢铁及合金化学分析方法 丁二酮肟重量法测定镍量

GB/T 223.26 钢铁及合金化学分析方法 硫氰酸盐直接光度法测定钼量

GB/T 223.28 钢铁及合金化学分析方法 α-安息香肟重量法测定钼量

GB/T 223.36 钢铁及合金化学分析方法 蒸馏分离-中和滴定法测定氮量

GB/T 223.37 钢铁及合金化学分析方法 蒸馏分离-靛酚蓝光度法测定氮量

GB/T 223.40 钢铁及合金 铌含量的测定 氯磺酚 S 分光光度法

GB/T 223.43 钢铁及合金化学分析方法 钨量的测定

GB/T 223.58 钢铁及合金化学分析方法 亚砷酸钠-亚硝酸钠滴定法测定锰量

GB/T 223.59 钢铁及合金化学分析方法 锑磷钼蓝光度法测定磷量

GB/T 223.60 钢铁及合金化学分析方法 高氯酸脱水重量法测定硅含量

GB/T 223.61 钢铁及合金化学分析方法 磷钼酸铵容量法测定磷量

GB/T 223.62 钢铁及合金化学分析方法 乙酸丁酯萃取光度法测定磷量

GB/T 223.63 钢铁及合金化学分析方法 高碘酸钠(钾)光度法测定锰量(GB/T 223.63—1998,neq ISO R 629)

GB/T 223.64 钢铁及合金化学分析方法 火焰原子吸收光谱法测定锰量

GB/T 223.67 钢铁及合金化学分析方法 还原蒸馏-次甲基蓝光度法测定硫量

GB/T 223.68 钢铁及合金化学分析方法 管式炉内燃烧后碘酸钾滴定法测定硫含量

GB/T 223.69 钢铁及合金化学分析方法 管式炉内燃烧后气体容量法测定碳含量

GB/T 223.71 钢铁及合金化学分析方法 管式炉内燃烧后重量法测定碳含量

GB/T 223.72 钢铁及合金化学分析方法 氧化铝色层分离-硫酸钡重量法测定硫量

GB/T 223.75 钢铁及合金化学分析方法 甲醇蒸馏-姜黄素光度法测定硼量

GB/T 226 钢的低倍组织及缺陷酸蚀检验法(GB/T 226—1991,neq ISO 4969:1980,Steel-Macroscopic examination by etching with strong mineral acids)

GB/T 228 金属材料 室温拉伸试验方法 (GB/T 228—2002,eqv ISO 6892:1998)

GB/T 229 金属夏比缺口冲击试验方法(GB/T 229—1994,eqv ISO 83:1976,Steel-Charpy impact test(U-notch),eqv ISO 148:1983,Steel-Charpy impact test(V-notch))

GB/T 230.1 金属洛氏硬度试验 第1部分:试验方法(A、B、C、D、E、F、G、H、K、N、T标尺)(GB/T 230.1—2004,ISO 6508:1999,MOD)

GB/T 231.1 金属布氏硬度试验 第1部分:试验方法(GB/T 231.1—2002,eqv ISO 6506-1:1999)

GB/T 702—2004 热轧圆钢和方钢尺寸、外形、重量及允许偏差(GB/T 702—2004 ,ISO 1035-1:1980,Hot-rolled steel bar—Part 1:Dimension of round bars,ISO 1035-2:1980 Hot-rolled steel bar—Part 1:Dimension of square bars,ISO 1035-4:1982,Hot-rolled steel bar—Part 4:Tolerances,MOD)

GB/T 704—1988 热轧扁钢尺寸、外形、重量及允许偏差

GB/T 705—1985 热轧六角钢和八角钢尺寸、外形、重量及允许偏差

GB/T 908—1987 锻制圆钢和方钢尺寸、外形、重量及允许偏差

GB/T 1979 结构钢低倍组织缺陷评级图

GB/T 2101 型钢验收、包装、标志及质量证明书的一般规定

GB/T 2975 钢及钢产品力学性能试验取样位置及试样制备(GB/T 2975—1998,eqv ISO 377:1997)

GB/T 6394 金属平均晶粒度测定法

GB/T 7736 钢的低倍组织及缺陷超声波检验法

GB/T 9971—2004 原料纯铁

GB/T 10121 钢材塔形发纹磁粉检验方法

GB/T 10561 钢中非金属夹杂物含量的测定 标准评级图谱显微检验法(GB/T 10561—2005,ISO 4967:1998,IDT)

GB/T 11170 不锈钢的光电发射光谱分析方法

GB/T 15574 钢产品分类(GB/T 15574—1995,eqv ISO 6929:1987)

GB/T 15711 钢材塔形发纹酸浸检验方法

GB/T 16761—1997 锻制扁钢尺寸、外形、重量及允许偏差

GB/T 17505 钢及钢产品交货一般技术要求(GB/T 17505—1998,eqv ISO 404:1992)

GB/T 20066 钢和铁 化学成分测定用试样的取样和制样方法(GB/T 20066—2006,ISO 14284:1996,IDT)

GB/T 20878 不锈钢和耐热钢 牌号及化学成分

YB/T 5293 金属材料 顶锻试验方法

3 术语及定义

GB/T 20878 和 GB/T 15574 标准中确立的术语及定义适用于本标准。

4 订货内容

按本标准订货的合同或订单应包括下列内容：

a) 标准编号；

b) 产品名称；

c) 牌号或统一数字代号；

d) 截面形状(圆、方、扁、六角等)；

e) 尺寸与外形(见第6章)；

f) 重量(或数量)；

g) 使用加工方法(见5.2)；

h) 交货状态(见7.3)；

i) 特殊要求(见7.8)。

5 分类

5.1 钢棒按组织特征分为奥氏体型、铁素体型、马氏体型和沉淀硬化型等四种类型。

5.2 钢棒按使用加工方法不同分为下列两类。钢棒的使用加工方法应在合同中注明，未注明者按切削加工用钢供货。

a) 压力加工用钢 UP

　1) 热压力加工 UHP

　2) 热顶锻用钢 UHF

　3) 冷拔坯料 UCD

b) 切削加工用钢 UC

6 尺寸、外形、重量及允许偏差

6.1 热轧圆、方钢尺寸、外形及允许偏差

热轧圆钢和方钢的尺寸、外形及允许偏差应符合GB/T 702—2004的规定，具体要求应在合同中注明。未注明时按GB/T 702—2004标准的2组执行。

6.2 热轧扁钢尺寸、外形及允许偏差

热轧扁钢的尺寸、外形及其允许偏差应符合GB/T 704—1988中的规定，具体要求应在合同中注明。未注明时按GB/T 704—1988标准的普通级执行。

6.3 热轧六角钢尺寸、外形及允许偏差

热轧六角钢的尺寸、外形及允许偏差应符合GB/T 705—1985中的规定，具体要求应在合同中注明。未注明按GB/T 705—1985标准2组执行。

6.4 锻制圆、方钢尺寸、外形及允许偏差

锻制圆钢和方钢的尺寸、外形及允许偏差应符合GB/T 908—1987的规定，具体要求应在合同中注明。未注明时按GB/T 908—1987标准2组执行。

6.5 锻制扁钢尺寸、外形及允许偏差

锻制扁钢的尺寸、外形及允许偏差应符合GB/T 16761—1997的规定，具体要求应在合同中注明。未注明时按GB/T 16761—1997标准2组执行。

6.6 冷加工钢棒尺寸、外形及允许偏差

6.6.1 尺寸及允许偏差

6.6.1.1 冷加工钢棒的尺寸允许偏差应符合表1的规定，其允许偏差级别应在合同中注明，未注明时，则按h11级执行。冷加工钢棒允许偏差级别的适用范围可按表2选用。

6.6.1.2　冷加工后进行热处理、酸洗的钢棒，其允许偏差应为表 2 所列的较松偏差的 2 倍。

表 1　冷加工钢棒的尺寸允许偏差

单位为毫米

公称尺寸	允许偏差级别		
	h10	h11	h12
≥6～10	0 −0.058	0 −0.090	0 −0.15
>10～18	0 −0.070	0 −0.11	0 −0.18
>18～30	0 −0.084	0 −0.13	0 −0.21
>30～50	0 −0.100	0 −0.16	0 −0.25
>50～80	0 −0.12	0 −0.19	0 −0.30
>80～120	0 −0.14	0 −0.22	0 −0.35

表 2　允许偏差级别的适用范围

形状及加工方法	圆钢			方钢	六角钢	扁钢
	冷拉	磨光	切削			
适用级别	h11	h10	h11	h11	h11	h11
	h12	h11	h12	h12	h12	h12
根据供需双方协议，可规定表 2 以外的允许偏差级别。						

6.6.2　外形及允许偏差

冷加工钢棒弯曲度和不圆（方）度或边长差应符合表 3 的规定。供自动切削钢应在合同中注明。

表 3　冷加工钢棒的弯曲度及不圆（方）度或边长差

级别	不同截面尺寸的弯曲度/(mm/m)　不大于					总弯曲度/mm　不大于	不圆（方）度或边长差[a]/mm　不大于
	≤7 mm	>7～25 mm	>25～50 mm	>50～80 mm	>80 mm		
h10～h11	4	3	2	1	协议	总长度与每米允许弯曲度的乘积	公称尺寸公差的 50%
h12		4	3	2			
供自动切削用圆钢		2	2	1			
供自动切削用六角钢		2	1	1			
[a] 为同一截面上的直径、边长或对边距离的最大值和最小值之间的差。							

6.7 重量

钢棒一般按实际重量交货。

7 技术要求

7.1 牌号及化学成分

7.1.1 钢的牌号、统一数字代号及化学成分(熔炼分析)应符合表4～表7的规定。

7.1.2 钢棒的化学成分允许偏差应符合GB/T 222的规定。

7.2 冶炼方法

除非在合同中另有规定,一般应采用初炼钢(水)加炉外精炼等工艺。

7.3 交货状态

钢棒可以热处理或不热处理状态交货,订货时可参照7.3.1～7.3.5条选择交货状态,并在合同中注明。未注明者按不热处理交货。各类型钢棒的热处理制度见附录A中表A.1～表A.4。

7.3.1 切削加工用奥氏体型钢棒应进行固溶处理或退火处理,经供需双方协商,也可不处理。热压力加工用钢棒不进行固溶处理或退火处理。

7.3.2 铁素体型钢棒应进行退火处理,经供需双方协商,可以不进行处理。

7.3.3 马氏体型钢棒应进行退火处理。

7.3.4 沉淀硬化型钢棒应根据钢的组织选择固溶处理或退火处理,退火制度由供需双方协商确定,无协议时,退火温度一般为650℃～680℃。经供需双方协商,沉淀硬化型钢棒(除05Cr17Ni4Cu4Nb外)可不进行处理。

7.3.5 经冷拉、磨光、切削或者由这些方法组合制成的冷加工钢棒,根据需方要求可经热处理、酸洗后交货。

7.4 力学性能

7.4.1 各类型钢棒或试样的热处理制度参照附录A中表A.1～表A.4的规定。热处理用试样毛坯的尺寸一般为25 mm。当钢棒尺寸小于25 mm时,用原尺寸钢棒进行热处理。冷拉后不进行热处理钢棒的力学性能按供需双方协商确定。

7.4.2 经热处理的钢棒(除马氏体钢退火外),试样不再进行热处理,其力学性能应分别符合表8～表11的规定。

7.4.3 不经热处理的钢棒,试样毛坯经热处理后,其力学性能应分别符合表8～表11的规定。

7.4.4 沉淀硬化型钢棒的力学性能应在合同中注明热处理组别,未注明时,按1组执行。

7.4.5 若供方能保证力学性能合格,可省去部分或全部力学性能试验。

7.5 低倍组织

7.5.1 钢棒的横截面酸浸低倍试片上不允许有目视可见的缩孔、气泡、裂纹、夹杂、翻皮及白点。对切削加工用的钢棒允许有深度不大于公称尺寸公差之半的皮下夹杂等缺陷。

7.5.2 酸浸低倍组织合格级别应符合表12的规定。当需方要求1组时,应在合同中注明。尺寸大于200 mm钢棒,其低倍组织合格级别由供需双方协商确定。

7.5.3 供方若能保证,允许采用超声波探伤法或其他无损探伤法代替低倍检验。

表 4 奥氏体型耐热钢的化学成分

GB/T 20878 序号	统一数字代号	新牌号	旧牌号	化学成分(质量分数)/%										
				C	Si	Mn	P	S	Ni	Cr	Mo	Cu	N	其他元素
6	S35650	53Cr21Mn9Ni4N	5Cr21Mn9Ni4N	0.48～0.58	0.35	8.00～10.00	0.040	0.030	3.25～4.50	20.00～22.00	—	—	0.35～0.50	—
7	S35750	26Cr18Mn12Si2N	3Cr18Mn12Si2N	0.22～0.30	1.40～2.20	10.50～12.50	0.050	0.030	—	17.00～19.00	—	—	0.22～0.33	—
8	S35850	22Cr20Mn10Ni2Si2N	2Cr20Mn9Ni2Si2N	0.17～0.26	1.80～2.70	8.50～11.00	0.050	0.030	2.00～3.00	18.00～21.00	—		0.20～0.30	—
17	S30408	06Cr19Ni10	0Cr18Ni9	0.08	1.00	2.00	0.045	0.030	8.00～11.00	18.00～20.00	—	—	—	—
30	S30850	22Cr21Ni12N	2Cr21Ni12N	0.15～0.28	0.75～1.25	1.00～1.60	0.040	0.030	10.50～12.50	20.00～22.00	—	—	0.15～0.30	—
31	S30920	16Cr23Ni13	2Cr23Ni13	0.20	1.00	2.00	0.040	0.030	12.00～15.00	22.00～24.00	—	—	—	—
32	S30908	06Cr23Ni13	0Cr23Ni13	0.08	1.00	2.00	0.045	0.030	12.00～15.00	22.00～24.00	—	—	—	—
34	S31020	20Cr25Ni20	2Cr25Ni20	0.25	1.50	2.00	0.040	0.030	19.00～22.00	24.00～26.00	—	—	—	—
35	S31008	06Cr25Ni20	0Cr25Ni20	0.08	1.50	2.00	0.040	0.030	19.00～22.00	24.00～26.00	—	—	—	—
38	S31608	06Cr17Ni12Mo2	0Cr17Ni12Mo2	0.08	1.00	2.00	0.045	0.030	10.00～14.00	16.00～18.00	2.00～3.00	—	—	—
49	S31708	06Cr19Ni13Mo3	0Cr19Ni13Mo3	0.08	1.00	2.00	0.045	0.030	11.00～15.00	18.00～20.00	3.00～4.00	—	—	—
55	S32168	06Cr18Ni11Ti	0Cr18Ni10Ti	0.08	1.00	2.00	0.045	0.030	9.00～12.00	17.00～19.00	—	—	—	Ti 5C～0.70
57	S32590	45Cr14Ni14W2Mo	4Cr14Ni14W2Mo	0.40～0.50	0.80	0.70	0.040	0.030	13.00～15.00	13.00～15.00	0.25～0.40	—	—	W 2.00～2.75

表 4(续)

GB/T 20878 序号	统一数字代号	新牌号	旧牌号	化学成分(质量分数)/%										
				C	Si	Mn	P	S	Ni	Cr	Mo	Cu	N	其他元素
60	S33010	12Cr16Ni35	1Cr16Ni35	0.15	1.50	2.00	0.040	0.030	33.00～37.00	14.00～17.00	—	—	—	—
62	S34778	06Cr18Ni11Nb	0Cr18Ni11Nb	0.08	1.00	2.00	0.045	0.030	9.00～12.00	17.00～19.00	—	—	—	Nb 10C～1.10
64	S38148	06Cr18Ni13Si4[a]	0Cr18Ni13Si4[a]	0.08	3.00～5.00	2.00	0.045	0.030	11.50～15.00	15.00～20.00	—	—	—	—
65	S38240	16Cr20Ni14Si2	1Cr20Ni14Si2	0.20	1.50～2.50	1.50	0.040	0.030	12.00～15.00	19.00～22.00	—	—	—	—
66	S38340	16Cr25Ni20Si2	1Cr25Ni20Si2	0.20	1.50～2.50	1.50	0.040	0.030	18.00～21.00	24.00～27.00	—	—	—	—

注 1：表中所列成分除标明范围或最小值外，其余均为最大值。

注 2：本标准牌号与国外标准牌号对照参见 GB/T 20878。

[a] 必要时，可添加上表以外的合金元素。

表 5 铁素体型耐热钢的化学成分

GB/T 20878 序号	统一数字代号	新牌号	旧牌号	化学成分(质量分数)/%										
				C	Si	Mn	P	S	Ni	Cr	Mo	Cu	N	其他元素
78	S11348	06Cr13Al	0Cr13Al	0.08	1.00	1.00	0.040	0.030	—	11.50～14.50	—	—	—	Al 0.10～0.30
83	S11203	022Cr12	00Cr12	0.030	1.00	1.00	0.040	0.030	—	11.00～13.50	—	—	—	—
85	S11710	10Cr17	1Cr17	0.12	1.00	1.00	0.040	0.030	—	16.00～18.00	—	—	—	—
93	S12550	16Cr25N	2Cr25N	0.20	1.00	1.50	0.040	0.030	—	23.00～27.00	—	(0.30)	0.25	—

注 1：表中所列成分除标明范围或最小值外，其余均为最大值。括号内值为可加入或允许含有的最大值。

注 2：本标准牌号与国外标准牌号对照参见 GB/T 20878。

表 6 马氏体型耐热钢的化学成分

GB/T 20878 序号	统一数字代号	新牌号	旧牌号	化学成分(质量分数)/%										
				C	Si	Mn	P	S	Ni	Cr	Mo	Cu	N	其他元素
98	S41010	12Cr13[a]	1Cr13[a]	0.08～0.15	1.00	1.00	0.040	0.030	(0.60)	11.50～13.50	—	—	—	—
101	S42020	20Cr13	2Cr13	0.16～0.25	1.00	1.00	0.040	0.030	(0.60)	12.00～14.00	—	—	—	—
106	S43110	14Cr17Ni2	1Cr17Ni2	0.11～0.17	0.80	0.80	0.040	0.030	1.50～2.50	16.00～18.00	—	—	—	—
107	S43120	17Cr16Ni2		0.12～0.22	1.00	1.50	0.040	0.030	1.50～2.50	15.00～17.00	—	—	—	—
113	S45110	12Cr5Mo	1Cr5Mo	0.15	0.50	0.60	0.040	0.030	0.60	4.00～6.00	0.40～0.60	—	—	—
114	S45610	12Cr12Mo	1Cr12Mo	0.10～0.15	0.50	0.30～0.50	0.035	0.030	0.30～0.60	11.50～13.00	0.30～0.60	0.30	—	—
115	S45710	13Cr13Mo	1Cr13Mo	0.08～0.18	0.60	1.00	0.040	0.030	(0.60)	11.50～14.00	0.30～0.60	—	—	—
119	S46010	14Cr11MoV	1Cr11MoV	0.11～0.18	0.50	0.60	0.035	0.030	0.60	10.00～11.50	0.50～0.70	—	—	V 0.25～0.40
122	S46250	18Cr12MoVNbN	2Cr12MoVNbN	0.15～0.20	0.50	0.50～1.00	0.035	0.030	(0.60)	10.00～13.00	0.30～0.90	—	0.05～0.10	V 0.10～0.40 Nb 0.20～0.60
123	S47010	15Cr12WMoV	1Cr12WMoV	0.12～0.18	0.50	0.50～0.90	0.035	0.030	0.40～0.80	11.00～13.00	0.50～0.70	—	—	W 0.70～1.10 V 0.15～0.30
124	S47220	22Cr12NiWMoV	2Cr12NiMoWV	0.20～0.25	0.50	0.50～1.00	0.040	0.030	0.50～1.00	11.00～13.00	0.75～1.25	—	—	W 0.75～1.25 V 0.20～0.40
125	S47310	13Cr11Ni2W2MoV	1Cr11Ni2W2MoV	0.10～0.16	0.60	0.60	0.035	0.030	1.40～1.80	10.50～12.00	0.35～0.50	—	—	W 1.50～2.00 V 0.18～0.30

表 6(续)

GB/T 20878 序号	统一数字代号	新牌号	旧牌号	化学成分(质量分数)/%										
				C	Si	Mn	P	S	Ni	Cr	Mo	Cu	N	其他元素
128	S47450	18Cr11NiMoNbVN[a]	(2Cr11NiMoNbVN)[a]	0.15～0.20	0.50	0.50～0.80	0.030	0.025	0.30～0.60	10.00～12.00	0.60～0.90	—	0.04～0.09	V 0.20～0.30 Al 0.30 Nb 0.20～0.60
130	S48040	42Cr9Si2	4Cr9Si2	0.35～0.50	2.00～3.00	0.70	0.035	0.030	0.60	8.00～10.00	—	—	—	—
131	S48045	45Cr9Si3		0.40～0.50	3.00～3.50	0.60	0.030	0.030	0.60	7.50～9.50	—	—	—	—
132	S48140	40Cr10Si2Mo	4Cr10Si2Mo	0.35～0.45	1.90～2.60	0.70	0.035	0.030	0.60	9.00～10.50	0.70～0.90	—	—	—
133	S48380	80Cr20Si2Ni	8Cr20Si2Ni	0.75～0.85	1.75～2.25	0.20～0.60	0.030	0.030	1.15～1.65	19.00～20.50	—	—	—	—

注 1：表中所列成分除标明范围或最小值外，其余均为最大值。括号内值为可加入或允许含有的最大值。

注 2：本标准牌号与国外标准牌号对照参见 GB/T 20878。

[a] 相对于 GB/T 20878 调整成分牌号。

表 7 沉淀硬化型耐热钢的化学成分

GB/T 20878 序号	统一数字代号	新牌号	旧牌号	化学成分(质量分数)/%										
				C	Si	Mn	P	S	Ni	Cr	Mo	Cu	N	其他元素
137	S51740	05Cr17Ni4Cu4Nb	0Cr17Ni4Cu4Nb	0.07	1.00	1.00	0.040	0.030	3.00～5.00	15.00～17.50	—	3.00～5.00	—	Nb 0.15～0.45
138	S51770	07Cr17Ni7Al	0Cr17Ni7Al	0.09	1.00	1.00	0.040	0.030	6.50～7.75	16.00～18.00	—	—	—	Al 0.75～1.50
143	S51525	06Cr15Ni25Ti2Mo-AlVB	0Cr15Ni25Ti2Mo-AlVB	0.08	1.00	2.00	0.040	0.030	24.00～27.00	13.50～16.00	1.00～1.50	—	—	Al 0.35 Ti 1.90～2.35 B 0.001～0.010 V 0.10～0.50

注 1：表中所列成分除标明范围或最小值外，其余均为最大值。

注 2：本标准牌号与国外标准牌号对照参见 GB/T 20878。

表 8 经热处理的奥氏体型钢棒或试样(见附表 A.1)的力学性能[a]

GB/T 20878 中序号	统一数字代号	新牌号	旧牌号	热处理状态	规定非比例延伸强度 $R_{p0.2}$[b]/(N/mm²)	抗拉强度 R_m /(N/mm²)	断后伸长率 A /%	断面收缩率 Z[c]/%	布氏硬度 HBW[b]
					不小于				不大于
6	S35650	53Cr21Mn9Ni4N	5Cr21Mn9Ni4N	固溶+时效	560	885	8	—	≥302
7	S35750	26Cr18Mn12Si2N	3Cr18Mn12Si2N	固溶处理	390	685	35	45	248
8	S35850	22Cr20Mn10Ni2Si2N	2Cr20Mn9Ni2Si2N		390	635	35	45	248
17	S30408	06Cr19Ni10	0Cr18Ni9		205	520	40	60	187
30	S30850	22Cr21Ni12N	2Cr21Ni12N	固溶+时效	430	820	26	20	269
31	S30920	16Cr23Ni13	2Cr23Ni13	固溶处理	205	560	45	50	201
32	S30908	06Cr23Ni13	0Cr23Ni13		205	520	40	60	187
34	S31020	20Cr25Ni20	2Cr25Ni20		205	590	40	50	201
35	S31008	06Cr25Ni20	0Cr25Ni20		205	520	40	50	187
38	S31608	06Cr17Ni12Mo2	0Cr17Ni12Mo2		205	520	40	60	187
49	S31708	06Cr19Ni13Mo3	0Cr19Ni13Mo3		205	520	40	60	187
55	S32168	06Cr18Ni11Ti	0Cr18Ni10Ti		205	520	40	50	187
57	S32590	45Cr14Ni14W2Mo	4Cr14Ni14W2Mo	退火	315	705	20	35	248
60	S33010	12Cr16Ni35	1Cr16Ni35	固溶处理	205	560	40	50	201
62	S34778	06Cr18Ni11Nb	0Cr18Ni11Nb		205	520	40	50	187
64	S38148	06Cr18Ni13Si4	0Cr18Ni13Si4		205	520	40	60	207
65	S38240	16Cr20Ni14Si2	1Cr20Ni14Si2		295	590	35	50	187
66	S38340	16Cr25Ni20Si2	1Cr25Ni20Si2		295	590	35	50	187

a 53Cr21Mn9Ni4N 和 22Cr21Ni12N 仅适用于直径、边长及对边距离或厚度小于或等于 25 mm 的钢棒;大于 25 mm 的钢棒,可改锻成 25 mm 的样坯检验或由供需双方协商确定允许降低其力学性能的数值。其余牌号仅适用于直径、边长及对边距离或厚度小于或等于 180 mm 的钢棒。大于 180 mm 的钢棒,可改锻成 180 mm 的样坯检验或由供需双方协商确定,允许降低其力学性能数值。

b 规定非比例延伸强度和硬度,仅当需方要求时(合同中注明)才进行测定。

c 扁钢不适用,但需方要求时,可由供需双方协商确定。

表 9　经退火的(见表 A.2)铁素体型钢棒或试样的力学性能[a]

GB/T 20878 中序号	统一数字代号	新牌号	旧牌号	热处理状态	规定非比例延伸强度 $R_{p0.2}$[b]/(N/mm²)	抗拉强度 R_m/(N/mm²)	断后伸长率 A/%	断面收缩率 Z^c/%	布氏硬度 HBW
					不小于				不大于
78	S11348	06Cr13Al	0Cr13Al	退火	175	410	20	60	183
83	S11203	022Cr12	00Cr12		195	360	22	60	183
85	S11710	10Cr17	1Cr17		205	450	22	50	183
93	S12550	16Cr25N	2Cr25N		275	510	20	40	201

a　表 9 仅适用于直径、边长、及对边距离或厚度小于或等于 75 mm 的钢棒。大于 75 mm 的钢棒,可改锻成 75 mm 的样坯检验或由供需双方协商确定允许降低其力学性能的数值。

b　规定非比例延伸强度和硬度,仅当需方要求时(合同中注明)才进行测定。

c　扁钢不适用,但需方要求时,由供需双方协商确定。

表 10　经淬火回火的(见表 A.3)马氏体型钢棒或试样的力学性能[a]

GB/T 20878 中序号	统一数字代号	新牌号	旧牌号		热处理状态	规定非比例延伸强度 $R_{p0.2}$/(N/mm²)	抗拉强度 R_m/(N/mm²)	断后伸长率 A/%	断面收缩率 Z^b/%	冲击吸收功 A_{ku2}[d]/J	经淬火回火后的硬度 HBW	退火后的硬度[c] HBW
						不小于						不大于
98	S41010	12Cr13	1Cr13		淬火+回火	345	540	22	55	78	159	200
101	S42020	20Cr13	2Cr13			440	640	20	50	63	192	223
106	S43110	14Cr17Ni2	1Cr17Ni2			—	1 080	10	—	39	—	—
107	S43120	17Cr16Ni2[e]		1		700	900～1 050	12	45	25(A_{kv})	—	295
				2		600	800～950	14				
113	S45110	12Cr5Mo	1Cr5Mc			390	590	18	—	—	—	200

表 10(续)

GB/T 20878 中序号	统一数字代号	新牌号	旧牌号		热处理状态	规定非比例延伸强度 $R_{p0.2}$/(N/mm²)	抗拉强度 R_m/(N/mm²)	断后伸长率 A/%	断面收缩率 Z^b/%	冲击吸收功 $A_{ku2}{}^d$/J	经淬火回火后的硬度 HBW	退火后的硬度[c] HBW
						不小于						不大于
114	S45610	12Cr12Mo	1Cr12Mo		淬火+回火	550	685	18	60	78	217～248	255
115	S45710	13Cr13Mo	1Cr13Mo			490	690	20	60	78	192	200
119	S46010	14Cr11MoV	1Cr11MoV			490	685	16	55	47	—	200
122	S46250	18Cr12MoVNbN	2Cr12MoVNbN			685	835	15	30	—	≤321	269
123	S47010	15Cr12WMoV	1Cr12WMoV			585	735	15	45	47	—	—
124	S47220	22Cr12NiWMoV	2Cr12NiMoWV			735	885	10	25	—	≤341	269
125	S47310	13Cr11Ni2W2MoV[e]	1Cr11Ni2W-2MoV[e]	1		735	885	15	55	71	269～321	269
				2		885	1 080	12	50	55	311～388	
128	S47450	18Cr11NiMoNbVN	(2Cr11NiMoNbVN)			760	930	12	32	20(A_{kv})	277～331	255
130	S48040	42Cr9Si2	4Cr9Si2			590	885	19	50	—	—	269
131	S48045	45Cr9Si3				685	930	15	35	—	≥269	—
132	S48140	40Cr10Si2Mo	4Cr10Si2Mo			685	885	10	35	—	—	269
133	S48380	80Cr20Si2Ni	8Cr20Si2Ni			685	885	10	15	8	≥262	321

a 表 10 仅适用于直径、边长及对边距离或厚度小于或等于 75 mm 的钢棒。大于 75 mm 的钢棒，可改锻成 75 mm 的样坯检验或由供需双方协商规定允许降低其力学性能的数值。

b 扁钢不适用，但需方要求时，由供需双方协商确定。

c 采用 750℃退火时，其硬度由供需双方协商。

d 直径或对边距离小于或等于 16 mm 的圆钢、六角钢和边长或厚度小于或等于 12 mm 的方钢、扁钢不做冲击试验。

e 17Cr16Ni2 和 13Cr11Ni2W2MoV 钢的性能组别应在合同中注明，未注明时，由供方自行选择。

表 11 沉淀硬化型(见表 A.4)钢棒或试样的力学性能[a]

GB/T 20878 中序号	统一数字代号	新牌号	旧牌号	热处理			规定非比例延伸强度 $R_{p0.2}$/(N/mm²)	抗拉强度 R_m/(N/mm²)	断后伸长率 A/%	断面收缩率 Z^b/%	硬度[c]	
				类型		组别	不小于				HBW	HRC
137	S51740	05Cr17Ni4Cu4Nb	0Cr17Ni4Cu4Nb	固溶处理		0	—	—	—	—	≤363	≤38
				沉淀硬化	480℃时效	1	1 180	1 310	10	40	≥375	≥40
					550℃时效	2	1 000	1 070	12	45	≥331	≥35
					580℃时效	3	865	1 000	13	45	≥302	≥31
					620℃时效	4	725	930	16	50	≥277	≥28
138	S51770	07Cr17Ni7Al	0Cr17Ni7Al	固溶处理		0	≤380	≤1 030	20	—	≤229	—
				沉淀硬化	510℃时效	1	1 030	1 230	4	10	≥388	—
					565℃时效	2	960	1140	5	25	≥363	—
143	S51525	06Cr15Ni25Ti2MoAlVB	0Cr15Ni25Ti2MoAlVB	固溶+时效			590	900	15	18	≥248	—

a 表 11 仅适用于直径、边长、厚度或对边距离小于或等于 75 mm 的钢棒。大于 75 mm 的钢棒，可改锻成 75 mm 的样坯检验或由供需双方协商规定允许降低其力学性能的数值。

b 扁钢不适用，但需方要求时，由供需双方协商确定。

c 供方可根据钢棒的尺寸或状态任选一种方法测定硬度。

表 12　低倍组织合格级别

组　别	一般疏松	中心疏松	锭型偏析
1组	≤2 级	≤2 级	≤2 级
2组	≤3 级	≤3 级	≤3 级

7.6　热顶锻

7.6.1　热顶锻用钢(在合同中注明)应作热顶锻试验,热顶锻后的试样高度为原试样高度的三分之一。顶锻后的试样上不得有裂口和裂缝。

7.6.2　尺寸大于 80 mm 的钢棒,供方若能保证顶锻试验合格,可不进行试验。

7.7　表面质量

7.7.1　压力加工用钢棒的表面不允许有裂纹、结疤、折叠及夹杂、如有上述缺陷必须清除,清除深度应符合表 13 的规定,清除宽度不小于深度的 5 倍,同一截面达到最大清除深度不得多于一处,允许有从实际尺寸算起不超过公称尺寸公差之半的个别细小划痕、压痕、麻点及深度不超过 0.20 mm 的小裂纹存在。根据供需双方协议,压力加工用圆钢棒,表面可以车削或剥皮。

表 13　压力加工用钢棒表面缺陷允许清除深度

钢棒公称尺寸/mm	允许清除深度
≤80	钢棒公称尺寸公差之半
>80～140	钢棒公称尺寸公差
>140～200	钢棒公称尺寸的 5%
>200～250	钢棒公称尺寸的 6%

7.7.2　切削加工用钢棒允许有从公称尺寸算起不超过表 14 规定的局部缺陷。

表 14　切削加工用钢棒表面局部缺陷允许深度

钢棒公称尺寸/mm	局部缺陷允许深度
<100	钢棒公称尺寸的负偏差
≥100	钢棒公称尺寸的公差

7.7.3　冷加工钢棒表面应洁净、光滑,不允许有裂纹、结疤、折叠、夹杂、拉裂和氧化皮。热处理状态交货的钢棒允许有氧化色。在无特殊要求时,钢棒表面允许有个别从实际尺寸算起深度不超过该公称尺寸公差的轻微的个别划痕、拉痕、黑斑、麻点等缺陷。

7.7.4　经车削或剥皮、磨光和抛光的钢棒表面不允许有影响使用的缺陷存在。

7.7.5　经供需双方协商,并在合同中注明,可规定采用酸洗、车削等方法去除热处理产生的黑皮。

7.8　特殊要求

根据需方要求,并经供需双方协议,可供应下列特殊要求的钢棒。

a)　缩小表 4～表 7 化学成分范围;

b)　限制表 8～表 11 中抗拉强度的上限;

c)　检验钢中非金属夹杂物含量;

d)　检验钢的晶粒度;

e)　增加塔形检验;

f)　测定钢的高温力学性能;

g)　其他特殊要求。

8　试验方法

每批钢棒的检验项目及试验方法应符合表 15 的规定。

9 检验规则

9.1 检查和验收

钢棒的检查和验收由供方技术质量监督部门进行。

9.2 组批规则

钢棒应按批检查和验收。每批由同一牌号、同一炉号、同一加工方法、同一尺寸和同一交货状态(同一热处理炉次)的钢棒组成。采用电渣重熔冶炼的钢,在工艺稳定且能保证本标准各项技术要求的条件下,允许以自耗电极的熔炼母炉号组批交货,并在质量证明书中注明。

9.3 取样部位及取样数量

每批钢棒检验取样部位及取样数量应符合表15的规定。

表15 钢棒检验项目、取样数量、取样部位及试验方法

序号	检验项目	取样数量[a]	取样部位	试验方法
1	化学成分	1	GB/T 20066	GB/T 223(见第2章)、GB/T 11170、GB/T 9971—2004 附录A
2	拉伸	2	不同根钢棒,GB/T 2975	GB/T 228
3	硬度	2	不同根钢棒	GB/T 230.1、GB/T 231.1
4	低倍组织	2	相当于钢锭头部的不同根钢棒,连铸钢在任意不同根钢棒	GB/T 226、GB/T 1979
5	超声波检验	2	整根钢棒	GB/T 7736
6	热顶锻	2	不同根钢棒或钢坯	YB/T 5293
7	非金属夹杂物	2	不同根钢棒	GB/T 10561
8	晶粒度	1	任一钢棒	GB/T 6394
9	塔形	2	相当于钢锭头部不同根钢棒,连铸钢在任意不同根钢棒	GB/T 15711、GB/T 10121
10	尺寸	逐根	整根钢棒	卡尺、千分尺
11	表面	逐根	整根钢棒	目视

a 电渣钢除表面和尺寸逐根外,其他检验项目的取样数量均为1个。以自耗电极的熔炼母炉号组批时,除化学成分每个电渣炉号取1个外,其他检验项目取样数量同表中规定。

9.4 复验和判定规则

9.4.1 复验和判定规则应按GB/T 17505的有关规定。

9.4.2 供方若能保证钢棒合格时,对同一炉号的钢棒或钢坯的力学性能、低倍组织、非金属夹杂物的检验结果,允许以坯代材、以大代小。

10 包装、标志和质量证明书

钢棒的包装、标志和质量证明书应符合GB/T 2101中的有关规定。

附 录 A
（资料性附录）
耐热钢棒或试样典型的热处理制度

表 A.1 奥氏体型钢棒或试样典型的热处理制度

GB/T 20878 中序号	统一数字代号	新 牌 号	旧 牌 号	典型的热处理制度/℃
6	S35650	53Cr21Mn9Ni4N	5Cr21Mn9Ni4N	固溶 1 100～1 200,快冷 时效 730～780,空冷
7	S35750	26Cr18Mn12Si2N	3Cr18Mn12Si2N	固溶 1 100～1 150,快冷
8	S35850	22Cr20Mn10Ni2Si2N	2Cr20Mn9Ni2Si2N	固溶 1 100～1 150,快冷
17	S30408	06Cr19Ni10	0Cr18Ni9	固溶 1 010～1 150,快冷
30	S30850	22Cr21Ni12N	2Cr21Ni12N	固溶 1 050～1 150,快冷 时效 750～800,空冷
31	S30920	16Cr23Ni13	2Cr23Ni13	固溶 1 030～1 150,快冷
32	S30908	06Cr23Ni13	0Cr23Ni13	固溶 1 030～1 150,快冷
34	S31020	20Cr25Ni20	2Cr25Ni20	固溶 1 030～1 180,快冷
35	S31008	06Cr25Ni20	0Cr25Ni20	固溶 1 030～1 180,快冷
38	S31608	06Cr17Ni12Mo2	0Cr17Ni12Mo2	固溶 1 010～1 150,快冷
49	S31708	06Cr19Ni13Mo3	0Cr19Ni13Mo3	固溶 1 010～1 150,快冷
55	S32168	06Cr18Ni11Ti[a]	0Cr18Ni10Ti[a]	固溶 920～1 150,快冷
57	S32590	45Cr14Ni14W2Mo	4Cr14Ni14W2Mo	退火 820～850,快冷
60	S33010	12Cr16Ni35	1Cr16Ni35	固溶 1030～1180,快冷
62	S34778	06Cr18Ni11Nb[a]	0Cr18Ni11Nb[a]	固溶 980～1 150,快冷
64	S38148	06Cr18Ni13Si4	0Cr18Ni13Si4	固溶 1 010～1 150,快冷
65	S38240	16Cr20Ni14Si2	1Cr20Ni14Si2	固溶 1 080～1 130,快冷
66	S38340	16Cr25Ni20Si2	1Cr25Ni20Si2	固溶 1 080～1 130,快冷

a 需方在合同中注明时，可进行稳定化处理，此时的热处理温度为 850℃～930℃。

表 A.2 铁素体型钢棒或试样典型的热处理制度

GB/T 20878 中序号	统一数字代号	新 牌 号	旧 牌 号	退火/℃
78	S11348	06Cr13Al	0Cr13Al	780～830,空冷或缓冷
83	S11203	022Cr12	00Cr12	700～820,空冷或缓冷
85	S11710	10Cr17	1Cr17	780～850,空冷或缓冷
93	S12550	16Cr25N	2Cr25N	780～880,快冷

表 A.3 马氏体型钢棒或试样典型的热处理制度

GB/T 20878 中序号	统一数字代号	新牌号	旧牌号	钢棒的热处理制度	试样的热处理制度	
				退火/℃	淬火/℃	回火/℃
98	S41010	12Cr13	1Cr13	800～900 缓冷或约 750 快冷	950～1 000 油冷	700～750，快冷
101	S42020	20Cr13	2Cr13	800～900 缓冷或约 750 快冷	920～980 油冷	600～750，快冷
106	S43110	14Cr17Ni2	1Cr17Ni2	680～700 高温回火，空冷	950～1 050 油冷	275～350，空冷
107	S43120	17Cr16Ni2		1：680～800 炉冷或空冷	950～1 050 油冷或空冷	600～650，空冷
				2：680～800 炉冷或空冷		750～800＋650～700[a]，空冷
113	S45110	12Cr5Mo	1Cr5Mo	—	900～950，油冷	600～700，空冷
114	S45610	12Cr12Mo	1Cr12Mo	800～900 缓冷或约 750 快冷	950～1 000，油冷	700～750，快冷
115	S45710	13Cr13Mo	1Cr13Mo	830～900 缓冷或约 750 快冷	970～1 020 油冷	650～750，快冷
119	S46010	14Cr11MoV	1Cr11MoV	—	1 050～1 100，空冷	720～740，空冷
122	S46250	18Cr12MoVNbN	2Cr12MoVNbN	850～950 缓冷	1 100～1 170，油冷或空冷	≥600，空冷
123	S47010	15Cr12WMoV	1Cr12WMoV	—	1 000～1 050，油冷	680～700，空冷
124	S47220	22Cr12NiWMoV	2Cr12NiMoWV	830～900 缓冷	1 020～1 070，油冷或空冷	≥600，空冷
125	S47310	13Cr11Ni2W2MoV	1Cr11Ni2W2MoV	1：—	1 000～1 020 正火，1 000～1 020，油冷或空冷	660～710，油冷或空冷
				2：—		540～600，油冷或空冷
128	S47450	18Cr11NiMoNbVN	(2Cr11NiMoNbVN)	800～900 缓冷或 700～770 快冷	≥1 090，油冷	≥640，空冷
130	S48040	42Cr9Si2	4Cr9Si2	—	1 020～1 040，油冷	700～780，油冷
131	S48045	45Cr9Si3		800～900 缓冷	900～1 080，油冷	700～850，快冷
132	S48140	40Cr10Si2Mo	4Cr10Si2Mo	—	1 010～1 040，油冷	720～760，空冷
133	S48380	80Cr20Si2Ni	8Cr20Si2Ni	800～900 缓冷或约 720 空冷	1 030～1 080，油冷	700～800，快冷

a 当镍含量在表 6 规定的下限时，允许采用 620℃～720℃单回火制度。

表 A.4 沉淀硬化型钢棒或试样的典型热处理制度

<table>
<tr><th rowspan="2">GB/T 20878 中序号</th><th rowspan="2">统一数字代号</th><th rowspan="2">新牌号</th><th rowspan="2">旧牌号</th><th colspan="4">热处理</th></tr>
<tr><th colspan="2">种类</th><th>组别</th><th>条件</th></tr>
<tr><td rowspan="5">137</td><td rowspan="5">S51740</td><td rowspan="5">05Cr17Ni4Cu4Nb</td><td rowspan="5">0Cr17Ni4Cu4Nb</td><td colspan="2">固溶处理</td><td>0</td><td>1 020℃～1 060℃,快冷</td></tr>
<tr><td rowspan="4">沉淀硬化</td><td>480℃时效</td><td>1</td><td>经固溶处理后,470℃～490℃空冷</td></tr>
<tr><td>550℃时效</td><td>2</td><td>经固溶处理后,540℃～560℃空冷</td></tr>
<tr><td>580℃时效</td><td>3</td><td>经固溶处理后,570℃～590℃空冷</td></tr>
<tr><td>620℃时效</td><td>4</td><td>经固溶处理后,610℃～630℃空冷</td></tr>
<tr><td rowspan="3">138</td><td rowspan="3">S51770</td><td rowspan="3">07Cr17Ni7Al</td><td rowspan="3">0Cr17Ni7Al</td><td colspan="2">固溶处理</td><td>0</td><td>1 000℃～1 100℃,快冷</td></tr>
<tr><td rowspan="2">沉淀硬化</td><td>510℃时效</td><td>1</td><td>经固溶处理后,955℃±10℃保持 10 min,空冷到室温,在 24 h 内冷却到 −73℃±6℃,保持 8 h,再加热到 510℃±10℃,保持 1 h后,空冷</td></tr>
<tr><td>565℃时效</td><td>2</td><td>经固溶处理后,于 760℃±15℃保持 90 min,在1 h内冷却到 15℃以下,保持 30 min,再加热到 565℃±10℃保持 90 min,空冷</td></tr>
<tr><td>143</td><td>S51525</td><td>06Cr15Ni25Ti2MoAlVB</td><td>0Cr15Ni25Ti2MoAlVB</td><td colspan="2">固溶＋时效</td><td colspan="2">固溶 885℃～915℃或 965℃～995℃,快冷,时效 700℃～760℃,16 h,空冷或缓冷</td></tr>
</table>

附 录 B
（资料性附录）
耐热钢的特性和用途

表 B.1 耐热钢的特性和用途

GB/T 20878 中序号	统一数字代号	新牌号	旧牌号	特性和用途
奥氏体型				
6	S35650	53Cr21Mn9Ni4N	5Cr21Mn9Ni4N	Cr-Mn-Ni-N型奥氏体阀门钢。用于制作以经受高温强度为主的汽油及柴油机用排气阀
7	S35750	26Cr18Mn12Si2N	3Cr18Mn12Si2N	有较高的高温强度和一定的抗氧化性，并且有较好的抗硫及抗增碳性。用于吊挂支架，渗碳炉构件、加热炉传送带、料盘、炉爪
8	S35850	22Cr20Mn10Ni2Si2N	2Cr20Mn9Ni2Si2N	特性和用途同26Cr18Mn12Si2N(3Cr18Mn12Si2N)，还可用作盐浴坩埚和加热炉管道等
17	S30408	06Cr19Ni10	0Cr18Ni9	通用耐氧化钢，可承受870℃以下反复加热
30	S30850	22Cr21Ni12N	2Cr21Ni12N	Cr-Ni-N型耐热钢。用以制造以抗氧化为主的汽油及柴油机用排气阀
31	S30920	16Cr23Ni13	2Cr23Ni13	承受980℃以下反复加热的抗氧化钢。加热炉部件，重油燃烧器
32	S30908	06Cr23Ni13	0Cr23Ni13	耐腐蚀性比06Cr19Ni10(0Cr18Ni9)钢好，可承受980℃以下反复加热。炉用材料
34	S31020	20Cr25Ni20	2Cr25Ni20	承受1 035℃以下反复加热的抗氧化钢。主要用于制作炉用部件、喷嘴、燃烧室
35	S31008	06Cr25Ni20	0Cr25Ni20	抗氧化性比06Cr23Ni13(0Cr23Ni13)钢好，可承受1 035℃以下反复加热。炉用材料、汽车排气净化装置等
38	S31608	06Cr17Ni12Mo2	0Cr17Ni12Mo2	高温具有优良的蠕变强度，作热交换用部件，高温耐蚀螺栓
49	S31708	06Cr19Ni13Mo3	0Cr19Ni13Mo3	耐点蚀和抗蠕变能力优于06Cr17Ni12Mo2(0Cr17Ni12Mo2)。用于制作造纸、印染设备，石油化工及耐有机酸腐蚀的装备、热交换用部件等
55	S32168	06Cr18Ni11Ti	0Cr18Ni10Ti	作在400℃～900℃腐蚀条件下使用的部件，高温用焊接结构部件
57	S32590	45Cr14Ni14W2Mo	4Cr14Ni14W2Mo	中碳奥氏体型阀门钢。在700℃以下有较高的热强性，在800℃以下有良好的抗氧化性能。用于制造700℃以下工作的内燃机、柴油机重负荷进、排气阀和紧固件，500℃以下工作的航空发动机及其他产品零件。也可作为渗氮钢使用

表 B.1(续)

GB/T 20878 中序号	统一数字代号	新牌号	旧牌号	特性和用途
60	S33010	12Cr16Ni35	1Cr16Ni35	抗渗碳，易渗氮，1 035℃以下反复加热。炉用钢料、石油裂解装置
62	S34778	06Cr18Ni11Nb	0Cr18Ni11Nb	作在400℃～900℃腐蚀条件下使用的部件，高温用焊接结构部件
64	S38148	06Cr18Ni13Si4	0Cr18Ni13Si4	具有与06Cr25Ni20(0Cr25Ni20)相当的抗氧化性。用于含氯离子环境，如汽车排气净化装置等
65	S38240	16Cr20Ni14Si2	1Cr20Ni14Si2	具有较高的高温强度及抗氧化性，对含硫气氛较敏感，在600℃～800℃有析出相的脆化倾向，适用于制作承受应力的各种炉用构件
66	S38340	16Cr25Ni20Si2	1Cr25Ni20Si2	
		铁素体型		
78	S11348	06Cr13Al	0Cr13Al	冷加工硬化少，主要用于制作燃气透平压缩机叶片、退火箱、淬火台架等
83	S11203	022Cr12	00Cr12	比022Cr13(0Cr13)碳含量低，焊接部位弯曲性能、加工性能、耐高温氧化性能好。作汽车排气处理装置，锅炉燃烧室、喷嘴等
85	S11710	10Cr17	1Cr17	作900℃以下耐氧化用部件、散热器、炉用部件、油喷嘴等
93	S12550	16Cr25N	2Cr25N	耐高温腐蚀性强，1 082℃以下不产生易剥落的氧化皮。常用于抗硫气氛，如燃烧室、退火箱、玻璃模具、阀、搅拌杆等
		马氏体型		
98	S41010	12Cr13	1Cr13	作800℃以下耐氧化用部件
101	S42020	20Cr13	2Cr13	淬火状态下硬度高，耐蚀性良好。汽轮机叶片
106	S43110	14Cr17Ni2	1Cr17Ni2	作具有较高程度的耐硝酸、有机酸腐蚀的轴类、活塞杆、泵、阀等零部件以及弹簧、紧固件、容器和设备
107	S43120	17Cr16Ni2		改善14Cr17Ni2(1Cr17Ni2)钢的加工性能，可代替14Cr17Ni2(1Cr17Ni2)钢使用
113	S45110	12Cr5Mo	1Cr5Mo	在中高温下有好的力学性能。能抗石油裂化过程中产生的腐蚀。作再热蒸汽管、石油裂解管、锅炉吊架、蒸汽轮机气缸衬套、泵的零件、阀、活塞杆、高压加氢设备部件、紧固件
114	S45610	12Cr12Mo	1Cr12Mo	铬钼马氏体耐热钢。作汽轮机叶片
115	S45710	13Cr13Mo	1Cr13Mo	比12Cr13(1Cr13)耐蚀性高的高强度钢。用于制作汽轮机叶片，高温、高压蒸汽用机械部件等
119	S46010	14Cr11MoV	1Cr11MoV	铬钼钒马氏体耐热钢。有较高的热强性，良好的减震性及组织稳定性。用于透平叶片及导向叶片

表 B.1(续)

GB/T 20878 中序号	统一数字代号	新牌号	旧牌号	特性和用途
122	S46250	18Cr12MoVNbN	2Cr12MoVNbN	铬钼钒铌氮马氏体耐热钢。用于制作高温结构部件,如汽轮机叶片、盘、叶轮轴、螺栓等
123	S47010	15Cr12WMoV	1Cr12WMoV	铬钼钨钒马氏体耐热钢。有较高的热强性,良好的减震性及组织稳定性。用于透平叶片、紧固件、转子及轮盘
124	S47220	22Cr12NiWMoV	2Cr12NiMoWV	性能与用途类似于13Cr11Ni2W2MoV(1Cr11Ni2W2MoV)。用于制作汽轮机叶片
125	S47310	13Cr11Ni2W2MoV	1Cr11Ni2W2MoV	铬镍钨钼钒马氏体耐热钢。具有良好的韧性和抗氧化性能,在淡水和湿空气中有较好的耐蚀性
128	S47450	18Cr11NiMoNbVN	(2Cr11NiMoNbVN)	具有良好的强韧性、抗蠕变性能和抗松弛性能,主要用于制作汽轮机高温紧固件和动叶片
130	S48040	42Cr9Si2	4Cr9Si2	铬硅马氏体阀门钢,750℃以下耐氧化。用于制作内燃机进气阀,轻负荷发动机的排气阀
131	S48045	45Cr9Si3		
132	S48140	40Cr10Si2Mo	4Cr10Si2Mo	铬硅钼马氏体阀门钢,经淬火回火后使用。因含有钼和硅,高温强度抗蠕变性能及抗氧化性能比40Cr13(4Cr13)高。用于制作进、排气阀门,鱼雷,火箭部件,预燃烧室等
133	S48380	80Cr20Si2Ni	8Cr20Si2Ni	铬硅镍马氏体阀门钢。用于制作以耐磨性为主的进气阀、排气阀、阀座等
沉淀硬化型				
137	S51740	05Cr17Ni4Cu4Nb	0Cr17Ni4Cu4Nb	添加铜和铌的马氏体沉淀硬化型钢,作燃气透平压缩机叶片、燃气透平发动机周围材料
138	S51770	07Cr17Ni7Al	0Cr17Ni7Al	添加铝的半奥氏体沉淀硬化型钢,作高温弹簧、膜片、固定器、波纹管
143	S51525	06Cr15Ni25Ti2Mo-AlVB	0Cr15Ni25Ti2MoAlVB	奥氏体沉淀硬化型钢,具有高的缺口强度,在温度低于980℃时抗氧化性能与06Cr25Ni20(0Cr25Ni20)相当。主要用于700℃以下的工作环境,要求具有高强度和优良耐蚀性的部件或设备,如汽轮机转子、叶片、骨架、燃烧室部件和螺栓等

ICS 77.140.25
H 40

中华人民共和国国家标准

GB/T 1222—2007
代替 GB/T 1222—1984

弹 簧 钢

Spring steels

2007-08-14 发布　　2008-03-01 实施

中华人民共和国国家质量监督检验检疫总局
中国国家标准化管理委员会　发布

前　言

本标准代替 GB/T 1222—1984《弹簧钢》。

本标准与 GB/T 1222—1984 标准相比主要变化如下：

——增加了弹簧钢“范围”一章(见 1)；

——增加了“规范性引用文件”一章(见 2)；

——增加了“订货内容”一章(见 3)；

——增加了牌号的统一数字代号(见 5.1)；

——取消了 55Si2Mn、55Si2MnB、60CrMnMoA 三个牌号，增加了 55SiCrA 牌号(1984 年版的表 6；本版的表 1)；

——对 60Si2Mn、60Si2MnA 的 Mn 含量作了调整(1984 年版的表 6；本版的表 1)；

——加严了部分牌号的硫、磷含量的要求(1984 年版的表 6；本版的表 1)；

——修改了“冶炼方法”的规定(1984 年版的 3.2；本版的 5.2)；

——增加了表面处理交货状态的规定(1984 年版的 3.3；本版的 5.3.2)；

——力学性能名称和单位的符号按 GB/T 228—2002 标准重新命名(1984 年版的表 7；本版的表 2)；

——增加了力学性能试样毛坯尺寸的规定和弹簧扁钢试样的规定(见 5.4.1)；

——增加了直径或厚度大于 80 mm 的钢材，允许改锻(轧)后取样检验的规定(见 5.4.3)；

——调整了部分牌号的交货硬度指标(1984 年版的表 8，本版的表 3)；

——补充了 55SiMnVB 淬透性试验的热处理制度(见 5.5.1)；

——增加了可以采用“淬透性计算方法代替淬透性试验”的规定(见 5.5.2)；

——补充规定可以用无损探伤法代替酸浸低倍检验(见 5.6.3)；

——增加了非金属夹杂物检验的合格级别(见 5.7)；

——补充了锻制材的脱碳层深度的规定(见 5.8)；

——删除了对钢材晶粒度合格级别的要求(1984 年版的 3.9.4，本版的 5.10)；

——将“热轧扁钢的尺寸、外形、重量及允许偏差”的规定调整为规范性附录(1984 年版的 2.3；本版的附录 A)；

——平面扁钢的厚度增加了 35 mm 和 40 mm 两个规格，取消了 6.5 mm 和 9.5 mm 两个厚度规格，并对部分宽度系列扁钢的厚度规格作了调整(1984 年版的表 1，本版的表 A.1)；

——对单面双槽扁钢的示意图作了修改(1984 年版的图 2，本版的图 A.2)；

——单面双槽扁钢 75 mm 宽度系列增加了 8 mm 和 13 mm 厚度规格，另增加了 90 mm 宽度系列 11 mm 和 13 mm 两个厚度规格(1984 年版的表 2，本版的表 A.2)；

——调整了平面扁钢尺寸允许偏差(1984 年版的表 3，本版的表 A.3)；

——增加了单面双槽扁钢的宽度公差的规定(1984 年版的表 4，本版的表 A.4)；

——增加了 28MnSiB 技术要求(见附录 B 和附录 C)。

本标准附录 A 和附录 B 是规范性附录，附录 C 是资料性附录。

本标准由中国钢铁工业协会提出。

本标准由全国钢标准化技术委员会归口。

本标准主要起草单位：江阴兴澄特种钢铁有限公司、冶金工业信息标准研究院、重庆东华特殊钢有限责任公司、首钢集团红冶钢厂。

本标准主要起草人：沈建军、栾燕、李国忠、郭艳、廖建军、李光。

本标准所代替标准的历次版本发布情况：

GB/T 1222—1975，GB/T 1222—1984。

弹　簧　钢

1　范围

本标准规定了热轧、锻制、冷拉弹簧钢的订货内容、尺寸、外形、重量及允许偏差、技术要求、试验方法、检验规则、包装、标志及质量证明书等。

本标准适用于直径或边长不大于 100 mm 的弹簧钢圆钢和方钢(以下简称棒材)、厚度不大于 40 mm 的弹簧钢扁钢、直径不大于 25 mm 的弹簧钢盘条(不包括油淬火-回火弹簧钢丝用盘条(YB/T 5365))。经供需双方协商,也可供应直径或边长大于 100 mm 的棒材、厚度大于 40 mm 的扁钢和直径大于 25 mm 的盘条。

本标准规定的牌号及化学成分也适用于钢锭、钢坯及其制品。

2　规范性引用文件

下列文件中的条款通过本标准的引用而成为本标准的条款。凡是注日期的引用文件,其随后所有的修改单(不包括勘误的内容)或修订版均不适用于本标准,然而,鼓励根据本标准达成协议的各方研究是否可使用这些文件的最新版本。凡是不注日期的引用文件,其最新版本适用于本标准。

GB/T 222　钢的成品化学成分允许偏差

GB/T 223.3　钢铁及合金化学分析方法　二安替吡啉甲烷磷钼酸重量法测定磷量

GB/T 223.5　钢铁及合金化学分析方法　还原型硅钼酸盐光度法测定酸溶硅含量

GB/T 223.11　钢铁及合金化学分析方法　过硫酸铵氧化容量法测定铬量

GB/T 223.13　钢铁及合金化学分析方法　硫酸亚铁铵滴定法测定钒含量

GB/T 223.18　钢铁及合金化学分析方法　硫代硫酸钠分离-碘量法测定铜量

GB/T 223.19　钢铁及合金化学分析方法　新亚铜灵-三氯甲烷萃取光度法测定铜量

GB/T 223.23　钢铁及合金化学分析方法　丁二酮肟分光光度法测定镍量

GB/T 223.24　钢铁及合金化学分析方法　萃取分离-丁二酮肟分光光度法测定镍量

GB/T 223.43　钢铁及合金化学分析方法　钨量的测定

GB/T 223.58　钢铁及合金化学分析方法　亚砷酸钠-亚硝酸钠滴定法测定锰量

GB/T 223.59　钢铁及合金化学分析方法　锑磷钼蓝光度法测定磷量

GB/T 223.60　钢铁及合金化学分析方法　高氯酸脱水重量法测定硅含量

GB/T 223.61　钢铁及合金化学分析方法　磷钼酸铵容量法测定磷量

GB/T 223.64　钢铁及合金化学分析方法　火焰原子吸收光谱法测定锰量

GB/T 223.67　钢铁及合金化学分析方法　还原蒸馏-次甲基蓝光度法测定硫量

GB/T 223.71　钢铁及合金化学分析方法　管式炉内燃烧后重量法测定碳含量

GB/T 223.72　钢铁及合金化学分析方法　氧化铝色层分离-硫酸钡重量法测定硫量

GB/T 223.75　钢铁及合金化学分析方法　甲醇蒸馏-姜黄素光度法测定硼量

GB/T 223.76　钢铁及合金化学分析方法　火焰原子吸收光谱法测定钒量

GB/T 224　钢的脱碳层深度测定法(GB/T 224—1987,eqv ISO 3887:1976)

GB/T 225　钢-淬透性末端淬火试验方法(GB/T 225—2006,ISO 642:1999,IDT)

GB/T 226　钢的低倍组织及缺陷酸蚀检验法(GB/T 226—1991,eqv ISO 4969:1980 Steel Macroscopic examination by etching With strong mineral acids)

GB/T 228　金属材料　室温拉伸试验方法(GB/T 228—2002,eqv ISO 6892:1998)

GB/T 231.1 金属布氏硬度试验 第1部分：试验方法（GB/T 231.1—2002，eqv ISO 6506-1：1999）

GB/T 702 热轧圆钢和方钢尺寸、外形、重量及允许偏差（GB/T 702—2004，ISO 1035-1：1980 Hot-rolled steel bars—Part 1：Dimensions of round bars，ISO 1035-2：1980 Hot-rolled steel bars—Part 2：Dimensions of square bars，ISO 1035-4：1982 Hot-rolled steel bars—Part 4：Tolerances，MOD）

GB/T 905 冷拉圆钢、方钢、六角钢尺寸、外形、重量及允许偏差

GB/T 908 锻制圆钢和方钢尺寸、外形、重量及允许偏差

GB/T 1814 钢材断口检验法

GB/T 1979 结构钢低倍组织缺陷评级图

GB/T 2101 型钢验收、包装、标志及质量证明书的一般规定

GB/T 2975 钢及钢产品力学性能试验取样位置及试样制备（GB/T 2975—1998，eqv ISO 377：1997）

GB/T 3078 优质结构钢冷拉钢材技术条件

GB/T 4336 碳素钢和中低合金钢火花源原子发射光谱分析方法（常规法）

GB/T 6394 金属平均晶粒度测定方法

GB/T 7736 钢的低倍组织及缺陷超声波检验法

GB/T 10561 钢中非金属夹杂物含量的测定 标准评级图显微检验法（GB/T 10561—2005，ISO 4967：1998，IDT）

GB/T 11261 高碳铬轴承钢化学分析方法 脉冲加热惰性气熔融-红外线吸收法测定氧量

GB/T 13299 钢的显微组织评定方法

GB/T 13302 钢中石墨碳显微评定方法

GB/T 14981 盘条尺寸、外形、重量及允许偏差

GB/T 17505 钢及钢产品交货一般技术要求（GB/T 17505—1998，eqv ISO 404：1992）

3 订货内容

按本标准订货的合同或订单应包括下列内容：

a） 标准编号；

b） 产品名称；

c） 牌号或统一数字代号；

d） 交货的重量（或数量）；

e） 尺寸与外形；

f） 交货状态；

g） 非金属夹杂物（如有要求，按5.7）；

h） 特殊要求（如有要求，按5.10）。

4 尺寸、外形、重量及允许偏差

4.1 热轧棒材

热轧棒材的尺寸、外形及允许偏差应符合GB/T 702的有关规定，具体要求应在合同中注明。

4.2 锻制棒材

锻制棒材的尺寸、外形及允许偏差应符合GB/T 908的有关规定，具体要求应在合同中注明。

4.3 盘条

盘条的尺寸及其允许偏差应符合GB/T 14981中的有关规定，具体要求应在合同中注明。

4.4　冷拉棒材

冷拉棒材的尺寸、外形及允许偏差应符合 GB/T 905 中的有关规定，具体要求应在合同中注明。

4.5　热轧扁钢

热轧扁钢的尺寸、外形及其允许偏差应符合附录 A 的有关规定，具体要求应在合同中注明。

4.6　重量

钢材按实际重量交货。

5　技术要求

5.1　牌号及化学成分

5.1.1　钢的牌号、统一数字代号及化学成分（熔炼分析）应符合表 1 的规定。

表 1　化学成分

序号	统一数字代号	牌号[b]	化学成分（质量分数）/%										
			C	Si	Mn	Cr	V	W	B	Ni	Cu[a]	P	S
										不大于			
1	U20652	65	0.62～0.70	0.17～0.37	0.50～0.80	≤0.25				0.25	0.25	0.035	0.035
2	U20702	70	0.62～0.75	0.17～0.37	0.50～0.80	≤0.25				0.25	0.25	0.035	0.035
3	U20852	85	0.82～0.90	0.17～0.37	0.50～0.80	≤0.25				0.25	0.25	0.035	0.035
4	U21653	65Mn	0.62～0.70	0.17～0.37	0.90～1.20	≤0.25				0.25	0.25	0.035	0.035
5	A77552	55SiMnVB	0.52～0.60	0.70～1.00	1.00～1.30	≤0.35	0.08～0.16		0.000 5～0.003 5	0.35	0.25	0.035	0.035
6	A11602	60Si2Mn	0.56～0.64	1.50～2.00	0.70～1.00	≤0.35				0.35	0.25	0.035	0.035
7	A11603	60Si2MnA	0.56～0.64	1.60～2.00	0.70～1.00	≤0.35				0.35	0.25	0.025	0.025
8	A21603	60Si2CrA	0.56～0.64	1.40～1.80	0.40～0.70	0.70～1.00				0.35	0.25	0.025	0.025
9	A28603	60Si2CrVA	0.56～0.64	1.40～1.80	0.40～0.70	0.90～1.20	0.10～0.20			0.35	0.25	0.025	0.025
10	A21553	55SiCrA	0.51～0.59	1.20～1.60	0.50～0.80	0.50～0.80				0.35	0.25	0.025	0.025
11	A22553	55CrMnA	0.52～0.60	0.17～0.37	0.65～0.95	0.65～0.95				0.35	0.25	0.025	0.025

表 1（续）

序号	统一数字代号	牌号[b]	化学成分（质量分数）/%										
			C	Si	Mn	Cr	V	W	B	Ni	Cu[a]	P	S
										不大于			
12	A22603	60CrMnA	0.56～0.64	0.17～0.37	0.70～1.00	0.70～1.00				0.35	0.25	0.025	0.025
13	A23503	50CrVA	0.46～0.54	0.17～0.37	0.50～0.80	0.80～1.10	0.10～0.20			0.35	0.25	0.025	0.025
14	A22613	60CrMnBA	0.56～0.64	0.17～0.37	0.70～1.00	0.70～1.00			0.000 5～0.004 0	0.35	0.25	0.025	0.025
15	A27303	30W4Cr2VA	0.26～0.34	0.17～0.37	≤0.40	2.00～2.50	0.50～0.80	4.00～4.50		0.35	0.25	0.025	0.025

a 根据需方要求，并在合同中注明，钢中残余铜含量应不大于 0.20%。

b 28MnSiB 的化学成分见表 B.1。

5.1.2 钢材（或坯）的化学成分允许偏差应符合 GB/T 222 的规定。

5.2 冶炼方法

除非合同中有规定，冶炼方法由生产厂选择。

5.3 交货状态

5.3.1 钢材可以热处理或非热处理状态交货。当要求热处理状态交货时应在合同中注明。

5.3.2 根据供需双方协议，并在合同中注明，钢材可以剥皮、磨光或其他表面状态交货。

5.4 力学性能

5.4.1 力学性能测试宜采用直径 10 mm 的比例试样。留有一定加工余量的试样毛坯（尺寸一般为 11 mm～12 mm），经热处理并去除加工余量后，测定钢材的纵向力学性能，其结果应符合表 2 的规定。

对于直径或边长小于 11 mm 的棒材，用原尺寸钢材进行热处理。

对于厚度小于 8 mm 的扁钢，允许采用矩形试样。当采用矩形试样时，断面收缩率不作为验收条件。

表 2 力 学 性 能

序号	牌号[b]	热处理制度[a]			力学性能，不小于				
		淬火温度/℃	淬火介质	回火温度/℃	抗拉强度 R_m/(N/mm²)	屈服强度 R_{eL}/(N/mm²)	断后伸长率		断面收缩率 Z/%
							A/%	$A_{11.3}$/%	
1	65	840	油	500	980	785		9	35
2	70	830	油	480	1 030	835		8	30
3	85	820	油	480	1 130	980		6	30
4	65Mn	830	油	540	980	785		8	30
5	55SiMnVB	860	油	460	1 375	1 225		5	30
6	60Si2Mn	870	油	480	1 275	1 180		5	25
7	60Si2MnA	870	油	440	1 570	1 375		5	20

表 2（续）

序号	牌号[b]	热处理制度[a]			力学性能，不小于				
		淬火温度/℃	淬火介质	回火温度/℃	抗拉强度 R_m/(N/mm²)	屈服强度 R_{eL}/(N/mm²)	断后伸长率 A/%	断后伸长率 $A_{11.3}$/%	断面收缩率 Z/%
8	60Si2CrA	870	油	420	1 765	1 570	6		20
9	60Si2CrVA	850	油	410	1 860	1 665	6		20
10	55SiCrA	860	油	450	1 450～1 750	1 300 ($R_{p0.2}$)	6		25
11	55CrMnA	830～860	油	460～510	1 225	1 080($R_{p0.2}$)	9[c]		20
12	60CrMnA	830～860	油	460～520	1 225	1 080($R_{p0.2}$)	9[c]		20
13	50CrVA	850	油	500	1 275	1 130	10		40
14	60CrMnBA	830～860	油	460～520	1 225	1 080($R_{p0.2}$)	9[c]		20
15	30W4Cr2VA[d]	1 050～1 100	油	600	1 470	1 325	7		40

a 除规定热处理温度上下限外，表中热处理温度允许偏差为：淬火，±20℃；回火，±50℃。根据需方特殊要求，回火可按±30℃进行。

b 28MnSiB 的力学性能见表 B.2。

c 其试样可采用下列试样中的一种。若按 GB/T 228 规定作拉伸试验时，所测断后伸长率值供参考。

试样一：标距为 50 mm，平行长度 60 mm，直径 14 mm，肩部半径大于 15 mm。

试样一：标距为 $4\sqrt{S_0}$（S_0 表示平行长度的原始横截面积，mm²），平行长度 1.2 倍标距长度，肩部半径大于 15 mm。

d 30W4Cr2VA 除抗拉强度外，其他力学性能检验结果供参考，不作为交货依据。

5.4.2 表 2 所列力学性能适用于直径或边长不大于 80 mm 的棒材、以及厚度不大于 40 mm 的扁钢。直径或边长大于 80 mm 的棒材、厚度大于 40 mm 的扁钢，允许其断后伸长率、断面收缩率较表 2 的规定分别降低 1%（绝对值）及 5%（绝对值）。

5.4.3 直径或边长大于 80 mm 的棒材，允许将取样用坯改锻（轧）成直径或边长为 70 mm～80 mm 后取样，检验结果应符合表 2 的规定。

5.4.4 盘条通常不检验力学性能。如需方要求检验力学性能，则具体指标由供需双方协商确定。

5.4.5 钢材交货状态的硬度应符合表 3 的规定。供方能保证合格时，可不作该项检验。

表 3 交货硬度

组号	牌号	交货状态	布氏硬度 HBW 不大于
1	65 70	热轧	285
2	85 65Mn	热轧	302
3	60Si2Mn 60Si2MnA 50CrVA 55SiMnVB 55CrMnA 60CrMnA	热轧	321
4	60Si2CrA 60Si2CrVA 60CrMnBA 55SiCrA 30W4Cr2VA	热轧	供需双方协商
		热轧＋热处理	321
5	所有牌号	冷拉＋热处理	321
6	所有牌号	冷拉	供需双方协商

5.5 淬透性

5.5.1 55SiMnVB 钢应进行淬透性试验。推荐热处理制度：正火温度：900℃～930℃，端淬温度：860℃±5℃。试验结果应符合：在距末端 9 mm 处洛氏硬度不小于 HRC52。如供方能保证淬透性合格，可不作该项检验。

5.5.2 根据供需双方协商，允许以淬透性计算方法代替淬透性试验。淬透性计算方法由供需双方协商确定。

5.6 低倍

5.6.1 钢材的横截面酸浸低倍组织试片上不应有目视可见的缩孔、气泡、裂纹、夹杂、翻皮、白点、晶间裂纹。

5.6.2 酸浸低倍组织级别应符合表 4 的规定。

表 4 低倍组织合格级别

锭型偏析	中心疏松	一般疏松
合格级别，不大于		
2.5	2.5	2.5

5.6.3 如供方能保证低倍检验合格，可采用超声波检验法或其他无损探伤法代替酸浸低倍检验。

5.6.4 经热处理后交货的硅锰弹簧钢应检查断口，其断口上不应有目视可见的石墨碳。

5.7 非金属夹杂物

5.7.1 根据需方要求并在合同中注明，可检验钢的非金属夹杂物，其合格级别应符合表 5 的规定。

5.7.2 非金属夹杂物按 GB/T 10561 标准中 A 法评定，并按最严重表示结果。

表 5 非金属夹杂物合格级别

非金属夹杂物类型	合格级别，不大于	
	细 系	粗 系
A	2.5	2.0
B	2.5	2.0
C	2.0	1.5
D	2.0	1.5
注：如需方对超尺寸夹杂物和 DS 类夹杂物有要求，应在合同中注明，其合格级别由供需双方协商。		

5.8 脱碳层

5.8.1 钢材的总脱碳层（全脱碳＋部分脱碳）深度，每边不应大于表 6 的规定（扁钢脱碳层在宽面检查）。

5.8.2 以剥皮、磨光状态交货的钢材，表面不应有脱碳层。

表 6 表面每边总脱碳层深度

牌号	公称直径边长或厚度/mm	总脱碳层深度不大于直径或厚度的百分比/%			
		热轧材		锻制材	冷拉材
		圆钢、盘条	方钢、扁钢		
硅弹簧钢	≤8	2.5	2.8	供需双方协商	2.0
	>8～30	2.0	2.3		1.5
	>30	1.5	1.8		—
其他弹簧钢	≤8	2.0	2.3		1.5
	>8	1.5	1.8		1.0

5.9 表面质量

5.9.1 热轧和锻制钢材表面不应有裂纹、折叠、结疤、夹杂、分层及压入的氧化铁皮。钢材的局部缺陷必须清除，清除时不应对钢材的使用造成有害影响，清除后不应使钢材小于允许的最小尺寸，清除的宽度不小于清除深度的5倍。允许有从实际尺寸算起不超过公称尺寸公差之半的个别细小划痕、压痕存在。

5.9.2 冷拉圆钢表面应符合 GB/T 3078 的规定。

5.9.3 剥皮或磨光状态交货的钢材表面应光滑、光亮、洁净，不应有裂纹、发纹、折叠、刮痕、凹面、结疤、锈蚀和氧化皮等外部缺陷存在。但是允许有深度不超过公称直径公差之半的个别轻微的划痕、螺旋纹或润滑油痕迹存在。

5.10 特殊要求

根据需方要求，经供需双方协议，并在合同中注明，可供应有下列特殊要求的钢材：

a) 对残余元素含量加以限制；

b) 规定淬透性要求(除 55SiMnVB 以外的钢)；

c) 检验钢材显微组织；

d) 检验晶粒度；

e) 检验氧含量；

f) 其他。

6 试验方法

每批钢材的检验项目和试验方法应符合表7的规定。

表7 检验项目、取样数量、取样部位及试验方法

序号	检验项目	取样数量	取样部位	试验方法
1	化学成分(熔炼分析)	1/炉	GB/T 222	GB/T 223、GB/T 4336
2	拉伸	2	不同根钢材，GB/T 2975	GB/T 228
3	硬度	3	不同根钢材	GB/T 231.1
4	末端淬透性	1	任一根钢坯或钢材	GB/T 225
5	低倍组织	2	相当于钢锭头部的不同根钢坯或材，或相当于不同根连铸坯的钢坯或材	GB/T 226、GB/T 1979
6	断口	2	不同根钢材	GB/T 1814
7	石墨碳	2	不同根钢材	GB/T 13302
8	非金属夹杂物	2	不同根钢材	GB/T 10561
9	脱碳	2	不同根钢材	GB/T 224(金相法)
10	显微组织	2	不同根钢材	GB/T 13299
11	晶粒度	1	任一根钢材	GB/T 6394
12	氧含量	1	任一根钢材	GB/T 11261
13	超声波探伤	2	整根钢材	GB/T 7736
14	表面	逐支	整根钢材	目视
15	尺寸	逐支	整根钢材	卡尺、千分尺

7 检验规则

7.1 检查和验收

7.1.1 钢材出厂的检查和验收由供方质量技术监督部门进行。

7.1.2 供方应保证交货的钢材符合本标准或合同的规定，必要时，需方有权对本标准或合同规定的任一检验项目进行检查和验收。

7.2 组批规则

钢材应按批检查和验收，每批由同一牌号、同一炉号、同一加工方法、同一尺寸、同一热处理炉次(或制度)、同一交货状态的钢材组成。

7.3 取样数量和取样部位

每批钢材的取样数量和取样部位应符合表7的规定。

7.4 复验与判定规则

7.4.1 钢材的复验与判定规则按GB/T 17505规定执行。

7.4.2 供方若能保证钢材合格时，对同一炉号的钢材或钢坯的氧含量、力学性能、低倍组织、末端淬透性、非金属夹杂物的检验结果，允许以坯代材，以大代小。

8 包装、标志和质量证明书

钢材的包装、标志和质量证明书应符合GB/T 2101的有关规定。

附 录 A
（规范性附录）
热轧扁钢尺寸、外形及允许偏差

A.1 热轧扁钢尺寸及允许偏差

A.1.1 热轧扁钢（以下简称扁钢）按横截面形状分为平面扁钢和单面双槽扁钢，分别如图 A.1 和图 A.2所示。要求按图 A.2 供货时应在合同中注明，如未注明则按图 A.1 供货。

单位为毫米

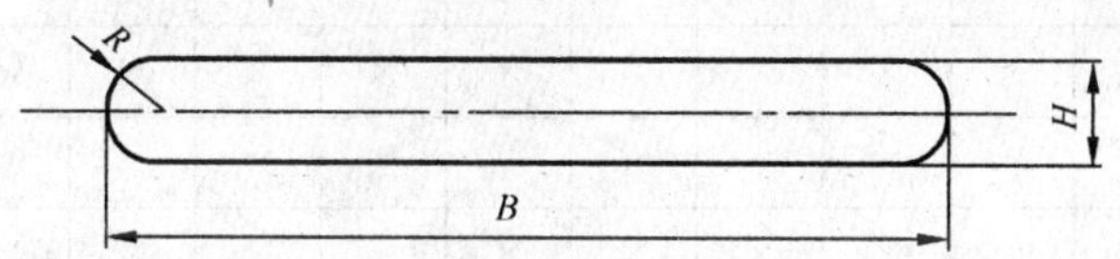

B——扁钢的宽度；

H——扁钢的厚度；

R——扁钢侧面圆弧（R 只在孔型上控制，不作为验收条件。$R\approx 1/2H$）。

图 A.1 平面弹簧扁钢

单位为毫米

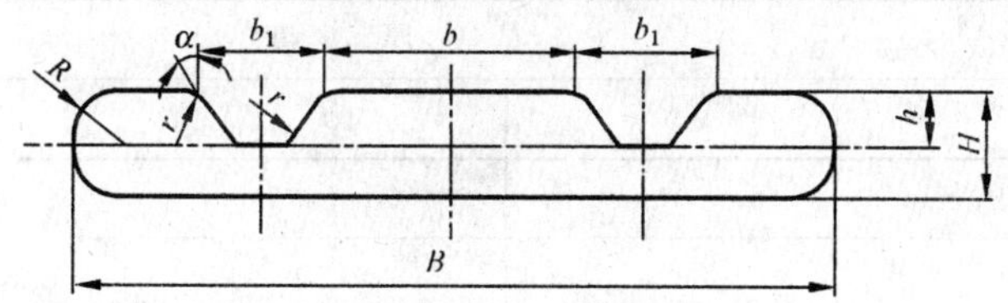

B——扁钢的宽度；

H——扁钢的厚度；

R——扁钢侧面圆弧（R 只在孔型上控制，不作为验收条件。$R\approx 1/2H$）；

b_1——槽宽；

b——双槽的槽间距；

h——槽深；

r——倒角圆弧，为 2～3；

α——槽的侧面斜角。

图 A.2 单面双槽弹簧扁钢

A.1.2 扁钢的尺寸规格

A.1.2.1 平面扁钢的尺寸应符合表 A.1 的规定。经供需双方协商并在合同中注明，可供应表 A.1 以外的其他尺寸的平面扁钢。

表 A.1 平面扁钢公称尺寸规格

单位为毫米

宽度	厚度																
	5	6	7	8	9	10	11	12	13	14	16	18	20	25	30	35	40
45	×	×	×	×	×	×											
50	×	×	×	×	×	×	×	×									
55	×	×	×	×	×	×	×	×									
60	×	×	×	×	×	×	×	×	×								

表 A.1（续） 单位为毫米

宽度	厚度																
	5	6	7	8	9	10	11	12	13	14	16	18	20	25	30	35	40
70		×	×	×	×	×	×	×	×	×	×	×	×				
75		×	×	×	×	×	×	×	×	×	×	×	×				
80			×	×	×	×	×	×	×	×	×	×	×				
90			×	×	×	×	×	×	×	×	×	×	×	×	×	×	×
100			×	×	×	×	×	×	×	×	×	×	×	×	×	×	×
110			×	×	×	×	×	×	×	×	×	×	×	×	×	×	×
120				×	×	×	×	×	×	×	×	×	×	×	×	×	×
140						×	×	×	×	×	×	×	×	×	×	×	×
160						×	×	×	×	×	×	×	×	×	×	×	×
注：表中“×”表示为推荐规格。																	

A.1.2.2 单面双槽扁钢的尺寸应符合表 A.2 的规定。经供需双方协商并在合同中注明，可供应表 A.2以外的其他尺寸的扁钢。

表 A.2 单面双槽钢公称尺寸规格 单位为毫米

宽度	厚度				
	8	9	10	11	13
75	×	×	×	×	×
90				×	×
注：表中“×”表示为推荐规格。					

A.1.3 扁钢的尺寸允许偏差

A.1.3.1 平面扁钢的尺寸允许偏差应符合表 A.3 的规定。

表 A.3 平面扁钢公称尺寸允许偏差 单位为毫米

类别	截面公称尺寸	允许偏差		
		宽度≤50	宽度>50～100	宽度>100～160
厚度	<7	±0.15	±0.18	±0.30
	7～12	±0.20	±0.25	±0.35
	>12～20	±0.25	+0.25 −0.30	±0.40
	>20～30	—	±0.35	±0.40
	>30～40	—	±0.40	±0.45
宽度	≤50	±0.55		
	>50～100	±0.80		
	>100～160	±1.00		

A.1.3.2 单面双槽扁钢的厚度、宽度允许偏差应符合表 A.4 的规定，表中 h、b、b_1、α 用于孔型设计和加工，不作为钢材的验收条件。双槽的不对称度不大于 2 mm，在不对称度不大于 3 mm 且重量不超过交货重量的 10%时允许交货。单面双槽扁钢的槽底深度的允许偏差按供需双方协议。

表 A.4 单面双槽扁钢公称尺寸允许偏差

单位为毫米

尺寸	厚度 H	宽度 B	槽深 h	槽间距 b	槽宽 b_1	侧面斜角 α
8×75	8±0.25	75±0.70	$H/2$	$25_{-1.0}^{0}$	$13_{0}^{+1.0}$	30°
9×75	9±0.25	75±0.70	$H/2$	$25_{-1.0}^{0}$	$13_{0}^{+1.0}$	30°
10×75	10±0.25	75±0.70	$H/2$	$25_{-1.0}^{0}$	$13_{0}^{+1.0}$	30°
11×75	11±0.25	75±0.70	$H/2$	$25_{-1.0}^{0}$	$13_{0}^{+1.0}$	30°
13×75	13±0.30	75±0.70	$H/2$	$25_{-1.0}^{0}$	$13_{0}^{+1.0}$	30°
11×90	11±0.25	90±0.80	$H/2$	$30_{-1.0}^{0}$	$15_{0}^{+1.0}$	30°
13×90	13±0.30	90±0.80	$H/2$	$30_{-1.0}^{0}$	$15_{0}^{+1.0}$	30°

A.1.3.3 经供需双方协商，供应其他截面形状的弹簧扁钢时，其宽度和厚度的允许偏差可按表 A.3 的规定执行。

A.1.4 扁钢的平面厚度差，在同一截面内任意两点测量时，应不大于厚度公差之半。铁道机车车辆用的扁钢不受此限制，但宽面中间不应有凸起。

A.2 长度及允许偏差

A.2.1 扁钢的通常长度为 3 000 mm～6 000 mm，不小于 2 000 mm 的短尺允许交货，但其重量应不超过交货重量的 10%。经供需双方协商，可供应长度大于 6 000 mm 的扁钢。

A.2.2 扁钢的定尺、倍尺长度应在合同中注明，其允许偏差为 +50 mm。

A.3 外形

扁钢每米长度的弯曲度应符合表 A.5 的规定，如合同中未注明则按普通精度执行。

表 A.5 扁钢每米长度的弯曲度

单位为毫米

扁钢厚度	弯曲方向	普通精度	较高精度
		不大于	
<7	侧弯	3.0	2.5
	平弯	7.0	5.0
≥7	侧弯	3.0	2.0
	平弯	5.0	4.0

附 录 B
(规范性附录)
28MnSiB 技术条件

B.1 牌号及化学成分

B.1.1 28MnSiB 钢的化学成分(熔炼分析)应符合表 B.1 的规定。

表 B.1 化 学 成 分

统一数字代号	牌号	化学成分(质量分数)/%								
		C	Si	Mn	Cr	B	Ni	Cu[a]	P	S
							不大于			
A76282	28MnSiB	0.24～0.32	0.60～1.00	1.20～1.60	≤0.25	0.000 5～0.003 5	0.35	0.25	0.035	0.035

a 根据需方要求,并在合同中注明,钢中残余铜含量不大于 0.20%。

B.1.2 钢材(或坯)的化学成分允许偏差应符合 GB/T 222 的规定。

B.2 力学性能

28MnSiB 钢力学性能的要求按本标准 5.4 条规定,其结果应符合表 B.2 的规定。钢材热轧交货状态的布氏硬度应不大于 302HBW。

B.3 淬透性

B.3.1 28MnSiB 钢需进行淬透性试验。热处理制度:正火温度:880℃～920℃,端淬温度:900℃±20℃。试验结果应符合:在距末端 9 mm 处洛氏硬度不小于 40HRC。如供方能保证淬透性合格,可不作该项试验。

表 B.2 力 学 性 能

牌号	热处理制度[a]			力学性能,不小于			
	淬火温度/℃	淬火介质	回火温度/℃	下屈服强度 R_{eL}/(N/mm²)	抗拉强度 R_m/(N/mm²)	断后伸长率 $A_{11.3}$/%	断面收缩率 Z/%
28MnSiB	900	水或油	320	1 180	1 275	5	25

a 表中热处理温度允许偏差为:淬火±20℃,回火±30℃。

B.3.2 根据供需双方协商,允许以淬透性计算方法代替淬透性试验。淬透性计算方法由供需双方协商确定。

B.4 其他技术要求、试验方法、检验规则、包装、标志和质量证明书

其他技术要求、试验方法、检验规则、包装、标志和质量证明书等按本标准的正文执行。

附 录 C
（资料性附录）
28MnSiB 的特性值

C.1 28MnSiB 的临界点见表 C.1。

表 C.1 临界点

单位为度

Ac1	Ac3	Ms	Mf
730	818	408	209

C.2 28MnSiB 的弹性模量见表 C.2。

表 C.2 弹性模量

试样热处理	淬火/℃	900，油淬					
	回火/℃	—	200	280	340	400	500
正弹性模量，E		21 200	20 900	21 000	21 300	21 400	21 600

ICS 77.140.35
H 40

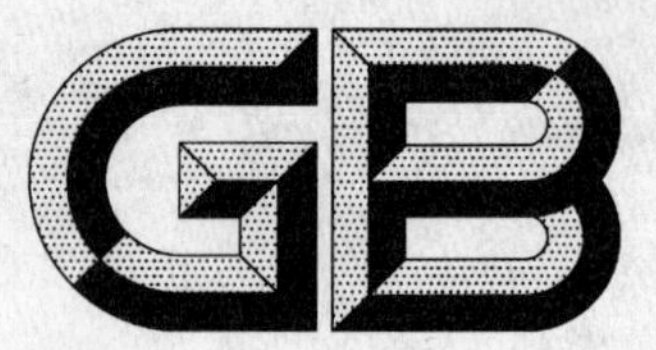

中华人民共和国国家标准

GB/T 1298—2008
代替 GB/T 1298—1986、GB/T 227—1991

碳素工具钢

Carbon tool seels

2008-05-13 发布　　2008-11-01 实施

中华人民共和国国家质量监督检验检疫总局
中国国家标准化管理委员会　发布

前　言

本标准与 ASTM　A686-92《碳素工具钢规范》的一致性程度为非等效。

本标准代替 GB/T 1298—1986《碳素工具钢技术条件》和 GB/T 227—1991《工具钢淬透性试验方法》。

本标准与 GB/T 1298—1986 相比，主要变化如下：

——标准名称改为：碳素工具钢；

——增加了"盘条"及相关技术要求；

——增加了"订货内容"；

——增加对残余元素钨、钼、钒含量（质量分数）的规定，并将残余铜含量（质量分数）由 0.30%降低至 0.25%；

——修改了对"冶炼方法"的规定；

——修改了冷拉钢材的交货状态的规定；

——取消"断口检验"；

——增加了酸浸低倍组织级别的规定，并作为必检项目；

——原 GB/T 227—1991《工具钢淬透性试验方法》作为本标准的附录 B。

本标准的附录 A 和附录 B 均为规范性附录。

本标准由中国钢铁工业协会提出。

本标准由全国钢标准化技术委员会归口。

本标准起草单位：重庆东华特殊钢有限公司、东北特殊钢集团公司（大连）、冶金工业信息标准研究院。

本标准主要起草人：谢静红、刘宝石、真娟、李庆艳、戴强。

本标准所代替标准的历次版本发布情况为：

——GB/T 1298—1977、GB/T 1298—1986；

——GB/T 227—1963、GB/T 227—1991。

碳素工具钢

1 范围

本标准规定了碳素工具钢的分类、订货内容、尺寸、外形及允许偏差、技术要求、试验方法、检验规则、包装、标志和质量证明书等。

本标准适用于碳素工具钢热轧、锻制、冷拉及银亮钢钢材和盘条，其化学成分也适用于锭、坯及其制品。

2 规范性引用文件

下列文件中的条款通过本标准的引用而成为本标准的条款。凡是注日期的引用文件，其随后所有的修改单(不包括勘误的内容)或修订版均不适用于本标准，然而，鼓励根据本标准达成协议的各方研究是否可使用这些文件的最新版本。凡是不注日期的引用文件，其最新版本适用于本标准。

GB/T 222 钢的成品化学成分允许偏差

GB/T 223.11 钢铁及合金化学分析方法 过硫酸铵氧化容量法测定铬量

GB/T 223.12 钢铁及合金化学分析方法 碳酸钠分离-二苯碳酰二光度法测定铬量

GB/T 223.14 钢铁及合金化学分析方法 钽试剂萃取光度法测定钒含量

GB/T 223.18 钢铁及合金化学分析方法 硫代硫酸钠分离-碘量法测定铜量

GB/T 223.19 钢铁及合金化学分析方法 新亚铜灵-三氯甲烷萃取光度法测定铜量

GB/T 223.23 钢铁及合金 镍含量的测定 丁二酮肟分光光度法

GB/T 223.26 钢铁及合金 钼含量的测定 硫氰酸盐分光光度法

GB/T 223.43 钢铁及合金 钨含量的测定 重量法和分光光度法

GB/T 223.58 钢铁及合金化学分析方法 亚砷酸钠-亚硝酸钠滴定法测定锰量

GB/T 223.59 钢铁及合金化学分析方法 锑磷钼蓝光度法测定磷量

GB/T 223.60 钢铁及合金化学分析方法 高氯酸脱水重量法测定硅含量

GB/T 223.61 钢铁及合金化学分析方法 磷钼酸铵容量法测定磷量

GB/T 223.62 钢铁及合金化学分析方法 乙酸丁酯萃取光度法测定磷量

GB/T 223.63 钢铁及合金化学分析方法 高碘酸钠(钾)光度法测定锰量

GB/T 223.68 钢铁及合金化学分析方法 管式炉内燃烧后碘酸钾滴定法测定硫含量

GB/T 223.69 钢铁及合金 碳含量的测定 管式炉内燃烧后气体容量法

GB/T 223.71 钢铁及合金化学分析方法 管式炉内燃烧后重量法测定碳含量

GB/T 223.72 钢铁及合金 硫含量的测定 重量法

GB/T 223.74 钢铁及合金化学分析方法 非化合碳含量的测定

GB/T 223.76 钢铁及合金化学分析方法 火焰原子吸收光谱法测定钒量

GB/T 224 钢的脱碳层深度测定法

GB/T 226 钢的低倍组织及缺陷酸蚀检验法

GB/T 230.1 金属洛氏硬度试验 第1部分：试验方法(A、B、C、D、E、F、G、H、K、N、T标尺)(GB/T 230.1—2004，ISO 6508-1:1999，MOD)

GB/T 231.1 金属布氏硬度试验 第1部分：试验方法

GB/T 702 热轧圆钢和方钢尺寸、外形、重量及允许偏差(GB/T 702—2004，ISO 1035-1:1980

Hot-rolled steel bars—Part 1: Dimensions of round bars, ISO 1035-2:1980 Hot-rolled steel bars—Part 2: Dimensions of square bars, ISO 1035-4:1982 Hot -rolled steel bars—Part 4: Tolerances, MOD)

GB/T 905 冷拉圆钢、方钢、六角钢尺寸、外形、重量及允许偏差

GB/T 908 锻制圆钢和方钢尺寸、外形、重量及允许偏差

GB/T 2101 型钢验收、包装、标志及质量证明书的一般规定

GB/T 3207 银亮钢

GB/T 4336 碳素钢和中低合金钢 火花原子发射光谱分析方法(常规法)

GB/T 1299—2000 合金工具钢

GB/T 13298 金属显微组织检验方法

GB/T 14981 热轧盘条尺寸、外形、重量及允许偏差(GB/T 14981—2004,ISO/DIS 16124,MOD)

GB/T 17505 钢及钢产品交货一般技术条件(GB/T 17505—1998,eqv ISO 404:1992)

GB/T 20066 钢和铁化学成分测定用试样的取样和制样方法(GB/T 20066—2006,ISO 14284:1996,IDT)

GB/T 20123 钢铁 总碳硫含量的测定 高频感应炉燃烧后红外吸收法(常规方法)(GB/T 20124—2006,ISO 15350:2000,IDT)

GB/T 20125 低合金钢 多元素的测定 电感耦合等离子体发射光谱法

3 分类

3.1 钢材按使用加工方法分为:

a) 压力加工用钢 UP,热压力加工用钢 UHP,冷压力加工用钢 UCP;

b) 切削加工用钢 UC。

钢材的使用加工方法应在合同中注明。

3.2 钢按冶金质量等级分为:

a) 优质钢;

b) 高级优质钢。

4 订货内容

按本标准订货的合同或订单应包括以下内容:

a) 产品名称;

b) 牌号;

c) 标准号;

d) 规格;

e) 重量(或数量);

f) 加工用途;

g) 交货状态;

h) 其他。

5 尺寸、外形及允许偏差

5.1 热轧钢材的尺寸、外形及允许偏差应符合 GB/T 702 的规定。

5.2 盘条的尺寸、外形及允许偏差应符合 GB/T 14981 的规定。

5.3 锻制钢材的尺寸、外形及允许偏差应符合 GB/T 908 的规定。

5.4 冷拉钢材尺寸、外形及允许偏差应符合 GB/T 905 的规定。

5.5 银亮钢材尺寸、外形及允许偏差应符合 GB/T 3207 的规定。

5.6 钢材的尺寸、外形及允许偏差组别应在合同中注明。根据需方要求，经双方协商并在合同注明，可供应特殊尺寸精度要求的钢材。

6 技术要求

6.1 牌号及化学成分

6.1.1 钢的牌号及化学成分(熔炼分析)应符合表 1 的规定。

表 1

序号	牌号	化学成分(质量分数)/%		
		C	Mn	Si
1	T7	0.65～0.74	≤0.40	≤0.35
2	T8	0.75～0.84		
3	T8Mn	0.80～0.90	0.40～0.60	
4	T9	0.85～0.94	≤0.40	
5	T10	0.95～1.04		
6	T11	1.05～1.14		
7	T12	1.15～1.24		
8	T13	1.25～1.35		

注：高级优质钢在牌号后加“A”。

6.1.1.1 钢中硫、磷含量及残余铜、铬、镍含量应符合表 2 的规定。

表 2

%

钢 类	P	S	Cu	Cr	Ni	W	Mo	V
	质量分数，不大于							
优 质 钢	0.035	0.030	0.25	0.25	0.20	0.30	0.20	0.02
高级优质钢	0.030	0.020	0.25	0.25	0.20	0.30	0.20	0.02

注：供制造铅浴淬火钢丝时，钢中残余铬含量不大于 0.10%，镍含量不大于 0.12%，铜含量不大于 0.20%，三者之和不大于 0.40%。

6.1.1.2 要求检验淬透性时，允许钢中加入少量合金元素。

6.1.2 钢的成品化学成分允许偏差应符合 GB/T 222 的规定。

6.2 冶炼方法

除非合同中有规定，冶炼方法由生产厂自行选择。

6.3 交货状态

热轧(锻)钢材以退火状态交货，经供需双方协议，也可以不退火状态交货。冷拉钢材应为退火后冷拉交货，如有特殊要求，应在合同中注明。

6.4 硬度

6.4.1 钢材交货状态硬度值和试样淬火硬度值应符合表 3 的规定。

表 3

牌号	交货状态		试样淬火	
	退火	退火后冷拉	淬火温度和冷却剂	洛氏硬度,HRC 不小于
	布氏硬度,HBW,不大于			
T7	187	241	800℃～820℃,水	62
T8			780℃～800℃,水	
T8Mn				
T9	192		760℃～780 ℃,水	
T10	197			
T11	207			
T12				
T13	217			

6.4.2 截面尺寸小于 5 mm 的退火钢材不作硬度试验。根据需方要求,可作拉伸或其他试验,技术指标由双方协商规定。

6.4.3 供方若能保证淬火硬度值符合表 3 的规定,可不作检验。

6.5 低倍组织

6.5.1 钢材的横截面酸浸低倍组织试片上不允许有目视可见的缩孔、夹杂、裂纹、气泡、分层和白点。中心疏松及锭型偏析按 GB/T 1299—2000 附录 A 中第三级别图评定,其合格级别应不超过表 4 的规定。

表 4

钢材公称尺寸/mm	中心疏松	锭型偏析
	合格级别/级,不大于	
≤50	4.0	4.0
>50～100	4.5	5.0
>100～155	5.0	6.0
>155	双方协议	

6.5.2 切削加工用钢允许有不超过表面缺陷允许深度的皮下气泡、皮下夹杂等缺陷。

6.6 显微组织

6.6.1 珠光体组织

6.6.1.1 截面尺寸不大于 60 mm 的退火钢材应检验珠光体组织,并按附录 A 中第一级别图评定,其合格级别应符合表 5 的规定。

表 5

牌号	合格级别/级
T7、T8、T8Mn、T9	1～5
T10、T11、T12、T13	2～4

6.6.1.2 截面尺寸大于 60 mm 的退火钢材,根据需方要求,可检验珠光体组织,合格级别由供需双方协议规定。

6.6.1.3 热压力加工用钢不检验珠光体组织。

6.6.2 网状碳化物

6.6.2.1 退火钢材应检验网状碳化物，并按附录 A 中第二级别图评定，其合格级别应符合表 6 的规定。

表 6

钢材公称尺寸/mm	合格级别/级，不大于
≤60	2
>60～100	3
>100	双方协议

6.6.2.2 牌号 T7、T8 和热压力加工用钢材不检验网状碳化物。

6.6.3 脱碳层

6.6.3.1 钢材应检验脱碳层深度。钢材一边总脱碳层深度（铁素体＋过渡层）应符合表 7 的规定。

表 7

品　　种	总脱碳层深度/mm，不大于
热轧、锻制钢材	0.25＋1.5%D
冷拉钢材≤16 mm >16 mm 高频淬火	1.5%D 1.3%D 1.0%D
扁钢及尺寸大于 100 mm 钢材	双方协议
注 1：D 为钢材截面的公称尺寸。 注 2：扁钢的脱碳层深度在宽面上检查。	

6.6.3.2 银亮钢不允许有脱碳。

6.7 表面质量

6.7.1 压力加工用热轧和锻制钢材，表面不允许有目视可见的裂纹、折叠、结疤和夹杂。上述局部缺陷必须清除，清除深度从钢材实际尺寸算起应不大于表 8 的规定，清除宽度不小于深度的 5 倍。深度不大于公差之半的轻微表面缺陷可不清除。

表 8　　单位为毫米

钢材公称尺寸	同一截面允许清除深度
<80	公差之半
80～140	公差
>140	钢材截面尺寸的 4%

6.7.2 切削加工用热轧和锻制钢材表面允许有从钢材公称尺寸算起深度不大于表 9 规定的局部缺陷。

表 9　　单位为毫米

钢材公称尺寸	局部缺陷允许深度
<100	公差之半
≥100	公差

6.7.3 热轧和锻制扁钢的表面质量由供需双方协商规定。

6.7.4 冷拉钢材表面应洁净、光滑，不应有裂纹、折叠、结疤、夹杂和氧化皮。经退火的冷拉钢材表面允许有氧化色，钢材表面允许有深度不大于从钢材实际尺寸算起的该公称尺寸公差的麻点、划痕、发纹、凹坑、黑斑、拉痕、轻微的校直辊印及润滑剂和清理痕迹。

6.7.5 银亮钢表面应符合 GB/T 3207 的规定。

6.8 特殊要求

根据需方要求,经供需双方协议,并在合同中注明,可增加如下特殊要求:

a) 淬透性;

b) 特殊硬度值;

c) 其他特殊要求。

7 试验方法

钢材检验项目和试验方法应符合表 10 的规定。

表 10

序号	检验项目	取样数量/个	取样部位	试验方法
1	化学成分	1(每炉)	GB/T 20066	GB/T 223、GB/T 4336、GB/T 20123、GB/T 20125
2	布氏硬度	3	不同支钢材	GB/T 231.1
3	洛氏硬度	2	不同支钢材	GB/T 230.1
4	低倍组织	2	相当于钢锭头部的不同支钢材	GB/T 226
5	珠光体组织	2	不同支钢材	GB/T 13298
6	网状碳化物	2	不同支钢材	GB/T 13298
7	脱碳层	3	不同支钢材	GB/T 224
8	淬透性	3	附录 B	附录 B
9	尺寸	逐支	—	千分尺、卡尺、样板
10	表面	逐支	—	目视

8 检验规则

8.1 检查和验收

8.1.1 钢材出厂的检查和验收由供方质量技术监督部门进行。

8.1.2 供方必须保证交货的钢材符合本标准或合同的规定,必要时,需方有权对本标准或合同所规定的任一检验项目进行检查和验收。

8.2 组批规则

8.2.1 钢材应按批检查和验收,每批由同一牌号、同一炉号、同一加工方法、同一尺寸、同一交货状态、同一热处理炉次的钢材组成。

8.3 取样数量及取样部位

每批钢材的取样数量和取样部位应符合表 10 的规定。

8.4 复验与判定规则

钢材的复验与判定规则应符合 GB/T 17505 的规定。

9 包装、标志和质量证明书

钢材的包装、标志和质量证明书应符合 GB/T 2101 的规定。

附 录 A
（规范性附录）
标准评级图[1)]

A.1 第一级别图 珠光体组织(图 A.1)

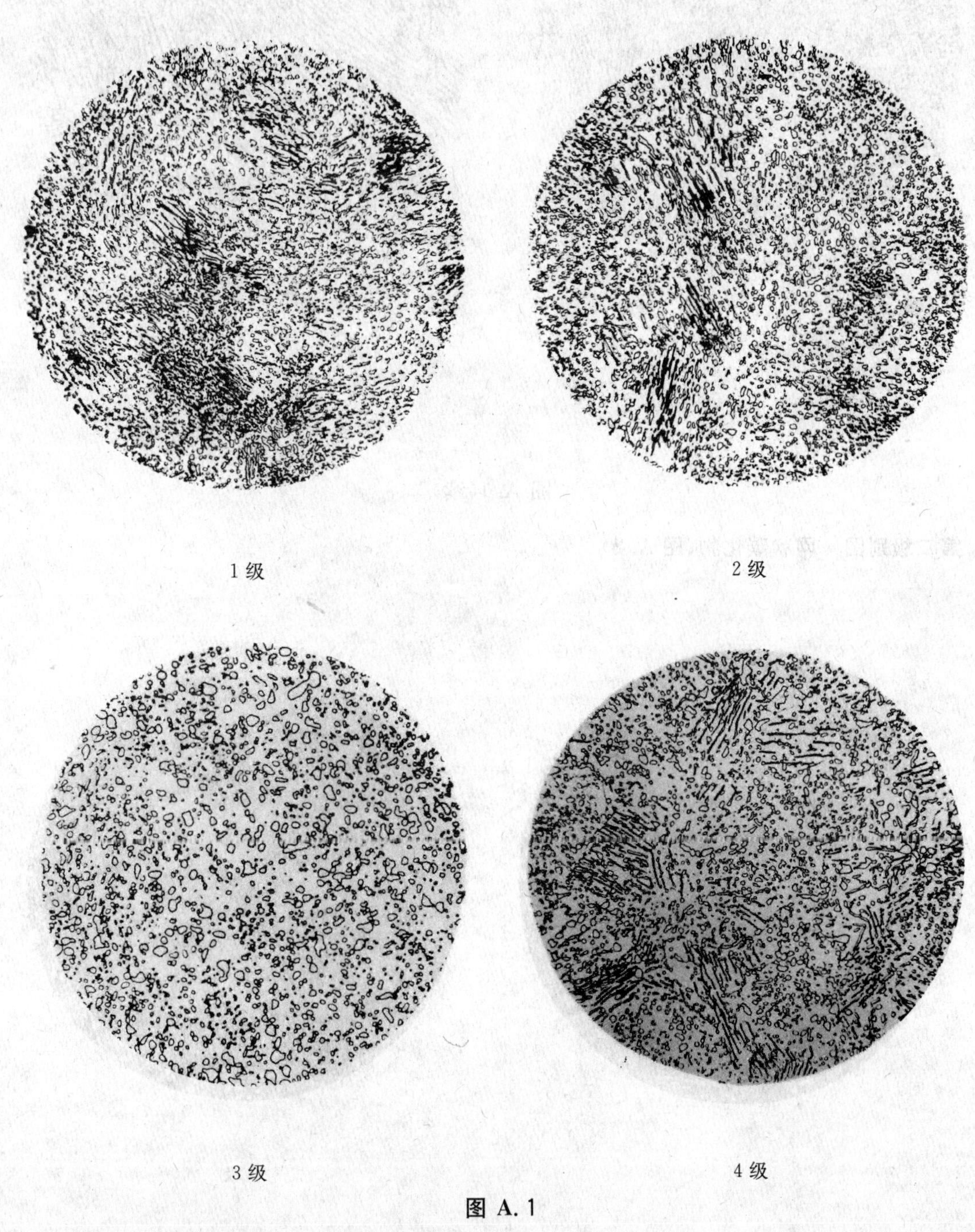

1 级 2 级

3 级 4 级

图 A.1

1) 本标准所使用的标准评级图片请与冶金工业信息标准研究院联系，电话：010-65252815。

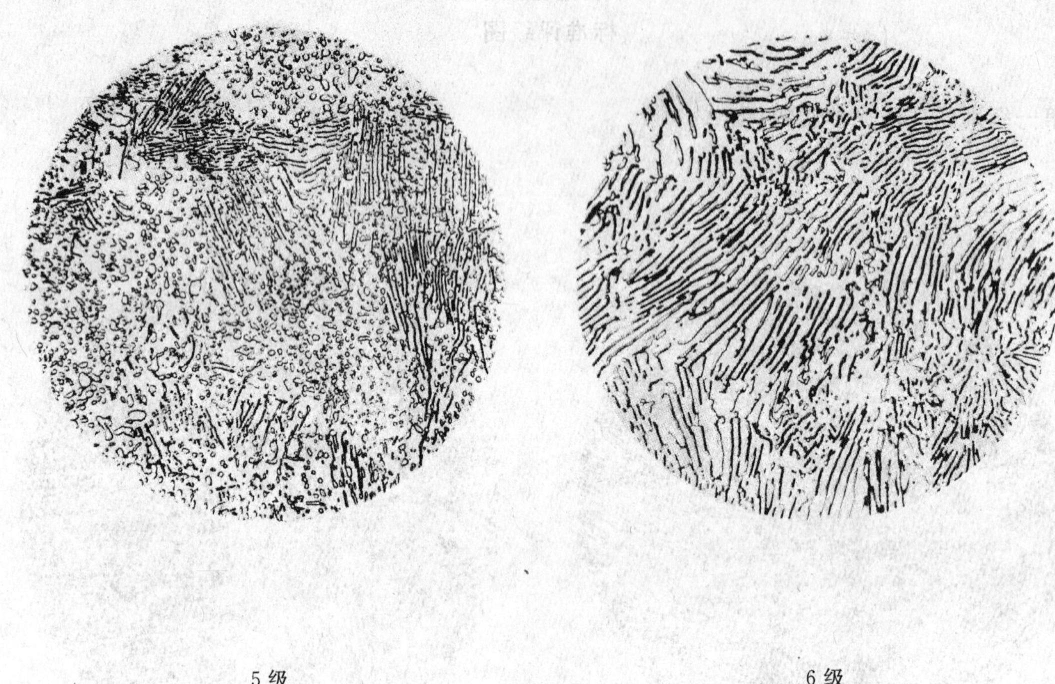

5 级　　　　6 级

图 A.1(续)

A.2　第二级别图　网状碳化物(图 A.2)

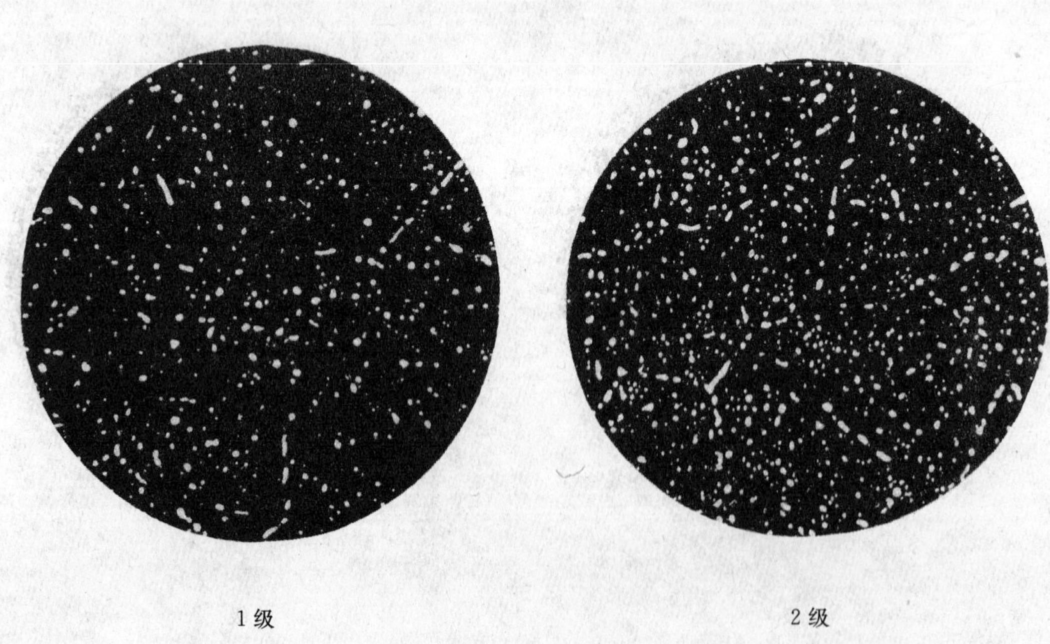

1 级　　　　2 级

图 A.2

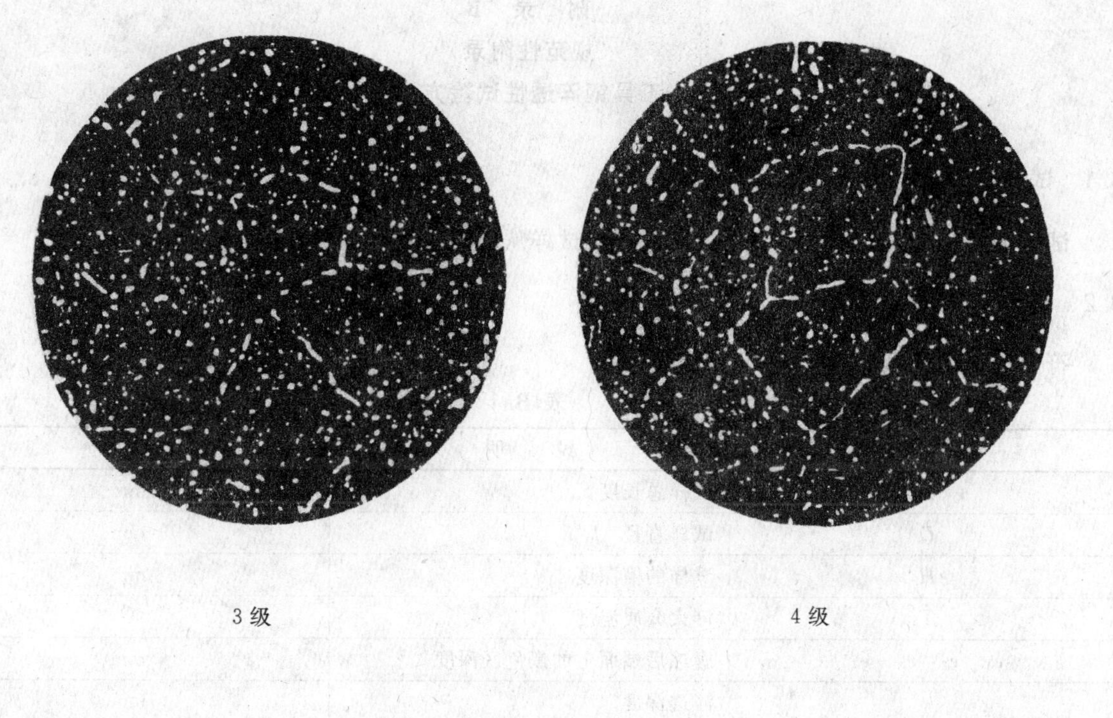

3 级

4 级

图 A.2(续)

附　录　B
（规范性附录）
工具钢淬透性试验方法

B.1　试验原理

试样加热到淬火温度，经保温后淬火，再将试样从中间打断，测其横断面上的淬透深度。

B.2　符号和说明

符号说明见表 B.1。

表 B.1

符　　号	说　　明	单　　位
L	试样总长度	mm
D	试样直径	mm
H	试样的槽深度	mm
T	淬火介质温度	℃
e_1　e_2　e_3　e_4	腐蚀后端面上的黑色区深度	mm
e	淬透深度	mm

B.3　试样

B.3.1　样坯的制取

试样应能显示出钢锭、钢坯和钢材的完整截面。必要时可锻轧成直径为 25 mm 的样坯。

B.3.2　样坯的预处理

B.3.2.1　正火或退火交货的钢材，作样坯时可不进行预处理。

B.3.2.2　锻造或轧制的样坯可进行正火或退火处理，处理条件按相应产品推荐工艺而定。

B.3.2.3　样坯也可进行调质处理，淬火温度为 870℃±10℃，保温后淬入油中。然后在 625℃～650℃保温 1 h，在静止的空气中冷却。

B.3.3　试样的制备

样坯经车床加工成直径为 20 mm±0.5 mm、长度为 75 mm±0.5 mm 的圆棒试样（见图 B.1）。如果由于钢材尺寸所限制不能加工成标准试样时，则可以制成小规格试样，并需注明试样尺寸。

B.4　试验方法

B.4.1　试样的加热淬火

加热最好在盐浴、铅浴或有控制气氛的炉内进行，以防止试样表面脱碳及氧化。也可在箱式电炉中进行。

淬火后保温时间根据炉型确定，应保证加热均匀，一般为 10 min～30 min。

淬火介质为 10%氯化钠水溶液，溶液不少于 200 L，温度为 20℃±10℃。

试样加热后应迅速放入介质中，不停搅拌，保证淬火均匀，直至完全冷却为止。

B.4.2　试样截面的制备

将清洗并干燥后的试样开槽，槽深为 1.5 mm～2 mm，在槽口的背面通过弯曲或冲撞将试样折断，也可采用其他物理方法折断试样，但不应产生热影响。

断口经磨制或抛光后在 80℃～85℃含有 50%的盐酸水溶液中浸泡 3 min。然后用热水冲洗，吹干。

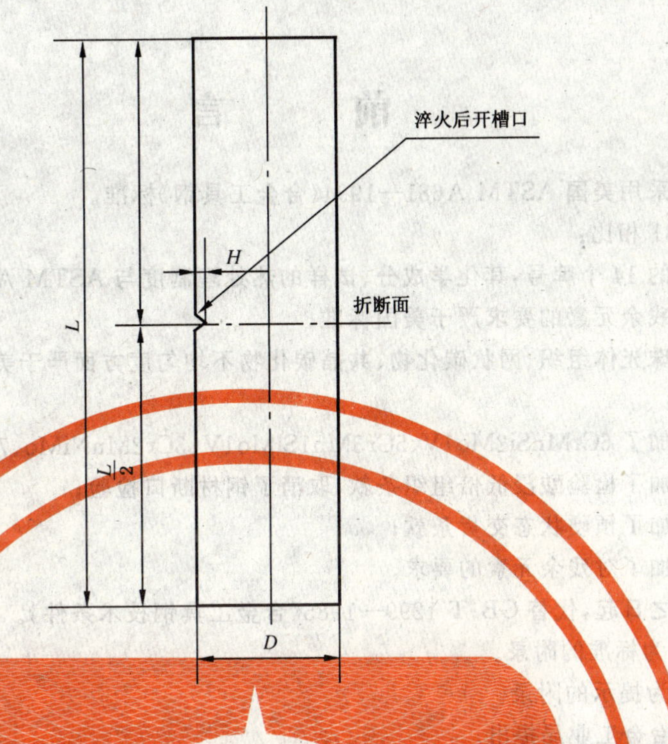

图 B.1

B.4.3　淬透深度的测定

通过测量试样抛光面在腐蚀后黑色区域的深度来确定钢的淬透层深度。沿两个对称于槽口成直角的直径进行测量(见图 B.2)。读数精确到 0.25 mm,取四个数的平均值:

$$e = \frac{e_1 + e_2 + e_3 + e_4}{4}$$

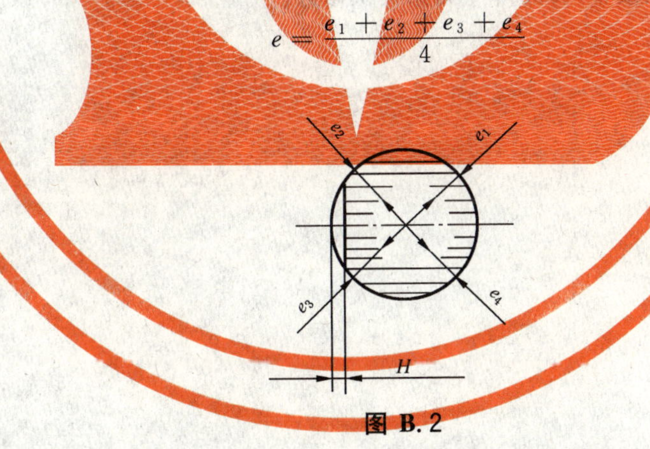

图 B.2

当所测量到的值与四个测量值的平均值相差大于 1 mm 时,读数视为不规则,需重新磨制断面或重新取样。

B.5　结果表示

淬透深度结果表示单位为毫米,精确到 0.5 mm。对于在不同淬火温度下进行的试验,其结果表示要有温度指数填在括号中。

例如:3.5(780℃)表示淬火温度为 780℃,淬透深度为 3.5 mm。

4.0(840℃)表示淬火温度为 840℃,淬透深度为 4.0 mm。

前　　言

本标准非等效采用美国ASTM A681—1994《合金工具钢》标准。

与ASTM A681相比：

——本标准中的14个牌号，其化学成分、试样的热处理制度与ASTM A681基本相同；

——本标准对残余元素的要求严于美国标准；

——本标准在珠光体组织、网状碳化物、共晶碳化物不均匀度方面严于美国标准的规定。

与原标准相比：

——本标准增加了6CrMnSi2Mo1V、5Cr3Mn1SiMo1V、3Cr2MnNiMo、7CrSiMnMoV 4个牌号；

——本标准增加了检验酸浸低倍组织条款，取消了钢材断口检验；

——本标准增加了预硬状态交货条款；

——本标准增加了对残余元素的要求。

本标准自实施之日起，代替GB/T 1299—1985《合金工具钢技术条件》。

本标准附录A为标准的附录。

本标准附录B为提示的附录。

本标准由国家冶金工业局提出。

本标准由全国钢标准化技术委员会归口。

本标准由首钢特殊钢公司、冶金工业信息标准研究总院起草。

本标准主要起草人：冯春雨、栾　燕、张为堂、张铁钢、刘宝石、戴　强。

本标准1977年12月首次发布，1985年7月第一次修订。

中华人民共和国国家标准

GB/T 1299—2000

合金工具钢

代替 GB/T 1299—1985

Alloy tool steels

1 范围

本标准规定了合金工具钢的分类、尺寸、外形及允许偏差、技术要求、试验方法、检验规则、包装、标志和质量证明书等。

本标准适用于合金工具钢热轧、锻制、冷拉及银亮条钢,其化学成分也适用于锭、坯及其制品。

2 引用标准

下列标准所包含的条文,通过在本标准中引用而构成为本标准的条文。本标准出版时,所示版本均为有效。所有标准均会被修订,使用本标准的各方面应探讨使用下列标准最新版本的可能性。

GB/T 222—1984 钢的化学分析用试样取样法及成品化学成分允许偏差

GB/T 223.3—1988 钢铁及合金化学分析方法 二安替吡啉甲烷磷钼酸重量法测定磷量

GB/T 223.4—1988 钢铁及合金化学分析方法 硝酸铵氧化容量法测定锰量

GB/T 223.5—1997 钢铁及合金化学分析方法 还原型硅钼酸盐光度法测定酸溶硅含量

GB/T 223.8—1991 钢铁及合金化学分析方法 氟化钠分离-EDTA 容量法测定铝量

GB/T 223.9—1989 钢铁及合金化学分析方法 铬天青 S 光度法测定铝量

GB/T 223.10—1991 钢铁及合金化学分析方法 铜铁试剂分离-铬天青 S 光度法测定铝量

GB/T 223.11—1991 钢铁及合金化学分析方法 过硫酸铵氧化容量法测定铬量

GB/T 223.12—1991 钢铁及合金化学分析方法 碳酸钠分离-二苯碳酰二肼光度法测定铬量

GB/T 223.13—2000 钢铁及合金化学分析方法 硫酸亚铁铵容量法测定钒量

GB/T 223.14—2000 钢铁及合金化学分析方法 钽试剂萃取光度法测定钒量

GB/T 223.19—1989 钢铁及合金化学分析方法 新亚铜灵-三氯甲烷萃取光度法测定铜量

GB/T 223.22—1994 钢铁及合金化学分析方法 亚硝基 R 盐分光光度法测定钴量

GB/T 223.23—1994 钢铁及合金化学分析方法 丁二酮肟分光光度法测定镍量

GB/T 223.26—1989 钢铁及合金化学分析方法 硫氰酸盐直接光度法测定钼量

GB/T 223.28—1989 钢铁及合金化学分析方法 α-安息香肟重量法测定钼量

GB/T 223.40—1985 钢铁及合金化学分析方法 离子交换分离-氯磺酚 S 光度法测定铌量

GB/T 223.43—1994 钢铁及合金化学分析方法 钨量的测定

GB/T 223.44—1994 钢铁及合金化学分析方法 氯化四苯胂-硫氰酸盐-三氯甲烷萃取光度法测定钨量

GB/T 223.53—1987 钢铁及合金化学分析方法 火焰原子吸收分光光度法测定铜量

GB/T 223.54—1987 钢铁及合金化学分析方法 火焰原子吸收分光光度法测定镍量

GB/T 223.58—1987 钢铁及合金化学分析方法 亚砷酸钠-亚硝酸钠滴定法测定锰量

GB/T 223.60—1997 钢铁及合金化学分析方法 高氯酸脱水重量法测定硅量

国家质量技术监督局 2000-10-25 批准 2001-09-01 实施

GB/T 223.62—1988 钢铁及合金化学分析方法 乙酸丁脂萃取光度法测定磷量
GB/T 223.63—1988 钢铁及合金化学分析方法 高碘酸钠(钾)光度法测定锰量
GB/T 223.67—1989 钢铁及合金化学分析方法 还原蒸馏-次甲基蓝光光度法测定硫量
GB/T 223.68—1997 钢铁及合金化学分析方法 管式炉内燃烧后碘酸钾滴定法测定硫含量
GB/T 223.69—1997 钢铁及合金化学分析方法 管式炉内燃烧后气体容量法测定碳含量
GB/T 223.71—1997 钢铁及合金化学分析方法 管式炉内燃烧后重量法测定碳含量
GB/T 224—1987 钢的脱碳层深度测定法
GB/T 226—1991 钢的低倍组织及缺陷酸蚀试验法
GB/T 230—1991 金属洛氏硬度试验方法
GB/T 231.1—2000 金属布氏硬度试验 第1部分:试验方法
GB/T 702—1986 热轧圆钢和方钢尺寸、外形、重量及允许偏差
GB/T 905—1994 冷拉圆钢、方钢、六角钢尺寸、外形、重量及允许偏差
GB/T 908—1987 锻制圆钢和方钢尺寸、外形、重量及允许偏差
GB/T 911—1966 工具钢热轧及锻制扁钢品种
GB/T 2101—1989 型钢验收、包装、标志及质量证明书的一般规定
GB/T 3207—1988 银亮钢
GB/T 13298—1991 金属显微组织检验方法
GB/T 14979—1994 钢的共晶碳化物不均匀度评定法
GB/T 16761—1997 锻制扁钢尺寸、外形、重量及允许偏差

3 分类

3.1 合金工具钢按使用加工方法分为压力加工用钢(热压力加工和冷压力加工)和切削加工用钢。钢材的使用加工方法应在合同中注明。

3.2 钢材按用途分为量具刃具用钢、耐冲击工具钢、热作模具钢、冷作模具钢、无磁模具钢和塑料模具钢。

4 尺寸、外形及允许偏差

4.1 热轧圆钢的尺寸、外形及允许偏差应符合GB/T 702标准的规定,其组别应在合同中注明,未注明时由供方确定。

4.2 锻制钢材的尺寸、外形及允许偏差应符合GB/T 908标准的规定,其组别应在合同中注明,未注明时由供方确定。

4.3 冷拉钢材的尺寸、外形及允许偏差应符合GB/T 905标准的规定,其组别应在合同中注明,未注明时由供方确定。

4.4 热轧工具钢扁钢尺寸、外形及允许偏差应符合GB/T 911标准的规定,其组别应在合同中注明,未注明时由供方确定。

4.5 锻制扁钢尺寸、外形及允许偏差应符合GB/T 16761标准的规定,其组别应在合同中注明,未注明时由供方确定。

4.6 其他钢材(坯)的尺寸、外形及其允许偏差应符合相应国家标准和行业标准的规定。国家标准和行业标准未规定的由供需双方协商确定。

5 技术要求

5.1 牌号及化学成分

5.1.1 钢的牌号及化学成分(熔炼分析)应符合表1的规定。

表 1

统一数字代号	序号	钢组	牌号	化学成分,%(*m*/*m*)									
				C	Si	Mn	P	S	Cr	W	Mo	V	其他
							不大于						
T30100	1-1	量具刃具用钢	9SiCr	0.85~0.95	1.20~1.60	0.30~0.60	0.030	0.030	0.95~1.25				
T30000	1-2		8MnSi	0.75~0.85	0.30~0.60	0.80~1.10	0.030	0.030					
T30060	1-3		Cr06	1.30~1.45	≤0.40	≤0.40	0.030	0.030	0.50~0.70				
T30201	1-4		Cr2	0.95~1.10	≤0.40	≤0.40	0.030	0.030	1.30~1.65				
T30200	1-5		9Cr2	0.80~0.95	≤0.40	≤0.40	0.030	0.030	1.30~1.70				
T30001	1-6		W	1.05~1.25	≤0.40	≤0.40	0.030	0.030	0.10~0.30	0.80~1.20			
T40124	2-1	耐冲击工具用钢	4CrW2Si	0.35~0.45	0.80~1.10	≤0.40	0.030	0.030	1.00~1.30	2.00~2.50			
T40125	2-2		5CrW2Si	0.45~0.55	0.50~0.80	≤0.40	0.030	0.030	1.00~1.30	2.00~2.50			
T40126	2-3		6CrW2Si	0.55~0.65	0.50~0.80	≤0.40	0.030	0.030	1.10~1.30	2.20~2.70			
T40100	2-4		6CrMnSi2Mo1	0.50~0.65	1.75~2.25	0.60~1.00	0.030	0.030	0.10~0.50		0.20~1.35	0.15~0.35	
T40300	2-5		5Cr3Mn1SiMo1V	0.45~0.55	0.20~1.00	0.20~0.90	0.030	0.030	3.00~3.50		1.30~1.80	≤0.35	
T21200	3-1	冷作模具钢	Cr12	2.00~2.30	≤0.40	≤0.40	0.030	0.030	11.50~13.00				
T21202	3-2		Cr12Mo1V1	1.40~1.60	≤0.60	≤0.60	0.030	0.030	11.00~13.00		0.70~1.20	0.5~1.10	
T21201	3-3		Cr12MoV	1.45~1.70	≤0.40	≤0.40	0.030	0.030	11.00~12.50		0.40~0.60	0.15~0.30	Co:≤1.00
T20503	3-4		Cr5Mo1V	0.95~1.05	≤0.50	≤1.00	0.030	0.030	4.75~5.50		0.90~1.40	0.15~0.50	
T20000	3-5		9Mn2V	0.85~0.95	≤0.40	1.70~2.00	0.030	0.030				0.10~0.25	

表 1(续)

统一数字代号	序号	钢组	牌号	化学成分,%(*m*/*m*) C	Si	Mn	P 不大于	S 不大于	Cr	W	Mo	V	其他
T20111	3-6	冷作模具钢	CrWMn	0.90～1.05	≤0.40	0.80～1.10	0.030	0.030	0.90～1.20	1.20～1.60			
T20110	3-7	冷作模具钢	9CrWMn	0.85～0.95	≤0.40	0.90～1.20	0.030	0.030	0.50～0.80	0.50～0.80			
T20421	3-8	冷作模具钢	Cr4W2MoV	1.12～1.25	0.40～0.70	≤0.40	0.030	0.030	3.50～4.00	1.90～2.60	0.80～1.20	0.80～1.10	
T20432	3-9	冷作模具钢	6Cr4W3Mo2VNb	0.60～0.70	≤0.40	≤0.40	0.030	0.030	3.80～4.40	2.50～3.50	1.80～2.50	0.80～1.20	Nb:0.20～0.35
T20465	3-10	冷作模具钢	6W6Mo5Cr4V	0.55～0.65	≤0.40	≤0.60	0.030	0.030	3.70～4.30	6.00～7.00	4.50～5.50	0.70～1.10	
T20104	3-11	冷作模具钢	7CrSiMnMoV	0.65～0.75	0.85～1.15	0.65～1.05	0.030	0.030	0.90～1.20		0.20～0.50	0.15～0.30	

统一数字代号	序号	钢组	牌号	化学成分,%(*m*/*m*) C	Si	Mn	P 不大于	S 不大于	Cr	W	Mo	V	Al	其他
T20102	4-1	热作模具钢	5CrMnMo	0.50～0.60	0.25～0.60	1.20～1.60	0.030	0.030	0.60～0.90		0.15～0.30			
T20103	4-2	热作模具钢	5CrNiMo	0.50～0.60	≤0.40	0.50～0.80	0.030	0.030	0.50～0.80		0.15～0.30			Ni 1.40～1.80
T20280	4-3	热作模具钢	3Cr2W8V	0.30～0.40	≤0.40	≤0.40	0.030	0.030	2.20～2.70	7.50～9.00		0.20～0.50		
T20403	4-4	热作模具钢	5Cr4Mo3SiMnVAl	0.47～0.57	0.80～1.10	0.80～1.10	0.030	0.030	3.80～4.30		2.80～3.40	0.80～1.20	0.30～0.70	
T20323	4-5	热作模具钢	3Cr3Mo3W2V	0.32～0.42	0.60～0.90	≤0.65	0.030	0.030	2.80～3.30	1.20～1.80	2.50～3.00	0.80～1.20		
T20452	4-6	热作模具钢	5Cr4W5Mo2V	0.40～0.50	≤0.40	≤0.40	0.030	0.030	3.40～4.40	4.50～5.30	1.50～2.10	0.70～1.10		
T20300	4-7	热作模具钢	8Cr3	0.75～0.85	≤0.40	≤0.40	0.030	0.030	3.20～3.80					
T20101	4-8	热作模具钢	4CrMnSiMoV	0.35～0.45	0.80～1.10	0.80～1.10	0.030	0.030	1.30～1.50		0.40～0.60	0.20～0.40		
T20303	4-9	热作模具钢	4Cr3Mo3SiV	0.35～0.45	0.80～1.20	0.25～0.70	0.030	0.030	3.00～3.75		2.00～3.00	0.25～0.75		

表 1(完)

统一数字代号	序号	钢组	牌号	化学成分,%(*m*/*m*)										
				C	Si	Mn	P	S	Cr	W	Mo	V	Al	其他
							不大于							
T20501	4-10	热作模具钢	4Cr5MoSiV	0.33～0.43	0.80～1.20	0.20～0.50	0.030	0.030	4.75～5.50		1.10～1.60	0.30～0.60		
T20502	4-11		4Cr5MoSiV1	0.32～0.45	0.80～1.20	0.20～0.50	0.030	0.030	4.75～5.50		1.10～1.75	0.80～1.20		Ni 1.40～1.80
T20520	4-12		4Cr5W2VSi	0.32～0.42	0.80～1.20	≤0.40	0.030	0.030	4.50～5.50	1.60～2.40		0.60～1.00		
T23152	5-1	无磁模具钢	7Mn15Cr2Al3V2WMo	0.65～0.75	≤0.80	14.50～16.50	0.030	0.030	2.00～2.50	0.50～0.80	0.50～0.80	1.50～2.00	2.30～3.30	
T22020	6-1	塑料模具钢	3Cr2Mo	0.28～0.40	0.20～0.80	0.60～1.00	0.030	0.030	1.40～2.00		0.30～0.55			
T22024	6-2		3Cr2MnNiMo	0.32～0.40	0.20～0.40	1.10～1.50	0.030	0.030	1.70～2.00		0.25～0.40			Ni 0.85～1.15

5.1.2 5CrNiMo 钢经供需双方同意允许钒含量小于 0.20%。

5.1.3 钢中残余铜含量应不大于 0.30%,"铜+镍"含量应不大于 0.55%。

5.1.4 钢材或坯的化学成分允许偏差应符合 GB/T 222—1984 表 2 的规定。

5.2 交货状态

钢材以退火状态交货。根据需方要求,7Mn15Cr2Al3V2WMo、3Cr2Mo 及 3Cr2MnNiMo 钢可以按预硬状态交货。

5.3 低倍组织

钢材应检验酸浸低倍组织,在酸浸低倍试片上不得有目视可见的缩孔、夹杂、分层、裂纹、气泡和白点。中心疏松及锭型偏析按本标准第三级别图评定,并应符合表 2 的规定。

表 2

钢材直径 mm	一 组		二 组	
	中心疏松	锭型偏析	中心疏松	锭型偏析
	不 大 于			
≤50	4.0	6.0	3.0	6.0
>50～75	4.5	6.0	3.5	6.0
>75～100	4.5	6.0	4.5	6.0
>100～125	5.0	6.0	4.5	6.0
>125～155	5.0	6.0	5.0	6.0
>155	供需双方协议			

注

1 一组指下列序号的钢:1-1～1-6;2-1～2-3;3-4～3-8;3-11;4-1～4-2;4-7～4-12;6-1～6-2。

2 其余牌号为二组

5.4 硬度

5.4.1 交货状态的钢材硬度值和试样淬火硬度值应符合表3规定。供方若能保证试样淬火硬度值符合表3规定时可不作检验。

5.4.2 根据需方要求,经双方协议,制造螺纹刃具用退火状态交货的9SiCr钢材,其布氏硬度为187～229 HBW10/3 000。

5.4.3 热作模具钢不检验试样淬火硬度。

表 3

序号	钢组	牌号	交货状态 布氏硬度 HBW10/3 000	试样淬火 淬火温度,℃	试样淬火 冷却剂	试样淬火 洛氏硬度 HRC 不小于
1-1	量具刃具用钢	9SiCr	241～197	820～860	油	62
1-2		8MnSi	≤229	800～820	油	60
1-3		Cr06	241～187	780～810	水	64
1-4		Cr2	229～179	830～860	油	62
1-5		9Cr2	217～179	820～850	油	62
1-6		W	229～187	800～830	水	62
2-1	耐冲击工具用钢	4CrW2Si	217～179	860～900	油	53
2-2		5CrW2Si	255～207	860～900	油	55
2-3		6CrW2Si	285～229	860～900	油	57
2-4		6CrMnSi2Mo1V	≤229	677℃±15℃预热,885℃(盐浴)或900℃(炉控气氛)±6℃加热,保温5～15 min油冷,58～204℃回火		58
2-5		5Cr3Mn1SiMo1V		677℃±15℃预热,941℃(盐浴)或955℃(炉控气氛)±6℃加热,保温5～15 min空冷,56～204℃回火		56
3-1	冷作模具钢	Cr12	269～217	950～1 000	油	60
3-2		Cr12Mo1V1	≤255	820℃±15℃预热,1 000℃(盐浴)或1 010℃(炉控气氛)±6℃加热,保温10～20 min空冷,200℃±6℃回火		59
3-3		Cr12MoV	255～207	950～1 000	油	58
3-4		Cr5Mo1V	≤255	790℃±15℃预热,940℃(盐浴)或950℃(炉控气氛)±6℃加热,保温5～15 min空冷,200℃±6℃回火		60
3-5		9Mn2V	≤229	780～810	油	62
3-6		CrWMn	255～207	800～830	油	62
3-7		9CrWMn	241～197	800～830	油	62
3-8		Cr4W2MoV	≤269	960～980,1 020～1 040	油	60
3-9		6Cr4W3Mo2VNb	≤255	1 100～1 160	油	60
3-10		6W6Mo5Cr4V	≤269	1 180～1 200	油	60

表 3(完)

序号	钢组	牌号	交货状态 布氏硬度 HBW10/3 000	试样淬火 淬火温度,℃	冷却剂	洛氏硬度 HRC 不小于
3-11	冷模具作钢	7CrSiMnMoV	≤235	淬火:870～900 回火:150±10	油冷或空冷 空冷	60
4-1	热作模具钢	5CrMnMo	241～197	820～850	油	
4-2		5CrNiMo	241～197	830～860	油	
4-3		3Cr2W8V	≤255	1 075～1 125	油	
4-4		5Cr4Mo3SiMnVAl	≤255	1 090～1 120	油	
4-5		3Cr3Mo3W2V	≤255	1 060～1 130	油	
4-6		5Cr4W5Mo2V	≤269	1 100～1 150	油	
4-7		8Cr3	255～207	850～880	油	
4-8		4CrMnSiMoV	241～197	870～930	油	
4-9		4Cr3Mo3SiV	≤229	790℃±15℃预热,1 010℃(盐浴)或 1 020℃(炉控气氛)±6℃加热,保温 5～15 min 空冷,550℃±6℃回火		
4-10		4Cr5MoSiV	≤235	790℃±15℃预热,1 000℃(盐浴)或 1 010℃(炉控气氛)±6℃加热,保温 5～15 min 空冷,550℃±6℃回火		
4-11		4Cr5MoSiV1	≤235	790℃±15℃预热,1 000℃(盐浴)或 1 010℃(炉控气氛)±6℃加热,保温 5～15 min 空冷,550℃±6℃回火		
4-12		4Cr5W2VSi	≤229	1 030～1 050	油或空	
5-1	无磁模具钢	7Mn15Cr2Al3V2WMo	—	1 170～1 190 固溶 650～700 时效	水 空	45
6-1	塑料模具钢	3Cr2Mo	—			
6-2		3Cr2MnNiMo				

注

1 保温时间是指试样达到加热温度后保持的时间。

a) 试样在盐浴中进行,在该温度保持时间为 5 min,对 Cr12Mo1V1 钢是 10 min。

b) 试样在炉控气氛中进行,在该温度保持时间为:5～15 min,对 Cr12Mo1V1 钢是 10～20 min。

2 回火温度 200℃时应一次回火 2 h,550℃时应二次回火,每次 2 h。

3 7Mn15Cr2Al3V2WMo 钢可以热轧状态供应,不作交货硬度

5.5 显微组织

5.5.1 珠光体组织

5.5.1.1 退火状态交货的 9SiCr、Cr2、CrWMn、9CrWMn、Cr06、W 和 9Cr2 钢应检验珠光体组织并按本标准所附第一级别图评定,合格级别为 1～5 级。

5.5.1.2 热压力加工用钢不检验珠光体组织。根据需方要求,经供需双方协议,并在合同中注明,制造螺纹刃具用的 9SiCr 退火钢材,其珠光体组织合格级别为 2～4 级。

5.5.2 网状碳化物

5.5.2.1 退火状态交货的CrWMn、Cr2、Cr06和9SiCr钢应检验网状碳化物，并按本标准所附第二级别图评定。

截面尺寸不大于60 mm的CrWMn、Cr2、Cr06和9SiCr钢材，其合格级别不大于3级。根据需方要求，经供需双方协议，并在合同中注明，制造螺纹刃具用尺寸不大于60 mm的9SiCr钢材其合格级别不大于2级。

扁钢和截面尺寸大于60 mm的钢材，其合格级别按供需双方协议。

5.5.2.2 热压力加工用钢不检验网状碳化物。

5.5.3 共晶碳化物不均匀度

5.5.3.1 退火状态交货的Cr12、Cr12MoV、Cr12Mo1V1、6W6Mo5Cr4V和6Cr4W3Mo2VNb钢应检验共晶碳化物不均匀度，并按GB/T 14979标准第四评级图评定，其合格级别应符合表4规定。6Cr4W3Mo2VNb钢当供方保证满足此项要求时，可不作检验。

根据需方要求，经供需双方协议并在合同中注明可按表4中Ⅰ组供应。

表4

钢材直径或边长 mm	共晶碳化物不均匀度合格级别，级 不大于	
	Ⅰ组	Ⅱ组
≤50	3	4
>50～70	4	5
>70～120	5	6
>120	6	协议

5.5.3.2 扁钢共晶碳化物不均匀度合格级别，按供需双方协议。

5.6 脱碳层

5.6.1 热轧和锻制钢材一边总脱碳层（铁素体+过渡层）应符合表5规定。根据需方要求，经供需双方协议并在合同中注明可按Ⅰ组供应。冷拉钢材一边总脱碳层，除含硅合金钢外应不大于其公称尺寸的1.5%，含硅合金钢不应大于其公称尺寸的2%。银亮钢表面不允许有脱碳层。扁钢和直径（边长）大于150 mm的钢材的总脱碳层按供需双方协议。

表5 mm

钢材直径或边长	总脱碳层深度 不大于	
	Ⅰ组	Ⅱ组
5～150	0.25+1%D	0.20+2%D
注：D为钢材截面公称尺寸		

5.6.2 6W6Mo5Cr4V、4Cr3Mo3SiV和3Cr3Mo3W2V钢的脱碳层，按供需双方协议。

5.6.3 无磁模具钢7Mn15Cr2Al3V2WMo不检验脱碳层。

5.7 磁性

无磁模具钢7Mn15Cr2Al3V2WMo磁导率应小于1.01。当供方保证满足此项要求时，可不作检验。

5.8 表面质量

5.8.1 供压力加工用的热轧和锻制钢材，表面不得有目视可见的裂缝、折叠、结疤和夹杂。如有上述缺陷必须清除，清除深度从钢材实际尺寸算起应符合表6的规定，清除宽度不小于深度的5倍。深度在公差之半范围内的其他轻微表面缺陷可不清除。

表 6

mm

钢材直径或边长	同截面允许清除深度
<80	公差之半
80～140	公差
>140	钢材截面尺寸的 5%

5.8.2 供切削加工用的热轧和锻制钢材，表面允许有从钢材公称尺寸算起深度不大于表 7 规定的局部缺陷。

表 7

mm

钢材直径或边长	局部缺陷允许深度
<8	公差之半
≥80	公差

5.8.3 冷拉钢材表面应洁净、光滑，不应有裂纹、折叠、结疤、夹杂和氧化铁皮。经热处理的冷拉钢材表面允许有氧化色或轻微氧化层。9 级和 10 级精度的冷拉钢材表面，不得有任何缺陷。11 级和 12 级精度的冷拉钢材表面，允许有深度不大于从实际尺寸算起的该公称尺寸公差的麻点、个别划痕、发纹、凹面、黑斑、拉裂和润滑剂痕迹等轻微表面缺陷。根据需方要求，缺陷深度可不大于从钢材实际尺寸算起的该公称尺寸公差之半。银亮钢应符合 GB/T 3207 的规定。

5.8.4 扁钢的表面质量按供需双方协议。

5.9 特殊要求

根据需方要求，经供需双方协议合金工具钢材可增加如下检验项目，其试验方法、试验个数、评级标准以及合格级别等均按供需双方协议，并在合同中注明。

a) 非金属夹杂物；

b) 晶粒度；

c) 淬透性。

6 试验方法

钢材检验项目的试验方法应符合表 8 的规定。

表 8

序号	检验项目	数量	试验方法	取样部位
1	化学成分	1	GB/T 222 GB/T 223	GB/T 222
2	低倍组织	2	GB/T 226	相当于钢锭头部的 不同根钢坯或钢材
3	脱碳层	3	GB/T 224	任意钢材端部
4	布氏硬度	3	GB/T 231.1	任意钢材端部
5	洛氏硬度	2	GB/T 230	任意钢材端部
6	珠光体组织	2	GB/T 13298	任意钢材端部
7	网状碳化物	2	GB/T 13298	任意钢材端部
8	共晶碳化物不均匀度	2	GB/T 13298 GB/T 14979	任意钢材端部

表 8(完)

序号	检验项目	数量	试验方法	取样部位
9	磁性	1	单磁秤或单螺线管弱磁测试仪	任意钢材端部
10	外形、尺寸	逐支	卡尺、千分尺、样板	
11	表面	逐支	目视	

7 检验规则

7.1 检查和验收

钢材的检验和验收由供方技术监督部门进行。需方有权按本标准的规定进行检验和验收。

7.2 组批规则

钢材应成批验收，每批钢材应由同一炉(罐)号、同一加工方法、交货状态、同一尺寸和同一热处理炉次的钢材组成。

7.3 取样数量和取样部位

钢材检验的试样数量和取样部位按表 8 规定。

7.4 复验与判定规则

钢材复验与判定规则应按 GB/T 2101 的规定。

8 包装、标志和质量证明书

钢材的包装、标志和质量证明书按 GB/T 2101 的规定。

附　录　A
（标准的附录）
标准评级图

A1　第一级别图　珠光体组织

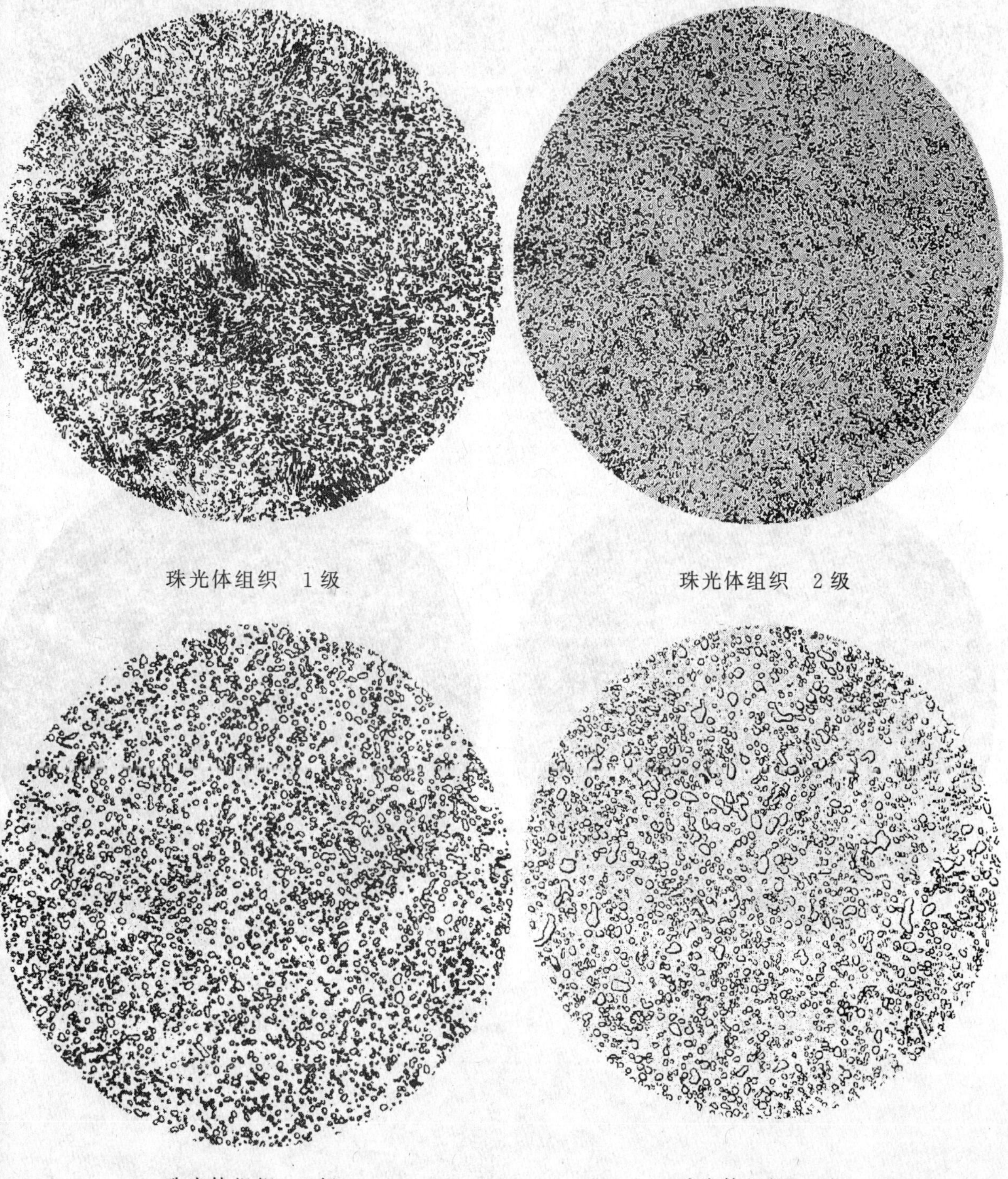

珠光体组织　1级

珠光体组织　2级

珠光体组织　3级

珠光体组织　4级

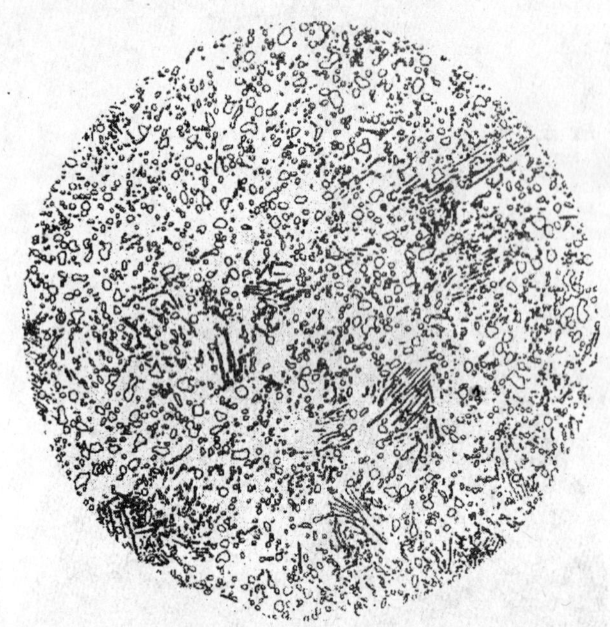

珠光体组织 5级

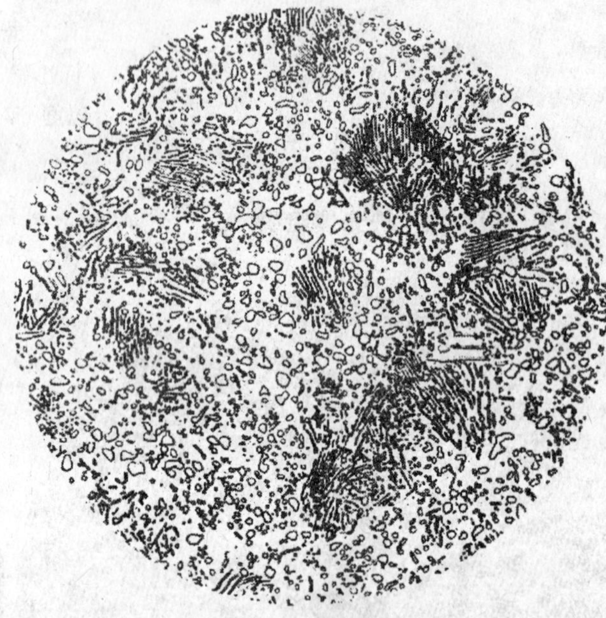

珠光体组织 6级

A2 第二级别图 网状碳化物

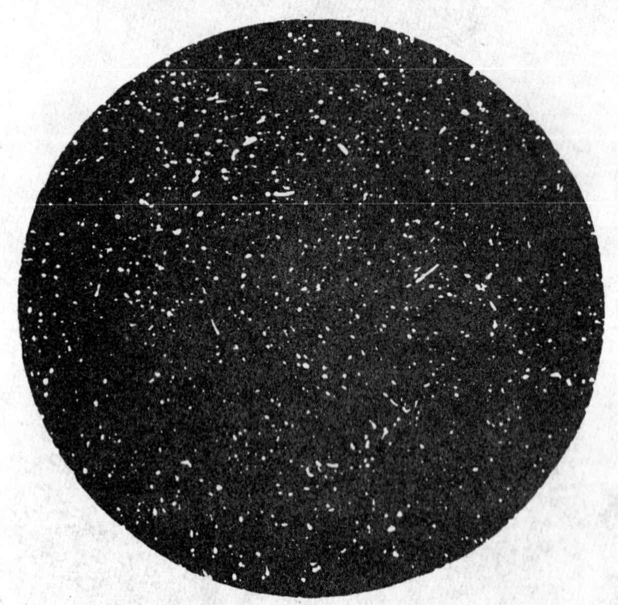

网状碳化物 1级

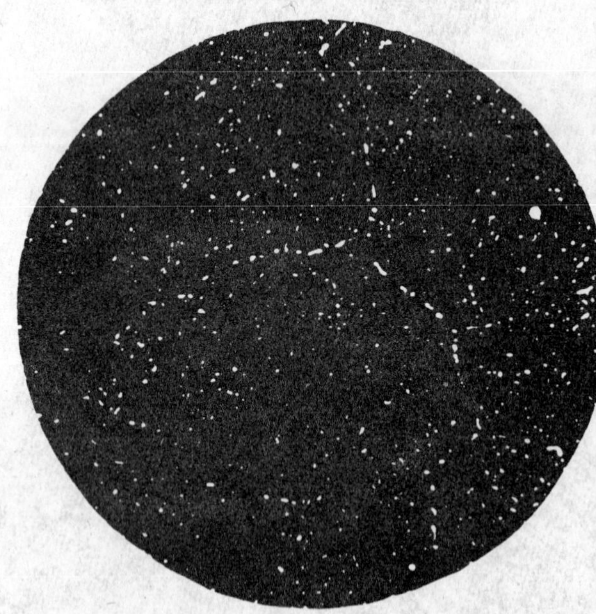

网状碳化物 2级

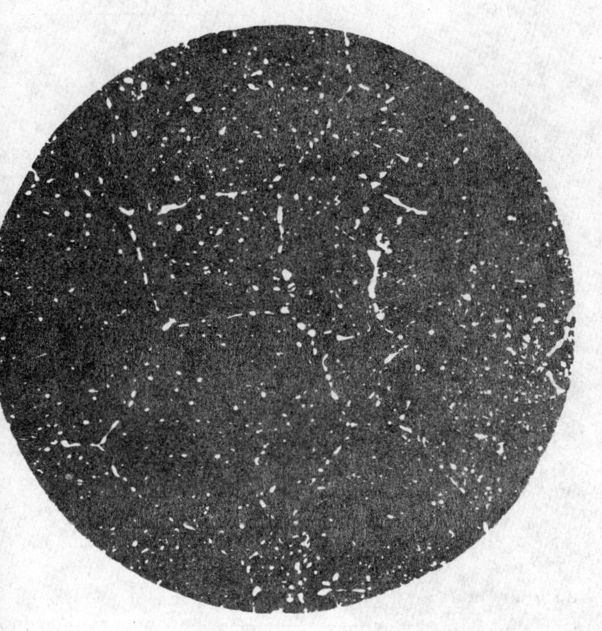

网状碳化物 3级

网状碳化物 4级

A3 第三级别图 低倍组织

中心疏松 1级

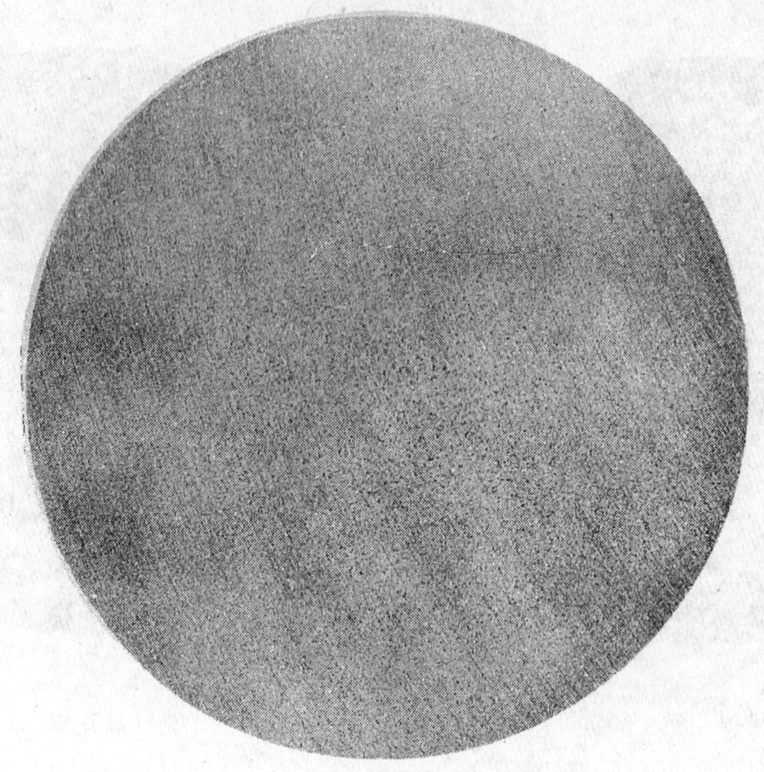

中心疏松　2级

中心疏松　3级

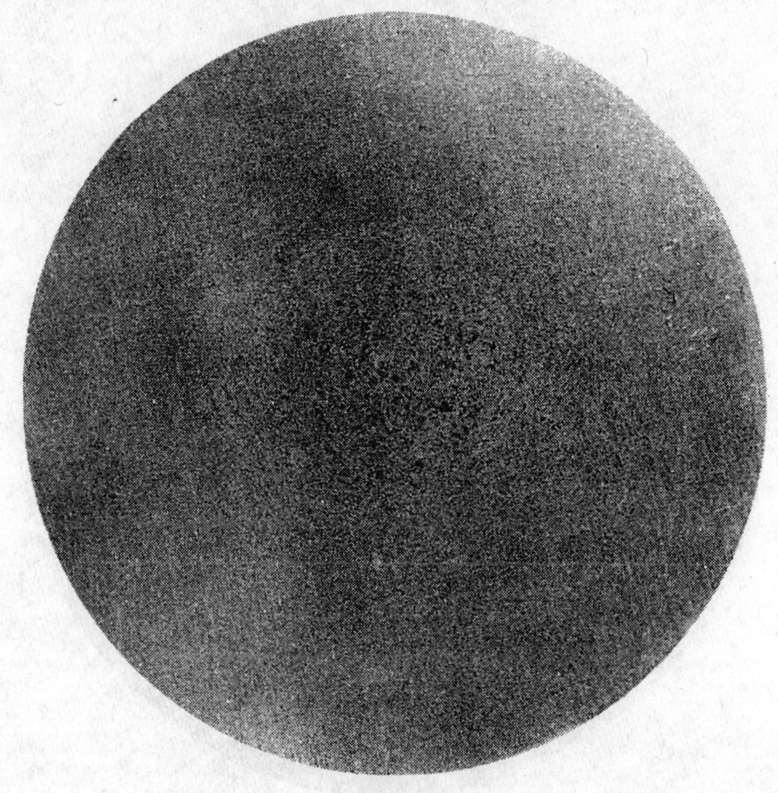

中心疏松　4级

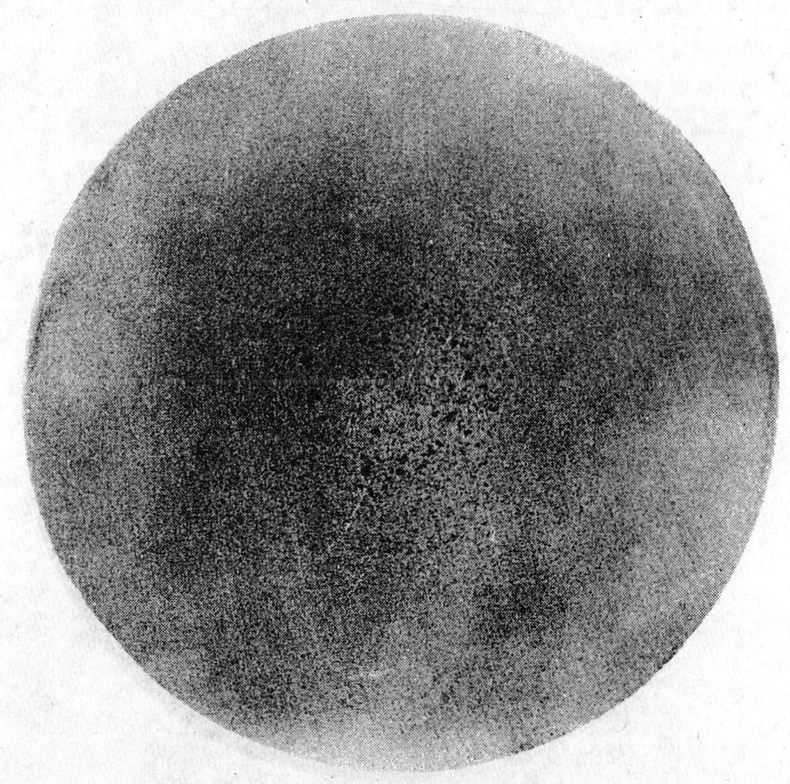

中心疏松　5级

中心疏松 6级

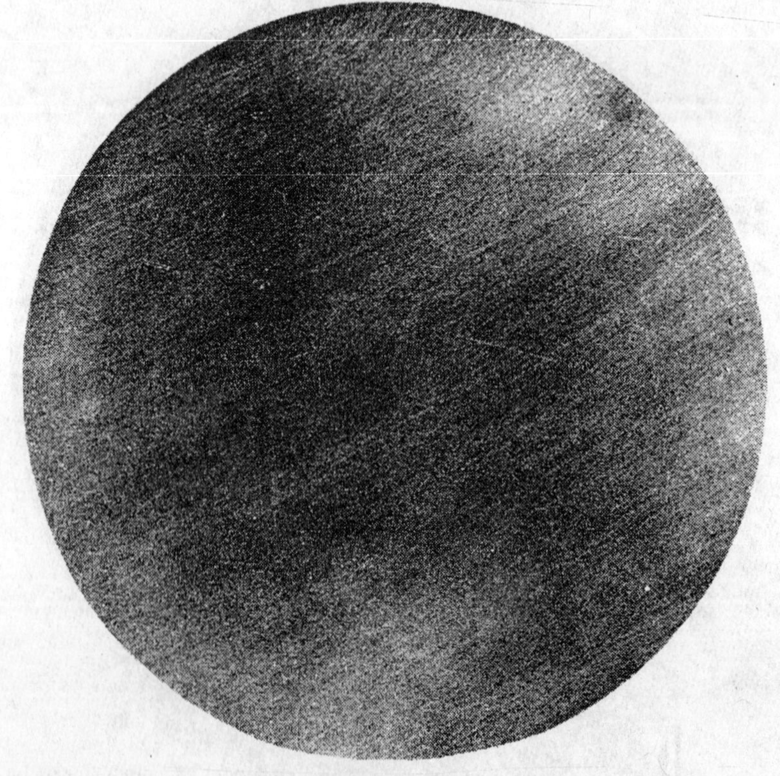

锭型偏析 1级

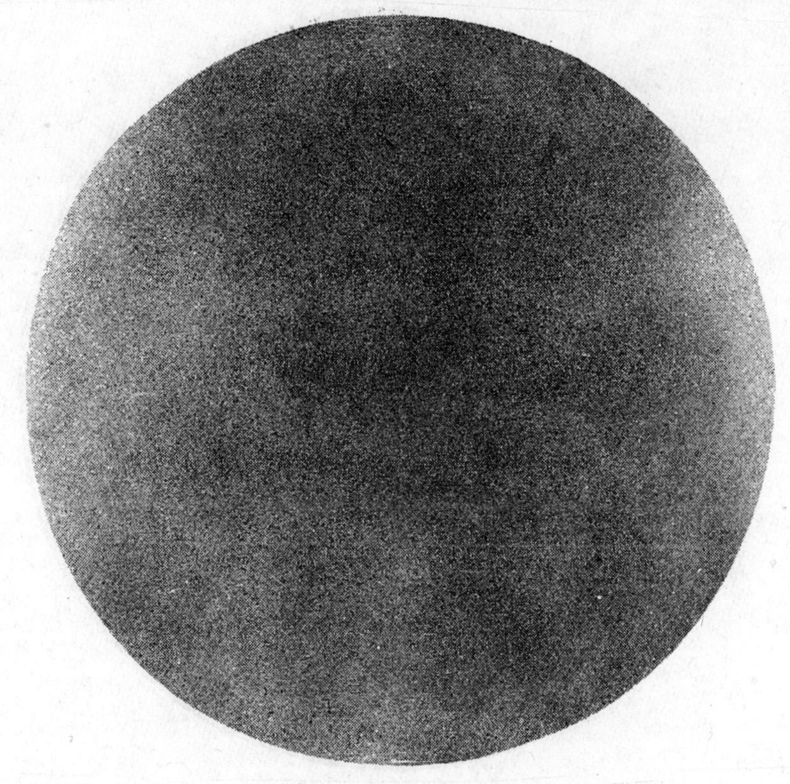

锭型偏析　2级

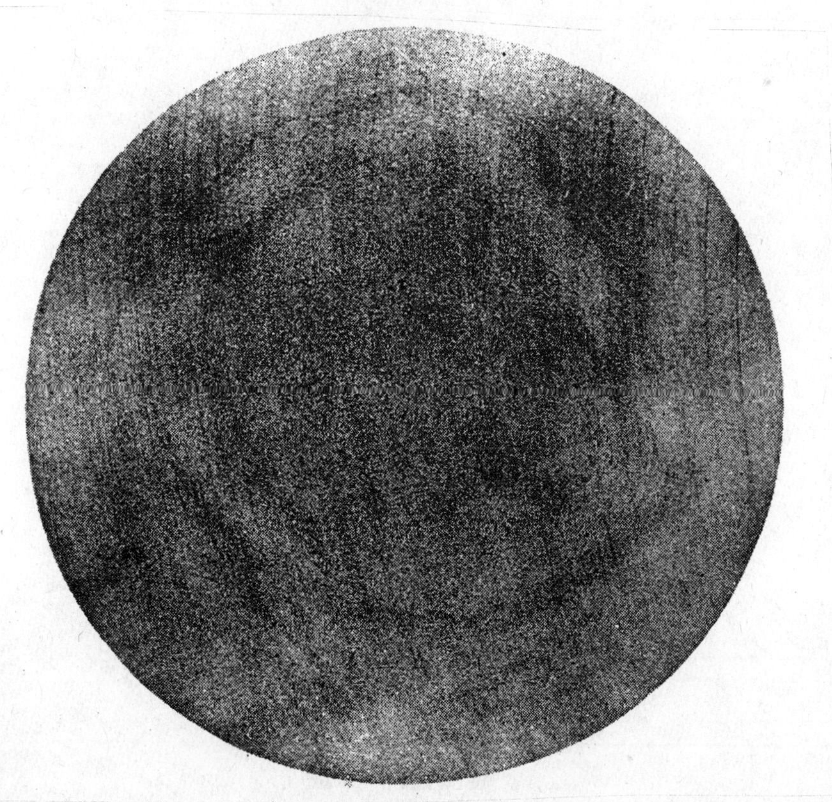

锭型偏析　3级

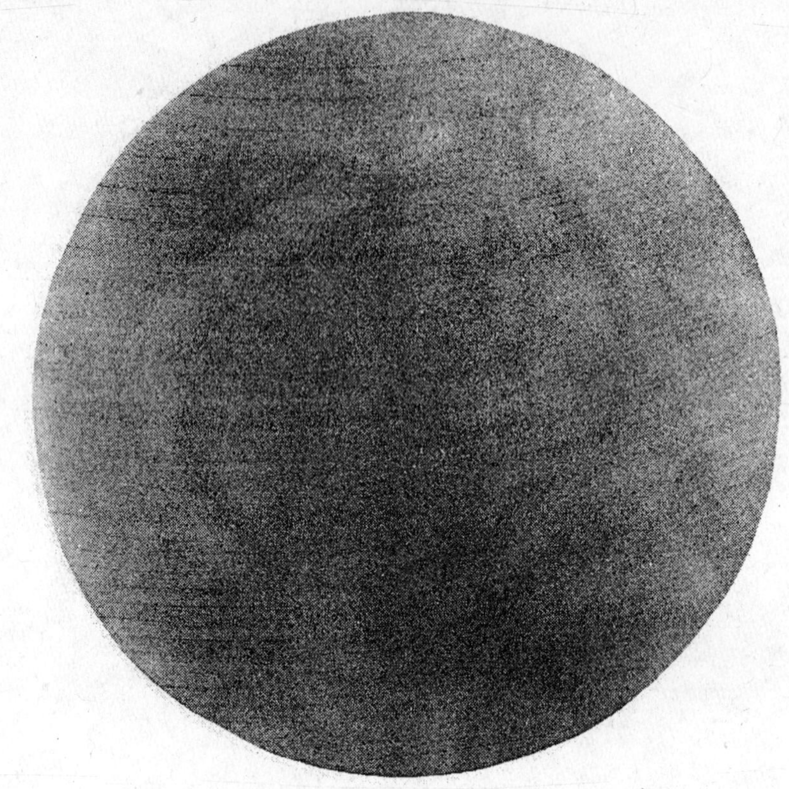

锭型偏析　4 级

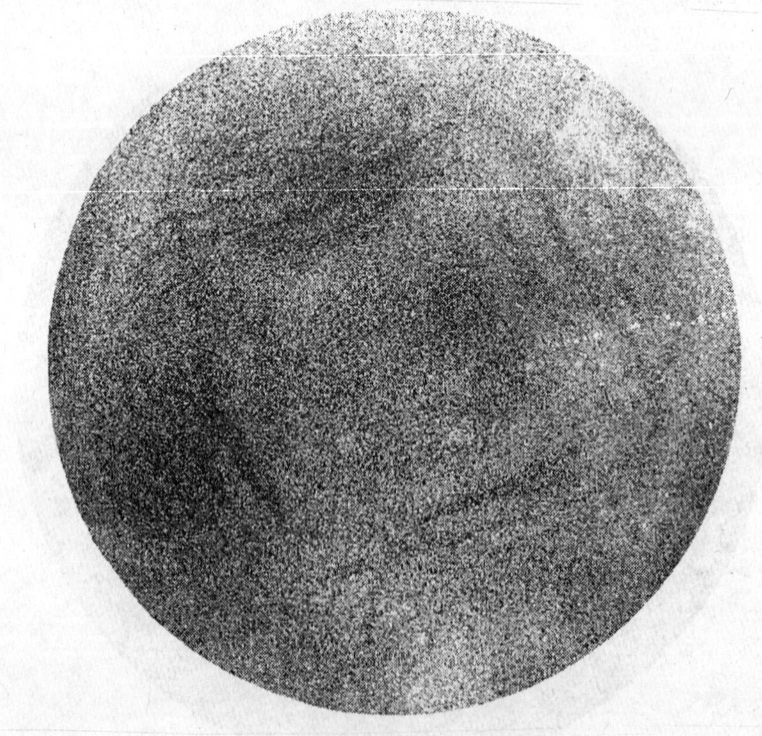

锭型偏析　5 级

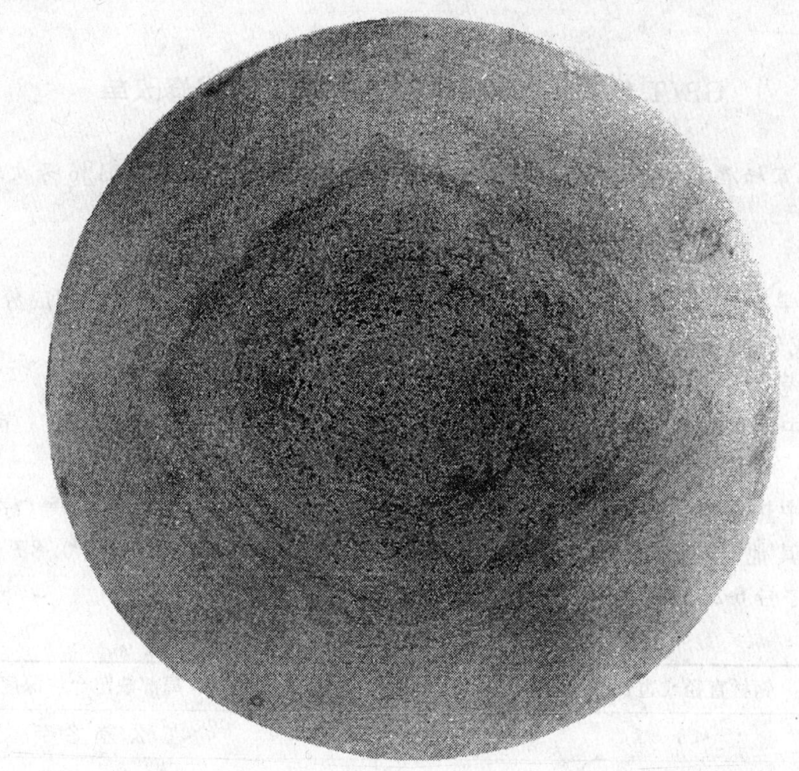

锭型偏析 6级

附 录 B
（提示的附录）
工、模具钢钢号对比

序号	钢号对比	
	GB/T 1299—2000	美国 ASTM A681—1994
1-6	W	F1
2-2	5CrW2Si	S1
2-4	6CrMnSi2Mo1V	S5
2-5	5Cr3Mn1SiMo1V	S7
3-1	Cr12	D3
3-2	Cr12Mo1V1	D2
3-4	Cr5Mo1V	A2
4-2	5CrNiMo	L6
4-3	3Cr2W8V	H21
4-9	4Cr3Mo3SiV	H10
4-10	4Cr5MoSiV	H11
4-11	4Cr5MoSiV1	H13
6-1	3Cr2Mo	P20
6-2	3Cr2MnNiMo	718

GB/T 1299—2000《合金工具钢》第1号修改单

本修改单经国家标准化管理委员会于2001年11月9日以标委办函[2001]6号文批准，自2002年1月1日起实施。

一、表1中化学成分“其他 Co：≤1.00”应该仅为“Cr12Mo1V1)”(序号3-2)钢成分。序号为3-2号钢“Cr12Mo1V1”成分的V“0.5～1.10”应为“0.50～1.10；”

二、表1中序号为2-4号钢“6CrMnSi2Mo1”应为“6CrMnSi2Mo1V”；

三、表1(续)中化学成分“其他 Nb：0.20～0.35”应该仅为“6Cr4W3Mo2VNb”(序号3-9)钢成分；“其他 Ni：1.40～1.80”应该仅为“5CrNiMo”(序号4-2)钢成分。

四、表1(完)中热作模具钢“4Cr5MoSiV、4Cr5MoSiV1、4Cr5W2VSi”3个牌号(序号分别为4-10、4-11、4-12)中的“其他 Ni：1.40～1.80”应删除；塑料模具钢中“其他：Ni：0.85～1.15”应仅为“3Cr2MnNiMo”(序号6-2)钢成分。

五、表7应由：

钢材直径或边长	局部缺陷允许深度
<8	公差之半
≥80	公　　差

改为：

钢材直径或边长	局部缺陷允许深度
<80	公差之半
≥80	公　　差

六、表8(完)应增加：

“注：网状碳化物试样热处理制度按表3。”

ICS 77.140.10;77.140.50
H 46

中华人民共和国国家标准

GB/T 1591—2008
代替 GB/T 1591—1994

低合金高强度结构钢

High strength low alloy structural steels

2008-12-06 发布　　2009-10-01 实施

中华人民共和国国家质量监督检验检疫总局
中国国家标准化管理委员会　发布

前　言

本标准参照 EN 10025:2004《结构钢热轧产品》对 GB/T 1591—1994《低合金高强度结构钢》进行修订。

本标准代替 GB/T 1591—1994《低合金高强度结构钢》。

与 GB/T 1591—1994 相比，本标准主要变化如下：

——扩大了标准的适用范围；

——增加了 Q500、Q550、Q620、Q690 强度级别，取消了 Q295 强度级别；

——修改了钢材化学成分的规定，加严了对磷、硫等有害元素的控制；

——增加了钢材碳当量及裂纹敏感系数的计算公式及规定；

——修改了钢材的交货状态，取消了调质钢的规定；

——修改了钢材力学性能值及厚度组距的规定，明确屈服强度为下屈服强度；

——提高了冲击吸收能量值；

——增加了各牌号钢的厚度方向性能要求。

本标准由中国钢铁工业协会提出。

本标准由全国钢标准化技术委员会归口。

本标准主要起草单位：鞍钢股份有限公司、冶金工业信息标准研究院、济钢集团有限公司、首钢总公司、江苏沙钢集团有限公司、湖南华菱涟源钢铁有限公司。

本标准主要起草人：刘徐源、朴志民、王晓虎、高玲、王丽萍、黄正玉、周鉴、马玉璞、陈寿琴。

本标准所代替标准的历次版本发布情况为：

——GB 1591—1979、GB 1591—1988、GB/T 1591—1994。

低合金高强度结构钢

1 范围

本标准规定了低合金高强度结构钢的牌号、尺寸、外形、重量及允许偏差、技术要求、试验方法、检验规则、包装、标志和质量证明书。

本标准适用于一般结构和工程用低合金高强度结构钢钢板、钢带、型钢、钢棒等。

2 规范性引用文件

下列文件中的条款通过本标准的引用而成为本标准的条款。凡是注日期的引用文件，其随后所有的修改单(不包括勘误的内容)或修订版均不适用于本标准，然而，鼓励根据本标准达成协议的各方研究是否可使用这些文件的最新版本。凡是不注日期的引用文件，其最新版本适用于本标准。

GB/T 222 钢的成品化学成分允许偏差

GB/T 223.5 钢铁 酸溶硅和全硅含量的测定 还原型硅酸盐分光光度法

GB/T 223.9 钢铁及合金 铝含量的测定 铬天青S分光光度法

GB/T 223.12 钢铁及合金化学分析方法 碳酸钠分离-二苯碳酰二肼光度法测定铬量

GB/T 223.14 钢铁及合金化学分析方法 钽试剂萃取光度法测定钒含量

GB/T 223.16 钢铁及合金化学分析方法 变色酸光度法测定钛量

GB/T 223.19 钢铁及合金化学分析方法 新亚铜灵-三氯甲烷萃取光度法测定铜量

GB/T 223.23 钢铁及合金 镍含量的测定 丁二酮肟分光光度法

GB/T 223.26 钢铁及合金 钼含量的测定 硫氰酸盐分光光度法

GB/T 223.37 钢铁及合金化学分析方法 蒸馏分离-靛酚蓝光度法测定氮量

GB/T 223.40 钢铁及合金 铌含量的测定 氯磺酚S分光光度法

GB/T 223.62 钢铁及合金化学分析方法 乙酸丁酯萃取光度法测定磷量

GB/T 223.63 钢铁及合金化学分析方法 高碘酸钠(钾)光度法测定锰量

GB/T 223.67 钢铁及合金 硫含量的测定 次甲基蓝分光光度法

GB/T 223.69 钢铁及合金 碳含量的测定 管式炉内燃烧后气体容量法

GB/T 223.78 钢铁及合金化学分析方法 姜黄素直接光度法测定硼含量

GB/T 228 金属材料 室温拉伸试验方法(GB/T 228—2002,eqv ISO 6892:1998)

GB/T 229 金属材料 夏比摆锤冲击试验方法(GB/T 229—2007,ISO 148-1:2006,MOD)

GB/T 232 金属材料 弯曲试验方法(GB/T 232—1999,eqv ISO 7438:1985)

GB/T 247 钢板和钢带 包装、标志及质量证明书的一般规定

GB/T 2101 型钢验收、包装、标志及质量证明书的一般规定

GB/T 2975 钢及钢产品 力学性能试验取样位置及试样的制备(GB/T 2975—1998,eqv ISO 377:1997)

GB/T 4336 碳素钢和中低合金钢 火花源原子发射光谱分析方法(常规法)

GB/T 5313 厚度方向性能钢板(GB/T 5313—1985,eqv ISO 7778:1983)

GB/T 17505 钢及钢产品交货一般技术要求(GB/T 17505—1998,eqv ISO 404:1992)

GB/T 20066 钢和铁 化学成分测定用试样的取样和制样方法(GB/T 20066—2006,ISO 14284:

1996,IDT)

GB/T 20125　低合金钢　多元素含量的测定　电感耦合等离子体原子发射光谱法

YB/T 081　冶金技术标准的数值修约与检测数据的判定原则

3 术语和定义

3.1

热机械轧制　thermomechanical rolling

最终变形在某一温度范围内进行,使材料获得仅仅依靠热处理不能获得的特定性能的轧制工艺。

注1:轧制后如果加热到580 ℃可能导致材料强度值的降低。如果确实需要加热到580 ℃以上,则应由供方进行。

注2:热机械轧制交货状态可以包括加速冷却、或加速冷却并回火(包括自回火),但不包括直接淬火或淬火加回火。

3.2

正火轧制　normalizing rolling

最终变形是在某一温度范围内进行,使材料获得与正火后性能相当的轧制工艺。

4 牌号表示方法

钢的牌号由代表屈服强度的汉语拼音字母、屈服强度数值、质量等级符号三个部分组成。例如:Q345D。其中:

Q——钢的屈服强度的“屈”字汉语拼音的首位字母;

345——屈服强度数值,单位MPa;

D——质量等级为D级。

当需方要求钢板具有厚度方向性能时,则在上述规定的牌号后加上代表厚度方向(Z向)性能级别的符号,例如:Q345DZ15。

5 尺寸、外形、重量及允许偏差

尺寸、外形、重量及允许偏差应符合相应标准的规定。

6 技术要求

6.1 牌号及化学成分

6.1.1　钢的牌号及化学成分(熔炼分析)应符合表1的规定。

6.1.2　当需要加入细化晶粒元素时,钢中应至少含有Al、Nb、V、Ti中的一种。加入的细化晶粒元素应在质量证明书中注明含量。

6.1.3　当采用全铝(Al_t)含量表示时,Al_t应不小于0.020%。

6.1.4　钢中氮元素含量应符合表1的规定,如供方保证,可不进行氮元素含量分析。如果钢中加入Al、Nb、V、Ti等具有固氮作用的合金元素,氮元素含量不作限制,固氮元素含量应在质量证明书中注明。

6.1.5　各牌号的Cr、Ni、Cu作为残余元素时,其含量各不大于0.30%,如供方保证,可不作分析;当需要加入时,其含量应符合表1的规定或由供需双方协议规定。

6.1.6　为改善钢的性能,可加入RE元素时,其加入量按钢水重量的0.02%~0.20%计算。

6.1.7　在保证钢材力学性能符合本标准规定的情况下,各牌号A级钢的C、Si、Mn化学成分可不作交货条件。

表 1

牌　号	质量等级	化学成分[a,b]（质量分数）/%														
		C	Si	Mn	P	S	Nb	V	Ti	Cr	Ni	Cu	N	Mo	B	Als
					不大于											不小于
	A				0.035	0.035										—
	B	≤0.20			0.035	0.035										
Q345	C		≤0.50	≤1.70	0.030	0.030	0.07	0.15	0.20	0.30	0.50	0.30	0.012	0.10	—	
	D	≤0.18			0.030	0.025										0.015
	E				0.025	0.020										
	A				0.035	0.035										—
	B				0.035	0.035										
Q390	C	≤0.20	≤0.50	≤1.70	0.030	0.030	0.07	0.20	0.20	0.30	0.50	0.30	0.015	0.10	—	
	D				0.030	0.025										0.015
	E				0.025	0.020										
	A				0.035	0.035										—
	B				0.035	0.035										
Q420	C	≤0.20	≤0.50	≤1.70	0.030	0.030	0.07	0.20	0.20	0.30	0.80	0.30	0.015	0.20	—	
	D				0.030	0.025										0.015
	E				0.025	0.020										
	C				0.030	0.030										
Q460	D	≤0.20	≤0.60	≤1.80	0.030	0.025	0.11	0.20	0.20	0.30	0.80	0.55	0.015	0.20	0.004	0.015
	E				0.025	0.020										
	C				0.030	0.030										
Q500	D	≤0.18	≤0.60	≤1.80	0.030	0.025	0.11	0.12	0.20	0.60	0.80	0.55	0.015	0.20	0.004	0.015
	E				0.025	0.020										

表 1（续）

牌　号	质量等级	化学成分[a,b]（质量分数）/%														
		C	Si	Mn	P	S	Nb	V	Ti	Cr	Ni	Cu	N	Mo	B	Als
					不大于											不小于
Q550	C	≤0.18	≤0.60	≤2.00	0.030	0.030	0.11	0.12	0.20	0.80	0.80	0.80	0.015	0.30	0.004	0.015
	D				0.030	0.025										
	E				0.025	0.020										
Q620	C	≤0.18	≤0.60	≤2.00	0.030	0.030	0.11	0.12	0.20	1.00	0.80	0.80	0.015	0.30	0.004	0.015
	D				0.030	0.025										
	E				0.025	0.020										
Q690	C	≤0.18	≤0.60	≤2.00	0.030	0.030	0.11	0.12	0.20	1.00	0.80	0.80	0.015	0.30	0.004	0.015
	D				0.030	0.025										
	E				0.025	0.020										

a 型材及棒材 P、S 含量可提高 0.005%，其中 A 级钢上限可为 0.045%。

b 当细化晶粒元素组合加入时，20(Nb+V+Ti)≤0.22%，20(Mo+Cr)≤0.30%。

6.1.8 各牌号除A级钢以外的钢材,当以热轧、控轧状态交货时,其最大碳当量值应符合表2的规定;当以正火、正火轧制、正火加回火状态交货时,其最大碳当量值应符合表3的规定;当以热机械轧制(TMCP)或热机械轧制加回火状态交货时,其最大碳当量值应符合表4的规定。碳当量(CEV)应由熔炼分析成分并采用公式(1)计算。

$$CEV = C + Mn/6 + (Cr + Mo + V)/5 + (Ni + Cu)/15 \quad \cdots\cdots\cdots\cdots\cdots\cdots (1)$$

表2 热轧、控轧状态交货钢材的碳当量

牌号	碳当量(CEV)/%		
	公称厚度或直径≤63 mm	公称厚度或直径>63 mm~250 mm	公称厚度>250 mm
Q345	≤0.44	≤0.47	≤0.47
Q390	≤0.45	≤0.48	≤0.48
Q420	≤0.45	≤0.48	≤0.48
Q460	≤0.46	≤0.49	—

表3 正火、正火轧制、正火加回火状态交货钢材的碳当量

牌号	碳当量(CEV)/%		
	公称厚度≤63 mm	公称厚度>63 mm~120 mm	公称厚度>120 mm~250 mm
Q345	≤0.45	≤0.48	≤0.48
Q390	≤0.46	≤0.48	≤0.49
Q420	≤0.48	≤0.50	≤0.52
Q460	≤0.53	≤0.54	≤0.55

表4 热机械轧制(TMCP)或热机械轧制加回火状态交货钢材的碳当量

牌号	碳当量(CEV)/%		
	公称厚度≤63 mm	公称厚度>63 mm~120 mm	公称厚度>120 mm~150 mm
Q345	≤0.44	≤0.45	≤0.45
Q390	≤0.46	≤0.47	≤0.47
Q420	≤0.46	≤0.47	≤0.47
Q460	≤0.47	≤0.48	≤0.48
Q500	≤0.47	≤0.48	≤0.48
Q550	≤0.47	≤0.48	≤0.48
Q620	≤0.48	≤0.49	≤0.49
Q690	≤0.49	≤0.49	≤0.49

6.1.9 热机械轧制(TMCP)或热机械轧制加回火状态交货钢材的碳含量不大于0.12%时,可采用焊接裂纹敏感性指数(Pcm)代替碳当量评估钢材的可焊性。Pcm应由熔炼分析成分并采用公式(2)计算,其值应符合表5的规定。

$$Pcm = C + Si/30 + Mn/20 + Cu/20 + Ni/60 + Cr/20 + Mo/15 + V/10 + 5B \quad \cdots\cdots\cdots (2)$$

经供需双方协商,可指定采用碳当量或焊接裂纹敏感性指数作为衡量可焊性的指标,当未指定时,

供方可任选其一。

表 5 热机械轧制(TMCP)或热机械轧制加回火状态交货钢材 Pcm 值

牌　号	Pcm/%
Q345	≤0.20
Q390	≤0.20
Q420	≤0.20
Q460	≤0.20
Q500	≤0.25
Q550	≤0.25
Q620	≤0.25
Q690	≤0.25

6.1.10 钢材、钢坯的化学成分允许偏差应符合 GB/T 222 的规定。

6.1.11 当需方要求保证厚度方向性能钢材时,其化学成分应符合 GB/T 5313 的规定。

6.2 冶炼方法

钢由转炉或电炉冶炼,必要时加炉外精炼。

6.3 交货状态

钢材以热轧、控轧、正火、正火轧制或正火加回火、热机械轧制(TMCP)或热机械轧制加回火状态交货。

6.4 力学性能及工艺性能

6.4.1 拉伸试验

钢材拉伸试验的性能应符合表 6 的规定。

6.4.2 夏比(V 型)冲击试验

6.4.2.1 钢材的夏比(V 型)冲击试验的试验温度和冲击吸收能量应符合表 7 的规定。

6.4.2.2 厚度不小于 6 mm 或直径不小于 12 mm 的钢材应做冲击试验,冲击试样尺寸取 10 mm×10 mm×55 mm 的标准试样;当钢材不足以制取标准试样时,应采用 10 mm×7.5 mm×55 mm 或 10 mm×5 mm×55 mm 小尺寸试样,冲击吸收能量应分别为不小于表 7 规定值的 75%或 50%,优先采用较大尺寸试样。

6.4.2.3 钢材的冲击试验结果按一组 3 个试样的算术平均值进行计算,允许其中有 1 个试验值低于规定值,但不应低于规定值的 70%,否则,应从同一抽样产品上再取 3 个试样进行试验,先后 6 个试样试验结果的算术平均值不得低于规定值,允许有 2 个试样的试验结果低于规定值,但其中低于规定值 70%的试样只允许有一个。

6.4.3 Z 向钢厚度方向断面收缩率应符合 GB/T 5313 的规定。

表 6 钢材的拉伸性能

<table>
<tr><th rowspan="4">牌号</th><th rowspan="4">质量等级</th><th colspan="22">拉伸试验[a,b,c]</th></tr>
<tr><th colspan="9" rowspan="2">以下公称厚度(直径,边长)下屈服强度(R_{eL})/
MPa</th><th colspan="7" rowspan="2">以下公称厚度(直径,边长)抗拉强度(R_m)/
MPa</th><th colspan="6">断后伸长率(A)/%</th></tr>
<tr><th colspan="6">公称厚度(直径,边长)</th></tr>
<tr><th>≤16 mm</th><th>>16 mm
~
40 mm</th><th>>40 mm
~
63 mm</th><th>>63 mm
~
80 mm</th><th>>80 mm
~
100 mm</th><th>>100 mm
~
150 mm</th><th>>150 mm
~
200 mm</th><th>>200 mm
~
250 mm</th><th>>250 mm
~
400 mm</th><th>≤40 mm</th><th>>40 mm
~
63 mm</th><th>>63 mm
~
80 mm</th><th>>80 mm
~
100 mm</th><th>>100 mm
~
150 mm</th><th>>150 mm
~
250 mm</th><th>>250 mm
~
400 mm</th><th>≤40 mm</th><th>>40 mm
~
63 mm</th><th>>63 mm
~
100 mm</th><th>>100 mm
~
150 mm</th><th>>150 mm
~
250 mm</th><th>>250 mm
~
400 mm</th></tr>
<tr><td rowspan="5">Q345</td><td>A</td><td rowspan="5">≥345</td><td rowspan="5">≥335</td><td rowspan="5">≥325</td><td rowspan="5">≥315</td><td rowspan="5">≥305</td><td rowspan="5">≥285</td><td rowspan="5">≥275</td><td rowspan="5">≥265</td><td rowspan="3">—</td><td rowspan="5">470~
630</td><td rowspan="5">470~
630</td><td rowspan="5">470~
630</td><td rowspan="5">470~
630</td><td rowspan="5">450~
600</td><td rowspan="5">450~
600</td><td rowspan="3">—</td><td rowspan="2">≥20</td><td rowspan="2">≥19</td><td rowspan="2">≥19</td><td rowspan="2">≥18</td><td rowspan="2">≥17</td><td rowspan="3">—</td></tr>
<tr><td>B</td></tr>
<tr><td>C</td><td rowspan="3">≥21</td><td rowspan="3">≥20</td><td rowspan="3">≥20</td><td rowspan="3">≥19</td><td rowspan="3">≥18</td></tr>
<tr><td>D</td><td rowspan="2">≥265</td><td rowspan="2">450~
600</td><td rowspan="2">≥17</td></tr>
<tr><td>E</td></tr>
<tr><td rowspan="5">Q390</td><td>A</td><td rowspan="5">≥390</td><td rowspan="5">≥370</td><td rowspan="5">≥350</td><td rowspan="5">≥330</td><td rowspan="5">≥330</td><td rowspan="5">≥310</td><td rowspan="5">—</td><td rowspan="5">—</td><td rowspan="5">—</td><td rowspan="5">490~
650</td><td rowspan="5">490~
650</td><td rowspan="5">490~
650</td><td rowspan="5">490~
650</td><td rowspan="5">470~
620</td><td rowspan="5">—</td><td rowspan="5">—</td><td rowspan="5">≥20</td><td rowspan="5">≥19</td><td rowspan="5">≥19</td><td rowspan="5">≥18</td><td rowspan="5">—</td><td rowspan="5">—</td></tr>
<tr><td>B</td></tr>
<tr><td>C</td></tr>
<tr><td>D</td></tr>
<tr><td>E</td></tr>
<tr><td rowspan="5">Q420</td><td>A</td><td rowspan="5">≥420</td><td rowspan="5">≥400</td><td rowspan="5">≥380</td><td rowspan="5">≥360</td><td rowspan="5">≥360</td><td rowspan="5">≥340</td><td rowspan="5">—</td><td rowspan="5">—</td><td rowspan="5">—</td><td rowspan="5">520~
680</td><td rowspan="5">520~
680</td><td rowspan="5">520~
680</td><td rowspan="5">520~
680</td><td rowspan="5">500~
650</td><td rowspan="5">—</td><td rowspan="5">—</td><td rowspan="5">≥19</td><td rowspan="5">≥18</td><td rowspan="5">≥18</td><td rowspan="5">≥18</td><td rowspan="5">—</td><td rowspan="5">—</td></tr>
<tr><td>B</td></tr>
<tr><td>C</td></tr>
<tr><td>D</td></tr>
<tr><td>E</td></tr>
<tr><td rowspan="3">Q460</td><td>C</td><td rowspan="3">≥460</td><td rowspan="3">≥440</td><td rowspan="3">≥420</td><td rowspan="3">≥400</td><td rowspan="3">≥400</td><td rowspan="3">≥380</td><td rowspan="3">—</td><td rowspan="3">—</td><td rowspan="3">—</td><td rowspan="3">550~
720</td><td rowspan="3">550~
720</td><td rowspan="3">550~
720</td><td rowspan="3">550~
720</td><td rowspan="3">530~
700</td><td rowspan="3">—</td><td rowspan="3">—</td><td rowspan="3">≥17</td><td rowspan="3">≥16</td><td rowspan="3">≥16</td><td rowspan="3">≥16</td><td rowspan="3">—</td><td rowspan="3">—</td></tr>
<tr><td>D</td></tr>
<tr><td>E</td></tr>
</table>

表 6（续）

牌号	质量等级	拉伸试验[a,b,c]																					
		以下公称厚度（直径，边长）下屈服强度（R_{eL}）/MPa									以下公称厚度（直径，边长）抗拉强度（R_m）/MPa							断后伸长率（A）/% 公称厚度（直径，边长）					
		≤16 mm	>16 mm～40 mm	>40 mm～63 mm	>63 mm～80 mm	>80 mm～100 mm	>100 mm～150 mm	>150 mm～200 mm	>200 mm～250 mm	>250 mm～400 mm	≤40 mm	>40 mm～63 mm	>63 mm～80 mm	>80 mm～100 mm	>100 mm～150 mm	>150 mm～250 mm	>250 mm～400 mm	≤40 mm	>40 mm～63 mm	>63 mm～100 mm	>100 mm～150 mm	>150 mm～250 mm	>250 mm～400 mm
Q500	C																						
	D	≥500	≥480	≥470	≥450	≥440	—	—	—	—	610～770	600～760	590～750	540～730	—	—	—	≥17	≥17	≥17	—	—	—
	E																						
Q550	C																						
	D	≥550	≥530	≥520	≥500	≥490	—	—	—	—	670～830	620～810	600～790	590～780	—	—	—	≥16	≥16	≥16	—	—	—
	E																						
Q620	C																						
	D	≥620	≥600	≥590	≥570	—	—	—	—	—	710～880	690～880	670～860	—	—	—	—	≥15	≥15	≥15	—	—	—
	E																						
Q690	C																						
	D	≥690	≥670	≥660	≥640	—	—	—	—	—	770～940	750～920	730～900	—	—	—	—	≥14	≥14	≥14	—	—	—
	E																						

[a] 当屈服不明显时，可测量 $R_{p0.2}$ 代替下屈服强度。

[b] 宽度不小于 600 mm 扁平材，拉伸试验取横向试样；宽度小于 600 mm 的扁平材、型材及棒材取纵向试样，断后伸长率最小值相应提高 1%（绝对值）。

[c] 厚度＞250 mm～400 mm 的数值适用于扁平材。

表 7　夏比(V 型)冲击试验的试验温度和冲击吸收能量

牌　号	质量等级	试验温度/℃	冲击吸收能量(KV_2)[a]/J		
			公称厚度(直径、边长)		
			12 mm～150 mm	>150 mm～250 mm	>250 mm～400 mm
Q345	B	20	≥34	≥27	—
	C	0			
	D	−20			27
	E	−40			
Q390	B	20	≥34	—	—
	C	0			
	D	−20			
	E	−40			
Q420	B	20	≥34	—	—
	C	0			
	D	−20			
	E	−40			
Q460	C	0	≥34	—	—
	D	−20		—	—
	E	−40		—	—
Q500、Q550、Q620、Q690	C	0	≥55	—	—
	D	−20	≥47	—	—
	E	−40	≥31	—	—

a　冲击试验取纵向试样。

6.4.4　当需方要求做弯曲试验时，弯曲试验应符合表 8 的规定。当供方保证弯曲合格时，可不做弯曲试验。

表 8　弯曲试验

牌　号	试　样　方　向	180°弯曲试验 [d=弯心直径，a=试样厚度(直径)]	
		钢材厚度(直径，边长)	
		≤16 mm	>16 mm～100 mm
Q345 Q390 Q420 Q460	宽度不小于 600 mm 扁平材，拉伸试验取横向试样。宽度小于 600 mm 的扁平材、型材及棒材取纵向试样	$2a$	$3a$

6.5　表面质量

钢材的表面质量应符合相关产品标准的规定。

6.6　特殊要求

6.6.1　根据供需双方协议，钢材可进行无损检验，其检验标准和级别应在协议或合同中明确。

6.6.2　根据供需双方协议，可按本标准订购具有厚度方向性能要求的钢材。

6.6.3 根据供需双方协议，钢材也可进行其他项目的检验。

7 试验方法

钢材的各项检验的检验项目、取样数量、取样方法和试验方法应符合表 9 的规定。

表 9 钢材各项检验的检验项目、取样数量、取样方法和试验方法

序 号	检验项目	取样数量/个	取样方法	试验方法
1	化学成分(熔炼分析)	1/炉	GB/T 20066	GB/T 223、GB/T4336、GB/T 20125
2	拉伸试验	1/批	GB/T 2975	GB/T 228
3	弯曲试验	1/批	GB/T 2975	GB/T 232
4	冲击试验	3/批	GB/T 2975	GB/T 229
5	*Z* 向钢厚度方向断面收缩率	3/批	GB/T 5313	GB/T 5313
6	无损检验	逐张或逐件	按无损检验标准规定	协商
7	表面质量	逐张/逐件	—	目视及测量
8	尺寸、外形	逐张/逐件	—	合适的量具

8 检验规则

8.1 检查和验收

钢材的检查和验收由供方进行，需方有权对本标准或合同中所规定的任一检验项目进行检查和验收。

8.2 组批

钢材应成批验收。每批应由同一牌号、同一质量等级、同一炉罐号、同一规格、同一轧制制度或同一热处理制度的钢材组成，每批重量不大于 60 t。钢带的组批重量按相应产品标准规定。

各牌号的 A 级钢或 B 级钢允许同一牌号、同一质量等级、同一冶炼和浇注方法、不同炉罐号组成混合批。但每批不得多于 6 个炉罐号，且各炉罐号 C 含量之差不得大于 0.02%，Mn 含量之差不得大于 0.15%。

对于 *Z* 向钢的组批，应符合 GB/T 5313 的规定。

8.3 复验与判定规则

8.3.1 力学性能的复验与判定

钢材的冲击试验结果不符合 6.4.2.3 的规定时，抽样钢材应不予验收，再从该试验单元的剩余部分取两个抽样产品，在每个抽样产品上各选取新的一组 3 个试样，这两组试样的试验结果均应合格，否则该批钢材应拒收。钢材拉伸试验的复验与判定应符合 GB/T 17505 的规定。

8.3.2 其他检验项目的复验与判定

钢材的其他检验项目的复验与判定应符合 GB/T 17505 的规定。

8.4 力学性能和化学成分试验结果的修约

除非在合同或订单中另有规定，当需要评定试验结果是否符合规定值，所给出力学性能和化学成分试验结果应修约到与规定值的数位相一致，其修约方法应按 YB/T 081 的规定进行。碳当量应先按公式计算后修约。

9 包装、标志和质量证明书

钢材的包装、标志和质量证明书应符合 GB/T 247、GB/T 2101 的规定。

前　　言

本标准对 GB/T 3077—1988《合金结构钢技术条件》进行了修订。

本标准此次修订对下列技术内容进行了修改：

——标准名称改为“合金结构钢”；

——经供需双方协商，可提供大于 250 mm 的棒材；

——增加“订货内容”一章；

——增加钢产品标记代号和牌号的统一数字代号；

——删除 30Mn2MoW、20Mn2B、20SiMnVB、20Cr3MoWVA、20CrV 等 5 个牌号，增加我国自行研制的 18CrMnNiMoA；

——增加规定残余钼含量上限；

——取消原标准中的 3.1.1.3、3.1.1.5、3.5.2.1 和 3.5.2.2 条文；

——对表 3 中热处理工艺及个别牌号热处理参数进行了适当调整。

本标准自实施之日起，代替 GB/T 3077—1988《合金结构钢技术条件》。

本标准由国家冶金工业局提出。

本标准由全国钢标准化技术委员会归口。

本标准主要起草单位：大冶特殊钢股份有限公司、冶金部信息标准研究院、上海五钢(集团)有限公司。

本标准主要起草人：方军、刘文德、栾燕、韩国亮、陈长西。

本标准 1982 年 5 月首次发布，1988 年 2 月第一次修订。

中华人民共和国国家标准

GB/T 3077—1999

合 金 结 构 钢

代替 GB/T 3077—1988

Alloy structure steels

1 范围

本标准规定了热轧和锻制的合金结构钢尺寸、外形、重量及允许偏差、技术要求、试验方法、检验规则、包装、标志和质量证明书等。

本标准适用于直径或厚度不大于 250 mm 的合金结构钢棒材。经供需双方协商，也可供应直径或厚度大于 250 mm 的合金结构钢棒材。

本标准所规定牌号的化学成分亦适用于钢锭、钢坯及其制品。

2 引用标准

下列标准所包含的条文，通过在本标准中引用而构成为本标准的条文。本标准出版时，所示版本均为有效。所有标准都会被修订，使用本标准的各方应探讨使用下列标准最新版本的可能性。

GB/T 222—1984 钢的化学分析用试样取样法及成品化学成分允许偏差
GB/T 224—1984 钢的脱碳层深度测定法
GB/T 225—1988 钢的淬透性末端淬火试验方法
GB/T 226—1991 钢的低倍组织及缺陷酸蚀检验法
GB/T 228—1987 金属拉伸试验方法
GB/T 229—1994 金属夏比缺口冲击试验方法
GB/T 231—1984 金属布氏硬度试验方法
GB/T 233—1982 金属顶锻试验方法
GB/T 702—1986 热轧圆钢和方钢尺寸、外形、重量及允许偏差
GB/T 908—1987 锻制圆钢和方钢尺寸、外形、重量及允许偏差
GB/T 1979—1980 结构钢低倍组织缺陷评级图
GB/T 2101—1989 型钢验收、包装、标志及质量证明书的一般规定
GB/T 2975—1998 钢及钢产品力学性能试验取样位置及试样制备
GB/T 4336—1984 碳素钢和中低合金钢的光电发射光谱分析方法
GB/T 6397—1986 金属拉伸试验试样
GB/T 7736—1987 钢的低倍组织及缺陷超声波检验法
GB/T 10561—1989 钢中非金属夹杂物显微评定方法
GB/T 13299—1991 钢的显微组织评定法
GB/T 15711—1995 钢材塔形发纹酸浸检验方法
GB/T 17505—1998 钢及钢产品交货一般技术条件
GB/T 17616—1998 钢铁及合金产品牌号统一数字代号
YB/T 5148—1993 金属平均晶粒度测定法

钢中各元素的化学分析方法的引用标准见附录 A(标准的附录)。

国家质量技术监督局 1999-11-01 批准

2000-01-01 实施

3 订货内容

按本标准订货的合同或订单应包括下列内容：

a）标准编号；

b）产品名称；

c）牌号或统一数字代号；

d）控制残余元素（如有要求，见 6.1.1.2）；

e）交货的重量（数量）；

f）尺寸与外形；

g）加工方法；

h）交货状态；

i）热处理状态交货（如有要求，见 6.4）；

j）热顶锻（如有要求，见 6.7）；

k）脱碳层（如有要求，见 6.8）；

l）非金属夹杂物（如有要求，见 6.9）；

m）特殊要求（如有要求，见 6.10）。

4 分类与代号

4.1 钢按冶金质量不同分为下列三类：

a）优质钢；

b）高级优质钢（牌号后加“A”）；

c）特级优质钢（牌号后加“E”）。

4.2 钢按使用加工用途不同分下列两类。钢材的使用加工方法应在合同中注明，未注明者，按切削加工用钢。

a）压力加工用钢 UP

1）热压力加工 UHP

2）顶锻用钢 UF

3）冷拔坯料 UCD

b）切削加工用钢 UC

5 尺寸、外形、重量及允许偏差

5.1 热轧圆钢和方钢的尺寸、外形、重量及其允许偏差应符合 GB/T 702 的有关规定，具体要求在合同中注明。

5.2 锻制圆钢和方钢的尺寸、外形、重量及其允许偏差应符合 GB/T 908 的有关规定，具体要求在合同中注明。

5.3 其他截面形状钢材尺寸、外形、重量及其允许偏差应符合相应标准或供需双方协议的规定，具体要求在合同中注明。

6 技术要求

6.1 牌号及化学成分

6.1.1 钢的牌号、统一数字代号及化学成分（熔炼分析）应符合表 1 的规定。

6.1.1.1 钢中硫、磷及残余铜、铬、镍、钼含量应符合表 2 的规定。

6.1.1.2 钢中残余钨、钒、钛含量应作分析，结果记入质量证明书中，根据需方要求，可对残余钨、钒、钛

表 1

钢组	序号	统一数字代号	牌号	化学成分，%										
				C	Si	Mn	Cr	Mo	Ni	W	B	Al	Ti	V
Mn	1	A00202	20Mn2	0.17～0.24	0.17～0.37	1.40～1.80								
	2	A00302	30Mn2	0.27～0.34	0.17～0.37	1.40～1.80								
	3	A00352	35Mn2	0.32～0.39	0.17～0.37	1.40～1.80								
	4	A00402	40Mn2	0.37～0.44	0.17～0.37	1.40～1.80								
	5	A00452	45Mn2	0.42～0.49	0.17～0.37	1.40～1.80								
	6	A00502	50Mn2	0.47～0.55	0.17～0.37	1.40～1.80								
MnV	7	A01202	20MnV	0.17～0.24	0.17～0.37	1.30～1.60								0.07～0.12
SiMn	8	A10272	27SiMn	0.24～0.32	1.10～1.40	1.10～1.40								
	9	A10352	35SiMn	0.32～0.40	1.10～1.40	1.10～1.40								
	10	A10422	42SiMn	0.39～0.45	1.10～1.40	1.10～1.40								
SiMnMoV	11	A14202	20SiMn2MoV	0.17～0.23	0.90～1.20	2.20～2.60		0.30～0.40						0.05～0.12
	12	A14262	25SiMn2MoV	0.22～0.28	0.90～1.20	2.20～2.60		0.30～0.40						0.05～0.12
	13	A14372	37SiMn2MoV	0.33～0.39	0.60～0.90	1.60～1.90		0.40～0.50						0.05～0.12
B	14	A70402	40B	0.37～0.44	0.17～0.37	0.60～0.90					0.0005～0.0035			
	15	A70452	45B	0.42～0.49	0.17～0.37	0.60～0.90					0.0005～0.0035			
	16	A70502	50B	0.47～0.55	0.17～0.37	0.60～0.90					0.0005～0.0035			
MnB	17	A71402	40MnB	0.37～0.44	0.17～0.37	1.10～1.40					0.0005～0.0035			
	18	A71452	45MnB	0.42～0.49	0.17～0.37	1.10～1.40					0.0005～0.0035			
MnMoB	19	A72202	20MnMoB	0.16～0.22	0.17～0.37	0.90～1.20		0.20～0.30			0.0005～0.0035			
MnVB	20	A73152	15MnVB	0.12～0.18	0.17～0.37	1.20～1.60					0.0005～0.0035			0.07～0.12
	21	A73202	20MnVB	0.17～0.23	0.17～0.37	1.20～1.60					0.0005～0.0035			0.07～0.12
	22	A73402	40MnVB	0.37～0.44	0.17～0.37	1.10～1.40					0.0005～0.0035			0.05～0.10
MnTiB	23	A74202	20MnTiB	0.17～0.24	0.17～0.37	1.30～1.60					0.0005～0.0035		0.04～0.10	
	24	A74252	25MnTiBRE	0.22～0.28	0.20～0.45	1.30～1.60					0.0005～0.0035		0.04～0.10	

表 1(续)

钢组	序号	统一数字代号	牌号	化学成分，%										
				C	Si	Mn	Cr	Mo	Ni	W	B	Al	Ti	V
Cr	25	A20152	15Cr	0.12～0.18	0.17～0.37	0.40～0.70	0.70～1.00							
	26	A20153	15CrA	0.12～0.17	0.17～0.37	0.40～0.70	0.70～1.00							
	27	A20202	20Cr	0.18～0.24	0.17～0.37	0.50～0.80	0.70～1.00							
	28	A20302	30Cr	0.27～0.34	0.17～0.37	0.50～0.80	0.80～1.10							
	29	A20352	35Cr	0.32～0.39	0.17～0.37	0.50～0.80	0.80～1.10							
	30	A20402	40Cr	0.37～0.44	0.17～0.37	0.50～0.80	0.80～1.10							
	31	A20452	45Cr	0.42～0.49	0.17～0.37	0.50～0.80	0.80～1.10							
	32	A20502	50Cr	0.47～0.54	0.17～0.37	0.50～0.80	0.80～1.10							
CrSi	33	A21382	38CrSi	0.35～0.43	1.00～1.30	0.30～0.60	1.30～1.60							
CrMo	34	A30122	12CrMo	0.08～0.15	0.17～0.37	0.40～0.70	0.40～0.70	0.40～0.55						
	35	A30152	15CrMo	0.12～0.18	0.17～0.37	0.40～0.70	0.80～1.10	0.40～0.55						
	36	A30202	20CrMo	0.17～0.24	0.17～0.37	0.40～0.70	0.80～1.10	0.15～0.25						
	37	A30302	30CrMo	0.26～0.34	0.17～0.37	0.40～0.70	0.80～1.10	0.15～0.25						
	38	A30303	30CrMoA	0.26～0.33	0.17～0.37	0.40～0.70	0.80～1.10	0.15～0.25						
	39	A30352	35CrMo	0.32～0.40	0.17～0.37	0.40～0.70	0.80～1.10	0.15～0.25						
	40	A30422	42CrMo	0.38～0.45	0.17～0.37	0.50～0.80	0.90～1.20	0.15～0.25						
CrMoV	41	A31122	12CrMoV	0.08～0.15	0.17～0.37	0.40～0.70	0.30～0.60	0.25～0.35						0.15～0.30
	42	A31352	35CrMoV	0.30～0.38	0.17～0.37	0.40～0.70	1.00～1.30	0.20～0.30						0.10～0.20
	43	A31132	12Cr1MoV	0.08～0.15	0.17～0.37	0.40～0.70	0.90～1.20	0.25～0.35						0.15～0.30
	44	A31253	25Cr2MoVA	0.22～0.29	0.17～0.37	0.40～0.70	1.50～1.80	0.25～0.35						0.15～0.30
	45	A31263	25Cr2Mo1VA	0.22～0.29	0.17～0.37	0.50～0.80	2.10～2.50	0.90～1.10						0.30～0.50
CrMoAl	46	A33382	38CrMoAl	0.35～0.42	0.20～0.45	0.30～0.60	1.35～1.65	0.15～0.25				0.70～1.10		
CrV	47	A23402	40CrV	0.37～0.44	0.17～0.37	0.50～0.80	0.80～1.10							0.10～0.20
	48	A23503	50CrVA	0.47～0.54	0.17～0.37	0.50～0.80	0.80～1.10							0.10～0.20

表 1(续)

钢组	序号	统一数字代号	牌号	化学成分，%										
				C	Si	Mn	Cr	Mo	Ni	W	B	Al	Ti	V
CrMn	49	A22152	15CrMn	0.12～0.18	0.17～0.37	1.10～1.40	0.40～0.70							
	50	A22202	20CrMn	0.17～0.23	0.17～0.37	0.90～1.20	0.90～1.20							
	51	A22402	40CrMn	0.37～0.45	0.17～0.37	0.90～1.20	0.90～1.20							
CrMnSi	52	A24202	20CrMnSi	0.17～0.23	0.90～1.20	0.80～1.10	0.80～1.10							
	53	A24252	25CrMnSi	0.22～0.28	0.90～1.20	0.80～1.10	0.80～1.10							
	54	A24302	30CrMnSi	0.27～0.34	0.90～1.20	0.80～1.10	0.80～1.10							
	55	A24303	30CrMnSiA	0.28～0.34	0.90～1.20	0.80～1.10	0.80～1.10							
	56	A24353	35CrMnSiA	0.32～0.39	1.10～1.40	0.80～1.10	1.10～1.40							
CrMnMo	57	A34202	20CrMnMo	0.17～0.23	0.17～0.37	0.90～1.20	1.10～1.40	0.20～0.30						
	58	A34402	40CrMnMo	0.37～0.45	0.17～0.37	0.90～1.20	0.90～1.20	0.20～0.30						
CrMnTi	59	A26202	20CrMnTi	0.17～0.23	0.17～0.37	0.80～1.10	1.00～1.30						0.04～0.10	
	60	A26302	30CrMnTi	0.24～0.32	0.17～0.37	0.80～1.10	1.00～1.30						0.04～0.10	
CrNi	61	A40202	20CrNi	0.17～0.23	0.17～0.37	0.40～0.70	0.45～0.75		1.00～1.40					
	62	A40402	40CrNi	0.37～0.44	0.17～0.37	0.50～0.80	0.45～0.75		1.00～1.40					
	63	A40452	45CrNi	0.42～0.49	0.17～0.37	0.50～0.80	0.45～0.75		1.00～1.40					
	64	A40502	50CrNi	0.47～0.54	0.17～0.37	0.50～0.80	0.45～0.75		1.00～1.40					
	65	A41122	12CrNi2	0.10～0.17	0.17～0.37	0.30～0.60	0.60～0.90		1.50～1.90					
	66	A42122	12CrNi3	0.10～0.17	0.17～0.37	0.30～0.60	0.60～0.90		2.75～3.15					
	67	A42202	20CrNi3	0.17～0.24	0.17～0.37	0.30～0.60	0.60～0.90		2.75～3.15					
	68	A42302	30CrNi3	0.27～0.33	0.17～0.37	0.30～0.60	0.60～0.90		2.75～3.15					
	69	A42372	37CrNi3	0.34～0.41	0.17～0.37	0.30～0.60	1.20～1.60		3.00～3.50					
	70	A43122	12Cr2Ni4	0.10～0.16	0.17～0.37	0.30～0.60	1.25～1.65		3.25～3.65					
	71	A43202	20Cr2Ni4	0.17～0.23	0.17～0.37	0.30～0.60	1.25～1.65		3.25～3.65					
CrNiMo	72	A50202	20CrNiMo	0.17～0.23	0.17～0.37	0.60～0.95	0.40～0.70	0.20～0.30	0.35～0.75					
	73	A50403	40CrNiMoA	0.37～0.44	0.17～0.37	0.50～0.80	0.60～0.90	0.15～0.25	1.25～1.65					

表 1(完)

钢组	序号	统一数字代号	牌号	化学成分，%										
				C	Si	Mn	Cr	Mo	Ni	W	B	Al	Ti	V
CrMnNiMo	74	A50183	18CrNiMnMoA	0.15～0.21	0.17～0.37	1.10～1.40	1.00～1.30	0.20～0.30	1.00～1.30					
CrNiMoV	75	A51453	45CrNiMoVA	0.42～0.49	0.17～0.37	0.50～0.80	0.80～1.10	0.20～0.30	1.30～1.80					0.10～0.20
CrNiW	76	A52183	18Cr2Ni4WA	0.13～0.19	0.17～0.37	0.30～0.60	1.35～1.65		4.00～4.50	0.80～1.20				
	77	A52253	25Cr2Ni4WA	0.21～0.28	0.17～0.37	0.30～0.60	1.35～1.65		4.00～4.50	0.80～1.20				

注

1 本标准中规定带“A”字标志的牌号仅能作为高级优质钢订货，其他牌号按优质钢订货。

2 根据需方要求，可对表中各牌号按高级优质钢（指不带“A”）或特级优质钢（全部牌号）订货，只需在所订牌号后加“A”或“E”字标志（对有“A”字牌号应先去掉“A”）。需方对表中牌号化学成分提出其他要求可按特殊要求订货。

3 统一数字代号系根据 GB/T 17616 规定列入，优质钢尾部数字为“2”，高级优质钢（带“A”钢）尾部数字为“3”，特级优质钢（带“E”钢）尾部数字为“6”。

4 稀土成分按 0.05%计算量加入，成品分析结果供参考

含量加以限制。

6.1.1.3 热压力加工用钢的铜含量不大于0.20%。

表 2

%

钢类	P	S	Cu	Cr	Ni	Mo
	不大于					
优 质 钢	0.035	0.035	0.30	0.30	0.30	0.15
高级优质钢	0.025	0.025	0.25	0.30	0.30	0.10
特级优质钢	0.025	0.015	0.25	0.30	0.30	0.10

6.1.2 钢材(或坯)的化学成分允许偏差按GB/T 222的规定执行。

6.2 冶炼方法

除非合同中有规定,冶炼方法由生产厂自行选择。

6.3 交货状态

钢材通常以热轧或热锻状态交货。如需方要求(并在合同中注明),也可以热处理(退火、正火或高温回火)状态交货。

根据供需双方协议,压力加工用圆钢,表面可经车削、剥皮或其他精整方法交货。

6.4 力学性能

6.4.1 用热处理毛坯制成试样测定钢材的纵向力学性能和退火或高温回火状态的硬度,检验结果应符合表3的规定。

6.4.1.1 钢材尺寸小于试样毛坯尺寸时,用原尺寸钢材进行热处理。直径小于16 mm的圆钢和厚度不大于12 mm的方钢、扁钢,不作冲击试验。

6.4.2 表3所列力学性能适用于截面尺寸不大于80 mm的钢材。尺寸大于80至100 mm的钢材,允许其断后伸长率、断面收缩率及冲击吸收功较表3的规定分别降低1%(绝对值)、5%(绝对值)及5%;尺寸大于100至150 mm的钢材,允许其断后伸长率、断面收缩率及冲击吸收功分别降低2%(绝对值)、10%(绝对值)及10%;尺寸大于150至250 mm的钢材,允许其断后伸长率、断面收缩率及冲击吸收功分别降低3%(绝对值)、15%(绝对值)及15%。

6.4.3 尺寸大于80 mm的钢材允许将取样用坯改锻(轧)成截面70~80 mm后取样。检验结果应符合表3规定。

6.4.4 根据需方要求,供应以淬火和回火状态交货的钢材,其测定力学性能用试样不再进行热处理,力学性能指标由供需双方协议确定。

6.5 低倍

6.5.1 钢材的横截面酸浸低倍组织试片上不得有目视可见的缩孔、气泡、裂纹、夹杂、翻皮、白点、晶间裂纹。

6.5.2 酸浸低倍组织级别应符合表4的规定。

6.5.2.1 38CrMoAl或38CrMoAlA钢的一般点状偏析和边缘点状偏析分别不应超过2.5级和1.5级。

6.5.2.2 切削加工用的钢材允许有不超过表面缺陷允许深度的皮下夹杂、皮下气泡等缺陷。

6.5.2.3 如供方能保证低倍检验合格,可采用超声波检验法或其他无损探伤法代替酸浸低倍检验。

6.6 表面质量

6.6.1 压力加工用钢材的表面不得有裂纹、结疤、折叠及夹杂。如有上述缺陷必须清除,清除深度从钢材实际尺寸算起符合表5的规定。清除宽度不小于深度的5倍,同一截面达到最大清除深度不应多于1处。允许有从实际尺寸算起不超过尺寸公差之半的个别细小划痕、压痕、麻点及深度不超过0.2 mm的小裂纹存在。

表 3

钢组	序号	牌号	试样毛坯尺寸 mm	热处理 淬火 加热温度,℃ 第一次淬火	热处理 淬火 加热温度,℃ 第二次淬火	热处理 淬火 冷却剂	热处理 回火 加热温度 ℃	热处理 回火 冷却剂	力学性能 抗拉强度 σ_b MPa	力学性能 屈服点 σ_s MPa	力学性能 断后伸长率 δ_5 %	力学性能 断面收缩率 ψ %	力学性能 冲击吸收功 A_{ku2} J	钢材退火或高温回火供应状态布氏硬度 HB10/3000 不大于
									不小于					
Mn	1	20Mn2	15	850	—	水、油	200	水、空	785	590	10	40	47	187
				880	—	水、油	440	水、空						
	2	30Mn2	25	840	—	水	500	水	785	635	12	45	63	207
	3	35Mn2	25	840	—	水	500	水	835	685	12	45	55	207
	4	40Mn2	25	840	—	水、油	540	水	885	735	12	45	55	217
	5	45Mn2	25	840	—	油	550	水、油	885	735	10	45	47	217
	6	50Mn2	25	820	—	油	550	水、油	930	785	9	40	39	229
MnV	7	20MnV	15	880	—	水、油	200	水、空	785	590	10	40	55	187
SiMn	8	27SiMn	25	920	—	水	450	水、油	980	835	12	40	39	217
	9	35SiMn	25	900	—	水	570	水、油	885	735	15	45	47	229
	10	42SiMn	25	880	—	水	590	水	885	735	15	40	47	229
SiMnMoV	11	20SiMn2MoV	试样	900	—	油	200	水、空	1380	—	10	45	55	269
	12	25SiMn2MoV	试样	900	—	油	200	水、空	1470	—	10	40	47	269
	13	37SiMn2MoV	25	870	—	水、油	650	水、空	980	835	12	50	63	269
B	14	40B	25	840	—	水	550	水	785	635	12	45	55	207
	15	45B	25	840	—	水	550	水	835	685	12	45	47	217
	16	50B	20	840	—	油	600	空	785	540	10	45	39	207
MnB	17	40MnB	25	850	—	油	500	水、油	980	785	10	45	47	207
	18	45MnB	25	840	—	油	500	水、油	1030	835	9	40	39	217

表 3(续)

钢组	序号	牌号	试样毛坯尺寸 mm	热处理 淬火 加热温度,℃ 第一次淬火	热处理 淬火 加热温度,℃ 第二次淬火	热处理 淬火 冷却剂	热处理 回火 加热温度 ℃	热处理 回火 冷却剂	力学性能 抗拉强度 σ_b MPa	力学性能 屈服点 σ_s MPa	力学性能 断后伸长率 δ_5 %	力学性能 断面收缩率 ψ %	力学性能 冲击吸收功 A_{ku2} J	钢材退火或高温回火供应状态布氏硬度 HB10 /3000 不大于
									不小于					
MnMoB	19	20MnMoB	15	880	—	油	200	油、空	1080	885	10	50	55	207
MnVB	20	15MnVB	15	860	—	油	200	水、空	885	635	10	45	55	207
	21	20MnVB	15	860	—	油	200	水、空	1080	885	10	45	55	207
	22	40MnVB	25	850	—	油	520	水、油	980	785	10	45	47	207
MnTiB	23	20MnTiB	15	860	—	油	200	水、空	1130	930	10	45	55	187
	24	25MnTiBRE	试样	860	—	油	200	水、空	1380	—	10	40	47	229
Cr	25	15Cr	15	880	780～820	水、油	200	水、空	735	490	11	45	55	179
	26	15CrA	15	880	770～820	水、油	180	油、空	685	490	12	45	55	179
	27	20Cr	15	880	780～820	水、油	200	水、空	835	540	10	40	47	179
	28	30Cr	25	860	—	油	500	水、油	885	685	11	45	47	187
	29	35Cr	25	860	—	油	500	水、油	930	735	11	45	47	207
	30	40Cr	25	850	—	油	520	水、油	980	785	9	45	47	207
	31	45Cr	25	840	—	油	520	水、油	1030	835	9	40	39	217
	32	50Cr	25	830	—	油	520	水、油	1080	930	9	40	39	229
CrSi	33	38CrSi	25	900	—	油	600	水、油	980	835	12	50	55	255

表 3(续)

钢组	序号	牌号	试样毛坯尺寸 mm	热处理					力学性能					钢材退火或高温回火供应状态布氏硬度 HB10/3000 不大于
				淬火			回火		抗拉强度 σ_b MPa	屈服点 σ_s MPa	断后伸长率 δ_5 %	断面收缩率 ψ %	冲击吸收功 A_{ku2} J	
				加热温度,℃ 第一次淬火	加热温度,℃ 第二次淬火	冷却剂	加热温度 ℃	冷却剂	不小于					
CrMo	34	12CrMo	30	900	—	空	650	空	410	265	24	60	110	179
	35	15CrMo	30	900	—	空	650	空	440	295	22	60	94	179
	36	20CrMo	15	880	—	水、油	500	水、油	885	685	12	50	78	197
	37	30CrMo	25	880	—	水、油	540	水、油	930	785	12	50	63	229
	38	30CrMoA	15	880	—	油	540	水、油	930	735	12	50	71	229
	39	35CrMo	25	850	—	油	550	水、油	980	835	12	45	63	229
	40	42CrMo	25	850	—	油	560	水、油	1080	930	12	45	63	217
CrMoV	41	12CrMoV	30	970	—	空	750	空	440	225	22	50	78	241
	42	35CrMoV	25	900	—	油	630	水、油	1080	930	10	50	71	241
	43	12Cr1MoV	30	970	—	空	750	空	490	245	22	50	71	179
	44	25Cr2MoVA	25	900	—	油	640	空	930	785	14	55	63	241
	45	25Cr2Mo1VA	25	1040	—	空	700	空	735	590	16	50	47	241
CrMoAl	46	38CrMoAl	30	940	—	水、油	640	水、油	980	835	14	50	71	229
CrV	47	40CrV	25	880	—	油	650	水、油	885	735	10	50	71	241
	48	50CrVA	25	860	—	油	500	水、油	1280	1130	10	40	—	255
CrMn	49	15CrMn	15	880	—	油	200	水、空	785	590	12	50	47	179
	50	20CrMn	15	850	—	油	200	水、空	930	735	10	45	47	187
	51	40CrMn	25	840	—	油	550	水、油	980	835	9	45	47	229

表 3(续)

钢组	序号	牌号	试样毛坯尺寸 mm	热处理					力学性能					钢材退火或高温回火供应状态布氏硬度 HB10 /3000
				淬火			回火		抗拉强度 σ_b MPa	屈服点 σ_s MPa	断后伸长率 δ_5 %	断面收缩率 ψ %	冲击吸收功 A_{ku2} J	
				加热温度,℃ 第一次淬火	加热温度,℃ 第二次淬火	冷却剂	加热温度 ℃	冷却剂	不小于					不大于
CrMnSi	52	20CrMnSi	25	880	—	油	480	水、油	785	635	12	45	55	207
	53	25CrMnSi	25	880	—	油	480	水、油	1080	885	10	40	39	217
	54	30CrMnSi	25	880	—	油	520	水、油	1080	885	10	45	39	229
	55	30CrMnSiA	25	880	—	油	540	水、油	1080	835	10	45	39	229
	56	35CrMnSiA	试样	加热到 880℃,于 280～310℃等温淬火					1620	1280	9	40	31	241
			试样	950	890	油	230	空、油						
CrMnMo	57	20CrMnMo	15	850	—	油	200	水、空	1180	885	10	45	55	217
	58	40CrMnMo	25	850	—	油	600	水、油	980	785	10	45	63	217
CrMnTi	59	20CrMnTi	15	880	870	油	200	水、空	1080	850	10	45	55	217
	60	30CrMnTi	试样	880	850	油	200	水、空	1470	—	9	40	47	229
CrNi	61	20CrNi	25	850	—	水、油	460	水、油	785	590	10	50	63	197
	62	40CrNi	25	820	—	油	500	水、油	980	785	10	45	55	241
	63	45CrNi	25	820	—	油	530	水、油	980	785	10	45	55	255
	64	50CrNi	25	820	—	油	500	水、油	1080	835	8	40	39	255
	65	12CrNi2	15	860	780	水、油	200	水、空	785	590	12	50	63	207
	66	12CrNi3	15	860	780	油	200	水、空	930	685	11	50	71	217
	67	20CrNi3	25	830	—	水、油	480	水、油	930	735	11	55	78	241
	68	30CrNi3	25	820	—	油	500	水、油	980	785	9	45	63	241
	69	37CrNi3	25	820	—	油	500	水、油	1130	980	10	50	47	269
	70	12Cr2Ni4	15	860	780	油	200	水、空	1080	835	10	50	71	269
	71	20Cr2Ni4	15	880	780	油	200	水、空	1180	1080	10	45	63	269

表 3(完)

钢组	序号	牌号	试样毛坯尺寸 mm	热处理					力学性能					钢材退火或高温回火供应状态布氏硬度 HB10 /3000 不大于
				淬火			回火		抗拉强度 σ_b MPa	屈服点 σ_s MPa	断后伸长率 δ_5 %	断面收缩率 ψ %	冲击吸收功 A_{ku2} J	
				加热温度,℃ 第一次淬火	加热温度,℃ 第二次淬火	冷却剂	加热温度 ℃	冷却剂	不小于					
CrNiMo	72	20CrNiMo	15	850	—	油	200	空	980	785	9	40	47	197
	73	40CrNiMoA	25	850	—	油	600	水、油	980	835	12	55	78	269
CrMnNiMo	74	18CrMnNiMoA	15	830	—	油	200	空	1180	885	10	45	71	269
CrNiMoV	75	45CrNiMoVA	试样	860	—	油	460	油	1470	1330	7	35	31	269
CrNiW	76	18Cr2Ni4WA	15	950	850	空	200	水、空	1180	835	10	45	78	269
	77	25Cr2Ni4WA	25	850	—	油	550	水、油	1080	930	11	45	71	269

注

1 表中所列热处理温度允许调整范围:淬火±15℃,低温回火±20℃,高温回火±50℃。

2 硼钢在淬火前可先经正火,正火温度应不高于其淬火温度,铬锰钛钢第一次淬火可用正火代替。

3 拉伸试验时试样钢上不能发现屈服,无法测定屈服点 σ_s 情况下,可以测规定残余伸长应力 $\sigma_{r0.2}$

表 4

钢　类	锭型偏析	中心疏松	一般疏松	一般点状偏析	边缘点状偏析
	级别　不大于				
优质钢	3	3	3	1	1
高级优质钢	2	2	2	不允许有	
特级优质钢	1	1	1		

表 5

mm

钢材尺寸 直径或厚度	允许清除深度	
	优质钢和高级优质钢	特级优质钢
<80	钢材尺寸公差的 1/2	
≥80～140	钢材尺寸公差	钢材尺寸公差的 1/2
≥140～200	钢材尺寸的 5%	钢材尺寸的 3%
>200	钢材尺寸的 6%	

6.6.2　切削加工用钢材的表面允许有从钢材公称尺寸算起不超过表 6 规定的局部缺陷。

表 6

mm

钢材尺寸 直径或厚度	允许清除深度	
	优质钢和高级优质钢	特级优质钢
<100	钢材尺寸负偏差	
≥100	钢材尺寸公差	钢材尺寸负偏差

6.7　热顶锻

根据需方要求(并在合同中注明),热顶锻用钢应作热顶锻试验,试验后的试样高度为原试样高度的1/3,顶锻后试样上不得有裂口和裂缝。尺寸大于 80 mm 的钢材,供方若能保证合格可不进行试验。

6.8　脱碳层

根据需方要求(并在合同中注明),对含碳量大于 0.30%的钢应检验脱碳层,采用显微组织法检验每边总脱碳层深度(铁素体+过渡层)不大于钢材直径或厚度的 1.5%。

6.9　非金属夹杂物

根据需方要求,可检验钢的非金属夹杂物,其合格级别由供需双方协议规定。

6.10　特殊要求

根据需方要求,经供需双方协议,并在合同注明可供应有下列特殊要求的钢材:

a) 可对表 1 中所列牌号的化学成分范围提出缩小或放宽的要求;

b) 硫含量范围控制在 0.015%～0.040%;

c) 可提供规定淬透性要求的钢材,末端淬透性按 GB/T 225 检验,供需双方亦可协商用计算机来预测淬透性,并商定计算方法代替末端淬火试验;

d) 可提供晶粒度不小于 5 级的细晶粒钢;

e) 可作塔形检验;

f) 可作显微组织检验;

g) 可作 V 型缺口冲击;

h) 其他。

7 试验方法

每批钢材的试验方法按表 7 的规定执行。

表 7

序号	检验项目	取样数量	取样部位	试验方法
1	化学成分	1	GB/T 222	GB/T 223,GB/T 4336
2	拉伸	2	不同根钢材,GB/T 2975	GB/T 228,GB/T 6397
3	冲击	2	不同根钢材	GB/T 229
4	硬度	3	不同根钢材	GB/T 231
5	低倍组织	2	相当于钢锭头部不同根钢坯或钢材	GB/T 226,GB/T 1979
6	热顶锻	2	不同根钢材	GB/T 233
7	脱碳	3	不同根钢材	GB/T 2249(金相法)
8	非金属夹杂物	2	不同根钢材	GB/T 10561
9	末端淬透性	1	任一根钢材	GB/T 225
10	晶粒度	1	任一根钢材	YB/T 5148
11	显微组织	2	不同根钢材	GB/T 13299
12	塔形	2	不同根钢材	GB/T 15711
13	超声波探伤	2	整根材上	GB/T 7736
14	表面	逐根	整根材上	目视
15	尺寸	逐根	整根材上	卡尺、千分尺

8 检验规则

8.1 检查和验收

8.1.1 钢材出厂的检查和验收由供方质量技术监督部门进行。

8.1.2 供方必须保证交货的钢材符合本标准或合同的规定,必要时,需方有权对本标准或合同所规定的任一检验项目进行检查和验收。

8.2 组批规则

钢材应按批检查和验收,每批由同一牌号、同一炉罐号、同一加工方法、同一尺寸、同一交货状态、同一热处理制度(炉次)的钢材组成。采用电渣重熔冶炼的钢,在工艺稳定且能保证本标准各项要求的条件下,允许以自耗电极的熔炼母炉号组批交货。

8.3 取样数量及取样部位

每批钢材的取样数量及取样部位应符合表 7 的规定。电渣钢取样数量:低倍组织为 2 个,硬度为 3 个,尺寸和表面逐支,其他试验项目均各取 1 个。电渣钢按熔炼母炉号组批时,取样数量按表 7 规定,但化学成分仍每个电渣炉号取 1 个。

8.4 复验与判定规则

8.4.1 钢材的复验与判定规则按 GB/T 17505 规定执行。

8.4.2 供方若能保证钢材合格时,对同一炉罐号的钢材或钢坯的力学性能、低倍组织、非金属夹杂物的检验结果,允许以坯代材,以大代小。

9 包装、标志和质量证明书

钢材的包装、标志和质量证明书应符合 GB/T 2101 的有关规定。

附 录 A
（标准的附录）
化学分析方法引用标准

GB/T 223.3—1988 钢铁及合金化学分析方法 二安替比林甲烷磷钼酸重量法测定磷量
GB/T 223.4—1988 钢铁及合金化学分析方法 硝酸铵氧化容量法测定锰量
GB/T 223.5—1997 钢铁及合金化学分析方法 还原型硅钼酸盐光度法测定酸溶硅含量
GB/T 223.8—1991 钢铁及合金化学分析方法 氟化钠分离-EDTA 容量法测定铝量
GB/T 223.9—1989 钢铁及合金化学分析方法 铬天青 S 光度法测定铝量
GB/T 223.11—1991 钢铁及合金化学分析方法 过硫酸铵氧化容量法测定铬量
GB/T 223.12—1991 钢铁及合金化学分析方法 碳酸钠分离-二苯碳酰二肼光度法测定铬量
GB/T 223.13—1989 钢铁及合金化学分析方法 硫酸亚铁铵容量法测定钒量
GB/T 223.14—1989 钢铁及合金化学分析方法 钽试剂萃取光度法测定钒量
GB/T 223.16—1991 钢铁及合金化学分析方法 变色酸光度法测定钛量
GB/T 223.17—1989 钢铁及合金化学分析方法 二安替比林甲烷光度法测定钛量
GB/T 223.18—1994 钢铁及合金化学分析方法 硫代硫酸钠分离-碘量法测定铜量
GB/T 223.19—1989 钢铁及合金化学分析方法 新亚铜灵-三氯甲烷萃取光度法测定铜量
GB/T 223.23—1994 钢铁及合金化学分析方法 丁二酮肟分光光度法测定镍量
GB/T 223.24—1994 钢铁及合金化学分析方法 萃取分离-丁二酮肟分光光度法测定镍量
GB/T 223.25—1994 钢铁及合金化学分析方法 丁二酮肟重量法测定镍量
GB/T 223.26—1989 钢铁及合金化学分析方法 硫氰酸盐直接光度法测定钼量
GB/T 223.43—1994 钢铁及合金化学分析方法 钨量的测定
GB/T 223.49—1994 钢铁及合金化学分析方法 萃取分离-偶氮氯膦 mA 分光光度法测定稀土总量
GB/T 223.54—1987 钢铁及合金化学分析方法 火焰原子吸收分光光度法测定镍量
GB/T 223.58—1987 钢铁及合金化学分析方法 亚砷酸钠-亚硝酸钠滴定法测定锰量
GB/T 223.59—1987 钢铁及合金化学分析方法 锑磷钼蓝光度法测定磷量
GB/T 223.60—1997 钢铁及合金化学分析方法 高氯酸脱水重量法测定硅含量
GB/T 223.61—1988 钢铁及合金化学分析方法 磷钼酸铵容量法测定磷量
GB/T 223.62—1988 钢铁及合金化学分析方法 乙酸丁酯萃取光度法测定磷量
GB/T 223.63—1988 钢铁及合金化学分析方法 高碘酸钠(钾)光度法测定锰量
GB/T 223.64—1988 钢铁及合金化学分析方法 火焰原子吸收光谱法测定锰量
GB/T 223.66—1989 钢铁及合金化学分析方法 硫氰酸盐-盐酸氯丙嗪-三氯甲烷萃取光度法测定钨量
GB/T 223.67—1989 钢铁及合金化学分析方法 还原蒸馏-次甲基蓝光度法测定硫量
GB/T 223.68—1997 钢铁及合金化学分析方法 管式炉内燃烧后碘酸钾滴定法测定硫含量
GB/T 223.69—1997 钢铁及合金化学分析方法 管式炉内燃烧后气体容量法测定碳含量
GB/T 223.71—1997 钢铁及合金化学分析方法 管式炉内燃烧后重量法测定碳含量
GB/T 223.72—1991 钢铁及合金化学分析方法 氧化铝色层分离-硫酸钡重量法测定硫量
GB/T 223.75—1991 钢铁及合金化学分析方法 甲醇蒸馏-姜黄素光度法测定硼量
GB/T 223.76—1991 钢铁及合金化学分析方法 火焰原子吸收光谱法测定钒量

ICS 77.140.20
H 40

中华人民共和国国家标准

GB/T 3078—2008
代替 GB/T 3078—1994

优质结构钢冷拉钢材

Quality structural steel cold drawn bars

2008-05-13 发布　　2008-11-01 实施

中华人民共和国国家质量监督检验检疫总局
中国国家标准化管理委员会　发布

前 言

本标准代替 GB/T 3078—1994《优质结构钢冷拉钢材技术条件》。

本标准与 GB/T 3078—1994 相比,主要变化如下:

——标准名称由《优质结构钢冷拉钢材技术条件》修改为《优质结构钢冷拉钢材》;

——取消分类中非切削加工用钢;

——增加了“订货内容”;

——取消了冷顶锻用钢的化学成分的规定;

——增加了“冶炼方法”的规定;

——增加冷拉磨光交货状态的规定;

——调整了冷拉状态交货的 38CrSi、38CrMoAlA 的硬度值;

——取消了退火状态交货的冷顶锻用钢材力学性能的规定;

——增加了顶锻后试样表面的规定;

——取消了“经需方同意,磨光钢材一边总脱碳层深度可不大于 1.0%*D*”的规定;

——取消了非切削加工用钢表面质量规定。

本标准由中国钢铁工业协会提出。

本标准由全国钢标准化技术委员会归口。

本标准主要起草单位:重庆东华特殊钢有限责任公司、冶金工业信息标准研究院。

本标准主要起草人:李庆艳、刘宝石、戴强、栾燕。

本标准所代替标准的历次版本发布情况为:

——GB 3078—1982,GB/T 3078—1994。

优质结构钢冷拉钢材

1 范围

本标准规定了结构钢冷拉和磨光钢材的分类、订货内容、尺寸、外形及允许偏差、技术要求、试验方法、检验规则、包装、标志及质量证明书。

本标准适用于优质碳素结构钢和合金结构钢(圆钢、方钢和六角形钢)冷拉钢棒。

2 规范性引用文件

下列文件中的条款通过本标准的引用而成为本标准的条款。凡是注日期的引用文件,其随后所有的修改单(不包括勘误的内容)或修订版均不适用于本标准,然而,鼓励根据本标准达成协议的各方研究是否可使用这些文件的最新版本。凡是不注日期的引用文件,其最新版本适用于本标准。

GB/T 222 钢的成品化学成分允许偏差

GB/T 223.3 钢铁及合金化学分析方法 二安替比林甲烷磷钼酸重量法测定磷量

GB/T 223.4 钢铁及合金化学分析方法 硝酸铵氧化容量法测定锰量

GB/T 223.5 钢铁及合金化学分析方法 还原型硅钼酸盐光度法测定酸溶硅含量

GB/T 223.8 钢铁及合金化学分析方法 氟化钠分离-EDTA 容量法测定铝量

GB/T 223.9 钢铁及合金化学分析方法 铬天青 S 光度法测定铝量

GB/T 223.11 钢铁及合金化学分析方法 过硫酸铵氧化容量法测定铬量

GB/T 223.12 钢铁及合金化学分析方法 碳酸钠分离-二苯碳酰二肼光度法测定铬量

GB/T 223.13 钢铁及合金化学分析方法 硫酸亚铁铵容量法测定钒量

GB/T 223.14 钢铁及合金化学分析方法 钽试剂萃取光度法测定钒量

GB/T 223.16 钢铁及合金化学分析方法 变色酸光度法测定钛量

GB/T 223.17 钢铁及合金化学分析方法 二安替比林甲烷光度法测定钛量

GB/T 223.18 钢铁及合金化学分析方法 硫代硫酸钠分离-碘量法测定铜量

GB/T 223.19 钢铁及合金化学分析方法 新亚铜灵-三氯甲烷萃取光度法测定铜量

GB/T 223.23 钢铁及合金化学分析方法 丁二铜肟分光光度法测定镍量

GB/T 223.24 钢铁及合金化学分析方法 萃取分离-丁二酮肟分光光度法测定镍量

GB/T 223.25 钢铁及合金化学分析方法 丁二酮肟重量法测定镍量

GB/T 223.26 钢铁及合金化学分析方法 硫氰酸盐直接光度法测定钼量

GB/T 223.43 钢铁及合金化学分析方法 钨量的测定

GB/T 223.49 钢铁及合金化学分析方法 萃取分离-偶氮氯膦 mA 分光光度法测定稀土总量

GB/T 223.54 钢铁及合金化学分析方法 火焰原子吸收分光光度法测定镍量

GB/T 223.58 钢铁及合金化学分析方法 亚砷酸钠-亚硝酸钠滴定法测定锰量

GB/T 223.59 钢铁及合金化学分析方法 锑磷钼蓝光度法测定磷量

GB/T 223.60 钢铁及合金化学分析方法 高氯酸脱水重量法测定硅含量

GB/T 223.61 钢铁及合金化学分析方法 磷酸铵容量法测定磷量

GB/T 223.62 钢铁及合金化学分析方法 乙酸丁酯萃取光度法测定磷量

GB/T 223.63 钢铁及合金化学分析方法 高碘酸钠(钾)光度法测定锰量

GB/T 223.64 钢铁及合金化学分析方法 火焰原子吸收光谱法测定锰量

GB/T 223.66 钢铁及合金化学分析方法 硫氰酸盐-盐酸氯丙嗪-三氯甲烷萃取光度法测定钨量

GB/T 223.67 钢铁及合金化学分析方法 还原蒸馏-次甲基蓝光度法测定硫量
GB/T 223.68 钢铁及合金化学分析方法 管式炉内燃烧后碘酸钾滴定法测定硫含量
GB/T 223.69 钢铁及合金化学分析方法 管式炉内燃烧后气体容量法测定碳含量
GB/T 223.71 钢铁及合金化学分析方法 管式炉内燃烧后重量法测定碳含量
GB/T 223.72 钢铁及合金化学分析方法 氧化铝色层分离-硫酸钡重量法测定硫量
GB/T 223.75 钢铁及合金化学分析方法 甲醇蒸馏-姜黄素光度法测定硼量
GB/T 223.76 钢铁及合金化学分析方法 火焰原子吸收光谱法测定钒量
GB/T 224 钢的脱碳层深度测定法
GB/T 225 钢 淬透性的末端淬火试验方法(Jominy 试验)(GB/T 225—2006,ISO 642:1999,IDT)
GB/T 226 钢的低倍组织及缺陷酸蚀检验法
GB/T 228 金属材料 室温拉伸试验方法(GB/T 228—2002,eqv ISO 6892:1998)
GB/T 229 金属夏比摆锤冲击试验方法(GB/T 229—2007,ISO 148-1:2006 ,MOD)
GB/T 231.1 金属布氏硬度试验 第1部分:试验方法(GB/T 231.1—2002,eqv ISO 6506-1:1999)
GB/T 699 优质碳素结构钢
GB/T 905—1994 冷拉圆钢、方钢、六角钢尺寸、外形、重量及允许偏差
GB/T 1031 表面粗糙度 参数及其数值
GB/T 1814 钢材断口检验法
GB/T 1979 结构钢低倍组织缺陷评级图
GB/T 2101 型钢验收、包装、标志及质量证明书的一般规定
GB/T 2975 钢及钢产品 力学性能试验取样位置及试样制备(GB/T 2975—1998,eqv ISO 377:1997)
GB/T 3077 合金结构钢
GB/T 3207—1988 银亮钢
GB/T 4162 锻轧钢棒超声波检验方法
GB/T 6394 金属平均晶粒度测定方法
GB/T 7736 钢的低倍组织及缺陷超声波检验法
GB/T 10561 钢中非金属夹杂物含量的测定 标准评级图显微检验法(GB/T 10561—2005,ISO 4967:1998,IDT)
GB/T 13298 金属显微组织检验方法
GB/T 13299 钢的显微组织评定方法
GB/T 17505 钢及钢产品交货一般技术条件(GB/T 17505—1998,eqv ISO 404:1992)
GB/T 20066 钢和铁化学成分测定用试样的取样和制样方法(GB/T 20066—2006,ISO 14284:1996,IDT)
GB/T 20123 钢铁 总碳硫含量的测定 高频感应炉燃烧后红外吸收法(常规方法)(GB/T 20123—2006,ISO 15350:2000,IDT)
YB/T 5293 金属材料 顶锻试验方法

3 分类

钢材按使用加工用途分为:

a) 压力加工用钢 UP,热压力加工用钢 UHP,冷顶锻用钢 UCF,热顶锻用钢 UHF;
b) 切削加工用钢 UC。

钢材的使用加工用途应在合同中注明。

4 订货内容

按本标准订货的合同或订单应包括以下内容：

a) 产品名称；

b) 牌号；

c) 标准号；

d) 规格；

e) 重量(或数量)；

f) 加工用途；

g) 交货状态；

h) 其他。

5 尺寸、外形及允许偏差

5.1 冷拉钢材的尺寸、外形及允许偏差应符合 GB/T 905—1994 的规定，具体要求应在合同中注明，未注明时按 h11 执行。

5.2 磨光钢材的尺寸、外形及允许偏差应符合 GB/T 3207—1988 的规定，具体要求应在合同中注明，未注明时按 h11 执行。

6 技术要求

6.1 牌号和化学成分

6.1.1 优质碳素结构钢的牌号和化学成分应符合 GB/T 699 的规定，合金结构钢的牌号和化学成分应符合 GB/T 3077 的规定。

6.1.2 成品钢材化学成分允许偏差应符合 GB/T 222 的规定。

6.2 冶炼方法

除非合同中有规定，冶炼方法由生产厂自行选择。

6.3 交货状态

钢材以冷拉、冷拉磨光或冷拉后热处理(退火、光亮退火、正火、高温回火、正火后回火)状态交货。经供需双方协商并在合同中注明，可以其他状态交货。钢材的交货状态应在合同中注明，未注明时以冷拉状态供应。

6.4 硬度

6.4.1 冷拉、冷拉磨光、退火、光亮退火、高温回火或正火后回火交货钢材的硬度值应符合表 1 的规定。根据需方要求，表 1 中未列牌号的硬度值由供需双方协商规定。正火交货钢材的硬度值由供需双方协议规定。

6.4.2 供热压力加工用的冷拉状态交货的钢材，50Mn2、45CrVA、35CrMnSiA、42CrMo、35CrMoVA 的布氏硬度值应符合表 1 的规定；38CrSi、38CrMoAlA 的布氏硬度值应不大于 285HBW；其他牌号交货状态的布氏硬度值应不大于 269HBW。

6.4.3 截面尺寸小于 5 mm 的钢材，不进行硬度试验或由双方协商规定。

6.5 力学性能

根据需方要求，并在合同中注明，钢材可进行力学性能测试，交货状态力学性能应符合表 2 的规定。表 2 中未列入的牌号，用热处理毛坯制成试样测定力学性能，优质碳素结构钢应符合 GB/T 699 的规定，合金结构钢应符合 GB/T 3077 的规定。

表 1

序号	牌号	交货状态硬度/HBW,不大于		序号	牌号	交货状态硬度/HBW,不大于	
		冷拉、冷拉磨光	退火、光亮退火、高温回火或正火后回火			冷拉、冷拉磨光	退火、光亮退火、高温回火或正火后回火
1	10	229	179	39	20CrV	255	217
2	15	229	179	40	40CrVA	269	229
3	20	229	179	41	45CrVA	302	255
4	25	229	179	42	38CrSi	269	255
5	30	229	179	43	20CrMnSiA	255	217
6	35	241	187	44	25CrMnSiA	269	229
7	40	241	207	45	30CrMnSiA	269	229
8	45	255	229	46	35CrMnSiA	285	241
9	50	255	229	47	20CrMnTi	255	207
10	55	269	241	48	15CrMo	229	187
11	60	269	241	49	20CrMo	241	197
12	65	—	255	50	30CrMo	269	229
13	15Mn	207	163	51	35CrMo	269	241
14	20Mn	229	187	52	42CrMo	285	255
15	25Mn	241	197	53	20CrMnMo	269	229
16	30Mn	241	197	54	40CrMnMo	269	241
17	35Mn	255	207	55	35CrMoVA	285	255
18	40Mn	269	217	56	38CrMoAlA	269	229
19	45Mn	269	229	57	15CrA	229	179
20	50Mn	269	229	58	20Cr	229	179
21	60Mn	—	255	59	30Cr	241	187
22	65Mn	—	269	60	35Cr	269	217
23	20Mn2	241	197	61	40Cr	269	217
24	35Mn2	255	207	62	45Cr	269	229
25	40Mn2	269	217	63	20CrNi	255	207
26	45Mn2	269	229	64	40CrNi	—	255
27	50Mn2	285	229	65	45CrNi	—	269
28	27SiMn	255	217	66	12CrNi2A	269	217
29	35SiMn	269	229	67	12CrNi3A	269	229
30	42SiMn	—	241	68	20CrNi3A	269	241
31	20MnV	229	187	69	30CrNi3(A)	—	255
32	40B	241	207	70	37CrNi3A	—	269
33	45B	255	229	71	12Cr2Ni4A	—	255
34	50B	255	229	72	20Cr2Ni4A	—	269
35	40MnB	269	217	73	40CrNiMoA	—	269
36	45MnB	269	229	74	45CrNiMoVA	—	269
37	40MnVB	269	217	75	18Cr2Ni4WA	—	269
38	20SiMnVB	269	217	76	25Cr2Ni4WA	—	269

表 2

序号	牌号	冷拉			退火		
		抗拉强度 R_m/ N/mm²	断后伸长率 A/ %	断面收缩率 Z/ %	抗拉强度 R_m/ N/mm²	断后伸长率 A/ %	断面收缩率 Z/ %
		不小于			不小于		
1	10	440	8	50	295	26	55
2	15	470	8	45	345	28	55
3	20	510	7.5	40	390	21	50
4	25	540	7	40	410	19	50
5	30	560	7	35	440	17	45
6	35	590	6.5	35	470	15	45
7	40	610	6	35	510	14	40
8	45	635	6	30	540	13	40
9	50	655	6	30	560	12	40
10	15Mn	490	7.5	40	390	21	50
11	50Mn	685	5.5	30	590	10	35
12	50Mn2	735	5	25	635	9	30

6.6 顶锻

6.6.1 冷或热顶锻用钢(订货合同中注明),应进行冷或热顶锻试验。冷顶锻试验锻至试样原高度的二分之一,热顶锻试验锻至试样原高度的三分之一,顶锻后的试样表面不应有裂口和裂缝。

6.7 低倍组织

6.7.1 钢材的横截面酸浸低倍组织试片上,不得有目视可见的缩孔、气泡、裂纹、翻皮、夹渣和白点。

6.7.2 酸浸低倍组织级别应符合表 3 的规定。

表 3

钢类	一般疏松	中心疏松	锭型偏析[a]
	级别,不大于		
优质钢	3	3	3
高级优质钢	2	2	2
特级优质钢	1	1	1

[a] 20CrMnSiA、25CrMnSiA、30CrMnSiA 和 35CrMnSiA 钢的锭型偏析应不大于 2.5 级。

6.7.2.1 38CrMoAl 和 38CrMoAlA 的一般点状偏析和边缘点状偏析应不超过 2 级。

6.7.3 切削加工用钢材,允许有不超过表面缺陷允许深度的皮下气泡和皮下夹杂等缺陷存在。

6.7.4 如供方能保证低倍检验合格,可采用超声波检验法或其他无损探伤法代替酸浸低倍检验。

6.8 脱碳

6.8.1 根据需方要求,碳含量不小于 0.30%的冷拉圆钢和冷拉退火圆钢可进行脱碳检验,一边总脱碳层(铁素体+过渡层)深度应符合表 4 的规定。硅含量不小于 0.90%或铝含量不小于 0.70%的钢材,脱碳层深度由双方协议规定。直径小于 6.50 mm 的冷拉圆钢,一边总脱碳层深度应不大于 0.10 mm。

6.8.2 根据需方要求，碳含量不小于0.30%的冷拉方钢、六角钢、正火交货的圆钢可检验脱碳层，脱碳层深度由供需双方协商。

6.8.3 磨光交货的钢材不允许有脱碳层。

表 4

组别[a]	一边总脱碳层深度/ mm 不大于	
	冷拉、光亮退火	退火、高温回火或正火后回火
一组	1.0%D	1.5%D
二组	1.5%D	双方协议
[a] 要求一组时应在合同中注明，未注明时按二组规定。		
注：D 为钢材公称直径。		

6.9 表面质量

6.9.1 钢材表面应洁净、光滑、不允许有裂纹、折迭、结疤、夹杂、拉裂和氧化皮；经热处理的冷拉钢材表面允许有氧化色。

6.9.2 切削加工用钢材，表面允许有深度不超过从实际尺寸算起该公称尺寸公差的麻点、刮伤、拉痕、黑斑、凹面、清理斜痕、润滑剂痕迹和深度为公差之半的个别小发纹。

6.9.3 热压力加工用钢和冷(热)顶锻用钢，表面允许有深度不超过从实际尺寸算起该公称尺寸公差的个别划伤、拉痕、黑斑、凹面、麻点及清理斜痕。根据需方要求，上述缺陷可不超过公差之半。

6.9.4 磨光交货的钢材，表面质量应符合 GB/T 3207 的规定。

6.9.5 经斜辊矫直的钢材，表面允许有螺纹状辊印。

6.9.6 冷拉方钢、六角钢表面质量按切削加工用钢材的规定。

6.10 特殊要求

根据需方要求，经供需双方协议，可供应下列特殊要求的钢材，合格标准由供需双方协商规定。

a) 缩小化学成分范围；
b) 钢材交货状态下的冲击吸收功；
c) 规定力学性能上下限；
d) 层状断口；
e) 显微组织；
f) 晶粒度；
g) 淬透性；
h) 非金属夹杂物；
i) 表面粗糙度；
j) 无损检验；
k) 其他。

7 试验方法

每批钢材的检验项目、取样数量、取样部位及试验方法应符合表 5 的规定。

表 5

序号	检验项目	取样数量		取样部位	试验方法
		电弧炉钢	电渣钢		
1	化学成分	1/炉	1/炉	GB/T 20066	GB/T 223、GB/T 20123
2	硬度	3	3	不同支钢材	GB/T 231.1
3	拉伸	2	1	GB/T 2975 不同支钢材	GB/T 228
4	冲击	2	1	GB/T 2975 不同支钢材	GB/T 229
5	顶锻	2	1	不同支钢材	YB/T 5293
6	低倍组织	2	1	相当于钢锭头部的 不同支钢材	GB/T 226、GB/T 7736、 GB/T 1979
7	断口	2	1	不同支钢材	GB/T 1814
8	脱碳层	2	1	不同支钢材	GB/T 224
9	显微组织	2	1	不同支钢材	GB/T 13298、GB/T 13299
10	晶粒度	1	1	任一支钢材	GB/T 6394
11	淬透性	1	1	任一支钢材	GB/T 225
12	非金属夹杂物	2	1	不同支钢材	GB/T 10561
13	超声波探伤	逐支		整根材上	GB/T 4162
14	尺寸	逐支		整根材上	卡尺、千分尺
15	表面	逐支		整根材上	目视
16	粗糙度	1		任一支钢材	GB/T 1031
注：母炉组批时，取样数量、取样部位、试验方法同电弧炉钢。					

8 检验规则

8.1 检查和验收

8.1.1 钢材出厂的检查和验收由供方质量技术监督部门进行。

8.1.2 供方必须保证交货的钢材符合本标准或合同的规定，必要时，需方有权对本标准或合同所规定的任一检验项目进行检查和验收。

8.2 组批规则

钢材按批进行检查和验收，每批钢材应由同一牌号、同一炉号、同一加工方法、同一尺寸、同一交货状态、同一热处理炉次的钢材组成。采用电渣重熔冶炼的钢，在工艺稳定且能保证本标准各项要求的条件下，允许以自耗电极的熔炼母炉号组批交货，但含铝钢只按电渣炉组批。

8.3 取样数量及取样部位

8.3.1 每批钢材的取样数量及取样部位应符合表 5 的规定。

8.3.2 电渣钢按熔炼母炉号组批时，每个电渣炉化学成分合格时，任取一个电渣锭化学成分报出，代表整个母炉化学成分(含铝钢除外)，其他项目取样数量和取样部位按表 5 规定。

8.4 复验与判定规则

8.4.1 钢材的复验与判定规则应符合 GB/T 17505 的规定。

8.4.2 供方若能保证钢材合格时，对同一炉号的钢材或钢坯的力学性能、低倍组织、非金属夹杂的检验结果，允许以坯代材，以大代小。

9 包装、标志和质量证明书

钢材的包装、标志和质量证明书应符合 GB/T 2101 的规定。

ICS 77.140.20
H 40

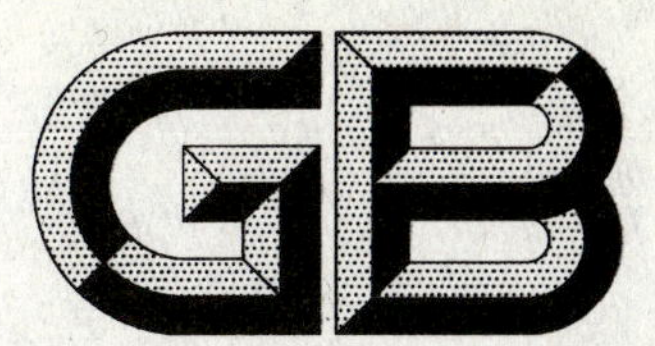

中华人民共和国国家标准

GB/T 3086—2008
代替 GB/T 3086—1982

高碳铬不锈轴承钢

High carbon chromium stainless bearing steels

2008-09-11 发布　　　　2009-05-01 实施

中华人民共和国国家质量监督检验检疫总局
中国国家标准化管理委员会　发布

前　言

本标准代替 GB/T 3086—1982《高碳铬不锈轴承钢技术条件》。

本标准与原标准相比主要变化如下：

——钢材公称直径范围由 1.4 mm～120 mm 扩大为 1 mm～160 mm(1982 版第 2 章,本版的第 1 章)；

——“分类”由原标准按钢材加工方法和交货状态分类修改为按使用加工方法分类(1982 版第 1 章,本版的第 3 章)；

——增加“规范性引用文件”和“订货内容”(见第 2 章和第 4 章)；

——增加热轧盘条、剥皮钢材和磨光钢材的尺寸、外形及允许偏差的规定；钢丝的尺寸、外形及允许偏差由执行 YB 245—64 的规定修改为执行 GB/T 342—1997 表 3 的规定(1982 版的 2.1,本版的 5.1)；

——取消钢材长度的规定,改为引用相应品种的尺寸、外形标准(1982 版的 2.2,本版的 5.1)；

——新牌号表示法和统一数字代号按 GB/T 1220—2007 和 GB/T 17616 的规定,并增加 65Cr14Mo 牌号及相关要求(1982 版的表 4,本版的表 3)；

——铬元素的化学成分由保留小数点后一位修改为两位,钢材化学成分允许偏差由规定 Cr 和 Mo 修改为执行 GB/T 222 的规定(1982 版的表 4 和 3.1.2,本版的表 3 和 6.1.2)；

——交货状态增加退火剥皮,原标准的“冷拉磨光”修改为“磨光”(1982 版的 3.3,本版的 6.3)；

——取消“压痕直径”的规定(1982 版的 3.4.1,本版的 6.4.1)；

——退火钢材的布氏硬度范围由 197 HB～241 HB 放宽到 197 HBW～255 HBW,抗拉强度范围由 590 N/mm^2～785 N/mm^2 放宽到 590 N/mm^2～835 N/mm^2(1982 版的 3.4,本版的 6.4.1 和 6.4.2)；

——增加磨光钢材的力学性能允许较退火态波动＋10％(见 6.4.3)；

——增加了公称直径大于 150 mm 圆钢的塔形试样尺寸可参照 GB/T 15711 的相应比例执行(1982 版的 3.6.3,本版的 6.6.3)；

——“孪晶碳化物”修改为“孪晶状碳化物”(1982 版的 3.7,本版的 6.7)；

——增加公称直径大于 120 mm 共晶碳化物不均匀度由供需双方协议的规定(1982 版的表 8,本版的表 5)；

——非金属夹杂物检验,增加按 GB/T 10561—2005 检验要求,将原标准检验要求改为协议要求并放在附录 B 中(1982 版的 3.9,本版的 6.9 和附录 B)；

——显微孔隙检验增加在淬火后纵向试样磨光面放大 100 倍检验(1982 版的 3.10,本版的 6.10)；

——增加了公称直径大于 120 mm 脱碳层深度由供需双方协议的规定(1982 版的表 10,本版的表 7)；

——增加了热轧盘条表面质量要求,冷拉钢材的表面允许缺陷深度要求增加了从实际尺寸算起,增加剥皮材的表面质量要求,磨光圆钢和磨光钢丝表面质量修改为执行 GB/T 3207 的规定(1982 版的 3.12,本版的 6.12)；

——修改了取样数量规定,明确了母炉组批和电渣子炉组批的取样数量(1982 版的表 12,本版的表 10)；

——修改了复验和判定规则(1982 版的 5.4,本版的 8.4)；

——增加附录 A“高碳铬不锈轴承钢标准评级图”(见附录 A)；

——增加附录 B“钢中非金属夹杂物的一种检验方法”(见附录 B)。

本标准附录 A 和附录 B 均是规范性附录。

本标准由中国钢铁工业协会提出。

本标准由全国钢标准化技术委员会归口。

本标准主要起草单位：东北特殊钢集团有限责任公司、冶金工业信息标准研究院。

本标准主要起草人：真娟、栾燕、周民俊、李红明、杨柳、王铭琪。

本标准所代替的历次版本发布情况为：

——GB/T 3086—1982。

高碳铬不锈轴承钢

1 范围

本标准规定了高碳铬不锈轴承钢的尺寸、外形、重量及允许偏差、技术要求、试验方法、检验规则、包装、标志及质量证明书等。

本标准适用于公称直径为 5 mm～160 mm 的热轧、锻制、冷拉、剥皮及磨光圆钢，公称直径为5 mm～40 mm 的盘条和公称直径为 1 mm～16 mm 的钢丝。

2 规范性引用文件

下列文件中的条款通过本标准的引用而成为本标准的条款。凡是注日期的引用文件，其随后所有的修改单(不包括勘误的内容)或修订版均不适用于本标准，然而，鼓励根据本标准达成协议的各方研究是否可使用这些文件的最新版本。凡是不注日期的引用文件，其最新版本适用于本标准。

GB/T 222 钢的成品化学成分允许偏差

GB/T 223.3 钢铁及合金化学分析方法 二安替吡啉甲烷磷钼酸重量法测定磷量

GB/T 223.5 钢铁 酸溶性硅和全硅含量的测定 还原型硅钼酸盐分光光度法(GB/T 223.5—2008,ISO 4829-1:1986 和 ISO 4829-2:1986,MOD)

GB/T 223.11 钢铁及合金 铬含量的测定 可视滴定或电位滴定法(GB/T 223.11—2008,ISO 4937:1986,MOD)

GB/T 223.18 钢铁及合金化学分析方法 硫代硫酸钠分离-碘量法测定铜量

GB/T 223.23 钢铁及合金 镍含量的测定 丁二酮肟分光光度法

GB/T 223.26 钢铁及合金 钼含量的测定 硫氰酸盐分光光度法

GB/T 223.58 钢铁及合金化学分析方法 亚砷酸钠-亚硝酸钠滴定法测定锰量

GB/T 223.59 钢铁及合金化学分析方法 锑磷钼蓝光度法测定磷量

GB/T 223.62 钢铁及合金化学分析方法 乙酸丁酯萃取光度法测定磷量

GB/T 223.63 钢铁及合金化学分析方法 高碘酸钠(钾)光度法测定锰量(GB/T 223.63—1998,neq ISO R 629)

GB/T 223.67 钢铁及合金 硫含量的测定 次甲基蓝分光光度法

GB/T 223.68 钢铁及合金化学分析方法 管式炉内燃烧后碘酸钾滴定法测定硫含量

GB/T 223.69 钢铁及合金 碳含量的测定 管式炉内燃烧后气体容量法

GB/T 223.71 钢铁及合金化学分析方法 管式炉内燃烧后重量法测定碳含量

GB/T 223.72 钢铁及合金 硫含量的测定 重量法

GB/T 224 钢的脱碳层深度测定法

GB/T 226 钢的低倍组织及缺陷酸蚀检验法(GB/T 226—1991,neq ISO 4969:1980,Steel—Macroscopic examination by etching with strong mineral acids)

GB/T 228 金属材料 室温拉伸试验方法(GB/T 228—2002,eqv ISO 6892:1998)

GB/T 231.1 金属布氏硬度试验 第1部分:试验方法(GB/T 231.1—2002,eqv ISO 6506-1:1999)

GB/T 342—1997 冷拉圆钢丝、方钢丝、六角钢丝尺寸、外形、重量及允许偏差

GB/T 702—2008 热轧钢棒尺寸、外形、重量及允许偏差

GB/T 905—1994 冷拉圆钢、方钢、六角钢尺寸、外形、重量及允许偏差

GB/T 908—2008 锻制钢棒尺寸、外形、重量及允许偏差

GB/T 1814 钢材断口检验法

GB/T 2101 型钢验收、包装、标志及质量证明书的一般规定

GB/T 2103 钢丝验收、包装、标志及质量证明书的一般规定

GB/T 2975 钢及钢产品力学性能试验取样位置及试样制备(GB/T 2975—1998,eqv ISO 377:1997)

GB/T 3207—2008 银亮钢

GB/T 10121 钢材塔形发纹磁粉检验方法

GB/T 10561 钢中非金属夹杂物含量的测定 标准评级图显微检验法(GB/T 10561—2005,ISO 4967:1998,IDT)

GB/T 11170 不锈钢的光电发射光谱分析方法

GB/T 13298 金属显微组织检验方法

GB/T 14981—2004 热轧盘条尺寸、外形、重量及允许偏差

GB/T 14979—1994 钢的共晶碳化物不均匀度评定方法

GB/T 15711 钢材塔形发纹酸浸检验方法

GB/T 20066 钢和铁 化学成分测定用试样的取样和制样方法(GB/T 20066—2006,ISO 14284:1996,IDT)

GB/T 20123 钢铁 总碳硫含量的测定 高频感应炉燃烧后红外吸收法(常规方法)

YB/T 5293 金属材料 顶锻试验方法

3 分类

钢材按使用加工方法不同分为下列两类。钢棒的使用加工方法应在合同中注明,未注明者按切削加工用钢供货。

a) 压力加工用钢 UP

b) 切削加工用钢 UC

4 订货内容

按本标准订货的合同或订单应包括下列内容:

a) 本标准编号;

b) 产品名称;

c) 牌号;

d) 尺寸与外形(见第5章);

e) 重量(或数量);

f) 使用加工方法(见第3章);

g) 交货状态(见6.3);

h) 使用用途(见6.9和6.12.3);

i) 其他(必要时)。

5 尺寸、外形、重量及允许偏差

5.1 尺寸、外形、重量及允许偏差

5.1.1 钢材的尺寸、外形及允许偏差应符合表1的规定。

表 1 钢材的尺寸、外形及允许偏差

钢材品种	尺寸、外形、长度及允许偏差
热轧圆钢	应符合 GB/T 702—2008 的有关规定，具体要求应在合同中注明。未注明时，尺寸允许偏差和弯曲度按 GB/T 702—2008 标准 2 组执行
锻制圆钢	应符合 GB/T 908—2008 标准 1 组规定
热轧盘条	应符合 GB/T 14981—2004 的有关规定，具体要求应在合同中注明。未注明时按 GB/T 14981—2004 标准 B 级执行
冷拉圆钢	应符合 GB/T 905—1994 的有关规定，具体要求应在合同中注明。未注明时按 GB/T 905—1994 标准 11 级执行
钢丝	应符合 GB/T 342—1997 标准表 3 的规定
剥皮和磨光钢材	应符合 GB/T 3207—2008 的有关规定，具体要求应在合同中注明。未注明时按 GB/T 3207—2008 标准 11 级执行

5.1.2 钢材不应有显著扭转。钢材端头应锯切整齐，不允许有飞边、毛刺及超过直径之半的切斜。钢材端部不允许气割，但允许复验取样造成的气割最多不超过 5 支。

5.2 重量

5.2.1 钢棒按实际重量交货。

5.2.2 钢丝每盘由一根组成，盘重应符合表 2 的规定。其中较轻重量的钢丝盘应不超过该批总重量的 15%。

表 2 钢丝的盘重

钢丝公称直径/mm	每盘重量/kg 不小于	
	正常重量	较轻重量
1～3	5	1.5
>3～5	10	4
>5	15	6

6 技术要求

6.1 牌号及化学成分

6.1.1 钢的牌号及化学成分(熔炼分析)应符合表 3 的规定。

表 3 钢的牌号及化学成分(熔炼分析)

序号	统一数字代号	新牌号	旧牌号	化学成分(质量分数)/%									
				C	Si	Mn	P	S	Cr	Mo	Ni	Cu	Ni+Cu
					不大于						不大于		
1	B21800	G95Cr18	9Cr18	0.90～1.00	0.80	0.80	0.035	0.030	17.00～19.00	—	0.30	0.25	0.50
2	B21810	G102Cr18Mo	9Cr18Mo	0.95～1.10	0.80	0.80	0.035	0.030	16.00～18.00	0.40～0.70	0.30	0.25	0.50
3	B21410	G65Cr14Mo	—	0.60～0.70	0.80	0.80	0.035	0.030	13.00～15.00	0.50～0.80	0.30	0.25	0.50

6.1.2 钢材的化学成分允许偏差应符合 GB/T 222 的规定。

6.1.3 钢材应逐支(盘)进行火花法或光谱法检验。

6.2 冶炼方法

钢应采用电炉或感应炉冶炼，并经电渣重熔。经供需双方协商，并在合同注明，也可采用其他能满足本标准要求的冶炼方法。

6.3 交货状态

钢材交货状态为热轧(锻制)退火、退火剥皮、磨光和冷拉退火状态，交货状态应在合同中注明。

6.4 力学性能

6.4.1 直径大于 16 mm 的钢材退火状态的布氏硬度应为 197 HBW～255 HBW。

6.4.2 直径不大于 16 mm 的钢材退火状态抗拉强度应为 590 N/mm^2～835 N/mm^2。

6.4.3 磨光状态钢材力学性能允许比退火状态波动+10%。

6.5 顶锻

钢材应进行顶锻检验。公称直径不大于 60 mm 的热轧(锻制)钢材作热顶锻，公称直径不大于 30 mm 的冷拉钢材做冷顶锻。顶锻后的试样上不应有目视可见的裂纹、扯裂、折叠和气泡。

供方若能保证顶锻合格可不做顶锻试验。

6.6 低倍、断口和塔形

6.6.1 钢材酸浸低倍组织不应有目视可见的缩孔、气泡、翻皮、内裂和夹杂，并按附录 A 第 1、2 和 3 级别图检验中心疏松、一般疏松和偏析，其合格级别应符合表 4 的规定。

表 4 钢材低倍组织合格级别

低倍组织类型	评级图	合格级别/级 不大于	
中心疏松	第 1 级别图	1.5	
一般疏松	第 2 级别图	直径<100 mm	1.0
		直径≥100 mm	1.5
偏析	第 3 级别图	1.0	
对于直径不大于 30 mm 的钢材，供方可在钢坯上检查低倍组织。			

6.6.2 钢材的断口应均匀细致，无白点、缩孔、夹杂和过烧。供方如能保证断口合格，可不做断口检验。

6.6.3 对于公称直径 16 mm～150 mm 的圆钢应用塔形试样检验发纹。公称直径大于 150 mm 圆钢的塔形试样尺寸可参照 GB/T 15711 的相应比例执行。发纹起算长度为 0.6 mm，试样上不应有长度大于或等于 0.6 mm 的发纹。

供方若能保证塔形检验合格，可不做塔形检验。

6.7 退火组织

钢材的退火组织应为均匀分布的细粒状珠光体，允许存在分散的一次碳化物，不允许有孪晶状碳化物组织存在，其示意图见附录 A 中第 8 级别图。

6.8 共晶碳化物不均匀度

钢材应检验共晶碳化物不均匀度，并按 GB/T 14979—1994 第五级别图评定，其合格级别应符合表 5 的规定，但 G65Cr14Mo 允许较表 5 加严 0.5 级。

表 5 钢材共晶碳化物不均匀度合格级别

公称直径/mm	合格级别/级 不大于	公称直径/mm	合格级别/级 不大于
≤12	2.0	>60～80	5.0
>12～40	3.0	>80～120	6.0
>40～60	4.0	>120	双方协议

共晶碳化物不均匀度检验试样为热处理状态，其热处理制度为：淬火温度 1 000 ℃～1 050 ℃，油淬，并在 200 ℃～300 ℃回火。供方亦可在退火状态的试样上进行检查。

共晶碳化物不均匀度在钢材半径的二分之一处检验。需方可从半径二分之一处至中心区检验最恶劣视场，合格级别每批 5 支试样中允许有 3 支试样比表 5 规定的级别高半级。

6.9 非金属夹杂物

6.9.1 钢材应按 GB/T 10561 检验非金属夹杂物，其检验结果 6 个试样的平均值以及至少 4 个试样的结果均应符合表 6 的规定。

表 6 非金属夹杂物合格级别

A		B		C		D		DS[a]	
细系	粗系	细系	粗系	细系	粗系	细系	粗系	军用[b]	民用
≤2.0 级	≤1.0 级	≤1.5 级	≤1.0 级	≤0.5 级	≤0.5 级	≤1.0 级	≤1.0 级	≤1.0 级	≤1.5 级

a DS 类夹杂物计算按长轴和短轴的平均值评定。

b 要求军用的应在合同注明，未注明时按民用。

6.9.2 根据需方要求，并在合同注明，可按附录 B 检验及判定非金属夹杂物。

6.10 显微孔隙

直径不大于 60 mm 的圆钢不应有显微孔隙，公称直径大于 60 mm 的圆钢，其显微孔隙应不超过附录 A 第7级别图所规定的图片。在淬火后纵向试样磨光面放大 100 倍检验。

6.11 脱碳层

6.11.1 热轧(锻制)钢材每边总脱碳层的深度，从钢材实际尺寸算起应符合表 7 的规定。

表 7 钢材脱碳层深度

单位为毫米

公称直径	总脱碳层深度 不大于	公称直径	总脱碳层深度 不大于
≤15	0.20	>70～100	1.00
>15～30	0.40	>100～120	1.25
>30～50	0.60	>120	双方协议
>50～70	0.85		

6.11.2 冷拉圆钢和未磨光钢丝表面每边总脱碳层深度应不大于公称直径的 1%。

6.11.3 剥皮、磨光钢材和磨光钢丝表面不允许有脱碳层。

6.12 表面质量

6.12.1 热轧或锻制钢材应加工良好，表面不应有裂纹、折叠、拉裂、结疤和夹杂及其他对使用有害的缺陷。

压力加工用钢表面有害缺陷清除深度，从实际尺寸算起：公称直径小于和等于 80 mm 的圆钢，应不超过该尺寸公差之半，公称直径大于 80 mm 的圆钢应不超过该尺寸公差。

切削加工用钢表面有害缺陷清除深度，从公称尺寸算起：公称直径小于和等于 80 mm 的圆钢，应不超过该尺寸公差之半，公称直径大于 80 mm 的圆钢应不超过该尺寸公差。

盘条表面应光滑，不允许有裂纹、折叠、耳子、结疤、分层及夹杂。允许有压痕及局部的凸块、划痕、麻点，其深度或高度(从实际尺寸算起)应符合表 8 的规定：

表 8 盘条表面质量要求

单位为毫米

公称直径	缺陷允许深度 不大于
≤14	0.15
>14～20	0.20
>20	双方协议

6.12.2 冷拉钢材表面应洁净、光滑，不允许有裂纹、结疤、折叠、锈蚀和氧化皮等有害缺陷存在。表面允许有从实际尺寸算起深度不超过公差的麻点、刮伤、拉痕、黑斑、凹面、清理斜痕、润滑剂痕迹和深度为公差之半的个别小发纹。

6.12.3 钢丝表面不得有裂纹、折叠、结疤等对使用有害的缺陷，允许存在个别的机械刮伤及凹坑，其深度应不超过表9的规定。

表9 钢丝表面缺陷允许深度

单位为毫米

钢丝公称直径	钢丝表面缺陷允许深度	
	滚珠用	滚柱用[a]
1～3	0.06	0.03
＞3～6	0.08	0.04
＞6～10	0.10	0.05
＞10～16	0.12	0.06

[a] 制造滚柱用的钢丝需要在合同注明，未注明时按滚珠用。

6.12.4 剥皮材、磨光材和磨光钢丝表面应符合GB/T 3207的规定。

7 试验方法

钢材的检验项目和试验方法应符合表10的规定。

表10 钢材检验项目、取样数量、取样部位及试验方法

序号	检验项目	取样数量		取样部位	试验方法
		母炉组批	子炉		
1	化学成分	1	1	GB/T 20066	GB/T 223、GB/T 11170、GB/T 20123
2	拉伸试验	2	1	不同支钢棒，GB/T 2975	GB/T 228
3	硬度	3	1	不同支(盘)	GB/T 231.1
4	顶锻试验	1	1	不同支钢材	YB/T 5293
5	低倍组织	2	2	相当于钢锭头部和尾部的钢材各取一个(或任取2支钢材)	GB/T 226、附录A
6	断口	3	1	不同支(盘)钢材、钢丝	GB/T 1814
7	塔形	2	1	不同支钢材	GB/T 15711、GB/T 10121
8	退火组织	5	5	不同支(盘)钢材	GB/T 13298
9	共晶碳化物不均匀度	5	5	不同支(盘)钢材	GB/T 13298，GB/T 14979
10	非金属夹杂物	6	6	不同支(盘)钢材	见6.9和附录B
11	显微孔隙	2	1	不同支(盘)钢材	见6.10
12	脱碳层	5	5	不同支(盘)钢材	GB/T 224
13	火花检验	逐支(盘)		任意部位	目视
14	尺寸	逐支(盘)		整支钢棒	卡尺、千分尺等适宜精度量具
15	表面质量	逐支(盘)		整支钢棒	目视

当订货量少于上述取样数量时，应在钢材上逐支取样检验。

8 检验规则

8.1 检查和验收

钢材的检查和验收由供方技术质量监督部门进行。

8.2 组批规则

钢材应按批进行检查和验收。每批应由同一熔炼炉号、同一尺寸、同一交货状态和同一热处理炉次的钢材组成。

电渣钢按电渣炉号组批。当电渣工艺稳定且能保证符合本标准各项技术要求时，则允许按自耗电极母炉号组批。但供方应按电渣炉号提供化学成分数据，并在钢材上注明电渣炉炉号。

8.3 取样部位及取样数量

每批钢材检验的取样部位及取样数量应符合表10的规定。非金属夹杂物按母炉号组批取样。

8.4 复验和判定规则

8.4.1 钢的化学成分不合格时，允许在同一支钢材重新取样进行复验，复验结果仍不合格，则该炉钢判为不合格。

8.4.2 非金属杂夹物某一检验项目不合格时，则该批钢材判为不合格。但力学性能、硬度、顶锻、低倍组织、塔形、退火组织、共晶碳化物不均匀度、显微孔隙、脱碳层某一检验项目不合格时，允许供方重新处理后，作为新的一批提交验收。

8.4.3 钢材的尺寸、外形、外观质量检验不合格时，应按支判为不合格。对于尺寸、外形、外观质量检验不合格的钢材允许重新逐支返修、矫直或研磨，重新检验，合格后交货。

8.4.4 供方若能保证钢材的低倍和非金属夹杂物合格，允许以坯代材，以大代小。

9 包装、标志和质量证明书

9.1 圆钢和盘条的包装、标志和质量证明书应符合GB/T 2101的有关规定。

9.2 钢丝的包装、标志和质量证明书应符合GB/T 2103的有关规定。

附 录 A
（规范性附录）
高碳铬不锈轴承钢标准评级图[1)]

A.1 第1级别图 中心疏松

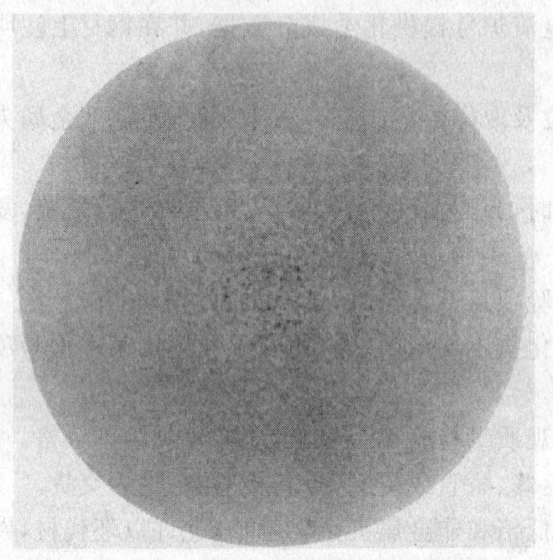

1级

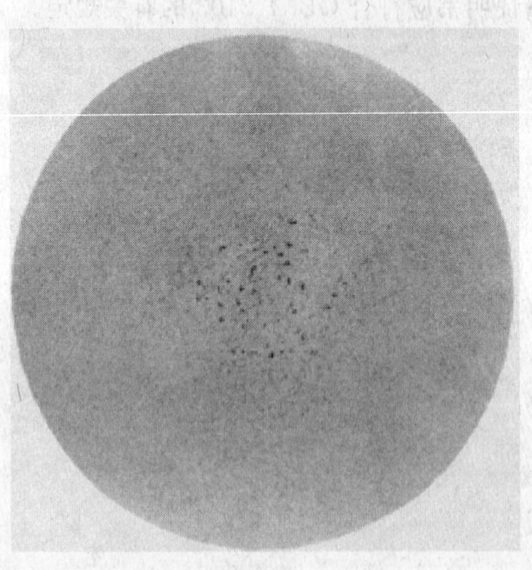

2级

1) 本标准评级图谱请与冶金工业信息标准研究院联系，电话：010-65252815。

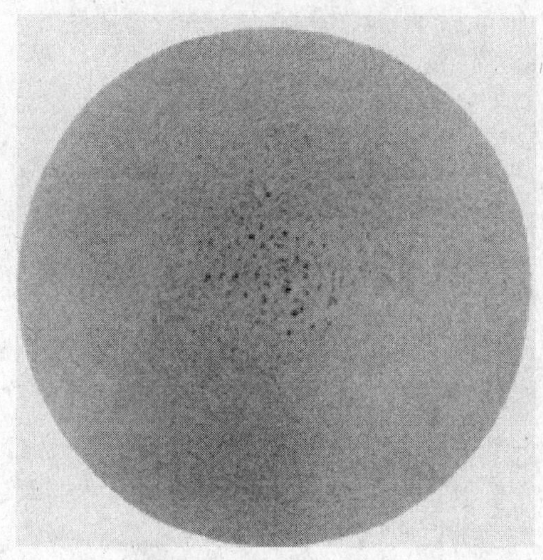

3级

A.2 第2级别图 一般疏松

1级

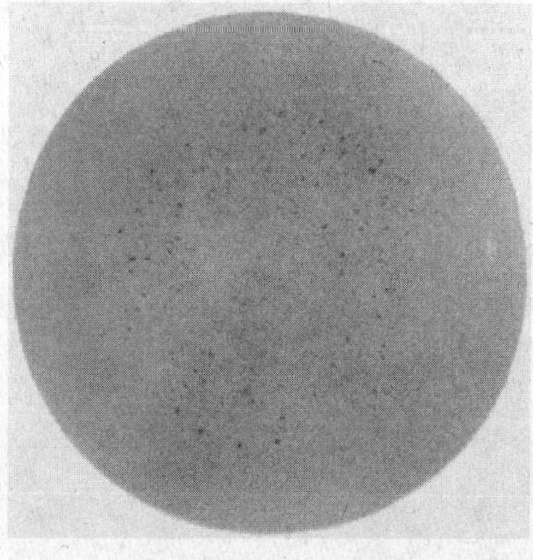

2级

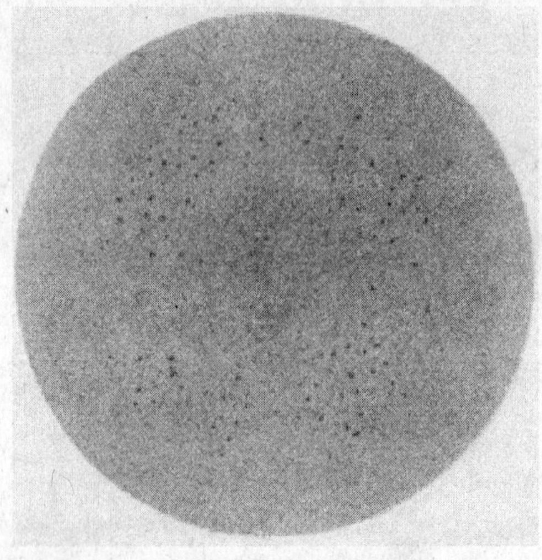

3 级

A.3 第3级别图 锭型偏析

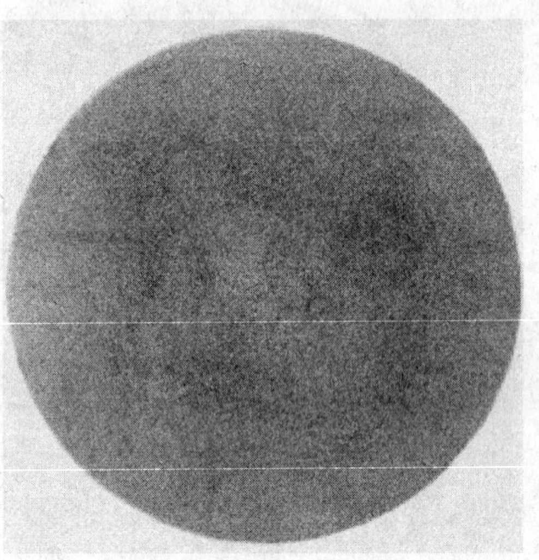

1 级

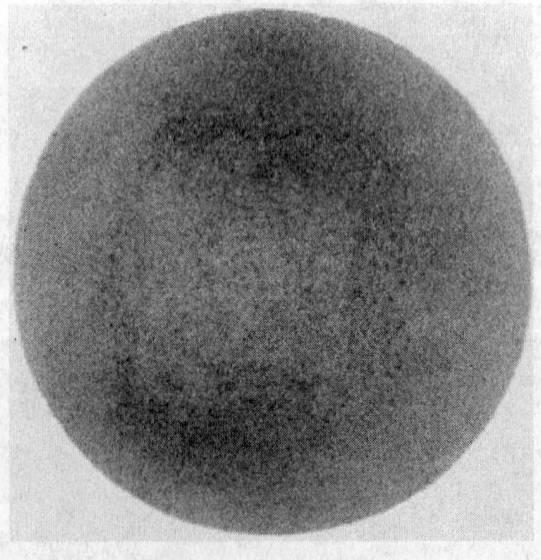

2 级

A.4 第4级别图 氧化物

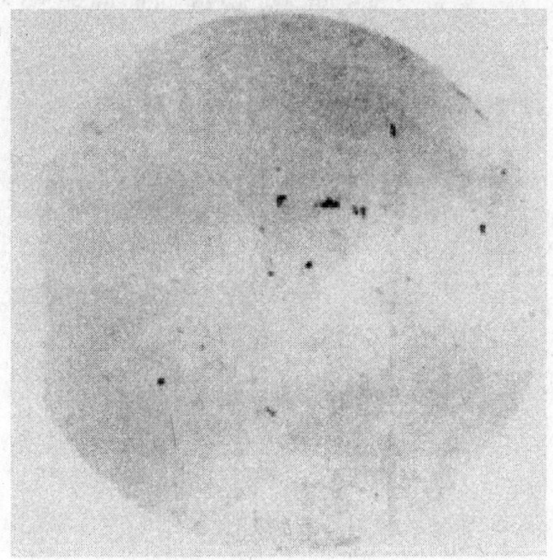

1级

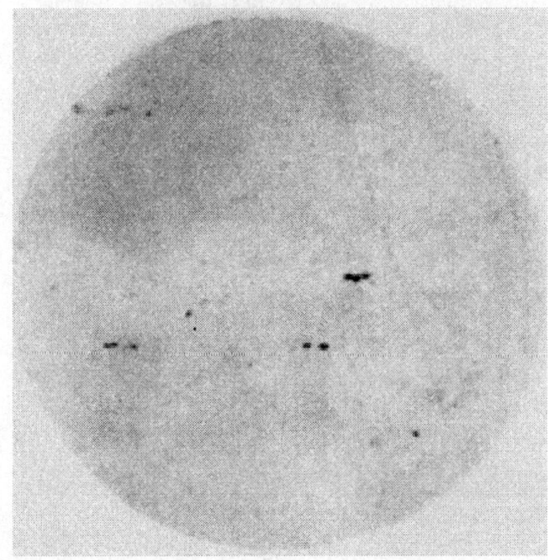

1a级

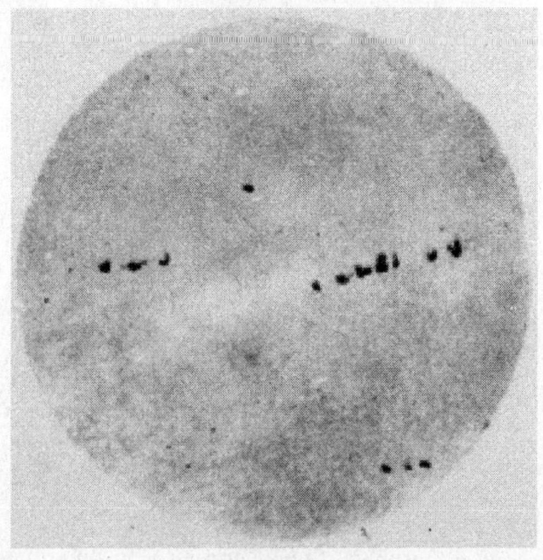

2级

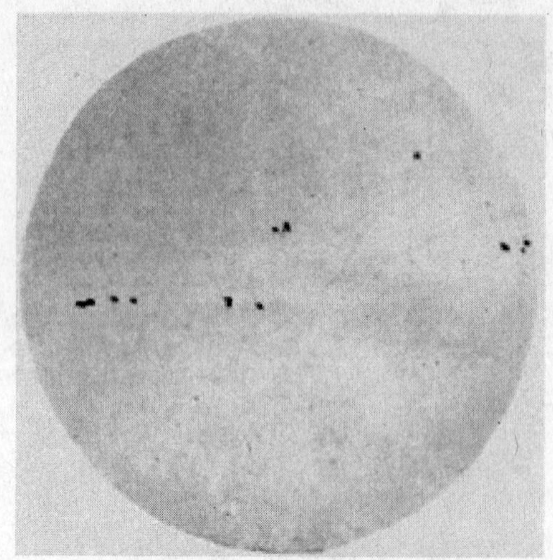

2a 级

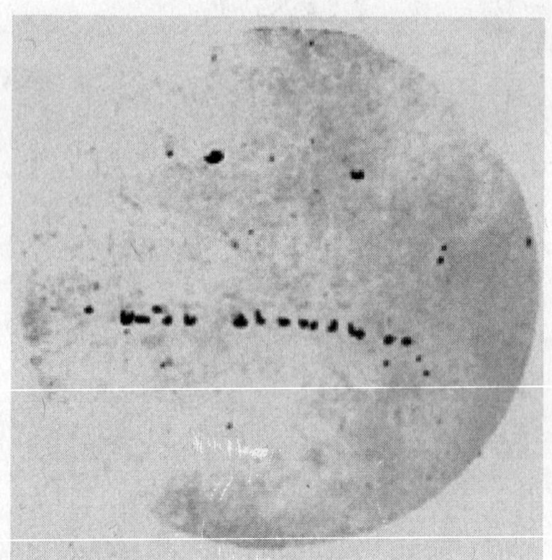

3 级

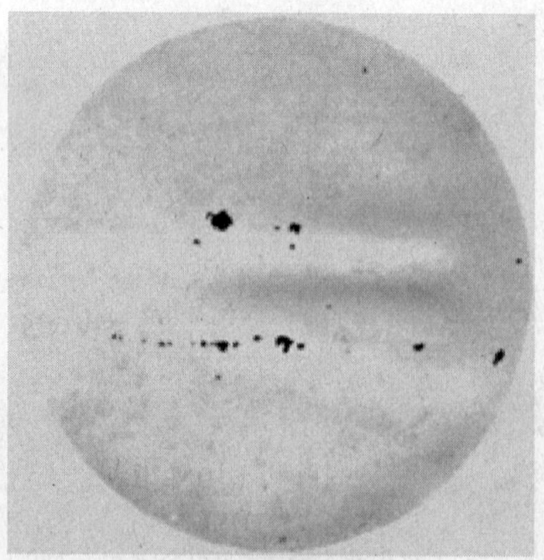

3a 级

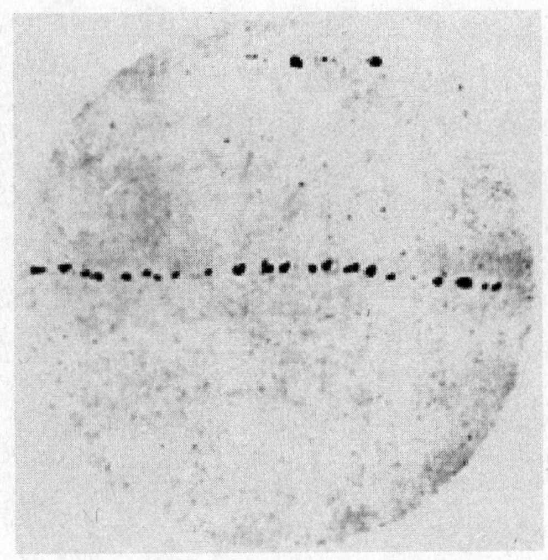

4 级

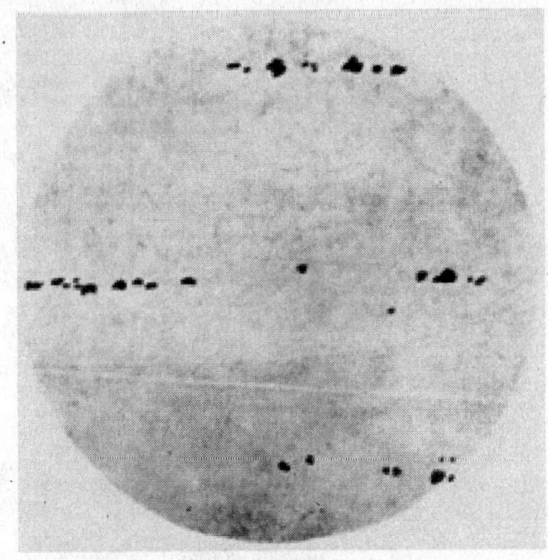

4a 级

A.5 第 5 级别图 硫化物

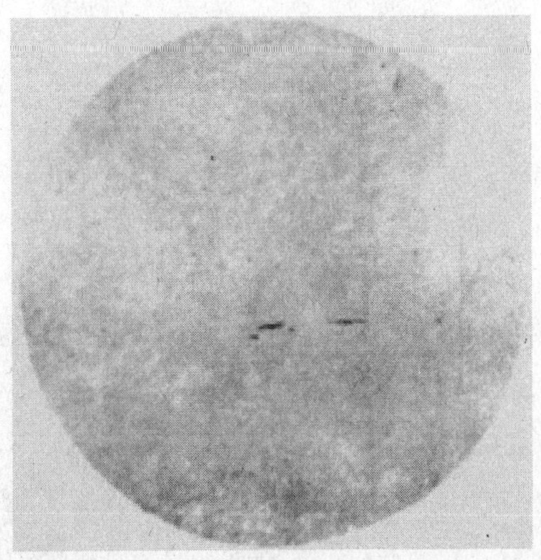

1 级

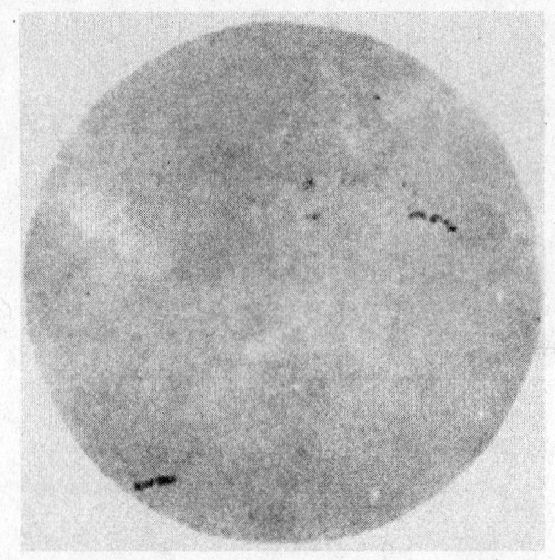

1a 级

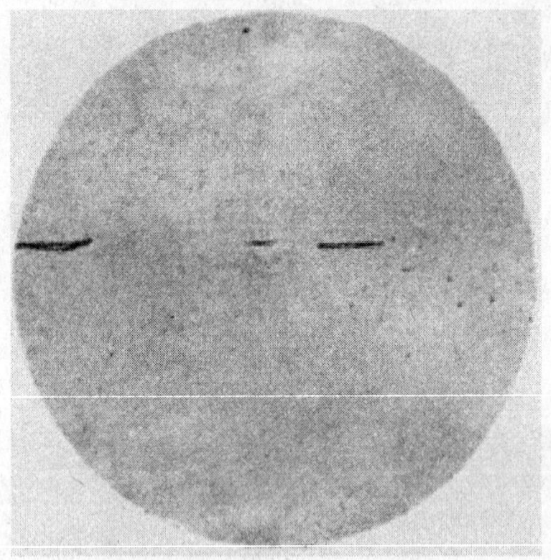

2 级

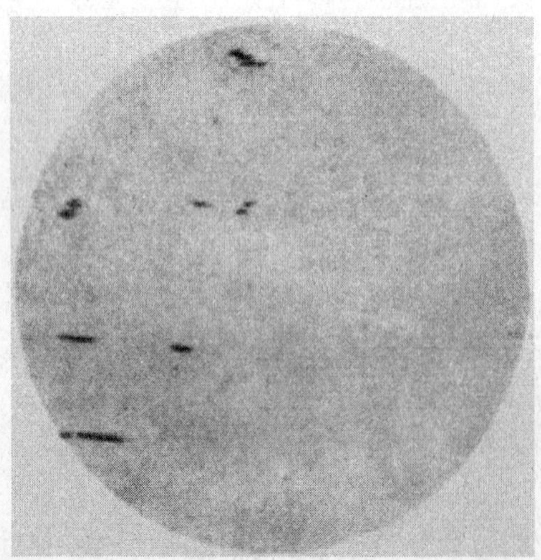

2a 级

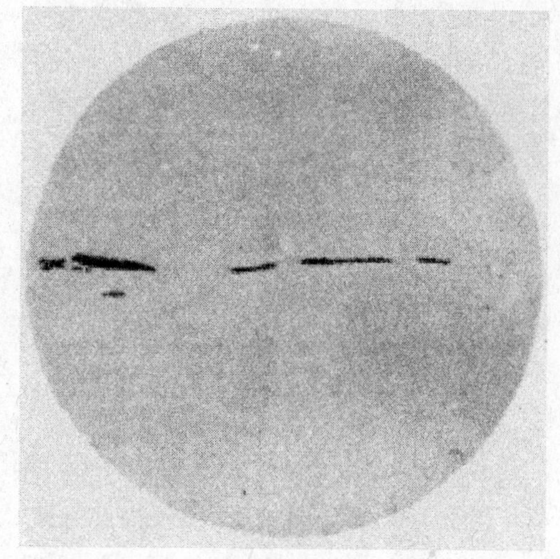

3 级

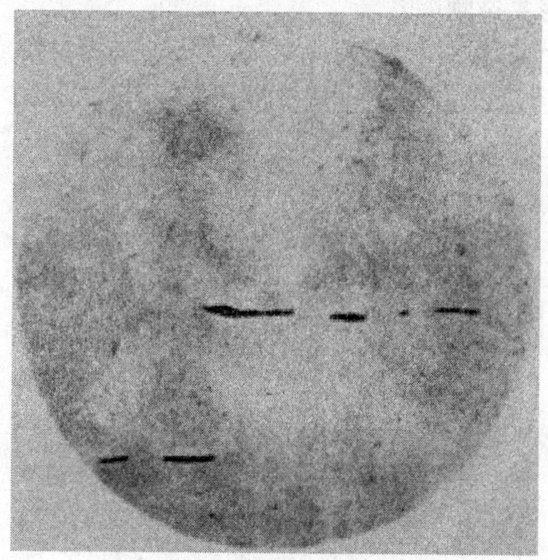

3a 级

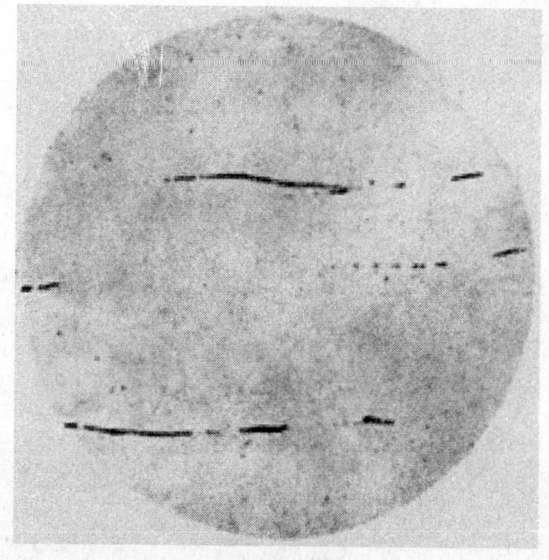

4 级

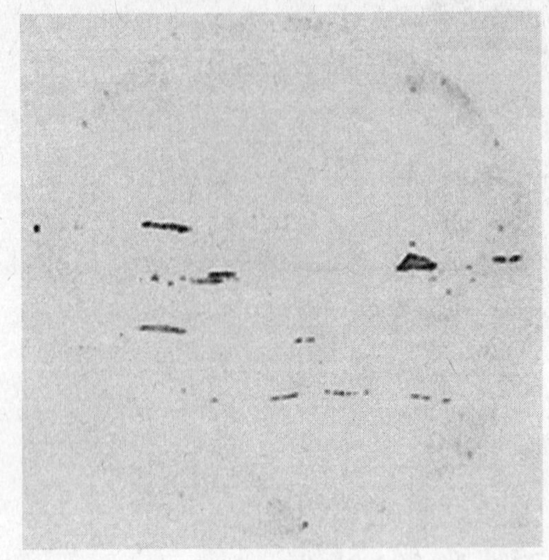

4a 级

A.6 第 6 级别图 点状不变形夹杂物

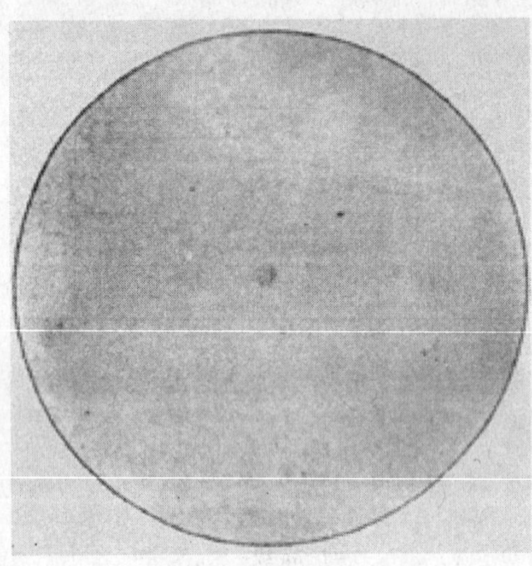

1a 级

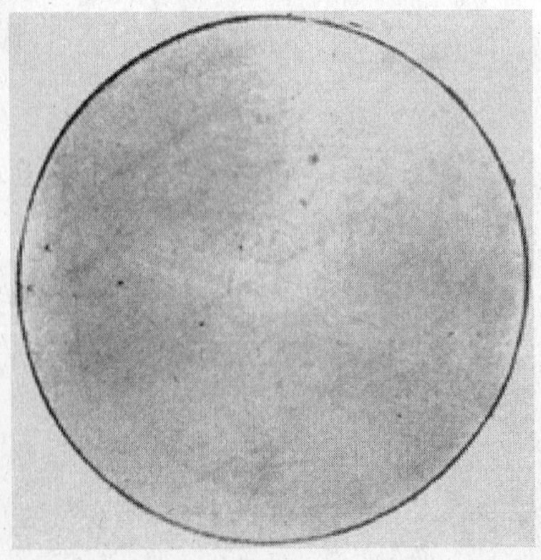

1b 级

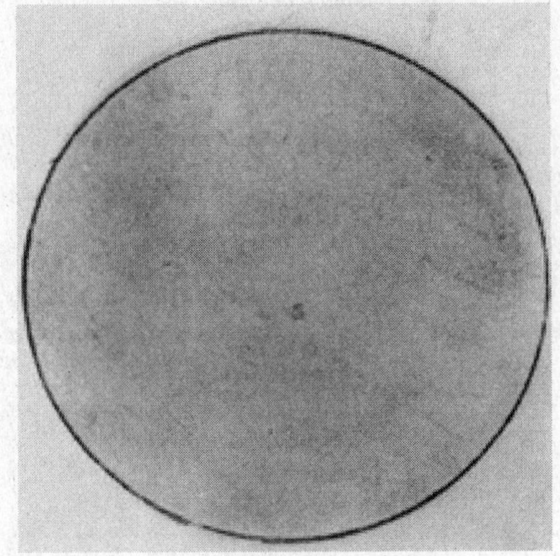

2a 级

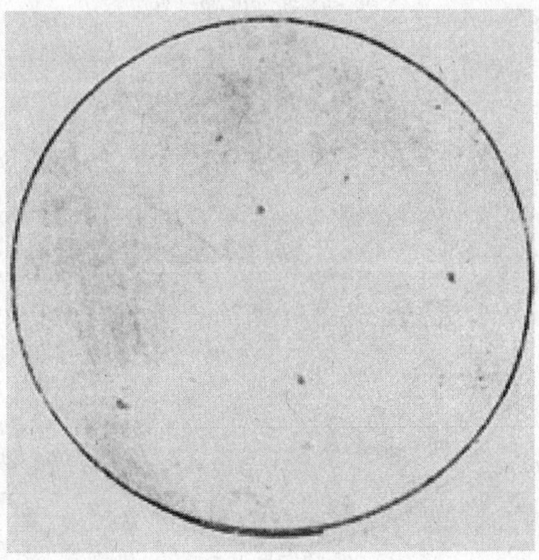

2b 级

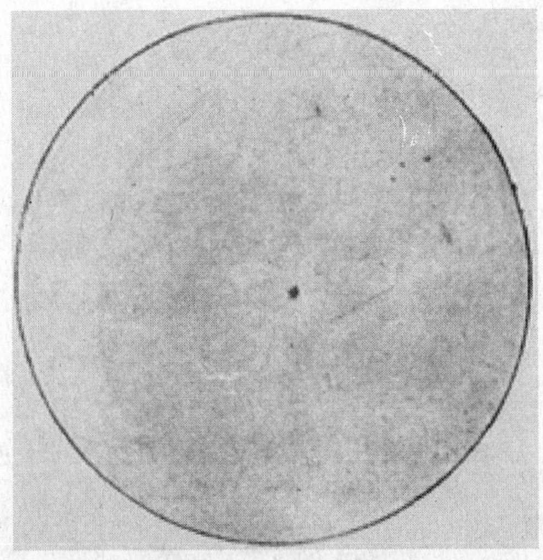

3a 级

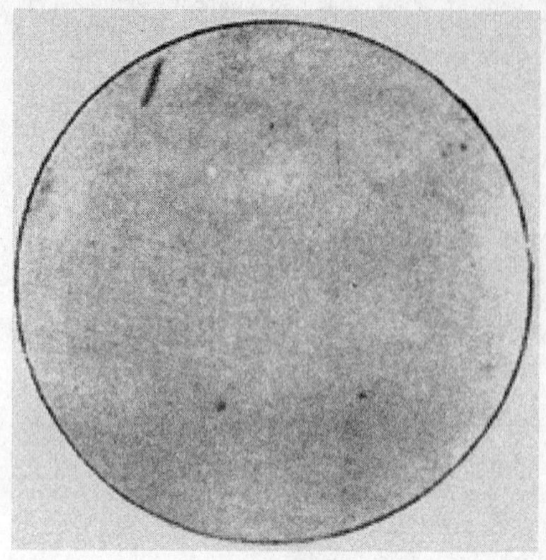

3b 级

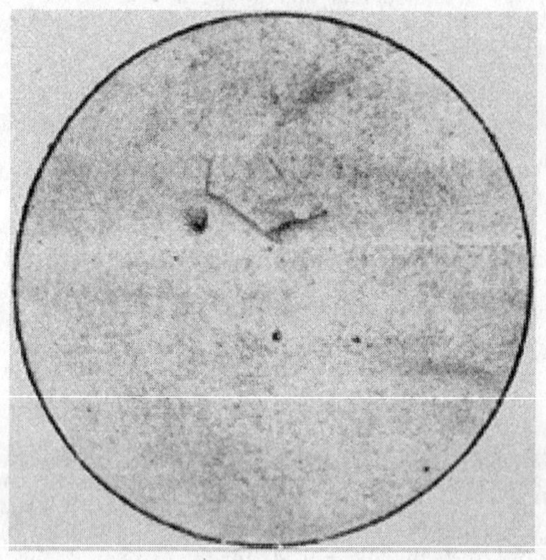

4a 级

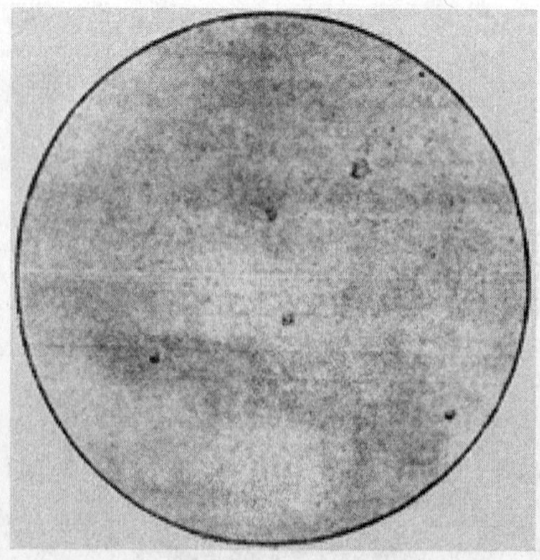

4b 级

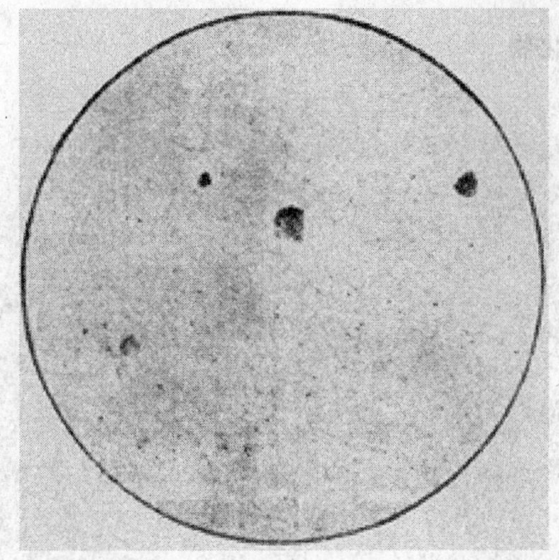

5a 级

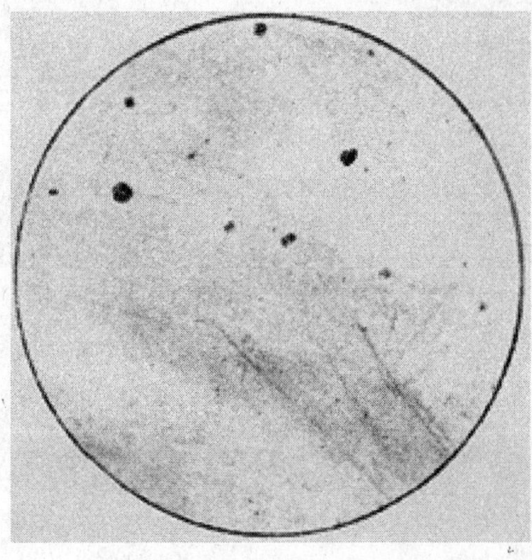

5b 级

A.7 第 7 级别图 显微孔隙

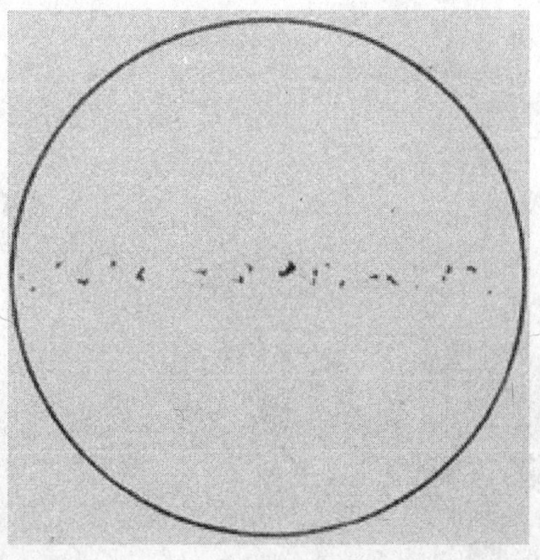

A.8 第8级别图 孪晶状碳化物

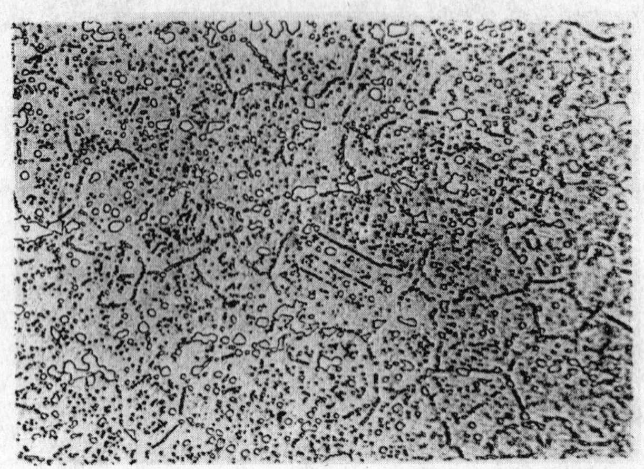

附 录 B
（规范性附录）
钢中非金属夹杂物的一种检验方法

B.1 根据需方要求，并在合同注明，可按附录A中的第4、5和6级别图评定钢材的非金属夹杂物。在不同支钢材上取5支试样，其合格级别应符合表B.1的规定。塑性硅酸盐按硫化物评级，脆性硅酸盐按氧化物评级。非金属夹杂物在钢材半径1/2处检验。

表 B.1 钢材非金属夹杂物合格级别

公称直径/mm	氧化物	硫化物	氧化物与硫化物之和	点状不变形夹杂物
	合格级别/级 不大于			
≤16	1.0	1.0	1.5	2.0
>16～30	2.0	2.0	3.5	2.0
>30	2.5	2.5	4.0	2.0

中华人民共和国国家标准

UDC 669.141
.3.018
.24
GB 3203—82

渗碳轴承钢技术条件

Specification for carburizing steels of bearings

本标准适用于制作轴承套圈及滚动件用的渗碳轴承钢钢坯、热轧和锻制圆钢及冷拉圆钢。

1 尺寸、外形

1.1 直径及其允许偏差

1.1.1 热轧圆钢的直径及其允许偏差应符合表1的规定。

表 1

mm

直 径	允许偏差	直 径	允许偏差	直 径	允许偏差	直 径	允许偏差
8	+0.6	23	+0.7	38	+0.9	75	+1.2
10		24		40		80	
11		25		42		85	+1.8
12		26		43		90	
13		27		44		95	
14		28		45		100	
15		29		46		105	
16		30		48		110	
17		32	+0.9	50		115	
18		33		52	+1.2	120	+2.5
19		34		55		125	
20		35		60		130	
21	+0.7	36		65		140	
22		37		70		150	

热轧圆钢椭圆度不得超过该尺寸公差的70％。

1.1.2 锻制圆钢的直径及其允许偏差应符合GB 908—72《锻制圆钢和方钢品种》的规定。

1.1.3 冷拉圆钢的直径及其允许偏差应符合GB 905—82《冷拉圆钢尺寸、外形和重量及其允许偏差》的第11级精度级的有关规定。

1.2 交货长度

钢材通常交货长度为3～5 m(对于多工位压力机使用的钢材,其长度可为3～6 m)，允许交付长度不小于2 m的钢材，但其重量不得超过该批总重量的10％。

国家标准局1982-09-23发布　　　　1983-07-01实施

1.3 弯曲度

热轧和锻制不退火钢材每米弯曲度应不大于5 mm，整根弯曲度应不大于10mm；退火材每米弯曲度应不大于4 mm。

冷拉圆钢的弯曲度应符合GB 905—82中第11级精度级的规定。

1.4 扭转

钢材不得有显著扭转。

1.5 端头形状

端头应锯切整齐，不得有马蹄形、飞边、毛刺及影响使用的切斜和压扁。钢材不允许气割。

2 技术要求

2.1 牌号和化学成分：

2.1.1 熔炼成分

钢材按熔炼成分交货。钢的牌号和化学成分（熔炼分析）应符合表2的规定。

表 2

序号	牌号	化学成分，%								
		C	Si	Mn	Cr	Ni	Mo	Cu	P	S
								不大于		
1	G20CrMo	0.17~0.23	0.20~0.35	0.65~0.95	0.35~0.65	—	0.08~0.15	0.25	0.030	0.030
2	G20CrNiMo	0.17~0.23	0.15~0.40	0.60~0.90	0.35~0.65	0.40~0.70	0.15~0.30	0.25	0.030	0.030
3	G20CrNi2Mo	0.17~0.23	0.15~0.40	0.40~0.70	0.35~0.65	1.60~2.00	0.20~0.30	0.25	0.030	0.030
4	G20Cr2Ni4	0.17~0.23	0.15~0.40	0.30~0.60	1.25~1.75	3.25~3.75	—	0.25	0.030	0.030
5	G10CrNi3Mo	0.08~0.13	0.15~0.40	0.40~0.70	1.00~1.40	3.00~3.50	0.08~0.15	0.25	0.030	0.030
6	G20Cr2Mn2Mo	0.17~0.23	0.15~0.40	1.30~1.60	1.70~2.00	≤0.30	0.20~0.30	0.25	0.030	0.030

当按高级优质钢供货时，其硫、磷含量应不大于0.020%，并在牌号后面标以字母“A”。

2.1.2 成品钢材化学成分允许偏差

钢材和钢坯的化学成分允许与表2比较有表3规定的偏差。

表 3

化学元素	C	Si	Mn	Cr	Ni	Mo	Cu	P	S
允许偏差 %	±0.02	±0.03	±0.04	±0.05	±0.05	±0.02	+0.05	+0.005	+0.005

2.2 冶炼方法：

钢应采用电炉或平炉冶炼，或电炉、平炉钢液经炉外精炼。高级优质钢还应经电渣重熔。经供需双方协议，亦可采用其他能满足本标准要求的冶炼方法。

2.3 交货状态：

热轧或锻制钢材以热轧（锻）状态交货或以退火状态交货。冷拉钢材应以退火（或回火）状态交货。

2.4 机械性能：

2.4.1 用经热处理毛坯制造的试样测定钢材的纵向机械性能应符合表 4 的规定。

表 4

序号	牌号	试样毛坯直径 mm	淬火 温度，℃ 第一次淬火	淬火 温度，℃ 第二次淬火	淬火 冷却剂	回火 温度，℃	回火 冷却剂	抗拉强度 σ_b kgf/mm²	伸长率 δ_5 %	收缩率 ψ %	冲击值 α_k kgf-m/cm²
								不小于			
1	G20CrNiMo	15	880 ± 20℃	790 ± 20℃	油	150 ~ 200	空	120	9	45	8
2	G20CrNi2Mo	25	880 ± 20℃	800 ± 20℃	油	150 ~ 200	空	100	13	45	8
3	G20Cr2Ni4	15	870 ± 20℃	790 ± 20℃	油	150 ~ 200	空	120	10	45	8
4	G10CrNi3Mo	15	880 ± 20℃	790 ± 20℃	油	180 ~ 200	空	110	9	45	8
5	G20Cr2Mn2Mo	15	880 ± 20℃	810 ± 20℃	油	180 ~ 200	空	130	9	40	7

注：G20CrMo 的机械性能积累数据供参考。

表 4 所列机械性能适用于截面尺寸小于等于80mm 的钢材。尺寸81～100mm的钢材，允许其伸长率、收缩率及冲击值较表 4 的规定分别降低 1 个单位、5 个单位及 5 %；尺寸101～150mm的钢材，允许其伸长率、收缩率及冲击值较表 4 的规定分别降低 2 个单位、10个单位及10%；尺寸151～250mm 的钢材，允许其伸长率、收缩率及冲击值较表 4 的规定分别降低 3 个单位、15个单位及15%。

用尺寸大于80mm的钢材改轧或改锻成70～80mm的试料取样检验时，其结果应符合表4的规定。

2.4.2 以退火状态交货的钢材，其硬度：G20Cr2Ni4（A）不大于241，其余钢号不大于229。

2.5 淬透性：

对于G20CrNiMo和G20CrNi2Mo钢，其末端淬透性要求应符合表 5 的规定。

表 5

牌号	试样热处理制度	硬度 HRC 距末端距离，mm 1.5	硬度 HRC 距末端距离，mm 9.0
G20CrNiMo	920～950℃，60min，正火 900±20℃，15～30min，水	40～48	23～38
G20CrNi2Mo	920±20℃，30min，正火 920±20℃，15～30min，水	41～48	≥30

注：表中未列的钢号，根据需方要求也可进行末端淬透性检验，其硬度值供参考。

2.6 酸浸低倍组织和塔形：

2.6.1 钢材应进行酸浸低倍组织检查。钢材横向酸浸试片上不得有缩孔、内部气泡、裂纹、翻皮、夹渣、白点和过烧，低倍组织的中心疏松、一般疏松和锭型偏析应分别按GB 1979—80《结构钢低倍组织缺陷评级图》的第一、二、三级别图评定，其合格级别应符合表 6 的规定。

表 6

钢类	合格级别，不大于		
	中心疏松	一般疏松	锭型偏析
优质钢	2.0	2.0	2.0
高级优质钢	1.5	1.5	1.5

2.6.2 直径大于16mm的钢材应进行酸浸塔形试样检查。塔形试样尺寸为：第一阶梯$D-6$mm，第二阶梯为$D\times\frac{2}{3}$mm，第三阶梯为$D\times\frac{1}{2}$mm。每阶长度为50mm，（D为成品钢材公称直径mm），高级优质钢不允许有发纹存在。优质钢的发纹要求应符合表 7 的规定。

表 7

序号	牌号	每阶发纹条数 条	发纹最大长度 mm	每阶发纹总长度 mm	发纹总长度 mm	发纹总条数 条
1	G20CrMo	4	6	15	25	5
2	G20CrNiMo	4	6	15	25	5
3	G20CrNi2Mo	4	6	15	25	5
4	G20Cr2Ni4	4	6	15	25	5
5	G10CrNi3Mo	4	6	15	25	5
6	G20Cr2Mn2Mo	4	8	15	40	8

发纹起算长度为0.6mm。在同一母线上两发纹间距小于2mm时，作为一条计算，不允许有连接两阶发纹存在。

2.7 非金属夹杂物：

钢材中的非金属夹杂物按YB 9—68《铬轴承钢技术条件》第四级别图评定，其合格级别应符合表 8 的规定。

表 8

钢类	脆性夹杂物	塑性夹杂物	点状不变形夹杂物
优质钢	≤3.0	≤3.0	≤3.0
高级优质钢	≤2.0	≤2.0	≤2.0

2.8 晶粒度：

钢材的奥氏体晶粒度为5～8级（渗碳法，也可以用其他方法，但仲裁时用渗碳法）。

2.9 显微组织：

对于G20CrNiMo和G20CrNi2Mo钢的带状组织应不大于3级。带状组织应在退火状态检查，对不退火钢材供方若能保证退火状态的带状组织合格也可在热轧状态检查。

2.10 表面质量：

钢材应加工良好，表面不得有裂纹、折迭、拉裂、结疤和夹杂及其他对使用有害的缺陷。冷拉钢表面并应洁净、无锈蚀。

压力加工用钢表面有害缺陷清除深度，从实际尺寸算起，直径小于和等于80mm的圆钢，不得超过该尺寸公差之半；直径大于80mm的圆钢不得超过该尺寸公差。

切削加工用钢表面有害缺陷清除深度，从公称尺寸算起，直径小于和等于80mm的圆钢，不得超过该尺寸公差之半；直径大于80mm的圆钢，不得超过该尺寸公差。对于切削加工用圆钢，深度不超过公差之半的表面缺陷可不清除。

2.11 超声波检查：

对于G20CrNi2MoA和G20Cr2Ni4A钢，供方必须在钢坯或钢材上逐支进行超声波探伤检查，其余钢号及上述两钢号优质钢根据需方要求时方进行此项检查。超声波检查方法均按各供方厂现行技术标准进行。

2.12 上述检验项目，根据需方要求可以减少。

3 试验方法

钢材质量试验方法和取样要求应符合表9的规定。

直径大于130mm的成品钢材，所有机械性能和高低倍检验项目（夹杂、低倍、机械性能、带状、晶粒度、末端淬透性、塔形）试料，可改锻成70～80mm圆钢进行检验。

表 9

序号	检验项目	取样部位	取样数量，个			试验方法
			G20Cr2Mn2Mo G20CrMo	G20CrNiMo G20CrNi2Mo	G20Cr2Ni4 G10CrNi3Mo	
1	化学成分	电炉、平炉为熔炼成分，电渣锭头部	1	1	1	GB 222—63 GB 223—81、82 YB 35—78
2	非金属夹杂	>60mm的钢材，电炉、平炉钢为头部，电渣钢头尾部	2	2	2	YB 9—68
		≤60mm的电炉、平炉钢材任意部位	3	3	3	
3	低倍	电炉、平炉钢头部，电渣钢头尾部	2	2	2	GB 226—77 GB 1979—80评级图
4	机械性能	不同根钢材	2	2	2	GB 228—76 GB 229—63 GB 2975—82
5	退火硬度		3	3	3	GB 231—63
6	带状组织	不同根钢材	—	2	—	YB 31—64
7	晶粒度	不同根钢材	1	1	1	YB 27—77

续表 9

序号	检验项目	取样部位	取样数量，个			试验方法
			G20Cr2Mn2Mo G20CrMo	G20CrNiMo G20CrNi2Mo	G20Cr2Ni4 G10CrNi3Mo	
8	末端淬透性	不同根钢材	—	1	—	GB 225—63
9	超声波检查	逐支坯或材	—	—	—	各生产厂现行方法
10	尺寸检查	逐支坯或材	逐支	逐支	逐支	卡尺
11	表面质量检查	逐支坯或材	逐支	逐支	逐支	肉眼或其他有效方法
12	塔形发纹检查	电炉、平炉钢任意，电渣钢头尾	2*	2*	2*	YB 47—64

4 检验规则

4.1 检查和验收

钢材的检查和验收由供方技术监督部门进行。需方有权按本标准规定进行检查和验收。

4.2 组批规则

钢材应按批进行检查和验收。每批应由同一熔炼炉号、同一加工方法、同一尺寸、同一交货状态和同一热处理炉次的钢材组成。电渣炉按电渣炉号组批，当电渣工艺稳定且能保证符合本标准各项技术要求时，则允许按自耗电极母炉号组批。但供方应按电渣炉号提供化学成分数据，并在钢材上注明电渣炉炉号。

4.3 复验和判定规则

当某项检验结果不合格时（白点除外），允许另取双倍数量的试样对该不合格项目进行复验。若复验结果仍不合格，供方可重新热处理或重新组批作为新的一批提交验收。

5 包装、标志和质量证明书

热轧、锻制和冷拉圆钢的包装、标志和质量证明书应符合GB 2101—80《型钢验收、包装、标志及质量证明书的一般规定》的有关规定。

附加说明：

本标准由中华人民共和国冶金工业部提出。

本标准由大冶钢厂负责起草。

本标准主要起草人叶瑞强、张圭壁。

---

* 若以电渣炉一炉为一批则每炉只检查一个，若电渣钢以母材炉号组批则每批取 2 个。

ICS 77.140.50
H 46

中华人民共和国国家标准

GB/T 4171—2008
代替 GB/T 4171、GB/T 4172—2000、GB/T 18982—2003

耐候结构钢

Atmospheric corrosion resisting structural steel

2008-10-10 发布　　　　2009-05-01 实施

中华人民共和国国家质量监督检验检疫总局
中国国家标准化管理委员会　发布

前　言

本标准参考了 EN 10025-5:2004《结构钢热轧产品——第 5 部分:改善耐大气腐蚀性结构钢交货技术条件》、ISO 4952:2006《改善耐大气腐蚀性结构钢》、ISO 5952:2005《改善耐大气腐蚀性结构用热连轧钢板》、ASTM A242/A242M-04《高强度低合金结构钢》、ASTM A588/A588M-05《最小屈服点为 50 ksi [345 MPa]高强度低合金耐大气腐蚀钢》、ASTM A606-04《耐大气腐蚀的高强度低合金热轧及冷轧钢板和钢带》、ASTM A871/A871M-03《耐大气腐蚀的高强度低合金钢板》、JIS G 3114:2004《焊接结构用耐候钢》和 JIS G 3125:2004《高耐候性轧制钢材》等,结合国内耐候钢的发展和应用情况,对 GB/T 4171—2000《高耐候结构钢》、GB/T 4172—2000《焊接结构用耐候钢》、GB/T 18982—2003《集装箱用耐腐蚀钢板及钢带》进行了整合修订。

本标准代替 GB/T 4171—2000《高耐候结构钢》、GB/T 4172—2000《焊接结构用耐候钢》和 GB/T 18982—2003《集装箱用耐腐蚀钢板及钢带》。

本标准与上述三个标准相比,对下列主要技术内容进行了修改:

——重新制定标准名称;

——重新制定钢牌号;

——重新制定各牌号的化学成分和力学性能;

——增加了关于评估耐大气腐蚀性相对大小的附录。

本标准的附录 A、附录 B、附录 C、附录 D 为资料性附录。

本标准由中国钢铁工业协会提出。

本标准由全国钢标准化技术委员会归口。

本标准主要起草单位:鞍钢股份有限公司、冶金工业信息标准研究院、广州珠江钢铁有限责任公司、首钢总公司、安阳钢铁集团有限责任公司。

本标准主要起草人:管吉春、朴志民、王晓虎、李烈军、李轲新、韦弦。

本标准所代替标准的历次版本发布情况为:

——GB/T 4171—84、GB/T 4171—2000;

——GB/T 4172—84、GB/T 4172—2000;

——GB/T 18982—2003。

耐候结构钢

1 范围

本标准规定了耐候结构钢的尺寸、外形、重量及允许偏差、技术要求、试验方法、检验规则、包装、标志及质量证明书。

本标准适用于车辆、桥梁、集装箱、建筑、塔架和其他结构用具有耐大气腐蚀性能的热轧和冷轧的钢板、钢带和型钢。耐候钢可制作螺栓连接、铆接和焊接的结构件。

2 规范性引用文件

下列文件中的条款通过本标准的引用而成为本标准的条款。凡是注日期的引用文件，其随后所有的修改单(不包括勘误的内容)或修订版均不适用于本标准，然而，鼓励根据本标准达成协议的各方研究是否可使用这些文件的最新版本。凡是不注日期的引用文件，其最新版本适用于本标准。

GB/T 222　钢的成品化学成分允许偏差

GB/T 223.3　钢铁及合金化学分析方法　二安替比林甲烷磷钼酸重量法测定磷量

GB/T 223.5　钢铁　酸溶硅和全硅含量的测定　还原型硅钼酸盐分光光度法

GB/T 223.9　钢铁及合金　铝含量的测定　铬天青S分光光度法

GB/T 223.11　钢铁及合金　铬含量的测定　可视滴定或电位滴定法

GB/T 223.14　钢铁及合金化学分析方法　钽试剂萃取光度法测定钒含量

GB/T 223.16　钢铁及合金化学分析方法　变色酸光度法测定钛量

GB/T 223.19　钢铁及合金化学分析方法　新亚铜灵-三氯甲烷萃取光度法测定铜量

GB/T 223.23　钢铁及合金　镍含量的测定　丁二酮肟分光光度法

GB/T 223.26　钢铁及合金　钼含量的测定　硫氰酸盐分光光度法

GB/T 223.30　钢铁及合金化学分析方法　对-溴苦杏仁酸沉淀分离-偶氮胂Ⅲ分光分度法测定锆量

GB/T 223.40　钢铁及合金　铌含量的测定　氯磺酚S分光光度法

GB/T 223.59　钢铁及合金　磷含量的测定　铋磷钼蓝分光光度法　锑磷钼蓝分光光度法

GB/T 223.60　钢铁及合金化学分析方法　高氯酸脱水重量法测定硅含量

GB/T 223.61　钢铁及合金化学分析方法　磷钼酸胺容量法测定磷量

GB/T 223.62　钢铁及合金化学分析方法　乙酸丁酯萃取光度法测定磷量

GB/T 223.63　钢铁及合金化学分析方法　高碘酸钠(钾)光度法测定锰量

GB/T 223.64　钢铁及合金　锰含量的测定　火焰原子吸收光谱法

GB/T 223.67　钢铁及合金　硫含量的测定　次甲基蓝分光光度法

GB/T 223.68　钢铁及合金化学分析方法　管式炉内燃烧后碘酸钾滴定法测定硫含量

GB/T 223.69　钢铁及合金　碳含量的测定　管式炉内燃烧后气体容量法

GB/T 223.71　钢铁及合金化学分析方法　管式炉内燃烧后重量法测定碳含量

GB/T 223.72　钢铁及合金　硫含量的测定　重量法

GB/T 223.76　钢铁及合金化学分析方法　火焰原子吸收光谱法测定钒量

GB/T 228　金属材料　室温拉伸试验方法(GB/T 228—2002，eqv ISO 6892:1998)

GB/T 229　金属材料　夏比摆锤冲击试验方法(GB/T 229—2007，ISO 148-1:2006，MOD)

GB/T 232　金属材料　弯曲试验方法(GB/T 232—1999，eqv ISO 7438:1985)

GB/T 247　钢板和钢带检验、包装、标志及质量证明书的一般规定

GB/T 708　冷轧钢板和钢带的尺寸、外形、重量及允许偏差

GB/T 709　热轧钢板和钢带的尺寸、外形、重量及允许偏差

GB/T 2101　型钢验收、包装、标志及质量证明书的一般规定

GB/T 2975　钢及钢产品力学性能试样取样位置及试样制备(GB/T 2975—1998,eqv ISO 377:1997)

GB/T 4336　碳素钢和中低合金钢火花源原子发射光谱分析方法(常规法)

GB/T 6394　金属平均晶粒度测定法

GB/T 10561　钢中非金属夹杂物含量的测定　标准评级图显微检验法(GB/T 10561—2005,ISO 4967:1998(E),IDT)

GB/T 17505　钢及钢产品一般交货技术要求(GB/T 17505—1998,eqv ISO 404:1992)

GB/T 20066　钢和铁　化学成分测定用试样的取样和制样方法(GB/T 20066—2006,ISO 14284:1996,IDT)

GB/T 20125　低合金钢　多元素含量的测定　电感耦合等离子体原子发射光谱法

YB/T 081　冶金技术标准的数值修约与检测数值的判定原则

3　术语和定义

本标准采用下列术语和定义:

3.1

耐候钢　atmospheric corrosion resisting steel

通过添加少量的合金元素如 Cu、P、Cr、Ni 等,使其在金属基体表面上形成保护层,以提高耐大气腐蚀性能的钢。

4　分类和代号

4.1　分类

各牌号的分类及用途见表 1。

表 1

类别	牌　号	生产方式	用　途
高耐候钢	Q295GNH、Q355GNH	热轧	车辆、集装箱、建筑、塔架或其他结构件等结构用,与焊接耐候钢相比,具有较好的耐大气腐蚀性能
	Q265GNH、Q310GNH	冷轧	
焊接耐候钢	Q235NH、Q295NH、Q355NH Q415NH、Q460NH、Q500NH Q550NH	热轧	车辆、桥梁、集装箱、建筑或其他结构件等结构用,与高耐候钢相比,具有较好的焊接性能

4.2　牌号表示方法

钢的牌号由“屈服强度”、“高耐候”或“耐候”的汉语拼音首位字母“Q”、“GNH”或“NH”、屈服强度的下限值以及质量等级(A、B、C、D、E)组成。

例如:Q355GNHC

Q——屈服强度中“屈”字汉语拼音的首位字母;

355——钢的下屈服强度的下限值,单位为 N/mm^2;

GNH——分别为“高”、“耐”和“候”字汉语拼音的首位字母;

C——质量等级。

5 订货内容

订货时用户需提供以下信息：

a) 本标准号；

b) 产品名称(钢板、钢带或型钢)；

c) 牌号；

d) 规格及尺寸外形允许偏差；

e) 交货状态；

f) 重量；

g) 其他要求。

6 尺寸、外形、重量及允许偏差

6.1 尺寸

不同牌号的供货尺寸范围见表2。经供需双方协商，可以供表2以外的规格。

表2

单位为毫米

牌号	厚度或直径	
	钢板和钢带	型钢
Q235NH	≤100	≤100
Q295NH	≤100	≤100
Q295GNH	≤20	≤40
Q355NH	≤100	≤100
Q355GNH	≤20	≤40
Q415NH	≤60	—
Q460NH	≤60	—
Q500NH	≤60	—
Q550NH	≤60	—
Q265GNH	≤3.5	—
Q310GNH	≤3.5	—

6.2 尺寸允许偏差

6.2.1 热轧钢板和钢带的尺寸、外形、重量及允许偏差应符合GB/T 709的规定。

6.2.2 冷轧钢板和钢带的尺寸、外形、重量及允许偏差应符合GB/T 708的规定。

6.2.3 型钢的尺寸、外形、重量及允许偏差应符合有关产品标准的规定。

7 技术要求

7.1 钢的牌号和化学成分

7.1.1 钢的牌号和化学成分(熔炼分析)应符合表3的规定。

表 3

牌号	化学成分(质量分数)/%							
	C	Si	Mn	P	S	Cu	Cr	Ni	其他元素
Q265GNH	≤0.12	0.10~0.40	0.20~0.50	0.07~0.12	≤0.020	0.20~0.45	0.30~0.65	0.25~0.50[e]	a,b
Q295GNH	≤0.12	0.10~0.40	0.20~0.50	0.07~0.12	≤0.020	0.25~0.45	0.30~0.65	0.25~0.50[e]	a,b
Q310GNH	≤0.12	0.25~0.75	0.20~0.50	0.07~0.12	≤0.020	0.20~0.50	0.30~1.25	≤0.65	a,b
Q355GNH	≤0.12	0.20~0.75	≤1.00	0.07~0.15	≤0.020	0.25~0.55	0.30~1.25	≤0.65	a,b
Q235NH	≤0.13[f]	0.10~0.40	0.20~0.60	≤0.030	≤0.030	0.25~0.55	0.40~0.80	≤0.65	a,b
Q295NH	≤0.15	0.10~0.50	0.30~1.00	≤0.030	≤0.030	0.25~0.55	0.40~0.80	≤0.65	a,b
Q355NH	≤0.16	≤0.50	0.50~1.50	≤0.030	≤0.030	0.25~0.55	0.40~0.80	≤0.65	a,b
Q415NH	≤0.12	≤0.65	≤1.10	≤0.025	≤0.030[d]	0.20~0.55	0.30~1.25	0.12~0.65[e]	a,b,c
Q460NH	≤0.12	≤0.65	≤1.50	≤0.025	≤0.030[d]	0.20~0.55	0.30~1.25	0.12~0.65[e]	a,b,c
Q500NH	≤0.12	≤0.65	≤2.0	≤0.025	≤0.030[d]	0.20~0.55	0.30~1.25	0.12~0.65[e]	a,b,c
Q550NH	≤0.16	≤0.65	≤2.0	≤0.025	≤0.030[d]	0.20~0.55	0.30~1.25	0.12~0.65[e]	a,b,c

[a] 为了改善钢的性能,可以添加一种或一种以上的微量合金元素:Nb 0.015%~0.060%,V 0.02%~0.12%,Ti 0.02%~0.10%,Alt ≥0.020%。若上述元素组合使用时,应至少保证其中一种元素含量达到上述化学成分的下限规定。

[b] 可以添加下列合金元素:Mo≤0.30%,Zr≤0.15%。

[c] Nb、V、Ti 等三种合金元素的添加总量不应超过 0.22%。

[d] 供需双方协商,S 的含量可以不大于 0.008%。

[e] 供需双方协商,Ni 含量的下限可不做要求。

[f] 供需双方协商,C 的含量可以不大于 0.15%。

7.1.2 成品钢材化学成分的允许偏差应符合 GB/T 222 的规定。

7.2 冶炼方法

钢采用转炉或电炉冶炼,且为镇静钢。除非需方有特殊要求,冶炼方法由供方选择。

7.3 交货状态

热轧钢材以热轧、控轧或正火状态交货,牌号为 Q460NH、Q500NH、Q550NH 的钢材可以淬火加回火状态交货,冷轧钢材一般以退火状态交货。

7.4 力学性能和工艺性能

7.4.1 钢材的力学性能和工艺性能应符合表 4 的规定。

表 4

牌 号	拉伸试验[a]									180°弯曲试验弯心直径		
	下屈服强度 R_{eL}/(N/mm²) 不小于				抗拉强度 R_m/(N/mm²)	断后伸长率 A/% 不小于						
	≤16	>16~40	>40~60	>60		≤16	>16~40	>40~60	>60	≤6	>6~16	>16
Q235NH	235	225	215	215	360~510	25	25	24	23	a	a	$2a$
Q295NH	295	285	275	255	430~560	24	24	23	22	a	$2a$	$3a$
Q295GNH	295	285	—	—	430~560	24	24	—	—	a	$2a$	$3a$
Q355NH	355	345	335	325	490~630	22	22	21	20	a	$2a$	$3a$
Q355GNH	355	345	—	—	490~630	22	22	—	—	a	$2a$	$3a$
Q415NH	415	405	395	—	520~680	22	22	20	—	a	$2a$	$3a$
Q460NH	460	450	440	—	570~730	20	20	19	—	a	$2a$	$3a$
Q500NH	500	490	480	—	600~760	18	16	15	—	a	$2a$	$3a$
Q550NH	550	540	530	—	620~780	16	16	15	—	a	$2a$	$3a$
Q265GNH	265	—	—	—	≥410	27	—	—	—	a	—	—
Q310GNH	310	—	—	—	≥450	26	—	—	—	a	—	—

注：a 为钢材厚度。

[a] 当屈服现象不明显时，可以采用 $R_{P0.2}$。

7.4.2 钢材的冲击性能应符合表 5 的规定。

表 5

质量等级	V 型缺口冲击试验[a]		
	试样方向	温度/℃	冲击吸收能量 KV_2/J
A	纵向	—	—
B		+20	≥47
C		0	≥34
D		−20	≥34
E		−40	≥27[b]

[a] 冲击试样尺寸为 10 mm×10 mm×55 mm。

[b] 经供需双方协商，平均冲击功值可以≥60 J。

7.4.2.1 经供需双方协商，高耐候钢可以不作冲击试验。

7.4.2.2 冲击试验结果按三个试样的平均值计算，允许其中一个试样的冲击吸收能量小于规定值，但不得低于规定值的 70%。

7.4.2.3 厚度不小于 6 mm 或直径不小于 12 mm 的钢材应做冲击试验。对于厚度≥6 mm~<12 mm 或直径≥12 mm~<16 mm 的钢材做冲击试验时，应采用 10 mm×5 mm×55 mm 或 10 mm×7.5 mm×55 mm 小尺寸试样，其试验结果应不小于表 5 规定值的 50% 或 75%。应尽可能取较大尺寸的冲击试样。

7.5 其他要求

根据需方要求，经供需双方协商，并在合同中注明，可增加以下检验项目。

a) 晶粒度

钢材的晶粒度应不小于 7 级，晶粒度不均匀性应在三个相邻级别范围内。

b) 非金属夹杂物

钢材的非金属夹杂物应按 GB/T 10561 的 A 法进行检验，其结果应符合表 6 的规定。

表 6

A	B	C	D	DS
≤2.5	≤2.0	≤2.5	≤2.0	≤2.0

7.6 表面质量

7.6.1 钢材表面不得有裂纹、结疤、折叠、气泡、夹杂和分层等对使用有害的缺陷。如有上述缺陷，允许清除，清除的深度不得超过钢材厚度公差之半。清除处应圆滑无棱角。型钢表面缺陷不得横向铲除。

7.6.2 热轧钢材表面允许存在其他不影响使用的缺陷，但应保证钢材的最小厚度。

7.6.3 冷轧钢板和钢带表面允许有轻微的擦伤、氧化色、酸洗后浅黄色薄膜、折印、深度或高度不大于公差之半的局部麻点、划伤和压痕。

7.6.4 钢带允许带缺陷交货，但有缺陷的部分不得超过钢带总长度的 8%。

8 试验方法

8.1 钢材的外观应目视检查。

8.2 钢材的尺寸、外形应用合适的测量工具测量。

8.3 每批钢材的检验项目、试样数量、取样方法和试验方法应符合表 7 的规定。

表 7

序号	试验项目	试样数量	取样方法	试验方法
1	化学分析	1 个/炉	GB/T 20066	GB/T 223、GB/T 4336、GB/T 20125
2	拉伸试验	1 个/批	GB/T 2975	GB/T 228
3	弯曲试验	1 个/批	GB/T 2975	GB/T 232
4	冲击试验	1 组(3 个)/批	GB/T 2975	GB/T 229
5	晶粒度	1 个/批	GB/T 6394	GB/T 6394
6	非金属夹杂物	1 个/批	GB/T 10561	GB/T 10561

9 检验规则

9.1 组批规则

钢材应成批验收。每批由同一牌号、同一炉号、同一规格、同一轧制制度和同一交货状态的钢材组成；冷轧产品每批重量不得超过 30 t。

9.2 复验

9.2.1 如果冲击试验结果不符合规定时，应从同一取样产品上再取 3 个试样进行试验，先后 6 个试样的平均值应不小于表 5 的规定值，允许其中有 2 个试样低于规定值，但低于规定值 70% 的试样只允许有一个。

9.2.2 钢材的其他复验应符合 GB/T 17505 或 GB/T 2101 的规定。

9.3 数值修约

除非在合同或订单中另有规定，当需要评定试验结果是否符合规定值时，其修约方法应按 YB/T 081的规定进行。

10 包装、标志和质量证明书

钢材的包装、标志和质量证明书应符合 GB/T 247 或 GB/T 2101 的规定。

附 录 A
（资料性附录）
新旧牌号及相近牌号对照表

本标准的牌号与旧牌号及相近牌号对照见表 A.1。

表 A.1

GB/T 4171—2008	GB/T 4171—2000	GB/T 4172—2000	GB/T 18982—2003	TB/T 1979—2003
Q235NH	—	Q235NH	—	—
Q295NH	—	Q295NH	—	—
Q295GNH	Q295GNHL	—	—	09CuPCrNi-B
Q355NH	—	Q355NH	—	—
Q355GNH	Q345GNHL	—	—	09CuPCrNi-A
Q415NH	—	—	—	—
Q460NH	—	—	—	—
Q500NH	—	—	—	—
Q550NH	—	—	—	—
Q265GNH	Q295GNHL	—	—	09CuPCrNi-B
Q310GNH	—	—	Q310GNHLJ	09CuPCrNi-A

附 录 B
（资料性附录）
本标准牌号与国外相近牌号对照表

本标准的牌号与国外相近牌号对照见表 B.1。

表 B.1

GB/T 4171—2008	ISO 4952：2006	ISO 5952：2005	EN 10025-5：2004	JIS G 3114：2004	JIS G 3125：2004	ASTM			
						A242M-04	A588M-05	A606-04	A871M-03
Q235NH	S235W	HSA235W	S235J0W S235J2W	SMA400AW SMA400BW SMA400CW	—	—	—	—	—
Q295NH	—	—	—	—	—	—	—	—	—
Q295GNH	—	—	—	—	—	—	—	—	—
Q355NH	S355W	HSA355W2	S355J0W S355J2W S355K2W	SMA490AW SMA490BW SMA490CW	—	—	Grade K	—	—
Q355GNH	S355WP	HSA355W1	S355J0WP S355J2WP	—	SPA-H	Type1	—	—	—
Q415NH	S415W	—	—	—	—	—	—	—	60
Q460NH	S460W	—	—	SMA570W SMA570P	—	—	—	—	65
Q500NH	—	—	—	—	—	—	—	—	—
Q550NH	—	—	—	—	—	—	—	—	—
Q265GNH	—	—	—	—	—	—	—	—	—
Q310GNH	—	—	—	—	SPA-C		—	Type4	—

注 1：本表只是钢级的对照，未包括牌号的质量等级。

注 2：A242M、A588M、A606 等标准中只规定一个钢级，没有牌号，但有多个化学成分与其对应，本表只列出与本标准相似的化学成分的代号。

附 录 C
（资料性附录）
改善耐大气腐蚀性能钢材的附加信息

自保护氧化层的耐腐蚀的效果与其组成成分以及钢中合金元素及其化合物的作用有关。耐大气腐蚀性能取决于基板的自动保护氧化层的形成过程中干湿交替的气候条件。所提供的保护作用与环境以及主要是在结构中的部位等其他条件有关。

在结构件的设计及生产过程中，对于表面自动保护氧化层的形成及再生应作出规定。对于设计者来说，在计算过程中考虑裸露钢材的腐蚀，或者是提高产品的厚度对浸蚀进行补偿。

在空气中含有某些特殊的化学物质或者结构件长时间与水接触、或一直裸露在潮湿的空气中、或在海洋性气候中使用时，建议采用常规表面保护。在涂漆前需去除产品表面的氧化铁皮。在相同条件下，涂漆后耐大气腐蚀钢的腐蚀敏感程度小于一般的结构钢。

非暴露结构件的表面与制造过程有关，需保持通风。否则需进行适当的表面保护。保护程度与最敏感的气候条件和结构件在腐蚀过程中的有效期有关。因此，就不同的用途选用何种合适的产品这一问题，使用方应与制造方进行协商。

附 录 D
（资料性附录）
评估低合金钢的耐大气腐蚀性指南

本附录译自 ISO 5952:2005 的附录 A，与此相关的详细内容可以参见 ASTM G101。参照此附录，可以对各牌号耐腐蚀性的相对大小进行评估。在 ASTM 相关标准中，钢材具有较好的耐大气腐蚀性能时，要求其按本附录计算出的耐腐蚀性指数应为 6.0 或 6.0 以上。

D.1 范围

本附录提供通过化学成分对低合金钢的耐大气腐蚀性进行评估的一种方法。

本方法利用基于钢的化学成分的预测公式计算钢的耐腐蚀性指数。

由于世界上有多种耐腐蚀性指数正在使用，因此当选择一种指数时，考虑到不同的使用环境和钢的化学成分是必要的。基于使用环境和钢的化学成分的不同，任何指数都可能不适用，因此，由供需双方共同来确定使用那种指数以及在预计的使用环境中该指数的大小是必要的。

D.2 术语

低合金钢是含有合金元素总量大于 1%但小于 5%的碳钢。

注：大多数“低合金耐候钢”含有添加的 Cr 和 Cu 元素，也可能含有添加的 Si、Ni、P 或其他的能增加耐大气腐蚀性能的合金元素。

D.3 方法

D.3.1 Legault 和 Leckie 公布了基于钢的化学成分来预测暴露于不同大气环境下 15.5 年后的低合金钢的腐蚀情况的公式。该公式是以 Larrabee 和 Coburn 公布的大量数据为基础的。

D.3.2 为了使用，工业环境（Kearny，N.J.）下的 Legault-Leckie 公式被修改以便能计算基于化学成分的耐大气腐蚀性指数。这些修改包括常量的删除和公式中变量符号的变动。修改后的耐大气腐蚀性指数（I）计算公式如下。指数越大，钢的耐腐蚀性能越好。

$$I=26.01(\%Cu)+3.88(\%Ni)+1.20(\%Cr)+1.49(\%Si)+17.28(\%P)-7.29(\%Cu)(\%Ni)-9.10(\%Ni)(\%P)-33.39(\%Cu)^2$$

D.3.3 预测公式应使用在钢的化学成分满足 Larrabee—Coburn 试验时的化学成分范围的情况下。这些化学成分范围如下：

Cu 0.012%～0.51%

Ni 0.05%～1.1%

Cr 0.10%～1.3%

Si 0.10%～0.64%

P 0.01%～0.12%

D.3.4 最小允许耐大气腐蚀性指数应由制造商（供应商）和购买商双方协议确定。

ICS 77.140.20
H 40

中华人民共和国国家标准

GB/T 5216—2004
代替 GB/T 5216—1985

保证淬透性结构钢

Structural steels subject to end-quench hardenability requirements

2004-01-19 发布 2004-07-01 实施

中华人民共和国国家质量监督检验检疫总局
中国国家标准化管理委员会 发布

前　言

本标准代替 GB/T 5216—1985《保证淬透性结构钢技术条件》。

本标准与 GB/T 5216—1985 相比主要变化如下：

——将标准名称更改为《保证淬透性结构钢》；

——增加了“规范性引用文件”、“订货内容”和“冶炼方法”等章节；

——在 6.3 条中增加了“根据供需双方协议，压力加工用圆钢，表面可经车削、剥皮或其他精整方法交货”；

——牌号由 15 个增加到 24 个（不包括半易切削钢），增加了 15CrH、20Cr1H、15CrMoH、20CrMoH、22CrMoH、42CrMoH、16CrMnH、20CrMnH、15CrMnBH、17CrMnBH、20CrNi2MoH 等 11 个牌号，删除了 20MnMoBH 和 22MnVBH 等 2 个牌号，并增加了牌号的统一数字代号；

——加严了硫、磷、铬、镍、铜等残余元素含量的要求；

——将淬透性带由一个带分为 H、HH、HL 三个带，并增加“末端淬透性可以采用实测和按公式计算淬透性两种供货方式”；

——删除了表 3 中“压痕直径”、原 3.1.3、3.1.5、3.3.2、3.4.2 条，以及关于“断口检验”的规定；

——将原 3.6.2 条中“偏析”改为“锭型偏析”，并高级优质钢的锭型偏析由 2.5 级改为 2 级；

——将原 3.7.1 条“钢中非金属夹杂物检验”由协议项目改为基本保证项目，并按 A、B、C、D 类规定了合格级别；

——将原 3.7.2 条改为“钢的奥氏体晶粒度不小于 5 级”；

——将原 3.9 条中“c. 检验非含硼钢的冲击韧性”更改为“c. 检验力学性能”，并增加了“钢中氧含量检验”；

——增加了新增 11 个牌号的淬透性曲线，删除了 20MnMoBH 和 22MnVBH 的淬透性曲线；

——增加了“附录 A　钢的淬透性计算方法”和“附录 B 表 B.1 中新增牌号与国外牌号的对照表”。

本标准的附录 A 和附录 B 是资料性的附录。

本标准由中国钢铁工业协会提出。

本标准由全国钢标准化技术委员会归口。

本标准起草单位：钢铁研究总院、江阴兴澄钢铁有限公司、冶金工业标准信息研究院、辽特集团抚顺特钢股份公司、西宁特殊钢有限责任公司、辽特集团大连金牛股份公司。

本标准主要起草人：陈思联、王毛球、栾燕、惠荣、杜彩霞、穆敬飞、真娟、戴强。

本标准 1985 年 7 月首次发布。

保 证 淬 透 性 结 构 钢

1 范围

本标准规定了热轧和热锻的保证淬透性结构钢钢材尺寸、外形、重量及允许偏差、技术要求、试验方法、检验规则、包装、标志和质量证明书等。

本标准适用于机械制造用直径或厚度不小于 30 mm 的保证淬透性的热轧及热锻结构钢条钢。用末端淬火方法测定或按公式计算钢的淬透性。

2 规范性引用文件

下列文件中的条款通过本标准的引用而成为本标准的条款。凡是注日期的引用文件,其随后所有的修改单(不包括勘误的内容)或修订版均不适用于本标准,然而,鼓励根据本标准达成协议的各方研究是否可使用这些文件的最新版本。凡是不注日期的引用文件,其最新版本适用于本标准。

GB/T 222—1984　钢的化学分析用试样取样法及成品化学成分允许偏差

GB/T 223.3　钢铁及合金化学分析方法　二安替比林甲烷磷钼酸重量法测定磷量

GB/T 223.5　钢铁及合金化学分析方法　还原型硅钼酸盐光度法测定酸溶硅含量

GB/T 223.11　钢铁及合金化学分析方法　过硫酸铵氧化容量法测定铬量

GB/T 223.14　钢铁及合金化学分析方法　钽试剂萃取光度法测定钒含量

GB/T 223.16　钢铁及合金化学分析方法　变色酸光度法测定钛量

GB/T 223.17　钢铁及合金化学分析方法　二安替比林甲烷光度法测定钛量

GB/T 223.18　钢铁及合金化学分析方法　硫代硫酸钠分离-碘量法测定铜量

GB/T 223.19　钢铁及合金化学分析方法　新亚铜灵-三氯甲烷萃取光度法测定铜量

GB/T 223.23　钢铁及合金化学分析方法　丁二酮肟分光光度法测定镍量

GB/T 223.24　钢铁及合金化学分析方法　萃取分离-丁二酮肟分光光度法测定镍量

GB/T 223.25　钢铁及合金化学分析方法　丁二酮肟重量法测定镍量

GB/T 223.26　钢铁及合金化学分析方法　硫氰酸盐直接光度法测定钼量

GB/T 223.54　钢铁及合金化学分析方法　火焰原子吸收分光光度法测定镍量(GB/T 223.54—1987,eqv ISO 4940:1985,Steel and cast iron—Determination of nickel content—Flame-atomic absorption spectrophtometric method)

GB/T 223.58　钢铁及合金化学分析方法　亚砷酸钠-亚硝酸钠滴定法测定锰量

GB/T 223.59　钢铁及合金化学分析方法　锑磷钼蓝光法测定磷量

GB/T 223.60　钢铁及合金化学分析方法　高氯酸脱水重量法测定硅含量

GB/T 223.61　钢铁及合金化学分析方法　磷钼酸铵容量法测定磷量

GB/T 223.62　钢铁及合金化学分析方法　乙酸丁酯萃取光度法测定磷量

GB/T 223.63　钢铁及合金化学分析方法　高碘酸钠(钾)光度法测定锰量

GB/T 223.64　钢铁及合金化学分析方法　火焰原子吸收光谱法测定锰量

GB/T 223.68　钢铁及合金化学分析方法　管式炉内燃烧后碘酸钾滴定法测定硫含量

GB/T 223.69　钢铁及合金化学分析方法　管式炉内燃烧后气体容量法测定碳含量

GB/T 223.71　钢铁及合金化学分析方法　管式炉内燃烧后重量法测定碳含量

GB/T 223.72　钢铁及合金化学分析方法　氧化铝色层分离-硫酸钡重量法测定硫量

GB/T 223.75　钢铁及合金化学分析方法　甲醇蒸馏-姜黄素光度法测定硼量

GB/T 223.76　钢铁及合金化学分析方法　火焰原子吸收光谱法测定钒量

GB/T 225　钢的末端淬透性淬火试验方法(GB/T 225—1988,eqv ISO 642:1979)

GB/T 226　钢的低倍组织及缺陷酸蚀检验法(GB/T 226—1991,neq ISO 4969:1980,Steel—Macroscopic examination by etching with strong mineral acids)

GB/T 228　金属材料室温拉伸试验方法(GB/T 228—2002,eqv ISO 6892:1998)

GB/T 229　金属夏比缺口冲击试验方法(GB/T 229—1994,eqv ISO 83:1976,Steel—Charpy impact test (U-notch),eqv ISO 148:1983,Steel—Charpy impact test (V-notch))

GB/T 231.1　金属布氏硬度试验　第1部分:试验方法(GB/T 231.1—2002,eqv ISO 6506-1:1999)

GB/T 233　金属顶锻试验方法

GB/T 702　热轧圆钢和方钢尺寸、外形、重量及允许偏差

GB/T 908　锻制圆钢和方钢尺寸、外形、重量及允许偏差

GB/T 1979　结构钢低倍组织缺陷评级图

GB/T 2101　型钢验收、包装、标志及质量证明书的一般规定

GB/T 2975　钢及钢产品力学性能试验取样位置及试样制备(GB/T 2975—1998,eqv ISO 377:1997)

GB/T 4336　碳素钢和中低合金钢火花源原子发射光谱分析方法(常规法)

GB/T 6394　金属平均晶粒度测定法

GB/T 7736　钢的低倍组织及缺陷超声波检验法

GB/T 10561　钢中非金属夹杂物显微评定方法(GB/T 1056—1989,eqv ISO 4967:1979,Steel—Determination of contant of nonmetallic inclusions—Micrographic method using standard diagrams)

GB/T 11261　高碳铬轴承钢化学分析法　脉冲加热惰性气熔融-红外线吸收法测定氧量

GB/T 13299　钢的显微组织评定法

GB/T 15711　钢材塔形发纹酸浸检验方法(GB/T 15711—1995,neq ISO 3763:1976,Wrought steels—Macroscopic methods for assessing the content of non-metallic inclusions)

GB/T 17505　钢及钢产品交货一般技术条件(GB/T 17505—1998,eqv ISO 404:1992)

GB/T 17616　钢铁及合金牌号统一数字代号体系

3　订货内容

按本标准订货的合同或订单应包括下列内容:

a)　标准编号;

b)　产品名称;

c)　牌号或统一数字代号;

d)　交货的重量(数量);

e)　尺寸与外形;

f)　加工方法;

g)　末端淬透性;

h)　控制残余元素(如有要求,按6.1.2);

i)　交货状态及力学性能(如有要求,按6.3,6.4);

j)　非金属夹杂物(如有要求,按6.8.1);

k)　特殊要求(如有要求,按6.10)。

4　分类和代号

4.1　钢按钢类分为优质碳素结构钢和合金结构钢。

4.2　钢按冶金质量分为优质钢和高级优质钢。高级优质钢应在牌号后加“A”。

4.3　钢按使用加工方法分为压力加工用钢和切削加工用钢。钢材的使用加工方法应在合同或订单中注明，未注明时为切削加工用钢。

4.4　保证淬透性钢的代号为“H”，按淬透性级别分为基准带(H)、上 2/3 带(HH)、下 2/3 带(HL)，如 40CrH、40CrAH、40CrHH、40CrAHH、40CrHL、40CrAHL。

4.5　钢的牌号统一数字代号按 GB/T 17616 标准编写。

5　尺寸、外形、重量及允许偏差

5.1　热轧圆钢和方钢尺寸、外形、重量及其允许偏差应符合 GB/T 702 的规定，具体要求应在合同或订单中注明。未注明时，其精度组别按第 2 组交货。

5.2　热锻圆钢和方钢尺寸、外形、重量及其允许偏差应符合 GB/T 908 的规定，具体要求应在合同或订单中注明。未注明时，其精度组别按第 2 组交货。

5.3　其他尺寸、外形、重量及其允许偏差应符合相应标准或供需双方协议的规定，具体要求应在合同或订单中注明。

6　技术要求

6.1　牌号和化学成分

6.1.1　钢的牌号、统一数字代号及化学成分(熔炼分析)应符合表 1 的规定。

6.1.2　钢中硫、磷及残余元素铜、铬、镍的含量应符合表 2 的规定。

表 1

序号	统一数字代号[b]	牌号[a]	化学成分(质量分数)/%								
			C	Si[c]	Mn	Cr	Ni	Mo	B	Ti	V
1	U59455	45H	0.42～0.50	0.17～0.37	0.50～0.85						
2	A20155	15CrH	0.12～0.18	0.17～0.37	0.55～0.90	0.85～1.25					
3	A20205	20CrH	0.17～0.23	0.17～0.37	0.50～0.85	0.70～1.10					
4	A20215	20Cr1H	0.17～0.23	0.17～0.37	0.55～0.90	0.85～1.25					
5	A20405	40CrH	0.37～0.44	0.17～0.37	0.50～0.85	0.70～1.10					
6	A20455	45CrH	0.42～0.49	0.17～0.37	0.50～0.85	0.70～1.10					
7	A22165	16CrMnH	0.14～0.19	≤0.37	1.00～1.30	0.80～1.10					
8	A22205	20CrMnH	0.17～0.22	≤0.37	1.10～1.40	1.00～1.30					
9	A25155	15CrMnBH	0.13～0.18	0.17～0.37	1.00～1.30	0.80～1.10			0.0005～0.0030		
10	A25175	17CrMnBH	0.15～0.20	0.17～0.37	1.00～1.30	1.00～1.30			0.0005～0.0030		
11	A71405	40MnBH	0.37～0.44	0.17～0.37	1.00～1.40				0.0005～0.0035		
12	A71455	45MnBH	0.42～0.49	0.17～0.37	1.00～1.40				0.0005～0.0035		
13	A73205	20MnVBH	0.17～0.23	0.17～0.37	1.05～1.45				0.0005～0.0035		0.07～0.12
14	A74205	20MnTiBH	0.17～0.23	0.17～0.37	1.20～1.55				0.0005～0.0035	0.04～0.10	
15	A30155	15CrMoH	0.17～0.23	0.17～0.37	0.55～0.90	0.85～1.25		0.15～0.25			
16	A30205	20CrMoH	0.17～0.23	0.17～0.37	0.55～0.90	0.85～1.25		0.15～0.25			
17	A30225	22CrMoH	0.19～0.25	0.17～0.37	0.55～0.90	0.85～1.25		0.35～0.45			
18	A30425	42CrMoH	0.37～0.44	0.17～0.37	0.55～0.90	0.85～1.25		0.15～0.25			
19	A34205	20CrMnMoH	0.17～0.23	0.17～0.37	0.85～1.20	1.05～1.40		0.20～0.30			
20	A26205	20CrMnTiH	0.17～0.23	0.17～0.37	0.80～1.15	1.00～1.35				0.04～0.10	
21	A42205	20CrNi3H	0.17～0.23	0.17～0.37	0.30～0.65	0.60～0.95	2.70～3.25				
22	A43125	12Cr2Ni4H	0.10～0.17	0.17～0.37	0.30～0.65	1.20～1.75	3.20～3.75				
23	A50205	20CrNiMoH	0.17～0.23	0.17～0.37	0.60～0.95	0.35～0.65	0.35～0.75	0.15～0.25			
24	A50215	20CrNi2MoH	0.17～0.23	0.17～0.37	0.40～0.70	0.35～0.65	1.55～2.00	0.20～0.30			

a 高级优质钢的牌号表示是在牌号后加“A”,如 40CrAH。

b 高级优质钢统一数字代号的末位数字是“7”,其余大写的拉丁字母和前四位阿拉伯数字一样。如 40CrAH 的统一数字代号是“A20407”。

c 根据需方要求,16CrMnH 和 20CrMnH 钢中的 Si 含量(质量分数)允许不大于 0.12%,但此时应考虑其对力学性能的影响。

6.1.3 热压力加工用钢的铜含量(质量分数)应不大于0.20%。

6.1.4 钢坯和钢材化学成分的允许偏差应符合GB/T 222—1984表2的规定。

表2

钢类	化学成分(质量分数)允许偏差/% 不大于				
	P	S[a]	Cu	Cr	Ni
优质碳素结构钢	0.035	0.035	0.25	0.25	0.30
高级优质碳素结构钢	0.030	0.030	0.25	0.25	0.30
优质合金结构钢	0.035	0.035	0.30	0.30	0.30
高级优质合金结构钢	0.025	0.025	0.25	0.30	0.30

[a] 根据需方要求,钢中的硫含量(质量分数)也可以在0.020%~0.035%范围。此时,硫含量(质量分数)允许偏差为±0.005%,牌号名称中在“H”之前加入“S”,如16CrMnSH。

6.2 冶炼方法

除非合同中有规定,冶炼方法由生产厂自行选择。

6.3 交货状态

钢材通常以热轧或热锻状态交货。如需方要求(并在合同中注明),也可以热处理(正火、退火或高温回火)状态交货。

根据供需双方协议,压力加工用圆钢,表面可经车削、剥皮或其他精整方法交货。

6.4 硬度

6.4.1 退火或高温回火状态交货钢材的硬度应符合表3的规定。

表3

序号	牌号	退火或高温回火后的硬度 HBW 不大于
1	45H	197
2	20CrH	179
3	40CrH	207
4	45CrH	217
5	40MnBH	207
6	45MnBH	217
7	20MnVBH	207
8	20MnTiBH	187
9	20CrMnMoH	217
10	20CrMnTiH	217
11	20CrNi3H	241
12	12Cr2Ni4H	269
13	20CrNiMoH	197

6.4.2 未列于表3中的牌号如果以退火或高温回火状态交货,交货状态下钢材的硬度由供需双方协商确定。

6.5 **末端淬透性**

6.5.1 钢的末端淬透性采用实测方法确定。在供需双方达成协议时,也可以按公式计算方法确定。淬透性公式计算方法由供需双方协商确定,也可以参考附录A的方法。

6.5.2 钢的淬透性带及其各点的硬度值应符合图2~图25及相应表中的规定。

6.5.3 测定淬透性试样的正火温度范围、端淬温度及其允许偏差应符合图2~图25及相应表中的规定。

6.5.4 小于HRC20的硬度不做规定。

6.6 **淬透性订货方法**

6.6.1 可以按下列规定的任一种方法订货,并应在合同中注明:

A法:距淬火端某一距离的最大和最小硬度值,如图1中的H带A~A′,并用H带J $\frac{34\sim45}{9}$表示。

B法:距淬火端某一距离的最大和最小硬度值及另一距离的一个最大硬度值或最小硬度值,如图1中的H带A~A′+B(或B′),并用H带J $\frac{34\sim45}{9.}$+J $\frac{\leqslant39}{15}$(或J $\frac{\geqslant28}{15}$)表示。

C法:距淬火端两个距离的最大和最小硬度值,如图1中的H带A~A′+B~B′,并用H带J $\frac{34\sim45}{9}$+J $\frac{28\sim39}{15}$表示;也可以按H带A~A′+B(或B′)+C(或C′)订货,并用H带J $\frac{34\sim45}{9}$+J $\frac{\leqslant39}{15}$(或J $\frac{\geqslant28}{15}$)+J $\frac{\leqslant34}{25}$(或J $\frac{\geqslant23}{25}$)表示。

D法:按淬透性带订货。钢的淬透性应按图2~图25及相应表中所列对应带的硬度值供应。

6.6.2 “B”法是基本订货方法,若无注明,以“B”法供货。

6.6.3 按“A、B、C”方法之一订货时,允许指定点以外的其余点的硬度值与淬透性带不一致。

6.6.4 按“D”法订货时,当被检验钢材的实际淬透性曲线(按照相应表中给定的离开淬火端的距离所测定的硬度值描绘出的曲线)与该钢的淬透性带走向一致时,允许有不多于两点的硬度值偏离淬透性带(不包括1.5 mm位置的硬度值)。

6.6.5 淬透性订货方法有H带、HH带和HL带三个带别。通常以H带供货,根据需方要求,并在合同中注明,也可按HH带和HL带供货(具体表示方法详见图1)。

6.6.6 当需方提出按淬透性订购本标准以外的其他牌号的结构钢时,其化学成分范围、淬透性指标、正火温度范围、端淬温度均由供需双方协商确定,并积累数据。

6.7 **低倍组织**

6.7.1 钢材的横截面酸浸低倍组织试片上不应有目视可见的缩孔、气泡、裂纹、夹杂、分层、翻皮及白点。供切削加工用的钢材允许有不超过表7规定允许深度的皮下夹杂等表面缺陷。

6.7.2 酸浸低倍组织级别应符合表4规定。

6.7.3 如供方能保证低倍组织检验合格,可采用超声波检验法或其他无损检测法代替酸浸低倍检验。

表 4

钢类	一般疏松	中心疏松	锭型偏析
	级别 不大于		
优质钢	3	3	3
高级优质钢	2	2	2

6.8 **高倍组织**

6.8.1 钢的奥氏体晶粒度不小于5级。

6.8.2 优质钢的非金属夹杂物合格级别应符合表5规定。如需方有不同级别要求或需要高级优质钢、含硫钢，其合格级别由供需协商确定。

表 5

夹杂物类型	A	B	C	D
	级别 不大于			
粗系	2.5	2.5	2.0	2.0
细系	3.0	3.0	2.0	2.0

6.9 **表面质量**

6.9.1 供压力加工用的钢材，表面不得有的裂纹、结疤、折叠及夹杂。如有上述缺陷必须清除。清除深度从钢材实际尺寸算起应符合表 6 的规定。清除宽度不小于深度的 5 倍，同一截面达到最大清除深度不得多于一处。允许有从实际尺寸算起不超过尺寸公差之半的个别细小划痕、压痕、麻点及深度不超过 0.2 mm 的小裂纹存在。

表 6

单位为毫米

钢材尺寸	允许清除深度
<80	钢材尺寸公差的 1/2
≥80～140	钢材尺寸公差
≥140～200	钢材尺寸的 5%
>200	钢材尺寸的 6%

6.9.2 供切削加工用的钢材，表面允许有从钢材公称尺寸算起不超过表 7 规定的局部缺陷。

表 7

单位为毫米

钢材尺寸	局部缺陷允许深度
<100	钢材尺寸负偏差
≥100	钢材尺寸公差

6.10 **特殊要求**

根据需方要求，经供需双方协议，并在合同级别注明可供应附加下列特殊要求的钢材：

a) 调整淬透性指标；

b) 缩小含碳量范围；

c) 检验钢中氧含量；

d) 检验力学性能；

e) 检验热顶锻；

f) 用塔形试样检验发纹；

g) 检验钢的显微组织；

h) 指定残余元素的特殊含量范围；

i) 其他特殊要求项目。

7 试验方法

每批钢材的试验方法按表 8 的规定执行。

表 8

序号	检验项目	取样数量	取样部位	试验方法
1	化学成分	1	GB/T 222	GB/T 223,GB/T 4336
2	氧含量	1	钢坯或钢材半径 1/2 处或对角线 1/4 处	GB/T 11261
3	拉伸试验	2	不同根钢棒,GB/T 2975	GB/T 228
4	冲击试验	2	不同根钢棒,GB/T 2975	GB/T 229
5	硬度	3[a]	不同根钢棒	GB/T 231.1
6	热顶锻	2	不同根钢棒	GB/T 233
7	末端淬透性	1	任一根钢坯或钢棒	GB/T 225
8	低倍组织	2	相当于钢锭头部的不同根钢坯或钢棒	GB/T 226,GB/T 1979
9	塔形	2	不同根钢棒	GB/T 15711
10	非金属夹杂物	2	不同根钢坯或钢棒	GB/T 10561
11	晶粒度	1	任一根钢棒	GB/T 6394
12	显微组织	2	不同根钢棒	GB/T 13299
13	超声波探伤	2	相当于钢锭头部的不同根钢棒	GB/T 7736
14	尺寸	逐根	整根钢棒上	卡尺、千分尺
15	表面	逐根	整根钢棒上	目视

[a] 交货钢材少于 3 根时,按实际钢材数量测量硬度。

8 检验规则

8.1 检查和验收

8.1.1 钢材出厂的检查和验收由供方质量技术监督部门进行。

8.1.2 供方必须保证交货的钢材符合本标准或合同的规定,需方有权对本标准或合同所规定的任一检验项目进行检查和验收。

8.2 组批规则

钢材应按批检查和验收,每批由同一炉号、同一加工方法、同一尺寸、同一交货状态、同一热处理制度(炉次)的钢材组成。

8.3 取样数量及取样部位

每批钢材的取样数量及取样部位应符合表 8 的规定。

8.4 复验与判定规则

8.4.1 钢材的复验与判定规则按 GB/T 17505 规定执行。

8.4.2 供方若能保证钢材合格时,对同一炉号的钢材或钢坯的低倍组织、非金属夹杂物和末端淬透性的检验结果,允许以坯代材,以大代小。

9 包装、标志和质量证明书

钢材的包装、标志和质量证明书应符合 GB/T 2101 的规定。

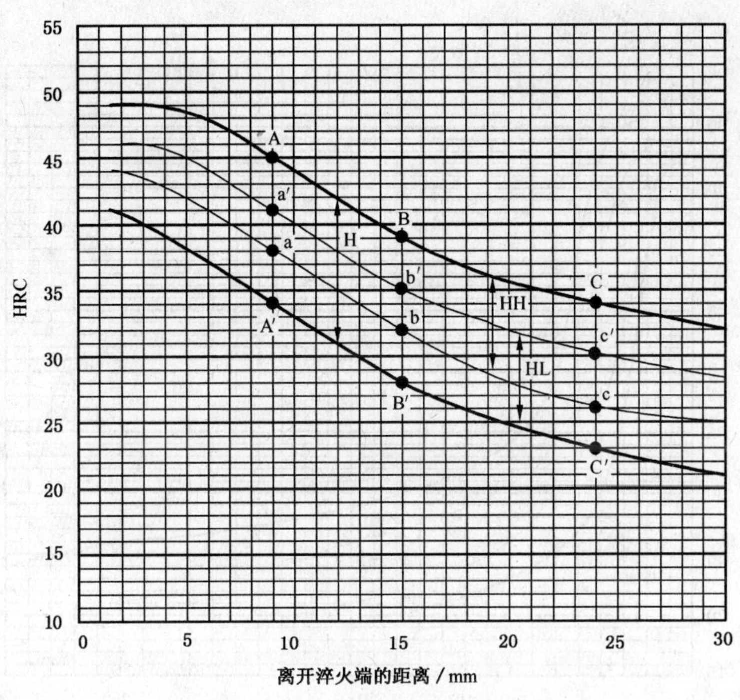

图 1　按淬透性订货方法示意图

示例：

A 法：如，H 带 A～A′=J $\frac{34\sim45}{9}$；再如，HH 带 A～a=J $\frac{38\sim45}{9}$；

B 法：如，H 带 A～A′+B(或 B′)=J $\frac{34\sim45}{9}$+J $\frac{\leqslant39}{15}$(或 J $\frac{\geqslant28}{15}$)；

再如，HH 带 A～a+B(或 b)=J $\frac{38\sim45}{9}$+J $\frac{\leqslant39}{15}$(或 J $\frac{\geqslant32}{15}$)；

C 法：①　如，H 带 A～A′+B～B′(或 C～C′)

=J $\frac{34\sim45}{9}$+J $\frac{28\sim39}{15}$(或 J $\frac{23\sim34}{25}$)；

再如，HH 带 A～A′+B～b(或 C～c)

=J $\frac{34\sim45}{9}$+J $\frac{32\sim39}{15}$(或 J $\frac{26\sim34}{25}$)；

②　如，H 带 A～A′+B(或 B′)+C(或 C′)

=J $\frac{34\sim45}{9}$+J $\frac{\leqslant39}{15}$(或 J $\frac{\geqslant28}{15}$)+J $\frac{\leqslant34}{25}$(或 J $\frac{\geqslant23}{25}$)；

再如，HH 带 A～A′+B(或 b)+C(或 c)

=J $\frac{34\sim45}{9}$+J $\frac{\leqslant39}{15}$(或 J $\frac{\geqslant32}{15}$)+J $\frac{\leqslant34}{25}$(或 J $\frac{\geqslant26}{25}$)；

D 法：按淬透性带订货。

45H

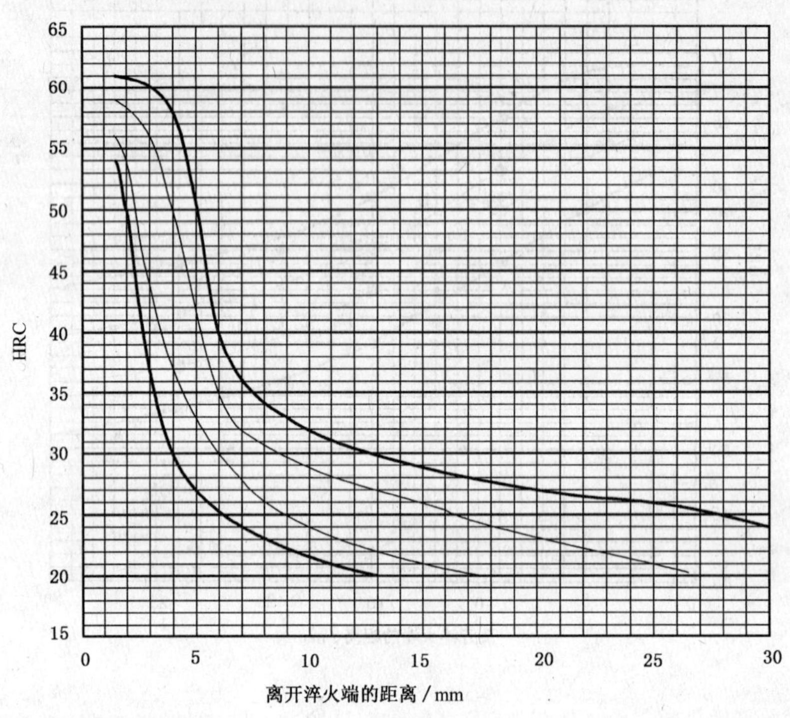

正火温度	850℃～870℃
端淬温度	(840±5)℃

淬透性带范围		离开淬火端下列距离(mm)处的 HRC										
		1.5	3	5	7	9	11	13	15	20	25	30
H	最大	61	60	50	36	33	31	30	29	27	26	24
	最小	54	37	27	24	22	21	20				
HH	最大	61	60	50	36	33	31	30	29	27	26	24
	最小	56	44	33	28	25	23	22	21			
HL	最大	59	56	42	32	30	29	28	25	23	21	
	最小	54	37	27	24	22	21	20				

图 2

15CrH

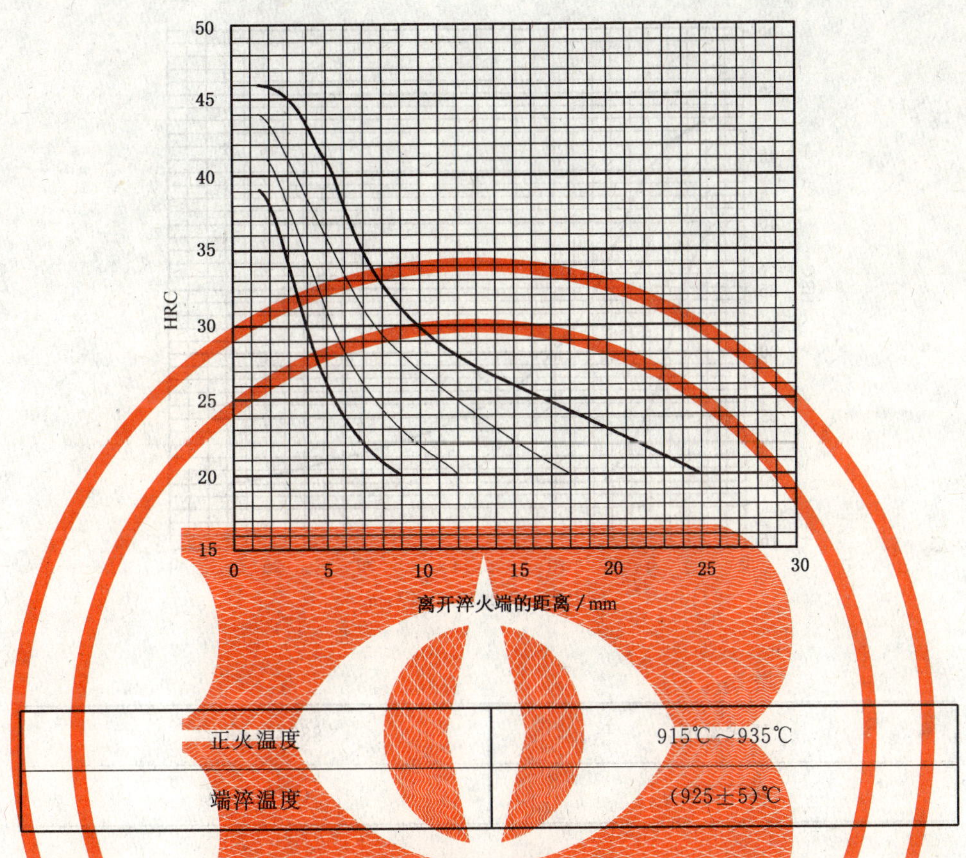

正火温度	915℃～935℃
端淬温度	(925±5)℃

淬透性带范围		离开淬火端下列距离(mm)处的 HRC										
		1.5	3	5	7	9	11	13	15	20	25	30
H	最大	46	45	41	35	31	29	27	26	23	20	
	最小	39	34	26	22	20						
HH	最大	46	45	41	35	31	29	27	26	23	20	
	最小	41	38	31	26	23	21					
HL	最大	44	41	36	31	28	26	24	22			
	最小	39	34	26	22	20						

图 3

20CrH

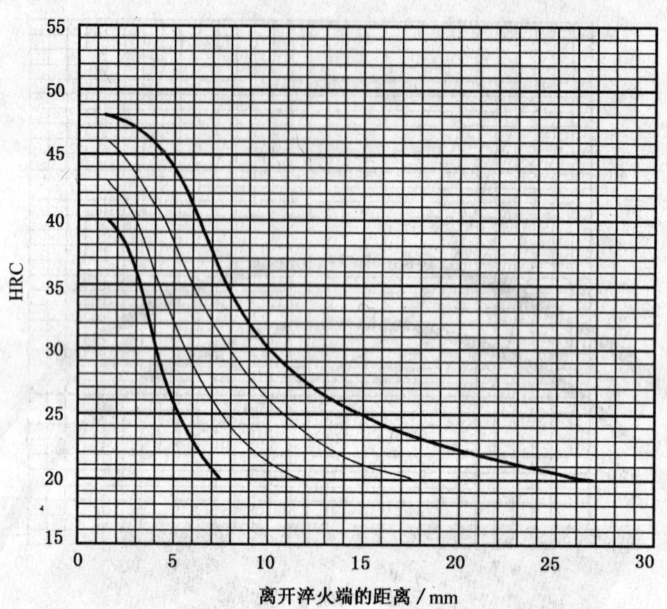

正火温度	880℃～900℃
端淬温度	(870±5)℃

淬透性带范围		离开淬火端下列距离(mm)处的 HRC										
		1.5	3	5	7	9	11	13	15	20	25	30
H	最大	48	47	44	37	32	29	26	25	22		
	最小	40	36	26	21							
HH	最大	48	47	44	37	32	29	26	25	22		
	最小	43	40	32	26	23	21					
HL	最大	46	44	38	32	28	25	22	21			
	最小	40	36	26	21							

图 4

20Cr1H

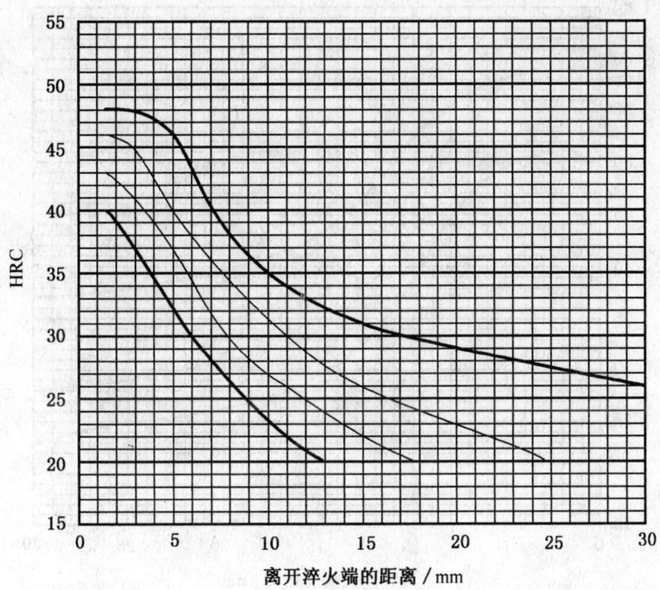

正火温度	915℃～935℃
端淬温度	(925±5)℃

淬透性带范围		离开淬火端下列距离(mm)处的 HRC										
		1.5	3	5	7	9	11	13	15	20	25	30
H	最大	48	48	46	40	36	34	32	31	29	27	26
	最小	40	37	32	28	25	22	20				
HH	最大	48	48	46	40	36	34	32	31	29	27	26
	最小	43	41	37	32	28	26	24	22			
HL	最大	46	45	40	36	33	30	28	26	23	20	
	最小	40	37	32	28	25	22	20				

图 5

40CrH

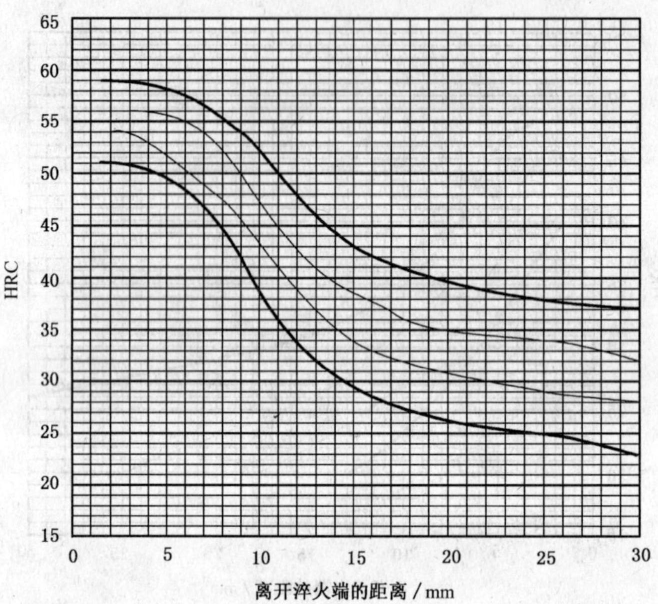

正火温度	860℃～880℃
端淬温度	(850±5)℃

淬透性带范围		离开淬火端下列距离(mm)处的 HRC										
		1.5	3	5	7	9	11	13	15	20	25	30
H	最大	59	59	58	56	54	50	46	43	40	38	37
	最小	51	51	49	47	42	36	32	30	26	25	23
HH	最大	59	59	58	56	54	50	46	43	40	38	37
	最小	54	54	51	49	46	41	37	34	31	29	28
HL	最大	56	56	56	54	50	45	41	39	35	34	32
	最小	51	51	49	47	42	36	32	30	26	25	23

图 6

45CrH

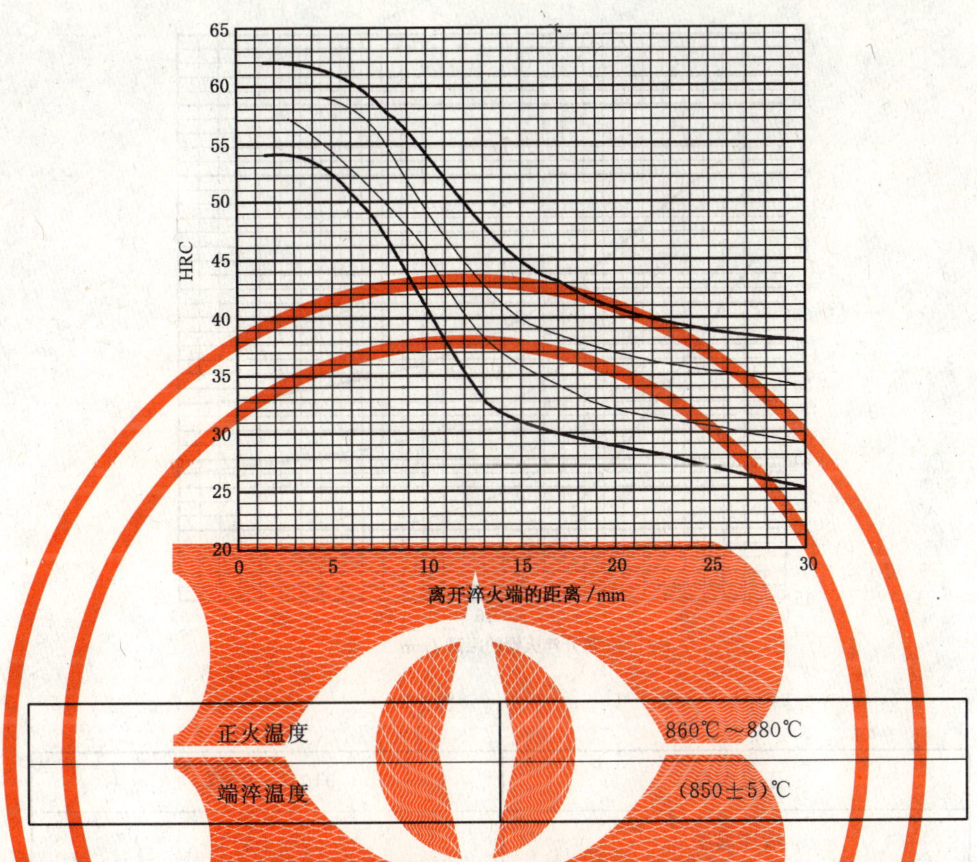

正火温度	860℃～880℃
端淬温度	(850±5)℃

淬透性带范围		离开淬火端下列距离(mm)处的 HRC										
		1.5	3	5	7	9	11	13	15	20	25	30
H	最大	62	62	61	59	56	52	48	45	41	40	38
	最小	54	54	52	49	44	38	33	31	28	27	25
HH	最大	62	62	61	59	56	52	48	45	41	40	38
	最小	57	57	54	51	48	43	38	36	32	31	29
HL	最大	59	59	59	57	52	47	43	40	37	36	34
	最小	54	54	52	49	44	38	33	31	28	27	25

图 7

16CrMnH

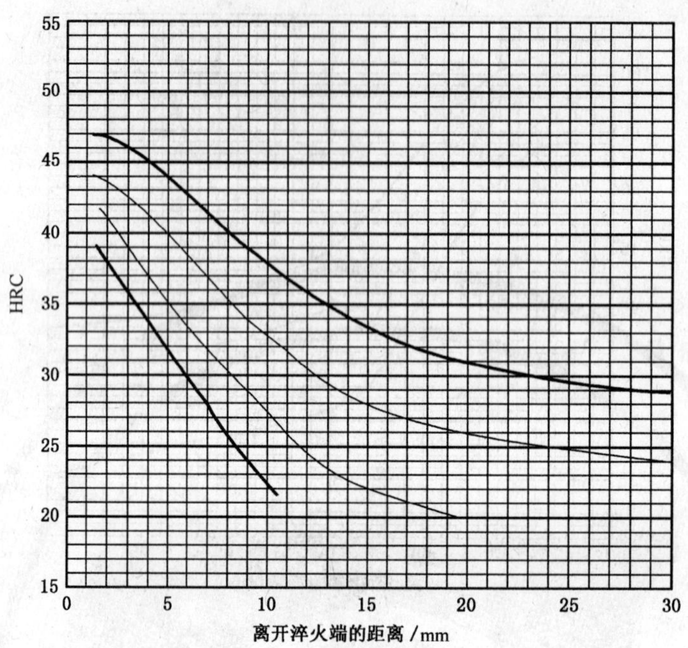

正火温度	910℃～930℃
端淬温度	(920±5)℃

淬透性带范围		离开淬火端下列距离(mm)处的 HRC										
		1.5	3	5	7	9	11	13	15	20	25	30
H	最大	47	46	44	41	39	37	35	33	31	30	29
	最小	39	36	31	28	24	21					
HH	最大	47	46	44	41	39	37	35	33	31	30	29
	最小	42	39	35	32	29	26	24	22	20		
HL	最大	44	43	40	37	34	32	30	28	26	25	24
	最小	39	36	31	28	24	21					

图 8

20CrMnH

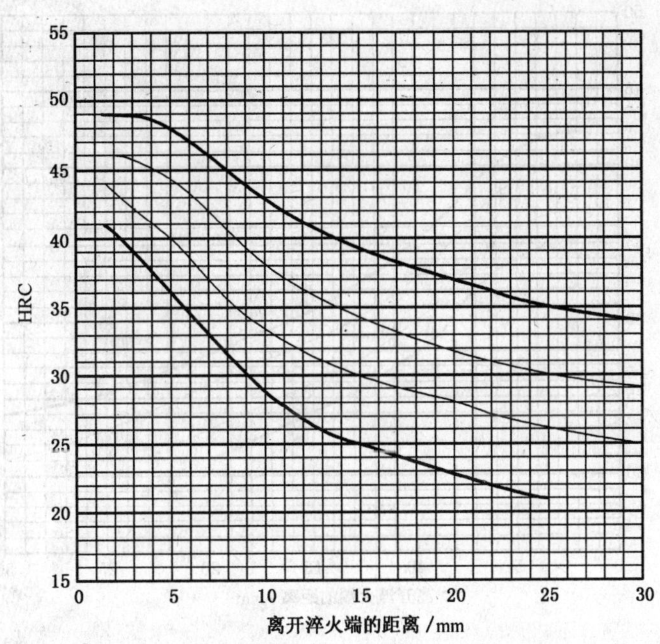

正火温度	910℃～930℃
端淬温度	(920±5)℃

淬透性带范围		离开淬火端下列距离(mm)处的 HRC										
		1.5	3	5	7	9	11	13	15	20	25	30
H	最大	49	49	48	46	43	42	41	39	37	35	34
	最小	41	39	36	33	30	28	26	25	23	21	
HH	最大	49	49	48	46	43	42	41	39	37	35	34
	最小	44	42	40	37	34	33	31	30	28	26	25
HL	最大	46	46	44	42	39	37	36	34	32	30	29
	最小	41	39	36	33	30	28	26	25	23	21	

图 9

15CrMnBH

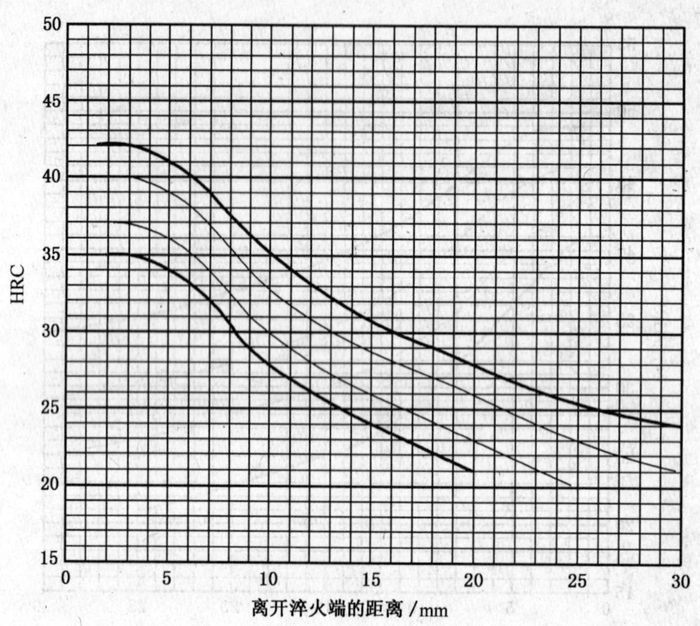

正火温度	920℃～940℃
端淬温度	(870±5)℃

淬透性带范围		离开淬火端下列距离(mm)处的 HRC										
		1.5	3	5	7	9	11	13	15	20	25	30
H	最大	42	42	41	39	36	34	32	31	28	25	24
	最小	35	35	34	32	29	27	25	24	21		
HH	最大	42	42	41	39	36	34	32	31	28	25	24
	最小	37	37	36	34	31	29	27	26	23	20	
HL	最大	40	40	39	37	34	32	30	29	26	23	21
	最小	35	35	34	32	29	27	25	24	21		

图 10

17CrMnBH

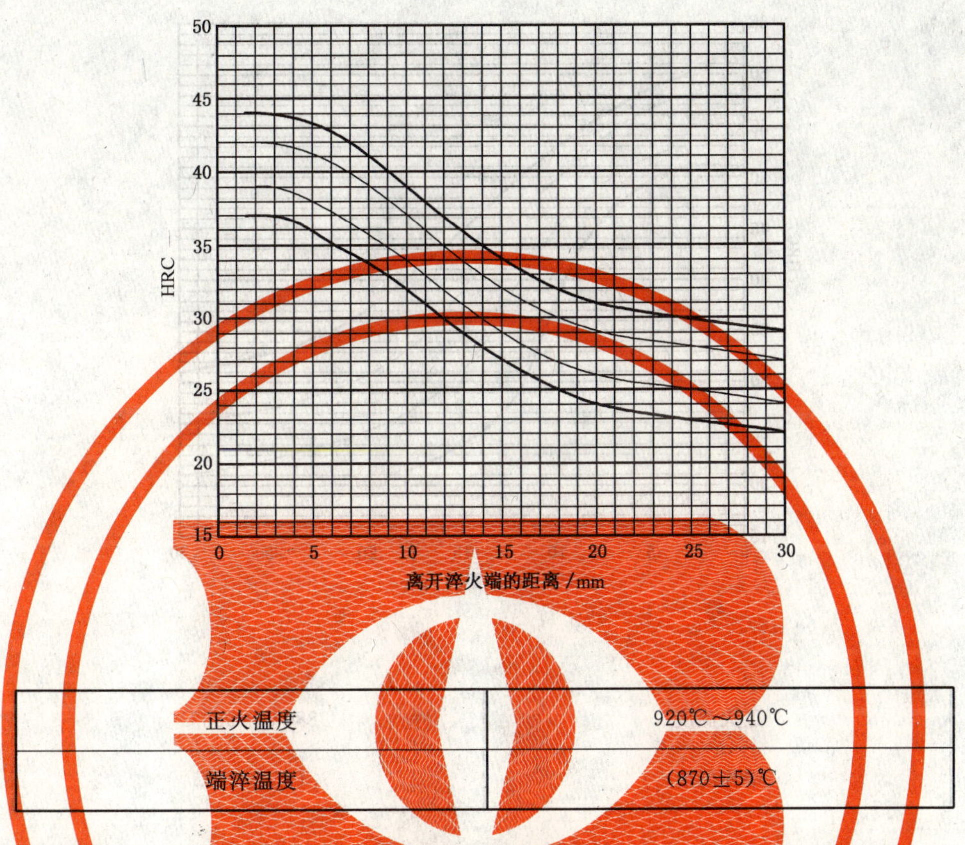

正火温度	920℃～940℃
端淬温度	(870±5)℃

淬透性带范围		离开淬火端下列距离(mm)处的 HRC										
		1.5	3	5	7	9	11	13	15	20	25	30
H	最大	44	44	43	42	40	38	36	34	31	30	29
	最小	37	37	36	34	33	31	29	27	24	23	22
HH	最大	44	44	43	42	40	38	36	34	31	30	29
	最小	39	39	38	36	35	33	31	29	26	25	24
HL	最大	42	42	41	40	38	36	34	32	29	28	27
	最小	37	37	36	34	33	31	29	27	24	23	22

图 11

40MnBH

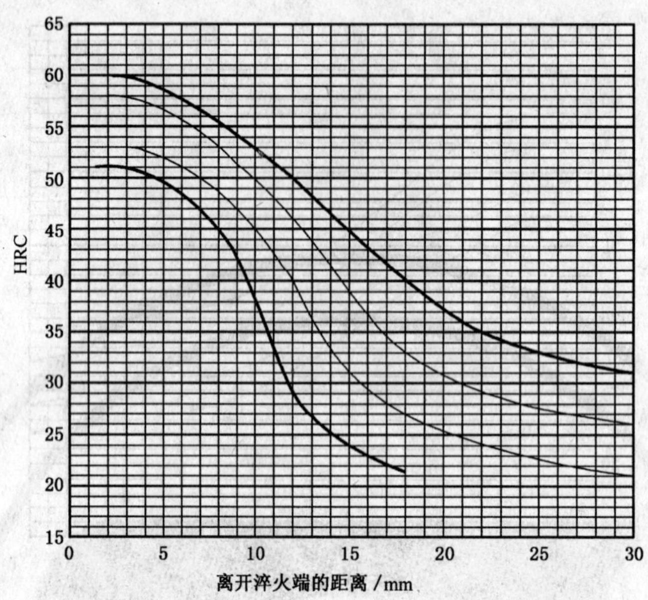

正火温度	880℃～900℃
端淬温度	(850±5)℃

淬透性带范围		离开淬火端下列距离(mm)处的 HRC										
		1.5	3	5	7	9	11	13	15	20	25	30
H	最大	60	60	59	57	55	52	49	45	37	33	31
	最小	51	50	49	47	42	33	27	24	20		
HH	最大	60	60	59	57	55	52	49	45	37	33	31
	最小	53	53	51	49	47	40	36	31	25	22	
HL	最大	58	58	57	55	51	46	44	39	31	27	26
	最小	51	50	49	47	42	33	27	24	20		

图 12

45MnBH

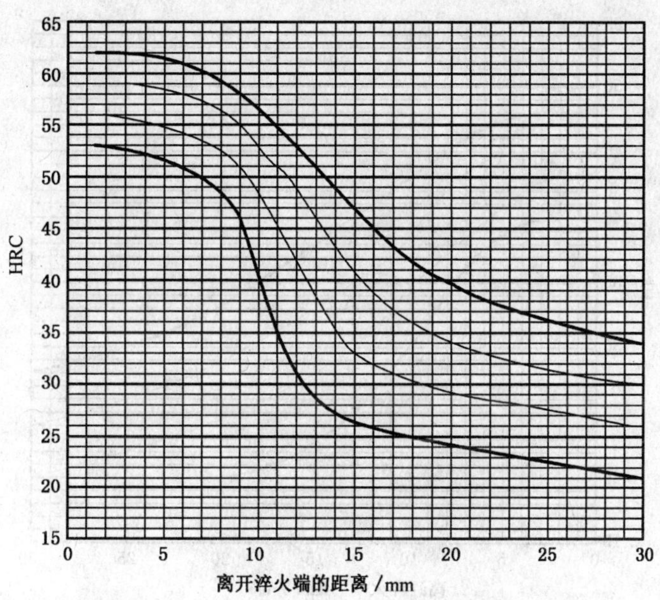

正火温度	880℃～900℃
端淬温度	(850±5)℃

淬透性带范围		离开淬火端下列距离(mm)处的 HRC										
		1.5	3	5	7	9	11	13	15	20	25	30
H	最大	62	62	62	60	58	55	51	47	40	36	34
	最小	53	53	52	49	45	35	28	26	23	22	21
HH	最大	62	62	62	60	58	55	51	47	40	36	34
	最小	56	56	54	52	48	43	38	33	29	27	26
HL	最大	60	60	60	57	54	51	46	41	34	31	30
	最小	53	53	52	49	45	35	28	26	23	22	21

图 13

20MnVBH

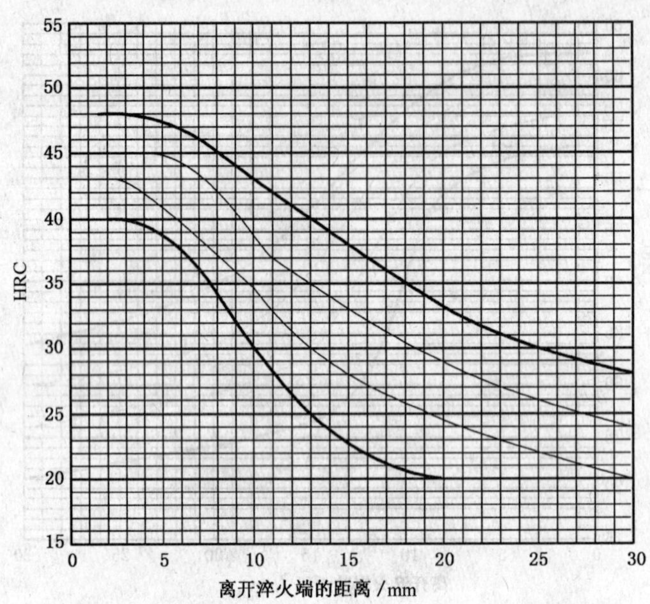

正火温度	930℃～950℃
端淬温度	(860±5)℃

淬透性带范围		离开淬火端下列距离(mm)处的 HRC										
		1.5	3	5	7	9	11	13	15	20	25	30
H	最大	48	48	47	46	44	42	40	38	33	30	28
	最小	40	40	38	36	32	28	25	23	20		
HH	最大	48	48	47	46	44	42	40	38	33	30	28
	最小	43	43	40	38	36	33	30	28	25	22	20
HL	最大	45	45	45	44	40	37	35	33	29	26	24
	最小	40	40	38	36	32	28	25	23	20		

图 14

20MnTiBH

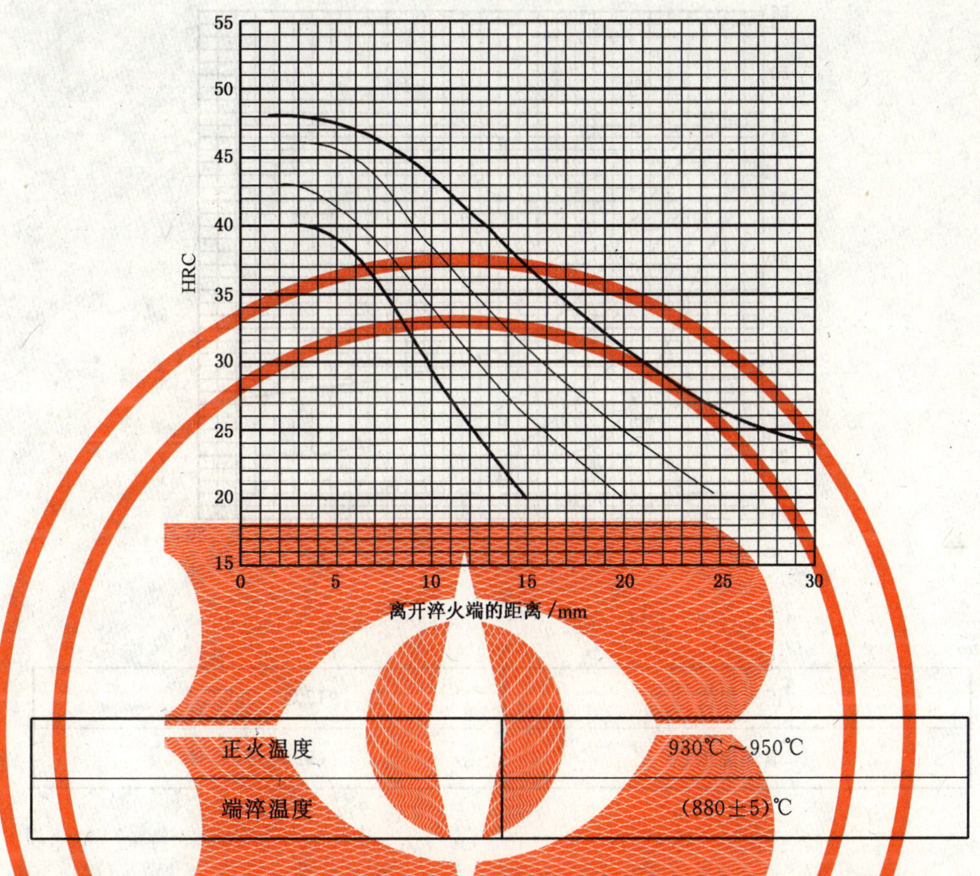

正火温度	930℃～950℃
端淬温度	(880±5)℃

淬透性带范围		离开淬火端下列距离(mm)处的 HRC										
		1.5	3	5	7	9	11	13	15	20	25	30
H	最大	48	48	48	46	44	42	40	37	31	26	24
	最小	40	40	39	36	32	27	23	20			
HH	最大	48	48	48	46	44	42	40	37	31	26	24
	最小	43	43	41	38	36	32	29	26	20		
HL	最大	46	46	46	44	40	37	34	31	25	20	
	最小	40	40	39	36	32	27	23	20			

图 15

15CrMoH

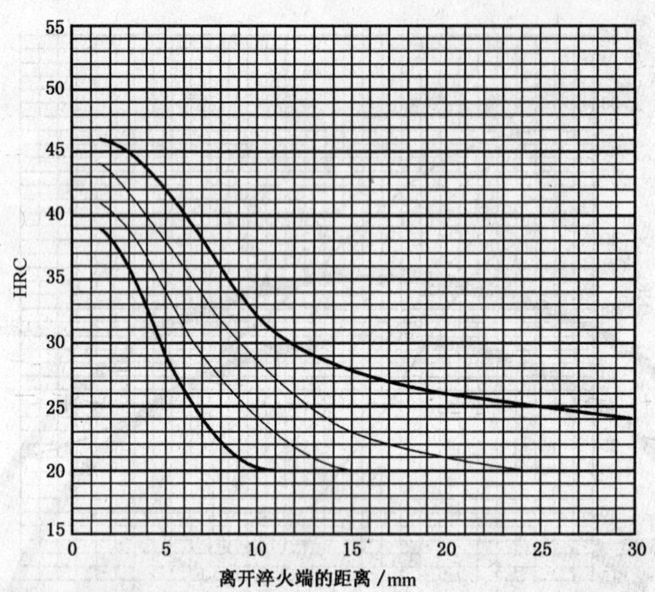

正火温度	915℃～935℃
端淬温度	(925±5)℃

淬透性带范围		离开淬火端下列距离(mm)处的 HRC										
		1.5	3	5	7	9	11	13	15	20	25	30
H	最大	46	45	42	38	34	31	29	28	26	25	24
	最小	39	36	29	24	21	20					
HH	最大	46	45	42	38	34	31	29	28	26	25	24
	最小	41	39	34	29	26	23	21	20			
HL	最大	44	42	38	34	30	28	25	23	21	20	
	最小	39	36	29	24	21	20					

图 16

20CrMoH

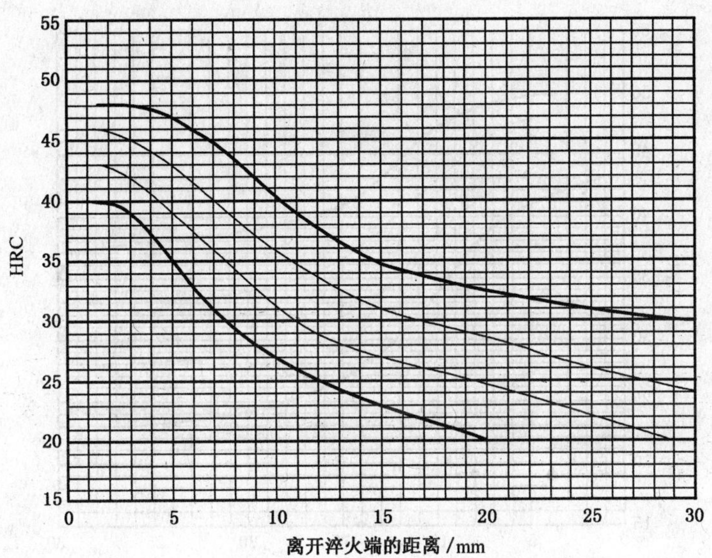

正火温度	915℃～935℃
端淬温度	(925±5)℃

淬透性带范围		离开淬火端下列距离(mm)处的 HRC										
		1.5	3	5	7	9	11	13	15	20	25	30
H	最大	48	48	47	44	42	39	37	35	33	31	30
	最小	40	39	35	31	28	25	24	23	20		
HH	最大	48	48	47	44	42	39	37	35	33	31	30
	最小	43	42	39	36	33	30	28	27	25	22	
HL	最大	46	45	43	40	37	35	33	31	29	26	24
	最小	40	39	35	31	28	25	24	23	20		

图 17

22CrMoH

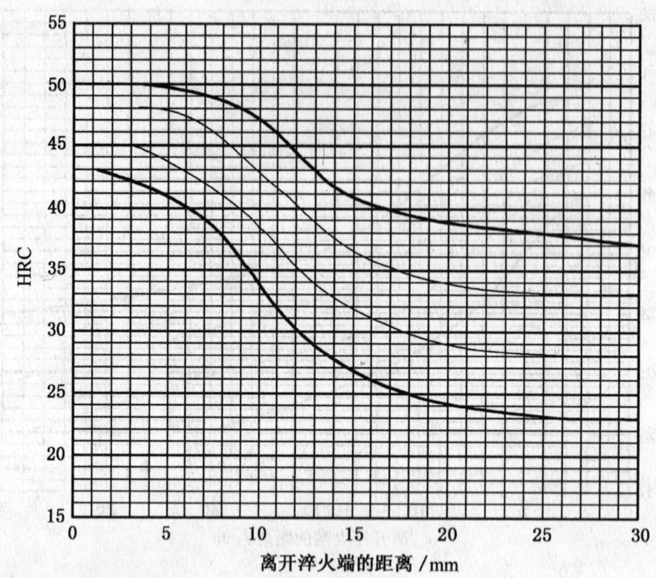

正火温度	915℃～935℃
端淬温度	(925±5)℃

淬透性带范围		离开淬火端下列距离(mm)处的 HRC										
		1.5	3	5	7	9	11	13	15	20	25	30
H	最大	50	50	50	49	48	46	43	41	39	38	37
	最小	43	42	41	39	36	32	29	27	24	24	23
HH	最大	50	50	50	49	48	46	43	41	39	38	37
	最小	45	45	43	41	40	37	34	32	29	29	28
HL	最大	48	48	48	47	44	42	39	37	34	34	33
	最小	43	42	41	39	36	32	29	27	24	24	23

图 18

42CrMoH

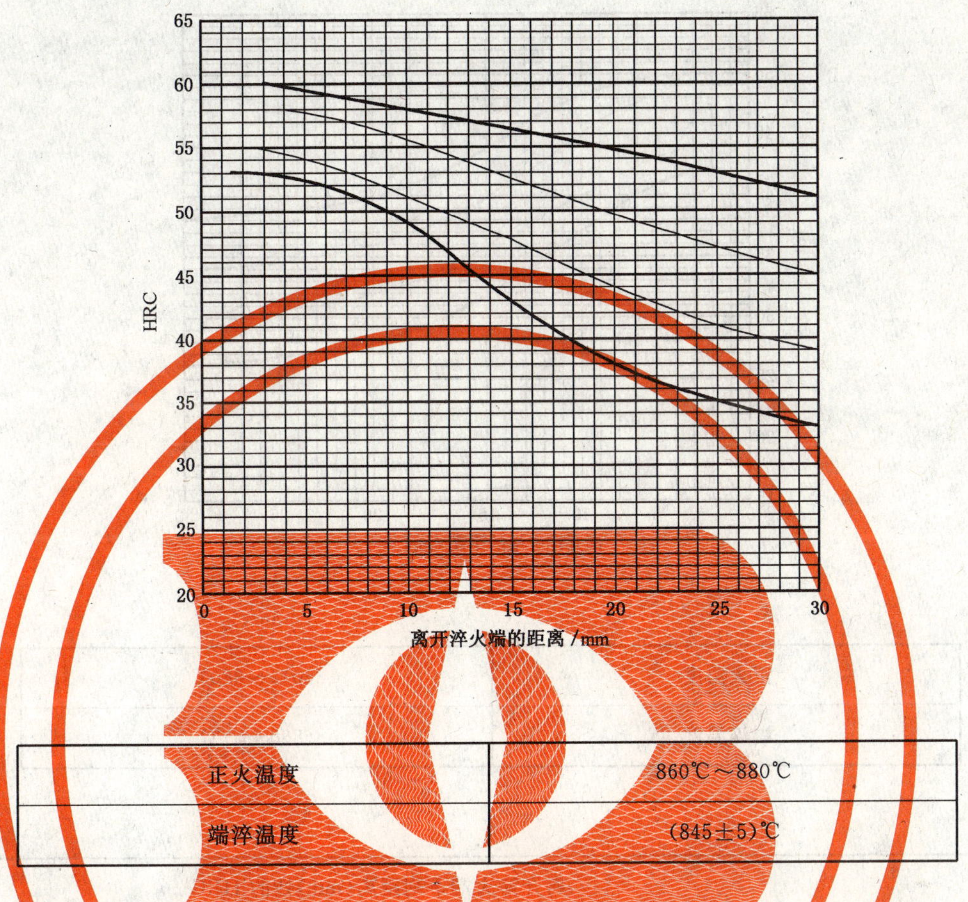

正火温度	860℃～880℃
端淬温度	(845±5)℃

淬透性带范围		离开淬火端下列距离(mm)处的 HRC										
		1.5	3	5	7	9	11	13	15	20	25	30
H	最大	60	60	60	59	58	57	57	56	55	53	51
	最小	53	53	52	51	50	48	46	43	38	35	33
HH	最大	60	60	60	59	58	57	57	56	55	53	51
	最小	55	55	54	53	52	50	49	48	44	41	39
HL	最大	58	58	58	57	56	55	54	52	50	47	45
	最小	53	53	52	51	50	48	46	43	38	35	33

图 19

20CrMnMoH

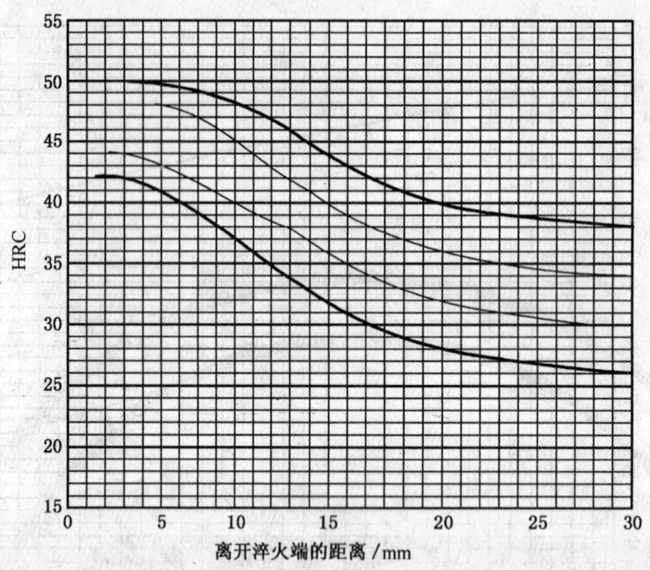

正火温度	860℃～880℃
端淬温度	(860±5)℃

淬透性带范围		离开淬火端下列距离(mm)处的 HRC										
		1.5	3	5	7	9	11	13	15	20	25	30
H	最大	50	50	50	49	48	47	45	43	40	39	38
	最小	42	42	41	39	37	35	33	31	28	27	26
HH	最大	50	50	50	49	48	47	45	43	40	39	38
	最小	44	44	43	41	40	39	37	35	32	31	30
HL	最大	48	48	48	47	45	43	41	39	36	35	34
	最小	42	42	41	39	37	35	33	31	28	27	26

图 20

20CrMnTiH

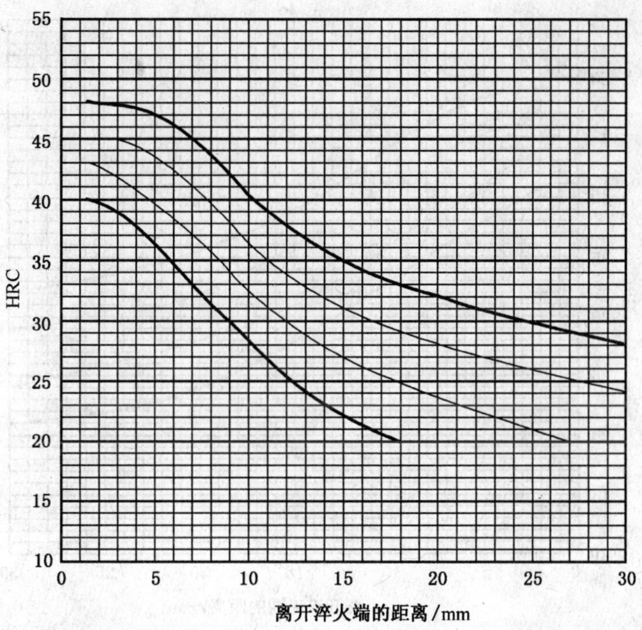

正火温度	900℃～920℃
端淬温度	(880±5)℃

淬透性带范围		离开淬火端下列距离(mm)处的 HRC										
		1.5	3	5	7	9	11	13	15	20	25	30
H	最大	48	48	47	45	42	39	37	35	32	29	28
	最小	40	39	36	33	30	27	24	22	20		
HH	最大	48	48	47	45	42	39	37	35	32	29	28
	最小	43	42	39	37	34	31	29	27	24	21	
HL	最大	45	45	44	41	38	35	33	31	28	26	24
	最小	40	39	36	33	30	27	24	22	20		

图 21

20CrNi3H

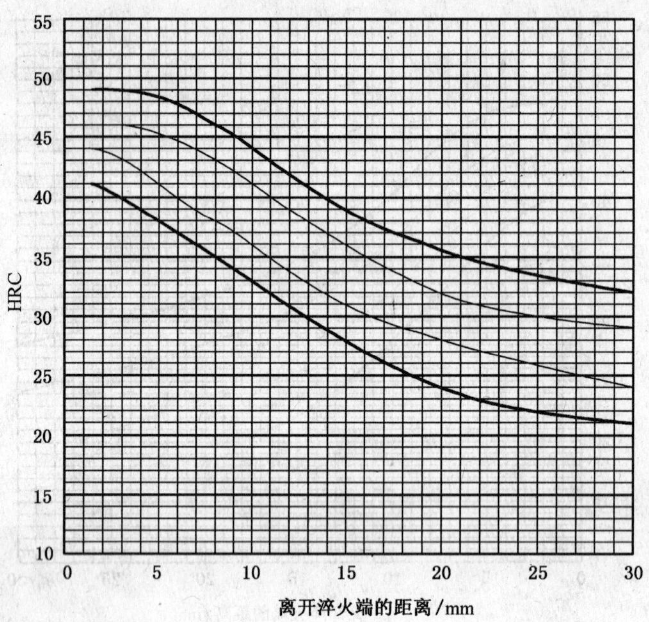

正火温度	850℃～870℃
端淬温度	(830±5)℃

淬透性带范围		离开淬火端下列距离(mm)处的 HRC										
		1.5	3	5	7	9	11	13	15	20	25	30
H	最大	49	49	48	47	45	43	41	39	36	34	32
	最小	41	40	38	36	34	32	30	28	24	22	21
HH	最大	49	49	48	47	45	43	41	39	36	34	32
	最小	44	43	41	39	37	35	33	31	28	26	24
HL	最大	46	46	46	44	42	40	38	36	32	30	29
	最小	41	40	38	36	34	32	30	28	24	22	21

图 22

12Cr2Ni4H

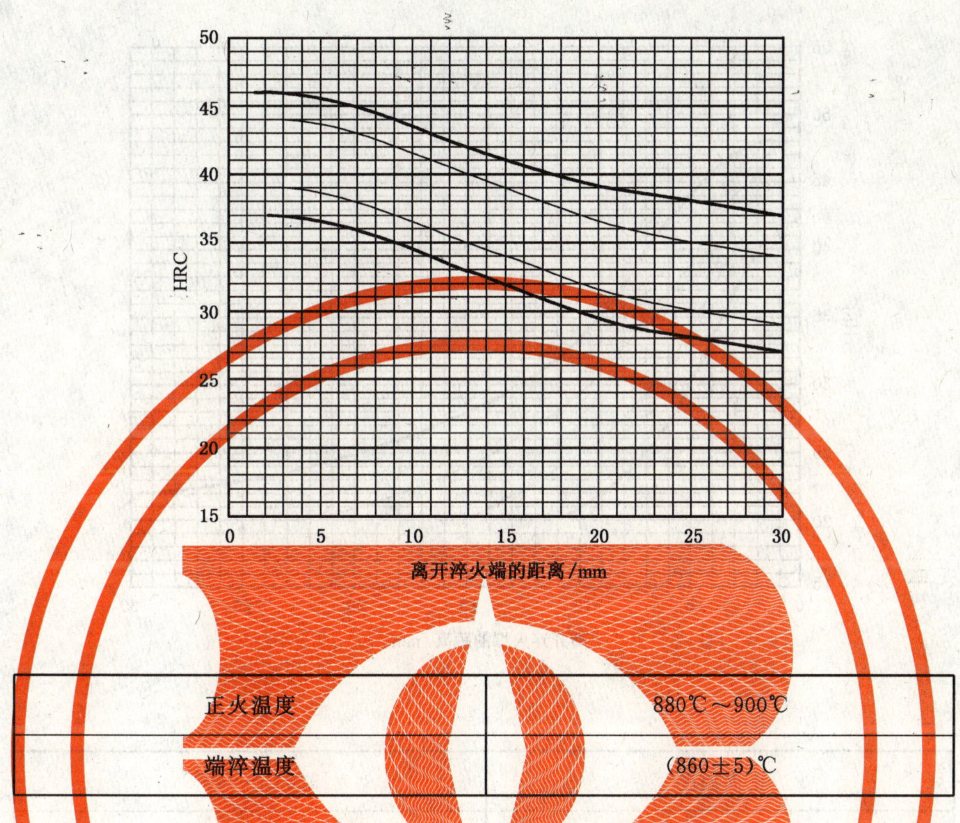

正火温度	880℃～900℃
端淬温度	(860±5)℃

淬透性带范围		离开淬火端下列距离(mm)处的 HRC										
		1.5	3	5	7	9	11	13	15	20	25	30
H	最大	46	46	46	45	44	43	42	41	39	38	37
	最小	37	37	37	36	35	34	33	32	29	28	27
HH	最大	46	46	46	45	44	43	42	41	39	38	37
	最小	39	39	39	38	37	36	35	34	31	30	29
HL	最大	44	44	44	43	42	41	40	39	37	36	35
	最小	37	37	37	36	35	34	33	32	29	28	27

图 23

20CrNiMoH

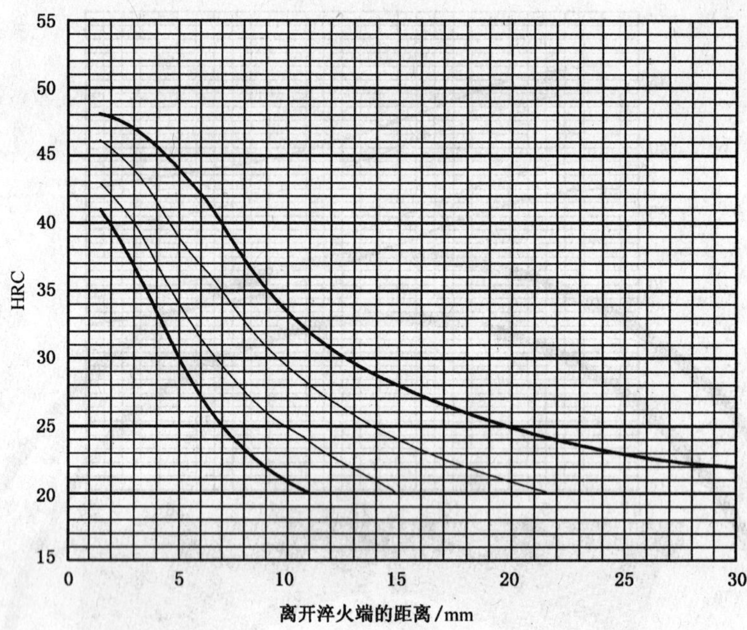

正火温度	920℃～940℃
端淬温度	(925±5)℃

淬透性带范围		离开淬火端下列距离(mm)处的 HRC										
		1.5	3	5	7	9	11	13	15	20	25	30
H	最大	48	47	44	40	35	32	30	28	25	24	23
	最小	41	37	30	25	22	20					
HH	最大	48	47	44	40	35	32	30	28	25	24	23
	最小	43	40	34	30	26	24	22	20			
HL	最大	46	44	39	35	31	28	26	25	22	20	
	最小	41	37	29	25	22	20					

图 24

20CrNi2MoH

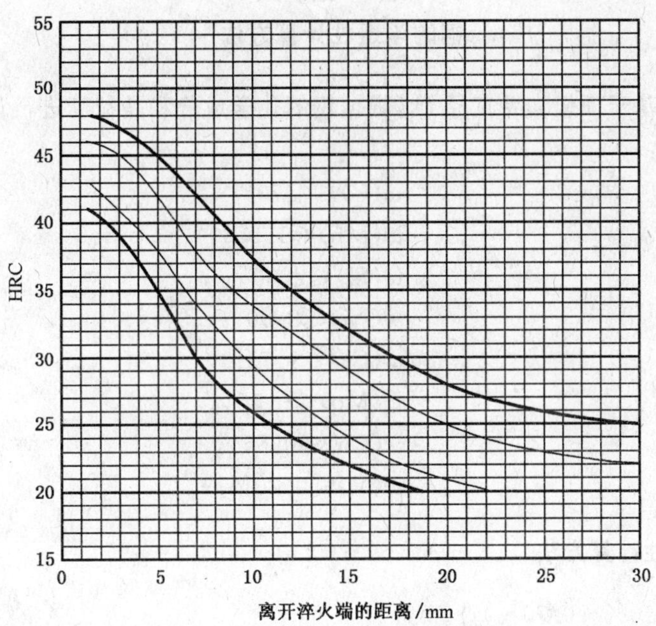

正火温度	930℃～950℃
端淬温度	(925±5)℃

淬透性带范围		离开淬火端下列距离(mm)处的 HRC										
		1.5	3	5	7	9	11	13	15	20	25	30
H	最大	48	47	45	42	39	36	34	32	28	26	25
	最小	41	39	35	30	27	25	23	22			
HH	最大	48	47	45	42	39	36	34	32	28	26	25
	最小	43	41	38	34	31	28	26	24	21		
HL	最大	46	45	42	38	35	33	31	29	25	23	22
	最小	41	39	35	30	27	25	23	22			

图 25

附　录　A
（资料性附录）
钢的淬透性计算方法[1]

本淬透性计算方法基于理想临界直径 D_I，根据钢的化学成分和晶粒度进行计算。适用于钢的化学成分(质量分数)范围为：

$w(C) \leqslant 0.70\%$

$w(Mn) \leqslant 1.95\%$

$w(Si) \leqslant 2.00\%$

$w(Ni) \leqslant 2.00\%$

$w(Cr) \leqslant 1.75\%$

$w(Mo) \leqslant 0.55\%$

$w(Cu) \leqslant 0.55\%$

$w(V) \leqslant 0.20\%$

A.1　非含硼钢的淬透性计算方法

A.1.1　根据含碳量(0.10%～0.70%)计算 $J_{1.5}$。

$$J_{1.5}(\mathrm{HRC}) = 35.395 + 6.990\mathrm{C} + 312.330\mathrm{C}^2 - 821.744\mathrm{C}^3 + 1\,015.479\mathrm{C}^4 - 538.346\mathrm{C}^5$$

式中：C——碳含量(质量分数)用%表示。

A.1.2　根据化学成分和晶粒度计算理想临界直径 D_I(mm)。

表 A.1

化学元素	适用范围(质量分数)/%	计算因子
C	≤0.39	$f_C = 0.540 \times C$
	0.39～0.55	$f_C = 0.171 + 0.001 \times C + 0.265 \times C^2$
	0.55～0.65	$f_C = 0.115 + 0.268 \times C - 0.038 \times C^2$
	0.65～0.70	$f_C = 0.143 + 0.200 \times C$
Mn	≤1.20	$f_{Mn} = 1.00 + 3.333 \times Mn$
	1.20～1.95	$f_{Mn} = -1.12 + 5.100 \times Mn$
Si	≤2.00	$f_{Si} = 1.00 + 0.700 \times Si$
Ni	≤2.00	$f_{Ni} = 1.00 + 0.363 \times Ni$
Cr	≤1.75	$f_{Cr} = 1.00 + 2.160 \times Cr$
Mo	≤0.55	$f_{Mo} = 1.00 + 3.000 \times Mo$
Cu	≤0.55	$f_{Cu} = 1.00 + 0.365 \times Cu$
V	≤0.20	$f_V = 1.00 + 1.730 \times V$
晶粒度级别	4 级	$f_{GZ} = 1.270$
	5 级	$f_{GZ} = 1.172$
	6 级	$f_{GZ} = 1.083$
	7 级	$f_{GZ} = 1.000$
	n 级(n>7)	$f_{GZ} = [1 - 0.08(n-7)]$

1)　参见《SAE J406 钢的淬透性测量方法》。

$$D_I = 25.4 \times f_{GZ} \cdot f_C \cdot f_{Mn} \cdot f_{Si} \cdot f_{Ni} \cdot f_{Cr} \cdot f_{Mo} \cdot f_{Cu} \cdot f_V$$

A.1.3 根据 D_I 计算端淬曲线硬度。

表 A.2

距离/mm	D_I 范围/mm	端淬硬度计算公式
3.0	≤52.5	$J_3 = J_{1.5}/(1.5523 - 0.2706f^{a} + 0.000509f^2 - 4.608e-6f^3 + 2.014e-8f^4 - 3.413e-11f^5)$
	>52.5	$J_3 = J_{1.5}$
5.0	≤105	$J_5 = J_{1.5}/(3.1355 - 0.0946f + 0.001698f^2 - 1.516e-5f^3 + 6.660e-8f^4 - 1.144e-10f^5)$
	>105	$J_5 = J_{1.5}$
7.0	≤125	$J_7 = J_{1.5}/(4.3189 - 0.1344f + 0.002289f^2 - 1.987e-5f^3 + 6.000e-9f^4 - 1.466e-10f^5)$
	>125	$J_7 = J_{1.5}$
9.0	≤135	$J_9 = J_{1.5}/(4.4985 - 0.1024f + 0.001293f^2 - 8.811e-6f^3 + 3.184e-8f^4 - 4.765e-11f^5)$
	>135	$J_9 = J_{1.5}$
11.0	≤140	$J_{11} = J_{1.5}/(4.4140 - 0.0794f + 0.000685f^2 - 2.170e-6f^3 - 1.658e-9f^4 + 1.641e-11f^5)$
	>140	$J_{11} = J_{1.5}$
13.0	≤150	$J_{13} = J_{1.5}/(4.5983 - 0.0814f + 0.000695f^2 - 2.160e-6f^3 - 2.310e-9f^4 - 1.895e-11f^5)$
	>150	$J_{13} = J_{1.5}$
15.0	≤155	$J_{15} = J_{1.5}/(5.0089 - 0.0952f + 0.000939f^2 - 4.395e-6f^3 + 7.582e-9f^4 + 2.116e-12f^5)$
	>155	$J_{15} = J_{1.5}$
20.0		$J_{20} = J_{1.5}/(5.5467 - 0.1068f + 0.001215f^2 - 8.214e-6f^3 + 3.112e-8f^4 - 5.012e-11f^5)$
25.0		$J_{25} = J_{1.5}/(6.1097 - 0.1247f + 0.001514f^2 - 1.054e-5f^3 + 3.879e-8f^4 - 5.807e-11f^5)$
30.0		$J_{30} = J_{1.5}/(7.1763 - 0.1724f + 0.002455f^2 - 1.943e-5f^3 + 7.836e-8f^4 - 1.248e-10f^5)$
35.0		$J_{35} = J_{1.5}/(8.4427 - 0.2282f + 0.003527f^2 - 2.952e-5f^3 + 1.239e-7f^4 - 2.038e-10f^5)$
40.0		$J_{40} = J_{1.5}/(9.0996 - 0.2505f + 0.003909f^2 - 3.299e-5f^3 + 1.398e-7f^4 - 2.323e-10f^5)$
45.0		$J_{45} = J_{1.5}/(8.7557 - 0.2186f + 0.003166f^2 - 2.544e-5f^3 + 1.044e-7f^4 - 1.696e-10f^5)$
50.0		$J_{50} = J_{1.5}/(8.0952 - 0.1701f + 0.002100f^2 - 1.496e-5f^3 + 5.615e-8f^4 - 8.476e-11f^5)$
[a] $f = D_I$，单位为毫米(mm)，D_{Imax}≤177.5 mm。		

A.2 含硼钢的淬透性计算方法

A.2.1 根据含碳量(0.10%～0.70%)计算 $J_{1.5}$。

$$J_{1.5}(\text{HRC}) = 35.395 + 6.990\text{C} + 312.330\text{C}^2 - 821.744\text{C}^3 + 1\,015.479\text{C}^4 - 538.346\text{C}^5$$

式中：C——碳含量，用质量分数表示。

A.2.2 根据化学成分和晶粒度计算理想临界直径 D_{IB}(mm)。

A.2.2.1 计算理想临界直径 D_I(不考虑 B 元素)。

$$D_I = 25.4 \times f_{GZ} \cdot f_C \cdot f_{Mn} \cdot f_{Si} \cdot f_{Ni} \cdot f_{Cr} \cdot f_{Mo} \cdot f_{Cu} \cdot f_V$$

A.2.2.2 根据理想临界直径 D_I(不考虑 B 元素)和 C 因子 f_C 计算合金因子 f_A。

$$f_A = D_I / f_C$$

A.2.2.3 根据合金因子 f_A 和理想临界直径 D_I 计算 B 因子 f_B。

表 A.3

化学元素	适用范围(质量分数)/%	计算因子
C	≤0.39	$f_C=0.540\times C$
	0.39～0.55	$f_C=0.171+0.001\times C+0.265\times C^2$
	0.55～0.65	$f_C=0.115+0.268\times C-0.038\times C^2$
	0.65～0.70	$f_C=0.143+0.200\times C$
Mn	≤1.20	$f_{Mn}=1.00+3.333\times Mn$
	1.20～1.95	$f_{Mn}=-1.12+5.100\times Mn$
Si	≤2.00	$f_{Si}=1.00+0.700\times Si$
Ni	≤2.00	$f_{Ni}=1.00+0.363\times Ni$
Cr	≤1.75	$f_{Cr}=1.00+2.160\times Cr$
Mo	≤0.55	$f_{Mo}=1.00+3.000\times Mo$
Cu	≤0.55	$f_{Cu}=1.00+0.365\times Cu$
V	≤0.20	$f_V=1.00+1.730\times V$
晶粒度级别	4 级	$f_{GZ}=1.270$
	5 级	$f_{GZ}=1.172$
	6 级	$f_{GZ}=1.083$
	7 级	$f_{GZ}=1.000$
	n 级($n>7$)	$f_{GZ}=[1-0.08(n-7)]$

表 A.4

合金因子 f_A	碳含量(质量分数)/%	B 因子 f_B
5	≤0.85	$f_B=13.030\,59-99.600\,59f+374.854\,8f^2-707.347\,2f^3+649.001\,2f^4-231.149\,9f^5$
	>0.85	$f_B=1.00$
7	≤0.81	$f_B=10.291\,57-69.645\,46f+245.706\,1f^2-445.398\,0f^3+398.804\,4f^4-140.622\,5f^5$
	>0.81	$f_B=1.00$
9	≤0.77	$f_B=10.455\,73-79.185\,34f+311.933\,2f^2-630.549\,0f^3+627.602\,2f^4-244.406\,4f^5$
	>0.77	$f_B=1.00$
11	≤0.73	$f_B=9.005\,326-64.376\,69f+249.693\,3f^2-506.060\,1f^3+509.477\,2f^4-201.632\,3f^5$
	>0.73	$f_B=1.00$
13	≤0.67	$f_B=8.054\,321-5\,510\,171f+213.675\,2f^2-447.886\,3f^3+477.841\,3f^4-204.4974f^5$
	>0.67	$f_B=1.00$
15	≤0.63	$f_B=9.001\,263-76.476\,80f+355.871\,4f^2-872.964\,6f^3+1\,067.395f^4-521.775\,7f^5$
	>0.63	$f_B=1.00$
18	≤0.59	$f_B=6.849\,017-46.786\,47f+196.663\,5f^2-471.397\,8f^3+587.850\,4f^4-295.041\,0f^5$
	>0.59	$f_B=1.00$
22	≤0.55	$f_B=7.217\,034-54.735\,29f+248.990\,1f^2-632.776\,5f^3+826.187\,3f^4-431.722\,7f^5$
	>0.55	$f_B=1.00$
26	≤0.53	$f_B=7.162\,633-57.521\,17f+279.617\,3f^2-756.935\,3f^3+1\,042.628f^4-568.568\,0f^5$
	>0.53	$f_B=1.00$

[a] $f=D_I$,单位为毫米(mm),$D_{Imax}\leqslant177.5$ mm。

A.2.2.4 根据 f_B 和 D_I 计算理想临界直径 D_{IB}。

$$D_{IB} = D_I \cdot f_B$$

A.2.3 根据 D_{IB}计算端淬曲线硬度。

表 A.5

距离/mm	D_{IB}范围/mm	端淬硬度计算公式
3.0	≤70	$J_3=J_{1.5}/(1.607\,8-0.025\,6)f+0.000\,418f^2-3.333e-6f^3+1.299e-8\,f^4-1.986e-11f^5)$
	>70	$J_3=J_{1.5}$
5.0	≤80	$J_5=J_{1.5}/(3.302\,1-0.101\,0f+0.001\,741f^2-1.471e-5f^3+6.093e-8f^4-9.890e-11f^5)$
	>80	$J_5=J_{1.5}$
7.0	≤100	$J_7=J_{1.5}/(17.030\,8-0.903\,72f+0.020\,93f^2-2.529\,4e-4f^3+1.677\,1e-6f^4-5.784e-9f^5+8.113\,6e-12f^6)$
	>100	$J_7=J_{1.5}$
9.0	≤135	$J_9=J_{1.5}/(12.545\,2-0.478\,8f+0.007\,944f^2-6.529e-5f^3+2.645\,5e-7f^4-4.218\,e-10f^5)$
	>135	$J_9=J_{1.5}$
11.0	≤150	$J_{11}=J_{1.5}/(12.079\,4-0.390\,65f+0.005\,492\,5f^2-3.828e-5f^3+1.317e-7f^4-1.788e-10f^5)$
	>150	$J_{11}=J_{1.5}$
13.0	≤160	$J_{13}=J_{1.5}/(10.432\,2-0.271\,8f+0.002\,896f^2-1.301e-5f^3+1.686e-8f^4+2.047\,7e-11f^5)$
	>160	$J_{13}=J_{1.5}$
15.0	≤165	$J_{15}=J_{1.5}/(10.639-0.261\,7f+0.002\,66f^2-1.15e-5f^3+1.438\,4e-8f^4+1.732\,2e-11f^5)$
	>165	$J_{15}=J_{1.5}$
20.0	≤170	$J_{20}=J_{1.5}/(11.734\,3-0.274\,76f+0.002\,912f^2-1.577e-5f^3+4.309\,5e-8f^4-4.711e-11f^5)$
	>170	$J_{20}=J_{1.5}$
25.0		$J_{25}=J_{1.5}/(13.046\,4-0.280\,15f+0.002\,638f^2-1.214e-5f^3+2.609\,4e-8f^4-1.949e-11f^5)$
30.0		$J_{30}=J_{1.5}/(10.462\,3-0.135\,3f-2.189e-5f^2+1.052\,3e-5f^3-6.624e-8f^4-1.259\,2e-10f^5)$
35.0		$J_{35}=J_{1.5}/(12.530\,9-0.206\,6f+0.001\,154f^2+3.371\,7e-7f^3-2.2e-8f^4+5.001e-11f^5)$、
40.0		$J_{40}=J_{1.5}/(22.873\,7-0.624f+0.007\,925f^2-5.38e-5f^3+1.907e-7f^4-2.788e-10f^5)$
45.0		$J_{45}=J_{1.5}/(43.316-1.458\,9f+0.021\,437f^2-0.000\,161\,29f^3+6.109e-7f^4-9.235\,3e-10f^5)$
50.0		$J_{50}=J_{1.5}/(46.897-1.555\,3f+0.022\,380f^2-0.000\,164\,53f^3+6.10e-7f^4-9.057\,6e-10f^5)$
[a] $f=D_{IB}$，$D_{IBmax}\leqslant 177.5$ mm。		

附 录 B
（资料性附录）
本标准表 1 中新增牌号与国外牌号的对照表

B.1 本标准表 1 中新增牌号与国外牌号的对照表见表 B.1。

表 B.1

表 1 序号	GB/T 5216 牌号	对应国外牌号	国外标准
2	15CrH	SCr415H	日本 JIS G4052—1979
4	20Cr1H	SCr420H	日本 JIS G4052—1979
7	16CrMnH	16MnCr5	德国 DIN EN 10084—1998
8	20CrMnH	20MnCr5	德国 DIN EN 10084—1998
9	15CrMnBH	ZF6	
10	17CrMnBH	ZF7	
15	15CrMoH	SCM415H	日本 JIS G4052—1979
16	20CrMoH	SCM420H	日本 JIS G4052—1979
17	22CrMoH	SCM822H	日本 JIS G4052—1979
18	42CrMoH	SCM440H	日本 JIS G4052—1979
24	20CrNi2MoH	SAE4320	美国 SAE J1268—1995

GB/T 5216—2004《保证淬透性结构钢》国家标准第 1 号修改单

本修改单经国家标准化管理委员会于 2004 年 12 月 27 日批准，自 2005 年 5 月 1 日起实施。

标准名称：GB/T 5216—2004《保证淬透性结构钢》
表 1 中 15CrMoH 牌号(序号 15)的碳含量由 0.17%～0.23%更改为 0.12%～0.18%。

前　言

本标准非等效采用国际标准 ISO 4954:1993《冷镦和冷挤压钢》。对用量较大的非热处理型冷镦和冷挤压用钢S、P的质量分数均降为0.035%；调质型含硼冷镦和冷挤压用钢的硼的质量分数范围变窄；增加了酸浸低倍组织检验；冷顶锻试验的规格扩大为5.0 mm～40 mm，且分档判定。

本标准此次修订主要内容改变如下：

——本标准名称定为《冷镦和冷挤压用钢》；

——本标准根据钢材的使用状态，将冷镦和冷挤压用钢分为非热处理型、表面硬化型和调质型(包括含硼钢)三类；

——本标准增加了 ISO 4954:1993 标准中的 CC4A、CC15K、CC21K、37Cr4E、CE20BG1、CE28B、CE35B、CE20BG2、35MnB5E、37CrB1E(GB/T 6478 相应牌号为 ML04Al、ML15、ML20、ML37Cr、ML20B、ML28B、ML35B、ML20MnB、ML35MnB、ML37CrB)和 JIS G 3507—1991《冷镦用碳钢盘条》中的 SWRCH18A、SWRCH22A(GB/T 6478 相应牌号为 ML18Mn、ML22Mn)，以及近年生产批量较大的 ML15Mn、ML20MnVB 共 14 个牌号；

——本标准取消了一直没有订货的 ML40Mn、ML45Mn、ML15Cr3 个牌号。

——本标准与 GB/T 6478—1986 相同的非热处理型冷镦和冷挤压用钢牌号，碳的质量分数范围变窄，硅的质量分数范围变宽，锰的质量分数范围由0.20%～0.50%改为0.30%～0.60%；表面硬化型和调质型(包括含硼钢)牌号，碳的质量分数范围变窄，锰的质量分数范围由0.50%～0.80%改为0.60%～0.90%；

——本标准增加了非热处理型冷镦和冷挤压用钢热轧状态交货的力学性能要求。

——本标准增加了表面硬化型和调质型(包括含硼钢)冷镦和冷挤压用钢退火状态交货的力学性能要求。

——热处理试样的力学性能在本标准中不再是必须的项目。如需方要求，经供需双方协商确定有关数值，并在合同中注明。

本标准的附录A是提示的附录。

自本标准实施之日起，代替 GB/T 6478—1986《冷镦钢技术条件》。

本标准由国家冶金工业局提出。

本标准由全国钢标准化技术委员会归口。

本标准起草单位：太原钢铁(集团)有限公司。

本标准主要起草人：刘　鹏、牛辰梅、高　平、赵建平、韩　奕、梁振山。

本标准1986年6月首次发布。

中华人民共和国国家标准

GB/T 6478—2001
neq ISO 4954:1993
代替 GB/T 6478—1986

冷镦和冷挤压用钢

Steels for cold heading and cold extruding

1 范围

本标准规定了冷镦和冷挤压用钢的分类、代号、尺寸、外形、重量及允许偏差、技术要求、试验方法、检验规则、包装、标志和质量证明书。

本标准适用于直径为 5 mm～40 mm 的冷镦和冷挤压用非合金钢、合金钢热轧盘条和直径为 12 mm～100 mm 的冷镦和挤压用非合金钢、合金钢热轧圆钢。

2 引用标准

下列标准所包含的条文，通过在本标准中引用而构成为本标准的条文。本标准出版时，所示版本均为有效。所有标准都会被修订，使用本标准的各方应探讨使用下列标准最新版本的可能性。

GB/T 222—1984 钢的化学分析用试样取样法及成品化学分析允许偏差
GB/T 223.3—1988 钢铁及合金化学分析方法 二安替吡啉甲烷磷钼酸重量法测定磷量
GB/T 223.5—1997 钢铁及合金化学分析方法 还原型硅钼酸盐光度法测定酸溶硅含量
GB/T 223.8—1991 钢铁及合金化学分析方法 氟化钠分离-EDTA 容量法测定铝量
GB/T 223.9—1989 钢铁及合金化学分析方法 铬天青 S 光度法测定铝量
GB/T 223.10—1991 钢铁及合金化学分析方法 铜铁试剂分离-铬天青 S 光度法测定铝量
GB/T 223.11—1991 钢铁及合金化学分析方法 过硫酸铵氧化容量法测定铬量
GB/T 223.12—1991 钢铁及合金化学分析方法 碳酸钠分离-二苯碳酰二肼光度法测定铬量
GB/T 223.13—1989 钢铁及合金化学分析方法 硫酸亚铁铵容量法测定钒量
GB/T 223.14—1989 钢铁及合金化学分析方法 钽试剂萃取光度法测定钒量
GB/T 223.16—1991 钢铁及合金化学分析方法 变色酸光度法测定钛量
GB/T 223.17—1989 钢铁及合金化学分析方法 二安替吡啉甲烷光度法测定钛量
GB/T 223.18—1994 钢铁及合金化学分析方法 硫代硫酸钠分离-碘量法测定铜量
GB/T 223.19—1989 钢铁及合金化学分析方法 新亚铜灵-三氯甲烷萃取光度法测定铜量
GB/T 223.23—1994 钢铁及合金化学分析方法 丁二酮肟分光光度法测定镍量
GB/T 223.24—1994 钢铁及合金化学分析方法 萃取分离-丁二酮肟分光光度法测定镍量
GB/T 223.26—1989 钢铁及合金化学分析方法 硫氰酸盐直接光度法测定钼量
GB/T 223.53—1987 钢铁及合金化学分析方法 火焰原子吸收分光光度法测定铜量
GB/T 223.58—1987 钢铁及合金化学分析方法 亚砷酸钠-亚硝酸钠滴定法测定锰量
GB/T 223.59—1987 钢铁及合金化学分析方法 锑磷钼蓝光度法测定磷量
GB/T 223.60—1997 钢铁及合金化学分析方法 高氯酸脱水重量法测定硅含量
GB/T 223.61—1988 钢铁及合金化学分析方法 磷钼酸铵容量法测定磷量
GB/T 223.62—1988 钢铁及合金化学分析方法 乙酸丁酯萃取光度法测定磷量
GB/T 223.63—1988 钢铁及合金化学分析方法 高碘酸钠(钾)光度法测定锰量

中华人民共和国国家质量监督检验检疫总局 2001-09-15 批准 2002-02-01 实施

GB/T 223.64—1988　钢铁及合金化学分析方法　火焰原子吸收光谱法测定锰量
GB/T 223.68—1997　钢铁及合金化学分析方法　管式炉内燃烧后碘酸钾滴定法测定硫含量
GB/T 223.69—1997　钢铁及合金化学分析方法　管式炉内燃烧后气体容量法测定碳含量
GB/T 223.71—1997　钢铁及合金化学分析方法　管式炉内燃烧后重量法测定碳含量
GB/T 223.72—1991　钢铁及合金化学分析方法　氧化铝色层分离-硫酸钡重量法测定硫量
GB/T 223.74—1997　钢铁及合金化学分析方法　非化合碳含量的测定
GB/T 223.75—1991　钢铁及合金化学分析方法　甲醇蒸馏-姜黄素光度法测定硼量
GB/T 223.76—1991　钢铁及合金化学分析方法　火焰原子吸收光谱法测定钒量
GB/T 224—1987　钢的脱碳层深度测定法
GB/T 225—1988　钢的淬透性末端淬火试验方法
GB/T 226—1991　钢的低倍组织及缺陷酸蚀检验法
GB/T 228—1987　金属拉伸试验方法
GB/T 230—1991　金属洛氏硬度试验方法
GB/T 231—1984　金属布氏硬度试验方法
GB/T 233—2000　金属材料　顶锻试验方法
GB/T 702—1986　热轧圆钢和方钢尺寸、外形、重量及允许偏差
GB/T 1979—1980　结构钢低倍组织缺陷评级图
GB/T 2101—1989　型钢验收、包装、标志及质量证明书的一般规定
GB/T 2975—1998　钢及钢产品力学性能试验取样位置及试样制备
GB/T 4336—1984　碳素钢和中低合金钢的光电发射光谱分析方法
GB/T 10561—1989　钢中非金属夹杂物显微评定方法
GB/T 14981—1994　热轧盘条尺寸、外形、重量及允许偏差

3　订货须知

按照本标准订货，在合同上应包含下列技术内容：

a) 产品名称(或品名)；

b) 牌号；

c) 标准号；

d) 规格；

e) 重量和/或数量；

f) 加工用途；

g) 交货状态；

h) 应由供需双方协商，并在合同中注明的项目或指标(如未注明时则由供方选择)；

i) 需方提出的其他特殊要求。

4　分类及代号

4.1　本标准将冷镦和冷挤压用钢按使用状态，分为非热处理型、表面硬化型和调质型(包括含硼钢)三类。

4.2　用“铆螺”汉语拼音的第一个字母“ML”表示冷镦和冷挤压用钢。

5　尺寸、外形、重量及允许偏差

5.1　热轧圆钢的尺寸、外形、重量及允许偏差应符合 GB/T 702 的规定。

5.2　热轧盘条的尺寸、外形、重量及允许偏差应符合 GB/T 14981 的规定。其他规格热轧盘条的尺寸、

外形、重量及允许偏差由供需双方协商。

6 技术要求

6.1 牌号和化学成分

6.1.1 非热处理型冷镦和冷挤压用钢的牌号及化学成分(熔炼分析)应符合表1的规定。

表 1

序号	统一数字代号	牌号	化学成分/%					
			C	Si	Mn	P	S	Alt
1	U40048	ML04Al	≤0.06	≤0.10	0.20～0.40	≤0.035	≤0.035	≥0.020
2	U40088	ML08Al	0.05～0.10	≤0.10	0.30～0.60	≤0.035	≤0.035	≥0.020
3	U40108	ML10Al	0.08～0.13	≤0.10	0.30～0.60	≤0.035	≤0.035	≥0.020
4	U40158	ML15Al	0.13～0.18	≤0.10	0.30～0.60	≤0.035	≤0.035	≥0.020
5	U40152	ML15	0.13～0.18	0.15～0.35	0.30～0.60	≤0.035	≤0.035	—
6	U40208	ML20Al	0.18～0.23	≤0.10	0.30～0.60	≤0.035	≤0.035	≥0.020
7	U40202	ML20	0.18～0.23	0.15～0.35	0.30～0.60	≤0.035	≤0.035	—
注：Alt 表示钢中的全铝量。								

6.1.2 表面硬化型冷镦和冷挤压用钢的牌号及化学成分(熔炼分析)应符合表2的规定。

表 2

序号	统一数字代号	牌号	化学成分/%						
			C	Si	Mn	P	S	Cr	Alt
1	U41188	ML18Mn	0.15～0.20	≤0.10	0.60～0.90	≤0.030	≤0.035	—	≥0.020
2	U41228	ML22Mn	0.18～0.23	≤0.10	0.70～1.00	≤0.030	≤0.035	—	≥0.020
3	A20204	ML20Cr	0.17～0.23	≤0.30	0.60～0.90	≤0.035	≤0.035	0.90～1.20	≥0.020
注 1 表1中序号3、4、5、6、7五个牌号也适于表面硬化型钢。 2 Alt 表示钢中的全铝量。									

6.1.3 调质型冷镦和冷挤压用钢(包括含硼钢)的牌号及化学成分(熔炼分析)应符合表3、表4的规定。

表 3

序号	统一数字代号	牌号	化学成分/%						
			C	Si	Mn	P	S	Cr	Mo
1	U40252	ML25	0.22～0.29	≤0.20	0.30～0.60	≤0.035	≤0.035	—	—
2	U40302	ML30	0.27～0.34	≤0.20	0.30～0.60	≤0.035	≤0.035	—	—
3	U40352	ML35	0.32～0.39	≤0.20	0.30～0.60	≤0.035	≤0.035	—	—
4	U40402	ML40	0.37～0.44	≤0.20	0.30～0.60	≤0.035	≤0.035	—	—
5	U40452	ML45	0.42～0.50	≤0.20	0.30～0.60	≤0.035	≤0.035	—	—
6	L20158	ML15Mn	0.14～0.20	0.20～0.40	1.20～1.60	≤0.035	≤0.035	—	—
7	U41252	ML25Mn	0.22～0.29	≤0.25	0.60～0.90	≤0.035	≤0.035	—	—
8	U41302	ML30Mn	0.27～0.34	≤0.25	0.60～0.90	≤0.035	≤0.035	—	—
9	U41352	ML35Mn	0.32～0.39	≤0.25	0.60～0.90	≤0.035	≤0.035	—	—
10	A20374	ML37Cr	0.34～0.41	≤0.30	0.60～0.90	≤0.035	≤0.035	0.90～1.20	—

表 3(完)

序号	统一数字代号	牌号	化学成分/%						
			C	Si	Mn	P	S	Cr	Mo
11	A20404	ML40Cr	0.38~0.45	≤0.30	0.60~0.90	≤0.035	≤0.035	0.90~1.20	—
12	A30304	ML30CrMo	0.26~0.34	≤0.30	0.60~0.90	≤0.035	≤0.035	0.80~1.10	0.15~0.25
13	A30354	ML35CrMo	0.32~0.40	≤0.30	0.60~0.90	≤0.035	≤0.035	0.80~1.10	0.15~0.25
14	A30424	ML42CrMo	0.38~0.45	≤0.30	0.60~0.90	≤0.035	≤0.035	0.90~1.20	0.15~0.25

表 4

序号	统一数字代号	牌号	化学成分/%							
			C	Si	Mn	P	S	B	Alt	其他
1	A70204	ML20B	0.17~0.24	≤0.40	0.50~0.80	≤0.035	≤0.035	0.000 5~0.003 5	≥0.02	
2	A70284	ML28B	0.25~0.32	≤0.40	0.60~0.90	≤0.035	≤0.035	0.000 5~0.003 5	≥0.02	
3	A70354	ML35B	0.32~0.39	≤0.40	0.50~0.80	≤0.035	≤0.035	0.000 5~0.003 5	≥0.02	
4	A71154	ML15MnB	0.14~0.20	≤0.30	1.20~1.60	≤0.035	≤0.035	0.000 5~0.003 5	≥0.02	
5	A71204	ML20MnB	0.17~0.24	≤0.40	0.80~1.20	≤0.035	≤0.035	0.000 5~0.003 5	≥0.02	
6	A71354	ML35MnB	0.32~0.39	≤0.40	1.10~1.40	≤0.035	≤0.035	0.000 5~0.003 5	≥0.02	
7	A20378	ML37CrB	0.34~0.41	≤0.40	0.50~0.80	≤0.035	≤0.035	0.000 5~0.003 5	≥0.02	Cr 0.20~0.40
8	A74204	ML20MnTiB	0.19~0.24	≤0.30	1.30~1.60	≤0.035	≤0.035	0.000 5~0.003 5	≥0.02	Ti 0.04~0.10
9	A73154	ML15MnVB	0.13~0.18	≤0.30	1.20~1.60	≤0.035	≤0.035	0.000 5~0.003 5	≥0.02	V 0.07~0.12
10	A73204	ML20MnVB	0.19~0.24	≤0.30	1.20~1.60	≤0.035	≤0.035	0.000 5~0.003 5	≥0.02	V 0.07~0.12

注:Alt 表示全铝量;测定酸溶铝质量分数不小于 0.015%,应认为是符合本标准。

6.1.4 钢中残余铬、镍和铜的质量分数各不大于 0.20%。

6.1.5 当表 1 中的铝镇静钢采用碱性电炉冶炼时,钢中的硅的质量分数不得大于 0.17%。

6.1.6 根据需方要求,并在合同中注明,可供应碳的质量分数为 0.12%~0.18%的 ML15MnB 钢。

6.1.7 经供需双方协议,也可供应其他牌号的冷镦钢和冷挤压用钢。

6.1.8 钢材的化学成分允许偏差应符合 GB/T 222—1984 中表 2 的规定。

6.2 冶炼方法

钢应由氧气转炉或电炉冶炼。除非需方有特殊要求,冶炼方法一般由供方选择。

6.3 交货状态

钢材一般以热轧状态交货。经供需双方协议,并在合同中注明,也可以退火状态交货。

6.4 力学性能

6.4.1 非热处理型冷镦和冷挤压用钢热轧状态的力学性能应符合表5的规定。

表5

牌号	抗拉强度 σ_b/MPa 不大于	断面收缩率 ψ/% 不小于
ML04Al	440	60
ML08Al	470	60
ML10Al	490	55
ML15Al	530	50
ML15	530	50
ML20Al	580	45
ML20	580	45

6.4.2 表面硬化型和调质型(包括含硼钢)冷镦和冷挤压用钢的力学性能

6.4.2.1 热轧状态交货的钢材不做力学性能检验。如果需方要求,经供需双方协商,并在合同中注明,热处理试样的力学性能可参考附录A。

6.4.2.2 退火状态交货钢材的力学性能应符合表6的规定。

表6

牌号	抗拉强度 σ_b/MPa 不大于	断面收缩率 ψ/% 不小于
ML10Al	450	65
ML15Al	470	64
ML15	470	64
ML20Al	490	63
ML20	490	63
ML20Cr	560	60
ML25Mn	540	60
ML30Mn	550	59
ML35Mn	560	58
ML37Cr	600	60
ML40Cr	620	58
ML20B	500	64
ML28B	530	62
ML35B	570	62
ML20MnB	520	62
ML35MnB	600	60
ML37CrB	600	60
注:钢材直径不大于12 mm时,断面收缩率可降低2%。		

6.5 冷顶锻

直径 5 mm～40 mm 的钢材应进行冷顶锻试验。冷顶锻试验不得出现裂纹。根据试样冷顶锻后与冷顶锻前的高度之比，钢材的冷顶锻性能分为：

高　级……1/4；

较高级……1/3；

普通级……1/2。

需方要求高级或较高级的冷顶锻性能时，应在合同中注明。含碳的质量分数大于或等于 0.30% 的牌号以及含合金元素的牌号，当要求高级或较高级的冷顶锻性能时，试样需先球化退火。

6.6 末端淬透性

如需方要求，并在合同中注明，表面硬化型、调质型（包括含硼钢）冷镦和冷挤压用钢可进行淬透性试验，淬火温度和距淬火端部 9 mm 处的硬度值，可按表 7 的规定。

表 7

牌号	淬火温度/℃	洛氏硬度 HRC
ML20Cr ML37Cr	900±5 850±5	23～38 25～43
ML40Cr	850±5	41～58
ML35Mn	870±5	≤28
ML20B ML28B ML35B	880±5 850±5 850±5	≤37 22～44 24～52
ML15MnB ML20MnB ML35MnB	880±5 880±5 850±5	≥28 20～41 36～55
ML15MnVB	880±5	≥30
ML20MnVB	880±5	≥32
ML37CrB	850±5	30～54

6.7 脱碳层

表 3 和表 4 所列牌号的圆钢或盘条，应进行脱碳层检验。钢材每边总脱碳层深度（铁素体＋过渡层）不得大于公称直径的 1.0%（Ⅰ组）及 1.5%（Ⅱ组）。但对于直径小于 7 mm 的钢材，一边总脱碳层深度不得大于 0.1 mm。需方要求Ⅰ组脱碳层时，应在合同中注明。若未注明，按Ⅱ组供应。

6.8 酸浸低倍组织

钢材应进行低倍酸浸组织检验。

在横向酸浸试片上检验低倍组织时，不得有目视可见的缩孔、气泡、分层、裂缝、夹杂和白点。酸浸低倍组织中一般疏松、中心疏松和方形偏析应各不大于 2.5 级。

供方可用同一炉（罐）号的钢坯进行低倍检查，并可将检查结果用于该炉（罐）钢坯所加工的所有钢材，但此时供方需保证成品钢材的低倍组织符合本标准的要求。

6.9 非金属夹杂物

根据需方要求，经供需双方协议，并在合同中注明，钢材可进行非金属夹杂物检验，合格级别由供需双方协商确定。

6.10 表面质量

钢材表面不得有裂缝、结疤、夹杂、耳子和折叠。

如存在上述缺陷应予以清除，清除深度从实际尺寸算起不得大于公称直径公差之半。清除的宽度应不小于深度的 5 倍。

钢材表面允许有深度不超过公差之半的个别划痕和麻点，以及深度不超过下列规定的个别发纹：直径不大于 20 mm 的钢材为 0.10 mm，直径大于 20 mm 的钢材为 0.15 mm。

7 试验方法

每批钢材的检验项目、取样方法和试验方法应符合表 8 的规定。

8 检验规则

8.1 钢材由供方质量监督部门进行检查和验收。供方必须保证交货的钢材符合有关标准的规定,需方有权按相应标准的规定进行检查和验收。

8.2 钢材应成批交货,每批由同一炉(罐)号、同一牌号、同一规格和同一热处理炉次的钢材组成。

8.3 每批钢材的检验项目应与表 8 一致。如有特殊要求时,应与合同一致。

8.4 钢材质量检验的取样数量及试验方法应符合表 8 的规定。

表 8

序号	检验项目	取样数量	取样方法	试验方法
1	化学成分	1	按 GB/T 222	GB/T 223
2	低倍组织	2	按 GB/T 226	GB/T 226,GB/T 1979
3	拉伸	1	按 GB/T 2975	GB/T 228
4	冷顶锻	3	不同根钢材	GB/T 233
5	脱碳层	2	不同根钢材	GB/T 224
6	末端淬透性	1	钢材或钢坯	GB/T 225
7	非金属夹杂物	2	不同根钢材	GB/T 10561
8	洛氏硬度	3	不同根钢材	GB/T 230
9	表面质量	逐根(盘)		目视检查,必要时也可取样去除氧化铁皮检查
10	尺寸	逐根(盘)		用具有足够精度的量具测量

8.5 复验和判定规则

任何检验如有某一项试验结果不符合标准要求,则从同一批中再任取双倍数量的试样进行该不合格项目的复验(白点除外)。复验结果(包括该项试验所要求的任一指标)即使有一个指标不合格,则整批不得交货。

供方有权对复验不合格的钢材重新分类或进行热处理,然后作为新的一批再提交检验。

9 包装、标志和质量证明书

钢材的包装、标志和质量证明书应符合 GB/T 2101 的规定。

附 录 A
（提示的附录）
热处理试样的力学性能

A1 前言

在本附录中的力学性能不是交货条件。本附录仅作为本标准所列牌号有关力学性能的参考，不能作为采购、设计、开发、生产或其他用途的依据。使用者必须了解实际所能达到的力学性能。

A2 表 A1 至 A4 包含以下的信息

A2.1 表面硬化型冷镦和冷挤压用钢热轧状态的硬度及在表 A2 规定的热处理制度下，试样的力学性能见表 A1。

表 A1

牌号	$\sigma_{P0.2}$/MPa 不小于	σ_b/MPa	δ_5/% 不小于	热轧布氏硬度 HBS 不大于
ML10Al	250	400～700	15	137
ML15Al	260	450～750	14	143
ML15	260	450～750	14	—
ML20Al	320	520～820	11	156
ML20	320	520～820	11	—
ML20Cr	490	750～1 100	9	—

注：直径大于和等于 25 mm 的钢材，试样毛坯直径 25 mm；直径小于 25 mm 的钢材，按钢材实际尺寸。

A2.2 表面硬化型冷镦和冷挤压用钢试样的热处理制度见表 A2。

表 A2

牌 号	渗碳温度/℃	直接淬火温度/℃	双重淬火温度/℃		回火温度/℃
			心部淬硬	表面淬硬	
ML10Al	880～980	830～870	880～920	780～820	150～200
ML15Al	880～980	830～870	880～920	780～820	150～200
ML15	880～980	830～870	880～920	780～820	150～200
ML20Al	880～980	830～870	880～920	780～820	150～200
ML20	880～980	830～870	880～920	780～820	150～200
ML20Cr	880～980	820～860	860～900	780～820	150～200

注

1 表中给出的温度只是推荐值。实际选择的温度应以使性能达到要求为准。

2 渗碳温度取决于钢的化学成分和渗碳介质。一般情况下，如果钢直接淬火，不要超过 950℃。

3 淬火剂的种类取决于产品形状、冷却条件和炉子装料的数量。

4 回火时间，推荐为最少 1 h。

A2.3 调质型钢的热轧硬度及试样在热处理状态下（按表 A4 的热处理制度）的力学性能见表 A3。

表 A3

牌　号	$\sigma_{P0.2}$/MPa 不小于	σ_b/MPa 不小于	δ_5/% 不小于	ψ/% 不小于	热轧布氏硬度 HBS 不大于
ML25	275	450	23	50	170
ML30	295	490	21	50	179
ML33	290	490	21	50	—
ML35	315	530	20	45	187
ML40	335	570	19	45	217
ML45	355	600	16	40	229
ML15Mn	705	880	9	40	—
ML25Mn	275	450	23	50	170
ML30Mn	295	490	21	50	179
ML35Mn	430	630	17	—	187
ML37Cr	630	850	14	—	—
ML40Cr	660	900	11	—	—
ML30CrMo	785	930	12	50	—
ML35CrMo	835	980	12	45	—
ML42CrMo	930	1 080	12	45	—
ML20B	400	550	16	—	—
ML28B	480	630	14	—	—
ML35B	500	650	14	—	—
ML15MnB	930	1 130	9	45	—
ML20MnB	500	650	14	—	—
ML35MnB	650	800	12	—	—
ML15MnVB	720	900	10	45	207
ML20MnVB	940	1 040	9	45	—
ML20MnTiB	930	1 130	10	45	—
ML37CrB	600	750	12	—	—

注

1　标准件行业按 GB/T 3098.1—82 的规定，回火温度范围是 340～425℃。在这种条件下的力学性能值与本表的数值有较大的差异。

2　直径大于和等于 25 mm 的钢材，试样的热处理毛坯直径为 25 mm。直径小于 25 mm 的钢材，热处理毛坯直径为钢材直径。

A2.4　调质型钢(包括含硼钢)试样的热处理制度见表 A4。

表 A4

牌号	正火温度/℃	淬火温度/℃	淬火介质	回火温度/℃
ML25	AC3+30～50	—	—	—
ML30	AC3+30～50	—	—	—
ML33	830～860	—	—	—
ML35	AC3+30～50	—	—	—
ML40	AC3+30～50	—	—	—
ML45	AC3+30～50	—	—	—
ML15Mn	—	880～900	水	180～220
ML25Mn	AC3+30～50	—	—	—
ML30Mn	AC3+30～50	—	—	—

表 A4（完）

牌号	正火温度/℃	淬火温度/℃	淬火介质	回火温度/℃
ML35Mn	AC3＋30～50	—	—	—
ML37Cr	850～880	830～870	水或油	540～680
ML40Cr	—	820～860	油或水	540～680
ML30CrMo	—	860～900	水或油	490～590
ML35CrMo	—	830～870	油	500～600
ML42CrMo	—	830～870	油	500～600
ML20B	880～910	860～900	水或油	550～660
ML28B	870～900	850～890	水或油	550～660
ML35B	860～890	840～880	水或油	550～660
ML15MnB	—	860～900	水	200～240
ML20MnB	880～910	860～900	水或油	550～660
ML35MnB	860～890	840～880	油	550～660
ML15MnVB	—	860～900	油	340～380
ML20MnVB	—	860～900	油	370～410
ML20MnTiB	—	840～880	油	180～220
ML37CrB	855～885	835～875	水或油	550～660

注

1 奥氏体化时间不少于 0.5 h；回火时间不少于 1 h。

2 选择淬火介质时，应考虑其他参数（形状、尺寸和淬火温度等）对性能和裂纹敏感性的影响。其他的淬火介质（如：合成淬火剂）也可以使用。

ICS 77.140.01
H 40

中华人民共和国国家标准

GB/T 8731—2008
代替 GB/T 8731—1988

易切削结构钢

Free-cutting structural steel

2008-09-11 发布　　2009-05-01 实施

中华人民共和国国家质量监督检验检疫总局
中国国家标准化管理委员会　发布

前　言

本标准代替 GB/T 8731—1988《易切削结构钢技术条件》。

本标准与原标准对比，主要修订内容如下：

——适用范围中增加了钢板及钢带等钢材(见第 1 章)；

——参照 ISO 683-9:1998 的定义，增加了易切削结构钢的定义(见第 3 章)；

——增加了分类(见第 4 章)；

——增加了订货内容(见第 5 章)；

——删除了原标准中对于热轧、冷拉条钢、钢丝及银亮钢的尺寸、外形及允许偏差规定的表格，代之以文字叙述(1998 年版表 1，本版 6.1)；

——修改了原标准中 Y12Pb 的成分范围，增加了 Y08、Y45、Y15Mn、Y45MnS、Y08Pb 等国外常用牌号；并添加了专利 ZL 03 1 22768.6 中的部分牌号 Y08Sn、Y15Sn、Y45Sn、Y45MnSn 和国内其他厂家正在生产使用的牌号 Y08MnS、Y35Mn、Y45Mn、Y45MnSPb(见表 1、表 2、表 3)；

——增加了 GB/T 222 中未规定的锡及超出其规定范围的硫元素的成品成分允许偏差(见表 5)；

——增加了冶炼方法的规定(见 7.2)；

——在交货状态款中增加了以银亮状态交货(见 7.3)；

——更改原标准对于钢的拉伸力学性能的要求，将必保值改为参考值，并列于附录 A 中(1998 年版表 3、表 4、表 5、表 6，本版附录 A)；

——修改了表面质量的要求，热轧条钢、盘条、热锻件等钢材表面允许缺陷的深度引用 GB/T 699 的相关规定，银亮钢执行 GB/T 3207 中的相关规定，增加了钢板钢带表面质量要求(1988 年版 2.7，本版 7.9)；

——增加了本标准规定牌号与国外相关牌号的对应关系的附录 B。

本标准附录 A、附录 B 均为资料性附录。

本标准由中国钢铁工业协会提出。

本标准由全国钢标准化技术委员会归口。

本标准起草单位：首钢总公司、东北特殊钢集团公司、贵阳特殊钢有限责任公司、青岛钢铁集团公司、冶金工业信息标准研究院。

本标准主要起草人：宫翠、朱辰、王丽萍、杨柳、张春红、周英豪、田巧丽、张启柱。

本标准所代替标准的历次版本发布情况为：

——GB/T 8731—1988。

引　言

本标准的发布机构提请注意如下事实，声明符合本标准时，可以使用涉及表3中有关含锡易切削结构钢的相关专利，即牌号 Y08Sn、Y15Sn、Y45Sn、Y45MnSn。

本标准的发布机构对于专利的范围、有效性和验证资料不提出任何看法。

专利持有人已向本标准的发布机构保证，他愿意同任何申请人在合理和非歧视的条款和条件下，就使用授权许可证进行谈判。在这方面，该专利持有人的声明已在本标准的发布机构备案。有关资料可从以下地址获得：

专利名称：《含锡易切削结构钢》

专利号：ZL 03 1 22768.6

国际专利主分类号：C22C 38/04

专利持有人：首钢总公司

联系人：朱辰

通信地址：北京市石景山区首钢技术研究院

邮编：100041

请注意除上述已经识别出的专利外，本标准的某些内容有可能涉及专利。本标准的发布机构不应承担识别这些专利的责任。

易切削结构钢

1 范围

本标准规定了易切削结构钢的范围、术语及定义、订货内容、尺寸、外形、重量及允许偏差、技术要求、试验方法、检验规则、包装、标志和质量证明书。

本标准适用于机械切削加工用条钢、盘条、钢丝、钢板及钢带等钢材，其化学成分同样适用于锭、坯及其制品。

2 规范性引用文件

下列文件中的条款通过本标准的引用而成为本标准的条款。凡是注日期的引用文件，其随后所有的修改单(不包括勘误的内容)或修订版均不适用于本标准。然而，鼓励根据本标准达成协议的各方研究是否可使用这些文件的最新版本。凡是不注日期的引用文件，其最新版本适用于本标准。

GB/T 222　钢的成品化学成分允许偏差

GB/T 223.3　钢铁及合金化学分析方法　二安替吡啉甲烷磷钼酸重量法测定磷量

GB/T 223.11　钢铁及合金化学分析方法　过硫酸铵氧化容量法测定铬量

GB/T 223.12　钢铁及合金化学分析方法　碳酸钠分离-二苯碳酰二肼光度法测定铬量

GB/T 223.19　钢铁及合金化学分析方法　新亚铜灵-三氯甲烷萃取光度法测定铜量

GB/T 223.23　钢铁及合金　镍含量的测定　丁二酮肟分光光度法

GB/T 223.29　钢铁及合金化学分析方法　载体沉淀-二甲酚橙光度法测定铅量

GB/T 223.50　钢铁及合金化学分析方法　苯基荧光酮-溴化十六烷基三甲基胺直接光度法测定锡量

GB/T 223.58　钢铁及合金化学分析方法　亚砷酸钠-亚硝酸钠滴定法测定锰量

GB/T 223.59　钢铁及合金化学分析方法　锑磷钼蓝光度法测定磷量

GB/T 223.60　钢铁及合金化学分析方法　高氯酸脱水重量法测定硅含量

GB/T 223.61　钢铁及合金化学分析方法　磷钼酸铵容量法测定磷量

GB/T 223.62　钢铁及合金化学分析方法　乙酸丁酯萃取光度法测定磷量

GB/T 223.63　钢铁及合金化学分析方法　高碘酸钠(钾)光度法测定锰量

GB/T 223.64　钢铁及合金化学分析方法　火焰原子吸收光谱法测定锰量

GB/T 223.67　钢铁及合金　硫含量的测定　次甲基蓝分光光度法

GB/T 223.68　钢铁及合金化学分析方法　管式炉内燃烧后碘酸钾滴定法测定硫含量

GB/T 223.69　钢铁及合金　碳含量的测定　管式炉内燃烧后气体容量法测定碳含量

GB/T 223.71　钢铁及合金化学分析方法　管式炉内燃烧后气体容量法

GB/T 223.72　钢铁及合金　硫量的测定　重量法

GB/T 223.74　钢铁及合金化学分析方法　非化合碳含量的测定

GB/T 223.77　钢铁及合金化学分析方法　火焰原子吸收光谱法测定钙量

GB/T 224　钢的脱碳层深度测定法

GB/T 226　钢的低倍组织及缺陷酸蚀检验法

GB/T 228　金属材料　室温拉伸试验方法(GB/T 228—2002,eqv ISO 6892:1998)

GB/T 229　金属材料　夏比摆锤冲击试验方法(GB/T 229—2007，ISO 148-1:2006,MOD)

GB/T 231.1　金属布氏硬度试验　第1部分:试验方法(GB/T 231.1—2002,eqv ISO 6506-1:

1999)

GB/T 247　钢板和钢带检验、包装、标志及质量证明书的一般规定

GB/T 342　冷拉圆钢丝、方钢丝、六角钢丝尺寸、外形、重量及允许偏差

GB/T 702　热轧钢棒尺寸、外形、重量及允许偏差

GB/T 708　冷轧钢板和钢带的尺寸、外形、重量及允许偏差

GB/T 709　热轧钢板和钢带的尺寸、外形、重量及允许偏差

GB/T 905　冷拉圆钢、方钢、六角钢尺寸、外形、重量及允许偏差

GB/T 908　锻制钢棒尺寸、外形、重量及允许偏差

GB/T 1979　结构钢低倍组织缺陷评级图

GB/T 2101　型钢验收、包装、标志及质量证明书的一般规定

GB/T 2103　钢丝验收、包装、标志及质量证明书的一般规定

GB/T 2975　钢及钢产品　力学性能试验取样位置及试样制备(GB/T 2975—1998,eqv ISO 377:1997)

GB/T 3207　银亮钢

GB/T 4336　碳素钢和中低合金钢火花源原子发射光谱分析方法(常规法)

GB/T 10561　钢中非金属夹杂物含量的测定　标准评级图显微检验法

GB/T 14981　热轧盘条尺寸、外形、重量及允许偏差

GB/T 15711　钢材塔形发纹酸浸检验方法(GB/T 15711—1995,neq ISO 3673:1976)

GB/T 17505　钢及钢产品交货一般技术要求(GB/T 17505—1998,eqv ISO 404:1992)

GB/T 20066　钢和铁化学成分测定用试样的取样和制样方法(GB/T 20066—2006,ISO 14284:1996,IDT)

GB/T 20123　钢铁　总碳硫含量的测定　高频感应炉燃烧后红外线吸收法(常规方法)

GB/T 20125　低合金钢　多元素的测定　电感耦合等离子体发射光谱法

3　术语和定义

下列术语和定义适用于本标准。

3.1

易切削结构钢　free-cutting structural steel

因添加较高含量的硫、铅、锡、钙及其他易切削元素而具有良好的切削加工性能的结构钢。

4　分类

钢材按使用加工方法不同分为下列两类。钢棒的使用加工方法应在合同中注明,未注明的按切削加工用钢供货。

a)　压力加工用钢 UP

b)　切削加工用钢 UC

5　订货内容

按本标准订货的合同应注明下列有关内容:

a)　本标准号;

b)　牌号;

c)　规格;

d)　重量;

e)　使用加工方法;

f) 交货状态；

g) 精度级别；

h) 其他特殊要求。

6 尺寸、外形、重量及允许偏差

6.1 钢材的尺寸、外形、重量及允许偏差

6.1.1 热轧钢棒尺寸、外形、重量及允许偏差和热轧六角钢和八角钢尺寸、外形、重量及允许偏差应符合 GB/T 702 的规定。

6.1.2 锻制钢棒尺寸、外形、重量及允许偏差应符合 GB/T 908 的规定。

6.1.3 热轧盘条尺寸、外形、重量及允许偏差应符合 GB/T 14981 的规定。

6.1.4 冷拉圆钢、方钢、六角钢尺寸、外形、重量及允许偏差应符合 GB/T 905 的规定。

6.1.5 冷拉圆钢丝、方钢丝、六角钢丝尺寸、外形、重量及允许偏差应符合 GB/T 342 的规定。

6.1.6 热轧钢板和钢带的尺寸、外形、重量及允许偏差应符合 GB/T 709 的规定。

6.1.7 冷轧钢板和钢带的尺寸、外形、重量及允许偏差应符合 GB/T 708 的规定。

6.2 剪切的热轧条钢两端变形长度均不应大于 20 mm。如需方要求清除条钢两端毛刺，应在合同中注明。

6.3 冷拉条钢的端头不应切弯。

用剪断机剪切钢材时被切端允许有剪切变形，变形后，端头的最大尺寸应不大于公称尺寸加公差值。

7 技术要求

7.1 牌号及化学成分

7.1.1 硫系易切削钢、铅系易切削钢、锡系易切削钢和钙系易切削钢钢的牌号及化学成分（熔炼分析）应分别符合表 1、表 2、表 3、表 4 的规定。

表 1 硫系易切削钢的牌号及化学成分（熔炼分析）

牌号	化学成分（质量分数）/%				
	C	Si	Mn	P	S
Y08	≤0.09	≤0.15	0.75～1.05	0.04～0.09	0.26～0.35
Y12	0.08～0.16	0.15～0.35	0.70～1.00	0.08～0.15	0.10～0.20
Y15	0.10～0.18	≤0.15	0.80～1.20	0.05～0.10	0.23～0.33
Y20	0.17～0.25	0.15～0.35	0.70～1.00	≤0.06	0.08～0.15
Y30	0.27～0.35	0.15～0.35	0.70～1.00	≤0.06	0.08～0.15
Y35	0.32～0.40	0.15～0.35	0.70～1.00	≤0.06	0.08～0.15
Y45	0.42～0.50	≤0.40	0.70～1.10	≤0.06	0.15～0.25
Y08MnS	≤0.09	≤0.07	1.00～1.50	0.04～0.09	0.32～0.48
Y15Mn	0.14～0.20	≤0.15	1.00～1.50	0.04～0.09	0.08～0.13
Y35Mn	0.32～0.40	≤0.10	0.90～1.35	≤0.04	0.18～0.30
Y40Mn	0.37～0.45	0.15～0.35	1.20～1.55	≤0.05	0.20～0.30
Y45Mn	0.40～0.48	≤0.40	1.35～1.65	≤0.04	0.16～0.24
Y45MnS	0.40～0.48	≤0.40	1.35～1.65	≤0.04	0.24～0.33

表 2 铅系易切削钢的牌号及化学成分(熔炼分析)

牌号	化学成分(质量分数)/%					
	C	Si	Mn	P	S	Pb
Y08Pb	≤0.09	≤0.15	0.75～1.05	0.04～0.09	0.26～0.35	0.15～0.35
Y12Pb	≤0.15	≤0.15	0.85～1.15	0.04～0.09	0.26～0.35	0.15～0.35
Y15Pb	0.10～0.18	≤0.15	0.80～1.20	0.05～0.10	0.23～0.33	0.15～0.35
Y45MnSPb	0.40～0.48	≤0.40	1.35～1.65	≤0.04	0.24～0.33	0.15～0.35

表 3 锡系易切削钢的牌号及化学成分(熔炼分析)

牌号	化学成分(质量分数)/%					
	C	Si	Mn	P	S	Sn
Y08Sn	≤0.09	≤0.15	0.75～1.20	0.04～0.09	0.26～0.40	0.09～0.25
Y15Sn	0.13～0.18	≤0.15	0.40～0.70	0.03～0.07	≤0.05	0.09～0.25
Y45Sn	0.40～0.48	≤0.40	0.60～1.00	0.03～0.07	≤0.05	0.09～0.25
Y45MnSn	0.40～0.48	≤0.40	1.20～1.70	≤0.06	0.20～0.35	0.09～0.25
注:本表中所列牌号为专利所有,见国家发明专利“含锡易切削结构钢”,专利号:ZL 03 1 22768.6,国际专利主分类号:C22C 38/04。						

表 4 钙系易切削钢的牌号及化学成分(熔炼分析)

牌号	化学成分(质量分数)/%					
	C	Si	Mn	P	S	Ca
Y45Ca[a]	0.42～0.50	0.20～0.40	0.60～0.90	≤0.04	0.04～0.08	0.002～0.006
[a] Y45Ca 钢中残余元素镍、铬、铜含量各不大于 0.25%;供热压力加工用时,铜含量不大于 0.20%。供方能保证合格时可不做分析。						

7.1.2 根据需方要求,经供需双方协商,可适当添加其他能够提高钢材切削性能的元素。

7.1.3 钢材的成品化学成分允许偏差,易切削元素硫、锡应符合表 5 的规定,其他元素应符合 GB/T 222 的规定。

表 5 硫、锡元素的化学成分允许偏差

元素	规定化学成分范围/%	允许偏差/%	
		上偏差	下偏差
S	≤0.33	0.03	0.03
	>0.33	0.04	0.04
Sn	≤0.30	0.03	0.03

7.2 冶炼方法

除非用户有特殊要求,冶炼方法由供方自行规定。

7.3 交货状态

钢材以热轧、热锻或冷轧、冷拉、银亮等状态交货,交货状态应在合同中注明。根据需方要求也可按其他状态交货。

7.4 力学性能

7.4.1 以热轧状态交货的易切削钢条钢和盘条,其布氏硬度应符合表 6 的规定。

7.4.2 热轧、调质、冷拉及冷拉高温回火态的条钢和盘条的力学性能,经供需双方协商,可参考附录 A。

表6 以热轧状态交货的易切削钢条钢和盘条的硬度要求

分类	牌号	布氏硬度 HBW 不大于
硫系易切削钢	Y08	163
	Y12	170
	Y15	170
	Y20	175
	Y30	187
	Y35	187
	Y45	229
	Y08MnS	165
	Y15Mn	170
	Y35Mn	229
	Y40Mn	229
	Y45Mn	241
	Y45MnS	241
铅系易切削钢	Y08Pb	165
	Y12Pb	170
	Y15Pb	170
	Y45MnSPb	241
锡系易切削钢	Y08Sn	165
	Y15Sn	165
	Y45Sn	241
	Y45MnSn	241
钙系易切削钢	Y45Ca	241

7.4.3 其他产品的力学性能、硬度由供需双方协商确定。

7.5 低倍组织

根据需方要求，可检验钢材的低倍组织。钢材的横截面酸浸低倍组织试片上不应有目视可见的缩孔、气泡、夹杂、裂纹、分层、翻皮及白点。评定低倍组织级别时，一般疏松、中心疏松和锭型偏析均应不大于3级。

7.6 塔形检验

根据需方要求，钢材可作塔形检验，合格标准由供需双方协商。

7.7 脱碳层

根据需方要求，公称含碳量大于0.30%的钢材可检验一边总脱碳层深度，合格标准由供需双方协商。

7.8 非金属夹杂物

根据需方要求，钢材可检验非金属夹杂物，其B、C、D类夹杂物级别均应不大于3级。

7.9 表面质量

7.9.1 压力加工用钢材的表面不应有目视可见的裂纹、结疤、折叠及夹杂。如有上述缺陷必须清除，清除深度从钢材实际尺寸算起应符合表7的规定,清除宽度应不小于深度的5倍。对公称直径或边长大于140 mm的钢材,在同一截面的最大清除深度不应多于2处。允许有从实际尺寸算起不超过尺寸公差之半的个别细小划痕、压痕、麻点及深度不超过0.2 mm的小裂纹存在。

7.9.2 切削加工用钢材的表面允许有从钢材公称尺寸算起深度不超过表8规定的局部缺陷。

表7 压力加工用钢材的表面允许缺陷清除深度

单位为毫米

钢材公称尺寸(直径或边长)	允许缺陷清除深度 不大于
<80	钢材公称尺寸的公差的1/2
80~140	钢材的公称尺寸公差
>140~200	钢材公称尺寸的5%
>200	钢材公称尺寸的6%

表8 切削加工用钢材表面允许缺陷清除深度

单位为毫米

钢材公称尺寸(直径或边长)	允许缺陷清除深度 不大于
<100	钢材公称尺寸的负偏差
≥100	钢材公称尺寸的公差

7.9.3 冷拉条钢和钢丝表面应洁净、平滑、光亮,不应有裂纹、结疤、夹杂、发纹、折叠、气孔和氧化皮。以热处理状态供应的条钢表面允许有氧化色。

11级精度冷拉条钢和钢丝表面允许有个别的小划伤、凹面、气孔、黑斑和少量麻点,其深度不应大于从实际尺寸算起的公差之半;根据需方要求,深度可不大于公差的四分之一。

供切削加工用的11级精度冷拉条钢和钢丝表面上允许有深度不超过从实际尺寸算起的公差之半的划伤、麻点、凹坑和清理痕迹,允许有不大于公差之半的个别微小发纹,但不应使条钢尺寸小于最小尺寸。

7.9.4 银亮钢表面质量应符合GB/T 3207的规定。

7.9.5 钢板和钢带表面不允许存在裂纹、气泡、结疤、折叠、夹杂和压入的氧化铁皮。钢板不应有分层。

钢板和钢带表面允许有不妨碍检查表面缺陷的薄层氧化铁皮、铁锈、由压入氧化铁皮脱落所引起的不显著的表面粗糙、划伤、压痕及其他局部缺陷,但其深度不应大于厚度公差之半,并应保证钢板的最小厚度。

钢板和钢带表面缺陷允许修磨清理,但应保证钢板的最小厚度。修磨清理处应平滑无棱角。

钢带允许带缺陷交货,但缺陷部分应不超过每卷总长度的8%。

8 试验方法

8.1 每批钢材的检验项目、取样数量、取样部位和试验方法按表9的规定。

表9 检验项目、取样要求和试验方法

序号	检验项目	取样数量/个	取样部位	试验方法
1	化学成分	1/炉	GB/T 20066	GB/T 223、GB/T 4336、GB/T 20123、GB/T 20125
2	拉伸试验	条钢:1 盘条、钢丝:2 钢板钢带:1	GB/T 2975 条钢:任意一根钢材端部 盘条、钢丝:任意两盘 钢板:任意一片 钢带:任意一卷	GB/T 228

表 9（续）

序号	检验项目	取样数量/个	取样部位	试验方法
3	冲击	2	GB/T 2975 任意两根钢材端部	GB/T 229
4	布氏硬度	3	不同根钢材端部	GB/T 231.1
5	低倍组织	1	相当于钢锭头部的钢坯或钢材端部	GB/T 226 GB/T 1979
6	塔形检验	1	相当于钢锭头部的钢坯或钢材端部	GB/T 15711
7	脱碳层	2	不同根钢材	GB/T 224
8	非金属夹杂物	2	不同根钢材	GB/T 10561
9	尺寸、外形	逐根(片或卷)	整根钢材	采用样板、卡尺等工具进行测量
10	表面质量	逐根(片或卷)	整根钢材	目视，必要时可用锉刀、砂轮进行打磨后检查，或酸洗后检查

8.2　条钢进行拉伸试验时，试样标距 $L_0=5d_0$（d_0 为试样直径）。试样直径按表 10 的规定。

表 10　条钢进行拉伸试验的试样直径

单位为毫米

钢材公称尺寸（直径或边长）	≤20	>20～30	>30
试样直径 d_0	不经加工	15	20

8.3　钢丝的试样标距为 100 mm。

9　检验规则

9.1　检查和验收

钢材的检查和验收由供方质量监督部门进行。

9.2　组批规则

钢材应成批验收，每批由同一牌号、同一炉号、同一热处理炉次（当以热处理状态供应时）、同一规格、同一交货状态的钢材组成。

9.3　取样数量

钢材检验的取样数量应按表 9 规定。

9.4　复验与判定规则

复验与判定规则应按 GB/T 17505 的有关规定，或依据供需双方协议规定执行。

10　包装、标志和质量证明书

10.1　条钢和盘条的包装、标志和质量证明书应符合 GB/T 2101 的规定。

10.2　钢丝的包装、标志和质量证明书应符合 GB/T 2103 的规定。

10.3　银亮钢的包装、标志和质量证明书应符合 GB/T 3207 的规定。

10.4　钢板钢带符合 GB/T 247 的规定。

10.5　对用剪断机剪切的冷拉条钢，在包装时应将剪切变形的一端朝一个方向放置。

附　录　A
（资料性附录）
易切削结构钢条钢和盘条力学性能参考值

A.1　热轧状态的硫系易切削钢、铅系易切削钢、锡系易切削钢和钙系易切削钢条钢和盘条的力学性能可分别参考表 A.1、表 A.2、表 A.3、表 A.4 的规定。

表 A.1　热轧状态交货的硫系易切削钢条钢和盘条力学性能

牌号	力学性能		
	抗拉强度 R_m/ (N/mm²)	断后伸长率 A/ % 不小于	断面收缩率 Z/ % 不小于
Y08	360～570	25	40
Y12	390～540	22	36
Y15	390～540	22	36
Y20	450～600	20	30
Y30	510～655	15	25
Y35	510～655	14	22
Y45	560～800	12	20
Y08MnS	350～500	25	40
Y15Mn	390～540	22	36
Y35Mn	530～790	16	22
Y40Mn	590～850	14	20
Y45Mn	610～900	12	20
Y45MnS	610～900	12	20

表 A.2　热轧状态交货的铅系易切削钢条钢和盘条力学性能

牌号	力学性能		
	抗拉强度 R_m/ (N/mm²)	断后伸长率 A/ % 不小于	断面收缩率 Z/ % 不小于
Y08Pb	360～570	25	40
Y12Pb	360～570	22	36
Y15Pb	390～540	22	36
Y45MnSPb	610～900	12	20

表 A.3 热轧状态交货的锡系易切削钢条钢和盘条力学性能

牌号	力学性能		
	抗拉强度 R_m/(N/mm²)	断后伸长率 A/% 不小于	断面收缩率 Z/% 不小于
Y08Sn	350～500	25	40
Y15Sn	390～540	22	36
Y45Sn	600～745	12	26
Y45MnSn	610～850	12	26

表 A.4 钙系易切削钢热轧状态交货的条钢和盘条力学性能

牌号	力学性能		
	抗拉强度 R_m/(N/mm²)	断后伸长率 A/% 不小于	断面收缩率 Z/% 不小于
Y45Ca	600～745	12	26

A.2 对于 Y45Ca，直径大于 16mm 的条钢，用热处理毛坯制成的试样测定钢的力学性能可参考表 A.5。

表 A.5 用经热处理毛坯制成的 Y45Ca 试样测定钢的力学性能

牌号	力学性能				
	下屈服强度 R_{eL}/(N/mm²)	抗拉强度 R_m/(N/mm²)	断后伸长率 A/%	断面收缩率 Z/%	冲击吸收能量 KV_2/J
	不小于				
Y45Ca	355	600	16	40	39
热处理制度：拉伸试样毛坯（直径为 25 mm）正火处理，加热温度为 830 ℃～850 ℃，保温时间不小于 30 min，冲击试样毛坯（直径为 15 mm）调质处理，淬火温度 840 ℃±20 ℃（淬火），回火温度 600 ℃±20 ℃。					

A.3 冷拉状态交货的硫系易切削钢、铅系易切削钢、锡系易切削钢和钙系易切削钢的条钢和盘条，其力学性能和布氏硬度分别参考表 A.6、表 A.7、表 A.8、表 A.9。

表 A.6 以冷拉状态交货的硫系切削钢条钢和盘条的力学性能

牌号	力学性能				布氏硬度 HBW
	抗拉强度 R_m/(N/mm²)			断后伸长率 A/% 不小于	
	钢材公称尺寸/mm				
	8～20	＞20～30	＞30		
Y08	480～810	460～710	360～710	7.0	140～217
Y12	530～755	510～735	490～685	7.0	152～217
Y15	530～755	510～735	490～685	7.0	152～217
Y20	570～785	530～745	510～705	7.0	167～217
Y30	600～825	560～765	540～735	6.0	174～223

表 A.6（续）

牌号	力学性能				
	抗拉强度 R_m/(N/mm²)			断后伸长率 A/%	布氏硬度 HBW
	钢材公称尺寸/mm			不小于	
	8～20	>20～30	>30		
Y35	625～845	590～785	570～765	6.0	176～229
Y45	695～980	655～880	580～880	6.0	196～255
Y08MnS	480～810	460～710	360～710	7.0	140～217
Y15Mn	530～755	510～735	490～685	7.0	152～217
Y45Mn	695～980	655～880	580～880	6.0	196～255
Y45MnS	695～980	655～880	580～880	6.0	196～255

表 A.7　以冷拉状态交货的铅系易切削钢条钢和盘条的力学性能

牌号	力学性能				
	抗拉强度 R_m/(N/mm²)			断后伸长率 A/%	布氏硬度 HBW
	钢材公称尺寸/mm			不小于	
	8～20	>20～30	>30		
Y08Pb	480～810	460～710	360～710	7.0	140～217
Y12Pb	480～810	460～710	360～710	7.0	140～217
Y15Pb	530～755	510～735	490～685	7.0	152～217
Y45MnSPb	695～980	655～880	580～880	6.0	196～255

表 A.8　以冷拉状态交货的锡系易切削钢条钢和盘条的力学性能

牌号	力学性能				
	抗拉强度 R_m/(N/mm²)			断后伸长率 A/%	布氏硬度 HBW
	钢材公称尺寸/mm			不小于	
	8～20	>20～30	>30		
Y08Sn	480～705	460～685	440～635	7.5	140～200
Y15Sn	530～755	510～735	490～685	7.0	152～217
Y45Sn	695～920	655～855	635～835	6.0	196～255
Y45MnSn	695～920	655～855	635～835	6.0	196～255

表 A.9　钙系易切削钢以冷拉状态交货的条钢和盘条的力学性能

牌号	力学性能				
	抗拉强度 R_m/(N/mm²)			断后伸长率 A/%	布氏硬度 HBW
	钢材公称尺寸/mm			不小于	
	8～20	>20～30	>30		
Y45Ca	695～920	655～855	635～835	6.0	196～255

A.4 Y40Mn冷拉条钢高温回火状态的力学性能和布氏硬度可参考表A.10规定。其他中碳钢热处理后的性能标准可参照Y45Ca(见表A.5)和Y40Mn(见表A.10),或由供需双方协商。

表A.10 Y40Mn冷拉条钢高温回火状态的力学性能

力学性能		布氏硬度 HBW
抗拉强度 R_m/(N/mm²)	断后伸长率 A/%	
590～785	≥17	179～229

附　录　B
（资料性附录）
本标准牌号和国外牌号对应表

B.1　本标准牌号和国外对应牌号分别见表B.1、表B.2、表B.3。

表 B.1　硫系易切削钢国标牌号和国外牌号对应表

中国	日本	美国	前苏联	国际
GB/T 8731	JIS G 4804	ASTM A 29/A 29M	ГОСТ 1414	ISO 683-9
Y08	SUM23	1215	—	9S20
Y12	SUM12	1211 1212	A12	10S20
Y15	SUM22	1213	—	11SMn28
Y20	SUM32	—	A20	—
Y30	—	—	A30	35S20
Y35	—	—	—	—
Y45	—	—	—	46S20
Y08MnS	—	—	—	—
Y15Mn	SUM31	1117	—	—
Y35Mn	Sum41			
Y40Mn	—	1139	A40Г	35MnS20
Y45Mn	—	—	—	—
Y45MnS	Sum43	1144	—	44SMn28

表 B.2　铅系易切削钢国标牌号和国外牌号对应表

中国	日本	美国	前苏联	国际
GB/T 8731	JIS G 4804	ASTM A 29/A 29M	ГОСТ 1414	ISO 683-9
Y08Pb	SUM23L	12L15	—	—
Y12Pb	SUM24L	12L14	—	10SPb20
Y15Pb	—	—	AC14	11SMnPb28
Y45MnSPb	—	—	—	—

表 B.3　钙系易切削钢国标牌号和国外牌号对应表

中国	日本	美国	前苏联	国际
GB/T 8731	JIS G 4804	ASTM A 29/A 29M	ГОСТ 1414	ISO 683-9
Y45Ca	—	—	—	

ICS 77.140.35
H 40

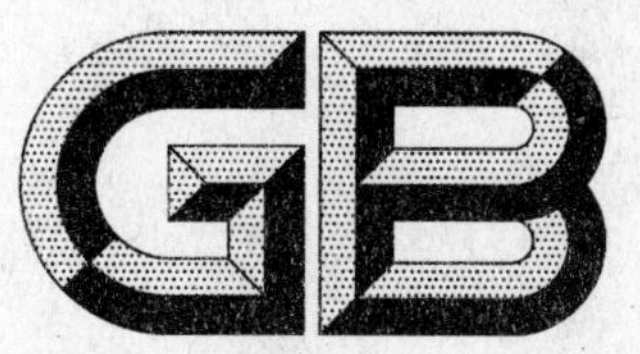

中华人民共和国国家标准

GB/T 9943—2008
代替 GB/T 4462—1984,GB/T 9942—1988,GB/T 9943—1988

高速工具钢

High-speed tool steels

(ISO 4957:1999,NEQ)

2008-05-13 发布　　　　2008-11-01 实施

中华人民共和国国家质量监督检验检疫总局
中国国家标准化管理委员会　发布

前　言

本标准与 ISO 4957:1999《工具钢》的一致性程度为非等效。

本标准代替 GB/T 4462—1984《高速工具钢大块碳化物评级图》、GB/T 9942—1988《高速工具钢大截面锻制钢棒技术条件》和 GB/T 9943—1988《高速工具钢棒技术条件》。

本标准与 GB/T 9943—1988 相比主要变化如下：

——标准名称修改为《高速工具钢》；

——增加了"订货内容"条款(见第 3 章)；

——增加了"分类"条款(见第 4 章)；

——尺寸、外形、重量及允许偏差执行相应国家标准的规定，具体精度组别不作专门规定，并增加了双方协商内容(1988 版的第 3 章，本版的第 5 章)；

——删除牌号 W18Cr4VCo5 和 W18Cr4V2Co8 及相关要求；增加牌号 W3Mo3Cr4V2、W4Mo3Cr4VSi、W2Mo8Cr4V、W6Mo6Cr4V2、W6Mo5Cr4V4、W6Mo5Cr4V3Co8、W10Mo4Cr4V3Co10 共 7 个牌号及相关要求(1988 版的第 4 章，本版的第 6 章)；

——对 W18Cr4V、W2Mo9Cr4V2、CW6Mo5Cr4V2、W6Mo5Cr4V3、CW6Mo5Cr4V3、W6Mo5Cr4V2Co5、W6Mo5Cr4V2Al 牌号部分元素的化学成分进行修改(1988 版的表 3，本版的表 1)；

——调整了在高速工具钢中钨钼二者关系，即对钼含量超过 0.30%的部分，将"每 1%的钼代替 2.0%的钨，……"修改为"每 1%的钼代替 1.8%的钨，……"(1988 版的表 3 注④，本版的表 1 中的段)；

——冶炼方法由"钢应采用电炉或其它适宜方法"修改为"钢应采用电炉或电渣重熔方法冶炼"(1988 版的第 4.2 条，本版的第 6.2 条)；

——修改了部分牌号硬度指标、热处理制度，取消其他加工方法硬度值，增加试样淬回火硬度供方若能保证可不检验的规定(1988 版的表 5，本版的表 3)；

——共晶碳化物不均匀度检验引用 GB/T 14979 标准规定，并取消原 GB/T 9943—1988 和 GB/T 9942—1988 标准中共晶碳化物不均匀度评级图片(1988 版的第 4.6 条和第一、二级别图，本版的第 6.6 条)；

——增加关于盘条表面质量的规定(见 6.8.3)；

——增加电渣钢的组批规则及取样数量和取样部位的规定(见 8.2)；

——增加"共晶碳化物不均匀度和非金属夹杂物的检验结果允许以坯代材、以大代小"规定(见 8.4.2)；

——将 GB/T 4462—1984《高速工具钢大块碳化物评级图》作为本标准附录 A，并删除有关钢丝字样，钼系改为钨钼系(见附录 A)；

——增加高速工具钢基本要求(见附录 B)。

本标准附录 A 为规范性附录，附录 B 为资料性附录。

本标准由中国钢铁工业协会提出。

本标准由全国钢标准化技术委员会归口。

本标准主要起草单位：东北特殊钢集团有限责任公司、河冶科技股份有限公司、重庆东华特殊钢有限公司、冶金工业信息标准研究院。

本标准主要起草人：康戈、吴立志、栾燕、真娟、谢静红、张占普、谷强、刘宝石。

本标准所代替标准的历次版本发布情况：

——GB/T 4462—1984；

——GB/T 9942—1988；

——GB/T 9943—1988。

高速工具钢

1 范围

本标准规定了高速工具钢的订货内容、分类、尺寸、外形及其允许偏差、技术要求、试验方法、检验规则、包装、标志及质量证明书等。

本标准适用于截面尺寸(直径、边长、厚度或对边距离)不大于 250 mm 的热轧、锻制、冷拉等高速工具钢棒(圆钢、方钢、扁钢、六角钢等的总称,以下简称钢棒)、盘条及银亮钢棒,其化学成分同样适用于锭、坯。

2 规范性引用文件

下列文件中的条款通过本标准的引用而成为本标准的条款。凡是注日期的引用文件,其随后所有的修改单(不包括勘误的内容)或修订版均不适用于本标准,然而,鼓励根据本标准达成协议的各方研究是否可使用这些文件的最新版本。凡是不注日期的引用文件,其最新版本适用于本标准。

GB/T 223.5　钢铁及合金化学分析方法　还原型钼酸盐光度法测定酸溶硅含量

GB/T 223.8　钢铁及合金化学分析方法　氟化钠分离-EDTA 容量法测定铝量

GB/T 223.11　钢铁及合金化学分析方法　过硫酸铵氧化容量法测定铬量

GB/T 223.13　钢铁及合金化学分析方法　硫酸亚铁铵滴定法测定钒含量

GB/T 223.19　钢铁及合金化学分析方法　新亚铜灵-三氯甲烷萃取光度法测定铜量

GB/T 223.20　钢铁及合金化学分析方法　电位滴定法测定钴量

GB/T 223.22　钢铁及合金化学分析方法　亚硝基 R 盐分光光度法测定钴量

GB/T 223.23　钢铁及合金　镍含量的测定　丁二酮肟分光光度法

GB/T 223.26　钢铁及合金　钼含量的测定　硫氰酸盐分光光度法

GB/T 223.28　钢铁及合金化学分析方法　α-安息香肟重量法测定钼量

GB/T 223.43　钢铁及合金　钨含量的测定　重量法和分光光度法

GB/T 223.53　钢铁及合金化学分析方法　火焰原子吸收分光光度法测定铜量

GB/T 223.54　钢铁及合金化学分析方法　火焰原子吸收分光光度法测定镍量

GB/T 223.58　钢铁及合金化学分析方法　亚砷酸钠-亚硝酸钠滴定法测定锰量

GB/T 223.59　钢铁及合金化学分析方法　锑磷钼蓝光度法测定磷量

GB/T 223.60　钢铁及合金化学分析方法　高氯酸脱水重量法测定硅含量

GB/T 223.62　钢铁及合金化学分析方法　乙酸丁酯萃取法测定磷含量

GB/T 223.63　钢铁及合金化学分析方法　高碘酸钠(钾)光度法测定锰量

GB/T 223.64　钢铁　锰含量的测定　火焰原子吸收光谱法

GB/T 223.65　钢铁及合金化学分析方法　火焰原子吸收光谱法测定钴量

GB/T 223.66　钢铁及合金化学分析方法　硫氰酸盐-盐酸氯丙嗪-三氯甲烷萃取光度法测定钨量

GB/T 223.67　钢铁及合金　硫含量的测定　次甲基蓝分光光度法

GB/T 223.68　钢铁及合金化学分析方法　管式炉内燃烧后碘酸钾滴定法测定硫含量

GB/T 223.69　钢铁及合金　碳含量的测定　管式炉内燃烧后气体容量法

GB/T 223.72　钢铁及合金　硫含量的测定　重量法

GB/T 223.76　钢铁及合金化学分析方法　火焰原子吸收光谱法测定钒量

GB/T 224　钢的脱碳层深度测定法(GB/T 224—1987,eqv ISO 3887:1976)

GB/T 226　钢的低倍组织及缺陷酸蚀检验法(GB/T 226—1991，eqv ISO 4969:1980 Steel Macroscopic examination by etching with strong mineral acids)

GB/T 230.1　金属洛氏硬度试验　第1部分:试验方法(A、B、C、D、E、F、G、H、K、N、T标尺)(GB/T 230.1—2004，ISO 6508-1:1999,MOD)

GB/T 231.1　金属布氏硬度试验　第1部分:试验方法(GB/T 231.1—2002,eqv ISO 6506-1:1999)

GB/T 702　热轧钢棒尺寸、外形、重量及允许偏差(GB/T 702—2004,ISO 1035-1:1980 Hot-rolled steel bars—Part 1: Dimensions of round bars,ISO 1035-2:1980 Hot-rolled steel bars—Part 2: Dimensions of square bars,ISO 1035-4:1982 Hot -rolled steel bars—Part 4: Tolerances,MOD)

GB/T 905　冷拉圆钢、方钢、六角钢尺寸、外形、重量及允许偏差

GB/T 908　锻制圆钢、方钢和扁钢尺寸、外形、重量及允许偏差

GB/T 1979　结构钢低倍组织缺陷评级图

GB/T 1814　钢材断口检验法

GB/T 2101　型钢验收、包装、标志及质量证明书的一般规定

GB/T 3207　银亮钢

GB/T 6394　金属平均晶粒度测定方法

GB/T 10561　钢中非金属夹杂物含量的测定　标准评级图显微检验法(GB/T 10561—2005,ISO 4967:1998,IDT)

GB/T 13298　金属显微组织检验方法

GB/T 14979—1994　钢的共晶碳化物不均匀度评定法

GB/T 14981　热轧盘条尺寸、外形、重量及允许偏差(GB/T 14981—2004,ISO/DIS 16124,MOD)

GB/T 17505　钢及钢产品交货一般技术条件(GB/T 17505—1998,eqv ISO 404:1992)

GB/T 20066　钢和铁　化学成分测定用试样的取样和制样方法(GB/T 20066—2006,ISO 14284:1996,IDT)

GB/T 20123　钢铁　总碳硫含量的测定　高频感应炉燃烧后红外吸收法(常规方法)(GB/T 20124—2006,ISO 15350:2000,IDT)

3　订货内容

按本标准订货的合同或订单应包括下列内容:

a)　标准编号;

b)　产品名称;

c)　牌号;

d)　截面形状(圆、方、扁、六角等);

e)　尺寸与外形(见第5章);

f)　重量(或数量);

g)　交货状态(见6.3);

h)　特殊要求(见6.8)。

4　分类

4.1　高速工具钢按化学成分分类,可分为两种基本系列,即

a)　钨系高速工具钢;

b)　钨钼系高速工具钢。

4.2　高速工具钢按性能分类,可分为三种基本系列,即

a) 低合金高速工具钢(HSS-L);

b) 普通高速工具钢(HSS);

c) 高性能高速工具钢(HSS-E)。

注:具体分类方法参见附录B。

5 尺寸、外形及允许偏差

5.1 热轧钢棒的尺寸、外形及允许偏差应符合GB/T 702的有关规定。

5.2 盘条的尺寸、外形及允许偏差应符合GB/T 14981的有关规定。

5.3 锻制圆钢、方钢和扁钢的尺寸、外形及允许偏差应符合GB/T 908的有关规定。

5.4 冷拉圆钢、方钢、六角钢尺寸、外形及允许偏差应符合GB/T 905的规定。

5.5 银亮钢尺寸、外形及允许偏差应符合GB/T 3207的规定。

5.6 钢棒的尺寸、外形及允许偏差组别合同中注明。根据需方要求,经双方协商并在合同注明,可供应特殊尺寸精度要求的钢棒。

6 技术要求

6.1 牌号及化学成分

6.1.1 钢的牌号及化学成分(熔炼分析)应符合表1的规定。

表1

序号	统一数字代号	牌号[a]	化学成分(质量分数)/%									
			C	Mn	Si[b]	S[c]	P	Cr	V	W	Mo	Co
1	T63342	W3Mo3Cr4V2	0.95~1.03	≤0.40	≤0.45	≤0.030	≤0.030	3.80~4.50	2.20~2.50	2.70~3.00	2.50~2.90	—
2	T64340	W4Mo3Cr4VSi	0.83~0.93	0.20~0.40	0.70~1.00	≤0.030	≤0.030	3.80~4.40	1.20~1.80	3.50~4.50	2.50~3.50	—
3	T51841	W18Cr4V	0.73~0.83	0.10~0.40	0.20~0.40	≤0.030	≤0.030	3.80~4.50	1.00~1.20	17.20~18.70	—	—
4	T62841	W2Mo8Cr4V	0.77~0.87	≤0.40	≤0.70	≤0.030	≤0.030	3.50~4.50	1.00~1.40	1.40~2.00	8.00~9.00	—
5	T62942	W2Mo9Cr4V2	0.95~1.05	0.15~0.40	≤0.70	≤0.030	≤0.030	3.50~4.50	1.75~2.20	1.50~2.10	8.20~9.20	—
6	T66541	W6Mo5Cr4V2	0.80~0.90	0.15~0.40	0.20~0.45	≤0.030	≤0.030	3.80~4.40	1.75~2.20	5.50~6.75	4.50~5.50	—
7	T66542	CW6Mo5Cr4V2	0.86~0.94	0.15~0.40	0.20~0.45	≤0.030	≤0.030	3.80~4.50	1.75~2.10	5.90~6.70	4.70~5.20	—
8	T66642	W6Mo6Cr4V2	1.00~1.10	≤0.40	≤0.45	≤0.030	≤0.030	3.80~4.50	2.30~2.60	5.90~6.70	5.50~6.50	—
9	T69341	W9Mo3Cr4V	0.77~0.87	0.20~0.40	0.20~0.40	≤0.030	≤0.030	3.80~4.40	1.30~1.70	8.50~9.50	2.70~3.30	—
10	T66543	W6Mo5Cr4V3	1.15~1.25	0.15~0.40	0.20~0.45	≤0.030	≤0.030	3.80~4.50	2.70~3.20	5.90~6.70	4.70~5.20	—
11	T66545	CW6Mo5Cr4V3	1.25~1.32	0.15~0.40	≤0.70	≤0.030	≤0.030	3.75~4.50	2.70~3.20	5.90~6.70	4.70~5.20	—

表 1（续）

序号	统一数字代号	牌号[a]	化学成分（质量分数）/ %									
			C	Mn	Si[b]	S[c]	P	Cr	V	W	Mo	Co
12	T66544	W6Mo5Cr4V4	1.25～1.40	≤0.40	≤0.45	≤0.030	≤0.030	3.80～4.50	3.70～4.20	5.20～6.00	4.20～5.00	—
13	T66546	W6Mo5Cr4V2Al	1.05～1.15	0.15～0.40	0.20～0.60	≤0.030	≤0.030	3.80～4.40	1.75～2.20	5.50～6.75	4.50～5.50	Al:0.80～1.20
14	T71245	W12Cr4V5Co5	1.50～1.60	0.15～0.40	0.15～0.40	≤0.030	≤0.030	3.75～5.00	4.50～5.25	11.75～13.00	—	4.75～5.25
15	T76545	W6Mo5Cr4V2Co5	0.87～0.95	0.15～0.40	0.20～0.45	≤0.030	≤0.030	3.80～4.50	1.70～2.10	5.90～6.70	4.70～5.20	4.50～5.00
16	T76438	W6Mo5Cr4V3Co8	1.23～1.33	≤0.40	≤0.70	≤0.030	≤0.030	3.80～4.50	2.70～3.20	5.90～6.70	4.70～5.30	8.00～8.80
17	T77445	W7Mo4Cr4V2Co5	1.05～1.15	0.20～0.60	0.15～0.50	≤0.030	≤0.030	3.75～4.50	1.75～2.25	6.25～7.00	3.25～4.25	4.75～5.75
18	T72948	W2Mo9Cr4VCo8	1.05～1.15	0.15～0.40	0.15～0.65	≤0.030	≤0.030	3.50～4.25	0.95～1.35	1.15～1.85	9.00～10.00	7.75～8.75
19	T71010	W10Mo4Cr4V3Co10	1.20～1.35	≤0.40	≤0.45	≤0.030	≤0.030	3.80～4.50	3.00～3.50	9.00～10.00	3.20～3.90	9.50～10.50

[a] 表 1 中牌号 W18Cr4V、W12Cr4V5Co5 为钨系高速工具钢，其他牌号为钨钼系高速工具钢。

[b] 电渣钢的硅含量下限不限。

[c] 根据需方要求，为改善钢的切削加工性能，其硫含量可规定为 0.06%～0.15%。

6.1.2　钢棒的化学成分允许偏差应符合表 2 的规定。

表 2　　质量分数，%

元　素	规定化学成分上限值	允　许　偏　差
C	—	±0.01
Cr	—	±0.05
W	≤10	±0.10
	>10	±0.20
V	≤2.5	±0.05
	>2.5	±0.10
Mo	≤6	±0.05
	>6	±0.10
Co	—	±0.15
Si	—	±0.05
Mn	—	+0.04

6.1.3　钢中残余铜含量应不大于 0.25%，残余镍含量应不大于 0.30%。

6.1.4　在钨系高速钢中，钼含量允许到 1.0%。钨钼二者关系，当钼含量超过 0.30%时，钨含量应减少，在钼含量超过 0.30%的部分，每 1%的钼代替 1.8%的钨，在这种情况下，在牌号的后面加上“Mo”。

6.2 冶炼方法

钢应采用电炉或电渣重熔方法冶炼。冶炼方法要求应在合同注明,未注明时由供方选择。

6.3 交货状态

钢棒以退火状态交货,或退火后再经其他加工方法加工后交货,具体要求应在合同注明。

6.4 硬度

交货状态钢棒的硬度及试样淬回火硬度应符合表3的规定。

表3

序号	牌　　号	交货硬度[a](退火态)/HBW 不大于	试样热处理制度及淬回火硬度					
			预热温度/℃	淬火温度/℃		淬火介质	回火温度[b]/℃	硬度[c]/HRC 不小于
				盐浴炉	箱式炉			
1	W3Mo3Cr4V2	255	800～900	1 180～1 120	1 180～1 120	油或盐浴	540～560	63
2	W4Mo3Cr4VSi	255		1 170～1 190	1 170～1 190		540～560	63
3	W18Cr4V	255		1 250～1 270	1 260～1 280		550～570	63
4	W2Mo8Cr4V	255		1 180～1 120	1 180～1 120		550～570	63
5	W2Mo9Cr4V2	255		1 190～1 210	1 200～1 220		540～560	64
6	W6Mo5Cr4V2	255		1 200～1 220	1 210～1 230		540～560	64
7	CW6Mo5Cr4V2	255		1 190～1 210	1 200～1 220		540～560	64
8	W6Mo6Cr4V2	262		1 190～1 210	1 190～1 210		550～570	64
9	W9Mo3Cr4V	255		1 200～1 220	1 220～1 240		540～560	64
10	W6Mo5Cr4V3	262		1 190～1 210	1 200～1 220		540～560	64
11	CW6Mo5Cr4V3	262		1 180～1 200	1 190～1 210		540～560	64
12	W6Mo5Cr4V4	269		1 200～1 220	1 200～1 220		550～570	64
13	W6Mo5Cr4V2Al	269		1 200～1 220	1 230～1 240		550～570	65
14	W12Cr4V5Co5	277		1 220～1 240	1 230～1 250		540～560	65
15	W6Mo5Cr4V2Co5	269		1 190～1 210	1 200～1 220		540～560	64
16	W6Mo5Cr4V3Co8	285		1 170～1 190	1 170～1 190		550～570	65
17	W7Mo4Cr4V2Co5	269		1 180～1 200	1 190～1 210		540～560	66
18	W2Mo9Cr4VCo8	269		1 170～1 190	1 180～1 200		540～560	66
19	W10Mo4Cr4V3Co10	285		1 220～1 240	1 220～1 240		550～570	66

[a] 退火+冷拉态的硬度,允许比退火态指标增加50 HBW。

[b] 回火温度为550℃～570℃时,回火2次,每次1 h;回火温度为540℃～560℃时,回火2次,每次2 h。

[c] 试样淬回火硬度供方若能保证可不检验。

6.5 宏观组织

6.5.1 低倍组织

钢棒的低倍组织应按GB/T 1979检验并评级。在钢棒横向酸浸低倍试片上不允许有目视可见的缩孔、气泡、翻皮、内裂和夹杂;中心疏松、一般疏松和锭型偏析的合格级别应符合表4的规定。

表 4

截面尺寸（直径、边长、厚度或对边距离）/mm	中心疏松		一般疏松		锭型偏析	
	电炉	电渣	电炉	电渣	电炉	电渣
	合格级别/级，不大于					
≤120	1	1	1	1	1	1
>120～150	1.5	1	1.5	1	1.5	1
>150～200	双方协商	1.5	双方协商	1.5	1.5	1.5
>200～250	双方协商	2	双方协商	2	2	2

6.5.2 断口

钢棒不允许有萘状断口，供方若能保证无萘状断口可不作检验。

6.6 显微组织

6.6.1 共晶碳化物不均匀度

钢中共晶碳化物不均匀度应按 GB/T 14979—1994 检验并评级：

a） 尺寸不大于 120 mm 的钢棒，钨系牌号按第一级别图，钨钼系牌号按第二级别图，其合格级别应符合表 5 的规定，且不应有不变形或少变形的共晶碳化物存在。

b） 尺寸大于 120 mm 的钢棒，W6Mo5Cr4V2 和 W9Mo3Cr4V 钢按第三级别图评定，合格级别应符合表 5 的规定，其他牌号钢棒的共晶碳化物不均匀度由供需双方协商确定。

表 5

截面尺寸（直径、边长、厚度或对边距离）/mm	共晶碳化物不均匀度合格级别/级，不大于
≤40	3
>40～60	4
>60～80	5
>80～100	6
>100～120	7
>120～160	6A、5B
>160～200	7A、6B
>200～250	8A、7B

6.6.2 脱碳

钢棒表面的总脱碳层（铁素体＋过渡层）深度从钢棒实际尺寸算起应符合表 6 的规定。

表 6

分　类	脱碳层深度[a]/mm，不大于	
	钨系	钨钼系[b]
热轧、锻制棒材，盘条	0.30＋1％D	0.40＋1.3％D
冷拉	1.0％D	1.3％D
银亮	无	无

注：D 为圆钢公称直径或方钢公称边长。

[a] 热轧、锻制扁钢的脱碳层深度按其相同面积方钢的边长计算。扁钢脱碳层深度在宽面检查。

[b] W9Mo3Cr4V 钢的脱碳层深度为 0.35＋1.1％D。

6.7 **表面质量**

6.7.1 供压力加工用的钢棒，表面不允许有目视可见的裂纹、折叠、结疤和夹杂。如有上述缺陷必须清除，清除深度从钢棒实际尺寸算起应符合表7的规定，清除宽度不小于深度的5倍，深度在公差之半范围内的其他轻微表面缺陷可不清除。

表7 单位为毫米

钢棒截面尺寸	同截面允许清除深度
<80	公差之半
80～250	公差

6.7.2 供切削加工用的热轧和锻制钢棒，表面允许有从钢棒公称尺寸算起深度不大于表8规定的局部缺陷，但缺陷深度应不使钢棒小于允许的最小尺寸。

表8 单位为毫米

钢棒截面尺寸	同截面允许深度
<80	公差之半
80～250	公差

6.7.3 盘条表面应光滑，不允许有裂纹、折叠、耳子、结疤、分层及夹杂，允许有压痕及局部的凸块、划痕、麻面，其深度或高度(从实际尺寸算起)B、C级精度不得大于0.10 mm，其他级精度不得大于0.20 mm。

6.7.4 冷拉钢棒表面应洁净、光滑，不允许有裂纹、折叠、结疤、发纹、夹杂和氧化铁皮。经退火的冷拉钢棒表面允许有氧化色或轻微氧化层，钢棒表面允许有深度不大于从实际尺寸算起的该尺寸公差的麻点、个别划痕、凹面、黑斑和润滑剂痕迹等轻微表面缺陷。

6.7.5 银亮钢表面不允许有目视可见的任何影响使用的缺陷。

6.8 **特殊要求**

根据需方要求，可进行晶粒度、大块角状碳化物和非金属夹杂物等项检验。

7 试验方法

钢棒各项检验项目的取样部位、取样数量及试验方法应符合表9的规定。

表9

序号	检验项目	取样数量	取样部位	试验方法
1	化学成分	1/炉	GB/T 20066	GB/T 223、GB/T 20123
2	脱碳层	3	不同支钢棒	GB/T 224
3	退火硬度	3	不同支钢棒	GB/T 231.1
4	试样淬回火硬度	2	不同支钢棒	GB/T 230.1
5	低倍组织	2	相当于钢锭头部不同支钢棒或钢坯	GB/T 226、GB/T 1979
6	断口[a]	2	不同支钢棒	GB/T 1814
7	共晶碳化物不均匀度	2	不同支钢棒	GB/T 14979—1994
8	大块碳化物	2	不同支钢棒	附录A
9	晶粒度	1	任一支钢棒	GB/T 6394
10	非金属夹杂物	2	不同支钢棒	GB/T 10561
11	尺寸	逐支	整根钢棒	卡尺、千分尺
12	表面	逐支	整根钢棒	目视

[a] 检验钢棒断口应按表3规定的温度淬火后进行。

8 检验规则

8.1 检查和验收

8.1.1 钢棒的检查和验收由供方质量监督部门进行。

8.1.2 供方必须保证交货的钢棒符合本标准或合同的规定，必要时，需方有权对本标准或合同所规定的任一检验项目进行检查和验收。

8.2 组批规则

钢棒按批进行检查和验收，每批钢棒应由同一牌号、同一炉号、同一加工方法、同一尺寸、同一热处理炉次的钢棒组成。采用电渣重熔冶炼的钢，在工艺稳定且能保证本标准各项要求的条件下，允许以自耗电极的熔炼母炉号组批交货，但含 Al 钢只按电渣炉号组批。

8.3 取样数量及取样部位

8.3.1 电炉钢，每批钢棒的取样数量及取样部位应符合表 9 的规定。

8.3.2 电渣钢按熔炼母炉号组批时，每个电渣炉化学成分合格时，任取一个电渣锭化学成分报出，代表整个母炉化学成分(含 Al 钢除外)，其他项目取样数量和取样部位按表 9 规定。

8.3.3 电渣钢按电渣炉号组批时，化学成分按每个电渣炉号取 1 个试样，其他项目按母炉组批，取样数量及取样部位应符合表 9 的规定。

8.4 复验和判定

8.4.1 钢棒的复验与判定规则按 GB/T 17505 的规定。

8.4.2 供方若能保证钢棒合格时，对同一炉号钢棒的低倍组织、共晶碳化物不均匀度和非金属夹杂物的检验结果允许以坯代材、以大代小。

9 包装、标志及质量证明书

钢棒的包装、标志和质量证明书应符合 GB/T 2101 的规定。

附　录　A
（规范性附录）
高速工具钢大块碳化物评级图[1)]

A.1　范围

本评级图适用于评定钨系高速工具钢热轧、锻制或冷拉条钢的大块角状碳化物及钨钼系高速工具钢的大颗粒碳化物。根据有关标准或供需双方协议，本评级图也可用于评定高速工具钢板、钢带等其他钢棒的大块碳化物。

大块角状碳化物和大颗粒碳化物统称大块碳化物。

A.2　分类及特征

评级图分为钨系和钨钼系两类评级图（见图 A.1 和图 A.2）。

A.2.1　钨系高速工具钢大块角状碳化物评级图

A 列：分散系列。大块角状碳化物呈分散分布（见图 A.1 中 A 列）。各级别的大块角状碳化物最大尺寸应符合表 A.1 的规定。

表 A.1

级　别	1	2	3	4
大块角状碳化物最大尺寸/μm	18	21	23	25

B 列：集中系列。大块角状碳化物呈集中分布（见图 A.1 中 B 列）。各级别大块角状碳化物最大尺寸应符合表 A.2 的规定。

表 A.2

级　别	1	2	3	4
大块角状碳化物最大尺寸/μm	16	18	21	23

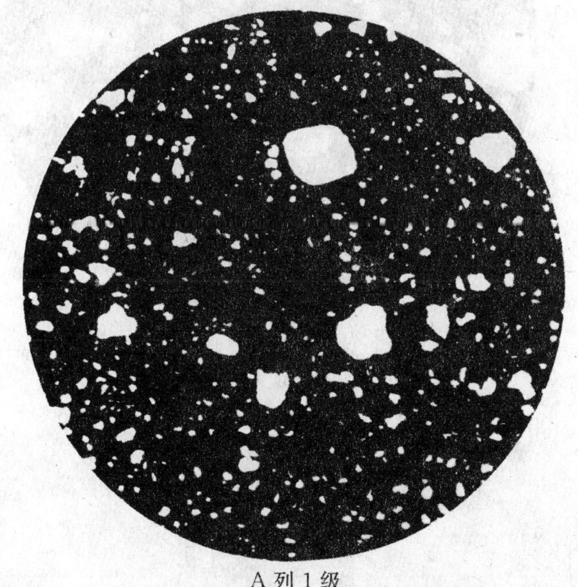
A 列 1 级

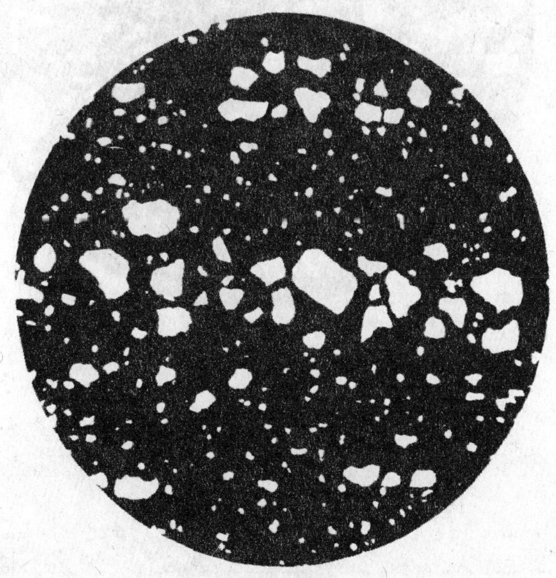
B 列 1 级

图 A.1　钨系高速工具钢大块角状碳化物评级图（500×）

1）　本标准所使用的标准评级图片请与冶金工业信息标准研究院联系，电话：010-65252815。

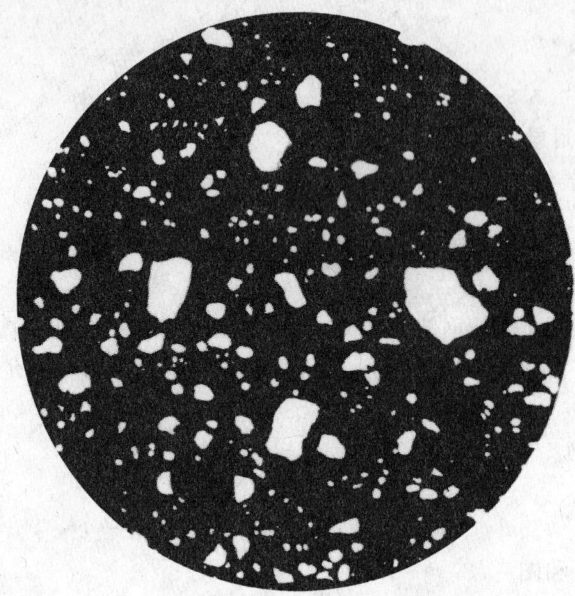

A 列 2 级

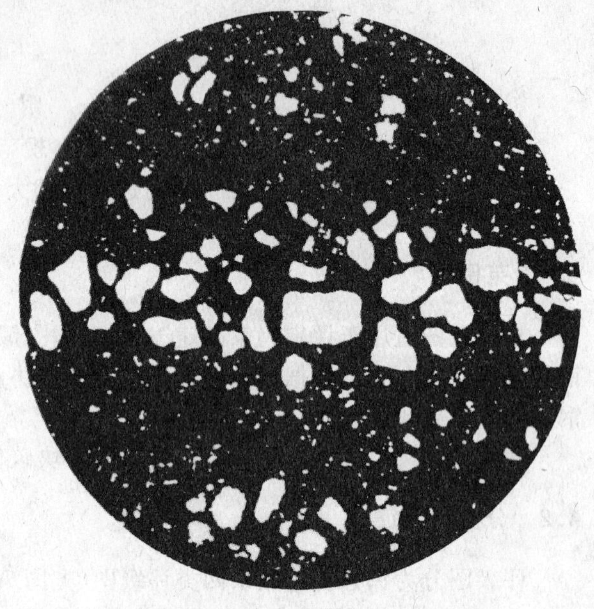

B 列 2 级

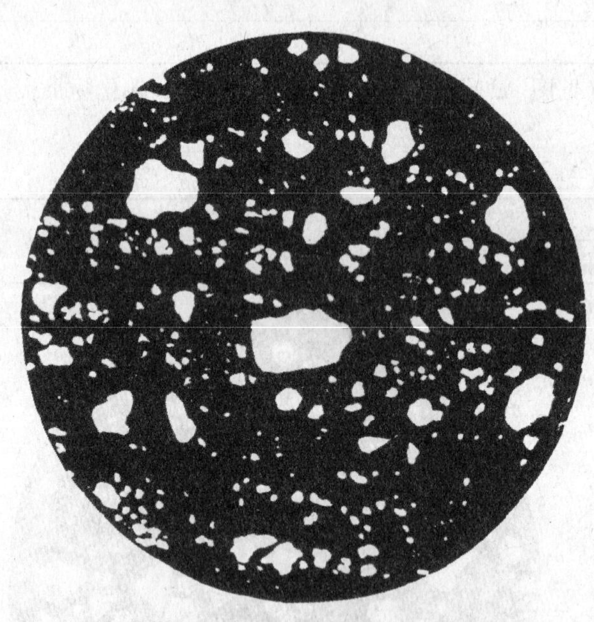

A 列 3 级

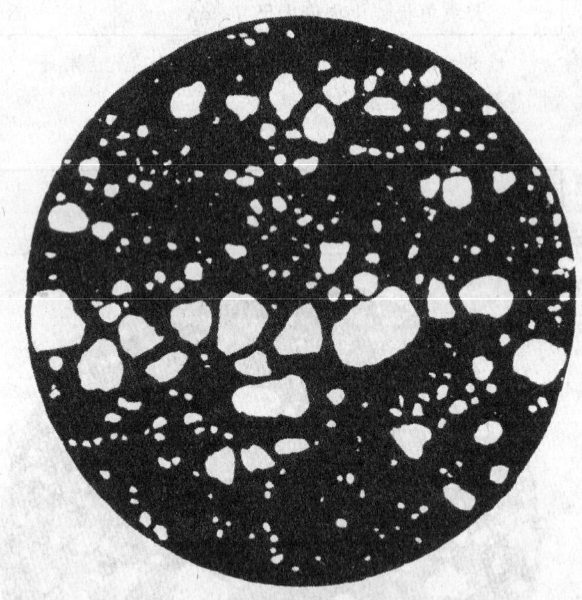

B 列 3 级

图 A.1（续）

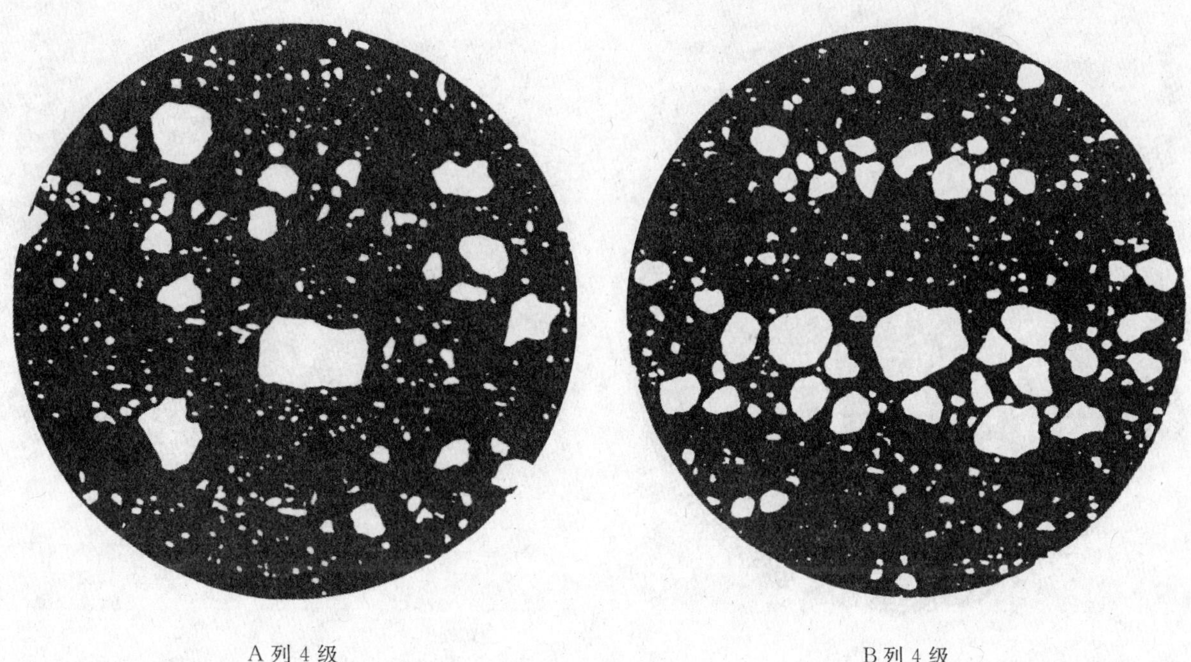

A 列 4 级　　　　B 列 4 级

图 A.1（续）

A.2.2　钨钼系高速工具钢大颗粒碳化物评级图

在均匀、细小的碳化物基体上分散分布着大颗粒碳化物（见图 A.2）。各级别大颗粒碳化物的最大尺寸应符合表 A.3 的规定。

表 A.3

级　别	1	2	3	4	5	6
大颗粒碳化物最大尺寸/μm	—	6.1	8.3	12.5	15.6	22.1

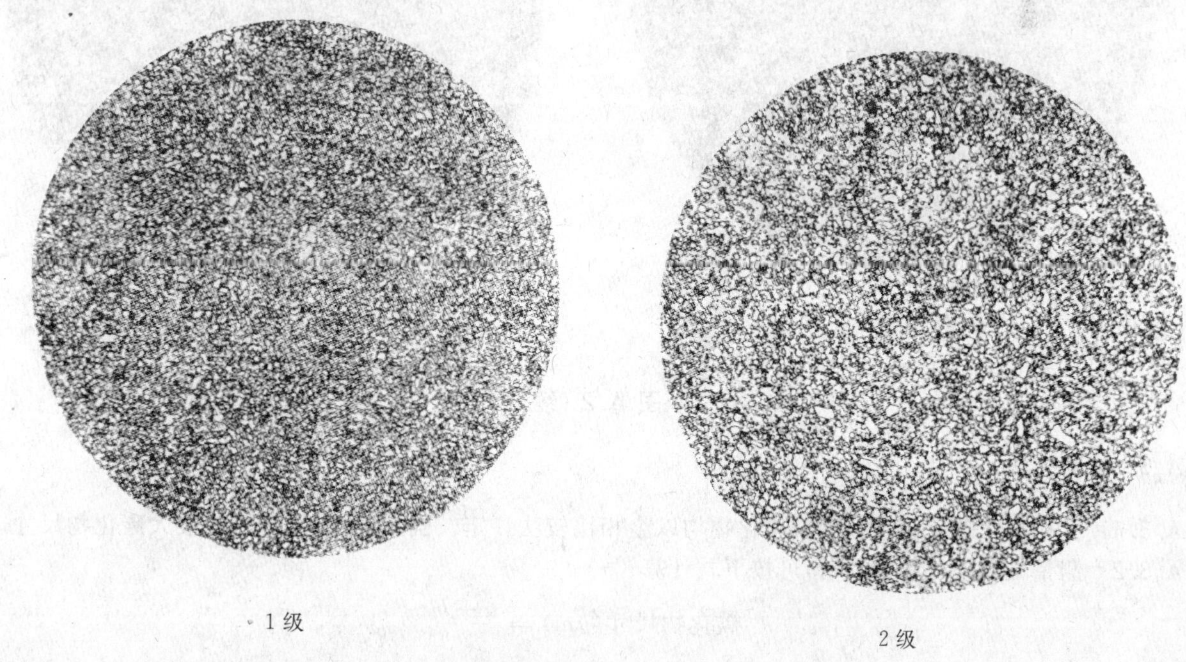

1 级　　　　2 级

图 A.2　钨钼系高速工具钢大颗粒碳化物评级图（500×）

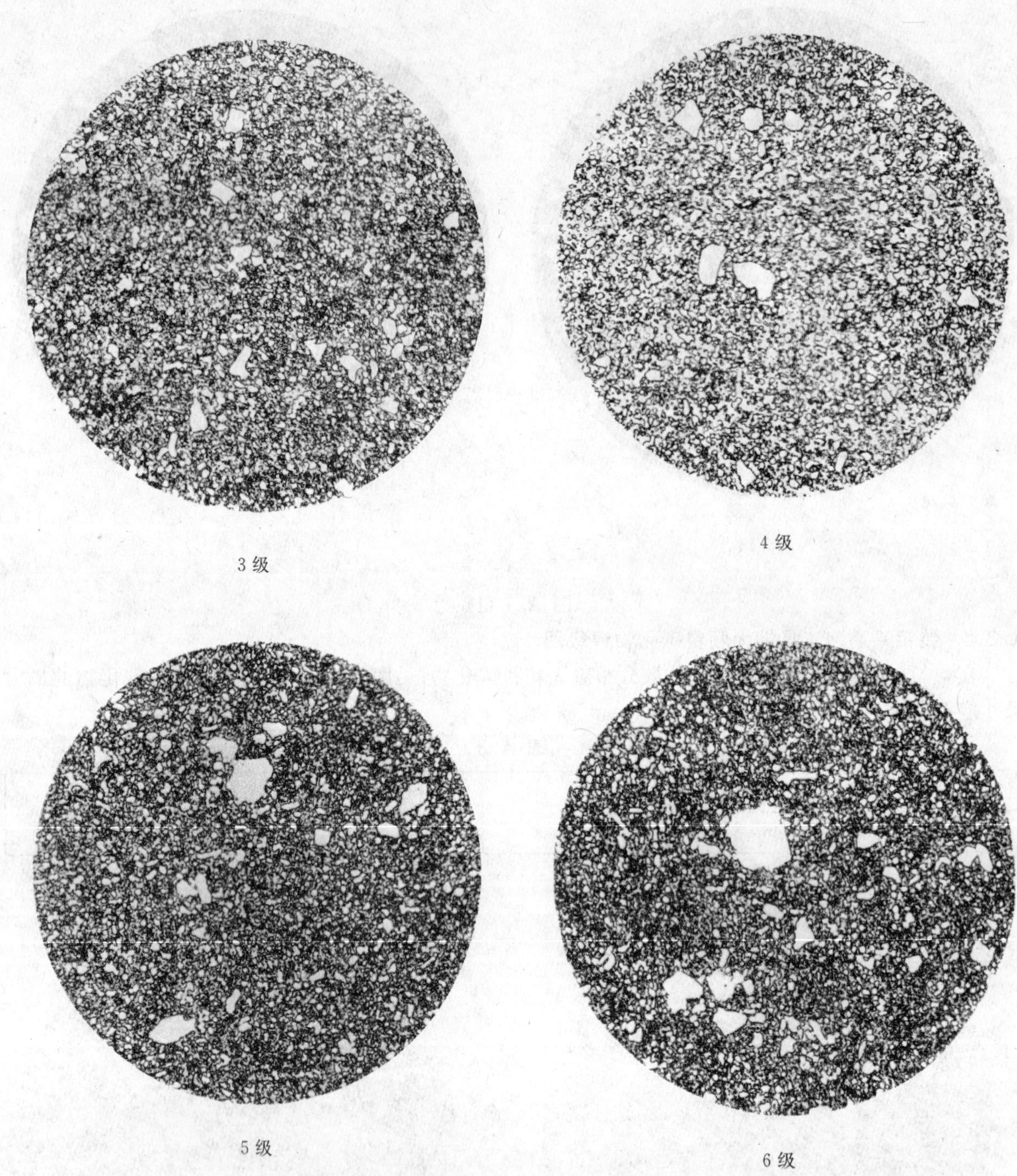

3 级

4 级

5 级

6 级

图 A.2（续）

A.3 试验方法

A.3.1 大块角状碳化物及大颗粒碳化物均以金相比较法评定。当有争议时，可测定最大碳化物尺寸。

A.3.2 测量最大碳化物尺寸时，可按下式计算：

$$碳化物尺寸(\mu m) = \frac{a+b}{2}$$

式中：

a——任意方向碳化物最大长度(长轴尺寸)，单位为微米(μm)；

b——垂直于 a 方向的碳化物最大长度(短轴尺寸)，单位为微米(μm)。

A.3.3 检验大块角状碳化物应在试样直径或对角线的1/4处的纵向截面上进行。以视场中最严重处与第一级别图对比评定。试样厚度为10 mm～12 mm。试样按相应标准规定的热处理工艺淬火后于680℃～700℃回火1 h～2 h。放大倍率500倍。

A.3.4 检验大颗粒碳化物应在退火状态的钢棒横向试样上进行。以视场中最严重处与第二级别图对比评定。放大倍率500倍。

A.3.5 金相试样的制备应符合GB/T 13298的规定。

A.4 合格级别

A.4.1 按图A.1评定钨系高速工具钢大块角状碳化物,其合格级别应符合表A.4的规定。允许每支试样有一个视场中的大块角状碳化物最大尺寸比界限尺寸大4 μm。

表 A.4

钢棒尺寸/mm	合格级别,不大于
≤15	1
>15～40	2
>40～80	3
>80～120	4
>120	双方协议

A.4.2 按图A.2评定钨钼系高速工具钢大颗粒碳化物,对于钨钼系高速工具钢不得大于4级,其他钢棒应在相应技术条件中规定。

附 录 B
（资料性附录）
高速工具钢基本要求

B.1 概述

高速工具钢是工具钢之一，是含有碳、钨、钼、铬、钒的铁基合金，有的还含有相当数量的钴。碳和合金含量平衡配置，以获得工业切削所需的高淬硬性、高耐磨性、高红硬性和良好的韧性。高速工具钢在工具钢中具有最高的高温硬度和红硬性。

B.2 要求

表 B.1 列出了不同系列高速工具钢的基本要求。

表 B.1

项目		要求		
		低合金高速钢 HSS-L	普通高速钢 HSS	高性能高速钢 HSS-E
主要合金元素含量 （质量分数）/%	C	≥0.70	≥0.65	≥0.85
	W+1.8Mo	≥6.50	≥11.75	≥11.75
	Cr	≥3.25	≥3.50	≥3.50
	V	≥0.80	0.80～2.50	V>2.50 或 Co≥4.50 或 Al:0.80～1.20
	Co	<4.50	<4.50	
按表 3 淬火回火后硬度/HRC		≥61	≥63	≥64

B.3 高速工具钢的分类及代号

本标准所列高速工具钢牌号分类及代号见表 B.2。

表 B.2

序号	牌号	ISO 4957:1999 牌号	类别	代号
1	W3Mo3Cr4V2	HS3-3-2	低合金高速钢	HSS-L
2	W4Mo3Cr4VSi	—		
3	W18Cr4V	HS18-0-1	普通高速钢	HSS
4	W2Mo8Cr4V	HS1-8-1		
5	W2Mo9Cr4V2	HS2-9-2		
6	W6Mo5Cr4V2	HS6-5-2		
7	CW6Mo5Cr4V2	HS6-5-2C		
8	W6Mo6Cr4V2	HS6-6-2		
9	W9Mo3Cr4V	—		

表 B.2（续）

序号	牌　号	ISO 4957:1999 牌号	类　别	代　号
10	W6Mo5Cr4V3	HS6-5-3	高性能高速钢	HSS-E
11	CW6Mo5Cr4V3	HS6-5-3C		
12	W6Mo5Cr4V4	HS6-5-4		
13	W6Mo5Cr4V2Al	—		
14	W12Cr4V5Co5	—		
15	W6Mo5Cr4V2Co5	HS6-5-2-5		
16	W6Mo5Cr4V3Co8	HS6-5-3-8		
17	W7Mo4Cr4V2Co5	—		
18	W2Mo9Cr4VCo8	HS2-9-1-8		
19	W10Mo4Cr4V3Co10	HS10-4-3-10		

ICS 77.140.60
H 44

中华人民共和国国家标准

GB/T 10560—2008
代替 GB/T 10560—1989

矿用高强度圆环链用钢

High tensile steels of round link chains for mines

2008-08-19 发布　　2009-04-01 实施

中华人民共和国国家质量监督检验检疫总局
中国国家标准化管理委员会　发布

前　言

本标准代替GB/T 10560—1989《矿用高强度圆环链用钢技术条件》。

本标准与GB/T 10560—1989相比主要变化如下：

——标准名称更改为《矿用高强度圆环链用钢》；

——增加前言，取消附加说明；

——圆钢的公称直径范围修订为10 mm～65 mm；

——增加订货内容；

——删除23MnSiV、25MnSiMoV、23Mn2NiCrMoA牌号；

——增加20Mn2A、25MnVB、20NiCrMoA、23MnNiCrMoA、23MnNiMoCrA牌号；

——对25MnV牌号V、Al元素成分提出调整要求；

——增加附录A：本标准部分牌号与DIN 17115：1987对应牌号主要化学成分对照；

——明确产品的交货状态；

——删除原标准表2中"适用于钢材直径"栏目；

——删除原标准"冲击试验缺口深度为3 mm"的要求；

——增加20NiCrMoA、23MnNiCrMoA、23MnNiMoCrA牌号末端淬透性检验及相应的技术要求；

——明确20NiCrMoA、23MnNiCrMoA、23MnNiMoCrA牌号冲击功试验采用V型缺口试样要求；

——钢的奥氏体晶粒度由"不小于5级"调整为"不小于6级"。

本标准附录A为资料性附录。

本标准由中国钢铁工业协会提出。

本标准由全国钢标准化技术委员会归口。

本标准主要起草单位：首钢总公司、江阴兴澄特种钢铁有限公司、冶金工业信息标准研究院、安阳钢铁集团有限责任公司。

本标准主要起草人：熊化冰、王丽萍、郭艳、冯超、高振声、段贵生、任翠英。

本标准所代替标准的历次版本发布情况为：

——GB/T 10560—1989。

矿用高强度圆环链用钢

1 范围

本标准规定了矿用高强度圆环链用钢的订货内容,尺寸、外形、重量及允许偏差,技术要求,试验方法,检验规则,包装、标志和质量证明书等内容。

本标准适用于制造煤矿刮板输送机、刨煤机的高强度圆环链用热轧及冷拉棒材和盘卷(以下简称圆钢)。

2 规范性引用文件

下列文件中的条款通过本标准的引用而成为本标准的条款。凡是注日期的引用文件,其随后所有的修改单(不包括勘误的内容)或修订版均不适用于本标准,然而,鼓励根据本标准达成协议的各方研究是否可使用这些文件的最新版本。凡是不注日期的引用文件,其最新版本适用于本标准。

GB/T 222　钢的成品化学成分允许偏差

GB/T 223.3　钢铁及合金化学分析方法　二安替比林甲烷磷钼酸重量法测定磷量

GB/T 223.4　合金钢　锰含量的测定　电位滴定法或可视滴定法

GB/T 223.5　钢铁及合金化学分析方法　还原型硅钼酸盐光度法测定酸溶硅含量

GB/T 223.8　钢铁及合金化学分析方法　氟化钠分离-EDTA 滴定法测定铝含量

GB/T 223.9　钢铁及合金　铝含量的测定　铬天青 S 光度法

GB/T 223.11　钢铁及合金化学分析方法　过硫酸铵氧化容量法测定铬量

GB/T 223.12　钢铁及合金化学分析方法　碳酸钠分离-二苯碳酰二肼光度法测定铬量

GB/T 223.14　钢铁及合金化学分析方法　钽试剂萃取光度法测定钒量

GB/T 223.16　钢铁及合金化学分析方法　变色酸光度法测定钛量

GB/T 223.17　钢铁及合金化学分析方法　二安替比林甲烷光度法测定钛量

GB/T 223.18　钢铁及合金化学分析方法　硫代硫酸钠分离-碘量法测定铜量

GB/T 223.19　钢铁及合金化学分析方法　新亚铜灵-三氯甲烷萃取光度法测定铜量

GB/T 223.23　钢铁及合金　镍含量的测定　丁二酮肟分光光度法

GB/T 223.24　钢铁及合金化学分析方法　萃取分离-丁二酮肟分光光度法测定镍量

GB/T 223.25　钢铁及合金化学分析方法　丁二酮肟重量法测定镍量

GB/T 223.26　钢铁及合金　钼含量的测定　硫氰酸盐直接光度法

GB/T 223.36　钢铁及合金化学分析方法　蒸馏分离-中和滴定法测定氮量

GB/T 223.37　钢铁及合金化学分析方法　蒸馏分离-靛酚蓝光度法测定氮量

GB/T 223.53　钢铁及合金化学分析方法　火焰原子吸收分光光度法测定铜量

GB/T 223.54　钢铁及合金化学分析方法　火焰原子吸收分光光度法测定镍量

GB/T 223.58　钢铁及合金化学分析方法　亚砷酸钠-亚硝酸钠滴定法测定锰量

GB/T 223.59　钢铁及合金化学分析方法　锑磷钼蓝光度法测定磷量

GB/T 223.60　钢铁及合金化学分析方法　高氯酸脱水重量法测定硅含量

GB/T 223.61　钢铁及合金化学分析方法　磷钼酸铵容量法测定磷量

GB/T 223.62　钢铁及合金化学分析方法　乙酸丁酯萃取光度法测定磷量

GB/T 223.63　钢铁及合金化学分析方法　高碘酸钠(钾)光度法测定锰量

GB/T 223.64　钢铁及合金　锰含量的测定　火焰原子吸收光谱法

GB/T 223.68 钢铁及合金化学分析方法 管式炉内燃烧后碘酸钾滴定法测定硫量

GB/T 223.69 钢铁及合金 碳含量的测定 管式炉内燃烧后气体容量法

GB/T 223.71 钢铁及合金化学分析方法 管式炉内燃烧后重量法测定碳含量

GB/T 223.72 钢铁及合金 硫含量的测定 重量法

GB/T 223.74 钢铁及合金化学分析方法 非化合碳含量的测定

GB/T 223.75 钢铁及合金 硼含量的测定 甲醇蒸馏-姜黄素光度法

GB/T 223.76 钢铁及合金化学分析方法 火焰原子吸收光谱法测定钒量

GB/T 225 钢的淬透性末端淬火试验方法(Jominy 试验)

GB/T 226 钢的低倍组织及缺陷酸蚀试验法

GB/T 228—2002 金属材料 室温拉伸试验(GB/T 228—2002,eqv ISO 6892:1998)

GB/T 229—2007 金属材料 夏比摆锤冲击试验方法(ISO 148-1:2006,MOD)

GB/T 231.1 金属布氏硬度试验 第1部分:试验方法(GB/T 231.1—2002,eqv ISO 6506-1:1999)

GB/T 232—1999 金属材料 弯曲试验方法(GB/T 232—1999,eqv ISO 7438:1985(E))

GB/T 702—2004 热轧圆钢和方钢尺寸、外形、重量及允许偏差

GB/T 905 冷拉圆钢、方钢、六角钢尺寸、外形、重量及允许偏差

GB/T 1979 结构钢低倍组织缺陷评级图

GB/T 2101 型钢验收、包装、标志及质量证明书的一般规定

GB/T 2975 钢及钢产品 力学性能试验取样位置及试样制备

GB/T 3077 合金结构钢

GB/T 3078 优质结构钢冷拉钢材

GB/T 4336 碳素钢和中低合金钢 火花源原子发射光谱分析方法(常规法)

GB/T 6394 金属平均晶粒度测定方法(GB/T 6394—2002,ASTM E 112—1996,MOD)

GB/T 10561 钢中非金属夹杂物含量的测定 标准评级图显微检验法

GB/T 13299 钢的显微组织评定方法

GB/T 14981—2004 热轧盘条尺寸、外形、重量及允许偏差

GB/T 17505 钢及钢产品交货一般技术条件(GB/T 17505—1998,eqv ISO 404:1992)

GB/T 20066 钢和铁 化学成分测定用试样的取样和制样方法(GB/T 20066—2006,ISO 14284:1996,IDT)

3 订货内容

按本标准订货的合同或订单应包括下列内容:

a) 产品名称;

b) 标准编号;

c) 牌号;

d) 公称直径;

e) 交货长度;

f) 重量(或捆重、盘重);

g) 需方提出的其他要求。

4 尺寸、外形、重量及允许偏差

4.1 公称直径

圆钢公称直径为10 mm~65 mm。根据需方要求,经供需双方协商,也可供应其他直径的产品。

4.2 外形、重量及尺寸允许偏差

4.2.1 冷拉圆钢的外形、重量及尺寸允许偏差应符合 GB/T 905 的规定，其尺寸精度及外形应符合 h11、h12 级的规定，精度级别应在合同中注明。

4.2.2 根据需方要求，热轧圆钢的直径允许偏差可在公差范围内进行调整。

4.2.3 直条产品的尺寸精度应符合 GB/T 702 表 2 中 2 组或 1 组规定，弯曲度应符合 GB/T 702 表 7 中第 2 组的规定。不圆度应符合 GB/T 702 中表 5 的规定。盘卷产品尺寸精度应符合 GB/T 14981 表 1 中B 级精度的规定。

4.3 交货长度

4.3.1 通常长度

4.3.1.1 圆钢的通常交货长度为 3 m～10 m，经供需双方协议也可供长度大于 10 m 的圆钢。

4.3.1.2 按通常长度交货的圆钢，不得交付短尺。

4.3.2 定尺、倍尺长度

根据需方要求，圆钢可按定尺或倍尺长度交货，所需长度应在合同中注明，其长度允许偏差不大于 ＋50 mm。

5 技术要求

5.1 牌号及化学成分

5.1.1 钢的牌号及化学成分(熔炼分析)应符合表 1 的规定。

附录 A 给出了本标准中牌号与 DIN 17115:1987 对应牌号主要化学成分对照。

表 1

牌号	化学成分(质量分数)/%									
	C	Si	Mn	P	S	V	Cr	Ni	Mo	Al[a]
				不大于						
20Mn2A	0.17～0.24	0.17～0.37	1.40～1.80	0.035	0.035					0.020～0.050
20MnV	0.17～0.23	0.17～0.37	1.20～1.60	0.035	0.035	0.10～0.20				
25MnV[b]	0.21～0.28	0.17～0.37	1.20～1.60	0.035	0.035	0.10～0.20				
25MnVB	0.21～0.28	0.17～0.37	1.20～1.60	0.035	0.035	0.10～0.20			B,0.000 5～0.003 5	
25MnSiMoVA	0.21～0.28	0.80～1.10	1.20～1.60	0.025	0.025	0.10～0.20			0.15～0.25	
25MnSiNiMoA	0.21～0.28	0.60～0.90	1.10～1.40	0.020	0.020			0.80～1.10	0.10～0.20	0.020～0.050
20NiCrMoA[c]	0.17～0.23	≤0.25	0.60～0.90	0.020	0.020		0.35～0.65	0.40～0.70	0.15～0.25	0.020～0.050
23MnNiCrMoA[c]	0.20～0.26	≤0.25	1.10～1.40	0.020	0.020		0.40～0.60	0.40～0.70	0.20～0.30	0.020～0.050
23MnNiMoCrA[c]	0.20～0.26	≤0.25	1.10～1.40	0.020	0.020		0.40～0.60	0.90～1.10	0.50～0.60	0.020～0.050

[a] 铝含量为参考值。

[b] 当钢中铝含量在 0.020%～0.050%时，钒含量下限值可调整为 0.07%。

[c] 磷与硫含量之和应不大于 0.035%。

5.1.1.1 氧气转炉钢中氮含量应不大于0.008%，电炉钢中氮含量应不大于0.012%。

5.1.1.2 钢中铜的残余含量应不大于0.25%。

5.1.1.3 供方如能保证，钢中铜、氮含量可不作分析。

5.1.2 钢坯和钢材的化学成分允许偏差应符合GB/T 222的规定。

5.1.3 经供需双方协商，可供应其他牌号产品。

5.2 交货状态

20Mn2A、20MnV、25MnV、25MnVB以热轧状态交货，其他牌号钢以退火状态交货。经供需双方协商，也可以热轧状态交货。

5.3 力学性能和工艺性能

用热处理后的毛坯制成试样，测定圆钢的纵向力学性能和交货状态圆钢的冷弯性能及退火硬度应符合表2的规定。圆钢尺寸小于试样毛坯尺寸时，用原尺寸圆钢进行热处理。

表2

牌号	试样毛坯尺寸/mm	热处理[a]				力学性能					冷弯试验 180°	钢材布氏硬度[c] HB	
		淬火		回火		下屈服强度 R_{eL}/MPa	抗拉强度 R_m/MPa	断后伸长率 A/%	断面收缩率 Z/%	冲击吸收功[b] A_{ku}/J		退火状态	热轧状态
		温度/℃	冷却剂	温度/℃	冷却剂	不小于						不大于	
20Mn2A	15	850	水、油	200	水、空	785	590	10	40	47	$d=a$(热轧材)	—	—
		880	水、油	440	水、空								
20MnV	15	880	水	300	水、空	885	1 080	9	—	—	$d=a$(热轧材)	—	—
				370				10					
25MnV	15	880	水	370	水、空	930	1 130	9	—	—	$d=a$(热轧材)	—	—
25MnVB	15	880	水	370	水、空	930	1 130	9	—	—	$d=a$(热轧材)	—	—
25MnSiMoVA	15	900	水	350	水、空	1 080	1 275	9	—	—	$d=a$(退火材)	217	260
25MnSiNiMoA	15	900	水	300	水、空	1 175	1 470	10	50	35	$d=a$(退火材)	207	260
20NiCrMoA	15	880	水	430	水、油	980	1 180	10	50	40	—	220	260
23MnNiCrMoA	15	880	水	430	水、油	980	1 180	10	50	40	—	220	260
23MnNiMoCrA	15	880	水	430	水、油	980	1 180	10	50	40	—	220	260

注：表中d=弯芯直径，a=钢材直径。

a 表中热处理温度允许调整范围：淬火±20 ℃，回火±30 ℃。

b 20NiCrMoA、23MnNiCrMoA、23MnNiMoCrA冲击功试验采用V型切口试样。

c 经供需双方协商，供交货时硬度指标可不作为参考依据。

5.4 末端淬透性

直径不小于26 mm的20NiCrMoA、23MnNiCrMoA、23MnNiMoCrA应进行末端淬透性试验，其结果应符合表3规定。

表 3

牌号	端淬热处理		淬透性带范围	离开淬火端下列距离(mm)处的 HRC		
	正火/℃	淬火/℃		1.5	5	9
20NiCrMoA	880～920	900±5	最高	48	44	35
			最低	40	32	23
23MnNiCrMoA	860～900	880±5	最高	52	50	46
			最低	40	38	33
23MnNiMoCrA	860～900	880±5	最高	52	51	50
			最低	44	41	38

5.5 **低倍组织**

5.5.1 圆钢横截面酸浸低倍组织试片上不得有目视可见的缩孔、气泡、裂纹、夹杂、翻皮、白点及晶间裂纹等缺陷存在。

5.5.2 酸浸低倍组织级别应符合表 4 规定。

表 4

钢种	低倍组织级别		
	一般疏松	中心疏松	锭型偏析
优质钢	≤3 级	≤3 级	≤3 级
高级优质钢	≤2 级	≤2 级	≤2 级

5.6 **高倍组织**

5.6.1 根据需方要求，可检验钢中非金属夹杂物，其合格级别由供需双方协商确定。

5.6.2 钢中奥氏体晶粒度按 GB/T 6394 规定的比较法进行测定，用系列图片Ⅰ评级，应不细于 6 级。

5.6.3 根据需方要求，可检验钢中显微组织。

5.7 **表面质量**

5.7.1 热轧圆钢的表面质量应符合 GB/T 3077 的有关规定。

5.7.2 冷拉圆钢的表面质量应符合 GB/T 3078 的有关规定。

5.8 **试验方法**

每批圆钢的试验方法、取样部位及取样数量应符合表 5 的规定。

表 5

序号	检验项目	取样数量	取样方法及取样部位	试验方法
1	化学成分	1	GB/T 20066	GB/T 223 GB/T 4336
2	拉伸试验	2	GB/T 2975，不同根钢材	GB/T 228
3	冲击试验	3	GB/T 2975，不同根钢材	GB/T 229
4	布氏硬度	5	GB/T 2975，不同根钢材	GB/T 231.1
5	末端淬透性	1	任一根钢材	GB/T 225
6	低倍组织	2	不同根钢坯或钢材	GB/T 226 GB/T 1979
7	冷弯试验	2	不同根钢材	GB/T 232
8	晶粒度	1	任一根钢材	GB/T 6394

表 5（续）

序号	检验项目	取样数量	取样方法及取样部位	试验方法
9	非金属夹杂物	2	任一根钢材	GB/T 10561
10	显微组织	2	任一根钢材	GB/T 13299
11	尺寸	逐根	—	适当量具
12	表面	逐根	—	目视

6 检验规则

6.1 圆钢应成批验收，每批应由同一牌号、同一加工方法、同一尺寸、同一交货状态和同一热处理制度的圆钢组成。

6.2 圆钢的检验及复验规则应符合 GB/T 17505 的规定。

7 包装、标志和质量证明书

圆钢的包装、标志和质量证明书应符合 GB/T 2101 的有关规定。

附 录 A
（资料性附录）
本标准中牌号与 DIN 17115:1987 对应牌号主要化学成分对照

A.1 本标准中牌号与 DIN 17115:1987 对应牌号主要化学成分对照，见表 A.1。

表 A.1

组号	牌 号	标准	化学成分(质量分数)/%							
			C	Si	Mn	P[a],S[a] 均各不大于	Cr	Ni	Mo	Al[a]
1	20NiCrMoA	本标准	0.17～0.23	≤0.25	0.60～0.90	0.020	0.35～0.65	0.40～0.70	0.15～0.25	0.020～0.050
1	20NiCrMo2[b]	DIN 17115:1987	0.17～0.23	≤0.25	0.60～0.90	0.020	0.35～0.65	0.40～0.70	0.15～0.25	0.020～0.050
2	23MnNiCrMoA	本标准	0.20～0.26	≤0.25	1.10～1.40	0.020	0.40～0.60	0.40～0.70	0.20～0.30	0.020～0.050
2	23MnNiCrMo52[b]	DIN 17115:1987	0.20～0.26	≤0.25	1.10～1.40	0.020	0.40～0.60	0.40～0.70	0.20～0.30	0.020～0.050
3	23MnNiMoCrA	本标准	0.20～0.26	≤0.25	1.10～1.40	0.020	0.40～0.60	0.90～1.10	0.50～0.60	0.020～0.050
3	23MnNiMoCr54[b]	DIN 17115:1987	0.20～0.26	≤0.25	1.10～1.40	0.020	0.40～0.60	0.90～1.10	0.50～0.60	0.020～0.050

注：本表供用户订货时对照参考。

[a] 磷与硫之和均不得大于 0.035%。

[b] 20NiCrMo2、23MnNiCrMo52、23MnNiMoCr54 牌号其他元素含量要求请参阅 DIN 17115:1987 标准的相关规定。

ICS 77.140.60
H 44

中华人民共和国国家标准

GB/T 12773—2008
代替 GB/T 12773—1991

内燃机气阀用钢及合金棒材

Valve steel and superalloy bars for internal combustion engines

(ISO 683-15:1992, Heat-treatable steels, alloy steels and free-cutting steels—Part 15: Valve steels for internal combustion engines, MOD)

2008-05-30 发布　　2008-12-01 实施

中华人民共和国国家质量监督检验检疫总局
中国国家标准化管理委员会　发布

前　言

本标准修改采用国际标准 ISO 683-15:1992《热处理钢、合金钢和易切削钢　第 15 部分:内燃机气阀用钢》。

为了方便比较,在附录 D 中列出了本标准章条编号和 ISO 683-15:1992 章条编号的对照一览表。

本标准在采用 ISO 683-15:1992 时进行了修改。这些技术性差异用垂直单线标识在它们所涉及的条款的页边空白处。在附录 E 中给出了技术性差异及其原因的一览表以供参考。

本标准与 ISO 683-15:1992 相比,主要差异如下:

——范围中增加对内燃机气阀用钢及合金棒材尺寸的要求;

——增加成品按热处理状态分;

——增加了 40Cr10Si2Mo、42Cr9Si2、80Cr20Si2Ni、86Cr18W2VRe、20Cr21Ni12N、45Cr14Ni14W2Mo 和 61Cr21Mn10Mo1V1Nb1N 共 7 个牌号,相应增加了上述牌号的热处理制度、交货硬度、高温短时抗拉强度和高温短时屈服强度;

——删除了 X53CrMnNiNbN219 和 NiFe25CrNbTi 牌号;

——增加了对剥皮棒材的尺寸、外形及允许偏差要求;

——增加了低倍组织、顶锻、非金属夹杂物的要求和试验方法。

——取消了附录 A 中的"持久强度"和"物理性能"。

本标准代替 GB/T 12773—1991《内燃机气阀钢钢棒技术条件》。

本标准与 GB/T 12773—1991 相比,主要变化如下:

——增加了订货内容;

——增加了 45Cr9Si3、51Cr8Si2、85Cr18Mo2V、86Cr18W2VRe、33Cr23Ni8Mn3N、50Cr21Mn9Ni4Nb2WN、55Cr21Mn8Ni2N、61Cr21Mn10Mo1V1Nb1N、GH4751 和 GH4080A 等 10 个牌号;

——调整了牌号的命名;

——调整了部分牌号的化学成分;

——修改了冶炼方法;

——修改了交货状态;

——增加了酸浸低倍合格级要求;

——修改了对晶粒度的要求;

——将原按协议检验非金属夹杂物的要求改为必检项目,并规定了具体合格指标;

——增加了对银亮棒材表面粗糙度的规定。

本标准的附录 A、附录 B、附录 C、附录 D 和附录 E 均是资料性附录。

本标准由中国钢铁工业协会提出。

本标准由全国钢标准化技术委员会归口。

本标准主要起草单位:宝钢股份特殊钢分公司、钢铁研究总院、冶金工业信息标准研究院、重庆东华特殊钢有限责任公司、马勒三环气门驱动(湖北)有限公司、江苏申源特钢有限公司。

本标准主要起草人:程世长、徐松乾、冯超、俞信霞、胡瑜、李乾方、宫友军、任翠英。

本标准 1991 年首次发布。

内燃机气阀用钢及合金棒材

1 范围

本标准规定了内燃机气阀用钢及高温合金棒材(以下简称棒材)的分类、订货内容、尺寸、外形及重量、技术要求、试验方法、检验规则、包装、标志和质量证明书。

本标准适用于制造内燃机气阀用直径不大于120 mm的热轧、锻制棒材和直径不大于25 mm的冷拉钢、银亮钢及合金棒材。

2 规范性引用文件

下列文件中的条款通过本标准的引用而成为本标准的条款。凡是注日期的引用文件,其随后所有的修改单(不包括勘误的内容)或修订版均不适用于本标准,然而,鼓励根据本标准达成协议的各方研究是否可使用这些文件的最新版本。凡是不注日期的引用文件,其最新版本适用于本标准。

GB/T 222 钢的成品化学成分允许偏差

GB/T 223.3 钢铁及合金化学分析方法 二安替吡啉甲烷磷钼酸重量法测定磷量

GB/T 223.4 钢铁及合金化学分析方法 硝酸铵氧化容量法测定锰量

GB/T 223.5 钢铁及合金化学分析方法 还原型硅钼酸盐光度法测定酸溶硅含量

GB/T 223.8 钢铁及合金化学分析方法 氟化钠分离-EDTA滴定法测定铝含量

GB/T 223.11 钢铁及合金化学分析方法 过硫酸铵氧化容量法测定铬量

GB/T 223.13 钢铁及合金化学分析方法 硫酸亚铁铵滴定法测定钒含量

GB/T 223.14 钢铁及合金化学分析方法 钽试剂萃取光度法测定钒含量

GB/T 223.15 钢铁及合金化学分析方法 重量法测定钛

GB/T 223.16 钢铁及合金化学分析方法 变色酸光度法测定钛量

GB/T 223.17 钢铁及合金化学分析方法 二安替吡啉甲烷光度法测定钛量

GB/T 223.18 钢铁及合金化学分析方法 硫代硫酸钠分离-碘量法测定铜量

GB/T 223.19 钢铁及合金化学分析方法 新亚铜灵-三氯甲烷萃取光度法测定铜量

GB/T 223.22 钢铁及合金化学分析方法 亚硝基R盐分光光度法测定钴量

GB/T 223.23 钢铁及合金化学分析方法 丁二酮肟分光光度法测定镍量

GB/T 223.25 钢铁及合金化学分析方法 丁二酮肟重量法测定镍量

GB/T 223.26 钢铁及合金化学分析方法 硫氰酸盐直接光度法测定钼量

GB/T 223.28 钢铁及合金化学分析方法 α-安息香肟重量法测定钼量

GB/T 223.36 钢铁及合金化学分析方法 蒸馏分离-中和滴定法测定氮量

GB/T 223.37 钢铁及合金化学分析方法 蒸馏分离-靛酚蓝光度法测定氮量

GB/T 223.40 钢铁及合金 铌含量的测定 氯磺酚分光光度法

GB/T 223.43 钢铁及合金化学分析方法 钨量的测定

GB/T 223.49 钢铁及合金化学分析方法 萃取分离-偶氮氯膦mA光度法测定稀土总量

GB/T 223.58 钢铁及合金化学分析方法 亚砷酸钠-亚硝酸钠滴定法测定锰量

GB/T 223.59 钢铁及合金化学分析方法 锑磷钼蓝光度法测定磷量

GB/T 223.60 钢铁及合金化学分析方法 高氯酸脱水重量法测定硅含量

GB/T 223.61 钢铁及合金化学分析方法 磷钼酸铵容量法测定磷量

GB/T 223.62 钢铁及合金化学分析方法 乙酸丁酯萃取光度法测定磷量

GB/T 223.63 钢铁及合金化学分析方法 高碘酸钠(钾)光度法测定锰量(GB/T 223.63—1998,

neq ISO R 629)

GB/T 223.64　钢铁及合金化学分析方法　火焰原子吸收光谱法测定锰量

GB/T 223.67　钢铁及合金化学分析方法　还原蒸馏-次甲基蓝光度法测定硫量

GB/T 223.68　钢铁及合金化学分析方法　管式炉内燃烧后碘酸钾滴定法测定硫含量

GB/T 223.69　钢铁及合金化学分析方法　管式炉内燃烧后气体容量法测定碳含量

GB/T 223.70　钢铁及合金化学分析方法　邻菲啰啉分光光度法测定铁量

GB/T 223.71　钢铁及合金化学分析方法　管式炉内燃烧后重量法测定碳含量

GB/T 223.72　钢铁及合金化学分析方法　氧化铝色层分离-硫酸钡重量法测定硫量

GB/T 223.75　钢铁及合金化学分析方法　甲醇蒸馏-姜黄素光度法测定硼量

GB/T 226　钢的低倍组织及缺陷酸蚀检验法(GB/T 226—1991,neq ISO 4969:1980,Steel-Macroscopic examination by etching with strong mineral acids)

GB/T 228　金属材料　室温拉伸试验方法(GB/T 228—2002,ISO 6892:1998,EQV)

GB/T 230.1　金属洛氏硬度试验　第1部分:试验方法(A、B、C、D、E、F、G、H、K、N、T标尺)(GB/T 230.1—2004,ISO 6508-1:1999,MOD)

GB/T 231.1　金属布氏硬度试验　第1部分:试验方法(GB/T 231.1—2002,ISO 6506-1:1999,EQV)

GB/T 702—2004　热轧圆钢和方钢尺寸、外形、重量及允许偏差(GB/T 702—2004 ,ISO 1035-1:1980,Hot-rolled steel bar—Part 1:Dimension of round bars,ISO 1035-2:1980 Hot-rolled steel bar-Part1:Dimension of square bars,ISO 1035-4:1982,Hot-rolled steel bar—Part 4:Tolerances,MOD)

GB/T 905—1994　冷拉圆钢、方钢、六角钢 尺寸、外形、重量及允许偏差

GB/T 908—1987　锻制圆钢和方钢尺寸、外形、重量及允许偏差

GB/T 1979　结构钢低倍组织缺陷评级图

GB/T 2101　型钢验收、包装、标志及质量证明书的一般规定

GB/T 2975　钢及钢产品力学性能试验取样位置及试样制备(GB/T 2975—1998,eqv ISO 377:1997)

GB/T 3207　银亮钢

GB/T 4338　金属材料　高温拉伸试验(GB/T 4338—2006,ISO 783:1999,MOD)

GB/T 6394　金属平均晶粒度测定法

GB/T 10561　钢中非金属夹杂物含量的测定　标准评级图谱显微检验法(GB/T 10561—2005,ISO 4967:1998,IDT)

GB/T 11170　不锈钢的光电发射光谱分析方法

GB/T 14992—1994　高温合金牌号

GB/T 14999.2　高温合金横向低倍组织酸浸试验法

GB/T 20066　钢和铁　化学成分测定用试样的取样和和制样方法(GB/T 20066—2006,ISO 14284:1996,IDT)

GB/T 20123　钢铁　总碳硫含量的测定　高频感应炉燃烧后红外吸收法(常规方法)

YB/T 5293　金属材料　顶锻试验方法

3　分类

3.1　按组织分为奥氏体型和马氏体型。

3.2　成品按热处理状态分为:

a)　热轧(热锻)或冷拉状态(不热处理状态);

b)　退火状态;

c)　固溶热处理状态;

d) 调质状态。

4 订货内容

按本标准订购的合同或订单应包括下列内容：

a) 标准编号；
b) 产品名称；
c) 牌号；
d) 交货状态；
e) 尺寸；
f) 订购的数量(重量或支数、米数)；
g) 选择性要求；
h) 其他特殊要求。

5 尺寸、外形及重量

5.1 尺寸、外形及允许偏差

5.1.1 热轧棒材的尺寸、外形应符合 GB/T 702 的规定，其中尺寸允许偏差和弯曲度应符合表 1 中2 组的规定。

5.1.2 剥皮棒材的尺寸、外形应符合表 1 的规定。尺寸允许偏差组别应在合同中注明，未注明时应符合表 1 中 2 组的规定。

5.1.3 锻制棒材的尺寸、外形应符合 GB/T 908 的规定，其中尺寸允许偏差和弯曲度应符合表 1 中2 组的规定。

5.1.4 冷拉棒材的尺寸、外形应符合 GB/T 905 的规定，其中尺寸允许偏差级别应在合同中注明。

5.1.5 银亮钢棒材和银亮合金棒材的尺寸、外形应符合 GB/T 3207 的规定。允许搭交长度不小于 1 000 mm的短尺料，短尺料量不得大于该交货批重量的 10%。

表 1

单位为毫米

钢材公称直径	允许偏差		不圆度
	1 组	2 组	
8～10	0 −0.09	0 −0.15	不大于尺寸公差的 1/2
>10～18	0 −0.11	0 −0.18	不大于尺寸公差的 1/2
>18～30	0 −0.13	0 −0.21	不大于尺寸公差的 1/2
>30～50	0 −0.16	0 −0.25	不大于尺寸公差的 1/2

5.2 交货重量

棒材应按实际重量交货。

6 技术要求

6.1 钢和合金牌号及化学成分

6.1.1 钢和合金的牌号和化学成分(熔炼分析)应符合表 2 的规定。

6.1.2 坯料或棒材的化学成分允许偏差应符合 GB/T 222 的规定。

6.1.3 高温合金棒材的化学成分允许偏差应符合 GB/T 14992—1994 的规定。

6.2 冶炼方法

6.2.1 钢和合金应采用电弧炉加炉外精炼方法或真空感应炉加真空自耗方法冶炼，也可用电渣重熔法冶炼。

6.2.2 经供需双方协商，并在合同中注明，也可采用能满足本标准要求的其他冶炼方法。

表 2

序号	类别	牌号	化学成分(质量分数)/%													
			C	Si	Mn	P	S	Ni	Cr	Mo	W	N	V	Nb	Cu	其他
1	马氏体型	40Cr10Si2Mo	0.35～0.45	1.90～2.60	≤0.70	≤0.035	≤0.030	≤0.60	9.00～10.50	0.70～0.90	—	—	—	—	≤0.30	—
2		42Cr9Si2	0.35～0.50	2.00～3.00	≤0.70	≤0.035	≤0.030	≤0.60	8.00～10.00	—	—	—	—	—	≤0.30	—
3		45Cr9Si3	0.40～0.50	2.70～3.30	≤0.80	≤0.040	≤0.030	≤0.60	8.00～10.00	—	—	—	—	—	≤0.30	—
4		51Cr8Si2	0.47～0.55	1.00～2.00	0.20～0.60	≤0.030	≤0.030	≤0.60	7.50～9.50	—	—	—	—	—	≤0.30	—
5		83Cr20Si2Ni	0.75～0.90	1.75～2.60	≤0.80	≤0.030	≤0.030	1.15～1.70	19.00～20.50	—	—	—	—	—	≤0.30	—
6		85Cr18Mo2V	0.80～0.90	≤1.00	≤1.50	≤0.040	≤0.030	—	16.50～18.50	2.00～2.50	—	—	0.30～0.60	—	≤0.30	—
7		86Cr18W2VRe	0.82～0.92	≤1.00	≤1.50	≤0.035	≤0.030	—	16.50～18.50	—	2.00～2.50	—	0.30～0.60	—	≤0.30	Re≤0.02
8	奥氏体型	20Cr21Ni12N	0.15～0.25	0.75～1.25	1.00～1.60	≤0.035	≤0.030	10.50～12.50	20.50～22.50	—	—	0.15～0.30	—	—	≤0.30	—
9		33Cr23Ni8Mn3N	0.28～0.38	0.50～1.00	1.50～3.50	≤0.040	≤0.030	7.00～9.00	22.00～24.00	≤0.50	≤0.50	0.25～0.35	—	—	≤0.30	—
10		45Cr14Ni14W2Mo	0.40～0.50	≤0.80	≤0.70	≤0.035	≤0.030	13.00～15.00	13.00～15.00	0.25～0.40	2.00～2.75	—	—	—	≤0.30	—
11		50Cr21Mn9Ni4Nb2WN	0.45～0.55	≤0.45	8.00～10.00	≤0.050	≤0.030	3.50～5.00	20.00～22.00	—	0.80～1.50	0.40～0.60	—	1.80～2.50	≤0.30	C+N≥0.90
12		53Cr21Mn9Ni4N	0.48～0.58	≤0.35	8.00～10.00	≤0.040	≤0.030	3.25～4.50	20.00～22.00	—	—	0.35～0.50	—	—	≤0.30	C+N≥0.90
13		55Cr21Mn8Ni2N	0.50～0.60	≤0.25	7.00～10.00	≤0.040	≤0.030	1.50～2.75	19.50～21.50	—	—	0.20～0.40	—	—	≤0.30	—
14		61Cr21Mn10Mo1V1Nb1N	0.57～0.65	≤0.25	9.50～11.50	≤0.050	≤0.030	≤1.50	20.00～22.00	0.75～1.25	—	0.40～0.60	0.75～1.00	1.00～1.20	≤0.30	—
15		GH4751	0.03～0.10	≤0.50	≤0.50	≤0.015	≤0.015	余	14.00～17.00	≤0.50	—	—	—	0.70～1.20	≤0.30	Al:0.90～1.50 Ti:2.00～2.60 Fe:5.00～9.00
16		GH4080A	0.04～0.10	≤1.00	≤1.00	≤0.020	≤0.015	余	18.00～21.00	—	—	—	—	—	≤0.20	Al:1.00～1.80 Ti:1.80～2.70 Fe≤3.00 Co≤2.00 B≤0.008

6.3 交货状态

棒材以3.2中规定的状态交货，交货状态应在合同中注明，合同中未注明时按退火或固溶状态交货，以热轧(热锻)或冷拉状态(不热处理状态)交货时，必须在合同中注明。

6.4 交货硬度

以热处理状态交货的棒材的交货硬度应符合表3的规定；以热轧(热锻)或冷拉状态(不热处理状态)交货的棒材应测定成品的交货硬度，并报出实测结果。要求按调质状态供货时交货硬度应由供需双方协商确定，并在在合同中注明。

表 3

序　号	类　别	牌　号	交货状态	硬度(HB)
1	马氏体型	40Cr10Si2Mo	退火	≤269
			调质	协商
2		42Cr9Si2	退火	≤269
			调质	协商
3		45Cr9Si3	退火	≤269
			调质	协商
4		51Cr8Si2	退火	≤269
			调质	协商
5		80Cr20Si2Ni	退火	≤321
			调质	协商
6		85Cr18Mo2V	退火	≤300
			调质	协商
7		86Cr18W2VRe	退火	≤300
			调质	协商
8	奥氏体型	20Cr21Ni12N	固溶	≤300
9		33Cr23Ni8Mn3N	固溶	≤360
10		45Cr14Ni14W2Mo	固溶	≤295
11		50Cr21Mn9Ni4Nb2WN	固溶	≤385
12		53Cr21Mn9Ni4N	固溶	≤380
13		55Cr21Mn8Ni2N	固溶	≤385
14		61Cr21Mn10Mo1V1Nb1N	固溶	≤385
15		GH4751	固溶	≤325
16		GH4080A	固溶	≤325

6.5 力学性能

6.5.1 用热处理毛坯制成试样在室温测定的棒材纵向力学性能和硬度应符合表4的规定。热处理用试样毛坯直径为25 mm；棒材直径小于25 mm时，用原尺寸钢材热处理。表4所列力学性能适用于直径不大于60 mm的棒材。直径大于60 mm～100 mm时，断后伸长率和断面收缩率允许按表4分别降低1个单位和5个单位；直径大于100 mm的棒材，可在锻成90 mm～100 mm的样坯上测定，其断后伸长率和断面收缩率允许按上述规定降低。

6.5.2 经供需双方协议，可测定用热处理毛坯制成试样的高温力学性能，试验结果不作为判定依据。

附录 A 列出的高温瞬时抗拉强度供参考。

6.6 低倍组织

棒材或坯料的横截面酸浸低倍试片上不得有目视可见的缩孔残余、气泡、夹杂和裂纹。酸浸低倍组织合格级别应符合如下规定:

一般疏松不大于 2 级,中心疏松不大于 2 级,锭型偏析不大于 2 级。

6.7 顶锻

棒材应进行热顶锻。试样锻至原高度的三分之一。顶锻后的试样上不得有裂口和裂纹。若生产厂能保证热顶锻要求,可以不作热顶锻检验。

表 4

序号	类别	牌号	热处理制度	室温力学性能,不小于				硬度	
				规定非比例延伸强度 $R_{p0.2}$/MPa	抗拉强度 R_m/MPa	断后伸长率 A/%	断面收缩率 Z/%	HB	HRC
1	马氏体型	40Cr10Si2Mo	(1 000~1 050)℃油冷+(700~780)℃空冷	680	880	10	35	266~325	—
2	马氏体型	42Cr9Si2	(1 000~1 050)℃油冷+(700~780)℃空冷	590	880	19	50	266~325	—
3	马氏体型	45Cr9Si3	(1 000~1 050)℃油冷+(720~820)℃空冷	700	900	14	40	266~325	—
4	马氏体型	51Cr8Si2	(1 000~1 050)℃油冷+(650~750)℃空冷	685	885	14	35	≥260	—
5	马氏体型	80Cr20Si2Ni	(1 030~1 080)℃油冷+(700~800)℃空冷	680	880	10	15	≥295	—
6	马氏体型	85Cr18Mo2V	(1 050~1 080)℃油冷+(700~820)℃空冷	800	1 000	7	12	290~325	—
7	马氏体型	86Cr18W2VRe	(1 050~1 080)℃油冷+(700~820)℃空冷	800	1 000	7	12	290~325	—
8	奥氏体型	20Cr21Ni12N	(1 100~1 200)℃固溶+(700~800)℃空冷	430	820	26	20	—	—
9	奥氏体型	33Cr23Ni8Mn3N	(1 150~1 200)℃固溶+(780~820)℃空冷	550	850	20	30	—	≥25
10	奥氏体型	45Cr14Ni14W2Mo	(1 100~1 200)℃固溶+(720~800)℃空冷	395	785	25	35	—	—
11	奥氏体型	50Cr21Mn9Ni4Nb2WN	(1 160~1 200)℃固溶+(760~850)℃空冷	580	950	12	15	—	≥28
12	奥氏体型	53Cr21Mn9Ni4N	(1 140~1 200)℃固溶+(760~815)℃空冷	580	950	8	10	—	≥28
13	奥氏体型	55Cr21Mn8Ni2N	(1 140~1 180)℃固溶+(760~815)℃空冷	550	900	8	10	—	≥28
14	奥氏体型	61Cr21Mn10Mo1V1Nb1N	(1 100~1 200)℃固溶+(720~800)℃空冷	800	1 000	8	10	—	≥32
15	奥氏体型	GH4751	(1 100~1 150)℃固溶+840℃×24 小时空冷+700℃×2 小时空冷	750	1 100	12	20	—	≥32
16	奥氏体型	GH4080A	(1 000~1 080)℃固溶+(690~710)℃×16 小时空冷	725	1 100	15	25	—	≥32

6.8 晶粒度

棒材交货状态的实际晶粒度应符合表 5 的规定。奥氏体钢试样在同一视场中晶粒度的评级级差应不大于3级。如有要求，高温合金试样的同一视场中晶粒度的评级级差由供需双方协商确定。

表 5

分类		公称直径		
		≤25 mm	>25 mm～60 mm	>60 mm～120 mm
马氏体型		8级或更细	7级或更细	6级或更细
奥氏体型	奥氏体钢	6级或更细	5级或更细	5级或更细
	高温合金	5级或更细		4级或更细

6.9 非金属夹杂物

棒材的非金属夹杂物按GB/T 10561中的评级图评定，粗系和细系夹杂物应符合表6的规定。

表 6

单位为级

分类	A		B		C		D	
	细系	粗系	细系	粗系	细系	粗系	细系	粗系
电渣钢	≤1.5	≤0.5	≤1.5	≤1.0	≤1.0	≤0.5	≤1.5	≤1.5
其他方法炼钢	≤2.0	≤1.5	≤2.5	≤1.5	≤1.5	≤1.5	≤2.0	≤2.0
高温合金	≤1.0	≤1.0	≤1.0	≤1.0	≤1.0	≤1.0	≤1.0	≤1.0

6.10 表面质量

6.10.1 热轧(热锻)棒材的表面不允许有裂纹、折叠、结疤和夹杂，如有上述缺陷必须清除。清除深度应符合表7的规定，清除宽度应不小于深度的5倍。允许有从实际尺寸算起深度不超过尺寸公差之半的个别细小划痕、压痕、麻点等缺欠存在。

6.10.2 冷拉棒材的表面应洁净、光滑，不允许有裂纹、折叠、结疤和夹杂。棒材表面允许有从实际尺寸算起深度不超过尺寸公差的个别细小划痕、拉痕、黑斑、凹面、麻点及轻微的氧化色。

6.10.3 经剥皮的棒材表面不得有影响使用的缺陷。

6.10.4 银亮棒材的表面不得有影响使用的缺陷，其表面粗糙度 Ra≤2.0 μm。

表 7

单位为毫米

棒材公称直径	缺陷清理深度
≥80	≤棒材尺寸公差的1/2
<80	≤棒材尺寸公差

6.11 特殊要求

需方有特殊要求时，须经供需双方协商同意，并在合同中注明。

7 试验方法

7.1 棒材各项检验项目、试验方法和取样数量应符合表8的规定。

表 8

序号	检验项目	取样个数[a]/个	取样部位	试验方法
1	化学成分	1	GB/T 20066	GB/T 223、GB/T 11170、GB/T 20123
2	拉伸	2	不同支棒材 GB/T 2975	GB/T 228 中的R4、R7试样
3	热处理硬度	2	不同支棒材	GB/T 230.1、GB/T 231.1
	交货硬度	2	不同支棒材	GB/T 230.1、GB/T 231.1

表 8（续）

序号	检验项目	取样个数[a]/个	取样部位	试验方法
4	低倍组织	2	相当于钢锭头部的不同支棒材 连铸钢在任意不同支棒材	GB/T 226、GB/T 1979、GB/T14999.2
5	热顶锻	2	不同支棒材或坯料	YB/T 5293
6	非金属夹杂物	2	不同支棒材	GB/T 10561
7	晶粒度	1	任一支棒材	GB/T 6394
8	尺寸	逐支	整支棒材	卡尺、千分尺
9	表面	逐支	整支棒材	目视

[a] 电渣钢除表面和尺寸逐根取样外，其他检验项目的取样数量均为 1 个。以电渣电极的熔炼母炉号组批时，除化学成分每个电渣炉号取 1 个外，其他检验项目取样数量同表中规定。

8 检验规则

8.1 检查和验收

棒材的检查和验收由供方技术监督部门进行。

8.2 组批规则

棒材应按批检查和验收，每批棒材应由同一牌号、同一炉号、同一加工方法、同一规格和同一热处理炉次（用连续炉热处理时为同一热处理制度）的棒材组成。电渣钢在工艺稳定的条件下，允许以电渣电极的熔炼母炉号组批。

8.3 取样部位及取样数量

每批棒材各项试验的取样数量和取样部位应符合表 8 的规定。

8.4 复验和判定规则

复验和判定规则应符合 GB/T 2101 的有关规定。

8.4.1 供方若能保证棒材合格，对同一炉号的棒材或坯的力学性能、低倍组织、非金属夹杂物的检验结果，允许以坯代材、以大代小。

9 包装、标志和质量证明书

棒材的包装、标志和质量证明书应符合 GB/T 2101 中的有关规定。

附　录　A
（资料性附录）
高温短时抗拉强度和高温短时屈服强度

表 A.1　高温短时抗拉强度

序号	牌　号	热处理状态	高温短时抗拉强度(R_m)/MPa						
			500℃	550℃	600℃	650℃	700℃	750℃	800℃
马　氏　体　钢									
1	40Cr10Si2Mo	淬火＋回火	550	420	300	220	(130)	—	—
2	42Cr9Si2	淬火＋回火	500	360	240	160	—	—	—
3	45Cr9Si3	淬火＋回火	500	360	250	170	(110)	—	
4	51Cr8Si2	淬火＋回火	500	360	230	160	(105)	—	—
5	80Cr20Si2Ni	淬火＋回火	550	400	300	230	180	—	—
6	85Cr18Mo2V	淬火＋回火	550	400	300	230	180	(140)	—
7	86Cr18W2VRe	淬火＋回火	550	400	300	230	180	(140)	—
奥　氏　体　钢									
8	20Cr21Ni12N	固溶＋时效	600	550	500	440	370	300	240
9	33Cr23Ni8Mn3N	固溶＋时效	600	570	530	470	400	340	280
10	45Cr14Ni14W2Mo	固溶＋时效	600	550	500	410	350	270	180
11	50Cr21Mn9Ni4Nb2WN	固溶＋时效	680	650	610	550	480	410	340
12	53Cr21Mn9Ni4N	固溶＋时效	650	600	550	500	450	370	300
13	55Cr21Mn8Ni2N	固溶＋时效	640	590	540	490	440	360	290
14	61Cr21Mn10Mo1V1Nb1N	固溶＋时效	800	780	750	680	600	500	400
高　温　合　金									
15	GH4751	固溶＋时效	1 000	980	930	850	770	650	510
16	GH4080A	固溶＋时效	1 050	1 030	1 000	930	820	680	500

注：表中数值在括号中列出时，表示该材料不推荐在此温度条件下使用。

表 A.2 高温短时屈服强度

序号	牌 号	热处理状态	高温短时屈服强度($R_{p0.2}$)/MPa						
			500℃	550℃	600℃	650℃	700℃	750℃	800℃
马 氏 体 钢									
1	40Cr10Si2Mo	淬火+回火	450	350	260	180	(100)	—	—
2	42Cr9Si2	淬火+回火	400	300	230	110	—	—	—
3	45Cr9Si3	淬火+回火	400	300	240	120	(80)	—	—
4	51Cr8Si2	淬火+回火	400	300	220	110	(75)	—	—
5	80Cr20Si2Ni	淬火+回火	500	370	280	170	120	—	—
6	85Cr18Mo2V	淬火+回火	500	370	280	170	120	(80)	—
7	86Cr18W2VRe	淬火+回火	500	370	280	170	120	(80)	—
奥 氏 体 钢									
8	20Cr21Ni12N	固溶+时效	250	230	210	200	180	160	130
9	33Cr23Ni8Mn3N	固溶+时效	270	250	220	210	190	180	170
10	45Cr14Ni14W2Mo	固溶+时效	250	230	210	190	170	140	100
11	50Cr21Mn9Ni4Nb2WN	固溶+时效	350	330	310	285	260	240	220
12	53Cr21Mn9Ni4N	固溶+时效	350	330	300	270	250	230	200
13	55Cr21Mn8Ni2N	固溶+时效	300	280	250	230	220	200	170
14	61Cr21Mn10Mo1V1Nb1N	固溶+时效	500	480	450	430	400	380	350
高 温 合 金									
15	GH4751	固溶+时效	725	710	690	660	650	560	425
16	GH4080A	固溶+时效	700	650	650	600	600	500	450

注：表中数值在括号中列出时，表示该材料不推荐在此温度条件下使用。

附 录 B
（资料性附录）
各国内燃机气阀用钢及高温合金牌号对照

表 B.1 各国内燃机气阀用钢及高温合金牌号对照

序号	类别	本标准	国际标准 ISO 683-15:1992	欧洲 EN 10090:1998	美国 SAE J 775-93	日本 JIS G 4311-1991	简称
1	马氏体型	40Cr10Si2Mo	—	X40CrSiMo10-2 (1.473 1)	—	SUH3	—
2		42Cr9Si2	—	—	—	—	—
3		45Cr9Si3	X45CrSi93	X45CrSi9-3 (1.471 8)	HNV3	SUH1	—
4		51Cr8Si2	X50CrSi82	—	—	SUH11	—
5		80Cr20Si2Ni		—	HNV6	SUH4	XB
6		85Cr18Mo2V	X85CrMoV182	X85CrMoV18-2 (1.474 8)	—	—	—
7		86Cr18W2VRe	—	—	—	—	MF811
8	奥氏体型	20Cr21Ni12N	—		EV4	SUH37	21-12N
9		33Cr23Ni8Mn3N	X33CrNiMnN238	X33CrNiMnN23-8 (1.486 6)	EV16	—	23-8N
10		45Cr14Ni14W2Mo	—	—	—	SUH31	—
11		50Cr21Mn9Ni4Nb2WN	X50CrMnNiNbN219	X50CrMnNiNbN21-9 (1.488 2)	—	—	21-4NW Nb
12		53Cr21Mn9Ni4N	X53CrMnNiN219	X53CrMnNiN21-9 (1.487 1)	EV8	SUH35	21-4N
13		55Cr21Mn8Ni2N	X55CrMnNiN208	X55CrMnNiN20-8 (1.487 5)	EV12	—	21-2N
14		61Cr21Mn10Mo1V1Nb1N	—	—	—	—	Resis TEL
15		GH4751	NiCr15Fe7TiAl	—	HEV3	—	751
16		GH4080A	NiCr20TiAl	NiCr20TiAl (2.495 2)	HEV5		80A

附 录 C
（资料性附录）
本标准与相关标准牌号对照

表 C.1 本标准与相关标准牌号对照

序号	类别	本标准	GB/T 1221—2007	GB/T 12773—1991
1	马氏体型	40Cr10Si2Mo	40Cr10Si2Mo	4Cr10Si2Mo
2		42Cr9Si2	42Cr9Si2	4Cr9Si2
3		45Cr9Si3	—	—
4		51Cr8Si2	—	—
5		80Cr20Si2Ni	80Cr20Si2Ni	8Cr20Si2Ni
6		85Cr18Mo2V	—	—
7		86Cr18W2VRe	—	—
8	奥氏体型	20Cr21Ni12N	22Cr21Ni12N	2Cr21Ni12N
9		33Cr23Ni8Mn3N	—	—
10		45Cr14Ni14W2Mo	45Cr14Ni14W2Mo	4Cr14Ni14W2Mo
11		50Cr21Mn9Ni4Nb2WN	—	—
12		53Cr21Mn9Ni4N	53Cr21Mn9Ni4N	5Cr21Mn9Ni4N
13		55Cr21Mn8Ni2N	—	—
14		61Cr21Mn10Mo1V1Nb1N	—	—
15		GH4751	—	—
16		GH4080A	—	—

附 录 D
（资料性附录）
本标准章条与 ISO 683-15:1992 章条编号对照

表 D.1 给出了本标准章条编号与 ISO 683-15:1992 章条编号对照一览表。

表 D.1 本标准章条编号与 ISO 683-15:1992 章条编号对照

本标准章条编号	对应的国际标准章条编号
1	1、3
2	2
3	4
4	5
5	6.6
6	6.1～6.5、附录 A
7	7.1～7.4
8	7.5、9
9	8
附录 A	附录 A
附录 B	—
附录 C	—

附 录 E
（资料性附录）
本标准与 ISO 683-15:1992 的技术性差异及其原因

表 E.1 给出了本标准与 ISO 683-15:1992 的技术性差异及其原因的一览表。

表 E.1 本标准与 ISO 683-15:1992 的技术性差异及其原因

本标准章条号码	技术性差异	原因
1	1.1 增加了尺寸范围	1.1 适应生产技术发展现状，便于操作
3	3.2 增加了按热处理状态划分	3.2 增强划分方法，便于指导生产
5	5 增加了对剥皮棒材的要求；引用标准不同	5 剥皮棒材在该领域经常使用；尺寸外形等标准体系不同
6	6.1～6.5 牌号及相应化学成分、性能进行了修改； 6.6～6.10 增加了低倍组织、顶锻、非金属夹杂物的要求	6.1～6.5 国际标准牌号不完善，不适应市场需求，参照美国、日本等先进标准对牌号进行了修改； 6.6～6.10 保证产品质量
7	试验方法标准不同；增加了低倍组织、顶锻、非金属夹杂物试验	标准体系不同；加严了对产品的要求
8、9	修改了引用标准	标准体系不同
附录 A	增加一些牌号的“高温短时抗拉强度”； 取消“持久强度”和“物理性能”	为标准在设计、生产中的应用提供便利； “持久强度”应与高温弯曲疲劳强度共同考虑，“物理性能”在我国很少进行试验
附录 B	增加附录 B“各国内燃机用气阀钢和高温合金牌号对照”	为标准在设计、生产、贸易中的应用提供便利
附录 C	增加附录 C“我国内燃机用气阀钢和高温合金本标准与原标准牌号对照”	为标准在设计、生产、贸易中的应用提供便利

中华人民共和国国家标准

碳素结构钢和低合金结构钢热轧条钢技术条件

GB/T 14292—93

Hot-rolled long products technical requirements for carbon structure steel and low-alloy structure steel

1 主题内容与适用范围

本标准规定了碳素结构钢和低合金结构钢热轧条钢的技术要求、试验方法及验收规则等。

本标准适用于碳素结构钢和低合金结构钢热轧棒钢、型钢和异型钢。

2 引用标准

GB 700 碳素结构钢

GB 1591 低合金结构钢

GB 2101 型钢验收、包装、标志及质量证明书的一般规定

3 尺寸、外形、重量及允许偏差

条钢的尺寸、外形、重量及允许偏差应符合相应标准的规定。

4 技术要求

4.1 牌号、化学成分

条钢的牌号、化学成分应符合 GB 700(其中 Q195、Q215 一般适用于普通用途铆螺钢)、GB 1591 及有关标准的规定。

4.2 力学性能和工艺性能

力学性能和工艺性能应符合 GB 700、GB 1591 及有关标准的规定。

4.3 交货状态

条钢一般以热轧状态交货。根据需方要求，经供需双方协议，也可按热处理状态交货。

4.4 表面质量

4.4.1 条钢表面不得有裂缝、折叠、结疤和夹杂。

4.4.2 条钢表面允许有局部发纹、拉裂、凹坑、麻点和刮痕，但不得使条钢超出允许偏差。

4.4.3 条钢表面缺陷允许清除，清除处应圆滑无棱角，但不得进行横向清除。清除宽度不得小于清除深度的五倍。清除深度从实际尺寸算起不得超过该尺寸条钢的允许负偏差。

4.4.4 条钢不得有分层和缩孔残余；不得有高度大于 5mm 的毛刺。用压力机剪切的条钢，端部允许有局部变形。

4.4.5 条钢上的任何缺陷不得进行焊补和填补。

5 试验方法

国家技术监督局1993-04-19批准 1993-12-01实施

5.1　条钢的表面质量用肉眼检查。

5.2　条钢的化学成分、力学性能及工艺性能、试验方法应符合 GB 700、GB 1591 及有关标准的规定。

6　检验规则

6.1　条钢的检查和验收由供方技术监督部门进行。

6.2　条钢的组批应符合 GB 700、GB 1591 及有关标准的规定。

6.3　条钢的复验和验收规则应符合 GB 2101 的规定

7　包装、标志和质量证明书

条钢的包装、标志和质量证明书应符合 GB 2101 的规定。

附加说明：

本标准由中华人民共和国冶金工业部提出。

本标准由冶金工业部情报标准研究总所归口。

本标准由唐山钢铁公司、鞍山钢铁公司、冶金工业部情报标准研究总所负责起草。

本标准主要起草人宁积春、王丽敏、刘应妙、张小川。

自本标准实施之日起，原中华人民共和国冶金工业部发布的部标准 YB 170—63 作废。

ICS 77.140.50
H 46

中华人民共和国国家标准

GB/T 14977—2008
代替 GB/T 14977—1994

热轧钢板表面质量的一般要求

General requirement for surface condition of hot-rolled steel plates

2008-12-06 发布 2009-10-01 实施

中华人民共和国国家质量监督检验检疫总局
中国国家标准化管理委员会 发布

前　言

本标准修改采用 EN 10163-2:2004《热轧钢板、宽扁钢和型钢表面状态的交货要求　第 2 部分:钢板和宽扁钢》。

本标准与 EN10163-2:2004 的主要技术性差异有:

——对缺陷部分增加了 5.3.1.2.1 和 5.3.1.2.3 的规定;

——增加了对焊补时,堆高的具体规定;

——增加了"6 数值修约"一章。

本标准代替 GB/T 14977—1994《热轧钢板表面质量的一般要求》。与原标准对比,主要变化如下:

——将标准的适用范围扩大为 3 mm～400 mm 的钢板;

——增加了"2 规范性引用文件"一章;

——增加了"4 分类"一章,把表面质量分为 2 类,每类又分为 3 级;

——增加钢板表面一般要求;

——对表面不连续的影响面积的测定进行了修改;

——删除了原标准中 4.2.1;

——A 类缺陷增加 5.3.2.2.1;

——对缺陷的修整进行了详细的规定;

——对焊补做了具体的要求。

本标准附录 A 和附录 B 为资料性附录。

本标准由中国钢铁工业协会提出。

本标准由全国钢标准化技术委员会归口。

本标准主要起草单位:首钢总公司、天津钢铁有限公司、冶金工业信息标准研究院、鞍钢股份有限公司。

本标准主要起草人:师莉、张炳成、许克亮、王晓虎、朴志民、王丽萍、孙国庆。

本标准 1994 年首次发布。

热轧钢板表面质量的一般要求

1 范围

本标准规定了热轧钢板表面质量的术语和定义、分类、要求、数值修约。

本标准适用于厚度为 3 mm～400 mm 的单张轧制的热轧钢板和由热轧卷剪切而成的剪切钢板，以下均简称钢板。

2 规范性引用文件

下列文件中的条款通过本标准的引用而成为本标准的条款。凡是注日期的引用文件，其随后所有的修改单(不包括勘误的内容)或修订版均不适用于本标准，然而，鼓励根据本标准达成协议的各方研究是否可使用这些文件的最新版本。凡是不注日期的引用文件，其最新版本适用于本标准。

YB/T 081　冶金技术标准的数值修约与检测数值的判定原则

3 术语和定义

下列术语和定义适用于本标准。

3.1

缺欠　imperfections

除裂纹、结疤和拉裂外，深度和(或)面积不大于规定界限值的表面不连续。

3.2

缺陷　defects

包括所有裂纹、结疤和拉裂，深度和(或)面积大于规定界限值的表面不连续。

注：常见表面不连续的描述见附录 A(资料性附录)。

4 分类

4.1　表面质量分为 A、B 两类：

——A 类：表面质量应符合 5.3.1 和 5.4.1.3 的要求，表面不连续和修磨部分的剩余厚度可以小于钢板允许的最小厚度。

——B 类：表面质量应符合 5.3.2 和 5.4.1.4 的要求，表面不连续和修磨部分的剩余厚度不得小于钢板允许的最小厚度。

4.2　每一类又分为 1、2、3 三级：

——1 级：铲削和(或)修磨后允许焊补，并符合 5.4.2.2.1 要求。

——2 级：只有在双方同意且在合同中注明时，才允许焊补，并符合 5.4.2.2.2 要求。

——3 级：不允许焊补。

注：表 B.1 给出了表面质量的分类及其要求。

5 要求

5.1　钢板表面的一般要求

5.1.1　无论钢板是否除鳞交货，生产厂应采取必要的措施，保证钢板的表面质量达到要求。生产厂可只考虑肉眼可见的表面不连续。轧制和热处理产生的氧化铁皮可能会隐藏表面不连续。

5.1.2　如果用户要求所有肉眼可见的表面不连续在交货前被识别、评价、修整(必要时)，应按除鳞产品订货。

5.1.3 如果用户在随后的除鳞或加工中发现材料有缺陷，且缺陷是由于生产厂造成的，允许生产厂按产品标准的要求进行修整后重新提交。

5.1.4 若合同中或产品标准中引用本标准但没有规定要求的表面质量类别和级别，应视为 A 类 1 级。

5.2 表面不连续深度和影响面积的测定

5.2.1 深度的测定

为了区分表面不连续的缺欠和缺陷，必要时测定有代表性的表面不连续的深度。测量应从产品表面进行。修磨去除代表性的表面不连续后测定深度。

5.2.2 影响面积的测定

必要时按如下规定测定表面不连续的影响面积。

5.2.2.1 孤立的表面不连续，沿着表面不连续的周边距其 20 mm 画一条连续线，或距其边缘 20 mm 画一个矩形来确定影响面积，如图 1 所示。

5.2.2.2 聚集状表面不连续：沿着这组表面不连续的周边距其 20 mm 画一条连续线，或画一个矩形，其纵边和横边距这组表面不连续连线 20 mm；若此组表面不连续距钢板边缘不到 20 mm，则以钢板边缘为准。如图 2 所示。

5.2.2.3 条状表面不连续：画一个矩形，其纵边和横边距这组表面不连续的连线 20 mm，若此组表面不连续距钢板边缘不到 20 mm，则以钢板边缘为准，如图 3 所示。

5.2.2.4 多个表面不连续边缘间距在 40 mm 以内可视为一个聚集状表面不连续（包括聚集状表面不连续和条状表面不连续）。

单位为毫米

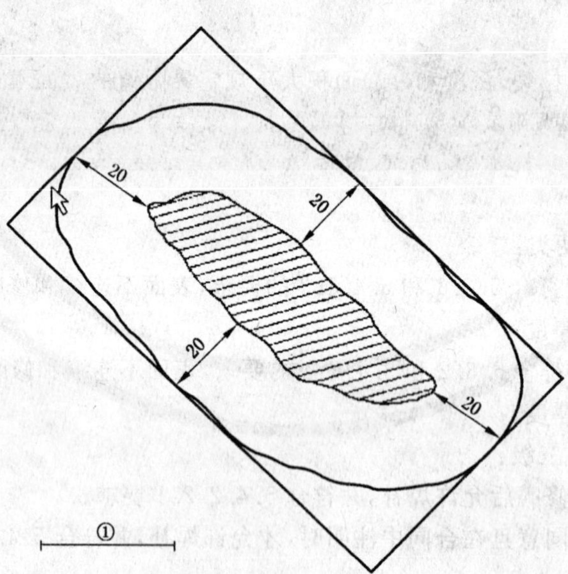

①——水平线。

图 1 孤立的表面不连续影响面积的确定

单位为毫米

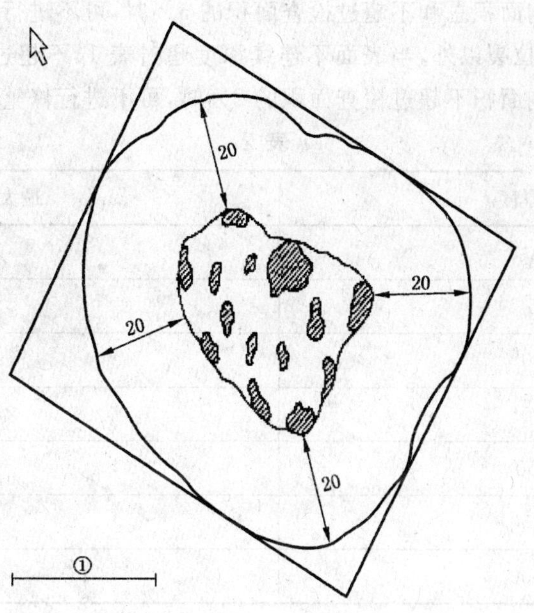

①——水平线。

图 2 聚集状的表面不连续影响面积的确定

单位为毫米

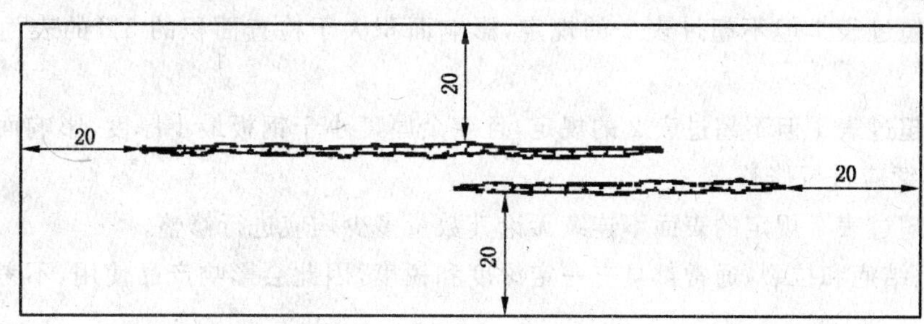

图 3 单个或多个条状表面不连续影响面积的确定

5.3 修整要求

5.3.1 A类

5.3.1.1 缺欠

5.3.1.1.1 除裂纹、结疤和拉裂以外，当表面不连续深度不超过表1规定，且能保证钢板的最小厚度，则认为是生产工艺中所不可避免的，无论数量多少都允许存在。

5.3.1.1.2 除裂纹、结疤和拉裂以外，当表面不连续深度不超过表1规定，但剩余厚度小于钢板的最小厚度，且影响面积不超过检查面积15%，可不进行修整。

表 1　　单位为毫米

产品的公称厚度 t	最大允许深度
$3\leqslant t<8$	0.2
$8\leqslant t<25$	0.3
$25\leqslant t<40$	0.4
$40\leqslant t<80$	0.5
$80\leqslant t<250$	0.7
$250\leqslant t\leqslant 400$	1.3

5.3.1.1.3 除裂纹、结疤和拉裂以外，当表面不连续深度超过表1、不超过表2的规定，且剩余厚度不小于钢板的最小厚度，则影响面积总和不超过检查面积的5%时，可不进行修整。

5.3.1.1.4 除裂纹、结疤和拉裂以外，当表面不连续深度超过表1、不超过表2的规定，但钢板剩余厚度小于钢板最小厚度，则影响面积不超过检查面积的2%时，可不进行修整。

表2

单位为毫米

产品的公称厚度 t	最大允许深度
$3 \leqslant t < 8$	0.4
$8 \leqslant t < 25$	0.5
$25 \leqslant t < 40$	0.6
$40 \leqslant t < 80$	0.8
$80 \leqslant t < 150$	0.9
$150 \leqslant t < 250$	1.2
$250 \leqslant t \leqslant 400$	1.5

5.3.1.2 缺陷

5.3.1.2.1 深度不超过表1规定，但剩余厚度小于钢板的最小厚度，且影响面积超过检查面积15%的表面不连续应进行修整。

5.3.1.2.2 深度超过表1但不超过表2的规定，影响面积大于检查面积的5%的表面不连续应进行修整。

5.3.1.2.3 深度超过表1但不超过表2的规定，且剩余厚度小于钢板最小厚度，影响面积超过检查面积2%的表面不连续应进行修整。

5.3.1.2.4 深度超过表2规定的表面不连续无论其数量多少均应进行修整。

5.3.1.2.5 裂纹、结疤和拉裂，通常都具有一定深度和锐度，因此会影响产品使用，不考虑其深度与数量均应进行修整。

5.3.2 B类

只要表面不连续和修整区域的剩余厚度不小于钢板的最小厚度，5.3.1.1和5.3.1.2适用。

5.4 修整工艺

5.4.1 修磨

5.4.1.1 修磨时应修磨干净，且修磨面应光滑的过渡到钢板表面。争议时，可通过磁粉探伤或渗透法来证明缺陷已完全清除。

5.4.1.2 允许生产厂对钢板整个表面进行修磨。但修磨后剩余厚度必须保证钢板的最小厚度。

5.4.1.3 A类

5.4.1.3.1 A类缺陷允许其修磨深度超过钢板的最小厚度。

5.4.1.3.2 当修磨深度符合表3的规定时，小于钢板最小厚度的修磨面积不得超过检查面积的15%。

5.4.1.3.3 当修磨深度大于表3、符合表4的规定时，小于钢板最小厚度的单面修磨面积总和不得超过检查面积的2%。若钢板表面积大于12.5 m^2，则小于钢板最小厚度的单个修磨面积不得大于0.25 m^2。

5.4.1.3.4 表4的要求也可适用于钢板表面相对位置有两个修磨面的修磨深度总和。

表 3

单位为毫米

产品的公称厚度 t	小于钢板最小厚度的修磨深度
$3 \leqslant t < 8$	0.3
$8 \leqslant t < 15$	0.4
$15 \leqslant t < 25$	0.5
$25 \leqslant t < 40$	0.6
$40 \leqslant t < 60$	0.7
$60 \leqslant t < 80$	0.8
$80 \leqslant t < 150$	1.0
$150 \leqslant t < 250$	1.2
$250 \leqslant t \leqslant 400$	1.4

表 4

单位为毫米

产品的公称厚度 t	小于钢板最小厚度的修磨深度
$3 \leqslant t < 8$	0.4
$8 \leqslant t < 15$	0.5
$15 \leqslant t < 25$	0.7
$25 \leqslant t < 40$	0.9
$40 \leqslant t < 60$	1.1
$60 \leqslant t < 80$	1.3
$80 \leqslant t < 150$	1.6
$150 \leqslant t < 250$	1.9
$250 \leqslant t \leqslant 400$	2.2

5.4.1.4　B类

钢板修磨后的剩余厚度不应小于钢板的最小厚度。

5.4.2　焊补

5.4.2.1　一般要求

5.4.2.1.1　在焊补前应完全去除钢板上的有害缺陷，去除部分的深度在钢板公称厚度的30%以内。

5.4.2.1.2　钢板边缘焊补之前，从内边缘测量的凹槽深度最多比公称厚度少30 mm。

5.4.2.1.3　钢板焊接部位的边缘上不得有未熔合、咬边、裂纹或其他影响使用的缺陷存在。堆高应高出轧制面1.5 mm以上，然后用铲平或磨平等方法去除堆高；处理后，打磨区域的厚度应保证钢板的最小厚度。

5.4.2.1.4　热处理交货的钢板焊接修补后应进行相应的热处理。

5.4.2.1.5　焊补后应通过超声波、X射线、磁粉探伤或渗透探伤检验。当需方没有指定方法时，由生产厂自行决定。

5.4.2.1.6　若合同中有规定，对于所有的焊补清理，生产厂应提供附带草图的报告，说明缺陷的尺寸和部位以及焊补工艺的全部细节，包括焊接耗材，非破坏性检验和焊后热处理情况。

5.4.2.2　焊补的分类及其限度

5.4.2.2.1　1级：单个焊补面积不得大于0.125 m^2；总焊补面积不超过0.125 m^2或不超过检验表面的2%（取二者的较大值）。若修磨和焊补区域之间的距离小于其处理面积的平均宽度时，应视为一个区域。

5.4.2.2.2 2级:只有在订货时协商同意并在合同中注明,才允许进行焊补。在这种情况下可以规定与5.4.2.2.1不同的要求。

5.4.2.2.3 3级:不允许焊补。

6 数值修约

数值修约应符合 YB/T 081 的规定。

附　录　A
（资料性附录）
常见表面不连续的描述

A.1　压入氧化铁皮、凹坑　rolled-in scale and pitting

以各种形状、厚度和频率出现在轧制表面上。

压入氧化铁皮通常由热轧前、热轧或处理过程中氧化铁皮清除不充分造成的。

A.2　压痕、轧痕　indentations and roll marks

这些缺陷可能以固定的距离间隔或无规则地分布在轧件的整个长度和宽度上。

压痕(凹陷)和热轧痕(凸起)通常被认为是由于轧辊或传送辊自然磨损所引起。

A.3　划伤(划痕)、凹槽　scratches，grooves

表面的机械擦伤，它们大多平行或垂直于轧制方向。它们很可能有轻微的翻卷且很少包含氧化铁皮。这种损伤是由于轧件和设备之间相对运动时摩擦造成的。

A.4　重皮　spills，slivers

不规则和鳞片状的细小的表面缺陷。分层沿轧制方向延伸，其程度取决于变形量的大小。在某些部位它们仍然与基体金属相连接，表现为细小的结疤颗粒。

A.5　气泡　blisters

气泡位于表皮以下，其形状和尺寸不同，而且是热轧时显现出来的。

A.6　麻点　sand patches

细小的非金属内部夹杂物，延伸于轧制方向且有明显的颜色。

A.7　裂纹　cracks

表面断裂的细线。

A.8　结疤和疤痕　shell

与基体材料连接的部分重叠材料。

在重皮中有较多的非金属夹杂和(或)氧化铁皮。

A.9　拉裂　seams

拉裂主要是由于半成品中的缺陷在轧制过程中被拉长或延伸引起的。

附　录　B
（资料性附录）
表面质量的分类及其要求

表 B.1 给出了表面质量的分类及其要求。

表 B.1　表面质量的分类及其要求

类　　别		铲削/修磨修整后焊补	按协议焊补	不允许焊补
A 类 （修磨区域的剩余厚度符合 5.4.1.3 的要求）	1 级	×		
	2 级		×	
	3 级			×
B 类 （修磨区域的剩余厚度符合 5.4.1.4 的要求）	1 级	×		
	2 级		×	
	3 级			×

ICS 77.080.20
H 40

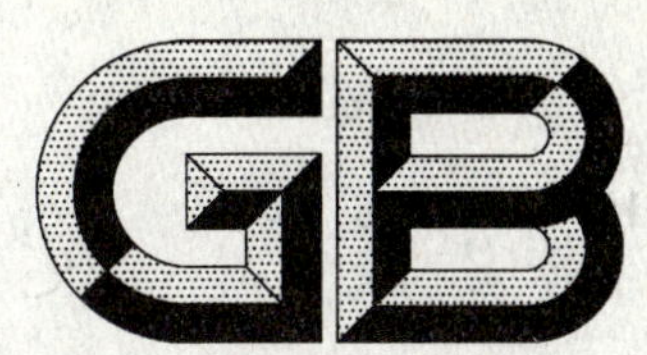

中华人民共和国国家标准

GB/T 15712—2008
代替 GB/T 15712—1995

非调质机械结构钢

Microalloyed medium carbon steels

(ISO 11692:1994,MOD)

2008-05-13 发布　　　　2008-11-01 实施

中华人民共和国国家质量监督检验检疫总局
中国国家标准化管理委员会　发布

前 言

本标准修改采用 ISO 11692:1994《热加工的析出强化铁素体—珠光体工程用钢》。

本标准根据 ISO 11692:1994 重新起草。为了方便比较，在资料性附录 B 中列出了本标准条款和 ISO 11692:1994 标准条款的对照一览表。

本标准在采用 ISO 11692:1994 标准时进行了修改。这些技术性差异用垂直单线标识在它们所涉及的条款的页边空白处。在附录 B 中给出了技术差异及其原因的一览表以供参考。

本标准代替 GB/T 15712—1995《非调质机械结构钢》。本标准与 GB/T 15712—1995 相比主要变化如下：

——英文名称修改为：Microalloyed medium carbon steels (见封面和 3.1)；

——修改了“非调质机械结构钢”的定义(见第 3 章)；

——将“切削加工用钢”修改为“直接切削加工用钢”(见第 4 章)；

——取消切削加工用钢牌号表示方法中的“Y”，用尾部加“S”表示含硫钢，即牌号表示方法“YF...”修改为“F...S”(见表 1)；

——增加了“订货内容”(见第 5 章)；

——增加了银亮钢及相关要求(见第 1 章，6.2，7.8.3 等)；

——增加了 F30MnVS、F38MnVS、F49MnVS 和 F12Mn2VBS 等牌号及相关要求，将 YF45V 与 F45V、YF35MnV 与 F35MnVN、YF40MnV 与 F40MnV 分别合并为 F45VS、F35MnVS 和 F40MnVS(见表 1)；

——增加了直接切削加工用钢成分可以协商的内容(见 7.1.1)；

——化学成分增加了“经供需双方协商，可以用铌或钛代替部分或全部钒含量。在部分代替情况下，钒的下限含量应由双方协商”(见 7.1.2)；

——化学成分允许偏差按 GB/T 222—1984 表 2 列出，并补充了硫含量和氮含量的允许偏差(1995 年版的 6.1.2；本版的表 2)；

——冶炼方法修改为由供方选择(1995 年版的 6.2；本版的 7.2)；

——钢材交货状态取消了锻制状态，增加了银亮状态交货(1995 年版的 6.3；本版的 7.3)；

——热压力加工用钢的力学性能由基本保证项目改为协议保证项目；

——取消了“淬火断口”检验低倍组织(1995 年版的 6.5.1；本版的 7.5.1)；

——热压力加工用钢的脱碳层检验由协议保证项目修改为基本保证项目(1995 年版的 6.7；本版的 7.6.1)；

——非金属夹杂物由协议保证项目修改为基本保证项目，并将 A 类细系放宽 1 级，B 类加严 0.5 级，DS 类提供实测数据(1995 年版的 6.6；本版的 7.7)；

——增加本标准牌号与 1995 版标准牌号和 ISO 11692 标准牌号的对照(见附录 A)。

本标准附录 A 和附录 B 均为资料性附录。

本标准由中国钢铁工业协会提出。

本标准由全国钢标准化技术委员会归口。

本标准主要起草单位：东北特殊钢集团有限责任公司、钢铁研究总院、中信金属公司、冶金工业信息标准研究院。

本标准主要起草人：真娟、董瀚、乔兵、惠卫军、栾燕、王伟哲。

本标准 1995 年 10 月首次发布。

非调质机械结构钢

1 范围

本标准规定了非调质机械结构钢的定义、分类、订货内容、尺寸、外形及允许偏差、技术要求、试验方法、检验规则、包装、标志及质量证明书等。

本标准适用于非调质机械结构钢热轧钢材及银亮钢材。

2 规范性引用文件

下列文件中的条款通过本标准的引用而成为本标准的条款。凡是注日期的引用文件，其随后所有的修改单(不包括勘误的内容)或修订版均不适用于本标准，然而，鼓励根据本标准达成协议的各方研究是否可使用这些文件的最新版本。凡是不注日期的引用文件，其最新版本适用于本标准。

GB/T 223.3 钢铁及合金化学分析方法 二安替吡啉甲烷磷钼酸重量法测定磷量

GB/T 223.4 钢铁及合金化学分析方法 硝酸铵氧化容量法测定锰量

GB/T 223.5 钢铁及合金化学分析方法 还原型硅钼酸盐光度法测定酸溶硅含量

GB/T 223.11 钢铁及合金化学分析方法 过硫酸铵氧化容量法测定铬量

GB/T 223.12 钢铁及合金化学分析方法 碳酸钠分离-二苯碳酰二肼光度法测定铬量

GB/T 223.13 钢铁及合金化学分析方法 硫酸亚铁铵滴定法测定钒含量

GB/T 223.14 钢铁及合金化学分析方法 钽试剂萃取光度法测定钒含量

GB/T 223.16 钢铁及合金化学分析方法 变色酸光度法测定钛量

GB/T 223.17 钢铁及合金化学分析方法 二安替吡啉甲烷光度法测定钛量

GB/T 223.18 钢铁及合金化学分析方法 硫代硫酸钠分离-碘量法测定铜量

GB/T 223.19 钢铁及合金化学分析方法 新亚铜灵-三氯甲烷萃取光度法测定铜量

GB/T 223.23 钢铁及合金化学分析方法 丁二酮肟分光光度法测定镍量

GB/T 223.24 钢铁及合金化学分析方法 萃取分离-丁二酮肟分光光度法测定镍量

GB/T 223.37 钢铁及合金化学分析方法 蒸馏分离-靛酚蓝光度法测定氮量

GB/T 223.40 钢铁及合金 铌含量的测定 氯磺酚S分光光度法

GB/T 223.53 钢铁及合金化学分析方法 火焰原子吸收分光光度法测定铜量

GB/T 223.54 钢铁及合金化学分析方法 火焰原子吸收分光光度法测定镍量

GB/T 223.58 钢铁及合金化学分析方法 亚砷酸钠-亚硝酸钠滴定法测定锰量

GB/T 223.59 钢铁及合金化学分析方法 锑磷钼蓝光度法测定磷量

GB/T 223.60 钢铁及合金化学分析方法 高氯酸脱水重量法测定硅含量

GB/T 223.61 钢铁及合金化学分析方法 磷钼酸铵容量法测定磷量

GB/T 223.62 钢铁及合金化学分析方法 乙酸丁酯萃取光度法测定磷量

GB/T 223.63 钢铁及合金化学分析方法 高碘酸钠(钾)光度法测定锰量(GB/T 223.63—1998，neq ISO R 629)

GB/T 223.64 钢铁及合金化学分析方法 火焰原子吸收光谱法测定锰量

GB/T 223.68 钢铁及合金化学分析方法 管式炉内燃烧后碘酸钾滴定法测定硫含量

GB/T 223.69 钢铁及合金化学分析方法 管式炉内燃烧后气体容量法测定碳含量

GB/T 223.71 钢铁及合金化学分析方法 管式炉内燃烧后重量法测定碳含量

GB/T 223.72 钢铁及合金化学分析方法 氧化铝色层分离-硫酸钡重量法测定硫量

GB/T 223.74 钢铁及合金化学分析方法 非化合碳含量的测定

GB/T 223.75 钢铁及合金化学分析方法 甲醇蒸馏-姜黄素光度法测定硼量

GB/T 223.76 钢铁及合金化学分析方法 火焰原子吸收光谱法测定钒量

GB/T 223.78 钢铁及合金化学分析方法 姜黄素直接光度法测定硼含量

GB/T 224 钢的脱碳层深度测定法(GB/T 224—1987,eqv ISO 3887:1976)

GB/T 226 钢的低倍组织及缺陷酸蚀检验法(GB/T 226—1991,neq ISO 4969:1980,Steel-Macroscopic examination by etching with strong mineral acids)

GB/T 228 金属材料 室温拉伸试验方法(GB/T 228—2002,eqv ISO 6892:1998)

GB/T 229 金属材料 夏比摆锤冲击试验方法(GB/T 229—2007,ISO 148-1:2006,MOD)

GB/T 231.1 金属布氏硬度试验 第1部分:试验方法(GB/T 231.1—2002,eqv ISO 6506-1:1999)

GB/T 702—2004 热轧圆钢和方钢尺寸、外形、重量及允许偏差(GB/T 702—2004 ,ISO 1035/1:1980,Hot-rolled steel bar—Part 1:Dimension of round bars,ISO 1035/2:1980 Hot-rolled steel bar—Part 1:Dimension of square bars,ISO 1035/4:1982,Hot-rolled steel bar—Part 4:Tolerances ,MOD)

GB/T 1979 结构钢低倍组织缺陷评级图

GB/T 2101 型钢验收、包装、标志及质量证明书的一般规定

GB/T 2975 钢及钢产品力学性能试验取样位置及试样制备(GB/T 2975—1998,eqv ISO 377:1997)

GB/T 3207—1988 银亮钢

GB/T 4336 碳素钢和中低合金钢火花源原子发射光谱分析方法(常规法)

GB/T 6394 金属平均晶粒度测定法

GB/T 7736 钢的低倍组织及缺陷超声波检验法

GB/T 10561 钢中非金属夹杂物含量的测定 标准评级图显微检验法(GB/T 10561—2005,ISO 4967:1998,IDT)

GB/T 15574 钢产品分类(GB/T 15574—1995,eqv ISO 6929:1987)

GB/T 17505 钢及钢产品交货一般技术要求(GB/T 17505—1998,eqv ISO 404:1992)

GB/T 20066 钢和铁 化学成分测定用试样的取样和制样方法(GB/T 20066—2006,ISO 14284:1996,IDT)

GB/T 20123 钢铁 总碳硫含量的测定 高频感应炉燃烧后红外吸收法(常规方法)(GB/T 20123—2006,ISO 15350:2000,IDT)

3 术语和定义

GB/T 15574 确立的以及下列术语和定义适用于本标准。

非调质机械结构钢 microalloyed medium carbon steels

通过微合金化、控制轧制(锻制)和控制冷却等强韧化方法,取消了调质热处理,达到或接近调质钢力学性能的一类优质或特殊质量结构钢。

4 分类

钢材按使用加工方法不同分为两类:

a) 直接切削加工用非调质机械结构钢 UC;

b) 热压力加工用非调质机械结构钢 UHP。

5 订货内容

按本标准订货的合同应包含以下内容:

a) 本标准号；

b) 牌号；

c) 尺寸；

d) 重量；

e) 加工用途；

f) 交货状态；

g) 精度级别；

h) 其他特殊要求(必要时)。

6 尺寸、外形及其允许偏差

6.1 热轧钢材的尺寸、外形及其允许偏差应符合 GB/T 702—2004 的规定，尺寸精度要求应于合同中注明，未注明时按 2 组精度执行。

6.2 银亮钢材的尺寸、外形及允许偏差应符合 GB/T 3207—1988 的规定，尺寸精度要求应于合同中注明，未注明时按 11 级精度执行。

7 技术要求

7.1 牌号及化学成分

7.1.1 热压力加工用钢的牌号及化学成分(熔炼分析)应符合表 1 的规定。直接切削加工用钢的化学成分通常应符合表 1 规定，但是为了保证力学性能合格，经供需双方协商，可超出表 1 规定的化学成分范围。

表 1 钢的牌号及化学成分

序号	统一数字代号	牌号	化学成分(质量分数)/%									
			C	Si	Mn	S	P	V	Cr	Ni	Cu[b]	其他[c]
1	L22358	F35VS	0.32～0.39	0.20～0.40	0.60～1.00	0.035～0.075	≤0.035	0.06～0.13	≤0.30	≤0.30	≤0.30	
2	L22408	F40VS	0.37～0.44	0.20～0.40	0.60～1.00	0.035～0.075	≤0.035	0.06～0.13	≤0.30	≤0.30	≤0.30	
3	L22468	F45VS[a]	0.42～0.49	0.20～0.40	0.60～1.00	0.035～0.075	≤0.035	0.06～0.13	≤0.30	≤0.30	≤0.30	
4	L22308	F30MnVS	0.26～0.33	≤0.80	1.20～1.60	0.035～0.075	≤0.035	0.08～0.15	≤0.30	≤0.30	≤0.30	
5	L22378	F35MnVS[a]	0.32～0.39	0.30～0.60	1.00～1.50	0.035～0.075	≤0.035	0.06～0.13	≤0.30	≤0.30	≤0.30	
6	L22388	F38MnVS	0.34～0.41	≤0.80	1.20～1.60	0.035～0.075	≤0.035	0.08～0.15	≤0.30	≤0.30	≤0.30	
7	L22428	F40MnVS[a]	0.37～0.44	0.30～0.60	1.00～1.50	0.035～0.075	≤0.035	0.06～0.13	≤0.30	≤0.30	≤0.30	
8	L22478	F45MnVS	0.42～0.49	0.30～0.60	1.00～1.50	0.035～0.075	≤0.035	0.06～0.13	≤0.30	≤0.30	≤0.30	
9	L22498	F49MnVS	0.44～0.52	0.15～0.60	0.70～1.00	0.035～0.075	≤0.035	0.08～0.15	≤0.30	≤0.30	≤0.30	

表 1（续）

序号	统一数字代号	牌　号	化学成分（质量分数）/%									
			C	Si	Mn	S	P	V	Cr	Ni	Cu[b]	其他[c]
10	L27128	F12Mn2VBS	0.09～0.16	0.30～0.60	2.20～2.65	0.035～0.075	≤0.035	0.06～0.12	≤0.30	≤0.30	≤0.30	B 0.001～0.004

a 当硫含量只有上限要求时，牌号尾部不加“S”。

b 热压力加工用钢的铜含量不大于0.20%。

c 为了保证钢材的力学性能，允许钢中添加氮，推荐氮含量为0.008 0%～0.020 0%。

7.1.2 经供需双方协商，可以用铌或钛代替部分或全部钒含量。在部分代替情况下，钒的下限含量应由双方协商。

7.1.3 钢材化学成分允许偏差应符合表2的规定。

表 2 钢材化学成分允许偏差　　质量分数，%

化学成分	C	Si	Mn	S	P	V	Cr	Ni	Cu	B	Nb	Ti	N
允许偏差	±0.01	≤0.37：±0.03；>0.37：±0.04	≤1.00：±0.03；>1.00～≤2.00：±0.04；>2.00：±0.05	规定上下限时：±0.005；仅有上限时：+0.005	+0.005	≤0.10：±0.01；>0.10：±0.02	+0.03	+0.03	+0.03	±0.000 5	±0.005	+0.02 −0.01	±0.002 0

7.2 冶炼方法

钢的冶炼方法通常由供方选择。根据需方要求并在合同中注明，可以采用特殊要求的冶炼方法。

7.3 交货状态

钢材以热轧或银亮状态交货，具体要求应在合同中注明。

7.4 力学性能

7.4.1 直接切削加工用钢材，直径或边长不大于60 mm钢材的力学性能应符合表3的规定。直径不大于16 mm的圆钢或边长不大于12 mm的方钢不做冲击试验；直径或边长大于60 mm的钢材力学性能可由供需双方协商。

7.4.2 热压力加工用钢材，根据需方要求可检验力学性能及硬度，其试验方法和验收指标由供需双方协商，表3仅供参考。但直径不小于60 mm的F12Mn2VBS钢，应先改锻成直径30 mm圆坯，经450℃～650℃回火，其力学性能应符合：抗拉强度 R_m≥685 N/mm²，下屈服强度 R_{eL}≥490 N/mm²，断后伸长率 A≥16%，断面收缩率 Z≥45%。

表 3 直接切削加工用非调质机械结构钢力学性能

序号	牌号	钢材直径或边长/mm	抗拉强度 R_m/(N/mm²)	下屈服强度 R_{eL}/(N/mm²)	断后伸长率 A/%	断面收缩率 Z/%	冲击吸收能量[a] KU_2/J
1	F35VS	≤40	≥590	≥390	≥18	≥40	≥47
2	F40VS	≤40	≥640	≥420	≥16	≥35	≥37
3	F45VS	≤40	≥685	≥440	≥15	≥30	≥35

表 3（续）

序号	牌号	钢材直径或边长/mm	抗拉强度 R_m/(N/mm²)	下屈服强度 R_{eL}/(N/mm²)	断后伸长率 A/%	断面收缩率 Z/%	冲击吸收能量[a] KU_2/J
4	F30MnVS[a]	≤60	≥700	≥450	≥14	≥30	实测
5	F35MnVS	≤40	≥735	≥460	≥17	≥35	≥37
		>40～60	≥710	≥440	≥15	≥33	≥35
6	F38MnVS[a]	≤60	≥800	≥520	≥12	≥25	实测
7	F40MnVS	≤40	≥785	≥490	≥15	≥33	≥32
		>40～60	≥760	≥470	≥13	≥30	≥28
8	F45MnVS	≤40	≥835	≥510	≥13	≥28	≥28
		>40～60	≥810	≥490	≥12	≥28	≥25
9	F49MnVS[a]	≤60	≥780	≥450	≥8	≥20	实测

a F30MnVS、F38MnVS、F49MnVS 钢的冲击吸收能量报实测数据，不作判定依据。

7.5 低倍组织

7.5.1 钢材的横截面酸浸低倍组织试片上不应有目视可见的缩孔、气泡、裂纹、夹杂、翻皮及白点。供直接切削加工用钢材允许有不超过表面缺陷允许深度的皮下夹杂等缺陷。

7.5.2 酸浸低倍组织合格级别应符合表 4 的规定。

7.5.3 供方如能保证低倍组织检验合格，可采用超声波检验法或其他无损检验法代替酸浸低倍检验。

表 4 低倍组织合格级别

中心疏松	一般疏松	锭型偏析
≤3 级	≤3 级	≤3 级

7.6 脱碳层

7.6.1 含碳量大于 0.30% 的热压力加工用钢，应检验钢材的脱碳层，每边总脱碳层深度不大于钢材公称直径或边长的 1.5%。

7.6.2 根据需方要求，并在合同中注明，直接切削加工用钢材可检验脱碳层，每边总脱碳层深度由双方协商。

7.7 非金属夹杂物

钢材应检验非金属夹杂物，其合格级别应符合表 5 的规定。DS 类非金属夹杂物提供实测数据，不作判定依据。

表 5 非金属夹杂物合格级别

A		B		C		D	
细系[a]	粗系	细系	粗系	细系	粗系	细系	粗系
≤4.0 级	≤3.0 级	≤2.5 级	≤2.5 级	≤2.0 级	≤2.0 级	≤2.0 级	≤2.0 级

a 当硫含量只有上限要求时，A 系（细系）≤3.0 级。

7.8 表面质量

7.8.1 热压力加工用钢材的表面不得有深度大于 0.2 mm 的裂纹，不应有结疤、折叠及夹渣。对上述缺陷必须清除，清除深度从钢材实际尺寸算起应不超过表 6 的规定，清除宽度不小于深度的 5 倍，同一截面达到最大清除深度不得多于一处。允许有从实际尺寸算起不超过公差之半的个别细小划痕、压痕、麻点及深度不超过 0.2 mm 的小裂纹存在。

表 6 热压力加工用钢材表面缺陷允许清除深度

钢材公称直径或边长/mm	允许清除的最大深度/mm
≤80	钢材公称尺寸公差的 1/2
>80～140	钢材公称尺寸公差
>140～200	钢材公称尺寸的 5%
>200	钢材公称尺寸的 6%

7.8.2 直接切削加工用钢材表面允许有从钢材公称尺寸算起，不超过表 7 规定的局部缺陷。

表 7 直接切削加工用钢材表面局部缺陷允许深度

钢材公称直径或边长/mm	局部缺陷允许最大深度/mm
<100	钢材公称尺寸负偏差
≥100	钢材公称尺寸公差

7.8.3 银亮钢材表面应洁净、光滑，不得有裂纹、发纹、折叠、刮痕、凹面、结疤、锈蚀和氧化皮等外部缺陷存在，允许有深度不超过公差之半的个别轻微划痕和螺旋纹存在，经热处理后的银亮钢允许有氧化色。

7.9 特殊要求

根据需方要求，经供需双方协商，并在合同中注明，可供应下列特殊要求的钢材：

a) 加严对脱碳层的指标要求；

b) 晶粒度；

c) 其他。

8 试验方法

钢材的检验项目、取样数量、取样部位及试验方法应符合表 8 的规定。

9 检验规则

9.1 检验和验收

9.1.1 钢材出厂的检查和验收由供方质量技术监督部门进行。

9.1.2 供方必须保证交货的钢材符合本标准或合同的规定，需方有权对本标准或合同所规定的任一检验项目进行检查和验收。

9.2 组批规则

钢材应按批检查和验收，每批由同一牌号、同一炉号、同一加工方法、同一尺寸、同一交货状态、同一热处理炉次的钢材组成。

9.3 取样数量及取样部位

每批钢材的取样数量及取样部位应符合表 8 的规定。

表 8 钢材的检验项目、取样数量、取样部位及试验方法

序号	检验项目	取样数量	取样部位	试验方法
1	化学成分	1/炉	GB/T 20066	GB/T 223 GB/T 4336、GB/T 20123
2	拉伸试验	2	不同支钢材，GB/T 2975	GB/T 228
3	冲击试验	2	不同支钢材，GB/T 2975	GB/T 229

表 8（续）

序号	检验项目	取样数量	取样部位	试验方法
4	硬度	2	不同支钢材	GB/T 231.1
5	低倍组织	2	模铸钢：相当于钢锭头部的不同支钢材或钢坯；连铸钢：任意不同支钢材	GB/T 226，GB/T 1979
6	超声波探伤	2		GB/T 7736
7	非金属夹杂物	2	不同支钢材	GB/T 10561
8	脱碳层	2	不同支钢材	GB/T 224 金相法
9	晶粒度	1	任一支钢材	GB/T 6394
10	尺寸	逐支	—	适宜精度的卡尺、千分尺
11	表面	逐支	—	目视

9.4 复验和判定规则

9.4.1 钢材的复验和判定规则按 GB/T 17505 的规定进行。

9.4.2 供方若能保证钢材合格时，对同一炉号的钢材或钢坯的力学性能、低倍组织、非金属夹杂物的检验结果，允许以坯代材，以大代小。

10 包装、标志和质量证明书

钢材的包装、标志和质量证明书应符合 GB/T 2101 的规定。

附 录 A
（资料性附录）
本标准牌号与1995版标准牌号及ISO 11692牌号的对照

A.1 本标准牌号与1995版标准牌号及ISO 11692牌号的对照见表A.1。

表A.1 本标准牌号与1995版标准牌号及ISO 11692牌号的对照表

序号	本标准牌号	1995版标准牌号	ISO 11692牌号
1	F35VS	YF35V	—
2	F40VS	YF40V	—
3	F45VS	YF45V，F45V	—
4	F30MnVS	—	30MnVS6
5	F35MnVS	YF35MnV，F35MnVN	—
6	F38MnVS	—	38MnVS6
7	F40MnVS	YF40MnV，F40MnV	—
8	F45MnVS	YF45MnV	—
9	F49MnVS	—	(49MnVS3)[a]
10	F12Mn2VBS	—	—

[a] 为德国THYSSEN公司牌号。

附 录 B
（资料性附录）
本标准与 ISO 11692:1994 标准的技术性差异及其原因

本标准与 ISO 11692:1994 技术性差异及其原因见表 B.1。

表 B.1 本标准与 ISO 11692:1994 标准的技术性差异及其原因

本标准的章条编号	技术性差异	原 因
标准名称	本标准为"非调质机械结构钢"，ISO 11692 为"热加工的析出强化铁素体-珠光体工程用钢"	以适合我国国情。 除铁素体-珠光体钢外，本标准还包括了贝氏体钢
前言	删除了 ISO 11692 的"前言"	适应我国标准版式
1	删除 ISO 11692 第 1 章	这种叙述不适于我国标准
2	引用了采用国标标准的我国标准，并增加引用了化学分析等标准	以适应我国引用标准的规定
3	增加"非调质机械结构钢"的术语及定义	适应我国实际需求
4	与 ISO 11692 的表 1 相对应	适应我国标准版式
5	与 ISO 11692 的第 4 章相对应，但内容简单扼要	适应我国标准版式
6	与 ISO 11692 的第 5.6 相对应，但编写按我国标准，并增加了对"银亮钢"的规定	适应我国标准版式和实际需要
7	与 ISO 11692 的第 5 章相对应，但编写顺序按我国标准版式作了相应调整	适应我国标准版式
7.1	与 ISO 11692 的第 5.2.1 相对应，牌号 ISO 有 5 个，我国标准有 9 个，其中有 2 个采用 ISO(见表 A.1)	适应我国标准版式和实际需要
7.3	ISO 11692 无单独章节	适应我国标准版式
7.4.1	与 ISO 11692 的第 5.2.2 相对应，但 ISO 最大规格 120 mm，我国增加了"冲击吸收能量"	适应我国实际需求
7.4.2	与 ISO 11692 的第 5.2.1 和附录 B 相对应，ISO 11692 不要求力学性能，我国标准根据需方要求可检验力学性能	适应我国实际需求
7.5～7.6	与 ISO 11692 的第 5.3 和第 5.4 相对应，但内容按我国标准版式编写	适应我国实际需求
7.7	与 ISO 11692 的第 5.3.2 相对应，但 ISO 为协议要求，我国为基本要求	适应我国实际需求
7.8	与 ISO 11692 的第 5.5 相对应，但内容按我国标准版式编写	适应我国实际需求
7.9	与 ISO 11692 的附录 A 相对应	适应我国标准版式
8	与 ISO 11692 的第 6.2 相对应，但内容按我国标准版式编写	适应我国标准版式
9～10	与 ISO 11692 的第 6.1 相对应，但内容按我国标准版式编写	适应我国标准版式
附录 A 和 B	ISO 11692 无此规定	适应我国标准版式

ICS 77.140.20
H 40

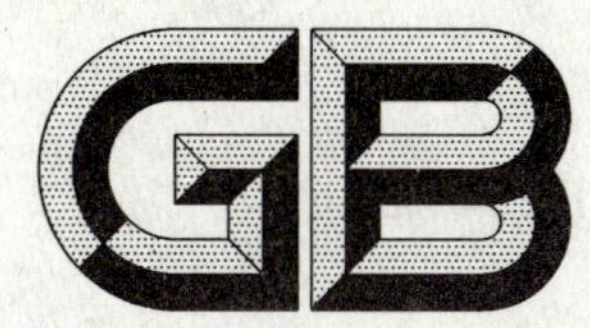

中华人民共和国国家标准

GB/T 18254—2002
代替 GB/T 18254—2000

高碳铬轴承钢

High-carbon chromium bearing steel

2002-03-10 发布 2002-07-01 实施

中华人民共和国
国家质量监督检验检疫总局 发布

前 言

本标准是对 GB/T 18254—2000《高碳铬轴承钢》的修订。

与 GB/T 18254—2000 相比，本标准主要技术内容改变如下：

——增加了对连铸钢的规定；

——按 GB/T 1.1—2000《标准化工作导则　第 1 部分：标准的结构和编写规则》标准重新编写。

本标准附录 A 是规范性附录。

本标准由国家冶金工业局提出。

本标准由全国钢标准化技术委员会归口。

本标准负责起草单位：宝钢集团上海五钢有限公司、洛阳轴承研究所、冶金工业信息标准研究院、钢铁研究总院。

本标准主要起草人：沈建错、雷建中、栾燕、魏果能、王莘田。

本标准参加起草单位：大冶特殊钢集团有限公司、北满特殊钢股份有限公司、西宁特殊钢集团有限责任公司、大连钢铁集团有限责任公司。

本标准参加起草人：李　铮、王红军、刘克林、真　娟、梅亚莉。

本标准于 2000 年 11 月首次发布。

高碳铬轴承钢

1 范围

本标准规定了高碳铬轴承钢的订货内容、尺寸、外形、技术要求、试验方法、检验规则、包装、标志及质量证明书。

本标准适用于制作轴承套圈和滚动体用高碳铬轴承钢热轧或锻制圆钢、盘条、冷拉(轧)圆钢(直条或盘状)和钢管。连铸钢不推荐做钢球用钢。

经供需双方协商,也可供应其他品种、规格的钢材、钢坯,具体要求应在合同中注明。

2 规范性引用文件

下列文件中的条款通过本标准的引用而成为本标准的条款。凡是注日期的引用文件,其随后所有的修改单(不包括勘误的内容)或修订版均不适用于本标准,然而,鼓励根据本标准达成协议的各方研究是否可使用这些文件的最新版本。凡是不注日期的引用文件,其最新版本适用于本标准。

GB/T 222 钢的化学分析用试样取样法及成品化学成分允许偏差

GB/T 223.3 钢铁及合金化学分析方法 二安替比林甲烷磷钼酸重量法测定磷量

GB/T 223.5 钢铁及合金化学分析方法 还原型硅钼酸盐光度法测定酸溶硅含量

GB/T 223.10 钢铁及合金化学分析方法 铜铁试剂分离-铬天青S光度法测定铝量

GB/T 223.11 钢铁及合金化学分析方法 过硫酸铵氧化容量法测定铬量

GB/T 223.18 钢铁及合金化学分析方法 硫代硫酸钠分离-碘量法测定铜量

GB/T 223.19 钢铁及合金化学分析方法 新亚铜灵-三氯甲烷萃取光度法测定铜量

GB/T 223.23 钢铁及合金化学分析方法 丁二酮肟分光光度法测定镍量

GB/T 223.24 钢铁及合金化学分析方法 萃取分离-丁二酮肟分光光度法测定镍量

GB/T 223.26 钢铁及合金化学分析方法 硫氰酸盐直接光度法测定钼量

GB/T 223.27 钢铁及合金化学分析方法 硫氰酸盐-乙酸丁酯萃取分光光度法测定钼量

GB/T 223.29 钢铁及合金化学分析方法 载体沉淀-二甲酚橙光度法测定铅量

GB/T 223.31 钢铁及合金化学分析方法 蒸馏分离-钼蓝分光光度法测定砷量

GB/T 223.47 钢铁及合金化学分析方法 载体沉淀-钼蓝光度法测定锑量

GB/T 223.50 钢铁及合金化学分析方法 苯基荧光酮-溴化十六烷基三甲基胺直接光度法测定锡量

GB/T 223.53 钢铁及合金化学分析方法 火焰原子吸收分光光度法测定铜量

GB/T 223.54 钢铁及合金化学分析方法 火焰原子吸收分光光度法测定镍量(eqv ISO/DIS 4940)

GB/T 223.58 钢铁及合金化学分析方法 亚砷酸钠-亚硝酸钠滴定法测定锰量

GB/T 223.59 钢铁及合金化学分析方法 锑磷钼蓝光度法测定磷量

GB/T 223.60 钢铁及合金化学分析方法 高氯酸脱水重量法测定硅含量

GB/T 223.61 钢铁及合金化学分析方法 磷钼酸铵容量法测定磷量

GB/T 223.62 钢铁及合金化学分析方法 乙酸丁酯萃取光度法测定磷量

GB/T 223.63 钢铁及合金化学分析方法 高碘酸钠(钾)光度法测定锰量(neq ISO R 629)

GB/T 223.64　钢铁及合金化学分析方法　火焰原子吸收光谱法测定锰量
GB/T 223.67　钢铁及合金化学分析方法　还原蒸馏-次甲基蓝光度法测定硫量
GB/T 223.71　钢铁及合金化学分析方法　管式炉内燃烧后重量法测定碳含量
GB/T 223.72　钢铁及合金化学分析方法　氧化铝色层分离-硫酸钡重量法测定硫量
GB/T 223.74　钢铁及合金化学分析方法　非化合碳含量的测定
GB/T 224　钢的脱碳层深度测定法(eqv ISO 3887)
GB/T 231　金属布氏硬度试验　第1部分:试验方法(eqv ISO 6508.1)
GB/T 233　金属材料　顶锻试验方法
GB/T 702　热轧圆钢和方钢尺寸、外形、重量及允许偏差
GB/T 905　冷拉圆钢、方钢、六角钢尺寸、外形、重量及允许偏差
GB/T 908　锻制圆钢和方钢尺寸、外形、重量及允许偏差
GB/T 1814　钢材断口检验法
GB/T 2101　型钢验收、包装、标志及质量证明书的一般规定
GB/T 2102　钢管的验收、包装、标志和质量证明书
GB/T 4336　碳素钢和中低合金钢的光电发射光谱分析方法
GB/T 11261　高碳铬轴承钢化学分析方法　脉冲加热惰性气熔融红外线吸收法测定氧量
GB/T 14981　热轧盘条尺寸、外形、重量及允许偏差

3　订货内容

按照本标准订货的合同应包含下列技术内容：

a) 产品名称(或品名)；
b) 牌号；
c) 标准号；
d) 规格；
e) 重量和/或数量；
f) 浇铸方法(未注明时按模注)；
g) 加工用途；
h) 交货状态；
i) 应由供需双方协商,并在合同中注明的项目或指标(如未注明时则由供方选择)；
j) 需方提出的其他特殊要求,如:特殊规格要求、特殊表面质量要求等内容。

4　尺寸、外形

4.1　尺寸

4.1.1　钢材的尺寸及其允许偏差

4.1.1.1　热轧圆钢的尺寸及其允许偏差应符合GB/T 702—1986第2组的规定。经供需双方协商并在合同中注明,亦可按第1组规定交货。

4.1.1.2　锻制圆钢的尺寸及其允许偏差应符合GB/T 908—1987第1组的规定。

4.1.1.3　盘条的尺寸及其允许偏差应符合GB/T 14981—1994中B级精度的规定。经供需双方协商并在合同中注明,也可按C级精度规定交货。

4.1.1.4　冷拉圆钢(直条或盘状)的尺寸及其允许偏差应符合GB/T 905—1994中h11级的规定。经供需双方协商并在合同中注明,亦可按其他级别规定交货。

4.1.1.5　钢管外径、壁厚及其允许偏差应符合表1的规定。

表 1　钢管外径、壁厚及其允许偏差

单位为　mm

<table>
<tr><th colspan="2">钢管种类
及生产方法</th><th colspan="2">钢管尺寸</th><th>尺寸范围</th><th>允许偏差</th></tr>
<tr><td rowspan="9">热
轧
钢
管</td><td rowspan="4">阿塞尔法轧制
＋剥皮</td><td rowspan="2" colspan="2">外径</td><td>55～148</td><td>±0.15</td></tr>
<tr><td>>148～170</td><td>±0.20</td></tr>
<tr><td rowspan="2" colspan="2">壁厚</td><td>4～8</td><td>＋20%</td></tr>
<tr><td>>8～34</td><td>＋15%</td></tr>
<tr><td rowspan="5">阿塞尔法
热轧管</td><td rowspan="3" colspan="2">外径</td><td>60～75</td><td>±0.35</td></tr>
<tr><td>>75～100</td><td>±0.50</td></tr>
<tr><td>>100～170</td><td>±0.50%</td></tr>
<tr><td rowspan="2">壁厚</td><td>外径<80</td><td><8</td><td>＋12%</td></tr>
<tr><td>外径≥80</td><td>≥8</td><td>＋10%</td></tr>
<tr><td rowspan="5" colspan="2">冷拉(轧)钢管</td><td rowspan="3" colspan="2">外径</td><td rowspan="2">≤65</td><td>＋0.20</td></tr>
<tr><td>－0.10</td></tr>
<tr><td>>65</td><td>±0.20</td></tr>
<tr><td rowspan="2" colspan="2">壁厚</td><td>3～4</td><td>＋12%</td></tr>
<tr><td>>4～12</td><td>＋10%</td></tr>
<tr><td colspan="2">用其他方法生产的钢管</td><td colspan="4">供需双方协议，并在合同中注明</td></tr>
</table>

4.1.2　钢材长度和盘重

4.1.2.1　钢材长度

热轧圆钢的交货长度为 3 000 mm～7 000 mm。

锻制圆钢的交货长度为 2 000 mm～4 000 mm。

冷拉(轧)圆钢的交货长度为 3 000 mm～6 000 mm。

钢管的交货长度为 3 000 mm～5 000 mm。

经双方协商并在合同中注明，钢材交货长度范围允许变动。

钢材应在规定长度范围内以齐尺长度交货，每捆中最长与最短钢材的长度差应不大于 1 000 mm。

按定尺或倍尺交货的钢材，其长度允许偏差应不超过＋50 mm。

4.1.2.2　盘重

盘条的盘重应不小于 500 kg。

4.2　外形

4.2.1　圆钢的不圆度

热轧圆钢的不圆度应符合 GB/T 702 的相应规定。

锻制圆钢的不圆度应符合 GB/T 908 的相应规定。

冷拉(轧)圆钢的不圆度应符合 GB/T 905 的相应规定。

盘条的不圆度应符合 GB/T 14981—1994 中 B 级精度的规定。经供需双方协商并在合同中注明，也可按 C 级精度规定交货。

4.2.2　弯曲度

钢材的弯曲度应符合表 2 的规定。经供需双方协商，并在合同中注明，可提供弯曲度要求更严的钢材。

表 2 钢材弯曲度

钢材种类		弯曲度/(mm·m) 不大于	总弯曲度/mm 不大于
热轧圆钢		4	0.4%×钢材长度
热轧退火圆钢		3	0.3%×钢材长度
热锻圆钢		5	0.5%×钢材长度
冷拉圆钢	直径≤25 mm	2	0.2%×钢材长度
	直径>25 mm	1.5	0.15%×钢材长度
钢管	壁厚≤15 mm	1	4
	壁厚>15 mm	1.5	

4.2.3 **扭转**

钢材不得有显著扭转。

4.2.4 **端头形状**

钢材端头应锯切或剪切整齐,不得有马蹄形、飞边、毛刺及影响使用的切斜和压扁。钢材一般不允许气割。在个别情况下(主要指取样时)允许每批中不多于 6 支钢材的一端用气割。

钢管端头应切成直角。经供需双方协商,可于一端外径倒角处理,具体要求在合同中注明。

5 技术要求

5.1 牌号和化学成分

5.1.1 钢的牌号及化学成分(熔炼分析)应符合表 3 的规定。

5.1.2 根据需方要求,并在合同中注明,供方应分析 Sn、As、Ti、Sb、Pb、Al 等残余元素,具体指标由供需双方协商确定。

5.1.3 轴承钢管用钢的残余铜质量分数(熔炼分析)应不大于 0.20%。

5.1.4 盘条用钢的硫质量分数(熔炼分析)应不大于 0.020%。

5.1.5 成品钢材化学成分允许偏差 钢坯或钢材的化学成分允许偏差应符合表 4 的规定。仅当需方有要求时,生产厂才做成品钢材分析。需方可按炉批对钢坯或钢材进行成品分析。

5.1.6 火花法检验 钢材应逐支用火花法或看谱镜检验。

5.2 冶炼方法

钢应采用真空脱气处理。

5.3 交货状态

5.3.1 钢材按以下几种交货状态提供,具体的交货状态应在合同中注明。

5.3.1.1 热轧和热锻不退火圆钢(简称:热轧、热锻) …… WHR

5.3.1.2 热轧和热锻软化退火圆钢(简称:热轧软退、热锻软退) …… WHSTAR

5.3.1.3 热轧球化退火圆钢(简称:热轧球退) …… WHTGR

5.3.1.4 热轧球化退火剥皮圆钢(简称:热轧球剥) …… WHTGSFR

5.3.1.5 热轧和热锻软化退火剥皮圆钢(简称:热轧(锻)软剥) …… WHSTASFR

5.3.1.6 冷拉(轧)圆钢 …… WCR

5.3.1.7 冷拉(轧)磨光圆钢 …… WCSPR

5.3.1.8 热轧钢管 …… WHT

5.3.1.9 热轧退火剥皮钢管 …… WHTASFT

5.3.1.10 冷拉(轧)钢管 …… WCT

5.3.1.11 经供需双方协商(并在合同上注明),也可以其他状态的冷拉钢材交货,如:"退火+磷化+微

拔”、“退火＋微拔”等 …………………………………………………… TASTPWCD、TAWCD

表 3 牌号和化学成分

%

统一数字代号	牌号	C	Si	Mn	Cr	Mo	P	S	Ni	Cu	Ni+Cu	O 模注钢	O 连铸钢
							不大于						
B00040	GCr4	0.95～1.05	0.15～0.30	0.15～0.30	0.35～0.50	≤0.08	0.025	0.020	0.25	0.20		15×10^{-6}	12×10^{-6}
B00150	GCr15	0.95～1.05	0.15～0.35	0.25～0.45	1.40～1.65	≤0.10	0.025	0.025	0.30	0.25	0.50	15×10^{-6}	12×10^{-6}
B01150	GCr15SiMn	0.95～1.05	0.45～0.75	0.95～1.25	1.40～1.65	≤0.10	0.025	0.025	0.30	0.25	0.50	15×10^{-6}	12×10^{-6}
B03150	GCr15SiMo	0.95～1.05	0.65～0.85	0.20～0.40	1.40～1.70	0.30～0.40	0.027	0.020	0.30	0.25		15×10^{-6}	12×10^{-6}
B02180	GCr18Mo	0.95～1.05	0.20～0.40	0.25～0.40	1.65～1.95	0.15～0.25	0.025	0.020	0.25	0.25		15×10^{-6}	12×10^{-6}

表 4 成品化学成分允许偏差

%

元素	C	Si	Mn	Cr	P	S	Ni	Cu	Mo
允许偏差	±0.03	±0.02	±0.03	±0.05	+0.005	+0.005	+0.03	+0.02	≤0.10 时，+0.01 ＞0.10 时，±0.02

5.3.1.12 盘条(热轧或球化退火)……………………………………………………… WHWY

5.3.2 钢材按以下几种加工用途交货，具体的用途应在合同上注明。

热压力加工用钢(简称：热压加)

冷压力加工用钢(简称：冷压加)

切削加工用钢(简称：切削)

经供需双方协商并在合同中注明，也可以其他加工用途要求交货。

5.4 钢材硬度

5.4.1 球化或软化退火钢材硬度应符合表 5 规定。

表 5 退火钢材硬度

牌号	布氏硬度 HBW
GCr4	179～207
GCr15	179～207
GCr15SiMn	179～217
GCr15SiMo	179～217
GCr18Mo	179～207

5.4.2 供热压力加工用热轧不退火材，需方有硬度要求时，其布氏硬度值应不小于 302 HBW。

5.4.3 当需方要求以“退火＋鳞化＋微拔”或“退火＋微拔”交货的冷拉钢(直条或盘状)，其布氏硬度值应不大于 229 HBW。

5.4.4 经供需双方协商，并在合同上注明，钢材的硬度可另行规定。

5.5 顶锻

5.5.1 供镦锻和冲压用的热轧、锻制不退火钢及冷拉钢须进行顶锻试验。

a) 直径不大于 60 mm 的热轧和锻制钢进行热顶锻试验；

b) 直径不大于 30 mm 的冷拉钢进行冷顶锻试验。

顶锻后试样侧面以目视观察不得有裂纹、扯破、折叠或气泡。

5.5.2 供方若能保证时，可不进行顶锻试验。

5.6 低倍组织和断口

5.6.1 低倍组织

钢应进行低倍组织检查。经酸浸的试样应无缩孔、裂纹、皮下气泡、过烧、白点及有害夹杂物。低倍组织中的中心疏松、一般疏松和偏析按附录 A 第 1、2 和 3 级别图评定，其合格级别应符合表 6 规定。

生产厂应制定出能确保钢材低倍组织检验合格的钢坯检验和判定制度，在未确定之前，低倍检验、判定和验收以钢材为准。

表 6 低倍组织合格级别

级

低倍组织类型	评级图	合格级别 不大于	
		模注钢	连铸钢
中心疏松	第 1 级别图	1.0	1.5
一般疏松	第 2 级别图	1.0	1.0
偏析	第 3 级别图	1.0	1.0

5.6.2 断口

5.6.2.1 退火断口

直径不大于 30 mm 的热轧球化和软化退火钢材及冷拉钢材应进行退火断口检验。退火断口必须晶粒细致、无缩孔、裂纹和过热现象。

供方若能保证退火断口合格，可不进行检验。

5.6.2.2 淬火断口

根据需方要求，钢材应进行淬火断口检验。

淬火断口试样厚度为 10 mm。试样经正火、退火、淬火后试验，淬火试片硬度应不低于 HRC60。

用目视观察淬火断口表面，出现下列任何一种缺陷均应判不合格：

a) 出现多于一处长度为 1.6 mm～3.2 mm 的非金属夹杂物。

b) 出现一处长度大于 3.2 mm 的非金属夹杂物。

c) 出现疏松、缩孔及内裂。

5.7 **非金属夹杂物**

5.7.1 轴承钢应具有高的纯洁度，即非金属夹杂含量应尽量少。具体要求见 5.7.2。

5.7.2 生产厂应对每炉钢进行非金属夹杂物检验，按 6.6.1 规定取样、制样，按附录 A 第 4 级别图进行评级。检验结果，模注钢所有试样三分之二和每个钢锭至少有一个试样以及所有试样的平均值不应超过表 7 规定级别；连铸钢所有试样三分之二和所有试样的平均值不应超过表 7 规定级别。

表 7 非金属夹杂物合格级别

级

非金属夹杂物类型	合格级别 不大于	
	细系	粗系
A	2.5	1.5
B	2.0	1.0
C	0.5	0.5
D	1.0	1.0

5.8 **显微孔隙**

直径不大于 60 mm 的钢材不得有显微孔隙。直径大于 60 mm 的钢材，其显微孔隙不得超过附录 A 第 5 级别图的规定。

5.9 **显微组织**

5.9.1 球化退火钢材的显微组织应为细小、均匀、完全球化的珠光体组织。具体要求见 5.9.2。

5.9.2 供切削加工和冷压力加工用的球化退火钢材的显微组织按附录 A 第 6 级别图评定。

直径不大于 60 mm 的球化退火圆钢、盘条、所有尺寸的钢管的球化退火显微组织合格级别为 2～4 级；直径大于 60 mm 的球化退火钢材的显微组织由供需双方协议。

软化退火钢材和供热压力加工用球化退火钢材不检查显微组织。

5.10 **碳化物不均匀性**

钢材不应有严重的碳化物偏析。具体要求见 5.10.1、5.10.2、5.10.3 的规定。

5.10.1 供切削加工和冷压力加工用球化退火钢材碳化物网状，按附录 A 第 7 级别图评定。

直径不大于 60 mm 的球化退火圆钢、盘条、所有尺寸的钢管的碳化物网状不得大于 2.5 级；直径大于 60 mm～120 mm 的球化退火材的碳化物网状不得大于 3 级；直径大于 120 mm 的球化退火材的碳化物网状由供需双方协议规定。

软化退火钢材和供热压力加工用球化退火钢材不检查碳化物网状。

5.10.2 钢材的碳化物带状按附录 A 第 8 级别图评定，其合格级别应符合表 8 的规定。

表 8 碳化物带状合格级别

级

规 格/mm	合格级别 不大于
钢管、冷拉(轧)材、≤30 热轧球化或软化退火材	2.0
>30～60 热轧球化或软化退火材	2.5
>60 热轧(锻)球化或软化退火材 ≤80 热轧不退火材	3.0
>80～150 热轧(锻)不退火材	3.5

热轧不退火钢材的碳化物带状在退火状态的试样上按 6.8.2、6.10 处理后检查，其级别应符合表 8 规定。供方若能保证在退火状态试样上检查碳化物带状合格，可在不退火试样上检查。

5.10.3 钢材碳化物液析按附录 A 第 9 级别图评定，其合格级别按表 9 规定。

表 9 碳化物液析合格级别 级

规 格/mm	合格级别 不大于
钢管、冷拉材、≤30 热轧球化或软化退火材	0.5
＞30～60 热轧球化或软化退火材	1.0
＞60 热轧(锻)球化或软化退火材 ≤60 热轧不退火材	2.0
＞60 热轧(锻)不退火材	2.5

5.11 脱碳层

5.11.1 热轧(锻)圆钢表面每边总脱碳层深度应符合表 10 规定。直径大于 150 mm 的圆钢的脱碳层检验由供需双方协商确定。

5.11.2 冷拉(轧)圆钢表面每边总脱碳层深度应不超过公称直径的 1%。

5.11.3 轴承钢管脱碳层规定如下。

5.11.3.1 冷拉(轧)钢管内表面和外表面每边总脱碳层深度不得大于 0.30 mm。

5.11.3.2 热轧钢管内表面和外表面每边总脱碳层深度不得大于 0.50 mm。

表 10 热轧(锻)圆钢表面每边总脱碳层深度 单位为 mm

热轧(锻)圆钢直径 D	每边总脱碳层深度 不大于
5.0～9.5	0.15
10～15	0.20
16～30	0.40
31～50	0.60
51～75	0.80
76～100	1.10
101～150	1.20

5.11.3.3 热轧剥皮钢管内表面和外表面每边总脱碳层深度分别不得大于 0.50 mm 和 0.20 mm。

5.11.4 经剥皮、磨光或车光的钢材,表面不得有脱碳。

5.12 表面质量

5.12.1 钢材应加工良好,表面不得有裂纹、折叠、拉裂、结疤和夹杂及其他对使用有害的缺陷。冷拉(轧)钢材表面还应洁净、无锈蚀。如有上述缺陷,供方必须清除,清除深度应符合 5.12.2、5.12.3、5.12.4 的规定。

5.12.2 压力加工用钢表面有害缺陷清除深度,从实际尺寸算起:

a) 直径不大于 80 mm 的圆钢,不得超过该尺寸公差之半;

b) 直径大于 80 mm 的圆钢不得超过该尺寸公差。

5.12.3 切削加工用钢表面有害缺陷清除深度,从公称尺寸算起:

a) 直径不大于 80 mm 的圆钢,不得超过该尺寸公差之半;

b) 直径大于 80 mm 的圆钢,不得超过尺寸公差。

深度不超过公差之半的表面缺陷可不清除。

5.12.4 钢管表面有害缺陷清除深度不得使钢管外径及壁厚小于允许的最小尺寸。

5.12.5 剥皮、磨光或经车光的钢材,表面不得有缺陷。

5.12.6 根据需方要求,经供需双方协商,也可对表面质量另行规定,但应在合同上注明。

6 试验方法

6.1 钢的表面质量检查

钢材表面质量用目视或探伤及其他有效方法检查。

6.2 尺寸、外形检查

钢材尺寸测量，采用能保证必要精确度的卡尺或样板进行。

6.3 化学成分分析

化学分析用试样按 GB/T 222 规定采取，化学分析方法按 GB/T 223 或 GB/T 4336 进行，仲裁时按 GB/T 223 规定的有关方法进行。

氧含量分析方法按 GB/T 11261 进行。氧含量在钢坯或钢材上测定。氧含量取样部位：直径不小于 20 mm，在半径二分之一处；直径小于 20 mm，在钢材中心处。氧含量试样必须充分去除脱碳层后检验。

钛含量分析方法由供需双方协商确定。

6.4 低倍组织和断口检验

6.4.1 生产厂对每炉钢从浇注开始、中间和最后一个锭盘的任意钢锭的头部和尾部各取 1 个，共 6 个试样检验低倍组织；若一炉钢只浇二个锭盘时，则从第一个锭盘中任取一支锭，从第二个锭盘中任取二支锭，共三支锭，从每支锭的头部和尾部各取 1 个；若一炉钢只浇一个锭盘时，则任取三个钢锭，在其头部和尾部各取 1 个试样。试样应从成材前的轧（锻）坯（材）相应部位切取。若在钢材上检验低倍组织，则从任意 6 根钢材的任意端各取 1 个试样进行检验。

6.4.2 淬火断口检验试样按 6.4.1 规定切取。

6.4.3 退火断口试样在不同根成品材的任意一端上切取。

6.4.4 低倍试验系将试样在温度为 65℃～80℃、50%（质量分数）盐酸（工业用）水溶液中浸蚀 25 min～40 min，以正确显示钢的低倍组织为准，用目视或不大于 10 倍放大镜观察。供方若能保证低倍组织合格，亦可采用其他方法检验。

6.5 脱碳层深度测量

钢材表面脱碳层深度测量按 GB/T 224—1987 的金相法进行。

冷拉钢材表面脱碳层深度亦可采用测定淬火试样硬度的方法。试样淬火制度同 6.10 规定。测定淬火硬度时，先清除表面，使之深度达到本标准的规定的允许脱碳层深度时，其表面硬度不得低于 HRC62。

6.6 非金属夹杂物检验

6.6.1 生产厂应对每炉钢从浇注开始、中间和最后一个锭盘的任意钢锭的头部和尾部各取 1 个，共 6 个试样检验非金属夹杂物；若一炉钢只浇二个锭盘时，则从第一个锭盘中任取一支锭，从第二个锭盘中任取二支锭，共三支锭的头部和尾部各取一个；若一炉钢只浇一个锭盘时，则任取三个钢锭，在其头部和尾部各取一个试样。试样应从直径或边长为 100 mm 的轧（锻）坯（材）上于中心到外表面中间部位切取。亦可在直径或边长为 80 mm～120 mm 轧（锻）坯（材）上相应部位切取。经供需双方协议，试样亦可在更大或更小的截面上切取。

连铸钢从任意 6 根钢材的任意端各取 1 个试样进行检验。

6.6.2 试样尺寸为 10 mm×20 mm，抛光面应与轧制方向平行，放大 100 倍观察。

6.7 显微组织检验

6.7.1 采用横向（垂直于轧制，锻制或延伸方向）试样

6.7.2 试样厚度 10 mm～15 mm，试样磨片尺寸为：

直径≤25 mm 时为全部横截面；

直径＞25 mm～40 mm 钢材时为 1/2 横截面；

直径＞40 mm～60 mm 钢材时为 1/4 横截面。

6.7.3　抛光面用2%硝酸酒精溶液浸蚀后，放大500倍观察。

6.8　碳化物不均匀性检验

6.8.1　碳化物网状在淬火后的横向试样上评定。试样抛光后用4%硝酸酒精溶液浸蚀后放大500倍评定。供方也可在纵向试样上评定碳化物网状，但以横向为准。

6.8.2　碳化物带状在淬火后的纵向试样上评定。试样抛光后深腐蚀，评定碳化物聚集程度、大小和形状，采用放大100倍和500倍结合评定。

6.8.3　碳化物液析在淬火后的纵向试样上评定。用4%硝酸酒精溶液浸蚀后放大100倍评定。

6.9　显微孔隙检验

显微孔隙在淬火后的纵向试样磨光面上放大100倍评定。

6.10　试样热处理制度

检验非金属夹杂物、碳化物网状、碳化物带状、碳化物液析、显微孔隙、淬火硬度和淬火断口的试样需按下列规程进行处理：

淬火加热温度：820℃～840℃（含钼钢为840℃～880℃）

淬火加热时间：按试样直径或厚度每1 mm保温1.5 min

冷却剂：油冷

回火温度：150℃左右

回火时间：1 h～2 h

6.11　硬度和顶锻试验方法

硬度、顶锻的试验方法按表11的规定。

6.12　评级原则

所有显微检验和宏观检验均在试样检验面上以最严重视场和区域作为评级依据。

7　检验规则

7.1　检查与验收

7.1.1　钢材的质量由供方质量部门进行出厂检验。需方有权在钢材上按本标准规定进行验收。

7.1.2　用户根据需要，可随时向钢厂派遣检验人员。钢厂应为用户检验人员的工作提供必要方便，以使其确认交货的钢材符合本标准的要求。用户检验人员不应无故影响钢厂的生产操作。

7.2　组批规则

钢材应按批进行检查和验收，每批应由同一炉（罐）号、同一牌号、同一品种、同一尺寸、同一轧制制度和同一热处理制度的钢材组成。

7.3　取样数量和取样部位

每批钢材各检验项目的取样数量和取样部位按表11规定。

7.4　复验和判定规则

所有检验项目进行中，任一检验项目不合格（白点、非金属夹杂物除外），可重新取样对不合格项目进行复验，取样数量与初验相同（氧含量除外）。复验合格则该批钢材判定合格；复验仍不合格，则该批钢材应判为不合格。

但氧含量不合格时，可在钢材（坯）上任意取3个试样进行复验，其检验结果的平均值必须不大于15×10^{-6}，其中，允许有一个试样大于15×10^{-6}，但不得大于20×10^{-6}。

若初验不合格的试样超过检验试样的一半时，说明该批钢质量较差，则不允许复验，以确保交货钢材的质量，但供方可以重新处理和组批，作为新的一批检查和验收。

表 11　检验项目取样数量、取样部位及检验方法明细表

序号	检验项目	取样数量	取样部位	检验方法的章条号或标准号
1	表　　面	逐支	整支钢材	6.1
2	尺　　寸			6.2
3	化学成分	1支	见6.3	6.3
4	氧含量			
5	低　倍	6支	见6.4.1	6.4.4
6	淬火断口		见6.4.2	GB/T 1814
7	退火断口	≤30 mm 冷拉材,6支 ≤30 mm 热轧退火材,2支	见6.4.3	
8	非金属夹杂物	6支	见6.6.1	6.6
9	脱　碳　层	≤60 mm 5支 >60 mm 3支	任意不同支钢材的任意部位	6.5
10	显微组织			6.7
11	碳化物网状			6.8.1
12	碳化物带状			6.8.2
13	碳化物液析			6.8.3
14	显微孔隙			6.9
15	退火硬度			GB/T 231
16	顶锻	3支	任意支钢材任意部位	GB/T 233
17	火花法或看谱镜	100%	任意不同支钢材的任意部位	-

8　标志、包装和质量证明书

8.1　每捆或每根钢材应于端面或距端部100 mm～150 mm处用油漆涂上表12规定色条或挂带标牌或标签。

8.2　标志、包装和质量证明书按GB/T 2101、GB/T 2102规定。

表 12　各牌号的涂色规定

牌号	颜色
GCr4	绿色一条＋白色一条
GCr15	蓝色一条
GCr15SiMn	绿色一条＋蓝色一条
GCr15SiMo	白色一条＋黄色一条
GCr18Mo	绿色二条

附　录　A
（规范性附录）
高碳铬轴承钢标准图谱

A.1　第1级别图　中心疏松

1级

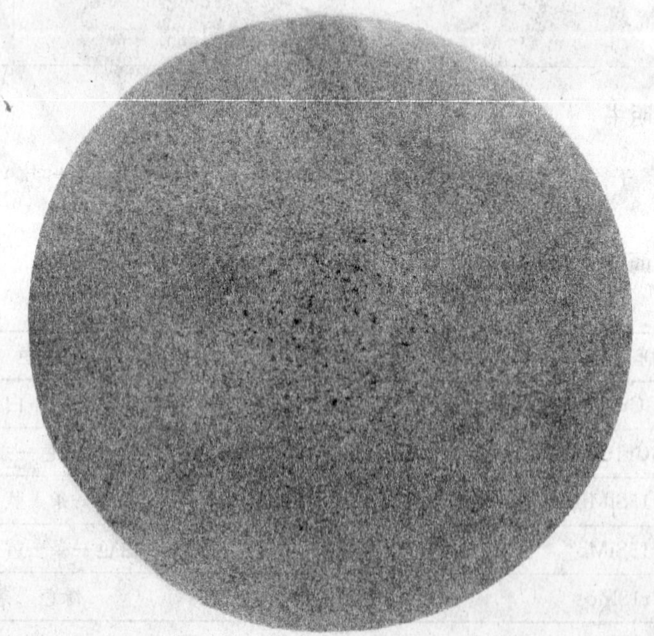

2级

3 级

A.2 第 2 级别图 一般疏松

1 级

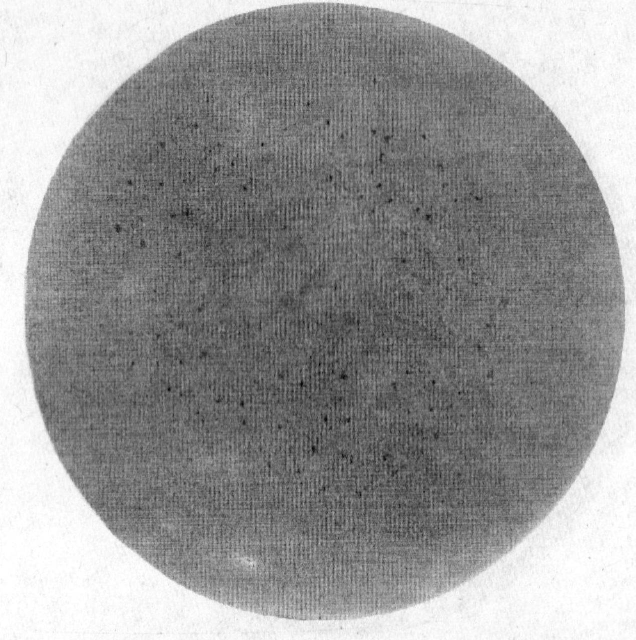

2 级

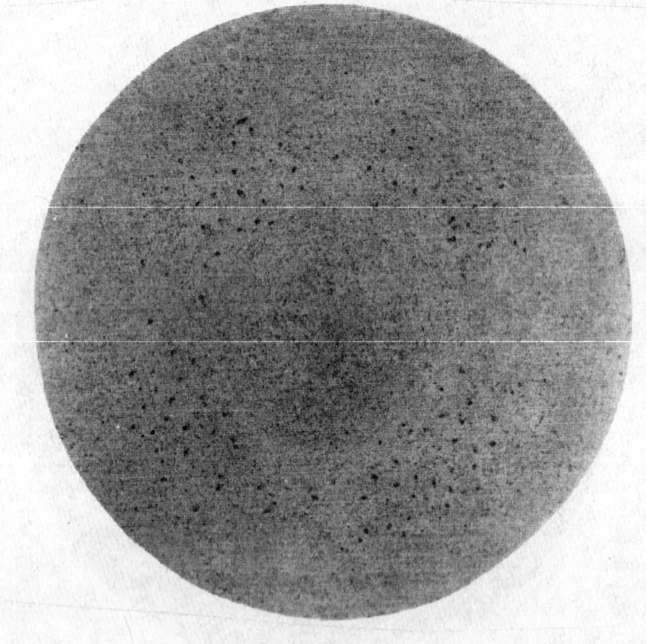

3 级

A.3 第3级别图　偏析

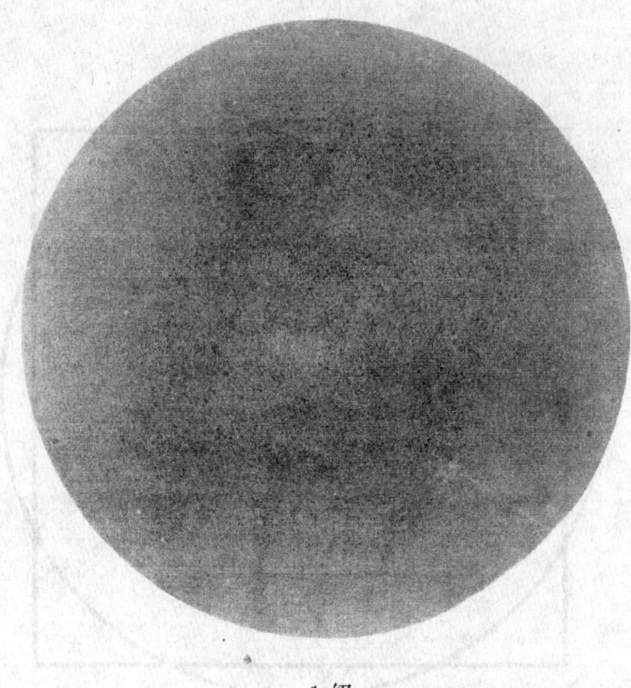

1级

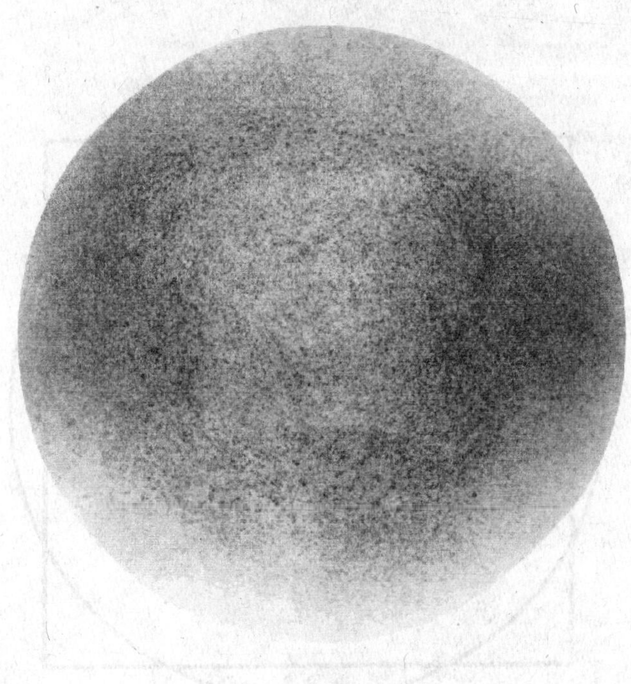

2级

A.4 第4级别图　非金属夹杂物

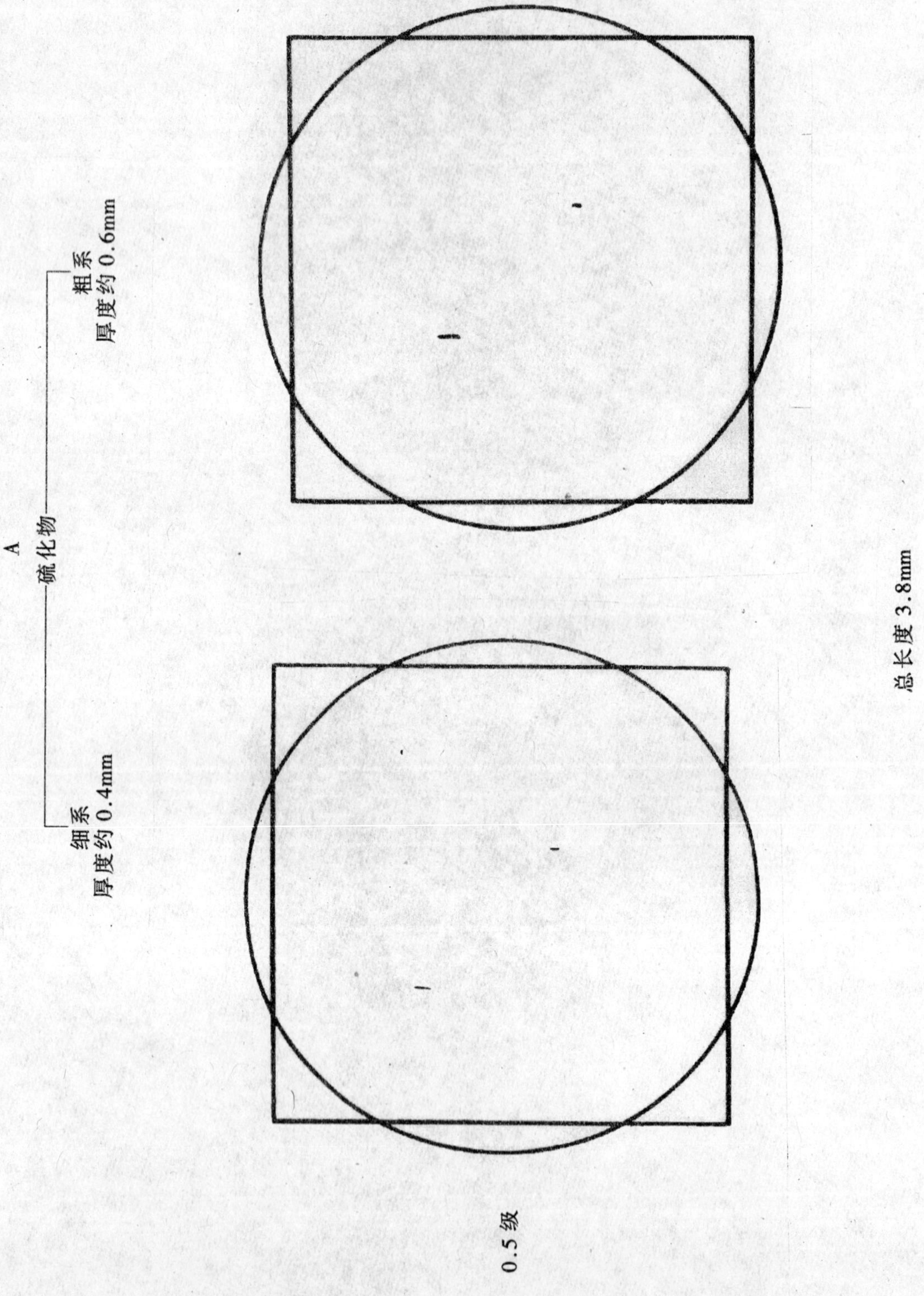

A

硫化物

细系
厚度约0.4mm

粗系
厚度约0.6mm

0.5级

总长度3.8mm

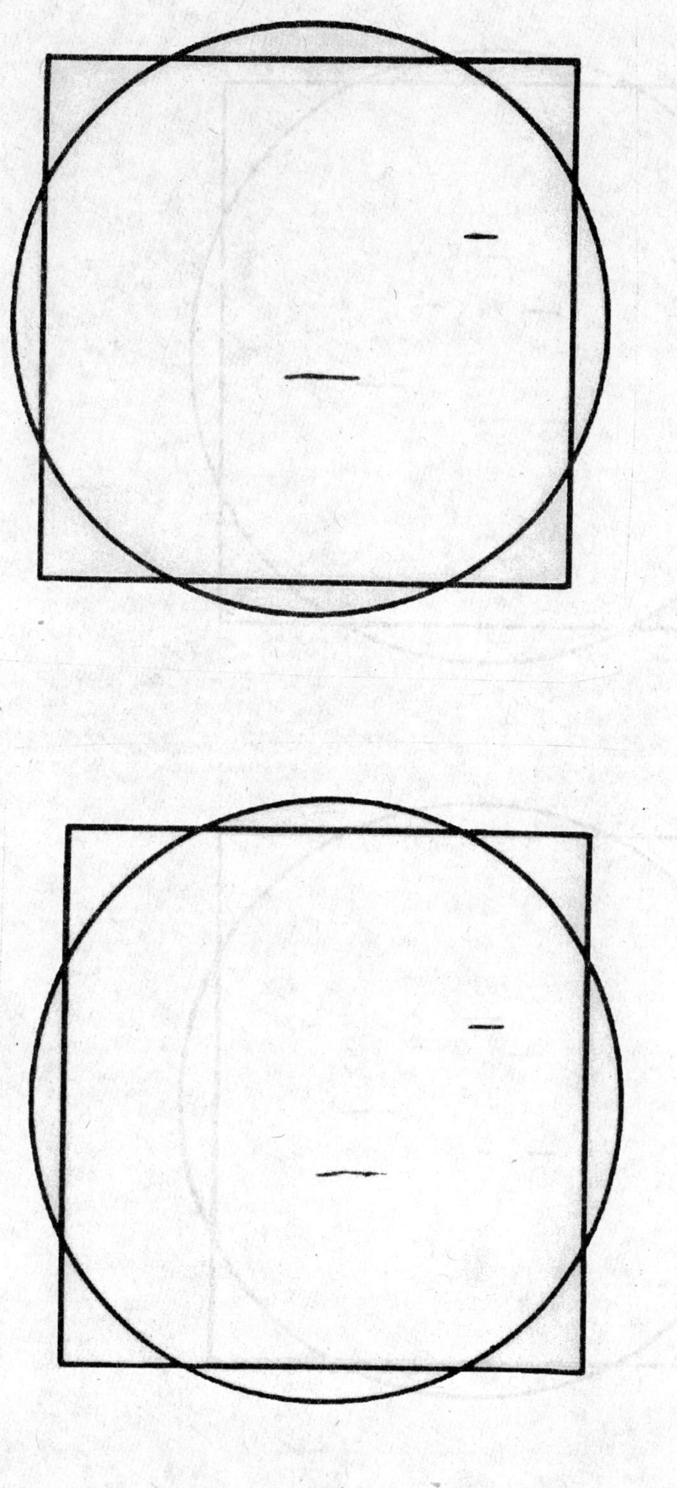

总长度 12.7mm

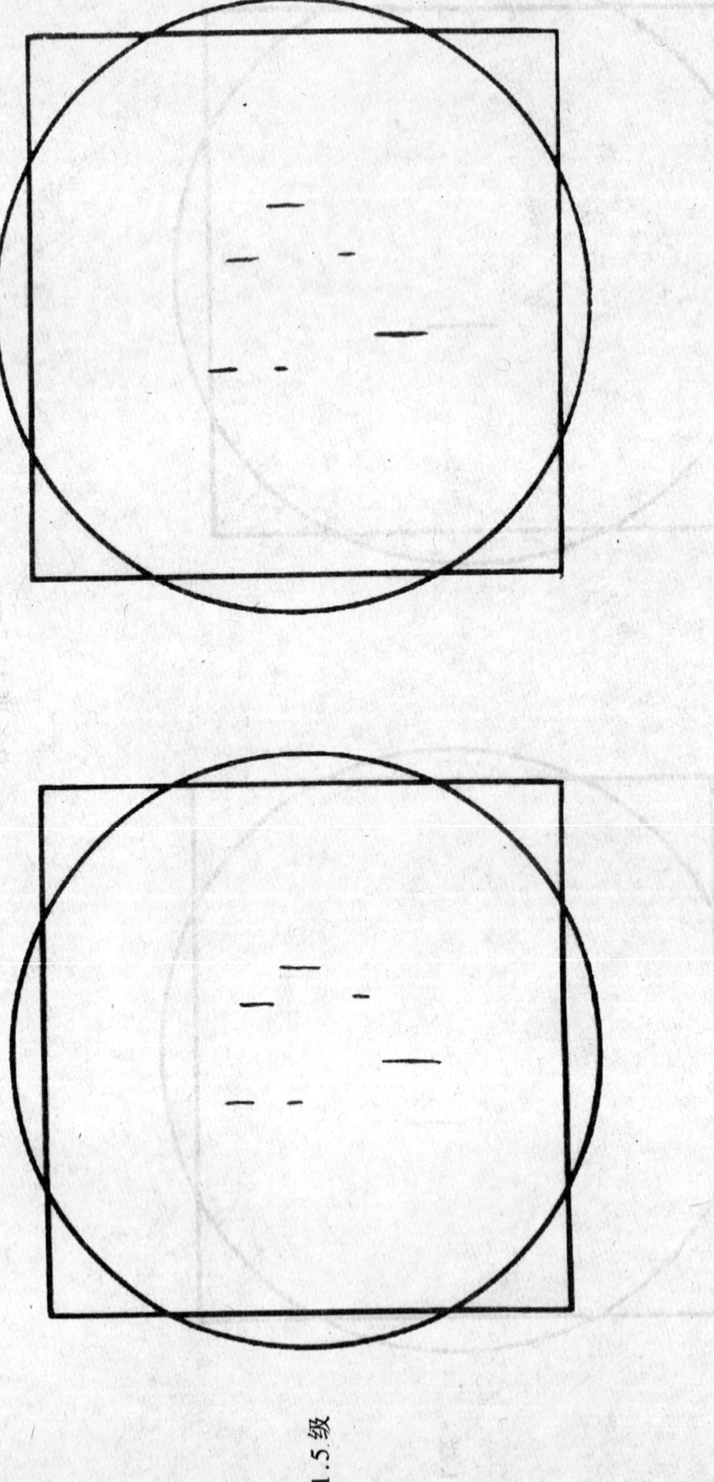

1.5级

2 级

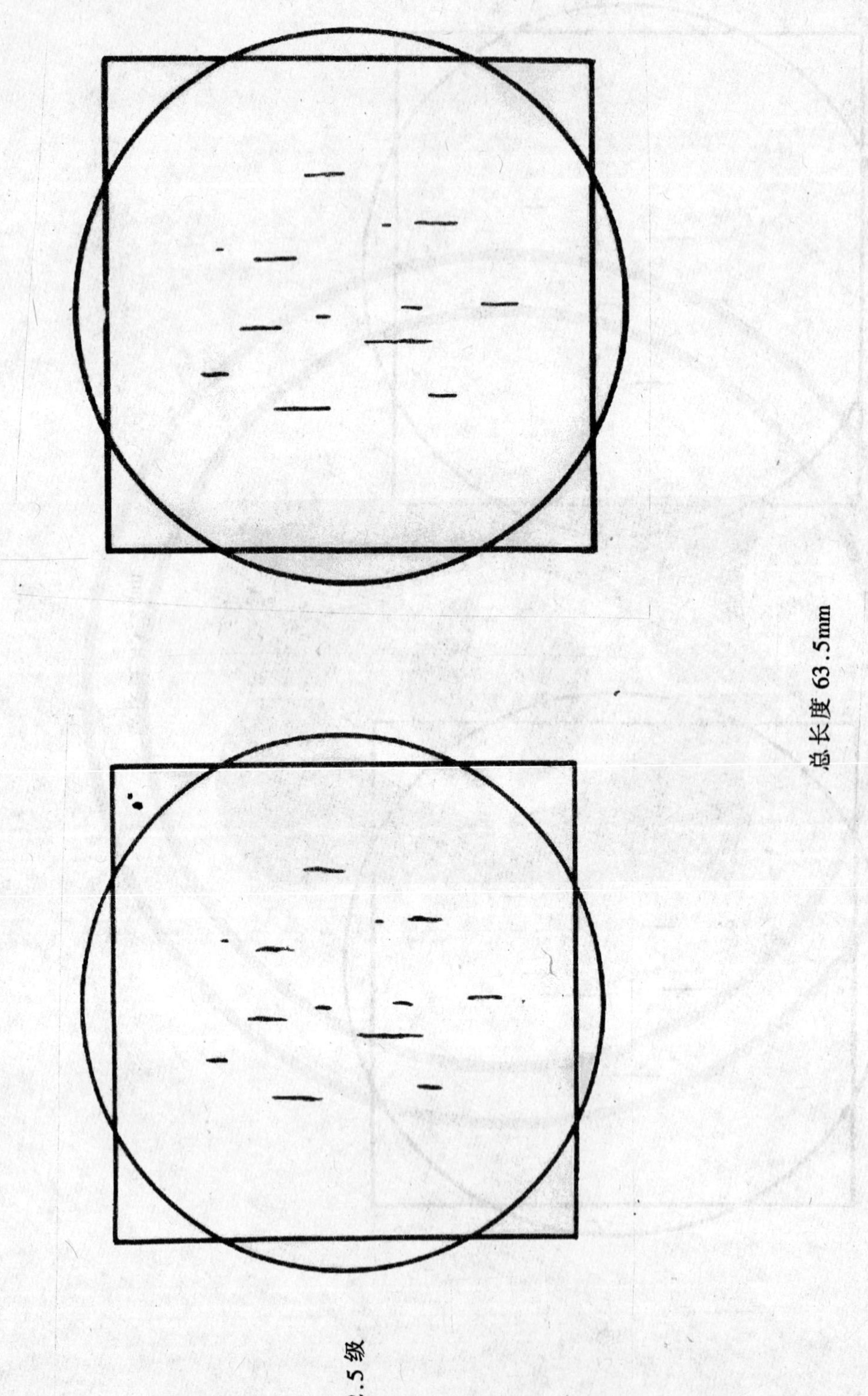
总长度 63.5mm
2.5级

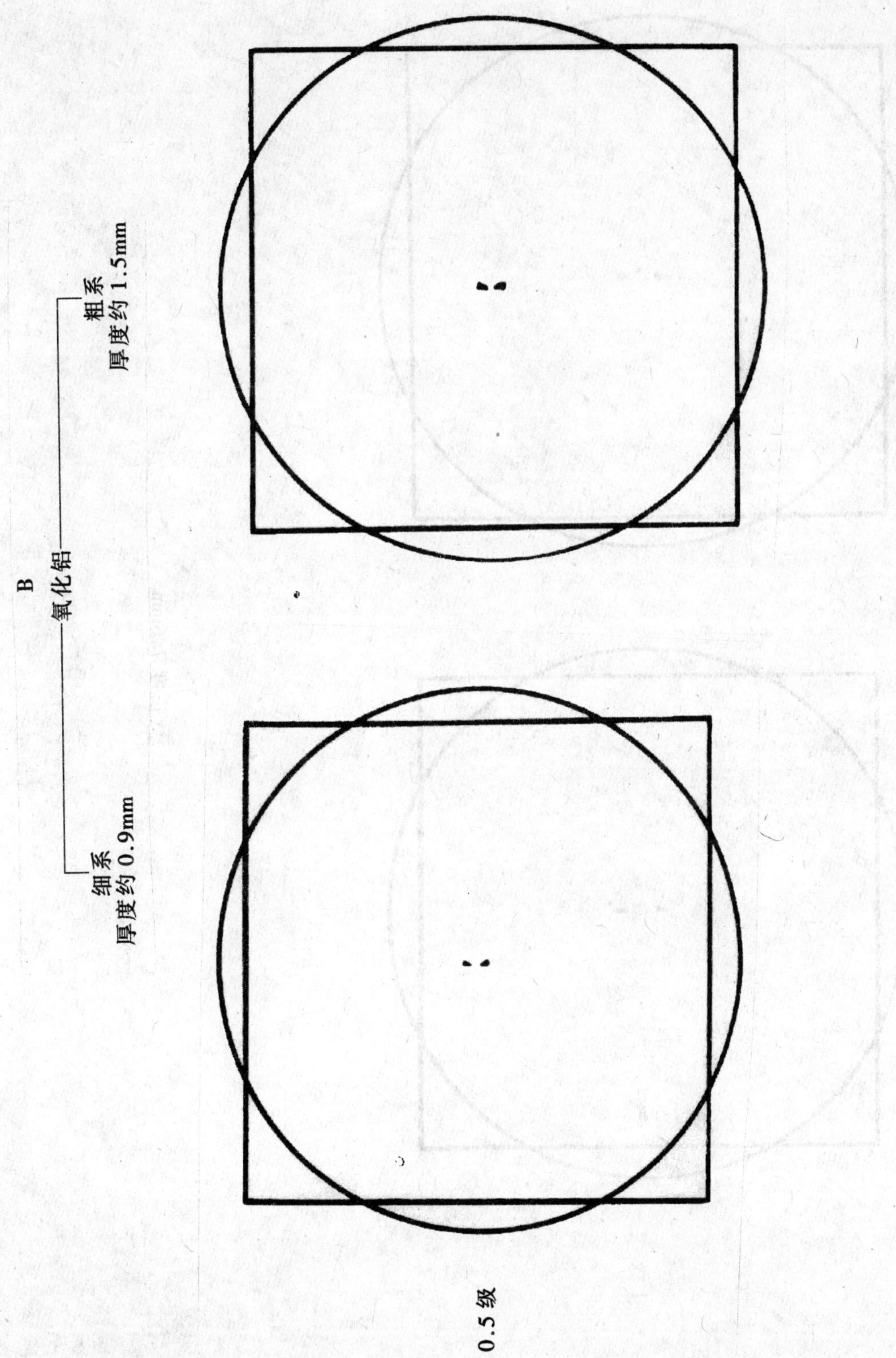
B
氧化铝
细系
厚度约 0.9mm
粗系
厚度约 1.5mm
总长度 3.8mm
0.5级

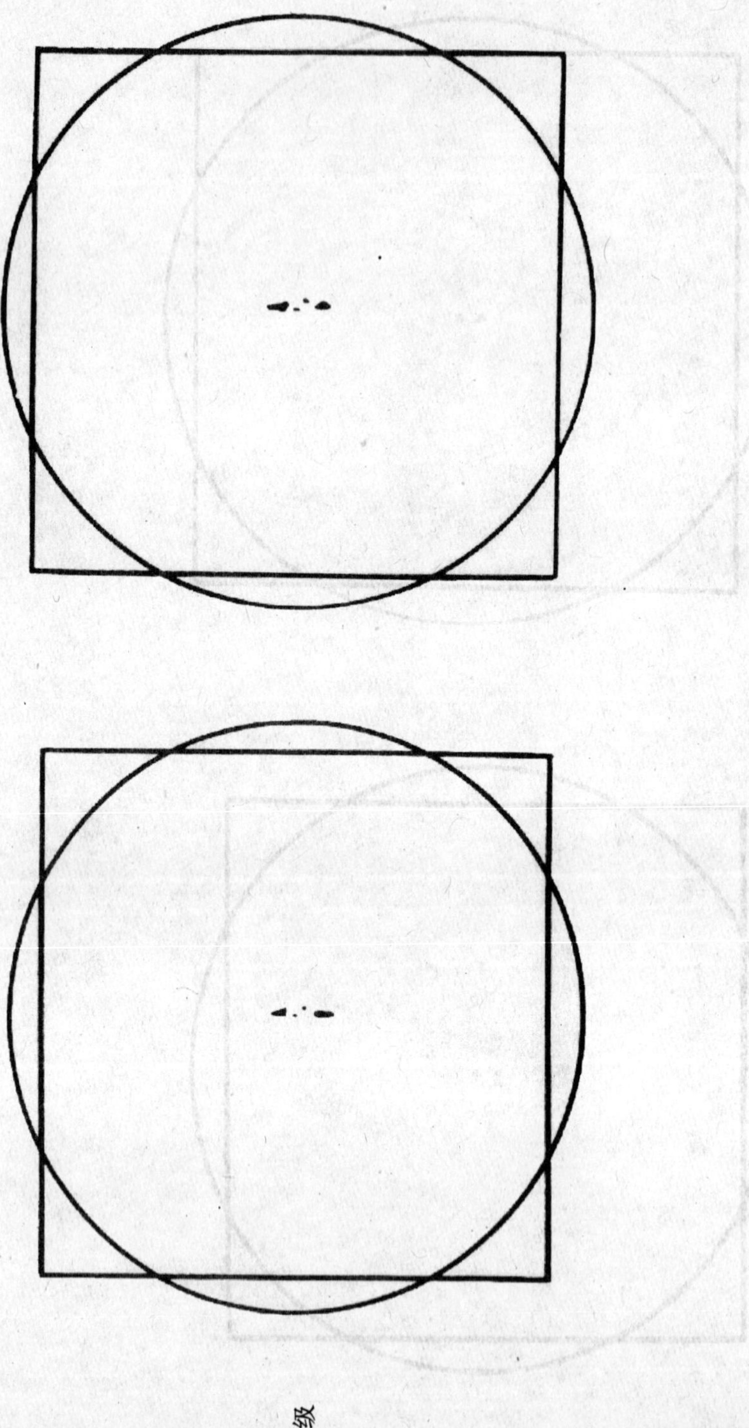
总长度 7.6mm
1级

总长度17.8mm
1.5级

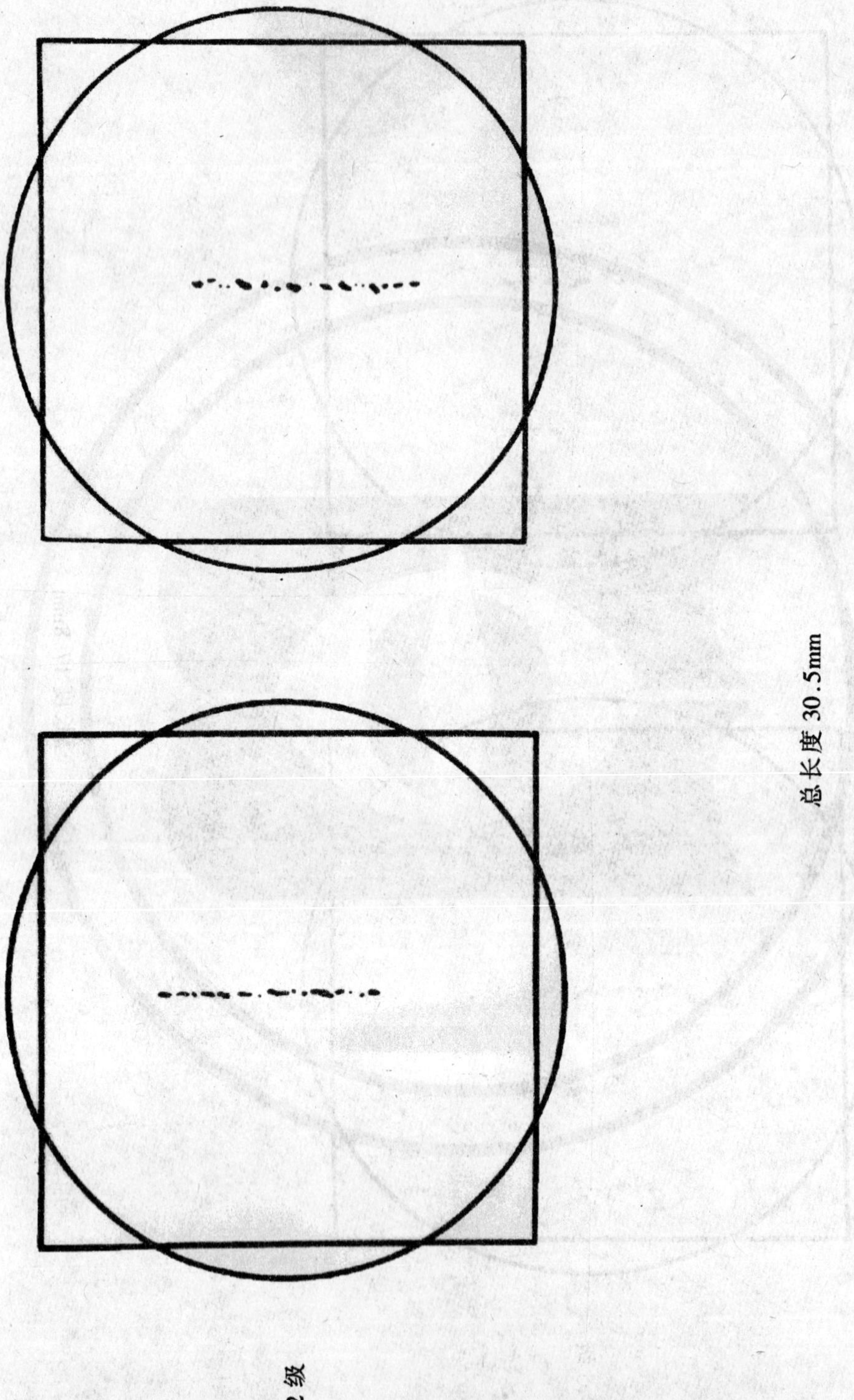

总长度 30.5mm

2级

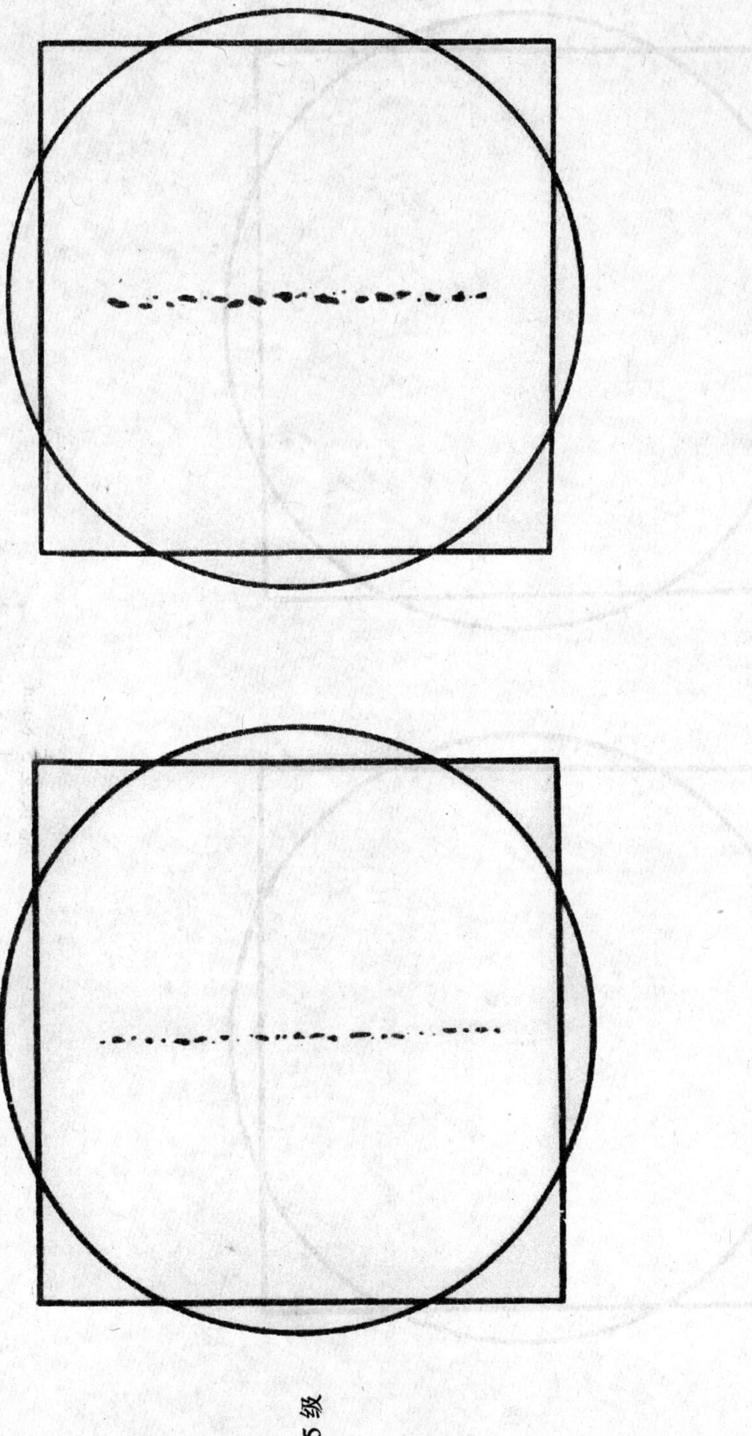

总长度 50.8mm

2.5级

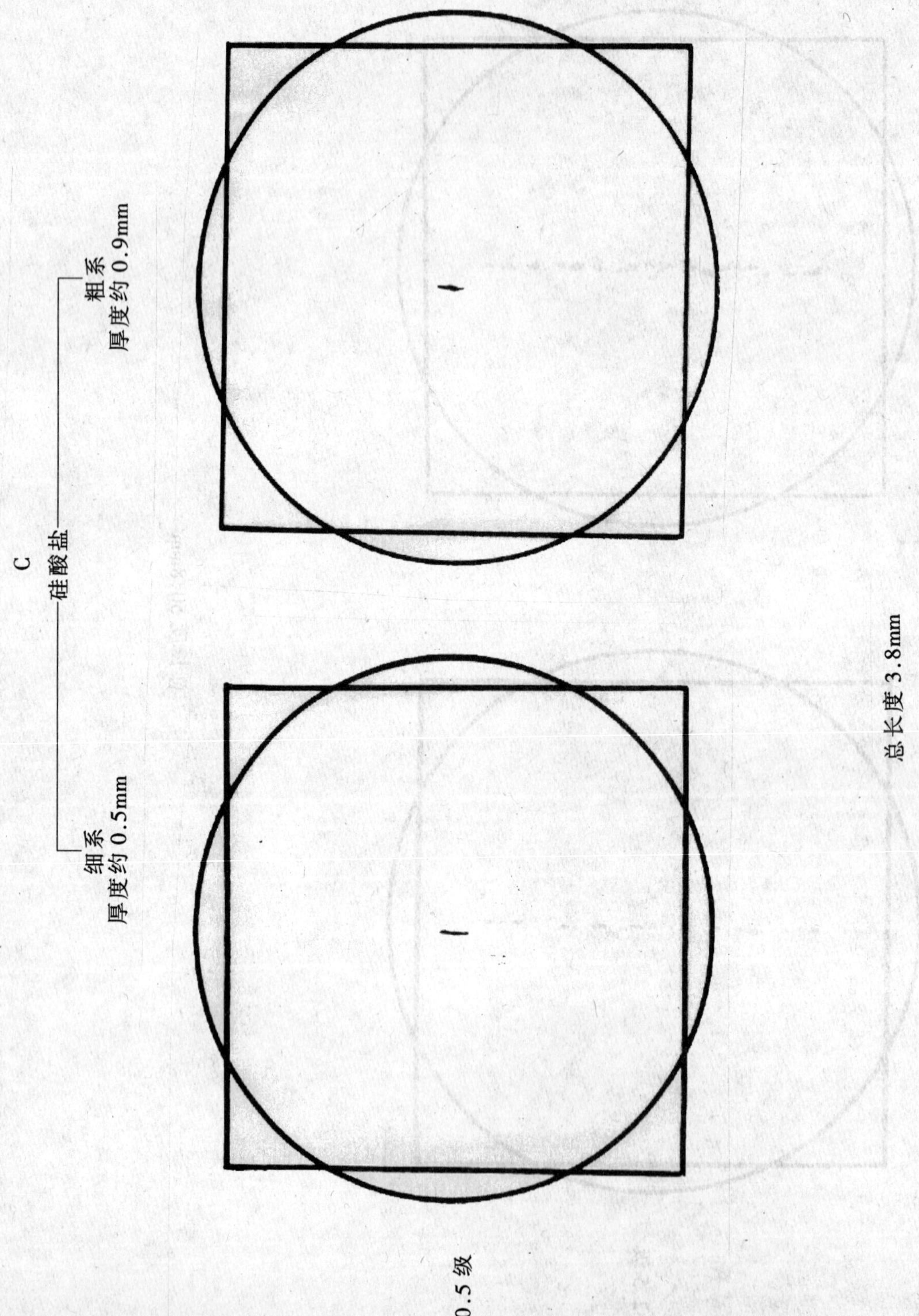
C
硅酸盐
细系
厚度约 0.5mm
粗系
厚度约 0.9mm
总长度 3.8mm
0.5 级

1级

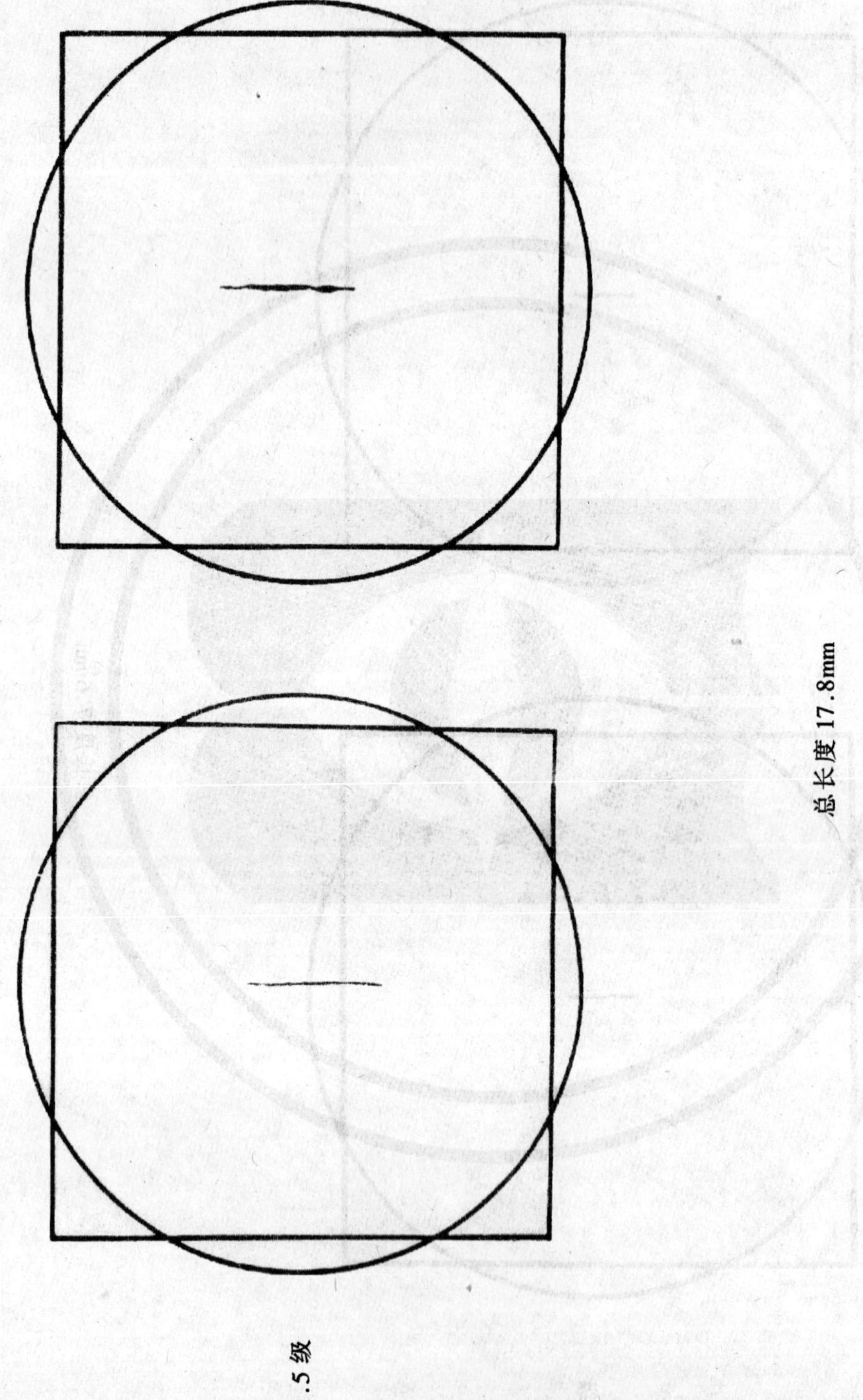
总长度 17.8mm
1.5级

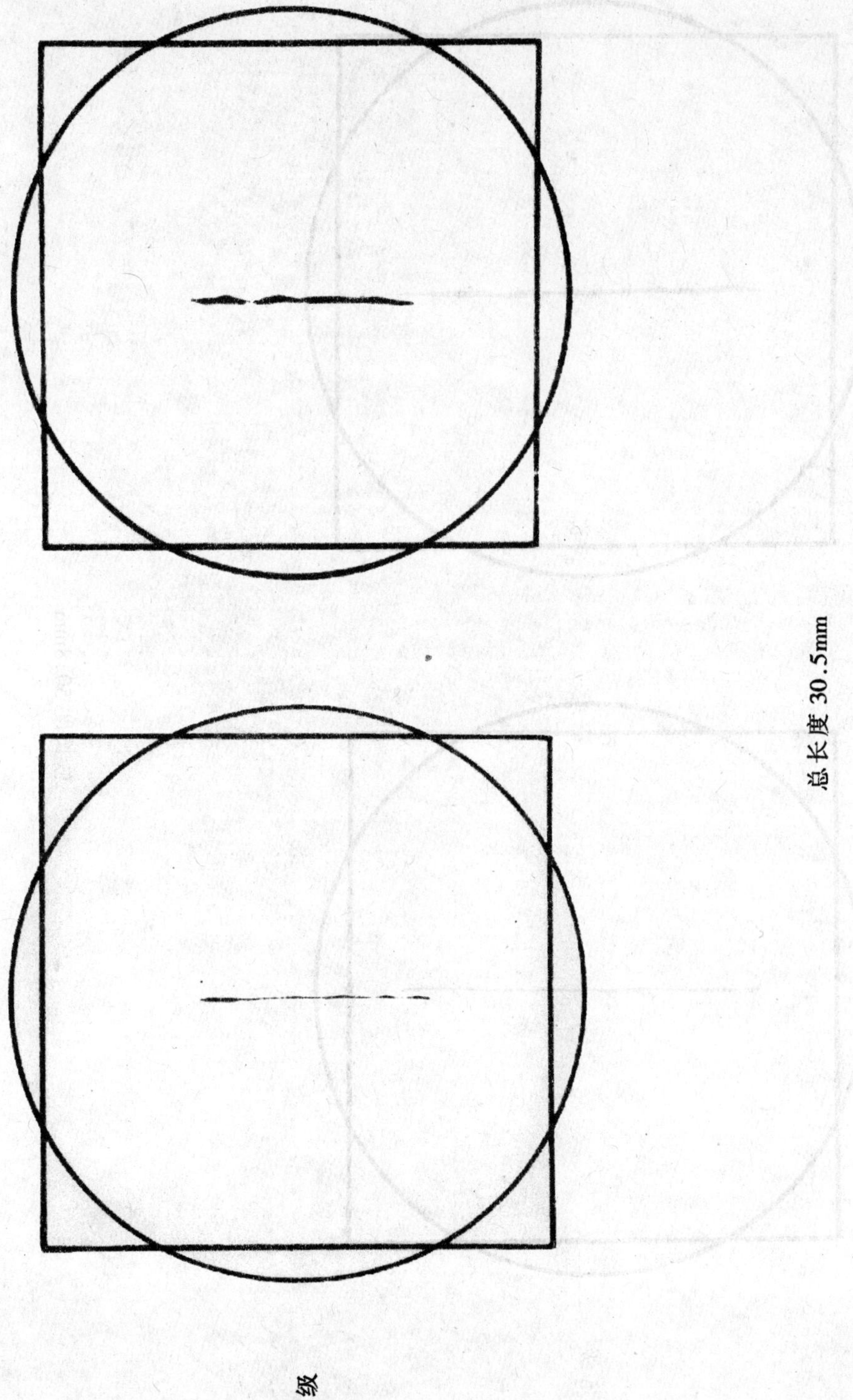
总长度 30.5mm
2级

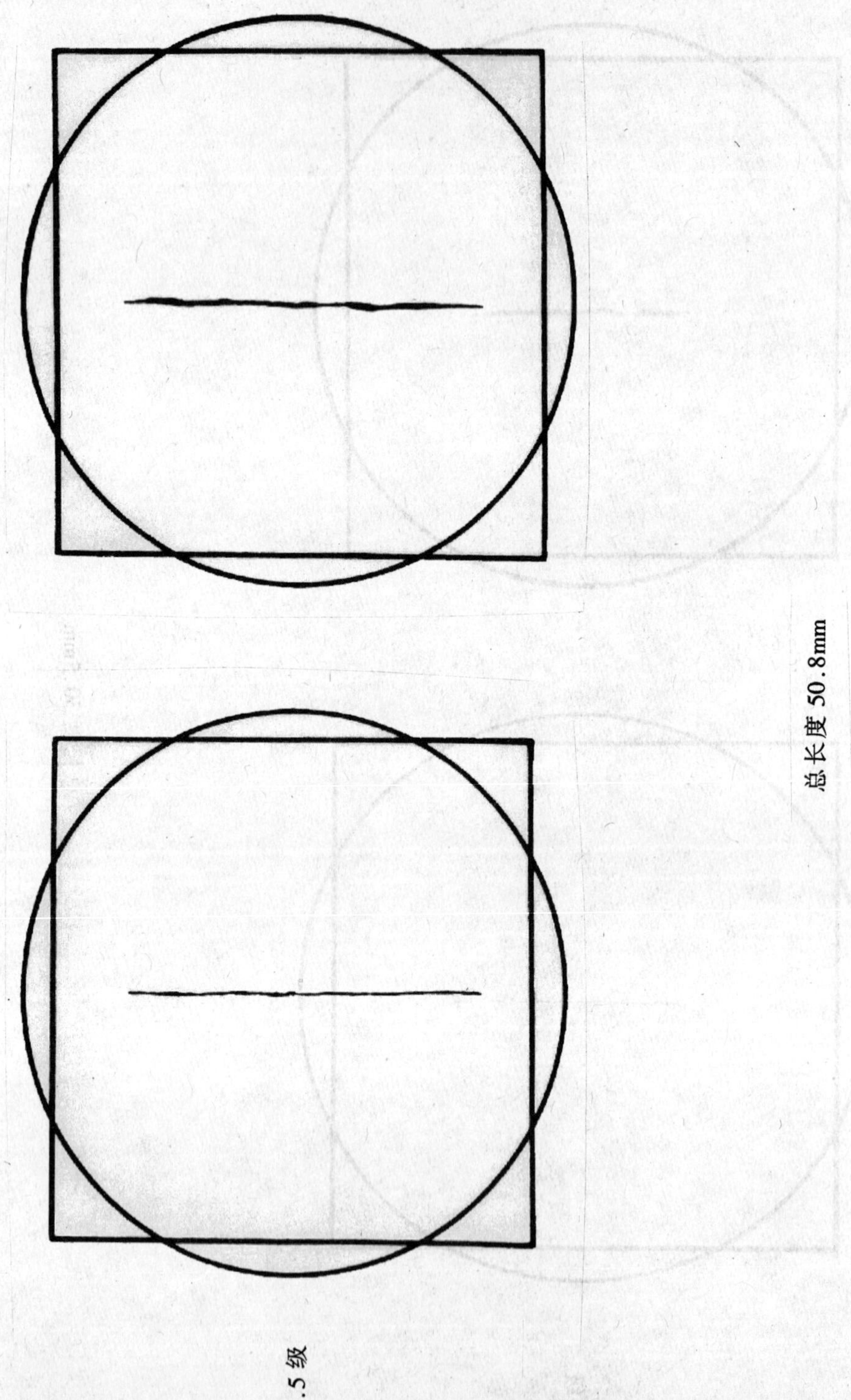

2.5级

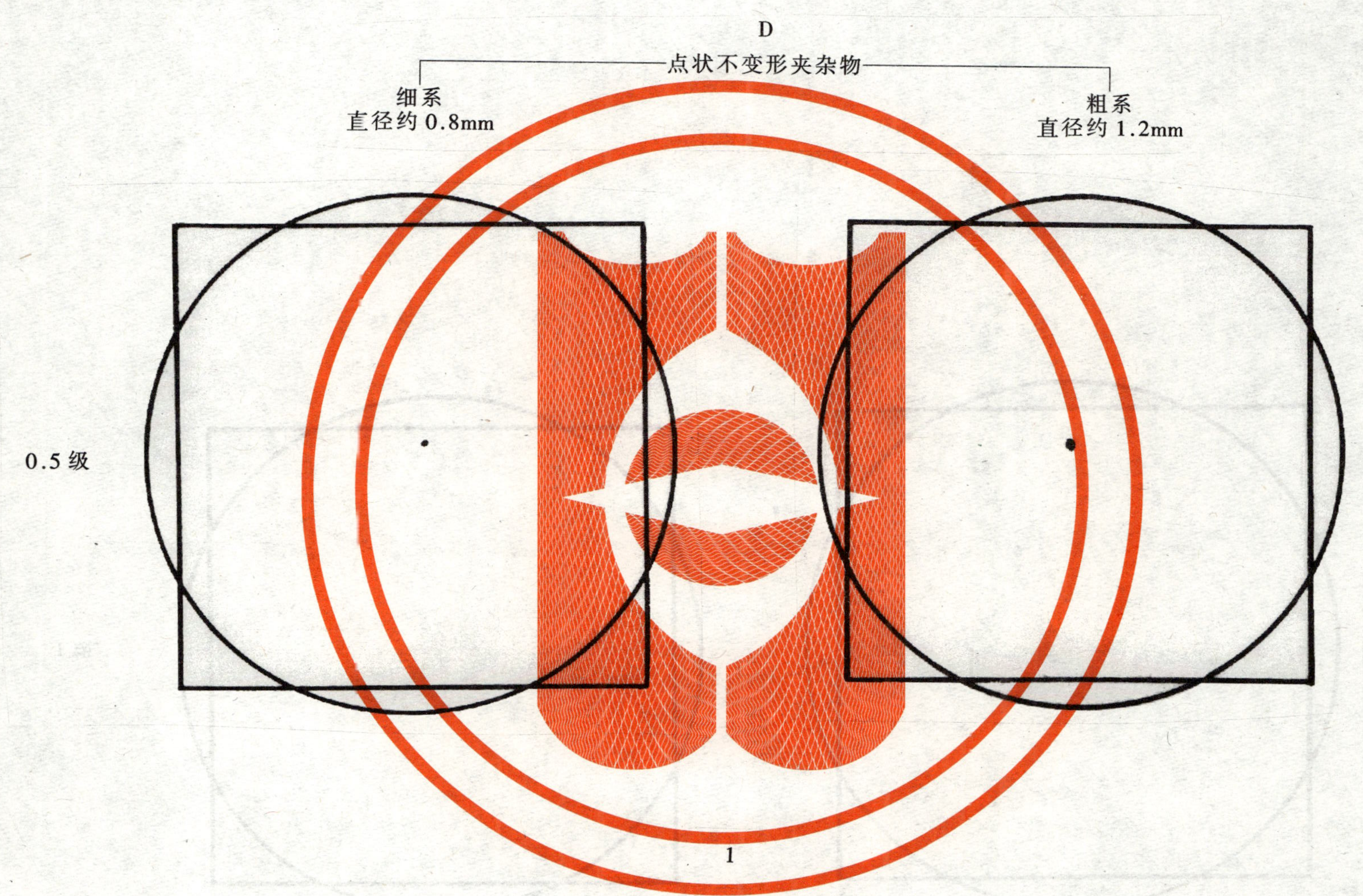
D
点状不变形夹杂物
细系
直径约 0.8mm
粗系
直径约 1.2mm
0.5 级
1

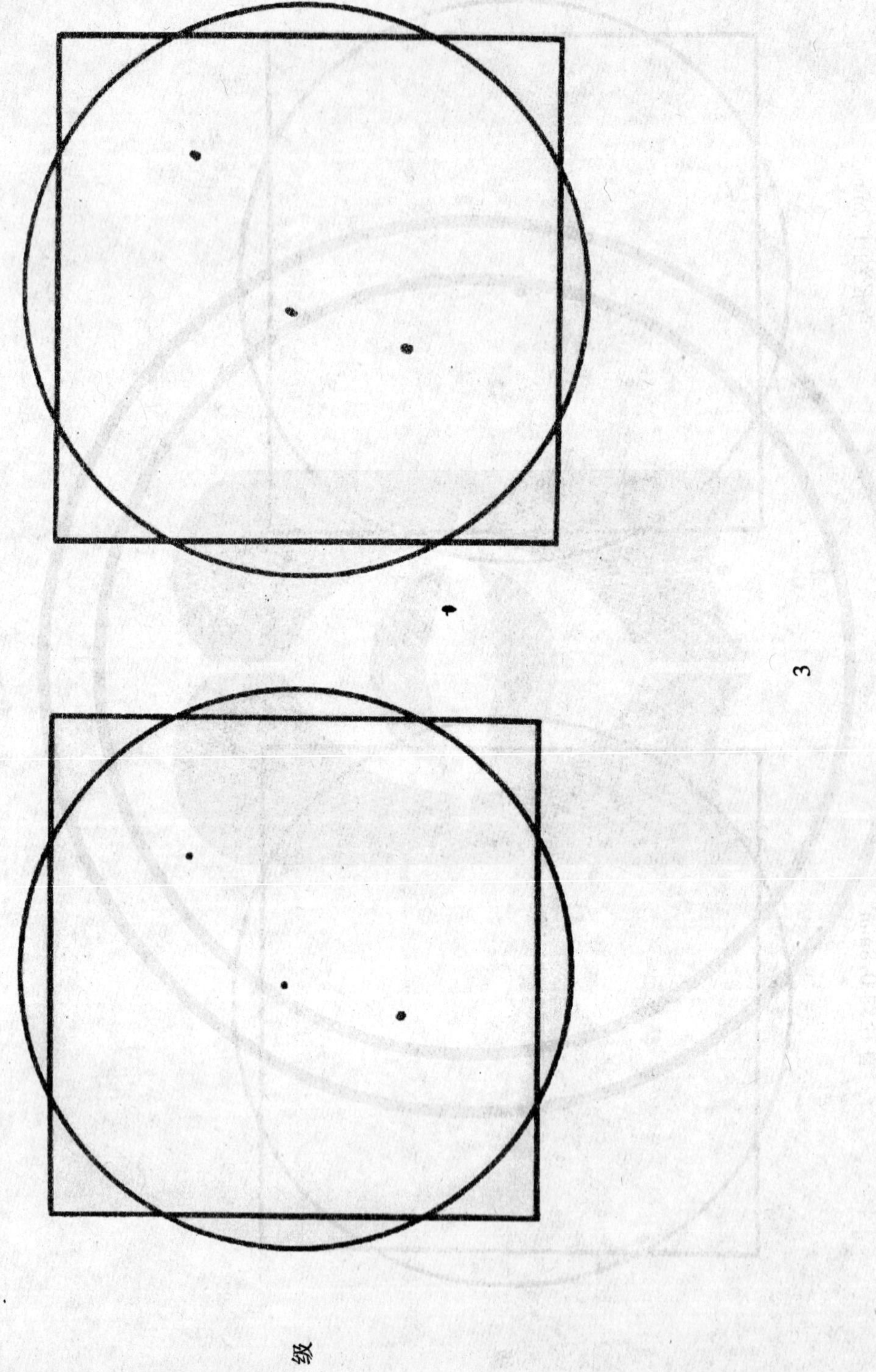

1级

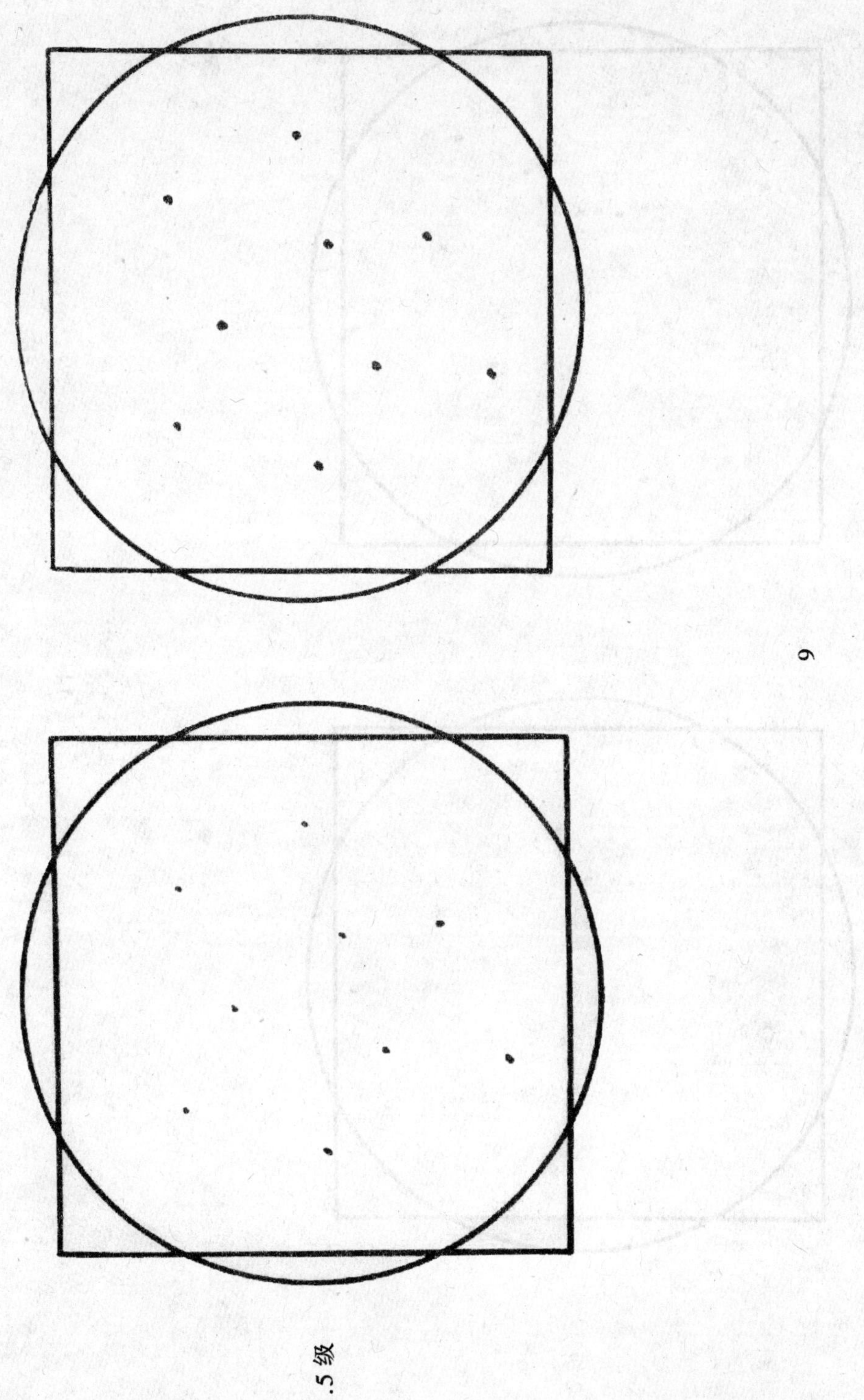
6
1.5级

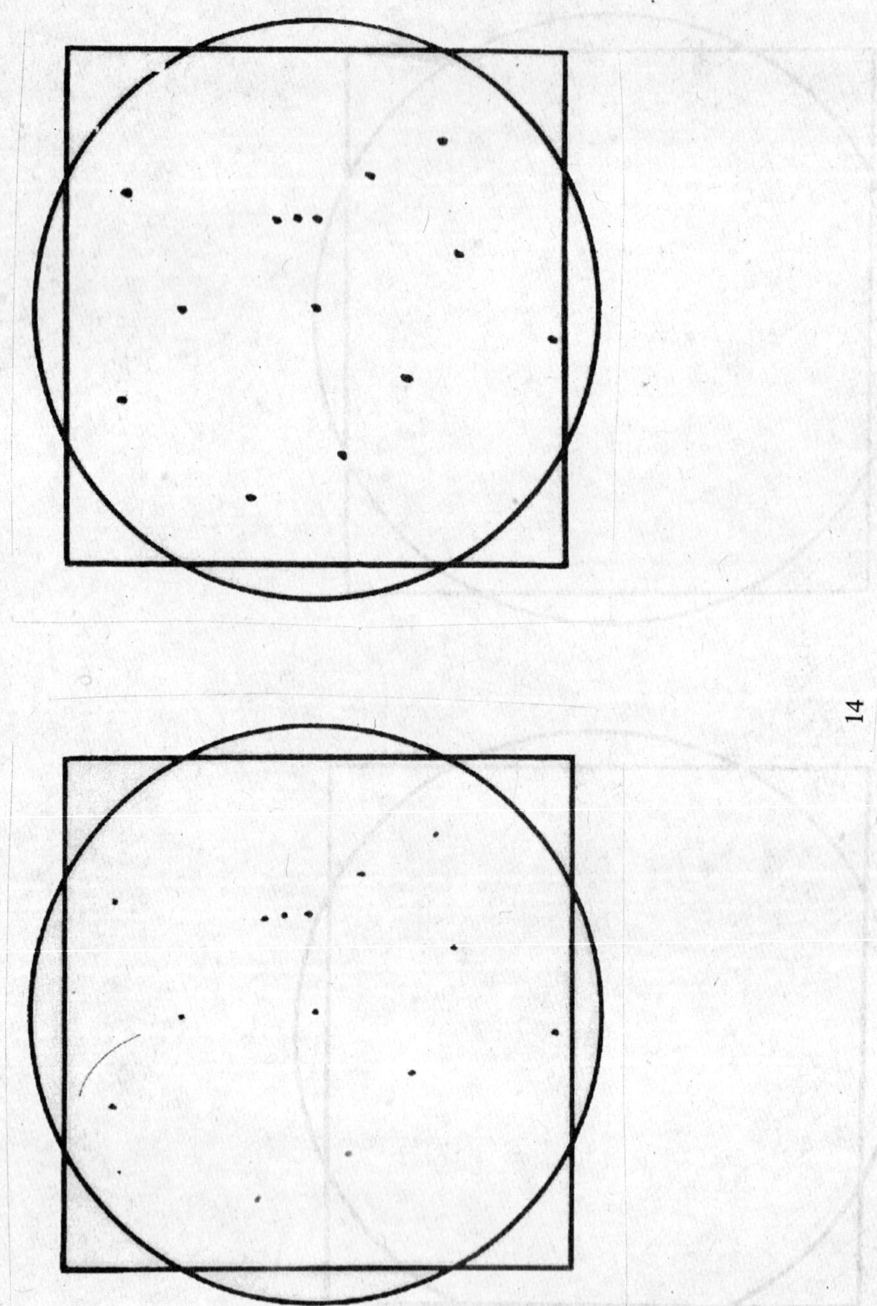

2级

20
2.5级

A.5 第5级别图 显微孔隙

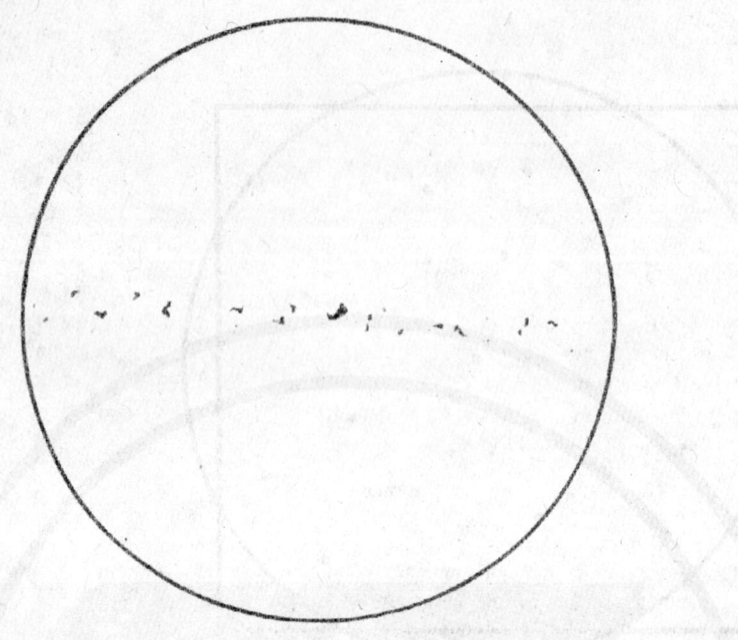

A.6 第6级别图 显微组织

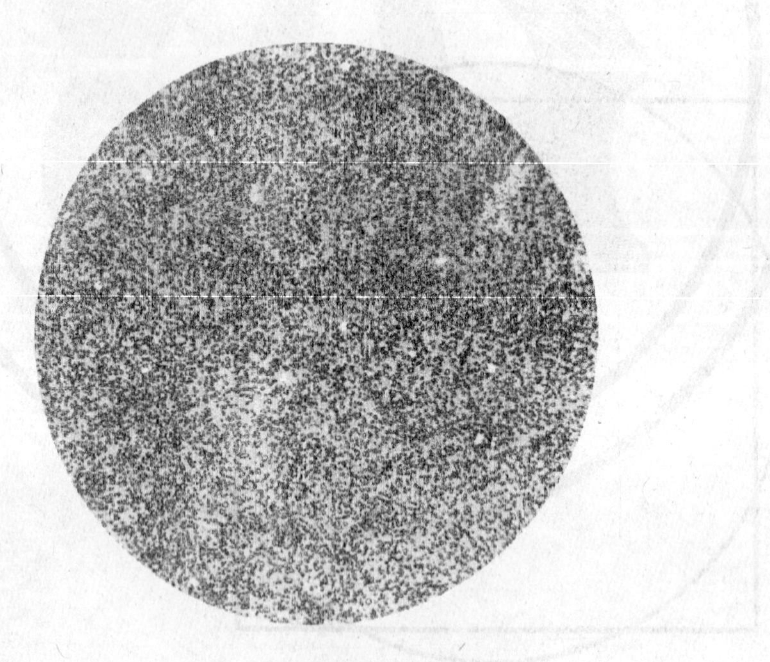

1级

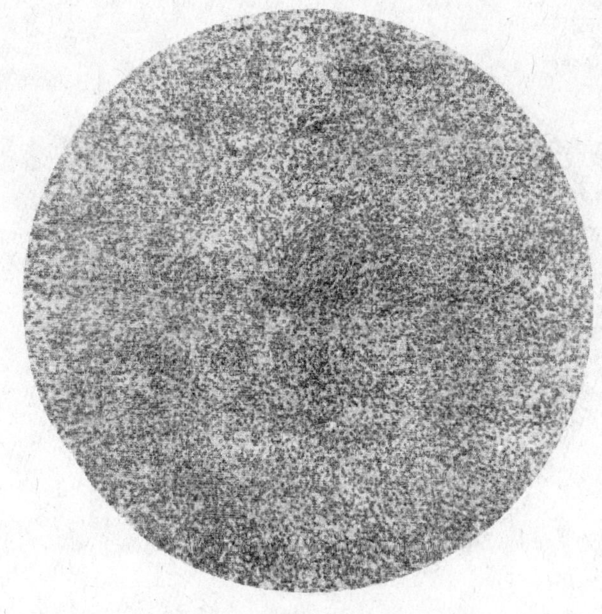

2级

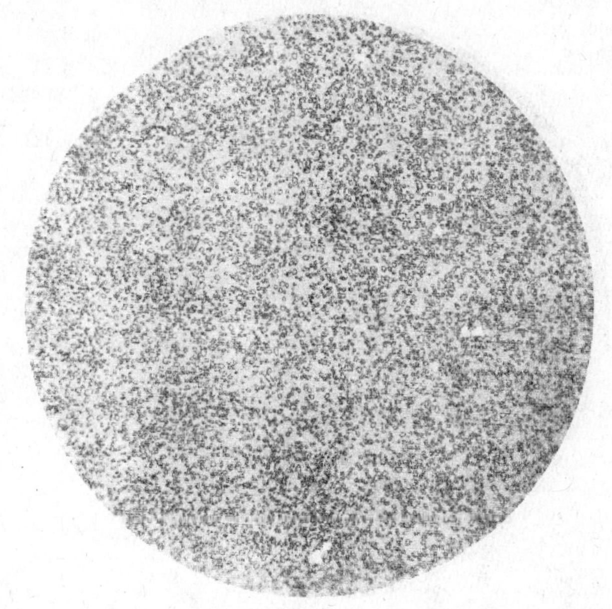

3级

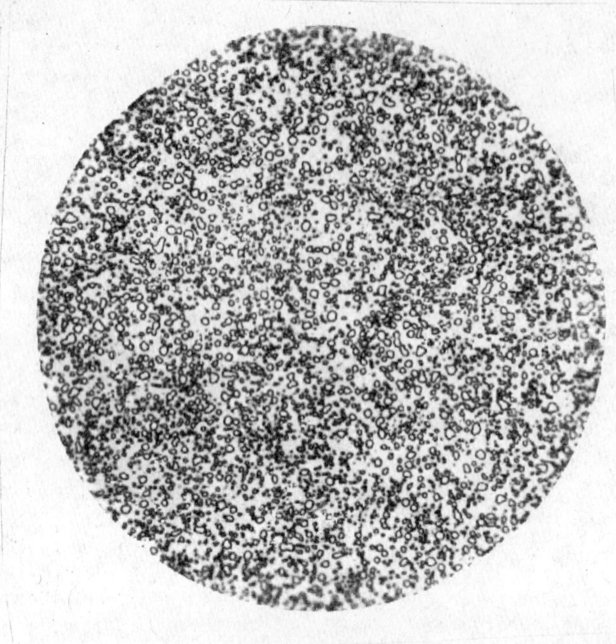

4级

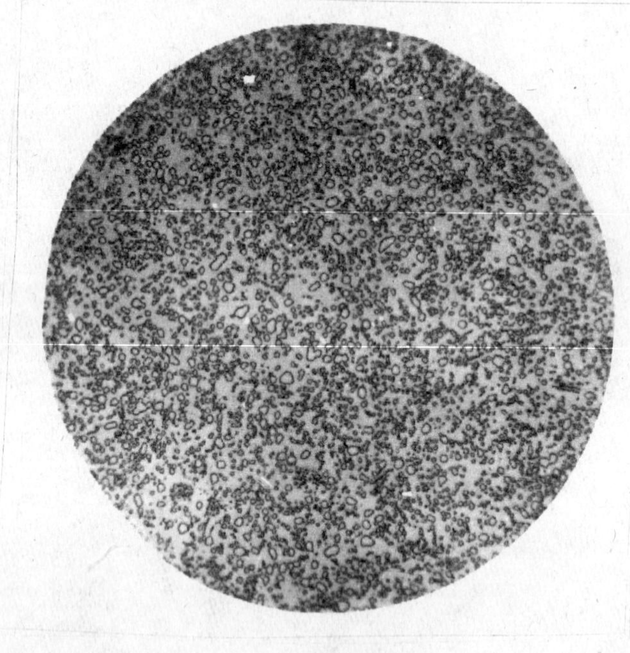

5级

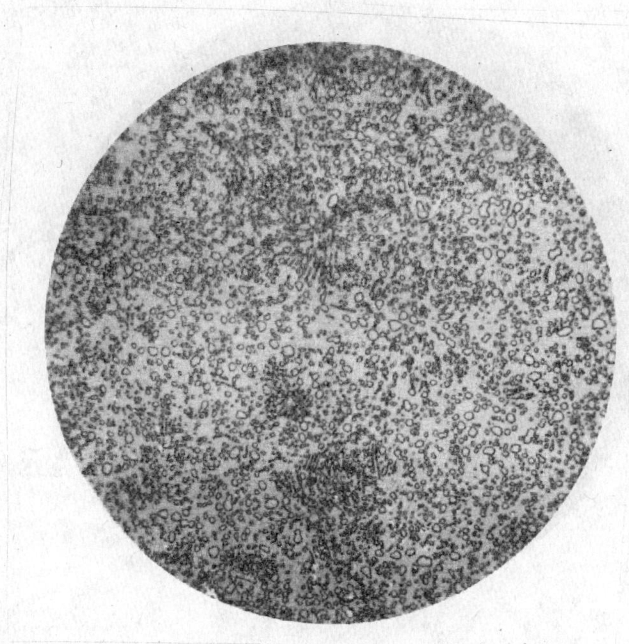

6 级

A.7 第7级别图 碳化物网状

1 级

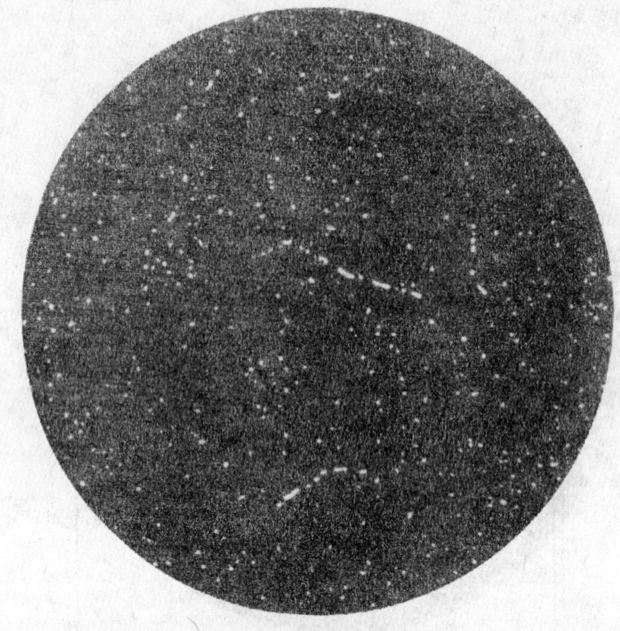

2 级

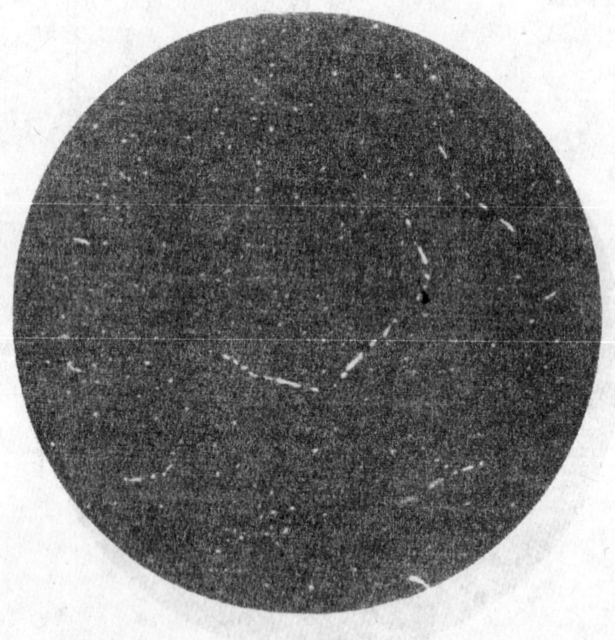

3 级

A.8 第8级别图 碳化物带状

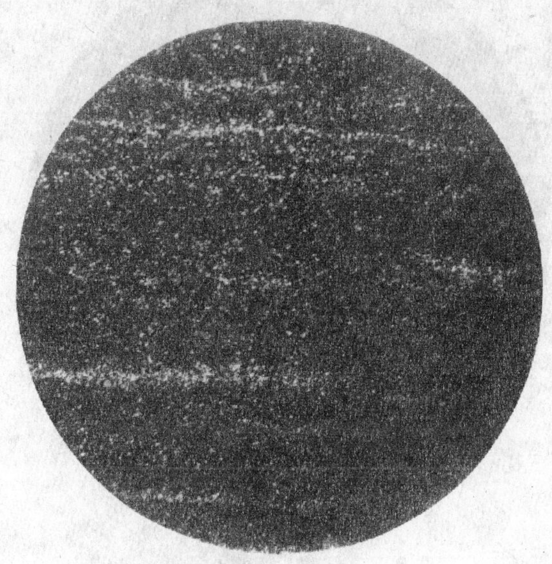

1级(100×)

1级(500×)

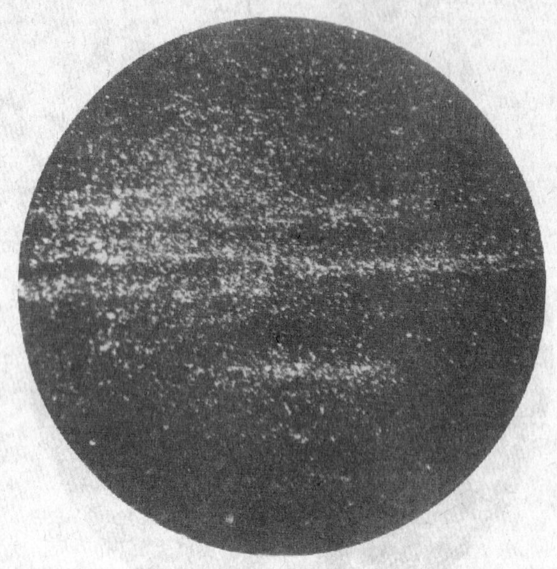

2 级(100×)

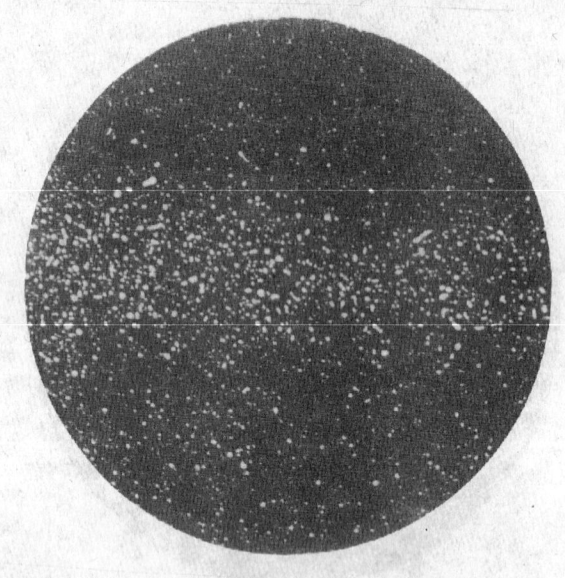

2 级(500×)

2.5级(100×)

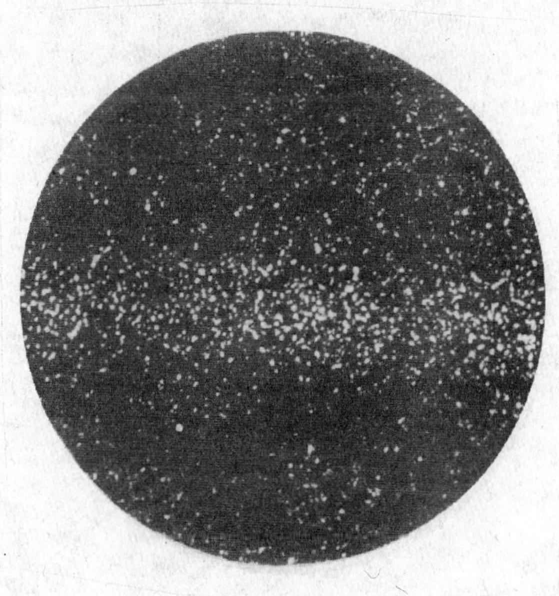

2.5级(500×)

3 级(100×)

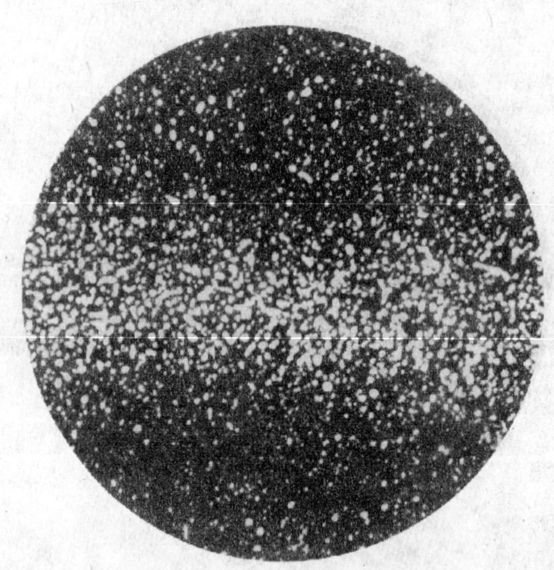

3 级(500×)

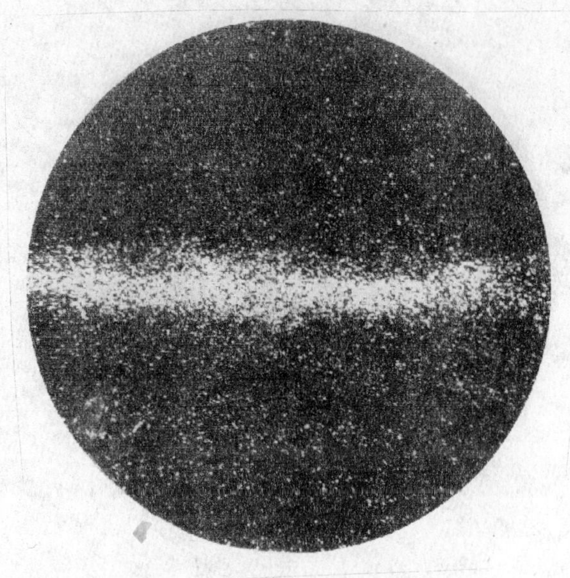

3.5 级(100×)

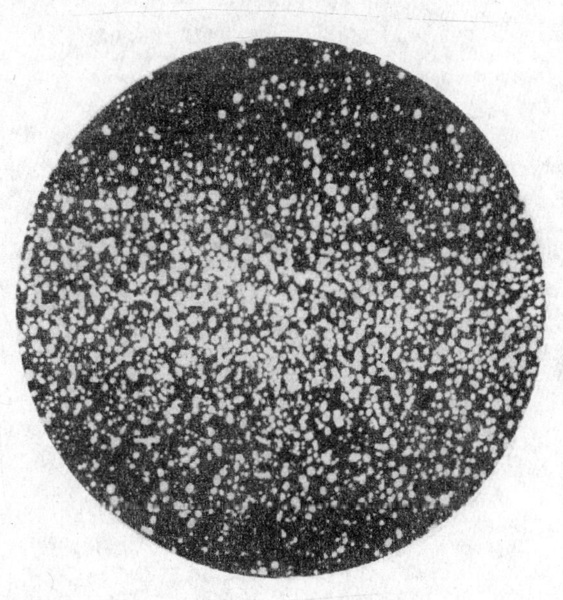

3.5 级(500×)

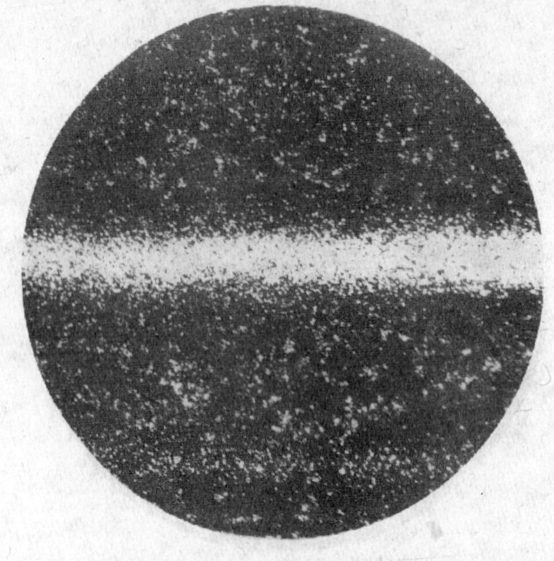

4 级(100×)

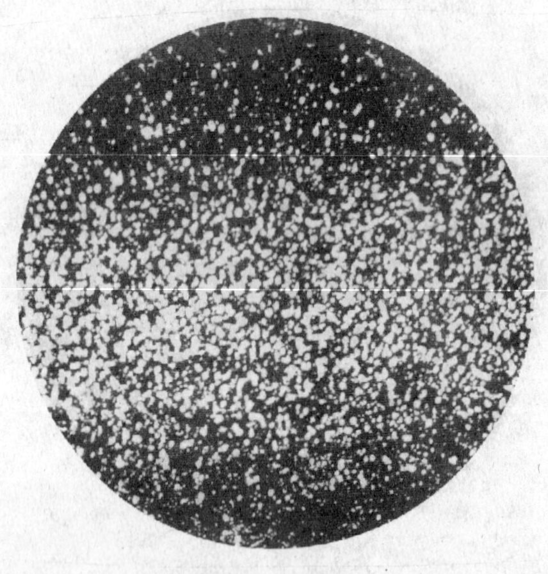

4 级(500×)

A.9 第9级别图 碳化物液析

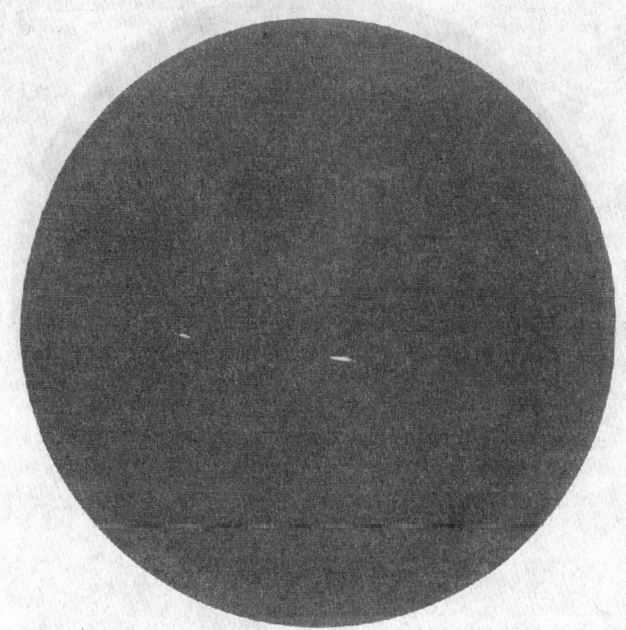

1级 条状

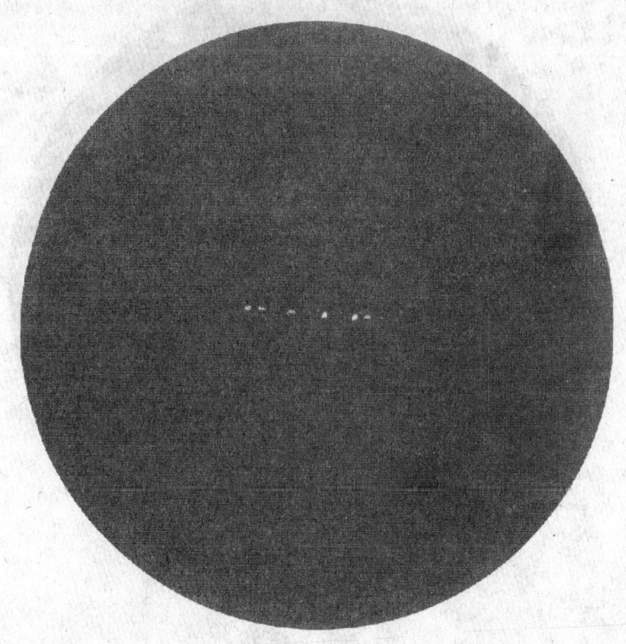

1级 链状

2 级　条状

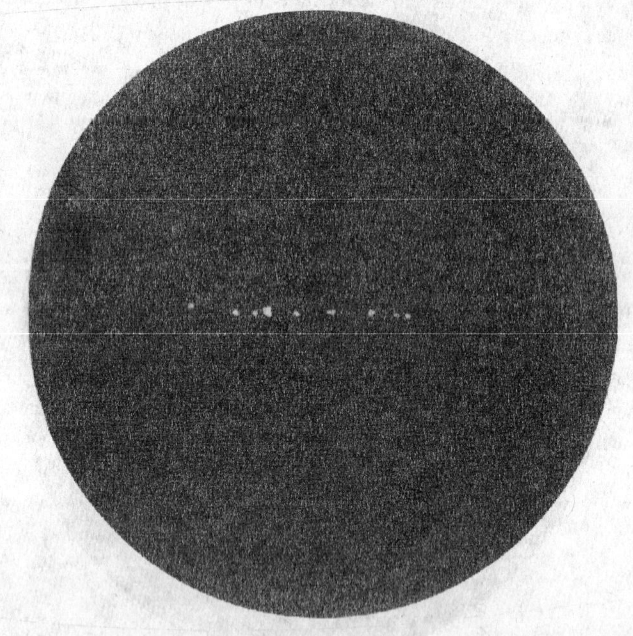

2 级　链状

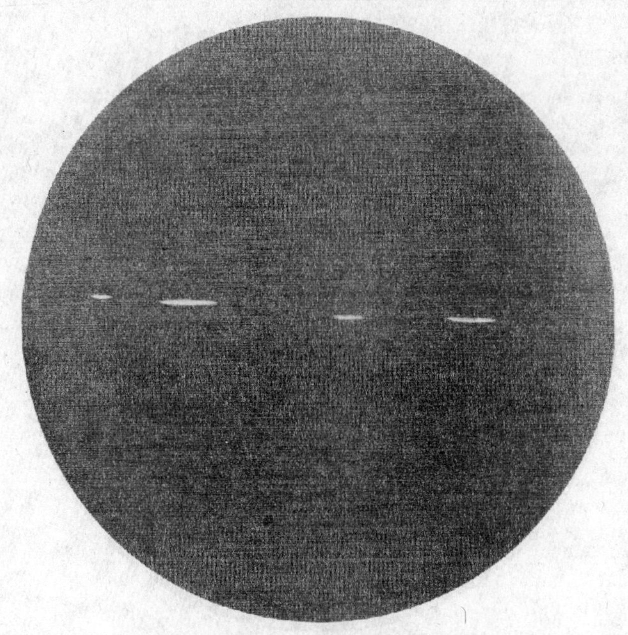

3级　条状

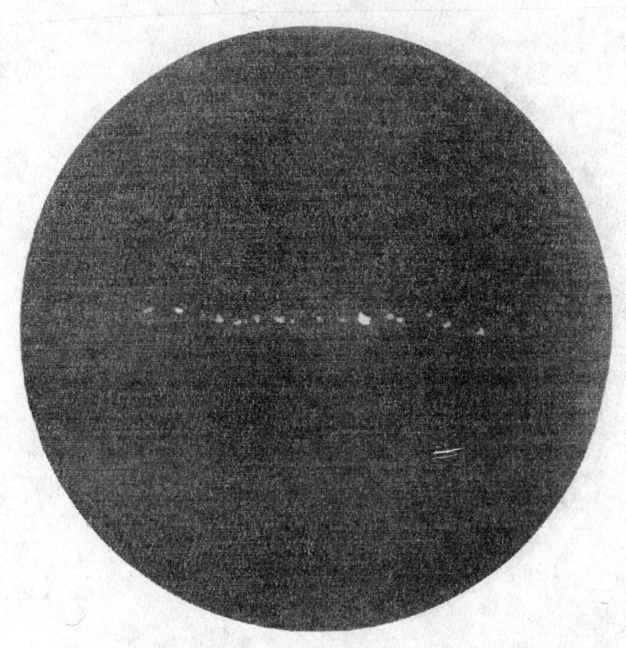

3级　链状

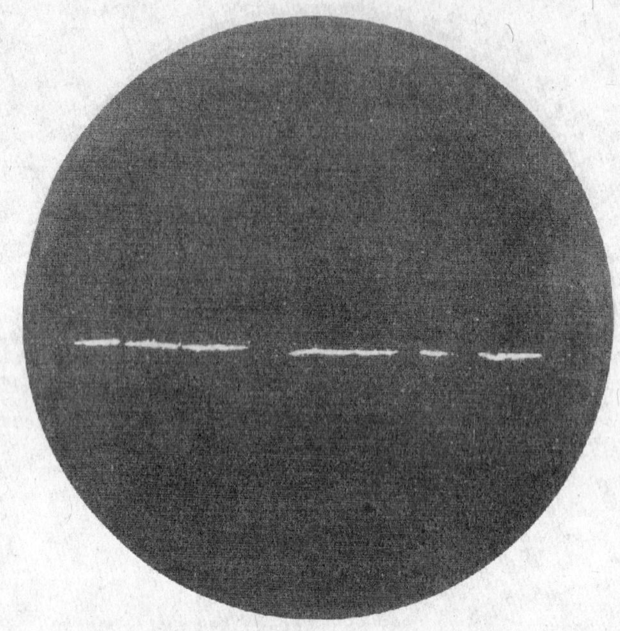

4 级　条状

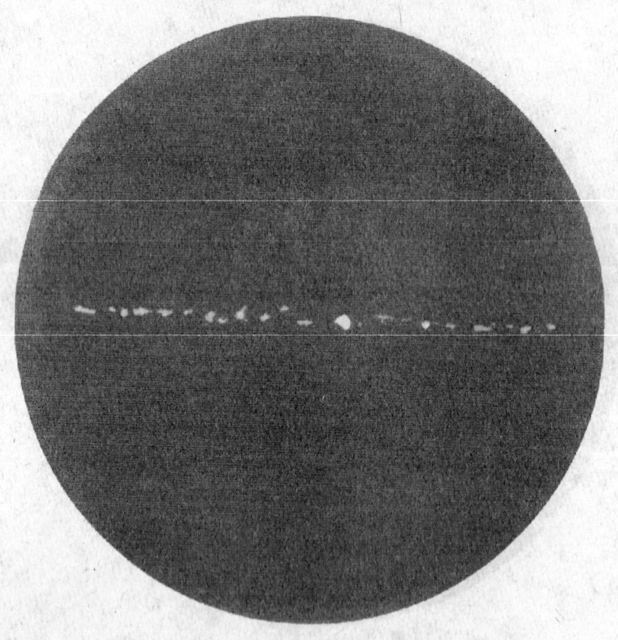

4 级　链状

GB/T 18254—2002《高碳铬轴承钢》国家标准第1号修改单

本修改单经国家标准化管理委员会于2004年12月27日批准，自2005年5月1日起实施。

标准名称：GB/T 18254—2002《高碳铬轴承钢》

1. 表3牌号和化学成分：

原表3　牌号和化学成分　%

牌　号	O 模注钢 不大于	O 连铸钢 不大于
GCr4	15×10^{-6}	12×10^{-6}
GCr15	15×10^{-6}	12×10^{-6}
GCr15SiMn	15×10^{-6}	12×10^{-6}
GCr15SiMo	15×10^{-6}	12×10^{-6}
GCr18Mo	15×10^{-6}	12×10^{-6}

修改后表3　牌号和化学成分　%

牌　号	O 模注钢 不大于	O 连铸钢 不大于
GCr4	15×10^{-4}	12×10^{-4}
GCr15	15×10^{-4}	12×10^{-4}
GCr15SiMn	15×10^{-4}	12×10^{-4}
GCr15SiMo	15×10^{-4}	12×10^{-4}
GCr18Mo	15×10^{-4}	12×10^{-4}

2. 表10中热轧(锻)圆钢直径由5.0～9.5修改为5.5～9.5。

3. 7.4条第二自然段："但氧含量不合格时，可在钢材(坯)上任意取3个试样进行复验，其检验结果的平均值必须不大于15×10^{-6}，其中，允许有一个试样大于15×10^{-6}，但不得大于20×10^{-6}。"修改为：

"但氧含量不合格时，可在钢材(坯)上任意取3个试样进行复验，其检验结果：模注钢材(坯)平均值应不大于15×10^{-4}%，其中允许有一个试样大于15×10^{-4}%，但不得大于20×10^{-4}%；连铸钢材(坯)平均值应不大于12×10^{-4}%，其中允许有一个试样大于12×10^{-4}%，但不得大于17×10^{-4}%"。

4. 附录A中第6级别图　显微组织

1级图片更改为2级图片

2级图片更改为1级图片

ICS 77.140.20
H 40

中华人民共和国国家标准

GB/T 24594—2009

优质合金模具钢

Quality alloy mould steels

2009-10-30 发布　　2010-05-01 实施

中华人民共和国国家质量监督检验检疫总局
中国国家标准化管理委员会　发布

前　言

本标准参照 ASTM A681-94(2004)《合金工具钢》和北美模具压铸协会 NADCA 207-90《压力铸造模具用高级 H13 钢的验收标准》制定。

本标准的附录 A 和附录 B 为资料性附录。

本标准由中国钢铁工业协会提出。

本标准由全国钢标准化技术委员会归口。

本标准主要起草单位:宝山钢铁股份有限公司、冶金工业信息标准研究院、东北特殊钢股份有限公司、攀钢集团四川长城特殊钢有限责任公司。

本标准主要起草人:邹莲娣、栾燕、王庆亮、谷强、戴强、宋宁秋、康戈。

优质合金模具钢

1 范围

本标准规定了优质合金模具钢的分类、尺寸、外形及其允许偏差、技术要求、试验方法、检验规则、包装、标志及质量证明书等。

本标准适用于热轧或锻制的优质合金模具钢(圆钢、方钢、扁钢),其化学成分同样适用于锭、坯及其制品。

2 规范性引用文件

下列文件中的条款通过本标准的引用而成为本标准的条款。凡是注日期的引用文件,其随后所有的修改单(不包括勘误的内容)或修订版均不适用于本标准,然而,鼓励根据本标准达成协议的各方研究是否可使用这些文件的最新版本。凡是不注日期的引用文件,其最新版本适用于本标准。

GB/T 222 钢的成品化学成分允许偏差

GB/T 223.5 钢铁 酸溶硅和全硅含量的测定 还原型硅钼酸盐分光光度法

GB/T 223.8 钢铁及合金化学分析方法 氟化钠分离-EDTA 滴定法测定铝含量

GB/T 223.11 钢铁及合金 铬含量的测定 可视滴定或电位滴定法

GB/T 223.13 钢铁及合金化学分析方法 硫酸亚铁铵滴定法测定钒含量

GB/T 223.14 钢铁及合金化学分析方法 钽试剂萃取光度法测定钒含量

GB/T 223.18 钢铁及合金化学分析方法 硫代硫酸钠分离-碘量法测定铜量

GB/T 223.19 钢铁及合金化学分析方法 新亚铜灵-三氯甲烷萃取光度法测定铜量

GB/T 223.22 钢铁及合金化学分析方法 亚硝基 R 盐分光光度法测定钴量

GB/T 223.23 钢铁及合金 镍含量的测定 丁二酮肟分光光度法

GB/T 223.26 钢铁及合金 钼含量的测定 硫氰酸盐分光光度法

GB/T 223.28 钢铁及合金化学分析方法 α-安息香肟重量法测定钼量

GB/T 223.43 钢铁及合金 钨含量的测定 重量法和分光光度法

GB/T 223.53 钢铁及合金化学分析方法 火焰原子吸收分光光度法测定铜量

GB/T 223.54 钢铁及合金化学分析方法 火焰原子吸收分光光度法测定镍量

GB/T 223.58 钢铁及合金化学分析方法 亚砷酸钠-亚硝酸钠滴定法测定锰量

GB/T 223.59 钢铁及合金 磷含量的测定 铋磷钼蓝分光光度法和锑磷钼蓝分光光度法

GB/T 223.60 钢铁及合金化学分析方法 高氯酸脱水重量法测定硅含量

GB/T 223.61 钢铁及合金化学分析方法 磷钼酸铵容量法测定磷量

GB/T 223.62 钢铁及合金化学分析方法 乙酸丁酯萃取光度法测定磷量

GB/T 223.63 钢铁及合金化学分析方法 高碘酸钠(钾)光度法测定锰量

GB/T 223.64 钢铁及合金 锰含量的测定 火焰原子吸收光谱法

GB/T 223.67 钢铁及合金 硫含量的测定 次甲基蓝分光光度法

GB/T 223.68 钢铁及合金化学分析方法 管式炉内燃烧后碘酸钾滴定法测定硫含量

GB/T 223.69 钢铁及合金 碳含量的测定 管式炉内燃烧后气体容量法

GB/T 223.71 钢铁及合金化学分析方法 管式炉内燃烧后重量法测定碳含量

GB/T 223.72　钢铁及合金　硫含量的测定　重量法

GB/T 223.76　钢铁及合金化学分析方法　火焰原子吸收光谱法测定钒量

GB/T 224　钢的脱碳层深度测定法

GB/T 226　钢的低倍组织及缺陷酸蚀检验法

GB/T 229　金属材料　夏比摆锤冲击试验方法

GB/T 230.1　金属材料　洛氏硬度试验　第1部分:试验方法

GB/T 231.1　金属材料　布氏硬度试验　第1部分:试验方法

GB/T 702—2008　热轧钢棒尺寸、外形、重量及允许偏差

GB/T 908—2008　锻制钢棒尺寸、外形、重量及允许偏差

GB/T 1299—2000　合金工具钢

GB/T 2101　型钢验收、包装、标志及质量证明书的一般规定

GB/T 4162　锻轧钢棒超声检测方法

GB/T 6394　金属平均晶粒度的测定方法

GB/T 10561—2005　钢中非金属夹杂物含量的测定　标准评级图显微检验法

GB/T 13298　金属显微组织检验方法

GB/T 14979—1994　钢的共晶碳化物不均匀度评定法

GB/T 17505　钢及钢产品交货一般技术要求

GB/T 20066　钢和铁　化学成分测定用试样的取样和和制样方法

GB/T 20123　钢铁　总碳硫含量的测定　高频感应炉燃烧后红外吸收法(常规方法)

ASTM A604　自耗电极重熔的钢棒和钢坯酸浸低倍试验方法

3　分类

3.1　按用途分类

a)　冷作模具钢;

b)　热作模具钢;

c)　塑料模具钢。

3.2　按冶炼方法分类

a)　真空脱气处理;

b)　电渣重熔。

3.3　按使用加工方法分类

a)　压力加工用钢

　1)　热压力加工　UHP;

　2)　冷压力加工　UDP;

b)　切削加工用钢　UC。

4　订货内容

按本标准订购的钢材的合同或订单应包括但不限于下列内容:

a)　标准编号;

b)　产品名称;

c)　牌号;

d)　冶炼方法;

e) 交货状态；

f) 尺寸及允许偏差组别；

g) 使用加工方法；

h) 用途(冷作模具、热作模具或塑料模具)；

i) 4Cr5MoSiV1A 钢显微组织和带状组织检验方法及合格级别；

j) 其他特殊要求。

5 尺寸、外形及允许偏差

5.1 热轧钢棒的尺寸、外形及允许偏差

5.1.1 热轧圆钢和方钢

5.1.1.1 热轧圆钢和方钢的尺寸、外形及其允许偏差应符合 GB/T 702—2008 的规定，具体组别应在合同中注明，未规定时按 GB/T 702—2008 的第 2 组规定执行。经双方协议并在合同中注明，钢材的尺寸允许偏差可另行规定。

5.1.1.2 热轧圆钢和方钢的通常长度应为 2 000 mm～6 000 mm，允许搭交不超过总重 10%、长度不小于 1 000 mm 的短尺料。定尺或倍尺交货时，长度应在合同中注明，长度允许偏差为 $^{+60}_{0}$ mm。

5.1.2 热轧扁钢

5.1.2.1 尺寸及允许偏差

5.1.2.1.1 公称宽度 10 mm～300 mm 热轧扁钢的尺寸及其允许偏差应符合 GB/T 702—2008 的表 4 规定。

5.1.2.1.2 公称宽度大于 300 mm～610 mm 热轧扁钢的尺寸及其允许偏差应符合表 1 的规定，尺寸允许偏差组别应在合同中注明。

表 1 单位为毫米

<table>
<tr><th rowspan="4">公称厚度</th><th colspan="8">尺寸允许偏差</th></tr>
<tr><th colspan="4">1 组</th><th colspan="2">2 组</th><th colspan="2">3 组</th></tr>
<tr><th colspan="2">公称宽度＞300～455</th><th colspan="2">公称宽度＞455～610</th><th colspan="2">公称宽度＞300～610</th><th colspan="2">公称宽度 510～610</th></tr>
<tr><th>厚度允许偏差</th><th>宽度允许偏差</th><th>厚度允许偏差</th><th>宽度允许偏差</th><th>厚度允许偏差</th><th>宽度允许偏差</th><th>厚度允许偏差</th><th>宽度允许偏差</th></tr>
<tr><td>6～12</td><td>+1.2
0</td><td>+5
0</td><td>+1.5
0</td><td>+7
0</td><td>+1.5
0</td><td rowspan="6">+15
0</td><td rowspan="4">—</td><td rowspan="4">—</td></tr>
<tr><td>＞12～20</td><td>+1.2
0</td><td>+6
−2</td><td>+1.5
0</td><td>+7
−3</td><td>+1.6
0</td></tr>
<tr><td>＞20～70</td><td rowspan="2">+1.4
0</td><td rowspan="2">+6
−2</td><td rowspan="2">+1.7
0</td><td rowspan="2">+7
−3</td><td>+1.8
0</td></tr>
<tr><td>＞70～90</td><td rowspan="3">+3.0
0</td></tr>
<tr><td>＞90～100</td><td rowspan="2">+2.0
0</td><td rowspan="2">+7
−3</td><td rowspan="2">+2.0
0</td><td rowspan="2">+10
−3</td><td rowspan="2">+6
0</td><td rowspan="2">+15
0</td></tr>
<tr><td>＞100～130</td></tr>
</table>

5.1.2.1.3 经双方协议并在合同中注明，钢材的尺寸及其允许偏差可另行规定。

5.1.2.2 交货长度

5.1.2.2.1 热轧扁钢的通常交货长度应符合表 2 的规定。经双方协议并在合同中注明，钢材的交货长度可另行规定。

表 2

单位为毫米

公称宽度	通常长度	短尺长度	短尺搭交率
10～300	2 000～6 000	≥1 000	短尺长度的交货量应不超过该批钢材总重量的 10%
>300～610	1 000～5 000	≥500	

5.1.2.2.2 定尺或倍尺交货时，长度应在合同中注明，长度允许偏差为 $^{+60}_{0}$ mm。

5.1.2.3 **外形**

5.1.2.3.1 热轧扁钢的弯曲度应符合表 3 的规定。

表 3

单位为毫米

公称宽度	尺寸允许偏差组别	弯曲度(平面、侧面)，不大于	
		每米弯曲度	总弯曲度
10～300	—	4	钢材长度的 0.40%
>300～610	1 组	3	钢材长度的 0.30%
	2 组、3 组	4	钢材长度的 0.40%

5.1.2.3.2 热轧扁钢的截面形状不正见 GB/T 702—2008 图 4。其最大允许尺寸(或侧边鼓形)C 值应符合下列规定：

a) 公称宽度 10 mm～300 mm 热轧扁钢的 C 值应符合 GB/T 702—2008 表 12 的规定；

b) 公称宽度大于 300 mm～610 mm 热轧扁钢的 C 值应符合表 4 的规定；

c) 如果 C 值超差，可通过机加工清理，供方如能保证 C 值合格可不检测。

表 4

单位为毫米

1 组尺寸允许偏差的 C 值			2 组尺寸允许偏差的 C 值		3 组尺寸允许偏差的 C 值	
公称厚度	公称宽度 >300～455	公称宽度 >455～610	公称厚度	公称宽度 >300～610	公称厚度	公称宽度 >510～610
6～40	2.5	3.0	6～13	8	100～200	10
>40～70	2.0	2.5	>13～50	3		
>70～90	1.5	2.0	>50～130	8		
>90～130	2.0	2.5				

5.1.2.3.3 热轧扁钢的圆角半径 R 应符合表 5 的规定。

表 5

单位为毫米

公称宽度	尺寸允许偏差组别	圆角半径 R
10～300	—	允许稍带钝角
>300～610	1 组	≤4
	2 组、3 组	≤10

5.1.2.3.4 热轧扁钢的端头应剪切正直。两端的毛刺应清除，但允许有不大于 5 mm 的毛刺存在。用压力机剪切的热轧扁钢，其两端允许有局部变形。热轧扁钢的切斜度应符合表 6 规定。

表 6

单位为毫米

公称宽度	切斜度，不大于	
10～300	宽度≤100	6
	宽度＞100	8
＞300～610	厚度	厚度的 8%
	宽度	宽度的 4%

5.1.2.3.5 热轧扁钢不允许有明显的扭转。在同一截面上两对角线长度差应不大于扁钢的公称宽度公差。

5.2 锻制钢棒的尺寸、外形及允许偏差

5.2.1 锻制圆钢和方钢

5.2.1.1 公称直径或边长 90 mm～400 mm 的锻制圆钢和方钢的尺寸允许偏差按 GB/T 908—2008 的第 2 组规定，公称直径或边长大于 400 mm～600 mm 的锻制圆钢和方钢的尺寸允许偏差按表 7 的规定。

表 7

单位为毫米

公称直径或边长	尺寸允许偏差
＞400～500	$^{+12.0}_{-3.0}$
＞500～600	$^{+13.0}_{-3.0}$

5.2.1.2 锻制圆钢和方钢的交货长度应不小于 1 000 mm，允许搭交不超过总重 10%、长度不小于 500 mm 的短尺料。定尺或倍尺交货时，长度应在合同中注明，长度允许偏差为 $^{+80}_{0}$ mm。

5.2.1.3 锻制圆钢的弯曲度应每米不大于 5 mm，总弯曲度应不大于总长度的 0.5%；圆钢的不圆度应不大于公称直径公差的 0.7 倍。

5.2.1.4 锻制方钢的弯曲度应每米不大于 5 mm，总弯曲度应不大于总长度的 0.5%；方钢在同一截面的对角线长度之差应不大于公称边长公差的 0.7 倍；边长不大于 300 mm 的方钢，棱角处圆角半径 R 应不大于 5 mm，边长大于 300 mm 的方钢，棱角处圆角半径应不大于 10 mm，但其相对圆角之间的距离(对角线)应不小于公称边长的 1.3 倍；方钢不允许有显著的扭转。

5.2.1.5 锻制圆钢和方钢的两端应锯切平直。

5.2.2 锻制扁钢

5.2.2.1 锻制扁钢的尺寸及其允许偏差应符合表 8 的规定。需方如有要求应在合同中注明。

表 8

单位为毫米

公称尺寸	厚度允许偏差	宽度允许偏差
＞100～200	$^{+8}_{0}$	$^{+10}_{0}$
＞200～400	$^{+10}_{0}$	$^{+15}_{0}$
＞400～600	$^{+15}_{0}$	$^{+20}_{0}$
＞600～800	—	$^{+25}_{0}$
锻制扁钢的尺寸范围为 100～440×100～800，截面≤200 000 mm²，宽：厚≤6：1。		

5.2.2.2 锻制扁钢的交货长度应不小于1 000 mm，允许搭交不超过总重10%、长度不小于500 mm的短尺料。定尺或倍尺交货时，长度应在合同中注明，长度允许偏差为$^{+80}_{0}$ mm。

5.2.2.3 锻制扁钢的平面弯曲度应每米不大于5 mm，总平面弯曲度应不大于总长度的0.5%；扁钢的侧面弯曲度（镰刀弯）应每米不大于5 mm，总侧面弯曲度（镰刀弯）应不大于总长度的0.5%。

5.2.2.4 公称厚度或宽度不大于300 mm的扁钢，棱角处圆角半径R应不大于5 mm，公称厚度或宽度大于300 mm的扁钢，棱角处圆角半径R应不大于10 mm，但扁钢在同一截面上两对角线长度差应不大于其公称宽度公差，扁钢不允许有显著的扭转。

5.2.2.5 锻制扁钢两端应锯切平直。

5.3 机加工交货的钢材尺寸、外形及允许偏差

5.3.1 机加工钢材的尺寸允许偏差为$^{+2.0}_{0}$ mm。

5.3.2 机加工钢材的弯曲度应每米不大于2.5 mm；方钢和扁钢的圆角半径R应不大于2 mm，其他要求按相应标准执行。

6 技术要求

6.1 牌号及化学成分

6.1.1 钢的牌号及化学成分（熔炼分析）应符合表9的规定。

表 9

钢组	序号	统一数字代号	新牌号	旧牌号	化学成分(质量分数)/%									
					C	Si	Mn	Cr	Mo	Ni	Cu	W	V	Al
热作模具钢	1-1	T20280	3Cr2W8V	—	0.30～0.40	≤0.40	≤0.40	2.20～2.70	—	≤0.25	≤0.25	7.50～9.00	0.20～0.50	—
	1-2	T20502	4Cr5MoSiV1	—	0.32～0.45	0.80～1.20	0.20～0.50	4.75～5.50	1.10～1.75	≤0.25	≤0.25	—	0.80～1.20	—
	1-3	T20503	4Cr5MoSiV1A	—	0.37～0.42	0.80～1.20	0.20～0.50	5.00～5.50	1.20～1.75	≤0.25	≤0.25	—	0.80～1.20	—
	1-4	T20103	5Cr06NiMo	5CrNiMo	0.50～0.60	≤0.40	0.50～0.80	0.50～0.80	0.15～0.30	1.40～1.80	≤0.25	—	—	—
	1-5	T20102	5Cr08MnMo	5CrMnMo	0.50～0.60	0.25～0.60	1.20～1.60	0.60～0.90	0.15～0.30	≤0.25	≤0.25	—	—	—
冷作模具钢	2-1	T20110	9Cr06WMn	9CrWMn	0.85～0.95	≤0.40	0.90～1.20	0.50～0.80	—	≤0.25	≤0.25	0.50～0.80	—	—
	2-2	T20111	CrWMn	—	0.90～1.05	≤0.40	0.80～1.10	0.90～1.20	—	≤0.25	≤0.25	1.20～1.60	—	—
	2-3	T21202	Cr12Mo1V1	—	1.40～1.60	≤0.60	≤0.60	11.00～13.00	0.70～1.20	≤0.25	≤0.25	—	0.50～1.10	—
	2-4	T20201	Cr12MoV	—	1.45～1.70	≤0.40	≤0.40	11.00～12.50	0.40～0.60	≤0.25	≤0.25	—	0.15～0.30	—
	2-5	T21200	Cr12	—	2.00～2.30	≤0.40	≤0.40	11.50～13.00	—	≤0.25	≤0.25	—	—	
塑料模具钢	3-1	T22032	1Ni3Mn2CuAl	—	0.10～0.15	≤0.35	1.40～2.00	—	0.25～0.50	2.90～3.40	0.80～1.20		—	0.70～1.10
	3-2	S42020	20Cr13	2Cr13	0.16～0.25	≤1.00	≤1.00	12.00～14.00	—	≤0.60	—	—	—	—
	3-3	S45930	30Cr17Mo	3Cr17Mo	0.28～0.35	≤0.80	≤1.00	16.00～18.00	0.75～1.25	≤0.60	—	—	—	—
	3-4	S42040	40Cr13	4Cr13	0.35～0.45	≤0.60	≤0.80	12.00～14.00	—	≤0.60	—	—	—	—
	3-5	T22020	3Cr2MnMo	3Cr2Mo	0.28～0.40	0.20～0.80	0.60～1.00	1.40～2.00	0.30～0.55	≤0.25	≤0.25	—	—	—
	3-6	T22024	3Cr2MnNiMo	—	0.32～0.40	0.20～0.40	1.10～1.50	1.70～2.00	0.25～0.40	0.85～1.15	≤0.25	—	—	—

6.1.2 钢中磷、硫含量应符合表10的规定。

表 10

%

组别	冶炼方法	P	S	
1	真空脱气	≤0.025	热作模具钢	≤0.020
			冷作模具钢、塑料模具钢	≤0.025
2	电渣重熔[a]	≤0.025	≤0.010	

[a] 4Cr5MoSiV1A 钢的P≤0.015,S≤0.005。

6.1.3 成品钢材或坯的化学成分允许偏差应符合 GB/T 222 的相应规定。

6.2 冶炼方法

钢应采用真空脱气处理或电渣重熔。若采用电渣重熔时应在合同中注明。4Cr5MoSiV1A 钢应采用电渣重熔。

6.3 交货状态

钢材以退火或预硬化状态交货,交货状态应在合同中注明。

6.4 交货硬度

6.4.1 交货状态钢材的硬度值和试样的淬火硬度值应符合表11的规定。供方若能保证试样淬火硬度值符合表11的规定时可不作检验。

表 11

钢组	序号	统一数字代号	新牌号	旧牌号	交货状态的钢材硬度		试样淬火硬度		
					退火硬度 HBW	预硬化硬度 HRC	淬火温度	冷却剂	洛氏硬度 HRC
热作模具钢	1-1	T20280	3Cr2W8V	—	≤255	—	—	—	—
	1-2	T20502	4Cr5MoSiV1	—	≤235	—	—	—	—
	1-3	T20503	4Cr5MoSiV1A	—	≤235	—	—	—	—
	1-4	T20103	5Cr06NiMo	5CrNiMo	197～241	—	—	—	—
	1-5	T20102	5Cr08MnMo	5CrMnMo	197～241	—	—	—	—
冷作模具钢	2-1	T20110	9Cr06WMn	9CrWMn	197～241	—	800 ℃～830 ℃	油	≥62
	2-2	T20111	CrWMn	—	207～255	—	800 ℃～830 ℃	油	≥62
	2-3	T21202	Cr12Mo1V1	—	≤255	—	820 ℃±15 ℃预热,1 000 ℃(盐浴)或1 010 ℃(炉控气氛)±6 ℃加热,保温10 min～20 min空冷,200 ℃±6 ℃回火		≥59
	2-4	T20201	Cr12MoV	—	207～255	—	950 ℃～1 000 ℃	油	≥58
	2-5	T21200	Cr12	—	217～269	—	950 ℃～1 000 ℃	油	≥60
塑料模具钢	3-1	T22032	1Ni3Mn2CuAl	—	≤235	36～43	—	—	—
	3-2	S42020	20Cr13	2Cr13	≤235	30～36	—	—	—
	3-3	S45930	30Cr17Mo	3Cr17Mo	≤235	30～36	—	—	—
	3-4	S42040	40Cr13	4Cr13	≤235	30～36	—	—	—
	3-5	T22020	3Cr2MnMo	3Cr2Mo	≤235	28～36	—	—	—
	3-6	T22024	3Cr2MnNiMo	3Cr2MnNiMo	≤235	30～36	—	—	—

6.4.2　经供需双方协商并在合同中注明，交货状态钢材的硬度值可另行规定。

6.5　横向冲击试验

6.5.1　钢材公称尺寸（直径、边长、厚度）不小于 65 mm 的 4Cr5MoSiV1A 钢应检验横向冲击性能，采用 7 mm×10 mm 的无缺口试样。钢材横截面为矩形或正方形时，试样沿短边从截面中心部位切取，见图 1；钢材横截面为圆形时，试样沿横向从截面的中心部位切取，见图 2。试样应适当留有加工余量。

6.5.2　试样在保护性介质中（若采用非保护性介质，试样应适当留有加工余量）经 1 025 ℃±10 ℃，保温 30 min，油淬，至少回火 2 次，保证硬度为 44 HRC～46 HRC，热处理后试样的最终尺寸及其加工要求见图 3，试样尺寸允许偏差为(7±0.100)mm×(10±0.100)mm×(55±1.00)mm。

6.5.3　在进行冲击试验时，摆锤应撞击 55 mm×10 mm 的中心部位，试验结果应符合表 12 的规定。

表 12

单位为焦耳

3 个试样冲击吸收能量的平均值，不小于	最小单个冲击吸收能量，不小于
169.5	95

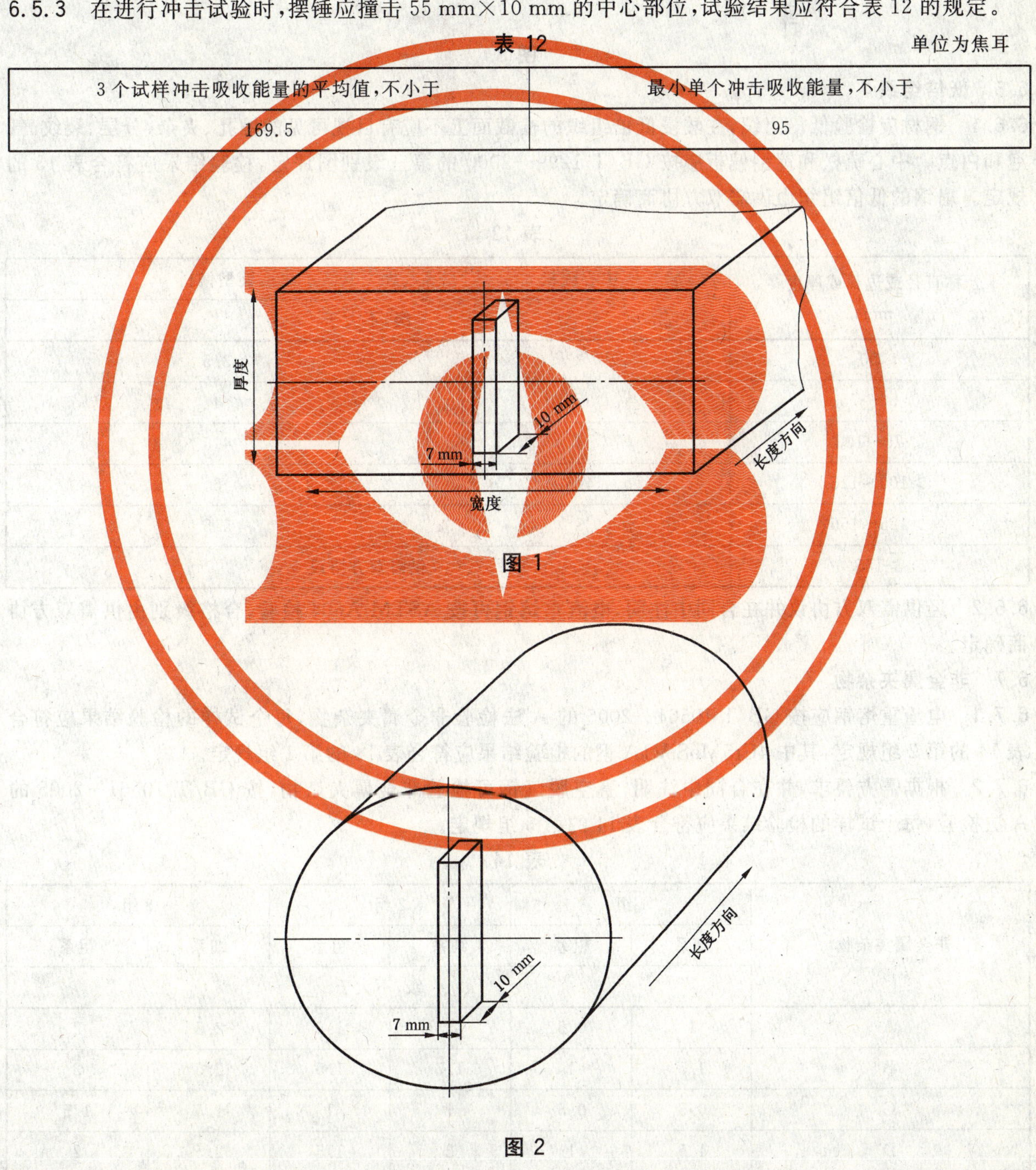

图 1

图 2

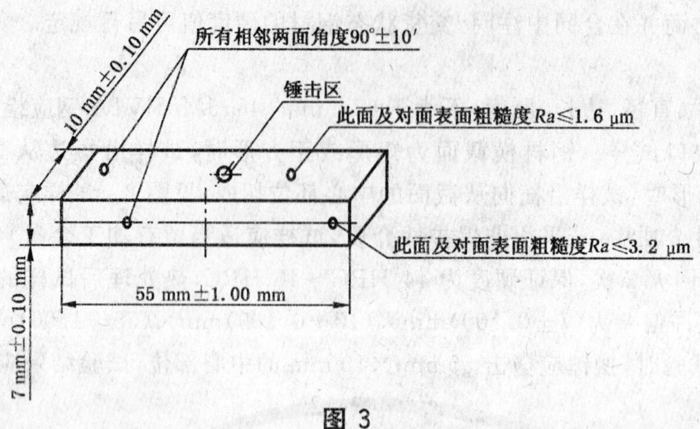

图 3

6.6 低倍组织

6.6.1 钢材应检验低倍组织，在酸浸低倍组织的横截面上不应有目视可见的缩孔、夹杂、分层、裂纹、气泡和白点。中心疏松和锭型偏析应按 GB/T 1299—2000 的第三级别图评定，检验结果应符合表 13 的规定。扁钢的低倍组织由供需双方协商确定。

表 13

公称直径或边长或厚度/mm	中心疏松	锭型偏析
	级，不大于	
≤50	3	3.5
>50～75	3.5	4
>75～100	4	4.5
>100～125	4.5	5
>125～155	5	5.5
>155	供需双方协议	

6.6.2 经供需双方协议并在合同中注明，电渣重熔钢可按 ASTM A604 检验，合格级别由供需双方协商确定。

6.7 非金属夹杂物

6.7.1 电渣重熔钢应按 GB/T 10561—2005 的 A 法检验非金属夹杂物，每个试样的检验结果应符合表 14 的第 2 组规定，其中 4Cr5MoSiV1A 钢的检验结果应符合表 14 的第 1 组规定。

6.7.2 根据需方要求，并在合同中注明，真空脱气钢可检验非金属夹杂物，按 GB/T 10561—2005 的 A 法检验，每个试样的检验结果应符合表 14 的第 3 组规定。

表 14

非金属夹杂物[a]	1 组		2 组		3 组	
	细系	粗系	细系	粗系	细系	粗系
	级，不大于					
A	1	0.5	1.5	1.5	2.5	2
B	1.5	1	1.5	1.5	2.5	2
C	0.5	0.5	1	1	1.5	1.5
D	1.5	1	2	1.5	2.5	2

[a] 需方要求可检验 DS 类非金属夹杂物，合格级别由供需双方协商确定。

6.8 脱碳层

6.8.1 公称尺寸(直径或边长)不大于150 mm钢材的一边总脱碳层(铁素体+部分脱碳)的深度应不大于0.25 mm+1%D(D为钢材的直径或边长)。

6.8.2 根据需方要求,经供需双方协议并在合同中注明,扁钢和公称尺寸(直径或边长)大于150 mm的钢材可检验脱碳层,脱碳层指标由供需双方协商确定。

6.8.3 机加工钢材表面不允许有脱碳层。

6.9 共晶碳化物不均匀度

6.9.1 退火状态交货的Cr12Mo1V1、Cr12MoV、Cr12钢应检验共晶碳化物不均匀度,按GB/T 14979—1994标准第四级别图评定,其合格级别应符合表15规定。

表 15

公称尺寸(直径或边长)/mm	共晶碳化物不均匀度合格级别/级,不大于
≤50	3
>50~70	4
>70~120	5
>120~150	6
>150	供需双方协议

6.9.2 扁钢的共晶碳化物不均匀度的合格级别由供需双方协商确定。

6.10 高倍组织

6.10.1 晶粒度

4Cr5MoSiV1A钢应检验晶粒度,合格级别应等于或细于7级。试样在保护性介质中(若采用非保护性介质,试样应适当留有加工余量)经1 010 ℃±10 ℃,保温30 min,分级淬火至730 ℃±10 ℃,保温30 min,然后空冷至室温。

6.10.2 显微组织和带状组织

4Cr5MoSiV1A钢应检验显微组织和带状组织,其检验方法及合格级别由供需双方协商规定。

6.11 超声波探伤

6.11.1 经供需双方协商并在合同中注明,公称尺寸大于155 mm的真空脱气钢应按表16的规定进行超声波探伤。

表 16

单位为毫米

公称尺寸(直径、边长、厚度)	单个的不连续	多个的不连续		长条形的不连续	
	平底孔直径	平底孔直径	间距	平底孔直径	长度
>155~300	4.0	4.0	25	4.0	25
>300~500	5.0	5.0	25	5.0	25
>500~600	6.0	6.0	25	6.0	25

6.11.2 公称尺寸大于155 mm的电渣重熔钢应按表17的规定进行超声波探伤。

表 17

单位为毫米

公称尺寸(直径、边长、厚度)	单个的不连续	多个的不连续		长条形的不连续	
	平底孔直径	平底孔直径	间距	平底孔直径	长度
>155~300	3.2	2.5	25	2.5	25
>300~500	4.0	3.0	25	3.0	25
>500~600	5.6	4.0	25	4.0	25

6.12 表面质量

6.12.1 供压力加工用的钢材，表面不应有目视可见的裂缝、折叠、结疤和夹杂。如有上述缺陷必须清除，清除深度从钢材实际尺寸算起应符合表18的规定，清除宽度不小于深度的5倍。深度在公差之半范围内的其他轻微表面缺陷可不清除。

6.12.2 供切削加工用的钢材，表面允许有从钢材公称尺寸算起深度符合表19规定的局部缺陷存在。

表 18

单位为毫米

公称尺寸(直径、边长、厚度、宽度)	允许缺陷清除深度，不大于
<80	公差之半
80～140	公差
>140	钢材截面尺寸的5%

表 19

单位为毫米

公称尺寸(直径、边长、厚度、宽度)	局部缺陷允许深度，不大于
<80	公差之半
≥80	公差

6.12.3 机加工交货的钢材表面应洁净、光滑，不应有裂纹、折叠、结疤和氧化铁皮，若有上述缺陷存在，允许局部修磨，但最大修磨处应保证钢材的最小尺寸。

6.12.4 根据需方要求，经供需双方协商，也可对表面质量另行规定，但应在合同中注明。

6.13 特殊要求

根据需方要求，可增加下列特殊检验项目，其检验项目的试验方法、取样数量及合格级别均由供需双方协商并在合同中注明。

a) 特殊化学成分；

b) 拉伸性能；

c) 冲击性能；

d) 其他要求。

7 试验方法

每批钢材的检验项目、试验方法应符合表20规定。

8 检验规则

8.1 检查与验收

检查和验收由供方技术质量监督部门进行。

8.2 组批规则

8.2.1 真空脱气钢每批钢材应由同一炉号、同一加工方法、同一交货状态、同一规格和同一热处理炉次的钢材组成，钢应成批验收。

8.2.2 电渣重熔钢每批钢材应由同一电渣炉号、同一加工方法、同一交货状态、同一规格和同一热处理炉次的钢材组成，钢应成批验收。在工艺稳定且能保证本标准各项要求的条件下，允许以自耗电极的熔炼母炉号组批，电渣重熔钢的化学成分应按每个电渣炉号取1个，其他项目按真空脱气钢取样。

8.3 取样数量和取样部位

取样数量和取样部位应符合表20规定。如果取不到表20规定的试样数量，可逐支取样检验。

8.4 复验和判定规则

8.4.1 钢材复验与判定规则按GB/T 17505的规定。

8.4.2 供方若能保证钢材合格时，对同一炉号的钢材或钢坯的低倍组织、非金属夹杂物、拉伸性能、横向冲击试验、淬火硬度的检验结果允许以坯代材，以大代小。

9 包装、标志和质量证明书

钢材的包装、标志和质量证明书应符合 GB/T 2101 的规定。

表 20

序号	检验项目	取样数量		取样部位	试验方法
		电炉钢	电渣钢		
1	化学成分	每炉 1 个	每炉 1 个	GB/T 20066	GB/T 223(见第 2 章)，GB/T 20123
2	布氏硬度	2	2	不同根钢材上	GB/T 231.1
3	洛氏硬度	2	1	真空脱气钢:不同根钢材 电渣重熔钢:任一根钢材	GB/T 230.1
4	低倍组织	2	1	真空脱气钢:相当于钢锭头的不同根钢坯或钢材上	GB/T 226、GB/T 1299—2000
				电渣重熔钢:相当于钢锭头的钢坯或钢材上	GB/T 226、ASTM A604
5	非金属夹杂物[a]	2	1	真空脱气钢:不同根钢材 电渣重熔钢:任一根钢材	GB/T 10561—2005
6	共晶碳化物不均匀度	2	1		GB/T 13298、GB/T 14979—1994
7	脱碳层	2	1		GB/T 224
8	晶粒度	—	1	任一根钢材上	GB/T 6394、6.10.1
9	带状组织	—	协商	协商	协商
10	显微组织	—			
11	横向冲击试验	—	3	任一根钢材上，6.5.1	GB/T 229、6.5.2，6.5.3
12	超声波探伤	逐支	逐支	—	GB/T 4162
13	表面质量	逐支	逐支	—	目视
14	尺寸	逐支	逐支		卡尺、千分尺

[a] 对大规格钢材，非金属夹杂物应在直径或边长为 100 mm～120 mm 熔检坯上进行检验，经供需双方协商并在合同中注明，也可另行规定。

附　录　A
（资料性附录）
各牌号的主要特点及用途

表 A.1　各牌号的主要特点及用途

钢组	序号	新牌号	旧牌号	主要特点及用途
热作模具钢	1-1	3Cr2W8V	—	该钢种在高温下具有较高的强度和硬度，可用来制作高温下高应力但不受冲击负荷的凸凹模、压铸用模具等
	1-2	4Cr5MoSiV1	—	该钢种是一种空冷硬化的热作模具钢，也是所有热作模具钢中使用最广泛的钢号之一，该钢广泛用于制造热挤压模具与芯棒、模锻锤的锻模、锻造压力机模具等
	1-3	4Cr5MoSiV1A	—	该钢种相当于北美压铸协会标准 NADCA207-90《压力铸造模具钢用高级 H13 钢的验收标准》中的 H13，适用于制造大批量生产和特殊要求的压铸模具钢
	1-4	5Cr06NiMo	5CrNiMo	该钢种具有良好的韧性、强度和高耐磨性，并具有十分良好的淬透性
	1-5	5Cr08MnMo	5CrMnMo	该钢种具有与 5CrNiMo 相似的性能，淬透性较 5CrNiMo 略差，在高温下工作，耐热疲劳性逊于 5CrNiMo，适用于制造要求具有较高强度和高耐磨性的各种类型的锻模
冷作模具钢	2-1	9Cr06WMn	9CrWMn	该钢种具有一定的淬透性和耐磨性，淬火变形较小，碳化物分布均匀且颗粒细小，通常用于制造截面不大而变形复杂的冷冲模
	2-2	CrWMn		该钢种具有高淬透性，可用来制造在工作时切削刃口不剧烈变热的工具和淬火时要求不变形的量具和刃具
	2-3	Cr12Mo1V1	—	该钢种相当于 ASTM A681-94 的 D2 钢，是国际上较广泛采用的高碳高铬冷作模具钢，属于莱氏体钢，具有高的淬透性、淬硬性和高的耐磨性，高温抗氧化性能好，淬火和抛光后抗锈蚀能力好，热处理变形小
	2-4	Cr12MoV	—	该钢种具有高淬透性，可用来制造截面较大，形状复杂，经受较大冲击负荷的各种模具
	2-5	Cr12	—	该钢种相当于 ASTM A681 的 D3 钢，该钢具有良好的耐磨性，多用于制造受冲击负荷较小的要求较高耐磨的冷冲模及冲头、冷剪切刀、钻套、量规、拉丝模等
塑料模具钢	3-1	1Ni3Mn2CuAl	—	该钢种是一种镍铜铝系时效硬化型塑料模具钢，其淬透性好，热处理变形小，镜面加工性能好，适用于制造高镜面的塑料模具、高外观质量的家用电器塑料模具
	3-2	20Cr13	2Cr13	该钢种属于马氏体类型不锈钢，该钢机械加工性能较好，经热处理后具有优良的耐腐蚀性能，较好的强韧性，适宜制造承受高负荷并在腐蚀介质作用下的塑料模具钢和透明塑料制品模具等
	3-3	30Cr17Mo	3Cr17Mo	该钢种属于马氏体类型不锈钢，用于 P.V.C 等腐蚀性能较强的塑料成型模具
	3-4	40Cr13	4Cr13	该钢种属于马氏体类型不锈钢，该钢机械性能较好，经热处理（淬火及回火）后，具有优良的耐腐蚀性能、抛光性能、较高的强度和耐磨性，适宜制造承受高负荷并在腐蚀介质作用下的塑料模具钢和透明塑料制品模具等
	3-5	3Cr2MnMo	3Cr2Mo	该钢种相当于 ASTM A681 的 P20 钢，是国际上较广泛应用的塑料模具钢，其综合性能好，淬透性高，可以使较大的截面钢材获得均匀的硬度，并且具有很好的抛光性能，模具表面光洁度高
	3-6	3Cr2MnNiMo	3Cr2MnNiMo	该钢种相当于瑞典 ASSAB 公司的 718 钢，是国际上广泛应用的塑料模具钢，综合力学性能好，淬透性高，可以使大截面钢材在调质处理后具有较均匀的硬度分布，有很好的抛光性能

附 录 B
（资料性附录）
各国模具钢牌号对照表

表 B.1 各国模具钢牌号对照表

序号	本标准	ASTM A681	JIS G4404	BS EN ISO 4957
1-1	3Cr2W8V	H22	SKD5	X30WCrV9-3
1-2	4Cr5MoSiV1	H13	SKD61	X40CrMoV5-1
1-4	5Cr06NiMo	L6	SKT4	55NiCrMoV7
2-1	9Cr06WMn	01	SKS3	95MnCr5
2-2	CrWMn	—	SKS31	—
2-3	Cr12Mo1V1	D2	SKD11	X153CrMoV12
2-5	Cr12	D3	SKD1	X210Cr12
3-5	3Cr2Mo	P20	—	35CrMo7
3-6	3Cr2MnNiMo	—	—	40CrMnNiMo8-6-4

ICS 77.140.20
H 40

中华人民共和国国家标准

GB/T 24595—2009

调质汽车曲轴用钢棒

Steel bar for quenched and tempered automotive crankshaft

2009-10-30 发布　　　　2010-05-01 实施

中华人民共和国国家质量监督检验检疫总局
中国国家标准化管理委员会　发布

前言

本标准的附录 A 为规范性附录。

本标准由中国钢铁工业协会提出。

本标准由全国钢标准化技术委员会归口。

本标准主要起草单位：本溪钢铁(集团)有限责任公司、冶金工业信息标准研究院。

本标准主要起草人：梁启华、张险峰、高维光、黄涛、李锡峰、康再兴、栾燕、戴强。

调质汽车曲轴用钢棒

1 范围

本标准规定了调质汽车曲轴用钢棒的订货内容、尺寸、外形、重量及允许偏差、技术要求、试验方法、检验规则、包装、标志和质量证明书。

本标准适用于调质汽车曲轴用热轧钢棒(以下简称钢棒)。

2 规范性引用文件

下列文件中的条款通过本标准的引用而成为本标准的条款。凡是注日期的引用文件，其随后所有的修改单(不包括勘误的内容)或修订版均不适用于本标准，然而，鼓励根据本标准达成协议的各方研究是否可使用这些文件的最新版本。凡是不注日期的引用文件，其最新版本适用于本标准。

GB/T 222 钢的成品化学成分允许偏差

GB/T 223.3 钢铁及合金化学分析方法 二安替比林甲烷磷钼酸重量法测定磷量

GB/T 223.11 钢铁及合金 铬含量的测定 可视滴定或电位滴定法

GB/T 223.19 钢铁及合金化学分析方法 新亚铜灵-三氯钾烷萃取光度法测定铜量

GB/T 223.23 钢铁及合金 镍含量的测定 丁二酮肟分光光度法

GB/T 223.26 钢铁及合金 钼含量的测定 硫氰酸盐分光光度法

GB/T 223.60 钢铁及合金化学分析方法 高氯酸脱水重量法测定硅含量

GB/T 223.62 钢铁及合金化学分析方法 乙酸丁脂萃取光度法测定磷量

GB/T 223.63 钢铁及合金化学分析方法 高碘酸钠(钾)光度法测定锰量

GB/T 223.67 钢铁及合金 硫含量的测定 次甲基蓝分光光度法

GB/T 223.68 钢铁及合金化学分析方法 管式炉内燃烧后碘酸钾滴定法测定硫含量

GB/T 223.69 钢铁及合金 碳含量的测定 管式炉内燃烧后气体容量法

GB/T 223.71 钢铁及合金化学分析方法 管式炉内燃烧后重量法测定碳含量

GB/T 224 钢的脱碳层深度测定法(GB/T 224—2008,ISO 3887:2003,MOD)

GB/T 225 钢 淬透性的末端淬火试验方法(Jominy 试验)(GB/T 225—2006,ISO:642:1999,IDT)

GB/T 226 钢的低倍组织及缺陷酸蚀检验法

GB/T 228 金属材料 室温拉伸试验方法(GB/T 228—2002,eqv ISO 6892:1998)

GB/T 229 金属材料 夏比摆锤冲击试验方法(GB/T 229—2007,ISO 148-1:2006,MOD)

GB/T 231.1 金属布氏硬度试验 第1部分:试验方法

GB/T 702 热轧钢棒尺寸、外形、重量及允许偏差(GB/T 702—2008,ISO 1035 1～4:1980,MOD)

GB/T 1979 结构钢低倍组织缺陷评级图

GB/T 2101 型钢验收、包装、标志及质量证明书的一般规定

GB/T 2975 钢及钢产品 力学性能试验取样位置及试样制备(GB/T 2975—1998,mod ISO 377:1997)

GB/T 4162 锻轧钢棒超声检测方法

GB/T 4336 碳素钢和中低合金钢的火花源原子发射光谱分析方法(常规法)

GB/T 6394 金属平均晶粒度测定方法

GB/T 10561 钢中非金属夹杂物含量测定 标准图谱显微检验方法(GB/T 10561—2005,ISO 4967:1998,IDT)

GB/T 13298 金属显微组织检验方法

GB/T 13299 钢的显微组织评定方法

GB/T 17505 钢及钢产品交货一般技术条件(GB/T 17505—1998,mod ISO 404:1992)

GB/T 20066 钢和铁 化学成分测定用试样的取样和制样方法(GB/T 20066—2006,ISO 14284:1996,IDT)

GB/T 20123 钢铁 总碳硫含量的测定 高频感应炉燃烧后红外吸收法(常规方法)(GB/T 20124—2006,ISO 15350:2000,IDT)

3 订货内容

按本标准订货的合同或订单应包含以下内容:

a) 产品名称;

b) 牌号;

c) 标准编号;

d) 规格(或型号);

e) 重量和/或数量;

f) 加工用途;

g) 交货状态;

h) 带状组织评级方法;

i) 需方提出的其他特殊要求(见5.11)。

4 尺寸、外形、重量及允许偏差

钢棒的尺寸、外形、重量及允许偏差应符合GB/T 702的有关规定,具体要求在合同中注明。

5 技术要求

5.1 冶炼方法

钢应采用电炉+炉外精炼或转炉+炉外精炼冶炼。

5.2 牌号及化学成分

5.2.1 钢的牌号及化学成分(熔炼分析)应符合表1的规定。

表1

统一数字代号	牌号	化学成分(质量分数)/%								
		C	Si	Mn	P	S	Cr	Mo	Cu	Ni
U20452	45[a]	0.42~0.50	0.17~0.37	0.50~0.80	≤0.025	≤0.025	≤0.25	≤0.10	≤0.20	≤0.30
A20402	40Cr	0.37~0.44	0.17~0.37	0.50~0.80	≤0.035	≤0.035	0.80~1.10	≤0.15	≤0.20	≤0.30
A20403	40CrA[a]	0.37~0.44	0.17~0.37	0.50~0.80	≤0.025	≤0.025	0.80~1.10	≤0.15	≤0.20	≤0.30
A30422	42CrMo	0.38~0.45	0.17~0.37	0.50~0.80	≤0.035	≤0.035	0.90~1.20	0.15~0.25	≤0.20	≤0.30
A30423	42CrMoA	0.38~0.45	0.17~0.37	0.50~0.80	≤0.025	≤0.025	0.90~1.20	0.15~0.25	≤0.20	≤0.30

[a] 根据需方要求,45和42CrMo钢中硫含量可控制为0.015%~0.035%。

5.2.2 成品化学成分允许偏差应符合 GB/T 222 的规定。

5.3 交货状态

钢棒以热轧状态交货，钢材的交货硬度应不大于 302HBW。

5.4 力学性能

5.4.1 45 钢采用直径为 25 mm 试样毛坯，经热处理后检验结果应符合表 2 的规定。

表 2

牌号	推荐热处理制度/℃			力学性能				
	正火	淬火	回火	下屈服强度 R_{eL}/(N/mm²)	抗拉强度 R_m/(N/mm²)	断后伸长率 A/%	断面收缩率 Z/%	冲击吸收能量 KU_2/J
45	850±20 空气	840±20 油	600±20 油	≥355	≥600	≥16	≥40	≥39
用于拉伸毛坯制成的试样采用正火处理工艺，用于冲击毛坯制成的试样采用调质处理工艺。								

5.4.2 40CrA、42CrMoA 钢采用直径为 25 mm 试样毛坯，经热处理后检验结果应符合表 3 的规定。

表 3

牌号	推荐热处理制度/℃		力学性能				
	淬火	回火	规定非比例延伸强度 $R_{P0.2}$/(N/mm²)	抗拉强度 R_m/(N/mm²)	断后伸长率 A/%	断面收缩率 Z/%	冲击吸收能量 KU_2/J
40CrA	850±15 油	520±50 水、油	≥785	≥980	≥9	≥45	≥47
42CrMoA	850±15 油	560±50 水、油	≥930	≥1 080	≥12	≥45	≥63

5.5 低倍组织

5.5.1 钢棒的横截面酸浸低倍组织应均匀，不允许有目视可见的缩孔、气泡、夹杂、裂纹、分层、翻皮及白点。

5.5.2 连铸钢棒应检验一般疏松、中心疏松、中心偏析，酸浸试片低倍组织合格级别应符合表 4 的规定。

表 4

一般疏松	中心疏松	中心偏析
级，不大于		
2.0	2.0	2.0

5.5.3 模铸钢应检验一般疏松、中心疏松、锭型偏析、一般斑点状偏析和边缘斑点状偏析，其合格级别应符合表 5 的规定。

表 5

一般疏松	中心疏松	锭型偏析	一般斑点状偏析	边缘斑点状偏析
级，不大于				
2.0	2.0	2.0	不允许有	

5.6 非金属夹杂物

钢中非金属夹杂物应符合表 6 的规定。

表 6

非金属夹杂物	A		B		C		D		A+B+C+D	
	粗系	细系	粗系	细系	粗系	细系	粗系	细系	粗系	细系
合格级别,级不大于	2.0	2.5	2.5	2.5	1.0	1.5	1.5	1.5	4.5	4.5
加硫钢 A 类夹杂物(粗系或细系)不大于 3.0 级,A+B+C+D 不作要求。										

5.7 晶粒度

奥氏体晶粒度应不粗于 5 级。

5.8 带状组织

钢应按 GB/T 13299 或附录 A 的方法检验带状组织,合格级别应不大于 2 级。

5.9 末端淬透性

根据需方要求,并在合同中注明,40CrA、42CrMoA 可检验末端淬透性,淬透性带应符合表 7 的规定。

表 7

牌 号	正火/ ℃	淬火/ ℃	J9 HRC	J15 HRC
40Cr(A)	860～880	850±5	46～54	≥34
42CrMo(A)	860～880	845±5	50～58	43～56

5.10 表面质量

钢棒的表面不允许有裂纹、折迭、结疤及夹杂。如有上述缺陷应清除,清除深度不大于钢材实际尺寸的 5%。清除宽度不小于深度的 5 倍。同一截面达到最大清除深度不允许多于一处。允许有从实际尺寸算起不超过尺寸公差之半的个别细小划痕、压痕、麻点及深度不超过 0.2 mm 的小裂纹存在。

5.11 特殊要求

根据需方要求,并在合同中注明可供下列特殊要求的钢材:

a) 缩小化学成分范围;

b) 加严试验项目的指标;

c) 进行超声波检验;

d) 进行脱碳检验;

e) 其他要求。

6 试验方法

每批钢棒的检验项目和试验方法应符合表 8 的规定。

表 8

序号	检验项目	取样数量	取样部位	试验方法
1	化学成分	1/炉	GB/T 20066	GB/T 223(见第 2 章)、 GB/T 4336、GB/T 20123
2	布氏硬度	3	不同根钢材	GB/T 231.1
3	拉伸试验	2	GB/T 2975,不同根钢棒	GB/T 228
4	冲击试验	2	GB/T 2975,不同根钢棒	GB/T 229
5	低倍组织	2	相当于钢锭头部和尾部, 连铸坯为不同根钢棒	GB/T 226、GB/T 1979

表 8（续）

序号	检验项目	取样数量	取样部位	试验方法
6	晶粒度	1	任一根钢棒	GB/T 6394
7	淬透性	1	任一根钢棒	GB/T 225
8	带状组织	2	不同根钢棒	GB/T 13298、GB/T 13299、附录 A
9	超声波检验	逐支	整根钢材上	GB/T 4162
10	脱碳	2	不同根钢棒	GB/T 224
11	非金属夹杂物	2	不同根钢棒	GB/T 10561
12	表面质量	逐根	整根钢棒上	目视
13	尺寸	逐根	整根钢棒上	卡尺、千分尺

7 检验规则

7.1 检查和验收

7.1.1 钢棒出厂的检查和验收由供方质量技术监督部门进行。

7.1.2 供方应保证交货的钢棒符合本标准或合同的规定，必要时，需方有权对本标准或合同所规定的任一检验项目进行检查和验收。

7.2 组批规则

钢棒应按批检验和验收，每批钢材由同一牌号、同一炉号、同一尺寸的钢材组成。

7.3 取样数量及取样部位

每批钢棒的取样数量及取样部位应按表 8 的规定。

7.4 复验与判定规则

钢棒的复验和判定规则按 GB/T 17505 的规定执行。

8 包装、标志和质量证明书

8.1 包装、质量证明书按 GB/T 2101 的规定执行。

8.2 采用模铸锭生产的钢棒，需按头、尾管理，钢锭的头部（冒口端）标 A，尾部标 K。采用连铸坯生产的钢棒不做要求。

附 录 A
（规范性附录）
中碳结构钢带状组织评定方法

A.1 范围

本方法规定了调质汽车曲轴用中碳结构钢棒带状组织的金相评定方法、评定原则和组织特征。

本方法适用于调质汽车曲轴用中碳结构钢棒带状组织的评定。

A.2 试样的切取和制备

A.2.1 试样的切取和制备按 GB/T 13298 的有关规定进行。

A.2.2 取样方向为轧制方向，取样部位在直径的 1/4 处切取。试样的检验面积为 10 mm×20 mm。

A.2.3 以热轧状态交货的钢材，评定带状组织的试样经热处理后评定。热处理工艺可由供需双方商定。推荐的热处理工艺为：加热至 850 ℃±10 ℃，保温 20 min，炉冷至 650 ℃±10 ℃，保温不少于 60 min 出炉，空冷。

A.3 评定方法

A.3.1 评定带状组织的放大倍数为 100X（允许使用 95X～110X），标准视场直径为 80 mm。

A.3.2 带状组织的评定采用与标准评级图比较的方法进行。

A.3.3 评级时应选择金相磨面上各视场中最严重的视场进行评定。

A.4 评定原则

带状组织应根据珠光体带的数量、宽度、贯穿视场的程度以及连续性进行评定，如果一个视场处于两相邻标准图片之间时，应记录较低的一级。表 A.1 是对评级图中组织特征的描述。

表 A.1

级别	组 织 特 征
0	沿变形方向取向，带状不很明显；在整个试样检验面上，多个视场中均为充满视场的珠光体组织，没有明显的铁素体条带，评定时应将此种情况视为均匀组织
1	有 1 条～2 条连续的和几条分散的铁素体-珠光体带
2	同一个视场内，贯穿视场连续的珠光体带≤5 条；单条贯穿视场的珠光体条带，带宽＜15 mm；贯穿视场连续的珠光体带不得同时有 2 条≥10 mm；贯穿视场连续的珠光体带不允许同时有 3 条≥7 mm～8 mm；上述规定贯穿视场的程度为不多于三个视场
3	有较宽的多条带或变形的铁素体-珠光体交替带

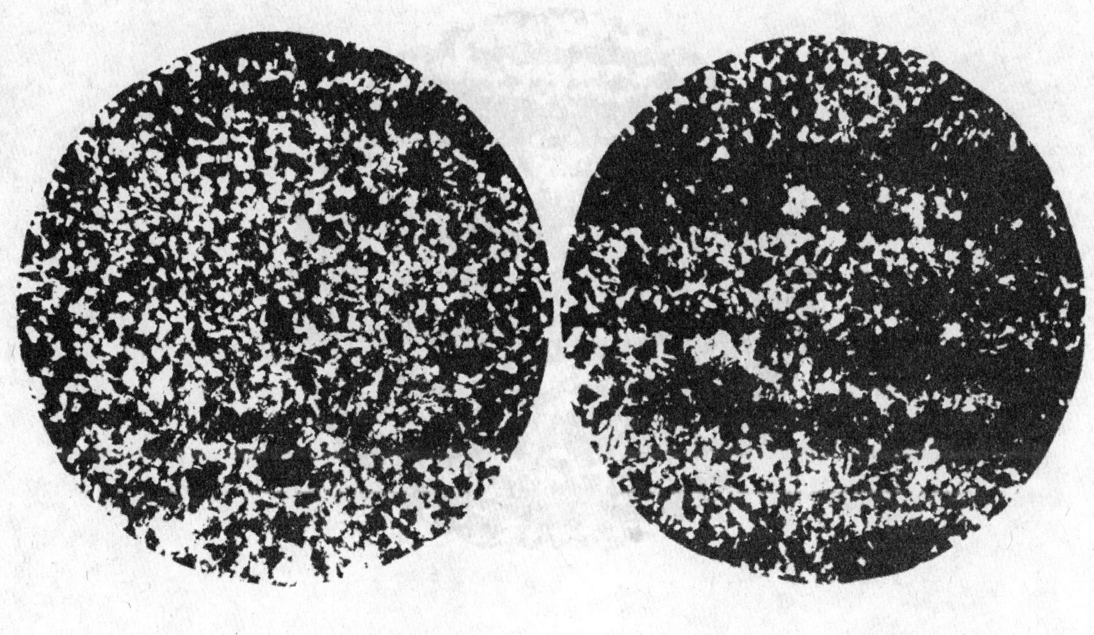

0 级　　　　1 级

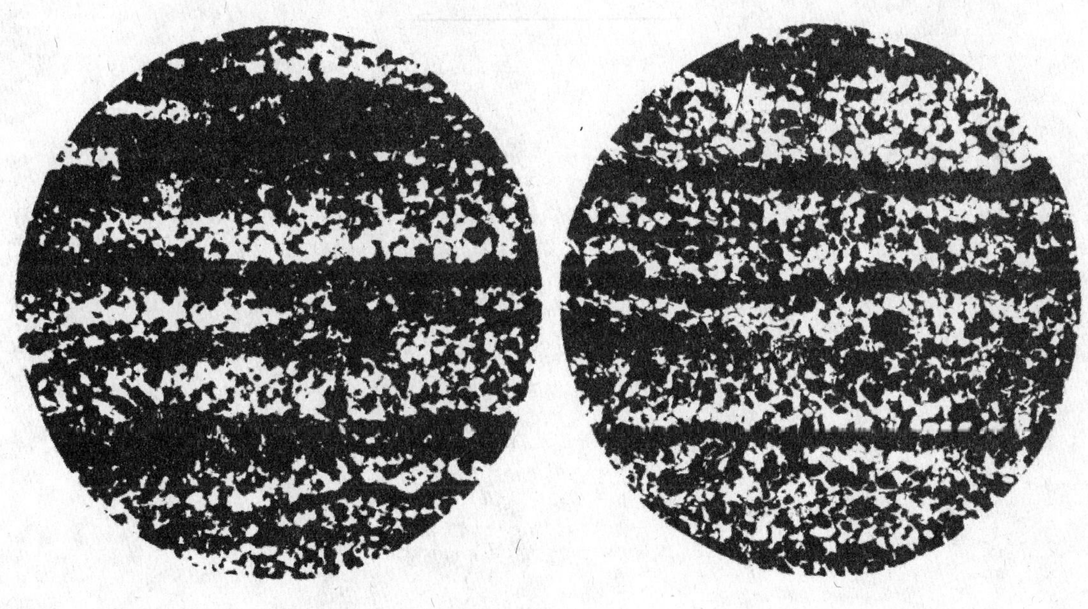

2 级 a)　　　　2 级 b)

图 A.1　中碳结构钢带状组织评级图

3级

图 A.1（续）

四、取样、验收、包装和标志

ICS 77.140.50
H 46

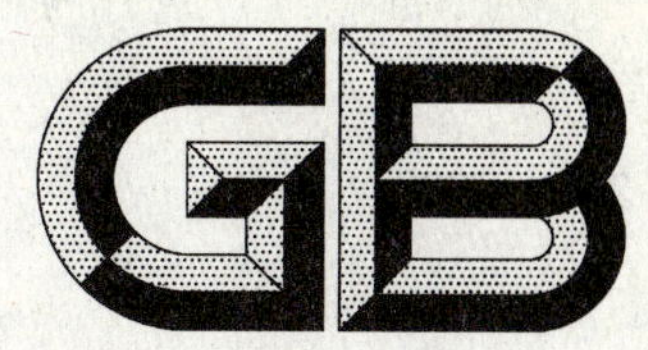

中华人民共和国国家标准

GB/T 247—2008
代替 GB/T 247—1997

钢板和钢带包装、标志及质量证明书的一般规定

General rule of package, mark and certification for steel plates(sheets) and strips

2008-12-06 发布　　　　2009-10-01 实施

中华人民共和国国家质量监督检验检疫总局
中国国家标准化管理委员会　发布

前言

本标准参照 ASTM A 700:2005《装运钢铁产品的包装、标记和装载方法实施规范》(英文版),并结合我国钢板、钢带的实际包装情况以及国内物流运输实际情况对 GB/T 247—1997《钢板和钢带检验、包装、标志及质量证明书的一般规定》进行修订。

本标准代替 GB/T 247—1997《钢板和钢带检验、包装、标志及质量证明书的一般规定》。

本标准与 GB/T 247—1997 相比,对以下主要技术内容进行了修改:

——本标准名称修改为《钢板和钢带包装、标志及质量证明书的一般规定》;

——删除了原标准检验规则部分;

——调整了部分术语和相关定义;

——增加了部分包装材料环保要求;

——删除原标准中不再适用的包装方式;

——根据国内物流条件对原标准中的部分包装方式进行了细化。

本标准由中国钢铁工业协会提出。

本标准由全国钢标准化技术委员会归口。

本标准主要起草单位:武汉钢铁股份有限公司、天津钢铁有限公司、济钢集团有限公司、首钢总公司、冶金工业信息标准研究院。

本标准主要起草人:陈平、魏远征、曾小平、孙根领、师莉、邹锡怀、陈晓红、姚平、谢懋亮、史丽欣、李树庆、王晓虎。

本标准所代替标准的历次版本发布情况为:

GB/T 247—1963、GB/T 247—1976、GB/T 247—1980、GB/T 247—1988、GB/T 247—1997。

钢板和钢带包装、标志及质量证明书的一般规定

1 范围

本标准规定了钢板和钢带的包装、标志、运输、贮存及质量证明书的一般技术要求。

本标准适用于热轧、冷轧及涂镀钢板和钢带的包装、标志、运输、贮存及质量证明书。

2 规范性引用文件

下列文件中的条款通过本标准的引用而成为本标准的条款。凡是注日期的引用文件，其随后所有的修改单(不包括勘误的内容)或修订版均不适用于本标准，然而，鼓励根据本标准达成协议的各方研究是否可使用这些文件的最新版本。凡是不注日期的引用文件，其最新版本适用于本标准。

GB/T 15574　钢产品分类

GB/T 18253　钢及钢产品　检验文件的类型

3 术语和定义

下列术语和定义适用于本标准。

3.1

包装　package

将一件或一件以上产品裹包或捆扎成一个货物单元。

3.2

标签　label

固定在包装件上的纸条或其他材料制品，上面标有产品名称、规格、生产厂等内容。

3.3

标志　mark

用于标识钢材特性的任何一种方法，如喷印、打印等。

3.4

吊牌　tap

用钢丝、U形钉等固定在包装件或容器上的一种活动标签。

3.5

护角　corner protector

安放在产品或包装件边部或棱边上起保护作用的构件。

3.6

捆带　strapping

用来捆扎产品或包装件的挠性材料。

3.7

锁扣　locker

锁紧捆带的构件。

3.8

捆带防护材料　hand protector

放在产品或包装件与捆带之间的材料，防止产品或包装件损坏和防止包装捆带被切断。

3.9

托架　platform

用木质、金属或其他材料制成的构架，由为机械搬运方便而设的支架及其支撑的面板或垫木组成。面板可以是整体的或骨架式的。

3.10

捆扎方向　bundle direction

3.10.1

横向　transverse direction

垂直于钢板轧制方向的方向。

3.10.2

纵向　longitudinal direction

钢板的轧制方向。

3.10.3

周向　circle direction

钢带(卷)的外圆周方向。

3.10.4

径向　eye direction

钢带(卷)中心轴方向。

3.11

重量(包装件)　weight(package)

3.11.1

毛重　gross weight

货物本身的重量和所有包装材料重量之和。

3.11.2

净重　net weight

货物本身的重量。

3.11.3

理论计重　theoretical weight

根据钢材的公称尺寸和密度计算的重量。

3.12

字模喷印　stencil

利用预先裁制好的模板进行喷印作标志。

4　包装

4.1　一般规定

4.1.1　包装应能保证产品在正常运输和贮存期间不致松散、受潮、变形和损坏。

4.1.2　各类产品的包装要求应按其相应产品标准的规定执行。当相应产品标准中无明确规定时，应按本标准的规定执行，并应在合同中注明包装种类或包装代号。若未注明则由供方选择。需方有责任向供方提出它对防护包装材料的要求以及提供其卸货方法和有关设备的资料。

4.1.3　供需双方协商，亦可采用其他包装方式。

4.1.4　本标准中钢产品的分类按 GB/T 15574 的规定执行。

4.2　包装材料

4.2.1　包装材料应符合有关标准和环境保护法律法规的规定。本标准中没有包括的或没有具体规定的材料，其质量应当与预定的用途相适应。包装材料可根据技术和经济的发展而改变。

4.2.2 产品交付后，需方要面临包装材料的处置问题，因此，包装所使用包装材料应是简单而有效，且便于分类处置，回收。

4.2.3 防护包装材料

包装时采用防护包装材料的目的是：(1)防止湿气渗入；(2)尽量减少油损；(3)防止沾污产品；(4)防止产品撞伤。常用的防护包装材料有防锈纸、防锈膜、塑料膜、瓦楞纸、纤维板等。

4.2.4 辅助包装材料

包装时采用辅助包装材料的目的是避免防护包装材料自身受损伤或避免防护包装材料对钢板(卷)产生损伤。常用的辅助包装材料有护角、锁扣、垫片等。

4.2.5 包装捆带

包装件应通过包装捆带捆紧，包装捆带可以是窄带或钢丝。捆带锁紧方式可分为有锁扣和无锁扣两种。

4.2.6 保护涂层

在运输和贮存期间，为保护钢材而选用防腐剂时，应考虑涂敷的方法和涂层的厚度，这些涂层应容易去除，涂层的种类由供方确定。如需方有特殊要求时，应在合同中注明。

4.3 重量和捆扎道数

本标准规定包装件的最大重量与规定的捆扎方式和捆扎道数是相匹配的。经供需双方协商，可以增加包装件重量，当增加包装件重量时，可相应增加捆扎道数，必要时还可改变捆扎方式。

当包装件重量小于 2 t 时，捆扎道数可以酌减。

4.4 钢板包装

4.4.1 热轧钢板包装

热轧钢板的包装应符合表 1 的规定。

表 1 热轧钢板包装

序号	技术要求	图例	备注
1	—	图 1	适用于热轧裸露散装钢板
2	捆带：横向不少于 4 根，边部可加护角	图 2	适用于热轧裸露包装钢板
3	防锈纸 塑料薄膜 底垫板(可不加) 包装盒 垫木或托架 捆带视托架或垫木数量而定	图 3	适用于表面质量要求较高的热轧钢板
4	护角 防锈纸 塑料薄膜 顶部缓冲材料 底垫板(可不加) 包装盒 垫木或托架 捆带视托架或垫木数量而定	图 4	适用于表面质量要求更高，且运输距离长或运输环节多的热轧钢板
注：包装盒可用上盖板＋侧护板进行替代。如采用整体式包装盒，可不用塑料薄膜。			

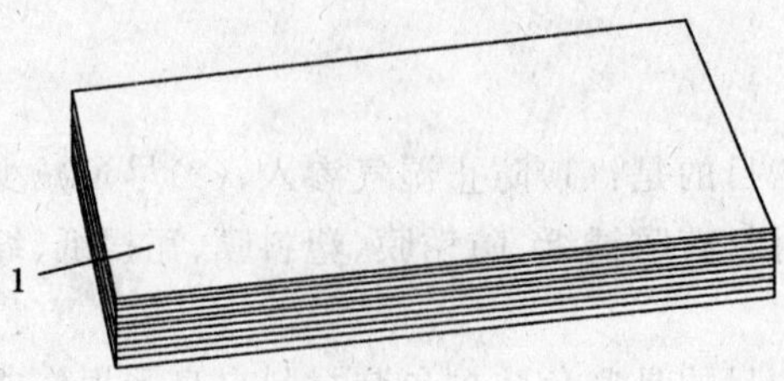

1——钢板。

图 1

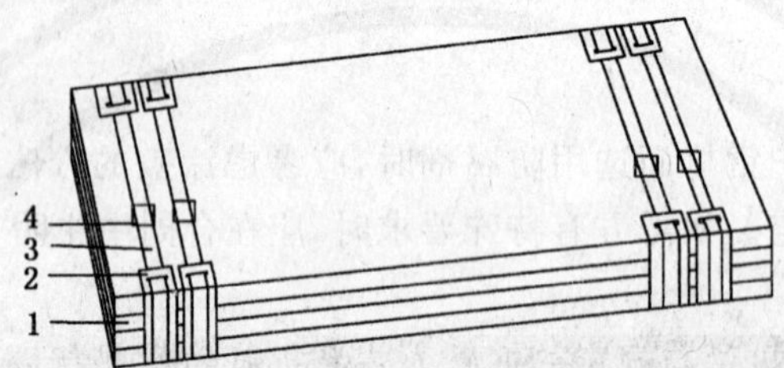

1——钢板；

2——护角；

3——捆带；

4——锁扣。

图 2

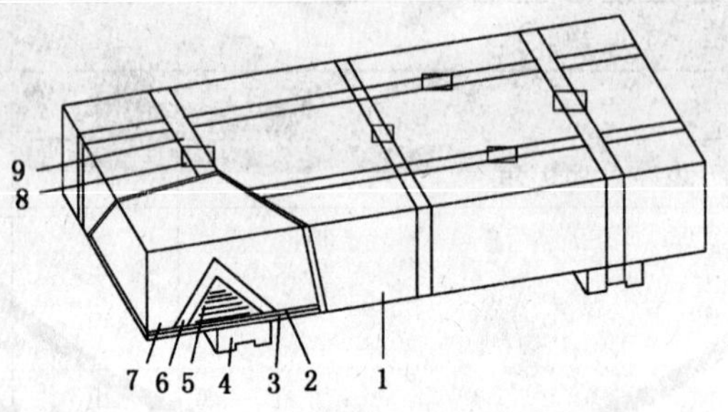

1——包装盒；

2——底垫板；

3——托架；

4——垫木；

5——钢板；

6——防锈纸；

7——塑料薄膜；

8——锁扣；

9——捆带。

图 3

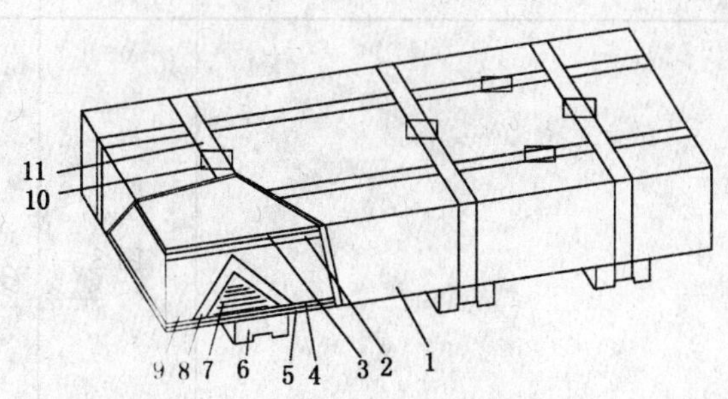

1——包装盒；
2——护角；
3——顶部缓冲材料；
4——底垫板；
5——托架；
6——垫木；
7——钢板；
8——防锈纸；
9——塑料薄膜；
10——锁扣；
11——捆带。

图 4

4.4.2 冷轧及涂镀钢板包装

冷轧及涂镀钢板的包装应符合表 2 的规定。

表 2 冷轧及涂镀钢板包装

序号	技术要求	图例	备注
1	防锈纸 底垫板(可不加) 包装盒 托架 捆带视垫木或托架数量而定	图 5	适用于运输距离短和运输环节少的冷轧、涂镀钢板(不包括镀锡钢板)等
2	防锈纸 塑料薄膜 底垫板(可不加) 包装盒 托架 捆带视垫木或托架数量而定	图 6	适用于运输距离长或运输环节多的冷轧、涂镀钢板(不包括镀锡钢板)等
3	防锈纸 顶部、底部缓冲材料 底垫板 包装盒 托架 捆带视垫木或托架数量而定	图 7	适用于运输距离短和运输环节少的镀锡钢板等

表 2（续）

序　号	技　术　要　求	图　例	备　　注
4	防锈纸 护角 塑料薄膜 顶部、底部缓冲材料 底垫板 包装盒 托架 捆带视垫木或托架数量而定	图 8	适用于运输距离长或运输环节多的镀锡钢板等
注 1：包装盒可用上盖板＋侧护板进行替代。如采用整体式包装盒，可不用塑料薄膜。 注 2：如采用垫木和面板组成的托架可不用底垫板。			

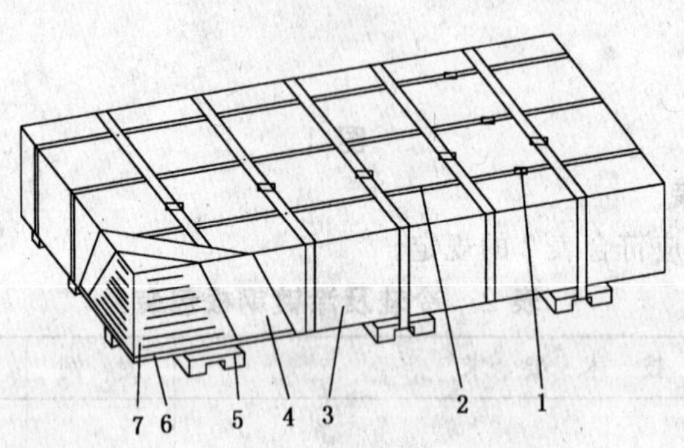

1——锁扣；

2——捆带；

3——包装盒；

4——防锈纸；

5——托架；

6——底垫板；

7——钢板。

图 5

1——锁扣；

2——捆带；

3——包装盒；

4——塑料薄膜；

5——防锈纸；

6——托架；

7——底垫板；

8——钢板。

图 6

1——锁扣；

2——捆带；

3——包装盒；

4——底垫；

5——底部缓冲材料；

6——防锈纸；

7——托架；

8——顶部缓冲材料；

9——钢板。

图 7

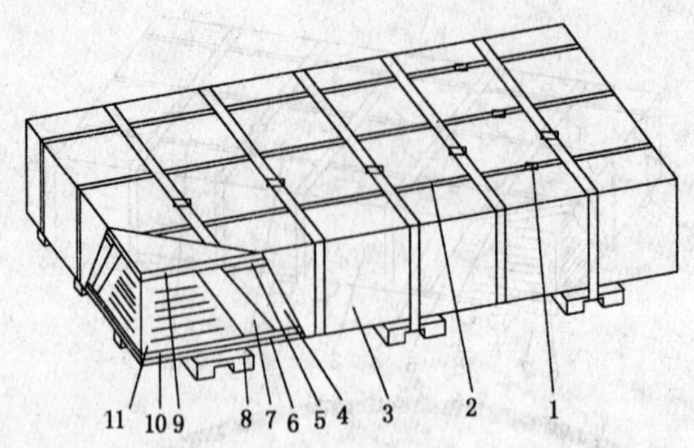

1——锁扣；

2——捆带；

3——包装盒；

4——塑料薄膜；

5——护角；

6——底垫板；

7——防锈纸；

8——托架；

9——顶部缓冲材料；

10——底部缓冲材料；

11——钢板。

图 8

4.4.3 垫木和托架

4.4.3.1 垫木

采用纵向垫木的包装件需要的最少垫木数如表 3 所示，采用横向垫木的包装件需要的最少垫木数如表 4 所示。

4.4.3.2 托架

托架可由横纵垫木组成，或者由垫木和面板组成，如图 9、图 10 所示。垫木的最少数目应当与表 3 和表 4 所示的纵向或横向垫木相同，实际结构可以有所不同。

4.4.3.3 经供需双方商定，可以另行规定垫木和托架的数量。

表 3 采用纵向垫木的包装件需要的最少垫木

钢板公称厚度 t/mm	垫木根数		
	2 根	3 根	4 根
	钢板宽度 W/mm		
$t \leqslant 0.5$	$500 \leqslant W \leqslant 1\,000$	$1\,000 < W \leqslant 1\,500$	$1\,500 < W \leqslant 2\,000$
$0.5 < t \leqslant 1.0$	$500 \leqslant W \leqslant 1\,000$	$1\,000 < W \leqslant 1\,700$	$1\,700 < W \leqslant 2\,500$
$1.0 < t \leqslant 1.5$	$500 \leqslant W \leqslant 1\,250$	$1\,250 < W \leqslant 2\,000$	$W > 2\,000$
$t > 1.5$	所有宽度	—	—
注：长度大于 5 000 mm 或宽度小于 500 mm 的钢板不用纵向垫木。			

表 4 采用横向垫木的包装件需要的最少垫木[a]

钢板公称厚度 t/mm	垫木根数		
	2 根	3 根	5 根
	钢板长度 L/mm		
$t \leqslant 0.5$	$L<1\ 000$	$1\ 000 \leqslant L \leqslant 2\ 000$	$L>2\ 000$
$0.5<t \leqslant 1.0$	$L<1\ 000$	$1\ 000 \leqslant L \leqslant 2\ 500$	$L>2\ 500$
$1.0<t \leqslant 1.5$	$L<1\ 250$	$1\ 250 \leqslant L \leqslant 3\ 000$	$L>3\ 000$
$1.5<t \leqslant 2.5$	$L<1\ 800$	$1\ 800 \leqslant L \leqslant 4\ 000$	$L>4\ 000$
$t>2.5$	$L<2\ 000$	$2\ 000 \leqslant L \leqslant 5\ 000$	$L>5\ 000$
[a] 横向垫木的根数应能保证板包在吊运过程中不产生明显变形，端部垫木距钢板端部距离应不超过 300 mm。			

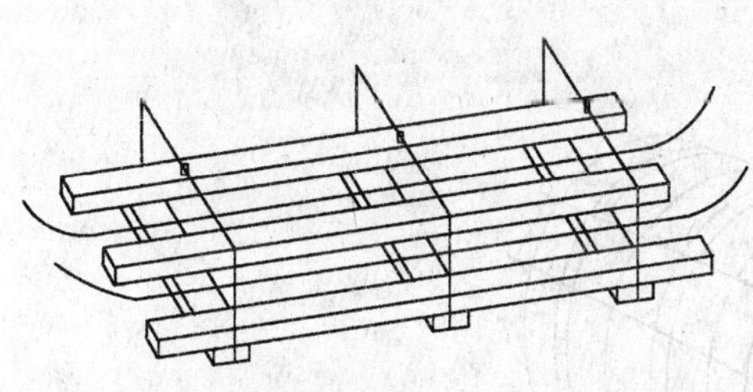

a)

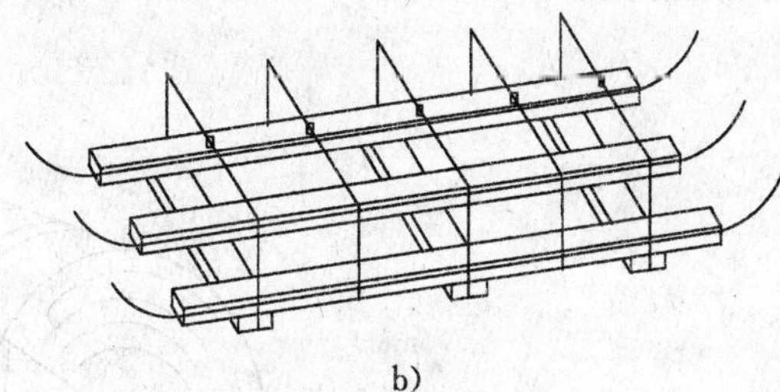

b)

图 9

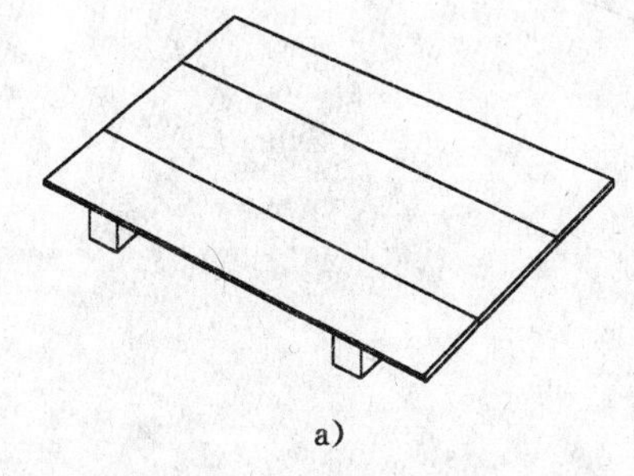

a)

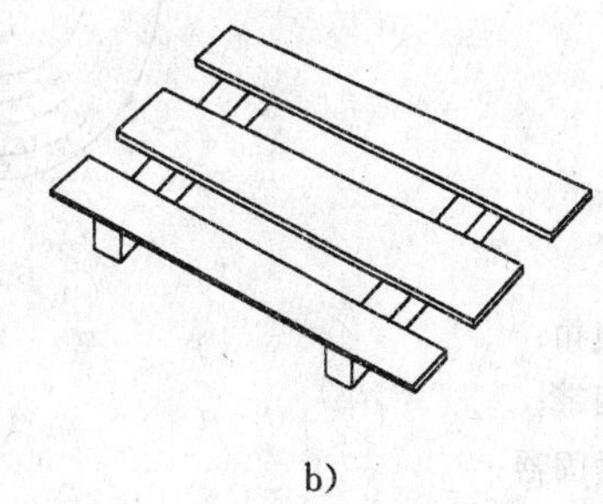

b)

图 10

4.5 钢带包装

4.5.1 热轧钢带包装

热轧钢带的包装应符合表 5 的规定。

表 5 热轧钢带包装

序 号	技 术 要 求	图 例	备 注
1	每小卷周向不少于 1 根捆带； 整卷径向不少于 3 根捆带	图 11	适用于合包窄钢带和纵切钢带
2	每小卷周向不少于 1 根捆带； 整卷径向紧固器一副	图 12	适用于合包窄钢带和纵切钢带
3	捆带：周向不少于 3 根； 拐角可加护角	图 13	适用于热轧钢带(卧式)
4	捆带：周向不少于 3 根，径向不少于 2 根； 拐角加护角	图 14	适用于热轧钢带(立式)
5	紧固器：至少 1 副	图 15	适用于热轧高强度厚钢带

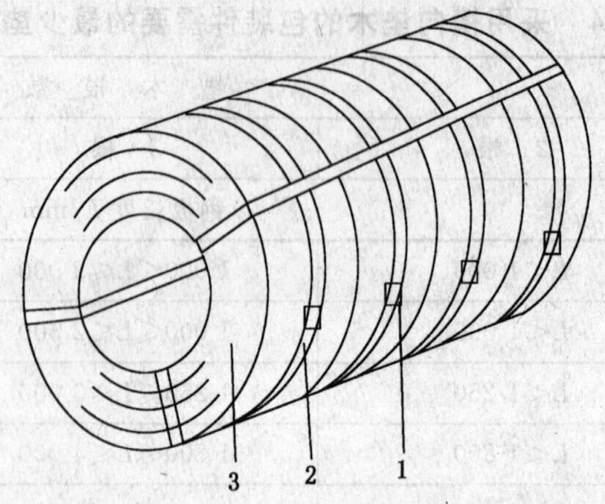

1——锁扣；
2——捆带；
3——钢带。

图 11

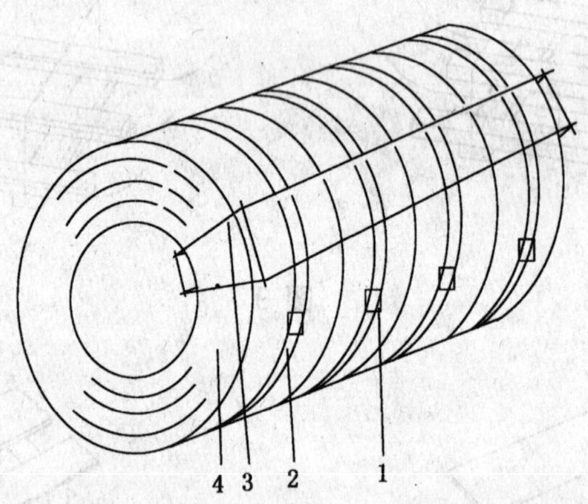

1——锁扣；
2——捆带；
3——紧固器；
4——钢带。

图 12

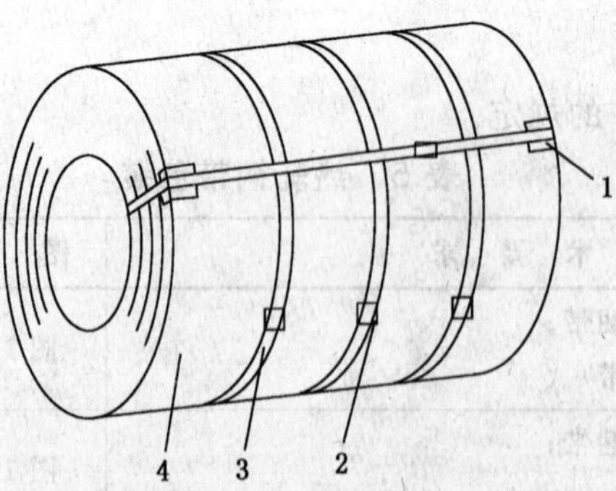

1——护角；
2——捆带；
3——锁扣；
4——钢带。

图 13

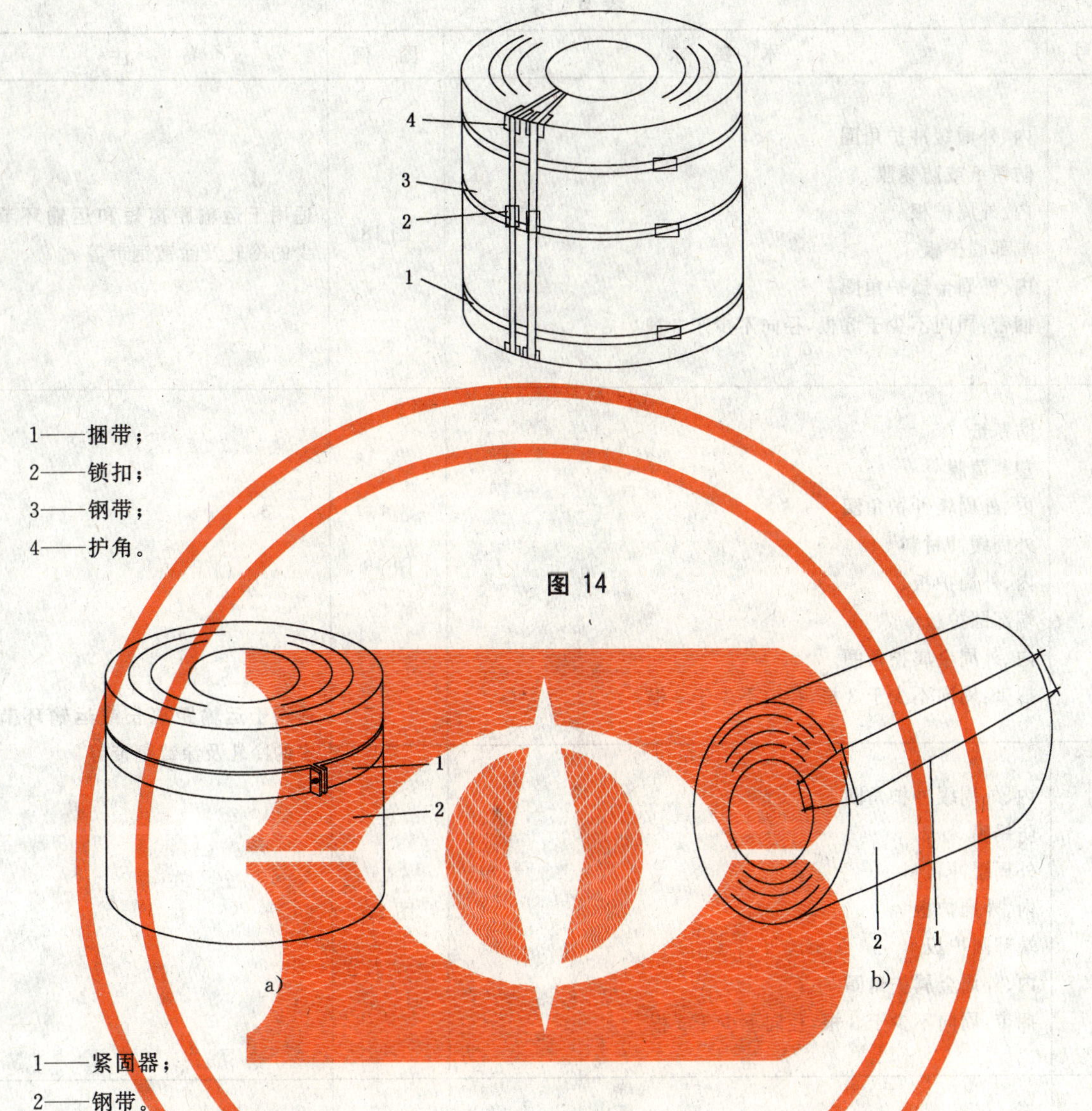

1——捆带；

2——锁扣；

3——钢带；

4——护角。

图 14

1——紧固器；

2——钢带。

图 15

4.5.2 冷轧及涂镀钢带包装

冷轧及涂镀钢带的包装应符合表 6 的规定。

表 6 冷轧及涂镀钢带包装

序 号	技 术 要 求	图 例	备 注
1	防锈纸或塑料薄膜 内周金属护角圈 捆带：周向不少于 3 根，径向不少于 3 根	图 16	适用于简包装冷轧及涂镀钢带
2	内、外周缓冲护角圈 塑料薄膜 外周缓冲材料 内、外周护板 端部圆护板 内、外周金属护角圈 捆带：周向不少于 3 根，径向不少于 3 根	图 17	适用于彩涂钢带

表 6（续）

<table>
<tr><th>序 号</th><th>技 术 要 求</th><th>图 例</th><th>备 注</th></tr>
<tr><td>3</td><td>内、外周缓冲护角圈
防锈纸或防锈膜
内、外周护板
端部圆护板
内、外周金属护角圈
捆带：周向不少于 3 根，径向不少于 3 根</td><td>图 18</td><td>适用于运输距离短和运输环节少的冷轧及涂镀钢带等</td></tr>
<tr><td>4</td><td>防锈纸
塑料薄膜
内、外周缓冲护角圈
外周缓冲材料
内、外周护板
端部圆护板
内、外周金属护角圈
捆带：周向不少于 3 根，径向不少于 3 根</td><td>图 19</td><td rowspan="2">适用于运输距离长或运输环节多的冷轧及涂镀钢带等</td></tr>
<tr><td>5</td><td>内、外周缓冲护角圈
防锈膜
外周缓冲材料
内、外周护板
端部圆护板
内、外周金属护角圈
捆带：周向不少于 3 根，径向不少于 3 根</td><td>图 20</td></tr>
<tr><td>6</td><td>防锈纸
塑料薄膜
外周护板
顶部圆盖
顶部外周金属护角圈
顶部外周缓冲护角圈
托架
捆带：周向不少于 3 根，径向不少于 2 根</td><td>图 21</td><td>适用于运输距离长或运输环节多的冷轧及涂镀立式钢带</td></tr>
<tr><td>7</td><td>防锈纸或防锈膜
外周护板
顶部圆盖
顶部外周金属护角圈
顶部外周缓冲护角圈
托架
捆带：周向不少于 3 根，径向不少于 2 根</td><td>图 22</td><td>适用于运输距离短和运输环节少的冷轧及涂镀立式钢带</td></tr>
</table>

表 6(续)

序号	技术要求	图例	备注
8	钢带之间增加缓冲材料 防锈纸 塑料薄膜 外周护板 顶部圆盖 顶部外周金属护角圈 顶部外周缓冲护角圈 托架 捆带:周向不少于 3 根,径向不少于 2 根	图 23	适用于运输距离长或运输环节多的冷轧及涂镀立式分条钢带
9	钢带之间增加缓冲材料 防锈纸或防锈膜 外周护板 顶部圆盖 顶部外周金属护角圈 顶部外周缓冲护角圈 托架 捆带:周向不少于 3 根,径向不少于 2 根	图 24	适用于运输距离短和运输环节少的冷轧及涂镀立式分条钢带

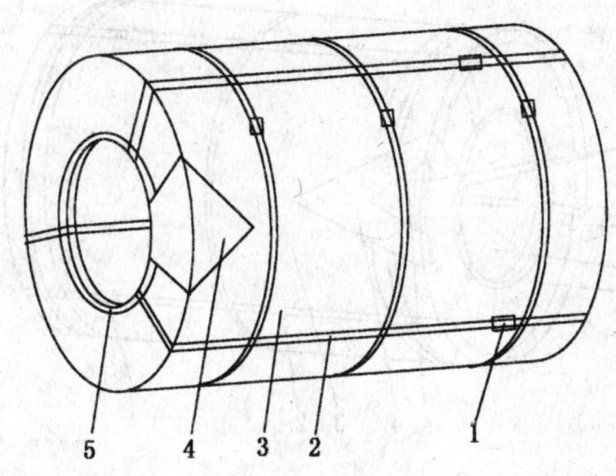

1——锁扣;

2——捆带;

3——防锈纸或防锈薄膜;

4——钢带;

5——内周金属护角圈。

图 16

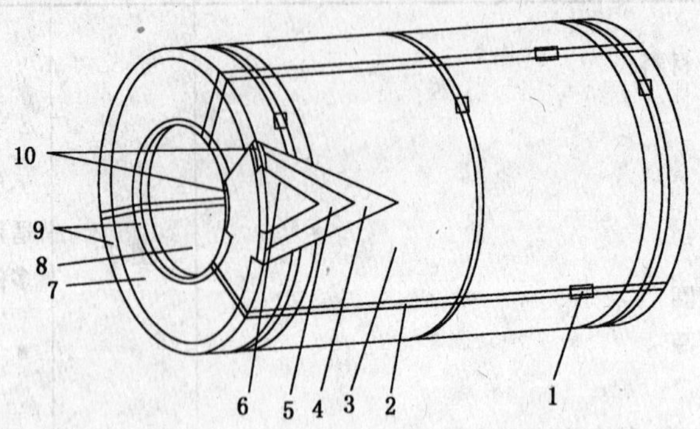

1——锁扣；
2——捆带；
3——外周护板；
4——外周缓冲材料；
5——塑料薄膜；
6——钢带；
7——端部圆护板；
8——内周护板；
9——内、外周金属护角圈；
10——内、外周缓冲护角圈。

图 17

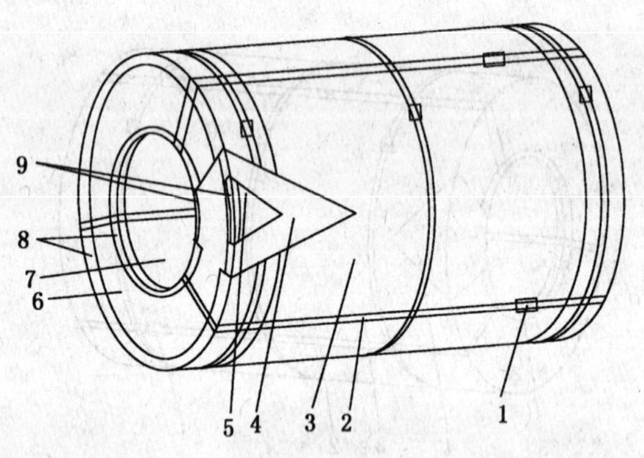

1——锁扣；
2——捆带；
3——外周护板；
4——防锈纸或防锈薄膜；
5——钢带；
6——端部圆护板；
7——内周护板；
8——内、外周金属护角圈；
9——内、外周缓冲护角圈。

图 18

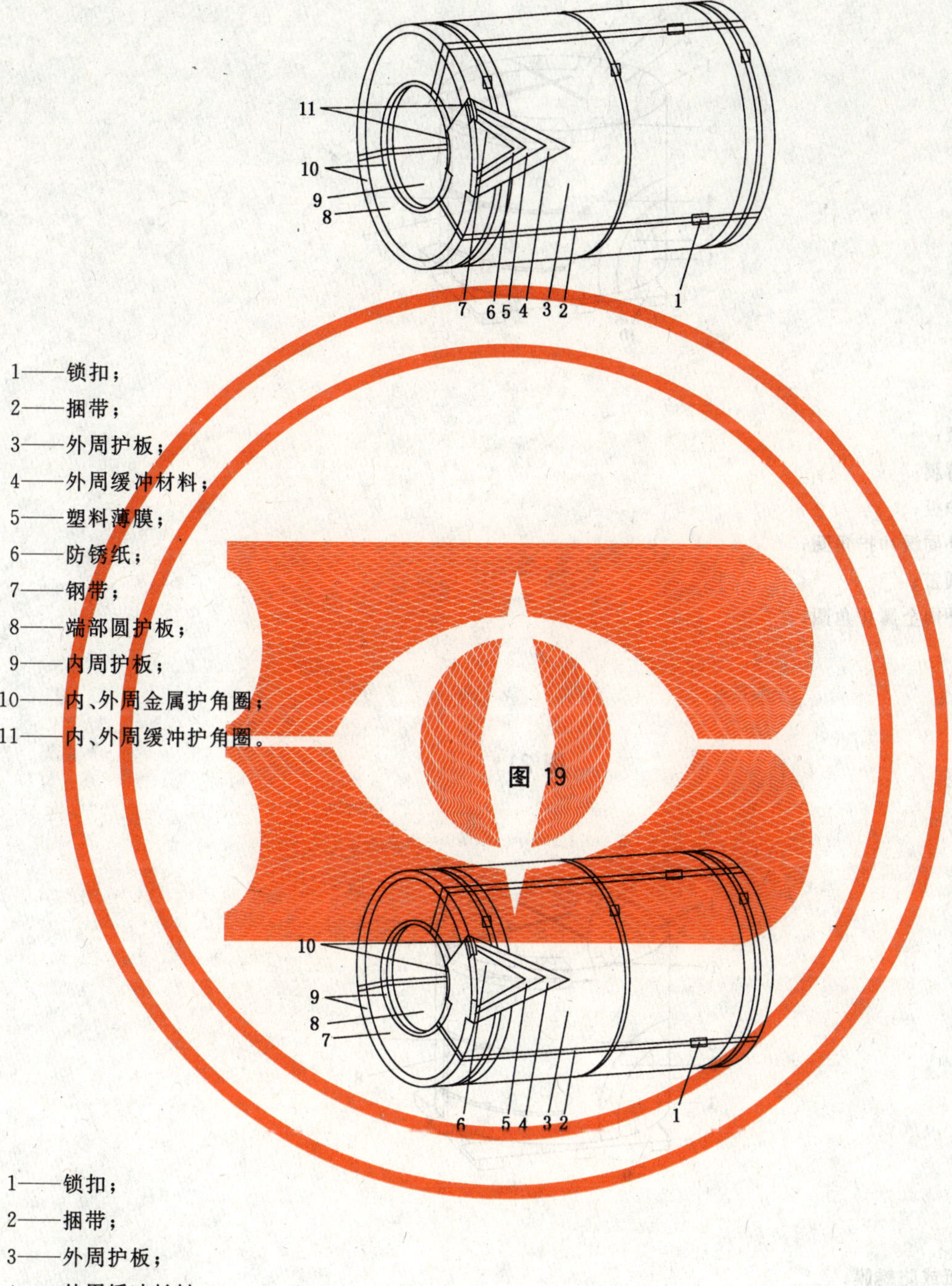

1——锁扣；

2——捆带；

3——外周护板；

4——外周缓冲材料；

5——塑料薄膜；

6——防锈纸；

7——钢带；

8——端部圆护板；

9——内周护板；

10——内、外周金属护角圈；

11——内、外周缓冲护角圈。

图 19

1——锁扣；

2——捆带；

3——外周护板；

4——外周缓冲材料；

5——防锈膜；

6——钢带；

7——端部圆护板；

8——内周护板；

9——内、外周金属护角圈；

10——内、外周缓冲护角圈。

图 20

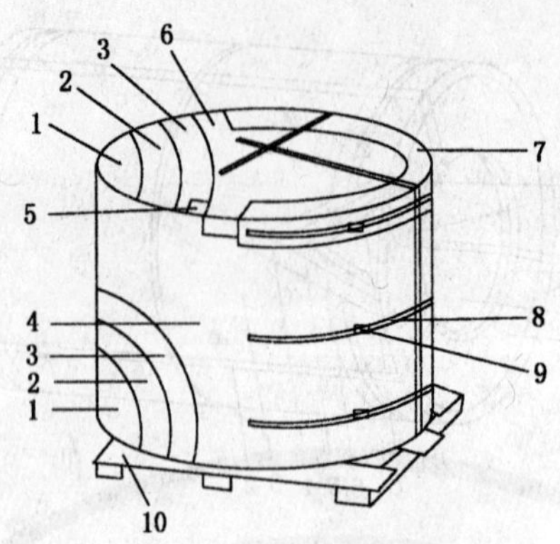

1——钢带；

2——防锈纸；

3——塑料薄膜；

4——外周护板；

5——顶部外周缓冲护角圈；

6——顶部圆盖；

7——顶部外周金属护角圈；

8——捆带；

9——锁扣；

10——托架。

图 21

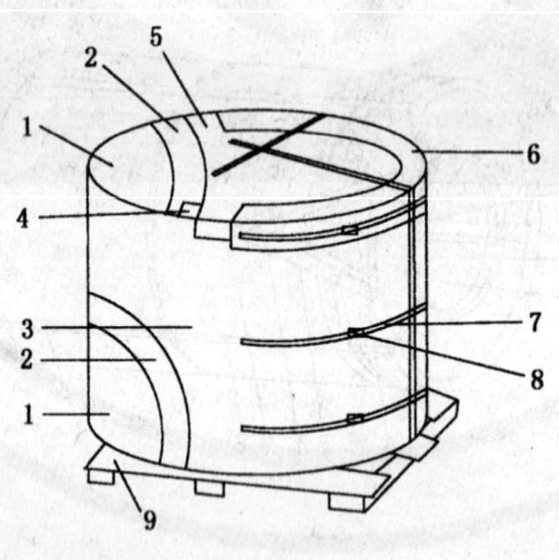

1——钢带；

2——防锈纸或防锈膜；

3——外周护板；

4——顶部外周缓冲护角圈；

5——顶部圆盖；

6——顶部外周金属护角圈；

7——捆带；

8——锁扣；

9——托架。

图 22

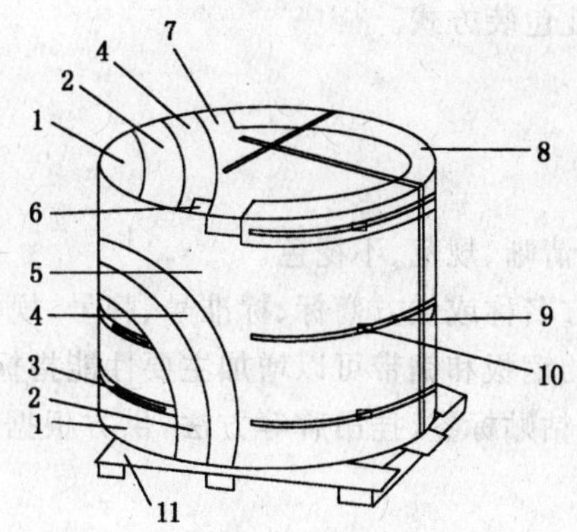

1——钢带；

2——防锈纸；

3——缓冲材料；

4——塑料薄膜；

5——外周护板；

6——顶部外周缓冲护角圈；

7——顶部圆盖；

8——顶部外周金属护角圈；

9——捆带；

10——锁扣；

11——托架。

图 23

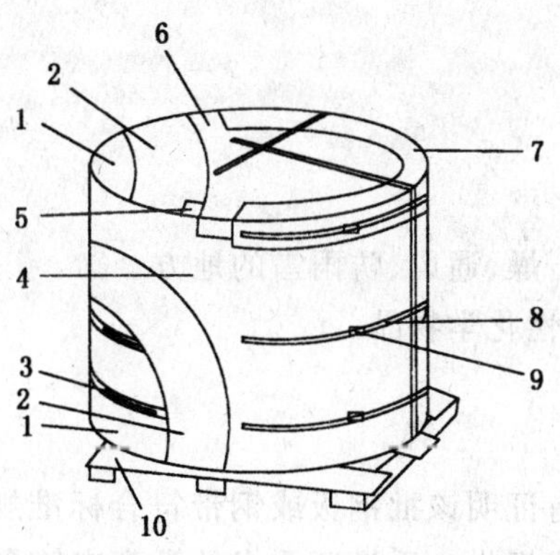

1——钢带；

2——防锈纸或防锈膜；

3——缓冲材料；

4——外周护板；

5——顶部外周缓冲护角圈；

6——顶部圆盖；

7——顶部外周金属护角圈；

8——捆带；

9——锁扣；

10——托架。

图 24

4.5.3 热轧酸洗钢带包装

热轧酸洗钢带包装可参照冷轧包装方式。

5 标志

5.1 一般规定

5.1.1 标志应醒目、牢固，字迹应清晰、规范、不褪色。

5.1.2 标志应包括如下内容：供方名称或供方商标、标准号、牌号、规格、重量及能够追踪从钢材到冶炼的识别号码。对于精加工程度高的钢板和钢带可以增加主要性能指标、级别等内容。

5.1.3 标志可以采用喷印、压印、粘贴标签、挂吊牌等方法，供方根据实际情况选择一种或一种以上方法。成品标志信息应完整。

5.2 钢板标志

5.2.1 裸露不捆扎的钢板应逐张标志；裸露捆扎包装的钢板，应在最上面的一张钢板上作标志，可粘贴标签或挂吊牌等。

5.2.2 用防护包装材料和各种辅助包装材料裹包的钢板，应在包装件的外部粘贴标签或挂吊牌。

5.3 钢带标志

5.3.1 可在卷内径表面、外周表面或端面粘贴或挂吊牌。

5.3.2 用防护包装材料和各种辅助包装材料裹包的钢带，在包装件的外部粘贴标签或挂吊牌。

5.3.3 单卷窄带因可供标志的面积所限，标志内容和数量可酌减，但应保证标识可追朔性。

6 运输

6.1 运输过程中钢板和钢带应避免碰撞。

6.2 运输过程中宜防水、防潮。

6.3 产品在车站、码头中转时，宜堆放在库房，如露天堆放，应用防雨布等覆盖，同时下边要用垫块垫好。

6.4 应采用合适的方法装卸。

7 贮存

7.1 钢板和钢带应贮存在清洁、干燥、通风、防雨雪的地方。

7.2 钢板和钢带附近不得有腐蚀性化学物品。

8 质量证明书

每批交货的钢板或钢带应附有证明该批钢板或钢带符合标准规定及订货合同的质量证明书，质量证明书可以以纸制或电子数据格式提供。质量证明书的类型应符合 GB/T 18253 的规定。质量证明书上应注明：

a) 供方名称；
b) 需方名称；
c) 合同号；
d) 品种名称；
e) 标准号；
f) 规格；
g) 级别(如有必要)；
h) 牌号及能够追踪从钢材到冶炼的识别号码；
i) 交货状态(如有必要)；

j) 重量，件数；

k) 规定的各项试验结果；

l) 供方有关部门的印记或有关部门签字；

m) 发货日期或生产日期；

n) 相关标准规定的认证标记(如有必要)。

ICS 77.140.70
H 44

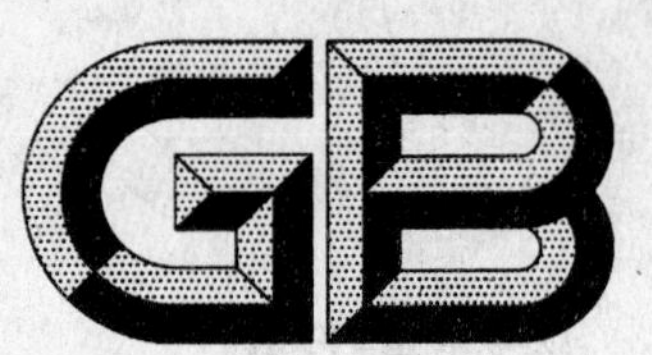

中华人民共和国国家标准

GB/T 2101—2008
代替 GB/T 2101—1989

型钢验收、包装、标志及质量证明书的一般规定

General requirement of acceptance, packaging, marking, and certification for section steel

2008-05-13 发布　　2008-11-01 实施

中华人民共和国国家质量监督检验检疫总局
中国国家标准化管理委员会　发布

前　言

本标准代替 GB/T 2101—1989《型钢验收、包装、标志及质量证明书的一般规定》。

本标准与 GB/T 2101—1989 相比，主要变化如下：

——规范了咬合法包装示意图；

——修改了复验与判定规则。

本标准由中国钢铁工业协会提出。

本标准由全国钢标准化技术委员会归口。

本标准起草单位：唐山钢铁股份有限公司、冶金工业信息标准研究院、首钢总公司、鞍山宝得钢铁有限公司。

本标准主要起草人：冯超、李致清、邓翠青、任翠英、唐牧、王洪新。

本标准所代替标准的历次版本发布情况为：

GB/T 2101—1980、GB/T 2101—1989。

型钢验收、包装、标志及质量证明书的一般规定

1 范围

本标准规定了型钢(条钢和盘条)的验收、包装、标志及质量证明书的一般技术要求。

本标准适用于热轧、冷拉(轧)、锻制及热处理型钢。

2 规范性引用文件

下列文件中的条款通过本标准的引用而成为本标准的条款。凡是注日期的引用文件,其随后所有的修改单(不包括勘误的内容)或修订版均不适用于本标准,然而,鼓励根据本标准达成协议的各方研究是否可使用这些文件的最新版本。凡是不注日期的引用文件,其最新版本适用于本标准。

GB/T 17505—1998 钢及钢产品交货一般技术要求(GB/T 17505—1998,eqv ISO 404:1992)

3 检验规则

3.1 检查和验收

3.1.1 型钢的质量由供方质量监督部门进行检查和验收。

3.1.2 供方必须保证交货的型钢符合有关标准的规定,需方有权按相应标准的规定进行检查和验收。

3.1.3 需方应在拆捆前按照型钢每捆的标志检查该捆型钢的长度、重量、每捆根数等内容,对上述内容有质量异议时不应拆捆。

3.2 组批规则

型钢应成批检验和验收,组批规则按相应标准的规定。

3.3 取样数量和取样部位

试验用取样数量、取样部位按相应标准的规定。

3.4 复验与判定规则

3.4.1 如果不合格的结果是从试验中测得的,仅规定单个值(例如拉伸试验、弯曲试验)时,应采用下列方法:

a) 试验单元是单件产品时,应对不合格项目做相同类型的双倍试验,双倍试验应全部合格,否则,产品应拒收;

b) 试验单元不是单件产品时,除非另有协议,供方可以将抽样产品从试验单元中挑出,也可不挑出:

1) 如果抽样产品不从试验单元中挑出,应从同一批中再任取双倍数量的试样进行该不合格项目的复验。复验结果应全部合格。

2) 如果抽样产品从试验单元中挑出,应随机从同一试验单元中选出另外两个抽样产品。然后从两个抽样产品中分别制取的试样,在与第一次试验相同的条件下再做一次同类型的试验,其试验结果应全部合格。

c) 成卷交货的产品复验不合格时,允许对该批产品逐卷进行检验,合格的单件产品允许交货。

3.4.2 按序贯方法得到的试验结果不合格时,如冲击试验,应按照 GB/T 17505—1998 中的 8.3.4.3.3 的要求进行判定。

3.4.3 出现白点时不允许复验。

3.5 其他

"试验结果无效"、"力学和化学试验结果的修约"和"重新分类和返修"的规定，可参照GB/T 17505—1998 中 8.4 和 8.5 和第 9 章的规定。

4 包装

4.1 尺寸小于或等于 30 mm 的圆钢、方钢、钢筋、六角钢、八角钢和其他小型型钢；边宽小于 50 mm 的等边角钢；边宽小于 63 mm×40 mm 的不等边角钢；宽度小于 60 mm 的扁钢；每米重量不大于 8 kg 的其他型钢必须成捆交货。其他规格的型钢如果选择成捆交货，其成捆要求也应符合本标准要求。每捆型钢应用钢带、盘条或铁丝捆扎结实，并一端平齐。

根据需方要求并在合同中注明亦可先捆扎成小捆，然后将数小捆再捆成大捆。示例见图 1。

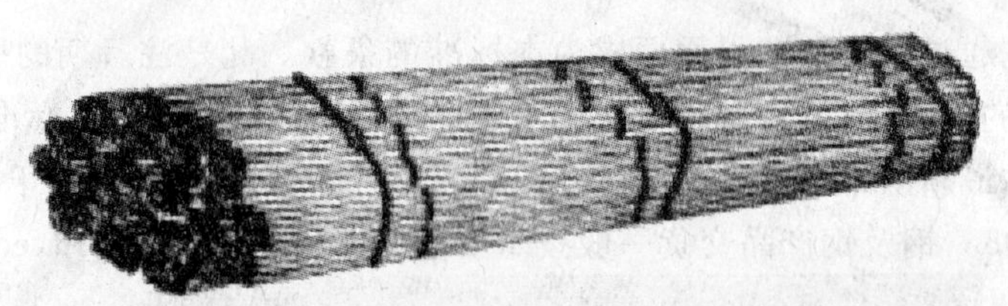

图 1 由小捆捆成大捆包装示意图

4.2 成捆交货型钢的包装应符合表 1 的规定。包装类别通常由供方选择，经供需双方协议并在合同中注明可采用其他包装类别。

表 1

包装类别	每捆重量/kg 不大于	捆扎道次		同捆长度差/mm 不大于
		长度≤6 000 mm	长度>6 000 mm	
		不少于		
1	2 000	4	5	1 000
2	4 000	3	4	2 000
3	5 000	3	4	—

4.2.1 倍尺交货的型钢、同捆长度差不受上表限制。

4.2.2 同一批中的短尺应集中捆扎，少量短尺集中捆扎后可并入大捆中，与该大捆的长度差不受上表限制。

4.2.3 长度小于或等于 2 000 mm 的锻制钢材，捆扎道次应不少于 2 道。

4.2.4 采用人工进行装卸的型钢，需在合同中注明。每捆重量不得大于 80 kg，长度等于或者大于 6 000 mm，均匀捆扎不少于 3 道；长度小于 6 000 mm，捆扎不少于 2 道。

4.3 成捆交货的工字钢、角钢、槽钢、方钢、扁钢等应采用咬合法或堆剁法包装，见图 2 和图 3。

4.4 冷拉钢、银亮钢应成捆或成盘交货，包装除符合表 1 的规定外，还应涂防锈油或防锈涂剂，用中性防潮纸和包装材料依次包裹，铁丝捆牢。捆重不得大于 2 t。

4.5 热轧盘条应成盘或成捆(可由数盘组成)交货。盘和捆均用铁丝、盘条或钢带捆扎牢固，不少于 2 道。

4.6 对于钢帘线用钢等有特殊要求的产品，根据需方要求可增加防锈和防碰伤包装。

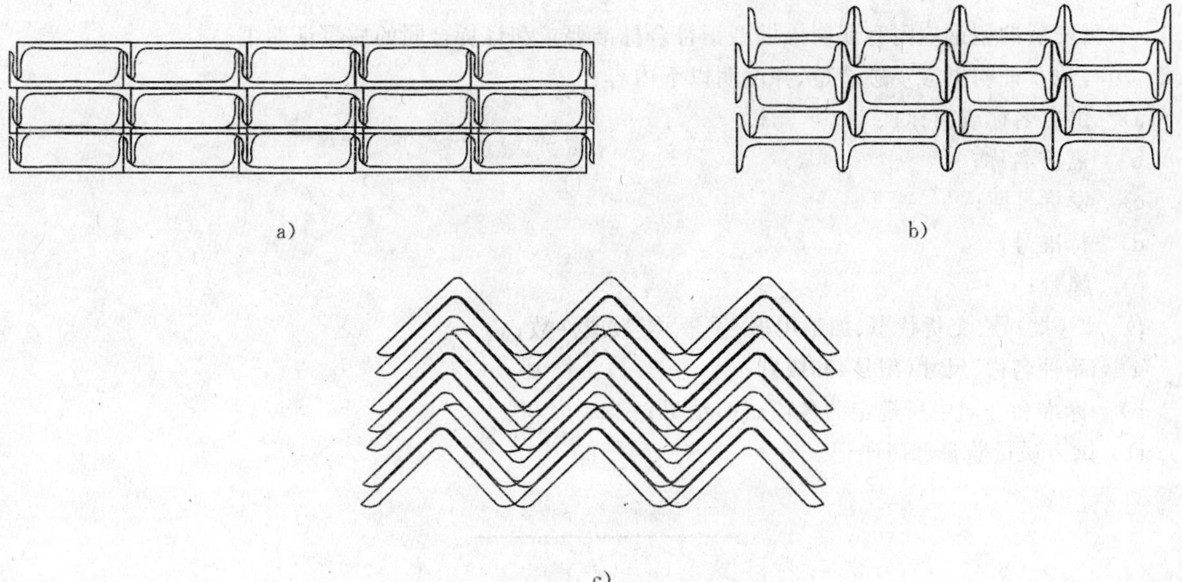

图 2 咬合法包装示意图

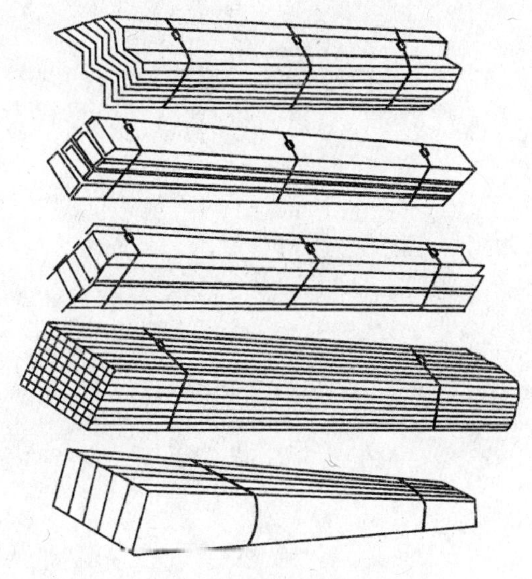

图 3 堆剁包装示意图

5 标志

5.1 型钢的标志应包括供方名称(商标)、牌号、炉(批)号、型号、规格、重量或每捆根数等。标志可采用热轧印、打钢印、喷印、盖印、挂标牌、粘贴标签和放置卡片等方式。标志应字迹清楚,牢固可靠。

5.2 逐根交货的型钢(冷拉钢除外),应在端面或靠端部逐根作上牌号、炉(批)号等印记。成捆交货的普通中型型钢可不逐根标记。

5.3 成捆(盘)交货的型钢,每捆(盘)至少挂两个标牌,标牌上应有供方名称(或厂标)、牌号、炉(批)号、尺寸(或型号)、重量等印记。

每根型钢作有标志时,可不挂标牌。

5.4 型钢涂色应符合有关标准的规定。

6 质量证明书

6.1 每批交货的型钢应附有证明该批型钢符合标准要求和订货合同的质量证明书。

6.2 填写质量证明书应字迹清楚，并注明以下内容：

a) 供方名称或商标；

b) 需方名称；

c) 发货日期；

d) 标准号；

e) 牌号；

f) 炉(批)号、交货状态、加工用途、重量、支数或件数；

g) 品种名称、尺寸(型号)和级别；

h) 标准和合同中所规定的各项试验结果；

i) 供方质量监督部门印记。

ICS 23.040.10
H 48

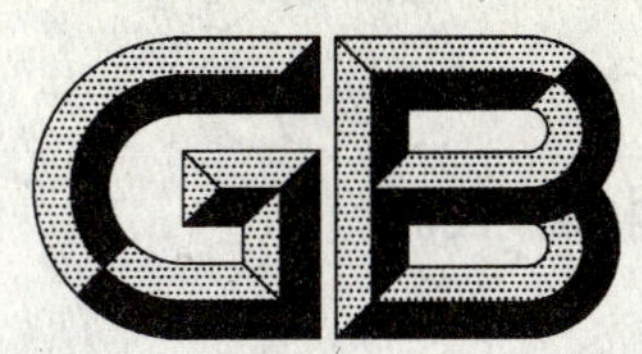

中华人民共和国国家标准

GB/T 2102—2006
代替 GB/T 2102—1988

钢管的验收、包装、标志和质量证明书

Acceptance, packing, marking and quality certification of steel pipe

2006-09-12 发布　　2007-02-01 实施

中华人民共和国国家质量监督检验检疫总局
中国国家标准化管理委员会　发布

前言

本标准与 ASTM A 700:1999《国内运输钢材的包装、标志和装货方式的标准实施办法》的一致性程度为非等效。

本标准代替 GB/T 2102—1988《钢管的验收、包装、标志和质量证明书》。

本标准与 GB/T 2102—1988 相比,主要变化如下:

——修改了钢管的验收规则;

——增加了规范性引用文件、术语;

——增加了钢管捆扎包装材料的规定;

——增加了钢管铁丝捆扎包装每道次铁丝股数的规定;

——增加了管端开坡口钢管的管端保护规定。

本标准由中国钢铁工业协会提出。

本标准由全国钢标准化技术委员会归口。

本标准起草单位:冶金工业信息标准研究院、天津钢管集团有限责任公司、浙江久立不锈钢管股份有限公司、攀钢集团成都钢铁有限责任公司。

本标准主要起草人:黄颖、郑述懿、邵羽、李奇、蔡兴强、安健波。

本标准 1980 年首次发布,1988 年 2 月第一次修订。

钢管的验收、包装、标志和质量证明书

1 范围

本标准规定了钢管的验收、包装、标志和质量证明书的一般技术要求。

本标准适用于钢管的验收、包装、标志和质量证明书。当产品标准有特殊规定时，应按产品标准的规定执行。

2 规范性引用文件

下列文件中的条款通过本标准的引用而成为本标准的条款。凡是注日期的引用文件，其随后所有的修改单(不包括勘误的内容)或修订版均不适用于本标准，然而，鼓励根据本标准达成协议的各方研究是否可使用这些文件的最新版本。凡是不注日期的引用文件，其最新版本适用于本标准。

GB/T 8170 数值修约规则

GB/T 15574 钢产品分类(GB/T 15574—1995，eqv ISO 6929：1987)

3 术语

下列术语和定义适用于本标准。

3.1

包装 package

将一根或一根以上产品裹包、捆扎或放置在容器中组成一个货物单元。

3.2

标志 mark

标识钢材特性的方法或内容，常用的方法有喷印、盖印、滚印、打印、粘贴印记或贴(挂)标签、吊牌。

3.3

标签 label

固定在包装件上的卡片，卡片上面标志内容包括产品名称、规格、制造厂等。

3.4

吊牌 tag

固定在包装件或容器上的一种活动标签，常用硬质塑料、金属材料制造。

3.5

捆扎材料 strapping

用来捆扎钢管或包装件的挠性材料，常采用的挠性材料有钢带、钢丝等。

3.6

捆扎保护材料 hand protector

放置在钢管之间或钢管与捆扎材料之间的，防止钢管损坏和防止包装捆扎材料被切断的材料。

4 验收规则

4.1 检查和验收

钢管的质量由制造厂技术质量监督部门进行检查和验收。供方应保证交货钢管符合相应产品标准的规定。需方有权按相应产品标准进行检查和验收。

4.2 组批规则

钢管应成批提交验收,组批规则应符合相应产品标准的规定。

4.3 检验项目、取样数量、取样部位和试验方法

钢管的检验项目、取样数量、取样部位和试验方法,应符合相应产品标准的规定。

4.4 冲击试验结果的判定

4.4.1 当产品标准无规定时,单根抽样钢管冲击试验应采用一组3个试样,一组3个试样的平均值应不小于规定值(最小平均值),允许其中有1个试样的值(单个值)低于规定值,但应不低于规定值的70%。

4.4.2 若单根抽样钢管的一组3个试样的结果没有满足上述规定,但低于规定值的试样不超过2个,且低于规定值70%的试样不超过1个,制造厂可从同一抽样钢管上再取一组3个试样,在第二组试样试验后,如果同时满足下列条件,该抽样钢管判为合格:

a) 6个试样的平均值不小于规定值;

b) 低于规定值的试样不超过2个;

c) 低于规定值70%的试样不超过1个。

如果没有满足上述条件,该抽样钢管应判为不合格。

4.5 复验和判定

4.5.1 代表一批钢管的试验结果,某一项不符合产品标准的规定时,制造厂可从同一批剩余钢管中,任取双倍数量的试样,进行不合格项目的复验。冲击试验每根复验抽样钢管的试验要求和判定原则应符合4.4条的规定。若所有复验结果(包括该项目试验所要求的任一指标)均符合产品标准的规定,则除最初检验的不合格钢管外,该批钢管判为合格。

4.5.2 下列检验项目,初验不合格时,不允许进行复验:

a) 低倍组织缺陷中有白点;

b) 金相检验中的显微组织、晶粒度、脱碳层。

4.5.3 若复验结果不合格或初验金相检验不合格,制造厂可将该批剩余钢管逐根检验或整批重新进行热处理。重新热处理的钢管,应作为新的一批重新检查和验收。钢管重新热处理的次数应不超过2次。

4.6 化学成分的验收

如产品标准未作特殊规定,钢管的化学成分按熔炼成分验收。

4.7 数字修约

当需要评定试验结果是否符合规定值时,试验结果应修约到与规定值末位数字所标识的数位相一致,其修约方法应符合GB/T 8170的规定。

5 包装

5.1 一般规定

5.1.1 包装应能避免钢管在正常装卸、运输和贮存中松散和受损。

5.1.2 需方对钢管的包装材料和包装方式有特殊要求的应在合同中注明,若未注明,包装材料和包装方式由供方选择。

5.1.3 钢管产品的分类应符合GB/T 15574的规定。

5.2 包装材料

5.2.1 包装材料应符合有关标准的规定。本标准中没有包括的或没有具体规定的材料,其质量应当与预定的用途相适应。包装材料可根据技术和经济的发展而改变。

5.2.2 成捆钢管应采用捆扎材料捆扎牢固。捆扎材料可以是钢带、钢丝或非金属柔性材料等。

5.2.3 根据需方要求,为保护钢管不受损坏和捆扎材料不被切断,可在钢管与钢管间、钢管与捆扎材料间使用保护材料。保护材料可以是木材、金属、纤维板、塑料或其他适宜的材料。

5.2.4 根据需方要求,钢管内表面有清洁要求时,包装可用防护包装材料。常用的防护包装材料有牛皮纸、气相防锈纸、防油纸、塑料薄膜或在钢管两端加盖塑料封帽,外径大于 426 mm 的钢管没有封帽时可用麻袋布或塑料布封口包装管端两头。

5.2.5 根据需方要求,钢管表面可涂保护层。保护涂层应是防腐蚀材料,必要时应考虑到涂敷的方法、涂层厚度且容易去除。

保护涂层材料推荐使用表 1 所示的材料。若需方未在合同中注明,保护涂层材料由供方选择。

表 1

涂层类型	涂层的方法	目的
A 型——由溶在石油中的防锈剂组成的软质保护剂	冷喷、浸或刷	保护钢管在短期(室内贮存不超过三个月)保存期内不腐蚀、不生锈
C 型——硬质无水清漆、树脂或塑料涂层	冷喷、浸或刷	保护钢管在运输和室外贮存(不超过六个月)不腐蚀
D 型——溶在溶剂的中等软质薄膜保护剂	冷喷、浸或刷	保护定尺长度钢管的端部
水溶性	冷喷、浸或刷	保护钢管在运输和室外贮存(不超过六个月)不腐蚀

5.3 捆扎包装

5.3.1 钢管一般采用捆扎成捆包装交货。每捆应是同一批号(产品标准允许并批者除外)的钢管。抛光钢管、高精度钢管和冷拔(轧)不锈钢管每捆重量应不超过 2 500 kg,其余钢管每捆重量不应超过 5 000 kg。经供需双方协议,并在合同中注明,每捆钢管的重量可采用其他规定。

5.3.2 钢管捆扎包装件的形式,如图 1、图 2、图 3 和图 4 所示。捆扎部位应为距钢管两端端部 300 mm～500 mm起,均匀分布各道次。经供需双方协商,也可采用其他捆扎包装件的形式。

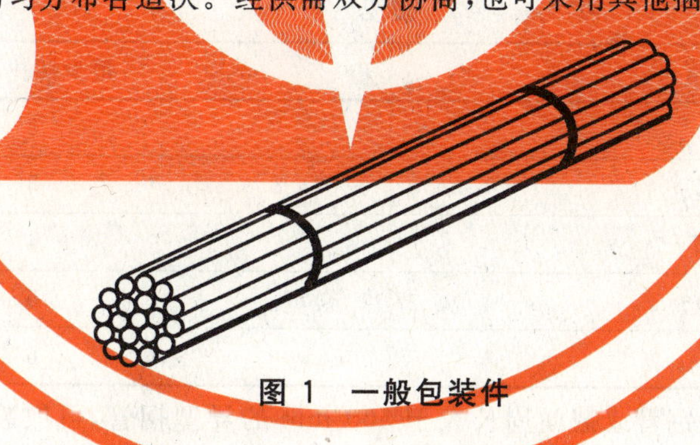

图 1 一般包装件

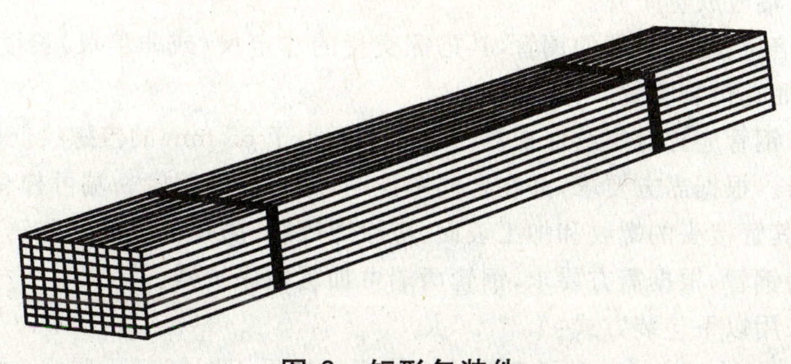

图 2 矩形包装件

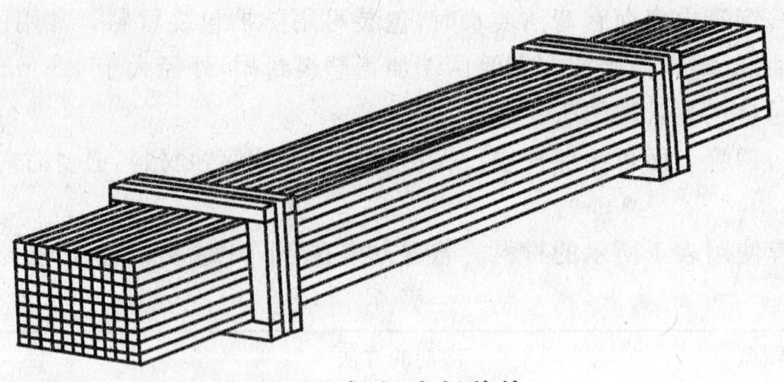

图 3　框架式包装件

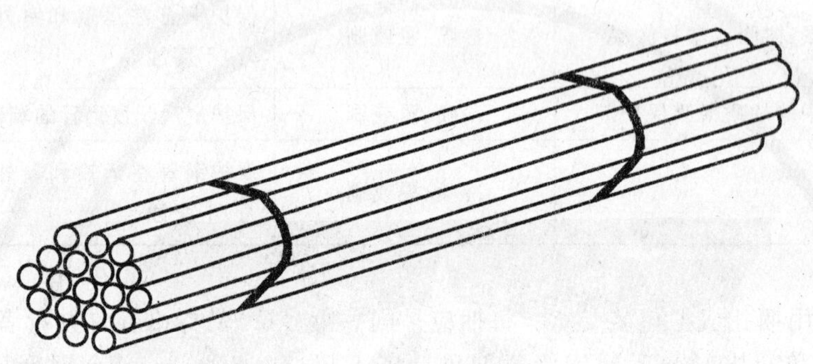

图 4　六角形包装件

5.3.3　每捆钢管的捆扎道数应符合表 2 的规定。

表 2

每捆钢管长度/m	最少捆扎道数
≤3	2
>3～4.5	3
>4.5～7	4
>7～10	5
>10	6

5.3.4　外径大于 159 mm 的钢管或截面周长大于 500 mm 的异型钢管，可散装交货。钢丝捆扎时，每道次应最少拧成 2 股，并根据钢管外径和每捆钢管重量的增加而增加每道次钢丝股数。

5.3.5　成捆钢管的一端应放置平齐。

5.3.6　定尺长度（或倍尺长度）交货的钢管，其搭配交货的非定尺（或非倍尺）长度钢管，应单独捆扎包装。短尺钢管应单独捆扎包装交货。

5.3.7　管端带螺纹的钢管应拧有螺纹保护器。公称直径小于 65 mm 的带螺纹低压流体输送用焊接钢管，可不拧螺纹保护器。根据需方要求，并在合同中注明，带螺纹的钢管一端可拧有管接头。

带螺纹的钢管及其管接头的螺纹和加工表面，应涂螺纹脂、防锈油或其他防锈剂。

5.3.8　管端开坡口的钢管，根据需方要求，钢管两端可加管端保护器。

5.3.9　不锈钢管应采用以下包装方式：

a)　壁厚与外径之比小于 3%的不锈钢薄壁钢管捆扎应采用图 3 所示形式，或采用容器包装；大口径不锈钢管应在其两端加上支撑物，以避免运输、装卸过程中发生变形；

b)　不锈钢抛光管捆扎前应逐根用塑料薄膜包裹；冷拔或冷轧不锈钢管捆扎前应用不少于两层的

麻袋布、编织带或塑料布紧密包裹。不锈钢管与钢带或钢丝之间应有保护材料；

c) 其他不锈钢管依据品种、最后一道工序、尺寸和运输方法的不同而采用适宜的包装方式。

5.3.10 抛光钢管、精密钢管捆扎前内外表面应涂防锈油或其他防锈剂，并用防潮纸和麻袋布（或编织带、塑料布）依次包裹。

5.4 容器包装

5.4.1 经供需双方协商并在合同中注明，壁厚不大于 1.5 mm 的冷拔或冷轧无缝钢管、壁厚不大于 1 mm的电焊钢管、经表面抛光的热轧不锈钢管、表面粗糙度 Ra 不大于 3.2 μm 的精密钢管，可用坚固的容器（例如铁箱和木箱）包装。

5.4.2 包装后的容器可装钢管重量应符合表 3 的规定。经供需双方协商，每个容器的可装钢管重量可加大。

表 3

钢 管 类 型	每个容器的可装钢管最大重量/kg
外径小于 20 mm 的钢管和截面周长小于 65 mm 的异型钢管	2 500
外径不小于 20 mm 的钢管和截面周长不小于 65 mm 的异型钢管	3 000

5.4.3 钢管装入容器时，容器内壁应垫上油毡纸、塑料布或其他防潮材料。对外表面有要求的钢管不允许松散在容器内，应用捆扎材料将钢管捆扎在一起，以防在吊装和运输中钢管在容器内碰撞、摩擦而造成外表面受损。容器外部应用钢带、双股钢丝或其他方法捆扎拧紧。

5.4.4 管接头单独发货应装入容器。每个容器的最大的重量为 250 kg。

6 标志

6.1 一般要求

6.1.1 标志应醒目、牢固，字迹应清晰、规范、不易褪色。

6.1.2 标志应至少包括如下内容：制造厂名称或商标、产品标准号、钢的牌号、产品规格及可追踪性识别号码。对于精加工程度高的钢管可以增加主要性能指标和尺寸精度级别等内容。

6.1.3 标志可采用喷印、盖印、滚印、打印、粘贴印记或贴（挂）标签、吊牌等方法，供方可选择一种或多种标志方法。

6.1.4 不锈钢管表面所用标记漆或墨水不得含有任何有害的金属或金属盐，如锌、铅或铜。

6.2 钢管标志

6.2.1 外径不小于 36 mm 的钢管应在距钢管一端端头不小于 200 mm 处开始，按 6.1.3 条规定的标志方法逐根进行标志。外径小于 36 mm 的钢管可不逐根标志。

6.2.2 低压流体输送用焊接钢管和镀锌焊接钢管、电线套管、一般用途的电焊钢管、异型断面焊接钢管、复杂断面的异型无缝钢管，可不逐根标志。

6.2.3 合金钢钢管标志应在钢的牌号后印有炉号、批号。

6.2.4 地质、石油用钢管的管接头，应有钢的牌号（钢级）标志。

6.2.5 车左螺纹的带螺纹钢管，应在标准号后印有“左”字或使用英文字母“L”。

6.2.6 成捆包装的每捆钢管应贴（挂）不少于 2 个标签或吊牌，每根钢管上有标记的可贴（挂）1 个标签或吊牌。标签或吊牌上应至少包括以下内容：制造厂名称或商标、产品标准号、钢的牌号、产品规格、炉号（产品标准未规定化学成分者除外）、批号、重量（或根数）和制造日期。

6.2.7 容器包装的钢管及管接头，在容器内应附 1 个标签或吊牌。在容器外端面上，也应贴（挂）1 个标签或吊牌。标签或吊牌上的内容应符合 6.2.6 条的规定。

7 质量证明书

7.1 每批交货的钢管应附有证明该批钢管符合订货合同和产品标准规定的质量证明书。

7.2 质量证明书应由制造厂技术质量监督部门盖章，或由指定的负责人签发。

7.3 质量证明书应包括以下内容：

a) 制造厂名称；

b) 需方名称；

c) 合同号；

d) 产品标准号；

e) 钢的牌号；

f) 炉号、批号、交货状态、重量、根数(或件数)；

g) 品种名称、规格及质量等级；

h) 产品标准中所规定的各项检验结果(包括参考性指标)；

i) 技术质量监督部门标记；

j) 质量证明书签发日期或发货日期。

ICS 77.140.65
H 49

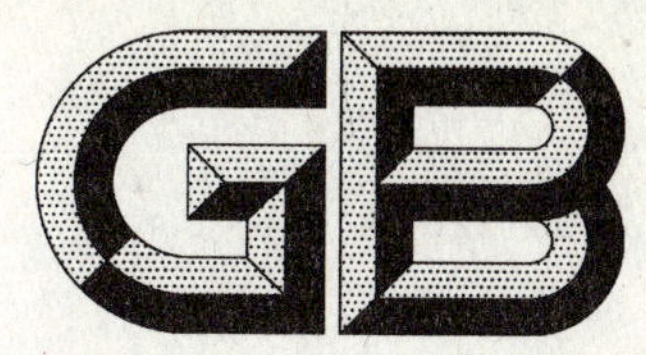

中华人民共和国国家标准

GB/T 2103—2008
代替 GB/T 2103—1988

钢丝验收、包装、标志及质量证明书的一般规定

General requirements for acceptance, packing, marking and quality certification of steel wire

2008-08-19 发布 2009-04-01 实施

中华人民共和国国家质量监督检验检疫总局
中国国家标准化管理委员会 发布

前　言

本标准代替 GB/T 2103—1988《钢丝验收、包装、标志及质量证明书的一般规定》。

本标准与 GB/T 2103—1988 相比，主要变化如下：

——对优质钢丝以外的钢丝，加严形状、尺寸和表面检查数量；

——力学性能取样数量的变化，优质钢丝由抽取 10％修改为 5％；

——包装类型的变化，由Ⅰ、Ⅱ、Ⅱc、Ⅲ、Ⅳ及Ⅴ共 6 种，修改为 A～G 共 7 种；

——包装名称的变化，将防潮、防锈油和气相防锈包装合并为防锈包装；

——包装方法的变化，修改了防护包装和防锈包装的外包装，增加不带芯轴或带芯轴密排层绕包装、线轴包装和带线架包装；

——修改了直条钢丝的捆扎道次；

——包装材料的变化，将一般钢丝和优质钢丝的捆扎钢丝和捆扎钢带的要求，合并为无镀层钢丝的要求；

——增加了包装方法(见附录 A)。

本标准附录 A 为资料性附录。

本标准由中国钢铁工业协会提出。

本标准由全国钢标准化技术委员会归口。

本标准主要起草单位：东北特殊钢集团有限责任公司、冶金工业信息标准研究院、贵州钢绳股份有限公司、宝钢集团上海二钢有限公司。

本标准主要起草人：徐效谦、真娟、王玲君、戴石锋、杨红英、周代义。

本标准所代替标准的历次版本发布情况为：

——GB 2103—1980，GB/T 2103—1988。

钢丝验收、包装、标志及质量证明书的一般规定

1 范围

本标准规定了钢丝的验收规则、包装、标志、质量证明书及贮存和运输等。

本标准适用于钢丝验收、包装、标志及质量证明书的一般规定，当钢丝产品标准另有规定时，应按相应产品标准规定执行。

2 规范性引用文件

下列文件中的条款通过本标准的引用而成为本标准的条款。凡是注日期的引用文件，其随后所有的修改单(不包括勘误的内容)或修订版均不适用于本标准，然而，鼓励根据本标准达成协议的各方研究是否可使用这些文件的最新版本。凡是不注日期的引用文件，其最新版本适用于本标准。

GB/T 4879—1999　防锈包装

YB/T 025—2002　包装用钢带

YB/T 5294—2006　一般用途低碳钢丝

JB/T 6067—1999　气相防锈塑料薄膜

JB/T 6071　气相防锈剂

QB/T 1319　气相防锈纸

SH/T 0692—2000　防锈油

3 验收规则

3.1 检查和验收

3.1.1 钢丝的检查和验收由供方质量监督部门进行。

3.1.2 供方必须保证交货的钢丝符合相应产品标准和合同的要求。需方有权按相应产品标准和合同的要求进行验收。

3.2 组批规则

钢丝应成批验收。每批钢丝由同一牌号、同一炉号(或同一生产批号)、同一形状、同一尺寸及同一交货状态的钢丝组成。

3.3 取样数量

3.3.1 钢丝的取样数量应符合相应产品标准的规定。

3.3.2 如果产品标准未规定取样数量，则按下列规定执行：

钢丝应逐盘进行形状、尺寸和表面检查。

从检查合格的钢丝中抽取5%，但不少于三盘，进行力学性能试验及其他试验。

3.4 复验与判定规则

在检查中，如有某一项检查结果不符合产品标准或合同的要求，则该盘不得交货。并从同一批未经试验的钢丝盘中取双倍数量的试样进行该不合格项目的复验(包括该项试验所要求的任一指标)，复验结果即使有一个试样不合格，则不得整批交货，但允许对该批产品逐盘检验，合格产品允许交货。供方可以对复验不合格钢丝进行分类加工(包括热处理)后，重新提交验收。

4 包装

4.1 包装类型

4.1.1 钢丝按 GB/T 4879—1999 中的 3 级包装(防锈期限 2 年)规定进行包装,包装类型和要求应符合表 1 规定。包装类型应在产品标准中规定,或在合同中注明。未注明的由供方根据产品特性和运输方法确定包装方式。经供需双方协商,也可采用其他方法进行包装。

表 1 钢丝的包装类型及包装要求

包装类型	包装名称	防锈剂	内包装	外包装	捆扎
A	无防护包装	—	—	—	盘卷捆扎不少于 4 处,直条按表 2 规定
B	防护包装	—	—	防潮、防水、无腐蚀材料或聚丙烯编织物等	盘卷捆扎不少于 4 处,直条按表 2 规定
C	防锈包装	防锈油、脂	中性石蜡纸、聚乙烯薄膜或中性复合材料等	麻布、塑料编织物或其他材料	盘卷捆扎不少于 4 处,直条按表 2 规定
D	不带芯轴或带芯轴密排层绕包装	防锈油或气相缓蚀剂	硬(纤维)纸套桶、中性石蜡纸或气相防锈塑料薄膜	麻布、塑料编织物或其他材料	内、外包装捆扎均不少于 4 处
E	线轴包装	气相缓蚀剂	袋装干燥剂、热塑封包或铝塑薄膜真空封装	瓦楞纸箱	底部垫板,塑料封包
F	工字轮包装	防锈油或气相缓蚀剂	中性石蜡纸	塑料编织物或其他材料	外捆扎不少于 2 处
G	容器包装	防锈油或气相缓蚀剂	内衬气相防锈塑料薄膜或气相防锈纸,干燥剂	包装桶或木箱	牢固封严

4.1.2 直条钢丝要用镀锌钢丝(或软钢丝)捆扎结实,捆扎道次应符合表 2 规定。

表 2 直条钢丝的最少捆扎道次

钢丝长度/m	最少捆扎道次	
	内捆扎	外捆扎
≤3.0	3	3
>3.0~6.0	3	4
>6.0~9.0	4	5
>9.0	5	6

4.2 包装方法

4.2.1 钢丝可以选用成捆、不带芯轴或带芯轴密排层绕、缠线轴(工字轮)、带线架或装容器包装;直条钢丝可以成捆或装箱包装。根据产品标准规定或需方要求,可以供应定盘重、定捆重或定尺长度的钢丝。

4.2.2 钢丝具体包装方法参见附录 A《钢丝包装方法》。

4.3 包装材料

4.3.1 捆扎用钢丝或钢带的技术指标应不低于表3规定。若采用其他捆扎材料，材料性能应不低于捆扎钢丝或钢带的要求。

4.3.2 内包装材料应选用中性石蜡纸、聚乙烯薄膜、气相防锈纸和气相防锈塑料薄膜等中性、耐油、防潮的包装材料，也可用耐油复合材料直接包装。

4.3.3 防锈材料

4.3.3.1 防锈油应选用 SH/T 0692—2000 标准中列出的溶剂稀释型防锈油、润滑油型防锈或气相防锈油中的任一种或几种混合使用。若采用其他防锈油，其质量不应低于上述防锈油的技术指标。

4.3.3.2 要求气相防锈的钢丝应采用符合 QB/T 1319 规定的气相防锈纸，或符合 JB/T 6067—1999 规定的气相防锈塑料薄膜包装，或放入气相防锈粉剂、片剂、丸剂等符合 JB/T 6071 规定的气相缓蚀剂，内包装要求密封。

表3 捆扎用钢丝或钢带的技术要求

捆扎材料	钢丝分类	无镀层钢丝		镀层钢丝	
	钢丝直径/mm	<1.6	≥1.6	<1.6	≥1.6
捆扎钢丝	标准	YB/T 5294—2006，1类镀锌(SZ)丝或强度相近的软钢丝		YB/T 5294—2006，1类镀锌(SZ)丝	
	直径/mm	≤1.6	>1.6～2.0	≤1.6	>1.6～2.0
捆扎钢带	标准	YB/T 025—2002，Ⅱ-P-G类		YB/T 025—2002，Ⅱ-P-D类	
	规格/mm	0.4～0.6×13～16	>0.6～0.8×13～32	0.4～0.6×13～16	>0.6～0.8×13～32

5 标志

钢丝内外包装均应挂有标牌，标牌字迹要清晰，绑敷牢固、不易脱落，标牌上应包含但不限于以下内容：

a) 供方名称或商标；

b) 产品名称；

c) 牌号；

d) 炉号或批号；

e) 尺寸(规格)；

f) 外包装标牌上应注明毛重、净重及件数。

6 质量证明书

每批钢丝必须附有质量证明书，质量证明书应包含但不限于以下内容：

a) 供方名称或商标；

b) 需方名称；

c) 发货日期；

d) 产品标准号；

e) 产品名称及牌号(组别)；

f) 炉号或批号；

g) 尺寸(规格)；

h) 交货状态；

i) 重量、件数；

j） 合同号；

k） 产品标准规定的各项检验结果(包括参考性指标)；

l） 包装类型；

m） 质量监督部门印章。

7 贮存和运输

7.1 钢丝应在清洁、干燥、并在防雨防潮条件下分类贮存。

7.2 钢丝应平稳装卸，整齐堆垛，防止从高处跌落。

7.3 钢丝在中途转运过程中应放在干燥场地，底层用干燥垫木，上面用雨布封严，防止受潮。

附 录 A
（资料性附录）
钢丝包装方法

A.1 成捆包装

A.1.1 每捆钢丝允许由一盘卷或数盘卷钢丝组成，除需方另有要求，每捆钢丝重量由供方根据生产和运输条件确定，一般不大于 2 000 kg。

A.1.2 每盘卷应由一根钢丝组成，要用镀锌钢丝（或软钢丝）、钢带或不影响钢丝表面质量并能满足捆扎要求的材料捆扎结实，捆扎应均匀，不少于 4 处。用钢带包装时，带下必须衬垫无腐蚀性软垫。直径小于 0.7 mm 的成盘钢丝，可用自身端头缠绕扎紧；直径不大于 4 mm 的成盘钢丝，端头应弯入盘内或作标志；直径大于 4 mm 的成盘钢丝，端头应有明显标志。

A.2 不带芯轴和带芯轴密排层绕包装

在可拆卸工字轮或收线轴上套一个硬质（纤维）套桶，层绕排线完成后钢丝端头作标识，连同套桶一起卸下，在两端套上硬质（纤维）档环，用镀锌钢丝或不影响钢丝表面质量并能满足捆扎要求的材料捆扎结实，捆扎应均匀，不少于 4 处。按表 1 要求作内、外包装，并捆扎妥当。

A.3 线轴（工字轮）包装

钢丝整齐排绕在线轴（工字轮）上，端部有明显标识。线轴（工字轮）缠绕钢丝高度不得超过 90%，外缠一层气相防锈纸或气相防锈塑料薄膜，再用热缩塑料套封或铝塑薄膜真空封装。封装的线轴装入尺寸合适的瓦楞纸箱中，纸箱表面标志要明显，不易脱落。

A.4 带线架包装

使用带锥度的钢制装线架，将架杆装线部位用塑料薄膜包裹好，架底套上木制环板，然后采用倒立式下线机将钢丝直接卸在线架上，达到额定重量（或长度）后，在钢丝端部作标记，顶部加盖环板，钢丝外围用中性包装纸、塑料薄膜成编织布围裹，再用包装带将上下盖板与线架捆扎牢靠。带线架包装可以单架交货，也可以两个线架套装交货；线架可以一次性使用（丢弃线架），也可以反复使用。

A.5 容器包装

A.5.1 带芯轴的硬纸（纤维）桶包装

倒立式下线机将钢丝直接下到中间带有芯轴的硬纸（纤维）桶中，硬纸（纤维）桶中放入防锈粉和干燥剂，顶部和底部加环形盖板密封，再用钢带捆牢。纸桶一般内衬塑料薄膜，也可用气相防锈塑料薄膜覆盖。几个纸桶可装在一个木质托架上，用钢带捆牢即可发运。

A.5.2 硬纸（纤维）桶、铁桶或木箱包装

将内包装好的盘卷钢丝或带芯轴层绕钢丝直接装入桶或木箱中，加入防锈粉和干燥剂，密封包装。集中包装发运程序同上。

ICS 77.140.65
H 49

中华人民共和国国家标准

GB/T 2104—2008
代替 GB/T 2104—1988

钢丝绳包装、标志及质量证明书的一般规定

Steel wire ropes—Packing, marking and certificate—General requirements

2008-08-19 发布　　2009-04-01 实施

中华人民共和国国家质量监督检验检疫总局
中国国家标准化管理委员会　发布

前　言

本标准代替 GB/T 2104—1988《钢丝绳包装、标志及质量证明书的一般规定》。

本标准与 GB/T 2104—1988 相比主要变化如下：

——改进工字轮包装；

——将工字轮包装金属丝（带）或塑料包装带在距轮缘内部不大于 150 mm 处捆扎二道，改为 200 mm；

——在标志和包装中增加了生产许可证编号；

——删除附表 1。

本标准由中国钢铁工业协会提出。

本标准由全国钢标准化技术委员会归口。

本标准主要起草单位：宝钢集团上海二钢有限公司、贵钢绳股份有限公司、冶金工业信息标准研究院。

本标准主要起草人：周代义、张军、王姜敏、杨红英、王玲君、戴石锋。

本标准所代替标准的历次版本发布情况为：

——GB 2104—1980，GB/T 2104—1988。

钢丝绳包装、标志及质量证明书的一般规定

1 范围

本标准规定了钢丝绳的三种包装方法、标志及质量证明书等内容。

本标准适用于钢丝绳包装、标志及质量说明书的一般要求。当产品标准或需方有具体规定时，按相应规定执行。

2 包装

2.1 一般情况下，每条钢丝绳都应单独包装。

2.2 包装方法分下列3种。包装类型应在合同中注明。若未注明，由供方选择。

2.2.1 方法一：无工字轮包装

钢丝绳应用镀锌铁丝（或低碳钢丝）、钢带或不影响钢丝绳表面质量并能满足捆扎要求的材料捆扎结实、均匀，用防潮材料包严缠紧，包装材料端部用金属丝（带）扎牢，最后用镀锌铁丝（或低碳钢丝）、钢带或塑料包装带捆扎结实、均匀。根据钢丝绳卷外径大小和重量，考虑横向捆扎和纵向捆扎（见图1），金属丝捆扎端头必须平伏。

除非另有要求，每卷钢丝绳的重量不应大于500 kg。

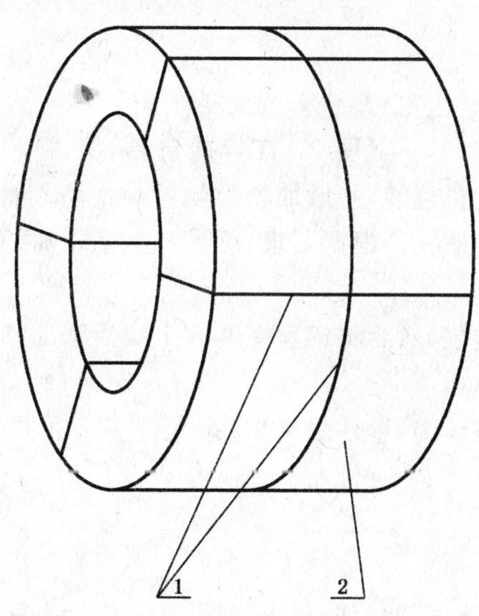

1——金属丝（带）或塑料包装带；

2——外包装。

图1 无工字轮包装

2.2.2 方法二：工字轮包装

工字轮可选用木材、钢、钢木或其他适当材料制成，应有足够的强度，以保证正常运输中不受损坏。

工字轮应不潮湿，木质工字轮应干燥且中心轴孔必要时用金属材料加固。工字轮轮芯直径由供方选择，但要保证所卷钢丝绳拆卷后不变形。工字轮边缘应高出所卷钢丝绳的最外层：直径小于15 mm的钢丝绳，其高出量不应小于钢丝绳直径的2倍；直径大于或等于15 mm的钢丝绳，其高出量不应小于30 mm。

为保证防潮效果，在卷绳前，轮芯和轮壁可衬一层中性防潮纸或其他中性防潮材料。卷绳时，钢丝绳应排绕整齐、紧密。卷绳后，应切净绳头松散部分并将其固定结实。然后，在外层钢丝绳上紧密地包上一层中性防潮材料，再用金属丝(带)或塑料包装带在距轮缘内侧不大于 200 mm 处捆扎二道(见图2)，不应有明显外露的钢丝绳。如捆扎道的间距大于 500 mm，应在中间部位增加一道(见图 2 虚线部位)，用金属丝捆扎的端头应平伏。

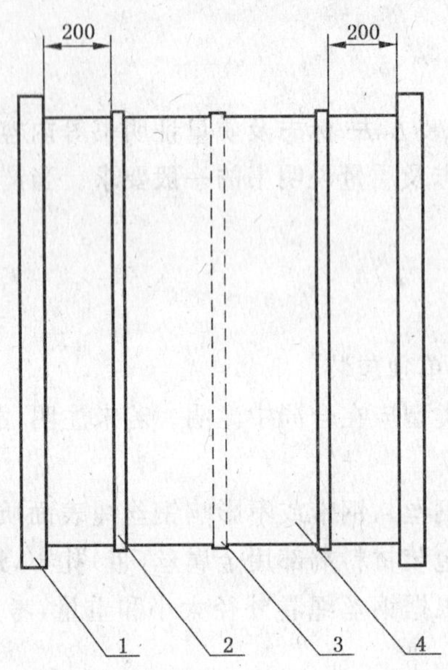

1——工字轮；

2、3——金属丝(带)或塑料包装带；

4——外包装。

图 2　工字轮包装

根据需要，工字轮增加防护材料包装，并增加轮内侧衬中性防潮材料，外层再用木板或其他相当的防护材料覆盖，最后用金属丝(带)捆扎。根据要求，可进行工字轮加托盘(托架)包装。

2.2.3　方法三：桶(箱)包装

2.2.3.1　先按 2.2.1 或 2.2.2 包装，然后将钢丝绳装入干燥清洁的桶(箱)中，桶(箱)盖应封闭严实，以便防污防潮。

2.2.3.2　对定尺有要求的卷装钢丝绳，单件附标识后，允许多件在同一桶(箱)内，对于裸装钢丝绳，在桶(箱)内应加防潮材料。

3　标志

钢丝绳包装外部应附有牢固清晰的标牌，其上注明：

a)　供方名称和商标、地址；

b)　钢丝绳名称；

c)　产品标准号；

d)　钢丝绳的直径、结构、表面状态、捻法和长度；

e)　钢丝绳净重和毛重；

f)　钢丝绳公称抗拉强度；

g)　钢丝绳破断拉力或钢丝破断拉力总和；

h)　钢丝绳出厂编号；

i)　钢丝绳制造日期；

j) QS标志；

k) 生产许可证号(需要时)；

l) 检查员印记。

4 质量证明书

交货钢丝绳应附有质量证明书，其中应注明：

a) 供方名称、地址、电话和商标；

b) 钢丝绳名称；

c) 产品标准编号；

d) 钢丝绳的直径、结构、表面状态、捻法和长度；

e) 钢丝绳净重；

f) 钢丝绳公称抗拉强度；

g) 钢丝绳中试验钢丝的公称直径和公称抗拉强度；

h) 实测钢丝绳破断拉力或实测钢丝破断拉力总和；

i) 钢丝绳中钢丝试验结果(具体按产品标准要求)；

j) 钢丝绳出厂编号；

k) 技术监督部门印记；

l) 生产许可证号(需要时)；

m) 质量证明书编号；

n) 质量证明书审核员的印记或签名；

o) 开具质量证明书日期。

前　　言

本标准等效采用国际标准 ISO 377:1997《钢及钢产品—力学性能试验的取样位置及试样制备》。

本标准主要技术内容，如应用范围、试样制备、取样位置等均与 ISO 377 相同。根据我国具体情况，对于切取样坯时所留加工余量的规定较为详细，对于纵轧钢板横向取样作了明确规定。

本标准在 GB 2975—82《钢材力学及工艺性能试验取样规定》的基础上，增加了术语及符号、试料的状态、产品厚度方向取样位置及方形钢管取样规定。为与国际标准规定一致，对圆钢、六角钢、钢管的一些取样位置作了修改。

本标准自实施之日起代替 GB 2975—82《钢材力学及工艺性能试验取样规定》。

本标准的附录 A 是标准的附录；

本标准的附录 B 是提示的附录。

本标准由中华人民共和国原冶金工业部提出。

本标准由全国钢标准化技术委员会归口。

本标准主要起草单位：原冶金工业部钢铁研究总院、原冶金工业部信息标准研究院。

本标准主要起草人：李久林、梁新邦、高振英、姜清梅。

本标准 1982 年 3 月首次发布。

ISO 前言

ISO(国际标准化组织)是由各国标准化团体(ISO 成员团体)组成的世界性的联合会。制定国际标准的工作通常由 ISO 的技术委员会完成，各成员团体若对某技术委员会确立的项目感兴趣，均有权参加该委员会的工作。与 ISO 保持联系的各国际组织(官方的或非官方的)也可参加有关工作。在电工技术标准化方面，ISO 与国际电工委员会(IEC)保持密切合作关系。

由技术委员会通过的国际标准草案提交各成员团体表决，需取得至少 75%参加表决的成员团体的同意，才能作为国际标准正式发布。

国际标准 ISO 377 由 ISO/TC 17 钢技术委员会下属的 SC20 钢一般技术条件、取样和力学试验方法分技术委员会制定。

经技术上的修订后，本标准第二版本取代第一版本(ISO 377:1989)。

附录 A 是本标准的一部分。

中华人民共和国国家标准

钢及钢产品 力学性能试验取样位置及试样制备

GB/T 2975—1998
eqv ISO 377:1997
代替 GB 2975—82

Steel and steel products—Location and preparation of test pieces for mechanical testing

1 范围

本标准规定了GB/T 15574中定义的型钢、条钢、钢板和钢管的力学性能试验、取样位置和试样制备要求。经供需双方协商,本标准也可用于其他金属产品的取样。

如产品标准或供需双方协议对取样另有规定,应按其规定执行。

2 引用标准

下列标准所包含的条文,通过在本标准中引用而构成为本标准的条文。本标准出版时,所示版本均为有效。所有标准都会被修订,使用本标准的各方应探讨使用下列标准最新版本的可能性。

GB/T 15574—1995 钢产品分类

3 定义及符号

本标准采用下列定义及符号:

3.1 定义

3.1.1 试验单元 test unit

根据产品标准或合同的要求,以在抽样产品上所进行的试验为依据,一次接收或拒收产品的件数或吨数,称为试验单元(见图1)。

3.1.2 抽样产品 sample product

检验、试验时,在试验单元中抽取的部分(例如:一块板),称为抽样产品(见图1)。

3.1.3 试料 sample

为了制备一个或几个试样,从抽样产品中切取足够量的材料,称为试料(见图1)。

注:在某些情况下,试料就是抽样产品。

3.1.4 样坯 rough specimen

为了制备试样,经过机械处理或所需热处理后的试料,称为样坯(见图1)。

3.1.5 试样 test piece

经机加工或未经机加工后,具有合格尺寸且满足试验要求的状态的样坯,称为试样(见图1)。

注:在某些状态下,试样可以是试料,也可以是样坯。

3.1.6 标准状态 reference condition

试料、样坯或试样经热处理后以代表最终产品的状态。

国家质量技术监督局1998-10-16批准　　1999-08-01实施

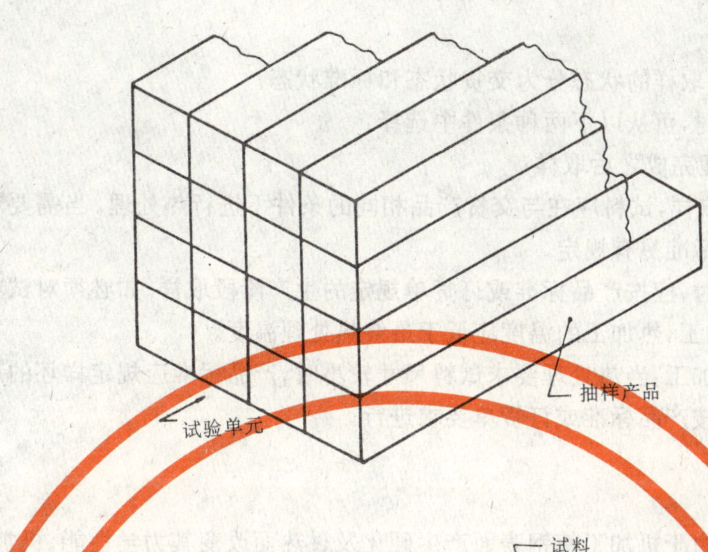

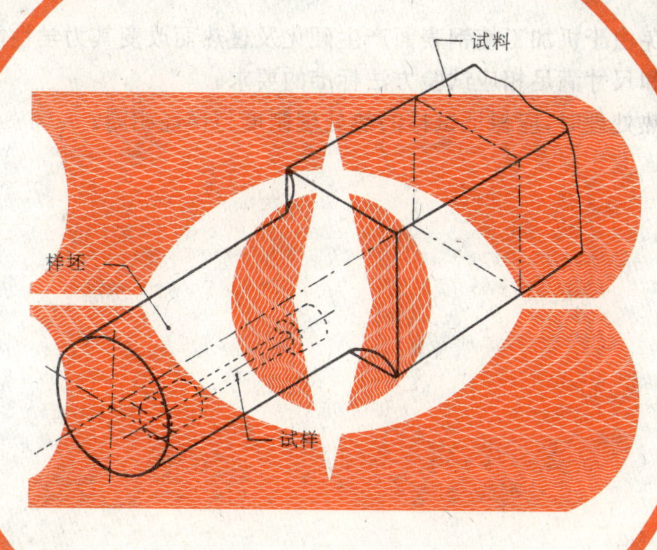

图 1　第 3 章规定的定义示例

3.2　符号

W——产品的宽度；

t——产品的厚度(对型钢为腿部厚度，对钢管为管壁厚度)；

d——产品的直径(对多边形条钢为内切圆直径)；

L——纵向试样(试样纵向轴线与主加工方向平行)；

T——横向试样(试样纵向轴线与主加工方向垂直)。

4　一般要求

4.1　在产品不同位置取样时，力学性能会有差异。当按本标准附录 A 规定的位置取样时，则认为具有代表性。

4.2　应在外观及尺寸合格的钢产品上取样。试料应有足够的尺寸以保证机加工出足够的试样进行规定的试验及复验。

4.3　取样时，应对抽样产品、试料、样坯和试样作出标记，以保证始终能识别取样的位置及方向。

4.4　取样时，应防止过热、加工硬化而影响力学性能。用烧割法和冷剪法取样所留加工余量可参考附录 B。

4.5　取样的方向应由产品标准或供需双方协议规定。

5 试料的状态

5.1 按照产品标准规定，取样的状态分为交货状态和标准状态。

5.2 在交货状态下取样时，可从以下两种条件中选择：

a）产品成型和热处理完成之后取样；

b）如在热处理之前取样，试料应在与交货产品相同的条件下进行热处理。当需要矫直试料时，应在冷状态下进行，除非产品标准另有规定。

5.3 在标准状态下取样时，应按产品标准或订货单规定的生产阶段取样。如必须对试料矫直，可在热处理之前进行热加工或冷加工，热加工的温度应低于最终热处理温度。

5.3.1 热处理之前的机加工：当热处理要求试料尺寸较小时，产品标准应规定样坯的尺寸及加工方法。

5.3.2 样坯的热处理应按产品标准或订货单要求进行。

6 试样的制备

6.1 制备试样时应避免由于机加工使钢表面产生硬化及过热而改变其力学性能。机加工最终工序应使试样的表面质量、形状和尺寸满足相应试验方法标准的要求。

6.2 当要求标准状态热处理时，应保证试样的热处理制度与样坯相同。

附　录　A
（标准的附录）
钢产品力学性能试验取样的位置

A1　一般要求

A1.1　本附录给出了型钢、条钢、钢板及钢管的拉伸、冲击和弯曲试验取样位置。

A1.2　应在钢产品表面切取弯曲样坯，弯曲试样应至少保留一个表面，当机加工和试验机能力允许时，应制备全截面或全厚度弯曲试样。

A1.3　当要求取一个以上试样时，可在规定位置相邻处取样。

A2　型钢

A2.1　按图 A1 在型钢腿部切取拉伸、弯曲和冲击样坯。如型钢尺寸不能满足要求，可将取样位置向中部位移。

注

1　对于腿部有斜度的型钢，可在腰部 1/4 处取样［见图 A1b）和 d）］，经协商也可从腿部取样进行机加工。

2　对于腿部长度不相等的角钢，可从任一腿部取样。

A2.2　对于腿部厚度不大于 50 mm 的型钢，当机加工和试验机能力允许时，应按图 A2a）切取拉伸样坯；当切取圆形横截面拉伸样坯时，按图 A2b）规定。对于腿部厚度大于 50 mm 的型钢，当切取圆形横截面样坯时，按图 A2c）规定。

A2.3　按图 A3 在型钢腿部厚度方向切取冲击样坯。

A3　条钢

A3.1　按图 A4 在圆钢上选取拉伸样坯位置，当机加工和试验机能力允许时，按图 A4a）取样。

A3.2　按图 A5 在圆钢上选取冲击样坯位置。

A3.3　按图 A6 在六角钢上选取拉伸样坯位置，当机加工和试验机能力允许时，按图 A6a）取样。

A3.4　按图 A7 在六角钢上选取冲击样坯位置。

A3.5　按图 A8 在矩形截面条钢上切取拉伸样坯，当机加工和试验机能力允许时，按图 A8a）取样。

A3.6　按图 A9 在矩形截面条钢上切取冲击样坯。

A4　钢板

A4.1　应在钢板宽度 1/4 处切取拉伸、弯曲或冲击样坯，如图 A10 和图 A11 所示。

A4.2　对于纵轧钢板，当产品标准没有规定取样方向时，应在钢板宽度 1/4 处切取横向样坯，如钢板宽度不足，样坯中心可以内移。

A4.3　应按图 A10 在钢板厚度方向切取拉伸样坯。当机加工和试验机能力允许时，应按图 A10a）取样。

A4.4　在钢板厚度方向切取冲击样坯时，根据产品标准或供需双方协议选择图 A11 规定的取样位置。

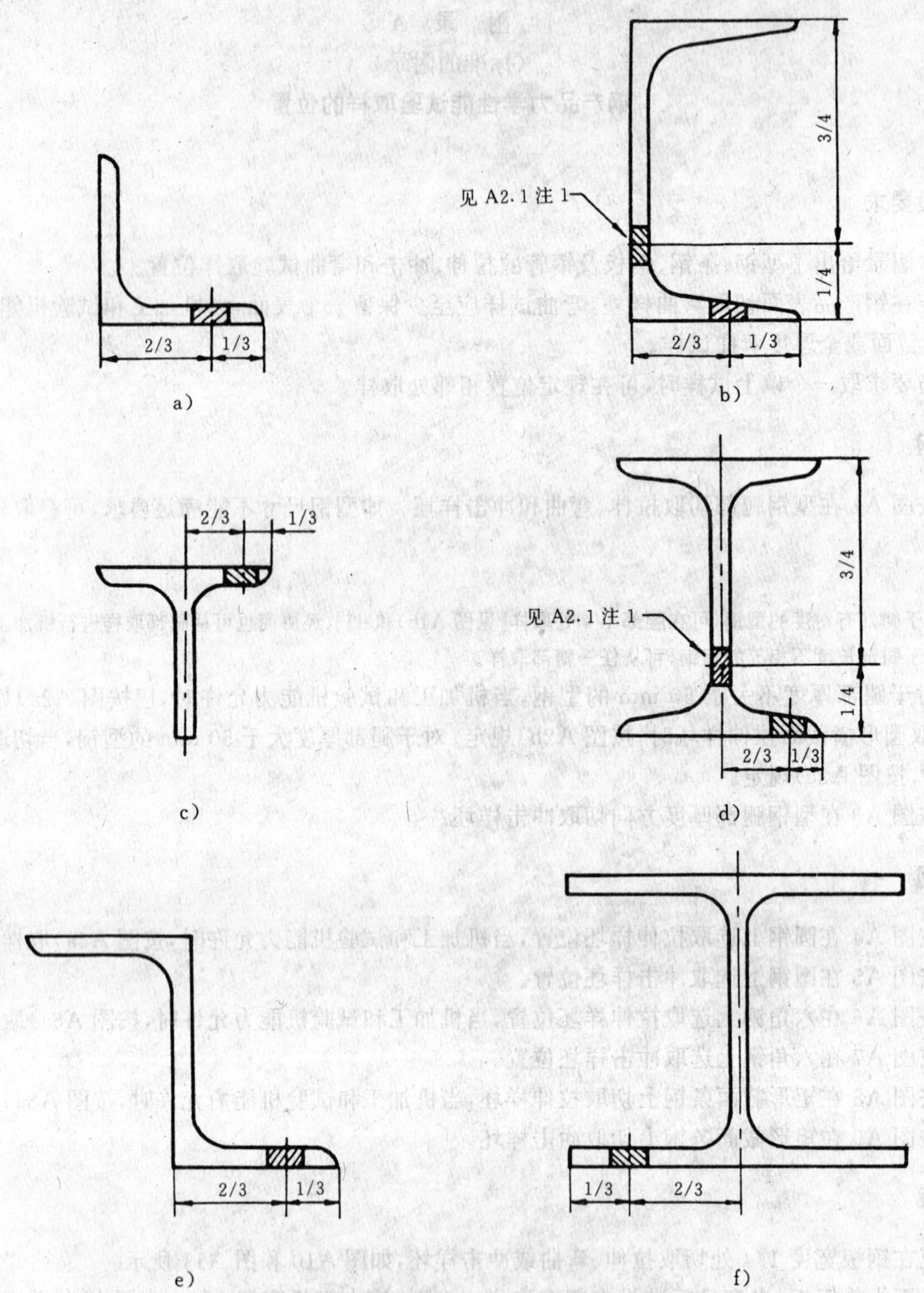

图 A1 在型钢腿部宽度方向切取样坯的位置

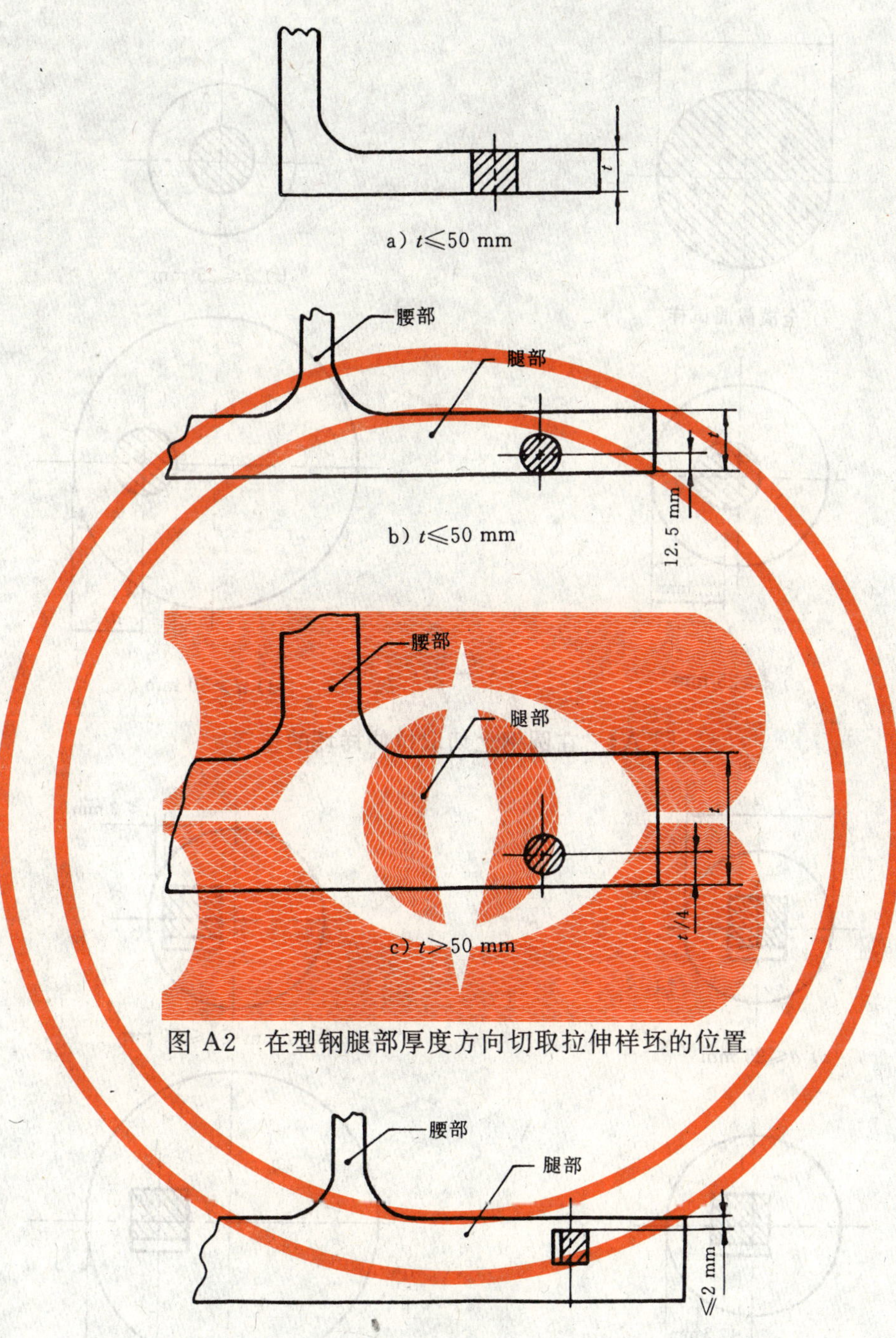

a) $t \leqslant 50$ mm

b) $t \leqslant 50$ mm

c) $t > 50$ mm

图 A2 在型钢腿部厚度方向切取拉伸样坯的位置

图 A3 在型钢腿部厚度方向切取冲击样坯的位置

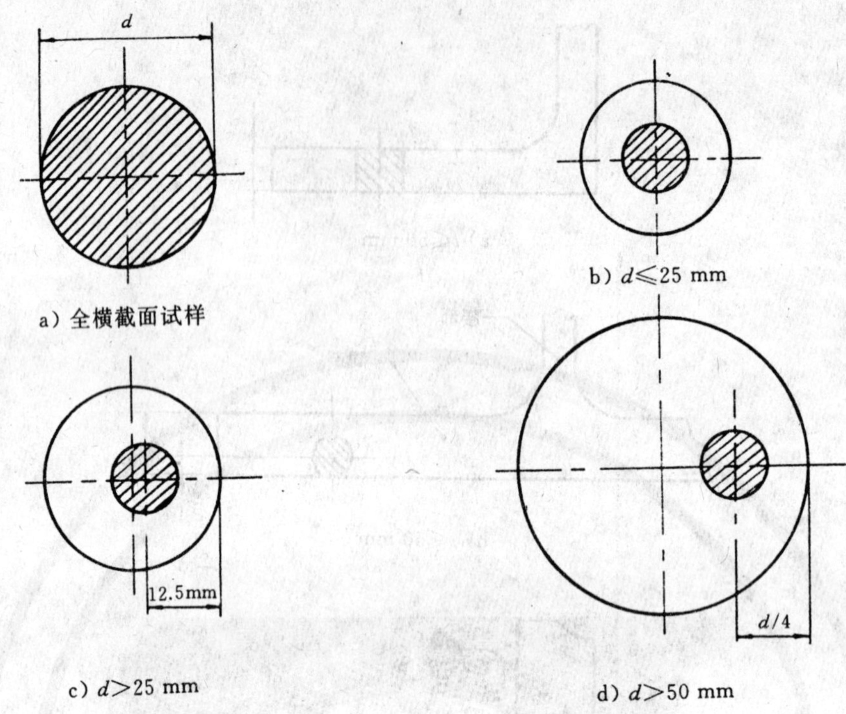

图 A4　在圆钢上切取拉伸样坯的位置

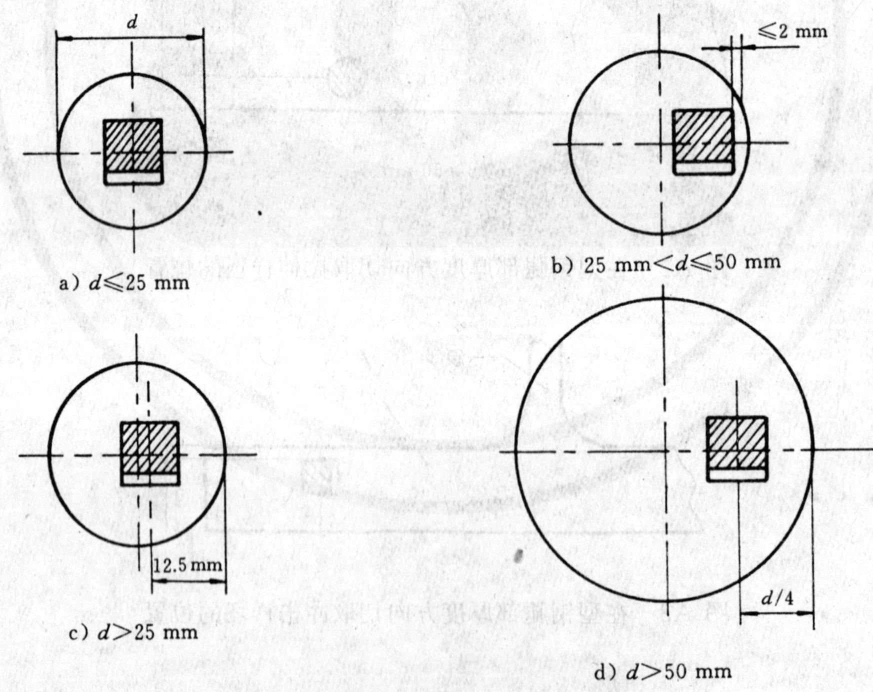

图 A5　在圆钢上切取冲击样坯的位置

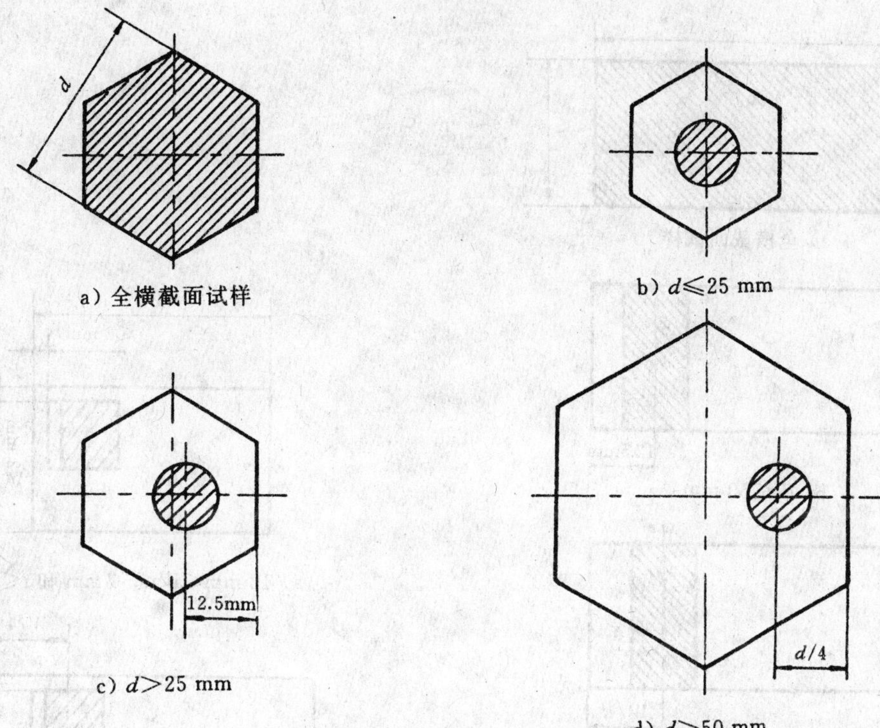

图 A6　在六角钢上切取拉伸样坯的位置

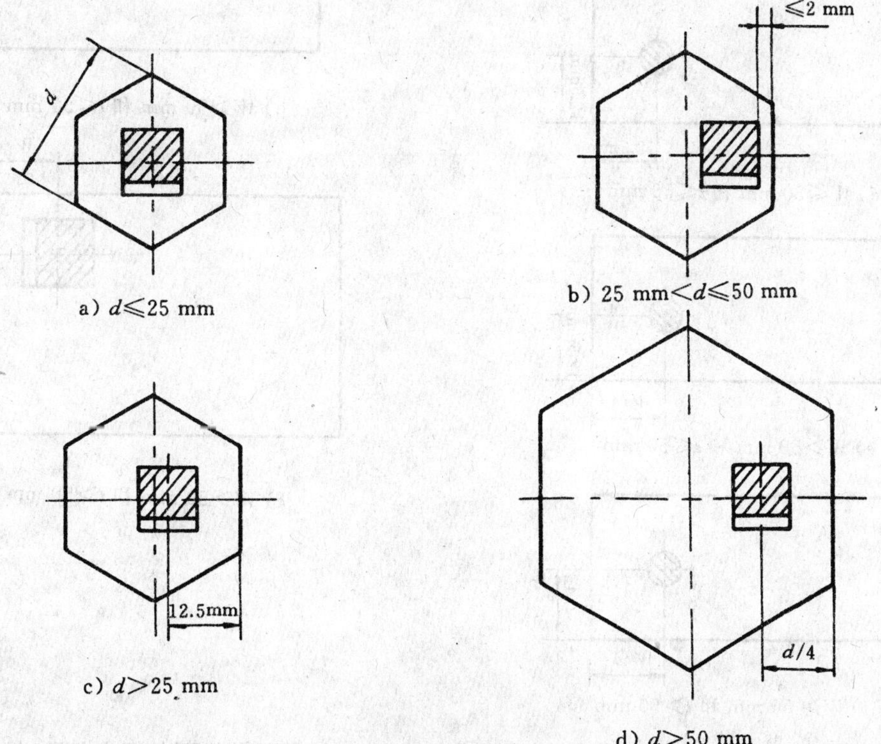

图 A7　在六角钢上切取冲击样坯的位置

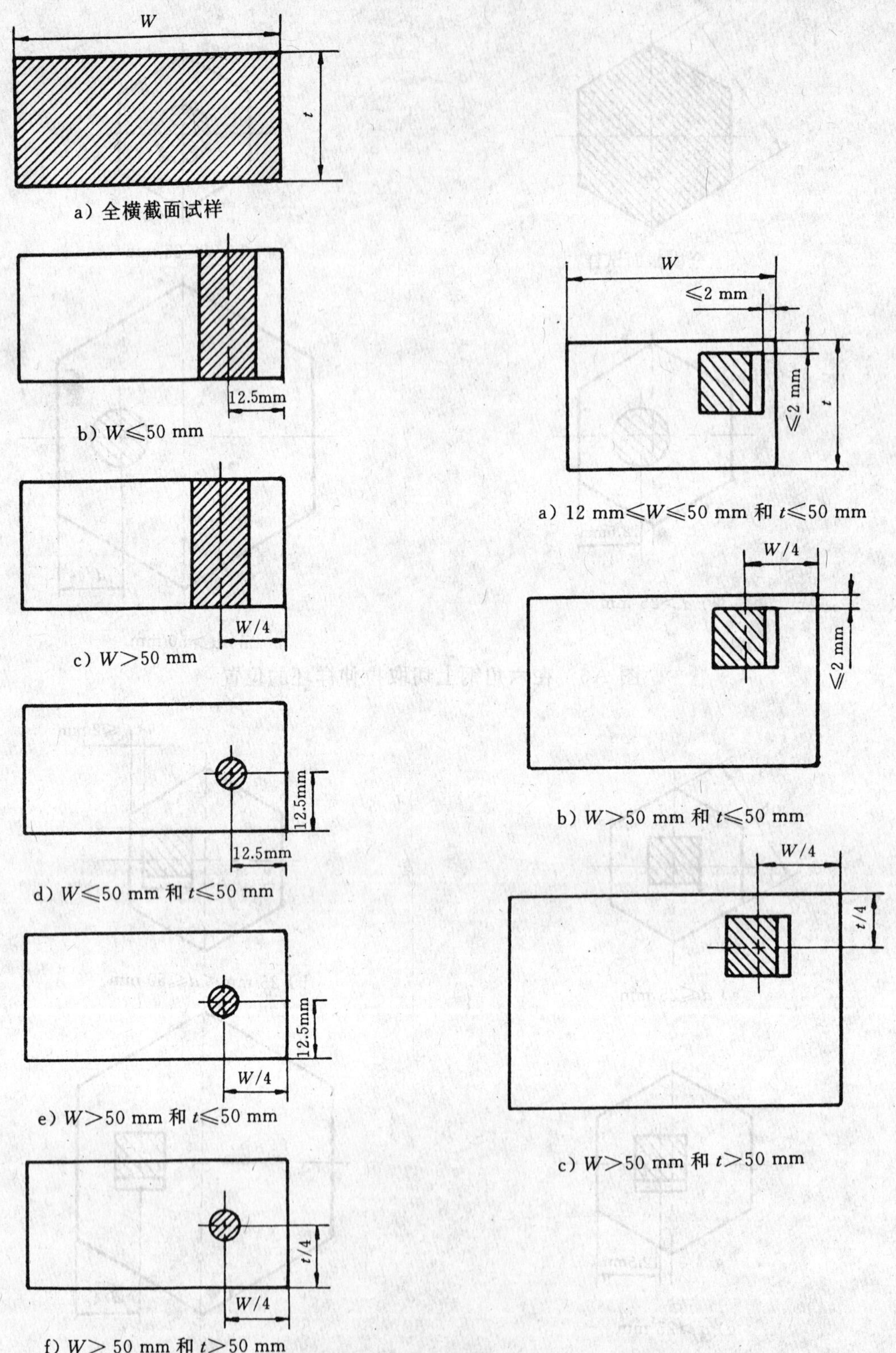

图 A8　在矩形截面条钢上切取拉伸样坯的位置

图 A9　在矩形截面条钢上切取冲击样坯的位置

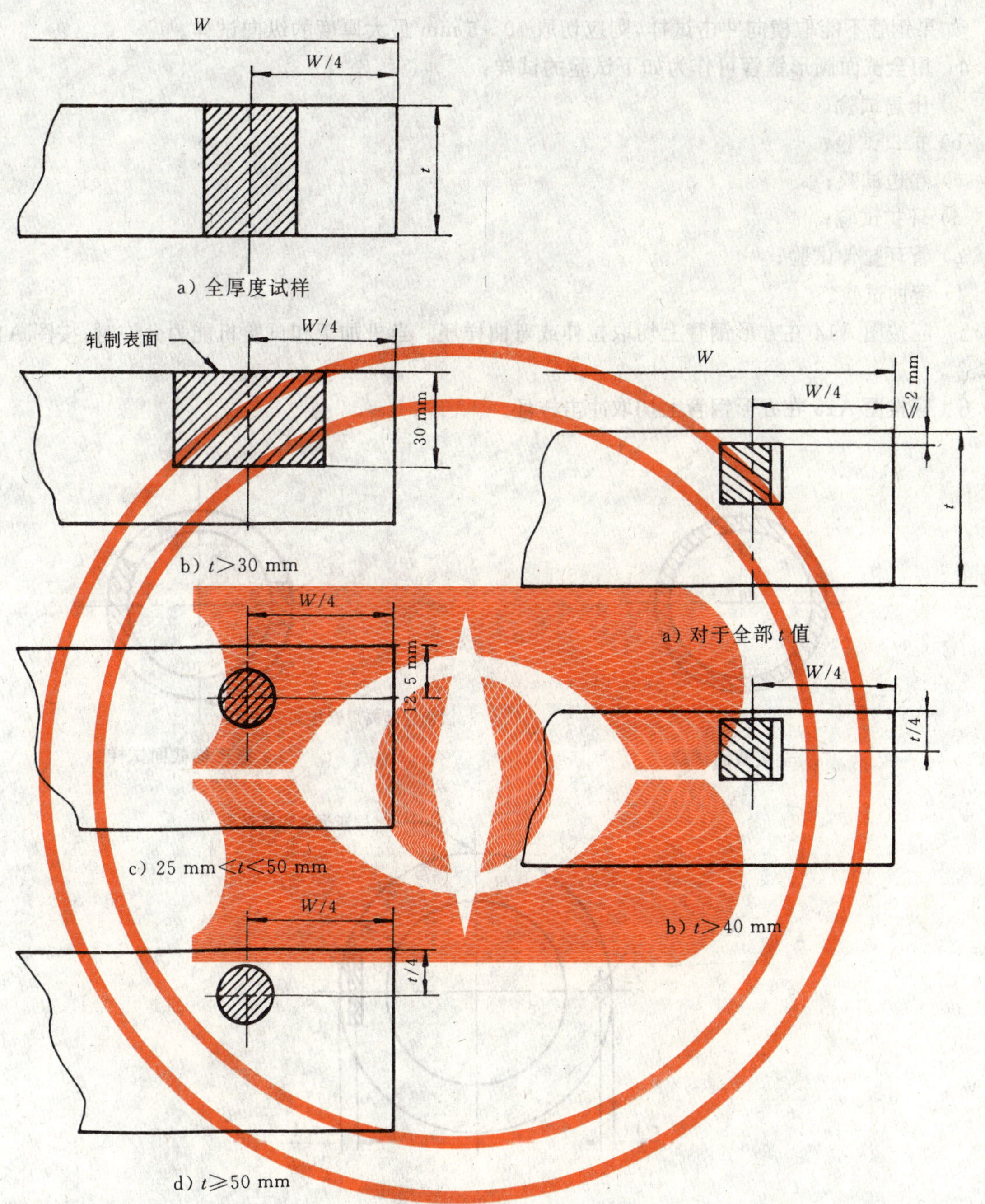

图 A10　在钢板上切取拉伸样坯的位置　　　图 A11　在钢板上切取冲击样坯的位置

A5　钢管

A5.1　应按图 A12 切取拉伸样坯，当机加工和试验机能力允许时，应按图 A12a）取样。对于图 A12c），如钢管尺寸不能满足要求，可将取样位置向中部位移。

A5.2　对于焊管，当取横向试样检验焊接性能时，焊缝应在试样中部。

A5.3　应按图 A13 切取冲击样坯。

如果产品标准没有规定取样位置，应由生产厂提供。

如果钢管尺寸允许，应切取 10～5 mm 最大厚度的横向试样。切取横向试样的钢管最小外径 D_{min}（mm）按下式计算：

$$D_{min}=(t-5)+\frac{756.25}{t-5}$$

如果钢管不能取横向冲击试样，则应切取 10～5 mm 最大厚度的纵向试样。

A5.4 用全截面圆形钢管可作为如下试验的试样：

a）压扁试验；

b）扩口试验；

c）卷边试验；

d）环扩试验；

e）管环拉伸试验；

f）弯曲试验。

A5.5 应按图 A14 在方形钢管上切取拉伸或弯曲样坯。当机加工和试验机能力允许时，按图 A14a）取样。

A5.6 应按图 A15 在方形钢管上切取冲击样坯。

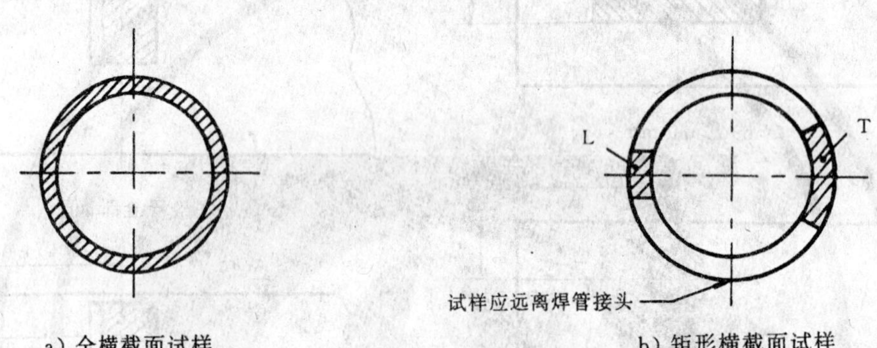

a）全横截面试样　　b）矩形横截面试样

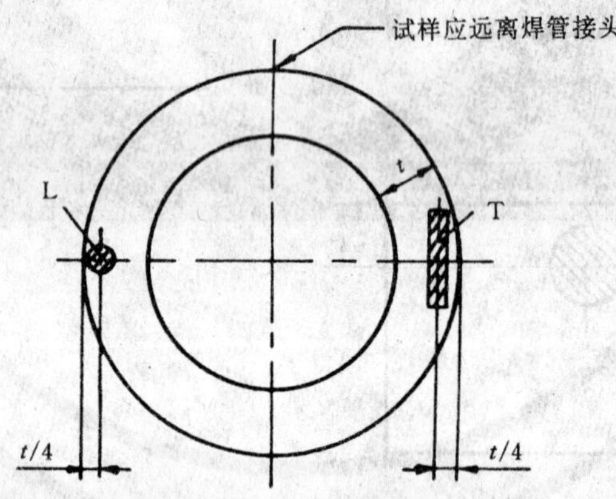

c）圆形横截面试样

图 A12　在钢管上切取拉伸及弯曲样坯的位置

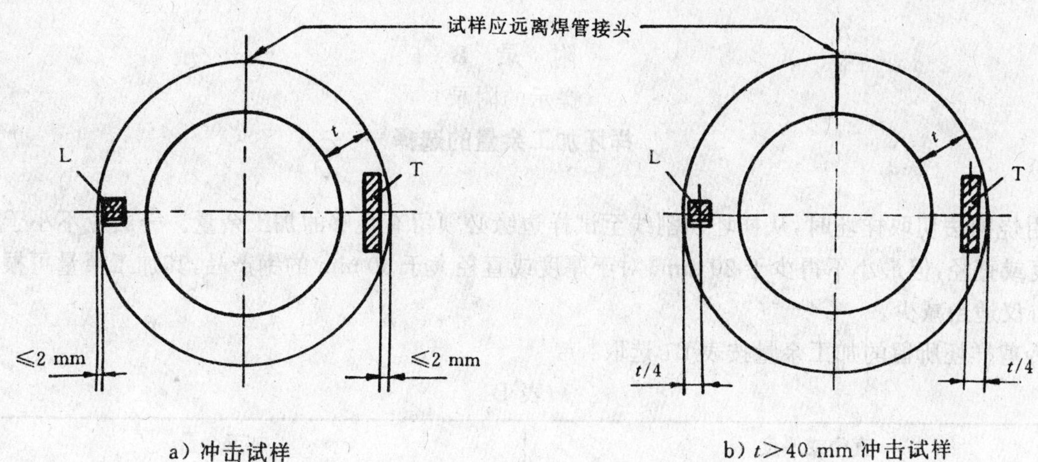

a）冲击试样　　b）t>40 mm 冲击试样

图 A13　在钢管上切取冲击样坯的位置

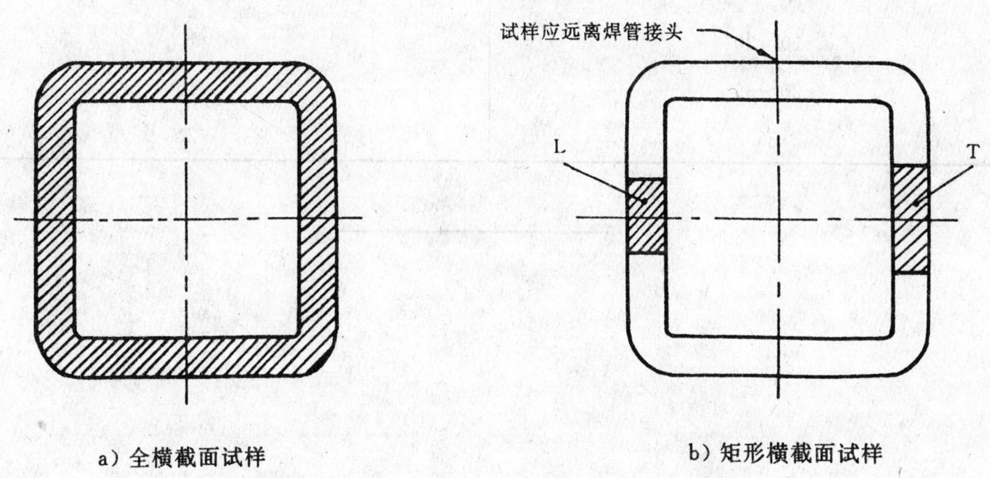

a）全横截面试样　　b）矩形横截面试样

图 A14　在方形钢管上切取拉伸及弯曲样坯的位置

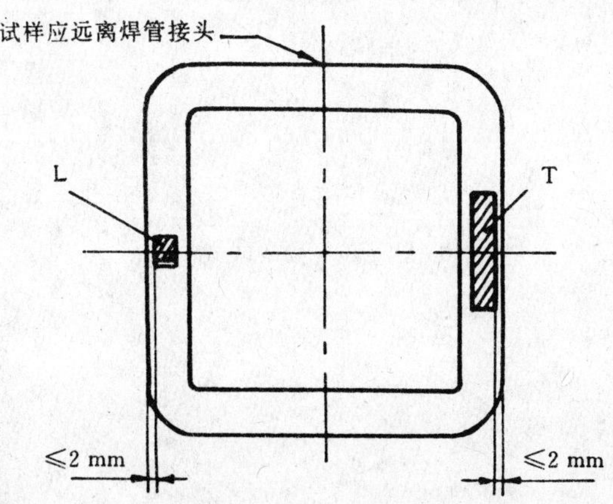

图 A15　在方形钢管上切取冲击样坯的位置

附 录 B

（提示的附录）

样坯加工余量的选择

B1 用烧割法切取样坯时，从样坯切割线至试样边缘必须留有足够的加工余量。一般应不小于钢产品的厚度或直径，但最小不得少于 20 mm。对于厚度或直径大于 60 mm 的钢产品，其加工余量可根据供需双方协议适当减少。

B2 冷剪样坯所留的加工余量按表 B1 选取：

表 B1

mm

直径或厚度	加工余量
≤4	4
>4～10	厚度或直径
>10～20	10
>20～35	15
>35	20

前　言

本标准等效采用 ISO 404:1992《钢及钢产品交货一般技术要求》。

本标准主要技术内容如生产工艺、加工商或中间商的供货、要求、检验和试验、分类和再加工、标志和异议等方面等同采用 ISO 404 标准。根据我国实际情况，增加了 8.3.4.3.1 条款，白点不允许复验的要求。同时将引用标准中的国际标准改为国内相应的标准，删去了附录 A（参考件）《参考书目》和附录 B（参考件）《钢铁试验和分析的主要标准》。

本标准须与其他技术标准配套使用，作为补充，不能单独用于订货。

本标准由全国钢标准化技术委员会提出并归口。

本标准主要起草单位：原冶金部信息标准研究院。

本标准主要起草人：王丽敏、栾　燕。

ISO 前言

ISO(国际标准化组织)是世界范围内各国的标准团体(ISO 的团体成员)的联合组织,国际标准的制定工作是通过 ISO 技术委员会完成的。各成员国若对技术委员会所列出的项目感兴趣有权参加该委员会工作。与 ISO 有联系的国际组织、政府组织和非政府组织也可以参加该项的工作。ISO 与 IEC(国际电工委员会)在电工标准化方面有密切的合作。

技术委员会采纳的国际标准草案是通过成员国投票的方式产生的。一个国际标准发布至少要有 75%的成员国投赞成票。

国际标准 ISO 404 是由 ISO/TC 17 技术委员会 SC20 分技术委员会(交货一般技术要求、取样和力学试验方法)制定的。

这是第二版,代替第一版 ISO 404:1981。

附录 A 和附录 B 是本标准的参考件。

中华人民共和国国家标准

钢及钢产品交货一般技术要求

GB/T 17505—1998
eqv ISO 404:1992

Steel and steel products—General technical delivery requirements

1 范围

本标准规定了除铸钢和粉末冶金制品以外，在 GB/T 15574 中所包括的全部钢及钢产品交货一般技术要求。

产品标准中的规定或在合同中的协议与本标准中的规定不一致时，应以产品标准的规定以及合同的协议为准。

2 引用标准

下列标准所包含的条文，通过在本标准中引用而构成为本标准的条文。本标准出版时，所示版本均为有效。所有标准都会被修订，使用本标准的各方应探讨使用下列标准最新版本的可能性。

GB/T 222—1984　钢的化学分析用试样取样法及成品化学成分允许偏差

GB/T 2975—1998　钢及钢产品力学性能取样位置及试样制备

GB/T 13304—1991　钢分类

GB/T 15574—1995　钢产品分类

GB/T 19001—1994　质量体系　设计、开发、生产、安装和服务的质量保证模式

GB/T 19002—1994　质量体系　开发、生产、安装和服务的质量保证模式

GB/T 19003—1994　质量体系　最终检验和试验的质量保证模式

YB/T 081—1996　冶金技术标准的数值修约与检测数值的判定原则

3 定义

本标准除采用 GB/T 13304、GB/T 15574 中规定的定义外，还应采用下列定义：

3.1 检验　inspection

检验是指诸如测定、检查、试验和测量一种产品或服务的一个或多个特性值，并且将其与规定值进行比较以确定是否合格的活动。

3.2 试验　testing

试验是指测定一种材料或产品的一个或多个性能和特性值的所有作业或活动。

3.3 连续检验　continuous inspection

连续检验是指对制造周期较长并执行相同标准的批量产品的特性值或工艺参数所进行的常规检验和试验。试验和检验可按供需双方商定的程序进行，这些程序应包括下列内容：

a）试验或检验的特性值或工艺参数；

b）试验和检验的产品状态；

c）试验结果的评定（日常的统计评定）；

国家质量技术监督局 1998-10-16 批准　　　　1999-04-01 实施

d)用户具有合法的试验检验的权利。

3.4 非规定检验和试验 non-specific inspection and testing

非规定检验和试验是指生产厂按自定程序进行的检验和试验,以判定由相同生产工艺所生产的产品是否满足合同的要求。受检验和试验的产品不一定是实际供货的产品。

3.5 规定检验和试验 specific inspection and testing

规定检验和试验是指在交货前,根据合同的技术要求,在交货的产品上或其中的部分产品上进行检验和试验,以便验证它们是否符合合同的要求。

3.6 检验代表 inspection representative

检验代表可为一个或几个人,他们应是:

a)政府法规中指定的检查官;

b)生产厂委托的代表,他们不能是生产线上任一生产工序中的人,而应作为用户的代表;

c)用户委托的代表。

3.7 试验单元 test unit

根据产品标准及合同的要求,以在抽样产品上所进行的试验为依据,一次接收和拒收产品的件数或吨数,称为试验单元(见图1)。

3.8 抽样产品 sample product

检验、试验时,在试验单元中抽取的部分(例如:一块板),称为抽样产品(见图1)。

3.9 试料 sample

为了制备一个或几个试样,从抽样产品中切取足够量的材料,称为试料(见图1)。

注:在某些情况下,试料就是抽样产品。

3.10 样坯 rough specimen

为了制备试样,经过机械处理或所需热处理后的试料,称为样坯(见图1)。

3.11 试样 test piece

经机加工或未经机加工后,具有合格尺寸且满足试验要求的样坯,称为试样(见图1)。

注:在某些状态下,试样可以是试料,也可以是样坯。

3.12 熔炼分析 cast (heat) analysis

熔炼分析是指生产厂按着自行选定的分析方法,测定样品熔炼化学成分的分析。

3.13 成品分析 product analysis

成品分析是指在供货产品上进行的化学成分分析。

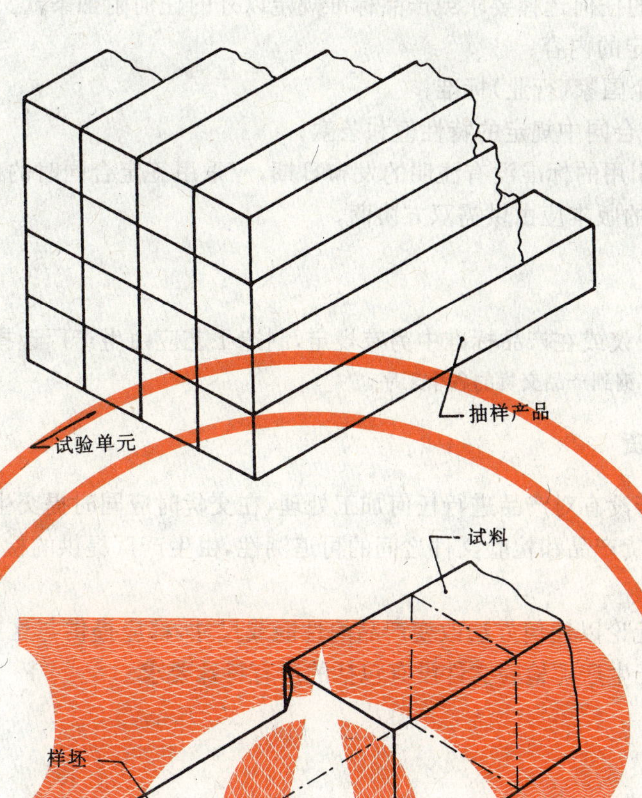

图 1　第 3 章规定的定义示例

3.14　序贯试验　sequential testing

序贯试验是指一组或一系列试验，由该试验得到的平均值和单个值来判定产品是否符合合同和/或产品标准的要求。

4　订货内容

4.1　用户在选择牌号、产品外形、尺寸时，应考虑到进一步加工和最终使用的需要。在进行选择时，可以征求生产厂的意见。

合同应注明描述产品特性所需的全部内容以及下列有关交货的详细内容：

a) 交货的重量、长度、面积和数量；

b) 产品外形(例如：图纸号)；

c) 公称尺寸；

d) a)和 c)特性值的公差；

e) 钢的牌号；

f) 交货状态(热处理、表面处理的方式等)；

g) 表面和内部质量的特殊要求(见 7.4)；

h) 要求检验文件的类型，以及在产品标准中没有规定的检验和试验的要求(见第 8 章)；

i) 当需要时，采用 GB/T 19001、GB/T 19002 和 GB/T 19003 中的任何一种适用的质量保证体系；

j) 标志、包装和装运；

k）产品标准提出的任何选择要求或产品标准规定以外的任何附加条款。

4.2 在4.1条中应规定的内容：

a）采用一个或几个国家(行业)标准；

b）当没有标准时，合同中规定的特性值和条款；

c）如果在合同中引用的标准没有注明的发布日期，应采用签定合同时的有效版本。如果对现行的标准版本有异议，所用的版本应由供需双方协商。

5 生产工艺

除非在订货时有协议或在产品标准中另有规定，制造工艺应由生产厂选择。

注：制造工艺包括从炼钢到产品交货的各个工序。

6 加工商或中间商供货

加工商或中间商若没有对产品进行任何加工处理，在交货时应同时提交生产厂的检验文件(如质量证明书)。为了保证供货产品和检验文件之间的可追溯性，由生产厂提供的检验文件应包括相应的产品标志的方法。

加工商或中间商无论以任何方法改变产品的性能或尺寸，都应提供与这些变化后的新状态一致的附加文件。这也适用于生产厂检验文件没有包括的所有特殊要求。

7 要求

7.1 一般要求

产品应符合合同的要求。

无论采用什么类型检验文件(见第8章)，生产厂都应进行适当的工艺控制、检验和试验，使其交货的产品符合合同中规定的质量和尺寸要求。

7.2 化学成分

如没有特殊指明是成品分析，有关化学成分的要求都是指熔炼分析。

7.3 力学性能

7.3.1 尺寸效应

在产品标准中，如果产品的力学性能值按尺寸的大小分组(诸如厚度、直径)时，此时所指的尺寸应是力学性能取样所规定位置的产品公称尺寸。

7.3.2 试样材料的状态

如在合同或产品标准中没有明确规定时，所测定力学性能的试样材料状态就是相应产品的交货状态。

7.3.3 冲击吸收功的评定

当规定冲击吸收功值又没有进一步说明时，应按8.3.4.2所测定的所有单个试验值的平均值来表示。

7.4 表面质量和内部质量

7.4.1 一般要求

所有产品都应有良好质量，如果是在正常的生产状态下产生的轻微的表面或内部缺陷，不应作为拒收的理由。

当有要求时，表面质量和内部质量的具体要求应参照相应的标准，在签订合同时协商确定。

7.4.2 探伤

当需要时，所采用检查缺陷的特殊技术(如X射线探伤、超声波探伤、磁粉探伤等)及其试验单元的产品数量和处理试验结果的方法，都应按产品标准的规定或在订货时协商确定。

7.4.3 表面不连续的清除

除在标准或合同中另有规定外，表面的不连续可以用机械的方法和其他方法予以清除，但应保证产品的尺寸和性能满足合同、产品标准、尺寸标准或表面质量标准规定的界限值。

7.4.4 焊接修补

如在产品标准或合同中规定允许焊补时，用户和检验代表应允许用焊接方法对全部交货批或其中的一部分产品进行局部修补。

8 检验和试验

8.1 检验文件类型及检验和试验

8.1.1 签订合同时，如需要，用户应注明检验文件的类型(见 4.1h)，说明所需检验和试验的类型，即非规定检验和试验或规定检验和试验。要求非规定检验和试验，应按 8.2 条的规定执行，要求规定检验和试验，应按 8.3 条的规定执行。

8.1.2 在特殊情况下，规定检验和试验可以由生产厂所进行的连续检验(见 3.3)所代替。

8.2 非规定检验和试验

对于非规定检验和试验，用户可以要求生产厂提供符合合同规定的质量证明书或者试验报告。当用户要求试验报告，而在产品标准中对其特性值没有具体规定时，用户应指明在检验报告中应给出的产品特征值的检验结果。

8.3 规定检验和试验

8.3.1 一般要求

8.3.1.1 订货内容

当用户要求按规定检验和试验来验收，而在产品标准中没有规定检验报告类型，如质量证明书类型或检验报告类型时，供需协商和签订合同应包括下列内容：

——试验的频数(见 8.3.2)；

——取样、试料和试样的制备(见 8.3.3)；

——试验单元的标志；

——试验方法(见 8.3.4)。

在质量证明书和检验报告中应有检验部门印章。如需要委托(第三方)进行复验检验和试验时，在质量证明书和检验报告中应有外部检验单位(第三方)的地址、代表签字、检验单位印章。

8.3.1.2 规定检验和试验的场所

规定检验和试验的场所最好在生产厂进行，如果生产厂不具备所需的设备，检查和试验应在双方协商的另一处进行，或在政府认可检验单位进行。如果不在生产厂进行规定检验和试验，生产厂在没有收到试验结果的报告之前，产品不得交付。

8.3.1.3 规定检验和试验交付

生产厂或委托的代表应在适当的时候通知检验代表对交货批进行规定检验和试验的时间要求(参考合同的要求)。为了避免干扰正常的工序运行，生产厂和检验代表应协商确定检验和试验的时间或约定的日期。如果没有明确规定，外部检验代表在约定的时间检验和试验时间缺席，生产厂委托的代表可以自己进行验收检验，然后将检验文件提供给用户或代表。在检验、试验工作开始前，应将合同的有效文件交给检验代表。

8.3.1.4 检验代表的权力和义务

为了进行商定的检验和试验，在商定的时间内，检验代表应能自由地出入所需进行试验和检验产品的生产厂房和库房；可以按着有关规定从试验单元中选取抽样产品，并且切取试料；有权参加试样的选取、制备(切削和处理)以及试验工作。检验代表应遵守生产厂所有相关制度，特别是有关的安全规程。生产厂有权要求对任一检查代表进行陪同。进行试验和检验时，应尽可能减小对正常的生产运行的干扰。

8.3.1.5 试验中的可追溯性

在试验过程中，生产厂应保证抽样产品、试料、试样及其所在试验单元之间的可追溯性。

8.3.2 试验频数

8.3.2.1 试验单元的组成

对每类试验，试验单元应在产品标准或合同中规定。通常试验单元由下列组成：

a）同一冶炼炉号；

b）同一炉罐号；

c）同一热处理状态或热处理炉批；

d）同一外形；

e）同一厚度。

试验单元的批量可以用重量也可以用件数来限制。在某种情况下，试验单元是由单件产品组成。

8.3.2.2 抽样产品、试料和试样的数量

应从每个试验单元中选取一定数量的抽样产品，以便取样，其数量应按产品标准或合同的规定。对每类试验在产品标准或合同中应明确规定如下内容：

a）每个试验单元应抽取的抽样产品数量；

b）每个抽样产品应抽取的试料数量；

c）每个试料应取的试样数量。

8.3.3 取样和试样

力学试验和化学分析的试样的取样部位、方向和制备应按 GB/T 2975 和 GB/T 222 或产品标准或合同中的规定。

8.3.4 试验程序

8.3.4.1 试验方法和设备

试验应按相应的国家（或行业）标准规定的试验方法进行，并测得试验结果。如没有相应的国家或行业标准而采用其他试验方法进行试验时，应在订货时协商确定（见 4.1h）。

对于在合同或产品标准中所包括的特殊要求，供方为验证其特性值所采用的检验、测量和试验设备应按与国家（行业）发布的规程（如有的话）用规定精度的校准设备进行校准、调试和维修；如果没有国家（行业）的相应规程，应先制定文件化的校准程序。供方和委托的代表应保存检验、测量和试验设备的校准记录。测量和试验设备的精度应能满足其规定值和偏差的要求。

用化学、物理或光谱化学方法测定产品的化学成分。在仲裁时，所采用的方法应经协商确定。

8.3.4.2 序贯试验结果的评定

按序贯试验方法对某些试验结果的评定（见 3.14）。以下是评定冲击试验结果的实例：

a）一组 3 个试样的平均值应符合规定最小值的要求，允许其中有一个试样的单个值低于规定值，但不低于规定值的 70%；

b）如果没有满足上述要求，低于规定最小值的试样不超过 2 个，而且低于规定值 70%的试样不超过 1 个，生产厂可以从同一抽样产品上再取一组 3 个试样，在第二组试样试验后，如果同时符合下列条件，其试验单元可接受：

1）6 个试样的平均值应不低于规定的最小值；

2）低于规定最小值的试样不超过 2 个；

3）低于规定值 70%的试样不超过 1 个。

c）如果没有满足上述条件，其抽样产品应报废，再从该试验单元的剩余部分中重新取样进行复验（见 8.3.4.3.3）。

其他试验结果的评定，例如厚度方向的拉伸试验，应按上述类似方法进行。

8.3.4.3 复验

8.3.4.3.1 一般要求

当一次或几次试验的结果不符合要求时，除以下的特殊情况外，生产厂可以判废相应的试验单元，也可以要求按 8.3.4.3.2 和 8.3.4.3.3 规定进行复验。但当出现白点时不允许复验。

如果试验结果与交货的钢种规定值偏离很大，有理由怀疑产品已混号，此时，采用第 9 章的规定方法。

8.3.4.3.2 非序贯试验

如果不合格的结果不是由平均值计算出的，而是从试验中测得的，仅规定单个值(例如拉伸试验、弯曲试验或末端淬透性)时，应采用下列方法：

a) 试验单元是单件产品(见图 2)，应对不合格项目做相同类型的双倍试验，双倍试验应全部合格，否则，产品应拒收；

b) 如果试验单元中不是单件产品组成，例如同一轧制批，铸造批或热处理状态组成(见图 3)，除非另有协议，供方可以将抽样产品从试验单元中挑出，也可不挑出。

1) 如果抽样产品从试验单元中挑出，检验代表应随机从同一试验单元中选出另外两个抽样产品。然后从两个抽样产品中分别制取的试样，在与第一次试验相同的条件下再做一次同类型的试验，其试验结果应全部合格；

2) 如果抽样产品保留在试验单元中，应按 1)的规定步骤进行。但是重取的试样必须有一个是从保留在试验单元中的抽样产品上切取的，其试验结果应全部合格。

8.3.4.3.3 序贯试验

按序贯方法得到的试验结果不合格时(见图 4)，如在 8.3.4.2 所规定的冲击试验，应按下列要求进行。

将试验结果不合格的抽样产品挑出报废，然后按着 8.3.4.3.2b)1)规定的方法，在试验单元的剩余部分取 2 个抽样产品，在每个抽样产品上各选取新的一组 3 个试样，这两组试样的试验结果均应符合 8.3.4.3.2a)的规定，不能再用 8.3.4.3.2b)进行判定。

8.4 试验结果无效

由于取样、制样、试验不当而获得的试验结果，应视为无效。

8.5 力学和化学试验结果的修约

除非在合同或产品标准中另有规定，当需要评定试验结果是否符合规定值，所给出的力学和化学试验结果应修约到与规定值本位数字所标识的数位相一致，其修约方法应按 YB/T 081 的规定进行。

9 重新分类和返修

生产厂有权在复验前或在复验后对不合格产品进行重新分类或返修(例如：热处理、切削、轧制、拉拔等)，然后按 8.3.2 条规定将这些产品作为新的试验单元提交验收。如果仅是重新分类，不进行返修，检验程序仅是针对第一次检验和试验不合格的项目。生产厂应将所采用重新分类或返修的方法通知给检验代表。

10 标志

生产厂应按标准或合同要求对产品或交货批做出标志。如果没有要求，生产厂可按自行选择的统一方法进行标志。

11 异议

在有争议时，用以判定有争议特性值的取样条件和试验方法按国家标准或行业规定，或按本标准 8.3.3和 8.3.4 条的规定执行。

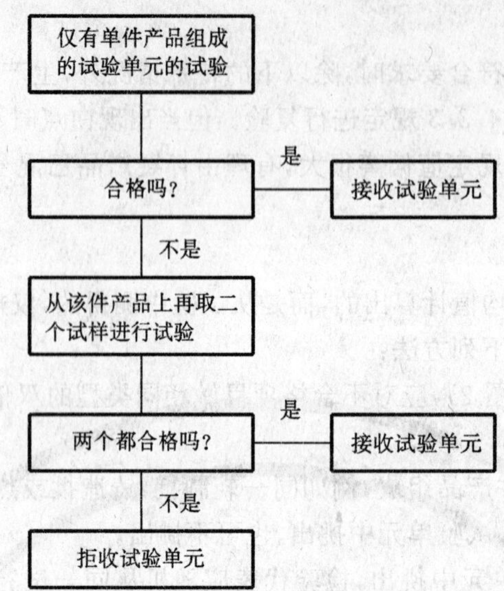

图 2　当试验单元仅有单件产品时，仅以单个值为依据评定所进行的非序贯试验结果的流程图

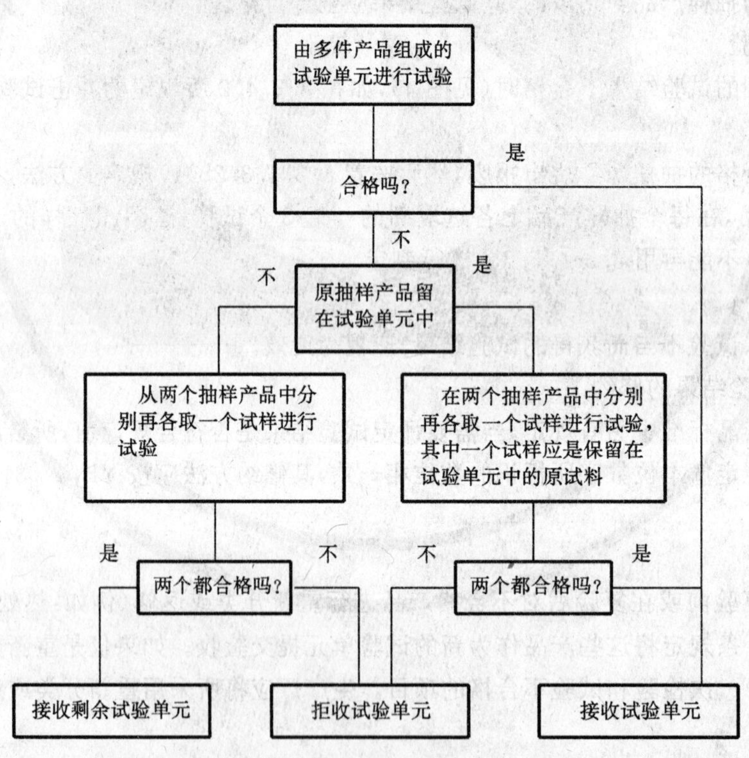

图 3　由多件产品组成的试验单元时，仅以单个值为依据评定所进行的非序贯试验结果的流程图

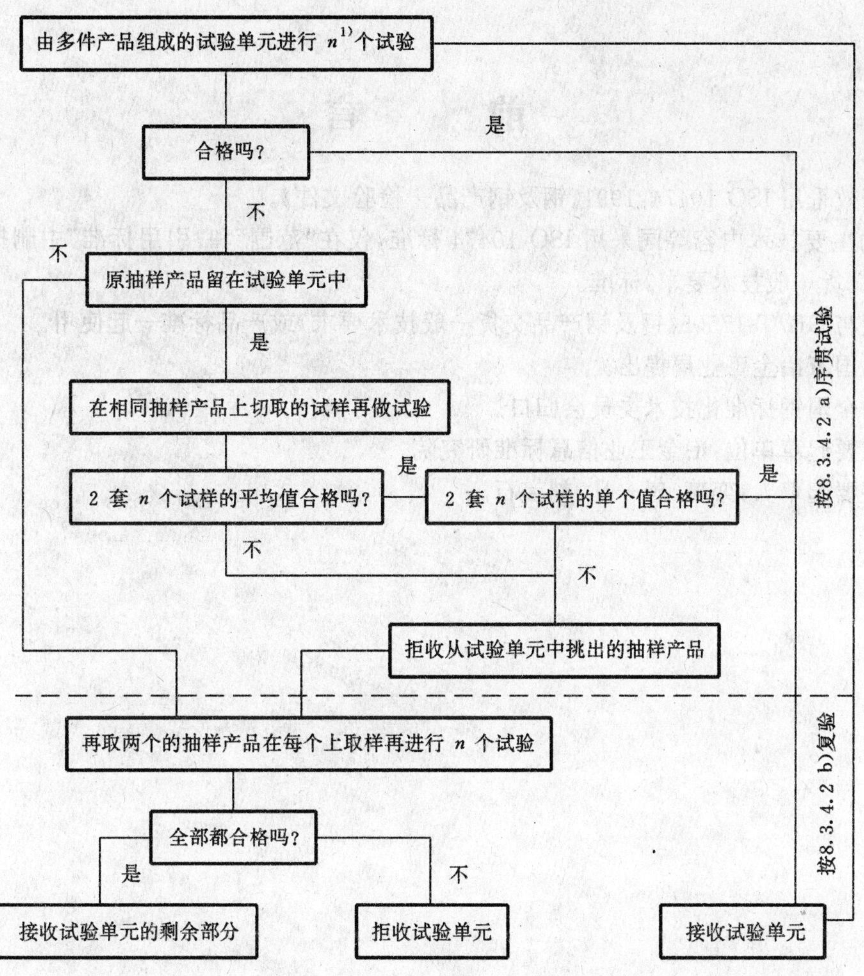

注：1) 对冲击试验 $n=3$。

图 4　有关复验中序贯试验的流程图

前　　言

本标准等效采用 ISO 10474:1991《钢及钢产品—检验文件》。

本标准的主要技术内容等同采用 ISO 10474 标准，仅在“范围”和“引用标准”中删掉了 ISO 4990:1986《铸钢件交货一般技术要求》标准。

本标准应与 GB/T 17505《钢及钢产品交货一般技术要求》或产品标准一起使用。

本标准由国家冶金工业局提出。

本标准由全国钢标准化技术委员会归口。

本标准主要起草单位：冶金工业信息标准研究院。

本标准主要起草人：栾燕、唐一凡、刘宝石。

ISO 前言

ISO(国际标准化组织)是世界范围内各国的标准团体(ISO 的团体成员)的联合组织,国际标准的制定工作是通过 ISO 技术委员会完成的。各成员国若对技术委员会所列出的项目感兴趣有权参加该委员会工作。与 ISO 有联系的国际组织、政府组织和非政府组织也可以参加该项的工作。ISO 与 IEC(国际电工委员会)在电工标准化方面有密切的合作。

技术委员会采纳的国际标准草案是通过成员国投票的方式产生的。一个国际标准发布至少要有 75%的成员国投赞成票。

国际标准 ISO 10474 是由 ISO/TC 技术委员会 SC20 分技术委员会(交货一般技术要求、取样和力学实验试验方法)与 IECISS/TC9 欧洲钢铁标准委员会相应的技术委员会共同制定的。

中华人民共和国国家标准

GB/T 18253—2000
eqv ISO 10474:1991

钢及钢产品　检验文件的类型

Steel and steel products—Types of inspection documents

1　范围

本标准规定了钢及钢产品按合同要求交货时，为需方提供的不同类型的检验文件。但如果在合同中另有协议，也可适用于其他产品。

本标准应与 GB/T 17505 标准或产品标准一起使用。

2　引用标准

下列标准所包含的条文，通过在本标准中引用而构成为本标准的条文。本标准出版时，所示版本均为有效。所有标准都会被修订，使用本标准的各方应探讨使用下列标准最新版本的可能性。

GB/T 17505—1998　钢及钢产品交货一般技术要求

3　定义

本标准采用 GB/T 17505 如下定义。

3.1　非规定检验和试验　non-specific inspection and testing

非规定检验和试验是指生产厂按自定程序进行的检验和试验，以判定由相同生产工艺所生产的产品是否满足合同的要求。受检验和试验的产品不一定是实际供货的产品。

3.2　规定检验和试验　specific inspection and testing

规定检验和试验是指在交货前，根据合同的技术要求，在交货的产品上或其中的部分产品上进行检验和试验，以便验证它们是否符合合同的要求。

4　由生产厂授权的检验代表（也可能是生产部门人员）进行检验和试验出具的检验文件

4.1　符合合同的证明书“4.1”(Certificate of compliance with the order“4.1”)

生产厂证明所提供的产品符合合同要求，但不提供任何检验结果的文件。

符合合同的证明书“4.1”是根据非规定检验和试验出具的检验文件。

4.2　试验报告“4.2”(Test report “4.2”)

生产厂证明所提供的产品符合合同要求，并根据非规定检验和试验提供检验结果的文件。

4.3　规定试验报告“4.3”(Specific test report “4.3”)

生产厂证明所提供的产品符合合同规定，并根据规定检验和试验提供检验结果的文件。

规定试验报告“4.3”仅适用于没有单独建立质量监督部门的生产厂。

如果生产厂设置有质量监督部门，且该部门是一个独立于生产的部门，它应提供一个如 5.1B（见 5.1）的检验文件，而不是 4.3 的检验文件。

5　由被授权的独立于生产部门的检验代表，根据规定试验要求进行的检验和试验出具的检验文件

5.1　检验证明书(Inspection certificate)

国家质量技术监督局 2000-11-17 批准　　　　2001-06-01 实施

检验证明书是按照合同的技术规定或官方条例和相应的技术法规进行检验和试验所出具的文件。试验应在所提供的产品或者交货的试验单元中进行。

试验单元按产品标准、官方条例和相应技术法规或合同规定选定。

有以下三种不同类型的检验证明书：

——检验证明书“5.1A”是由官方条例指定的检验代表按照官方条例和相应的技术法规确认和签发的。

——检验证明书“5.1B”是由生产厂授权的独立于生产部门的检验代表确认，由独立于生产部门的质量检验部门签发的。

——检验证明书“5.1C”是由需方授权的检验代表按照合同的规定确认和签发的。

5.2 检验报告

由生产厂授权的独立于生产部门的检验代表和需方授权的检验代表按特殊协议共同批准的检验证明书，通常称检验报告“5.2”。

6 由加工商或中间商提供的检验文件

当由加工商或中间商提供产品时，他们必须向需方提供不作任何修改的符合本标准规定的生产厂检验文件。为了保证供货产品和检验文件之间的可追溯性，由生产厂提供的检验文件应包括相应的产品标志方法（见 GB/T 17505—1998，第 6 章）。

如果加工商或中间商以任何方式改变了产品的状态或尺寸，则应提供一份符合这些新情况的附加文件。该文件也适用于在生产厂的检验文件中不包含的所有特殊要求。

7 检验文件的批准

检验文件的批准，应由签发该文件的部门负责人以适当的方式进行签字或盖章。但如果检验文件是由数据处理系统制作的，则签字可以用批准文件负责人的职位和姓名来代替。

8 文件摘要

本标准所包含的文件摘要列于表 1。

表 1 检验文件摘要

<table>
<tr><th>标准编号
（章条号）</th><th>文件</th><th>控制类型</th><th>文件内容</th><th>交货条件</th><th>文件签发</th></tr>
<tr><td>4.1</td><td>符合合同的证明书</td><td rowspan="2">非规定检验和试验</td><td>不包括检验结果</td><td rowspan="3">按合同要求，如果需要，可按官方条例和相应技术法规</td><td rowspan="3">生产厂</td></tr>
<tr><td>4.2</td><td>试验报告</td><td>包括非规定检验和试验的检验结果</td></tr>
<tr><td>4.3</td><td>规定检验报告</td><td rowspan="5">规定检验和试验</td><td rowspan="5">包括规定检验和试验的检验结果</td></tr>
<tr><td>5.1A</td><td>检验证明书 5.1A</td><td>按官方条例和相应技术法规</td><td>官方指定的检验代表</td></tr>
<tr><td>5.1B</td><td>检验证明书 5.1B</td><td>按合同规定的技术条件，如果需要，也可按官方条例和相应技术法规</td><td>生产厂授权的独立于生产部门的检验代表</td></tr>
<tr><td>5.1C</td><td>检验证明书 5.1C</td><td rowspan="2">按合同规定的技术条件</td><td>需方授权的检验代表</td></tr>
<tr><td>5.2</td><td>检验报告 5.2</td><td>生产厂授权的独立于生产部门的检验代表和需方授权的检验代表</td></tr>
</table>

ICS 77.080.01
H 04

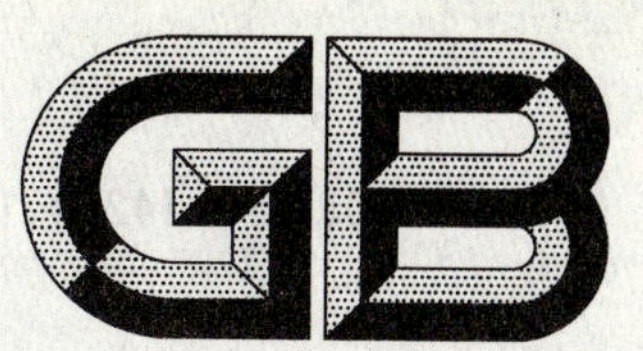

中华人民共和国国家标准

GB/T 20066—2006/ISO 14284:1996
代替 GB/T 719—1984
部分代替 GB/T 222—1984

钢和铁　化学成分测定用试样的取样和制样方法

Steel and iron—Sampling and preparation of samples for the determination of chemical composition

(ISO 14284:1996,IDT)

2006-02-05 发布　　　　2006-08-01 实施

中华人民共和国国家质量监督检验检疫总局
中国国家标准化管理委员会　发布

前　言

钢和铁化学成分测定用试样的取样和制样方法不仅是准确、客观、全面地反映钢铁产品质量的关键环节，也是企业生产过程中质量控制的重要环节。

本标准等同采用 ISO 14284:1996《钢和铁　化学成分测定用试样的取样和制样方法》(英文版)。

本标准代替 GB/T 222—1984《钢的化学分析用试样取样法及成品化学成分允许偏差》中对钢的化学分析用试样的取样方法部分和 GB/T 719—1984《生铁化学分析用试样取制样方法》。

本标准与 GB/T 222—1984 中相关部分和 GB/T 719—1984 比较，有很大的不同，原标准中关于钢铁化学成分测定用分析试样取样制样方法，只是在试样的代表性、取样时机、部位、样品数量、大小及清洁要求等方面作了原则或简单的规定，特别是对钢的化学成分测定用分析试样的制样方法基本未作规定。而本标准除在这些方面有明确详细规定外，在取样设备、操作程序(包括流程图示)和操作条件、样品储存、标识、安全卫生，以及对化学分析、热分析和物理分析试样的不同要求，对测定氢、氧、氮等不同元素试样的不同要求等方面，均作了详细具体的规定。

本标准附录 A 和附录 B 为资料性附录。

本标准由全国钢标准化技术委员会提出。

本标准由全国钢标准化技术委员会归口。

本标准起草单位：冶金工业信息标准研究院。

本标准主要起草人：陈自斌、伍千思。

本标准所代替标准的历次版本发布情况为：

GB/T 719—1984、GB/T 222—1984、GB/T 222—1963。

钢和铁　化学成分测定用试样的取样和制样方法

1　范围

本标准规定了生铁、铸铁和钢化学成分测定用试样的取样和制样方法。这些方法分别适应于其液态和固态。

2　规范性引用文件

下列文件中的条款通过本标准的引用而成为本标准的条款。凡是注日期的引用文件，其随后所有的修改单(不包括勘误的内容)或修订版均不适用于本标准，然而，鼓励根据本标准达成协议的各方研究是否可使用这些文件的最新版本。凡是不注日期的引用文件，其最新版本适用于本标准。

GB/T 2975　钢及钢产品　力学性能试验取样位置及试样制备(eqv ISO 377:1997)

ISO 9147　生铁—定义和分类

3　定义

本标准应用下列定义。

3.1

化学分析方法　chemical method of analysis

通过对试样进行化学处理来测定试样中化学成分的分析方法。

3.2

物理分析方法　physical method of analysis

不是通过对试样进行化学处理来测定试样中化学成分的分析方法，例如：光电发射光谱法、X荧光光谱法。

3.3

热分析方法　thermal method of analysis

通过对试样进行加热、燃烧或熔融处理来测定试样中化学成分的分析方法。

3.4

熔体　melt

取样时的液态金属。

3.5

勺式取样　spoon sampling

用一长柄勺从熔体中取样，或在熔体的浇注过程中取样，并铸成模块的取样方法。

3.6

勺式样品　spoon sample

从熔体中用取样勺取样，并浇铸成模块的试样。

3.7

管式取样　probe sampling

用取样管插入到熔体中取样的取样方法。

3.8

浸入式取样 immersion sampling

管式取样方法的一种。取样管浸入到熔体中，由于铁水（钢水）静压或重力的作用，使熔体充满取样管中的样品仓的取样方法。

3.9

吸入式取样 suction sampling

管式取样方法的一种。取样管浸入到熔体中，由于抽吸作用，使熔体充满取样管中的样品仓的取样方法。

3.10

流动式取样 stream sampling

管式取样方法的一种。取样管插入到流动的液态金属中，由于金属流体的力的作用，使其充满取样管的样品仓的取样方法。

3.11

管式样品 probe sample

用取样管从熔体中取得的试样。

3.12

铸态产品 cast product

未受形变的铁或钢产品，如铸件、连铸中的半成品、成形的铸件。

3.13

压延产品 wrought product

用轧制、拉拔、锻造或其他方法加工产生形变而获得的钢产品，如：钢棒、钢坯、钢板、钢带、钢管、线材。

3.14

抽样产品 sample product

为取样而从一定数量的铁或钢产品中确定的取样产品。

3.15

原始样品 preliminary sample

为了制取一个或多个分析试样而从抽样产品中取得的足量的样品。

3.16

分析试样 sample for analysis

按照分析所需的要求而制得的试样，它可从抽样产品中取得，或从原始样品中取得，或从熔体中取得。

分析试样包括抽样产品本身和从熔体中取得的样品。

注1：下面是几种不同的分析试样：

——块状试样；

——已重熔试样；

——机械加工制得的屑状试样；

——粉碎加工制得的碎粒状试样；

——粉碎加工制得的粉末状试样。

3.17

试料 test portion

用于进行分析的试样，它是分析试样的一部分，或者是从熔体中取得样品的一部分。在某些情况下，试料可以直接从抽样产品中制得。

注 2：以下是从取样管中取得的几种特殊形状的块状试料：

——小圆盘状试料，通常描述为块状样品，由冲锻制取；

——小块附属试料，通常描述为小块样品；

——小直径棒状试料，通常描述为小棒样品，由切割制取。

注 3：当分析试样是屑状或粉末状，或者用于热分析的块状试样，其试料是通过称量取得的。对于物理分析方法，实际用于分析的试料是分析试样中很少量的一部分。光电发射光谱分析方法消耗的试样量大约在 0.5 mg～1 mg；X-射线荧光光谱分析方法中的特征辐射仅仅源于样品中非常薄的一个表层。

3.18

研磨　grinding

用砂轮或砂带处理分析试样的表面，以制备物理分析方法用试样。

3.19

抛光　linishing

用软转盘或连续运行的涂有耐磨材料的磨带对分析试样表面进行处理，以制备物理分析方法用试样。

3.20

切(铣)削　milling

用一种机械转动多刀切割工具加工分析试样的表面，以制备屑状试样或加工物理分析方法用试样的表面。

3.21

交货批　consignment

一次交货的产品的数量。

3.22

份样　increment

从交货批中一次取样的产品的数量。

4　取样和制样的技术条件

4.1　一般要求

本章规定了钢和铁取样和制样方法的一般要求。取样和制样的具体要求在后面的相应章节中作了规定。

液态铁和钢、铸态铁和钢产品的取样和制样流程见图 1。生铁的取样和制样要求见第 8 章。

4.2　样品

4.2.1　品质

所采用的取样方法应保证分析试样能代表熔体或抽样产品的化学成分平均值。

分析试样在化学成分方面应具有良好的均匀性，其不均匀性应不对分析产生显著偏差。然而，对于熔体的取样，分析方法和分析试样二者有可能存在偏差，这种偏差将用分析方法的重现性和再现性表示。

分析试样应去除表面涂层、除湿、除尘以及除去其他形式的污染。

分析试样应尽可能避开孔隙、裂纹、疏松、毛刺、折叠或其他表面缺陷。

在对熔体进行取样时，如果预测到样品的不均匀或可能的污染，应采取措施。

从熔体中取得的样品在冷却时，应保持其化学成分和金相组织前后一致。

值得注意的是，样品的金相组织可能影响到某些物理分析方法的准确性，特别是铁的白口组织与灰口组织，钢的铸态组织与锻态组织。

4.2.2　大小

块状的原始样品的尺寸应足够大，以便进行复验或必要时使用其他的分析方法进行分析。

制备的分析试样的质量应足够大，以便可能进行必要的复验。对屑状或粉末状样品，其质量一般为100 g。

块状的分析试样的尺寸要求取决于所选定的分析方法，对于光电发射光谱分析和X射线荧光光谱分析，其分析试样的形状与大小由分析仪器决定。本标准中给出的分析试样的尺寸外形仅供参考。

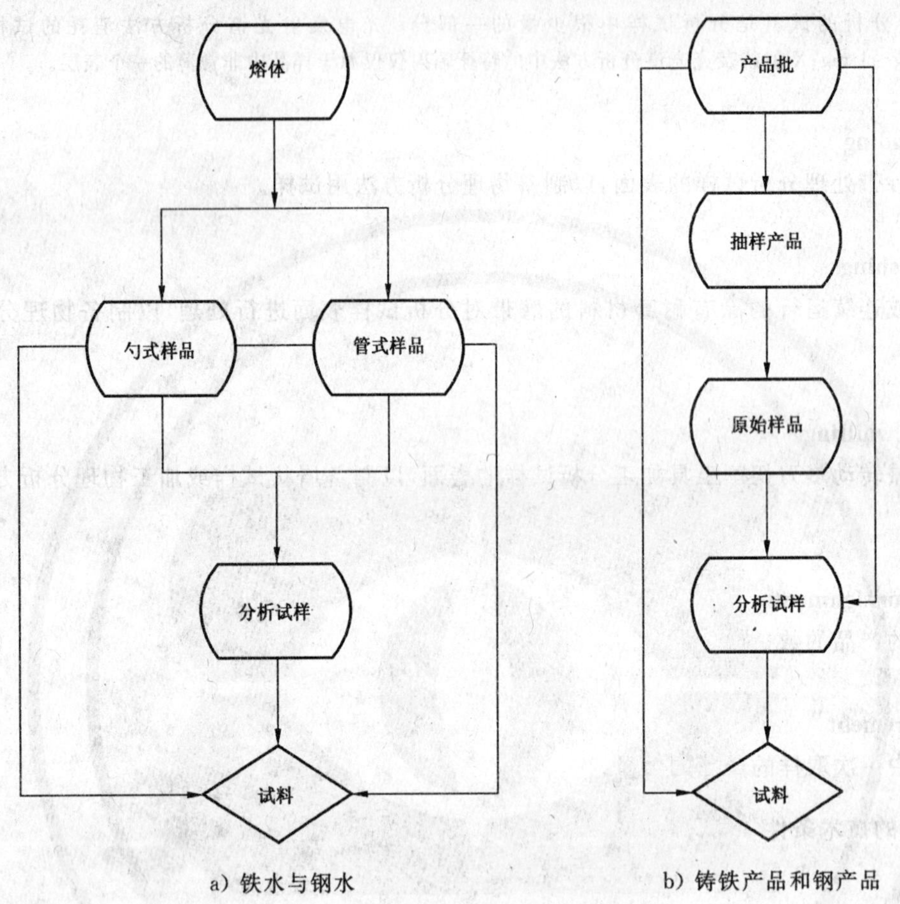

a）铁水与钢水　　b）铸铁产品和钢产品

图1　取样和制样程序示意图

4.2.3　标识

分析试样应给定唯一的标识，以便能识别出抽样产品所取自的熔体，必要时，记录下熔体的样品处理条件和从抽样产品中取得的原始样品或分析试样的取样位置。

生铁的分析试样应给定唯一的标识，以便能识别出交货批或部分交货批以及取自交货批的份样。

使用的标识或其他相似的标识方法应确保给定标识的剩余试样与分析试样相关联。

记录样品状态和条件的标识应确保不与有关的分析记录等项目的标识相混淆。

4.2.4　保存

应该有适当的贮存设备用于单独保存分析试样。在分析试样的制备过程中和制备后，分析试样应该防止污染和化学变化。

原始样品允许以块状形式保存，需要时再制取分析试样。

分析试样或块状的原始样品要保存足够长的时间，以保证分析实验室管理的完整性。

4.2.5　仲裁

样品用于仲裁时，分析试样的制备应该由供需双方或他们的代表共同完成。制备分析试样时所使用的方法应该有记录。

用于贮存仲裁分析试样的容器应该由双方或他们的代表一起密封。除非有不同意见，该容器由对样品制备负责任的任何一方的代表保存。

4.3 取样

4.3.1 从熔体中取样

为了监控生产过程，需要在整个生产过程的不同阶段从熔体中取样。根据铸态产品标准的要求，可以在熔体浇注的过程中进行取样来测定化学成分。对用于生产铸态产品的液体金属的取样，分析试样也可以按照产品标准要求从出自同一熔体、用作力学性能试验的棒状或块状试样上制取。

熔体的取样过程是根据对样品品质(见 4.2.1)的要求而进行的一个独立的处理过程。从熔体中取得的样品常常有如下形状：小铸锭、圆柱、矩形块、冷铸圆盘或附带有一个或多个小棒样品的组合圆盘，有时是一些附带小块样品的圆盘。

注 4：用于铁水和钢水的取样管可从供应商处购买；不同类型的取样管的主要特征的不同见附录 A 和附录 B，图中的尺寸仅供参考。

4.3.2 从成品中取样

在可能的情况下，原始样品或分析样品可以从按照产品标准中规定的取样位置取样，也可以从抽样产品中取得的用作力学性能试验的材料上取样。

对于铸铁产品，分析试样可以从铸态产品的棒或块中取样。

对于锻造产品，分析试样可以从未锻造的原始产品中，或从锻后了的产品中，或从额外锻造的产品中取样。

当产品标准中没有作相应规定时，或者在产品订货中已注明时，分析试样的取样可由供需双方协商确定，即可从力学性能试验的试样上取样，也可从抽样产品中直接取样。

原始样品或分析试样可用机械切削或用切割器从抽样产品中取得。对有些元素的取样应考虑有一些特殊的措施。

4.4 制样

4.4.1 样品的前处理

如果样品中的某一部分的化学成分有可能不具有代表性，例如氧化，首先要研究样品的特性和化学成分的变动范围，然后除去样品中已发生了成分变化的部分。接下来应该对样品采取保护措施防止化学成分发生变化。

必要时，应采用合适的方法去除在样品制备过程中使用的涂层，使要被切削的金属表面完全外露。金属表面要使用适当的溶剂除油，但应保证除油的方法对分析结果的正确性不产生影响。

4.4.2 屑状分析试样

分析试样是由有一定的形状和大小的屑状试样组成。它是通过钻、切、车、冲等方法制取的。屑状试样不应从受切割火焰的热影响的部位取得。

制样过程中所使用的工具、机械、容器应该预先进行清洗，以防止对分析试样产生污染。

机械加工试样时，切下的屑状物不应该过热，这可从它的颜色变化来判断(发蓝或发黑)。对于合金钢的某些钢种的屑状物会不可避免的出现变色，例如锰钢和奥氏体钢，应通过选择合适的工具和切削速度来尽量减小影响。

必要时，对加工的样品进行热处理来软化样品。

只有当屑状物能用适当的不残留溶剂清洗时，才能在机械加工过程中使用冷却剂。

称取试料前，屑状试样应该充分混合。一般情况下，使用在平面上滚动的容器或使用翻转容器进行混合，其效果较好。

4.4.3 粉末或碎粒状分析试样

不能用钻取方法制备屑状样品时，样品应该切小或破碎。然后用破碎机或振动磨粉碎。振动磨有盘磨和环磨。制取的粉末分析试样应该全部通过规定孔径的筛。

在用热分析方法测定碳的情况下，用破碎机破碎制成的分析试样的碎块颗粒尺寸范围大约在 1 mm～2 mm。

用于粉碎的设备的所使用到的材料应该不影响样品的成分。应该进行适当的试验以证实使用该设备不会影响到分析试样的成分。

粉碎方法不能用于含有石墨的铁的制样。

进行过筛操作时，应该注意避免样品的污染和损失。过筛硬材料时，应该注意避免损坏筛的筛丝。

称取试料前应对分析试样进行均匀化处理。通过搅拌能使粉末样品均匀化。

注意：当金属颗粒小到约 150 μm 时，可能有着火的危险。在粉碎的过程中要确保通风。

4.4.4 块状分析试样

4.4.4.1 分析试样的选择

分析试样是通过切割从抽样产品或原始样品中制取的，其尺寸大小及形状要适合分析方法的需要。样品可用锯切、砂轮切、剪切或冲切方法进行切割。

产品标准中没有明确规定时，如果材料有足够的厚度，物理分析方法用样品应该在产品的横截面上制取。

4.4.4.2 分析试样的表面制备

分析试样的表面制备应该制备到露出适合于分析方法使用的表面。已受切割火焰热影响的样品的任何部分不能用于制备分析表面。用于制备样品的设备应该设计成尽可能减小样品的过热，其中要有相应的冷却系统。

用于表面制备的四种主要设备如下：

a) 通过铣床反复操作使金属铣到预定的深度，它适用于硬度范围适合于铣削的样品。需要时，该设备具有能够加工从熔体中取得，且仍热的样块；

b) 磨床有固定式、转动式或往复式，它通过反复操作使金属样品可以磨到预定的深度；

c) 平板抛光机有磨盘式、连续磨带式，它用于对分析试样表面研磨到一定的抛光级别；

d) 带有喷砂、喷磨砂、或金属丸的喷丸机用来清洁分析试样或试料的表面。

制备后，分析试样的表面应该平整且没有对分析结果准确度产生影响的缺陷。

切割及表面制备可以手动也可自动完成。商业上出售的系统装置，可以完成从熔体中取样到自动完成各阶段的处理。有两种厚度的管式样品[见附录 A 中 A.2.3 c]的表面自动制备系统装置和冲压加工试料的系统装置，可带有对样品的喷丸处理设备以及冲压前对样品热处理软化的设备。

应该根据分析方法所测定元素的要求，用于制备分析试样的最后阶段的磨料应选择避免污染表面的材料。磨料的粒度应该与分析方法所需的表面光洁度要求一致。

对于光电发射光谱分析方法，使用的磨料的粒度在 60 级到 120 级较合适。对于 X-射线荧光光谱分析方法，其选择的表面制备方法应该确保样品与样品间的表面抛光级别具有较好的再现性。另外，不得污染表面。

磨料的影响取决于所使用的分析方法。当使用光电发射光谱分析方法时，一般预激发能清除分析试样表面的由于研磨产生的污染。使用新砂轮时，要特别注意避免表面污染。

使用 X-射线荧光光谱分析方法时，应该检查是否存在潜在表面污染等缺陷。

制备以后，分析试样应进行目视检查，表面应该没有颗粒异物，没有表面缺陷。如果存在缺陷，应该重新处理表面或放弃使用。分析试样应该干燥，并且应防止制备好的试样表面被污染。

4.4.5 用重熔方法制备分析试样

小块或屑状样品，或者抽样产品本身的一部份可以使用有氩气保护的熔融设备重熔。样品重熔成直径为30 mm～40 mm厚度为6 mm的圆盘，它适合于用物理分析方法。有些型号的重熔设备带有离心浇铸装置。

在重熔过程中可能出现某些元素的部份损失。因此有必要保证选择性挥发或离析，或者在化学成分上的任何变化是定量已知的，或者对分析结果没有显著性的影响。应该进行适当的试验，以证实成分的任何变化较小且再现性较好。

使用的设备和所采用的重熔方法应该设计成防止或减小成分的变化,并确保任何变化有较好再现性。重熔过程中应该使用抗氧剂,例如0.1%(质量分数)锆。用于分析测量的校正方法应该考虑到已经存在的变化。

并非所有的黑色金属都能用这种方式重熔。下面的情况不能使用本方法来制备样品:被测某一重要元素重熔时其成份变化且再现性不好。

4.5 安全注意事项

4.5.1 个人保护

要提供个人防护装备,以保证减小取样及制样过程中人员受伤的危险。对液态金属取样时,防护应该包括防护服、保护手套、面罩以防止溅伤。固体金属的取样与制备时,防护应包括防护服,手、眼和听觉保护,必要时还要进行呼吸保护。

4.5.2 机械

机械取样和制样应该按照相应的国家标准进行。用于表面制备的磨样操作安全遵守国家有关法规规定。

4.5.3 有害物质

对样品和试料进行清洗和干燥处理时,会使用到溶剂,对于溶剂的使用要参照国家相应的规定进行。

5 炼钢及生铁生产中的铁水

5.1 一般要求

这些方法可用于炼钢或者铸态生铁的高炉铁水的取样,这种铁水常称作热金属。铁水取样通常是在当熔体注入到铁水罐时的高炉铁水沟、或者从铁水罐取样,或者在对铁水罐的前处理过程中取样,或者是在熔体铸成生铁的过程中取样。

从高炉出铁的过程中,铁的化学成分可能有波动。应该在规定的时间间隔内取两个或两个以上的样品进行测定,取其平均值。

使用物理分析方法时,取样方法应该设计成能使液体金属以一种确保样品的金相组织适合于所选择的分析方法要求的方式进行冷却。

5.2 勺式取样

5.2.1 取样方法

对于从熔体中取样,将经过预热处理的钢勺浸入到熔体中,使铁水充满钢勺。拉回钢勺,去掉勺中铁水表面上的炉渣。

对于从流体中取样,将经过预热处理的钢勺导入到铁水罐的流体中,使铁水充满钢勺。

很快地将取样勺中的铁水倒入到金属模中,并尽可能使铁水迅速冷却。然后脱模,样品去掉冒口。

铁水应该倒入冷模中以保证适当的冷却。在有必要时,模子应该在使用前进行空气冷却。模子应该没有湿气。

盘状样品通常被称为硬币状样品,可用两瓣钢模取得,一般其样品直径为35 mm~40 mm、厚度为6 mm~12 mm。模子由两瓣构成,用时合在一起,一瓣为平的冷盘,另一瓣为一块模腔。模腔的边缘是楔形的,例如从38 mm到32 mm,这样以利于样品脱模。硬币状样品在模中铸造时呈水平或垂直状。

用组合模取得的硬币状样品带有一处或多处附带小块样品。如果需要时,可取下这些小块样品来用作热分析方法的分析试样(用作铸铁生产过程中的铁水取样组合模示意图如图2所示)。

用铸铁或钢的组合分模取得的薄板状样品的边缘为圆弧形,一般其样品尺寸为70 mm×35 mm、厚度为4 mm。组合模的两部分的冒口的顶部处为锥形,使用时两部分相互夹紧。此种型号的组合模适用于较高碳含量的铁水取样。

单位：mm

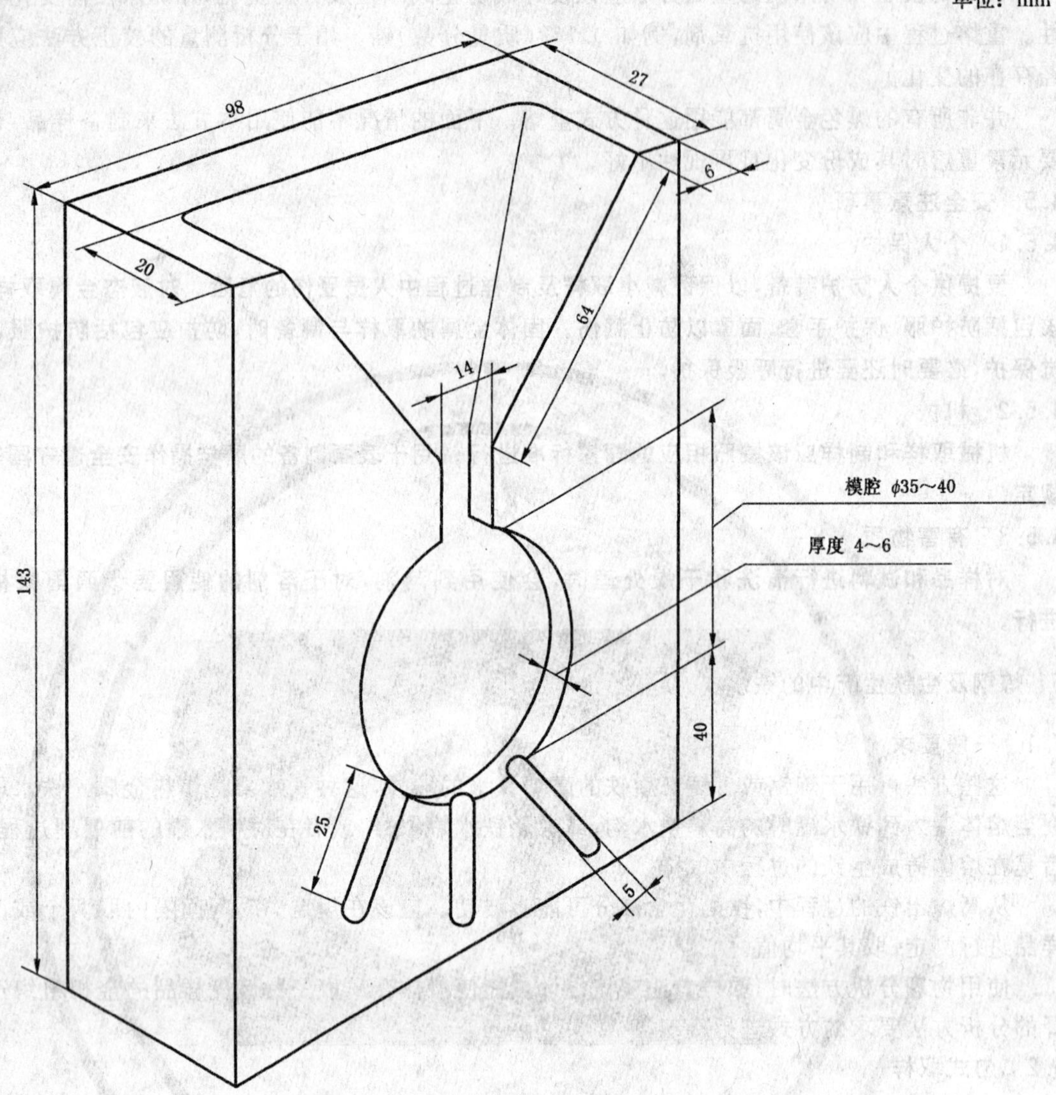

注：图中没有表示的急冷板的尺寸与图所示一致。

图 2　铸铁产品的铁水取样用垂直型组合模

5.2.2　设备的维护

取样勺和金属模要保持洁净和干燥。使用后，要除去炉渣和结壳，且用钢丝刷清洁模子表面。

如果模子内表面有损伤，应该进行机械再加工。这样可避免在样品进行表面制备时需要另外的机械加工处理。

5.3　管式取样

5.3.1　一般要求

附录 A 描述了不同类型的用于高炉铁水的取样管。取样管应该设计成能制备出盘状样品的白口铁的模式，样品要有足够的厚度以满足选择物理分析方法的需要。

管式取样受如下因素的影响：取样器插入熔体的角度、深度以及浸入铁水的时间引起铁水温度的变化。对于一个炼铁过程，应该考虑这些影响因素，严格控制以保证分析试样的品质。

5.3.2　取样方法

从熔体中取样，要将一个合适的浸入式管式取样器以尽可能垂直的角度插入到熔体中。

从高炉铁水沟中取样，要选择合适的浸入位置以保证所用的管式取样器插入液体金属中有足够的深度。对大多数型号的取样管而言，其深度大约是 200 mm。

从铁水流中取样，要将合适的吸入式管式取样器从铁水包导入流动金属中，其导入角度与垂直方向约为45°，导入位置尽量靠近铁水包注口。

经过预先确定的时间后，从熔体中拉回管式取样器，打碎管子，允许样品在空气中冷却。

5.4 分析试样的制备

5.4.1 原始样品

除去从熔体中取得的样品的表面氧化物，以避免在后面的制备过程中可能污染分析试样。

5.4.2 化学分析方法用分析试样

用破碎机或振动研磨机粉碎样品，制备足够量的分析试样，其粒度最好小于 150 μm。

另一方法是用按 8.3.1 所述的低速钻床制备屑状样品。

5.4.3 热分析方法用分析试样

将盘状样品附带的小棒样品或管式样品的小块样品加工成一定量的试料。测定次数要有代表性，取其平均值。

另一方法是用破碎机破碎这些小棒样品或小块样品制取足够量的分析试样，其粒度大约为 1 mm～2 mm。粉碎过程中要避免产生细粉料。用类似的方式破碎片状样品。

5.4.4 物理分析方法用分析试样

对于盘状样品，必要时除去所有小棒样品或小块样品，磨光样品表面直到露出白口组织，此处为样品有代表性的部位。用这种方法要除去的量应该由取样条件和该铁产品的化学成分来确定，一般除去的厚度为0.5 mm～1 mm(见 A.6)。

对于片状样品，制成两片，以获得适合于分析要求的样品。

通过研磨和抛光制备样品的表面时，研磨应该用湿法，以避免样品过热，但是，最后要进行样品表面干燥抛光。另一方法是进行研磨后将样品浸入水中冷却，然后进行干燥抛光。

制备薄片样品的表面时要特别小心。要设计一个特制的夹具以较好地固定住样品，确保进行磨样和抛光操作。

6 铸铁产品用铁水

6.1 一般要求

以下方法适用于从冲天炉、电炉、双炼法混合炉，以及铁水包和前处理容器中的铁水中取样。

铁水在浇注生产过程中可能不均匀。应采用必要的措施使取样方法适合于特定的生产过程的需要。例如混合炉中的铁水有分层，取样时要确保分析能代表整个熔体。

对于分批生产时，应该从熔炉中取二个或更多的样品，最好在出炉近三分之一和三分之二时取样，进行测定，取平均值。对于连续生产时，取样应保持有规律的时间间隔。

取样方法一般要将取样勺中的铁水迅速浇注后，尽可能快地冷却样品以得到白口铁组织、防止石墨化。通过急冷铸造获得的白口铁组织一般用于物理分析方法。

非急冷却的样品也可以使用。对于这种情况，样品是从取样勺中的特别铸态中取样或从用于力学性能试验的试样棒或试样锭中取样，试样棒或试样锭是从用于生产铸体或铸件的同一金属中分别铸造的。

在生产大型或大量铸件时在征得用户同意后，应该取二个或二个以上的样品。

用于测定氧、氮、氢的铁水样品的取样和制样方法要采取特殊的方法(见 6.5)。

6.2 勺式取样

6.2.1 一般要求

取样应该在往熔体中加入任何添加剂之前进行。

另外，在取样前要充分搅拌熔体，为减少加入添加剂的直接影响，要留有足够的时间进行取样。在取样前没有足够的准备时间将会严重地减小取样的代表性。

由于生产过程中可能受铁渣污染，球墨铸铁的取样特别困难。在这种情况下，可用一个陶瓷盘对铁水过滤后再进行取样。

注5：注意在加入添加剂之前取得的样品不能代表铸件的化学成分。

6.2.2 取样方法

涂有一层耐火材料(如硅石)的石墨勺或钢勺适用于下列方法之一：

a) 扒去熔体表面上的炉渣，将预热过的取样勺浸入熔体中并装满铁水；

b) 在浇注过程中，将预热过的取样勺导入铁水流中并装满铁水。

6.2.3 急冷样品

迅速将取样勺中的铁水倒入石墨制、赤铁制或铜制的分模中，制成小平盘状样品，其厚度为4 mm～8 mm。铁水凝固后，尽快使样品脱模以避免模子过热和样品破碎，然后去掉冒口。

通常，硬币状样品有直径为35 mm～40 mm的圆形、50 mm×27 mm矩形或50 mm×50 mm正方形。一般圆形样品垂直铸成，矩形或正方形样品水平铸成。

模由两块组成，使用时夹在一起。一块为急冷的平板，另一块带有模腔。模腔做成边缘渐小结构以利于脱模。

带有一个或多个小棒样品的硬币状样品可由组合模制得。需要时，用这些小棒样品作热分析方法用试料。这种类型的垂直模常常被描述成书本模，它由低磷高碳的灰口铁、石墨、铜或水冷铜制成，见图2。制成的盘式样品，其直径为35 mm～40 mm、厚度为4 mm～6 mm，并附带有3个直径为5 mm的小棒样品。

取样勺中铁水的温度应尽可能的高，但要与模材料的承受能力(如热容量)一致。重要的是要保证快速急冷，以便制备白口铁组织的分析试样。有必要时模子在使用前应空气冷却。模子要求避免湿气。

在需要进行反复取样的情况下，应该准备有多个模子替换，以使模子得到充分冷却。

应该避免由于模子过热产生的热应力可能引起硬币状样品的破裂。

6.2.4 非急冷样品

迅速将取样勺中铁水浇注到沙模中，得到直径为约50 mm、长度为40 mm～50 mm圆柱状样品。

另一种方法是从力学性能试验的试样棒或试样锭上取得分析试样。试样棒或试样锭可用浇注勺从铁水包中取得的铁水进行浇注而成，在使用小型手工浇注容器时，则也可直接从铁水包中浇注而成。通常试样棒直径为30 mm长度为150 mm，用沙模垂直或水平浇注方式浇注。

样品脱模前，要完全冷却。

6.2.5 设备的维护

浇注勺和金属模要保持洁净和干燥。使用后，要除去炉渣和结壳，且用钢丝刷清洁模子表面。

如果模子内表面有损伤，应该进行机械再加工。这样可避免在样品进行表面制备时需要另外的机械加工处理。

6.3 管式取样

管式取样的应用范围很有限，仅在铸铁产品的生产过程中使用。需要时，取样管从熔体中取得的样品应该能保证满足分析方法要求的金相组织和分析品质。

6.4 分析试样的制备

6.4.1 前处理

用钢丝刷或喷砂清理掉砂铸样品表面粘附的砂子。磨去表面氧化层。

根据所选用的分析方法，按6.4.2、6.4.3或6.4.4要求制备试样。

6.4.2 化学分析方法用试样

6.4.2.1 一般要求

用机械加工方法制备屑状样品，应该用低速(100 r/min到150 r/min)碳化钨刀具钻取或车取。调节加工速度使制备出的屑状样品均匀，避免产生粉细颗粒。注意要避免加工过程中刀具和样品过热。

屑状样品应尽可能成整块，每块约 10 mg(每克 100 块)以避免石墨的粉化和损失。因为金属与石墨的分布可能出现变化，屑状样品不能用溶剂洗或磁选。直径为 10 mm 的工具适合于钻取屑状样品。

测定全碳用的屑状样品的尺寸范围是 1 mm～2 mm。

当样品不适合于机械加工时，样品可以用破碎机或振动研磨机破碎来制得屑状样品，以此制取足够量的分析试样，其粒度小于 150 μm。使用这种方法应保证不要造成样品污染。

6.4.2.2 制样方法

当通过钻取制取样品时，急冷样品应弃去表面部分的屑状样品。

对于柱形块状的非急冷样品，在块的长度方向的三分之一处横向钻取，然后从其对面位置再次钻取。弃去两面径向小于三分之一深度处的样品，继续钻取其中心部分作为分析试样。

对于试样棒，使用下面方法之一制取：

a) 磨平试样棒的两面，从长度方向三分之一处的一面钻到另一面；

b) 用车床加工试样棒时，在不使用车液或冷却剂的情况下其最大进刀量为 0.25 mm。沿径向切割时从表面切至中心，或者切取试样棒一个横截面，不能只切试样棒的表面。弃去从表面切取的样品。

不能采用机械加工的样品，则破碎制备样品，或者在试样棒近底部(三分之一处)的横截面切取 3 mm厚的圆盘破碎来制备样品。用破碎机或振动研磨机破碎来制得足够量的分析试样，其粒度小于 150 μm。

6.4.3 热分析方法用块状试样

从急冷样品上取下附着的小棒样品，经破碎或切割加工成小块试样作为试料。

另一种方法是用破碎机破碎小棒样品来制备分析试样，其粒度约 1 mm～2 mm。在破碎时要避免产生太细的样品。

对于非急冷样品，从柱形块或试样棒的截面处用锯切取 3 mm 的圆盘或薄块，破碎制取适当质量的样品作为试料。

测定次数要有足够的代表性，取平均值。每块试料的质量应该不小于约 0.3g。

6.4.4 物理分析方法用试样

对于急冷样品，除去附带的小棒样品，然后用固定头研磨机磨至表面露出样品有代表性的白口组织。用这种方式除去的材料的量取决于特定的铁的化学成分和取样状态；除去层的厚度一般至少 1 mm。

样品研磨时推荐使用空气冷却。可用湿磨以防止样品过热，但最后处理时应该干磨或干抛光。如果过度磨到超过急冷区域时，会引起分析误差，要有常规的方法跟踪考察急冷样品，确保其金相组织适合于该分析方法用试样的制备。

对于非急冷样品，用打磨或抛光机械除去样品表面近 1 mm 的厚度。样品研磨时推荐使用空气冷却，而不能用液体冷却剂冷却。

对于受偏析影响的铁，例如工程用高磷铁、高硅球墨铸铁或铸造生铁，应该在分析试样的两个表面制备，并取其平均值。

在表面制备的过程中应该避免样品过热。因为这有可能产生表面裂纹而影响分析结果的准确度。

薄的硬币状样品的表面制备时需要仔细。要设计一种特殊的钳子在打磨操作时使用。

注 6：对于分析试样表面的制备，固定头磨比摆动头磨更合适，摆动头磨可能磨不出平坦的表面。

6.5 测定氧、氮、氢用试样的取样及制样

6.5.1 一般要求

仅当浇注生产中需要控制其一定限量时，才进行氧、氮和氢的测定。取样和制样方法应该减少氢的损失，并且要避免氧、氮和氢污染样品(见 7.5 和 7.6)。

6.5.2 方法

用于测定氢的样品要迅速冷却。当样品固化后立即脱模，迅速急冷。丙酮和二氧化碳干冰的混合物膏剂适合于急冷。样品应该浸入到冷却剂中贮存，冷却剂可以使用液氮或者丙酮和二氧化碳干冰的混合物膏剂。

急冷铸态样品的小棒样品适合于进行氧和氮的测定。这种样品可用勺式取样取得，如需按6.2浇注铁水到组合模中并得到直径6 mm～8 mm的小棒状样品，则需要修改组合模的结构，按如图2所示加了三个小空腔以制得所需直径的小棒状样品。

6.5.3 试料的制备

用带碳化钨刀具的车床除去所有氧化痕迹的表面。用分离工具横向切开样品得到合适质量的用于分析的试料。在制备用于测定氢的试料时，样品要不断用粉碎的二氧化碳干冰冷却，避免过热。

要确保制备试料与进行分析之间不要延误时间。

7 钢产品用钢水

7.1 一般要求

以下方法适用于在钢的熔炼、二次处理及浇注期间从炉子、钢包或其他容器的钢水中进行取样和从中间包及结晶器中进行取样。

对于氧(7.5)和氢(7.6)的测定，钢水的取样及制样应该有特殊的要求。

7.2 勺式取样

7.2.1 方法

从熔体中取样是将取样勺穿过炉渣插入熔体中使钢水注满取样勺的过程。取样勺首先浸入到炉渣层中，由于急冷而覆盖上一层炉渣，这样可防止样品粘附在取样勺上。拉回取样勺，用扒渣法除去取样勺中钢水表面的炉渣。

从流体中取样是将取样勺导入从钢包流出的钢流，使钢水充满取样勺，然后抽回样勺。

应当注意，当将取样勺导入钢流时，由于从炉口流出的钢水会产生冲击力，取样时有必要减小钢水的流速。

必要时，向取样勺内的钢水中加入已知量的脱氧剂。当钢水静止(10s后)，立即将其注入到有一定锥度的圆柱钢模中。样品顶部直径约25 mm～40 mm，底部直径约20 mm～35 mm，长40 mm～70 mm。

将样品脱模，并让样品以设计好的能避免裂纹的方式进行冷却。冷却样品要足够慢，以保证样品容易进行机械加工。

对于不锈钢的取样，可以用耐火材料杯替代铸铁盘来作模具，其杯壁厚度在10 mm～12 mm。击碎耐火材料料杯从而使样品脱模。

注7：在取样勺中经常使用铝线作为脱氧剂，应保证铝不会对化学分析产生干扰，或者对测定熔体中铝的含量没有要求。铝的加入量通常为0.1%(质量分数)～0.2%(质量分数)。其他脱氧剂，如钛或锆，其加入量与此规定范围相当。

7.2.2 设备的维护

取样勺和金属模要保持洁净和干燥。使用后，要除去炉渣和结壳，且用钢丝刷清洁模子表面。

如果模子内表面有损伤，应该进行机械再加工。这样可避免在样品表面制备时需要另外进行机械加工处理。

7.3 管式取样

7.3.1 一般要求

附录A列出了钢水用主要几种不同型号的取样管。

取样管取样受这样一些因素的影响：炉渣、取样管浸入熔体的深度和浸入熔体的时间。对于特定的成分范围,要确定这些因素的影响程度,以及钢的温度的影响,然后严格控制确保分析达到所要求的质量标准。

应采取必要的措施保证取样管取样时不污染钢水样品,尤其是要求对低含量元素的测定时的取样。取样管组成材料的选择、样腔的设计和进样系统,以及脱氧方法,这些都应该将污染减到最小(脱氧剂的污染除外)。

7.3.2 取样方法

在熔炼炉和钢包这类较深的熔体中的取样,应将合适的取样管迅速浸入熔体,穿过炉渣层,尽量达到熔体的中心,并尽可能成90°角。

在中间包这类较浅的熔体中的取样,从钢锭模或结晶器的顶部,导入合适的吸入式取样管,穿过炉渣层或粉末覆盖层,达到熔体,使取样管局部真空时间约2s,让钢水充满模子。

有些中间包的钢水有足够的深度,这种情况也可以使用浸入式取样管。

对于流体的取样,导入合适的流体取样管到钢包的金属流体中,成45°角度,并尽可能靠近钢包的排出口。

在向流体中导入取样管时要小心,必要时要减小金属流体的流速。

在预定的时间间隔之后,拉回取样管,砸碎之后,使之在空气中缓慢冷却至暗红色,然后以不会导致裂纹的方法用水淬火。

在有些情况下,管式样品在运到实验室时仍是热的。

7.4 分析试样的制备

7.4.1 前处理

从熔体中取来的样品,去掉其可能对后面制备分析试样产生污染的表面氧化物。

7.4.2 化学分析方法用分析试样

对于圆柱形样品,在圆柱形样品距底部三分之一高度处的位置钻取,并通过样品的中心,弃去从样品表面层得到的屑片。

另一方法是用切割机去掉圆柱形样品底部的三分之一,将剩下部分露出的整个表面进行机械加工。必要时进行热处理使样品足够软化。

对于管式样品,从圆盘样品中按10.4.2的要求进行钻取或研磨制得屑状样品。

7.4.3 热分析方法用分析试样

对于管式样品附带有数个小块样品,取其一小块样品用来制备试料。

对于双厚度的管式样品,从圆盘薄的部分取一小块样品用来制备试料。如果样品的洛氏硬度大于25HRC时,应进行必要的热处理使样品足够软化,以便易于进行冲床加工。

对于圆盘附带小棒的管式样品,从小棒样品上切取合适质量的样品用于制备分析用的试料。

对于圆柱形样品可用钻取或研磨来制备样品。

低碳钢中碳的测定样品加工需要特别小心,在制备试料的过程中要防止污染,所有操作都要使用镊子。

7.4.4 物理分析方法用分析试样

对于附带有小棒状圆柱形样品,用砂轮切割机或其他切割工具切下样品底部用于制备分析试样,通常厚度为20 mm~30 mm。由砂轮切割机切下的样品表面要抛光(或研磨)后才能用于分析,由其他切割工具切下的样品表面在分析前也可以进行抛光(或研磨)。

管式样品要除去所有附着的小块样品和小棒样品,然后对圆盘样品表面进行打磨或抛光,直至露出能具有样品代表性的表面。其去掉的样品厚度通常在1 mm~2 mm(见附录A中A.6),用这种方式除去材料的量取决于特定的钢的化学成分和取样状态。对于有两种厚度的管式样品,用盘状样品的厚层部分进行制备。

对于含铅钢样品,其样品的表面制备设备应该安装在封闭的环境中,并装有除尘设备。

注意：含铅钢进行表面制备时产生的废弃物，以及除尘过滤系统中收集的粉尘应该依照有关含铅废料的法规规定妥善处理。

7.5 氧的测定用试样的取样和制样

7.5.1 取样方法

根据取样管的型号决定测定氧的钢水的取样方法，不同型号取样管的主要特性在附录 A 中进行了描述。所使用的取样方法应该保证取样操作不会影响熔体中碳氧平衡。应注意避免污染样品，除去样品制备各阶段的所有表面氧化物。

管式样品的小附着物样品，如直径小于 5 mm 小棒样品或者小块样品，一般不适合于制备无表面氧化物的试样。但从有两种厚度的管式样品中冲取的小块样品有可能是合适的。在有些情况下，需要使用取样管靠重力作用取得较大质量的样品。

7.5.2 试样的制备

用打磨的方法除去管式样品表面的氧化物，应注意避免过热。

从管式样品的圆盘上切下一片，然后将其加工成适合于分析用量的试样。

将试样块置于不锈钢的抓柄或其他装置中固定住，用细砂打磨每一表面。所有操作都要使用镊子。

将试样块浸入丙酮或乙醇中，在空气中干燥或暴露在低真空中干燥。立即进行分析，试块制备与进行分析之间不应该有时间延误。

7.6 氢的测定用试样的取样和制样

7.6.1 一般要求

测定氢的钢水的取样方法是用取样管。附录 B 描述了几种主要不同型号的取样管。所使用的取样方法应该设计成控制和减小氢从管式样品中的快速渗出，在进行取样、样品的贮存以及试料的制备过程中都会发生这种渗出。渗出的损失在环境温度高时会很大，尤其是小直径样品。

管式样品应该无裂纹和表面气孔，没有湿气，尤其是没有俘获水。试料的状态对测量结果影响很大，由于样品中水的存在，分析方法会有不同的灵敏度。如果使用的是吸入式取样管，其操作方法应该避免样品中混入湿气。

取样方法的选择取决于熔体的温度、分析方法和对分析精度的要求。要研究这些关系确定能满足炼钢实际需要的合适的方法，从而取得符合品质要求的样品。要附有严密的详细操作步骤，以保证分析质量。

在取样的各阶段，以及样品的贮存和制备过程中要保持管式样品和试料处于尽可能低的温度。样品应该在冷藏剂中贮存，液态氮或丙酮与二氧化碳干冰的混合物软膏较为合适。

注 8：铁素体钢应该用这种方式贮存。奥氏体钢中氢的渗出较慢，但无论哪种材料都没有实验证明，因此建议也应该用冷藏剂贮存。

在样品进行切割和试料的制备过程中，应该保持管式样品和试料处于低温状态。浸入冰水中冷却或者浸入冷却剂中冷却要更好些。冷却后应除去试料表面的湿气，浸入丙酮中，然后用在低真空中暴露数秒钟进行干燥。

应弃去不合适于冷却和贮存的样品。

通过研磨进行试料的表面加工时，应该保持用时最少，能满足去除所有表面氧化物和缺陷即可。试料制备完成后应该立即进行分析。

7.6.2 取样方法

取样管有不同直径的片型和铅笔型(见附录 B)。根据制造商的说明选择取样管。

管式样品应该在冷水中淬火，淬火过程中要不断用力地进行搅拌。淬火应该在取样后 10 s 内完成，不允许超时。样品模具中的硅质样品套管应该迅速除去以便样品迅速冷却。

样品充分冷却后，浸入冷却剂中贮存并送往实验室。

当取样管设计成可以俘获渗出氢时，为了进行加工处理也应该淬火以充分冷却。

7.6.3 试料的制备

从管式样品的中心截面上切取适当量的样品作为分析用试料。切取时应该尽量减小对样品产生过热。切取过程中应该使用大量流动的冷却液体，或频繁地将样品冷却，或同时使用两种方法冷却。

用锉平、喷砂或轻磨方法来制备试料表面。锉平时，应使用细齿锉。喷砂时，喷砂机器应避免使用污染试料表面的砂。磨平时，应经常冷却。

将试块浸入丙酮中除油，暴露在低真空中干燥后立即进行分析。另一方法是将试料浸入 2-丙醇（异丙醇）中，然后用乙醚干燥后进行分析。

8 生铁

8.1 一般要求

以下方法适用于高炉生铁的取样，这类产品一般铸成简单的形状，例如双菱形或其他类似的形状。生铁的各种型号按照 ISO 9147 进行分类。其他型号的铁也可用作铸铁生产，例如，冲天炉或电炉生产的铁。

特别注意要取得具有代表性的生铁样品。

8.2 份样

8.2.1 份样数量

抽取生铁份样的数量要能代表该生产批或交货批。在大批量供货时，如果供需双方没有其他协议，从交货批中抽取的最小生铁样品的数量按照 ISO 9147（见表 1）规定进行。

表 1 从生铁交货批中抽取份样的最小个数

交货批质量/t	生铁样品个数
<10	9
10～20	11
>20～40	12
>40～80	14
>80～160	16
>160～300	18
>300～600	21
>600	24

8.2.2 取样方法

在交货批装卸或其他转移作业过程中，用大致相等的时间间隔或质量间隔来抽取生铁份样。

交货批用运输工具供货时，取样点应该遵守一定的规则。例如五点法就是在车中心设一点，车的对角线上距车角六分之一处各一点。

料堆上取样则是在绳子上布一定数量的结点，将绳子跨过料堆，在绳子点与料堆接触处取样，重复操作直到取得足够数量的生铁样品。

如果不能接触到整个料堆表面，或接触料堆不安全时，取样点应该在料堆的表面遵守一定的规则。

另一种方法是用铲车在料堆上随机抽取一定数量的子样，然后在每个子样中随机抽取一个生铁样品。

8.2.3 生铁混合交货批

生铁交货批可能包括不同批次生产的或不同来源的生铁。在交货批中，如果根据不同形状和尺寸可以进行区别，则应该根据见到的估计出每种型号生铁的比例。

在交货批中选定的每种型号的生铁中取得子样，再从子样中取得份样，从而获得交货批的加权平均分析结果。

8.3 分析试样的制备

8.3.1 一般要求

如果由于使用了磁抓而使份样具有残余磁性,应该用去磁线圈进行去磁处理,以防止粗细颗粒在钻取时分离。

用机械加工方法制备屑状样品时,应该用低速(100 r/min~150 r/min)新磨的刀具进行钻取。调节加工速度使制备出的屑状样品均匀,尽量减少细颗粒的产生。宜采用直径为 12 mm~14 mm 的钻头钻取屑状样品。钻头要经常磨制,同时要注意避免样品和刀具过热。

某些类型的铁,例如,海绵铁,有必要时可以使用碳化钨钻头。

屑状样品应该尽可能压紧,以避免石墨的粉化和损失。用于测定碳的屑状样品颗粒直径大约为 1 mm~2 mm。

由于会产生高比例的细粉,不应使用铣取。

因为有可能改变金属与石墨的分布,制备好的样品不能用溶剂清洗或进行磁选处理。

8.3.2 化学分析方法用分析试样

按照下列方法之一制备份样:

a) 对于机械加工的样品,在中部位置沿长度和宽度方向打磨出一暴露的金属表面,其直径不小于 50 mm。从穿过截面的方向开始钻取,钻至距对面近 5 mm 处。如果有必要,可与第一个洞平行的方向再钻一孔[见图 3a),3b),3c)和 3d)];

b) 对于不用机械加工的样品,在中部沿长度方向破碎样品。再取断口面块(不含表面)破碎成约 5 mm 的小块,然后用振动研磨机将其磨至小于 150 μm。

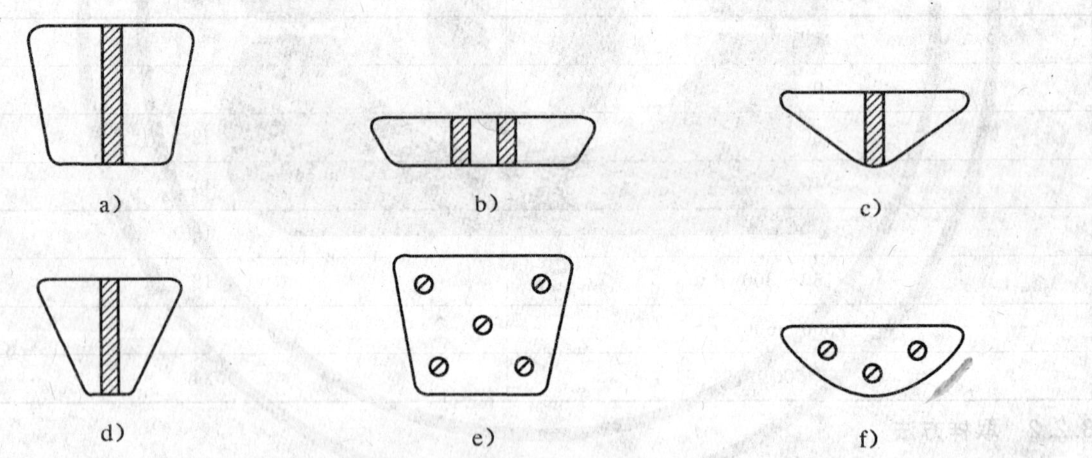

图 3 生铁的取样位置

将从每块生铁制得的样品进行等量混合。从混合物中用对角四分法取得足量的分析用样品。

另一方法是从每一独立生铁样品中取样进行分析,从而获得交货批的测定平均值。

8.3.3 热分析方法用分析试样

8.3.3.1 一般要求

按照 8.3.3.2 或者 8.3.3.3 的方法进行份样的制备,所选用的制样方法取决于生铁的本身要求和所采用的分析方法对样品的要求。

8.3.3.2 屑状或碎块状样品

对于进行机械加工的样品,在样品中部位置的相对两个表面钻一直径为 12 mm~14 mm 的孔。除去孔周围表面的氧化铁皮及其他杂质。与原孔同轴再钻一直径为 20 mm~24 mm 的孔,从而制得尺寸大约为1 mm~2 mm的屑状样品。

对于不进行机械加工的样品，则按照 8.3.2 b)制得小碎块状样品，然后将其粉碎成颗粒直径为 1 mm～2 mm的粒状样品。

等量混合从每块生铁产品上取得的样品，用锥形四分法取得分析试样。

另一方法是分别对每块生铁样品进行分析，从而计算出交货批的平均值。

8.3.3.3 块状样品

在长度方向的中部截取近 3 mm 厚的整个横截面，磨去棱角。在切下样品上按如图 3e)和 3f)所示的位置制取碎块，从而制得适合于分析用量的试料。

另一种方法是在长度方向的中部锯断或砸碎。用套孔刀，在按如图 3e)和 3f)所示的位置的三个或五个点上钻取，制得直径约 3 mm 的碎片。破碎这些碎片，从而制得适合于分析用量的试料。

分析有代表性的一定数量的试料，从而获得每批生铁样品的平均值。

8.3.4 物理分析方法用分析试样

生铁样品一般不使用物理分析方法进行分析。如果要使用物理分析方法进行分析，那么所采用的制样方法应该考虑到铁的结构以及具有代表性的分析表面。

另一种方法是重熔小碎块样品(见 4.4.5)来制备出合适的样品。

9 铸铁产品

9.1 一般要求

从铸铁产品中取分析试样与原始样品的取样方法和取样位置，应该由供需双方根据 9.2.2，9.2.3 或 9.2.4 所述的方法达成一致。

分析试样可从用于力学性能试验的铸态试样棒或试样块上选择取得。

要特别注意确保从铸铁产品中取得的分析试样具有代表性。在取得的样品和铸态或铸件整体间可能会存在着化学成分的差异，特别是碳、硫、磷、锰、镁的含量。偏析元素集中在铸件上部表面和下部中心；在取原始样品或取分析试样时，应该避开这些部位。要特别注意不同的加热和冷却处理过的截面尺寸和大小。对高磷含量的工程铁、可锻铸铁和球墨铸铁的取样方案必须仔细研究。灰口铁可能有偏析，应特别注意灰口铁的取样，以确保分析试样对产品化学成分的代表性。

9.2 取样和制样

9.2.1 一般要求

取样和制样方法的选择取决于铁产品等级、铸态型号以及所选用的分析方法。

抽样产品或原始样品应用刷、磨或喷砂法除去表面吸附物并露出金属表面。应确保空心铸件内外表面的清洁。

9.2.2 化学分析方法用分析试样

9.2.2.1 一般要求

用机械加工方法制备屑状样品时，要使用碳化钨刀具低速(100 r/min～150 r/min)钻取或车取，控制给样速度以使制备出的屑状样品尺寸一致，且产生的细粉量最小。注意避免样品和刀具过热。在钻取样品的过程中，刀具折断时的屑状样品应该弃去。

由于产生细颗粒的比例较高，故不使用铣切加工。

屑状样品应该尽可能压紧，每块约 10 mg(每克约 100 块)，以避免石墨粉化。不能用溶剂洗涤样品或用磁处理样品，因为这样会出现改变金属与石墨的分配状态的危险。

用于测定碳和氮的屑状样品的尺寸范围应该在约 1 mm～2 mm。

用机械加工方法不合适时，样品应该破碎成碎片状，然后用破碎机或振动研磨机进行研磨，以制得足够量的分析试样，其粒度小于 150 μm。这种方法只能在粉碎时不会导致样品污染的情况下方可使用。

9.2.2.2 **方法**

下面是几种类型铸铁的取样及制样方法：

a) 灰口铁在铸件中央取样，此铸件取自整块铸件截面的约三分之一。不得使用铸态表面的屑状样品用于分析。如果可能的话，根据铸件的形状，从几个部位钻取屑状试样。用混合取得的试样制成分析试样。

对较大型的铸件，不能钻穿整个铸件时，在这种情况下，应钻至铸件的二分之一处。

管状类的空心铸件，从管的两端和中间位置分别钻穿管壁，三个取样孔的中心轴互成120°夹角。

对大型铸件，先用套料工具取直径为 3 mm～5 mm 的原始样品，然后用破碎机或振动研磨机将原始样品破碎成小片或碎块，从而制得足量的分析试样，其粒度小于 150 μm。

b) 可锻铸铁分析试样先应该进行退火处理。

退火会引起偏析，所取得样品在退火后要能代表整个铸件的截面。当制得样品厚度不同时要特别引起注意。

对退火后的材料进行分析时，用机械加工的方法清理表面后，用破碎机或盘式研磨机破碎成碎片或小块，用 150 μm 的筛进行筛分，测定其每一组份的质量。分别充分混合各组份，称取适当量的具有代表性的样品作为分析试样。

c) 白口铁及合金铸铁可以按 a)的方法钻取分析试样。

当不能钻取时，从抽样产品或原始样品上用锯(或有必要时用砂轮机)切取一薄片。如果用砂轮机切割时，要除去受热影响的区域。

用破碎机或振动研磨机将薄片破碎成小片或碎块，从而制得足量的分析试样，其粒度小于 150 μm。

注 9：铸造生铁产品，当硫化锰的锰硫比超过 2∶1 时，特别容易形成硫化锰偏析。

9.2.3 **热分析方法用块状样品**

按 9.2.2.2 c)从原始样品或产品样品上切取一块薄片。

对大型铸件，先用套料工具取直径为 3 mm～5 mm 的分析试样。将此分析试样破碎(或用锯切割)成分析用适当质量的试料。分析有代表性的一定数量的试料，取其平均值。作为试料的每一片样品的质量应该不小于约 0.3g。

9.2.4 **物理分析方法用分析试样**

用锯或砂轮切割盘从抽样产品或原始样品上切取合适尺寸的分析试样。

用固定头研磨机或抛光机，或同时使用两种方法，打磨制备样品的表面。建议用空气冷却以避免样品过热，但不能使用冷却液。

另一种方法是：样品可以重熔(4.4.5)来制备分析试样。将原始样品的全部截面破碎成碎片，取有代表性的一定量的样品重熔来制备分析试样。

所选用的重熔方法应该制备出急冷态白口组织的样品。要特别注意在 4.4.5 中提到的有部分损失的元素。

注 10：样品表面制备时，固定头研磨机优于摆动头研磨机。摆动头研磨机不能制备出平坦的分析试样表面。

注 11：对于从含有游离石墨碳的铸铁产品中取得的样品不适合于用诸如光电发射光谱分析方法或 X-射线荧光光谱分析方法进行高质量的分析。这时应该按 9.2.2 和 9.2.3 选用其他的分析方法。

10 钢产品

10.1 一般要求

从钢产品中选择制取原始样品或分析试样的方法和取样位置，应该根据 10.2 或 10.3 的方法之一由供需双方达成一致。

原始样品或分析试样可以按产品标准中规定的位置，从用于力学性能试验所选用的抽样产品中取得，或按照 GB/T 2975 规定进行，也可参见 4.3.2。

含铅钢(10.5)、测定氧(10.6)和氢(10 .7)的钢产品的取样和制样要采取特别的措施。

10.2 从铸态产品中取得原始样品与分析试样

对于大型的铸态产品,从截面的外边和中心之间的中间部位的位置,沿平行于轴向钻取屑状分析试样。如果这种方法不可行,则从边上开始钻取,并收集从外边到中心的中间位置并具有代表性的屑状样品作为分析试样。

另一方法是:需要制备块状试样时,则在截面的一半或四分之一处用机械加工或用气割工具切割原始样品。

10.3 从压延产品中取得原始样品与分析试样

10.3.1 一般要求

对于轧制产品,应该在产品的一端沿轧制方向的垂直面上取得原始样品。

按 10.3.2 在产品的不同截面上制取块状或屑状分析试样。

10.3.2 型材

从抽样产品上切取原始样品,其形状为片状。

制备块状的分析试样,应按照分析方法需要的尺寸从原始样品上切取。

单位:mm

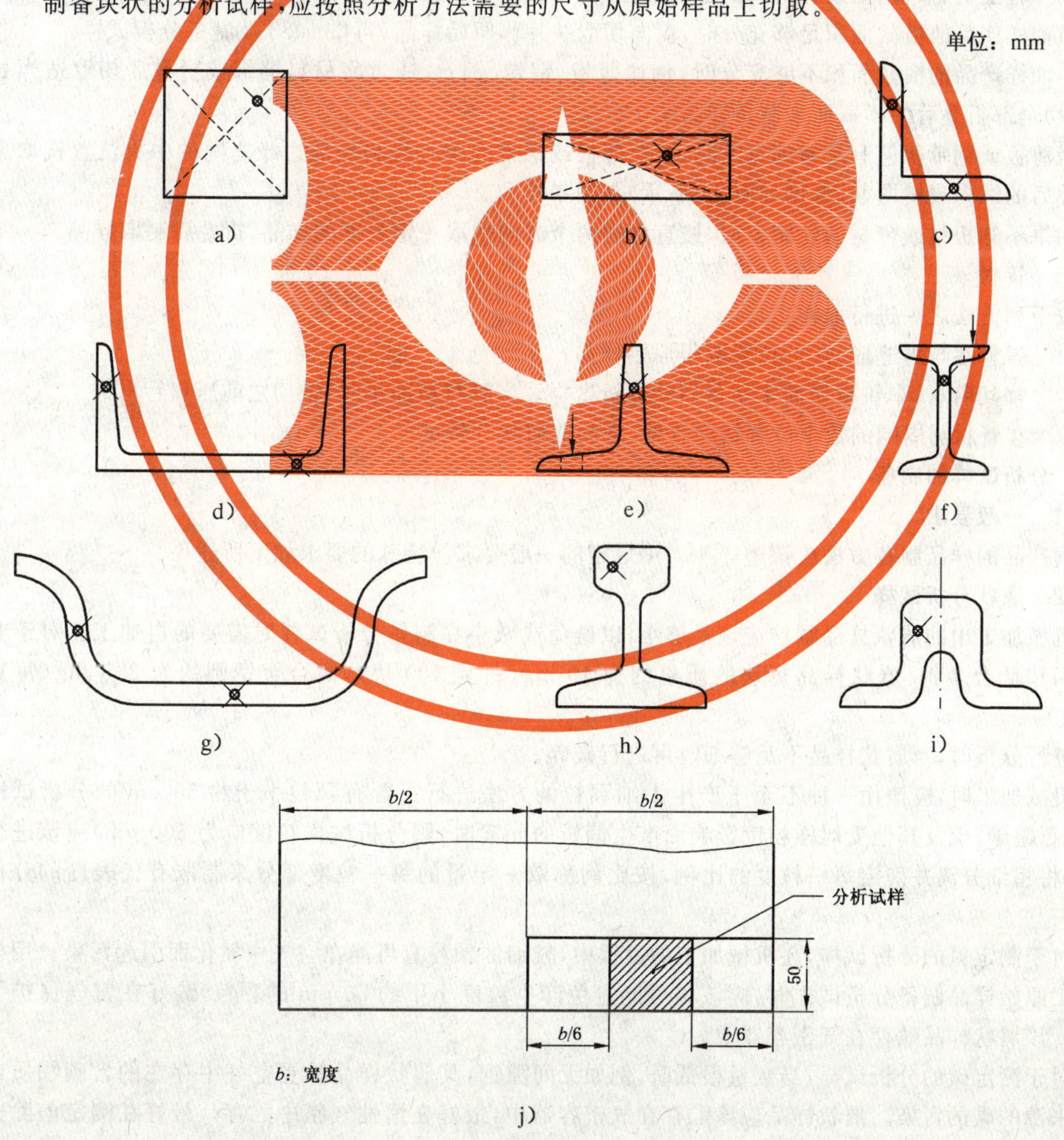

图 4 型钢的取样位置

制备屑状的分析试样，应在原始样品的整个横截面区域铣取。当样品不适合于铣取时，可用钻取，但对沸腾钢不推荐用钻取。最合适的钻取位置取决于截面的形状，如下所述。

a) 对称形状的型材，例如，方坯、圆坯和扁坯，在横截面上平行于纵向的轴线方向钻取，位置在边缘到中心的中间部位(见图 4a),4b))。

b) 复杂形状的型材，如角钢、T 字钢、槽钢和钢梁，按如图 4c)、4d)、4e)、4f)和 4g)所示位置钻取，钻孔周围至少留有 1 mm。

c) 钢轨的取样是在轨头的边缘和中心线的中间位置钻一 20 mm～25 mm 的孔来制取屑状样品(见图 4h)和 4i))。

在钻取端部或切取截面不合适的情况下，可在垂直于主轴线的平面上钻取来制取屑状样品。

10.3.3 板材或板坯

在板材或板坯的中心线与外部边缘的中间位置，切取原始样品来制备合适尺寸的块状分析试样或屑状分析试样(在图 4j 所列示例中的原始样品宽度为 50 mm)。如果这种取样方法不合适时，可由供需双方商定能代表板材成分的取样位置进行取样。

10.3.4 轻型材、棒材、盘条、薄板、钢带和钢丝

当抽样产品的横截面积足够充分时，横向切取一片作原始样品，再按 10.3.2 制备分析试样。

当抽样产品的横截面积不够充分时，例如薄板、钢带、钢丝，通过将材料捆绑或折叠后切取适当长度，铣切全部折叠后的横截面来制备样品。

当薄板或钢带薄但有足够的宽度时，可在薄板或钢带的中心线和外部边缘之间的中央位置铣取全部折叠后的纵向或横向截面(例如图 4j)所示)来制备样品。

如果不知板材或带材的轧制方向，按直角的两个方向切取一定长度的样品，折叠后制取样品。

10.3.5 管材

按下列方法之一进行取样：

a) 焊管在与焊缝成 90°的位置取得原始样品；

b) 横切管材，车铣横切面来制备屑状分析试样。当管材截面小时，铣切之前压扁管材；

c) 在管材圆周围的数个位置钻穿管壁，来制取屑状分析试样。

10.4 分析试样的制备

10.4.1 一般要求

钢产品的样品制备方法应该遵守 4.4 中规定的一般要求。特殊的要求如下所述。

10.4.2 屑状分析试样

机械加工出的屑状样品颗粒应该足够小，以避免或减小在制备分析试样时需要的再加工。对于非合金钢和低合金钢，屑状样品每块的质量约为 10 mg(每克 100 块)，高合金钢则约为 2.5 mg(每克 400 块)。

进行分析时，当屑状样品不足够细时可进行破碎。

机械加工时，应该用一种不至于产生太细颗粒的方法进行。含有颗粒小于约 50 μm 的分析试样(分析石墨碳、硫及其他受屑样粒度影响而产生偏析的元素时，则分析试样粒度应为 500 μm)应该进行筛分，将粗细分离并确定每一粒度的比例，按比例称取一定量的每一粒度部分来制取有代表性的分析试样。

对于测定氮的分析试样，在机械加工的过程中，较细的颗粒有可能在空气中氮化而引起污染。用机械加工原始样品制备分析试样时，应该尽可能避免产生粒度小于约 50 μm 的颗粒，最好在氩气保护下进行。该屑状样品贮存在气密容器中。

对于测定碳的分析试样，当碳量很低时，例如无间隙钢，其屑状样品易受空气中存在的含碳物质或其他来源的碳的污染。屑状样品应该贮存在气密容器中，最好在惰性气氛中贮存。最好在测定前除去表面碳，例如通过测定前的预热，或者分别测定表面碳和内部碳，例如用解析信号法。另一种方法是选择块状试料,例如冲制取的小棒样品。

10.4.3 块状分析试样

对于象薄板或带钢这样的薄的产品,其热分析方法用的试料可从产品的边上一点一点地冲切下小片来制备。另一方法是冲切厚度为 4 mm~6 mm 的小棒样品。

对于厚度约 1.5 mm 或更薄的产品样品,当使用光电发射光谱分析方法时,有必要减小放电时产生的局部过热。例如将分析试样在侧边电气焊接小钢块或者将分析试样嵌入导热材料,如锡中,只暴露出一个表面。

10.5 含铅钢的取样

在取样和制样的所有操作过程中,要注意减小粉尘的产生。

从抽样产品中用锯锯取得原始样品。

用低速铣削来制取屑状样品,要避免样品过热和产生粉尘。

物理分析方法用分析试样的表面制备用的设备应该封闭并装有除尘设备。

注意:含铅钢进行表面制备时产生的废弃物,以及除尘过滤系统中收集的粉尘,应该依照有关含铅废料的法规规定妥善处理。

10.6 测定氧用分析试样的取样和制样

10.6.1 一般要求

在取样和制样的各阶段要避免样品污染,并除去任何表面氧化物。

操作过程中要使用镊子,不允许手指接触试料。对于氧含量很低的样品,要在惰气保护下进行试料的机械加工。

10.6.2 取样方法

按如下方法之一进行取样:

a) 用机械锯切取适当形状的原始样品。例如:小板或小圆盘形状的样品。用手锯从这种样品上切取适合于分析的试料。

b) 从原始样品切取厚度为 3 mm~4 mm 的片状样品。先用 60 级的碳化硅砂纸打磨样品表面,然后用研磨机打磨,这种研磨机械是一种旋转的带齿的工具,其转速约 30 000 r/min。

制备后的样品的表面应该平滑,有金属光泽且无缺陷。

使用直径为 4 mm~6 mm 冲头,从样品上冲取一合适的小棒样品来制取试料。冲取试料时,冲出的试料要正好落在一个充满氩气或氮气且备有密封盖的玻璃容器中。

c) 切取一块宽 10 mm、长 100 mm 的矩形原始样品。用车床以约 1 000 r/min 的转速将样品车到直径约为 7 mm,继续车并控制进刀量为每次约 0.1 mm~0.15 mm,其转速调节在 800 r/min~1 000 r/min,加工到样品直径为 6 mm。制备后的样品表面应该平滑,有金属光泽且无缺陷。机械加工的最后阶段不应该使用冷却润滑剂。

使用手锯,从车制的样品来制备适合于分析用量的试料。

10.6.3 试料的制备

对于 10.6.2 b)的情形,如果试料和原始样品表面没有氧化,冲制加工后制取的试料(在玻璃瓶中贮存限定的时间内)可直接用于分析。对于 10.6.2 a) 和 10.6.2 c)的情形,将试料置于不锈钢的固定装置或其他装置中固定试料,用细齿锉或圆锉打磨表面(见 10.6.2.b))。

按照 10.6.2 c)的方法制备出的试料,其柱状表面应该非常光滑,而不再需要锉平。但两个端面可以使用锉进行加工。将试料浸入丙酮中,并在空气中干燥或暴露在低真空下干燥后,立即进行分析。

试料制备与进行分析之间不应耽误时间。

10.7 测定氢用分析试样的取样和制样

10.7.1 一般要求

在进行样品的取样、贮存以及试料的制备过程中,所使用的方法应该尽量减小并控制样品中氢的迅速扩散。样品应该无裂纹、无表面疏松、无湿气。试料的状态对分析测定的影响很大,不同的分析方法对由于水份的存在的灵敏度不尽相同。

为了获得一致的高品质的分析结果,对各操作的详细步骤应该有严格规定。

在室温下,由于扩散而导致样品中氢的损失会很大,尤其是当样品很薄时。因此,在样品的取样、贮存及制备过程中的所有阶段,要保持原始样品、分析试样和试料在尽可能低的温度。分析试样应该贮存在冷冻剂中,较为合适的是用液态氮,或者使用丙酮与二氧化碳干冰混合膏剂。

在试料制备的过程中,以及对样品进行切割时,样品和试料应保持冷却状态。在所有机械加工操作过程中,使用大量流动的冷却液体,或者反复每加工一次冷却一下样品或试料。或同时使用这两种冷却方法。冷却可以是浸入冰水中或冷却剂中。大型截面的样品应该包上二氧化碳干冰以保温。在机械加工时,粗坯应该放回冷却剂中贮存。

在冷却后,在试料表面存在的任何湿气都应该除去。试料应该浸入丙酮中,然后通过暴露在低真空中几秒钟来进行干燥。

冷却或贮存不当的样品应该弃去。

试料表面制备,需要进行打磨时,在满足除去表面氧化物或表面缺陷要求的前提下,应该尽可能少打磨。制备后的试料应该立即进行分析。

10.7.2 取样方法

根据样品或产品的几何形状,使用适当的机械加工工具来制备原始样品,如可使用车、铣、锯、切和套料加工等方法。

从铸态产品或锻件上制取分析试样时,应该在中心部位取,此处的氢较为密集。

从长锻件上取样时,应该先用锯或切割砂轮在产品的中心线到边缘的中央位置,且在距截面端点至少一半处切取原始样品。再从原始样品上切取一块适合于用车床加工的样品来制备分析试样。

分析试样应贮存在冷冻剂中。

10.7.3 试料的制备

从分析试样上用尽可能减小样品过热的方式切取合适质量的样品来制备试料,并经常冷却样品。

用锉、喷砂或轻磨的方法制备试料表面。如果用锉,则应使用细齿锉用手进行加工。如果用喷砂,则应该有专门的防污措施以避免砂子污染试料。如果用打磨,则应该反复冷却试料。

试料浸入丙酮中除油,在低真空下暴露数秒钟进行干燥后,立即进行分析。另一种方法是将分析用试料浸入二丙醇(异丙醇)中,然后用乙醚干燥。

附　录　A
（资料性附录）
铁水和钢水用取样管

A.1　一般要求

用于铁水和钢水取样的一次性取样管包括由压制钢、陶瓷材料或硅管制成的小模腔，且这些材料固定了保护用的厚壁管。

A.2～A.4 中图 A.1～图 A.6 描述了不同系列型号取样管的主要特征。

在本附录中仅提供了其尺寸大小。

A.2　浸入式取样管

A.2.1　将浸入式取样管插入熔体有二种方式：一是人工方法，二是用适合于保护管的钢制枪或直接与取样管相配的机械方法。浸入的时间长短取决于取样管的形状和取样条件，特别是熔体的温度，通常为 3 s～8 s。

枪的结构要设计成方便模腔中的空气以及保护纸管燃烧时产生的气体容易外逸。用操纵手柄控制枪的浸入和取回。

当从中间包或二次精炼包中取样时，可以使用枪的升降机械系统。

许多型号的取样管在靠近样品腔的硅管里安装有热电偶以测量温度。可用于底吹氧转炉副氧枪的温度的测量，在副氧枪安装有温度测量传感器，配合模具使用，以获得实验室分析用样品。

A.2.2　通过铁水（钢水）静态压力使铁水（钢水）充满样品腔，这种取样管的钢分模由耐火材料包住的保护纸管所保护。模子的底部有一硅管入口，并带有一小的钢保护帽，以防止炉渣和其他杂物进入。保护纸管长度为 200 mm～1 500 mm 不等，或者更长，可以部分地涂上耐火材料，以尽量减少浸入时产生的飞溅。

这种型号的取样管主要用于炉子或铁水罐中的铁水的取样。在图 A.1 中列出了两种不同的示例。

A.2.3　通过铁水（钢水）静压使铁水（钢水）充满样品腔从而进行取样，这种取样管在外形上有下列三种主要不同型号。

a)　图 A.2 a)所示的盘状-小棒状管式样品，盘状样品部分用于进行物理分析方法，如果需要进行热分析时，则小棒状样品部分用于进行热分析方法。盘状样品可以是椭圆形、圆形或其他类似的形状。

b)　盘状与小棒状管式样品，并在盘状样品部分带有数个小块样品，这些小块样品质量为 0.5 g 或 1 g，且容易与盘状样品部分分离，如果需要，小块样品可作为热分析方法用试料。

c)　图 A.2 b)所示的双厚度盘状管式样品，薄的部分用于冲压成直径为 4 mm～6 mm 的小块样品，作为热分析方法用试料。厚的部分用于进行物理分析方法。当管式样品的洛氏硬度值大于约 25HRC 时，在冲压前需要进行热处理。

A.2.4　图 A.3 所示型号的取样管，它是由于重力的作用使铁水（钢水）充满样品腔，它由二片或四片圆柱形钢模组成，钢模外有耐火材料层和保护纸管。

模子侧面有一入口，可以防止炉渣进入。安装有耐火材料衬套，以尽量减少浸入时产生的飞溅。组件和保护纸管的总长度为 400 mm～800 mm。浸入时间通常为 2 s 或 3 s。

当使用这种型号的取样管所取得的盘状-小棒状样品有可能出现分析结果不满意的情形。这种取样习惯用于对铁水罐中铁水或钢水的取样，以及对铸模或连铸中间包中钢水的取样。这种样品一般直径为 30 mm、长度为 70 mm。

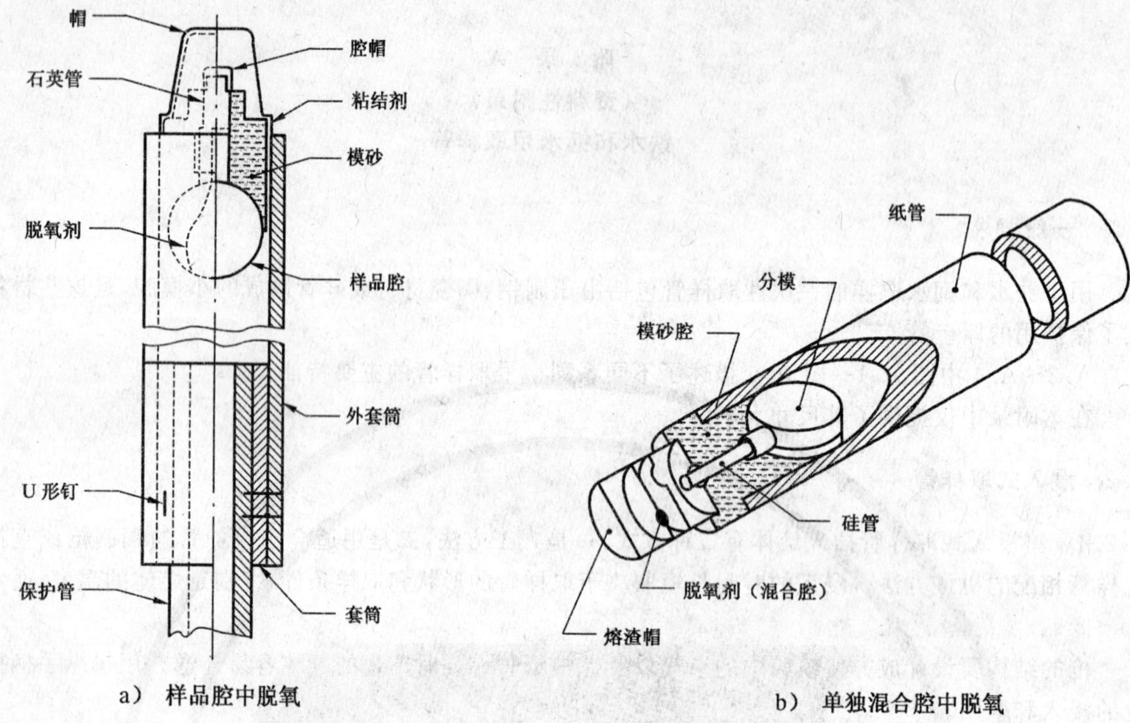

a） 样品腔中脱氧

b） 单独混合腔中脱氧

图 A.1　铁水静压浸入式取样管示例

单位：mm

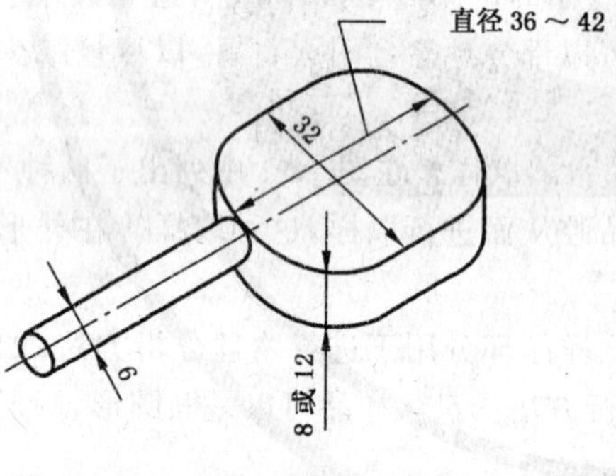

a）基本形状样品

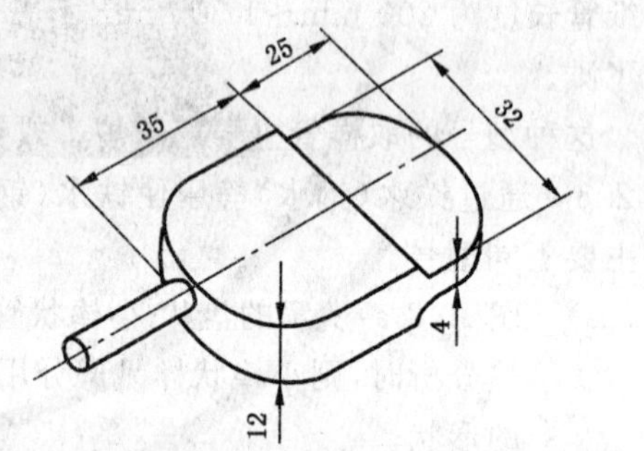

b）有二种厚度的盘状样品

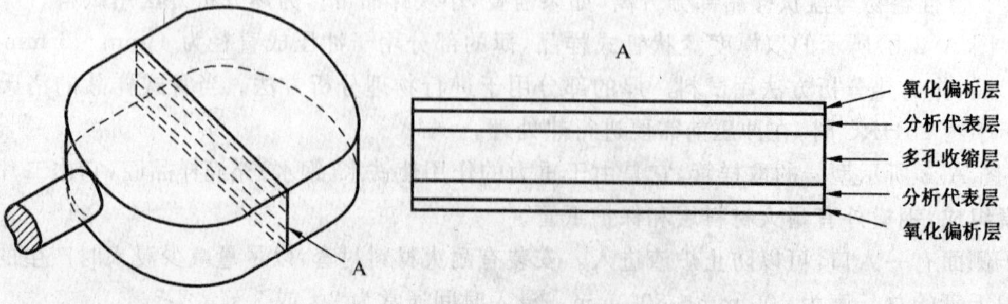

c）分层示意图

图 A.2　盘状-小棒状样品示例

A.2.5 从高炉出铁沟、铁水罐和中间包中的铁水(钢水)取样时则使用特殊的取样管。这种取样管安装有不同厚度的冷却板,以确保铁水(钢水)样品能快速冷却。下面a)和b)是两种不同型号的取样管:

a) 通过铁水(钢水)静态压力来取样的各种取样管(A.2.2)是基于厚壁、钢分模或钢冷却板,所取得的样品为盘状-小棒状样品,并在盘上附带有一定数量的小块样品。

这种型号的取样管示意图见图A.4。这种样品的盘状部分的厚度为8 mm～12 mm,小棒状部分的直径一般为4 mm。浸入时间由于其应用的不同从5s～9s不等。

b) 在对流动性好的液态熔体取样时,这种取样管消除了铁水(钢水)流出的危险。边上入口的模子有一个或多个钢冷却板,且用砂子包围并安装有保护纸管。

这种取样管可以带有一个独立的或相连的小棒状模子。样品的直径一般为35 mm,厚度根据金相组织的要求在4 mm～12 mm不等。物理分析用的小棒状样品的直径为6 mm长度为45 mm。

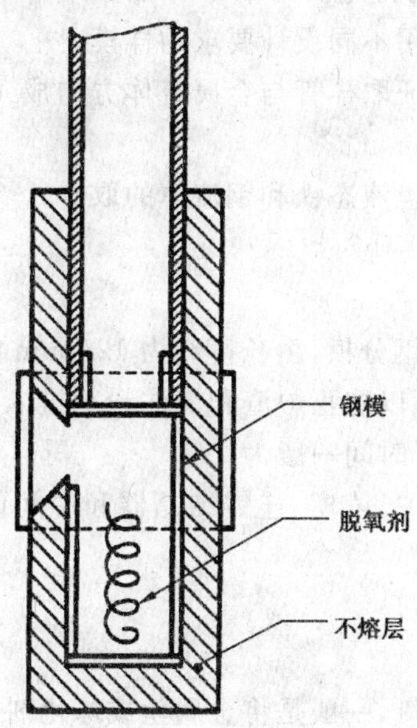

图 A.3 靠重力作用进行取样的浸入式取样管示例

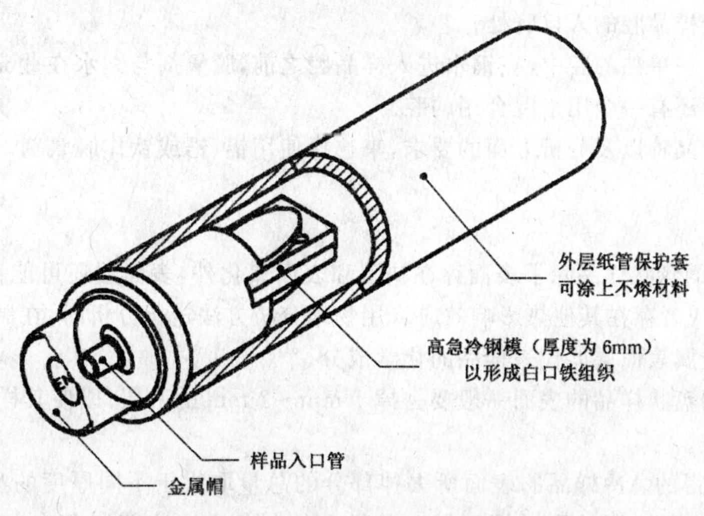

图 A.4 高炉铁水取样用浸入式取样管示例

A.2.6 对真空感应电炉钢水的取样,使用特殊设计的取样管。

例如,用耐火材料制成的管子保护的取样机械安装在炉子的进料系统,用钢丝绳悬挂,以便利用重力能垂直进入熔体。样品为圆柱形,其直径为35 mm。

A.2.7 在氧气顶吹转炼钢过程中,副氧枪上装配的测量传感器可以包括一个从液态钢水中取样的模子。模子型号在A.2.2中描述,可以在副氧枪吹氧(吹氧操作)的情况下和未吹氧(吹氧操作结束)的情况下使用。在吹氧操作的情况下,可以使用不同设计的模子取样,模子横截面积为长方形,其尺寸为40 mm×30 mm,厚度为20 mm。

图A.5是一种较为典型的装配,包括有:测量液相线变相点、温度、氧气量的测量传感器,并包括一个有侧开口的长方形模子,用于在测量过程中进行取样。

A.3 流体取样用取样管

图A.6a)所示的取样管包括一钢分模,它上面带有一个外暴露的硅管入口,并由长度为100 mm～225 mm的保护纸管套住。此种样品为盘状-小棒状样品。

对于铁水(钢水)的取样可以使用不同设计要求的样模。

流体取样用的取样管的枪应保证取样管与金属流体方向成45°角,有的可以提供支撑样枪的装置。取样的时间一般为2 s。

这种型号的取样管适应于中间包液态铁和钢流体的取样。

A.4 吸入式取样用取样管

图A.6b)所示的取样管包括一钢分模,由长度约为125 mm的保护纸管套住,模子上带有一个外暴露的硅管入口,硅管上有一个保护帽以防止炉渣和浇注粉剂进入。通过手工泵或空气压缩泵将模子里的空气排空,并形成部分真空。取样时间一般为2s。

这种型号的取样管适用于小型炉、铸模、连铸结晶器和中间包中的钢水的取样。此种样品为盘状-小棒状样品。

A.5 取样管的脱氧系统

取样管中钢水用脱氧剂进行脱氧,一般是将金属丝或球化剂插入到取样管中进行,用这种方法脱氧时钢水比较均匀。下面例出了几种不同的脱氧方法:

——脱氧剂置于样品腔中,如图A.1a)和图A.3;

——脱氧剂置于样品腔的入口管处;

——脱氧剂置于一单独的腔中,在钢水进入样品腔之前,脱氧剂与钢水在此充分混合,如图A.1b),有的取样管还有一个用来混合用的腔。

一般根据熔体的品种以及分析方面的要求,来选择使用铝、锆或钛作脱氧剂。

A.6 样品品质

A.6.1 如图A.2c)的盘状样品除了表面存在缺陷和表面氧化外,表面层还可能存在偏析,中间部分可能出现多孔和收缩,或者存在其他热影响效应。用物理分析方法进行分析时,在制备样品表面过程中有必要采取措施保证金属表面层能代表样品的化学成分。

从钢水中取得的盘状样品的表面一般要去掉1 mm～2 mm的一层,以使其样品表面部分适合于所选择的物理分析方法。

A.6.2 从铁水中取得的急冷样品的表面所去掉部分的总量取决于不同厚度的盘状样品的金相组织。根据分析方法的要求,所选用的取样管型号以及样品的制备方法应能制备出白口铁或灰口铁的表面组织。

从铁水中取得的盘状样品,通常有必要从其表面去掉厚度约为0.5 mm～1 mm的一层。

A.6.3 在常规操作中,取样管要进行定期检查,以保证制备的样品适合于分析方法的要求。

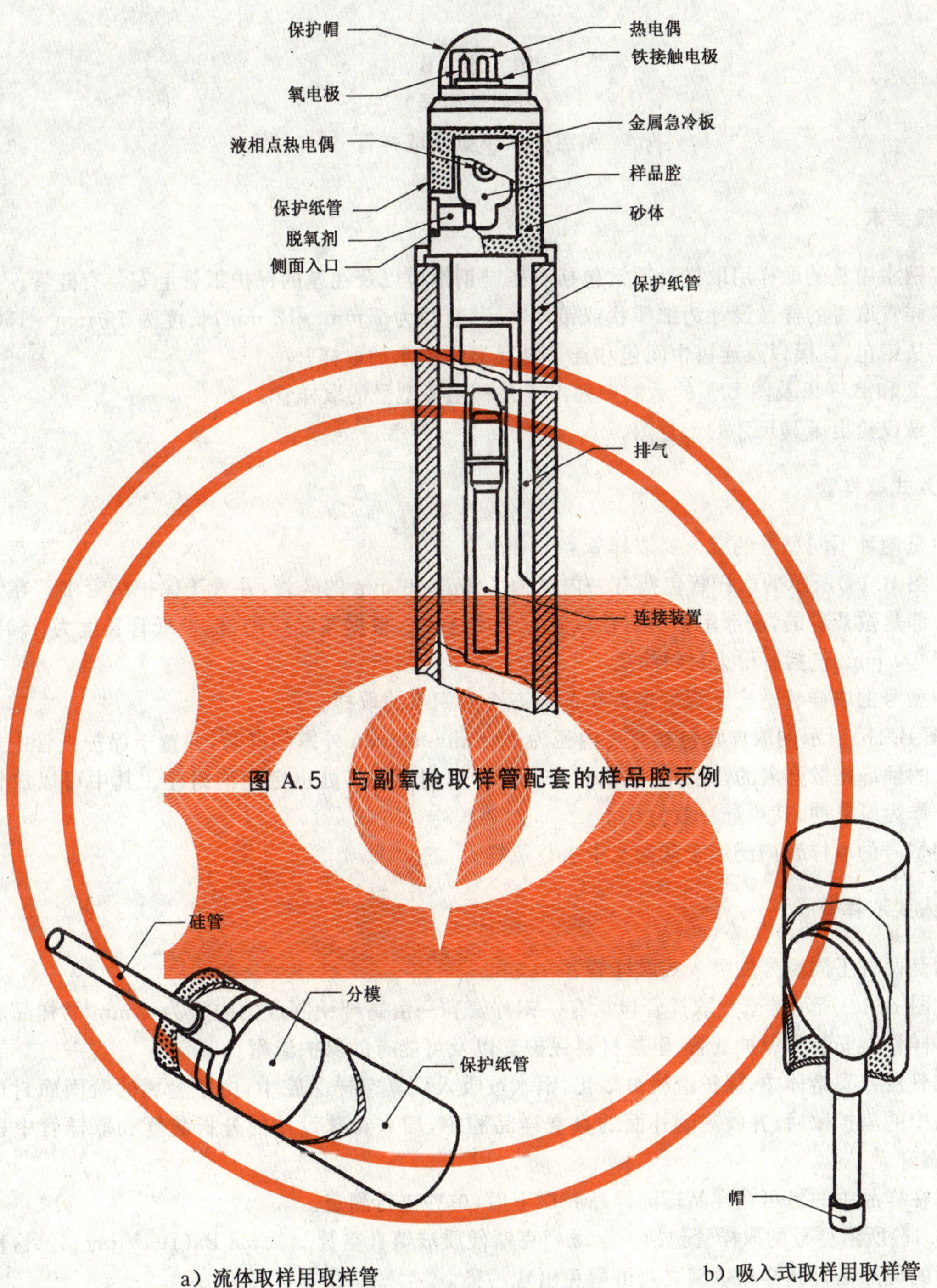

图 A.5 与副氧枪取样管配套的样品腔示例

a）流体取样用取样管 b）吸入式取样用取样管

图 A.6 流体取样用与吸入式取样用取样管示例

附 录 B
（资料性附录）
测定钢水中氢用取样管

B.1 一般要求

测定钢水中氢的取样用取样管通常包括有压制钢钢模以及在厚的保护纸管上安装有硅管。

将取样管取得的样品设计为细棒状或铅笔状，其直径为 7 mm～12 mm，长度为 75 mm～150 mm，它适用于从钢包、锭模以及连铸中间包和连铸结晶器中钢水的取样。

在 B.2 和 B.3 以及图 B.1 的示例中列出了几种主要型号的取样管。

本附录仅给出了其尺寸的示意图。

B.2 浸入式取样管

下面是两种不同型号的浸入式取样管：

a) 图 B.1a)所示的取样管包括有一内径为 7 mm～9 mm 的硅管，并置于保护纸管中。在管的顶部是敞开着的，底部用铝泊封住以阻止杂质进入。根据实际应用，保护纸管长度为 250 mm～400 mm，包括有耐火材料涂层。

此种型号的取样管适应于温度接近钢的液态点的钢水的取样。

b) 图 B.1b)所示的取样管包括有一内径为 10 mm～12 mm 外露的硅管，并置于保护纸管中。在管的顶部是敞开着的，或者用铝泊封住。在管的侧面入口处也用铝泊封住。其中可以放置铝线作为脱氧剂，其质量一般为 0.1 g。

这种型号的取样管广泛用于从钢水中进行取样。

B.3 吸入式取样管

下面是两种不同型号的吸入式取样管：

a) 图 B.1c)所示的真空取样管包括有一钢外套和一由高纯铁制成的内径为 4 mm 的样品腔。取样管上安装有保护纸管、阻热材料保护套以及可能有的保护渣帽。

取样管浸入到熔体中，保护渣帽被熔化，钢水被吸入到真空样品腔中，由于金属的凝固而封住取样管。样品中的氢扩散后，并收集到外面的真空样品腔中，插入特殊设计的分析装置到取样管中进行测定，然后戳穿。

残留在样品中的氢可在样品随同样品腔取下后，单独进行测定。

图 B.1c)所示型号的取样管包括一个派列克斯硬质玻璃真空管〔<1.33 Pa(10^{-2} torr)〕。这种型号的取样管的优点是直到样品填满之前可避免出现污染。

b) 图 B.1d)所示型号的取样管包括有一压制钢分模，其内径为 7 mm～9 mm，长度为 75 mm，并带有硅管入口。用套环将模子固定在保护纸管上。用压缩空气真空泵抽成部分真空将样模中的空气排除掉。

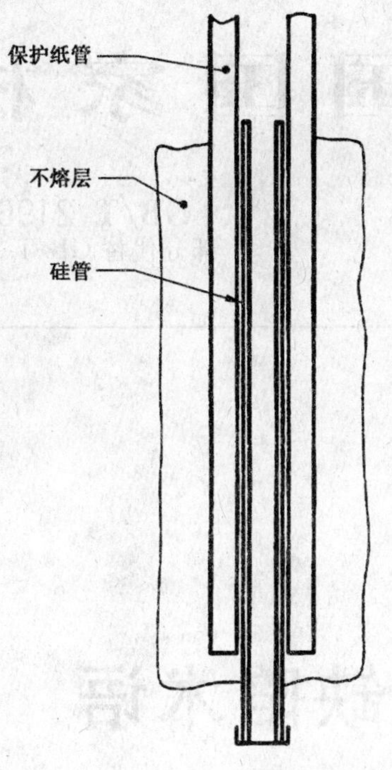

a） 浸入式取样用取样管

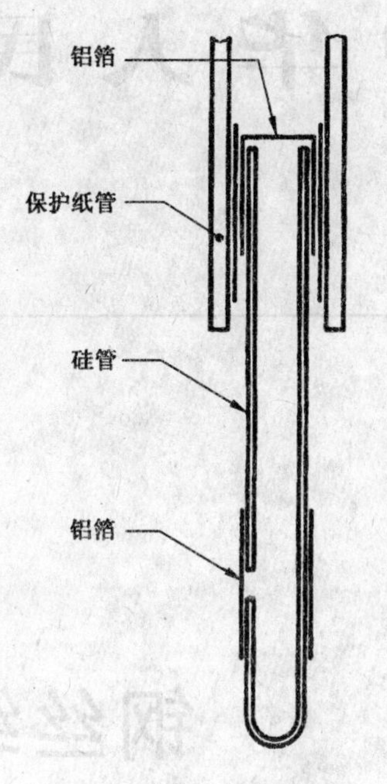

b） 浸入式取样用取样管

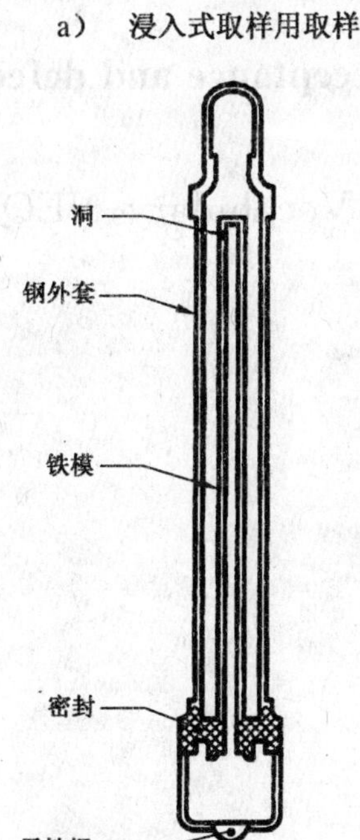

c） 抽空式取样用取样管

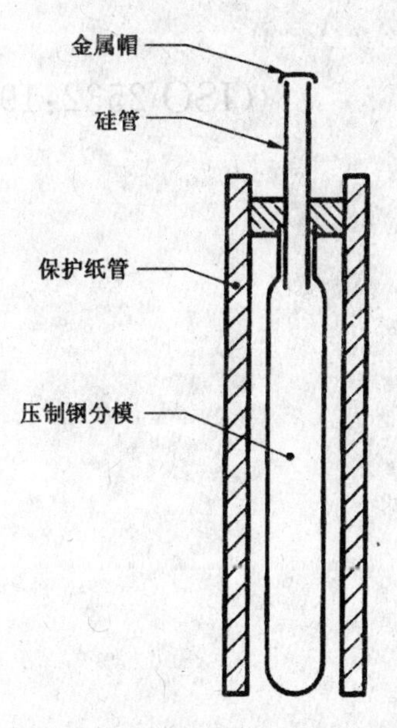

d） 吸入式取样用取样管

图 B.1 钢水中氢的测定用取样管示例

ICS 77.140.65
H 49

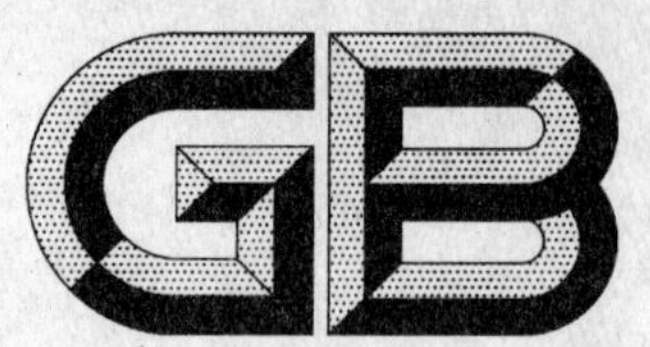

中华人民共和国国家标准

GB/T 21965—2008
部分代替 GB/T 8706—1988

钢丝绳　验收及缺陷术语

Steel wire ropes—Vocabulary for acceptance and defect

（ISO 2532:1974, Steel wire ropes: Vocabulary, NEQ）

2008-05-30 发布　　2008-12-01 实施

中华人民共和国国家质量监督检验检疫总局
中国国家标准化管理委员会　发布

前　言

本标准与ISO 2532:1974《钢丝绳——词汇》的一致性程度为非等效。

本标准代替GB/T 8706—1988《钢丝绳术语》中的“第四篇　验收”和“第五篇　缺陷”。

本标准与GB/T 8706—1988“第四篇　验收”和“第五篇　缺陷”相比主要变化如下：

——将术语“随机取样”改为“随机抽样”、“化学分析”改为“化学成分分析”、“显微组织缺陷”改为“显微缺陷”，“圆度”改为“不圆度”；

——删去了“周期取样”、“在线取样”、“沟槽或突起”及“表面剥落”等术语；

——增加了术语“不松散性”，钢丝绳破断拉伸试验中增加了“浇注法”和“套压法”；

——修改了“批量”的定义；

——增加了“绳芯挤出”、“钢丝挤出”、“扭结”、“部分被压扁”、“直径变细”、“直径增大”、“弯折”、“锈蚀”、“断丝的局部聚集”及“弹性降低”等术语；

——增加了“术语索引”。

本标准由中国钢铁工业协会提出。

本标准由全国钢标准化技术委员会归口。

本标准起草单位：国家金属制品质量监督检验中心、贵州钢绳股份有限公司、江苏狼山钢绳股份有限公司、冶金工业信息标准研究院。

本标准主要起草人：洪涛、衡俊华、杨红英、邓海燕、王玲君、戴石锋。

本标准所代替标准的历次版本发布情况为：

——GB/T 8706—1988。

钢丝绳　验收及缺陷术语

1　范围

本标准规定了生产和使用中钢丝绳验收、缺陷常用的术语。

本标准适用于钢丝绳验收、缺陷术语的一般规定，当产品标准另有规定时，应按相应标准规定执行。

2　验收术语

2.1

取样　sampling

2.1.1

验收　acceptance

依据有关标准、规范等规定，对产品进行逐个或成批检验而确定的取样数量和检验判定程序。

2.1.2

拒收　rejection

需方对不符合有关标准、规范等规定的产品，不予以接受的现象。

2.1.3

批量　batch

由同一结构、规格、公称抗拉强度级别及表面状态且同时交付验收的单位产品的总量。

2.1.4

试样　sample

2.1.4.1

试样尺寸　size of　sample

2.1.4.2

钢丝试样　sample of wire

2.1.4.3

钢丝绳试样　sample of rope

2.1.4.4

钢丝绳芯试样　sample of core

2.1.5

抽样检验　sampling inspection

根据统计抽样技术，从一批产品的总体中抽取部分单位产品，通过检验部分单位产品来推断该批产品总体的质量。

2.1.6

100%检验（全检）　100% inspection

对交付验收的每个单位产品都进行检验。

2.1.7

随机抽样　random sampling

从检查批中单位产品被抽入样本完全是偶然的抽取样本的方法。

2.1.8

初试　primary test

2.1.9

复试　repeat test

初试不合格时,按标准规定的方法和数量,取样重新试验其不合格项目。

2.2

钢丝检验　inspection of steel wires

2.2.1

试样　sample

2.2.1.1

试样来源　origin

试样来源于钢丝绳。

2.2.1.2

试样矫直　straightening

为了试验准确和便于试验,在不损伤试样表面和不影响试样力学性能的前提下,用手或工具将试样矫直。

2.2.2

化学成分分析　chemical analysis

2.2.2.1

成品分析　product analysis

从钢丝绳中抽取试样,对其进行的化学成分分析。

2.2.2.2

元素含量允许范围　permissible percentage limits for elements

2.2.2.3

成品化学成分允许偏差　permissible tolerances for product analysis

2.2.3

金相检验　micrographic inspection

2.2.3.1

显微组织　microstructure

2.2.3.2

不均匀度　heterogeneity

2.2.3.3

夹杂物　inclusions

2.2.3.4

带状组织　band structure

2.2.3.5

表面脱碳　surface decarburization

2.2.3.6

马氏体　martensite

2.2.3.7

裂纹或裂缝　cracks or fissures

2.2.3.8

折叠　shells

2.2.3.9

偏析　segregation

2.2.4

尺寸检验　dimensional inspection

圆形或异形钢丝横截面尺寸的测定。

2.2.5

拉伸试验　tensile test

钢丝在单向静拉力作用下，测定抗拉强度及伸长率等项目的试验。

2.2.5.1

标距　gauge length

2.2.5.2

试验最少持荷时间　minimum duration of test

2.2.5.3

试验速度　speed of test

2.2.5.4

抗拉强度　tensile strength

钢丝在单向静拉力作用下抵抗破断的最大力与试样原始横截面积之比。

2.2.5.5

打结拉力　knotting force

钢丝打结后的试样在单向静拉力作用下测得的最大力。

2.2.5.6

打结率　ratio of knotting tension

打结破断拉力与该钢丝不打结破断拉力的百分比。

2.2.5.7

伸长率　percentage elonation

试样拉断后，标距部分增加的长度与原始标距长度的百分比。

2.2.6

反复弯曲试验　reverse bend test

将钢丝一端固定，绕规定半径的圆柱支座弯曲90°，再沿相反方向弯曲，检查钢丝承受塑性变形能力的试验。

2.2.6.1

弯曲角度　angle of bend

2.2.6.2

圆柱支座半径　radius of cylindrical supports

2.2.6.3

圆柱支座至拨杆底部距离　distance from top tangential plane of cylindricail supports to the bottom face of guids

2.2.6.4

两圆柱支座轴线所在平面与试样最近接触点距离　distance from a plane, defined by the anes of the cylindrical supports, to the nearest point of contact with the test piece

2.2.6.5

拔杆孔直径 diameter of guide hole

2.2.6.6

张力 tension

为使试样与弯曲圆柱良好接触,用手或特殊装置给试样施加的拉紧力。

2.2.6.7

弯曲速度 rate of bending

2.2.6.8

反复弯曲次数 number of reverse bends

2.2.7

扭转试验 torsion test

检查钢丝在固定或交变方向扭转时的塑性变形性能,并显示不均匀性及内外缺陷的试验。

2.2.7.1

试验类型 type of test

2.2.7.1.1

单向扭转 torsion in one direction

钢丝以自身为轴线,沿一个方向均匀扭转至试样裂断或达到规定扭转次数的试验。

2.2.7.1.2

交变扭转 alternating torsion

钢丝以自身为轴线,向一个方向扭转规定次数后,再向相反方向扭转直至试样断裂或达到规定扭转次数的试验。

2.2.7.2

钳口间距 length between vices

2.2.7.3

张力 tension

为使试样保持平直施加到钢丝上的拉紧力。

2.2.7.4

试验速度 speed of test

2.2.7.5

扭转角度 angle of torsion

2.2.7.6

扭转试样表面 appearance of the twist

2.2.7.7

断口类型 type of fracture

2.2.7.8

扭转次数 number of twists

2.2.8

缠绕(或松懈)试验 wrap(relaxation) test

将钢丝试样在符合相关标准规定直径的芯棒上紧密螺旋缠绕至规定圈数,用于检查试样(有镀层或无镀层)承受缠绕变形能力及镀层牢固性能的试验。

2.2.8.1

芯棒直径 diameter of mandrel

2.2.8.2

缠绕速度 speed of wrap

2.2.8.3

缠绕圈数　number of turns

2.2.9

镀层试验　inspection of coating

检查钢丝单位面积的镀层重量、牢固性及均匀性的试验。

2.2.9.1

镀层重量测定　determination of mass

用气体法或重量法测定单位表面积上的镀层重量。

2.2.9.2

牢固性能试验　adhesion test

用缠绕试验测定镀层结合的牢固性。

2.2.9.3

硫酸铜试验　immersion test

用硫酸铜溶液浸置测定镀层的均匀性。

2.2.9.4

盐雾试验　salt spray test

用硫酸铜溶液浸置测定镀锌层的均匀性。

2.3

钢丝绳检验　inspection of steel wire ropes

2.3.1

外观及尺寸检查　visual and dimensional examination

2.3.1.1

钢丝绳直径(尺寸)偏差　tolerances on the diameter of steel wire ropes

2.3.1.2

不圆度　out-of-roundness

2.3.1.3

捻距　lay pitch

2.3.1.4

捻法　type of lay

2.3.1.5

结构　construction

2.3.1.6

捻制质量　lay quality

2.3.1.7

不松散性　low torsional stresses

2.3.1.8

涂油均匀性　continuity of lubrication

2.3.1.9

平直度　straightness

2.3.1.10

残余扭转　residual torsion

2.3.2

拆股试验　dismantle strand test

钢丝绳股(部分或全部)拆散成单丝进行试验来考核钢丝绳内钢丝破断拉力总和及钢丝绳中钢丝的

性能。

2.3.3

破断拉伸试验　tensile test

钢丝绳试样在单向静拉力作用下，测定其破断拉力及伸长率等项目的试验。

2.3.3.1

试样夹持方法　method of gripping

a）　直接夹持法　method of directly gripping

钢丝绳试样直接夹持在试验机夹具内进行拉伸试验的方法。

b）　浇铸法　method of casting

将钢丝绳试样散头用熔融金属浇铸，冷却到常温后，夹持在试验机夹具座内进行拉伸试验的方法。

c）　缠绕法　method of winding on durm

将钢丝绳试样直接缠绕在试验机缠绕轮上进行拉伸试验的方法。

d）　套压法　method of pressing pipe

将钢丝绳试样用套管压紧，再夹持在试验机夹具内进行拉伸试验的方法。

2.3.3.2

伸长率　percentage elongation

标距的伸长与原始标距的百分比。

a）　弹性伸长率　percentage elastic elongation

标距的弹性伸长与原始标距的百分比。

b）　永久延伸率（残余伸长率）　percentage permanent elongation

试样卸除拉伸力后标距的伸长与原始标距的百分比。

2.3.3.3

实际弹性模量　actual modulus of elasticity

2.3.3.4

破断拉力　breaking force

2.3.3.5

断口位置和形式　position and type of fracture

2.3.4

含油率　oil content

2.3.4.1

钢丝绳含油率　oil content in steel wire ropes

2.3.4.2

芯含油率　oil content in fibre cores

2.3.4.3

股含油率　oil content in strands

2.3.5

疲劳试验　fatigue test

测定钢丝绳试样在规定的交变应力作用下，承受反复弯曲或冲击载荷能力的试验。

2.3.6

旋转性能试验　rotational property test

通过试验观测到的试样单位长度上的旋转角度。

3 缺陷术语

3.1

制造期间 during manufacture

3.1.1

断丝 fracture of wire

钢丝绳股中出现钢丝断裂的现象。

3.1.2

缺丝 short of wire

钢丝绳股中出现缺少钢丝的现象。

3.1.3

混丝 mixture of wire

钢丝绳股中相同公称直径钢丝中出现不同公称直径间隔钢丝的现象。

3.1.4

混强度 mixture of strength

钢丝绳股中相同公称抗拉强度级钢丝中出现不符合本级别抗拉强度范围的钢丝的现象。

3.1.5

钢丝交错 transposition of wires

钢丝绳表面出现钢丝交叉,钢丝不在规定的几何位置的现象。

3.1.6

接头不良 irregular joining of wires

钢丝绳中钢丝接头方法不当、接头中心不正、焊接不良等现象。

3.1.7

裂纹 craze

钢丝表面出现开裂的现象。

3.1.8

镀层开裂 craze of coating

钢丝表面镀层出现裂纹或分层的现象。

3.1.9

镀层脱落 desquamation of coating

钢丝表面镀层出现脱落的现象。

3.1.10

股丝松动 slack of wire in strand

钢丝绳股中钢丝出现松动的现象。

3.1.11

股丝松散 untwisting of wires in strand

钢丝绳端头松懈或截断后,股中钢丝松开不成形的现象。

3.1.12

股松紧不均 relaxation of strands

钢丝绳制造过程中由于张紧力或预变形不均匀造成个别股出现突起或陷落的现象。

3.1.13

股芯外露 discovery of core in strand

股芯从钢丝缝隙间露出的现象。

3.1.14

股间隙不均匀　discontinuity of strand clearance

3.1.15

钢丝绳松散　untwisting of strands in rope

3.1.16

捻距不均　variation in pitch

钢丝绳或股全长或局部出现捻距不均匀的现象。

3.1.17

绳芯外露　discovery of core in rope

绳芯从钢丝绳股缝隙间露出的现象。

3.1.18

涂油不良　irregular greasing

钢丝绳表面或绳芯的油脂短缺或不均匀的现象。

3.2

运输及使用期间　transport and period of service time

3.2.1

表面损伤　surface damage

钢丝绳或钢丝表面因与外部接触而产生的挤伤、压伤、碰伤、挂伤、刮伤或钉伤等伤痕。

3.2.2

变形　deterioration of ropes

钢丝绳失去正常形状或结构破坏的现象。

3.2.2.1

波浪形　waviness

钢丝绳的纵向轴线成螺旋线形状。

3.2.2.2

灯笼形　bird-caging

多股钢丝绳的外层股浮起而形成类似灯笼状的形状。

3.2.2.3

绳芯挤出　extruding of steel wire rope corn

绳芯从钢丝绳股缝隙间被挤出的现象。

3.2.2.4

钢丝挤出　extruding of steel wire

钢丝或钢丝束在钢丝绳一侧拱起成环状的变形。

3.2.2.5

扭结　kinking

钢丝绳成环状在不可能绕其轴线转动的情况下被拉紧而造成的变形，钢丝绳局部有加捻或松捻现象。

3.2.2.6

部分被压扁　flattening of parts

3.2.2.7

绳径局部减小　local decrease in diameter

钢丝绳因机械磨损、绳芯缩细、局部锈蚀、局部扭结及断丝等原因而造成横截面的局部减少。

3.2.2.8

绳径局部增大　local increase in diameter

钢丝绳因绳芯畸变而造成横截面的局部增大。

3.2.2.9

弯折　flex

钢丝绳在外界影响下引起的角度变形。

3.2.3

机械磨损　physical deterioration

3.2.3.1

内部磨损　inter deterioration

钢丝绳因股丝间承受负荷不同，相互挤压形成应力集中而产生的磨损。

3.2.3.2

外部磨损　outside deterioration

钢丝绳因与滑轮、卷筒、地面硬物等接触而产生的钢丝磨损。

3.2.3.3

局部磨损　local damage

钢丝绳因局部挤压、滑轮剧烈震动冲击或因滑轮与卷筒中心偏斜而产生磨损。

3.2.4

白亮层　white-bright layer

钢丝绳外部因剧烈摩擦，使钢丝表面温度瞬间达到淬火临界温度，继而急剧冷却，形成的白亮层。

3.2.5

锈蚀(锈斑、浮锈)　corrosion

钢丝表面(局部或整体)受周围介质化学或电化学腐蚀出现的氧化现象。

3.2.6

麻点　pockmark

钢丝表面由于腐蚀成点状分布的凹状粗糙面，腐蚀进一步发展会形成麻坑甚至麻面。

3.2.7

绳端断丝　fracture of wire in steel wire rope end

由于绳端安装不正确或其他原因而引起钢丝绳绳端或其附近出现断丝。

3.2.8

断丝局部聚集　local conglomeration of fracturing wire

断丝集聚一起的现象。

3.2.9

绳股断裂　fracture of steel wire rope

3.2.10

弹性降低　decrease of elasticity

钢丝绳因绳径减少、捻距伸长或各部分相互挤压等原因而引起的弹性显著减少现象。

中 文 索 引

英 文 索 引

A

B

C

D

中华人民共和国黑色冶金行业标准

钢钉检验、包装、标志、质量证明书及贮运的一般规定

YB/T 5056—93

The general rules for inspection, packing, marking, certification and storing transpontation of steel nailns

本标准适用于各种钢钉的检验、包装、质量证明书及贮运。

1 检验规则

1.1 钢钉的质量由供方技术监督部门进行检查和验收。

1.2 供方必须保证交货的钢钉符合有关标准的规定。需方可按相应标准的规定进行复验。

1.3 钢钉应成批检验。每批应由同一种类、同一尺寸、同一牌号、同一交货状态的钢钉组成。

1.4 钢钉检验时应检查

1.4.1 钢钉外形、钉杆直径、钢钉长度、钉杆弯曲度。

异型钢钉还应根据标准的规定检查相应的有关项目。

1.4.2 在可疑情况下才测量钢钉强度、钉帽直径、钉帽椭圆度、钉帽厚度、钉尖角度、偏心距等指标。

1.5 钢钉的检查和验收

1.5.1 钢钉验收时从每批中选出3%，但不少于2箱（桶），经开箱后从不同部位取出不少于100个钢钉进行检验。

1.5.2 如钢钉技术指标经检测不符合有关标准的规定，则从同一批钢钉中再任取双倍数量的钢钉进行复验。复验结果仍不合格，则整批不得交货。

1.5.3 供方可对复验不合格的钢钉进行分选重新提交验收。

2 包装

2.1 包装容器

2.1.1 钢钉的包装容器采用下列五种：

a. 木箱；

b. 纸箱；

c. 钙塑箱；

d. 铁桶；

e. 板桶。

2.1.2 包装容器所采用的材质应符合下列规定：

2.1.2.1 木箱：采用板材整齐、干燥、不腐不烂的木材制成。其板材厚度：50kg箱的不小于12mm，20～25kg箱的不小于10mm。

2.1.2.2 纸箱：采用壁厚不小于5 mm的中性瓦楞纸制成。其质量应符合下列要求：

a. 抗压力不小于500kg；

b. 耐破强度不小于25kgf/cm^2；

中华人民共和国冶金工业部1993-12-08批准　　1994-01-01实施

c. 耐戳穿强度不小于100kg·cm；

d. 含水量不大于18%。

2.1.2.3 钙塑箱：钙塑箱采用碳酸钙、聚氯乙烯制成，也可采用其他材料、其质量要求应符合纸箱质量规定。

2.1.2.4 铁桶：采用不小于0.45mm的钢板做桶身，用不小于0.6mm的钢板做桶盖（冷轧钢板可不小于0.5mm）。

2.1.2.5 板桶：采用材质强度较高的三层胶合板制做，其底和盖上应有十字交叉的不小于45mm宽、15mm厚的木棱，桶身上、中、下三处用0.25mm钢带加固。

2.2 重量及允许偏差

钢钉每箱（桶）重量及允许偏差应符合下表规定：

kg

包装容器名称	每箱（桶）重量	允许偏差
木箱	50	$^{+0.4}_{0}$
	25	$^{+0.2}_{0}$
纸箱	20 25	$^{+0.2}_{0}$
钙塑箱	20 25	$^{+0.2}_{0}$
铁桶	50	$^{+0.4}_{0}$
	25	$^{+0.2}_{0}$
板桶	50	$^{+0.4}_{0}$
	25	$^{+0.2}_{0}$

如有其他重量规定可按双方协议。

2.3 包装要求

2.3.1 每箱（桶）钢钉应由同一尺寸、同一交货状态组成。

2.3.2 用木箱包装时，应内衬中性防潮纸，装钉后，箱盖用圆钉钉牢；用不小于250kg拉力的钢带（或相当强度的钢丝）加固二道腰。

2.3.3 用纸箱包装时，应内衬中性防潮纸或采用其他防潮措施，盖好后用塑料打包带扎紧成十字或廾字形。

2.3.4 用钙塑箱包装时，应用塑料打包带扎紧成十字或廾字形。

2.3.5 用桶包装时，应内衬中性防潮纸或采用其他防潮措施，装钉后，桶盖钉牢或卡紧。

2.3.6 装钉后的包装容器不允许有露钉现象。

3 标志

3.1 每箱（桶）钢钉的箱上应有明显的标志，字迹清楚、工整。其上注明：

a. 制造厂名或商标；

b. 产品名称和标记；

c. 钢钉的净重和毛重；

d. 生产日期。

4 产品合格标牌和质量证明书

4.1 每箱钢钉出厂应符有合格标牌，其上注明：

a. 制造厂名或商标；

b. 产品名称和标记；

c. 检验日期；

d. 技术监督部门印记。

4.2 每批钢钉出厂根据用户要求可附有质量证明书，其内容如下：

a. 供方名称或商标；

b. 需方名称；

c. 发货日期；

d. 合同号；

e. 产品名称和标记；

f. 交货状态、重量和件数；

g. 主要指标检测结果；

h. 材料牌号；

i. 技术监督部门印记。

5 贮存和运输

5.1 钢钉应贮放在清洁、干燥的仓库中，不得与酸碱物品混同堆放。

5.2 钢钉在转运过程中，可短期存放在干燥场地。底层应有垫木，距地最小150mm，以保证通风，并应有防雨、防潮条件。

5.3 钢钉在运输途中应保证清洁、干燥并应有防雨、防潮条件。

附加说明：

本标准由中华人民共和国冶金工业部提出。

本标准由天津市大成五金厂负责起草。

本标准主要起草人周宏。